Nr. 6 **1956**
S. 1485—1780 8. Februar

Chemisches Zentralblatt

Vollständiges Repertorium für alle Zweige der reinen und angewandten Chemie

1830 gegründet. 1897—1945 von der Deutschen Chemischen Gesellschaft fortgeführt.
Im Auftrage der Deutschen Akademie der Wissenschaften zu Berlin, der Chemischen Gesellschaft in der Deutschen Demokratischen Republik, der Akademie der Wissenschaften zu Göttingen und der Gesellschaft Deutscher Chemiker
herausgegeben von Prof. Dr. Maximilian Pflücke

127. Jahrgang

1956

Chefredakteure: Dr. Eugen Klever und Prof. Dr. Maximilian Pflücke

Akademie-Verlag GmbH., Berlin — Verlag Chemie, GmbH., Weinheim/Bergstr.

Inhalt

Geschichte, Unterricht ... —
A. Allgemeine, physikalische und anorganische Chemie ... 1485
A_1 Kernphysik und Kernchemie ... 1485
A_2 Optisches Verhalten der Materie ... 1495
A_3 Elektrizität. Magnetism. Elektrochem. ... 1499
A_4 Thermodynamik. Thermochemie ... 1509
A_5 Kolloidchemie. Grenzschichtforschung ... 1511
A_6 Strukturforschung ... 1515
A_7 Gleichgewichte. Kinetik ... 1523
A_8 Präparative anorganische Chemie ... 1526
Komplexchemie ... 1526
Metallorganische Verbindungen ... 1526
A_9 Mineralogische u. geologische Chemie ... 1533
B. Allgemeine und theoretische organische Chemie ... 1537
C. Präparative organische Chemie. Naturstoffe ... 1557
Mono- und Oligosaccharide. Glykoside —
Alkaloide ... 1605
Natürliche Farbstoffe ... 1607
Terpene. Sapogenine ... 1609
Sterine. Gallensäuren ... —
Hormone. Vitamine. Enzyme ... 1612
Antibiotica ... —
Andere Naturstoffe ... 1613
D. Makromolekulare Chemie ... 1615
E. Biologische Chemie. Physiologie. Medizin ... 1621
E_1 Allgemeine Biologie und Biochemie ... 1621
E_2 Enzymologie. Gärung ... 1624
E_3 Mikrobiolog. Bakteriolog. Immunolog. 1631
E_4 Pflanzenchemie. Pflanzenphysiologie. Pflanzenpathologie ... 1634
E_5 Tierchemie. Tierphysiologie. Tierpathologie ... 1635
E_6 Pharmakologie. Therapie. Toxikologie. Hygiene ... 1651
F. Pharmazie. Desinfektion ... 1667
G. Analyse. Laboratorium ... 1679
H. Angewandte Chemie ... 1691
I. Allgemeine chemische Technologie. 1691
II. Betriebsschutz. Feuerschutz ... 1694
III. Elektrotechnik ... 1695
IV. Wasser. Abwasser ... 1696
V. Anorganische Industrie ... 1698
VI. Silicatchemie. Baustoffe ... 1700
VII. Agrikulturchemie. Schädlingsbekämpfung ... 1705
VIII. Metallurgie. Metallographie. Metallverarbeitung ... 1716
IX. Organische Industrie ... 1731
X. Färberei. Organische Farbstoffe ... 1740
XI. a) Farben. Anstriche. Lacke. Naturharze ... 1744
b) Plaste (Kunstharze. Plastische Massen) ... 1746
XII. Kautschuk. Guttapercha. Balata ... 1749
XIII. Ätherische Öle. Parfümerie. Kosmetik ... 1750
XIV. Zucker. Kohlenhydrate. Stärke ... 1751
XV. Gärungsindustrie ... 1753
XVI. Nahrungs-, Genuß- u. Futtermittel 1754
XVII. Fette. Seifen. Wasch- u. Reinigungsmittel. Wachse. Bohnermassen usw. 1758
XVIII. a) Holz. Cellulose. Zellstoff. Papier. Papierdruck. Celluloid. Linoleum 1760
b) Textilfasern ... 1766
XIX. Brennstoffe. Erdöl. Mineralöle ... 1771
XX. Schieß- u. Sprengstoffe. Zündmittel 1776
XXI. Leder. Gerbstoffe ... —
XXII. Leim. Klebstoffe usw. ... —
XXIII. Tinte. Hektographenmassen u. a. Spezialpräparate ... —
XXIV. Photographie ... 1779

Bibliographien: 1526. 1557. 1615. 1624. 1630. 1634. 1651. 1667. 1679. 1691. 1693. 1695. 1705. 1716. 1731. 1751. 1754. 1758. 1760. 1771. 1776. 1779.

Buchbesprechung: 1651.

Namenregister

Aaes-Jørgensen 1646.
Abbatucci 1664.
Abbey 1700.
Abe, V. 1643.
Abe, T. 1613.
Abel 1553.
Abelin 1644.
Abood 1621.
Achmedow 1757.
Adams, E. 1775.
Adams, H. E. 1744.
Adelberg 1690.
Adembri 1539.
Adler 1525.
Agnew 1498.
Agrimobila Ltd. 1779.
Ainley 1738.
Ainsworth 1585.
L'Air Liquide (Soc. An. pour l'Étude et l'Exploitation des Procédés G. Claude) 1778.
Aktiebolaget Pharmacia 1737.
Aktiebolaget Separator 1760. 1761.
Aktieselskabet Atlas 1758.
A/S Protan 1757.
Alaga 1490.
Alberti 1699.
Alcock 1679.
Alder 1490.
Aldrich 1709.
Alexander 1664.
Alexandrow 1704.
Alkemade 1499.
Allan 1772.
Allen, J. S. 1491.
Allen, S. E. 1707.
Allgemeine Holzimprägnierung Dr. Wolman G. m. b. H. 1765.
Allied Chemical & Dye Corp. 1735.
Allied Colloids Mfg. Co. Ltd. 1740.
Allison 1705.
Allmark 1658.
Alman 1638.
Almássy 1688.
Almásy 1689.
Almeida, de 1630.
Alspaugh 1697.
Alston 1760.
Amatuzio 1664.
American Cyanamid Co. 1674. 1736. 1765.
Amerongen, van 1749.
Amico [1776].
Amirchanow 1542.
Ammerman 1714.
Andersen, H. 1644.
Andersen jr., M. V. 1558.
Anderson, J. A. 1756.
Anderson, J. T. 1704.
Ando, Takuzi 1643.
Ando, Toshio 1619.
André 1635.
Andrejewa 1619.
Andrew 1495.
Andrews 1564.
Andrieux 1506.
Angelidis 1752.
Anglo-Iranian Oil Co. Ltd. 1775.
Anner 1639.
Ans, D' 1529.
Anzilotti 1773.
Arai 1629.
Arant 1720.
Arbusow 1576.
Arcenegui Avecilla 1705.
Ardizio 1609.
Argent 1660.
Armiger 1710.
Armour & Co. 1761.
Armstrong, A. A. 1719.
Armstrong Cork Co. 1744.
Arnold, J. S. 1511.
Arnold, W. H. 1485.
Arnous 1496.
Arsac 1574.
Artom 1630.
Asanuma 1503.
Asaro 1490.
Aschkenasy 1645.
Aspin 1666.
Asskinasi 1758.
Atherton 1740.
Atkinson 1646.
Altas Powder Co. 1778.
Aubert 1651.
Auclair 1492.
Audrieth 1778.
Augood 1552.
Aust 1522.
Axilrod 1746.
Ayerst, McKenna & Harrison Ltd. 1677.
Ayres 1664.
Azuma 1491.
Babajan 1595.
Babitschew 1659.
Baddeley 1569.
Bader, A. R. 1675.
Bader, F. 1502.
Badger 1537. 1602. 1603.
Badische Anilin- & Soda-Fabrik Akt.-Ges. 1700. 1733. 1734. 1736. 1738. 1739. 1745. 1760.
Bär 1662.
Baggett 1747.
Bailey 1538.
Baistrocchi 1689.
Bakajewa 1764.
Bake 1489.
Baldwin 1703.
Balik 1671.
Ball 1664.
Ballam 1485.
Ballini 1491.
Balloun 1645.
Banerjee, M. K. 1504.
Banerjee, S. 1635.
Banes 1731.
Banks 1689.
Bann 1736.
Baranow 1641.
Baranowa 1634.
Barber jr. 1730.
Barbier, G. 1710.
Barbier, J. C. 1503.
Barbour 1500.
Barker, E. S. 1652.
Barker, W. B. [1624].
Barloutaud 1491. 1492.
Barnhart 1694.
Barrett 1599.
Barth 1747.
Bartu 1717.
Bashkin 1491.
Bassin 1544.
Bassiouni 1655.
Batdorf 1745.
Bates, D. R. 1500.
Bates, J. E. 1779.
Baticle 1509.
Battista 1767.
Batyrenko 1694.
Bayer, R. 1774.
Bayer Akt.-Ges. 1732.
Beal 1676.
Beasley 1618.
Beck 1737.
Beckham 1735.
Beech 1753.
Behrends 1487.
Behrens 1529.
Belbenoit 1656.
Belenki 1487.
Beljankin 1530.
Bell, J. F. W. 1500.
Bell, T. N. 1525.
Bellew 1725.
Belloni 1769.
Benassi 1636.
Bender 1551.
Benedek 1504.
Benesch, R. 1533.
Benesch, R. E. 1533.
Bennett 1494.
Benoist-Gueutal 1486.
Benoit jr. 1776.
Benshimol 1656.
BP Benzin- und Petroleum G. m. b. H., Raffinerie Hamburg 1775.
Berardinelli 1741.
Berg, H. 1553.
Berg, P. P. 1719.
Bergamini 1647. 1691.
Bergel 1564.
Berger 1499.
Bernard 1516.
Bernini 1647.
Bernstein 1632.
Berreman 1516.
Berry, A. E. 1757.
Berry, K. L. 1749.
Bertanza 1509.
Bertola 1637.
Bessarabowa 1665.
Bessman 1664.
Betts jr. 1750.
Beurlen 1524.
Bickford 1660.
Bie, van der 1618.
Biedenharn 1495.
Bier 1615.
Bigeleisen 1523.
Bijon [1624].
Bilfinger 1730.
Biró 1658.
Birss 1703.
Bisagni 1574.
Bishop, A. 1632.
Bishop, J. G. 1626.
Björling 1718.
Black, H. H. 1772.
Black, M. L. 1541.
Blaine 1496.
Blanchard 1558.
Blažek 1668.
Blewett 1494.
Blood 1704.
Blume, J. M. 1709.
Blume, R. C. 1765.
Boas 1521.
Boehm, F. 1491. 1492.
Böhm, H. 1621.
Böltz 1688.
Böswart 1668.
Bogonosszewa 1576.
Bohr 1490.
Boivin, J. L. 1565.
Boivin, P. A. 1565.
Boks 1661.
Bolhuis 1706.
Bomberger 1727.
Bonavolontà 1663.
Bonilla 1656.
Bonnemaison 1714.
Bonnier 1506.
Bono 1541.
Bordoni 1521.
Bordwell 1581.
Borek [1624].
Borjatschek 1529.
Borm 1725.
Bortner 1543.
Bos 1622.
Bose 1511.
Bossard 1742.
Boudart 1526.
Bowen 1638.
Bowers 1768.
Boxer 1648.
Boyce Thompson Institute for Plant Research, Inc. 1758.
Boyd 1543.
Bozicevich 1663.
Božović 1648.
Bradfield 1708.
Bradford 1709.
Bradin jr. 1649.
Bradley, A. 1540.
Bradley, L. B. 1628.
Bradshaw 1630.
Brady 1767.
Bragg 1620.
Bramley 1501.
Brannen 1570.
Branson 1730.
Braude 1546.
Braun, K. C. 1686.
Braun, O. H. 1631.
Braun, R. A. 1561.
Braunegg 1779.
Brauner 1663.
Bremner 1710.
Brennan, J. B. 1695.
Brennan, J. G. 1489.
Brenner 1532.
Brett 1671.
Briefs 1720.
Brien 1713.
Brini 1537.
British Insulated Callender's Cables Ltd. 1695.
British Thomson-Houston Co. Ltd. 1704.
British Titan Products Co. Ltd. 1700.
Brody 1517.
Broglie, de 1485.
Broida 1499.
Brown, D. J. 1771.
Brown, E. 1755.
Brown, G. M. 1543.
Brown, H. 1730.
Brown, H. P. 1747.
Brown, R. W. 1750.
Brown-Grant 1640.
Brubaker 1500.
Brueckner 1486. 1487. 1488.
Brüni 1661.
Bruni 1771.
Bruylants 1550.
Bubal Soc. An. 1751.
Buchanan, A. S. 1555.
Buchanan, G. L. 1570.
Buchanan, J. R. 1709.
Bucharin 1759.
Budó 1500.
Büchele 1584.
Büchli 1677.
Bühler 1742.
Bugnard 1651.
Buildner 1502.
Burfoot 1515.
Burger 1653.
Burgerjon 1494.
Burgess 1665.
Burglen [1705].
Burke 1664.
Burns 1542.
Burroughs 1753.
Burton 1548.
Burwell jr. 1556.
Buser 1514. 1751.
Busse 1529.
Butcher 1549.
Butenandt 1738.
Butler 1485.
Butterfield 1643.
Buu-Hoï 1582.
Byers 1650.
Cacella 1767.
Cadambe 1522.
Caimann 1684.
Caldwell 1546.
California Research Corp. 1776.
California Spray-Chemical Corp. 1738.
Calliauw 1661.
Campbell, J. B. 1726.
Campbell, T. W. 1538.
Campen 1685.
Camp. Mfg. Co., Inc. 1765.
Canadian Kodak Co. Ltd. 1779.
Cañavate 1686.
Cannell 1679.
Cantane 1643.
Cantwell 1490.
Capraro 1643. 1647.
Carlson, E. C. 1772.
Carlson, R. O. 1489.
Carlson, R. R. 1491.
Carmichael 1658.
Carney 1731.
Carpéni 1540.
Carr, J. G. 1753.
Carr, R. J. 1492.
Cartaya 1754.
Cartry [1695].
Cartwright 1486.
Casentini 1646.
Castellani 1637.
Castellino 1665.
Castle 1707.
Castro 1649.
Catanzaro 1657.
Cavalcanti 1758.
Čejka 1669.
Celanese Corp. of America 1733. 1741. 1770.
Centre National de la Recherche Scientifique 1676.
Cereghetti [1695].
Chabannes 1710.
Chabasse-Massonneau 1605.
Chabrier 1675.
Chakravarty 1769.
Chalvet 1575.
Chamovitz 1657.
Champ 1689.
Chance, H. L. 1633.
Chance, L. H. 1770.
Chancey 1657.
Chandler [1634].
Chang 1706.
Chanu 1509.
Chapman, N. B. 1552.
Chapman, R. D. 1581.
Charitonow 1566.
Charlton 1745.
Cheeseman 1548.
Chemische Fabrik Budenheim Akt.-Ges. 1693.
Chemische Fabrik Grünau Akt.-Ges. Zweigniederlassung Tepha-Illertissen 1761.
Chemische Verwertungsgesellschaft Oberhausen m. b. H. 1732.
Chemstrand Corp. 1734.
Chen 1522.
Cheng 1618.
Chevallier 1651.
Chew 1487.
Chichilo 1710.
Chin 1731.
Chiorboli 1538.
Choucroun 1676.
Chow 1698.
Chrisstoforow 1534.
Christ 1712.
Christensen 1646.
Christman 1627.
Chromow-Borissow 1600.
Chu, E. J.-H. 1581.
Chu, T. C. 1581.
Chuchrjanskaja 1762.
Chupak 1528.
Chupka 1500.
Chupp 1488.
Churchill 1716.
Ciba Akt.-Ges. 1675. 1742. 1743.
Ciba Ltd. 1674.
Ciba Soc. An. 1742. 1743. 1770.
Cibes-Viade 1710.
Cilag Akt.-Ges. 1673.
Cines 1737.
Clark, D. 1495.
Clark, E. 1695.
Clark, H. A. 1744.
Clark, J. K. 1652.
Clark, J. L. 1663.
Clarke, C. N. 1662.
Clarke, N. E. 1662.
Clasen 1744.
Clements 1709.
Clendenin 1692.
Clibbens 1766.
Clinton 1768.
Clusius 1553.
Cluss 1715.
Clutton-Brock 1659.
Cobble 1492.
Cobrun, A. F. [1651].
Cobrun, J. G. 1664.
Cochran 1675.
Coffman 1734.
Cohee jr. 1752.
Cohen, B. L. 1491.
Cohen, E. M. 1662.
Cohen, I. 1658.
Cohen, J. A. 1626.
Cohen, P. P. 1628.
Cohen, V. 1746.
Colas 1715.
Colgate-Palmolive-Peet Co. 1761.
Collin 1518.
Collins 1488.

Colonge 1562. 1574.
Colton 1676.
Columbia-Southern Chemical Corp. 1750.
Comp. Française Thomson-Houston 1696.
Coney 1745.
Congoleum-Nairn, Inc. 1745.
Conklin 1748.
Conn 1736.
Conner 1657.
Connor 1496.
Conroy 1674.
Cook 1495.
Cool 1495.
Coomes 1755.
Cooper 1706.
Coppick 1767.
Coppinger 1538.
Corbett 1572.
Corcoran, A. C. 1637.
Coecoran, N. 1744.
Cormack 1495.
Corrigan 1692.
Corsini 1644.
Corwin 1517.
Couceiro 1630.
Couch 1646.
Coulaud 1642.
Coulson 1577.
Counselman 1717.
Coursaget 1651.
Courtel 1773.
Cowie, A. T. 1640.
Cowie, C. T. V. 1733.
Cox 1672.
Craig 1739.
Crasemann 1491.
Craubner 1553.
Crawford 1523.
Creedy 1631.
Creighton 1744.
Cremer 1728.
Cress Laboratories 1671.
Cresseri 1643. 1647.
Cressman 1779.
Crosley jr. 1652.
Cross 1770.
Crossland 1643.
Crossley 1678.
Crosswhite 1680.
Crowe 1580.
Cruise 1768.
Cruse 1681.
Csajághy 1536.
Culbertson 1712.
Cummings 1675.
Cunha 1634.
Cunningham 1756.
Cupery 1766.
Curd 1738.
Curinga 1704.
Cuttle 1664.
Cvetanović 1547.
Czetsch-Lindenwald 1668.
Dadswell 1761.
Daeschner 1663.
Dahlberg 1751.
Dahlke 1718.
Dalbro 1755.
Dalitz 1516.
Dam 1646.
Damgaard 1630.
Dammer 1728.
Danby 1556.
Dangerfield 1683.
Daniels 1525.
Danielson 1653.
Danilow 1562.
Danusso 1542.
Dariwalla 1740.
Das 1504.
Dasher 1493.
Daudel 1575. 1623.
Dautrebande [1695].
Davey 1572.
David, H. G. 1525.
David, W. A. L. 1714.
Davidson jr. 1660.
Davies, J. S. H. 1589. 1590. 1591.
Davies, J. T. 1557.
Davies, M. 1538.
Davis, C. O. 1778.
Davis, G. R. 1772.
Davis, R. A. 1716.
Davis, R. E. 1504.
Davison Chemical Corp. 1693.
Davoine 1516.
Dawson, K. B. 1650.
Dawson, L. E. 1755.
Dawson, R. M. C. 1637.
Day 1568.
Drboglaw [1754].
De 1648.
Deeg 1768.
Deegan 1590.
Deemter, van 1692.
Deffet 1777.
Deforge 1703.
Dehnert 1631.
DEHYDAG Deutsche Hydrierwerke G. m. b. H. 1733.
Delle 1521.
Deltour 1640.
Demichelis 1495.
Denman 1628.
Denny 1758.
Dent 1650.
Déri 1501.
Dermine 1709.
Dertew 1704.
Deshmukh 1688.
Desrosier 1714.
Deutsche Gold- & Silberscheideanstalt vormals Roessler 1748.
Dewald 1505.
Dewey & Almy Chemical Co. 1741.
Dexter 1645.
Dežlič 1669.
Dickinson [1758].
Dieckmann 1667.
Dieke 1680.
Dienes 1517.
Dietzel 1768.
Dilworth 1488.
Dimitrow 1772.
Dinnick 1660.
Dippell 1634.
Dippy 1540.
Dirks 1756.
Dirnberger 1699.
Dittman 1747.
Doak 1571.
Dodero 1506.
Doetsch 1705.
Doi 1643.
Dolgow 1566.
Dolmetsch 1695.
Dómini 1636.
Dorschner 1774.
Doskočil 1669.
Douin 1635.
Dow Chemical Co. 1716. 1736. 1739. 1745. 1747.
Dow Corning Corp. 1737. 1744.
Downing 1734.
Doxiadis 1664.
Drake 1693.
Dranen, van 1513.
Drapeau jr. 1730.
Dreguss [1651].
Drosin 1529.
Drusinai 1538.
Duchâteau 1636.
Dudani 1627.
Dudziak 1487.
Düker 1515.
Düsedau 1715.
Duffin 1625.
Dunbar 1572.
Dundee 1660.
Dungan 1754.
Dunklin 1670.
Dunlop Rubber Co. Ltd. 1678.
DuPont de Nemoure E. I., & Co. 1699. 1734. 1737. 1748. 1765. 1766. 1778. 1779.
Duraiswami 1630.
Dutt 1769.
Dutton 1531.
Duval 1498. 1689.
Dyke 1500.
Earle 1754.
Eastman Kodak Co. 1704. 1745. 1780.
Ebenhöch 1527.
Ebert 1533.
Echterling 1755.
Eckert 1588.
Eddy 1528.
Edge 1657.
Edgell 1558.
Edward 1543.
Edwards, F. J. 1701.
Edwards, J. A. 1696.
Eger 1666.
Egger [1758].
Eggleton 1653.
Ehrenberg 1651.
Eichhorn, E. A. 1634.
Eichhorn, G. L. 1523.
Eidelstein 1658.
Eijk van Voorthuijsen, van 1532.
Eischens 1498. 1513.
Eisenhut 1769.
Eisenkolb 1721.
Eisenlohr 1774.
Eklund 1493.
Elkind 1739.
Elkinton 1652.
Ellenbeck 1675.
Elliott 1752.
Elord 1664.
Elphimoff-Felkin 1553.
Elsdon-Dew 1663.
Elvehjem 1628.
Emanuel 1556.
Emmelot 1622.
Emmons 1559.
Ender 1740.
Enebäck 1768.
Engelbrecht, A. 1527.
Engelbrecht, H. 1696.
Engelhard 1671.
Engle 1621.
Epstein, M. A. 1665.
Epstein, N. 1692.
Erdélyi 1536.
Erdmann 1524.
Ericson 1628.
Erlenbach 1673. 1737.
Ernst, Walter 1740.
Ernst, Werner 1733.
Ervin 1709.
Eschebach 1623.
Esso Research & Engineering Co. 1776.
Ethyl Corp. 1732.
Étienne 1577. 1578. 1584.
Eugène 1725.
Evans, A. W. 1700.
Evans, D. L. 1520.
Evans, J. C. 1538.
Extraction Continue de Smet (Soc. An.) 1761.
Ezell 1711.
Fabaron 1729.
Faber 1779.
Fabricand 1489.
Fagley 1542.
Farbenfabriken Bayer Akt.-Ges. 1715. 1738. 1742. 1748.
Farbwerke Hoechst Akt.-Ges., vorm. Meister Lucius Brüning 1671. 1673. 1737. 1748. 1771.
Farnsworth 1729.
Fauconnier 1689.
Faulconer 1660.
Fauser 1736.
Faust 1649.
Favini 1552.
Favre 1609.
Fazekas 1638.
Fearon 1621.
Fedock 1719.
Fedotow 1522.
Feitelberg 1641.
Feld 1485.
Feldmann 1489.
Felgel-Farnholz 1723.
Felkin 1553.
Fenrich 1694.
Fenyves 1485.
Feodotjew 1530.
Ferenczy 1689.
Ferguson 1646.
Fernandez 1707.
Fernández González 1518.
Fetter 1517.
Fey 1633.
Fields 1714.
Fieser, L. F. 1606.
Fieser, M. 1606.
Fillmore 1495.
Fine 1720.
Finkelstein 1487.
Finlay 1727.
Finnegan 1547.
Finzi-Contini 1504.
Fireman 1684.
Firestone Tire & Rubber Co. 1694.
Fa. Still 1775.
Fischer, F. [1651].
Fischer, H. 1587.
Fischer, W. 1623.
Fish jr. 1713.
Fisher, E. G. 1746.
Fisher, E. R. 1637.
Fitterer 1719.
Fleischbacker 1667.
Fleischhandler 1677.
Flinn 1718.
Florkin 1636.
Flory 1617.
Försvarets Forskningsanstalt 1733.
Foëx 1531. 1701.
Folger 1771.
Foot 1707.
Forsblom 1506.
Forsius 1612.
Fortess 1770.
Fosten, E., Co. 1749.
Foster 1762.
Fouad 1505.
Fowler 1488.
Fox, H. H. 1673.
Fox, R. H. 1503.
Francis, A. W. 1731.
Francis, S. A. 1498.
François, A. C. 1644.
François, H. 1539.
Frank-Kamenetskii [1526].
Frankel, J. J. 1535.
Frankel, R. A. 1663.
Frankenburg 1526. 1581.
Fransson 1721.
Franzen 1532.
Franzier 1697.
Frederiks 1684.
Frederiksen 1708.
Freedman 1571.
Freeman, G. 1665.
Freeman, J. P. 1545.
Freeman, R. D. 1510.
Frei 1714.
Freier 1630.
French 1618.
Fretter 1488.
Freund 1529.
Freyberger 1493.
Fried 1606.
Friedel 1505.
Friedlander, G. 1495.
Friedlander, P. H. 1543.
Friedman 1650.
Friesen 1488.
Friplat [1779].
Fröman 1490.
Frommer 1720.
Frost 1499.
Fruttiger 1778.
Fuchs 1669.
Fuchslocher 1680.
Fujita 1643.
Fujiwara 1681.
Fukano 1516.
Fukuzawa 1492.
Funke 1573.
Fusier 1636.
Gabuzda jr. 1647.
Gad 1702.
Gagnon 1565.
Gahlen 1656.
Galloway, L. D. 1631.
Galloway, L. S. 1755.
Gambarjan 1595.
Ganguly 1759.
Gans 1509.
Gar 1715.
García-Blanco 1518.
García-Riquelme 1496.
Gardiner 1714.
Gardner 1499.
Garrett 1740.
Gaudin 1493.
Gauguin 1681.
Gault 1563.
Gazzi 1689.
Geigy, J. R., Akt.-Ges. 1673. 1743.
Geiszler 1572.
Gell-Mann 1486. 1487. 1488.
Gelperin 1692.
General Aniline & Film Corp. 1741. 1770. 1779.
General Electric Co. 1695. 1699.
Gennes, De 1640.
Genot 1675.
Gensel 1766.
Gensler 1564.
George 1663.
Gerald 1731.
Gerassimowa 1648.
Gerecs 1545.
Gergely 1497. 1499.
Gerischer 1525.
German 1701.
Gerritsma 1684.
Gessner [1771].
Ghosh 1635.
Giacalone 1649.
Giacomello 1493.
Gibbins 1523.
Gibbs 1539.
Giertz 1762.
Giffard 1707.
Gilbert 1701.
Gill 1740.
Gilman 1568. 1570. 1581.
Ginger 1551.
Giordano 1728.
Gitschthaler 1576.
Giudicelli 1675.
Glagolewa 1520.
Glaser 1680.
Glasgow 1495.
Glass 1492.
Glasser 1529.
Glemser 1531.
Glendenin 1490.
Glidden Co. 1704. 1730.
Glogau 1778.
Go 1668.
Gobrecht 1500.
Goddu 1690.
Goehring 1527.
Göttner 1773.
Goldberg, C. 1504.
Goldberg, L. C. 1645.
Goldberg, R. C. 1641.
Goldberger 1487.
Goldblatt 1746.
Goldfarb 1625.
Goldhaber 1488.
Goldman, M. 1578.
Goldman, S. A. 1501.
Goldsack 1488.
Goldsmith 1648.
Goldstein, B. I. 1648.
Goldstein, M. 1644.
Goodman 1490.
Goodrich, B. F., Co. 1747.
Goodwin 1543.
Goose [1758].
Gorbatschew 1507.
Gordon 1663.
Gorodysski 1622. 1623.
Goto, 1539.
Goutarel 1605.
Govett 1751.
Graf 1514.
Graham, B. 1780.
Graham, W. D. 1658.
Granados 1646.
Grandjean 1656.
Graß 1510.
Grau 1761.
Gray 1751.
Green 1624.
Greep 1641.
Greer, E. N. 1756.
Greer, M. A. 1640.
Gregg 1717.
Grenet 1562.
Gresham 1729.
Grew 1509.
Grewe 1660.
Grimminger 1648.
Grjebine 1492.
Grob 1595. 1597. 1598.
Groot, de 1662.
Gropper 1691.
Grossi 1745.
Groth 1772.
Groves 1700.
Grün 1670.
Gubin 1698.
Gübeli 1685. 1686.
Guérillot 1707.
Gulf Research & Development Co. 1693. 1776.
Gumpel 1755.
Gunning 1650.
Gurwitsch 1542.
Gußstahlwerk Witten Akt.-Ges. 1728.
Guthrie 1770.
Guyer 1711.

Habib 1653.
Haddow 1624.
Hadley 1678.
Hadorn 1759.
Haesler 1644.
Hafsten 1772.
Hagstrum 1499.
Hahn, G. 1737.
Hahn, M. 1643.
Hahn, O. 1668.
Haiman 1485.
Hájos 1535.
Haley [1667].
Hall, D. W. 1729.
Hall, E. E. 1706.
Hall, H. H. 1754.
Haloid Co. 1780.
Halter 1671.
Halvorson 1629.
Hamann, K. 1615.
Hamann, S. D. 1525.
Hamann, Y. 1540.
Hamill 1555.
Hamilton 1736.
Hampton jr. 1647.
Hanau 1744.
Haneman 1502.
Hanscome 1495.
Hansen, A. T. W. 1716.
Hansen, F. 1755.
Hansen, F. F. 1757.
Hansen, H. P. 1713.
Hansen, R. 1761.
Hansen-Pruss 1653.
Harding 1763.
Hardy 1678.
Hargens 1680.
Harker 1521.
Harnisch, H. 1659.
Harnisch, O. 1651.
Harrel 1756.
Harris 1501. 1618.
Harry [1751].
Harshman 1621.
Hartree 1496.
Harukawa 1613.
Harvey 1747.
Hasegawa 1557.
Hashimota 1619.
Hass 1698.
Hasse 1775.
Haszeldine 1559. 1561.
Hattemer 1659.
Hauf 1666.
Hauptschein 1561.
Hauschild 1662.
Haussperger 1658.
Hauttmann 1723.
Hawkins 1577.
Haworth 1634.
Hayashi, G. 1752.
Hayashi, S. 1681.
Hayashi, T. 1492.
Hayashida 1615.
Hazel 1717.
Heck 1728.
Hedbom 1647.
Hegemann 1684.
Hegnauer 1668. 1670.
Heitler 1496.
Heldmann 1671.
Hempel 1522.
Henderson 1556.
Hendricks 1746.
Henecka 1738.
Henk 1703.
Henkel & Cie. G. m. b. H. 1739. 1740.
Henley 1486.
Henry, L. 1715.
Henry, R. A. 1547.
Henson 1745.
Henze 1586. 1594.
Herbert, H. 1678.
Herbert, W. 1774.
Herbiet 1724.
Hercules Powder Co. 1745. 1765.
Heřmanský 1669.
Hernàndez 1656.
Hernández-Medina 1710.
Herrmann 1652.
Herron 1775.
Herzberg 1495.
Heseltine 1631.
Hess, G. 1642.
Hess, R. W. 1731.
Hesse 1701.
Hewlett 1696.
Hey 1551. 1552.
Heyn 1494.
Hicks 1543.
Higdshimori 1643.
Higashino 1635.
Higginson 1525.
High 1730.
Hinshelwood 1548.
Hirayama, H. 1679.
Hirayama, T. 1681.
Hirshfeld 1544.
Hladík 1668.
Hoarau 1539.
Hoard 1519.
Hoare 1628.
Hobbiger 1660.
Hodgson 1709.
Hodson 1485.
Hoekenga 1663.
Höppler 1752.
Hoerr 1761.
Hoerst, Ter 1716.
Hoffmann 1698.
Hoffmann-La Roche, F., & Co. Akt.-Ges. 1737. 1738.
Hoffmann-La Roche, Inc. 1673. 1674.
Hoffpauir 1770.
Hogg 1676.
Hok 1491.
Holland, D. H. 1489.
Holland, H. 1670.
Hollingshead 1532. 1682.
Hollström 1657.
Holt 1569.
Holte 1493.
Homans 1763.
Homès 1706.
Homeyer 1675.
Honorary Advisory Council for Scientific and Industrial Research 1775.
Horikawa 1718.
Horwitz, L. 1583.
Horwitz, M. 1655.
Hosokawa 1536.
Houdremont 1502. 1721.
Howsmon 1767.
Huber 1534.
Hubert 1492.
Huet 1541.
Hüttel 1584.
Hughes 1540.
Hujsak 1772.
Hultin 1624.
Hummitzsch 1724. 1725.
Humperdinck 1667.
Hungerland 1663.
Hunt 1495.
Hunter 1659.
Hutchinson 1696.
Hwa 1748.
Hyde 1492.
Hydell 1766.
Hyyryläinen 1773.
Iball 1542.
Ichinokawa 1516.
Idol jr. 1572.
Ieki 1679.
Ikeda 1697.
Illingworth 1664.
Ilschner 1517.
Imobersteg 1514.
Imperial Chemical Industries Ltd. 1733. 1738.
Inagaki 1680.
Inano 1618.
Infante 1641.
Infunti 1709.
Ingham 1570.
Inghram 1500. 1679.
Ingles 1762.
Ingram 1666.
Inoue 1643.
Intrater 1520.
Iofa 1508.
Ioffe 1544.
Isbell 1586.
Isham 1732.
Ishii 1619.
Ishikawa 1613.
Ishizaki 1492.
Isihara 1615.
Israel 1699.
Itoh, K. 1515.
Itoh, T. 1515.
Ivanoff 1556.
Iwai 1619.
Iwama 1690.
Iwanow, A. A. 1536.
Iwanow, W. I. 1768.
Iweronowa 1619.
Iyer 1627.
Jaboulay 1684.
Jacks 1713.
Jackson 1708.
Jacobson 1712.
Jacques 1708.
Jännes 1647.
Jain 1752.
James, C. G. 1496.
James, W. J. 1618.
Janke 1663.
Janot 1605.
Jansen 1604.
Janson 1667.
Jaumot jr. 1521.
Jeanprost 1693.
Jeffcoate 1661.
Jefimow 1531.
Jegorow 1694.
Jenkins, A. 1695.
Jenkins, E. N. 1697.
Jenkins, R. W. 1766.
Jentschke 1491.
Jentzsch 1668.
Jepifanow 1523.
Jerchel 1587.
Jessop 1630.
Jindra 1668.
Jönköpings och Vulcans Tändsticksfabriksaktiebolag 1779.
Jörg 1677.
Joliet 1541.
Jolley 1771.
Joly 1492.
Joanssen 1523.
Jones, C. R. 1756.
Jones, D. M. 1736.
Jones, E. R. 1656.
Jones, R. G. 1585.
Jones, W. H. 1689.
Jones, W. W. 1711.
Jordan, J. 1507.
Jordan, R. 1755.
Jordi 1666.
Jourdheuil 1714.
Jowett 1631.
Jucker 1685. 1686.
Judeless 1665.
Jungkunz 1759.
Juretschke 1488.
Jurkewitsch 1507.
Juvan 1721.
Kabatschnik 1544.
Kahler, v. 1729.
Kahrs 1615.
Kaiser Aluminium & Chemical Corp. 1699.
Kajanne 1768.
Kakemi 1690.
Kalousek 1701.
Kamlet, J. 1601.
Kamlet, Jonas 1699.
Kamlet Laboratory 1699.
Kandiah 1706.
Kaplon 1487.
Karlson 1627.
Karmas 1607.
Karšulin 1534.
Kaspar 1527.
Kassner 1495.
Katayama 1643.
Kaul 1522.
Kawamori 1633.
Keil 1704.
Kelley, J. H. 1717.
Kelley, K. L. 1648.
Kellogg, M. W., Co. 1747.
Kelly jr. 1745.
Kember 1689.
Kemper 1659.
Kenaga 1716.
Kenmore Metals Corp. 1730.
Kenty 1499.
Kepler 1488.
Kerkom, Van [1695].
Kernahan 1504.
Kerr 1763.
Kessler, F. M. 1771.
Kessler Chemical Co., Inc. 1735.
Keywell 1499.
Kidd 1561.
Kidson 1709.
Kielley 1628.
Kiemstedt 1772.
Kiersey 1660.
Kiessling 1493.
Killer 1679.
Kimbel 1621.
Kimura 1491. 1492.
Kincaid 1778.
Kind 1488.
King 1772.
Király 1717.
Kirchheimer 1627.
Kirjakka 1548. 1768.
Kirk [1693].
Kirssanow 1571.
Kitaigorodski [1557].
Kitajew 1645.
Kitamura 1635.
Kittel 1500.
Kittrick 1708.
Klarmann 1671.
Klein 1485.
Kleinman 1517.
Klosa 1713.
Klosterkötter 1619.
Knacke 1718.
Knight 1610.
Knol 1675.
Knorre 1556.
Knowles 1594.
Kobayasi 1519.
Kochanek 1740.
Kochendörfer 1722.
Kockel 1496.
Kodak-Pathé 1780.
Köhler 1748.
Koelsch 1666.
Kofler 1691.
Kohman 1491. 1533.
Kohn, G. K. 1738.
Kohn, L. A. 1641.
Kojima 1502.
Kolling 1734.
Kolthoff 1507.
Komarow 1535.
Kondo 1500.
Kondorski 1502.
Kondratjewa 1648.
Kopf 1642.
Koppers Co., Inc. 1774.
Kornmüller 1671.
Kortschagin 1767.
Koshiba 1487.
Koslow 1752.
Kosmin 1770.
Kossel 1521.
Kosstrubin 1634.
Kostron 1520.
Kotljarewski 1560.
Kovács 1496.
Kowalewski 1625.
Kozacik 1776.
Kraft 1718.
Krainer, E. 1721.
Krainer, H. 1721. 1723.
Kramer, A. 1711.
Kramer, P. 1491.
Krausz 1567.
Krawtschinskaja 1509.
Kraybill 1488.
Kremer 1660.
Kremser 1526.
Kretzschmar 1700.
Krieger 1675.
Krifka 1723.
Krisstol 1762.
Kroepelin 1526.
Kroneis 1723.
Kroner 1619.
Krucker 1573.
Kruedener, v. 1765.
Kudelja 1680.
Kudrjaschowa 1579.
Kuehner 1677.
Küntzel 1524.
Kuhlmann-Wilsdorf 1519.
Kuhn 1741.
Kumabe 1492.
Kumamoto 1549.
Kunin 1677.
Kunkel 1499.
Kunst 1626.
Kuntz 1544.
Kupchan 1606.
Kupletskaja 1690.
Kurth 1762.
Kushida 1501.
Kusin 1636.
Kusjurina 1754.
Kusminski 1749.
Kutscher 1696.
Kutzyna 1529.
Kuwajewa 1626.
Kuzmick 1692.
Laaff 1746.
Labruto 1636.
Ladd 1747.
Lagarrigue 1488.
Lagerborg 1633.
Laitinen 1508.
Lakhanpal 1705.
Lalatta 1711.
Lamba 1721.
Lancy 1727.
Landefeld 1746.
Landgraf 1732.
Lane jr. 1736.
Lang, F. [1695].
Lang, K. 1701.
Lang, W. A. 1771.
Langevin 1491.
Langhans 1777.
Langlois 1512.
Lannutti 1488.
Lapitzki 1531.
Lapuschonok 1645.
Larsson, A. 1666.
Larsson, E. 1566. 1567.
Laute 1698.
Lauwerier 1510.
Lawver 1692.
Laxton 1540.
Laybourn 1751.
Lazanas 1627.
Lazo-Wasem 1639.
Leaf 1765.
Lebedinski 1535.
Le Blanc 1690.
Lecomte 1498. 1538. 1609. 1610.
Lecrenier 1709.
Lederberg 1632.
Lee 1489.
Leeser 1493.
Legagneur 1680.
Legat 1723.
Leisten 1545.
Lenné 1543.
Lenoble 1509.
Lenz 1702.
Leonardi 1714.
Leprince-Ringuet 1485.
Lesbre 1498.
Lester jr. 1670.
Lettré 1623.
Leuthardt 1628.
Levine 1732.
Levinger 1490.
Levinson 1488.
Lewi 1719.
Lewis, J. T. 1500.
Lewis, P. R. 1685.
Li 1637.
Lieber 1547.
Lihl 1724.
Lilly, E., & Co. 1673.
Lincoln 1756.
Link 1738.
Linsley 1728.
Lint, Van 1485.
Lintzel 1644.
Lipner 1641.
Lippert 1538.
Lister [1557].
Little 1704.
Litwinenko 1701.
Livingston 1661.
Ljachowitsch 1536.
Llopis 1557.
Locke 1495.
Locker 1654.
Loeb 1501.
Lønnum 1656.
Logan 1735.
Lokanathan 1486.
Lomasney 1664.
Lombard, L. S. [1651].
Lombard, O. M. 1624.
Lombroso 1660.
Long, A. L. 1491.
Long, J. C. 1653.
Longuet [1705].
López de Lerma 1518.
Lopuschanski 1648.
Lorber 1664.
Lord 1487.
Loscalzo 1653. 1654.
Lossaint 1709.
Loving 1778.
Low-Beer 1652.
Lowenstein 1628.
Lowzow 1720.
Lubrizol Corp. 1776.
Lucas 1545.
Lueb 1726.
Lühr 1663.
Lugo-López 1710.
Lukaschewitsch [1716].
Luke 1686. 1687.
Lund 1640.
Lundblad 1624.
Lundén 1684.
Lyonnet 1644.
Mc Ardle 1570.
McAuliffe 1708.
McBee 1572.
McCance 1650.
McCane 1558.
McCarthy 1697.
McCauley 1555.
McCleery 1664.
McClelland 1490.
McConnell 1746.
McCracken 1750.
McCrea 1591.
McDermott 1772.
McDonald [1557].

McEwan 1548.
Macfarlane, J. 1543.
MacFarlane, R. A. 1740.
McGarr 1619.
McGhie 1610.
McGill 1778.
MacGillivray 1634.
McGreal 1678.
Machida 1618.
MacIntire 1709.
McIntyre 1746.
McKellin 1581.
MacKenzie 1555.
McKinley 1693.
MacMasters 1754.
McMillan, E. M. 1485.
MacMillan, J. 1614.
MacMillan, W. G. 1769.
MacNaughton 1543.
McNeil Laboratories, Inc. 1674.
MacPherson 1717.
Macq 1491.
McQuistan 1498.
Maddin 1522.
Maeda 1512.
Magnitzki 1759.
Mahmoud 1488.
Maille 1635.
Mainx 1666.
Maisuss 1556.
Makino 1629.
Mallinckrodt Chemical Works 1675. 1736.
Maloney 1707.
Malurkar 1537.
Malvano 1495.
Manbre & Garton Ltd. 1757.
Mancini 1751.
Mandelbaum 1715.
Manghi 1661.
Manley 1491.
Mann, P. J. G. 1627.
Manning 1683.
Manufactures de Produits Chimiques du Nord Établissements Kuhlmann 1744.
Marenetz 1682.
Marino 1653. 1654.
Mark 1490.
Markewitsch 1701.
Markham 1660.
Marmier, P. 1491. 1492.
Marmier, P. E. 1516.
Marotta 1694.
Marrero 1656.
Mardsen 1664.
Marsh 1736.
Marshall 1689.
Martelli 1509.
Mårtensson 1655.
Martin, E. E. 1500.
Martin, G. A. 1568.
Martin, J. P. 1709. 1711.
Martin, W. J. 1519.
Martini 1661.
Marty 1491.
Marullo 1656.
Maschowetz 1506.
Massell 1654.
Masslow 1537. 1542.
Masson 1637.
Masuo 1624.
Matalon 1744.
Mater 1675.
Mathes 1604.
Matisen 1542.
Matsuda 1501.
Matsumoto 1664.
Matsushima 1625.
Matthews 1718.
Maul 1631.
Maurer, H. 1652.
Maurer, R. 1497.
Mautner 1741.
Maxson 1491.
May 1652.
Mayhew 1770.
Mazerolles 1498.
Mead Corp. 1766.
Meade 1623.
Meadows 1774.
Mebane 1607.
Mècre 1765.
Mednikow 1634.
Meguro 1513.
Méhes, G. 1641.
Méhes, K. 1533.
Meier 1661.
Meijer 1941.
Mela 1628.
Meldau 1533.
Melney 1658.
Melnikow 1715.
Melnitschenko 1704.
Mende, de 1643.
Mendelsohn 1677.
Mengali 1780.
Mennicken 1527.
Mergault 1507.
Merkel 1664.
Merten 1625.
Messer, H. 1677.
Messer, A., G. m. b. H. 1699.
Metallgesellschaft Akt.-Ges. 1699. 1731. 1774.
Metler 1731.
Metze [1615].
Meyer, P. 1485.
Meyer, W. L. 1558.
Meyniel 1643.
Michel, M. 1644.
Michel, R. 1640.
Michelotti 1535.
Michelsson 1660.
Michlin 1626.
Middleton 1780.
Migdal 1486.
Mihama 1515.
Miki 1613.
Mikulecký 1669.
Miles [1779].
Millenet [1705].
Miller, G. E. 1779.
Miller, J. W. 1771.
Miller, N. 1510.
Miller, R. R. 1528.
Miller, W. T. 1732.
Millner 5101.
Minarik 1712.
Mir Amorós 1533.
Mischulowitsch 1703.
Mitani 1720.
Mitchell 1510.
Mitra 1489.
Mitsche 1723.
Miyahara 1679.
Miyake 1557.
Miyamoto 1681.
Miyazawa 1489.
Mizuguchi 1752.
Mlčochová 1669.
Möllenstedt 1515.
Möller, H. 1522.
Möller, H. F. 1631.
Moenich 1495.
Mönning 1677.
Mogey 1659.
Mohaček 1665.
Mohammed 1655.
Mohorčič 1542.
Moncrieff 1764.
Mond, Du 1516. 1491. 1492.
Mongaut 1771.
Monier 1517.
Monsanto Chemical Co. 1678. 1694. 1770.
Montbrun 1724.
Montclair Research Corp. 1749.
Moore, D. T. 1744.
Moore, J. H. 1650.
Moran 1756.
Morath 1568.
Morgan 1664.
Mori 1513.
Morihara 1624.
Morrinson 1648.
Morris, A. J. 1657.
Morris, H. P. 1641.
Morris, R. C. 1748.
Morrison, A. B. 1650.
Morrison, A. L. 1564.
Mosettig 1612. 1613.
Mosher, H. S. 1594.
Mosher, R. E. 1662.
Mossel 1753.
Most 1663.
Mothes 1635.
Mottelson 1490.
Muckerheide 1759.
Müller 1677.
Müller-Busse 1726.
Münker 1730.
Mukerji 1648.
Mukherjee, A. K. 1635.
Mukherjee, J. N. 1662.
Muldawer 1521.
Mulford 1532.
Muller, L. [1667].
Muller, P. A. 1750.
Mullin 1698.
Mungavin 1664.
Murdoch 1701.
Murray 1638.
Murti 1627.
Mushett 1648.
Myers 1542.
Myles 1741.
Mysels 1731.
N. V. Veenendaalsche Sajet-en Vijfschachtfabriek Vorheen W. D. S. Van Schuppen & Zoon 1675.
Nachtigall 1725.
Naegeli [1615].
Naeser 1533.
Nagasaka 1681.
Nagrodski 1764.
Nagy 1497.
Nakamura 1682.
Nakano 1681.
Nakao 1652.
Nakasone 1513.
Nancolles 1505.
Narayanan 1606.
Narit 1707.
Nasarow 1560.
Nathan 1676.
National Dairy Research Laboratories, Inc. 1758.
National Research Development Corp. 1693.
Naumann 1755.
Navellier 1756.
Naves 1538. 1609. 1610.
Neale 1678.
Nechvatal 1551.
Neckář 1670.
Nedzel 1492.
Nehring 1644.
Neiman, E. R. 1758.
Neiman, S. 1758.
Nelson 1625.
Nervik 1492.
Nes 1612. 1613.
Netval 1669.
Neugebauer 1502.
Neumann 1726.
Neunhoeffer [1615].
Neurath 1624.
Newburger 1641.
Newhall 1712.
Newman 1491.
Newton 1705.
Nexmand 1646.
Niccolini [1667].
Nicholls, A. M. 1691.
Nicholls, D. 1638.
Nichols 1641.
Nicholson 1693.
Nieburgs 1623.
Niederl, J. B. 1678.
Niederl, J. B., & Associates, Inc. 1678.
Niederl, V. 1678.
Nielsch 1688.
Nielsen, H. H. 1539.
Nielsen, J. P. 1683.
Nielsen, L. 1746.
Nieminen 1548.
Niggli 1518.
Nijst 1685.
Nineham 1587.
Nisteruk 1488.
Nitta 1616.
Niwa 1532.
Noddack 1530.
Nogier 1535.
Noll 1728.
Nooy 1578.
Nord 1580. [1630].
Norddeutsche Affinerie 1715. 1716.
Norman 1712.
Norris 1589. 1591.
Norwood 1550.
Notarbartolo 1771.
Novotný 1671.
Nowotny 1722.
Noyes 1525.
Nucleonic & Radiological Developments Ltd. 1691.
Nunn 1757.

Obara 1635.
Oberhänsli 1691.
Obinata 1698.
Obst 1702.
Occhialini 1488.
Očenášek 1669.
O'Connell 1654.
O'Connor 1766.
Office National d'Études et de Recherches Aéronautiques 1729.
Ogawa 1503.
Ohi 1643.
Oiwa 1505.
Oku 1769.
Okuda 1680.
Oldfield 1697.
Olin Industries Inc. 1779.
Olin Mathieson Chemical Corp. 1716. 1778.
Olofsson 1756.
Onstott 1508.
Oosterbaan 1626.
Oppenheimer [1615].
Ordelt 1775.
Orden, van 1627.
Ordono 1711.
Orear 1487.
Orehoski 1720.
Oroshnik 1607.
O'Rourke 1487.
Os, Van 1691.
Ossipow 1522.
Ost-Rassow [1693].
Osterheld 1617.
Ostermann 1721.
Othmer [1693].
Ottenstein 1664.
Owen jr., C. A. 1627.
Owen, G. 1660.
Owen, G. E. 1517.
Owens-Corning Fiberglas Corp. 1771.
Owtscharenko 1763.
Oxirane Ltd. 1747.

Pachmajer 1729.
Pachomow 1502.
Padovani 1694.
Paech 1635.
Pagano 1559.
Page 1637.
Pais 1488.
Palin 1697.
Palmer 1745.
Panassjuk 1763.
Panaye 1704.
Pancholy 1510.
Pancoast jr. 1763.
Panhäuser 1744.
Pankina 1769.
Pannell 1493.
Panzer 1515.
Papa 1672.
Papadakis 1702.
Pardee 1693.
Parke, Davis & Co. 1672. 1676.
Parrák 1671.
Parry 1747.
Parsons 1704.
Parthasarathy 1510.
Parts 1558.
Paschinjan 1655.
Pasedach 1738.
Patergnani 1488.
Patrick 1606.
Paulian 1705.
Pauncz 1501.
Pauschkin [1776].
Pavel 1715.
Pawlow 1530.
Peacock 1634.
Peacocke 1622.
Pearce 1537. 1602.
Pearson, H. E. 1633.
Pearson, J. 1526.
Pearson, R. W. 1708.
Pebalk 1692.
Pechukas 1750.
Pedersen 1637.
Pehrman 1503.
Pepe 1756.
Pepper 1495.
Pepperhoff 1501.
Perfogit Soc. An. 1771.
Perlman 1490.
Perror 1533.
Perry jr., H. M. 1661.
Perry, L. M. 1667.
Perry, W. F. 1638.
Persico 1494.
Perutz 1619. 1620.
Perwejew 1579.
Peter 1740.
Peterkin 1651.
Peterlin 1615.
Petersen 1711.
Peterson 1485.
Pettebone 1612.
Pettit 1537. 1602. 1603.
Pfannenstiel 1713.
Pfeil 1718.
Phelps 1499.
Philipp 1757.
Philippe 1541.
Phillips, D. D. 1563.
Phillips, J. D. 1753.
Phillips, M. A. 1653. 1731.
Phillips Petroleum Co. 1737. 1750.
Piazza 1510.
Piccioni 1495.
Pickering 1755.
Pickett 1713.
Pickles 1569.
Pieper 1495.
Pieroni 1638.
Pierquin 1664.
Pikl 1734.
Pinar 1572.
Pineo 1763.
Pinner 1726.
Pintér 1641.
Pirilä 1657.
Pittsburgh Plate Glass Co. 1675.
Plaskssin 1717.
Plati 1674.
Pliskin 1498.
Plöckinge 1723.
Plyler 1496.
Podlessny 1704.
Pöhm 1669.
Polak 1658.
Poljanski 1706.
Pollak 1656.
Pollard 1746.
Pons 1773.
Popkin 1776.
Popow 1767.
Porcino 1658.
Porter, C. C. 1639.
Porter, J. W. 1635.
Porter, R. F. 1500.
Poshitkowa 1764.
Post 1717.
Potjagailo 1764.
Potschinok 1682.
Povse 1724.
Prat 1715.
Prentki 1486.
Preston 1488.
Pretorius 1556.
Preziosi 1653. 1654.
Price-Driscoll Corp. 1747.
Prick [1667].
Prießnitz 1637.
Prill 1735.
Prime 1659.
Prina 1633.
Pringsheim 1634.
Produits Roche S. A. 1675.
Prokoschew 1634.
Protan 1757.
Pruitt 1747.
Prutton 1776.
Pschera 1721.
Ptschelkin 1531.
Puddington 1775.
Pugh 1656.
Pulver 1655.
Pungor 1684.
Purcell 1504.
Puri 1705.
Pursey 1488.
Pusatrei 1720.
Pusstowalow 1679.
Pyne 1755.

Qualitex, Soc. Dunod & Cie 1729.
Quatrini 1649.
Quattrocchi 1657.
Quelet 1570.
Quisenberry 1646.

Rabi 1489.
Radczewski 1516.
Raimondi 1633.
Ralls 1676.
Ramage 1591.
Ramdas 1498.
Rammelkamp jr. 1657.
Ramser 1754.
Randich 1717.
Rannila 1766.
Rapatz 1722.
Rappen 1734.
Rassow [1693].
Ratier 1486.
Ratliff 1762.
Rattay 1528.
Rau 1485.
Ray, F. E. 1623.
Ray, L. 1715.
Raybestos-Manhattan, Inc. 1692.

Reardon, L. V. 1663.
Reardon Co. 1745.
Reding 1743.
Reduzzi 1653. 1654.
Reeves, A. M. 1779.
Reeves, R. E. 1523.
Rege 1622.
Regler 1722.
Rehbinder 1522.
Reid 1760.
Reiff 1776.
Reinhardt 1710.
Reiniger 1727.
Reinmuth 1698.
Reiss 1752.
Reitz 1495.
Rembaum 1554.
Renk 1595. 1597. 1598.
Renner, K. 1721.
Renner, U, 1738.
Reppe 1738.
Reuther 1706.
Reynolds 1485.
Rheinpreußen Akt.-Ges. für Bergbau und Chemie 1693.
Rhodin jr. 1512.
Ricceri 1629.
Richardson, A. R. 1626.
Richardson, D. N. 1738.
Richman 1486.
Richter 1763.
Rickards 1648.
Ridd 1550.
Ridgway 1488.
Rightmire 1491.
Riley 1698.
Riou 1492.
Ritio, de 1661.
Ritter, H. L. [1691].
Ritter, W. 1755.
Rivière 1642.
Rivoche 1757.
Rjabtschenko 1560.
Rjasanowa-Ssolnzewa 1655.
Rjuchin 1764.
Rioberts, A. 1707.
Roberts, C. W. 1572.
Roberts, N. F. 1495.
Roberts, O. J. 1657.
Roberts, R. M. 1771.
Robertshaw-Fulton Controls Co. 1730.
Robertson, A. 1733.
Robertson, D. N. 1738.
Robertson, H. S. 1533.
Robertson, J. M. 1543.
Robertson Thain Ltd. 1766.
Robinson, P. L. 1525.
Robinson, T. S. 1551.
Roche 1640.
Rochester 1485.
Rodrigo 1706.
Röhm & Haas G. m. b. H. 1478.
Roelen 1732.
Rønnov-Jessen 1661.
Rösch 1679.
Rogers 1773.
Rogowin 1768.
Rohm & Haas Co. 1677. 1739. 1748.
Rohner 1722.
Rohrbach 1722.
Roine 1649.
Roller 1705.
Rolls Royce Ltd. 1729.
Romanchek 1621.
Rondestvedt jr. 578.
Ronwin 1557.
Roo, De 1550.
Roos 1701.
Rose, D. J. 1499.
Rose, K. 1727.
Rosen 1611.
Rosenberg 1654.
Rosenberger 1762. 1649.
Rosenman 1650.
Rosenthal 1488.
Rosenthal 1647.
Rosenzwaig 1649.
Ross, J. 1761.
Ross, J. F. 1699.
Ross, M. 1486.
Ross, S. D. 1544.
Rossanda 1639. 1649.
Rossiter 1638.
Rostowzewa 1622. 1623.
Rotblat 1494.
Roth 1666.
Rothhardt 1523.
Rothman 1677.
Rotival 1694.
Rott 1670.
Rottensten 1644.
Roux 1575.
Rowland 1707.
Rowlinson 1556.
Roy, A. 1654.
Roy, G. J. 1736.
Roy, M. M. 1513.
Roy, R. S. B. 1513.
Royer 1574. 1575.
Royston, D. B. 1699.
Royston, G., & Son Ltd. 1699.
Rozendaal 1665.
Rubino 1751.
Rubinstein 1727.
Ruddlesden 1517.
Ruderman 1486.
Rudnick 1628.
Rüdiger 1502.
Rüfenacht 1587.
Rueggeberg 1550.
Rühle 1515.
Ruh 1716.
Ruhrchemie Akt.-Ges. 1734.
Ruhrgas Akt.-Ges. 1773.
Rundkwisst 1518.
Russell-Hill 1552.
Russo 1657.
Rust 1749.
Rygh 1710.
Rylowa 1654.
Saccardi 1536.
Sackel 1770.
Sadun 1649.
Sänger 1776.
Safety Ruel & Chemical Corp. 1775.
Saffran 1638.
Sagane 1487.
Saha, A. K. 1504.
Saha, J. M. 1752.
Saito, K. 1680.
Saiot, N. 1533.
Saitzew 1536.
Sakabunina 1654.
Sakoschtschikow 1764.
Sakui 1509.
Sakurada 1616.
Salley 1528.
Salvi 1654.
Salzberg 1749.
Salzmann 1487.
Salzmann 1712.
Samanski 1648.
Samuelson 1684.
Sanderson 1553.
Sands 1486.
Sanuki 1768.
Sapadnjuk 1659.
Sapsford 1644.
Sasaki 1681.
Satchell 1713.
Sato, C. 1512. 1513.
Sato, K. 1509.
Sauls 1550.
Saunders 1715.
Sborov 1658.
Scalabrino 1639. 1649.
Scanlon 1518.
Scarinci 1655.
Scarsi 1488.
Scatturin 1619.
Schachman 1618.
Schäff 1615.
Schaffer 1621.
Schafranowski 1518.
Schaible 1692.
Schainjuk 1534.
Schally 1638.
Scharff-Goldhaber 1490.
Scharroba 1776.
Schaub 1722.
Schenck 1720.
Schering International Research Institute 1672.
Schewtschenko J. T. 1623.
Schewtschenko, W. J. 1571.
Schiller, A. M. 1765.
Schiller, G. 1736.
Schippers 1520.
Schirp 1773.
Schlack 1748. 1771.
Schlein 1564.
Schmeisser 1527.
Schmerling 1731.
Schmid 1722.
Schmidt, F. 1732.
Schmidt, G. M. J. 1544.
Schmidt, G.-W. 1650. 1663.
Schmidt, H. [1651]*.
Schmidt, J. [1615].
Schmidt, W. J. 1535.
Schmidtmann 1720.
Schmitt, B. 1745.
Schmitt, W. 1659.
Schoffstall 1717.
Scholl 1726.
Schoon 1618.
Schotte 1593.
Schramm 1684.
Schredt 1576. 1588.
Schreus 1656.
Schrodt 1761.
Schröder, H. A. 1661.
Schroeder, K. 1694.
Schroeder, W. 1721.
Schuberth 1751.
Schuchmann 1516.
Schütz 1714.
Schütze 1736.
Schultz 1779.
Schulze 1631.
Schumacher 1499.
Schumann 1702.
Schuricht 1779.
Schurr 1745.
Schuschunow 1530.
Schwabe 1553. 1554.
Schwalbe 1766.
Schwarze [1693].
Schwarzenbach 1682.
Schwarzer 1684.
Schwarzmann 1531.
Schweiker 1546.
Schwetzowa-Schilowskaja 1715.
Schwietzer 1650.
Scott, G. P. 1545.
Scott, G. W. 1773.
Scott, H. M. 1648.
Scott, J. F. 1664.
Scow 1640.
Seaborg 1492. 1700.
Searcy 1510.
Searle, G. D., & Co. 1676.
Sechi 1641.
Seefelder 1738.
Segal 1523.
Seidel 1629.
Seiden 1499.
Seidler 1602.
Seiter 1728.
Seki 1616.
Selényi 1501. 1516.
Sell 1583.
Sen Gupta, A. B. 1769.
Sen Gupta, M. L. 1759.
Sengupta, P. 1715.
Sergeant 1686.
Serre 1537.
Servranckx 1494.
Seymour 1521.
Shabica 1611.
Shan 1713.
Shannon 1712.
Shapiro 1528.
Sharp & Dohme, Inc. 1672. 1678.
Shaw 1718.
Shdanow 1520.
Shell Development Co. 1747. 1748.
Shellenberger 1756.
Sherman 1746.
Shersby-Harvie 1494.
Sherwin-Williams Co. 1715. 1741.
Shima 1534.
Shimizu 1769.
Shimoizaka 1503.
Shinagawa 1685.
Shirras 1666.
Shogren 1756.
Shookhoff 1656.
Shrivastava 1627.
Shufler 1505.
Shulgin 1545.
Shull 1503.
Sibatani 1622.
Siebel, E. 1722.
Siebel, G. 1729.
Siebert 1625.
Sieglitz 1673. 1737.
Siemens & Halske Akt.-Ges. 1728.
Sienko 1504.
Sierra 1686.
Silber 1639.
Silva 1758.
Silver 1641.
Simanton 1491.
Simard 1528.
Simon, A. 1495.
Simon, J. 1665.
Simonetta 1552.
Simpsom 1485.
Sinfré Soc. Ann. 1678.
Singer 1652.
Sinohara 1513.
Sirianni 1775.
Sisler 1523.
Sistiaga 1726.
Skärblom 1733.
Skellon 1744.
Sklar 1639.
Skyrme 1489.
Slattenschek 1721.
Sloyer 1699.
Smakula 1497.
Smasnaja-Iljina 1682.
Smeets 1691.
Smekal 1721.
Smith, A. 1766.
Smith, A. A. 1626.
Smith, C. H. 1695.
Smith, C. S. 1520.
Smith, D. H. 1709.
Smith, E. K. 1638.
Smith, F. M. 1750.
Smith, H. G. 1771.
Smith, J. A. G. 1692.
Smith, M. E. 1519.
Smith, P. F. 1706.
Smith, R. A. 1730.
Smith, R. L. 1693.
Smith jr., S. H. 1528.
Smitt [1667].
Snegireff 1624.
Snyder 1487.
Sobel 1653.
Soc. An. Gignoux & Cie 1766.
Soc. Belge de l'Azote et des Produits Chimiques du Marly, Soc. An. 1739.
Soc. Pour l'Exploitation de Procédés de Fabrication de Produits Électro-Chimiques et Électro-Métallurgiques Industriels 1729.
Soc. Française de Peintures Bitumineuses A. E. Petit et Fils „Bitulac" Soc. à r. l. 1745.
Soc. Générale de Produits Photographiques 1766.
Soc. des Produits Azotés 1739.
Soc. des Usines Chimiques Rhône-Poulenc 1736.
Socony-Vacuum Oil Co., Inc. 1693. 1731. 1776.
Sokaski 1771.
Sommer 1737. 1751.
Sommerer 1721.
Sone 1616.
Sorg 1774.
Sougin-Mibashan 1655.
Souther 1697.
Southern Production Co., Inc. 1732.
Spadas Akt.-Ges. 1730.
Spähn 1728.
Spahrkäs 1524.
Spalton 1632.
Specht 1710.
Speer 1707.
Speranskaja 1641.
Spielrein 1767.
Spiess, C. F., & Sohn Chemische Fabrik 1715. 1716.
Spinks 1703.
Spitzy 1654.
Spofa, Vereinigte Pharmazeutische Werke, Nationalunternehmen 1737.
Spojené Farmaceutické Závody, Národní Podnik 1673.
Sprague 1672.
Sprengler 1511.
Springer 1727.
Spurlin 1765.
Sreenivasan 1622.
Ssajenko 1636.
Ssandal 1752.
Ssawinski 1660.
Ssawtschenko 1600.
Ssemenko 1764.
Ssiwer 1648.
Ssobolew 1534.
Ssoloschko 1523.
Ssurowowa 1764.
Ssytschew 1703.
Stacy 1568.
Staehelin, A. 1584.
Staehelin, M. 1628.
Štajduhar 1665.
Stalinsky 1749.
Standard Oil Co. 1774.
Standard Oil Development Co. 1692. 1731. 1750. 1774. 1775.
Stanford 1495.
Stanley 1680.
Stannett 1617.
Stark 1625.
Staudenmayer 1679.
Stebel 1696.
Steele 1559.
Stefan, Dr., & Co. K. G. (vorm. F. Hofmann K. G.) 1677.
Steinberg 1490.
Steinberger 1486.
Steinegger 1668.
Steinmann 1764.
Stephen 1548.
Stephens 1694.
Stephenson 1701.
Streges 1709.
Sterling Drug, Inc. 1673.
Sternberg 1505.
Stevens 1776.
Stevenson, D. O. 1513.
Stevencon, I. L. 1712.
Stevenson, W. G. 1677.
Stewart 1629.
Stigter 1511.
Stiles 1727.
Stillman 1760.
Stimpson 1758.
Stitt 1538.
Stoerk 1639.
Stone, D. G. H. 1664.
Stone, M. D. 1717.
Stone, R. W. 1632.
Stoppani 1638.
Strand 1536.
Straschill 1727.
Street 1700.
Strepichejew 1617.
Strong 1739.
Strumpe 1649.
Stubbins 1494.
Stubbs 1706.
Sturdy 1532.
Sturkie 1637.
Subachina 1529.
Subramaniam 1630.
Suen 1765.

Chemisches Zentralblatt

1956 Nr. 6 8. Februar

A. Allgemeine, physikalische und anorganische Chemie.

Oskar Klein, *Aktuelle Probleme über die kleine und große Zahl in der Physik.* Zahlkonstanten u. natürliche Einheiten in der klass. Theorie u. Quantentheorie. (Kosmos Stockholm] **32.** 33—52. 1954.) GERHARD SCHMIDT. 10

N. J. Toivonen, *Zum Anteil der Chemie an der Entwicklung unserer Naturerkenntnis. Über die Ordnung in der Natur.* (Vortrag.) Überblick über die Entw. unserer Naturerkenntnis unter besonderer Berücksichtigung des Anteils der Chemie für das Bestreben, die in der Natur u. bes. in der Welt der Materie herrschende Ordnung kennen zu lernen. (S.-B. finn. Akad. Wiss. **1952.** 87—116.) G. KIRMSE. 10

A_1. Kernphysik und Kernchemie.

Louis de Broglie, *Reguläre Wellen und Wellen im singulären Bereich in der Wellenmechanik.* Darst. des Führungstheorems in der Theorie der Doppellösung, die sich allein auf die Kontinuitätsgleichung stützt. (C. R. hebd. Séances Acad. Sci. **241.** 345—48. 25/7. 1955.) GERHARD SCHMIDT. 80

Peter Meyer und **J. A. Simpson,** *Amplitudenänderungen der 27 Tage-Intensitätsschwankung der Höhenstrahlung mit der Sonnenaktivität.* (Sitzungsbericht.) (Physic. Rev. [2] **98.** 247. 1/4. 1955. Univ. of Chicago,) GERHARD SCHMIDT. 85

Louis Leprince-Ringuet, *Mesonen und schwere instabile Teilchen in den Höhenstrahlen.* Zusammenstellung der wichtigsten experimentellen Daten über τ-, K- u. $\varkappa$-Mesonen, S- u. V-Ereignisse sowie über Supernucleonen u. Hyperonen aus Emulsions- bzw. Nebelkammermessungen. — 79 Literaturhinweise. (Annu. Rev. Nuclear Sci. **3.** 39—66. 1953. Paris, École Polytechn.) GERHARD SCHMIDT. 85

G. D. Rochester und **C. C. Butler,** *Die neuen instabilen Höhenstrahlteilchen.* Zusammenfassender Bericht über die Eigg. der instabilen Teilchen mit Massen zwischen 400 u. 2200 m_e. WILSON-Kammeraufnahmen liefern den endgültigen Nachw. für die Existenz des $V_1{}^0$-Teilchens mit der M. 2190 m_e, das in ein Proton u. in ein π^--Meson zerfällt. Ein etwas leichteres Teilchen ($V_2{}^0$) wird ebenfalls nachgewiesen, die möglichen Zerfallsschemata werden diskutiert. Die Eigg. der geladenen V-Teilchen werden mit den 3 Haupttypen geladener instabiler Teilchen, die in photograph. Emulsionen gefunden worden sind, verglichen. (Rep. Progr. Physics **16.** 364—407. 1953. Manchester, Univ., Phys. Labors.) GERHARD SCHMIDT. 85

W. H. Arnold, J. Ballam, A. L. Hodson, R. Ronald Rau, George T. Reynolds, S. B. Treiman und **V. A. Van Lint,** *Analyse geladener V-Ereignisse.* (Vgl. auch C. **1956.** 914.) (Sitzungsbericht.) (Physic. Rev. [2] **98.** 275—76. 1/4. 1955. Princeton Univ.) GERHARD SCHMIDT. 85

Ervin Fenyves und **Ottó Haiman,** *Messung der Höhenstrahlung in einem Bergwerk.* Inhaltlich ident. mit der C. **1954.** 10867 referierten Arbeit. (Magyar tudományos Akad., matematikai fizikai Osztályának Közleményei [Ung. Akad. Wiss., Ber. math. physik. Abt.] **2.** 233—38. 1952.) J. PLANK. 85

Bernard T. Feld, *Photomesonenerzeugung aus Wasserstoff.* (Sitzungsbericht.) (Physic. Rev. [2] **98.** 238—39. 1/4. 1955. MIT.) GERHARD SCHMIDT. 90

R. Stephen White, Edwin M. McMillan und **Jack M. Peterson,** *Erzeugung von Mesonen durch Röntgenstrahlen.* 1. Mitt. *Experimentelle Methode.* (Sitzungsbericht.) Mesonen wurden durch einen Röntgenstrahl erzeugt, der ein zylindr. C-Target von 1×3 in. durchlief. Sie wurden mittels ILFORD C 2-Emulsionen (100 μ), die azimutal um das Target hinter Pb-Absorbern angeordnet waren, nachgewiesen. Die maximalen Mesonendichten lagen bei 100/cm². Die räumliche Verteilung war mit der Annahme isotroper Emission aus einer endlichen linienförmigen Quelle verträglich. (Physic. Rev. [2] **78.** 84. 1/4. 1950. Berkeley, Calif., Univ. of California.) M. WIEDEMANN. 90

Jack M. Peterson, Edwin M. McMillan und **R. Stephen White,** *Erzeugung von Mesonen durch Röntgenstrahlen.* 2. Mitt. *Experimentelle Ergebnisse.* (1. vgl. vorst. Ref.) (Sitzungsbericht.) Das Verhältnis der negativen zu den positiven π-Mesonen, die durch die Röntgenstrahlung eines 335 MeV-Synchrotrons in C erzeugt wurden, betrug unabhängig von der Energie im Bereich von 30—150 MeV 1,7 ± 0,2. Das Energiespektr. der unter 90° zum Röntgenstrahl emittierten Mesonen hatte ein Maximum bei 35 MeV. Der Gesamtwirkungsquerschnitt ergab sich zu $5 \cdot 10^{-28}$ cm² je C-Kern u. Quant. (Physic. Rev. [2] **78.** 84. 1/4. 1950.) M. Wiedemann. 90

Keith A. Brueckner, *Erzeugung von Mesonen durch Röntgenstrahlen.* 3. Mitt. *Theorie.* (2. vgl. vorst. Ref.) (Sitzungsbericht.) Die pseudoskalare Mesonentheorie gibt die beste Übereinstimmung mit den experimentellen Befunden hinsichtlich räumlicher u. Energieverteilung sowie des Wirkungsquerschnittes. (Physic. Rev. [2] **78.** 84. 1/4. 1950.) M. Wiedemann. 90

Pierrette Benoist-Gueutal, Jacques Prentki und **Jean Ratier,** *Über die Erzeugung nuclearer Mesonen durch Photonen (Spinmesonen).* Die Erzeugung von Mesonen bei Nucleon–Photon-Zusammenstößen wird auf der Grundlage der Quantentheorie relativist. nach der Störungsmeth. behandelt. Für skalare sowie pseudoskalare Mesonen werden die Wirkungsquerschnitte ermittelt. Der im 335 MeV-Synchrocyclotron beobachtete Überschuß an negativen Mesonen wird analysiert. Für die Unters. des Energiespektr. der Mesonen liefert die pseudoskalare Mesonentheorie die besseren Ergebnisse. (C. R. hebd. Séances Acad. Sci. **230.** 1146—48. 20/3. 1950.) M. Wiedemann. 90

H. A. Wilcox, W. F. Cartwright, C. Richman und **M. N. Whitehead,** *Ein Verfahren zur Messung des Querschnitts der Mesonenerzeugung in der Vorwärtsrichtung.* (Sitzungsbericht.) Negative Mesonen werden von positiven Teilchen durch ein Magnetfeld abgespalten. Die durch gebogene Kanäle grob gefilterten Teilchen gleicher Impulse werden in einem Absorberblock mit eingelagerten Kernemulsionen gebremst. In diesem werden die positiven Mesonen wegen ihres größeren Durchdringungsvermögens von den Protonen gleichen Impulses getrennt. (Physic. Rev. [2] **79.** 198—99. 1/7. 1950. Berkeley, Calif., Univ. of California.) H. Liepack. 90

Matthew Sands, J. G. Teasdale und **Robert L. Walker,** *Das negativ-zu-positiv-Verhältnis der Photomesonen aus Deuterium.* Mittels der 500 MeV-Bremsstrahlung eines Synchrotrons wurde die Erzeugung von Photomesonen aus D unter hohem Druck untersucht. Mittels eines magnet. Spektrometers wurden Teilchen eines bestimmten Impulses, Winkels u. Ladungsvorzeichens ausgewählt. Das Verhältnis der negativen zu den positiven Mesonen ist >1, es beträgt nahezu 1,5 bei einem Winkel von 140° (Laboratoriumssyst.), $\sim$1,1 bei 73° u. $\sim$1,05 bei 29°, es ist energieabhängig. (Physic. Rev. [2] **95.** 592—93. 15/7. 1954. Pasadena, Calif., California Inst. of Technol.)
M. Wiedemann. 90

M. Ross, *Theorie der Photoerzeugung des Pions.* (Sitzungsbericht.) (Physic. Rev. [2] **98.** 1156. 15/5. 1955. Brookhaven Nat. Labor.) Gerhard Schmidt. 90

A. B. Migdal, *Mesonenerzeugung bei Energien nahe den Schwellenwerten.* Das Energiespektr. der zum Stoß zweier Nucleonen entstehenden Mesonen wird abgeleitet. Da die Bldg. von Nucleonen mit sehr niedriger Wechselwirkungsenergie sehr wahrscheinlich ist, ist die Wahrscheinlichkeit der Entstehung von Mesonen mit Energien nahe dem aus den Erhaltungssätzen gewonnenen Schwellenwert hoch. Die Beziehung für die Querschnitte der Bldg. von Deuteronen zu der Bldg. freier Nucleonen u. Protonen mit parallelem Spin bei den Rkk. $p + p = n + p + \pi^+$, $n + p = p + n + \pi^0$ u. $n + n = n + p + \pi^-$ wird behandelt. Bei den Rkk. $p + n = n + n + \pi^+$, $n + n = n + n + \pi^0$, $p + n = p + p + \pi^-$ u. $p + p = p + p + \pi^0$ entstehen die Protonen bzw. Neutronen mit antiparallelem Spin. (Журнал Экспериментальной и Теоретической Физики [J. exp. theoret. Physik] **28.** 10—12. Jan. 1955.) M. Wiedemann. 90

S. Lokanathan und **J. Steinberger,** *Suche nach unwahrscheinlichen Mesonenzerfällen.* (Sitzungsbericht.) (Physic. Rev. [2] **98.** 240. 1/4. 1955. Columbia Univ.)
Gerhard Schmidt. 90

E. M. Henley, M. A. Ruderman und **J. Steinberger,** *Reaktionen von π-Mesonen mit Nucleonen.* Die Zusammenstellung der Ergebnisse mit künstlich erzeugten π-Mesonen liefert Aussagen über die Eigg. des freien Mesons (Ladung, M., Spin, Zerfallsart, Lebensdauer) sowie über die Eigg. der Rkk. freier Mesonen mit Nucleonen. — 90 Literaturzitate. (Annu. Rev. Nuclear Sci. **3.** 1—38. 1953. New York, N. Y., Columbia Univ., Dep. of Phys.) Gerhard Schmidt. 90

Murray Gell-Mann und **Kenneth M. Watson,** *Die Wechselwirkung zwischen π-Mesonen und Nucleonen.* Zusammenfassung der theoret. Begriffe, die bei der Unters. von Mesoneneigg. verwendet werden, wobei von den Annahmen ausgegangen wird, daß die Pion–Nucleon-Wechselwirkungen eine endliche Reichweite haben, die Ladungsunabhängigkeit für diese Erscheinungen gültig ist, u. daß der Zustand ($I = 3/2$, $j = 3/2$, $l = 1$) des Pion–Nucleon-Syst. mit einer bes. starken Wechselwrkg. verbunden ist. Die Phasenverschiebungen der Meson–Nucleon-Streuung u. der P-Wellen–Pion–Nucleon-

Wechselwrkg. werden tabellar. wiedergegeben u. die Berechnung der komplexen Phasen der Matrixelemente für Photoerzeugung durchgeführt. — 56 Literaturhinweise. (Annu. Rev. Nuclear Sci. 4. 219—70. 1954. Chicago, Ill., Univ. of Chicago, Dep. of Phys. and Inst. for Nucl. Stud.; Madison, Wis., Univ. of Wisconsin, Dep. of Phys.)
GERHARD SCHMIDT. 90

Geoffrey F. Chew, *Verbesserte Berechnung der P-Wellen-Phasenverschiebungen bei der Pion–Nucleon-Streuung in der Abschneidtheorie.* (Vgl. C. **1954.** 468.) Die theoret. Phasenverschiebungen der P-Welle werden nach der FREDHOLM-Approximation ermittelt, für Energien zwischen 38 u. 240 MeV sind die Ergebnisse tabelliert. (Physic. Rev. [2] **95.** 285—86. 1/7. 1954. Urbana, Ill., Univ. of Illinois, Dep. of Phys.)
M. WIEDEMANN. 90

Freda F. Salzman und **James N. Snyder,** *Numerische Berechnung der 3/2–3/2-Pion–Nucleon-Reaktionsmatrix und Phasenverschiebungen.* (Vgl. vorst. Ref.) Tabellierung der theoret. Phasenverschiebungen im (3/2, 3/2)-Zustand. (Physic. Rev. [2] **95.** 286—87. 1/7. 1954.) M. WIEDEMANN. 90

Geoffrey F. Chew, *Vergleich der Abschneid-Mesonentheorie mit dem Experiment.* (Vgl. vorst. Reff.) Die Abschneidform (cut-off) der YUKAWA-Theorie der Wechselwrkg. von Pionen mit nichtrelativist. Nucleonen wird mit den experimentellen Resultaten für Pion–Nucleon-Streuung, Photopionenerzeugung in der Nähe der Schwellen u. bei höheren Energien, die anomalen magnet. Momente, die Neutron–Elektron-Wechselwrkg. u. für die Kernkräfte verglichen. Bei Energien unterhalb der Nucleon–Ruhenergie scheinen die Emission u. Absorption einzelner reeller oder virtueller Pionen der vorherrschende Prozeß zu sein. (Physic. Rev. [2] **95.** 1669—75. 15/9. 1954.) M. WIEDEMANN. 90

Jay Orear, *Streuung von positiven 23 MeV-Pionen an Wasserstoff.* (Sitzungsbericht.) (Physic. Rev. [2] **98.** 239—40. 1/4. 1955. Columbia Univ.)
GERHARD SCHMIDT. 90

Jay Orear, C. H. Tsao, J. J. Lord und **A. B. Weaver,** *Streuung von 145 MeV-π^+ an Wasserstoff in der Emulsion.* (Vgl. Physic. Rev. [2] 93. [1954.] 575.) (Sitzungsbericht.) (Physic. Rev. [2] **95.** 624. 15/7. 1954. Univ. of Chicago; Univ. of Washington.)
GERHARD SCHMIDT. 90

R. J. Finkelstein und **R. E. Behrends,** *Strahlungskorrekturen auf den Muon (μ-Meson)-Zerfall.* (Sitzungsbericht.) (Physic. Rev. [2] **98.** 1155. 15/5. 1955. Los Angeles, Calif., Univ. of California.) GERHARD SCHMIDT. 90

Ryokichi Sagane, Walter Dudziak und **James Vedder,** *Positronenspektrum aus dem Zerfall des μ-Mesons.* (Sitzungsbericht.) (Physic. Rev. [2] **98.** 269. 1/4. 1955. Berkeley, Calif., Univ. of California.) GERHARD SCHMIDT. 90

Walter Dudziak, Ryokichi Sagane und **James Vedder,** *Photomesonenerzeugung aus H, D und C.* (Vgl. vorst. Ref.) (Sitzungsbericht.) (Physic. Rev. [2] **98.** 269. 1/4. 1955.)
GERHARD SCHMIDT. 90

R. C. O'Rourke, *Ein Problem in der Schauertheorie — „Approximation A".* (Sitzungsbericht.) (Physic. Rev. [2] **98.** 1190. 15/5. 1955. Naval Res. Labor.)
GERHARD SCHMIDT. 90

K. A. Brueckner, M. Gell-Mann und **M. L. Goldberger,** *Über die Herabsetzung der Bildung virtueller Nucleonenpaare in der pseudoskalaren Mesonentheorie.* Sitzungsbericht zu der C. **1954.** 10868 referierten Arbeit. (Physic. Rev. [2] **91.** 460. 15/7. 1953. Indiana Univ.; Univ. of Chicago.) M. WIEDEMANN. 90

M. F. Kaplon, W. D. Walker und **M. Koshiba,** *Das Verhältnis neutral-zu-geladen bei Wechselwirkungen hoher Energie.* Die relative Erzeugung von Schauerteilchen, die keine π-Mesonen sind, bezogen auf geladene π-Mesonen bei Wechselwirkungen hoher Energie ($>10^{12}$ eV) läßt sich bestimmen aus $N_{S'}/N_{\pi^\pm} = [R(\pi)/R]) - 1$. Hierbei sind $R(\pi) = N_{\pi^0}/N_{\pi^\pm}$, $R = N_{\pi^0}/(N_{\pi^\pm} + N_{S'})$. N_{π^0} folgt aus der Zahl der Elektronenpaare des π^0-Zerfalls. Unter Berücksichtigung der Bremsstrahlung bestimmen Vff. R = 0,46 $\pm$0,09. Mit $R(\pi)$ = 0,5 nach VAN HOVE u. Mitarbeitern (C. **1954.** 700) folgt $N_{S'}/N_{\pi^\pm}$ = 0,09 $\pm$ 0,25 unter der Annahme, daß die Schwankungen von $R(\pi)$ proportional $\sqrt{N_\pi}$ sind. (Physic. Rev. [2] **93.** 1424—25. 15/3. 1954. Rochester, N. Y., Univ. of Rochester.)
H. LIEPACK. 90

Ss. S. Belenki, *Zur Theorie der Mehrfachteilchenbildung bei hohen Energien.* (Vgl. C. **1955.** 9488.) Vf. ermittelt theoret. für verschied. Tempp. das Verhältnis der bei Kern-Rkk. gebildeten π zu den Nucleonen u. Antinucleonen in Abhängigkeit von N_0, der Zahl der ursprünglichen Nucleonen. Für kT = 1,2 $m_\pi c^2$ wird auch die Bldg. von Λ-Teilchen u. Antiteilchen einbezogen. Auf den großen Einfl. von N_0 wird hingewiesen. (Журнал Экспериментальной и Теоретической Физики [J. exp. theoret. Physik] **28.** 111—13. Jan. 1955. Physikal. Lebedew-Inst. der Akad. der Wiss. der UdSSR.) M. WIEDEMANN. 90

I. L. Rosental, *Zur Theorie von Fermi über die Mehrfachteilchenbildung bei Nucleonenstoß.* Exakte Berechnung des Impulserhaltungssatzes für den streng relativist. u. den streng nichtrelativist. Fall bei den verschied. Fermi-Zuständen. (Журнал Экспериментальной и Теоретической Физики [J. exp. theoret. Physik] **28.** 118—20. Jan. 1955. Physikal. Lebedew-Inst. der Akad. der Wiss. der UdSSR.) M. Wiedemann. 90

Gerson Goldhaber, W. W. Chupp, S. J. Goldsack, J. Lannutti und **F. Webb,** *Erzeugung schwerer Mesonen und Hyperonen im Bevatron.* (Sitzungsbericht.) (Physic. Rev. [2] **98.** 267. 1/4. 1955. Berkeley, Calif., Univ. of California.) Gerhard Schmidt. 90

S. L. Ridgway und **George B. Collins,** *Beweis für γ-Strahlen aus Hyperonen oder schweren Mesonen, die durch Cosmotronprotonen erzeugt worden sind.* (Sitzungsbericht.) (Physic. Rev. [2] **98.** 247. 1/4. 1955. Brookhaven Nat. Labor.)
Gerhard Schmidt. 90

M. Gell-Mann und **A. Pais,** *Das Verhalten neutraler Teilchen bei Ladungskonjugation.* Einige Eigg. der Θ^0-Teilchen, deren Zerfall nach $\Theta^0 \rightarrow \pi^+ + \pi^-$ bekannt ist, werden im Hinblick auf die Ladungskonjugation diskutiert. Entsprechend den zur Deutung der Hyperonen u. K-Teilchen aufgestellten Schemata wird ein Antiteilchen $\overline{\Theta}^0$ verlangt, das sich von Θ^0 unterscheidet. Θ^0 selbst muß als eine „Teilchenmischung" angesehen werden, der zwei verschied. Lebensdauern zukommen, deren jede mit einer eigenen Zerfallsweise verbunden ist. Nicht mehr als die Hälfte aller vorhandenen Θ^0-Teilchen erleiden den bekannten Zerfall in zwei Pionen. (Physic. Rev. [2] **97.** 1387—89. 1/3. 1955. New York, N. Y., Columbia Univ., Dep. of Phys.; Princeton, N. J., Inst. for Advanced Study.) Brigitte Müller. 90

W. B. Fretter, E. W. Friesen, G. E. Kepler und **A. Lagarrigue,** *Einige Ergebnisse über K-Teilchen.* (Sitzungsbericht.) (Physic. Rev. [2] **98.** 1202. 15/5. 1955. Berkeley, Calif., Univ. of California.) Gerhard Schmidt. 90

C. Dilworth, G. P. S. Occhialini und **L. Scarsi,** *Schwere Mesonen.* Krit. Übersicht des experimentellen Untergrundes (photograph. Emulsion u. Wilson-Kammer) u. Bericht über die Erzeugung schwerer Mesonen. Ausführlich behandelt werden die Eigg. des τ-Mesons, der neutralen V-Mesonen u. der K-Teilchen sowie die Wilson-Kammerbeobachtungen des Zerfalls in Ruhe u. im Fluge der geladenen schweren Mesonen (S- u. V-Ereignisse). — 66 Literaturhinweise. (Annu. Rev. Nuclear Sci. **4.** 271—314. 1954. Milano, Univ., Dep. of Phys.; Bruxelles, Univ., Dep. of Phys.)
Gerhard Schmidt. 90

R. M. Walker, R. S. Preston, E. C. Fowler und **H. L. Kraybill,** *Erzeugung neutraler V-Ereignisse in Blei durch Neutronen aus dem Cosmotron.* (Sitzungsbericht.) (Vgl. C. **1956.** 7.) (Physic. Rev. [2] **98.** 1203—04. 15/5. 1955.) Gerhard Schmidt. 90

D. L. Pursey, *Symmetrieeigenschaften einer universellen Wechselwirkung.* Kern-β-Zerfall, der Zerfall des μ-Mesons u. vielleicht auch der μ-Einfang können durch eine allg. Wechselwrkg. zweier Felder von Fermionen gedeutet werden. Aus den Symmetrieeigg. wird abgeleitet, daß die universelle Wechselwrkg. stets 2 u. nur 2 geladene Felder, ein positives u. ein negatives, enthalten muß. Sie muß vom Typ S—T + P oder V—A sein. (Physica **18.** 1017—19. Dez. 1952. London, King's Coll., Dep. of Phys.)
M. Wiedemann. 90

K. Brueckner, C. Levinson und **H. Mahmoud,** *Zweikörperkräfte und Kernsättigung.* 1. Mitt. *Methode.* (Sitzungsbericht.) (Physic. Rev. [2] **95.** 655. 15/7. 1954. Indiana Univ.)
Gerhard Schmidt. 95

C. Levinson, K. Brueckner und **H. Mahmoud,** *Zweikörperkräfte und Kernsättigung.* 2. Mitt. *Ergebnisse.* (1. vgl. vorst. Ref.) (Sitzungsbericht.) (Physic. Rev. [2] **95.** 655. 15/7. 1954.) Gerhard Schmidt. 95

C. J. Nisteruk und **H. J. Juretschke,** *Austauschpotential in dem statistischen Modell der Atome.* Das statist. Modell des Atoms, welches das Austauschpotential des freien Elektrons von Dirac einschließt, hat den Fehler, daß es zu Elektronenverteilungen führt, die bei einem bestimmten Radius R_0 vom Kern diskontinuierlich auf Null abnehmen. Vff. berichten über einige Ergebnisse mit einem Modell, das von einer Modifikation des Dirac-Potentials im Oberflächengebiet des Atoms ausgeht. (J. chem. Physics **22.** 2087—88. Dez. 1954. Brooklyn, N. Y., Polytechn. Inst. of Brooklyn.)
J. v. Harlem. 95

A. Kind und **G. Patergnani,** *Zu einem statistischen Modell mit unabhängigen Teilchen für den schweren Kern.* (Vgl. C. **1956.** 326.) Wenn man von der nach Watanabe (C. **1940.** I. 171) berechneten Kernkonfiguration ausgeht, werden für die Rkk. mit hoher Energie (>50 MeV) die Folgerungen (l. c.) bestätigt, darüber hinaus ist es möglich, die „Bohrsche Hypothese" direkt aus dem Modell mit unabhängigen Teilchen abzuleiten. (Nuovo Cimento [9] **11.** 106—07. 1/1. 1954. Padova, Univ., Ist. di Fis. u. Ist. Naz. di Fis. Nucl.) R. K. MÜLLER. 95

T. H. R. Skyrme, *Ein neues Modell für Kernmaterie.* Es wird ein Modell für Kernmaterie aufgestellt, in dem angenommen wird, daß das Mesonenfeld in eine inkompressible Fl. kondensiert, in der die nucleon. Quellen durch starke Wechselwirkungen zwischen den Quellen u. der Fl. als ganzes eingeschlossen sind. Die Werte für die abgeleiteten anomalen elektr. Wechselwirkungen der Nucleonen sind in roher Übereinstimmung mit den Tatsachen. Die aufgezeigte Kernstruktur ist ein Schalenmodell, eingebettet in die meson. Fl., deren Oscillationen, stark gekoppelt mit den Nucleonen, die kollektiven Züge der Kernstruktur wie in der Theorie von BOHR u. MOTTELSON ergeben. (Proc. Roy. Soc. [London], Ser. A **226.** 521—30. 7/12. 1954. Harwell, Berks., AERE.) J. v. HARLEM. 95

G. Feldman, *Modifizierte Propagatoren in der Feldtheorie (mit Anwendung auf das anomale magnetische Moment des Nucleons).* Vf. zeigt, daß die Einführung der modifizierten Propagatoren S'_F u. Δ'_F in die Theorie des Mesonenfeldes zu neuen Unendlichkeitsstellen führt, die nicht durch Renormalisierung beseitigt werden können. Möglichkeiten, diese neuen Schwierigkeiten zu beseitigen, werden diskutiert. (Proc. Roy. Soc. [London], Ser. A **223.** 112—29. 7/4. 1954. Birmingham, Univ., Math. Phys. Dep.) J. v. HARLEM. 95

A. N. Mitra, *Modifizierte Nucleonpropagatoren.* Krit. u. ergänzende Bemerkungen zu der Mesonentheorie von FELDMAN (vgl. vorst. Ref.). (Physic. Rev. [2] **95.** 1697—98. 15/9. 1954. Ithaca, N. Y., Cornell Univ., Labor. for Nucl. Stud.) J. v. HARLEM. 95

D. H. Holland, *Raumgitterquantisierung gekoppelter Mesonen- und Nucleonenfelder.* (Sitzungsbericht.) (Physic. Rev. [2] **98.** 273. 1/4. 1955. Stanford Univ.) GERHARD SCHMIDT. 95

I. I. Taljanski, *Über die positive Bestimmbarkeit der Energie in der Theorie mit Produkten höherer Ordnung.* Zur Beschreibung des Mesonenfeldes wird eine Differentialgleichung gewählt, die Glieder von höherer als zweiter Ordnung enthält. Unter bestimmten Bedingungen ergibt sich die Energie des Mesonenfeldes im Vakuum als positiv-endlich. (Доклады Академии Наук СССР [Ber. Akad. Wiss. UdSSR] [N. S.] **97.** 433—36. 21/7. 1954. Lwow, Franko-Univ.) M. WIEDEMANN. 95

G. E. Pake, *Radiofrequenz- und Mikrowellenspektroskopie von Kernen.* Übersicht über die Radiofrequenzspektroskopie, Kerninduktion u. magnet. Kernresonanz sowie über die auf Kerneigg. angewandte Mikrowellenspektroskopie. Behandelt werden im einzelnen neue Messungen des Kernspins u. der Momente, der Polarisation von Kernspins durch die OVERHAUSER-Meth., Anwendungen auf die Physik von Festkörpern sowie die Hyperfeinstruktur in der Elektronenresonanz im Mikrowellenbereich. — 86 Literaturhinweise. (Annu. Rev. Nuclear Sci. **4.** 33—50. 1954. St. Louis, Mo., Washington Univ., Dep. of Phys.) GERHARD SCHMIDT. 95

Hironari Miyazawa, *Sachs-Theorem der magnetischen Momente von Kernen.* (Vgl. SACHS; C. **1953.** 9057.) Es wird eine Korrektur, bedingt durch die Nucleon–Paar-Bldg., an der Beziehung von SACHS zwischen der Summe der magnet. Momente der Nucleonen u. der Wahrscheinlichkeit der Bldg. von virtuellen Pionen mit dem Drehimpuls 1 durchgeführt. Es ergibt sich, daß die von SACHS bestimmte Wahrscheinlichkeit durch diese Korrektur beträchtlich modifiziert wird. (Physic. Rev. [2] **97.** 1413—14. 1/3. 1955. Chicago, Ill., Univ. of Chicago, Inst. for Nucl. Stud.) J. v. HARLEM. 95

J. G. Brennan und **A. B. Volkov,** *Magnetische Momente von konjugierten Kernen.* Einige der experimentell bestimmten magnet. Momente von konjugierten Kernen weichen ungefähr um den gleichen Betrag von den SCHMIDT-Grenzen ab. Es wird gezeigt, daß die aus einer einfachen Form des kollektiven Modells berechneten magnet. Momente so sind, daß die Differenz zwischen den Abweichungen eines Paares von konjugierten Kernen klein ist. Solche experimentell beobachteten Abweichungen von dieser Regel, wo die Differenz zwischen den Abweichungen groß ist (z. B. bei $^{127}J-^{97}Mo$), können durch Modifikationen des kollektiven Modells unter Einschluß der Effekte a) der Schalenmodellstruktur u. b) Konfigurationsmischung erklärt werden. Die relative Bedeutung der verschied. dynam. Merkmale des Kerns kann, mindestens qualitativ, abgeschätzt werden aus der Größe u. dem Vorzeichen der Abweichungsdifferenz des magnet. Moments bei einem Paar von konjugierten Kernen. (Physic. Rev. [2] **97.** 1380—86. 1/3. 1955. Washington, D. C., Catholic Univ. of America; Newark, Del., Univ. of Delaware.) J. v. HARLEM. 95

B. P. Fabricand, R. O. Carlson, C. A. Lee und **I. I. Rabi,** *Molekularstrahluntersuchung von Rotationsübergängen.* 2. Mitt. *Die Rotationsübergänge von KBr und ihre*

Hyperfeinstruktur. (1. vgl. C. **1955**. 7609.) Das elektr. Resonanzverf. des Molekularstrahls wird auf $^{39}K^{79}Br$ u. $^{39}K^{81}Br$ angewendet. Für J = 1 erfolgt eine Aufspaltung in 10 Terme infolge der Quadrupolwechselwirkungen von K u. Br. Aus den Übergängen J = 0 → J = 1 bei den drei unteren Schwingungszuständen v = 0, 1, 2 ergeben sich die DUNHAMschen Koeffizienten, die tabellar. wiedergegeben werden. In gleicher Weise werden die Quadrupolwechselwirkungen u. die Dipolmomente in $^{39}K^{79}Br$ bestimmt. Das Massenverhältnis der Bromisotope wird mit $M(^{79}Br)/M(^{81}Br) = 0{,}9753088 \pm 0{,}0000020$, das Verhältnis der Quadrupolmomente mit $1{,}1973 \pm 0{,}0006$ angegeben. (Physic. Rev. [2] **91**. 1403—08. 15/9. 1953. New York, N. Y., Columbia Univ.) H. NELKOWSKI. 95

I. Perlman und **Frank Asaro,** *α-Radioaktivität*. Kurze Zusammenfassung der neueren Entwicklungen, die die Regularitäten bei der α-Zerfallsenergie, die Regularitäten der Zerfallsdauern, die neue α-Zerfallstheorie sowie die aus dem α-Zerfall abgeleiteten spektroskop. Daten betreffen. Die α-Energien u. Häufigkeiten der Isotope von *Bi, Po, At, Em, Fr, Ra, Ac, Th, Pa, U, Np, Pu, Am, Cm, Bk, Cf, 99* u. *100* werden tabellar. angeführt. — 116 Literaturhinweise. (Annu. Rev. Nuclear Sci. **4**. 157—90. 1954. Berkeley, Calif., Univ. of California, Radiat. Labor. and Dep. of Chem.)
GERHARD SCHMIDT. 103

A. Bohr, P. O. Fröman und **B. R. Mottelson,** *Über die Feinstruktur beim α-Zerfall*. Das bei starken Kerndeformationen anwendbare u. bes. für sehr schwere Kerne geeignete Kopplungsschema deutet darauf hin, daß die bevorzugte Form des α-Zerfalls Nucleonen in gepaarten Bahnen erfaßt. Im Falle von gerade–gerade-Kernen geht der stärkste Übergang zum Grundzustand des Nachfolgekerns, u. die Feinstruktur besetzt vorwiegend die mit dieser Konfiguration verbundene Rotationsbande. Für Kerne mit ungeradem A besetzen die bevorzugten α-Zerfälle diejenige Rotationsbande, für die die Bahn des letzten ungepaarten Nucleons unverändert bleibt. Diese Deutung liefert eine Anzahl von Korrelationen zwischen Energie u. Lebensdauer der bevorzugten α-Zerfälle in gerade–gerade-Kernen u. Kernen mit ungeradem A. Die Intensitätsverhältnisse bevorzugter α-Übergänge der letzteren Kerne lassen sich auf Grund der in den gerade–gerade-Kernen beobachteten Intensitäten abschätzen. (Kgl. danske Vidensk. Selsk., mat.-fysiske Medd. **29**. Nr. 10. 1—20. 1955. Kopenhagen, Univ., Inst. for Theoret. Phys. and CERN.)
F. WEIGEL. 103

Murray Cantwell, *Molekulare Anregung beim β-Zerfall*. (Sitzungsbericht.) (Physic. Rev. [2] **98**. 235. 1/4. 1955. Washington Univ.) GERHARD SCHMIDT. 103

G. Alaga, K. Alder, A. Bohr und **B. R. Mottelson,** *Intensitätsregeln für β- und γ-Übergänge zu Kernrotationszuständen*. Vff. wenden die Intensitätsregeln für Rotationsspektren auf β- u. γ-Übergänge in den deformierten Kernen an. Der bisherige empir. Nachw. stimmt mit diesen Regeln überein u. liefert somit eine weitere Stütze für das angenommene Kopplungsschema für diese Kerne. Die Verzweigungsverhältnisse sowie die Störungswrkg. (K-Verbotsgrad, Rotationsbeimischungen) werden behandelt. (Kgl. danske Vidensk. Selsk., mat.-fysiske Medd. **29**. Nr. 9. 1—22. 1955. Kopenhagen, Univ., Inst. for Theoret. Phys. and CERN.) GERHARD SCHMIDT. 103

J. S. Levinger, *Theorien der Kernphotoreaktionen*. Übersicht über die verschied. Absorptionstheorien von Photonen durch Kerne u. Vgl. der theoret. u. experimentellen Ergebnisse für die Photozertrümmerung des Deuterons u. anderer leichter Kerne. Die verschied. Kernmodelle für Absorption von Photonen mittlerer Energie durch mittelschwere u. schwere Kerne werden diskutiert u. verglichen. — 63 Literaturhinweise. (Annu. Rev. Nuclear Sci. **4**. 13—32. 1954. Baton Rouge, La., Louisiana State Univ., Dep. of Phys.) GERHARD SCHMIDT. 103

L. E. Glendenin und **E. P. Steinberg,** *Spaltungsradiochemie* (*Spaltung bei niedrigen Energien*). Übersicht über die radiochem. Unterss. der spontanen Spaltung u. der Spaltung durch Neutronen vom therm. Gebiet bis zu einigen MeV. Im einzelnen werden die bei der neutroneninduzierten Spaltung auftretende Massen- u. Ladungsverteilung u. die Wirkungen geschlossener Schalen behandelt. — 62 Literaturhinweise. (Annu. Rev. Nuclear Sci. **4**. 69—80. 1954. Lemont, Ill., Argonne Nat. Labor., Chem. Div.)
GERHARD SCHMIDT. 103

Gertrude Scharff-Goldhaber und **Joseph Weneser,** *Höher angeregte Zustände in gerade-gerade-Kernen*. (Vgl. C. **1954**. 1168 u. 7338.) (Sitzungsbericht.) (Physic. Rev. [2] **98**. 1186. 15/5. 1955. Brookhaven Nat. Labor.) GERHARD SCHMIDT. 103

Clyde McClelland, Hans Mark und **Clark Goodman,** *Elektrische Anregung schwerer Kerne mit Protonen*. (Vgl. C. **1954**. 5682.) (Sitzungsbericht.) (Physic. Rev. [2] **98**. 249. 1/4. 1955. MIT.) GERHARD SCHMIDT. 103

Hans Mark, Clyde McClelland und **Clark Goodman,** *Elektrische Anregung von Kernen in der Nähe abgeschlossener 50-Protonen- und Neutronenschalen*. (Vgl. vorst. Ref.) (Sitzungsbericht.) (Physic. Rev. [2] **98**. 249. 1/4. 1955.) GERHARD SCHMIDT. 103

F. Boehm, P. Marmier und **J. W. M. DuMond,** *L-Konversion in reinen E 2-Übergängen.* (Sitzungsbericht.) (Physic. Rev. [2] **98.** 280. 1/4. 1955. California Inst. of Technol.) GERHARD SCHMIDT. 103

B. L. Cohen und **E. Newman,** *Anomale Abhängigkeit von F_p/F_n auf die Beschußenergie.* (Sitzungsbericht). (Physic. Rev. [2] **98.** 1198. 15/5. 1955. Oak Ridge Nat. Labor.) GERHARD SCHMIDT. 103

S. Bashkin und **R. R. Carlson,** *γ-Strahlen aus dem Protonenbeschuß von ^6Li.* (Sitzungsbericht.) (Physic. Rev. [2] **98.** 230. 1/4. 1955. State Univ. of Iowa.) GERHARD SCHMIDT. 103

D. R. Maxson, J. S. Allen und **W. K. Jentschke,** *Elektron-Neutrino-Winkelkorrelation beim β-Zerfall von Neon 19.* (Vgl. C. **1955.** 9723.) (Sitzungsbericht.) (Physic. Rev. [2] **98.** 230. 1/4. 1955. Univ. of Illinois.) GERHARD SCHMIDT. 103

J. R. Simanton, R. A. Rightmire, A. L. Long und **T. P. Kohman,** *Langlebiges radioaktives Aluminium 26.* (Vgl. C. **1955.** 11327.) (Sitzungsbericht.) (Physic. Rev. [2] **98.** 260. 1/4. 1955. Carnegie Inst. of Technol.) GERHARD SCHMIDT. 103

P. Macq, *Differentielle β-γ-Winkelkorrelation von Chlor 38.* (Vgl. C. **1955.** 7600). Mit ^{38}Cl, das durch Beschuß von LiCl mit einem 12 MeV-Cyclotrondeuteronenbündel (150 μA) erzeugt worden ist, wird die l. c. beobachtete β_2–γ_2-Kaskade für 10 verschied. Energien (3,39, 3,8, 3,92, 4,17, 4,57, 4,68, 4,97, 5,18, 5,4 u. 5,9 MeV) der β-Teilchen gemessen. (Bull. Cl. Sci., Acad. roy. Belgique [5] **61.** 467—73. 1955. Louvain, Labor. de Phys. Nucl. et Mol.) GERHARD SCHMIDT. 103

Bernd Crasemann und **D. L. Manley,** *Radioaktivität von ^{57}Co.* (Sitzungsbericht.) (Physic. Rev. [2] **98.** 279. 1/4. 1955. Univ. of Oregon.) GERHARD SCHMIDT. 103

Toshio Azuma, Kunihiko Tsumori und **Kiichi Kimura,** *γ-Spektrum von ^{60}Co.* Das γ-Spektr. von ^{60}Co wurde mit Hilfe eines γ-Spektrometers mit doppeltfokussierenden magnet. Linsen durch Messung der Emission der Konversionsphotoelektronen einer Pb-Folie bestimmt. Für die beiden Maxima der Linienspektren ergab sich das Verhältnis der γ-Energien als Verhältnis der Fokussierungsströme zu 4,175:4,755 in Übereinstimmung mit den Ergebnissen anderer Autoren (vgl. auch C. **1953.** 9057). (Bull. Inst. chem. Res., Kyoto Univ. [Kagaku Kenkyusho Hokoku] **26.** 63. Sept. 1951. Kyoto, Univ., K. Kimura Labor. [Orig.: engl.]) WERNER SCHULZ. 103

Michel Langevin, *Proportionalzählermessung des L/K-Einfangverhältnisses von ^{71}Ge.* (Vgl. C. **1955.** 9 u. 4991.) Vf. bestimmt das L/K-Einfangverhältnis von ^{71}Ge, das gasförmig in einen mit Propan gefüllten Zähler gebracht wird. Die Überführung des aus der Rk. ^{70}Ge(n, γ) gewonnenen ^{71}Ge in die gasförmige Phase wird beschrieben. Das L/K-Einfangverhältnis ist 0,30 ± 0,02. Dieses Ergebnis, das den Wert R_K = 0,45 für die Fluorescenzausbeute von Ga verwendet, stimmt nicht mit den theoret. Voraussagen (0,10) überein. (C. R. hebd. Séances Acad. Sci. **239.** 1625—27. 8/12. 1954.) GERHARD SCHMIDT. 103

Ong Ping Hok, P. Kramer und **G. Meijer,** *Der Zerfall von ^{90}Nb.* Zr-Metall wird mit 26 MeV-Deuteronen beschossen, gelöst, mit NH_3 gefällt u. aus H_2SO_4-saurer Lsg. mehrfach Nb in Ggw. von Zr an MnO_2 gefällt. Aus der Lsg. des Nd. in HNO_3–$NaNO_2$ wird Nb mit Cupferron–Ae. extrahiert. Die Halbwertszeit beträgt 14,60 ± 0,06 Stunden. Die Strahlungen werden mit einem doppeltfokussierenden β-Spektrometer, einem NaJ-Scintillationsspektrometer u. einer β–e$^-$-Koinzidenzanordnung aus dem β-Spektrometer u. einem β-Zählrohr mit Al-Absorbern untersucht. Gefunden werden β^+-Spektren von 1,500 (Intensität beim β^+-Zerfall 87, beim Elektroneneinfang 57%), 0,865 (8,5 bzw. 35%) u. 0,55 MeV (4,5 bzw. 95%) mit den log *ft*-Werten 6,2, 6,2 u. 5,6, ferner γ-Linien von 2,24 (Intensität 120, α_K $6\cdot10^{-5}$, E 1-Übergang), 1,76 (Intensität 20), 1,27 (Intensität 40, $\alpha_K < 5\cdot10^{-4}$, E 2-Übergang), 1,12 (Intensität 130, α_K $2,5\cdot10^{-4}$, E 2-Übergang), 0,51 (Intensität 100), 0,39 (Intensität 3,5, α_K $9\cdot10^{-3}$, E 2-Übergang) u. 0,142 (Intensität 135, α_K 0,32, E 2-Übergang), ferner K-Röntgenstrahlen mit einer Fluorescenzausbeute von 0,62. (Physica **20.** 1200—08. Dez. 1954. Amsterdam, Vrije Univ., Natuurk. Labor.) G. HERRMANN. 103

Nadine Marty, *Über den Zerfall von ^{159}Gd.* Im β-Spektrometer wird mit dünnen Quellen u. Zählerfenstern von 120 μg/cm² der Zerfall von ^{159}Gd in 2 β-Spektren erhalten. β_1 mit einem Energiemaximum von 948 ± 10 keV führt zum Grundzustand von ^{159}Tb, β_2 mit einem Energiemaximum von 598 ± 8 keV (Intensität 16%) wird von einem sehr schwach konvertierten ($\alpha_K \sim 10^{-2}$) γ-Quant von 364 keV gefolgt. Der Übergang zum 56 keV-Niveau ist < 10%. (C. R. hebd. Séances Acad. Sci. **241.** 385—87. 25/7. 1955.) GERHARD SCHMIDT. 103

Roland Barloutaud und **René Ballini,** *Radioaktivität von ^{159}Gd und ^{161}Tb.* Das γ-Spektr. von spektroskop. reinen Gadoliumoxydquellen, die über 12 Std. im Reaktor bestrahlt worden sind, wird mit einem Scintillationsspektrometer untersucht. Das Spektr. setzt sich im wesentlichen aus 4 Spitzen zusammen, die Energien von ~ 45, 75, 105 u. 365 keV entsprechen. Zwei wenig häufige Übergänge werden durch Koinzidenzen in der Strahlung von ^{159}Gd nachgewiesen. Andererseits wird gezeigt, daß das energiereichere β-Spektr. von ^{161}Tb nicht zum Grundzustand von ^{161}Dy sondern zu einem angeregten Zustand (~ 75 keV) dieses Kerns führt. (C. R. hebd. Séances Acad. Sci. **241**. 389—91. 25/7. 1955.) Gerhard Schmidt. 103

P. Marmier, F. Boehm und **J. W. M. DuMond**, *Energieniveaus von* ^{177}Hf. (Vgl. C. **1956**. 1215.) (Sitzungsbericht.) (Physic. Rev. [2] **98**. 280. 1/4. 1955. California Inst. of Technol.) Gerhard Schmidt. 103

Walter E. Nervik und **Glenn T. Seaborg**, *Durch 340 MeV-Protonen hervorgerufene Splitterung und Spaltung von Tantal.* (Sitzungsbericht.) (Physic. Rev. [2] **98**. 261. 1/4. 1955. Berkeley, Calif., Univ. of California.) Gerhard Schmidt. 103

R. A. Glass, R. J. Carr, J. W. Cobble und **G. T. Seaborg**, *Spaltung und Splitterung als konkurrierende Vorgänge in schweren Elementen.* (Vgl. vorst. Ref.) (Sitzungsbericht.) (Physic. Rev. [2] **98**. 261. 1/4. 1955.) Gerhard Schmidt. 103

Roland Barloutaud, Tovy Grjebine und **Michel Riou**, *Anregung durch Coulomb-Wechselwirkung des Thalliums.* Die Verss. werden mit einem Van de Graaff durchgeführt, dessen Protonen auf ein dickes Target aus natürlichem Tl fallen. Die γ-Strahlen werden mit einem Scintillationsspektrometer [NaJ(Tl)] nachgewiesen, das sich in ~ 10 cm Entfernung vom Target befindet. Aus dem mit 4,28 MeV-Protonen aufgenommenem γ-Spektr. gehen die γ-Strahlen von 205, 280 u. 410 keV hervor. Die Wirkungsquerschnitte werden durch Vgl. der Intensitäten der 3 photoelektr. Spitzen, die mit dem Tl-Target bei 4,3 MeV erhalten worden sind, u. der Intensität der Spitze des 279 keV-γ-Strahls verglichen, der von einer ^{203}Hg-Quelle bekannter Intensität emittiert wird. Für die Anregung des 280 keV-Niveaus von ^{203}Tl durch 4 MeV-Protonen wird ein Wirkungsquerschnitt von $(1,8 \pm 0,4) \cdot 10^{-28}$ cm² erhalten. In analoger Weise ergibt sich für die Anregung des 205 keV-Niveaus $\sigma = (2,4 \pm 0,6)(1 + \alpha) \cdot 10^{-28}$ cm², wobei α zwischen 1,5 u. 0,3 für einen $M_1 + E_2$-Übergang liegt. (C. R. hebd. Séances Acad. Sci. **240**. 1207 bis 1210. 14/3. 1955.) Gerhard Schmidt. 103

Kiichi Kimura, Takeo Hayashi, Yoshihide Ishizaki, Isao Kumabe und **Fumio Fukuzawa**, *Über die Halbwertszeit von ThC'.* Die Halbwertszeit von ThC' wurde mit Hilfe eines α-Proportionalzählers u. eines β-Geiger-Zählers aus der Verzögerungszeit zwischen den β- u. α-Impulsen zu $(2,7 \pm 0,3) \cdot 10^{-7}$ sec bestimmt. (Bull. Inst. chem. Res., Kyoto Univ. [Kagaku Kenkyusho Hokoku] **26**. 61. Sept. 1951. Kyoto, Univ., K. Kimura Labor.) Werner Schulz. 103

V. Alexander Nedzel, *Gesamtquerschnitte für 400 MeV-Neutronen.* Vf. bestimmt die Gesamtquerschnitte für 400 MeV-Neutronen aus dem Synchrocyclotron mit Hilfe von Durchlässigkeitsmessungen in guter Geometrie. Für die Festlegung eines noch engeren Energiebereiches, als er aus dem Synchrocyclotron erhältlich ist, wird ein neuartiger Schwellendetektor verwendet. Die endgültigen σ-Werte für *H, Be, C, O, Al, S, Cl, Fe, Cu, Cd, Pb, Th* u. *U* vgl. C. **1955**. 3061. (Physic. Rev. [2] **90**. 169. 1/4.; Sitzungsbericht: **91**. 440. 15/7. 1953. Chicago, Ill., Univ. of Chicago, Inst. for Nucl. Stud.) F. Weigel. 103

Jean-Michel Auclair, Pierre Hubert, René Joly und **Georges Vendryes**, *Messung des Einfangquerschnittes von* ^{236}U *für ein Reaktorneutronenspektrum.* Die Best. des mittleren Einfangquerschnittes von ^{236}U geht aus der Absolutmessung der β-Aktivität von ^{237}U hervor, das durch die Rk. $^{236}U(n, \gamma)^{237}U$ durch Reaktorneutronen erzeugt worden ist. Das Verhältnis der Rkk. $^{238}U(n, 2n)^{237}U$ zu den Rkk. $^{238}U(n, \gamma)^{239}U$ im Reaktorneutronenfluß (Saclay) wird zu $3,1 \pm 0,8 \cdot 10^{-4}$ angegeben. Der mittlere Einfangsquerschnitt von ^{236}U ergibt sich zu 24 ± 7 barn. Die Genauigkeit der Messung wird hauptsächlich durch die Unsicherheit des Einfangquerschnittes von ^{235}U u. des Aktivierungsquerschnittes von Co begrenzt. (C. R. hebd. Séances Acad. Sci. **241**. 392—93. 25/7. 1955.) Gerhard Schmidt. 103

Earl K. Hyde, *Radiochemische Methoden zur Abtrennung des Elements 87 (Francium).* Es werden radiochem. Methoden zur Isolierung des Francium gegeben. Da das langlebigste der bekannten Fr-Isotope, ^{223}Fr (AcK), nur eine Halbwertszeit von 21 Min. hat, dürfen diese nur kurze Zeit beanspruchen. Die zur Abtrennung von Fr-Isotopen aus mit Protonen hoher Energie beschossenen Th-Targets gegebenen Methoden beruhen auf der Arbeit von Perey (Thesis, Paris 1946) u. den Arbeiten anderer Autoren, die sich mit der Isolierung radioakt. Cs-Spaltprodd. befaßt haben. Ein Verf. für die schnelle Abtrennung einer trägerfreien Fr-Fraktion, welche auf der Mitfällung dieses Elements durch freie Silicowolframsäure beruht, wird besprochen. Fr wird danach von der Silicowolframsäure durch Ionenaustausch oder Ätherextraktion getrennt. (J. Amer. chem. Soc. **74.** 4181—84. 20/8. 1952. Berkeley, Calif., Univ. of California, Radiat. Labor.) H. GEDSCHOLD. 104

Maurizio Zifferero, *Untersuchungen über die Verschiebungsprozesse in Begleitung der Erholungsprozesse nach Neutronenbeschuß stickstoffhaltiger organischer Substanzen.* (Vgl. C. **1955.** 6952.) Beim Neutronenbeschuß von Oxalaten der organ. N-Basen läßt sich die Tatsache, daß neben radioakt. Oxalsäure auch radioakt. Base entsteht, mit der Größe der Molekülreste des Säure- u. Baseanteils u. ihrem C-Geh. in Beziehung setzen. Die Verteilung des entstehenden ^{14}C, die sich bei Berücksichtigung der Mol.-Voll. von Säure u. Base errechnet, stimmt im allg. qualitativ mit der gefundenen Verteilung überein; nur bei *Chinolinoxalat* geht ein Teil der Radioaktivität auf eine als Nebenprod. erhaltene rote Substanz über, die im Verh. dem *Dichinolin* entspricht, wodurch sich der Anteil des Chinolins vermindert. (Ann. Chimica **44.** 555—57. Juli/Aug. 1954. Roma, Univ., Ist. di Chim. farmac.) R. K. MÜLLER. 108

Giordano Giacomello und **Maurizio Zifferero,** *Bildung von radioaktiver Oxalsäure durch Beschuß von Ammoniumoxalat in festem Zustand mit Neutronen.* (Vgl. vorst. Ref.) Nach 5 Wochen Bestrahlung mit Neutronen zeigt $(NH_4)_2C_2O_4$ (I) eine Radioaktivität (ausschließlich β-Strahlen) von 174 Impulsen/Min., die sich bei hermet. Abschließung mit der Zeit nicht ändert, bei offener Lagerung aber auf einen konstanten Wert (100) zurückgeht. Die Radioaktivität der Prodd. beträgt bei CO 32,3, CO_2 39,0, $H_2C_2O_4$ 19,0, HCN 1,8. Es wird angenommen, daß nicht ^{13}C in ^{14}C übergeht, sondern aus dem N des I durch (n, p)-Rk. ^{14}C entsteht, das teils durch Austausch (z. B. mit dem C von $C_2O_4^{2-}$), teils in Zertrümmerungs-Rkk. (unter Bldg. von CO, CO_2, HCN usw.) in die verschied. Prodd. übergeht. (Ann. Chimica **44.** 558—62. Juli/Aug. 1954.) R. K. MÜLLER. 108

A. M. Gaudin, John Dasher, James H. Pannell und **Wilfred L. Freyberger,** *Verwendung einer induzierten Kernreaktion zur Konzentrierung von Beryll.* Vff. verwenden eine 1 g Ra-Quelle oder einen VAN DE GRAAFF-Generator zur Sortierung von beryllhaltigen Gesteinen durch die Rk. $^{9}Be(\gamma, n)^{8}Be$, der Nachw. der Neutronen erfolgt mit Borzählrohren. Die Ra-Quelle muß bes. gereinigt werden, um einen möglichst niedrigen Neutronenuntergrund zu erhalten. Wird die γ-Quelle ringförmig vom Gestein umgeben, so ergibt ein Geh. von 1 g Beryll (mit 10% BeO) mit dem Generator 100, mit der Ra-Quelle 20 Impulse/Minute. In einer automat. Sortiermaschine wird das Gestein vor dem Generator vorbeigeführt u. nach der in 4 Zählrohren gemessenen Neutronenintensität sortiert. 1 g Stücke können mit einem Durchsatz von 5 Stück/Sek. verarbeitet werden, jede Fraktion läuft ein zweites Mal, danach werden ziemlich reiner Beryll bzw. taubes Gestein erhalten. (Mining Engng. **187.** 495—98. April 1950. Watertown, Mass. MIT, Mineral Engng. Labor.) G. HERRMANN. 108

—, *Die Konferenz von Genf. — Ein Sonderbericht.* Übersicht über Wirtschaftsprobleme bei der Verwendung der Kernenergie, Reaktoren (Kraftstationen, Versuchsreaktoren), Reaktorfüllsubstanzen (metallurg. Probleme, Strahlenschäden, Herst., Trennungsverff. von Füllsubstanzen, krit. Sicherheitsgrenzen für Pu-Lsgg.), Reaktorsubstanzen (Herst. von D_2O u. Be, Zr-Korrosionslegierung, Al-Korrosion), Reaktorphysik (Neutronenquerschnitte, Daten über spaltbare Elemente, Zählung u. Zähler) u. Radioisotope (Beispiele von Isotopenanwendung, Tracermeth., medizin. Anwendungen). Zahlreiche Literaturhinweise für die einzelnen Abschnitte. (Nucleonics **13.** Nr. 9. 34—101. Sept. 1955.) GERHARD SCHMIDT. 110

Gunnar Holte, *Elementare Theorie für Reaktoren.* Theoret. Grundlagen der Neutronenkinetik im Reaktor. (Kosmos [Stockholm] **32.** 184—220. 1954.) GERHARD SCHMIDT. 110

Roland Kiessling, *Materialproblem um den Reaktor.* Übersicht über die verschied. metallurg. Probleme bei der Reaktorfüllsubstanz, dem beim heterogenen Reaktor benötigten Umhüllungsmaterial, dem Moderator, dem Kühlmittel u. bei dem Strahlenschutzmaterial. (Kosmos [Stockholm] **32.** 164—83. 1954.) GERHARD SCHMIDT. 110

D. O. Leeser, *In welcher Weise greift die Kernstrahlung Konstruktionsmaterialien an?* (Vgl. C. **1954.** 5226.) Überblick über die Änderung der mechan., magnet. u. elektr. Eigg. von Stählen u. Legierungen des Ni, Co, Zr, Ta, W unter der Einw. intensiver Neutronen- u. γ-Strahlung. Die Wrkg. auf Isolatoren, plast. Stoffe u. Schmiermittel, die Versuchstechnik u. die theoret. Grundlagen werden dargestellt. (Materials and Methods **40.** 109—20. Aug. 1954. Lemont, Ill., ANL, Reactor Engng. Div.) G. HERRMANN. 110

Sigvard Eklund, *Der erste schwedische Reaktor.* (Vgl. C. **1953.** 5289.) Allg. Beschreibung des schwed. D_2O-Reaktors (Neutronenfluß $\sim 3 \cdot 10^6$ n/cm²·sec, Leistung maximal 10 Watt). (Kosmos [Stockholm] **32.** 141—63. 1954). GERHARD SCHMIDT. 110

J. Rotblat, *Die Wasserstoff–Uran-Bombe.* Physik der H-Bombe mit einer Explosionskraft von $\sim 20 \cdot 10^6$ t. (Atomic Scientists News [N. S.] **4.** 224—28. März 1955.) Gerhard Schmidt. 110

Willard H. Bennett, *Kernreaktionen zwischen schweren Kernen.* Zur Beschleunigung schwerer Kerne auf Energien, die zur Auslösung von Kern-Rkk. mit schweren Kernen ausreichen, werden negative schwere Ionen im geerdeten Teil der App. erzeugt, beschleunigt u. im Hochspannungsteil durch Folien geschickt, wo sie eine Anzahl Elektronen verlieren. Von dort werden sie auf dem Weg zum geerdeten Target erneut beschleunigt. (Rev. sci. Instruments **24.** 915—16. Okt. 1953. Washington, D. C., Naval Res. Labor., Nucleon. Div.) G. Herrmann. 112

R. B. R.-Shersby-Harvie, *Elektronen-Linearbeschleuniger.* Übersicht über Aufbau u. Arbeitsweise. (Research **7.** 342—50. Sept. 1954. Baldock, Serv. Electron. Res. Labor.) G. Herrmann. 112

J. R. Woodyard, *Ein Ladungsaustauschbeschleuniger.* (Sitzungsbericht.) (Physic. Rev. [2] **98.** 284. 1/4. 1955. Berkeley, Calif., Univ. of California.) H. Liepack. 112

R. Servranckx, *Eine schraubenförmige Wanderwelle zur Beschleunigung der Protonen von 1 auf 10 MeV.* 1. Mitt. Die Auflösung der Maxwellschen Gleichung für eine schraubenförmig aufgeladene Wanderwelle wird mit den geometr. u. elektr. Charakteristika einer solchen Welle wiedergegeben u. in ausreichender Übereinstimmung mit dem Experiment gefunden. Die Anordnung wird als Protonenbeschleuniger verwendet. (Bull. Cl. Sci., Acad. roy. Belgique [5] **40.** 167—78. 1954. Bruxelles, École Milit., Labor. de Ledrus.) Gerhard Schmidt. 112

R. Servranckx, *Eine schraubenförmige Wanderwelle zur Beschleunigung der Protonen von 1 auf 10 MeV.* 2. Mitt. (1. vgl. vorst. Ref.) Fortsetzung der geometr. Beschleunigungsbedingungen. (Bull. Cl. Sci., Acad. roy. Belgique [5] **61.** 474—85. 1955.) Gerhard Schmidt. 112

E. Persico, *Das Synchrotron und seine Probleme.* In einer Übersicht über die theoret. Probleme des Synchrotrons u. seiner wichtigsten Bestandteile (Vakuumkammer, Einlaßvorr., Ringmagnet u. Kondensatorbatterien, Resonanz-, Meß- u. Kontrollsyst.) wird auf die Schwierigkeiten eingegangen, die durch die oscillierenden Bewegungen der eingeschossenen Teilchen auf ihren Bahnen entstehen. (J. Physique Radium **16.** 7 S—8 S. März 1955. Roma, Univ.) R. Voigt. 112

John P. Blewett, *Neueste Fortschritte auf dem Gebiet des Protonensynchrotrons.* Bericht über die in den Jahren 1952 u. 1953 entwickelten Protonensynchrotrons, des 3 GeV-Cosmotrons, Brookhaven National Labor., des 1 GeV-Gerätes, Birmingham Univ. u. des 5 GeV-Gerätes, Univ. of California. Das Prinzip der Fokussierung mit wechselndem Gradienten sowie Daten für das Europäische Protonensynchrotron (25 GeV), das Cambridge MIT-Projekt (15 GeV), das Princeton-Projekt (15 GeV) u. das 20 GeV-Projekt (Midwest, Chicago) werden angegeben. — 14 Literaturhinweise. (Annu. Rev. Nuclear Sci. **4.** 1—12. 1954. Upton, Long Island, N. Y., Brookhaven Nat. Labor.) Gerhard Schmidt. 112

F. A. Heyn, *Das Synchrocyclotron in Amsterdam.* 1. Mitt. *Allgemeine Übersicht der Anlage.* 2. Mitt. *Der Oscillator und der Modulator.* Übersicht über den Aufbau u. die techn. Einzelheiten des Philips-Synchrocyclotrons zur Erzeugung von 28 MeV-Deuteronen bei 20 μA im Dauerbetrieb. (Philips' techn. Rdsch. **12.** 245—61. März 1951. Delft, TH.) Gerhard Schmidt. 112

F. A. Heyn, *Das Synchrocyclotron in Amsterdam.* 3. Mitt. *Der Elektromagnet.* (2. vgl. vorst. Ref.) Techn. u. wirtschaftliche Erwägungen für den Bau des Magneten für 28 MeV-Deuteronen unter besonderer Berücksichtigung der Kühlung der Spulen mit 80 kW Stromleistung durch zirkulierendes Öl. (Philips' techn. Rdsch. **12.** 353—68. Juni 1951.) H. Hauswald. 112

F. A. Heyn und **J. J. Burgerjon,** *Das Synchrocyclotron in Amsterdam.* 4. Mitt. *Einzelheiten der Konstruktion und Hilfsgeräte.* (3. vgl. vorst. Ref.) Techn. Angaben für einige Bauteile (u. a. Beschleunigungskammer) u. Hilfseinrichtungen des mit hoher Strahlstromstärke u. Betriebssicherheit arbeitenden Cyclotrons. Die Ionenquelle besteht aus einer kleinen, eine Gasentladung unterhaltenden Kammer, in der D_2 unter einem Druck von 0,1 mm Hg zugeführt wird. Von dem Target wird eine Leistung von 500 W durch Kühlwasser abgeführt, dessen Temperaturerhöhung ein direktes Maß für die Strahlstromstärke bildet. Ionenquelle u. Target werden mittels Schleusen in die Kammer gebracht. Der Bedienungsraum ist durch eine 3,5 m dicke Wasserschicht abgetrennt. (Philips' techn. Rdsch. **14.** 303—19. April 1953.) H. Hauswald. 112

Warren Fenton Stubbins, *Eine experimentelle Ionenquelle für das 184 inch-Cyclotron.* (Sitzungsbericht.) (Physic. Rev. [2] **98.** 274—75. 1/4. 1955. Berkeley, Calif., Univ. of California.) Gerhard Schmidt. 112

O. Piccioni, D. Clark, R. Cool, G. Friedlander und **D. Kassner,** *Äußeres Protonenbündel im Cosmotron.* (Sitzungsbericht.) (Physic. Rev. [2] **98.** 275. 1/4. 1955. Brookhaven Nat. Labor.) GERHARD SCHMIDT. 112

E. A. Whalin jr. und **R. A. Reitz,** *Target aus flüssigem Wasserstoff, Deuterium und Helium zur Verwendung mit energiereichen Maschinen.* Vff. beschreiben ein Target für fl. Gase für ein 300 MeV-Betatron. Das verflüssigte Gas befindet sich in einem Messingzylinder von 3—14 cm Durchmesser, der mit einem 3 Liter Vorratsgefäß in Verbindung steht. Der Verlust an fl. H_2 beträgt 40, der an fl. He 250 ml/Stunde. Zwischen Target u. Vorrat ist ein mit fl. N_2 gekühlter Strahlenschutz angebracht. (Rev. sci. Instruments **26.** 59—65. Jan. 1955. Urbana, Ill., Univ. of Illinois.) G. HERRMANN. 112

H. P. Yockey, A. Andrew, F. L. Fillmore, L. E. Glasgow, C. d'A Hunt und **J. H. Pepper,** *Cyclotrontechniken zur Untersuchung von Strahlungsschäden.* Vff. berichten über die Einrichtungen u. Methoden zur Bestrahlung von Stoffen im Berkeley-60 in.-Cyclotron mit 10 MeV-Protonen, 20 MeV-Deuteronen oder 40 MeV-α-Teilchen unter definierten Bedingungen. Es werden die Montierung der Proben, Targetboxen für Bestrahlung bei tiefen sowie bei hohen Tempp., Kühl- u. Heizvorrichtungen für die Targets mit den Temperaturkontrollsystemen, die den Bereich von -195 bis 2000^0 umfassen, sowie die Bestrahlungen selbst beschrieben. Die von dem Target aufgenommene Strahlendosis läßt sich sehr genau durch Aktivitätsmessung einer mitbestrahlten Cu-Folie bestimmen. (Rev. sci. Instruments **25.** 1011—19. Okt. 1954. Downey, Calif., North American Aviat. Inc., A. E. Res. Dep.) R. CONRAD. 112

T. D. Hanscome und **D. K. Willett,** *Magnetischer Analysator für Kernreaktionen.* (Sitzungsbericht.) (Physic. Rev. [2] **98.** 232. 1/4. 1955. Naval Res. Labor.) GERHARD SCHMIDT. 112

E. J. Cook und **G. F. Pieper,** *40-Kanal-Impulshöhenanalysator.* (Sitzungsbericht.) (Physic. Rev. [2] **98.** 1154. 15/5. 1955. Yale Univ.) GERHARD SCHMIDT. 112

G. S. Stanford und **G. F. Pieper,** *Ein schnelles Koinzidenzsystem mit Amplitudenunterscheidung.* (Sitzungsbericht.) (Physic. Rev. [2] **98.** 1154. 15/5. 1955. Yale Univ.) GERHARD SCHMIDT. 112

F. Demichelis und **R. Malvano,** *Oscillographischer Differentialdiskriminator und seine Anwendung in Koinzidenzstromkreisen.* (Vgl. C. **1956.** 329.) Für die Aufnahme eines komplizierten γ-Strahlenspektr. verwenden Vff. eine Anordnung, bei der die γ-Strahlen Funken erzeugen, die von einem Verstärker in Spannungsimpulse umgewandelt werden; diese treffen auf den Schirm eines Kathodenstrahloscillographen, wo sie photograph. registriert u. mikrophotometr. untersucht werden. Es werden Aufnahmen mit ^{60}Co u. ^{228}RdTh wiedergegeben. (Nuovo Cimento [9] **11.** 49—52. 1/1. 1954. Torino, Politecn., Ist. di Fis. Speriment.) R. K. MÜLLER. 112

N. F. Roberts und **L. T. Wilson,** *Zählung von Impulsen von verschiedenen Formen und Eintrittsintervallen durch Elektronenzähler.* Diskussion der Genauigkeitsgrenzen bei der Zählung von Impulsfolgen mit verschied. Ungleichförmigkeitsgrad. Theoret. Betrachtung der Wrkg. des Schwellenwertniveaus. (Austral. J. appl. Sci. **3.** 263—76. Dez. 1952. Villawood, N. S. W., Fleece Analyst. Labor., Div. of Animal Health and Prod., C. S. I. R. O.) G. ZAESCHMAR. 112

L. C. Biedenharn und **A. Simon,** *Analyse der Winkelverteilungsdaten durch Elektronenrechner.* (Sitzungsbericht.) (Physic. Rev. [2] **98.** 1153. 15/5. 1955. Oak Ridge Nat. Labor.) GERHARD SCHMIDT. 112

Robert K. Swank und **John S. Moenich,** *Gehäuse für Photomultiplierröhren.* (Nucleonics **12.** Nr. 8. 41—42. Aug. 1954. Lemont, Ill., Argonne Nat. Labor.) G. HERRMANN. 112

A$_2$. Optisches Verhalten der Materie.

A. M. Cormack, *Neutrinos von der Sonne.* (Vgl. C. **1955.** 7633.) Neuere Unterss. von COWAN u. REINES (private Mitt.) ergeben für das magnet. Moment des Neutrinos eine obere Grenze von 10^{-7} BOHRschen Magnetonen. Damit ist die Wärmeerzeugung auf der Erde durch Neutrinos von der Sonne $< 10^{-10}$ erg/g·sec u. gegenüber anderen geophysikal. Wärmequellen zu vernachlässigen. (Physic. Rev. [2] **97.** 137—39. 1/1. 1955. Rondebosch, Univ. of Cape Town, Phys. Dep.) G. HERRMANN. 113

J. L. Locke und **L. Herzberg,** *Die dem Kohlenmonoxyd zugehörige Absorption im infraroten Sonnenspektrum.* Aus neuen Aufnahmen der Absorptionsbanden des CO im 4,7- u. 2,4 μ-Bereich des Sonnenspektr. wird ein CO-Geh. der Atmosphäre über Ottawa (Frühling u. Herbst 1952) zwischen 0,1 u. 0,2 cm·at ermittelt. Innerhalb dieser Werte liegen auch an anderen Orten ermittelte Meßwerte, wenn die Auswertung unter gleichen Gesichtspunkten erfolgt. Es werden ferner die Absorptionslinien im 4,7 μ-Gebiet, die solarem CO zuzuordnen sind, aufgelöst. Ihre Intensitäten, relativ zur Intensität der solaren CO-Absorption im 2,4 μ-Gebiet stimmen mit der theoret. Erwartung überein. (Canad. J. Physics **31**. 504—16. Mai 1953. Ottawa, Can., Dominium Observ.) J. Rudolph. 113

E. Arnous und **W. Heitler**, *Theorie von Linienbreitenphänomenen.* Es wird eine allg. u. exakte Theorie entwickelt, die die Berechnung der Linienschärfe bei allen mit der Linienbreite zusammenhängenden Erscheinungen mit im Prinzip beliebig genauer Näherung gestattet. (Proc. Roy. Soc. [London], Ser. A **220**. 290—310. 8/12. 1953. Zürich, Univ.) G. Heinsohn. 114

B. Kockel, *Der Grundzustand des Wasserstoffmoleküls.* Einige Eigenfunktionen für den Grundzustand des H_2 werden diskutiert. Die bei gleicher Zahl von variierbaren Parametern in ellipt. Koordinaten mit den Kernen oder anderen Punkten als Brennpunkte aufgebauten Eigenfunktionen sind den aus abgeschirmten oder nicht abgeschirmten H-Atomfunktionen aufgebauten überlegen. Die ersten ergeben bessere Werte für die Bindungsenergie. (Ann. Physik [6] **15**. 64—78. 1954. Leipzig, Univ., Theoret.-Phys. Inst.) G. Heinsohn. 114

Earle K. Plyler, L. R. Blaine und **W. S. Connor**, *Die Lichtgeschwindigkeit aus den molekularen Konstanten von Kohlenmonoxyd.* Die Wellenlängen von 43 Rotationslinien in der CO-Absorptionsbande bei 4,67 μ (Tabelle) werden durch Infrarotspektroskopie, sowie 15 Linien von $J = 32$ bis $J = 52$ im P-Zweig aus den CO-Emissionsspektren gemessen. Mit ihrer Hilfe werden die Rotationskonstanten B_0 u. D_0 von CO berechnet. Unter Benutzung des Wertes B_0 wird die Lichtgeschwindigkeit zu 299792 km/sec geschätzt. Dieser Wert weicht vom Standardwert um 6 km/sec ab. (J. opt. Soc. America **45**. 102—06. Febr. 1955. Washington, D. C., Nat. Bur. of Standards.) D. Hahn. 114

William C. White, *Unterdrückung von AlO in der Spur von Ultraschallkugeln.* (Sitzungsbericht.) Es werden zeitlich aufgelöste Spektrogramme von Al-Ultraschallkugeln entlang Bahnen, auf denen die Geschwindigkeit rapide abnimmt, aufgenommen. Dabei wird eine Unterdrückung der AlO-Banden für einen Zeitraum beobachtet, der von der Lage der Kugel auf der Flugbahn abhängt. Die Unterdrückung ist geschwindigkeitsabhängig, wenn die Kugel eine Geschwindigkeit von ca. 4,5 km/sec erreicht hat, u. kann von da ab durch die Temp. hinter der Kopfwelle kontrolliert werden. (Physic. Rev. [2] **92**. 1083. 15/11. 1953. Test Station, U. S. Naval Ordnance.) D. Hahn. 118

D. R. Hartree, *Angenäherte Wellenfunktionen mit Austausch für Mn^{2+}.* Formeln u. Tafeln zur Aufstellung der Fock-Gleichungen für die radialen Wellenfunktionen des niedrigsten Terms einer aus einer unvollständigen 3d-Gruppe u. vollständigen Gruppen bestehenden Konfiguration, ferner vorläufige numer. Ergebnisse für den ^{6}S-Term der $(3d)^5$-Konfiguration des Mn^{2+}-Ions werden angegeben. (Proc. Cambridge philos. Soc. **51**. 126—30. Jan. 1955. Cambridge, Cavendish Labor.) G. Heinsohn. 118

O. García-Riquelme und **R. Velasco**, *Beschreibung des dritten Spektrums des Nickels (Ni III) zwischen 2300 und 9000 Å.* (Vgl. C. **1953**. 5771.) Mittels kondensierter Entladung von 750 V in einem Ni-Rohr als Hohlkathode mit He-Füllung wird das Ni^{2+}-Spektr. angeregt u. mit Quarzprismenspektrograph u. einem Spektrograph mit konkavem Gitter (Anordnung nach Wadsworth) aufgenommen. Zwischen 2300 u. 9000 Å werden 2629 Ni III-Linien registriert u. in Tabellen mit einer Genauigkeit von $\pm 0{,}007$ bis 0,02 Å mitgeteilt; dabei werden Intensitätswerte von 1—2000 angegeben. (An. Real Soc. españ. Física Quím., Ser. A **51**. 41—58. 2 Tafeln. Jan./Febr. 1955. Madrid, Inst. de Optica Daza de Valdés.) R. K. Müller. 118

O. García-Riquelme und **R. Velasco**, *Neue klassifizierte Linien im Ni III-Spektrum.* (Vgl. vorst. Ref.) 168 der neu aufgenommenen Linien des Ni III werden unter Benutzung der Energieniveaus von Shenstone klassifiziert. Dabei werden folgende neue Multipletts festgestellt: a^5P-z^5G; b^1G-z^3F; c^3F-z^3D; c^3F-z^3F; $a^1F-z^5S^0$; $a^1F-x^3F^0$; a^1F-y^3P; a^1F-y^3H; b^3D-x^1G; y^1H-e^3F (jeweils mit Angabe von 1—5 Linien tabellar. mitgeteilt). (An. Real Soc. españ. Física Quím., Ser. A **51**. 59—66. Jan./Febr. 1955.) R. K. Müller. 118

István Kovács, *Verallgemeinertes Verfahren zur Berechnung der Konstante der störenden Molekülterme auf Grund der Störzusätze (Anwendung auf die Störungen des Spektrums von BaO).* Sitzungsbericht zu den C. **1951**. II. 637 u. 1544 referierten Arbeiten. (Magyar tudományos Akad., Matematikai fizikai Osztályának Közleményei [Ung. Akad. Wiss., Ber. math. physik. Abt.] **2**. 161—71. 1952.) J. Plank. 118

C. G. James und **T. M. Sugden**, *Photometrische Untersuchungen an Alkalimetallen in Wasserstoffflammengasen.* 1. Mitt. *Ein allgemeiner Überblick über die Anwendung der Resonanzstrahlung zur Messung von Atomkonzentrationen.* Vff. messen photoelektr. die

Intensität der von Alkalimetallen in H_2/O_2-Flammen verschied. Zus. (verd. mit N_2) oberhalb der prim. Verbrennungszone bei Tempp. zwischen 1650 u. 2250° K in den 1. u. 2. Dubletts emittierten Resonanzstrahlung. Der therm. Ursprung dieser Emission wird bestätigt. Die relative Konz. der im Grundzustand befindlichen Atome in den Flammen wird durch Messung der Absorption der Resonanzlinie nach einer 2-Flammen-Meth. ermittelt. Die absol. Atomkonz. läßt sich andererseits aus dem Einfl. der Selbstabsorption in der Flamme ermitteln. Die Durchführung dieser Messungen zeigt, daß im Falle des *Na* keine Komplikationen durch Bldg. von Alkalihydroxyd oder durch Ionisation eintreten. Na eignet sich daher als Standard zur Best. der Atomkonzz. der anderen Alkalimetalle auf der Basis der relativen Intensität ihrer Resonanzlinien zum Na-D-Dublett. Das ähnlich bestimmte Intensitätsverhältnis des 1. zum 2. Na-Resonanzdublett liefert einen Wert, der in guter Übereinstimmung ist mit dem theoret. mittels des bekannten f_1/f_2-Wertes berechneten. Umgekehrt ergibt sich so die Möglichkeit, aus gemessenen Intensitätsverhältnissen f-Werte von Resonanzlinien zu bestimmen. — Bei der Anwendung der Meth. auf *Li*, *Cs* u. *K* werden bes. beim Li zu niedrige Intensitäten gemessen. Der Grund hierfür liegt in dem Li-Verlust durch Rk. mit OH-Radikalen zum stabilen LiOH. Diese Rk. ist oberhalb 2000° K nahezu im thermodynam. Gleichgewicht, wird jedoch um so unvollständiger, je tiefer die Temperatur. Die Hydroxydbldg. verliert in der Reihenfolge Li > Cs > K an Bedeutung u. ist beim Na vernachlässigbar klein. Ionisation in den Flammen wird nur beim Cs beobachtet, u. die Auswertung der beim Cs gewonnenen Messungen führt zu dem Schluß, daß neben Cs^+-Ionen OH^--Ionen u. freie Elektronen auftreten. Für die Elektronenaffinität des OH kann hierbei ein Wert von 65 ± 5 kcal abgeleitet werden. (Proc. Roy. Soc. [London], Ser. A **227.** 312—29. 20/1. 1955. Cambridge, Univ., Dep. of Phys. Chem.) K. PRCHAL. 118

Elemér Nagy und **György Gergely,** *Phosphorescenzspektren.* (Magyar tudományos Akad., matematikai fizikai Osztályának Közleményei [Ung. Akad. Wiss., Ber. math. physik. Abt.] **2.** 201—06. 1952. — C. **1953.** 650.) J. PLANK. 118

Kenneth Teegarden und **Robert Maurer,** *V_1- und H-Zentren im KCl.* (Vgl. C. **1954.** 7123.) Die Unters. des Verh. der durch Röntgenbestrahlung erzeugten V_1-Bande (3,48 eV) im KCl bei verschied. Tempp. (35 u. 83° K) ergibt: 1. Prakt. gleiche Quantenausbeute für die opt. Bleichung der V_1-Bande bei beiden Tempp.; 2. Fehlen einer Photoleitfähigkeit bei der opt. Entfärbung; 3. Abbau der F'-Bande bei der opt. Bleichung der V_1-Bande u. gleichzeitiger Aufbau der H-Bande (3,6 eV), die ebenso wie die V_1-Bande opt. ohne Auftreten freier Ladungsträger ausgebleicht werden kann. Die Frage der opt. Entfärbung der V_1-Bande u. deren teilweise Umbildung in die H-Bande im Zusammenhang mit Tunneleffekten der Löcher dieser Zentren wird diskutiert. (Z. Physik **138.** 284—89. 1954. Urbana, Ill., Univ., Dep. of Phys.) J. RUDOLPH. 119

Alexander Smakula, *Verfärbung und Farbzentren in Calciumfluoridkristallen.* (Vgl. C. **1954.** 7584.) Die Absorptionsspektren, die bei der Verfärbung von verschied. synthet. CaF_2-Kristallen infolge Elektronenbeschuß (2,5 MV), Erhitzen in Ca-Dampf bzw. durch Elektroneneinwanderung auftreten, bestehen im wesentlichen aus 4 Banden bei 2,15, 3,14, 3,70 u. 5,50 eV. Darüber hinaus treten bei einigen Kristallen noch andere Banden auf, die aber zum Unterschied von den offenbar durch Störstellen des Gitters verursachten 4 Banden auf fremde Verunreinigungen zurückzuführen sind. Das Intensitätsverhältnis der 4 Banden bleibt bei den besten Kristallen (charakterisiert durch geringe Absorption im SCHUMANN-UV u. durch geringe Ionenleitfähigkeit) bis zu höchsten Verfärbungen konstant. Die Banden verschieben sich bei Erwärmung teils nach langen, teils nach kurzen Wellenlängen. (Z. Physik **138.** 276—83. 1954. Cambridge, Mass., MIT, Labor. for Insulat. Res.) J. RUDOLPH. 119

Christian Volke, *Absorptionsspektrum und Photochemie von Silberhalogenidkristallen mit Schwefel-, Selen- und Tellurzusatz.* Durch Zusammenschmelzen von AgCl oder AgBr mit geringen Mengen (0,02—0,04 Mol-%) von Ag_2Se unter N_2 u. Abschrecken der Kristalle auf Raumtemp. läßt sich das Ag_2Se im Kristall einbauen. Ebenso kann Ag_2Te in AgBr, nicht aber in AgCl, eingebaut werden. Die bei —186° aufgenommenen Absorptionsspektren zeigen Zusatzabsorptionsbanden für AgBr–Ag_2Se bei 512 mμ für AgCl–Ag_2Se bei 473 mμ (u. schwach angedeutet bei 520 mμ) sowie für AgBr–Ag_2Te bei 542 mμ. Beim Erwärmen auf Raumtemp. verschwinden die Banden, kommen aber nach Abkühlung — bei etwas verminderter Bandenhöhe — wieder zum Vorschein. Die Frequenzen ν der Bandenmaxima hängen, ganz entsprechend wie die der früher gemessenen Banden von AgBr–Ag_2S u. AgCl–Ag_2S, von der Natur des Zusatzanions sowie der Gitterkonstanten d des Wirtsgitters gemäß der Beziehung νd^2 = const ab. Ebenso wie AgBr–Ag_2S ist das Se- u. Te-haltige AgBr im Gegensatz zu den drei entsprechenden AgCl-Kristallen bei —186° photochem. nahezu unempfindlich. (Z. Physik **138.** 623—34. 1954. Berlin, Deutsche Akad. der Wiss., Inst. für Kristallphys.) J. RUDOLPH. 119

Michel Lesbre, Pierre Mazerolles und **Daniel Voigt,** *Magnetooptische Untersuchung von Tetraalkylgermanen.* Vff. berichten über magnetoopt. Unterss. an 8 Ge-Derivv.: $Ge(CH_3)_4$, $Ge(C_2H_5)_4$, $Ge(C_3H_7)_4$, $Ge(C_4H_9)_4$, $Ge(C_5H_{11})_4$, $Ge(C_6H_{13})_4$, $Ge(C_7H_{15})_4$, $Ge(C_8H_{17})_4$. Gemessen wurden folgende Größen: ϱ (VERDET-Konstante) bei 0,578 μ, [ϱ] (spezif. Konstante), Brechungsindex n, $[\Omega]_M = [\varrho]_M[9n/n^2 + 2)^2]$ u. die Dispersion $\delta = (\varrho_{0,436}/\varrho_{0,578})$. Es ergab sich, daß das Inkrement der Rotation der CH_2-Gruppe bei diesen Verbb. eine period. Schwankung zeigt, die schnell abnimmt u. zu dem Inkrement des CH_2 bei den Alkanen führt. Der Beitrag der (GeC_4)-Gruppe kann daher aus den Konstanten der höheren Terme der Serie abgeleitet werden. (C. R. hebd. Séances Acad. Sci. **240.** 622—24. 7/2. 1955.) J. v. HARLEM. 119

John T. Agnew und **Richmond B. McQuistan,** *Versuche über im Infrarot diffus reflektierende Standardmuster im Gebiet von 0,8—20,0 μ.* An 32 Proben von 20 verschied. Stoffen (Metallen, Halbmetallen u. Nichtmetallen) wurde das diffuse Reflexionsvermögen R für infrarotes Licht untersucht. Die Oberflächen waren größtenteils festgestampfte, feine Pulver. Es wurde eine allseitig ausstrahlende Lichtquelle von 1330° K benutzt. Die Reflexionscharakteristiken wurden oberhalb u. unterhalb 4,0 μ aufgenommen. Es wurden willkürliche Vergleichszahlen gewählt, die die diffuse Reflexion auf das Cosinusgesetz u. das spektrale R beziehen. Die Ergebnisse zeigen, daß keine der Materialklassen besser diffus reflektiert als die anderen. Feinverteilte Substanzen liefern bessere Ergebnisse als gröbere. Als beste diffuse Reflektoren im Gebiet von 0,8—20,0 μ wurden *S, NaCl, Se, Al, Pb(O)* u. *Messing* gefunden. (J. opt. Soc. American **43.** 999—1007. Nov. 1953. Lafayette, Ind., Purdue Univ.) H. LINDBERG. 120

Jean Lecomte, *Das Infrarotspektrum und die Untersuchung von Wasser in Festkörpern.* 1. Mitt. *Allgemeine Einführung und Fragestellung.* Vf. berichtet zusammenfassend über eigene u. fremde Arbeiten, die sich mit der Infrarotabsorption von festem, fl. u. gasförmigem *W.* sowie mit dem Reflexionsspektr. von fl. W. befassen, ferner über Änderungen des Wasserspektr. bei Variation der Temp., Zugabe von Salzen, Säuren oder organ. Lösungsmitteln, Ersatz von H durch D oder T, über die Infrarotabsorption von OH-Gruppen bzw. von Kristallwasser enthaltenden Verbb., Hydrogelen u. adsorbiertem W., u. bespricht die gefundenen Zusammenhänge zwischen dem Zustand des W. u. den Bandenlagen unter Berücksichtigung von Arbeiten mit polarisiertem Licht oder orientiertem Untersuchungsmaterial. (J. Chim. physique Physico-Chim. biol. **50.** C 53—C 64. Sept. 1953. Paris, Sorbonne, Labor. des Rech. Physiques.) B. GNAUCK. 120

Cl. Duval und **J. Lecomte,** *Das Infrarotspektrum und die Untersuchung von Wasser in Festkörpern.* 2. Mitt. *Einige experimentelle Bestimmungen.* (1. vgl. vorst. Ref.) Vff. untersuchten die Infrarotspektren zwischen ca. 3000 u. 3600 cm^{-1} an Pulvern bzw. Kristallen nachst. Verbb.: $BaCl_2 \cdot 2\,H_2O$, $CuCl_2 \cdot 2H_2O$, $CdCl_2 \cdot 2{,}5\,H_2O$, $MnCl_2 \cdot 4\,H_2O$, $CdBr_2 \cdot 4\,H_2O$, $CoCl_2 \cdot 6\,H_2O$, $NiCl_2 \cdot 6\,H_2O$, $MgCl_2 \cdot 6\,H_2O$, $CaCl_2 \cdot 4\,H_2O$, $SrCl_2 \cdot H_2O$, $Ni(OH)_2$, $Cd(OH)_2$, $Co(OH)_2$ sowie *Cu-Hydroxyd,* das nach verschied. Verff. (NH_3, $NaNO_2$, Diäthylanilin, Hexamethylentetramin, Picolin) gefällt u. erwärmt worden war; ferner von $CaSO_4$ (Anhydrit, sowie mit verschied. H_2O- bzw. D_2O-Geh.), $CuSO_4$ (mit verschied. H_2O- bzw. D_2O-Geh.), $MnSO_4 \cdot H_2O$ u. $7\,H_2O$, $MgSO_4 \cdot 7\,H_2O$ u. $1\,H_2O$, $NiSO_4 \cdot 7\,H_2O$, $CdSO_4 \cdot 8/3\,H_2O$, $Na_2HPO_4 \cdot 12\,H_2O$, *Diaspor, Goethit, Brucit, Mesotyp, Topas, Beryll, Heulandit, Apophyllit, Na-* u. *Ca-Oxalat* (6—15 μ untersucht) u. *-Tartrat.* Es werden die Zusammenhänge zwischen Infrarotspektr., Bindungsart des Kristallwassers u. Mol.-Symmetrie diskutiert. (J. Chim. physique Physico-Chim. biol. **50.** C 64—C 71. Sept. 1953.) B. GNAUCK. 120

R. P. Eischens, W. A. Pliskin und **S. A. Francis,** *Infrarotspektren von chemosorbiertem Kohlenmonoxyd.* Durch besondere Aufschlämmtechnik wurden Salze des *Cu, Pt, Ni* u. *Pd* auf CaF_2-Platten aufgebracht u. mit H_2 zu den Metallen reduziert. Diese Platten wurden auf Infrarot-Gasküvetten gekittet u. die Metallschichten mit CO beladen. Das chemosorbierte CO absorbiert im Bereich um 4,5—5,5 μ etwas langwelliger als gasförmiges CO. Bei Ni u. Pd ist die Verschiebung größer als bei Cu u. Pt, ferner sind dort die Banden stark verbreitert. Vff. sehen darin eine Bestätigung der Theorie, daß das absorbierte CO an das Metall über den Kohlenstoff gebunden ist. (J. chem. Physics **22.** 1786 bis 1787. Okt. 1954. Beacon, N. Y., Texas Comp., Beacon Labors.) H.-J. BECHER. 120

A. K. Ramdas, *Das Infrarotabsorptionsspektrum des Baryts.* Das Infrarotspektr. von Barytkristallen mit den Spaltebenen 0 0 1 u. 1 1 0 wurde im Bereich von 1—25 μ untersucht. Die beobachteten Absorptionsbanden werden inneren Schwingungen der SO_4^{2-}-Ionen u. ihren Oberschwingungen zugeordnet. Die Zuordnung berücksichtigt den Symmetriewechsel einer SO_4^{2-}-Gruppe von T_d nach C_s durch ihre Lage im Kristallverband u. die Kopplung von 4 SO_4^{2-}-Gruppen in der Einheitszelle mit der Symmetrie V_h. Auswahlregeln zeigen, daß 15 Infrarotbanden akt. sind, von denen 10 zugeordnet werden können. In Ergänzung ordnet Vf. das von KRISHNAN u. von COUTURE schon früher aufgenommene RAMAN-Spektr. des Baryts zu. (Proc. Indian Acad. Sci., Sect. A 39. 81 bis 89. Febr. 1954. Bangalore, Raman Res. Inst.) H.-J. BECHER. 120

Joseph Seiden, *Die Quadrupolresonanz in Flüssigkeiten.* Die Möglichkeit der Beobachtung der Quadrupolresonanz in Fll. wird diskutiert. (C. R. hebd. Séances Acad. Sci. 240. 1419—21. 28/3. 1955.) J. v. HARLEM. 121

György Gergely, *Bemerkungen zum zeitlichen Verlauf der Luminescenz des Willemits.* (Magyar tudományos Akad., matematikai fizikai Osztályának Közleményei [Ung. Akad. Wiss., Ber. math. physik. Abt.] 2. 207—08. 1952. — C. 1953. 489.) J. PLANK. 125

A_3. Elektrizität. Magnetismus. Elektrochemie.

Frank Keywell, *Messungen und Stoßtheorie des Hochvakuumsprühens.* (Sitzungsbericht.) (Physic. Rev. [2] 98. 561. 15/4. 1955. Bell Telephone Labors.) H. LIEPACK. 131

D. J. Rose, *Neubestimmung des Ionisationskoeffizienten n für Wasserstoff.* (Sitzungsbericht.) (Physic. Rev. [2] 98. 558. 15/4. 1955. Bell Telephone Labors.) H. LIEPACK. 131

L. S. Frost und **A. V. Phelps,** *Zusätzliche Ionisationsprozesse in der positiven Heliumsäule.* (Sitzungsbericht.) (Physic. Rev. [2] 98. 559. 15/4. 1955. Westinghouse Res. Labors.) H. LIEPACK. 131

Carl Kenty, *Untersuchungen von aktivem Stickstoff in Edelgasen.* (Sitzungsbericht.) (Physic. Rev. [2] 98. 563. 15/4. 1955. General Electric Comp.) H. LIEPACK. 131

Herbert P. Broida, *Nachleuchten von festem Stickstoff.* (Sitzungsbericht.) (Physic. Rev. [2] 98. 563. 15/4. 1955. National Bureau of Standards.) H. LIEPACK. 131

Andrew L. Gardner, *Messungen der Elektronendichte im langlebigen Stickstoffnachleuchten.* (Sitzungsbericht.) (Physic. Rev. [2] 98. 263. 1/4. 1955. Univ. of California.) H. LIEPACK. 131

Homer D. Hagstrum, *Auslösung von Elektronen aus verunreinigten Metallen durch positive Ionen.* (Sitzungsbericht.) (Physic. Rev. [2] 98. 561. 15/4. 1955. Bell Telephone Labors.) H. LIEPACK. 131

W. B. Kunkel und **A. L. Gardner,** *Die das Stickstoffnachleuchten langer Lebensdauer begleitende Ionisation.* (Sitzungsbericht.) (Physic. Rev. [2] 98. 558. 15/4. 1955. Berkeley, Univ. of California.) H. LIEPACK. 131

Walter Berger, *Durchlässigkeit von Silberfolien für langsame Elektronen.* Vf. untersucht die Durchlässigkeit chem. niedergeschlagener Ag-Folien von 500—1000 Å Dicke für Elektronen (0—200 eV). Die freie Durchlässigkeit D_f, das ist die Zahl der unbeeinflußt durchgelassenen bezogen auf die Zahl der insgesamt aufgetroffenen Elektronen, ergibt sich zu $D_f = \exp.(-a \cdot d)$, wo a der Absorptionskoeff. $= 6{,}5 \cdot 10^5\ cm^{-1}$ u. d die Foliendicke bedeuten. Elektronenmkr. Unterss. ergaben, daß die hohe Durchlässigkeit für langsame Elektronen auf kleine Löcher von ca. 1000 Å in der Folie zurückzuführen ist. Eine Änderung der Folienstruktur trat während der visuellen Beobachtung im Elektronenmikroskop nicht auf, sie wird also durch Elektronenbeschuß nicht beeinflußt. (Naturwissenschaften 41. 59. Febr. 1954. Berlin-Charlottenburg, T U., Physikal. Inst.) H. JACOB. 131

C. T. J. Alkemade, *Eine Korrektur der Thomson-Formel für den Koeffizienten der Dreikörperrekombination zwischen Elektronen und Ionen.* Bei der Berechnung des Koeff. α der Dreikörperrekombination zwischen Ionen u. Elektronen ging THOMSON von einem bestimmten Ausdruck für die effektive mittlere freie Weglänge des Elektrons aus. Vf. zeigt jedoch, daß diese Beziehung u. somit der für α berechnete Ausdruck unexakt sind. Eine verbesserte Beziehung für α wird zwar angegeben, doch hält Vf. deren Anwendbarkeit wegen der Vernachlässigung wesentlicher Eigg. der Partner für zweifelhaft. (Physica 20. 129—30. Febr. 1954. Utrecht, Nederland, Rijks-Univ., Phys. Labor.) O. FUCHS. 131

B. Schumacher, *Dynamische Druckstufenstrecken für den Einschuß intensiver, monokinetischer Korpuskularstrahlbündel in Gase hohen Drucks.* Dynam. Druckstufenstrecken sind Kammern geringen Druckes, welche den Austritt von mittelschnellen Elektronenstrahlen aus dem Hochvakuum durch freie Öffnungen von einigen $^1/_{10}$ mm Durchmesser in Gasräume mit Drucken bis zu mehreren Atmosphären sowie den Wiedereintritt in das Hochvakuum nach Durchfliegen einer Strecke hohen Drucks vermitteln. Ihre Theorie u. Kurventafeln für ihre Dimensionierung werden gegeben. Man kommt mit handelsüblichen kleinen Pumpen aus. Ausführungsbeispiele u. Anwendungsmöglichkeiten, z. B. Elektronenschattenbilder von Gasströmungen u. die Elektronenstreukugel in Gasen, werden mitgeteilt. (Optik 10. 116—31. 1953. Stuttgart u. Hechingen.) W. SCHEFFELS. 131

D. R. Bates und **J. T. Lewis,** *Unelastische Stöße schwerer Teilchen bei Berücksichtigung der Kreuzung der Kurven potentieller Energie.* 3. Mitt. *Ladungsübertragung von negativen Ionen von atomarem Wasserstoff auf Protonen.* (2. vgl. DALGARNO; C. **1955.** 9025.) Vff. wenden die LANDAU-ZENER-Formel für die Übergangswahrscheinlichkeit aus der Pseudokreuzung der Potentialenergiekurven auf die Prozesse $H^-(1s)^2 + H^+ \rightarrow H(1s) + H(2s$ oder $p)$, $H^-(1s)^2 + H^+ \rightarrow H(1s) + H(3s$, p oder d) u. $H(1s) + H(3s$, p oder d) $\rightarrow H(1s) + H$ (2s oder p) unter Berücksichtigung der Wrkg. der Bahnentartung an. Wirkungsquerschnitte u. Koeffizienten werden für einen weiten Bereich von Stoßenergien u. Tempp. wiedergegeben. Die Berechnungen zeigen, daß das bei langsamen Stößen zwischen H^-- u. H^+-Ionen übergeführte Elektron hauptsächlich in das dritte Quantenniveau fällt. Die Rekombination führt somit zur Emission der ersten BALMER-Linie. (Proc. physic. Soc., Sect. A **68.** 173—80. 1/3. 1955. Belfast, Queen's Univ., Dep. of Appl. Mathemat.) GERHARD SCHMIDT. 131

W. M. Brubaker, *Einfluß der Raumladung auf die Potentialverteilung in der Ionenquelle eines Massenspektrometers.* (Sitzungsbericht.) (Physic. Rev. [2] **98.** 563. 15/4. 1955. Consolidated Engng. Corp.) H. LIEPACK. 131

Richard F. Porter, William A. Chupka und **Mark G. Inghram,** *Massenspektrometrische Untersuchung gasförmiger Produkte im System Si–SiO_2.* Vff. untersuchen die aus Si–SiO_2-Gemischen u. aus SiO_2 unter neutral oxydierenden Bedingungen im Al_2O_3-Tiegel bei 1200—1950° K abdampfenden gasförmigen Prodd. im Massenspektrometer. Aus einer speziell gebauten KNUDSEN-Effusionszelle, in der die Gleichgewichtspartialdrucke durch Referenzmessungen bestimmt wurden, strömen die Gase direkt in die Ionenquelle des Massenspektrometers. Bei tiefen Tempp. wird bei Si–SiO_2-Füllung SiO^+ u. $Si_2O_2^+$ beobachtet, während bei höheren Tempp. u. SiO_2-Füllung außerdem SiO_2^+, O_2^+ u. O^+ auftreten. Die Appearence-Potentiale von SiO^+, SiO_2^+ u. $Si_2O_2^+$ betragen $10{,}8 \pm 0{,}5$ bzw. $11{,}7 \pm 0{,}5$ u. 10 ± 1 eV. Messungen der Temperaturabhängigkeit zeigen, daß SiO_2^+ u. $Si_2O_2^+$ durch direkte Ionisierung von SiO_2 u. Si_2O_2-Gas u. nicht durch einen über SiO laufenden Mechanismus 2. Ordnung gebildet werden. Die Sublimationswärme von SiO_2 (Cristobalit) ergab sich aus der gemessenen Temperaturabhängigkeit des SiO_2^+-Ionenstroms zu 136,8 kcal. (J. chem. Physics **23.** 216—17. Jan. 1955. Chicago, Ill., Univ. of Chicago, Dep. of Phys., u. Lemont, Ill., Argonne Nat. Labor.) R. CONRAD. 131

Masaharu Kondo, *Untersuchungen über die Zersetzungsreaktion von Cyanverbindungen.* 1. Mitt. *Zersetzungsreaktion von Cyanwasserstoff durch Glimmentladungen.* Durch Glimmentladung wird *HCN* leicht unter Bldg. eines braunen Pulvers, vorwiegend Paracyan, zersetzt. Bei Beginn der Zers. ist die Geschwindigkeit konstant u. unabhängig vom HCN-Druck u. vom Entladungsstrom. In 1 Min. ist das Zersetzungsgleichgewicht erreicht, der Zersetzungsgrad, über 90%, ist unabhängig von der Anfangskonz. u. dem Entladungsstrom. (J. chem. Soc. Japan, pure Chem. Sect. [Nippon Kagaku Zassi] **74.** 138—41. Febr. 1953. Tokyo, Metropol. Univ. [Orig.: japan.]) L. SCHULER. 131

Ágoston Budó, *Über die dielektrische Relaxation der Dipolflüssigkeiten.* (Magyar tudományos Akad., matematikai fizikai Osztályának Közleményei [Ung. Akad. Wiss., Ber. math. physik. Abt.] 2. 209—26. 1952. — C. **1954.** 4091.) J. PLANK. 132

J. F. W. Bell, *Piezoelektrisch angeregte mechanische Niederfrequenzresonatoren.* Es werden mechan. Niederfrequenzresonatoren (140—2360 Hz) beschrieben, die durch piezoelektr. Kristalle zur Anregung gebracht werden. (J. sci. Instruments **32.** 52—54. Febr. 1955. Greenwich, London, Royal Naval Coll.) J. v. HARLEM. 133

J. Howard Kittel, *Der Einfluß der Kaltverformung und des Glühens auf die thermoelektrische Kraft von Molybdän.* Die Thermokraft von handelsüblich reinem Mo-Draht wird nach verschied. Kaltverformungsgraden (10—80%) u. anschließendem Glühen in trockenem H_2 bei 200—1100° aufgenommen u. kurvenmäßig dargestellt. (J. Metals **4.** Trans. AIME **196.** Febr. 1952. Chicago, Ill., Argonne Nat. Labor.) H. HOCHSTEIN. 134

H. Gobrecht, *Ein Beitrag zum Verhalten frisch aufgedampfter Metallschichten.* Bei im Vakuum aufgedampften Metallschichten (*Sb, Cu, Ag*) ist die zeitliche Abklingung der spontanen Elektronenemission nach der Aufdampfung von der Flächendichte der Schicht d abhängig. Die Elektronenemission klingt ab nach $J = A \cdot t^{-\alpha}$, wobei α bei konstantem v proportional d u. bei konstantem d proportional v ist. Beobachtungen von Oberflächenwanderungen über längere Zeiträume in dünnen aufgedampften *Pb*- u. Sb-Schichten, die offenbar bes. bei Vorhandensein von Schmutzresten auf dem Träger zu ringförmigen Kristallanhäufungen führen, werden mitgeteilt. (Z. Physik **138.** 345—52. 1954. Berlin-Charlottenburg, TU., II. Physikal. Inst.) J. RUDOLPH. 134

W. P. Dyke, J. P. Barbour, J. K. Trolan und **E. E. Martin,** *Elektrische Stabilität des T–F-Emitters.* (Sitzungsbericht.) (Physic. Rev. [2] **98.** 263. 1/4. 1955. Winfield Coll.) H. LIEPACK. 134

Pál Selényi, *Die Wirkung von Quecksilberdampf auf den Selengleichrichter und das Selenphotoelement.* (Magyar tudományos Akad., matematikai fizikai Osztályának Közleményei [Ung. Akad. Wiss., Ber. math. physik. Abt.] **2.** 51—58. 1952. — C. **1955.** 4520.) J. PLANK. 134

S. A. Goldman, *Gleichrichterwirkung und photoelektrische Kraft von Selenphotoelementen und Nichtadditivität ihrer Photoleitfähigkeit.* An Se-Photoelementen mit starker Gleichrichterwrkg. von 10 oder 20 cm^2 Fläche wurde in Abhängigkeit von der effektiven Spannung (Photoelektr. Kraft + äußere Spannung) bis zu 400 mV die Stromstärke gemessen, u. zwar im Dunkeln, bei Belichtung mit $\lambda < 650$ mμ (I), bei Belichtung mit $\lambda > 670$ mμ (II) u. bei Belichtung mit I + II. Im Dunkeln beträgt der „konstante" nicht mit der Spannung veränderliche Widerstand 215 Ω, bei II 84 Ω; II bewirkt also eine Herabsetzung. I bewirkt dagegen eine Zerstörung der Sperrschicht u. damit des „veränderlichen" Widerstands. Infolgedessen ist die Wrkg. von I + II nicht additiv, sondern wesentlich stärker. (Доклады Академии Наук СССР [Ber. Akad. Wiss. UdSSR] [N. S.] **97.** 415—16. 21/7. 1954.) M. WIEDEMANN. 134

Naozo Matsuda, *Dunkelleitfähigkeit von Cadmiumsulfid.* Auf Grund von Messungen der Dunkelleitfähigkeit dünner polykristalliner Schichten von CdS, die durch Rk. von Cd-Dampf mit H_2S auf Quarz erzeugt waren, im Gebiet 20—350°, ergibt sich, daß Proben mit hohem sowie mit niedrigem Widerstand existieren. Durch längeres Anlassen der Proben in H_2S-Gas (1 at) wird bei niederohmigen Proben, die keine Photoleitung zeigen, der Widerstand bei gleichzeitigem Erscheinen der Photoleitung beträchtlich erhöht; die Aktivierungsarbeit ε im Hochtemperaturgebiet wächst dabei auf ca. 0,8 eV. Bei einigen hochohmigen Proben wird bei den höchsten Meßtempp. eine Abnahme von ε auf etwa den halben Wert beobachtet. Dieses Verh. wird auf das Vorhandensein von Haftstellen zurückgeführt. (J. Sci. Hiroshima Univ., Ser. A **18.** 77—81. Juni 1954. Hiroshima, Univ., Phys. Labor. [Orig.: engl.]) J. RUDOLPH. 135

Arthur Bramley, *Eigenschaften von im Vakuum niedergeschlagenen CdS-Filmen* (Sitzungsbericht.) (Physic. Rev. [2] **98.** 246. 1/4. 1955. A. B. Du Mont Labors.) R. LEVI. 135

Toshimoto Kushida, *Über die Änderung der Hochtemperaturleitfähigkeit von Cu_2S mit dem Schwefelgasdruck.* Vf. maß die elektr. Leitfähigkeit (σ) von Cu_2S bei verschied. Tempp. in Abhängigkeit vom S-Druck (ausführliche Apparaturbeschreibung). Bei geringen S-Drucken steigt σ nur wenig mit dem Gasdruck nach der Gleichung: $\log\sigma = \text{konst.} + 0{,}25 \cdot \nu^{-1} \log P_S$ (ν = S-Atomzahl, z. B. 6; P_S = S-Gasdruck). Für $P_S \cong 0{,}22$ Torr wurde ein sprunghafter σ-Anstieg beobachtet, was auf die Umwandlung von $Cu_2S \rightarrow Cu_{1,8}S$ zurückgeführt wird. Bei noch höheren Drucken ist der σ-Verlauf wieder n. linear. — Es werden thermodynam. Betrachtungen angestellt. (J. Sci. Hiroshima Univ., Ser. A **16.** 75—80. Juli 1952. Hiroshima, Univ., Phys. Labor.) H. ROEPKE. 135

Márta Déri und **József Millner,** *Eisenoxyd als Grundstoff enthaltende Halbleiter von Spinellstruktur.* Zwecks Unters. der Leitfähigkeit von Fe_2O_3 nach Einbau von Zn^{2+} u. Ti_4^+ wurde das Fe_2O_3–ZnO–TiO_2-Syst. aus reinen Oxyden auf keram. Wege hergestellt u. die Leitfähigkeit der festen Lsgg. bei verschied. Tempp. bestimmt. Die Messungen erwiesen, daß der Grundstoff der Halbleiter das als Ausgangsstoff benützte γ-Fe_2O_3-Kristallsyst. bildet. Der Aufbau der Oxydsysteme beginnt an den oktaedr. Lücken des Spinellgitters des γ-Fe_2O_3. Die Ti^{4+}-Ionen treten in die Lücken oktaedr., die Zn^{2+}-Ionen in die Lücken tetraedr. Symmetrie. Ist die Menge des TiO_2 bzw. ZnO größer als den Lücken entspricht, so werden diese nicht in das Spinellgitter eingebaut. In diesem Dreistoffsyst. besetzen erst die Ti^{4+}-Ionen die freien oktaedr. Stellen, der Einbau der Zn^{2+}-Ionen erfolgt erst, wenn die TiO_2-Menge kleiner ist als die freien Lücken im γ-Fe_2O_3-Gitter. In diesem Fall besetzen die Zn^{2+}-Ionen die Stellen tetraedr. Symmetrie, die freien oktaedr. Stellen besetzt das bisher tetraedr. Fe^{3+}-Ion. Bei den eingehaltenen Versuchsbedingungen wurden Zinkferrit u. $Zn^{2+}(Fe^{2+}Ti^{4+})O_4{}^{2-}$-Spinelle nicht gebildet. Die Änderung der Leitfähigkeit mit der Zus. erklärt den angenommenen Mechanismus der Strukturausbildung genügend. (Építöanyag [Baumaterial] **6.** 109—17. April 1954.) J. PLANK. 135

Rezsö Pauncz, *Korrektur zur Fermischen kinetischen Energieformel.* (Magyar tudományos Akad., matematikai fizikai Osztályának Közleményei [Ung. Akad. Wiss., Ber. math. physik. Abt.] **2.** 227—32. 1952. — C. **1952.** 6812.) J. PLANK. 136

Louis Harris und **Arthur L. Loeb,** *Bestimmung von Leitvermögen und Relaxationszeit der Elektronen von Goldrauchniederschlägen aus Durchlässigkeits- und Reflexionsmessungen im langwelligen Infrarot.* Es wurden Durchlässigkeit T u. Reflexionsvermögen R von 4 Proben Goldrauch-Ndd., deren D. nur $^1/_{300}$—$^1/_{500}$ des massiven Au ist, bei 105, 345 u. 455 μ gemessen. Daraus wurden das Leitvermögen σ sowie n u. k, die opt. Konstanten, berechnet. Für hinreichend kleines a/λ (Filmdicke/Wellenlänge) wurde ein Ausdruck A/T (A = Absorption) gefunden, der unabhängig von ε (DK.) u. eine einfache quadrat. Funktion von $\mu c \sigma a$ ist (μ = Permeabilität, c Lichtgeschwindigkeit). σ ist wellenlängenabhängig; es geht durch ein Minimum. Für $\lambda > 105\,\mu$ nimmt τ mit λ zu, was dem vorherrschenden Relaxationseffekt zugeschrieben wird. Die Relaxationszeit wurde zwischen $2{,}5 \cdot 10^{-14}$ u. $4{,}5 \cdot 10^{-14}$ sec, also in Übereinstimmung mit dem des massiven Au von ca. 10^{-13} sec gefunden. σ ist ca. 10^{-5} des eines hellen, blanken Nd. von gleicher M./cm². (J. opt. Soc. America **43**. 1114—18. Nov. 1953. Cambridge, Mass., MIT, Dep. of Chem.) H. LINDBERG. 136

E. P. Wohlfarth, *Neue Entwicklungen auf dem Gebiet des Magnetismus. Eine Übersicht über neue Bücher und Zusammenfassungen.* (Research **7**. 360—67. Sept. 1954. London, Imp. Coll. of Sci. and Technol.) J. V. HARLEM. 137

Tibor Neugebauer, *Neue Beziehung zwischen Gravitation und Magnetismus.* (Magyar tudományos Akad., matematikai természettudon mányi Osztályának Közleményei [Ung. Akad. Wiss., Ber. math. naturwiss. Abt.] **1**. 73—88. 1951. — C. **1952**. 6812.) J. PLANK. 137

Franz Bader, *Zum Nachweis des Antiferromagnetismus.* Es werden Folgerungen aus den Arbeiten von GANZHORN (vgl. hierzu C. **1956**. **41**) über den Antiferromagnetismus der Oxyde des *Mn* u. *Cr* u. seine theoret. Deutung gezogen. Ferner wird eine Erklärung für die auffallende Periodizität der Elektronenwärme u. des Temperaturkoeff. der Susceptibilität bei den Übergangsmetallen gegeben. (Z. Naturforsch. **8a**. 498—99. Aug. 1953. Stuttgart, TH, Inst. für theoret. u. angew. Phys. u. Max-Planck-Inst. für Metallforsch.) J. V. HARLEM. 137

Franz Bader, *Ferromagnetismus in der Eisengruppe.* Vf. gibt eine Theorie des Ferromagnetismus in der Fe-Gruppe, die ausgeht von der von GANZHORN (C. **1956**. 41) gruppentheoret. entwickelten homöopolaren Auffassung der Verteilung der Elektronen in einem Kristall. Die aus der Theorie sich ergebenden Schlußfolgerungen sind in sehr guter Übereinstimmung mit den experimentellen Befunden. (Z. Naturforsch. **8a**. 334. Mai 1953.) J. V. HARLEM. 137

G. Builder und **D. Haneman,** *Das Rauschen, das in einer Spule mit ferromagnetischem Kern entsteht.* Durch Einsatz eines nichtmagnet. leitenden Kerns in eine Spule wird deren therm. Rauschen vergrößert. Das gesamte Rauschen ist abhängig von dem effektiven Widerstand der Spule mit Kern, in Übereinstimmung mit einer von NYQUIST abgeleiteten Formel. Vff. betrachten jetzt dieses vermehrte therm. Rauschen, wenn der eingeführte Kern aus einem ferromagnet. Werkstoff besteht u. den Zusammenhang mit dem BARKHAUSEN-Effekt. (Austral. J. Physics **7**. 654—58. Dez. 1954. Sydney, Univ., School of Phys.) J. V. HARLEM. 137

Je. Kondorski und **A. Pachomow,** *Zur Theorie der Abhängigkeit der spontanen Magnetisierung von Metallen und Legierungen von der Temperatur im Gebiete tiefer Temperaturen.* (Vgl. C. **1954**. 10181.) Für den Fall des schlecht leitenden ferromagnet. Gitters mit z Elektronen je Atom in der nicht aufgefüllten Schale ist die Zahl der Energieniveaus z-mal größer als für 1 Elektron je Atom. Für die spontane Magnetisierung im Bereich tiefer Temp. in Abhängigkeit von der Temp. ist eine Formel angegeben. Im Falle bin. Legierungen ist die Zahl der möglichen Energieniveaus um so größer, je weniger geordnet das Gitter ist. Für Gitter des Typs NaCl, CsCl u. $FeNi_3$ mit jeweils 1 Elektron je Atom sowie für den Typ $FeNi_3$ mit $z_A = 2$ u. $z_B = 1$ werden die Formeln für die spontane Magnetisierung angegeben. (Доклады Академии Наук СССР [Ber. Akad. Wiss. UdSSR] [N. S.] **96**. 1139—42. 21/6. 1954. Moskau, Lomonossow-Univ.) M. WIEDEMANN. 137

Eduard Houdremont und **Otto Rüdiger,** *Erzeugung von magnetischen Vorzugsrichtungen durch inhomogene Spannungen bei Magnetostriktions-Werkstoffen.* Die Magnetostriktion eines ferromagnet. Werkstoffes ist an 90°-Wandverschiebungen u. Drehvorgänge gebunden. Es wird gezeigt, daß inhomogene Spannungen, wie z. B. durch schwaches Kaltwalzen, Oberflächenbearbeitung, Verbiegen, Einpressen von Riefen quer zur späteren magnet. Flußrichtung bei Werkstoffen mit positiver Magnetostriktion, zur Ausbldg. einer geeigneten magnet. Vorzugsrichtung führen. Versuchsergebnisse hierzu werden bes. für eine *Fe-Cr-Legierung* mit 25% Cr wiedergegeben. Die bei Werkstoffen mit positiver Magnetostriktion durch Einpressen von Querriefen erzeugten Vorzugslagen lassen sich durch BITTERsche Streifen nachweisen. (Arch. Eisenhüttenwes. **26**. 153—57. März 1955. Essen.) H. HOCHSTEIN. 137

Hiroshi Kojima, *Über die magnetische Eigenschaft von Eisenoxyden.* Reines α-Fe_2O_3, hergestellt aus $Fe(CO)_5$, wird bei Tempp. zwischen 0 u. 800° schrittweise zu Fe_3O_4 in einem Gasstrom aus H_2 u. H_2O reduziert. Die Red. ist bei ca. 600° beendet. Vorher bildet sich bei ca. 400° γ-Fe_2O_3. Fe_3O_4 wird im Vakuum zwischen 0 u. 700°

schrittweise zu α-Fe_2O_3 oxydiert. Diese Oxydation ist bei 700° beendet. Vorher bei ca. 500° bildet sich zunächst γ-Fe_2O_3. Die Ergebnisse wurden zunächst aus Remanenz u. Koerzitivkraftmessungen erhalten. Sie wurden aber später auch durch chem. Analysen u. durch Röntgenstrahlunters. erhärtet. Die Rk. $3\ \alpha\text{-}Fe_2O_3 \rightleftarrows 2\ Fe_3O_4 + O$ geht also in beiden Richtungen (Red. u. Oxydation) über die gleiche Zwischenstufe: γ-Fe_2O_3. (Sci. Rep. Res. Inst. Tôhoku Univ., Ser. A **6.** 178—85. April 1954. Sendai, Japan, Res. Inst. for Sci. Measurements. [Orig.: engl.]) H. FAHLENBRACH. 137

Junzo Shimoizaka, *Magnetische Eigenschaften binärer Ferrite.* 1. Mitt. Für die *Ferrite* von *Mg, Mn, Fe, Co, Ni, Cu* sowie von *Zn* u. *Cd* wurden die magnet. Momente u. ihre Abhängigkeit von der Zus. bestimmt u. graph. dargestellt. Bei den Ferriten $R\cdot OFe_2O_3$ für R z.B. $Ni_{0,6}Zn_{0,4}$; $Cu_{0,6}Zn_{0,4}$; $Ni_{0,8}Zn_{0,2}$; $Co_{0,4}Zn_{0,6}$ wurde die Abhängigkeit von M/m (Gauß) von der Temp. (0—200°) graph. dargestellt u. der Zusammenhang mit der Kristallstruktur erörtert. (J. chem. Soc. Japan, pure Chem. Sect. [Nippon Kagaku Zassi] **74.** 158—61. Febr. 1953. Sendai, Tohoku Univ. [Orig.: japan.]) L. SCHULER. 137

Junzo Shimoizaka, *Bildungsvorgang ferromagnetischer Ferrite vom Spinelltyp. $CuO\cdot Fe_2O_3$ und $MgO\cdot Fe_2O_3$.* Die Mischungen der Komponenten von *Cu-Ferrit* u. *Mg-Ferrit* wurden bei verschied. Tempp. magnet. untersucht, um die Bldg. der Ferrite vom Spinelltyp zu verfolgen. Das magnet. Moment/Gewichtseinheit nahm bei niedriger Temp. (700°) stetig zu, bei 1250° erreichte es nach einigen Std. seinen konstanten Wert. Mit dem Fortschreiten der Rk. erschienen im Pulver-Röntgenogramm die Spinellinien, während die der ursprünglichen Oxyde verschwanden. Die Aktivierungsenergie (Diffusion durch die feste Phase) wurde aus der Geschwindigkeitskonstanten zu ca. 39—44 kcal/Mol für Ni-, Cu- u. Mg-Ferrite berechnet. (J. chem. Soc. Japan, pure Chem. Sect. [Nippon Kagaku Zassi] **74.** 212—16. März 1953. Sendai, Tohoku Univ. [Orig.: japan.]) L. SCHULER. 137

Gunnar Pehrman, *Über den Magnetismus einiger Magnetkiese.* Vf. untersuchte die Struktur u. die magnet. Permeabilität von 13 Magnetkiesen, verschied. Herkunft. Sie zeigten teils hexagonale, teils monokline Struktur, teils enthielten sie beide Phasen. Die magnet. Permeabilität steigt kontinuierlich mit dem Geh. an monokliner Phase an. Bei den hexagonalen Magnetkiesen steigt die Permeabilität mit dem Geh. an S an, die rein monoklinen Magnetkiese haben höheren S-Gehalt. (Acta Acad. Aboensis, Math. Physica **19.** Nr. 10. 1—8. 1954. Åbo, Akademie [Orig.: deutsch].) J. v. HARLEM. 137

C. G. Shull und **M. K. Wilkinson,** *Untersuchung der magnetischen Struktur von Legierungen der Übergangselemente durch Neutronenbeugung.* (Vgl. C. **1953.** 3680.) Die Unters. wurde an einer Reihe von Legierungen der Systeme Fe–Cr, Ni–Fe, Co–Cr u. Ni–Mn durchgeführt. In ungeordneten Legierungen wird ferromagnet. „Unordnungsstreuung" beobachtet, in geordneten Legierungen magnet. Überstrukturstreuung. Es wird gezeigt, wie man aus der magnet. Streuung u. aus den Magnetisierungsdaten Aussagen über die einzelnen magnet. Momente der Atome in den Legierungen erhält; die so errechneten Momente werden angegeben. Die Abweichung der erhaltenen Momentwerte von denen der reinen Elemente ist eine Funktion der Legierungszusammensetzung. (Physic. Rev. [2] **97.** 304—10. 15/1. 1955. Oak Ridge, Tenn., ORNL.) H. C. WOLF. 137

J. C. Barbier, *Magnetische Torsionswaage.* Beschreibung einer empfindlichen magnet. Torsionswaage zur Messung der magnet. Eigg. rostfreier Stähle mit kleiner Susceptibilität ($\chi = 10^{-2}$ bis 10^{-3}) in Magnetfeldern von der Größe des Erdfeldes. (J. Physique Radium **15.** 76 S—77 S. Dez. 1954. Grenoble, Labor. d'Electrostat. et de Phys. du Métal.) J. v. HARLEM. 137

Mitsuru Asanuma und **Shinji Ogawa,** *Über die magnetische Alterung von reinem Eisen.* Vff. berichten über die Änderung der Anfangssusceptibilität von handelsüblichem reinem Fe bei 130° in Abhängigkeit von der Temperatur. Die Probe war vorher 1 Std. auf 950° erhitzt, im Ofen auf 350° abgekühlt u. dann in W. abgeschreckt worden. Es wurde kein Einfl. einer Alterung auf die Anfangssusceptibilität festgestellt, bes. hatte, wie früher vermutet, der S-Geh. keinen Einfluß. Weitere Verss. ergaben jedoch, daß der C- u. bes. der N-Geh. Einfl. auf die Alterung der Anfangssusceptibilität haben. (J. physic. Soc. Japan **10.** 161. Febr. 1955. Hokkaido, Univ., Inst. of Phys. [Orig.: engl.]) J. v. HARLEM. 137

R. H. Fox, *Ausdehnung nichtreziproker ferritischer Schaltungen in das Frequenzgebiet 500—3000 MHz.* Es wird gezeigt, daß Anordnungen, die die nichtreziproken Eigg. von Ferritkernen ausnutzen, durch geeignete Anpassung des stat. Magnetfeldes auch im Frequenzbereich 500—3000 MHz verwendet werden können. (J. appl. Physics **26.** 128. Jan. 1955. Cambridge, Mass., MIT, Lincoln Labor.) J. v. HARLEM. 137

Colman Goldberg, *Ein neuer galvanomagnetischer Effekt.* 1. Mitt. *Theorie.* (Sitzungsbericht.) (Physic. Rev. [2] 93. 913. 15/2. 1954.) R. Stein. 137

Colman Goldberg und **R. E. Davis,** *Neuer galvanomagnetischer Effekt.* Vff. beschreiben die theoret. Grundlagen u. den experimentellen Nachw. eines neuen galvanomagnet. Effektes, des sogenannten „ebenen Hall-Effekts", der bei der Messung der senkrecht zur Stromrichtung induzierten Spannung beobachtet wird, wenn sich das magnet. Feld nicht senkrecht zur Strom- u. Spannungsrichtung, sondern in einer Ebene mit beiden befindet. Der neue Effekt, der eng mit der Widerstandsänderung im Magnetfeld zusammenhängt, ermöglicht die experimentelle Prüfung der Annahme sphär. Energieflächen u. Relaxationszeitflächen in Halbleitern. Beim Zutreffen dieser Annahme sollte der Effekt isotrop sein. Vorläufige Messungen an *Ge* bei Zimmertemp. ergaben jedoch sowohl in n- als auch in p-leitendem Ge Anisotropie des Effekts. (Physic. Rev. [2] **94.** 1121—25. 1/6. 1954. East Pittsburgh, Pa., Westinghouse Res. Labors.) R. Stein. 137

G. B. Benedek und **E. M. Purcell,** *Kernmagnetische Resonanz in Flüssigkeiten unter hohem Druck.* Mittels der „Spin-Echo-Meth." zur Best. der kernmagnet. Resonanz wurden die Eigg. von Fll. unter hohem Druck untersucht. Die Relaxationszeit T_1 der Protonen in W., n-Pentan, n-Hexan, Toluol, Äthyljodid u. Methyljodid wurde in Abhängigkeit vom Druck im Bereich 1—10000 at gemessen. Außerdem wurden für W. u. Methyljodid die normalisierten Werte der Selbstdiffusionskonstanten D(P)/D(1) als Funktion des Druckes gemessen. Bei jeder Fl. nimmt T_1 mit steigendem Druck ab. Der Vgl. der beobachteten Änderung von T_1 in Abhängigkeit vom Druck mit den Angaben von Bridgman über die Druckänderung der Viscosität η zeigt jedoch in allen Fällen (mit Ausnahme von Methyljodid, wo keine Viscositätsangaben vorliegen), daß T_1 nicht einfach proportional mit $1/\eta$ ist, $T_1 \cdot \eta$ nimmt mit dem Druck zu. Ähnlich ändert sich für W. u. Methyljodid die Diffusionskonstante D derart, daß T_1/D mit dem Druck zunimmt. Innerhalb der Beobachtungsfehler wird bei W. die Beziehung $D.\eta = cT$ von Stokes-Einstein befolgt. Das Verh. von T_1 kann verstanden werden, wenn angenommen wird, daß der beherrschende Relaxationsmechanismus intermol. Felder umfaßt, deren Korrelationszeit durch den Freiheitsgrad der Rotation der Moll. bestimmt ist, u. daß durch die Kompression der Fl. der Freiheitsgrad der Wanderung wesentlich stärker behindert wird als der Freiheitsgrad der Rotation. Es wurde bei diesen Unterss. ferner festgestellt, daß BeCu, eine heiß bearbeitbare Legierung, sehr geeignet für die Herst. einer nichtmagnet., hochdrucksicheren Bombe ist. (J. chem. Physics **22.** 2003—12. Dez. 1954. Cambridge, Mass., Harvard Univ.) J. v. Harlem. 137

M. K. Banerjee, T. P. Das und **A. K. Saha,** *Effekt der chemischen Verschiebung und J-Kopplung auf die Linienform der Kernresonanz.* Vf. untersuchten im Detail theoret. die Aufspaltung der Kernresonanzlinien infolge J-Kopplung für die beiden Fälle $J \sim \delta$ u. $J \ll \delta$. Für $J \sim \delta$ treten beträchtliche Abweichungen von der Regel von Gutowski sowohl in den Intensitäten als auch in den Frequenzen der Komponenten auf, bes. bei den Intensitäten. Die exakten Linienbilder werden für einige wichtige Fälle angegeben. (Proc. Roy. Soc. [London]. Ser. A **226.** 490—509. 7/12. 1954. Calcutta, Indien, Inst. of Nucl. Phys.) J. v. Harlem. 137

Jean L. Kernahan und **M. J. Sienko,** *Restparamagnetismus und die Susceptibilität einiger isoelektronischer Kobaltammine.* Die mol. magnet. Susceptibilitäten von $[Co(NH_3)_5 \cdot HCO_2]J_2$ u. $[Co(NH_3)_5NO_2]J_2$ wurden mittels der Gouy-Meth. zu $(-72{,}0 \pm 4{,}6) \cdot 10^{-6}$ bzw. $(-45{,}2 \pm 2{,}5) \cdot 10^{-6}$ bestimmt. Der „Restparamagnetismus" des Co(III) scheint danach $+141 \cdot 10^{-6}$ bzw. $+165 \cdot 10^{-6}$ zu betragen. Beobachtungen von Proctor u. Yu über die Verschiebung der Kernresonanzfrequenz von Co in Kobaltkomplexen führten Vff. zu der Vermutung, daß das Vorhandensein niedrigliegender angeregter Elektronenniveaus bei diesen beiden Komplexen zu dem beobachteten kleinen Diamagnetismus beiträgt. (J. Amer. chem. Soc. **77.** 1978—80. 5/4. 1955. Ithaca, N. Y.) J. v. Harlem. 137

Bruno Finzi-Contini, *Elektrolytmodelle und Filtrationsfelder.* Die Theorie der Ähnlichkeit harmon. Felder wird auf Elektrolytmodelle u. Filter angewandt. Wenn μ die innere Leitfähigkeit, ν die Grenzleitfähigkeit eines Elektrolyten, Ω die Fläche der dispergierenden Umgebung ist, dann ist ein Ähnlichkeitsparameter des Feldes definiert durch $F^* = \mu/\nu\sqrt{\Omega}$, die Leitfähigkeit durch $K^* = C/\mu\sqrt{\Omega}$ (C = Gesamtleitfähigkeit). Für ein Filter, z. B. eine Nutsche, gelten ähnliche Beziehungen, wobei die in der Zeiteinheit durchgehende Flüssigkeitsmenge mit dem elektr. Strom verglichen wird, der Durchlässigkeitskoeff. f des Filtermaterials mit der elektr. Leitfähigkeit der Lsg. u. die hydraul. Belastung mit dem elektr. Potential. Im Falle der Bedeckung der Filterschicht mit einer dünnen Haut von geringerer Durchlässigkeit liegen besondere Bedingungen vor. Es gilt dann analog $F^* = fs'/f'\sqrt{\Omega}$, wobei f' u. s' (Schichtdicke) sich auf die Bedeckungshaut (s' ≪ s der Filtermasse) beziehen. Die Parallelen zwischen einem Elektrolytmodell u. einer Filterschicht ermöglichen eine Übertragung der im einen Fall erkannten Beziehungen auf den andern Fall. (Chim. e Ind. [Milano] **36.** 448—52. Juni 1954. Milano, Univ., Ist. di Chim. ind.) R. K. MÜLLER. 138

G. H. Nancollas, *Thermodynamik der Ionenassoziation.* 1. Mitt. *Bleichlorid, -bromid und -nitrat.* Aus Leitfähigkeitsmessungen an $PbCl_2$-, $PbBr_2$- u. $Pb(NO_3)_2$-Lsgg. bei 25° bzw. an $PbCl_2$ auch bei 35° ergeben sich für die Rk. $Pb^{2+} + X^- \rightleftharpoons PbX^+$ folgende Werte für ΔH 4,38; 2,88; —0,57 kcal/Mol, für ΔG bei 25° —2,18; —2,02; —1,62 kcal/Mol u. für ΔS 22,0; 16,4; 3,5 cal/Grad·Mol. Die Entropieänderungen werden mit den aus einem Entropiekreisprozeß berechneten verglichen u. ihre Bedeutung wird diskutiert. (J. chem. Soc. [London] **1955.** 1458—62. Mai. Glasgow, Univ.) W. NIEMITZ. 138

M. G. Fouad, *Die Säurestärke des Ammoniumions bei hohen Salzkonzentrationen.* In Erweiterung der Messungen von EVERETT u. WYNNE-JONES (Proc. Roy. Soc., [London], Ser. A **169.** [1938.] 190) wurde die klass. Säurekonstante des Ammoniumions bzw. die klass. Basenkonstante des Ammoniaks bei 15, 25 u. 35° in KCl- u. NaCl-Lsgg. im Molalitätsbereich von 0,2—4 bestimmt. Die Versuchsanordnung bestand aus 2 H_2-Halbelementen, die durch KCl-Lsg. verbunden waren. In beiden Zellen war die Gesamtsalzmolalität die gleiche. Mit Hilfe der gemessenenen Spannung E des galvan. Elementes wurde der Logarithmus der klass. Säuredissoziationskonstanten des NH_4^+-Ions berechnet: $\log K_{NH_4^+} = -EF/2,3\,RT + \log M_{HCl} + \log M_{NH_3}/M_{NH_4^+}$. Die Molalität von HCl war bei allen Verss. 0,02. Durch Kombination der Resultate für die Säurekonstante des NH_4^+-Ions mit den Daten für das Ionenprod. von H_2O wurde die Basenkonstante des NH_3 in NaCl- u. KCl-Lsgg. erhalten. Wie aus einer graph. Darst. ersichtlich, steigt der Logarithmus der klass. Säurekonstante des NH_4^+-Ions mit der Gesamtsalzmolalität im Bereich oberhalb M = 0,5 linear an. Das auffallendste Ergebnis sind die relativ großen Unterschiede von $\log K_{NH_4^+}$ für KCl- u. NaCl-Lsgg., die auf einen spezif. Einfl. der Alkaliionen auf das Dissoziationsgleichgewicht des NH_4^+-Ions hindeuten könnten. (Mh. Chem. **86.** 141—45. 15/2. 1955. Alexandria, Univ., Dep. of chem. Technol.) S. LANZ. 139

Heinz W. Sternberg, Robert A. Friedel, S. Leonard Shufler und **Irving Wender,** *Die Dissoziation des Eisenpentacarbonyls in einigen Aminen.* An Hand von Messungen der magnet. Susceptibilität, der Leitfähigkeit u. der Infrarotspektren sowie zum Teil des gewichtsmäßigen Umsatzes untersuchen Vff. das Verh. von $Fe(CO)_5$ beim Lösen in folgenden Aminen (I): *n-Butylamin, Piperidin, Morpholin, Diäthyl-, Benzyl-, tert.-Butylamin, 4-Picolin, Pyridin, 2-Picolin, Pyrrol, 2.6-Lutidin, Triäthyl-, Di-n-butylamin, Anilin* u. außerdem in *n-Butanol.* Dabei zeigt sich, daß durch die I die Dissoziation des $Fe(CO)_5$ gemäß der Gleichung $2\,Fe(CO)_5 \rightleftharpoons [Fe(CO)_6]^{2+} + [Fe(CO)_4]^{2-}$ begünstigt wird. Der Einfl. der Struktur der verschied. I auf diese Rk. wird diskutiert, u. es wird wahrscheinlich gemacht, daß die Dissoziation über den Schritt einer Art Brückenkomplex aus 2 $Fe(CO)_5$-Moll. erfolgt, dem sich Elektronen- u. Carbonylgruppenübergang anschließen. (J. Amer. chem. Soc. **77.** 2675—77. 20/5. 1955. Bruceton, Pa., Bur. of Mines, Branch of Coal-to-Oil Res.) W. NIEMITZ. 139

Tsuneo Oiwa, *Thermodynamische Eigenschaften von Salzsäure in Mischungen von Wasser und Äthylalkohol.* Für m = $5\cdot10^{-4}$ bis 0,1 bei 10—40° wurde die EMK. der Zelle H_2 (1 at)/HCl(m), 40% A.-W./AgCl–Ag bestimmt u. daraus die Aktivität der HCl u. das Normalelektrodenpotential für AgCl–Ag berechnet: $E_0' = 0,1884_8 - 754\cdot10^{-6}(t-25) + 2,65\cdot10^{-6}(t-25)^2 - 0,08\cdot10^{-6}(t-25)^3$. (J. chem. Soc. Japan, pure Chem. Sect. [Nippon Kagaku Zassi] **74.** 232—35. März 1953. Sendai, Tohoku Univ. [Orig.: japan.]) L. SCHULER. 140

J. F. Dewald, *Eine Theorie der Kinetik der Bildung anodischer Filme bei hohen Feldstärken.* Eine Theorie für die anod. Oxydation von Metallen (z. B. Ta u. Al) wird vorgeschlagen. Es wurde die Theorie von MOTT u. CABRERA auf die Wrkg. der Raumladung auf die Kinetik der Prozesse im Falle hoher Feldstärke ausgeweitet. Das Verh. dieser Systeme ist von einem dimensionslosen Faktor δ abhängig, der durch die Gitter- u. Energieparameter sowie durch die experimentellen Bedingungen gegeben ist. Für den Fall, daß δ sehr klein ist, entsprechend einer geringen Raumladung, geht die kinet. Gleichung in die von MOTT u. CABRERA über. Für sehr große Werte ergibt sich eine einfache Gleichung, die nur die Parameter des festen Oxyds enthält. Für die Zwischenwerte von δ wird ein komplexes Verh. vorausgesagt. Es wird gezeigt, daß die Temperaturunabhängigkeit der TAFEL-Neigung für Ta eine Folge der Theorie bei geeigneter Wahl der Parameter ist. (J. electrochem. Soc. **102.** 1—6. Jan. 1955. Murray Hill, N. J., Bell Telephone Labors. Inc.) A.-F. BOGENSCHÜTZ. 141

Maurice Dodero, *Über die Darstellung von Silicium–Titan-Legierungen durch Schmelzelektrolyse.* Vf. hat durch Elektrolyse der geschmolzenen Alkali- u. Erdalkalisilicate bzw. Alkalifluorosilicate bei Zusatz von TiO_2 Legierungen zwischen Si u. Ti erhalten. Es wird versucht, den Reaktionsverlauf aufzuklären. Ein geschmolzenes, sauerstoffhaltiges Salz dissoziiert in saures u. bas. Oxyd. Das saure, nichtleitende Oxyd wirkt als Dissoziationsmittel für das bas. Oxyd: Na_2SiO_3 + NaF → Na_2O-SiO_2—NaF → SiO_2, Na^+, F^-, O^{2-} (NaF wird als Flußmittel zugesetzt). An der Kathode wird prim. Na^+ neutralisiert, das sek. in einer rein chem. Rk. mit dem Bad unter Bldg. von freiem Si reagiert. Bei Zusatz von TiO_2 zur Schmelze erhebt sich die Frage, findet eine Dissoziation statt oder bleibt der mol. Zustand erhalten. Diese letzte Annahme ist die wahrscheinlichere u. wird durch Strom–Spannungs-Kurven erhärtet, die sich vor u. nach dem Zusatz von TiO_2 decken. Während sich Bäder mit *Li-Silicaten* analog verhalten, sind die Kurven im Fall der *Ca-Silicate* nicht kongruent, behalten jedoch ihre charakterist. Form bei. Da auch die Zersetzungsspannung konstant bleibt, kann hier gleichfalls eine Dissoziation des TiO_2 verneint werden. Dagegen bewirkt der Zusatz eines neuen Kations zum Silicat (z. B. Fe_2O_3) eine wesentliche Änderung des elektrochem. Verh. des Bades. Die Elektrolysenergebnisse sind von der Natur des Reduktionsmetalls abhängig. Im Falle von Na entstehen nur niedere Ti-Oxyde, während mit Li, K u. Ca Si–Ti-Legierungen erhalten werden. Bei verschied. Elektrolysen ließ sich die Ggw. von reinem Ti nachweisen, das sich nicht bilden würde, wäre Si das Reduktionsmittel. Vf. nimmt an, daß sich die Si–Ti-Verb. u. die Legierung erst nach der Red. von SiO_2 u. TiO_2 bilden. Si u. Ti, erst einmal freigesetzt, verbinden sich in definierten Verhältnissen u. bilden dann erst mit dem überschüssigen Si eine Legierung. —Die Elektrolyse der Fluorosilicate (K_2SiF_6) bei Zusatz von TiO_2 verläuft ähnlich. Es gelingt, die Verb. Si_2Ti zu isolieren. — Das Schmelzdiagramm der Legierungen Si–Ti zeigt 2 deutlich ausgeprägte Eutektika bei 1330° mit 8,5 u. 78% Si. Während Elektrolysen bei tieferen Tempp. (850, 1000, 1150°) ein Gemisch von Si-Verb. u. freiem Si liefern, wird bei höheren Tempp. u. Si-reichen Bädern das Eutektikum mit 78% Si erhalten. (J. Chim. physique Physico-Chim. biol. **49.** C 11—C 14. Juni 1952. Grenoble, Fac. des Sci.) S. Lanz. 141

J. L. Andrieux und **E. Bonnier,** *Über die Elektrolyse der geschmolzenen Halogenosalze.* Nach der Theorie von Andrieux (Chim. et Ind. **25.** [1931.] 5) kann jedes geschmolzene Sauerstoffsalz als eine ionisierte Lsg. des bas. Metalloxyds im mit ihm verbundenen Anhydrid, welches die Funktion eines Dielektrikums ausübt, betrachtet werden. Auf Grund verschied. Unterss. an Fluorosalzen, bes. *Kryolith,* haben Vff. eine Analogie der Konst. (Debyeogramm) u. des elektrochem. Verh. dieser Salze mit den entsprechenden Sauerstoffsalzen festgestellt. Bei der Elektrolyse von reinem geschmolzenem Na_3AlF_6 (1010°, 20 A, 1 Std.) mit *Pb-Kathode* scheiden sich große Mengen Na (2,5—4 g) in Form von Pb–Na-Legierungen ab u. nur sehr wenig Al (0,2—0,5 g). Nimmt man an, daß durch den elektrochem. Vorgang prim. Na abgeschieden wird u. Al erst durch sek. Rk. des Na mit dem Bad entsteht, so findet dieses auffallende Verhältnis seine Erklärung. Durch Legierungsbldg. wird die Aktivität des Na stark vermindert, infolgedessen kann die Ausbeute der Sekundär-Rk. nur gering sein. Bei allen Verss. konnte eine Na-Abscheidung auf der Kathode beobachtet werden, die mit der Intensität der Kühlung zunahm. Umgekehrt nahm die Al-Bldg. mit fallender Kathodentemp. ab. Diese durch Abkühlung mehr oder weniger zurückgedrängte Al-Bldg. im Gegensatz zur erhöhten Na-Abscheidung spricht für die Theorie der Vff. über den wahrscheinlichen Reaktionsverlauf. Ein Vgl. der Zersetzungsspannungen von NaF u. Na_3AlF_6 im geschmolzenen Zustand läßt den Schluß zu, daß das prim. abgeschiedene Na aus NaF stammt. Auch der Unterschied der Leitfähigkeit von geschmolzenem NaF u. AlF_3 bestätigt die Hypothese, wonach AlF_3 als ionisierendes Dielektrikum für NaF betrachtet werden kann. — An einer nichtgekühlten *Graphitelektrode* wurde eine fast theoret. Abscheidung (95%) von Al erhalten, ohne daß Bldg. von Na nachgewiesen werden konnte. Wie die thermodynam. Daten erwarten lassen, reagiert alles prim. abgeschiedene Na mit AlF_3 unter Bldg. von Al, sofern es dem Reaktionsgemisch nicht durch Legierungsbldg. entzogen wird. An Hand der Versuchsergebnisse lassen sich folgende Etappen der Elektrolyse isolieren: 1. Dissoziation des geschmolzenen Na_3AlF_6 in $AlF_3 + 3\,Na^+ + 3\,F^-$; 2. Neutralisation von Na^+ an der Kathode; 3. Red. von AlF_3 durch Na-Metall. — Vff. sehen die Möglichkeit der Verallgemeinerung ihrer durch Experimente belegten Theorie auf Fluorosilicate, -borate u. -titanate sowie auf Chloro- u. Bromoaluminate u. Komplexverbb. der Chalkogene. (J. Chim. physique Physico-Chim. biol. **49.** C 15—C 17. Juni 1952. Grenoble, Fac. des Sci.) S. Lanz. 141.

G. W. Forsblom und **W. P. Maschowetz,** *Berechnung des Spannungsabfalls in Elektrolyseuren zur Gewinnung von Aluminium.* Die elektrochem. Polarisation ist von unbedeutendem Einfl. auf die Stromverteilung, wie am Beispiel der Al-Elektrolyse gezeigt wird. Beim Vgl. der experimentell ermittelten mit den nach der Formelberechnung erhaltenen Werten ergab sich für den ohmschen Spannungsabfall im Elektrolyten eine gute Übereinstimmung. (Журнал Прикладной Химии [J. angew. Chem.] 25. 1165—75. Nov. 1952. Allunions Aluminium-Magnesium Inst.) A. Kunze. 141

Pierre Mergault, *Beitrag zur Kenntnis der Elektrolyse von reinem Kryolith und von Lösungen von Aluminiumoxyd in Kryolith.* Bei der Elektrolyse von reinem Kryolith mit Graphitanoden tritt der sogenannte „Anodeneffekt" auf, der sich in einem plötzlichen Anstieg der Klemmenspannung mit entsprechendem Rückgang der Stromstärke äußert. Zwischen der Tiegelanode u. dem Bad erscheinen winzige Funken, hervorgerufen durch eine isolierende Schicht zwischen Anode u. Bad, die vom Anodenmaterial sehr stark adsorbiert wird. Vf. ist es gelungen, bei Röntgenunterss. an elektrolyt. veränderten Graphitoberflächen 2 neue Linien 2,73 u. 2,32 Å festzustellen, die frische Graphitoberflächen nicht zeigen. Diese beiden Linien können mit keinem bekannten Stoff identifiziert werden, der sich während der Elektrolyse an der Anode bilden könnte. Die Existenz der anod. Adsorptionsschicht kann noch auf anderem Wege aufgezeigt werden. Wird ein Graphittiegel, der den „Anodeneffekt" gegeben hat, abgekühlt, das alte Bad durch ein neues, z. B. eine Lsg. von Al_2O_3 in Na_3AlF_6 ersetzt, so tritt auch hier der anod. Spannungsabfall auf, selbst wenn der Tiegel mit der neuen Schmelze während $^1/_2$ Std. vor der Elektrolyse in Berührung stand. So kann der prim. Anodenvorgang nur in einer O^{2-}-Entladung bestehen. Würde prim. ein F-haltiges Anion entladen werden, das dann mit dem Bad unter Freimachung von Sauerstoff reagierte, so könnte die Isolierschicht in einem O^{2-}-ionenhaltigen Kryolithbad nicht existieren. (C. R. hebd. Séances Acad. Sci. **240.** 765—67. 14/2. 1955.) S. Lanz. 141

Ss. W. Gorbatschew und **Ju. N. Jurkewitsch,** *Über die Kinetik der elektrolytischen Abscheidung von Nickel.* Die Oberfläche der mechan. polierten Ni-Kathode betrug 0,03 mm². Die Lsgg. waren sauerstoffrei. Die Reproduzierbarkeit des Potentials betrug ± 15 mV. Als Vergleichselektrode diente eine Ni-Elektrode, die in die gleiche Lsg. tauchte. Die Strom–Spannungs-Kurven wurden in 0,01 u. 0,1 mol. $NiCl_2$-Lsgg. bei verschied. Tempp. aufgenommen. Der p_H-Wert lag zwischen 4 u. 4,8. In 0,01 mol. $NiCl_2$ nimmt die Polarisation bei Übergang von 50° auf 60° in 0,1 mol. $NiCl_2$ bei Übergang von 40 auf 50° bes. stark ab. Zwischen 20 u. 40° gilt die Tafelsche Gleichung. Bei höheren Tempp. treten Abweichungen ein. Die Gerade, die sich bei Auftragung der Stromdichte bei konstanter Überspannung gegen die reziproke, absol. Temp. ergibt, weist bei einer bestimmten Temp. einen Knick auf. Hier ändert sich der Mechanismus des Abscheidungsvorganges. Die neben der Ni-Abscheidung stattfindende H_2-Entw. wurde bei konstanter Gesamtelektrolytkonz. u. konstantem p_H-Wert in 0,1 mol. KCl verfolgt Die Ni-Vergleichselektrode tauchte dabei in eine $NiCl_2$-Lsg., der elektrolyt. Kontakt wurde durch einen geschlossenen, ungefetteten Hahn hergestellt. Bei allen Tempp. gilt die Tafelsche Gleichung. Der Temperaturkoeff. der reinen H_2-Entw. betrug 3—4 mV/°. Die Strom–Spannungs-Kurven für die Ni-Abscheidung u. H_2-Entw. stimmen bei 20° annähernd überein. Bei höheren Tempp. jedoch fällt die Polarisation für die Ni-Abscheidung sehr viel mehr als für die H_2-Entwicklung. Bei 80° wird prakt. nur Ni abgeschieden. Das gleiche gilt bei höheren Stromdichten. Bei niederen Tempp. wird der Elektrolyt in Elektrodennähe durch die H_2-Entw. alkalischer, es scheidet sich amorphes Nickelhydroxyd ab. Bei 80° wird pulverförmiges, metall. Ni mit n. Gitter abgeschieden. Bei Verwendung von borsäurehaltigen Lsgg. bildet sich kein Hydroxyd-Nd. u. es zeigen sich andere Abweichungen von der Tafelschen Geraden. (Журнал Физической Химии [J. physik. Chem.] **28.** 1120—28. Juni 1954. Moskau, Chem.-Technol. Mendelejew-Inst.)
R. Landsberg. 142

I. M. Kolthoff und **Joseph Jordan,** *Potentiometrie von Jod und Jodid an der rotierenden Pt-Elektrode.* Vff. bestimmten auf polarograph. Wege die Red. von J_2 u. die Oxydation von J^- in verschied. Medien erstmalig an einer rotierenden Pt-Elektrode (bei p_H 0—8). — Die Rk. $J_2 + 2e \rightarrow 2\,J^-$ verlief in saurer Lsg. völlig reversibel, u. die entsprechenden Diffusionsströme waren im Konzentrationsbereich $5 \cdot 10^{-6}$ bis 10^{-3} n Lsg. der J_2- bzw. J^--Konz. proportional. J_2 erzeugt bei Abwesenheit von J^- eine anod. u. kathod. Stufe gleicher Höhe, die in 0,1 n NaOH-Lsg. jedoch ausbleiben. — $2 \cdot 10^{-4}$ n KJ (in 0,1 n $HClO_4$-Lsg.) erzeugt zwei anod. Stufen mit einem Halbstufenpotential $E_{1/2} = +0{,}5$ V bzw. $+1{,}1$ V, welche der Oxydation von J^- zu J_2 bzw. von J_2 zu $[J(H_2O)_x]^+$ entsprechen. Der hierbei auftretende anod. Diffusionsstrom ist der Drehzahl der rotierenden Pt-Elektrode proportional. — Bei Abwesenheit von J^+-Stabilisatoren scheint die Rk. $J_2 \rightarrow 2\,J^+$ an der rotierenden Pt-Elektrode irreversibel zu sein. J^+ wird von Cl^- durch Bldg. von JCl bzw. JCl_2^- stabilisiert. ($E_{1/2} = 0{,}75$ V in 0,1 n HCl). In 4 n HCl liegt

J_2 als J_2Cl^- vor, welches kathod. zu 2 J^- u. Cl^- red. u. anod. zu JCl_2^- oxydiert wird. In HBr wurde keine anod. Stufe für die Rk. $J_2 \rightarrow 2\,J^+$ beobachtet, da Br^- von J_2 oxydiert wird. Pyridin u. HCN stabilisieren J^+. In ihrer Ggw. erzeugt J^- nur eine wohldefinierte Stufe, die der Oxydation zu J^+ entspricht ($E_{1/2} = 0{,}5$ V in 0,05nHCN + 0,1n$HClO_4$ u. 0,56 V in 0,1n Pyridin bei p_H 6). JCN wird an der Pt-Elektrode nicht reduziert. (J. Amer. chem. Soc. **75**. 1571—75. 5/4. 1953. Minneapolis, Minn., Univ., School of Chem.) H. RÖPKE. 142

H. A. Laitinen und **E. I. Onstott,** *Adsorption und Reduktion von Tetrachloroplatinat(II) an der Quecksilbertropfelektrode.* Die polarograph. Kurve des Reduktionsstromes i des Pt im $PtCl_4^{2-}$-Komplexion an einer gegenüber der gesätt. Kalomelelektrode um E negativeren Hg-Tropfelektrode, weist 2 durch ein Minimum des Stromes getrennte wellenförmige Äste auf. Der bei Werten $-E < 0{,}9$ V mit einem breiten Maximum (erste Welle) deutlich als Diffusionsstrom erkennbare u. in diesem Maximum der Konz. der $PtCl_4^{2-}$-Ionen proportionale Strom i_d sinkt mit Erhöhung des negativen Potentials der Hg-Elektrode steil ab bis auf ein Minimum, dessen Tiefe von der Lage des anschließenden zweiten Anstieges des Reduktionsstromes (zweite Welle) abhängt. Diese wird in Lsgg. von KCl als Trägerelektrolyten durch Erhöhung der KCl-Konz. zu kleineren negativen E-Werten verschoben, so daß in 4mol. KCl-Lsg. das Stromminimum nur noch schwach erkennbar ist. In 1mol. KCl-Lsg. hebt sich die erste Welle der polarograph. Kurve am deutlichsten von dem folgenden n. irreversiblen Reduktionsprozeß des Chlorokomplexes ab. Dessen Beeinflussung durch die Cl^--Ionenkonz. der Lsg. ist auch bei Sn- u. Sb-Chlorokomplexen bekannt. Sie beruht auf einer Verminderung der Überspannung der Red. des Komplexes bei höherer Cl^--Konz., welche in 1mol. Cl^--Konz. bei $PtCl_4^{2-}$ gerade zu einem Halbwellen-Potential von $-1{,}35$ V des Wiederanstieges des Reduktionsstromes zu seiner zweiten Welle führt. Damit liegt dieses 2. Halbwellenpotential gerade etwas über dem des Abstieges der 1. Welle von $E = E^d_{1/2} = -0{,}89$ V. Die 1. Welle wurde versuchsweise als eine infolge von Adsorption der Tetrachloroplatinationen am Hg schon bei kleineren $-$E-Werten ermöglichte Red. dieser Ionen gedeutet. Die negativen Ionen werden jedoch mit Erhöhung des negativen Potentials der Hg-Elektrode wieder desorbiert, bevor der n. irreversible Reduktionsprozeß in merklichem Ausmaß beginnen kann. Diese Deutung wurde durch Ableitung einer thermodynam. Beziehung zwischen E u. den Konzz. der jeweils adsorbierten u. der unmittelbar an der Hg-Oberfläche in Lsg. befindlichen $PtCl_4^{2-}$-Ionen, die dem Strom i bzw. der Differenz $i_d - i$ zwischen Diffusionsstrommaximum i_d u. Strom i proportional gesetzt werden, erhärtet. Das aus der so gewonnenen Gleichung $E = E^d_{1/2} - 0{,}0296 \log(i_d - i)/i$ in Auswertung der Messungen zu erhaltende Halbwellenpotential $E^d_{1/2}$ der Adsorptions-Desorptions-Reduktionswelle war erwartungsgemäß von der $PtCl_4^{2-}$-Konz. unabhängig. — Weiterhin wurde die Adsorptionstheorie gestützt durch die Einschränkung der ersten Reduktionswelle bei Ggw. von Campher, welcher (nachweislich in demselben Potentialgebiet wie $PtCl_4^{2-}$) am Hg adsorbiert wird, was je nach dem Verhältnis der Konzz. beider adsorbierter Substanzen zu charakterist. Mischkurven Anlaß gab, sowie bei Ggw. anderer organ. Verbb., die am Hg bevorzugt adsorbiert werden (Octylalkohol, Agar, Gelatine). (J. Amer. chem. Soc. **72**. 4565—70. Okt. 1950. Urbana, Ill., Univ. of Illinois, Noyes Chem. Labor.) J.-L. v. EICHBORN. 142

S. A. Iofa, *Über die Wasserstoffüberspannung an Quecksilber in alkalischen Lösungen.* Eine Überprüfung der Arbeit von WOLKOW (C. **1954**. 3400) zeigt, daß die von ihm ermittelte Überspannung der H_2-Entw. am Hg bei 1 A/cm² u. p_H-Wert von 14 sich zu $-1{,}541$ V errechnet, das heißt, um nur 21 mV den vom Vf. ermittelten Wert übersteigt. Dieser Unterschied wird durch die Annahme der Aktivität des W. in einer an *NaCl* gesätt. Lsg. u. die Zunahme der Überspannung in konz. NaCl-Lsgg. u. bei kleinen Stromdichten durch Adsorption erklärt. Wird einer verd. HCl-Lsg. KCl zugesetzt, so ruft die Amalgambldg. eine größere Laugenkonz. an der Elektrodenoberfläche hervor, die Überspannung nimmt zu. Wird die Alkaliverb. durch $N(CH_3)_4OH$ ersetzt, so kann eine Strom–Spannungs-Kurve aufgenommen werden, ohne daß ein Stromanteil bei der Amalgambldg. verbraucht wird. Extrapolation der so erhaltenen Strom–Spannungs-Kurve ergibt eine Überspannung von 1,74 V bei 1 A/cm² u. p_H-Wert von 14. Bei kleinen Stromdichten weicht die Strom–Spannungs-Kurve von der Geraden in Richtung geringerer Überspannung ab, was noch nicht gedeutet werden kann. Die höhere Überspannung dieser Lsgg. wird durch den größeren Raumbedarf der $N(CH_3)_4^+$-Kationen, verglichen mit den Alkalikationen, in der Doppelschicht erklärt. Bei geringen Konzz. des *Tetrabutylammonium*-Ions dagegen führt die Adsorption zu einer Abnahme der Überspannung. (Журнал Физической Химии [J. physik. Chem.] **28**. 1163—65. Juni 1954. Moskau, Staatl. Lomonossow-Univ.) R. LANDSBERG. 143

Anne-Marie Baticle, *Untersuchung über die Überspannung von Cadmium in Cadmiumsulfatlösungen.* Vf. hat die Überspannungskurven der Cd^{2+}-Abscheidung aus H_2SO_4-Lsgg. aufgenommen. Es wurden Lsgg. untersucht, die an $CdSO_4$ 0,1, 0,02 u. 0,01n u. an H_2SO_4 0,24, 1 u. 2,4n waren. Alle diese Kurven zeigen ein Diffusionsstromgebiet, jedoch fehlt ihnen ein geradliniger Teil, wie es der Theorie entsprechen würde. Wird für die Diffusion eine Korrektur eingeführt, so läßt sich die allg. Überspannungstheorie von AUDUBERT auf diesen besonderen Fall anwenden. Aus der Kurve $\log I = f(\eta)$ lassen sich die Werte der Übergangskoeffizienten α u. β bestimmen. Wie eine Tabelle zeigt, fallen die Werte für β, bes. in Lsgg. hoher Ionenstärke, zu hoch aus, was mit Korrosionseffekten in Zusammenhang gebracht wird. (C. R. hebd. Séances Acad. Sci. **240.** 763—65. 14/2. 1955.) S. LANZ. 143

A_4. Thermodynamik. Thermochemie.

K. E. Grew, *Transporteigenschaften von Gasen.* Vf. berichtigt von HIRSCHFELDER, BIRD u. SPOTZ (vgl. C. **1949.** II. 393) angegebene Werte für die Thermodiffusion von Gasen, wodurch die experimentellen Ergebnisse zu besserer Übereinstimmung mit den theoret. Werten gelangen. (J. chem. Physics **18.** 149—50. Jan. 1950. Exeter, Univ. Coll.) G. KLAFFKE. 149

Jacques Chanu und **Jacqueline Lenoble,** *Über eine optische Methode zur Untersuchung des Soret-Effektes in Ionenlösungen.* Vff. haben die Thermodiffusion in 0,85n *NaCl*- u. 3n*KCl*-Lsgg. mit Hilfe von Interferenzmessungen untersucht. In einer Küvette wird zwischen 2 horizontalen Messingplatten in der Lsg. ein Temperaturgefälle von 12° erzeugt. Die Temp. der Messingplatten kann durch strömendes W. auf einige zehntel Grad konstant gehalten werden. Der therm. Gradient innerhalb der Lsg. ist senkrecht aufwärts gerichtet, so daß die Konvektion sehr bald ausgeschaltet wird. Als Lichtquelle dient die grüne Linie der Hg-Lampe, die mit Hilfe eines Collimators paralleles Licht auf die Zelle wirft. Parallel zu den beiden Messingplatten befinden sich vor der Küvette 2 horizontale Spalte im Abstand von 4 mm. Hinter der Zelle wird das Licht durch eine Sammellinse vereinigt. Mit Hilfe eines Mikroskops mit schwacher Vergrößerung beobachtet man ein Syst. von Interferenzstreifen, hervorgerufen durch die beiden Strahlen büschel, die die Küvette in verschied. Höhen passiert haben. Bei konstant gehaltenem Temperaturgradienten nimmt das Syst. der Interferenzstreifen in einem reinen Medium, z. B. H_2O, sehr bald eine Gleichgewichtslage an. Handelt es sich dagegen um eine Lsg., die den SORET-Effekt zeigt, so beobachtet man nach Einstellung des therm. Gleichgewichtes eine Verschiebung von Interferenzstreifen, hervorgerufen durch die unterschiedlichen Brechungsindices in den verschied. Höhenlagen der Küvette. Die Meßreihen zeigen untereinander gute Übereinstimmung. (C. R. hebd. Séances Acad. Sci. **240.** 949—51. 28/2. 1955.) S. LANZ. 150

L. Bertanza und **G. Martelli,** *Einfluß von Ionen auf die Keimbildungsprozesse in Flüssigkeiten.* 2. Mitt. *Flüssigkeiten unter positivem Druck in metastabilem thermodynamischem Gleichgewicht (überhitzte Flüssigkeiten).* (1. vgl. C. **1955.** 6222.) Vff. untersuchen das Verh. von Fll. im metastabilen Gleichgewicht unter positivem Druck u. geben einen Ausdruck für die Gesamtzirkulation von krit. Blasen, die verschied. Ionenanzahlen tragen. Die Mitwrkg. von Ionen bei Keimbildungen von Dampfblasen in überhitzten Fll. hat einen erheblichen Einfl. auf das thermodynam. Verhalten. Die Gesamtzirkulation der Blasen wird größer. Daher wird die Wartezeit kürzer, in manchen Fällen sogar effektiv Null. Diskrepanzen zwischen den theoret. u. experimentellen Werten mehrerer Autoren sind darauf zurückzuführen, daß die Beeinflussung der Ionen bei Keimbildungsvorgängen nicht vernachlässigt werden darf. (Nuovo Cimento [10] **1.** 324—36. 1/2. 1955. Pisa, Univ., Inst. di Fis.) V. BURBACH. 150

Seita Sakui und **Kimiko Satō,** *Über das Schmelzen von Metallen und Legierungen.* 1. Mitt. Durch mkr. Beobachtung zeigte sich, daß reiner *Cu*-Draht bei raschem Aufheizen auf den F. oder darüber mittels eines Batteriestroms u. automat. Eintauchens in W. — eine geeignete Schmelzsicherung im Heizstrom ließ den Draht bei der entsprechenden Temp. fallen — kontinuierlich schmolz. *Messing*-Draht (von verschied. Cu–Zn-Verhältnissen) schmolz diskontinuierlich, was am ausgeprägtesten bei Bedingungen des Schweißens mit plötzlichem Aufheizen u. Abkühlen war. Das Schmelzverh. von Legierungen, das nicht aus dem Gleichgewichtsdiagramm erklärlich ist, scheint von der Wrkg. der Diffusionsgeschwindigkeit des gelösten Bestandteils im Lösungsm. herzurühren. (Rep. sci. Res. Inst. [Kagaku-Kenkyujo-Hokoku] **29.** 183—93. Mai 1953. [Orig.: japan.]) L. SCHULER. 150

Ss. N. Gans und **Ss. B. Krawtschinskaja,** *Geschwindigkeit der Absorption von Stickstoffoxyden durch $Ca(OH)_2$-Lösungen in mechanischen Absorbern mit großer Um-*

drehungszahl. Absorptionsgrad u. -geschwindigkeit der *N-Oxyde* (I) in *$Ca(OH)_2$* (II)-Lsgg. hängen von der I-Konz. im Gas, der II-Konz. in der Lsg., der Volumengeschwindigkeit des Gases, der Randgeschwindigkeit der Scheiben u. der Temp. im Absorber ab. In einem liegenden zylindr. Absorptionsgefäß werden die günstigsten Absorptionsverhältnisse gefunden, wenn auf die Zylinderachse 4 Scheiben mit schaufelartig aufgebogenen Rändern aufgesetzt sind, die mit 3200 Umdrehungen/Min. die Absorptions-Fl. durchrühren; man erreicht so einen Absorptionsgrad von 98,4—99,2%. (Журнал Прикладной Химии [J. angew. Chem.] **28.** 145—55. Febr. 1955. Dnepropetrowsk, Chem.-technol. Inst.) R. K. MÜLLER. 150

Robert D. Freeman und **Alan W. Searcy,** *Berechnung des Anteils der effundierenden Moleküle, die eine Kollektorplatte oberhalb eines Kanalloches streifen.* (Vgl. C. **1955.** 2137.) Es wird eine neue Berechnung der Dampfmenge gegeben, die bei der Meth. nach KNUDSEN durch das Effusionsloch entweicht. (J. chem. Physics **22.** 1137—38. Juni 1954. West Lafayette, Ind., Purdue Univ., Dep. of Chem.) J. V. HARLEM. 157

Werner Pepperhoff und **Günter Graß,** *Einfluß der Inhomogenität auf die Strahlung leuchtender Flammen.* Untersucht werden die Strahlungseigg. in bezug auf Temp. sowie Absorptionsvermögen inhomogener Flammen. Hierbei zeigte sich, daß sowohl die Temperaturmessung durch Spektrumsumkehr als auch die bequemere Berechnung der Flammentemp. aus einer Messung der Farb- u. schwarzen Temp. einen Temperaturmittelwert angeben, über dessen genaue Lage zwischen höchster u. niedrigster in der inhomogenen Flamme vorkommender Temp. nichts Allgemeingültiges ausgesagt werden kann. (Arch. Eisenhüttenwes. **26.** 9—18. Jan. 1955. Duisburg-Huckingen, Mannesmann-Forschungsinst.) H. HOCHSTEIN 157

José Piazza, *Das Verhalten der Berührungsfläche zwischen zwei Phasen in Bewegung.* Für den Fall von positivem (negativem) Temperaturgradienten, das heißt Temp. der Fl. höher (niedriger) als die Temp. des Dampfes, sowie Temperaturgradient 0 wird das Verh. eines Zweiphasensyst. im Bewegungszustand (z. B. im Gegenstrom) erörtert, wobei auch das Verh. einer in der Fl. gelösten nichtflüchtigen Substanz u. der Fall einer tangentialen Berührungsfläche behandelt wird. Gleichungen werden nicht gegeben. Rev. Fac. Ing. Quím. **20.** 117—18. 1951.) R. K. MÜLLER. 158

A. R. Mitchell, *Abrundungsfehler in der Lösung von Gleichungen für die Wärmeleitfähigkeit durch Relaxationsmethoden.* Es werden Formeln abgeleitet, um Abrundungsfehler bei verschied. Verteilung der Restglieder zu berechnen. (Appl. sci. Res. A **4.** 109—19. 1953. St. Andrews, Scotland, Univ.) H. MIETHING. 158

H. A. Lauwerier, *Optimumprobleme der Wärmeleitfähigkeit bei einem halbunendlichen Festkörper.* Ein fester Körper wird von einer gegebenen Temp. t_0 sekundenlang von der Grenzfläche aus erhitzt, die danach wärmeisoliert wird. Es werden Rechnungen durchgeführt, um bei gegebener Anfangszeit, -temp. u. -wärmezufuhr mit einem Minimum an Energie eine maximale Temp. T_m zu erreichen. 2 Fälle werden durchgerechnet: 1. die Temperaturverteilung im festen Körper, wenn die Grenzfläche konstant auf der Temp. T_0 gehalten wird; 2. die Temperaturverteilung, wenn ein konstanter Wärmefluß in der Zeit- u. Flächeneinheit eingeführt wird. Der 2. Fall liefert ein besseres Ergebnis. (Appl. sci. Res. A **4.** 142—52. 1953. Amsterdam, Koninklijke Shell Labor.) H. MIETHING. 158

S. Parthasarathy, C. B. Tipnis und **M. Pancholy,** *Dämpfung von Ultraschallwellen in Flüssigkeiten.* Vff. beschreiben eine opt. Meth. zur Messung der Ultraschallabsorptionskoeffizienten α in Flüssigkeiten. Zwei monochromat. Lichtbündel durchqueren in einer Küvette senkrecht zur Fortpflanzungsrichtung der Schallwellen die Fl., wobei das Lichtbündel 1 näher am Schallgeber liegt als das Lichtbündel 2; d ist der Abstand ihrer opt. Achsen. Der Schallgeber ist ein X-Quarz, der durch einen Hochfrequenzoscillator variabler Frequenz u. Spannung erregt wird. Die am Quarz liegende Spannung V wird durch ein Röhrenvoltmeter u. die Frequenz ν durch einen Präzisionswellenmesser ermittelt. Ein ausgehöhlter Schaumglasblock, der die Fl. abschließt, verhindert stehende Wellen. Unzulässige Erwärmung wird durch möglichst kurzzeitige Schalleinw. vermieden. Die Ermittlung von α/ν^2 erfolgt aus der Beobachtung des Minimums der Intensität der Beugungslinie nullter Ordnung beider Lichtbündel nacheinander. Dabei wird V so variiert, daß für V_1 ein Intensitätsminimum des vom Lichtbündel 1 erzeugten Beugungsstreifens u. für V_2 entsprechend eins des vom Lichtbündel 2 erzeugten auftritt. Unter der Voraussetzung, daß die Schallamplitude am Quarz V proportional ist, ergibt sich $\alpha/\nu^2 = \log V_2 - \log V_1/0{,}4343 \cdot d \cdot \nu^2$ (log BRIGGscher Logarithmus). Die Resultate zeigen anomale Absorption. Es werden folgende Meßwerte mitgeteilt (Frequenz ν in MHz; Temp. in °C; $\alpha/\nu^2 \cdot 10^{17}$): *Bzl.* (4,911; 29,7; 906,2), *Toluol* (4,895; 31,0; 96,12), *m-Xylol* (6,896; 30,2; 75,85), *Chlf.* (4,900; 30,1; 388,00), *Nitrobenzol* (6,814; 30,0; 94,05), *Hexylalkohol* (4,901;

29,8; 131,5), *Butylacetat* (4,895; 29,1; 130,7). *Propylacetat* (4,885; 29,7; 144,7), *Amylacetat* (6,844; 29,5; 106,5), *Äthylacetat* (4,905; 29,8; 157,4), (2,961; 29,8; 252,3) u. (6,825; 29,8; 110,4). (Z. Physik **140**. 156—59. 1955. New Delhi, Nat. Phys. Labor. of India.)
HANS JACOB. 159

N. Miller, *Chemische Wirkung von Schallwellen auf wässerige Lösungen.* Vf. untersuchte die Oxydation der wss. schwefelsauren luftgesätt. Lsg. von *Eisen(II)-ammoniumsulfat* (I) durch Ultraschallwellen (500 kHz). Die Konz. c der Fe^{2+}-Ionen fällt linear mit der Beschalldauer t ab. Wird die Größe A (A = Steigung der Geraden im c, t-Diagramm) gegen log c_0 (c_0 = Anfangskonz. von I) aufgetragen, so liegt zunächst ein linearer Anstieg vor bis $c_0 = 5 \cdot 10^{-4}$ Mol/Liter; bei höherem c_0 ist A unabhängig von c_0. Ferner steigt A linear mit der Schallenergie an. Die Ergebnisse lassen sich durch die Annahme erklären, daß die Oxydation von I durch die Spaltung von H_2O in H-Atome u. OH-Radikale verursacht wird (vgl. C. **1951**. II. 196). (Trans. Faraday Soc. **46**. 546—50. Juli 1950. Edinburgh, Univ., Dep. of Natural Philos.)
O. FUCHS. 159

G. Spengler, *Über den Einfluß des „Quarzwindes" auf Ultraschalleistungsmessungen.* Vf. weist nach, daß die als „Quarzwind" bezeichnete Gleichströmung in Übereinstimmung mit der ECKARTschen Theorie grundsätzlich im Schallfeld endlicher Amplitude auftritt. Die Gleichströmung tritt daher auch hinter strömungsundurchlässigen, aber schalldurchlässigen Membranen auf, der durch diese Gleichströmung in der Strahlungsdruckmessung bedingte Fehler kann je nach den Randbedingungen 3—25% betragen. Vf. hält daher die in der bisher üblichen Weise durchgeführten Strahlungsdruckmessungen nicht geeignet für eine präzise Ermittlung der Schallintensität. (Naturwissenschaften **41**. 59—60. Febr. 1954. Berlin, Deutsches Amt für Maß und Gewicht, Ultraschall-Labor.)
H. JACOB. 159

J. S. Arnold, *Ein Ultraschallverfahren für die nichtzerstörende Ermittlung der Metall-Metall-Adhäsionsverbindung.* (Sitzungsbericht.) (Physic. Rev. [2] **98**. 283. 1/4. 1955. Stanford Res. Inst.)
H. LIEPACK. 159

A₅. Kolloidchemie. Grenzschichtforschung.

D. Stigter, *Über die Thermodynamik micellarer Lösungen.* Für die nach $n S \rightleftarrows S_n$ erfolgende Bldg. von Micellen in einer *Seifen*-Lsg. leitet Vf. die Beziehung $(kT/n)\ln c_m/n - kT \ln c_u^0 + W - T\Delta S_0 + F_{el} = 0$ ab. c_u^0 u. c_m sind die Konzz. von S u. S_n in Mol/Liter. $T\Delta S_0$ stellt die Entropiedifferenz eines Seifenmol. im assoziierten u. nichtassoziierten Zustand dar, F_{el} die freie Energie. W u. $T\Delta S_0$ sind aus experimentellen Daten zugänglich, wenn F_{el} bekannt ist, wofür eine Gleichung abgeleitet wird. Vf. diskutiert die Gleichgewichtsbeziehung unter Berücksichtigung der Wechselwrkg. zwischen Micellen u. Einzelionen, der Konz. von nichtassoziierter Seife u. der Wrkg. von Fremdsalzen. Unter der Annahme von sphär., von einer diffusen elektr. Doppelschicht umgebenen Micellen werden die Aktivitätskoeffizienten der Micellen abgeleitet u. der Einfl. des effektiven Micellvol. u. der negativen Adsorption erörtert. (Recueil Trav. chim. Pays-Bas **73**. 593 bis 610. Aug. 1954. Utrecht, van't Hoff Labor.)
H.-U. WOELK. 166

D. Stigter, *Über die Interpretation der Leitfähigkeit von Seifenlösungen.* Die Kurve spezif. elektr. Leitfähigkeit/Seifenkonz. besteht für viele Seifenlsgg. aus 2 linearen Teilen, die Konz. am Schnittpunkt kann der krit. Micellenkonz. cmc zugeschrieben werden. Oberhalb dieses Punktes wird die Leitfähigkeit durch die Konzz. an unassoziierter u. micellarer Seife, c_n u. c_m bestimmt. Vf. erörtert die Abweichungen von experimentell ermittelten $\Lambda_{d/c}$-Kurven von diesem theoret. Verlauf. (Λ_d = differentielle elektr. Leitfähigkeit). Es werden 4 Gebiete unterschieden: weit unterhalb cmc entsprechen die Änderungen von Λ_d mit c den bei starken Elektrolyten beobachteten. Im unmittelbaren Bereich von cmc kann der Abfall von Λ_d mit der endlichen Größe der Micellen erklärt werden. Oberhalb cmc bleibt Λ_d prakt. konstant. Ein erneuter Anstieg bei hohen c-Werten kann auf intermicellare Wechselwirkungen zurückgeführt werden. (Änderung der Beweglichkeiten von Micellen u. Einzelionen durch Überlappung der die Einzelmicelle umgebenden Doppelschichten). Die quantitative Diskussion, bes. des Abschnittes 2, zeigt, daß in vielen Systemen die Micellen prakt. einheitlich sind; unter Anwendung des Massenwirkungsgesetzes läßt sich in diesem Fall das Mol.-Gew. einer Micelle ermitteln. Anomale Leitfähigkeitskurven (z. B. von substituierten Octadecyltri-R-ammoniumbromaten) deutet Vf. durch Annahme einer Größenverteilung der Micellen. (Recueil Trav. chim. Pays-Bas **73**. 611—25. Aug. 1954. Utrecht, van't Hoff Labor.)
H.-U. WOELK. 166

A. N. Bose, *Eine Untersuchung der Viscosität und Leitfähigkeit des Systems Wasser–Natriumpalmitat und verschiedener Alkohole.* Aus Viscositätsmessungen schließt Vf. auf eine unterschiedliche Struktur der Seifenmicellen in Lsgg. verschied. Alkoholkonzentration. Die Konz., bei welcher die Änderung der micellaren Struktur erfolgt,

hängt von der Kettenlänge der Seife ab. Bei großen Kettenlängen findet die Änderung der micellaren Struktur bei höherer Alkoholkonz. statt. Für den Ersatz der zwischen den Na-Enden vorhandenen H_2O-Moll. durch Alkohol wird bei der gleichen Seife u. verschied. Alkoholen mehr Alkohol benötigt, wenn die Kette des Alkoholmol. kurz ist. Für einige unterschiedliche Alkoholkonzz. werden von Seifenlsgg. mit verschied. NaCl-Geh. die Leitfähigkeiten bestimmt. Bei den niedrigen Alkoholkonzz. ist die Abhängigkeit vom NaCl-Geh. deutlicher ausgeprägt als bei höheren Alkoholkonzentrationen. Möglicherweise bewirkt die Zugabe von NaCl bei niedrigem Alkoholgeh. den Abbau der Hydratation der Moll., dessen Grad von der NaCl-Konz. abhängig ist. Bei höherem Alkoholgeh. werden die H_2O- gegen die Alkoholmoll. vertauscht. Dadurch nimmt die Hydratation ab, u. die Leitfähigkeiten solcher Lsgg. zeigen bei Änderung des NaCl-Geh. keine ausgeprägte Charakteristik. Aus dem vorliegenden Material wird geschlossen, daß die micellare Struktur im Konzentrationsbereich 30—50% beinahe die gleiche ist. (Z. physik. Chem. **204.** 16—19. Febr. 1955. Lucknow, India, Lucknow-Univ., Chem. Labor.)
H. PITTACK. 172

Kiyoharu Maeda, *Über die Viscosität assoziierter Flüssigkeiten.* Die Anomalie assoziierter Fll. (ziemlich große Aktivierungsenergie der Viscosität u. ihre Änderung mit der Temp.) wird mathemat.-physikal. zu klären gesucht unter der Annahme, daß die kleinste Einheit, bzw. die mit den assoziierten Anteilen in therm. Gleichgewicht befindlichen nichtassoziierten Moll., beim Fließen assoziierter Fll. maßgebend in Rechnung gestellt werden müssen. (J. chem. Soc. Japan, pure Chem. Sect. [Nippon Kagaku Zassi] **74.** 136—38. Febr. 1953. Tokyo, TH. [Orig.: japan.]) L. SCHULER. 172

Theodore Vermeulen, Gael M. Williams und **Gordon E. Langlois,** *Die Phasengrenzfläche bei der Durchmischung von flüssig-flüssigen und gasförmig-flüssigen Systemen.* Unterss. über die Größe der Phasengrenzflächen u. die mittleren Tropfen- bzw. Blasendurchmesser bei der Rührung von unmischbaren Fll. u. von Gasen mit Flüssigkeiten. Der Dispersionsgrad wird mit Hilfe der Lichtextinktion bestimmt. Er wird von den Grenzflächenspannungen, Dichten u. in geringerem Maße von den Viscositäten der Fll., außerdem vom Volumenverhältnis zwischen äußerer u. disperser Phase beeinflußt. Vff. leiten dimensionslose Beziehungen ab, die die Voraussage von Mischungsbedingungen aus bekannten physikal. Daten gestatten. (Chem. Engng. Progr. **51.** 85F—94F. Febr. 1955. Berkeley, Calif., Univ. of California.) D. BREDTSCHNEIDER. 175

T. N. Rhodin jr., *Untersuchungen von Kupferoberflächen durch Tieftemperaturadsorptionsisothermen.* Mit Hilfe einer weiterentwickelten u. beschriebenen Vakuum-Mikrobalkenwaage konnten die Adsorption u. Desorption von N_2 u. Ar bei 78,1 u. 89,2° K auf Cu-Blöckchen von nur 10—50 cm² Oberfläche gravimetr. gemessen werden. Die Adsorptionsisothermen waren von typ. sigmoidaler, das heißt bei höheren Relativdrucken Adsorption in Vielfachschichten anzeigender Form. Desorptionsmeßpunkte fielen auf dieselbe Kurve. Die klar angezeigte Vielfachadsorption war auch auf Oberflächen zu beobachten, deren Rauhigkeitsfaktor aus der Auswertung nach BRUNAUER-EMMETT-TELLER u. HARKINS-JURA nahe bei 1 lag. Die ursprünglichen Proben (Cu-Einkristallflächen parallel 1 0 0-Ebene u. polykristalliner Cu-Körper) hatten Rauhigkeitsfaktoren (Adsorptionsoberfläche/makroskop. ermittelter Oberfläche) nahe bei 1. Nach einem Oxydations–Reduktions-Prozeß in O_2 u. H_2, wobei Oxydschichten durchschnittlicher, aus der ermittelten Oberfläche u. der Gewichtszunahme errechneter Dicke von 200 Å auf- u. wieder abgebaut wurden, ergaben sich Rauhigkeitsfaktoren von der Größenordnung 2—2,5. Bei nochmaliger Oxydation wird die Oberfläche schrittweise mit der Zunahme der Dicke der Cu_2O-Schicht wieder glatter. Die aus dem Verhältnis der Dampfdrucke p_1/p_2 für Ausbldg. einer Monoschicht bei 2 verschied. Tempp. T_1, T_2 nach der Formel $\ln p_1/p_2 = (\Delta H/R)(1/T_2 - 1/T_1)$ errechneten isoster. Adsorptionswärmen für monomol. Bedeckung waren an Cu-1 0 0-Fläche 3500 cal/Mol, an polykristalliner Adsorbensfläche 2500 cal/Mol, sowie an einer mit 10 Å dicker Cu_2O-Schicht bedeckten 1 0 0-Fläche 3650 cal/Mol, an einer mit 200 Å dicker Cu_2O-Schicht bedeckten polykristallinen Fläche 3000 cal/Mol. (J. Amer. chem. Soc. **72.** 4343—48. Okt. 1950. Chicago, Ill., Univ. of Chicago, Inst. for Study of Metals.) J.-L. v. EICHBORN. 176

Chōei Sato, *Chemische Untersuchung der Oberfläche von Tonmineralien.* 1. Mitt. *Sorption von Ammoniak und von Methanol durch Bentonit.* Mit einer Quarzwaage wurde die oberflächliche Aufnahme von NH_3 u. CH_3OH-Dämpfen durch Bentonit (aus Aomori) bestimmt. Die absorbierende Oberfläche wurde aus den Absorptionsisothermen nach dem Verf. BRUNAUER-EMMET-TELLER für NH_3 zu ca. 350 m²/g ermittelt. Wie bei W. findet die Sorption in innerkristalliner Form statt. Die Sorptionskraft wird der Wrkg. von H-Bindungen zugeschrieben, z. B. Si–O···H—O oder Si—O···H—N. (J. chem. Soc. Japan, pure Chem. Sect. [Nippon Kagaku Zassi] **74.** 167—70. Febr. 1953. Hirosaki, Univ. [Orig.: japan.]) L. SCHULER. 176

Chōei Sato, *Chemische Untersuchungen der Oberfläche von Tonmineralien.* 2. Mitt. *Einfluß der Hitzebehandlung von Bentonit auf die nachfolgende Sorption von Gasen.* (1. vgl. vorst. Ref.) Die adsorptive NH_3-Aufnahme von Bentonit (auf 200—300° erhitzt) wurde untersucht u. gefolgert, daß, unabhängig von der Wasserabgabe, die innere Kristallstruktur durch Erhitzen Änderungen erleidet. (J. chem. Soc. Japan, pure Chem. Sect. [Nippon Kagaku Zassi] **74.** 221—24. März 1953. [Orig.: japan.]) L. SCHULER. 176

D. P. Stevenson, *Chemisorptionswärme von Wasserstoff in Metallen.* Die mit Hilfe der Oberflächenionisationspotentiale berechneten Adsorptionswärmen des H_2 an Metallen ergeben nach Ansicht des Vf. eine bessere Übereinstimmung mit experimentellen Ergebnissen als die aus den Bindungsenergien berechneten Werte. (J. chem. Physics **23.** 203. Jan. 1955. Emeryville, Calif., Shell Development Co.) G. KLAFFKE. 176

I. Sinohara und **S. Nakasone,** *Über die Änderung der Benetzbarkeit von Kristalloberflächen.* 4. Mitt. Der Einfl. von *Netzmitteln* (I; gemessen am jeweiligen Schwellenwert [SW]) auf die Oberflächenspannung, bzw. Grenzflächenspannung u. damit die Benetzbarkeit von wasserlösl., mit ihrer gesätt. Wasserlsg. im Gleichgewicht befindlichen Salzen (KCl) gegenüber Öl (Mobiloil Nr. 30) wurde weiter untersucht. Temperaturerhöhung steigerte im allg. die Oberflächenaktivität der **I**, der SW sank; bei den Alkalisalzen von Fettsäuren (z. B. Na-Laurat) erreichte er nahe dem F. der betreffenden Fettsäure ein Minimum. Bei Zunahme des Geh. an Laurylalkohol im Öl erfährt der SW des Na-Laurylsulfats nach anfänglicher Senkung eine plötzliche Zunahme auf eine bestimmte Höhe, die unverändert bleibt. Bei Na-Laurat ist der Einfl. gering. Geringe Zusätze an *Laurinsäure* (**II**) senken den SW beträchtlich (bei 0,5% nahe an 0). **II** vermag offenbar die Oberflächenenergie gesätt. Lsg./Öl u. Kristall/Öl zu senken. (Waseda appl. chem. Soc. Bull. **21.** Nr. 2. 2—7. März 1953. [Orig.: japan.]) L. SCHULER. 176

A. N. Webb und **R. P. Eischens,** *Sauerstoffaustausch in chemisorbiertem Kohlenmonoxyd.* Vff. berichten über Unterss. des O-Austausches zwischen chemisorbierten CO-Moll., bei denen ein stark mit ^{13}CO u. $C^{18}O$ angereichertes CO an Fe chemisorbiert u. in dem nach einigen Std. abgepumpten Gas die $^{13}C^{18}O$-Konz. massenspektrometr. gemessen wurde. Es zeigt sich, daß Beimischungen von O_2 u. CO_2 nur geringen Einfl. auf den O-Austausch zwischen den CO-Moll. ausüben. Zwischen chemisorbiertem u. nachträglich eingeführtem, nichtchemisorbiertem CO findet prakt. vollständiger O-Austausch statt, dagegen wurde zwischen CO u. CO_2 über Fe bei 25° kein O-Austausch beobachtet. Auf Grund einer ausführlichen Diskussion ihrer Ergebnisse kommen Vff. zu dem Schluß, daß der O-Austausch in chemisorbiertem CO wahrscheinlich nicht auf dem Wege über eine Dissoziation des CO oder die Bldg. von Komplexen des Typs $[CO_3]$, wie sie an Cu u. Ni in Ggw. von O_2 vorzuliegen scheinen (vgl. DELL u. STONE, C. **1954.** 9236) vor sich geht, sondern vermutlich direkt zwischen zwei oder mehr in enger Nachbarschaft chemisorbierten CO-Moll. erfolgt. (J. Amer. chem. Soc. **77.** 4710—13. 20/9. 1955. Beacon, N. Y., Texas Co., Beacon Labors.) R. STEIN. 176

J. van Dranen, *Eine empirische Formel für den Ionenaustausch.* (Kurze Mitt.) Vf. verwendet für die quantitative Beschreibung des Ionenaustausches eine neue Formel, welche nur eine empir. Konstante enthält, u. berechnet damit die Ergebnisse einer Anzahl bereits veröffentlichter Ionenaustauschversuche. Hauptzweck der Mitt. ist es jedoch, die Tatsache zu betonen, daß es mit Hilfe der Sekanten- oder Tangentenformel möglich ist, eine der FREUNDLICHschen Adsorptionsisotherme ähnliche Isotherme zu verwenden, welche den richtigen asymptot. Wert für die Adsorption erfaßt. (Recueil Trav. chim. Pays-Bas **71.** 1157—58. Nov. 1952. Amsterdam, Univ., Labor. for Analyt. Chem.) H. GEDSCHOLD. 177

M. M. Roy und **R. C. Basu Roy,** *Untersuchungen über Assamkohle als Ionenaustauscher.* Die Sulfurierung von Assamkohle, die sich im Vgl. zu anderen ind. Kohlen durch hohen S- sowie kleinen Asche- u. Feuchtigkeitsgeh. auszeichnet, wird untersucht. Die Verss. werden in einem Temperaturbereich von 30—150° sowie mit konz. H_2SO_4, 10- u. 20%ig. Oleum ausgeführt. Bei der Best. der Austauschkapazität der erhaltenen Prodd. ergibt sich, daß die günstigste Sulfurierungstemp. bei allen verwendeten Säurekonzz. 100° beträgt. Außerdem zeigt sich, daß die größte Kapazität in dem gesamten Temperaturbereich bei einem Verhältnis von 6 ml konz. H_2SO_4 auf 1 g Kohle erreicht wird, während diese sowohl bei kleineren als auch bei größeren Säure–Kohle-Verhältnissen abfällt. Bei Verwendung von Oleum gilt dieses optimale Verhältnis nur bei Tempp. $\geqq$125°, während bei kleineren Tempp. die Kapazität bei Erhöhung des Säure–Kohle-Verhältnisses kontinuierlich ansteigt. (Naturwissenschaften **42.** 15. 1. Jan.-H. 1955. Calcutta, Sci. Coll., Dep. of Appl. Chem.) GÜNTHER LANGE. 177

Yutaka Mori und **Kenjiro Meguro,** *Anwendung von Ionenaustauschharzen auf die Untersuchung der Eigenschaften kolloider Lösungen.* 1. Mitt. *Reinigung von Eisen(III)-hydroxyd-Sol.* Die Ergebnisse der Reinigung von $Fe(OH)_3$-Sol mittels der Austauscher

Diaion A u. *B* wurden mit denen durch Elektrodialyse verglichen. Gleichzeitiger Gebrauch eines Kationen- u. Anionenaustauschharzes liefert ein Sol von höherer Reinheit als bei Elektrodialyse. (J. chem. Soc. Japan, pure Chem. Sect. [Nippon Kagaku Zassi] **73.** 907—09. Dez. 1952. Tokyo, Musashi Univ. [Orig.: japan.]) L. SCHULER. 177

W. Buser, *Radiochemische Untersuchungen an Festkörperverbindungen.* 1. Mitt. *Isotopenaustauschversuche im System Festkörper–Lösung.* In den meisten krist. Stoffen sind Diffusionsvorgänge bei Tempp., die in einiger Entfernung vom F. liegen, nur sehr langsam. Neben den üblichen Ionenaustauschmineralien gibt es aber eine Reihe von Festkörperverbb., die auch bei gewöhnlicher Temp. ein ganz ausgeprägtes Reaktionsvermögen aufweisen. Hierzu gehören Substanzen mit strukturbedingter Fehlordnung. Die Verschiedenartigkeit der unter diesen Begriff fallenden Verbb. macht eine weitere Unterteilung wenigstens in zwei Untergruppen notwendig. Die erste Untergruppe umfaßt Verbb. vom Typus des α-AgJ, Preußischblau, Zeolithe, Wolframbronzen, Tonmineralien usw. In diesem Falle ist das Haupt- u. das Zwischengitter entgegengesetzt geladen. In die zweite Untergruppe gehören z. B. die zahlreichen Hydroxysalze mit ungeordneten Gitterbezirken. Das Hauptgitter u. das Zwischengitter sind elektr. neutral. Die Unters. des Reaktionsvermögens solcher Substanzen kann durch Isotopenaustauschverss. an Systemen Festkörper–Lösung erfolgen. Dabei gibt die Änderung der spezif. Aktivität der Lsg. mit der Zeit Auskunft über die Reaktionsfähigkeit der festen Phase. Die Auswertung der experimentellen Ergebnisse wird am Beispiel des *Mangan(II)-manganits* gezeigt. (Helv. chim. Acta **37.** **2334—44.** 1/12. 1954. Bern, Univ., Inst. für anorg., analyt. u. physikal. Chem., Radiochem. Labor.) H. GEDSCHOLD. 177

W. Buser und **U. Imobersteg**, *Radiochemische Untersuchungen an Festkörperverbindungen.* 2. Mitt. *Isotopenaustauschreaktionen an schwerlöslichen Co-Verbindungen.* (1. vgl. vorst. Ref.) Für die Unters. des Reaktionsvermögens von Festkörpern mit Hilfe von Isotopenaustauschverss. in Systemen Festkörper–Lsg. werden 4 definierte Co-Verbb. mit verschied. Strukturen verwendet, u. zwar: $Co(OH)_2$ (**I**); $Co(OH)_{1,5}Cl_{0,5}$ (**II**); $4Co(OH)_2$, $Co(OH)Cl$ (**III**) u. $4Co(OH)_2$, $Co_{1,25}OH(NO_3)_{1,5}$ (**IV**). **I** u. **II** besitzen ein völlig geordnetes Kristallgitter. **III** u. **IV** sind Substanzen mit zum Teil strukturbedingten Fehlordnungen; sie haben Doppelschichtengitter, wobei geordnete Hauptschichten von $Co(OH)_2$ mit dazwischenliegenden, teilweise ungeordneten Schichten bas. Salze abwechseln. Die Verbb. **I** u. **II** zeigen eine geringe Oberflächen-Rk., welche innerhalb weniger Min. vollständig verläuft. Lange Zeit gealterte Prodd. zeigen außer der Oberflächen-Rk. keine weitere Austausch-Rk. mit der Lösung. Bei instabilen Prodd. kann eine auf Rekristallisationsprozesse zurückzuführende langsame Austausch-Rk. beobachtet werden. Bei den Verbb. **III** u. **IV** erfolgt eine beträchtlich schnelle Austauschreaktion. Die an dem schnellen Austausch beteiligte Menge Co-Ionen des Festkörpers entspricht der Menge Co-Ionen in den fehlgeordneten Zwischengittern. Diese Co-Ionen sind leicht beweglich u. in der Lage, mit den entsprechenden Ionen in der Lsg. nach $^*Co^{2+} + 4\,Co(OH)_2, Co(OH)Cl \rightarrow Co^{2+} + 4\,Co(OH)_2, {}^*Co(OH)Cl$ auszutauschen. Mit kurzzeitig gealterten Präpp. von **III** u. **IV**, die eine stärkere Fehlordnung als die alten Präpp. aufweisen, wird eine beträchtliche Austausch-Rk. mit der Hauptschicht gefunden nach: $^*Co^{2+} + 4Co(OH)_2, Co(OH)Cl \rightarrow Co^{2+} + 4\,{}^*Co(OH)_2, Co(OH)Cl$ u. $4Co(OH)_2, {}^*Co(OH)Cl \rightarrow 4\,{}^*Co(OH)_2, Co(OH)Cl$. (Helv. chim. Acta **37.** **2345—55.** **1/12. 1954.**)
H. GEDSCHOLD. 177

W. Buser und **P. Graf**, *Radiochemische Untersuchungen an Festkörpern.* 3. Mitt. *Ionen- und Isotopenaustauschreaktionen an Mangandioxyden und Manganiten.* (2. vgl. vorst. Ref.) Zur Unters. des Reaktionsvermögens von „Mangandioxyd" mit Hilfe von Isotopenaustauschverss. werden eine Anzahl Kristallarten mit verschied. Strukturen verwendet: $4MnO_2 \rightleftharpoons Mn(OH)_2 \cdot 2H_2O$ (**I**); $3MnO_2 \rightleftharpoons Mn(OH)_2 \cdot 4H_2O$ (**II**); α-MnO_2 (**III**); β-MnO_2 (**IV**); γ-MnO_2 (**V**) u. δ-MnO_2 (**VI**). Von jeder Kristallart werden reine Verbb. hergestellt u. die Austausch-Rkk. dieser Festkörper mit durch ^{54}Mn markierter Mn(II)-Lsg. gemessen. Einige dieser Verbb. werden mit Zn^{2+} hergestellt u. die Austausch-Rkk. des eingebauten Zn mit durch ^{65}Zn markierter Zn^{2+}-Lsg. untersucht. Außerdem werden die Minerale *Ramsdellit* u. *Chalkophanit* untersucht. Es wird gefunden, daß das Ausmaß der Isotopenaustausch-Rkk. weitgehend von der Struktur der Verbb. abhängt. Die Kristallarten **I**, **VI**, **II** u. **III** zeigen beträchtlichen Austausch. Diese Gruppe umfaßt Kristalle mit einem geordneten Hauptgitter, regelmäßig abwechselnd mit einem ungeordneten Zwischengitter. Zwischen den Ionen des Zwischengitters u. den Ionen der Lsg. erfolgt rascher Austausch ($T_{1/2}$ ~10 Min.). Die Mn(IV)-Ionen im Hauptgitter zeigen einen sehr langsamen Austausch ($T_{1/2}$ > 1 Tag), mit Ausnahme von **VI**, bei dem alle Mn(IV)-Ionen ziemlich schnell ($T_{1/2}$ ~30 Min.) gegen Mn(II) der Lsg. ausgetauscht werden. Dies ist auf die „zweidimensionalen" Kristalle von **VI** zurückzuführen. Eine zweite, die Arten **IV** u. **V** sowie die beiden Minerale umfassende Gruppe zeigt nur geringen oder vernachlässigbaren Austausch. Diese Gruppe enthält Kristalle von kompakter Struktur, worin die Ionen bei Raumtemp. nicht wandern. Bei den Arten **I** u. **VI** wird eine Abhängigkeit der Austausch-Rk. vom Oxydationsgrad der Verb. gefunden. Die Struktur dieser Verbb. ändert sich mit dem Oxydationsgrad. Der Einfl. der Fehlordnungen im Gitter wird an den Verbb. der Art **V** untersucht. Der Austausch steigt mit abnehmender Ordnung im Kristall. Innerhalb der unregelmäßig im Kristall verteilten fehlgeordneten Stellen findet ein begrenzter Austausch statt, wenn sie mit der Oberfläche in Verbindung stehen. (Helv. chim. Acta **38**. 810—29. 2/5. 1955.) H. Gedschold. 177

A_6. Strukturforschung.

G. Möllenstedt und **H. Düker,** *Fresnelscher Interferenzversuch mit einem Biprisma für Elektronenwellen.* Die von einem engen Elektronenstrahlquerschnitt (Durchmesser 500 Å) ausgehenden Elektronen werden durch ein Doppelprisma geschickt, welches aus einem 3 μ starken, auf +10 V gegen seine Umgebung aufgeladenen, senkrecht zur Strahlrichtung gespannten Quarzfaden besteht. Die auf beiden Seiten dieses Quarzfadens verlaufenden Teile der Elektronenwellen werden im Biprisma ein wenig in Richtung auf den Faden hin abgelenkt, so daß sie hinter dem Biprisma zur Interferenz kommen. In einer Ebene 5 cm hinter dem Biprisma wurden mittels elektronenmkr. Nachvergrößerung ca. 100 äquidistante Interferenzstreifen im gegenseitigen Abstand von 1600 Å beobachtet. (Naturwissenschaften **42**. 41. Jan. 1955. Tübingen, Univ., Physikal. Inst., Abt. für exp. u. angew. Physik.) F. Lenz. 181

J. C. Burfoot, *Korrektur elektrostatischer Linsen durch Abweichung von der Rotationssymmetrie.* Theoret. Unters. im Rahmen der geometr. Optik über nichtrotationssymm. elektrostat. Linsensysteme. Die Bedingungen dafür, daß die Abb. durch eine elektrostat. Objektivlinse vom Öffnungsfehler 3. Ordnung frei ist, werden aufgestellt. Im Prinzip genügt dazu eine Linse aus vier Elektroden, deren erste, dritte u. vierte ellipt. Öffnungen besitzen. Die Toleranzen für die Lage der Elektroden u. die Elliptizitäten dieser Öffnungen werden für ein Beispiel berechnet. Wenn die durch den Öffnungsfehler gegebene theoret. Auflösungsgrenze des Elektronenmikroskops auf 10% ihres Wertes herabgesetzt werden sollte, müßten Toleranzen von 0,2 μ eingehalten werden. Da aber die Toleranzen für die Unterdrückung des axialen Astigmatismus, der einer solchen Auflösungsgrenze entspricht, sehr viel strenger sind, dürfte eine derart starke Verbesserung des Auflösungsvermögens durch ellipt. Elektroden selbst dann scheitern, wenn die techn. Möglichkeiten zur Innehaltung der Toleranzen von 0,2 μ geschaffen würden. (Proc. physic. Soc., Sect. B **66**. 775—92. 1/9. 1953. Cambridge, Cavendish Labor.) F. Lenz. 181

S. Panzer, *Hochfrequenzhochspannungsanlagen für die Mikroskopie mit Zwischenbeschleuniger.* Für elektrostat. Elektronenmikroskope mit Nachbeschleunigung auf 100 kV wird eine Hochfrequenzhochspannungsanlage beschrieben mit zwei Gleichrichterkaskaden von +50 u. —50 kV gegen Erde. Die Vorteile dieser Bauart, bes. im Hinblick auf die Sprühsicherheit, werden erörtert u. ihre Spannungskonstanz mit 0,2‰ (bei 3 μA Belastungsschwankung) angegeben, die für das elektrostat. Elektronenmikroskop einer Strahlspannungskonstanz von $3 \cdot 10^{-6}$ entspricht. (Optik **10**. 107—10. 1953. Mosbach.) W. Scheffels. 181

N. Takahashi, K. und **T. Itoh, M. Watanabe, K. Mihama** und **T. Takeyama,** *Hochtemperaturofen für das Elektronenmikroskop.* Beschreibung eines heizbaren Objektträgers für ein Elektronenmikroskop. Heizung mit Mo-Draht bis auf ca. 1000°. Gute Wärmeisolierung durch Mo- u. Steatitverkleidung. Verwendbar für Transmissions- u. Reflexionsaufnahmen. Die etwas größere räumliche Ausdehnung des heizbaren Objektträgers macht kleine Änderungen im Betrieb der Objektivlinsen nötig. Als Beispiele werden Phasenänderungen im Syst. *Cu/Al* bei Temperaturerhöhung in Transmission u. das Ausfallen von Mg_2Si aus der Legierung *AlMgSi* (0,5% Mg, 0,5% Al) bei 450° in Reflexion beobachtet. Die Differenz zwischen der mit Thermoelement meßbaren Temp. u. der durch Elektronenbeschuß erhöhten wahren Präparattemp. kann bis zu 70° betragen. (Métaux **29**. 431—36. Nov. 1954.) H. C. Wolf. 181

Shigeto Yamaguchi, *Eine Kombination von Elektronenmikroskopie und Beugung.* (Vgl. C. **1955**. 31.) Hierzu werden einige experimentelle Ergebnisse mitgeteilt. (J. sci. Res. Inst. [Tokyo] **47**. 202—04. Dez. 1953. Tokyo, Sci. Res. Inst., Yamaguchi Labor. [Orig.: engl.]) H. C. Wolf. 181

R. Rühle und **E. Zehender,** *Die Beurteilung von Objekten im Elektronenmikroskop, die während der Beobachtung geschwenkt werden können.* Wenn ein Elektronenmikroskop mit einer Einrichtung zur Stereokippung ausgerüstet ist, bei deren Betätigung sich der Bildausschnitt aber nicht verschiebt, so kann man einen räumlichen Eindruck vom Objekt direkt am Elektronenmikroskop bekommen, den Konvergenzwinkel dem Objekt anpassen, kristalline Objekte sofort erkennen u. die reine Massenstreuung von Bragg-Reflexen unterscheiden sowie Aussagen über die Form gebogener Einkristalle machen. (Optik **10.** 111—15. 1953. Stuttgart, Robert Bosch GmbH., Physikal. Labor.) W. Scheffels. 181

Pál Selényi, *Die elektrographische Aufnahme elektronenmikroskopischer Bilder.* (Magyar tudományos Akad., matematikai fizikai Osztályának Közleményei [Ung. Akad. Wiss., Ber. math. physik. Abt.] **2.** 185—88. 1952. — C. **1954.** 11133.) J. Plank. 181

R. Bernard und **F. Davoine,** *Auswertung der Elektronenbilder pulverförmiger Stoffe.* Mit dem Elektronenmikroskop lassen sich Häufigkeitsverteilungen der Teilchengröße in einem pulverförmigen Stoff exakt angeben. Die Pulverprobe wird in einer leicht verdampfenden Fl. sehr kleiner Oberflächenspannung aufgelöst u. mit Ultraschall behandelt. Aus den 10000fach vergrößerten Bildern werden die Teilchen ausgezählt u. nach ihrem Durchmesser eingeteilt, so daß man Größenverteilungskurven u. Summenkurven der Häufigkeitsverteilung der Teilchen gegen den Durchmesser auftragen kann. Bei sehr feingemahlenem *WC* wurde die so bestimmte spezif. Oberfläche verglichen mit den Werten, die mit Hilfe des Absorptionsverf. von Brunauer, Emmet u. Teller erhalten wurden. Die Differenz beider Ergebnisse wird so erklärt, daß das Reiben der Teilchen aufeinander einen sehr feinen Staub hervorbringt, der an den Teilchen haftet, so daß er im Elektronenmikroskop nicht sichtbar gemacht werden kann. (Optik **10.** 150—55. 1953. Lyon, Labor. d'Optique Elektronique.) W. Scheffels. 181

V. Ch. Dalitz und **J. A. Schuchmann,** *Ein Doppelabdruckverfahren mit Hilfe von Kohlenschichten.* Das zu untersuchende elektronenmkr. Präp. erhält im Hochvakuum eine wenigstens 5 μ dicke Silberschicht, am besten durch Kegelbeschattung. Diese Schicht ist leicht von der Oberfläche abzutrennen u. wird in einer Benzolglimmentladung mit einem dünnen Kohlefilm versehen. Das Silber wird in HNO_3 gelöst u. der übriggebliebene positive Abdruck auf einen Objektträger gebracht. (Optik **10.** 143—46. 1953. Delft, Holland.) W. Scheffels. 181

O. E. Radczewski, *Über die Bestimmung von Mineralen mittels Beugung im Elektronenmikroskop.* Die genaue Best. von Mineralen im Elektronenmikroskop erfordert Beugungsaufnahmen. Das Doppelblendenverf., welches gleichzeitig Beugungsaufnahmen von der Probe u. einem Eichobjekt zu machen gestattet, die Feinstrahlbeugung im Boerschschen Strahlengang u. die Beugung mittels Feinstrahlkondensor werden auf ihre Eignung untersucht. Beugungsaufnahmen mit verschied. Elektronenmikroskopen werden gezeigt. (Optik **10.** 163—69. 1953. Hamburg, Univ., Geolog. Staatsinst., jetzt Aachen, TH, Inst. für Gesteinshüttenkunde.) W. Scheffels. 181

Ryozi Uyeda, Takeo Ichinokawa und **Yasushige Fukano,** *Nebenmaxima in einfachen Elektronenbeugungsbildern von Molybdänit.* An dünnen Molybdäniteinkristallen, die mit parallelen Elektronenstrahlen in einer Beugungsapp. hoher Auflösung durchstrahlt wurden, konnten neben den Hauptmaxima auch die Nebenmaxima der Interferenzfunktion der dynam. Theorie für die Elektronenbeugung beobachtet werden, wie sie von Kossel u. Möllenstedt (Ann. Physik [5] **36.** [1939.] 113) im konvergenten Bündel erstmals beobachtet wurden. (Acta crystallogr. [Copenhagen] **7.** 216—17. 10/2. 1954. Nagoya, Nagoya Univ., Physic. Inst.) H. C. Wolf. 181

Ryozi Uyeda, Yasushige Fukano und **Takeo Ichinokawa,** *Nebenmaxima von Kikuchi-Diagrammen.* (Vgl. vorst. Ref.) Nebenmaxima, wie sie l. c. beschrieben wurden, konnten auch an Kikuchi-Aufnahmen von dünnen Molybdänitschichten im divergenten Bündel beobachtet werden. Abschätzung der Kristalldicke u. des inneren Potentials aus dem Streifenabstand ergibt gute Werte. Die Aufnahmen entsprechen völlig denen von Kossel u. Möllenstedt (Ann. Physik [5] **36.** [1939.] 113). (Acta crystallogr. [Copenhagen] **7.** 217—18. 10/2. 1954.) H. C. Wolf. 181

Dwight W. Berreman, Jesse W. M. DuMond und **Pierre E. Marmier,** *Neuer Monochromator mit Punktfokus.* Beschreibung einer Meth. zum Schneiden u. Biegen eines Quarzkristalles für einen Röntgenstrahlmonochromator mit Punktfokus. Aus einem Quarzstück wird eine zylindr. Lamelle mit dem Radius R_1 geschnitten u. dann eben gepreßt, wodurch sich die Kristallflächen zu dem Krümmungsradius R_1 biegen. Die Biegung zu einer Zylinderfläche mit dem zu R_1 senkrecht stehenden Krümmungsradius R_2 erfolgt dadurch, daß die Kristallscheibe auf einen Stahlblock mit dem Krümmungsradius R_2 mit Bienenwachs aufgekittet u. der Hohlraum zwischen Scheibe u. Block evakuiert wird. (Rev. sci. Instruments **25.** 1219—20. Dez. 1954. Pasadena, Calif., California Inst. of Technol.) H.-J. Eichhoff. 181

J.-C. Monier, *Epitaxie von Arsenolith auf Covellin.* (Vgl. C. **1955.** 7160.) Die Epitaxie des kub.-holoedr. Arsenoliths auf dem hexagonal-holoedr. Covellin aus der Dampfphase in Form von Oktaedern entspricht der von NH_4J auf Muskovit: (1 1 1)-Arsenolith parallel (0 0 0 1)-Covellin. Sieht man das einfache Aufeinanderpassen zweier Ebenen als bestimmend für die Epitaxie an, dann sollten zwei verschied. Epitaxien möglich sein. Daß nur eine beobachtet wird, kann aus der Struktur von Unterlage u. Gast erklärt werden. Der Gast setzt bis zu einem gewissen Grade die Struktur der Unterlage fort. Die Epitaxie zeigt, daß die Spaltebene von Covellin aus Stufen der Höhe $\frac{1}{2}\, d_{0001}$ oder Vielfacher davon besteht. (Bull. Soc. franç. Minéralog. Cristallogr. **77.** 1315—21. Okt./Dez. 1954. Paris, Sorbonne, Labor. de Minéral.) H. C. WOLF. 190

Richard G. Yalman, James F. Corwin, Gwilym E. Owen und **Neil Fetter,** *Sauerstoffaustausch beim hydrothermalen Wachstum von Quarz.* In Fortführung früherer Arbeiten (vgl. C. **1954.** 3179. 4110) berichten Vff. über weitere Austauschverss. mit ^{18}O bei Tempp. von 100—400° u. Drucken bis zu 350 at. Während beim Wachstum von α-Quarz aus wss. Silicatlsg. (0,1 mol. $Na_2H_2SiO_4 \cdot 8H_2O$) vollständiger Isotopenaustausch eintrat, wurde bei der Umwandlung von Quarzglas in α-Quarz nur teilweiser Austausch beobachtet. Die Ergebnisse der Verss. werden kurz diskutiert. (J. Amer. chem. Soc. **77.** 4779—80. 20/9. 1955. Yellow Springs, O., Antioch Coll., Dep. of Chem. and Phys.) R. STEIN. 190

S. N. Ruddlesden, *Über die Stabilität von zwei Kristallformen der Kieselsäure.* Nach Einführung bestimmter vereinfachender Annahmen wird der Beitrag der elektrostat. Energie für die Stabilität der beiden Kristallformen Tridymit u. Cristobalit, die gleiche chem. Zus. u. ziemlich ähnlichen Gitteraufbau besitzen, abgeschätzt. In den Gittern sind die entsprechenden Atomabstände zu den nächsten Nachbarn gleich, so daß Nahordnungskräfte nur einen geringen Anteil an der Energiedifferenz der beiden Systeme haben. Bei der Berechnung der Energiedifferenzen einmal für den ganzen Kristall wie andererseits für kleine Tetraedergruppen zeigt sich, daß im ersten Fall die Tridymit- u. im zweiten Fall die Cristobalitstruktur stabiler ist. Diese Ergebnisse stehen in Übereinstimmung mit Experimenten, die zeigen, daß, obwohl Tridymit die stabilere Struktur besitzt, Cristobalit häufiger als Entglasungsprod. auftritt. (Trans. Brit. ceram. Soc. **54.** 32—39. 1955.) W. KRÖNERT. 190

S. B. Brody, *Alterung von zerstoßenen Silicium- und Germaniumkristallen.* Die an frisch hergestelltem grobkörnigem Kristallpulver auftretenden Alterungserscheinungen werden röntgenograph. verfolgt. Als Untersuchungsmaterial dient ein Kristallpulver, das durch Mörsern von Si- bzw. Ge-Einkristallen u. anschließendes Sieben erhalten wird. Ge zeigt keine ausgeprägten Alterungserscheinungen: Die Aufnahmen weisen Reflexe auf, die sich innerhalb von 23 Std. nicht merklich in den Intensitäten u. der Auflösung verändern. Entgegengesetzt verhält sich Si-Pulver: Auf den Aufnahmen erscheinen im Verlauf der Zeit neue Reflexe, während andere schwächer werden, aufspalten oder verschwinden. Eine befriedigende Erklärung dieser Erscheinungen liegt noch nicht vor. (Acta crystallogr. [Copenhagen] **7.** 772—74. 10/11. 1954. Brooklyn, N. Y., Brooklyn Coll.) W. KRÖNERT. 190

Bernhard Ilschner, *Das Zeitgesetz des Ausscheidens neuer Phasen in Mischkristallen.* Die Diffusionsvorgänge bei der isotherm. Ausscheidung in Mischkristallen werden erörtert. Solange sich die Diffusionsfronten, welche die einzelnen Ausscheidungen umgeben, noch nicht überlappen, ist das parabol. Wachstumsgesetz von ZENER anwendbar. Der Zeitpunkt t^*, bei dem diese Überlappung merklich wird, kann abgeschätzt werden. Für Zeiten $t > t^*$ ergibt die näherungsweise Berechnung des Substanzverlustes des Mutterkristalls an die Ausscheidungen ein exponentielles Zeitgesetz für den Ablauf des Ausscheidungsvorganges. Der Exponent hat die Form $(t/\tau)^k$, mit $1 \leq k \leq 2$, je nach dem Maß, in dem während der Umwandlung noch Keimbldg. eintritt. Die Zeitkonstante τ wird kleiner mit wachsender Temp. u. Keimdichte oder Keimbildungsfrequenz. (Arch. Eisenhüttenwes. **26.** 59—62. Jan. 1955. Düsseldorf, Max-Planck-Inst. für Eisenforsch.) H. HOCHSTEIN. 190

G. J. Dienes und **D. A. Kleinman,** *Natur der Bestrahlungsschäden in Diamant.* Vff. haben ein Modell für die Bestrahlungsschäden von Si u. Diamant entwickelt, das die Messungen der DEBYE-Tempp. von bestrahltem Si u. Diamant zu erklären vermag. Die Grundlage für dieses Modell bildet die bekannte Tendenz von Si u. C zur Bldg. von Strukturen mit einfachen u. Doppelbindungen. Die Berechnungen für Diamant führen zu folgendem Ergebnis: 1. jeder erste Neutronenbeschuß führt zu einem isolierten Störgebiet; 2. dieses Störgebiet hat einen Durchmesser von 45 Å u. enthält 10^4 Atome; 3. es ist mechan. schwach u. kann als Loch im Diamant angesehen werden. Die aus diesen Vorstellungen vorausgesagte Abnahme der Elastizitätskonstanten steht mit den experimentell für Si erhaltenen größenordnungsmäßig in Übereinstimmung. (Physic. Rev. [2] 91. 238. 1/7. 1953. Brookhaven Nat. Labor.) H.-U. WOELK. 190

I. I. Schafranowski und **D. W. Rundkwisst,** *Neue Tatsachen zur Kristallographie von abgerundeten Diamanten.* Beschreibung der an abgerundeten Diamanten (Dodekaedroiden) festgestellten 14 fast idealen Konuslinien um die quaternären u. tern. Symmetrieachsen. Die Ergebnisse bestätigen die Richtigkeit der Annahme, daß die Dodekaedroide den Endkörpern der Diamantauflösung entsprechen. (Записки Всесоюзного Минералогического Общества [Schr. Allunions mineralog. Ges.] [2] 80. 149—52. 1951.) O. LEBTAG. 190

J. Scanlon und **R. L. Collin,** *Kristallographische Daten einiger Phosphat–Diester-Verbindungen.* Kristalle von Phosphorsäuredibenzylester werden durch Umsetzung des Ag-Salzes mit verd. H_2SO_4, folgender Extraktion mit Chlf. u. Eindampfen erhalten. Die Darst. der Diäthylphosphatsalze erfolgt durch Behandeln einer Lsg. von Diäthylchlorophosphat mit überschüssigem Ag_2O. Die nach dem Filtrieren erhaltene Lsg. des Ag-Diäthylphosphates wird mit den entsprechenden Chloriden (Cu, Zn, Mg) titriert, bis kein AgCl mehr ausfällt. Durch Eindampfen im Vakuum u. Kristallisieren bei Zimmertemp. werden die Ag-, Cu-, Zn- u. Mg-Salze der Diäthylphosphorsäure erhalten. Die röntgenograph. Unters. ergibt die folgenden kristallograph. Daten: *Silberdibenzylphosphat:* $a = 14{,}5$, $b = 5{,}77$, $c = 9{,}03$ Å; $\beta = 112^0\ 50'$; Raumgruppe $P\,2_1$ oder $P\,2_1/m$; $D_{\cdot exp.} > 1{,}595$, $D_{\cdot ber.}$ 1,83; $Z = 2$. *Phosphorsäuredibenzylester:* $a = 12{,}7$, $b = 5{,}72$ $c = 28{,}6$ Å; $\beta = 136^0\ 35'$; Raumgruppe $P\,2_1/c$; $D_{\cdot exp.}$ 1,30, $D_{\cdot ber.}$ 1,30; $Z = 4$. *Kupferdiäthylphosphat:* $a = 5{,}02$, $b = 14{,}9$, $c = 14{,}2$ Å; $\alpha = 129^0\ 12'$, $\beta = 92^0\ 24'$, $\gamma = 91^0\ 42'$; Raumgruppe $P\,\bar{1}$ oder $P\,1$; $D_{\cdot exp.}$ 1,51, $D_{\cdot ber.}$ 1,45; $Z = 2$. *Silberdiäthylphosphat:* $a = 20{,}3$, $b = 14{,}4$, $c = 5{,}88$ Å; Raumgruppe P c c n; $D_{\cdot exp.}$ 1,495, $D_{\cdot ber.}$ 2,01; $Z = 8$. *Zinkdiäthylphosphat:* $a = 22{,}1$, $b = 8{,}07$, $c = 9{,}15$ Å; $\beta = 96^0\ 45'$; Raumgruppe C c oder C 2/c; $D_{\cdot exp.}$ 1,54, $D_{\cdot ber.}$ 1,50; $Z = 4$. *Magnesiumdiäthylphosphat:* $a = 22{,}3$, $b = 8{,}02$, $c = 9{,}33$; $\beta = 97^0\ 10'$; Raumgruppe C c oder C 2/c; $D_{\cdot exp.}$ 1,35, $D_{\cdot ber.}$ 1,35; $Z = 4$. (Acta crystallogr. [Copenhagen] 7. 781—82. 10/11. 1954. Boston, Mass., New England Hosp., Cancer Res. Inst.) W. KRÖNERT. 195

R. Fernández González und **J. López de Lerma,** *Die Struktur des Magnesiumammoniumorthoarsenathexahydrats.* 1. Mitt. *Bestimmung der zentrosymmetrischen Projektion.* Die Struktur von $MgNH_4AsO_4 \cdot 6\,H_2O$ (I) wird im Vgl. mit dem isomorphen $MgNH_4PO_4 \cdot 6\,H_2O$ (II, Struvit) untersucht. I u. II gehören zur pyramidalen Klasse des orthorhomb. Syst., Raumgruppe $C_{2v}^7 - P\,m\,n\,2$, mit den Gitterparametern I $a = 7{,}06 \pm 0{,}01$ Å (II 6,95); $b = 6{,}20 \pm 0{,}01$ (6,10); $c = 11{,}40 \pm 0{,}02$ (11,18); D. 1.95 (1,71). Die Raumgruppe wird aus den Extinktionen u. der Lage der Reflexions- u. Rotationsspitzen im Vektorbild bestätigt. Der Vgl. der PATTERSON-Projektionen nach [0 0 1] ergibt für As die Lagen $x = {}^1/_4$, $y = {}^1/_2$. Mittels der FOURIER-Projektion werden die Koordinaten x, y aller Atome bestimmt; der Übereinstimmungskoeff. zwischen berechneten u. beobachteten Strukturfaktoren ist $R = \Sigma\,|\,|F'_0| - |F_2|\,|/\Sigma\,|F'_0| = 0{,}20$. (An. Real Soc. españ. Física Quím., Ser. A 51. 19—28. Jan./Febr. 1955. Inst. de Física „Alonso de Santa Cruz", Secc. Rayos X.) R. K. MÜLLER. 195

R. Fernández González und **S. García-Blanco,** *Die Struktur des Magnesiumammoniumorthoarsenathexahydrats.* 2. Mitt. *Bestimmung einer nichtzentrosymmetrischen Projektion und Feststellung der vollständigen Struktur.* (1. vgl. vorst. Ref.) Mittels der Minimalfunktion von BUERGER wird die nach [1 0 0] projizierte PATTERSON-Struktur u. mit FOURIER-Projektion das Pulverdiagramm von $MgNH_4AsO_4 \cdot 6\,H_2O$ untersucht. Die Koordinaten stimmen mit einem Koeff. $R = 0{,}21$ für beobachtete u. berechnete Faktoren überein. Die Struktur besteht aus Tetraedergruppen von AsO_4, Oktaedergruppen von $Mg(H_2O)_6$ u. trigonalen Prismen von 5 H_2O-Gruppen u. einem O-Atom, die mit der NH_4-Gruppe verbinden. In einer Oktaederfläche liegt Teilung mit einer trigonalen Fläche mit dem typ. Abstand $H_2O-H_2O = 2{,}50$ Å vor; der Abstand von Mg u. H_2O ist mit 1,76 Å verkürzt. Im elektrostat. Gleichgewicht bleibt eine Bindung mit Stärke $-1/12$ ohne Neutralisierung durch Koordination; sie geht von einem O-Atom aus; eine andere mit Stärke $+1/12$ von einer H_2O-Gruppe. (An. Real Soc. españ. Física Quím., Ser. A 51. 29—40. Jan./Febr. 1955.) R. K. MÜLLER. 195

A. Niggli, *Die Raumgruppe von Na_2CrO_4.* MILLER (Z. Kristallogr., Mineralog. Petrogr., Abt. A 94. [1936] 131) gibt die Raumgruppe von Na_2CrO_4 mit $D_{2h}^6 - P\,b\,n\,n$ an. Unter Berücksichtigung der Spezialisierung von 4 Parametern wird die Symmetrie jedoch richtigerweise durch die Raumgruppe $D_{2h}^{17} - C\,m\,c\,m$ beschrieben. Ihr üblicher Nullpunkt liegt gegenüber dem von P b n n um ${}^1/_4$, ${}^1/_4$, 0 verschoben, u. die Atome fallen in die Punktlagen 4 Na_I in (c) mit $y = 0{,}20$, 4 Na_{II} in (b), 4 Cr in (c) mit $y = 0{,}85$, 8 O_I in (g) mit $x = 0{,}28$, $y = 0{,}45$, 8 O_{II} in (f) mit $y = 0{,}25$, $z = 0{,}57$. Vf. weist darauf hin, daß mehrfach primitive Raumgruppen stets auch niedriger primitive, zur selben Kristallklasse isomorphe Untergruppen, klassengleiche Untergruppen (vgl. HERMANN, Z. Kristallogr., Mineralog. Petrogr., Abt. A **69.** [1929.] 533) enthalten. Die Auslöschungen sind bei der höchstsymm. Raumgruppe die weitestgehende Raumgruppeneig., während sie bei Abbau der Symmetrie immer mehr durch spezialisierte Parameter erzeugt werden u. im Einzelfall abgeleitet werden müssen. (Acta crystallogr. [Copenhagen] **7.** 776. 10/11. 1954. Uppsala, Univ., Chem. Inst.) W. KRÖNERT. 195

J. L. Hoard, W. J. Martin, M. E. Smith und **J. F. Whitney,** *Strukturen von komplexen Fluoriden. Die Struktur von Natriumfluorotantalat, Na_3TaF_8.* (Vgl. C. **1943.** I. 708.) Na_3TaF_8 krist. in einem aus 4 Moll. bestehenden Elementarkörper mit a = 11,52 Å, b = 5,38 Å, c = 11,21 Å; $\beta = 120^0$ 55′ u. der Raumgruppe C_{2h}^6 — C 2/c. Für die Ta—F-Abstände in dem komplexen Anion TaF_8^{3-} ergeben sich Werte zwischen 1,93 u. 2,01 Å. Die wahrscheinlichste Konfiguration des TaF_8^{3-}-Ions ist ein etwas verdrehtes Antiprisma mit der Symmetrie D_{4d} — $\bar{8}$ 2 m. (J. Amer. chem. Soc. **76.** 3820—23. 20/7. 1954. Ithaca, N. Y., Cornell Univ., Baker Labor. of Chem.) E. FORCHE. 195

Syôiti Kobayasi, *Madelung-Energie von Kupfer(I)-sulfid β-Cu_2S.* Die Kristallstruktur der zwischen 110 u. 470° beständigen β-Phase des Cu_2S wird theoret. abgeleitet unter Zugrundelegung der Ionenradien von Cu^+ u. S^{2-} bei reiner Ionenbindung sowie der durch Röntgenstrukturaufnahmen bestimmten dichtesten, hexagonalen Symmetrie mit statist. Cu^+-Verteilung zwischen den S^{2-}-Ionen. Für die sich dabei ergebenden, durch ihre verschied. Gitterlagen gek. Cu^+-Ionenarten sowie für die S^{2-}-Ionen wird die MADELUNG-Energie k berechnet. Für das S^{2-}-Ion ergibt sich ein k von —3,83 e^2/a, für die Cu^+-Ionen werden je nach den verschied. möglichen Gitterlagen Werte zwischen —3,37 u. —4,84 e^2/a erhalten. Das Rechenverf. nach der EVJENschen Meth. wird mitgeteilt. (J. Sci. Hiroshima Univ., Ser. A **18.** 83—86. Juni 1954. Hiroshima, Univ., Fac. of Sci., Dep. of Phys.) J. RUDOLPH. 195

E. Zehender, *Versuche zu einer Analyse aufgedampfter Schichten.* Aufgedampfte Schichten, die aus verschied. Kristallarten bestehen, werden im Elektronenmikroskop im Dunkelfeld im Elektronenlicht definierter DEBYE-SCHERRER-Kegel abgebildet, oder es wird bei geeigneten Schichten die leichter flüchtige Kristallart durch eine Vakuumtemperung abdestilliert. Auf diese Weise werden in einer *Cd*-Schicht $Cd(OH)_2$-Einlagerungen lokalisiert sowie aufgedampfte *Zn*-Schichten auf die Verteilung des Oxyds untersucht. (Optik **10.** 156—62. 1953. Stuttgart, Robert Bosch GmbH., Physikal. Labor.) W. SCHEFFELS. 196

Shigeto Yamaguchi, *Untersuchung der geätzten Oberflächen von Nickeleinkristallen mit Hilfe von Elektronenbeugung und -mikroskopie.* (Vgl. C. **1955.** **6469.**) Untersucht wurden 3 Ni-Einkristallscheibchen, welche nach den Ebenen (0 0 1) (I), (1 1 0) (II) u. (1 1 1) (III) geschnitten waren. Die Proben wurden nach Schwabbeln mit Ä.–Brom (10 : 1 Vol.) 10—20 Sek. geätzt. Auf den Oberflächen waren mit bloßem Auge je nach der Oberflächenebene verschied. Ätzfiguren zu erkennen. Die Oberflächen wurden zuerst mittels Elektronenbeugung u. hieraut mit Hilfe der Abdruckmeth. elektronenmkr. untersucht. Beugungsaufnahmen an I ergaben ein Diagramm, welches man erhalten sollte, wenn der Elektronenstrahl parallel den (0 0 1)- u. (1 1 0)-Ebenen liegt. Weitere Aufnahmen in verschied. Richtungen ergaben, daß die makroskop. geätzte Oberfläche parallel den (0 0 1)-Ebenen des Ni-Einkristalls liegt. Die angeätzte Oberfläche wurde hierauf in einem Autoklaven bei einem Wasserdampfdruck von 15—20 at 5 Std. behandelt, der gebildete Oxydfilm abgelöst u. elektronenmkr. untersucht. Hierbei ergab sich, daß die Oberfläche aus (0 0 1)- u. (1 1 0)-Ebenen zusammengesetzt ist u. daß ferner die (1 1 0)-Ebenen leichter oxydiert werden als die (0 0 1)-Ebenen. Aufnahmen an II zeigten, daß die angeätzte Oberfläche aus (1 1 0)- u. (1 $\bar{1}$ 0)-Flächen zusammengesetzt ist. Die schon visuell beobachtbaren Ätzrillen verlaufen parallel der [1 $\bar{1}$ 0]-Richtung. Auf III liegt die Oberfläche parallel den (1 1 1)-Ebenen u. senkrecht zu den (1 $\bar{1}$ 0)-Ebenen. Elektronenmkr. wurde festgestellt, daß die Oberfläche zahlreiche lamellare Kristalle von dreieckiger Form enthält. Nach Aufbewahren der Proben II u. III wurde beobachtet, daß die (1 1 0)-Fläche chem. aktiver ist als die (1 1 1)-Ebene, welche mit dichtest gepackten Atomen besetzt ist. (Bull. chem. Soc. Japan **24.** 122—24. Juli 1951. Tokyo, Sci. Res. Inst. Ltd.) C. GOTTFRIED. 196

Doris Kuhlmann-Wilsdorf und **Heinz Wilsdorf,** *Die Oberflächenstrukturen von verformtem Aluminium, Kupfer, Silber und α-Messing und ihre theoretische Deutung.* Elektronenmkr. Unters. der Oberflächenstruktur auf verformtem Al, Cu u. Ag nach elektrolyt. Politur u. Dehnung bei Raumtemp. (1% pro Sek.) mittels SiO-Abzügen ergibt die bereits früher beschriebene „Elementarstruktur" neben Gleitbändern. Die Elementarstruktur ist entsprechend der theoret. Erwartung (C. **1955.** 9512) bei Ag noch stärker ausgeprägt u. enger als bei Al. An verformtem α-Messing beobachtet man weder die Elementarstruktur noch Gleitbänder, anstatt dessen einzelne, offenbar ungeordnete Gleitlinien. Zahlreiche weitere Beobachtungen u. die theoret. Diskussion führten zu folgenden Schlüssen: 1. Die früher veröffentlichte Hypothese, daß sich Gleitbänder aus einer Elementarstruktur entwickeln, wird weiter gestützt. 2. Die beiden Typen der Oberflächenstruktur bei Al, Cu, Ag einerseits u. Messing andererseits deuten auf zwei verschied. Mechanismen der plast. Verformung hin. — Diskussion der Verformungsmechanismen, Vgl. mit dem Experiment. (Acta metallurg. [New York] **1.** 394—413. Juli 1953. Johannesburg, Univ. of Witwatersrand, Dep. of Phys.; Pretoria, South African Council for Sci. and Ind. Res., Nat. Phys. Labor.) H. C. Wolf. 196

Josef Intrater und **Sigmund Weissmann,** *Eine Röntgeninterferenzmethode für die Untersuchung der Unterstruktur von Kristallen.* Der Aufbau eines Doppelkristalldiffraktometers unter Verwendung eines Geiger-Zählrohrs u. einer zusätzlichen Filmregistriereinrichtung zur Unters. der Unterstruktur von Kristallen wird beschrieben. Als Untersuchungsmaterial dienen durch Biegen verformte u. anschließend getemperte grobkörnige *Al*-Proben. Die Analyse der zerklüfteten Reflexionskurven enthüllt die Beziehung zwischen benachbarten Intensitätsmaxima u. den zugehörigen Gitterbereichen. Der Versetzungswinkel zwischen einzelnen Kristalliten wird bestimmt. Es läßt sich zeigen, daß auch die Kristallite aus unterstrukturellen Bereichen mit gegenseitiger Winkelversetzung aufgebaut werden. Diese Bereiche ordnen sich bevorzugt um eine mittlere Orientierung an, die durch das spezielle Maximum der Reflexionskurve gegeben ist. (Acta crystallogr. [Copenhagen] **7.** 729—32. 10/11. 1954. New Brunswick, N. J., Rutgers Univ., Coll. of Engng., Materials Res. Labor.) W. Krönert. 197

Sigmund Weissmann und **Doris L. Evans,** *Eine röntgenographische Untersuchung der Unterstruktur von feinkörnigem Aluminium.* (Vgl. vorst. Ref.) Einzelheiten der Kornunterstruktur in feinkörnigen Al-Proben werden mit Hilfe des Doppelkristalldiffraktometers unter Anwendung einer Mehrfachbelichtungsmeth. aufgeklärt. Mit den erhaltenen Daten werden statist. Parameter berechnet, die ein Maß für den Neigungswinkel zwischen benachbarten Kristalliten u. die Winkelabweichung des Gitters innerhalb eines Kristallits sind. Es ergibt sich, daß der Neigungswinkel zwischen benachbarten Kristalliten für eine gegebene Härtungstemp. mit steigender Kaltverformung durch Walzen zunimmt. Das gleiche gilt für die Gitterunvollkommenheiten innerhalb der Kristallite. Ein Modell, das die Kristallitbldg. mit der Gitterverformung in Beziehung bringt, wird entworfen. (Acta crystallogr. [Copenhagen] **7.** 733—37. 10/11. 1954.) W. Krönert. 197

Hans Kostron und **Margarete Schippers,** *Zur Metallographie der Leichtmetalle.* 7. Mitt. *Beobachtungen über die dendritische Kristallisation von Reinaluminium.* (6. vgl. C. **1954.** 4473.) In techn. reinem Al geht der Entmischungsvorgang während der Erstarrung, auf dem die Kornseigerung beruht, in rhythm. Schwingungen vor sich u. führt dadurch zu jahresringähnlichen „Wachstumslinien". An ihnen kann im Schliff die Lage der Erstarrungsfront zu bestimmten Zeiten abgelesen u. können die Verzweigungsvorgänge erkannt werden, die die Bldg. dendrit. Körner verursachen. Es wurde festgestellt, daß das Wachstum der Kristallite mit kreisförmigem Querschnitt beginnt. Ist die Rotationssymmetrie in ihrer Form gestört, entweder durch zufällige Einfll. der Umgebung oder durch energet. bedingte Abplattung längs kristallograph. definierter Flächen, so furcht sich beim weiteren Wachsen die Oberfläche, u. die Querschnitte beginnen sich zu unterteilen, entweder in Form einer Längsaufspaltung oder einer Querverzweigung. Längsaufspaltung folgt auf zufällig oder energet. bedingte Furchung u. geht innerhalb der Barren vor sich, während die Querverzweigung nur auf energet. bedingte Abplattung folgt u. zu einer Dendritenform führt, die auf frei in der Schmelze wachsende Kristallite beschränkt ist. (Z. Metallkunde **44.** 477—89. Nov. 1953. Bonn, Ver. Aluminiumwerke Akt.-Ges. u. Ver. Leichtmetallwerke GmbH.) F. Vier. 197

W. M. Williams und **Cyril Stanley Smith,** *Untersuchung der Kornform in einer Aluminiumlegierung und andere Anwendungen der stereoskopischen Mikroradiographie.* Durch stereoskop. Mikroradiographie wurde die Form von 91 angrenzenden Körnern in einer verarbeiteten u. geglühten *Al–Sn*-Legierung analysiert. Andere Proben der Stereomikroradiographie zeigen den Einfl. der Oberflächenspannung u. der Verformung. — Schrifttumsangaben. Diskussion. (J. Metals **4.** 755—65. Juli 1952; **5.** 741—43. Mai 1953. Rome, N. Y., Revere Copper & Brass Co.; Chicago, Ill., Univ.) H. Hochstein. 197

W. P. Glagolewa und **G. Ss. Shdanow,** *Struktur von Supraleitern.* 7. Mitt. *Röntgenographische Strukturbestimmung von Bi_3Ni.* (6. vgl. Журнал Экспериментальной и Теоретической Физики [J. exp. theoret. Physik] **25.** [1953.] 115.) Die Bi_3Ni-Kristalle haben eine rhomb. Elementarzelle $a = 8{,}875 \pm 0{,}006$; $b = 4{,}112 \pm 0{,}004$; $c = 11{,}477 \pm 0{,}008$ Å; $Z = 4$; $D_{\text{röntg.}} = 10{,}90$; $D_{\text{pykn.}} = 10{,}1 \pm 0{,}8$ g/cm³ u. gehören zur Raumgruppe D_{2h}^{16} — P n m a. Alle Atome liegen in Symmetrieebenen mit den Koordinaten 4 (c) $\pm$ (x, $^1/_4$, z; $^1/_2 + x$, $^1/_4$, $^1/_2 - z$); Bi_I $x_1 = 0{,}411$, $z_1 = 0{,}179$; Bi_{II} $x_2 = 0{,}385$, $z_2 = 0{,}591$;

Bi_{III} $x_3 = 0,294$, $z_3 = 0,891$; Ni $x_{Ni} = 0,08$, $z_{Ni} = 0,52$. Die Ni-Atome liegen im Zentrum der aus einem Dreikantprisma u. einer Oktaederhälfte zusammengesetzten Körper, deren 7 Ecken von Bi-Atomen besetzt sind. Koordinationszahl von Ni ist 9. Die Anordnung von Ni in Bi_3Ni ähnelt der von Pd in BiPd u. α-Bi_2Pd. Die Koordinationspolyeder der 3 Bi-Atome sind verschieden; Bi_I u. Bi_{III} besitzen die Koordinationszahl 12, Bi_{II} 11. Die zwischenatomaren Abstände Bi—Bi in Bi_3Ni sind annähernd gleich dem größten Abstand in reinem Bi, die von Bi—Ni um 3,5% kleiner als die Summe ihrer Atomradien u. die von Ni—Ni um 3% größer als die zwischenatomaren Abstände in reinem Ni. (Журнал Экспериментальной и Теоретической Физики [J. exp. theoret. Physik] **26.** Nr. 3. 337—44. März 1954. Moskau, Mechan. Inst.) R. AMBERGER. 197

L. Muldawer und **F. E. Jaumot jr.**, *Eine Untersuchung an isotherm angelassenem Carbonyleisen.* Die Form u. Kristallgröße der Kristallite von angelassenem Carbonyleisen wurde röntgenograph. nach WARREN-AVERBACH bestimmt. Weiter wurde die Koerzitivkraft untersucht. Durch Verunreinigungen, bes. Fe_4N u. C, konnten keine klaren Ergebnisse erzielt werden. (J. Franklin Inst. **259.** 255—56. März 1955.) H.-G. MOSLÉ. 197

William E. Seymour und **David Harker**, *Reaktionskinetik der Rekristallisation und Texturuntersuchungen an einer 50 Eisen–50 Nickel-Legierung.* Vff. untersuchten die Rekristallisationsgeschwindigkeit u. Kristallorientierung durch Walzen u. fanden eine Aktivierungsenergie von 56500 cal/Mol, eine bevorzugte Kristallausrichtung in Walzrichtung sowie geringe Spaltenbildung. (J. Metals **188.** Trans. AIME 1001—04. Aug. 1950. Troy, N. Y., Rensselaer Polytechn. Inst., u. Schenectady, N. Y., General Electric Co.) H. ECKHARD. 197

W. A. Delle, *Über die Rolle der Legierungselemente in Konstruktionsstahl und ihren Einfluß auf dessen mechanische Eigenschaften.* Von den mechan. Eigg. der Konstruktionsstähle ist nur die Zugfestigkeit bei gleichem C-Geh. prakt. unabhängig von der Natur der Legierungselemente. Die Zähigkeitsreserve (ZR) wird am stärksten von Ni beeinflußt, ähnlich, aber schwächer, von Cu. Cr wirkt wenig, aber positiv auf die Kaltbrüchigkeit (KB) ein. Während geringe Mengen Mn bei vergüteten Stählen die Neigung zur KB herabsetzen, wirken größere Mengen Mn umgekehrt; bei niedrigangelassenem Stahl wird auch schon mit geringen Konzz. an Mn deutlich KB beobachtet. Kleine Mengen Si (bis 1,5%) erhöhen die ZR von niedrigangelassenem Stahl, größere Mengen (> 2,93%) vermindern sie. Der Einfl. der einzelnen Legierungselemente auf KB u. ZR ist auch bei Zulegierung anderer Elemente deutlich erkennbar. Bei starker Beanspruchung sind Cr–Ni–Mo-Stähle den Cr–Mn–Mo-Stählen stets überlegen, was aber nicht bei den üblichen Proben, sondern bei der Prüfung der Schlagzähigkeit bei verschied. Tempp. (+20, —75, —125, —150, —180°) nach Wärmebehandlung bis zu gleicher BRINELL-Härte (217—235) zum Ausdruck kommt; diese Prüfung erscheint für die zuverlässige Beurteilung des Einfl. der Legierungselemente unerläßlich. (Журнал Технической Физики [J. techn. Physik] **24.** 694—704. April 1954.) R. K. MÜLLER. 200

W. Boas, *Metallphysikalische Arbeiten der Abteilung für Tribophysik der Commonwealth Scientific and Industrial Research Organization.* Zusammenfassender Überblick über die Gebiete, auf denen in der obigen Abteilung vorwiegend gearbeitet wird. Aufgeführt sind: therm. Ermüdung, Inhomogenität der plast. Deformation, Rekristallisation sowie Mechanismus der plast. Deformation u. der Phasenänderungen. (Nature [London] **171.** 908—10. 23/5. 1953. Melbourne, Univ., Commonwealth Sci. and Ind. Res. Org., Div. of Tribophys.) C. GOTTFRIED. 200

W. Kossel, *Die Festigkeit metallischer Werkstoffe als atomphysikalische Erscheinung.* Die plast. Verformung beruht hauptsächlich auf dem Gleiten innerhalb der Kristallkörner. Das Gleiten besteht darin, daß die gegeneinander verlaufenden Verschiebungen von Atomketten — die Versetzungen — durch den Werkstoff hindurch laufen. Die Vorgänge sind denen des Kristallwachstums ähnlich, wobei den Gleitrichtungen Wachstumsrichtungen entsprechen. Die Erscheinungen werden an einer Kristallkugel erläutert; die Wachstumsrichtungen zeigen sich in Form von Polen u. Bändern, die infolge Anlagerung einzelner Atomketten entstehen. Der atomist. Gleitvorgang wird an Seifenblasen veranschaulicht. (VDI-Z. **97.** 516—18. 11/6. 1955. Tübingen.) W. WESLY. 200

Piero Giorgio Bordoni, *Untersuchungen über den festen Zustand bei hoher Temperatur mittels Ultraschall.* Vf. berichtet kurz über im Gang befindliche Unterss. über das elast. u. unelast. Verh. von *Sn, Pb, Zn, Bi, Mg, Cd, Al* u. *Cu* in der Nähe ihres Schmelzpunktes. Die zur Unters. gelangten Kristalle lagen im polykristallinen Zustand vor u. sind daher als ideale isotrope feste Körper anzusehen. Es wurde zunächst beobachtet, daß die Ultraschallgeschwindigkeit in den reinen Metallen mit steigender Temp. geringer wird; im allg. ist der Koeff. der Änderung der Geschwindigkeit ca. 10mal größer als der kub. Ausdehnungskoeffizient. Ferner ergaben die Messungen, daß mit steigender Temp. der Drillmodul u. der Zugmodul einer von Null verschied. Grenze nach einem allg. Gesetz, das mittels der statist. Mechanik ableitbar ist, zustreben. Wenn man von einigen Relaxationseffekten absieht, dann nimmt die Dämpfung der elast. Energie mit steigender Temp. zu; diese Zunahme scheint mit der Erscheinung des Kriechens eng in Zusammenhang zu stehen. (Ricerca sci. **25.** 847—59. April 1955. Roma, Ist. Naz. di Ultracustica.) C. GOTTFRIED. 200

K. A. Ossipow und **Ss. G. Fedotow,** *Wärmeinhalt und mechanische Eigenschaften von Metallen.* In theoret. Ausführungen, unter Zugrundelegung experimenteller Daten des Schrifttums, wird nachgewiesen, daß eine Reihe mechan. Eigg. von Metallen (E-Modul, Festigkeit, Härte, Formänderungswiderstand) in einem weiten Temperaturintervall nach der Energie beurteilt werden kann, die erforderlich ist, um das Metall von der Prüftemp. bis zum F. zu erwärmen u. in fl. Zustand zu überführen; das heißt nach der Differenz im Wärmeinhalt $\Delta W^* = W - W_t$. Es wurden Hinweise auf die Zusammenhänge zwischen den Mechanismen des Kriechprozesses, der Selbstdiffusion u. des Schmelzvorganges gemacht. (Известия Академии Наук СССР, Отделение Технических Наук [Nachr. Akad. Wiss. UdSSR, Abt. techn. Wiss.] **1955.** Nr. 2. 98—104. Febr. Baikow-Inst. für Metallurgie u. Inst. für Maschinenbau der Akad. der Wiss. der UdSSR.) V. EHMCKE. 200

V. Cadambe und **R. K. Kaul,** *Die Anwendung der Membrananalogie zur Bestimmung der Torsionshärte von nicht kreisförmigen festen Stäben.* Vff. beschreiben die Seifenfilmanalogie zur Best. der Torsionskonstanten K von festen, nicht kreisförmigen Stäben. Ausführlich wird die Analogie zwischen der blasenförmigen Oberfläche u. der Torsionsfunktion erörtert. Experimentell wird derart vorgegangen, daß man zur Best. von K die bei der Torsion auftretende Zunahme der Höhe der blasenförmigen Oberfläche gegen das Vol. anstatt einer direkten Best. des Vol. mißt. (J. sci. ind. Res. [New Delhi] **13B.** 455—61. Juli 1954. New Delhi, Nat. Phys. Labor.) C. GOTTFRIED. 200

Je. K. Wenstrem und **P. A. Rehbinder,** *Elektrocapillareffekt zur Erleichterung der Dehnungsverformung von Metallen.* Um die Rolle der Oxydfilme beim Elektrocapillareffekt der Verformungserleichterung (V.-Effekt) zu klären, wurde die Dehnungsverformung von *Pb-* u. *Sn*-Einkristallen in 0,1n wss. Na_2SO_4 (I)-Lsg., in I + 0,070 mol. *„Sulfanol"* (*Na-Hexadecylbenzolsulfonat*) u. in I + 3,30mol. *n-Propylalkohol* untersucht. Bei den Verss. mit Sn enthielten die genannten Lsgg. 0,01n H_2SO_4. Die vorhandenen Oxydfilme wurden vor dem Vers. durch kurze starke Kathodenpolarisation entfernt, ihre Neubldg. durch die saure Rk. (p_H 2,8) verhindert. Es zeigte sich, daß die Kriecheigg. der Einkristalle unter dem Einfl. eines Potentialsprunges sich in der gleichen Weise verändern wie die Metallhärte. Die der ungeladenen Oberfläche von Pb u. Sn entsprechenden Minima auf den V.-Effektkurven entsprechen dem Potentialsprung —0,52 bzw. —0,88 V. Dies steht in Übereinstimmung mit den Werten für die Härteunterss. der Metalle. Die Verss. zeigen, daß der V.-Effekt nicht mit den Oxydfilmen zusammenhängt, sondern auf dem Einfl. der adsorbierten Stoffe u. des Potentialsprunges direkt beruht. (Журнал Физической Химии [J. physik. Chem.] **26.** 1847—53. Dez. 1952. Moskau, Inst. für physikal. Chem. der Akad. der Wiss. der UdSSR.) O. LEBTAG. 200

Hermann Möller und **Max Hempel,** *Wechselbeanspruchung und Kristallzustand.* 3. Mitt. *Zur Frage nach den Beziehungen zwischen Kristallitverformung und Verfestigung oder Schädigung.* (2. vgl. C. **1939. I.** 2368.) Beschrieben werden die Verss. zur Kristallitverformung u. Werkstoffschädigung sowie die mit gleichbleibender Wechselbeanspruchung u. mit Beanspruchung in Höhe der Wechselfestigkeit nach Überbeanspruchung zur Ermittlung der Schädigung. Durch die Verss. wird nachgewiesen, daß die Kristallitverformung an sich keine Schädigung des Werkstoffes bedeutet. In Trainierverss. nach dem Verf. der Stufentrainierung konnte keine eindeutige Beziehung zwischen der im Vers. auftretenden inhomogenen Kristallitverformung u. dem erreichten Grad der Verfestigung erkannt werden. Durch eine Vorbeanspruchung wird eine Verfestigung der Kristallite für die nachfolgende Überbeanspruchung bewirkt. Die Wechselfestigkeit erscheint als die Verformungsgrenze, u. zwar ist sie durch den Übergang von homogener zu inhomogener Kristallitverformung von der Schiebegleitung zur Biegegleitung gekennzeichnet. Bei Beanspruchung oberhalb der Wechselfestigkeit tritt inhomogene Kristallitverformung auf, bei der größere Kristallteile unter Verbiegung u. Verdrehung abgleiten, was zur Ausbildung von Rissen u. dadurch zum Einsetzen der Entfestigung führt. (Arch. Eisenhüttenwes. **25.** 39—60. Jan./Febr. 1954. Düsseldorf, Max-Planck-Inst. für Eisenforsch.) H. HOCHSTEIN. 200

K. T. Aust, R. Maddin und **N. K. Chen,** *Biegen von Molybdäneinkristallen.* Die Gitterverzerrungen, die auf der Zug- u. Druckseite während des Biegens von Mo-Einkristallen bei Raumtemp. auftreten, wurden im einzelnen verfolgt. Ebenso wurden Beobachtungen über Kristallitdrehungen u. Gleitspuren angestellt. Eine Gitterdrehung zum {1 1 0}-Pol trat auf der Druckseite u. eine solche in die ⟨1 1 1⟩-Richtung auf der Zugseite auf. Die Kristallitdrehung wurde vom Asterismus bestimmt u. die Beobachtungen der Gleitspuren schienen die Teilnahme der {1 1 0}-Flächen u. der ⟨1 1 1⟩-Richtungen anzuzeigen. (J. Metals **5.** Nr. 11. Sect. 1. Trans. AIME **197.** 1477—82. Nov. 1953. Baltimore, Md., Johns Hopkins Univ.) H. HOCHSTEIN. 200

F. P. Ssoloschko und **G. I. Jepifanow,** *Wirksamkeit der Einwirkung von flüssigen Medien beim freien Spanabheben von Blei-Antimon-Legierungen.* (Vgl. C. **1952.** 285.) Pb u. Pb–Sb-Legierungen bis 20% Sb werden trocken, in W., Toluol, Methyl-, Äthyl-, Butyl-, Octylalkohol, 4%ig. Lsg. von Cetylalkohol oder Stearinsäure in Toluol, Essig-, Nonyl- u. Ölsäure u. CCl_4 gefräst (30 cm/Min., Schnittwinkel 60°, Rückwinkel 8°, Tiefe 0,2 mm). Mit zunehmendem Sb-Geh., also zunehmender Sprödigkeit der Legierung, nimmt die Wrkg. der Zusätze (Herabsetzung der spezif. Schneidarbeit u. Längsschwund des Spans) bis zum Eutektikum ab, dann wieder zu; nur CCl_4 zeigt gegenteilige Wrkg. bei reinem Pb, die bei 1—2% Sb noch stark (3,5fach) zunimmt, dann ebenso abnimmt, aber bis 20% Sb noch erhalten bleibt. Beim Schneiden von plast. Körpern vermindern die akt. Zusätze den Grad der plast. Verformung des Spans infolge rascherer Überführung des Metalls am Schneidpunkt in verfestigten Zustand. (Доклады Академии Наук СССР [Ber. Akad. Wiss. UdSSR] [N. S.] **100.** 491—93. 21/1. 1955. Inst. für physikal. Chem. der Akad. der Wiss. der UdSSR.) R. K. MÜLLER. 200

S. M. Crawford, *Eine optische Methode zur Beobachtung der Spannungsrelaxation in transparenten Festkörpern.* Die Unters. der Spannungsrelaxation erfolgte an zwei organ. Gläsern, 2′-Oxy-2.4.4.6.5′-pentamethylflavan (I) u. einem gemischten Glycerincyclohexanolphthalsäureester (II), in einem modifizierten Zylinderviscosimeter durch photoelektr. Messung der Doppelbrechung, die in den gewählten Meßbereichen den durch die Beanspruchung auftretenden Spannungen proportional ist. Die Relaxationszeiten (20 bis $^1/_{2000}$ Sek.) wurden bei verschied. Tempp. gemessen. Bei niedrigen Belastungsgeschwindigkeiten kann die Relaxation beider Gläser als einfache Exponentialfunktion dargestellt werden, es dominiert also nur ein Relaxationsmechanismus. Die stärkere chem. Assoziation des I im Gegensatz zu II zeigt sich in der unterschiedlichen Temperaturabhängigkeit der verschied. Messungen. (Proc. physic. Soc., Sect. B **66.** 954—62. 1/11. 1953. Welwyn, Herts., Imp. Chem. Ind. Ltd., Butterwick Res. Labors.) S. HÜTTIG. 200

A_7. Gleichgewichte. Kinetik.

Ralph E. Weston jr. und **Jacob Bigeleisen,** *Gleichgewicht beim Austausch von Wasserstoff zwischen Phosphin und Wasser.* (Vgl. C. **1955.** 8333.) Das Austauschgleichgewicht PH_2D (gasf.) + H_2O (fl.) = PH_3 (gasf.) + HOD (fl.) wurde bei 25° gemessen unter Anwendung verd. H_2SO_4 u. Pufferlsgg. als Katalysatoren. Aus diesen Messungen u. dem Verhältnis der Dampfdrucke des H_2O u. HOD wird die Gleichgewichtskonstante zu 1,52 bei 25° berechnet. Anschließend wird der Temperaturkoeff. berechnet u. die Nullpunktsenergien für PH_3 u. PH_2D sowie die bis 500° K gültige Gleichung $K = 0{,}781\, e^{198/T}$ entwickelt, die in guter Übereinstimmung ist mit den auf spektroskop. Daten basierenden Berechnungen. (J. chem. Physics **20.** 1400—02. Sept. 1952. Upton, Long Island, N. Y., Brookhaven Nat. Labor., Chem. Dep.) K. RUMPF. 221

Ludwig Rothhardt, *Zur Assoziation in binären Flüssigkeitsgemischen.* Vf. zeigt, daß sich die Kompressibilitätskennlinien bin. Flüssigkeitsgemische in gewissem Umfang zu Aussagen über auftretende Assoziationen benutzen lassen, wenn nämlich die zwischenmol. Wechselwirkungen bekannt sind. Wie an Hand zweier Beispiele (C_6H_6–CH_3OH u. CH_3OH–W.) gezeigt wird, ist dann eine näherungsweise gültige analyt. Darst. des Kompressibilitätsverlaufes möglich. (Z. physik. Chem. **204.** 215—22. Mai 1955. Jena, Univ., Physikal. Inst.) W. NIEMITZ. 223

Hans B. Jonassen, Richard E. Reeves und **Leon Segal,** *Anorganische Komplexverbindungen mit mehrwertigen Gruppen.* 11. Mitt. *Wirkung von Hydroxylion auf das Bis-äthylendiaminkupfer(II)-ion.* (10. vgl. C. **1955.** 7165.) Die Absorptionskurven von $[Cu(en)_2]^{2+}$ (vgl. C. **1950.** I. 506) verschieben sich bei Zusatz von NaOH (konstant bleibt nur die Extinktion bei 590 mμ) ohne Annäherung an die Kurve des $[Cu(en)]^{2+}$. — Die relative Abnahme der Leitfähigkeit bei Zusatz von Cu^{2+} zu einer Lsg. von en in Ggw. von NaOH ist bis zum ersten Knick (bis Cu/en = 0,5) etwa halb so groß wie die nach dem 2. Knick (nach Cu/en = 1; Fällung von $Cu[OH]_2$). Deshalb ist das Gleichgewicht $[Cu(en)_2]^{2+} + OH^- \rightleftarrows [Cu(en)_2OH]^+$ anzunehmen. Seine Konstante ergibt sich aus den Absorptionskurven zu 0,7301. (J. Amer. chem. Soc. **77.** 2748—49. 20/5. 1955. New Orleans, La., Tulane Univ.) K. BLUMRICH. 223

Betty J. Gibbins, Gunther L. Eichhorn und **Harry H. Sisler,** *Molekülladditionsverbindungen des Distickstofftetroxyds.* 5. Mitt. *Das ternäre System 1.4-Dioxan–Tetra-*

hydropyran–Distickstofftetroxyd. (4. vgl. C. **1954.** 9965.) Zur Klärung der Frage, ob die früher erhaltene Verb. $N_2O_4 \cdot 1.4$-Dioxan (I) (l. c. u. früher) als Kettenmol. mit alternierenden N_2O_4- u. $C_4H_8O_2$-Moll. aufzufassen ist, oder ob sie eine bicycl. Struktur mit Koordination der O-Atome des Dioxans zu den N-Atomen des N_2O_4 besitzt, untersuchen Vff. das tern. Syst. *N_2O_4–1.4-Dioxan–Tetrahydropyran* (II). Die umfangreiche Unters. ergab, daß keine tern., sondern nur die bin. Verbb. I u. $N_2O_4 \cdot 2$(1.4-Dioxan) gebildet werden, wobei I bevorzugt auftritt. Dieser Befund wird am besten durch die Annahme einer bicycl. Struktur von I gedeutet. II kann nicht als bifunktioneller Ligand agieren, was die Nichtexistenz von N_2O_4-II-Verbb. erklärt; im Falle einer bicycl. Struktur von I ist die Bdlg. einer tern. Verb. unmöglich, da am N-Atom keine Bindungsbahnen für die zusätzliche Koordinierung eines II-Mol. verfügbar sind. (J. Amer. chem. Soc. **76.** 4668—71. 20/9. 1954. Columbus, O., Ohio State Univ., McPershon Chem. Labor.) H.-G. PLUST. 223

A. Küntzel, H. Erdmann und **H. Spahrkäs,** *Untersuchungen über die Entstehung einfacher, maskierter Chromkomplexe.* 2. Mitt. *Über die Komplexaktivität des Sulfations.* (1. vgl. C. **1955.** 11528.) Der Einfl. von *NaCl* (I) u. *Na_2SO_4* (II) (Zusätze 1—6 Äquivalent/Cr) auf $CrCl_3$-Lsgg. (0,1% Cr) wird konduktometr. untersucht [Messung der zeitlichen Leitfähigkeitsänderung nach Zugabe von Neutralsalz (1), Alkalititration der ausgealterten neutralsalzhaltigen $CrCl_3$-Lsgg. (2)]. I zeigt bei (1) u. (2) keine Änderungen des Kurvenverlaufs u. erweist sich damit als komplexaktiv. II verhält sich dagegen wie ein Maskierungsmittel von begrenzter Komplexaktivität. Bei (1) bewirkt II einen Leitfähigkeitsabfall infolge Pufferung u. nachfolgender Sulfatokomplexbildung. Diese Vorgänge äußern sich bei (2) in einer Verkürzung des Titrationsabschnittes hydrolyt. gebildeter Säure u. in einer Steigerungszunahme des Titrationsabschnittes des Cr-Salzes (Fällungsabschnitt). Mit fortschreitender Sulfatokomplexbldg. verstärkt sich innerhalb des Fällungsabschnittes eine für die Titration von Sulfatogruppen verschied. Bindungsart charakterist. Kurvenkrümmung. Der scharfe Titrationsendpunkt zeigt die geringe Stabilität der Sulfatokomplexe gegenüber Alkali. Bei einem Angebot von 8 Äquivalent/Cr ist das Maximum der Sulfatokomplexbldg. in der Kälte erreicht. Eine weitere Steigerung kann durch Erhitzen erfolgen. Die Anzahl komplex aufgenommener Sulfatogruppen/Cr kann nicht durch konduktometr. HCl-Titration ermittelt werden, da die Pufferungseffekte von II gegenüber HCl zu schwach sind. (Leder **3.** **49—53.** März 1952. Darmstadt, TH, Inst. für Gerbereichem.) P. STADLER. 223

A. Küntzel, H. Erdmann und **H. Spahrkäs,** *Untersuchungen über die Entstehung einfacher, maskierter Chromkomplexe.* 3. Mitt. *Sulfatochromkomplexe in reinen Chromsulfatlösungen.* (2. vgl. vorst. Ref.) Inhaltlich weitgehend ident. mit der Arbeit von ERDMANN (C. **1954.** 1427). (Leder **3.** 73—78. April 1952.) P. STADLER. 223

A. Küntzel, H. Erdmann und **H. Spahrkäs,** *Untersuchungen über die Entstehung einfacher, maskierter Chromkomplexe.* 4. Mitt. *Der Einfluß von NaCl und Na_2SO_4 auf die in Chromsulfatlösungen existierenden basischen Chromkomplexe.* (3. vgl. vorst. Ref.) Der Einfl. von NaCl (I) u. Na_2SO_4 (II) (Zusätze 1—6 Äquivalent/Cr) auf $Cr_2(SO_4)_3$-Lsgg. (0,1% Cr) wird konduktometr. untersucht durch Messung der zeitlichen Leitfähigkeitsänderung nach Zugabe von Neutralsalzen (1) bzw. Alkalititration der ausgealterten neutralsalzhaltigen Cr-Salzlsgg. (2). Bei (1) bewirkt eine Zugabe von I einen Leitfähigkeitsanstieg (Austritt von Sulfatogruppen aus dem Komplex). (2) zeigt, daß dieser Austritt nur komplex einfach gebundene Sulfatogruppen (a) betrifft, während zweifach gebundene (Brückenglieder) (b) erhalten bleiben. Mit fortschreitendem Austritt von (a) vermindert sich die in Ggw. von (a) u. (b) auftretende charakterist. Kurvenkrümmung innerhalb des Titrationsabschnittes der Cr-Salze. Dieser Vorgang steht in Analogie zu Komplexumwandlungen des als Chromsulfatosäure vorliegenden Anteils konz. neutralsalzfreier $Cr_2(SO_4)_3$-Lsgg. beim Verdünnen: $[Cr_2(OH)_2SO_4(OSO_3)_2]H_2 = [Cr_2(OH)_2SO_4] \cdot SO_4 + H_2SO_4$. Die konduktometr. Messungen bei der Zugabe von II zeigen, daß hier die umgekehrte Rk. erfolgt. Die Erhöhung der Sulfatokomplexbldg. bezieht sich auch hier wieder nur auf die Zunahme der einfach gebundenen Sulfatogruppen. (Leder **3.** 102—07. Mai 1952.) P. STADLER. 223

Otto Beurlen, *Mischungsformeln für Lösungen.* Einführung in die Meth. der Berechnung der Mengenverhältnisse, in denen Lsgg. gegebener Konz. mit Lsgg. oder W. gemischt werden müssen, um Lsgg. gewünschter Konz. zu erhalten. (Seifen-Oele-Fette-Wachse **80.** 38—40. 20/1. 1954. Kirchheim a. d. Teck.) K. SEIFERT. 224

Tomitsugu Taketatu, *Extraktion von Metallchloriden, insbesondere von Eisen(III)-chlorid, mit Amylacetat.* Aus 7 n HCl läßt sich Fe^{3+} zu 99% mit Amylalkohol ausschütteln. Die Chloride von Ca, Mg, Sr, Ba, Zn u. Al werden nicht extrahiert. (J. chem. Soc. Japan, pure Chem. Sect. [Nippon Kagaku Zassi] **74.** 82—85. Febr. 1953. Fukuoka, Kyushu Univ. Orig.: japan.]) L. SCHULER. 224

H. G. David und **S. D. Hamann**, *Die chemische Wirkung von Druck.* 2. Mitt. (1. vgl. BUCHANAN u. HAMANN; C. **1955.** 1693.) In Fortsetzung der vorangegangenen Arbeit wurden bis zu Drucken von 1500 at Geschwindigkeitsmessungen an folgenden Flüssigphase-Rkk. durchgeführt: Die neutrale Solvolyse von $C(CH_3)_3Cl$ in 80%ig. A. bei 25° u. in Methanol (I) bei 36°, von C_2H_5Br in A. bei 55° u. in I bei 65°, sowie von C_2H_5J in I bei 65°, die alkal. Solvolyse von CH_3Br mit NaOH in A. bei 0° u. von C_2H_5Br mit CH_3ONa in I bei 30° u. schließlich die Umlagerung von NH_4NCO in $CO(NH_2)_2$ in W. bei 60°. Es zeigte sich, daß alle Rkk., bei denen Ionen entstehen, durch Druck beschleunigt, hingegen jene, bei denen Ionen verschwinden, gehemmt werden. Diese Ergebnisse unterstützen die Vorstellung, daß der wesentliche Effekt des Druckeinfl. bei Ionen-Rkk. auf der Zunahme der freien Solvatationsenergie beruht. (Trans. Faraday Soc. **50.** 1188—91. Nov. 1954. Sydney, Univ., C. S. I. R. O., High Pressure Labor.) G. GEISELER. 225

John Clement Treacy und **Farrington Daniels**, *Kinetische Untersuchung der Oxydation von Stickstoffoxyd durch Sauerstoff im Druckbereich von 1—20 mm.* Die Geschwindigkeit der Rk. $2\,NO + O_2 \rightarrow 2\,NO_2$ wurde bei niedrigen Drucken (1—20 mm) u. Tempp. zwischen 0 u. 65° durch Messung der Lichtabsorption des NO_2 gemessen. Die Reaktionsordnung ist bzgl. NO etwas größer als 2, bzgl. O_2 gleich 1 bzw. etwas kleiner; bei höheren Drucken werden die klass. Werte erreicht. Inerte Gase (CO_2, N_2, Wasserdampf bis 0,5 mm), Oberfläche u. Temp. haben nur sehr geringen Einfl. auf die Reaktionsgeschwindigkeit. Die spezif. Geschwindigkeit ist zu Beginn der Rk. etwas geringer, sie wird durch Zusatz von NO_2 noch leicht vermindert. Für die Rk. wird folgender Mechanismus vorgeschlagen: 1. $NO + O_2 \rightleftharpoons NO_3$ (rasch eingestelltes Gleichgewicht), 2. $NO_3 + NO \rightleftharpoons NO_3{\cdot}NO$, 3. $NO_3{\cdot}NO + NO_2 \rightarrow 2\,NO + O_2 + NO_2$, 4. $NO_3 + NO_2 \rightleftharpoons N_2O_5$ (Gleichgewicht), 5. $NO_3 + NO \rightarrow 2\,NO_2$, 6. $NO_3{\cdot}NO + NO \rightarrow 2\,NO_2 + NO$ u. die daraus sich ergebenden Geschwindigkeitsbeziehungen diskutiert. (J. Amer. chem. Soc. **77.** 2033—36. 20/4. 1955. Madison, Wis., Univ. of Wisconsin, Chem. Dep.) M. SCHENK. 225

T. N. Bell, **P. L. Robinson** und **A. B. Trenwith**, *Die Kinetik der Oxydation von Schwefeldioxyd durch Distickstoffmonoxyd.* Die Oxydation von SO_2 durch N_2O wurde bei Drucken bis zu ½ at u. Tempp. zwischen 650 u. 736° untersucht. Messungen der Anfangsgeschwindigkeiten in Abhängigkeit von der Konz. der Reaktionspartner führten zu einer empir. Gleichung für die Reaktionsgeschwindigkeit $= k'[N_2O]^{1,45} + k''[N_2O]^{0,58}[SO_2]$. Es wird angenommen, daß N_2O-Moll. angeregt werden durch Stoß mit SO_2 oder N_2O, die angeregten N_2O-Moll. zerfallen in $N_2 + O$, durch den SO_2 oxydiert wird. (J. chem. Soc. [London] **1955.** 1440—44. Mai. Newcastle-on-Tyne, King's Coll.) M. SCHENK. 225

W. C. E. Higginson und **P. Wright**, *Die Oxydation von Hydrazin in wässeriger Lösung.* 3. Mitt. *Einige Bemerkungen zur Kinetik der Oxydation von Hydrazin durch Eisen(III) in saurer Lösung.* (2. vgl. C. **1954.** 4109.) Die Geschwindigkeit der Bldg. von Fe(II) u. NH_3 aus Fe(III) u. N_2H_4 wurde bei Tempp. zwischen 25 u. 60° in saurer Lsg. gemessen. Es zeigt sich, daß die Bldg. von NH_3 über die Dimerisierung des N_2H_3-Radikals zu N_4H_6 verläuft, während unter den gegebenen experimentellen Bedingungen die Disproportionierung von N_2H_3-Radikalen unwesentlich ist. — Ausführliche Diskussion des Reaktionsmechanismus, auch in bezug auf die Ergebnisse anderer Autoren. (J. chem. Soc. [London] **1955.** 1551—56. Mai. Manchester, Univ.) M. SCHENK. 225

Heinz Gerischer, *Die Geschwindigkeit der Reaktion:* $[Cd(CN)_4]^{2-}{\cdot}aq \rightleftharpoons [Cd(CN)_3]^{-}{\cdot}aq + CN^{-}{\cdot}aq$. Bei der kathod. Abscheidung des $[Cd(CN)_4]^{2-}$-Ion (an einem hängenden Tropfen von Cd-Amalgam) tritt obige Rk. als vorgelagerte homogene Rk. auf. Aus der „Abscheidungszeit" bei konstantem Strom u. ihrer Abhängigkeit von der Stromstärke lassen sich mit Hilfe der Gleichgewichtskonstante die Geschwindigkeitskonstanten von Zerfalls- u. Bildungs-Rk. berechnen: $k_a = 3{,}9 \cdot 10^4\ sec^{-1}$, $k_b = 1{,}5 \cdot 10^8\ sec^{-1} \cdot Mol^{-1} \cdot Liter$. (Z. physik. Chem., Frankf. Ausg. [N. F.] **2.** 79—88. Aug. 1954. Göttingen, Max-Planck-Inst. für Phys. Chem.) M. SCHENK. 225

Seymour J. Adler und **Richard M. Noyes**, *Der Mechanismus der Permanganat-Oxalat-Reaktion.* Die UV-Absorptionsspektren des gelben $Mn(C_2O_4)_2^-$ u. des roten $Mn(C_2O_4)_3^{3-}$ wurden erstmalig aufgenommen (in 1,00 mol. $NaClO_4$-Lsg. bei 25°). Die Unters. der Zersetzungsgeschwindigkeit dieser Oxalatkomplexe bestätigt die Ergebnisse von TAUBE (C. **1949. I.** 970) in 2 mol. KCl-Lsg., daß bei niedrigen Oxalatkonzz. ein Monooxalatkomplex kinet. wichtig ist. Spektralphotometr. u. titrimetr. Unterss. von Lsgg., die sowohl MnO_4^- als auch Mn^{3+} enthalten, zeigen, daß Mn in den Oxydationsstufen +4, +5 u. +6 nicht in nennenswerten Konzz. vorliegt. Bei der Red. von MnO_4^- zu Mn^{3+} kann $C_2O_4^{2-}$ das Mn^{2+} ersetzen, jedoch erscheint diese Rk. weniger begünstigt. Unterss. bei sehr niedrigen Oxalatkonzz. bestätigen die Annahme, daß MnO_4^- für gewöhnlich nur mit dem Oxalatkomplex des Mn^{2+} reagiert; es ist aber auch durchaus möglich, daß auch $Mn(C_2O_4)^+$ reagiert. Auf Grund dieser Ergebnisse geben

Vff. folgenden Reaktionsmechanismus an (unter Weglassung der vielen, rasch eingestellten Gleichgewichte zwischen H^+ u. $C_2O_4^{2-}$): $MnO_4^- + MnC_2O_4 \rightarrow MnO_4^{2-} + MnC_2O_4^+$; [Mn(VI) + Mn(II) → 2 Mn(IV), Mn(IV) + Mn(II) → 2 Mn(III) bei genügend Mn(II)]; [Mn(VI) + $C_2O_4^{2-}$ → Mn(IV) + $2CO_2$, 2 Mn(IV) + $C_2O_4^{2-}$ → 2 Mn(III) + $2CO_2$ ohne intermediäres Mn(II)]; Mn(III) reagiert weiter nach: $Mn(C_2O_4)_n^{3-2n} \rightarrow Mn^{2+} + (n-1)C_2O_4^{2-} + CO_2 + CO_2^-$ (geschwindigkeitsbestimmend); $Mn(C_2O_4)_n^{3-2n} + CO_2^- \rightarrow Mn^{2+} + nC_2O_4^{2-} + CO_2$, wobei n = 1, 2 oder 3 ist. Bei sehr niedriger Oxalatkonz. ferner: $MnO_4^- + MnC_2O_4^+ \rightarrow MnO_4^{2-}$ + Mn(IV). (J. Amer. chem. Soc. **77.** 2036 bis 2042. 20/4. 1955. New York, N. Y., Columbia Univ., Dep. of Chem.) M. SCHENK. 225

E. T. Turkdogan und **J. Pearson,** *Die Aktivitäten der Bestandteile von Eisen- und Stahlerzeugungsschlacken.* 2. Mitt. *Mangan(II)-oxyd.* 3. Mitt. *Phosphorpentoxyd.* (1. vgl. C. **1953.** 8707.) Die Gleichgewichtskonstante der Mn-Rk. wird berechnet u. in Verbindung mit dem FeO-Aktivitätsdiagramm (vgl. 1. Mitt.) verwendet, um die Aktivität von MnO im MnO–FeO–SiO_2-Syst. u. in einigen besonderen Stahlherstellungsschlacken zu bewerten. Die Temp. scheint keinen Einfl. auf die Aktivität von MnO in einer solchen Schlacke zu haben. Veränderungen in der Aktivität werden auf die Schlackenzus. bezogen u. Kurven von gleicher Aktivität werden für das MnO–FeO–SiO_2-Syst. sowie für einige pseudotern. Systeme (CaO + MgO)–MnO–(SiO_2 + P_2O_5), die bestimmte Anteile an FeO enthalten, aufgestellt. Die Verwendung dieser Kurven für die Berechnung des Mn-Geh. des Metalls u. des MnO-Geh. der Schlacken wird erörtert. Ferner wird die Gleichgewichtskonstante der Rk., welche die Bldg. von P_2O_5 aus im Eisen gelösten O_2 u. P betrifft, berechnet. Hierdurch wird die Bewertung des Aktivitätskoeff. von P_2O_5 in der Schlacke möglich, wenn seine Konz. darin sowie diejenigen von O_2 u. P im Metall bekannt sind. Innerhalb des untersuchten Bereichs war der Aktivitätskoeff. eine Funktion der Schlackenzusammensetzung. — Anhang. (J. Iron Steel Inst. **175.** 393—401. Dez. 1953.) H. HOCHSTEIN. 225

Thomas J. Sworski, *Ein Mechanismus für die Photooxydation von Wasser durch Cer(IV)-Ion.* Die photochem. Red. von Ce^{4+} in sauren Lsgg. (H_2SO_4 bzw. $HClO_4$) verläuft über OH-Radikale nach folgendem Schema: 1. $Ce^{4+} \cdot H_2O + h\nu \rightarrow Ce^{3+} + H^+ + OH$, 2. $OH + Ce^{3+} \rightarrow Ce^{4+} + OH^-$, 3. $OH + OH \rightarrow H_2O_2$, 4. $2Ce^{4+} + H_2O_2 \rightarrow 2Ce^{3+} + 2H^+ + O_2$. Cl^- u. Br^- beschleunigen die Photored. durch Rk. mit OH-Radikalen u. damit Unterdrückung von Rk. 2. Ebenso wirkt HCOOH durch Rk. mit OH-Radikalen nach: $HCOOH + OH \rightarrow H_2O + HCOO$, das seinerseits Ce^{4+} red. nach: $Ce^{4+} + HCOO \rightarrow Ce^{3+} + CO_2 + H^+$ oder über: $HCOO + O_2 \rightarrow CO_2 + HO_2$, $HO_2 + Ce^{4+} \rightarrow Ce^{3+} + H^+ + O_2$. Bei 23° beträgt die prim. Quantenausbeute für die Bldg. der OH-Radikale 0,10 in 0,8n H_2SO_4 u. 0,12 in 0,8n $HClO_4$; sie ist gleich groß wie die Quantenausbeute der Ce^{3+}-Bldg. in 0,8n H_2SO_4 in Ggw. von 10^{-2} mol. Cl^- oder Br^- u. halb so groß wie die Quantenausbeute der Ce^{3+}-Bldg. in 0,8n H_2SO_4 bzw. $HClO_4$ in Ggw. von $2 \cdot 10^{-2}$ mol. HCOOH. (J. Amer. chem. Soc. **77.** 1074—75. 20/2. 1955. Oak Ridge, Tenn., ORNL, Chem. Div.) M. SCHENK. 226

M. Boudart, *Heterogene Katalyse.* (Vgl. C. **1955.** 1924.) Übersicht über die im Jahr 1953 erschienenen Arbeiten, soweit sie dem Vf. bis 1/3. 1954 zugänglich waren, geordnet nach den Sachgebieten: 1. Chemisorption u. Katalyse an reinen Metalloberflächen; 2. Chemisorption an Katalysatoroberflächen; 3. Darst. von Katalysatoren; 4. Elektroneneffekte in Metallen u. Legierungen; 5. Chemisorption u. Katalyse an halbleitenden Oxyden; 6. Kieselsäure–Tonerde-Katalysatoren; 7. Unterss. der Reaktionsmechanismen; 8. Mechanismus der KW-stoffsynthesen; 9. besondere Effekte. — 119 Literaturzitate. (Ind. Engng. Chem. **46.** 884—89. Mai 1954. Princeton, N. Y., Univ., James Forrestal Res. Center.) M. SCHENK. 227

W. G. Frankenburg, *Beziehung zwischen der Natur und der Wirksamkeit von Ammoniakkatalysatoren.* Ausführliche Diskussion der NH_3-Katalyse unter besonderer Berücksichtigung der physikal.-chem. Eigg. der Katalysatoren (Oberflächengröße u. -struktur, akt. Zentren) u. der Wrkg. von Promotoren. (Euclides [Madrid] **11.** 255—61. Juli/Aug. 285—90. Sept. 329—34. Okt. 1951; **12.** 21—30. Jan. 1952. Lancaster, Pa., Gen. Cigar Co., Inc.) H.-U. WOELK. 227

D. A. Frank-Kamenetskii, Diffusion and heat exchange in chemical kinetics. Princeton, N. J.: Princeton. (382 S., Diagr.) $ 6.—.

A_8. Präparative anorganische Chemie. Komplexchemie. Metallorganische Chemie.

H. Kroepelin und **E. Vogel** (unter Mitarbeit von **G. Kremser**), *Die Darstellung atomaren Wasserstoffs bei höheren Drucken.* Es wird ein verbessertes Verf. beschrieben, atomaren Wasserstoff bei Drucken von 10—30 mm Hg nach der bereits von LANGMUIR benannten Meth. herzustellen. Die Zers. von H_2 an einer glühenden W-Wendel bei 2500 bis 3000° K liefert in kontinuierlichem Betrieb 4—5%, kurzzeitig bis 7,5% H (calorimetr. gemessen). Die Innenwände des mit W. gekühlten Aktivierungsgefäßes wurden durch Einbrennen von H_3PO_4 antikatalyt. gemacht. Die Best. der Rekombinationsgeschwindigkeit ist einer späteren Arbeit vorbehalten. (Abh. braunschweig. wiss. Ges. **6.** 73—83. 1954.) P. WOLF. 238

M. Schmeisser und **F. L. Ebenhöch,** *Zur Kenntnis anorganischer Säurefluoride. 4. Mitt. Über Darstellung und Umsetzungen des Chlorylfluorids ClO_2F.* (3. vgl. C. **1953.** 5996.) ClO_2F wird durch Einleiten von elementarem F_2 in eine Lsg. von ClO_2 in CCl_3F bei —78° in Jenaer Glas dargestellt. Das entstehende ClO_2F scheidet sich nach Überschreiten der Löslichkeitsgrenze als schwerere fl. Phase mit etwas ClO_2 verunreinigt aus. Nach Beendigung der Rk. kühlt man noch auf —110° ab u. saugt die obere Schicht schnell durch eine Capillare ab. In reinem Zustand erhält man ClO_2F durch Fluorierung einer konz. Lsg. von ClO_2 in CCl_3F in Quarz bis zur Entfärbung u. anschließende mehrmalige Fraktionierung in Quarzapparatur. Es muß absol. wasserfrei gearbeitet werden. — Durch Umsetzung von BF_3, PF_5 u. AsF_5 mit einer Lsg. von ClO_2 in CCl_3F erhält man die festen Verbb. *$ClO_2F \cdot BF_3$* bzw. *$ClO_2[BF_4]$* (im Hochvakuum flüchtig ab —78°), *$ClO_2F \cdot PF_5$* bzw. *$ClO_2[PF_6]$* (flüchtig ab —35°) u. *$ClO_2F \cdot AsF_5$* bzw. *$ClO_2[AsF_6]$* (flüchtig ab +50°). Aus ClO_2F u. SbF_5 ohne Lösungsm. entsteht *$ClO_2F \cdot SbF_5$* bzw. *$ClO_2[SbF_6]$*, F. 78°. Mit SiF_4 bildet sich wahrscheinlich *$2ClO_2F \cdot SiF_4$* bzw. *$(ClO_2)_2[SiF_6]$*. Aus ClO_2F u. SO_3 entsteht das hellorangefarbene *$ClO_2F \cdot SO_3$* bzw. *$ClO_2[SO_3F]$*. (Angew. Chem. **66.** 230—31. 21/4. 1954. München, Univ., Inst. für Anorgan. Chem.) E. FORCHE. 246

Alfred Engelbrecht, *Über eine Bildungsweise des Chlorylfluorids ClO_2F. Das Chlorylfluorid als Beiprodukt der Umsetzung von Kaliumchlorat mit elementarem Fluor bei tiefer Temperatur.* Bei der Einw. von elementarem Fluor auf $KClO_3$ bei —40 bis —70° (vgl. BODE u. KLESPER, C. **1952.** 6184) bilden sich neben großen Mengen *Cl_2* die Verbb. *ClF* (Kp. —100,8°), *Chloryloxyfluorid ClO_2-OF* u. *Chlorylfluorid ClO_2F* (vgl. SCHMEISSER u. EBENHÖCH; vgl. vorst. Ref.). ClO_2F ist ein farbloses Gas, welches Glas bei Zimmertemp. langsam, in Ggw. von Spuren Feuchtigkeit sofort unter Bldg. einer öligen gelbroten Verb., wahrscheinlich Cl_2O_6, angreift. Das ClO_2OF läßt sich von dem Cl_2 nicht trennen; bei der Tieftemperaturfraktionierung tritt Explosion im Kolonnenkopf ein. (Angew. Chem. **66.** 442. 7/8. 1954. Philadelphia, Pa., Temple Univ., Res. Inst.) E. FORCHE. 246

Ulrich Wannagat und **Gerhard Mennicken,** *Beiträge zur Chemie der Peroxyschwefelverbindungen. 2. Mitt. Über die Umsetzung von Thionylfluorid mit Sauerstoff in elektrischen Entladungen.* (1. vgl. C. **1955.** 3816.) Bei der Einw. stiller elektr. Entladungen auf ein ruhendes SOF_2/O_2 = 1:1-Gemisch in Ganzglasapparaturen, in denen die Verwendung von Hahnfett u. Hg vermieden werden mußte, bildet sich bei —50° ein fl. Prod. mit mindestens 5 Komponenten. Die Rk. läuft nicht quantitativ ab, es hinterbleibt ein Restgas (~40% der Ausgangsgasmenge), in dem sich 50% O_2, 30% SOF_2 u. 20% *SO_2F_2* befinden. Die fraktionierte Dest. des fl. Prod. führt zur Isolierung von SOF_2, SO_2F_2 sowie *$S_2O_5F_4$* [*Monoperoxytetrafluodischwefel(VI)-oxyd* (I)] als Hauptprod., ferner einem weiteren Peroxyschwefelfluorid der wahrscheinlichen Zus. *$S_2O_6F_2$* u. einem ebenfalls S-, F- u. peroxydhaltigen festen Rückstand. I schm. bei —95° u. zers. sich langsam ab —20° zu SO_2F_2 u. O_2, der extrapolierte Kp. liegt bei ~+35°. Es greift Hahnfett, Siliconfett u. Hg rasch an, zerfällt bei saurer Hydrolyse teilweise zu SO_2F_2 u. O_2, bei alkal. u. a. zu HSO_3F. Die Struktur wird ringförmig mit einer O_2- u. einer O-Brücke zwischen den beiden S-Atomen angenommen. — Abweichend von den meisten Literaturangaben ergab sich für SOF_2 Kp. —43,5°, F. —130°. (Z. anorg. allg. Chem. **278.** 310—25. März 1955. Aachen, TH, Inst. für Anorg. Chem. u. Elektrochem.) U. WANNAGAT. 253

Margot Goehring und **Heinz Kaspar,** *Zur Kenntnis der schwefligen Säure und ihrer Derivate. 4. Mitt. Über Hydrazinsulfinsäuren.* (3. vgl. C. **1955.** 4779.) Beim Zugeben von $SOCl_2$ zu einer Lsg. von N_2H_4 in Chlf. mit darin suspendiertem, feingemahlenem CaO fällt ein grünes Reaktionsprod. aus. Nach der Extraktion mit N_2H_4 scheiden sich aus der goldgelben Lsg. gelbe Kristalle von *Calciumhydrazidosulfinat* (I) ab. Die Rk. verläuft nach: $SOCl_2 + N_2H_4 \rightarrow$ *$ClSO(NHNH_2)$* (II) + HCl; CaO + 2HCl → $CaCl_2 + H_2O$; II + H_2O → *$(HO)SO(NHNH_2)$* (III) + HCl; 2 III + CaO → *$Ca[OSO(NHNH_2)]_2$* (I) + H_2O. I zers. sich schon an feuchter Luft, bes. rasch mit W. u. Säuren, zu Ca^{2+}, $N_2H_6^{2+}$, H_2SO_3, etwas H_2S u. S. Alkalilaugen lösen mit gelber Farbe, doch tritt auch hier in 3 Std. vollständige Zers. ein. I ist ein kräftiges Reduktionsmittel, es reagiert z. B. nach I + $6J_2 + 4H_2O \rightarrow CaSO_4 + 2N_2 + 12HJ + H_2SO_4$. — Aus dem von I befreiten N_2H_4-Extrakt fällt mit A. in Form großer, schwachgelber Nadeln das $Ca(OH)_2 \cdot 2N_2H_4 \cdot 2H_2O$ aus, das hygroskop. ist u. sich bei 35° in $Ca(OH)_2$ u. $N_2H_4 \cdot H_2O$ zersetzt. — Die von EPHRAIM u. PIOTROWSKI (Ber. dtsch. chem. Ges. **44.** [1911.] 386) beschriebenen Salze einer Hydrazindisulfinsäure konnten nicht bestätigt werden. Beim Einleiten von SO_2 in alkoh. N_2H_4-Lsg. fällt farbloses $(N_2H_5)_2SO_3$, das sich im Überschuß unter Bldg. von $(N_2H_5)_2S_2O_5$ wieder auflöst. (Z. anorg. allg. Chem. **278.** 255. März 1955. Heidelberg, Univ., Chem. Inst., Abt. für anorg. u. analyt. Chem.) U. WANNAGAT. 253

I. Shapiro und **H. G. Weiss,** *Die Hydrolyse von Pentaboran.* (Vgl. C. **1954.** 8992.) Die langsame Hydrolyse von B_5H_9 (I) in W. ist auf die geringe Mischbarkeit von **I** u. W. zurückzuführen. In Dioxan mit einem Geh. von 20% W. erfolgt die Hydrolyse von I quantitativ innerhalb einiger Minuten. Verss. zur Messung der Hydrolysengeschwindigkeit waren wegen ihrer Abhängigkeit von den Durchmischungsbedingungen noch nicht erfolgreich. (J. Amer. chem. Soc. **76.** 6020—21. 5/12. 1954. Pasadena, Calif., U. S. Naval Ordnance Test Stat.) H.-J. BECHER. 258

L. B. Eddy, S. H. Smith jr. und **R. R. Miller,** *Einige physikalische Eigenschaften von Borazol.* Es werden nachst. physikal. Daten des Borazols bestimmt: D., Viscosität u. Oberflächenspannung im Temperaturbereich von ca. 225—313° K. Die Temperaturabhängigkeit der D. gehorcht der Gleichung d = 1,1551—0,001074 T (d = g/cm³, T = ° K). F. 216,9° K, n_D^{20} 1,3821. Viscosität u. Oberflächenspannung in Abhängigkeit von der Temp. sind in Diagrammen wiedergegeben. (J. Amer. chem. Soc. **77.** 2105—06. 20/4. 1955. Washington, D. C., Naval Res. Labor., Physical and Inorganic Branch, Chem. Div.) H. HOFMANN. 258

Erich Thilo und **Karl Heinz Rattay,** *Kondensierte Phosphate als Ionenaustauscher.* 1. Mitt. *Das Verhalten von Lösungen der Alkalipolyphosphate* $(Me^IPO_3)_x \cdot H_2O$ *und der ihnen entsprechenden Säure* $[(HPO_3)_x \cdot H_2O] \cdot aq$ *gegen Lösungen von Erdalkalichloriden.* Das sogenannte Kalkbindungsvermögen von $(Me^IPO_3)_x \cdot H_2O$ u. $[(HPO_3)_x \cdot H_2O] \cdot aq.$ (x ~50) wird untersucht. Die Messungen werden mit dem Na-Salz, der über Wofatit F hergestellten freien Säure u. den daraus bereiteten K-, NH_4- u. Li-Salzen durch Ermittlung der $CaCl_2$-Menge, die zur Bldg. eines bleibenden Nd. notwendig ist, durchgeführt. Bei Lsgg. von $(NaPO_3)_x$ zeigt sich, daß keine lineare Abhängigkeit zwischen der $CaCl_2$- u. der $(NaPO_3)_x$-Konz. (berechnet als $NaPO_3$), u. daß ferner kein ausgezeichnetes stöchiometr. Molverhältnis besteht. Das Kalkbindungsvermögen nimmt dagegen mit steigender Konz. an $(NaPO_3)_x$ erst stärker u. sodann schwächer ab. Die Abhängigkeit läßt sich in einer Potenzfunktion ausdrücken, die in ihrer Form der FREUNDLICHschen Adsorptionsisotherme entspricht. Das Kalkbindungsvermögen der anderen untersuchten Salze u. der Säure zeigt einen ähnlichen Verlauf, wobei die Konstanten der Gleichung etwas andere Werte besitzen. Bei einem Vgl. ergibt sich, daß das Kalkbindungsvermögen bei Konzz. > ca. 4 mMol/Liter $(MePO_3)_x$ in der Reihenfolge K < NH_4 < Na < H < Li, bei kleineren Konzz. jedoch in der Reihenfolge K < Li < Na < H < NH_4 zunimmt. Bes. wird darauf hingewiesen, daß sich H ohne Schwierigkeiten in diese Folge einreihen läßt. Analoge Verss. mit $MgCl_2$ u. $(NaPO_3)_x$ beweisen, daß das Auftreten eines bleibenden $[Mg(PO_3)_2]_x$-Nd. erst bei noch größeren Konzz. als bei der Ca-Verb. eintritt u. daß hier die Verhältnisse mit der variierten Adsorptionsisotherme ebenfalls gut zu beschreiben sind. Die Zugabe von NaCl zu den untersuchten Lsgg. bewirkt bei Konzz. >ca. 15 mMol/Liter ein Absinken des Kalkbindungsvermögens mit steigender Konz. u. wachsendem NaCl:$(NaPO_3)_x$-Verhältnis gegenüber den reinen Lösungen. Bei kleinen Konzz. nimmt das Kalkbindungsvermögen jedoch absol. u. außerdem mit steigendem NaCl:$(NaPO_3)_x$-Verhältnis zu. Zur Deutung der Versuchsergebnisse wird angenommen, daß die hochpolymeren Anionen einer partiellen Dissoziation unterliegen. u. daß diese Ionen sodann eine Austauscherfunktion ausüben. Es werden die Faktoren, die diese Vorgänge beeinflussen können, diskutiert. Schließlich wird zur Deutung der Umkehrung der Reihenfolge des Kalkbindungsvermögens u. des konz.-bedingten Einfl. des NaCl-Zusatzes, die mit dieser Theorie nicht zu erklären sind, auf die mögliche Änderung der Wasserhülle der Polyanionen bei Verdünnung u. auf die größere Löslichkeit von Mischpolyphosphaten gegenüber reinen Polyphosphaten hingewiesen. (J. prakt. Chem. [4] **1.** 14—32. Nov. 1954. Berlin, Deutsche Akad. der Wiss., Inst. für anorg. Chem.) E. BLASIUS. 264

G. L. Simard, J. Chupak und **D. J. Salley,** *Radioindicatoruntersuchungen über die Wechselwirkung von Dithiophosphat mit Bleiglanz.* Aus radioakt. rotem **P** wird mit S bei 270—300° P_2S_5 dargestellt, mit Diisopropyl- oder sek.-Butylalkohol bei 60—80° umgesetzt u. die Dithiophosphorsäureester (I) $(RO_2)PSSH$ durch Extraktion mit PAe. aus saurer Lsg. gereinigt. Sie werden nach Trocknung der organ. Phase mit wasserfreiem NH_3 als NH_4-Salze gefällt. Es werden 4 Bleiglanzproben (II) verschied. Korngröße u. Oberfläche verwendet. Zur Messung werden GEIGER-Zählrohre benutzt. Vff. messen an gemahlenen Proben wie an Einkristallen die Adsorptions- u. Desorptionsgeschwindigkeit von I, die Adsorptionsisothermen, den Austausch zwischen adsorbiertem u. gelöstem I u. führen mit den Proben Flotationsverss. durch. Alle Lsgg. sind $2 \cdot 10^{-7}$ mol. an Na_2CO_3

u. haben den p_H 7,8 ± 0,1. Die Aufnahme von I durch II ist in 10—12 Min. beendet, sie erreicht im Sättigungsbereich eine Belegung von 500—800, für ausgelaugte Proben 200—300 · 10^{-8} Mol I/g II. Desorbiert werden, unabhängig von der adsorbierten Menge, nur 70—100 · 10^{-8} Mol/g. Der Austausch erfolgt sehr schnell, die Austauschhalbwertszeit liegt bei ca. 2 Minuten. Die zur Erzielung guter Flotation notwendigen Mengen I sind gering u. betragen 0,5—0,8 · 10^{-8} Mol/g, für ausgelaugtes Material 4—8 · 10^{-8} Mol/g. Zur Deutung der Beobachtungen wird Chemisorption wie chem. Rk. angenommen. (Mining Engng. **187.** 359—64. März 1950. Stamford, Conn., Amer. Cyanamid Co., Stamford Res. Labor., Res. Div.) G. HERRMANN. 264

Helmut Behrens und **Lothar Glasser,** *Über das Verhalten von Arsen(III)-sulfid gegenüber flüssigem Ammoniak.* As_2S_3 löst sich in fl. NH_3 leicht unter Ammonolyse nach $As_4S_6 + 7\,NH_3 \rightarrow (NH_4)_2As_4S_5(NH_2)_4$ (I) + NH_4HS. Das hellgelbe Ammoniumthioamidoarsenit I geht im Vakuum bei 0° unter NH_3-Abspaltung u. gleichzeitiger Verflüchtigung des NH_4HS in tieforangefarbiges *Arsen(III)-imidosulfid* (II), $As_4S_5(NH)$, über, das sich in fl. NH_3 in allen Temperaturbereichen in I zurückverwandelt. II ist mikrokrist., bei 170—180° unzersetzt im Hochvakuum sublimierbar; ab 350° erfolgt therm. Dissoziation gemäß 6 II → 2 NH_3 + 5 As_4S_6 + 4 *AsN*. Gegen W. bei 100° sowie konz. HCl ist es außerordentlich beständig; fl. NH_3 vermag selbst bei 70° keine weiteren S-Atome solvolyt. abzutrennen. In Laugen löst es sich gemäß II + 12 OH^- → 3 AsO_2S^{3-} + $AsOS_2^{3-}$ + NH_3 + 5 H_2O. — I bildet mit einer Reihe von Metallnitraten in fl. NH_3 schwerlösl. Thioamidoarsenite. Rein dargestellt wurden die bei 0° beständigen, farblosen Verbb. $[Mg(NH_3)_6][As_4S_5(NH_2)_4]$ u. $[Ba(NH_3)_8][As_4S_5(NH_2)_4]$, die sich bei 20° unter NH_3-Abspaltung gelb färben; bei 50° liegt intensiv gelbes $Ba[As_4S_5(NH)_2]$ vor. Bei den entsprechenden Alkaliverbb., die bei Zimmertemp. eigelb werden, steigt die Löslichkeit von Li über Na zu K stark an. $Li_2[As_4S_5(NH_2)_4]$ ist relativ schwer löslich., $Na_2 \cdot [As_4S_5(NH)_2]$ bildet sich aus II nur noch mit dem in fl. NH_3 sehr leicht lösl. NaSCN. Die Umsetzung von $AgNO_3$ u. $TlNO_3$ mit I führt nur zu heterogenen Prodd., u. a. Ag_2S u. Tl_2S. Mit AlJ_3 erhält man $[Al(NH_3)_6]_2[As_4S_5(NH_2)_4]_3$. — $[Co(NH_3)_6]_2[As_4S_5(NH_2)_4]_3$ ist bereits bei tiefer Temp. gelb, die analoge *Cr-Verb.* gelbbraun gefärbt. — II reagiert mit $(NH_4)_2S$ in fl. NH_3 bei —70° zu schwerlösl., farblosem, krist. $(NH_4)_3AsS_3$, das bei Temperaturerhöhung unter NH_3-Abspaltung in *Metathioarsenit* übergeht. Bei —33° kann mit $Ba(NO_3)_2$ gelbes $Ba(AsS_2)_2 \cdot NH_3$ ausgefällt werden, bei 20° liegt citronengelbes $NH_4AsS_2 \cdot NH_3$ (III) vor. Durch wiederholte therm. Zers. im Hochvakuum bei 60—120° u. anschließendes Lösen in fl. NH_3 geht III schließlich in I u. II über, As_2S_3 ist dabei nicht zu fassen. (Z. anorg. allg. Chem. **278.** 174—83. März 1955. München, TH, Anorg. chem. Labor.) U. WANNAGAT. 265

A. F. Borjatschek, N. N. Drosin, S. K. Subachina und **M. I. Kutzyna,** *Untersuchung des Systems Na^+, K^+/CO_3^{2-}, SO_4^{2-}/H_2O bei 100°.* Zur Unters. des quart. Syst. wurden reine Salze Na_2CO_3, K_2CO_3, $KNaCO_3$, Na_2SO_4, K_2SO_4 sowie synthet. *Glaserit* u. *Barkeit* in nichtrostenden Stahlzylindern bei 100 ± 0,15° (Glycerinbad) bis zur Erreichung des Gleichgewichts (2—3 Tage), mit dest. W. übergossen, erhitzt. Die Erreichung des Gleichgewichts wurde durch Entnahme von Zwischenproben verfolgt u. diese sowie die Schlußproben auf ihren Geh. an SO_4^{2-} (gewichtsanalyt.), CO_3^{2-} (Titration mit HCl u. Methylorange) u. $K^+(KClO_4)$ untersucht; außerdem wurden pyknometr. Dichtebestimmungen durchgeführt. Na^+ wurde aus der Differenz ermittelt. Unter Hinzuziehung der Löslichkeitsdaten von ROPP u. BARKE wurden die Isothermen des quart. Syst. für 35, 50, 75 u. 100° aufgezeichnet. — Isothermen- u. Löslichkeitstabelle (100°) ergeben, daß bei der Temperatursteigerung von 35 auf 100° keine neuen festen Phasen im Syst. gebildet werden. Die Kristallisationsfelder für Na_2SO_4 u. $Na_2SO_4 \cdot 3\,K_2SO_4$ verändern sich kaum; jene des K_2SO_4 u. $K_2CO_3 \cdot 1\frac{1}{2}\,H_2O$ vermindern sich, während die Felder für Na_2CO_3, H_2O, $KNaCO_3$ u. $Na_2CO_3 \cdot 2\,Na_2SO_4$ eine Erweiterung erfahren. Die Ergebnisse können zur Trennung der Salze aus den Abgängen der Al-Industrie (aus Nephelin) verwendet werden, falls diese kein HCO_3^- enthalten. (Журнал Прикладной Химии [J. angew. Chem.] **28.** 100—04. Jan. 1955. Allunions-Inst. für Soda-Ind.) A. v. WILPERT. 275

Jean D'Ans, Wolfgang Busse und **Heinz-Eberhard Freund,** *Über basische Magnesiumchloride.* Die Löslichkeiten von $Mg(OH)_2$ (I) bei p_H 6,45—5,52 u. $Mg_2(OH)_3Cl \cdot 4\,H_2O$ (II) bei p_H 5,60—6,52 werden bei 20° in $MgCl_2$-Lsgg. bestimmt u. tabellar. u. graph. mitgeteilt. Die Grenzlsg. I–II ergibt sich zu 0,0095 Mol I bei 10,0 Mol $MgCl_2$ in 1000 Mol H_2O. Die Komplexbldg. u. Solvatation in diesen konz. Lsgg. wird in Zusammenhang mit dem Hydratationsgrad diskutiert. Mkr. Unters. u. DEBYE-SCHERRER-Aufnahmen der Bodenkörper geben keinen Hinweis auf die Existenz eines anderen Oxychlorides als II. Verss., ein entsprechendes $Mg_2(OH)_3Br \cdot 4\,H_2O$ (III) herzustellen, gelangen nicht, wohl aber wurden isomorphe Mischkristalle II–III aufgefunden. Durch 2–3 Std. Erhitzen im Bombenrohr bei 160° von $MgCl_2 \cdot 6\,H_2O$ mit MgO, $Mg(OH)_2$ oder CaO konnte wasserfreies *$Mg_2(OH)_3Cl$* (**IV**) hergestellt werden, das sehr langsam unter Wärmeentw., aber ohne Abbinden W. aufnimmt. Das Liniendiagramm der DEBYE-SCHERRER-Aufnahmen wird mitgeteilt. Wahrscheinlich krist. **IV** rhomb. oder mit monokliner pseudorhomb. Symmetrie. (Kali u. Steinsalz **1955.** Nr. 8. 3–7. März. Berlin-Charlottenburg, TU.) H.-G. MOSLÉ. 282

W. A. Schuschunow und **A. M. Pawlow,** *Synthese von Kalium-, Natrium- und Calciumcyanamid.* Zur Darst. des Na- u. K-Cyanamids wird das Verf. von GRUBE u. MOTZ (Z. physik. Chem. **118** [1926.] 145) verbessert, das, von NaOH u. *Dicyandiamid* (**I**) ausgehend, zu einem 83%ig. *Na_2CN_2* (**II**) führte: festes NaOH oder KOH u. **I** werden gesondert in geschlossenen Kästen gepulvert u. 60–70 g des stöchiometr. Gemisches in einem Kolben erhitzt, der mit einem Hg-Manometer u. Vakuumpumpe verbunden ist; es wird bis auf einige zehntel mm Hg evakuiert, die Wasserdämpfe in einer zwischengeschalteten Kühlflasche eingefroren. Erhitzungstemp. für **II** 360–370°, 2 Std. (+ 1 Std. bis diese Temp. erreicht ist), für *K_2CN_2* (**III**) 190° (2 + 1 Std.). Die Präpp. enthielten 95% **III** u. 98% **II.** — Darst. von $CaCN_2$ aus CaO + HCN, von FRANCK u. HEIMANN (Z. angew. Chem. **44.** [1931.] 371) ausgehend verbessert: in ein Quarzrohr (70 cm × 40 mm) werden 100 g $CaCO_3$-Pulver eingefüllt, Abdichtung nach unten u. oben mit Porzellanstückchen. Das Rohr wird im Röhrenofen 3–3½ Std. auf 840–900° erhitzt. Von unten werden aus einem Kölbchen (auf Wasserbad) Dämpfe von HCN eingeleitet; die HCN ist sorgfältig getrocknet; ein geringer Zusatz von gasförmigem NH_3 zur HCN verhindert deren Polymerisation u. Verunreinigung des $CaCN_2$, das 98%ig gewonnen wird. Verbrauch an HCN 130–150 g (der Überschuß wird in Kühlmischung kondensiert). Das erhaltene $CaCN_2$ wird bei Erhitzen im N_2-Strom, 15–30 Min. auf 1000–1100° rein weiß, verliert jedoch dabei 1–2% N. (Журнал Прикладной Химии [J. angew. Chem.] **28.** 98–100. Jan. 1955.) A. v. WILPERT. 283

D. Ss. Beljankin und **K. M. Feodotjew,** *Kaolin und Allophanoide. Thermooptische Daten und Schwunderscheinungen bei Erhitzen.* Untersucht wurden *Gluchowez-Ton* (**I**) u. ein synthet. *Allophanoid* (**II**), das durch gleichzeitige Fällung von SiO_2 u. Al_2O_3 (im gleichen Volumenverhältnis wie I) aus der alkal. Lsg. durch Zugabe von HCl bis zur neutralen Rk. hergestellt wird. Schwundkurve sowie Erhitzungs- u. differentielle Erhitzungskurven von **I** zeigten, daß unter der Einw. von Wasserdampf, der beim Freisetzen des Adsorptionswassers entsteht, bis 550° eine 0,66%ig. Volumenzunahme statt einer Abnahme beobachtet wird, während die differentielle Erhitzungskurve vor dem endothermen Haltepunkt (550°) noch einen früheren Haltepunkt aufweist. Bei 550° ist die Substanz dehydratisiert. Bei 910–965° steigt der Schwund stark an u. eilt damit dem exothermen Punkt (965°) voraus. Der bei 1140° beginnende steile Anstieg der Schwundkurve hält bei 1400° an. Der exotherme Effekt bei 1280° äußert sich nicht auf der Schwundkurve. Die Entwässerungs- u. Brechungsindexkurve von **I** weisen von 400 bis 800° einen horizontalen Abschnitt, die von **II** bei 600–900° einen flachen Abschnitt auf, der an den horizontalen Abschnitt von **I** erinnert. Der eigenartige Verlauf der Schwundkurve von **I** wird damit erklärt, daß vorübergehend beim Erwärmen eine Ultramikroskopizität auftritt. (Записки Всесоюзного Минералогическою Общества [Schr. Allunions mineralog. Ges.] [2] **80.** 88–93. 1951.) O. LEBTAG. 294

Nils Sundén, *Über die Komplexchemie des Indiumions.* 5. Mitt. *Das Chlorid-, Bromid- u. Sulfatsystem aus Extraktionsgleichgewichten.* (4. vgl. C. **1955.** 7394.) Zur Feststellung der Komplexkonstanten bestimmte Vf. die Verteilung des In^{3+} zwischen Br^--, Cl^-- u. SO_4^{2-}-haltigen Lsgg. u. α-Oxynaphtholsäure als starkem Komplexbildner in Isopropyläther. Die Lsgg. (p_H 2,7–3,0) wurden bei 20° 18 Std. geschüttelt. Das verwendete In-Salz enthält radioakt. Spuren. Deshalb konnte das Verhältnis der Konzz. in den beiden Schichten durch einen GEIGER-MÜLLER-Zähler festgestellt werden. Die erhaltenen Konstanten betragen: Chlorid: $\beta_1 = 160 \pm 10$; $\beta_2 = 3600 \pm 400$, Bromid: $\beta_1 = 85 \pm 5$; $\beta_2 = 400 \pm 50$, Sulfat: $\beta_1 = 70 \pm 10$; $\beta_2 = 400 \pm 50$; $\beta_3 = 1000 \pm 200$. Für die gleichen Systeme wurden die Konstanten durch Verteilungsmessungen an Ionenaustauschern bestimmt, ebenfalls bei Ggw. radioakt. Spuren. Sie betragen: Chlorid: $\beta_1 = 150 \pm 10$; Bromid: $\beta_1 = 80 \pm 10$; Sulfat: $\beta_1 = 55 \pm 10$. Die Konstanten für das Cl^-- u. Br^--Syst. u. β_1 für das SO_4^{2-}-Syst. stehen in guter Übereinstimmung mit denen aus potentiometr. Messungen. β_2 u. β_3 für Sulfat zeigen große Unterschiede. (Svensk kem. Tidskr. **66.** 345–50. 1954. Lund, Univ., Chem. Inst., Dep. of Inorg. and Physic. Chem.) H. PLUSKAL. 296

I. Noddack und **E. Wicht,** *Trennung der Seltenen Erden im inhomogenen Magnetfeld.* Die sich im magnet. Moment zum Teil stark unterscheidenden Seltenen Erden

(z. B. *Y*, *Dy*, *Er*) können mit Hilfe eines magnet. Feldes (z. B. Feldstärke 7000 G, Inhomogenität 2420 G/cm²) weitgehend u. vor allem schnell in einer beschriebenen App. getrennt werden. Die Abhängigkeit der Trennwirkung von der Feldstärke, der Untersuchungsdauer u. der Konzentration wurde untersucht. (Chem. Techn. **7.** 3—5. Jan. 1955. Bamberg, Geochem. Inst.) H.-G. MOSLÉ. 303

Karl S. Vorres und **Frederic B. Dutton,** *Die Fluoride des Titans. Röntgendiagramme und einige andere Beobachtungen.* Die Oxydation von TiF_3 (erhalten durch Red. von $TiCl_4$ mit Al in Ggw. von $AlCl_3$ u. anschließende Umsetzung mit HF) mit Cl liefert TiF_3Cl, welches leichter als TiF_4 sublimiert, mit W. eine klare, saure Lsg. bildet u. in Chlf., aber nicht in Bzl. u. CCl_4 lösl. ist. TiF_4 wurde aus $TiCl_4$ u. HF dargestellt u. durch Sublimation gereinigt. Die Hydrolyse von TiF_3Cl u. von TiF_4 u. die Umsetzung von TiO_2 mit 50%ig. HF führt zu $TiOF_2$. Die Röntgendiagramme von TiF_3, TiF_4 u. $TiOF_2$ wurden aufgenommen. Die Werte sind in einer Tabelle wiedergegeben. (J. Amer. chem. Soc. **77.** 2019. 5/4. 1955. East Lansing, Mich., Michigan State Coll., Kedzie Chem. Labor.) E. FORCHE. 321

Félix Trombe und **Marc Foëx,** *Darstellung von reinem Zirkoniumdioxyd durch alkalische Schmelze von Zirkon im Sonnenofen.* Vff. beschreiben einen neuen Weg zur Gewinnung von äußerst reinem ZrO_2. Zirkon, $ZrSiO_4$ (0,2% TiO_2, 0,05% Fe_2O_3, 0,1% Al_2O_3), wird mittels Na_2CO_3-Schmelze aufgeschlossen (1 Teil $ZrSiO_4$ + 1,5 —2 Teile Na_2CO_3). Bei Verwendung eines Sonnenofens können genügend hohe Tempp. erzielt werden (1400°), die einen schnellen u. vollständigen Reaktionsverlauf bei hohen Energieausbeuten garantieren. Bei diesen Tempp. ist Na_2CO_3 weitgehend dissoziiert u. reagiert hauptsächlich als Na_2O. Das Reaktionsgemisch wird im zentralen Teil des Ofens geschmolzen, während die umgebende Schicht noch unveränderter Stoffe gleichzeitig als Wärmeschutz u. Tiegelwand für die Schmelze dient. Auf diese Weise können keine Verunreinigungen durch Tiegelmaterial, z. B. Fe, wie es bei anderen Verff. der Fall ist, auftreten. Nach dem Schmelzvorgang wird Natriumsilicat durch warmes W. herausgelöst, es bildet sich ZrO_2 aus Na-Zirkonat. Das so erhaltene Prod. ist amorph, enthält neben H_2O SiO_2 (1%) als Na-Silicat u. einen großen Teil der Verunreinigungen der Ausgangssubstanzen Zirkon u. Soda. Nach dem Glühen erhält man ein Präp. mit 98% ZrO_2. Eine Sinterung bei 2200—2400° entfernt Na_2O vollständig u. SiO_2 zum großen Teil, so daß der Geh. an ZrO_2 auf 99,5% ansteigt. Spuren von Titan- u. Eisenoxyden färben das Präp. braun. Die Reinigung kann noch weitergeführt werden — ohne Auflösung von ZrO_2 —, wenn dem Auswaschen mit W. eine Behandlung mit kalter verd. Säure (5%ig. HCl oder H_2SO_4) folgt. Bei dieser Operation lösen sich nur geringe Mengen des ZrO_2, während der größte Teil der Ti- u. Fe-Oxyde in Lsg. geht u. Natriumsilicat unter Bldg. einer koll. Suspension von SiO_2 angegriffen wird. Nach Dekantieren, Waschen u. Glühen bei mäßigen Tempp. erhält man ein Zirkoniumdioxyd mit nur einigen tausendstel SiO_2, weniger als $^1/_{10000}$ TiO_2 oder Fe_2O_3 u. geringen Mengen an Alkalien (0,5/1000). Sinterung bei hohen Tempp. oder erneutes Schmelzen führen zu weiterer Entfernung von SiO_2. Das so erhaltene Oxyd mit 99,95% ZrO_2 ist rein weiß. (C. R. hebd. Séances Acad. Sci. **240.** 1225—27. 14/3. 1955.) S. LANZ. 322

Oskar Glemser und **Einhard Schwarzmann,** *Über niedere Vanadinhydroxyde.* 1. Mitt. Rosafarbenes $VO(OH)_2$ (**I**) entsteht a) beim Erhitzen der blauen Lsg. aus der Einw. von SO_2 auf eine Suspension von V_2O_5, b) beim Erwärmen des grauweißen, röntgenamorphen Nd. aus der Rk. von VO_2Cl bzw. $(VO_2)_2SO_4$ mit NH_3 bei p_H 4—5, c) beim Erwärmen von 2 V_2O_5 mit 1 V in Ggw. von W. im Einschlußrohr auf 110°. I ist unter N_2 wochenlang beständig, oxydiert sich aber an feuchter Luft langsam über eine graubraune u. grüne Stufe zu tiefblauem, röntgenamorphem $VO_{2,66}$. In H_2SO_4 löst es sich tiefblau, verfärbt sich mit NaOH nach Braun u. gibt beim isobaren Abbau zwischen 180 u. 280° diskontinuierlich W. bis zu einer Zus. VO_2 ab. — Tiefschwarzes $V_3O_5(OH)_4$ (**II**) mit einer mittleren Oxydationsstufe +4,66 für V bildet sich über ein grünes Prod. bei der Red. von V_2O_5 in konz. NH_4Cl-Lsg. mit Zn in der Hitze. Es geht beim isobaren Abbau zwischen 220 u. 370° unter diskontinuierlicher Wasserabgabe u. zusätzlicher O_2-Abspaltung in blauschwarzes $VO_{2,08}$ über; ist sehr beständig, in verd. H_2SO_4 mit grüner Farbe lösl. u. wird mit nascierendem H über ein grünes Prod. (**III**) zu I reduziert. Die Debyeogramme für **I, II** u. **III** werden mitgeteilt. (Z. anorg. allg. Chem. **278.** 249—54. März 1955. Göttingen, Univ., Anorg. Chem. Inst.) U. WANNAGAT. 330

W. A. Ptschelkin, A. F. Jefimow und **A. W. Lapitzki,** *Niobate und Tantalate der Erdalkalimetalle.* 2. Mitt. (1. vgl. C. **1956.** 51.) Durch Zusatz der Nitrate zu Na-Hexaniobatlsg. werden die Erdalkalihexaniobate dargestellt (Geschwindigkeit: Ba > Sr > Ca), analog ihre Hexatantalate. Ihre Formeln u. (in Klammern) spezif. Leitfähigkeit (gesätt. Lsg. bei 20°): $Ca_7Nb_{12}O_{37} \cdot 30\,H_2O$ ($2,6 \cdot 10^{-5}$); $Sr_7Nb_{12}O_{37} \cdot 29\,H_2O$ ($8,2 \cdot 10^{-6}$);

$Ba_7Nb_{12}O_{37} \cdot 30\,H_2O$ (9,0·10⁻⁶); $Me_8Ta_{12}O_{38} \cdot 33\,H_2O$: Me = Ca (8,19·10⁻⁶), Sr (7,62·10⁻⁶), Ba (6,39·10⁻⁶). In Röntgenaufnahmen der Salze werden keine Linien gefunden (röntgenamorph), nach Glühen oberhalb 400° werden die Linien der Metaniobate bzw. -tantalate festgestellt, es findet also Zers. statt. (Журнал Общей Химии [J. allg. Chem.] **24** (86). 1495—98. Sept. 1954. Moskau, Univ.) R. K. MÜLLER. 332

S. S. Brenner, *Oxydation von Eisen–Molybdän- und Nickel–Molybdän-Legierungen.* Bin. Lsgg. von Fe u. Mo (bis zu 12,5 At.-% Mo) u. Ni u. Mo (bis zu 19,7 At.-% Mo) zeigen bis zu 1000° weder in stationären noch fließenden Atmosphären eine „Katastrophenoxydation". In beiden Systemen werden MoO_2 u. Eisenmolybdat oder Ni-Molybdat außer Eisenoxyden oder Ni-Oxyd gebildet. Die Oxydationsgeschwindigkeiten von Fe, Ni, Mo werden in Abhängigkeit von der Temp. u. a. Variablen untersucht. (J. electrochem. Soc. **102.** 7—15. Jan. 1955. Schenectady, N. Y., Gen. Electric Co.) A.-F. BOGENSCHÜTZ. 336

S. S. Brenner, *Katastrophenoxydation einiger molybdänhaltiger Legierungen.* (Vgl. vorst. Ref.) Wenn *Ni* oder *Cr* zu bin. *Fe–Mo*-Legierungen zugefügt werden, tritt die „Katastrophenoxydation" in bestimmten Bereichen auf. Cr ist wirksamer als Ni bei der Auslösung dieses raschen Oxydationstyps. Die „Katastrophenoxydation" tritt infolge der Bldg. von fl. MoO_3 entlang der Metalloxydgrenzfläche ein. Sie entsteht durch „Cracken" der Cr- oder Ni-haltigen Oxyde. Bei Lsgg., die große Mengen Ni enthalten, tritt die „Katastrophenoxydation" nicht auf. (J. electrochem. Soc. **102.** 16—21. Jan. 1955.) A.-F. BOGENSCHÜTZ. 336

Robert N. R. Mulford und **Gladys E. Sturdy,** *Das Plutonium–Wasserstoff-System.* 1. Mitt. *Plutoniumdihydrid und -dideuterid.* Es werden Gleichgewichtsuntersuchungen der Systeme Pu–H_2 u. Pu–D_2 im Bereich der Zuss. Pu–PuH_2 u. Pu–PuD_2 beschrieben, diskutiert u. Druck- u. Temperaturdaten für die jeweiligen Zuss. im Temperaturbereich 400—800° für PuH_2 u. 600—800° für PuD_2 wiedergegeben. Aus den Druck-Temp.-Daten werden die Bildungswärmen von PuH_2 u. PuD_2 berechnet u. wie folgt angegeben: $Pu + H_2\,(g) \rightarrow PuH_2\ \ (f),\ \Delta H = -37{,}4 \pm 1{,}2$ kcal.; $Pu + D_2\ (g) \rightarrow PuD_2\ \ (f),\ \Delta H = -35{,}5 \pm 0{,}7$ kcal. Als Gleichung für die Beziehung zwischen Zersetzungsdruck u. Temp. wird für PuH_2 $\log_{10} P_{mm} = 10{,}01 \pm 0{,}32 - (8165 \pm 263)/T$ (° K) u. für PuD_2 $\log P = 9{,}71 \pm 0{,}19 - (7761 \pm 151)/T$ angegeben. Pu u. PuH_2 bzw. PuD_2 in vorst. Gleichungen sind gesätt. Lsgg. von H_2 oder D_2 in Pu bzw. von Pu in PuH_2 oder PuD_2, deren Sättigungslöslichkeit mit der Temp. variiert. (J. Amer. chem. Soc. **77.** 3449—52. 5/7. 1955. Los Alamos, N. Mex., Univ. of California, Los Alamos Sci. Labor.) H. HOFMANN. 343

R. G. W. Hollingshead, *Die Reaktion von 5-Fluor-8-oxychinolin (5-Fluoroxinat) gegen zwei- und dreiwertiges Eisen.* Es wird mit einer am Beispiel beschriebenen Meth. geprüft, ob 5-Fluor-8-oxychinolin mit Fe^{2+} u. Fe^{3+} Chelate in stöchiometr. Verhältnissen bildet. Eine quantitative Fällung von Fe(II)-Oxinat wurde nicht beobachtet, das Präcipitat war nicht stöchiometr. u. nicht homogen. Vermutet wird eine Mischung von Fe(II)- u. Fe(III)-Oxinat. (Chem. and Ind. **1954.** 1108. 4/9. Poole, Dorset, Brit. Drug Houses Ltd., Labor. Chem. Group.) K. L. WOLF. 354

J. J. B. van Eijk van Voorthuijsen und **P. Franzen,** *Struktur und Eigenschaften der während der Darstellung von Nickel-auf-Kieselsäure-Katalysatoren entstehenden Verbindungen.* Das System NiO–SiO_2–H_2O wird unter bes. Berücksichtigung der Reduzierbarkeit seiner Rk. u. Zwischenprodd. untersucht, u. die Bldg. von Ni-Hydrosilicaten in Abhängigkeit von den Reaktionsbedingungen (Temp., p_H, Ausgangsstoffe) durch therm. Analyse sowie Röntgendiagramm festgelegt. Bei Tempp. unter 100° entstehen nur schlecht krist. Verbb., deren Kristallisationsgrad durch hydrothermale Behandlung (50 Std. bei 250°) verbessert werden kann. Dabei entstehen als stabile Endprodd. neben SiO_2 u. $Ni(OH)_2$ *Ni-Antigorit,* $Ni_3(OH)_4Si_2O_5$ (**I**) u. *Ni-Montmorillonit,* $Ni_3(OH)_2(Si_2O_5)_2$ (**II**). Die Reduzierbarkeit dieser Verbb. durch H_2 wurde in Abhängigkeit von der Reduktionstemp. gemessen; sie hängt weitgehend ab vom Geh. an SiO_2 u. vom Kristallisationsgrad der Hydrosilicate: hydrothermal behandelter **I** ist am schwersten reduzierbar. Im allg. führt die Red. zu kub. Ni, jedoch es scheint, als ob im Fall der hydrothermal behandelten **I**- u. **II**-Gele ein Teil der red. Ni-Atome die Plätze behält, die sie als Ni-Ionen im Hydrosilicat innehatten. (Recueil Trav. chim. Pays-Bas **70.** 793—812. Sept./Okt. 1951. Amsterdam, Koninklijke Shell Labor.) M. SCHENK. 356

Kichizo Niwa und **Tsuguyasu Wada,** *Röntgenbeugungsuntersuchungen über Oxydationsvorgänge bei Metallsulfiden.* 1. Mitt. *Über die Oxydation von Kupfersulfiden.* Durch Best. der Gewichtsänderungen mit einer Federwaage u. Röntgenanalyse wurde die Oxydation von *CuS* (**I**), *β-Cu_2S* (**II**) u. *$Cu_{1,8}S$* (**III**) untersucht. **I** u. **III** dissoziieren in

II + S. Oberhalb 450° wird II zu CuO, unter 450° zu $CuSO_4$ oxydiert. (J. chem. Soc. Japan, pure Chem. Sect. [Nippon Kagaku Zassi] **74.** 133—36. Febr. 1953. Sapporo, Hokkaido Univ. [Orig.: japan.]) L. SCHULER. 358

Ruth E. Benesch und **Reinhold Benesch**, *Die Stabilität des Silberkomplexes von Tris-oxymethylaminomethan.* Es wurde gefunden: $\bar{n} = 2$; Assoziationskonstanten: $\log k_1 = 3{,}09$, $\log k_2 = 3{,}47$, $\log K_2 = \log k_1k_2 = 6{,}56$ bei 23°. Aus der Löslichkeit von AgCl in Tris-oxymethylaminomethan (Tris): $\log K_2 = 6{,}51$ ($Ag-NH_3$-Komplex: $\log K_2 = 7{,}3$; Ag-Komplexe mit sonstigen prim. Aminen sind bedeutend instabiler). Vermutlich ist die bes. Struktur von Tris (H-Bindungen zwischen den 3 Oxymethylgruppen, die deshalb nicht so stören) der Grund für seine große Aktivität, die sogar den Kristallzustand seines Ag-Komplexes zuläßt. (J. Amer. chem. Soc. **77.** 2749—50. 20/5. 1955. Iowa City, Io., State Univ. of Iowa, Dep. of Biochem.) K. BLUMRICH. 359

Thomas E. Wheeler, Theodore P. Perros und **Charles R. Naeser,** *Die Fluoroplatinate.* 3. Mitt. *Die Alkalifluoroplatinate.* (2. vgl. CLARKE u. PERROS, C. **1954.** 2986.) Die Fluoroplatinate von Na, NH_4, K, Rb u. Cs wurden dargestellt u. ihre Löslichkeit, D. u. Absorptionsspektren bestimmt. Das Li-Salz läßt sich nicht frei von Hydrolyseprodd. gewinnen.

Versuche: *Na_2PtF_6*, durch Umsetzung einer $La_2(PtF_6)_3$-Lsg. (vgl. C. **1953. 6446**) mit n NaOH; $D.^{25}$ 4,21; Löslichkeit 20,4 g/100 cm^3 Lösung. — *$(NH_4)_2PtF_6$*, aus $La_2(PtF_6)_3$ u. NH_4OH; $D.^{25}$ 3,59; Löslichkeit 7,32 g/100cm^3 Lösung. — *K_2PtF_6*, aus $La_2(PtF_6)_3$ u. KNO_3; $D.^{25}$ 4,83; Löslichkeit 0,750 g/100 cm^3 Lösung. — *Rb_2PtF_6*, aus $La_2(PtF_6)_3$ u. $RbNO_3$; $D.^{25}$ 6,00; Löslichkeit 0,278 g/100 cm^3 Lösung. — *Cs_2PtF_6*, aus $La_2(PtF_6)_3$ u. $CsNO_3$; $D.^{25}$ 5,39; Löslichkeit 0,484 g/100 cm^3 Lösung. (J. Amer. chem. Soc. **77.** 3488—89. 5/7. 1955. Washington, D. C., George Washington Univ., Dep. of Chem.)
E. FORCHE. 368

A_9. Mineralogische und geologische Chemie.

Jesús Mir Amorós, *Über die Hypothese von Kuhn-Rittmann.* Die Theorie von KUHN u. RITTMANN [1941] über den Zustand des Erdinnern u. seine Entstehung aus einem homogenen Urzustand wird erläutert u. ihre Anwendung zur Best. der Erddichte, der Drucke im Erdinnern, der Kompressibilität, Starrheit des POISSONschen Koeff. der Viscosität, der Temp. im Erdinnern sowie ihre Prüfung auf Grund der kosm. Mineralien, des Erdmagnetismus, der Polverschiebung u. einiger geochem. u. seismolog. Daten besprochen. (Mem. Real Acad. Ci. Artes Barcelona **31.** 277—303. 1953.)
R. K. MÜLLER. 378

Truman P. Kohman und **Nobufusa Saito,** *Radioaktivität in Geologie und Kosmologie.* Zusammenfassung der Daten über prim. u. sek. natürliche Radionuclide, deren Halbwertszeiten für Geologie u. Kosmologie von Bedeutung sind. Als prim. Radionuclide werden *U, Th, K, Rb,* ^{147}Sm, ^{176}Cp, ^{138}La u. ^{187}Re angesehen; unter die induzierten natürlichen Radionuclide fallen ^{3}H u. ^{14}C. Das Auftreten u. die Verteilung der Radionuclide in der Natur werden behandelt, wobei die verschied. Methoden (*Pb-, He-,* ^{40}K-, *Sr-, Ra–Io-,* ^{14}C u. ^{3}H-Meth.) zur geolog. Zeitbest. angeführt werden. Über den Zusammenhang zwischen natürlicher Radioaktivität u. Wärmehaushalt der Erde sowie über Radioaktivität u. Geschichte des Kosmos werden die neuesten Daten mitgeteilt. — 592 Literaturhinweise. (Annu. Rev. Nuclear Sci. **4.** 401—62. 1954. Pittsburgh, Pa., Carnegie Inst. of Technol., Dep. of Chem.) GERHARD SCHMIDT. 378

Kálmán Méhes, *Schnellmethode zur quantitativen Bestimmung der Radioaktivität von Bohrkernen.* Aus sehr feinen Pulvern von Uranpechblende u. einem inakt. Gestein, dessen D. dem der Bohrkerne gleich ist, wird eine Reihe genaue Mengen U enthaltender homogener Mischungen hergestellt. Die Stoßzahl pro Min. in Abhängigkeit des U-Geh. ergibt ein Diagramm, welches zur unmittelbaren Ablesung der Radioaktivität von Bohrkernen in U-Äquivalenten verwendet wird. (Földtani Közlöny **84.** 354—55. 1954.)
J. PLANK. 378

K. H. Ebert und **H. Wänke,** *Geologische Altersbestimmungen auf kernphysikalischer Grundlage.* Übersicht über die Verff. der Altersbest. von Mineralien durch Ermittlung ihrer Gehh. an radioakt. Stoffen u. ihren Zerfallsprodukten. (VDI-Z. **97.** 169—73. 21/2. 1955. Mainz.) W. WESLY. 378

Robert Meldau, H. S. Robertson und **Alexander E. Twedily,** *Zur Biogeochemie der Kieselgur.* Diatomeen ziehen außer Kieselsäure aus dem W. auch die Oxyde von Al, Fe, Mg u. Ca, die als Gel ausgefällt werden u. organ. Stoffe enthalten. Die Ggw. regelmäßig angeordneter, eckiger Löcher in einigen Diatomeen läßt annehmen, daß die von einer Ausscheidung von Kieselgel freien Bezirke krist. Bestandteilen in der Zelloberfläche entsprechen. Im Diatomeengel spiegelt das MgO–CaO-Verhältnis die Zus. des Basaltes wider. MgO u. CaO lassen sich verhältnismäßig leicht aus dem Diatomeengel auslaugen, wobei der Anteil von Al_2O_3 erhöht wird. Diatomeengel hat eine große Fähigkeit, Kationen auszutauschen u. ist nicht kristallisiert ähnlich der Opalsubstanz der fossilen Diatomeen. Die Ausbldg. der Kieselsäure ist ein Teil eines verwickelten chem. Vorganges, der ungefähr gleich hohe Trockengewichte von Kieselgel im Gerüst u. anderer Oxyde im Gel liefert. Da es im W. langsamer absinkt als die Gehäuse, werden diese beiden Bestandteile gewöhnlich durch Strömung voneinander getrennt. (Tonind.-Ztg. keram. Rdsch. **78.** 387—92. Dez. 1954. Harsewinkel/Westf. u. Glasgow.) J.-E. HILLER. 378

Makoto Shima, *Geochemische Schürfung auf Schwefel-, Pyrit- und Limoniterzlager.* 1. Mitt. Die natürlichen Gewässer, Boden u. Gestein wurden auf SO_4^{2-} als Indicator für *S* u. *Pyrit* u. auf Fe als Indicator für *Limonit* analysiert. In Verbindung mit geolog. u. physikal. Schürfverff. ließ diese Meth. die genaue Lage der Erzlager auffinden. (Rep. sci. Res. Inst. [Kagaku-Kenkyujo-Hokoku] **29.** 249—58. Juli 1953. [Orig.: japan.]) L. SCHULER. 378

W. Ss. Ssobolew, N. Ss. Wartanowa und **A. I. Schainjuk,** *Das Problem des Kornwachstums von Granat und anderen metamorphen Mineralien in Sedimentgesteinen.* Die Unterss. über die mineralog. Zus. der schweren Fraktion der Karpatengesteine ergaben ein Vorherrschen von *Biotit, Muskovit, Chlorit, Granat, Turmalin* u. *Apatit.* In den jüngeren Gesteinen wurden *Staurolith, Chloritoid* u. a. metamorphe Mineralien nachgewiesen. Dies läßt annehmen, daß alle Karpatengesteine hauptsächlich aus metamorphen Schiefern entstanden sind. In der schweren Fraktion der metamorphen Schiefer wurden die gleichen Granat (I)-Körner mit den gleichen Aufwachsungsstufen festgestellt wie in den Sedimenten. Hieraus wird geschlossen, daß die I mit Aufwachsungsspuren in den Sedimentgesteinen tatsächlich aus den metamorphen Schiefern stammen u. nicht im Sedimentgestein gewachsen sind. Der von Vff. untersuchte regenerierte I ist ein Almandin mit einem geringen Geh. an Pyropkomponente. Die Wachstumsstufen des I hängen wahrscheinlich mit einer wiederholten Metamorphose zusammen. (Записки Всесоюзного Минералогического Общества [Schr. Allunions mineralog. Ges.] [2] **80.** 122—26. 1951.) O. LEBTAG. 378

B. Ss. Christstoforow, *Über den Mechanismus der Bildung von Ferritungstit.* Auf Grund der Unters. verschied. *Wolframit* (I)-Proben einer Lagerstätte, die einen verschied. Verwitterungsgrad aufweisen, wird geschlossen, daß während der Oxydation der Sulfate die Verwitterung von I bei erhöhter Acidität zu einer Fällung von $Fe(OH)_3$ u. WO_3 führt, die ein inniges Gemisch bilden u. die Grundlage für eine *Ferritungstit* (II)-Bldg. abgeben. Das Mn geht hierbei in Lsg. u. wird ausgewaschen. Mit fortschreitender Verwitterung werden die I-Kristalle durch II ersetzt, bei Überschuß an Fe-Salzen auch durch $Fe(OH)_3$. Die Sulfide werden oxydiert, die gebildete H_2SO_4 zu Sulfat gebunden, so daß die Lsg. fast neutral oder sogar schwach alkal. wird. Jetzt wird das restliche Fe gefällt, schließlich auch Mn. So entsteht ein Gemisch aus restlichem I u. neugebildetem II sowie Mn- u. Fe-Chromaten. Es ist auch eine teilweise Auswaschung von WO_3 möglich. Die Formel von II muß deshalb lauten: $Fe_2O_3 \cdot WO_3 \cdot nH_2O$. (Записки Всесоюзного Минералогического Общества [Schr. Allunions mineralog. Ges.] [2] **84.** 90—95. 1955.) O. LEBTAG. 378

N. King Huber, *Umgebungsbedingungen für die Abscheidung von Eisenmineralien.* Für die Abscheidung von Eisenerzen ist das p_H u. das Redoxpotential der Lsg. maßgebend. Verss. in Seewasser ergaben bei hohem Oxydationspotential Abscheidung von Hämatit. In schwach oxydierendem oder reduzierendem Medium scheidet sich Siderit ab, während Pyrit eine stark reduzierende Umgebung erfordert. Eine Reduktion von Sulfat zu Sulfid bei niedrigen Tempp. findet in anorgan. Medien nicht statt. Hierzu sind Säurebakterien oder andere organ. Verbb. notwendig. Fe kann nur unter begrenzten Bedingungen bei $p_H \leqq 7{,}5$ u. bei einem Redoxpotential von $+0{,}2$ bis $-0{,}15$ zu 1 mg/Liter in echter Lsg. transportiert werden. Frischwasser erfüllt bei O_2-Mangel diese Bedingungen. Die meisten Ströme führen mehr Fe in koll. als in echter Lsg. mit, bes. wenn sie gut belüftet sind. Hier beruht die Bldg. von Lagerstätten auf der Fällung durch Salze oder Kolloide. (Trans. Illinois State Acad. Sci. **45.** 96—99. 1953. Evanston, Northwestern Univ.) F. ENSSLIN. 378

D. E. Thomas, *Gold.* Beschreibung der Goldlagerstätten von Victoria, deren Entstehung in das Frühpaläozoikum fällt. Gelegentlich fand die Zuführung goldhaltiger Lsgg. auch später statt. (Rep. Meeting Austral. New Zealand Assoc. Advancement Sci. **28.** 27—38. 1951.) F. ENSSLIN. 380

M. Karšulin, *Über die Genesis der Alumosilicate in Bauxiten.* Durch chem. u. mineralog. Unters. der jugoslaw. *Bauxite* (I) wurde festgestellt, daß das analyt. bestimmbare SiO_2 (II) je nach der Art von I in gebundener Form als *Kaolinit* (III), *Halloysit*

(IV), *Pyrophyllit* oder *Montmorillonit* (V) vorliegt. Auf Grund der Synth. von hydratisierten Alumosilicaten, bes. von III, IV u. V, sowie auf Grund der Verss. über die Stabilität des Syst. Al_2O_3–I–H_2O wird, gestützt auf die Theorie von TUĆAN, ein Schema der Alumosilicatbldg. in I aufgestellt. Danach entstanden die Alumosilicate in den Tertiär-I als Folge der Rk. zwischen Al- u. Si-Ionen in wss. Lsg. beim $p_H \sim 4{,}9$. Im Trias-I dagegen sind sie hydrothermaler Herkunft. (Гласник Хемиског Друштва Београд [Ber. chem. Ges. Belgrad] **18.** 461—68. 1953. Zagreb, Inst. für Silicatchem. der Jugoslaw. Akad. der Wiss.) O. LEBTAG. 380

Walter J. Schmidt, *Chromitvorkommen im westlichen Zentralanatolien.* Die Chromitvorkk. aus den Räumen Bursa, Kütahya u. Eskischir werden beschrieben. (Montan-Rdsch. **2.** 258—61. Okt. 1954. Wien.) F. ENSSLIN. 380

Teresio Micheletti, *Untersuchungen über die Fluoritvorkommen von Bergamo und Brescia.* Die Unters. der Tektonik u. die Annahme einer Entstehung durch Rk. zwischen $Ca(HCO_3)_2$ u. H_2SiF_6 (I) führen zu dem Schluß, daß die untersuchte Fluoritader aus der Permformation sich in gleicher Mächtigkeit in das Innere des Gesteins fortsetzt. Bei einem anderen Vork. aus dem Unterraibl ist eine Bldg. aus $CaCO_3$ u. I anzunehmen. Die Qualität der einzelnen Mineralvorkk. wird erörtert. (Ind. mineraria **5.** 91—93. Febr. 1954. Bergamo.) R. K. MÜLLER. 380

F. W. Tschuchrow, *Konichalcit aus der Kysylespe-Lagerstätte in Kasachstan.* In den Zn–Pb-Lagerstätten von Kysylespe wurden auf *Porphyr* u. *Cerussit Konichalcit* (I)-Abscheidungen von 1—2 mm Dicke entdeckt. Die chem. Zus. von I entspricht ziemlich genau der Formel $2\,CuO \cdot 2\,CaO \cdot As_2O_5 \cdot 1{,}5\,H_2O$. (Записки Всесоюзного Минералогического Общества [Schr. Allunions mineralog. Ges.] [2] **80.** 152—53. 1951.) O. LEBTAG. 380

W. I. Lebedinski, *Über Hochtemperaturplagioklase aus den Gesteinen der Transkarpaten.* Untersucht wurden die *Plagioklas* (I)-Einsprenglinge in den tert. Ergußgesteinen aus der Gegend von Ushgorod-Chust. Die Ergußgesteine sind hier petrograph. durch Andesite, Andesitbasalte, Basalte, Dacite u. Liparitsubsidiane vertreten. Es zeigte sich, daß zwischen der I-Zus. nach den Bestimmungen auf dem FEDOROW-Tisch u. der Lichtbrechung keine Übereinstimmung besteht. Dies beweist, daß I zu den Hochtemperaturgebilden gehört. (Записки Всесоюзного Минералогического Общества [Schr. Allunions mineralog. Ges.] [2] **84.** 69—73. 1955.) O. LEBTAG. 380

O. P. Komarow, *Über einen neuen Fund eines Quarzkristallgiganten.* In einer Grube des östlichen Betpak-Dala wurde bei Sprengungen ein Quarzkristall von 3,5 m Länge, 1,6 m Durchmesser u. einem vermutlichen Gew. von über 13 t freigelegt. Er ist ein Bruchstück eines größeren Kristalls, der vermutlich während des Wachstums schräg zur Schwerkraft während einer tekton. Verschiebung auseinandergebrochen ist. (Записки Всесоюзного Минералогического Общества [Schr. Allunions mineralog. Ges.] [2] **80.** 153—54. 1951.) O. LEBTAG. 380

Márta Hájos, *Quarzsandstein-, Glas- und Giessandvorkommen aus Alsókőhát und Nyárvölgy in Kővágóörs.* Mineralog. u. geolog. Untersuchung. (Földtani Közlöny **84.** 356—61. 1954.) J. PLANK. 380

Th. Nogier, *Die radioaktiven Mineralien in Frankreich und die radioaktiven Lagerstätten von Ris und Lachaux (Puy-de-Dôme).* Vf. beschreibt die in der Nähe von Vichy lagernden *U*-haltigen Gesteine: *Autunit, Chalkolith (Torbernit), Pyromorphit* u. *Pechblende.* Die Geschichte der Entdeckung der Lagerstätten u. die gegenwärtige Ausbeutung werden dargestellt. (J. Radiol. Électrol. Arch. Électr. méd. **35.** 329—30. 1954.) W. REUSSE. 380

J. J. Frankel, *Zwei kurze Notizen über kieslige Materialien.* 1. Mitt. *Achatähnliche Gebilde aus der Tafelbergserie Durban.* Achate oder achatähnliche Gebilde aus *Chalcedon* aus einer Kluftzone in der Tafelbergserie von Springfield Hospital, Durban, zeigen typ. chalcedon. u. helle transparente Bänderungen von unterschiedlicher Härte. Die Anwesenheit von Hydrosilicaten ist durch die Ermittlung von 2,6% gebundenem W. erwiesen. — 2. Mitt. *Zwei Beispiele von gefärbtem Quarz.* Ein durch u. durch undurchsichtiger zonarer außen bernsteinfarbener, innen mehr orangefarbiger Quarzkristall aus Zululand enthält völlig unregelmäßig verteilt 10—100 μ lange, 2 μ dicke leicht orangebraune nadelige Kriställchen, deren Brechungsindex höher als Quarz ist u. die eine Spur Pleochroismus aufweisen. Halbquantitative spektrograph. Unterss. weisen mit 1% Fe neben Spuren von Ti auf *Goethit* hin. Mit HCl gewaschenes Pulver dieses Quarzes wird farblos. Die Undurchsichtigkeit des Kristalls ist bedingt durch unzählige mkr. kleine Hohlräume. In Hurley Mine, unweit von Kuruman, Kap Provinz, wurde eine 3 inch mächtige indigoblaue Quarzader angetroffen. Sie durchsetzt crocidolithführende gebänderte Eisensandsteine u. Schiefer der Lower Griquatorian-Serie u. besteht aus blauem, milchig durchscheinendem Quarz. Dieser enthält entweder spärlich verstreut oder als

Bündel angeordnet oder als garbenförmige Büschel gerade u. generell weniger als 1 μ dicke u. bis 100 μ lange Nädelchen. Sie zeigen eine hohe Lichtbrechung, u. stärkere Individuen haben einen ausgesprochenen Pleochroismus von Farblos zu Hellblau. Sie werden als *Crocidolith* angesehen. Sie entstammen entweder dem Nebengestein oder sind gleichzeitig während der Quarzbildung gewachsen. Crocidolith wurde bisher als Streßmineral angesehen u. ist hier unter anderen Bedingungen entstanden. Das gepulverte Material des Kristalls ist in der Farbe heller u. mehr nach Grün verschoben. (South African J. Sci. **50.** 262—64. Mai 1954. Durban, Univ. of Natal.) K. LÖFFLER. 380

N. Ss. Saitzew und **W. W. Ljachowitsch,** *Ultrabasische Adergesteine der Tschadobetz-Erhebung.* Trotz der erheblichen äußeren Unterschiede gehören die 4 Gesteinstypen aus dem Proterozoikum der Tschadobetz-Erhebung im vorkambr. Massiv der Sibir. Plattform zu den ultrabas. Gesteinen, unter denen verhältnismäßig frische mit schwach verändertem Olivin u. fast völlig veränderte Gesteine unterschieden werden können, die vorwiegend durch Carbonate vertreten sind. Diese Umwandlungen umschließen Serpentinisierung, Opalisierung, Carbonatisierung u. Limonitisierung. Die am stärksten umgewandelten Gesteine der 3. u. 4. Gruppe enthalten mehr P_2O_5 als die wenig umgewandelten. Hier hat neben der sek. Verdrängung eine Apatitanreicherung stattgefunden. Wichtigste gesteinsbildende Mineralien sind *Olivin, Biotit,* Erzmineralien u. sek. *Serpentin.* Die untersuchten Gesteine gehören am wahrscheinlichsten zu den Peridotiten, vielleicht auch zu den Mimechiten, wenn in der ursprünglichen (später serpentinisierten) M. viel Glas vorhanden war. (Известия Академии Наук СССР, Серия Геологическая [Nachr. Akad. Wiss. UdSSR, geol. Ser.] **1955.** Nr. 2. 58—66. März/April.) O. LEBTAG. 382

Trygve Strand, *Die Beziehung zwischen dem Grundgneis und den überlagernden Meta-Sedimenten im Distrikt Surnadal (Caledonide Südnorwegens).* Die Grenze zwischen dem *Grundgneis* (I) u. den überlagernden Glimmerschiefern u. -gneisen ist durch eine dünne Zone von „Grundquarziten" gekennzeichnet, ohne daß jedoch der Quarzit im allg. die genaue Grenze bildet; vielmehr besteht ein allmählicher Übergang mit dem I als Endglied. Der I muß daher wenigstens in seinem oberen Teil caledon. Ursprungs sein. (Norges geol. Unders. **1952.** 100—23. [Orig.: engl.]) R. K. MÜLLER. 382

Mihály Erdélyi, *Die wasserspeichernden Sedimente des Donautales in der Großen Ungarischen Tiefebene.* Geolog. Untersuchung. (Hidrol. Közlöny [Z. Hydrol.] **35.** 159—69. Mai/Juni 1955.) J. PLANK. 382

A. A. Iwanow, *Einige Daten zur petrographischen Charakteristik terrigener Gesteine von Salzlagerstätten in Ostvorkarpaten und Transkarpaten.* Aus den ausführlichen Zahlen über die granulometr., mineralog. u. chem. Zus. der salzführenden Tone u. Sandsteine geht hervor, daß die verschied. mineralog. Zus. der terrigenen Gesteine des östlichen Karpatenlandes u. des Transkarpatengebietes beweist, daß beide salzführenden Becken aus verschied. Gebieten mit terrigenem Material gespeist wurden. Die stoffliche Zus. dieser Gesteine wird in der Hauptsache durch den Alumosilicat- u. teilweise Carbonatschlamm bestimmt, der vom Festland herangetragen wurde. (Записки Всесоюзного Минералогического Общества [Schr. Allunions mineralog. Ges.] [2] **80.** 141 bis 148. 1951.) O. LEBTAG. 382

Gábor Csajághy und **Vera Tolnay,** *Chemische und physikalische Eigenschaften des Schlammes vom Balatonsee (Ungarn).* Zwei Schlammproben vom Eingang der Bucht u. vom Ufer bei Balatonfüred wurden aus balneolog. Hinsicht untersucht. Der Wassergeh. betrug 67,9 bzw. 63,9%, organ. Substanz 4,17 u. 2,84%, die anorgan. Substanz besteht hauptsächlich aus $CaCO_3$. Die hydrophilen organ. Substanzen des Schlammes u. die Tonmineralien sind als aufgequellte Hydrogele vorhanden u. binden viel Wasser. Die Wasserkapazität des Schlammes ist 2,13 bzw. 1,77, Wärmespeicherungsfähigkeit 665 u. 563 Sekunden. (Hidrol. Közlöny [Z. Hydrol.] **35.** 173—77. Mai/Juni 1955.) J. PLANK. 393

Pietro Saccardi, *Chemische und physikalisch-chemische Analyse des Wassers von S. Lucia di Tolentino.* Das mit der Temp. der umgebenden Luft entspringende W. hat D. 1,0006 u. p_H 6,4—6,5; Hauptbestandteile: HCO_3^-, Ca^{2+}, SO_4^{2-}, Na^+, Mg^{2+}, SiO_2, Cl^-; Li-Geh. 0,0004 g/Liter. Die Unters. wird eingehend beschrieben. (Ann. Chimica **44.** 847—58. Okt. 1954. Camerino, Univ., Ist. di Chim. organ. e farmac.) R. K. MÜLLER. 393

Iwao Hosokawa und **Atsunobu Tsutsumi,** *Über die Schwankung des Chlorgehalts an der Mündung des Chikugoflusses.* Die Schwankungen des Cl^--Geh. des Flußwassers 9 u. 23 km von der Mündung des Chikugoflusses von September 1951 bis April 1952 wurden bestimmt u. in Kurven dargestellt (10—800 mg Cl^-/Liter). (J. chem. Soc. Japan, pure Chem. Sect. [Nippon Kagaku Zassi] **74.** 122—26. Febr. 1953. Kurume, Fukuoka Gakugei Univ. [Orig.: japan.]) L. SCHULER. 393

S. L. Malurkar, *Geomagnetische Variationen und Tageswerte des atmosphärischen Ozons.* Die Aufzeichnung der geomagnet. Zahlenwerte u. der Tagesmengen O_3 über einen Zeitraum von Febr. **1941** bis Okt. **1943** u. von Febr. bis Aug. **1951** läßt einen deutlichen Parallelismus erkennen: wenn die Tagesschwankungen des O_3 zunehmen, nimmt auch der Magnetismus zu, er braucht aber länger als die Tagesschwankungen des O_3, um zum Normalwert zurückzukehren, wodurch sich zeitliche Verschiebungen ergeben. (Ann. Geofisica **7.** 209—13. April 1954. [Orig.: engl.]) R. K. MÜLLER. 396

B. Allgemeine und theoretische organische Chemie.

Josiane Serre, *Untersuchung des Diacetylens mit der Methode des molekularen „self-consistent"-Feldes.* Inhaltlich ident. mit der C. **1955.** 10704 referierten Arbeit. (C. R. hebd. Séances Acad. Sci. **238.** 243—45. 11/1. 1954.) K. FRENKLER. B 10

G. M. Badger, R. S. Pearce und **R. Pettit,** *Mehrkernige heterocyclische Systeme.* 1. Mitt. *Einleitung.* Vff. vergleichen die UV-Spektren mehrkerniger aromat. heterocycl. N-Verbb. untereinander u. mit denen der entsprechenden Carbocyclen. Die Spektren folgender Systeme werden diskutiert: 1. *Bzl.* u. *Pyridin, Pyrimidin, Pyridazin, symm.-Tetrazin*; 2. *Naphthalin* u. *Chinolin, Isochinolin, Chinazolin*; 3. *Phenanthren* u. *Phenanthridin, 4.5-Phenanthrolin, 3.4-Benzocinnolin, 3.4-Benzocinnolin-N-oxyd, 5.6-Benzochinolin*; 4. *3.4-Benzophenanthren* u. *1'-Aza-3.4-benzophenanthren* (I); 5. *Chrysen* u. *3-Azachrysen* (II); 6. *Triphenylen* u. *1-Azatriphenylen*; 7. *1.2-Benzanthracen* u. *3.4-Benzacridin, 5-Aza-1.2-benzanthracen, 1.2-Benzophenazin*; 8. *Anthracen* u. *1-Azaanthracen, 2-Azaanthracen, Phenazin, Acridin.* Die UV-Spektren der Azaverbb. sind denen der entsprechenden KW-stoffe im allg. sehr ähnlich u. unterscheiden sich hauptsächlich nur dadurch von ihnen, daß 1. die Banden der Gruppe 3 (die Banden der Hauptabsorptionsgebiete werden zu den Gruppen 1, 2 u. 3 zusammengefaßt, wobei 3 das Gebiet geringer Intensität ist) ersterer viel intensiver als die der KW-stoffe sind, 2. die Banden der Gruppe 2 bei den anthracenanalogen Azaverbb., die in der Gruppe 3 nicht absorbieren, manchmal etwas intensiver sind als die der KW-stoffe, 3. durch den Ersatz von CH durch N ein beträchtlicher Verlust an Feinstruktur der Spektren eintritt, jedoch keine bemerkenswerte Verschiebung der Maxima stattfindet, 4. oft die Absorption der Azaverbb. bei etwas längeren Wellenlängen beginnt als bei den KW-stoffen. Dieser Effekt ist bei Monoazaverbb., wenn überhaupt vorhanden, schwach, bei Diazaverbb., bes. bei denen mit 2 benachbarten N-Atomen, aber ausgeprägt. — Die UV-Absorptionskurven der meisten angeführten Verbb. sind angegeben. (J. chem. Soc. [London] **1951.** 3199—3203. Nov. Adelaide, Univ., Johnson Chem. Labors.) W. KINDSCHER. B 114

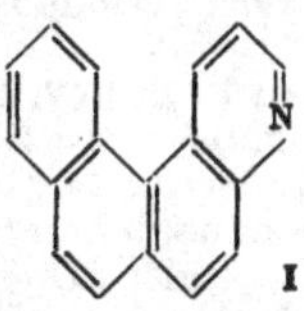

I

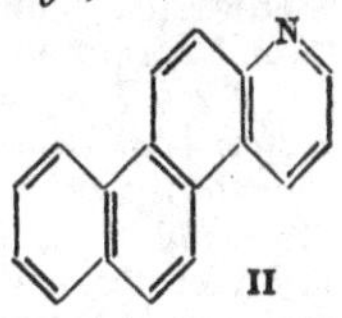

II

P. G. Masslow, *Einheitliche Formeln zur Bestimmung der Kerr-Konstanten von n-Alkanen und n-Alkenen.* Für die KERR-Konstante K gasförmiger Alkane mit n C-Atomen bei 760 mm Hg Druck u. 400° K wird folgende Formel angegeben $K = (-2{,}50 + 0{,}8n)\cdot 10^{-15}$, für fl. Alkane bei 293° K $K = (-0{,}020 + 0{,}045n)\cdot 10^{-12}$ u. für fl. Alkene $K = (-0{,}043 + 0{,}045n)\cdot 10^{-12}$ sämtlich für $\lambda = 546$ mμ. Vgll. mit experimentellen Befunden sind angeführt. (Журнал Прикладной Химии [J. angew. Chem.] **28.** 328—33. März 1955. Leningrad, kriegsmechan. Inst.) M. WIEDEMANN. B 119

Mathilde Brini, *Infrarotspektren von einigen langkettigen aliphatischen Verbindungen.* 1. Mitt. *Paraffine.* Vf. untersuchte die Infrarotspektren der geradkettigen *KW-stoffe* C_nH_{2n+2} (n = 20, 24, 29, 32, 33, 35, 36, 44, 46, 58) zwischen 700 u. 1500 cm^{-1}. Die Verbb. besitzen starke Banden bei 716—728 (Dublett), 1375 u. 1455—1470 cm^{-1} (Dublett), Banden von geringerer Intensität bei 885 u. 1125 cm^{-1}. Die Zuordnungen der Infrarotfrequenzen werden angegeben. Mit wachsender Kettenlänge wird die Anzahl der intensiven Banden verringert. Nur die auf CH_2-Schwingungen zurückzuführenden Banden bleiben z. B. bei $C_{58}H_{118}$ intensiv, während die Schwingungen des Kohlenstoffgerüstes sehr schwach werden. — Darst. der untersuchten Verbb. vgl. Bull. Soc. Chim. France, Mém. [5] **1955.** 339 u. 994. (Bull. Soc. chim. France, Mém. [5] **1955.** 996—99. Juli/Aug. Strasbourg, Fac. des Sci., Labor. de Chim. Organ. et Centre de Rech. sur les Macromoll.) U. JOHN. B 120

Tsuneo Yoshino, *Intensitäten der Raman-Linien und Molekularstruktur.* 4. Mitt. *Die Beziehung zwischen der quantenmechanischen Resonanz und den Intensitäten der Raman-Linien.* (3. vgl. J. chem. Soc. Japan, pure Chem. Sect. [Nippon Kagaku Zassi] **73.** [1952.] 733.) Aus Messungen der Intensitäten von RAMAN-Linien von *Halogenäthylenen.*

Halogenbenzolen u. *Acetylhalogeniden* ergab sich, daß diese nicht stets mit der Konjugation u. Resonanz ansteigen, entgegen Schorygin u. Mitarbeitern (Журнал физической Химии [J. physic. Chem.] **21.** [1947.] 1125). Sie ändern sich mit der Verschiebung der Absorptionsbanden infolge Resonanz sowie mit Änderungen in den interatomaren Abständen u. Dipolmomenten. Bei Alkylhalogeniden nimmt das Ionisationspotential von CH_3 bis C_3H_7 ab, ohne Intensitätsänderung der Raman-Linien. Beim Acetylhalogenid (sp^2 Hybrid-Bindung) nimmt die Intensität der C-Halogen-Raman-Linien kaum ab wie in Dichloräthylen. Die Natur der Bindung, ob sp^2 oder s^2p, hat keine direkte Beziehung zur Intensität der Raman-Linien. (J. chem. Soc. Japan, pure Chem. Sect. [Nippon Kagaku Zassi] **74.** 150—53. Febr. 1953. Tokyo, TH. [Orig.: japan.]) L. Schuler. B 120

Mansel Davies und **J. C. Evans,** *Die Infrarotabsorption von Asparagin und Glutamin.* (Vgl. Steward u. Thompson, C. **1953.** 3548.) Vff. untersuchen das Infrarotspektr. von *Asparagin* (I) u. *Glutamin* (II) in CCl_4 (Suspension) u. D_2O. Im Gegensatz zu der von Steward u. Thompson (l. c.) für I vorgeschlagenen Struktur wird im Spektr. von I die Bande des n. Carboxylations u. keine Bande für eine OH-Gruppe gefunden. Die Spektren von I u. II (graph. wiedergegeben) zeigen keine größeren Differenzen, als für Homologe zu erwarten sind. Nach Vff. gibt die aus intramol. Wechselwrkg. für I resultierende Konfiguration, z. B. **A** (nach Huggins) die tatsächlichen Verhältnisse am besten wieder. (J. chem. Soc. [London] **1953.** 480—82. Febr. Aberystwyth, Edward Davies Chem. Labor.) G. Winkler. B 120

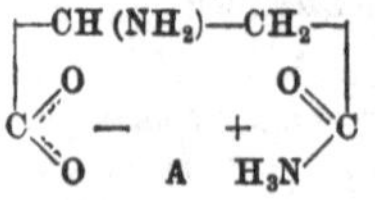

A

Fred Stitt, Glen F. Bailey, Galvin B. Coppinger und **Tod W. Campbell,** *Die Oxydation von Di-tert.-butylpyrogallol durch Sauerstoff in alkalischer Lösung.* 2. Mitt. *Absorptionsspektren der Produkte.* (1. vgl. C. **1952.** 3471.) Es werden die UV-Spektren von 220—380 mμ in Methanol bzw. alkal. Methanol sowie die Infrarotspektren von 2—15 mμ in Mineralöl bzw. CS_2- oder CCl_4-Lsg. angegeben von nachst. Prodd., die bei alkal. Oxydation von *Di-tert.-butylpyrogallol* (I) durch O_2 entstehen, u. ihre Struktur mit den Spektraldaten verglichen: *3.5-Di-tert.-butyl-2-oxohexen-(4)-disäure,* die in Lsg. mit ihrem Lactol im Gleichgewicht steht, *3.5-Di-tert.-butyl-α-pyroncarbonsäure-(6)* u. deren Decarboxylierungsprod. *3.5-Di-tert.-butyl-α-pyron, 2.5-Di-tert.-butyl-4-oxycyclopenten-(4)-dion-(1.3)* u. dessen *Methyläther, 2-Oxy-3.5-di-tert.-butylcyclopenten-(2)-on-(1)* u. dessen Halogenierungsprodd. *5-Brom-2-oxy-3.5-di-tert.-butylcyclopenten-(2)-on-(1)* sowie *3.5-Dibrom-* u. *3.5-Dichlor-3.5-di-tert.-butylcyclopentandion-(1.2)* u. von *Cumalinsäure.* Angegeben ist ferner das Infrarotspektr. von I. Die Messungen lassen sich mit den angegebenen Strukturen vereinbaren. (J. Amer. chem. Soc. **76.** 3642—46. 20/7. 1954. Albany, Calif., Western Region. Res. Labor.) B. Gnauck. B 120

Ernst Lippert, *Valenzschwingungen und Elektronenstruktur von funktionellen Gruppen in aromatischen Verbindungen.* Die Infrarotabsorptionsmaxima von *p-Nitrotoluol* u. *p-Nitrodimethylanilin* (in CCl_4 u. CCl_3CN von 1100—1700 cm^{-1}), von *p-Cyantoluol* u. *p-Cyandimethylanilin* (in CCl_4 u. $CHCl_3$ von 1100—2300; in Pyridin bei 2200 cm^{-1}) sowie von *p-Dimethylamino-ω-trans-* u. *-cis-cyanstyrol* sowie *-ω.ω-dicyanstyrol* (unter verschied. Bedingungen) werden angegeben, der Einfl. der Lösungsmittel u. der innermol.-ionoiden Resonanzstruktur auf die Infrarotbanden wird diskutiert. Je polarer das Lösungsm. u. je stärker der Elektronendonator ist, desto mehr werden die NO_2- u. CN-Frequenzen erniedrigt. Bei starker Konjugation, die eine chinoide Struktur begünstigt, gewinnt die Bande bei 1600 cm^{-1} auf Kosten der 1500 cm^{-1}-Bande an Intensität. Die Ergebnisse stimmen mit früheren absorptions- u. fluorescenzspektroskop. Unterss. u. Dipolmomentmessungen über die Elektronenstruktur innermol.-ionoider Farbstoffe überein (vgl. C. **1955.** 4065 u. Z. Elektrochem., Ber. Bunsenges. physik. Chem. **58.** [1954.] 853). (Z. Elektrochem., Ber. Bunsenges. physik. Chem. **59.** 534—38. 1955. Stuttgart, TH, Inst. für Physik. Chem. u. Elektrochem.) U. John. B 120

Paolo Chiorboli und **Anna Maria Drusiani,** *Über das Raman-Spektrum des Thiophen-2-aldehyds.* Die Beobachtungen des Raman-Spektr. von reinem *Thiophen-2-aldehyd* (I) u. seiner Lsgg. in Bzl. u. Phenol zeigen, daß die Intensitäten der beiden C=O-Doppelbindungslinien sehr starken Schwankungen unterliegen. In Analogie zum Furfurol (II) wird die Verdopplung der C=O-Frequenz auf Assoziation zurückgeführt. Für I, II u. Pyrrolaldehyd wird der Einfl. der Konjugation der Carbonylgruppe mit dem Heterocyclus auf die CO-Frequenz u. Assoziation diskutiert. (Atti Accad. naz. Lincei, Rend., Cl. Sci. fisiche, mat. natur. [8] **12.** 309—15. März 1952. Bologna, Univ., Ist. chim. „G. Ciamician"; Centro Studii Chim.-fis. C. N. R.) J. Goubeau. B 120

Yves-René Naves und **Jean Lecomte,** *Über die Infrarotabsorptionsspektren von Isomenthon und Menthon* [*cis- und trans-p-Menthon-(3)*]. Vff. untersuchten zwischen 5 u. 15 μ die Infrarotabsorptionsspektren von *Isomenthon* ($[\alpha]_D^{20}$ +93,85°, aus dem Extrakt von Micromeria abyssinica [Hochst.] Bentham) u. von *Menthon* ($[\alpha]_D^{20}$ —28,51°, durch Oxydation von L-Menthol) u. stellten fest, daß die Spektren dieser beiden cis-trans-Isomeren zur quantitativen Analyse ihrer Mischungen geeignet sind. (C. R. hebd. Séances Acad. Sci. **238.** 1989—90. 17/5. 1954.) B. GNAUCK. B 120

Harald H. Nielsen, *l-Typ-Verdopplung in mehratomigen Molekülen und ihre Anwendung auf das Mikrowellenspektrum von Methylcyanid und Methylisocyanid.* Ausführliche Mitt. zu der nachst. referierten Arbeit. (Physic. Rev. [2] **77.** 130—35. 1/1. 1950. Columbus, O., State Univ., Mendenhall Labor. of Phys.) O. FUCHS. B 121

H. H. Nielsen, *l-Typ-Verdopplung im OCS und HCN.* (Vgl. vorst. Ref.) Die beiden Komponenten der Rotationsoscillationszustände eines linearen Mol. in einem angeregten Schwingungszustand werden durch die *l*-Typ-Verdopplung aufgespalten (hierbei bedeutet *l* die Impulsquantenzahl). Die l. c. abgeleiteten Beziehungen werden auf die beiden Moll. *OCS* u. *HCN* angewandt, wobei sich gute Übereinstimmung zwischen Theorie u. Vers. ergibt. (Physic. Rev. [2] **78.** 296. 1/5. 1950. Columbus, O., State Univ., Mendenhall Labor. of Phys.) O. FUCHS. B 121

Giorgio Adembri, *Untersuchungen über optisch-aktive Aminosäuren.* 18. Mitt. *Über einen Fall von partieller Racemie.* (17. vgl. BERLINGOZZI u. Mitarbeiter, Gazz. chim. ital. **84.** [1954.] 393.) Durch Umsetzung von *Asparaginmonohydrat* in nNaOH + 2nNa-Acetatlsg. mit DL-Acetylmandelylchlorid in äther. Lsg. u. nK_2CO_3-Lsg. werden *D(—)-Acetylmandelyl-L(—)-asparagin,* $C_{14}H_{16}O_6N_2$ [I, F. 177,5—178,5°, $[\alpha]_D^{19}$ —80,8° (W.)] u. *L(+)-Acetylmandelyl-L(—)-asparagin* (II, F. 174—175°, $[\alpha]_D^{19}$ +56,6° [W.]) dargestellt. Beim Mischen äquimol. wss. Lsgg. dieser 2 reinen Diastereoisomeren entstehen mikrokristalline Rosetten (Prod. III), die nach Waschen u. Trocknen F. 168—169°, $[\alpha]_D$ +3,2° (Na-Salz), zeigen, während die Mutterlauge $[\alpha]_D$ —25,3° aufweist. Die F.-Kurve des Syst. I–II hat 2 Minima bei 20 u. 80% I u. ein Maximum bei 50% I. Die Röntgenspektren von I, II u. III sind deutlich verschieden. Die mkr. Beobachtung der Kristalle spricht wie die vorst. Befunde für die Annahme, daß III ein Partialracemat von I u. II darstellt. (Gazz. chim. ital. **84.** 1117—26. Nov. 1954. Firenze, Univ., Ist. di chim. organ.) R. K. MÜLLER. B 123

K. Goto, *Über die Phosphorescenz und Fluorescenz von Petroleum.* Übersicht über Photoluminescenz, bes. bei Erdöl. — 16 Literaturangaben. (Waseda appl. chem. Soc. Bull. 21. Nr. 2. 14—18. März 1953. Showa Petr. Co. [Orig.: japan.]) L. SCHULER. B 125

Daijiro Yamamoto, *Untersuchungen über Farbstoffphosphore.* 4. Mitt. *Beitrag des Leitungsbandes in den Farbstoffphosphoren.* (3. vgl. C. **1955.** 7871.) Bei *Trypaflavin* in *Citronensäure*-Kristallen u. glasiger *Glucose* wurde die Lösch- u. Sättigungskurve untersucht. Der Emissionsvorgang ist weder uni- noch bimolekular. Zur Erklärung wird angenommen, daß in der festen Base ein Leitungsband vorhanden ist. Bei niedriger Farbstoffkonz. u. schwachem erregendem Licht sollte das Erlöschen monomol. erfolgen. Mit Zunahme der Konz. u. der Lichtintensität nimmt die Zahl der Elektronen in dem Leitungsband zu u. das Erlöschen nähert sich dem bimol. Reaktionscharakter. Bzgl. des Leitungsbandes spielt wahrscheinlich die H-Bindung eine weitere Rolle. (J. chem. Soc. Japan, pure Chem. Sect. [Nippon Kagaku Zassi] **74.** 173—83. März 1953. Tokyo, Pädagog. Univ. [Orig.: japan.]) L. SCHULER. B 125

Julian H. Gibbs, *Hybridisierung und Dipolmoment.* Vf. zeigt, daß die hauptsächlichen Änderungen der elektr. Dipolmomente der Hydride u. Alkyl(Aryl)-Verbb. der Elemente der 4.—7. Hauptgruppe des Period. Syst. mit der Bahnhybridisierung, wie sie durch den Bindungswinkel bestimmt ist, erklärt werden können (vgl. GIBBS, C. **1955.** 1010). Die Hydride verlieren innerhalb einer Gruppe mit zunehmender Ordnungszahl ihre Hybridisierung wesentlich rascher als die entsprechenden Methyl-(Äthyl-, Phenyl-)-Verbindungen. Berechnungen der Dipolmomente der rein kovalenten Formen dieser Verbb. durch Vektoraddition der Hybridisierungsmomente u. homöopolaren Bindungsmomente ergibt eine qualitative Übereinstimmung mit dem Gang der experimentellen Werte. — Einzelergebnisse: Berechnete Hybridisierungsmomente ($\cdot 10^{18}$ cgs.) für NH_3 3,50, PH_3 4,86, AsH_3 4,36, $(CH_3)_3N$ 3,41, $(CH_3)_3P$ 6,37, $(CH_3)_3As$ 6,53, H_2O 3,14, H_2S 3,03, H_2Se 2,39, $(CH_3)_2O$ 3,22, $(CH_3)_2S$ 5,56, $(CH_3)_2Se$ 5,14. — Homöopolare Bindungsmomente ($\cdot 10^{18}$ cgs.) für H—N —0,85, H—P —1,75, H—As —2,16, C—N +0,15, C—P —0,44, C—As —0,75, H—O —0,65, H—S —1,52, H—Se —1,88, C—O +0,27, C—S —0,26, C—Se —0,67. (J. physic. Chem. **59.** 644—49. Juli 1955. Schenectady, N. Y., Gen. Electric Res. Labor.) G. WINKLER. B 132

Henri François und **Jean Hoarau,** *Bestimmung der magnetischen Atomsusceptibilitäten des Stickstoffs in Aminen und Nitrilen.* Im Rahmen einer allg. Arbeit über dia-

magnet. Exaltationen von N-Verbb. bestimmen Vff. mittels der etwas geänderten GOUY-PASCALschen Waage an Substanzvoll. von ca. 5 cm^3 die Molsusceptibilitäten $\varkappa \cdot 10^{-6}$ der folgenden Verbb.: *n-Butylamin* 58,9; *Isobutylamin* 59,8; *n-Amylamin* 69,4; *Isoamylamin* 71,6; *n-Heptylamin* 93,1; *Diäthylamin* 56,8; *Di-n-butylamin* 103,7; *Diisobutylamin* 105,7; *Di-sek.-butylamin* 105,9; *Di-n-hexylamin* 148,9; *Di-n-heptylamin* 171,5; *Triäthylamin* 81,4; *Tri-n-hexylamin* 221,7; *Tri-n-heptylamin* 251,3; *Acetonitril* 27,6; *Propionitril* 38,8; *Butyronitril* 50,4 u. *Isoamylcyanid* 73,4. Als Bezugssubstanz dient W. mit $\varkappa = -0{,}720 \cdot 10^{-6}$. Der Fehler beträgt größenordnungsmäßig 0,2%. Die Prüfung des Reinheitsgrads der verwendeten Prodd. erfolgt durch Messung der D. u. des Refraktionsindex. Vff. berechnen die Atomsusceptibilität $\varkappa'$ des N der obigen Verbb., wobei für $\varkappa$ zwei verschied. Werte anzunehmen sind, u. zwar je nachdem, ob ein prim., sek. oder tert. Amin vorliegt. Im ersteren Fall ist $\varkappa' = 6{,}4 \cdot 10^{-6}$ u. im zweiten $-4{,}55 \cdot 10^{-6}$. Der Mittelwert der C≡N-Gruppe beträgt $-13{,}5 \cdot 10^{-6}$ u. unterscheidet sich kaum von der Summe der C- u. N-Atomsusceptibilitäten. (C. R. hebd. Séances Acad. Sci. **240**. 1220—21. 14/3. 1955.)
H. SURAWSKI. B 137

Georges Carpéni und **Yolande Hamann**, *Isohydrischer Punkt und Struktur der wässerigen Brenzcatechinlösungen.* In Fortführung ihrer Arbeiten (vgl. C. R. hebd. Séances Acad. Sci. **237**. [1953.] 1154. 1237) untersuchen Vff. mittels der Meth. des isohydr. Punktes die wss. Lsgg. von *Brenzcatechin* (I). Die Neutralisationskurven $p_H = f(x)$ bei 25°, wo x = Verhältnis der Konzz. in Mol/Liter der zugefügten Base (NaOH oder KOH) zu der Anfangskonz. von I ist, wurden diskutiert u. gezeigt, daß bei den Koordinaten $x_1 = 0{,}33$ u. p_{H1} 9,14 ein isohydr. Punkt p_{IA} auftritt. Seine Existenz zwingt zu der Annahme, daß in wss. Lsgg., die genügend I gelöst enthalten, I assoziiert ist u. ein Ion der Formel $2C_6H_4(OH)_2 \cdot C_6H_4(OH)O^-$ (II) bildet. Es konnten von Vff. nicht nur das bereits bekannte K-Salz von II, sondern auch das Na-Salz in Form schöner Kristallplättchen, die ohne zu schm. sich ab 130° zers., erhalten werden. Über $CaCl_2$ getrocknet, entsprechen sie der Formel $2\,C_6H_4(OH)O \cdot Na \cdot 2\,H_2O$. (C. R. hebd. Séances Acad. Sci. **239**. 1632—34. 8/12. 1954.)
H. SURAWSKI. B 139

Arthur Bradley, *Reaktionen von Anissäure und Anissäureäthylester in 100%iger Schwefelsäure.* Vf. untersuchte kryoskop. die Rkk. von *Anissäure* (I) u. *Anissäureäthylester* (II) in 100%ig. H_2SO_4. I gibt anfangs i-Werte von 3,0, die in 4 Std. bei 50° auf den konstanten Wert 3,9 steigen. Während der 1. Std. nimmt bei dieser Temp. die rückgewinnbare Menge an I stark ab, dann folgt ein langsamer Abfall auf Null. Analog verhält sich I auch bei 25 u. 10°. Der *Trichloräthylester* von I (F. 46°) gibt mit 100%ig. H_2SO_4 in 2 Min. 80% I. Die aus II gebildete Menge an I steigt bis zu einem Maximum u. fällt dann ab. Da bei 10° die Sulfonierung langsam ist u. sich nach 90 Min. 63% I rückgewinnen lassen, kann diese Rk. das Ansteigen des i-Wertes nicht bedingen. Bei der analogen Unters. von II konnte 9% Spaltung nachgewiesen werden, so daß in diesem Falle Spaltung als auch Sulfonierung nicht allein das Ansteigen des i-Wertes verursachen. *p-Dimethoxybenzol* u. *p-Methoxyacetophenon* (III) geben i-Werte um 3,0; III ist in 100%ig. H_2SO_4 unbeschränkt beständig u. nimmt zwei Protonen auf. Die Tatsache, daß sich 15% II beim Eingießen von I in H_2SO_4-Lsg. in A. bilden, ist kein Beweis, daß I als Acylkation vorliegt (vgl. KUHN u. CORWIN, J. Amer. chem. Soc. **70**. [1948.] 3370), da Benzoesäure (i = 2,0) unter gleichen Bedingungen 23% Ester bildet. Das Verh. von I wird folgendermaßen interpretiert: Die anfängliche Aufnahme eines Protons erfolgt sehr rasch. In den ersten 3 Std. bei 10° u. rascher bei Raumtemp. verursacht die Sulfonierung u. möglicherweise die Aufnahme eines 2. Protons einen starken Anstieg des i-Wertes. Die Rk. von II ist unübersichtlicher. Daß I den theoret. Wert für 4 Partikel rasch erreicht, während II nur den Wert 4,5 erreicht, zeigt, daß merkliche Sulfonierung von II in o-Stellung zur Methoxygruppe erfolgt. Der Wert 4,5 liegt zwischen dem für rasche Sulfonierung (4,0) u. vollständige Spaltung einschließlich Sulfonierung des gebildeten I. Beide Rkk. treten also in vergleichbarem Maße ein. Weder die sulfonierte Säure noch der sulfonierte Ester können ein 2. Proton aufnehmen (Hinderung durch Wasserstoffbrückenbldg.). *Isopropylbenzoat* wird rasch gespalten unter prim. Aufnahme eines Protons u. Spaltung der Alkyl—O-Bindung, für die Zeit 0 wurde i = 2,0 gefunden. (J. Amer. chem. Soc. **77**. 2888—90. 20/5. 1955. White Oak, Silver Spring, Md., U. S. Naval Ordnance Labor.)
H. BERTSCH. B 139

J. F. J. Dippy, S. R. C. Hughes und **J. W. Laxton**, *Chemische Konstitution und Dissoziationskonstanten von Monocarbonsäuren.* 14. Mitt. *Monomethylcyclohexancarbonsäuren.* (13. vgl. C. **1955**. 8818.) Vff. untersuchen die thermodynam. Dissoziationskonstanten von sieben Monomethylcyclohexancarbonsäuren in W. bei 25° zusammen mit Cyclohexancarbonsäure u. α- u. β-Naphthylessigsäure. Die Ergebnisse sind in Übereinstimmung mit den anderen in der Literatur beschriebenen physikal. Daten dieser Säuren.

Von den geometr. Isomerenpaaren hat immer diejenige Säure die höhere Dissoziationskonstante, deren Mol. einen diäquatorialen Bau annehmen kann, ungeachtet ihrer cis- oder trans-Konfiguration. — *trans-2-Methylcyclohexancarbonsäure* (I) übertrifft in ihrer Stärke die unsubstituierte Säure. Eine Erklärung für dieses Verh. ist nach Vff. nicht in einer räumlichen Wechselwrkg. der Substituenten zu suchen, da die cis-2-Methylsäure mit gleichem Substituentenabstand nur die halbe Säurestärke von I hat. — Die Ergebnisse werden diskutiert u. mit denen anderer Autoren verglichen. — Einzelergebnisse: *Cyclohexancarbonsäure*. F. 30,4—30,9°, Λ_0 378,5, $10^5 \cdot k$ 1,26 (für nachst Verbb. in gleicher Anordnung); *1-Methylcyclohexancarbonsäure*, F. 37—38° 377,8, 0,739; *2-Methylcyclohexancarbonsäure, trans-Verb.*, F. 50,5—51,5°, 377,4, 1,84, *cis-Verb.*, n_D^{20} 1,4642, 377,5, 0,921; *3-Methylcyclohexancarbonsäure, trans-Verb.* (Gemisch mit cis-Verb.) n_D^{20} 1,4592—1,4596 (377,9, ca. $0{,}9_5$), *cis-Verb.*, n_D^{20} 1,4576, 378,3, 1,31; *4-Methylcyclohexancarbonsäure, trans-Verb.*, F. 110—111°, 378,8, 1,30, *cis-Verb.*, F. 12—13°, 378,8, 0,92; *α-Naphthylessigsäure*, F. 131,4°, 378,2, $5{,}80_5$; *β-Naphthylessigsäure*, F. 140,5—141°, 378,2, 5,55. (J. chem. Soc. [London] **1954**. 4102—06. Dez. London, Chelsea Polytechn., Dep. of Chem.) G. WINKLER. B 139

Martin L. Black, *Die Ionisationskonstanten der Pyridinmonocarbonsäuren; eine Neuinterpretation.* Vf. weist darauf hin, daß die bisherige Zuordnung der Ionisationskonstanten von Pyridinmonocarbonsäuren falsch ist (vgl. JELLINEK u. URWIN, C. **1955**. 6482). Am Beispiel des *Isonicotinsäuremethylbetains* („scheinbare" Ionisationskonstante $pK'_a = 1{,}72$ bei 26°) wird gezeigt, daß *Isonicotinsäure* (I), *Picolin-* u. *Nicotinsäure* in Lsg. als Zwitterionen vorliegen u. daß bei I die Ionisation $(pK_a)_1 \sim 1{,}70$ der CO_2H-Gruppe u. die Ionisation $(pK_a)_2 \sim 4{,}95$ der $>NH^+$-Gruppe zukommt. (J. physic. Chem. **59**. 670—72. Juli 1955. Detroit, Mich., Parke, Davis & Co., Res. Labor.)
G. WINKLER. B 139

J. Huet, R. Philippe und **D. Bono,** *Thermodynamische und spektroskopische Eigenschaften von assoziierten Lösungen.* 4. Mitt. (3. vgl. SAROLÉA-MATHOT, C. **1954**. 9489.) Vff. untersuchten die thermodynam. u. spektroskop. Eigg. der Systeme *A.* (Kp. 78,30°)-CS_2 (F. $-111{,}95_4$°, Kp. 46,23°, D.° 1,2929) (1) u. *A.-Dioxan* (Kp. 101,38°)(2), um die Abweichungen von der Beziehung $f_A/f_B = \alpha$ zu prüfen. Dabei bedeuten f_A u. f_B die Aktivitätskoeffizienten der Konstituenten der Lsgg. u. α den Bruchteil der Moll. des assoziierenden Konstituenten, der monomer vorliegt. Das Syst. (1) besitzt eine obere krit. Mischungstemp. von —23,5°. Im Syst. (2) herrscht eine starke Wechselwrkg. zwischen den O-Atomen des Dioxans u. der OH-Gruppe von monomeren Alkoholmoll., die sicher stärker ist als die zwischen 2 Moll. Dioxan oder die zwischen 2 Moll. A. bei nichtpolarer Wechselwirkung. Die experimentellen Befunde stützen diese Anschauungen. Die Differenzen zwischen α u. f_A/f_B können durch eine Restüberschuß-freie Energie erklärt werden. Diese ist im Syst. (1) positiv u. im Syst. (2) negativ. (Bull. Soc. chim. belges **62**. 436—47. Juli/Sept. 1953. Bruxelles, Univ., Fac. des Sci.) L. FISCHER. B 146

Jean-François Joliet, *Über die Schmelztemperatur von Verbindungen mit normalen Ketten.* Es wird die Brauchbarkeit der Beziehung $F = (\varrho_0 - \varrho_F)/(d\varrho/dT)_F$ (1), in der F den F., ϱ_0 die D. der festen C-Verb. am absol. Nullpunkt T_0, ϱ_F ihre D. im fl. Zustand bei F u. $(d\varrho/dT)_F$ die Änderung der D. der fl. Verb. in Abhängigkeit von der Temp. T beim F. bedeutet, für unverzweigte homologe Reihen, wie Paraffine, Monosäuren u. Alkohole, untersucht. Um F. aus (1) auf mindestens ½° genau berechnen zu können, ist es notwendig, ϱ_0, ϱ_F u. $(d\varrho/dT)_F$ auf $^1/_{1000}$ genau zu kennen. Wird im Gegensatz zu BILTZ nicht der Raumbedarf der Atome, sondern der der charakterist. Gruppen betrachtet, so besteht bei hinreichend langen Ketten (Zahl der C-Atome $n > 10$) für die Voll. im T_0 u. F. strenge Additivität. Aus einigen experimentellen Werten von ϱ_F, $(d\varrho/dT)_F$ u. F läßt sich leicht ϱ_0 berechnen. Es wird dann gefunden, daß das Molvol. der Monosäuren bei T_0 durch die Beziehung $V_0 = M/\varrho_0 = 13{,}725\,(n-1) + 30{,}9$ u. das der Monoalkohole durch $V_0 = 13{,}725\,n + 14$ gegeben sind. Des weiteren wird ϱ_F nach den Gleichungen $V_F = 17{,}87\,(n-1) + 32{,}65$ (n-Monosäuren) u. $V_F = 17{,}87\,n + 11$ (n-Monoalkohole) berechnet. Der Ausdruck $(d\varrho/dT)_F$, der von der Form $a + b/n$ ist, hat für verschied. n-Verbb. mit gleichem n ($n > 10$) sehr eng beieinander liegende Werte. Die Konstante a, die die Änderung von ϱ in Abhängigkeit von T beim F., wenn $n \to \infty$, darstellt, besitzt für alle Reihen denselben Wert von $582 \cdot 10^{-6}$. Für Monoalkohole u. Paraffine beträgt $b = 16 \cdot 10^{-4}$, für Monosäuren $b = 165 \cdot 10^{-5}$. So berechnet Vf. aus (1) u. den anderen Gleichungen folgende Werte für F: 1. Paraffine: 15; 283 (283) | 20; 310,5 (310,2) | 28; 335 (335) | 30; 339 (339) | 33; 345 (344—45) | 40; 355 (351—55) | ; 2. Alkohole: 16; 324 (323) | 20; 339 (339) | 22; 344 (344) | 26; 353 (353) | 30; 359,7 (359,7) | 50; 387,8 (388); 3. Monosäuren: 12; 317 (316—18) 14; 327,4 (327—28) | 16; 336,1 (335—336,2) | 18; 343 (343) | 20; 349 (349) | 24; 357,7 (357,8) |

30; 367 (367) | u. 56; 384 (283). Hierbei ist die erste Zahl n, die zweite $F_{berechnet}$ u. die dritte eingeklammerte $F_{beobachtet}$; beide F-Werte in T⁰ absol. angegeben. Für $n = \infty$ ergibt sich die allen Reihen gemeinsame Grenzschmelztemp. von 408⁰ K. (C. R. hebd. Séances Acad. Sci. **240.** 1214—16. 14/3. 1955.) H. SURAWSKI. B 148

P. G. Masslow, *Graphische Methode zur Berechnung des Wärmeinhalts organischer Verbindungen.* Die Molwärmen C_p^0 einer Reihe organ. Verbb. können bei Tempp. von 250—1600⁰ K graph. leicht ermittelt werden. Das Verf. beruht darauf, an Hand einiger bekannter Werte C_p^0 für die CH_2-Gruppe bei der betreffenden Temp. zu ermitteln u. dann damit die gesuchten Werte. Als Beispiele sind angeführt: *Amyl-, Butyl-* u. *Propylbenzol* sowie *Hepten, Octen* u. *Nonen.* (Журнал Прикладной Химии [J. angew. Chem.] **28.** 330—33. März 1955. Leningrad, kriegsmechan. Inst.) M. WIEDEMANN. B 151

Ch. I. Amirchanow, I. G. Gurwitsch und **E. M. Matisen,** *Wärmekapazität des Systems Phenol–Wasser im kritischen Gebiet.* In einer früheren Arbeit (Доклады Академии Наук СССР [Ber. Akad. Wiss. UdSSR] **91.** [1953.] 221) war bei der Unters. über die Wärmekapazität c_p des Syst. *Phenol* (I)–H_2O im krit. Gebiet kein c_p-Sprung festgestellt worden. Bei den vorliegenden Unterss. wurde der angewandte App. so verbessert, daß genauere Messungen möglich wurden. Die mit I-Lsg. von der krit. Konz. 34±0,1 Gew.-% I durchgeführten Verss. ergaben einen c_p-Sprung von ca. 0,04 cal/Grad·g. Der gemessene Wert des Sprunges zeigte gute Übereinstimmung mit dem von KRITSCHEWSKI u. Mitarbeitern (C. **1955.** 316) berechneten Wert. Vff. sehen hierin eine Bestätigung der Richtigkeit der Hauptsätze der klass. Theorie der krit. Erscheinungen. (Доклады Академии Наук СССР [Ber. Akad. Wiss. UdSSR] **100.** 735—36. 1/2. 1955. Dagestan. Zweigstelle der Akad. der Wiss. der UdSSR.) O. LEBTAG. B 151

Thomas F. Fagley und **Hulon W. Myers,** *Die Verbrennungswärmen von Cyclopentyl- und Cyclohexylazid.* Vff. ermittelten die Verbrennungsenthalpien ΔH^0 (298,1⁰K) von *Cyclopentyl-* (I) bzw. *Cyclohexylazid* (II) zu 820,48±0,33 bzw. 965,96±0,21 kcal/Mol. Daraus u. mit Hilfe von Literaturwerten wurden a) die Bildungsenthalpien bei 298⁰ von I bzw. II aus den Elementen u. b) die Bildungsenthalpien von gasförmigem I bzw. II aus den gasförmigen Elementen im atomaren Zustand berechnet. Es ergab sich a) für I ΔH_f^0 (298⁰ K) = +42,79 kcal u. für II ΔH_f^0 (298⁰ K) = +25,90 kcal; b) für I ΔH_f^0 (298⁰ K) = −1612,1 kcal u. für II ΔH_f^0 (298⁰ K) = −1903,9 kcal. Für die Resonanzenergie der Azidgruppe folgen daraus die Werte 41,0 kcal für I u. 44,8 kcal für II. — I, $Kp._{20}$ 51—52⁰, durch 12std. Kochen von Cyclopentylbromid mit NaN_3 in wss. A. in Ggw. von Na-Acetat, $D.^{25}$ 0,9789 [g/ml], n_D^{25} 1,4615, spezif. Wärme 19,4±1,2 [absol. Joule/g]. — II, $Kp._{21}$ 64—65⁰, analog, $D.^{25}$ 0,98546, n_D^{25} 1,4690, spezif. Wärme 19,2±1,2. (J. Amer. chem. Soc. **76.** 6001—03. 5/12. 1954. New Orleans, La., Tulane Univ., Richardson Chem. Labor.) L. FISCHER. B 156

Ferdinando Danusso, *Ultraschallgeschwindigkeit und adiabatische Kompressibilität von Kohlenwasserstoffgemischen mit einer Komponente von verzweigter Struktur.* (Vgl. C. **1955.** 11166.) Im Syst. Isooctan (I)–n-Heptan (II) liegen die Abweichungen der Ultraschallgeschwindigkeit u u. der mol. adiabat. Kompressibilität B vom idealen Gemisch innerhalb der Versuchsfehler; dieses Syst. ist also prakt. athermisch. Dagegen zeigen die Systeme I–Cetan, I–Cyclohexan, I–Dekalin u. I–Bzl. eine Kontraktion des Mol.-Vol. V, Erhöhung von u u. Verminderung von B im Vgl. mit den Systemen der gleichen Verbb. mit II. Dies gilt sowohl für die Systeme, bei denen die zweite Komponente eine Kontraktion von V bewirkt, als auch für solche, bei denen V zunimmt. Es handelt sich also um eine allg. Erscheinung, die auf dem Unterschied. zwischen verzweigten u. geradkettigen Verbb. beruht. (Atti Accad. naz. Lincei, Rend., Cl. Sci. fisiche, mat. natur. [8] **17.** 109—13. Sept./Okt. 1954. Milano, Politecn. Ist. di Chim. ind.) R. K. MÜLLER. B 159

Gorazd Mohorčič, *Über die Züchtung großer Naphthalinkristalle.* Beschreibung einer ganz aus Pyrexglas bestehenden App. zur Züchtung großer Einkristalle von Naphthalin. (Bull. sci. [Yougoslavie] **1.** 43—44. Juli 1953. Ljubljane, Physikal. Inst. „Josef Stefan".) C. GOTTFRIED. B 190

D. M. Burns und **J. Iball,** *Elementarzellen und Raumgruppen von Citronensäure und einigen Kalium- und Natriumcitraten.* Drehkristallaufnahmen an *Citronensäuremonohydrat* ergaben rhomb. Symmetrie mit a = 6,290±0,003 Å; b = 9,318±0,005 Å; c = 15,39±0,01 Å. Raumgruppe ist D_2^4 — P 2_1 2_1 2_1; Z = 4. — *Kaliumcitratmonohydrat* krist. monoklin mit a = 7,06 Å; b = 11,72±0,05 Å; c = 13,69±0,07 Å; β = 112,0⁰; Raumgruppe ist C_{2h}^5 — P 2_1/c. Mit D. 2,00 ist Z = 4. — *Natriumcitratmonohydrat* ist ebenfalls monoklin mit a = 11,23±0,05 Å; b = 12,501±0,002 Å; c = 15,82

$\pm$0,08 Å; $\beta = 104^0\ 22'$. Wahrscheinlichste Raumgruppe ist C_{2h}^6 — A 2/a; mit D. 1,823 ist Z = 8. — *Natriumcitratpentaacetat* krist. rhomb. mit a = 6,41$\pm$0,03 Å; b = 16,36 $\pm$0,08 Å; c = 26,31$\pm$0,10 Å. Die beobachteten Auslöschungen führten zu den beiden Raumgruppen C_{2v}^9 — P 2_1 c n oder D_{2h}^{16} — P m c n. Mit D. 1,70 ist Z = 8. (Acta crystallogr. [Copenhagen] **7.** 137—38. Jan. 1954. Dundee, Univ. Coll., Phys. Dep.)
C. GOTTFRIED. B 195

H.-U. Lenné, *Röntgenographische Strukturuntersuchungen hexagonaler Einschlußverbindungen des Thioharnstoffs.* Vf. bestimmte zunächst das Grundgitter des Thioharnstoffs (I) in den Adduktverbb. des **I.** Es handelt sich um ein rhomboedr. Gitter mit a' $\sim$ 10,0 Å u. $\alpha \sim 104,5^0$. Die entsprechende 3fach primitive hexagonale Zelle hat a $\sim$ 15,8 Å u. c $\sim$ 12,5 Å. Raumgruppe ist D_{3d}^6 — R $\bar{3}$ 2/c; Z = 18. Die Atomlagen sind 6 S in $\pm$(x 0 $^1/_4$; 0 x $^1/_4$; $\bar{x}\ \bar{x}$ $^1/_4$ mit x = 0,2995; 6 C in der gleichen Lage mit x=0,411; 12 N in $\pm$(x, y, $^1/_4$ + z; $\bar{y}$, x — y, $^1/_4$ + z; y — x, $\bar{x}$, $^1/_4$ + z; $\bar{y}$, $\bar{x}$, $^3/_4$ + z; x, x — y, $^3/_4$ + z; y — x, y, $^3/_4$ + z mit x = 0,444; y = —0,014; z = 0,086. Weitere 12 S, 12 C u. 24 N befinden sich in den um $\pm$($^1/_3$ $^2/_3$ $^1/_3$) verschobenen Lagen. Die genauere Unters. der *Cyclohexan*(**II**)-Einschlußverb. ergab, daß sich das **II** nahe den S-Atomen innerhalb des durch die **I**-Moll. gebildeten Kanals befindet. Bei der Deutung der Diagramme konnten zum größten Teil die Interferenzen teils der Grundsubstanz, teils der eingeschlossenen Komponente zuerkannt werden. Eine ausführliche Diskussion der Diagramme von $\omega.\omega'$-Dicyclohexylparaffinaddukten $C_6H_{11}(CH_2)_nC_6H_{11}$, n = 0—9 (Darst. vgl. SCHLENK, C. **1952.** 2150) ergab, daß die C-Ketten der Paraffine in diesen Addukten normalerweise bereits eine verkürzte Stellung gegenüber der ideal gestreckten haben, so daß die endständigen Cyclohexylringe sowohl durch Dehnung als auch durch Stauchung der Ketten die bevorzugten Kanalzonen erreichen können. Eine beim Dicyclohexylhexanaddukt auftretende Überstruktur des Grundgitters wird als Zerrung des Grundgitters zu erklären versucht, verursacht durch die bes. bevorzugte Stellung der eingeschlossenen Moleküle. Dieses Dicyclohexyladdukt zeigt als einziger Vertreter der homologen Reihe mikrokristalline Zwillingsbildung. (Acta crystallogr. [Copenhagen] **7.** 1—15. Jan. 1954. Marburg/Lahn, Univ., Kristallograph. Inst.) C. GOTTFRIED. B 195

George M. Brown und **Marlyn H. Bortner,** *Über die Kristall- und Molekularstruktur von Fluoren.* IBALL (vgl. Z. Kristallogr. **94.** [1936.] 397) hatte auf Grund röntgenograph. Unterss. an *Fluoren* (I) festgestellt, daß die beiden Sechserringe des Mol. um je 20° aus der Ebene des Fünferringes herausgedreht sind, während auf Grund stereochem. Überlegungen u. UV-spektroskop. Unterss. (vgl. WEISBURG u. Mitarbeiter, J. Amer. chem. Soc. **72.** [1950.] 4250; MERKEL u. WIEGAND, C. **1949.** I. 583) ebene Struktur des Mol. angenommen werden muß. Zur Klärung dieser Diskrepanz wurde die Struktur von I erneut untersucht. Die Elementarzelle mit a = 8,50 Å; b = 5,71 Å; c = 19,00 Å stimmte mit den Werten von IBALL (vgl. l. c.) überein. Aus vorläufigen PATTERSON-Projektionen ergab sich jedoch einwandfrei ebene Struktur des Mol. in der Raumgruppe P n a m mit Z = 4. (Acta crystallogr. [Copenhagen] **7.** 139. Jan. 1954. College Park, Md., Univ., Dep. of Chem.) C. GOTTFRIED. B 195

H. C. Boyd, P. B. M. Edward, T. H. Goodwin, D. Hicks, J. Macfarlane und **L. MacNaughton,** *Elementarkörperdimensionen und Raumgruppen von einigen carbocyclischen Verbindungen.* Es wurden röntgenograph. untersucht: *Benzanthron* (**I,** $C_{17}H_{10}O$, F. 170°), *3-Chlor-* (**II,** $C_{17}H_9OCl$, F. 182°), *3-Brombenzanthron* (**III,** $C_{17}H_9OBr$, F. 170°) u. *1-Keto-9.10-cyclopenteno-1.2.3.4.5.6.7.8-oktahydrophenanthren* (**IV,** $C_{17}H_{20}O$, F. 196°). I krist. aus Nitrobenzol in harten gelblichen Nadeln mit der c-Achse als Nadelachse. Die rhomb. Zelle hat die Dimensionen a = 14,57$\pm$0,01 Å; b = 15,00$\pm$0,02 Å; c = 5,07$\pm$0,01 Å. Raumgruppe ist P 2_1 2_1 2_1; mit D. 1,371 ist Z = 4. Brechungsindices: $1{,}62 < \alpha < 1{,}74$ parallel a, β = 1,79 parallel c, $\gamma \sim 1{,}9$ (geschätzt) parallel b. — **II** krist. aus Essigsäure oder Nitrobenzol in monoklinen gelben Leisten, tafelförmig nach (1 0 0) oder gestreckt parallel [0 0 1]. Die Zelle hat a = 14,40$\pm$0,02 Å; b = 11,56$\pm$0,01 Å; c = 7,27$\pm$0,01 Å; $\beta = 93^0\ 37'$; Raumgruppe P 2_1/n; Z = 4; D. 1,49. Der Brechungsindex für Schwingungen parallel c ist 1,51, parallel b angenähert 1,8. — **III** bildet aus Nitrobenzol rhomb. gelbe Nadeln. Die Dimensionen der Zelle sind a = 15,65 Å; b = 16,11 Å; c = 9,57 Å. Raumgruppe P b c a; Z = 8; D. 1,695. — **IV**: Farblose, monokline Nadeln oder nach [1 0 0] gestreckte Platten. Es ist a = 7,42$\pm$0,02 Å; b = 18,01$\pm$0,02 Å; c = 19,33$\pm$0,02 Å; $\beta = 95^0\ 30'$. Wahrscheinlichste Raumgruppe I 2/a; mit D. 1,21 ist Z = 8. (Acta crystallogr. [Copenhagen] **7.** 142. Jan. 1954. Glasgow, Univ., Chem. Dep.) C. GOTTFRIED. B 195

P. H. Friedlander, T. H. Goodwin und **J. Monteath Robertson,** *Beobachtete und berechnete Bindungslängen in Acedianthron. Acedianthron* (*Aceanthrono-[2'.1' : 1.2]-ace-*

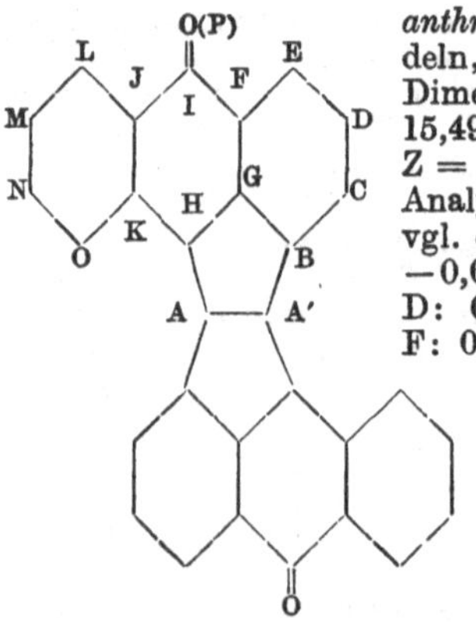

anthron, $C_{30}H_{14}O_2$, F. $>360^0$) bildet monoklin-prismat. Nadeln, die nach der a-Achse gestreckt sind. Die Zelle hat die Dimensionen $a = 5{,}64 \pm 0{,}01$ Å; $b = 10{,}96 \pm 0{,}02$ Å; $c = 15{,}49 \pm 0{,}03$ Å; $\beta = 108{,}2 \pm 0{,}5^0$. Raumgruppe ist $P\,2_1/c$; Z = 2. Die Gitterparameter wurden mit Hilfe von FOURIER-Analysen festgelegt. Die gefundenen Werte sind (Benennung vgl. die nebenst. Figur): A: (x =) 0,011; (y =) 0,057; (z =) −0,030; B: 0,225; −0,062; 0,107; C: 0,328; −0,131; 0,187; D: 0,557; −0,104; −0,250; E: 0,702; −0,013; 0,238; F: 0,596; 0,064; 0,163; G: 0,372; 0,035; 0,097; H: 0,259; 0,097; 0,009; I: 0,745; 0,161; 0,137; J: 0,633; 0,225; 0,055; K: 0,392; 0,208; −0,006; L: 0,770; 0,322; 0,035; M: 0,684; 0,392; −0,037; N: 0,446; 0,374; −0,105; O: 0,326; 0,285; −0,083; P: 0,960; 0,181; 0,177. Die Bindungslängen sind tabellar. zusammengestellt. Die nach der M.O.-Meth. berechneten Längen stimmen gut mit den beobachteten Werten überein. Innerhalb der Fehlergrenzen kann das Mol. als eben angesehen werden. (Acta crystallogr. [Copenhagen] **7.** 127—28. Jan. 1954. Glasgow, Univ., Chem. Dep.)
C. GOTTFRIED. B 195

F. L. Hirshfeld und **G. M. J. Schmidt,** *Tieftemperaturverfeinerung der Kristallstruktur von α-Phenazin.* Vff. nehmen Bezug auf eine noch nicht veröffentlichte Strukturunters. von *α-Phenazin* durch HERBSTEIN u. SCHMIDT, die sich auf die Röntgendaten bei Zimmertemp. bezog. Vff. bestimmten jetzt die Intensitäten der (h 0 l)-Interferenzen bei $\sim 90^0$ K. Beobachtet wurde eine Gitterkontraktion bei der Abkühlung. Bei Zimmertemp. ist $a = 13{,}21$ Å; $b = 5{,}06$ Å; $c = 7{,}10$ Å; $\beta = 109{,}3^0$; bei 90^0 K $a = 12{,}97$ Å; b nicht gemessen; $c = 7{,}06$ Å; $\beta = 109{,}0^0$. Eine f-Kurve für C wird mitgeteilt. (Acta crystallogr. [Copenhagen] **7.** 129—30. Jan. 1954. Rehovoth, Weizmann Inst. of Sci.)
C. GOTTFRIED. B 195

M. I. Kabatschnik und **Ss. T. Ioffe,** *Zur Theorie des Tautomeriegleichgewichts. Untersuchung des Lösungsmitteleinflusses auf die Acidität der tautomeren Formen und die Lage des Keto–Enol-Gleichgewichts.* (Vgl. C. **1952.** 6669; **1955.** 8584.) Die Konstante des Tautomeriegleichgewichts in einem Lösungsm. S ist $K_{TS} = K_{KS}/K_{ES}$ (K_{KS}, K_{ES} = Konstante der sauren Ionisation der Keto- bzw. Enolform). Durch Anwendung der BRÖNSTEDschen Theorie des protolyt. Gleichgewichts u. Lösung der Gleichungen $pK_{KS_1} = pK_{KS_2} + \text{const.}_1$ u. $pK_{ES_1} = pK_{ES_2} + \text{const.}_2$ für Lsgg. in 2 Lösungsmitteln S_1 u. S_2 ergibt sich $pK_{TS_1} = pK_{TS} + \text{const.}$ Die experimentelle Best. liefert nur eine summar. Konstante $K_{KE,S} = K_{KS}K_{ES}/(K_{KS} + K_{ES})$. Die einzelne Ionisationskonstante ergibt sich aus den experimentellen Daten nach $K_{KS} = K_{KE,S}\,(K_{TS} + 1)$ u. $K_{ES} = K_{KE,S}\,(K_{TS} + 1)/K_{TS}$. Die $K_{KE,S}$ werden durch Messung des p_H der teilweise neutralisierten Lsgg. mit Glaselektrode bestimmt u. errechnen sich nach $K_{KE,S} = [Na^+] + [H^+] - (K_w/[H^+])\cdot[H^+]/\{M - \langle[Na^+] + [H^+] - (K_w/[H^+])\rangle\}$. Die Kurven für pK_{TS_1} u. pK_{TS_2} sind linear u. verlaufen in einem Winkel von 45^0, wie es die vorst. Berechnung erfordert. Dadurch ist es möglich, die einzelnen Konstanten in W. u. 70%ig. wss. Dioxan (Werte in Klammern) zu berechnen. Für den Enolgeh. ergibt sich bei *Acetylaceton* 19% (53%), *Acetessigester* 0,5 (3), *Benzoylaceton* 48 (81), *Formylcyclopentanon* 40 (76), *2-Methylindandion* 1 (6), *Benzoylessigsäureäthylester* 1 (6). Diese Werte werden tabellar. mit den berechneten verglichen. (Доклады Академии Наук СССР [Ber. Akad. Wiss. UdSSR] [N. S.] **91.** 833—36. 1/8. 1953. Inst. für organ. Chem. der Akad. der Wiss. der UdSSR.)
R. K. MÜLLER. B 221

Sidney D. Ross, Morton Bassin und **Irving Kuntz,** *Molekülverbindungen.* 4. Mitt. *Der Einfluß von Substituenten auf die Gleichgewichtskonstante der Komplexbildung.* (3. vgl. C. **1956.** 70.) Der Einfl. elektronenaufnehmender u. elektronenspendender Substituenten sowohl im Donator- als auch im Acceptormol. auf die Gleichgewichtskonstanten K der Komplexbldg. aromat. Verbb. wurde spektroskop. untersucht. Für die Mol.-Verbb. zwischen *Anthracen* u. *1-substituierten 2.4.6-Trinitrobenzolen* (Syst. A_1) in Chlf. bei $23{,}8^0$ wurden folgende Werte gefunden (alle K in Liter·Mol^{-1}): R = *H* K = $3{,}6 \pm 0{,}2$, *OH* $2{,}53 \pm 0{,}07$, OCH_3 $2{,}32 \pm 0{,}05$, CH_3 $1{,}75 \pm 0{,}15$, *Cl* $1{,}26 \pm 0{,}08$, *J* $1{,}0 \pm 0{,}2$ u. für die zwischen *Trinitrobenzol* u. *m-* bzw. *p-substituierten Anilinen* (Syst. B) in absol. A. bei $25{,}0^0$ *m*-CH_3 $0{,}740 \pm 0{,}005$, *m-COOH* $0{,}69 \pm 0{,}02$, *p-COOH* $0{,}605 \pm 0{,}005$, *p*-OC_2H_5 $0{,}458 \pm 0{,}004$, *p*-$COCH_3$ $0{,}44 \pm 0{,}02$, *H* $0{,}397 \pm 0{,}008$, *p-Cl* $0{,}35 \pm 0{,}01$, *p-CN* $0{,}22 \pm 0{,}02$, *m*-CF_3 $0{,}17 \pm 0{,}01$. Aus in der Literatur bereits vorhandenen Angaben wurden die Gleichgewichtskonstanten u. thermodynam. Daten sowie HAMMETTschen ϱ-Werte der

Komplexbldg. zwischen *2.4-Dinitrochlorbenzol* u. *substituierten Anilinen* (Syst. C) in absol. A. bei 35 u. 45° berechnet: *m-OCH$_3$* K = 0,99 (35°), 0,61 (45°), *o-OCH$_3$* 0,73, 0,29, *o-CH$_3$* 0,62, 0,35, *m-Cl* 0,52, 0,43, *p-OCH$_3$* 0,51, 0,32, *m-Br* 0,45, 0,35, *p-CH$_3$* 0,36, 0,21, *p-Br* 0,34, 0,29, *p-Cl* 0,32, 0,26, *m-CH$_3$* 0,23, 0,17, *H* 0,19, 0,10, ϱ = −3,187 bzw. −3,033. Im Falle substituierter Acceptormoll. (Syst. A) scheint die unterschiedliche Tendenz zur Komplexbldg. in erster Linie ster. bedingt zu sein; für den kleinsten Substituenten ist K am größten u. umgekehrt. Wenn die Donatorkomponente substituiert ist (Syst. B), bestehen keine klaren Beziehungen zwischen der elektronenaufnehmenden bzw. -spendenden Wirksamkeit der Substituenten u. ihrem Einfl. auf K. Die thermodynam. Funktionen des Syst. C zeigen, daß die Gleichgewichtskonstanten nicht durch Änderungen der potentiellen Energie allein, sondern wahrscheinlich durch eine Reihe von Effekten, wie polaren, induktiven, Resonanz-, ster. u. Lösungsmitteleinflüssen bestimmt werden. (J. Amer. chem. Soc. **76.** 4176—79. 20/8. 1954. North Adams, Mass., Sprague Electric Co., Res. Labors.) G. LOHAUS. B 223

George P. Scott, *Eine Liste zur Anwendung der Elektronentheorie der organischen Chemie auf Reaktionen, bei denen eine C–C-Bindung geschlossen wird.* Vf. beschreibt eine Meth. zur Darst. von Rkk., durch welche innerhalb der Grenzen eines Kurzkurses dem Studenten begreiflich gemacht werden soll, auf welch breitem Gebiet die Grundprinzipien der Elektronentheorie angewendet werden können. Vf. teilt dazu die elektrophilen u. nucleophilen Reaktionszentren (C-Atome) in je 5 Klassen. Kombinationen geben jeden Reaktionstyp bei der Bldg. von C–C-Bindungen wieder. (Proc. South Dakota Acad. Sci. **31.** 147—54. 1/12. 1952. Vermillion, S. D., Univ.) M.-L. KLAAR. B 225

J. A. Leisten, *Verhalten von Acetanhydrid und Benzoesäureanhydrid in H_2SO_4.* Durch kryoskop. Messungen wird gezeigt, daß *Acetanhydrid* (**I**) u. *Benzoesäureanhydrid* (**II**) H_2SO_4-Monohydrat u. schwachem Oleum W. entziehen unter Bldg. von Acidiumionen $RCO_2H_2^+$. Der von LUND u. SONDHEIMER (J. chem. Soc. [London] **1950.** 2997) angegebene Hydrolysenmechanismus wird durch die Annahme ergänzt, daß aus **I** u. **II** entstehende Acylionen instabil sind u. unter Wasseraufnahme Acidiumionen bilden. (J. chem. Soc. [London] **1955.** 298—303. Febr. Sheffield, Univ.) B. WITT. B 225

Alexander T. Shulgin, *Das Ausbleiben einer Umlagerung bei der Bromierung von sek.-Butylalkohol.* Vf. konnte durch Verwendung von *$^{14}C_{(1)}$-Butanol-(2)* (**I**) zeigen, daß bei der Darst. von $^{14}C_{(1)}$-2-Brombutan aus **I** mit PBr_3 (~85% Ausbeute) bei −20° weniger als 3% Umlagerung (Bldg. von $^{14}C_{(1)}$-3-Brombutan) eintritt. (J. Amer. chem. Soc. **77.** 2338—39. 20/4. 1955. Berkeley, Calif., Univ., School of Med., Div. of Biochem.) H. BERTSCH. B 225

Á. Gerecs, T. Széll und **M. Windholz,** *Beiträge zur Rolle der Salzsäure bei der Fries-Reaktion.* 1. Mitt. Die Isomerisierung verschied. Phenolester [*p-Kresyl-* (**I**), *Thymyl-* (**II**), *2-* (**III**) u. *3-Nitrophenylacetat* (**IV**), *Phenyl-* (**VI**) u. *Thymylbenzoat* (**VII**)] durch $AlCl_3$ wurde ohne Lösungsm. sowie in Nitrobenzol unter Veränderung von Druck u. Temp. untersucht. Entzug von HCl aus dem Reaktionsmedium durch Arbeiten unter vermindertem Druck bewirkte Verringerung der Ausbeute, dagegen wurde in Verss. im geschlossenen Rohr sowie durch Zusatz von HCl der Umsatz erhöht. Als Arbeitshypothese wird ein Mechanismus für die Umlagerung vorgeschlagen, der die prim. Mitwrkg. eines Protons einschließt u. für o-Verschiebungen i n t r a -, für p-Verschiebungen wahrscheinlich i n t e r m o l. abläuft. Ob u. in welchem Umfang daneben die Wrkg. der HCl auch auf der Regeneration von $AlCl_3$ nach $RCOArOH + AlCl_3 \rightleftharpoons RCOArOAlCl_2 + HCl$ beruht, bleibt ungeklärt.

V e r s u c h e: *2-Oxy-5-methylacetophenon,* F. 49°, aus **I** in $AlCl_3$ durch Erhitzen auf 120° (½ Std.) u. 35 Min. Rk. bei dieser Temp.; 44,7% (Ausbeute). — *Thymylmethylketon,* Sinterung bei 115°, F. 125°, aus **II** u. $AlCl_3$ in Nitrobenzol (**V**), 5 Std. bei 40°; 48—55%, mit überschüssigem $AlCl_3$ 89%. — *3-Nitro-4-oxyacetophenon,* F. 128 bis 130°, aus **III** u. $AlCl_3$ in **V** in Ggw. von HCl im Bombenrohr, 1½ Std. bei 100°; 40,5%. — *2-Oxy-4-nitroacetophenon,* $C_8H_7O_4N$, F. 67,2—68° (A.), aus **IV** u. $AlCl_3$, 8½ Std., 125°. *Hydrazon,* F. 175—175,5°, *Phenylhydrazon,* F. 215—216°, *2.4-Dinitrophenylhydrazon,* Zers. bei 268—270°, *Semicarbazon,* F. >300°, *Thiosemicarbazon,* Zers. bei ca. 238°. *p-Oxybenzophenon,* F. 115—120°, aus **VI** u. $AlCl_3$, während ½ Std. auf 146° erhitzen, ¼ Std. bei dieser Temp. reagieren lassen; 91%. — *Thymylphenylketon,* F. 138—144°, aus **VII** u. $AlCl_3$ in **V**, 5 Std. bei 50°; 18—21%. (Acta chim. Acad. Sci. hung. **3.** 459—67. 1953. Szeged, Univ., Inst. für Angew. Chem., u. Budapest, Forschungsinst. der Pharm. Ind.) G. LOHAUS. B 225

Jeremiah P. Freeman und **George B. Lucas,** *Die hydrolytische Umlagerung von 2.4.6-Trimethylbenzoesäure-α-cyanisopropylester.* *2.4.6-Trimethylbenzoesäure-[α-cyanisopropyl]-ester* (**I**) reagiert mit alkoh. NaOH unter Bldg. von *2.4.6-Trimethylbenzamid* (**II**) u. *α-Oxyisobuttersäure* (**III**). Es wird angenommen, daß infolge ster. Hinderung das

Hydroxylion an der Estercarbonylgruppe nicht angreifen kann, so daß unter Anlagerung an das Nitril-C-Atom intermediär ein stark nucleophiles Imidderiv. entsteht, das am N eine negative Ladung trägt u. die Carbonylgruppe angreift. Nach Umlagerung zum entsprechenden Oxyimid erfolgt Hydrolyse zu **II** u. **III**. *α-Cyanisopropylbenzoat* dagegen wird quantitativ zu Benzoesäure verseift.

V e r s u c h e: *2.4.6-Trimethylbenzoesäure-[α-cyanisopropyl]-ester* (I), $C_{14}H_{17}O_2N$ F. 40—42°, Kp.$_8$ 135—136°, aus Acetoncyanhydrin u. Mesitoylchlorid unter Rühren u. 2std. Kochen; 79% (Ausbeute). — *2.4.6-Trimethylbenzamid* (II), F. 187—189° (Bzl.); 71%, u. *α-Oxyisobuttersäure* (III); 86%; aus I in A. u. alkoh. NaOH bei 6std. Kochen. — *α-Cyanisopropylbenzoat*, $C_{11}H_{11}O_2N$, F. 37—38°, durch Zufügen von Benzoesäure zu Trifluoracetanhydrid bei 0—10°, 30 Min. Kochen, Zusatz von Acetoncyanhydrin bei 10° u. 30 Min. Rühren bei Raumtemp.; 52%. (J. Amer. chem. Soc. **77**. 2334. 20/4. 1955. Huntsville, Ala., Rohm and Haas Comp., Redstone Arsenal Res. Div.) H. BERTSCH. B 225

William T. Caldwell und **George C. Schweiker**, *Eine neue intramolekulare Umlagerung*. Vff. erhalten bei der alkal. Hydrolyse von *1-[p-Nitrophenoxy]-* u. *1-[o-Nitrophenoxy]-2-acetoxy-3-phthalimidopropan* an Stelle der erwarteten substituierten Aminopropane *1-[p-Nitranilino]-* bzw. *1-[o-Nitranilino]-propandiol-(2.3)*. Die eingetretene intramol. nucleophile Verschiebung ist ein neuer Fall der unter dem Sammelbegriff SMILES-Umlagerung zusammengefaßten Umlagerungs-Rkk. (vgl. EVANS u. SMILES, J. chem. Soc. [London] **1935**. 181; BUNNET u. ZAHLER, C. **1952**. 5392). — Vff. weisen darauf hin, daß es sich bei den von WEDDIGE [1881] dargestellten Verbb. 1-[p-Nitrophenoxy]- u. 1-[o-Nitrophenoxy]-2-aminoäthan infolge Umlagerung höchstwahrscheinlich um p- bzw. o-Nitranilinoäthanol handelt (vgl. KREMER, J. Amer. chem. Soc. **61**. [1939.] 1321).

V e r s u c h e: *1-Phenoxy-2-oxy-3-phthalimidopropan* (I), $C_{17}H_{15}O_4N$, F. 108—110°, aus 1-Phenoxy-2-oxy-3-chlorpropan mit K-Phthalimid in Dimethylformamid; 76% (Ausbeute). — *1-Phenoxy-2-oxy-3-aminopropan*, F. 96—97°, durch Hydrolyse von **I**, ferner aus 1-Phenoxy-2-oxy-3-chlorpropan nach BOYD [1910]. — *1-Phenoxy-2-acetoxy-3-phthalimidopropan* (II), $C_{19}H_{17}O_5N$, F. 85—87°, aus I mit Acetanhydrid in Pyridin; 92,5%. — *1-[2.4-Dinitrophenoxy]-2-acetoxy-3-phthalimidopropan*, $C_{19}H_{15}O_9N_3$, F. 194 bis 196° (verschied. Lösungsmittel), durch Nitrierung von **II** mit roter rauchender HNO_3 bei —3 bis +3°; 23,7%. — *Gemisch von 1-[p-Nitrophenoxy]-* u. *1-[o-Nitrophenoxy]-2-acetoxy-3-phthalimidopropan*, $C_{19}H_{16}O_7N_2$, F. 140—146°, durch Nitrierung von **II** mit gelber rauchender HNO_3 (D. 1,5) in Eisessig–Acetanhydrid (4:1) bei 80°; 81,6%; 60 g des Gemischs geben bei 1std. Kochen mit wss. NaOH nach Extraktion mit $CHCl_3$ 18 g *Gemisch von 1-[p-Nitranilino]-propandiol-(2.3)*, $C_9H_{12}O_4N_2$, F. 126—127° (ferner aus 1-Aminopropandiol-(2.3) u. p-Nitrochlorbenzol; 6%) u. *1-[o-Nitranilino]-propandiol-(2.3)*, F. 117—118° (ferner wie vorst.; 14%), Trennung durch fraktionierte Kristallisation aus $CHCl_3$ u. Chromatographie. (J. Amer. chem. Soc. **74**. 5187—89. 20/10. 1952. Philadelphia, Pa., Temple Univ., Coll. of Liberal Arts and Sci.) G. WINKLER. B 225

E. A. Braude und **E. S. Waight**, *Anionotrope Systeme*. 1. Mitt. *Der Einfluß eines Nitrosubstituenten auf Gleichgewicht und Beweglichkeit im 1.3-Diphenylallylalkoholsystem*. Fortsetzung der Reihen: *Untersuchungen über molekulare Umlagerungen*. 9. Mitt. (C. **1954**. 4582). *Die Kinetik der anionotropen Umlagerung*. 10. Mitt. (C. **1955**. 320). Vff. bestimmen Geschwindigkeit u. Gleichgewichtskonstanten der Isomerisierung: *3-[p-Nitrophenyl]-1-phenyl-* (I) $\rightleftharpoons$ *1-[p-Nitrophenyl]-3-phenylallylalkohol* (II) unter dem Einfl. von HCl in wss. Dioxan zwischen 30 u. 80°. Die Rk. ist von 1. Ordnung, die Zus. im Gleichgewicht beträgt 55% **I** u. 45% **II**. Die Gleichgewichtskonstante ($K = 0{,}83 \pm 0{,}01$) ist von den experimentellen Bedingungen (Lösungsm., Temp., Katalysatorkonz.) nahezu unabhänig. Die Änderung der freien Energie ($\Delta G = 0{,}12$ kcal/Mol), welche die Differenz der Konjugationsenergien einer Äthylenbindung mit einer Phenyl- u. einer p-Nitrophenylgruppe darstellt, ist unerwartet gering. Die Versuchsergebnisse werden von Vff. diskutiert u. u. a. mit denen für 1-Phenylallylalkohol (III) verglichen. Die Größen für Geschwindigkeit u. Aktivierungsenergie bei **I** $\rightleftharpoons$ **II** sind den Werten für **III** sehr ähnlich, das heißt, der Einfl. der p-Nitrophenylgruppe auf die Beweglichkeit ist prakt. Null. Nach Vff. wird im vorliegenden Falle der desaktivierende elektronenanziehende Einfl. der Nitrogruppe durch einen elektromeren Effekt des Phenylrings von umgekehrter Richtung kompensiert.

V e r s u c h e: *p-Nitrostyrylphenylketon*, F. 163°, durch Kondensation von p-Nitrobenzaldehyd mit Acetophenon in Ggw. von methanol. KOH; 90% (Ausbeute). — *3-[p-Nitrophenyl]-1-phenylallylalkohol* (I), $C_{15}H_{13}O_3N$, F. 84—85° (Bzl./Leichtbenzin), aus vorst. Verb. durch Umsetzen mit Al-Isopropylat/Isopropanol in Bzl., UV-Maximum (in A.) $\lambda = 3110$ Å, $\varepsilon = 16450$; 84%; *p-Nitrobenzoat*, $C_{22}H_{16}O_6N_2$, F. 135—136°, UV-Maxima in $CHCl_3$ $\lambda = 2570$, 2680, 2800 u. 3040 Å mit $\varepsilon = 18000$, 18000, 18000 u. 22000. — *p-Nitrophenylstyrylketon*, F. 145° (A./Bzl.), aus p-Nitroacetophenon u. Benzaldehyd wie vorst.; 65%. — *1-[p-Nitrophenyl]-3-phenylallylalkohol* (II), $C_{15}H_{13}O_3N$, F. 83—84°, aus vorst. Verb. wie I, UV-Maxima in A. λ = 2515 u. 2800 Å, ε = 21300 u. 12700; *p-Nitrobenzoat*, $C_{22}H_{16}O_6N_2$, F. 151°, UV-Maxima in $CHCl_3$ λ — 2590 u. 2660 Å. ε = 40000 u. 36000. (J. chem. Soc. [London] **1953.** 419—24. Febr. London, Imp. Coll, of Sci. and Technol., Dep. of Organ. Chem.) G. WINKLER. B 225

Ronald A. Henry, William G. Finnegan und **Eugene Lieber,** *Kinetik der Isomerisierung substituierter 5-Aminotetrazole.* Vff. untersuchten die Kinetik der Isomerisierung von 1-substituierten in Amino-substituierte 5-Aminotetrazole in Äthylenglykol im Temperaturbereich von 116—137°, die eine Gleichgewichts-Rk., Einzel-Rkk. 1. Ordnung, darstellt. Die Reaktionsgeschwindigkeitskonstanten K nehmen mit steigender Elektronegativität des Substituenten in 1-Stellung zu, die Aktivierungsenergien ab. Für die arylsubstituierten Aminotetrazole ergab sich eine lineare Beziehung zwischen log K u. den HAMMETT-Konstanten σ bzw. zwischen dem log der Gleichgewichtskonstanten u. den σ-Werten. Der früher vorgeschlagene Reaktionsmechanismus (HENRY, FINNEGAN u. LIEBER, C. **1954.** 10205) — Ringöffnung zum aktivierten Guanylazid (**A**) u. erneuter Ringschluß — kann nach den neuen Ergebnissen nicht zutreffen; vielmehr ist anzunehmen, daß eine Elektronenverschiebung vom 5-Aminostickstoff in den Ring, die durch elektronegative Substituenten in 1 oder elektropositive Substituenten am 5-Aminostickstoff begünstigt wird, für die Leichtigkeit der Heterolyse der 1.2-N–N-Bindung maßgeblich ist (Zwischenzustand **B**). Unter Übergang eines Protons von der 5-Aminogruppe zum substituierten $N_{(1)}$ u. Ringschluß zwischen dem so entstandenen Iminostickstoff u. dem endständigen N der Azidgruppe kann sich das 5-substituierte Aminotetrazol bilden. Für die Annahme einer intermediären Bldg. eines Guanylazids spricht die Tatsache, daß *1-Phenyl-5-aminotetrazol* mit NaOH bei 100° Anilin, NH_3, CO_2^{2+} u. N_3^- ergibt, Prodd., die nach Abspaltung eines Protons aus dem gebildeten Tetrazoliumion u. nach Heterolyse zum Guanylanion zu erwarten sind. Die aus der Differenz der Verbrennungswärmen von Isomerenpaaren berechneten Wärmetönungen stimmten mit den aus den Gleichgewichtskonstanten bestimmten gut überein. Die k-Werte der Isomerisierung von *5-Methylaminotetrazol* in W. bei 100° u. *1-Methyl-5-aminotetrazol* in wss. NaOH bei 100° zeigen, daß Lösungsm. u. Konz. wenig Einfl. haben. Für letztere Verb. wurden in sd. Pyridin die gleichen k-Werte wie in Äthylenglykol gefunden. — Weiter wurde die Kinetik der sehr rasch verlaufenden Cyclisierung von Guanyl- u. Nitroguanylazid zu den entsprechenden Tetrazolen untersucht. Als geschwindigkeitsbestimmender Schritt erscheint die Bldg. eines Azids mit cis-Stellung der Azidgruppierung, während bei obiger Isomerisierung die Ringöffnung maßgeblich sein dürfte. Die Resonanzenergie des Tetrazolringes wurde aus Verbrennungswärmen mit 15 kcal/Mol, aus der Differenz der Aktivierungsenergien von Tetrazolen u. isomeren Guanylaziden mit 13—16 kcal/Mol bestimmt. Isomerisierung von 1-Alkyl-5-aminotetrazol $\underset{k_2}{\overset{k_1}{\rightleftharpoons}}$ 5-Alkylaminotetrazol: *Äthyl-*: 409,8° K k_2 5,64·(10^{-3} min^{-1}), $\Delta H^‡$ 36,4 (kcal/Mol), $\Delta S^‡$ 11,3 cal/Grad; K_{Gl} 0,0604 (468,8° K), ΔH +1,35 (kcal/Mol). — *Methyl-*: K_{Gl} 0,0470 (468,5° K), ΔH +2,06. — *Phenyl-:* 410,3° K, k_1 8,17, $\Delta H^‡$ 32,8, $\Delta S^‡$ 3,1; k_2 3,73, $\Delta H^‡$ 36,3, $\Delta S^‡$ 10,1; K_{Gl} 1,32 (467,2° K), ΔH —2,23. — *4-Anisyl-:* 410° K, k_1 3,50, $\Delta H^‡$ 34,6, $\Delta S^‡$ 5,7; 410,3° K, k_2 5,43; K_{Gl} 0,526 (467° K), ΔH —0,74. — *4-Tolyl-:* 410,5° K, k_1 5,04, $\Delta H^‡$ 33,7, $\Delta S^‡$ 4,3; K_{Gl} 0,752 (468,6° K), ΔH —1,7. — *4-Chlorphenyl-*: 410,5° K, k_1 17,58, $\Delta H^‡$ 32,5, $\Delta S^‡$ 3,9; K_{Gl} 2,62 (467,2° K), ΔH —4,29. — *3-Tolyl-:* k_1, 7,08 (410,3° K); K_{Gl} 1,02 (467,2° K), ΔH —1,85. — Cyclisierung von *Guanylylazid* zu *5-Aminotetrazol:* p_H 8,8—9,3, k = 9,19·(10^{-2} min^{-1}) (263,6° K), k = 35,08 (274,2° K), $\Delta H^‡$ 17,78 (kcal/Mol). — Cyclisierung von *Nitroguanylazid* zu *5-Nitroaminotetrazol:* p_H 7,9—8,2, k = 5,73·(10^{-2} min^{-1}) (266,6° K), k = 16,97 (273,9° K), $\Delta H^‡$ 21,24 kcal/Mol. (J. Amer. chem. Soc. **77.** 2264—70. 20/4. 1955. China Lake, Calif., U. S. Naval Ordn. Test. Stat., Res. Dep., Chem. Div.)

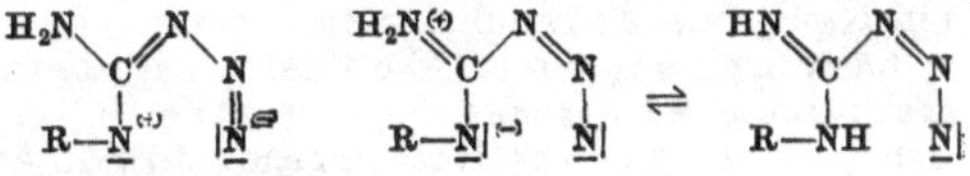

A B

H. BERTSCH. B 225

R. J. Cvetanović, *Die Reaktion von Sauerstoffatomen mit Äthylen.* Die Rk. von C_2H_4 mit O-Atomen, die durch die Hg-photosensibilisierte Zers. von N_2O in N_2 u. O erhalten werden, wird bei Raumtemp. u. 123° untersucht. Die Versuchsanordnung sowie die Analysenverff. wurden bereits beschrieben (J. chem. Physics **23.** [1955.] 1203 u. 1208). Der erste Schritt der Rk. besteht in einer direkten Addition des O-Atoms an die Doppelbindung, wobei ein energiereicheres Zwischenprod. $C_2H_4O^*$ gebildet wird, das in ähnlicher Art weiterreagiert wie photosensibilisiertes Äthylenoxyd. Die Umsetzung bei kleinen

Drucken kann angenähert durch das Schema O + 1,38 C_2H_4 → 0,50 CO + 0,15 CH_3·CHO + 0,20 C_2H_5CHO + 0,05 C_3H_7CHO + 0,03 C_2H_4O + 0,04 CH_2CO + 0,09 H_2 + 0,11 CH_4 + 0,17 C_2H_6 + 0,17 C_3H_8 + p(C_2H_4O)$_s$ mit (p·s = 0,03) beschrieben werden. Es werden nur Spuren HCHO gebildet. Auch bei höherem N_2O-Druck verläuft die Umsetzung im wesentlichen in der angegebenen Art. Aus der Unters. der Reaktionsgeschwindigkeit bei 24° in tern. Gemischen folgt, daß die O-Atome 22 ± 5mal so schnell mit C_2H_4 wie mit n-Butan reagieren. Unter Annahme von vergleichbaren Häufigkeitsfaktoren für beide Rkk. wird $\Delta E = -1,9$ kcal/Mol, so daß sich die Aktivierungsenergie der Addition von O-Atomen an die C_2H_4-Doppelbindung zu ca. 3 kcal/Mol ergibt. Bei Ggw. von mol. Sauerstoff wird der Charakter der Rk. weitgehend verändert. (J. chem. Physics **23.** 1375—80. Aug. 1955. Ottawa, Can., Nat. Res. Council, Div. of Appl. Chem.)
W. KRÖNERT. B 225

P. Kirjakka und **Marita Nieminen,** *Die Oxydation der ungesättigten Fettsäuren mit molekularem Sauerstoff.* Die Emulsionsoxydation von techn. *Ölsäure* (I), *Erucasäure* sowie der Fettsäuren des Soja-, Rübsen- u. Tallöls mit den durch NaOH-Zugabe erzeugten Na-Salzen als Emulgatoren unterscheidet sich nicht wesentlich von der Oxydation in wasserfreiem Medium; die Reaktionsgeschwindigkeit ist geringer u. die Zersetzungsgeschwindigkeit der Fettsäureperoxyde (P.) größer. Zugabe von P. verkürzt die Induktionsperiode, ohne die Reaktionsgeschwindigkeit zu beeinflussen. 0,01% Co als Stearat bringt die Induktionsperiode zum Verschwinden u. beschleunigt um das 6fache. Cu erwies sich als unwirksam. Die Bldg. u. Beständigkeit der P. ist bei *Linolsäure* besser als bei I. Die Hydrolyse der oxydierten Fettsäuren mit überhitztem Wasserdampf führt zu keiner wesentlichen Spaltung der C-Kette, wohl aber die Alkalihydrolyse bei 200 bis 250°; höhere Temp. bewirkt eine Erhöhung des Anteils an Säuren mit kurzer Kette. (Suomen Kemistilehti **27.** A 207—15. 1954.) S. BECKMANN. B 225

M. J. Stephen und **Sir Cyril Hinshelwood,** *Die Kinetik der Reduktion von Azoxybenzol (und einigen Derivaten) mit Titan(III)-chlorid.* (Vgl. C. **1954.** 3662.) Vff. untersuchen die Kinetik der Red. von Azoxybenzol (I) (u. einigen seiner Derivv.) mit $TiCl_3$ in wss. Äthanol. 20% von I werden direkt zu Anilin (II) red., möglicherweise durch die Dissoziation der Zweikernverb. nach dem ersten geschwindigkeitsbestimmenden Elektronenübergang. Der andere Teil von I wird red. auf dem Wege I → Azobenzol (III) → Hydrazobenzol → Benzidin → II. Die Geschwindigkeitskonstanten des ersten u. zweiten Schrittes sind von einer vergleichbaren Größenordnung, u. die III-Konz. geht durch ein Maximum. Die Anfangsreduktionsgeschwindigkeit von I ist proportional [$TiCl_3$], [I] u. 1/[H^+], u. das ganze Syst. ist ein gutes Beispiel für Folge-Rkk. zweiter Ordnung. Als reduzierende Ionenart wird von Vff. [Ti(OH)]$^{2+}$ angenommen. Der Einfl. von Substituentengruppen auf die Reaktionsgeschwindigkeit ist beträchtlich geringer als bei der Red. der substituierten Nitrobenzole u. wird im Zusammenhang mit dem gleichfalls großen Unterschied des [H^+]-Einfl. diskutiert. — Einzelergebnisse: Aktivierungsenergien für die Red. nachst. Verbb. durch $TiCl_3$: I, 16,5 kcal/Mol; *p.p'-Azoxyanisol,* 14,8; *m.m'-Azoxyanisol,* 13,8; *p.p'-Azoxyanilin,* 15,5; *m.m'-Azoxyanilin,* 15,3. (J. chem. Soc. [London] **1955.** 1393—1400. Mai. Oxford, Univ., Phys. Chem. Labor.) G. WINKLER. B 225

A. C. McEwan und **C. F. H. Tipper,** *Die langsame Verbrennung von Cyclopropan.* (Vgl. C. **1955.** 8582.) Mit der stat. Meth. wird die therm. Oxydation von Cyclopropan zwischen 380 u. 430° u. zwischen 50 u. 400 mm Partialdrucken der Reaktanten untersucht. Die Endprodd. sind hauptsächlich CO u. H_2O mit kleinen Mengen CO_2 u. HCHO. Es handelt sich um eine Ketten-Rk. mit Kettenverzweigung. Die maximale Reaktionsgeschwindigkeit ist bei geringen O_2-Partialdrucken nach p(C_3H_6)·p(O_2) abhängig von p(O_2), bei höheren Partialdrucken dagegen nicht. Die Abhängigkeit der Reaktionsgeschwindigkeit von der Temp. wird bei hohen u. niedrigen O_2-Drucken untersucht. Es ergeben sich in beiden Fällen Aktivierungsenergien von ~35 kcal/Mol. (Nature [London] **170.** 462. 13/9. 1952. Edinburgh, King's Buildings, Chem. Dep.) W. KAUFMANN. B 225

H. Burton und **G. W. H. Cheeseman,** *Durch starke Säuren katalysierte Acylierungen und verwandte Reaktionen.* 11. Mitt. *Die Dismutation von Diphenylmethanol durch Perchlorsäure.* (10. vgl. J. chem. Soc. [London] **1953.** 837.) Die Dismutation von *Diphenylmethanol* (I) zu *Benzophenon* u. *Diphenylmethan* durch starke Säuren verläuft über den *Bis-diphenylmethyläther* (**II**, F. 108—110°), der aus Lsgg. von I in Nitromethan oder Eisessig durch Zusatz von wenig 72%ig. $HClO_4$ in 95 bzw. 78% Ausbeute isoliert werden konnte u. schneller disproportioniert wird als I. Ein Reaktionsmechanismus für die Ätherbldg., der das intermediäre Auftreten des Diphenylmethylkations einschließt, wird diskutiert. Die Bldg. von *Triphenylmethan* bzw. *p-Methoxytriphenylmethan* (**III**) u. *2.4-Bis-diphenylmethylanisol* (**IV**) aus I oder II u. Bzl. bzw. Anisol in Ggw. von $HClO_4$ ist als weiterer Beweis für das Auftreten des Carbeniumions zu werten.

Versuche: Die Dismutation von I u. II wurde durch mehrstd. Kochen der benzol. Lsgg. mit 0,5 cm³ 72%ig. $HClO_4$ erreicht, die Bldg. von III (10,1 g, F. 66—67°) u. IV (2,2 g, F. 147—148°) durch 4std. Erhitzen von 10,5 g II u. 25 cm³ Anisol mit 0,3 cm³ 72%ig. $HClO_4$ auf 100°. — *Diphenylmethyltrichloracetat*, $C_{15}H_{11}O_2Cl_3$, F. 53—54° (PAe.), $Kp._4$ 180—183°, aus I bzw. II durch 6 Std. Kochen mit Trichloressigsäure in Benzol. (J. chem. Soc. [London] **1953**. 986—89. März. London, Univ., King's Coll. of Household and Soc. Sci.) G. Lohaus. B 225

Wilhelm Treibs, *Zur Autoxydation sauerstoffaktiver Säuren. 15. Mitt. Über die Grignard-Reaktion und die Zerewitinoff-Bestimmung bei peroxydischen Verbindungen.* (14. vgl. C. **1952**. 5555.) An der Umsetzung von CH_3MgJ mit *Tetralinhydroperoxyd* (I) u. *Ascaridol* (II) wurde gezeigt, daß die Zerewitinoff-Meth. nur bei vorsichtigem Arbeiten in großer Verdünnung u. unter Vermeidung jeder Erwärmung zur Unterscheidung zwischen Hydroperoxyden u. Peroxyden geeignet ist. In jedem Fall ist eine Best. der Gasdichte empfehlenswert. In n. Rk. gibt I 1 Mol Methan (III), beim nachfolgenden Erwärmen unter vollständiger Red. zum *α-Tetralol* noch 1 Mol Äthan (IV). Bei raschem Arbeiten ohne Kühlung wurden Gemische von III u. IV wechselnder Zus. erhalten. Aus II entstand als Primärprod. das ungesätt. Glykol neben seinen Dehydratisierungsprodukten. Außerdem erfolgte in diesem Falle in geringem Umfang Methoxylierung. In Verss. mit C_2H_5MgBr u. II wurde kein Butan, sondern nur IV u. Äthylen gebildet. — Bei der vorsichtigen unkatalysierten Autoxydation von Estern der 1.3- (*Eläostearinsäure*) u. der 1.4-mehrfach ungesätt. Fettsäuren (*Linol-*, *Linolen-*, *Hexaensäure*) bei Zimmertemp. ließ sich in den ersten Oxydationsstadien kein hydroperoxyd. O nachweisen. (Chem. Ber. **84**. 438—43. 1951. Miltitz, Privatlabor. Prof. Dr. W. Treibs.) G. Lohaus. B 225

W. W. Butcher und **F. H. Westheimer,** *Durch Lanthanhydroxydgel begünstigte Hydrolyse von Phosphatestern.* Vff. untersuchen die in Ggw. von *$La(OH)_3$-Gel* (VIII) durch Lanthanionen katalysierte Hydrolyse der Bariumsalze folgender Phosphate u. bestimmen die Hydrolysengeschwindigkeitskonstanten (k bei p_H 8,5 u. 78°): *2-Oxyäthyl-* (I) 16 [$\cdot 10^{-4}$ Min.$^{-1}$], *2-Aminoäthyl-* (II, F. 238°) 13, *Cholin-* (III) 2,8, *2-Methoxyäthyl-* (IV) 2,3, *1-Methoxypropyl-(2)-* (V) 1,0, *Äthyl-* (VI) 0,2 u. *Propyl-(2)-* (VII) 0,03. k von I bei p_H 8,5 in Abwesenheit von VIII dagegen ist $< 16^{-6}$ min^{-1}. V wird bei p_H 4 oder bei p_H 8,5 in Ggw. von VIII unter völliger Erhaltung der Konfiguration hydrolysiert. Während auch analoge Verss. mit V bei p_H 4 u. 8,5 in $H_2{}^{18}O$ zeigen, daß eine Spaltung der P–O-Bindung eintritt, wird die bei der Hydrolyse in starken Säuren (1,8 Mol H_2SO_4) auftretende teilweise Racemisierung auf Spaltung der C–O-Bindung zurückgeführt. Phosphatmonoester hydrolysieren bei p_H 4 im Gegensatz zu p_H 1 oder p_H 8 relativ schnell. Vff. führen dies auf raschere Rk. des Monoanions, $ROPO_3H^-$, im Vgl. mit dem Dianion, $ROPO_3{}^{2-}$, oder der elektr. neutralen Säure, $ROPO_3H_2$, zurück. Als Reaktionsmechanismus wird entweder eine intermediäre Sechsringbldg. durch koordinative Anlagerung von W. an das Monoanion oder eine Vierringbldg. diskutiert. Ein analoger Reaktionsmechanismus ist bei der durch VIII katalysierten Hydrolyse anzunehmen, wobei wahrscheinlich das O- oder N-Atom der β-ständigen Substituenten der Ester koordinativ mit $La(OH)^{2+}$ verbunden ist.

Versuche: *Phosphorsäuremonoäthylester, Ba-Salz* (VI), durch Mischen von $POCl_3$ mit W., erst im Eisbad, dann 12 Std. bei Zimmertemp., dann Zugabe von A. bei 0°, 2 Std. Stehen nach Verjagen des HCl Zugabe von wss. $Ba(OH)_2$, Abtrennung des Ba-Phosphats u. Zugabe von A. zur Lsg. nach Konzentrieren. Analog dargestellt wurden andere Phosphate; III nach Baer (C. **1947**. E. 196); I nach Atherton u. Mitarbeitern (C. **1946**. I. 1207); II nach Outhouse [1937]. — *2-Methoxypropanol-(1)* (IX), $C_4H_{10}O_2$, Kp. 131—132°, aus Propylenoxyd (X), 1,1 Mol, Methanol durch 1-std. Kochen in Ggw. von H_2SO_4; 0,4 Mol, außerdem *1-Methoxypropanol-(2)* (XI), Kp. 118,0—118,5°, 0,5 Mol; auch aus X, Methanol u. Na-Methylat; 86% (Ausbeute). *3.5-Dinitrobenzoat,* von XI, $C_{11}H_{12}O_7N_2$, F. 84° (aus Ligroin). *3.5-Dinitrobenzoat* von IX, $C_{11}H_{12}O_7N_2$, F. 95° (Ligroin). — (+)-XI (?), über das saure Phthalat u. *Brucinsalz,* $C_{35}H_{40}O_9N_2$, F. 146°, durch fraktionierte Kristallisation aus Aceton; [α] = +3,8° (Azeotrop mit W., 52 Gew.-% XI [α] +19,8°). — *1-Methoxypropyl-(2)-phosphat, Ba-Salz* (V), $C_4H_9O_5PBa \cdot H_2O$, durch portionsweises Zufügen des Na-Salzes von XI zu $POCl_3$ in absol. Ae. bei 0° innerhalb von 3 Std. u. Neutralisieren des Ae.-Rückstandes mit $Ba(OH)_2$; 40%. (J. Amer. chem. Soc. **77**. 2420—24. 5/5. 1955. Cambridge, Mass., u. Chicago, Ill., Univ. of Chicago, G. H. Jones Labor.) B. Witt. B 225

Junji Kumamoto und **F. H. Westheimer,** *Die Hydrolyse von Mono- und Dibenzylphosphaten.* Vff. bestimmten die Ionisationskonstante (K bei 75,6° u. Ionenstärke 1) von *Dibenzylhydrogenphosphat* (I, F. 78—79°) zu $9 \cdot 10^{-2}$ (Mol/Liter), K_1 von *Monobenzyldihydrogenphosphat* (II, aus I durch Hydrogenolyse in wss. A., *Dicyclohexylammoniumsalz,*

$C_{19}H_{35}O_4N_2P \cdot H_2O$, aus Chlf., F. 233°) zu $2{,}56 \cdot 10^{-2}$ u. K_2 von II zu $7{,}66 \cdot 10^{-7}$ sowie die Indicatorkonstanten $K_{Ind.}$ von *m-Kresolpurpur* zu $2{,}72 \cdot 10^{-2}$ u. von *Bromkresolgrün* zu $2{,}65 \cdot 10^{-5}$. Die Geschwindigkeit der Hydrolyse von I u. II wurde bei 75,6° in Abhängigkeit vom p_H (6—7) gemessen. Die Hydrolysengeschwindigkeitskonstante k setzt sich aus den Geschwindigkeitskonstanten k_1, k_2 u. k_3 nach $v = k_{beob.}[Ester] = k_1[H^+][E] + k_2[E] + k_3[E^-]$ zusammen, wobei E die elektr. neutrale Estersäure, E^- das entsprechende Monoanion ist. Für II werden k_1 mit $5{,}22 \cdot 10^{-3}$ [Liter/Mol·min], k_2 mit $0{,}7 \cdot 10^{-4}$ [min^{-1}], k_3 mit $5{,}78 \cdot 10^{-5}$ [min^{-1}], für I k_1 mit $2{,}72 \cdot 10^{-2}$, k_2 mit $1{,}9 \cdot 10^{-3}$, k_3 mit $2{,}50 \cdot 10^{-6}$ angegeben. Die Hydrolysengeschwindigkeit ist in starken Säuren bei II 100mal größer als bei 1-Methoxypropyl-(2)-phosphat (vgl. vorst. Ref.). I hat bei der sauren Hydrolyse die 5fache Geschwindigkeitskonstante von II. Die elektr. neutralen Säuren $ROPO_3H_2$ u. $(RO)_2PO_2H$ hydrolysieren, vermutlich unter Spaltung der C—O-Bindung, etwas schneller als die entsprechenden Säuren der einfachen aliphat. Phosphate. Wegen der 40mal größeren Hydrolysengeschwindigkeit des Monoanions von II im Vgl. mit dem Monoanion von I ist ein besonderer Mechanismus bei der Hydrolyse der Monoester anzunehmen. (J. Amer. chem. Soc. **77.** 2515—18. 5/5. 1955.) B. WITT. B 225

J. H. Ridd, *Die Jodierung von Glyoxalin.* Vf. untersucht in wss. Lsg. bei $p_H \sim 7$ kinet. die Jodierung von *Glyoxalin* (**G**, F. 89°) durch elementares J_2 in KJ-Lsg. zum Dijodderiv., $C_3H_2N_2J_2$, F. 182° (W.). Die p_H-Einstellung erfolgte mittels $HClO_4$, verfolgt wurde die Rk. durch jeweilige Best. der J_2-Konzentration. Intermediär entsteht nach Ansicht der Vff. das N-Jodglyoxaliniumion. Die Geschwindigkeit v der Rk. gehorcht der Gleichung $v = k[G^-][H_2OJ^+] + k'[G][GHJ^+]$, es findet also Autokatalyse durch **G** statt. Sowohl die v der autokatalysierten Rk. als auch der nichtkatalysierten Rk. ist der H^+-Ionenkonz. umgekehrt proportional. (J. chem. Soc. [London] **1955.** 1238—41. April. London, Univ. Coll., William Ramsay and Ralph Forster Labors.) R. MATTNER. B 225

De Roo und **A. Bruylants,** *Kinetische Untersuchung der Hydrolyse aliphatischer Amide.* 2. Mitt. (1. vgl. WILLEMS u. BRUYLANTS, Bull. Soc. chim. belges **60.** [1951.] 191.) Vff. verfolgten colorimetr. die alkal. (n/20 NaOH) u. die saure (n/20 H_2SO_4) Hydrolyse nachst. Amide (in n/20-Lsg. in W.) zwischen 50 u. 95°: *Isobutanamid* (F. 125—126° [Chlf.-PAe.]), *Isopentanamid* (F. 131,5—132° [Chlf.-PAe.]), *2-Methylbutanamid* (F. 112,7 bis 133,3° [Chlf.-PAe.]), *Isohexanamid* (F. 118,5—119° [Chlf.-PAe.]), *2.2-Dimethylpropanamid* (F. 152—153° [Chlf.-PAe.]), *3.3-Dimethylbutanamid* (F. 131,5—132° [Chlf.-PAe.]), *Heptanamid* (I, F. 96—96,5° [wss. A.]) u. *4.4-Dimethylpentanamid* (II, F. 141,5—142° [Chlf.-PAe.]). I u. II wurden wegen ihrer geringen Löslichkeit in W. nur als n/40-Lsgg. gemessen. Es wurden folgende Aktivierungsenergien E (kcal/Mol) u. Stoßzahlfaktoren P gefunden (E_H, $P_H \cdot 10^4$, E_{OH} u. $P_{OH} \cdot 10^6$ für obige Amide in gleicher Reihenfolge): 17,7, 1,5, 14,2, 1,2; 19,1, 3,2, 15,6, 2,2; 19,7, 8,1, 15,5, 2,2; 17,9, 1,9, 15,6, 9,9; 18,6, 2,2, 15,7, 3,4; 21,1, 7,2, 17,9, 14,4; 17,4, 1,0, 14 3, 1,5; 17,5, 1,6, 13,4, 1,4. Die Ergebnisse zeigen, daß sowohl Substitution des α- als auch des β-C-Atoms auf die Hydrolysengeschwindigkeit vermindernd wirkt. Vff. finden, daß die Amide mit gleicher Summe S. an α- u. β-Substituenten eine Gruppe bilden, die annähernd gleiche E-Werte besitzen, wobei Verbb. mit S. = 0, 1 oder 2 eine gemeinsame Gruppe mit E_H ca. 17,8 u. E_{OH} ca. 14,0 kcal bilden; für S. = 3: E_H ca. 19,1, E_{OH} ca. 15,6 kcal; für S. = 4: E_H ca. 21,1, E_{OH} ca. 17,9 kcal. Analoge Verhältnisse herrschen, wie Vff. zeigen, bei der Esterhydrolyse u. bei der Veresterung. Vff. schließen daraus, daß die Mechanismen dieser Rkk. vergleichbar sein müßten. (Bull. Soc. chim. belges **63.** 140—57. März/April 1954. Louvain, Univ., Labor. de Chim. Gén.) B. GNAUCK. B 225

Walter H. C. Rueggeberg, Thomas W. Sauls und **Samuel L. Norwood,** *Über den Mechanismus der aromatischen Sulfonierung und die Bildung von Sulfonen.* Bei der Sulfonierung von *Bzl.* in einer Lsg. von SO_3 in fl. SO_2 entstehen Benzolsulfonsäure (I) u. daneben Diphenylsulfon. Der Anteil an Sulfon hängt von der Reaktionstemp., vom Mol-Verhältnis Bzl. : SO_3 in den einzelnen Reaktionsschritten (Reihenfolge der Zugabe) ab (vgl. dagegen LEISERSON, BOST u. LEBARON, Ind. Engng. Chem. **40.** [1948.] 508). Die Ggw. von kleinen Mengen von Carbonsäuren setzt die Sulfonausbeute beträchtlich herab. Vff. deuten ihre Ergebnisse durch die Annahme, daß bei der Rk. des KW-stoffes mit SO_3 zuerst Pyrosulfonsäuren (**A**) gebildet werden, die zu Sulfonen führen; die anwesende Carbonsäure zerlegt die **A** in I u. ein gemischtes Anhydrid aus H_2SO_4 u. der Carbonsäure, das mit Bzl. weiter zu I u. Carbonsäure reagiert. Die Sulfonausbeuten sanken dadurch bei Zugabe von 5% Eisessig von 18 auf 2,5%. Anwesenheit von Thiophen sowie Reinheitsgrad des Bzl. sind ohne Bedeutung. Analoges gilt für *Toluol* (II), *Xylol* u. *Äthylbenzol* (III) bzw. bei Zugabe von Malonsäure, Azelainsäure u. Benzoesäure. Im Falle des II u. III gibt man zur Herabsetzung des Sulfonanteils zweckmäßig das SO_3 zur Lsg. des

KW-stoffes im fl. SO_2. (J. org. Chemistry **20.** 455—65. April 1955. College Park, Ga., Tennessee Corp. Res. Labors.) G. MEINHARDT. B 225

Myron L. Bender und **Roger D. Ginger,** *Zwischenstufen bei Reaktionen von Carbonsäurederivaten.* 4. Mitt. *Die Hydrolyse von Benzamid.* (3. vgl. C. **1954.** 9493.) Vff. verfolgten spektrophotometr. die durch HCl bzw. NaOH katalysierte Hydrolyse von *Benzamid* (I) bei 109° in wss. Lösungen. Die Reaktionsgeschwindigkeitskonstanten betrugen: k_H 7,33 · 10^{-4} bzw. k_{OH} 26,3 · 10^{-4} Liter/Mol · Sekunden. Ferner wurde mit $C_6H_5C^{18}ONH_2$ (**Ia**) der O-Austausch bei diesen Rkk. untersucht. In saurer Lsg. war kein O-Austausch nachweisbar, während in alkal. Lsg. dieser (k_A) schneller als die Hydrolyse verlief: $k_{OH} : k_A$ = 0,21. Als Zwischenstufe wird eine Verb. mit der mutmaßlichen Struktur $R-C(OH)_2NH_2$ angenommen, die im alkal. Medium mit $R-C(OH)(O^-)NH_2$ im Gleichgewicht steht. Vff. vergleichen die Ergebnisse mit denen der Hydrolyse von Äthylbenzoat (vgl. BENDER, C. **1953.** 6651), wo $k_{OH} : k_A = 4,8$ u. $k_H : k_A = 5,2$ war. Diese Verhältnisse werden mit der Reaktivität der Zwischenstoffe $R-C(OH)_2X$ beim Zerfall in Zusammenhang gebracht, wobei für die Leichtigkeit, eine Gruppe abzustoßen, bei den Amiden vermutlich $OH^- > NH_2^-$ u. bei den Estern $OR^- > OH^-$ gilt. Das Ausbleiben eines O-Austauschs bei Amiden in saurer Lsg. wird der größeren Basizität des N, verglichen mit O, zugeschrieben. Als mögliche Mechanismen, zwischen denen noch nicht entschieden werden kann, werden angegeben: 1. Bldg. eines Zwischenprod. durch Addition, wobei im Augenblick der Bldg. die C—N-Bindung bricht; 2. eine 2-Stufen-Rk., wobei zuerst sich schnell das Gleichgewicht zwischen I u. $C_6H_5CONH_3^+$ einstellt, worauf NH_3 direkt durch ein H_2O-Mol. verdrängt wird ohne Bldg. eines Additionszwischenproduktes. — **Ia**, F. 127,5° (im FISHER-JOHNS-Block, W.), wurde durch O-Austausch von Benzoesäure mit $H_2^{18}O$ in 0,1 nHCl über Benzoylchlorid in 90%ig. Ausbeute dargestellt. (J. Amer. chem. Soc. **77.** 348—51. 20/1. 1955. Chicago, Ill., Illinois Inst. of Technol., Dep. of Chem.)
B. GNAUCK. B 225

D. H. Hey, A. Nechvatal und **T. S. Robinson,** *Homolytische aromatische Substitution.* 1. Mitt. *Die Wirkung von Arylradikalen auf Nitrobenzol.* Um genauere, quantitative Auskunft über Substitutions-Rkk. zu erhalten, die durch freie Radikale u. Atome ausgelöst werden, untersuchten Vff. die Substitution des *Nitrobenzols* in o-, m- u. p-Stellung durch Phenyl-, p-Bromphenyl- u. p-Tolylradikale. Vier verschied. Ausgangsprodd. wurden zur Darst. der Radikale verwendet: Na-Aryldiazoat, Acylarylnitrosamin, 1-Aryl-3.3-dimethyltriazen u. Acylperoxyd. Das durch die Einw. der Radikale auf Nitrobenzol erhaltene Gemisch von isomeren *Nitrodiphenylen* wurde red. u. die Amine bromatometr. analysiert. Da jedoch bei den aus Phenylradikalen erhaltenen Reaktionsprodd. Neben-Rkk. bei der Analyse auftraten, wurden für die quantitativen Unterss. p-Bromphenyl- bzw. p-Tolylradikale verwendet, die aus den entsprechenden Derivv. obiger Ausgangsprodd. erhalten wurden. Sie ermöglichten eine einwandfreie Analyse des gebildeten Gemischs von *2-*, *3-* u. *4-Amino-4'-methyldiphenyl* bzw. *-4'-bromdiphenyl.* Die prozentuale Substitution des p-Bromphenylradikals in m-Stellung ergab sich zu ca. 12%, die des p-Tolylradikals zu ca. 9%. Die Nitrogruppe dirigiert also bei dieser homolyt. aromat. Substitution vorwiegend in o- u. p-Stellung. Daß das Verhältnis der m- zur o-/p-Substitution grundsätzlich unabhängig ist von der Quelle der Arylradikale, deutet an, daß ein allg. Mechanismus vorliegen muß. Die durch Infrarotspektroskopie der drei isomeren Nitrodiphenyle bei 710—810 cm^{-1} nachgeprüften Ergebnisse der bromatometr. Analyse ergaben gute Übereinstimmung. Die Resultate beweisen die früher angestellten theoret. Betrachtungen (vgl. GRIEVE u. HEY, J. chem. Soc. [London] **1934.** 1797. 1966.)

Versuche: *4-Brom-4'-nitrodiphenyl* (I), F. 172,5° (Eisessig), aus 4-Nitrodiphenyl durch Bromierung in Eisessig bei 100°. — *4-Brom-3'-nitrodiphenyl,* F. 94° (A.), aus 3-Nitrodiphenyl (aus m-Nitrobenzoylperoxyd u. Bzl.) durch Bromierung, hellbraune Tafeln. — *4-Brom-2'-nitrodiphenyl,* F. 64° (A.), durch Bromierung von 2-Nitrodiphenyl in Ggw. von $FeCl_3$ bei Zimmertemp., blaßgelbe Tafeln; Bromierung bei 100° gibt *x.x-Dibrom-2-nitrodiphenyl,* $C_{12}H_7O_2NBr_2$, F. 131—131,5°, hellbraune Prismen; 20% (Ausbeute). — *2-Amino-4'-bromdiphenylhydrochlorid,* aus I durch Red. mit $SnCl_2$ u. HCl in Äthylalkohol. — Analog: *3-* u. *4-Amino-4'-bromdiphenylhydrochlorid.* — *4-Methyl-4'-nitrodiphenyl,* F. 140° (A.), aus 4-Methyldiphenyl durch Nitrierung. — *4-Acetamido-4'-methyl-3-nitrodiphenyl,* $C_{15}H_{14}O_3N_2$, F. 165,5—166° (PAe.–Bzl.), durch Nitrierung von 4-Acetamido-4'-methyldiphenyl, gelbe Nadeln. — *4-Amino-4'-methyl-3-nitrodiphenyl,* $C_{13}H_{12}$ · O_2N_2, F. 186,5—187° (PAe.–Bzl.), aus vorst. Verb., rote Prismen. — *4-Methyl-3'-nitrodiphenyl,* $C_{13}H_{11}O_2N$, F. 77,5° (PAe.), durch Diazotierung vorst. Verb. u. Rk. mit H_3PO_2, gelbe Tafeln. — Rk. von diazotiertem m-Nitroanilin mit Toluol gibt neben wenig vorst. Verb. als Hauptprod. *2-Methyl-3'-nitrodiphenyl,* $C_{13}H_{11}O_2N$, F. 72,5—73° (PAe.), gelbe Nadeln. — *3-Amino-2'-methyldiphenyl* (II), $C_{13}H_{13}N$, F. 37,5—38°, $Kp._{0,05}$ 94—100°, aus

vorst. Verb. durch Red. mit $SnCl_2$ u. HCl, Prismen; m-Struktur durch Aufnahme von 3 Mol Br_2 bewiesen. — *3-Acetamido-2'-methyldipenyl*, $C_{15}H_{15}ON$, F. 94°, aus vorst. Verb. durch Durchleiten von Keten durch Benzollösung. — Aus diazotiertem **II** u. Hypophosphit entsteht *2-Methyldiphenyl*, $Kp._{13}$ 123°, n_D^{20} 1,5933. Oxydation mit $KMnO_4$ gibt *Diphenylcarbonsäure-(2)*, F. 112—113°. — *4-Methyl-2'-nitrodiphenyl*, F. 37—37,5°, aus diazotiertem p-Toluidin u. Nitrobenzol, blaßgelbe Nadeln; Nebenprod. *4-Methyl-4'-nitrodiphenyl*. — *2-Amino-4'-methyldiphenylhydrochlorid*, aus vorst. Verb. durch Red. mit $SnCl_2$ u. HCl in Äthylalkohol. — Analog: *3-* u. *4-Amino-4'-methyldiphenylhydrochlorid*. (J. chem. Soc. [London] **1951**. 2892—2903. Nov. London, Univ., King's Coll.)
J. Knaul. B 225

D. R. Augood, D. H. Hey und **Gareth H. Williams,** *Homolytische aromatische Substitution.* 2. Mitt. *Konkurrenzversuche bei der Phenylierung von Benzol, Nitrobenzol, Chlorbenzol und Pyridin. Partialgeschwindigkeitsfaktoren von Nitrobenzol.* (1. vgl. vorst. Ref.; vgl. auch C. **1953**. **4668**.) Vff. untersuchten die Konkurrenz-Rkk., die bei der Einw. von Phenylradikalen (erhalten aus Benzoylperoxyd) auf *Bzl.* (**I**), *Nitrobenzol* (**II**), *Chlorbenzol* (**III**) u. *Pyridin* (**IV**) eintreten. Die Verss. erstreckten sich auf sämtliche Kombinationen von je zwei der Verbb. **I**—**IV**. Es wurde eine Reihe von Geschwindigkeitsverhältnissen bestimmt, welche zusammen mit den Ergebnissen der 1. Mitt. über den orientierenden Einfl. der Nitrogruppe bei der homolyt. Substitution Werte für die Partialgeschwindigkeitsfaktoren für die Phenylierung von **II** in jeder Kernstellung lieferten. Die Rk. mit **IV** verläuft mit nahezu der gleichen Geschwindigkeit wie die mit **I**, die Rk. mit **III** ungefähr 1,3mal so schnell u. die mit **II** etwa viermal so schnell. Sowohl die Nitrogruppe als auch das Cl-Atom haben also einen aktivierenden Einfl. bei der homolyt. Substitution, jedoch sind die Effekte wesentlich kleiner als bei der elektrophilen Substitution, da keine elektrostat. Einflüsse auftreten. Das neutrale Radikal nähert sich dem Reaktionszentrum, ohne elektrostat. Anziehung oder Abstoßung zu erleiden oder polarisierenden Einfl. auszuüben. Der experimentell bestimmte Wert von $\frac{PhNO_2}{PhH}K = 4$ für die Reaktionsgeschwindigkeit von **II** mit Phenylradikalen, bezogen auf die von **I**, wird einem errechneten Wert von 2,5 gegenübergestellt, der sich durch Einsetzen der Whelandschen Energieinkremente in die Arrheniussche Gleichung ergibt. Die Partialgeschwindigkeitsfaktoren für die Substitution von **II** in o-, m- u. p-Stellung betragen $\frac{PhNO_2}{PhH}F_o$ 7,0, $\frac{PhNO_2}{PhH}F_m$ 1,2 u. $\frac{PhNO_2}{PhH}F_p$ **7,9.** Für die errechneten Werte ergaben sich ähnliche Verhältnisse. Die Resultate zeigen, daß die Nitrogruppe bei der homolyt. Substitution mäßig aktiviert u. o–p-dirigiert.

Versuche: *4-Nitrodiphenyl*, F. 114° (Essigsäure), aus Diphenyl durch Nitrierung, Nadeln. — *2-Nitrodiphenyl*, F. 36,5° (PAe.), wie vorstehend. — *3-Nitrodiphenyl*, F. 60° (A.), aus m-Nitranilin durch Gomberg-Reaktion. — *Diphenyl*, F. 70° (A.-W.). — *Phenylbenzoat*, F. 69,5° (A.). — *p-Nitrophenylbenzoat*, F. 142° (A.). — *p-Terphenyl*, F. 209—210° (Bzl.). (J. chem. Soc. [London] **1952**. 2094—2102. Juni.) J. Knaul. B 225

Massimo Simonetta und **Giorgio Favini,** *Über die Kinetik der Reaktion zwischen aromatischen Nitrochlorderivaten und Kaliumhydroxyd in wässerig-alkoholischer Lösung.* (Vgl. C. **1954**. 5266.) Die Rk. von *1-Nitro-2-chlor-* (**I**), *1-Nitro-4-chlor-* (**II**), *1-Chlor-2-nitronaphthalin* (**III**), *o-* (**IV**) u. *p-Chlornitrobenzol* (**V**) in alkoh. Lsg. mit 0,5nKOH (KOH in gleicher Gewichtsmenge dest. W. gelöst u. mit absol. A. aufgefüllt) wird bei 55—75° untersucht. Es entstehen fast ausschließlich bzw. überwiegend die Äther nach $R{-}Cl + OC_2H_5^- \rightarrow ROC_2H_5 + Cl^-$. Die Geschwindigkeitskonstanten sind: **I**: 65° 0,695, 70° 1,155, 75° 2,161; **II**: 55° 2,85, 65° 7,25, 75° 19,24; **III**: 55° 4,68, 65° 11,80, 75° 27,77; **IV**: 65° 0,335, 70° 0,726, 75° 1,318; **V**: 65° 0,679, 70° 1,390, 75° 2,380. Daraus errechnen sich die Aktivierungswärmen (kcal/Mol): **I** 25,3; **II** 20,6; **III** 19,85; **IV** 32,0; **V** 29,0. Es handelt sich um eine nucleophile aromat. Substitution mit bimol. Mechanismus. Auch in alkoh. Lsg. gilt wie in wss. Dioxan für die Reaktionsgeschwindigkeit die Reihenfolge **III** > **II** > **I**. (Atti Accad. naz. Lincei, Rend., Cl. Sci. fisiche, mat. natur. [8] **14**. 804 bis 809. Juni 1953. Milano, Univ., Ist. di Chim. ind., u. Politecn. Ist. di Chim. gen.)
R. K. Müller. B 225

N. B. Chapman und **D. Q. Russell-Hill,** *Kinetik der Reaktion von chlorhaltigen heterocyclischen Verbindungen mit Äthylationen in Äthanol.* (Vgl. C. **1955**. 8826.) Geschwindigkeitskonstanten 2. Ordnung zwischen 30 u. 110°, Aktivierungsenergien u. Häufigkeitsfaktoren wurden für folgende Verbb. zum Teil neu ermittelt, zum Teil korrigiert. *2-Chlorchinolin* (E. = 22,9 kcal/Mol, log A = 10,9), *1-Chlorisochinolin* (22,5, 10,7), *4-Chlorchinolin* (20,3, 9,0), *2-Chlorpyridin* (27,0, 11,4), *4-Chlorpyridin* (20,9, 9,3), *5-Chloracridin* (17,5, 8,9), *1-Chlorphthalazin* (**I**) (16,4, 9,5). Für die Rk. von **I** mit Piperidin in A. ist $k_2 = 10^{4.2} \cdot e^{-11900/RT}$ ($k_2^{50°} = 14{,}4 \cdot 10^{-5}$ Liter·Mol^{-1}·sec^{-1}). Die Rkk. von *4-Chlorchinazolin* mit A. (bei 40° 50% ig. Umsatz in ca. 20 Min.), Anilin in A. (20°, 22 Min.)

u. Pyridin in A. (40°, 9 Min.) scheinen autokatalyt. zu sein. (Chem. and Ind. **1954.** 1298—99. 16/10. Southampton, Univ., Dep. of Chem.) G. LOHAUS. B 225

I. Elphimoff-Felkin, M. H. Felkin und **M. Z. Welvart,** *Über die Kondensation aromatischer Aldehyde mit den Estern und Salzen von Glykokoll.* (Sitzungsbericht.) Zusammenfassende theoret. Erörterung der bei der Kondensation von p-Nitrobenzaldehyd mit Glykokollderivv. in früheren Arbeiten (vgl. C. **1953.** 367 u. **1954.** 3712 u. a.) erhaltenen Ergebnisse. — 32 Literaturhinweise. (Bull. Soc. chim. France, Mém. [5] **20.** C 58—C 62. Okt. 1953. Paris, Fac. de Méd.) H. LEHWALD. B 225

Klaus Clusius und **Hans Craubner,** *Reaktionen mit* ^{15}N. 17. Mitt. *Die Bildung von Phenylazid aus Phenyldiazoniumchlorid und Phenylhydrazinhydrochlorid.* (16. vgl. C. **1956.** 1242; u. Chimia **9.** [1955.] 118.) Vff. untersuchten zwischen 0 u. 30° durch Isotopenanalyse die Bldg. von *Phenylazid* (I) durch Rk. von Benzoldiazoniumchlorid (II) mit Phenylhydrazin in stark HCl-saurer Lsg. unter Verwendung von $[C_6H_5{}^{15}NN]Cl$ u. nehmen als nicht isolierbares Zwischenprod. das Tetrazenderiv. $C_6H_5N{=}NNHNHC_6H_5$ an, das zu I u. Anilinhydrochlorid (III) zerfällt. Sichergestellt wurde hierbei, daß unter den Reaktionsbedingungen II nicht mit III über Diazoaminobenzol unter Umdiazotierung reagiert. Das erhaltene I (Ausbeute je nach Temp. 54—23%, III 80—57%) wurde nach CLUSIUS u. WEISSER (C. **1953.** 4506) durch Kochen mit 6nHCl unter CO_2 zu N_2 u. p-Chloranilin (IV) abgebaut; letzteres enthält das kernständige N des I u. wurde ebenso wie das erhaltene III nach KJELDAHL zers. u. das NH_4Cl sowie der freigesetzte N_2 isotopenanalyt. untersucht. Da im N_2 keine Isotopenanreicherung gefunden wurde, findet während obiger Rk. ein Austausch des ^{15}N mit den nicht markierten mittelständigen N-Atomen des hypothet. Tetrazenderiv. sicher nicht statt. Dagegen sind sowohl in IV als auch im III nahezu gleiche ^{15}N-Anteile nachzuweisen. Hieraus ergibt sich, daß die nebenst. Reaktionswege A u. B fast gleichmäßig (A : B = 46 : 54) beschritten werden. Vff. schließen hieraus, daß die Verschiebung der Protonen längs der ungesätt. Stickstoffkette im Tetrazenderiv. sehr leicht erfolgt u. nur eine geringe Aktivierungsenergie erfordert. Diese große Beweglichkeit des Wasserstoffs scheint eine allg. Eig. solcher Stickstoffketten zu sein. (Helv. chim. Acta **38.** 1060—65. 15/6. 1955. Zürich, Univ., Physikal.-Chem. Inst.) B. GNAUCK. B 225

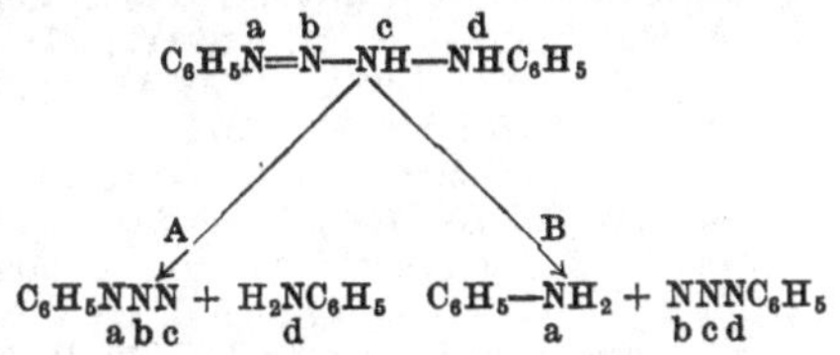

E. Abel, *Bemerkung zum Mechanismus der Diazotierung.* 2. kurze Mitt. (1. vgl. C. **1956.** 977.) Die für die Diazotierung unter gewissen Versuchsbedingungen nach $d(XN_2{}^+)/dt = k_1[HNO_2]^2$ unabhängig von X von SCHMID u. WOPPMANN (Mh. Chem. **83.** [1952.] 346) gefundene Geschwindigkeitskonstante $k_1 = 55$ Liter·Mol^{-1}·min^{-1} (0°) unterscheidet sich erheblich von der der Oxydation von HNO_2 zu HNO_3 durch O_2 ($k_2 = 1{,}6$ Liter·Mol^{-1}·min^{-1}, umgerechnet von 25° auf 0°). Im Hinblick auf die leichte Oxydierbarkeit von NO ist es sehr naheliegend, daß die zweite Rk. auf dem Wege $2\,HNO_2 \rightarrow NO_2 + NO + H_2O$ verläuft. Dem Diazotierungsvorgang ist demnach der von HUGHES, INGOLD u. RIDD (Nature [London] **166.** [1950.] 642) sowie von SCHMID (l. c.) entwickelte Mechanismus, der über die Stufe $2\,HNO_2 \rightarrow N_2O_3 + H_2O$ verläuft, zuzuordnen. (Mh. Chem. **85.** 1312—14. 15/12. 1954. London.) G. LOHAUS. B 225

R. T. Sanderson, *Die Richtung der Ionenaddition an olefinische Doppelbindungen.* Theoret. Betrachtungen. Die Möglichkeiten der Addition eines asymm. Mol. (Ionenverb.) an eine olefin. Doppelbindung werden im Hinblick auf Elektronenkonfiguration u. Ladungszustand der in Frage stehenden C-Atome sowie die Beeinflussung der Ladungsverteilung durch verschied. Liganden erörtert u. durch Beispiele belegt. (Science [Washington] **122.** 244. 5/8. 1955. Iowa City, Io., State Univ. of Iowa, Dep. of Chem.) H. HOFMANN. B 225

K. Schwabe und **H. Berg,** *Reaktionsgeschwindigkeitsmessungen mit dem Polarographen.* 1. Mitt. *Grundlagen der Methode und Anwendung auf Citralreaktionen in saurem und basischem Medium.* Nach Schilderung der Möglichkeiten der Polarographie zur Messung von Reaktionsgeschwindigkeiten in Lsg. u. der besonderen Versuchsbedingungen u. Reaktionszellen werden die Citral-Rkk. näher beschrieben. Die Cyclisierung von *Citral* (I) zu p-Cymol in Ggw. von Säuren wird aus der zeitlichen Abnahme der vorderen Stufenhöhe verfolgt. Es ergab sich eine Rk. 1. Ordnung, deren Konstante k_1 bis zu einer Säurekonz. von 1n linear u. $>$ 1n exponentiell ansteigt. Bei konstanter Säurekonz. nimmt k_1 mit wachsender A-Konz. exponentiell ab. Die Cyclisierungsgeschwindigkeiten k_1[min^{-1}] betragen bei 40° mit 1 mol. *Ameisensäure* 0,0065; *Weinsäure* 0,0170; *Monochloressigsäure* 0,0210; *Phosphorsäure* 0,0480; *Oxalsäure* 0,1410 u. genügen der BRÖNSTED-Gleichung. Die Spaltung von I durch LiOH in *Acetaldehyd* (II) u. *Methylheptenon* läßt sich sowohl aus der Abnahme der I-Stufe als auch aus dem Ansteigen von II verfolgen wobei aber eine Aldolkondensation von II berücksichtigt werden muß. Diese Rk. 1. Ordnung folgt $k_1 = \text{const}\,[OH^-]^{0,72}$ u. wird exponentiell verlangsamt mit steigender A-Konzentration. In acetonhaltigen Lsgg. kondensiert I in Ggw. < 0,01 mol. LiOH zu *Pseudojonon* (III). Es wird das Anwachsen der 1. III-Stufe gemessen u. eine Rk. 1. Ordnung mit einer scheinbaren Aktivierungsenergie von 13000 cal·Mol^{-1} gefunden. Deutungen für alle Reaktionsmechanismen werden gegeben u. auf die Bedeutung der Meßmeth. für ungesätt. Aldehyde hingewiesen. (Z. physik. Chem. **203**. 318—50. Okt. 1954. Dresden, TH, Inst. für Elektrochem. u. physik. Chem.) H. BERG. B 225

K. Schwabe und **J. Voigt,** *Reaktionskinetische Untersuchungen mit dem Polarographen.* 2. Mitt. *Die Kinetik der katalytischen Acetylenhydratation in schwefelsaurer Lösung.* (1. vgl. vorst. Ref.) Die Hydratation des *Acetylens* (I) nach $C_2H_2 + H_2O \rightarrow CH_3CHO$ in 1n, 5n u. 10n H_2SO_4 wird in Ggw. von 10^{-4} mol. $HgSO_4$ bei 25, 30, 35, 40° aus dem Ansteigen der polarograph. Stufe des *Acetaldehyds* (II) ermittelt. Hierfür werden Proben aus dem bes. konstruierten Reaktionsgefäß ohne Gasraum entnommen u. im Überschuß von LiOH polarographiert. Die Rk. verläuft bzgl. I u. II nach der 1. Ordnung. Sofort nach Beginn der Rk. scheidet sich ein mikrokristalliner weißer Körper von der Zus. $C_2H_2 \cdot HgSO_4 \cdot Hg_2SO_4 \cdot 6\,H_2O$ ab, welcher sich als der wirksame Katalysator erweist, an dessen Oberfläche das herandiffundierende I kontinuierlich in mikroheterogener Rk. hydratisiert wird, wobei eine scheinbare Aktivierungsenergie von 13500 cal gemessen wird. Als Beweise für die Wrkg. des instabilen mikroheterogenen Katalysators sind zu betrachten: die Abhängigkeit der Umsatzgeschwindigkeit von der Menge u. dem Dispersitätsgrad des Katalysators. (Z. physik. Chem. **203**. 383—97. Okt. 1954.) H. BERG. B 225

A. Rembaum und **M. Szwarc,** *Methylaffinitäten von Chinonen.* Vff. bestimmten nach der Meth. von LEVY u. SZWARC (vgl. C. **1955**. 8117) die Methylaffinitäten folgender Chinone in Toluol bei 65°: *p-Benzo-* (I), *Tolu-*, *2-Chlorbenzo-*, *1.4-Naphthochinon* (II), *2-Methyl-*, *2.7-Dimethyl-*, *2.3-Dimethyl-1.4-naphthochinon*, *2.5-Dimethyl-*, *2-Methoxy-*, *2.5-Dichlor-*, *2.6-Dichlor-p-benzochinon*, *Durochinon*, *Chloranil* (V), *2.3-Dichlor-1.4-naphthochinon*, *1.2-Naphthochinon*, *Phenanthrenchinon* (III) u. *2-tert.Butylanthrachinon* (IV). Die Methylaffinitäten, gegeben durch die Relativgeschwindigkeiten der Rk. $Q + CH_3 \rightarrow QCH_3$ nehmen in der Reihe I (15200), II (4900), III (700), IV (90) schnell ab (Werte bezogen auf Bzl. = 1). Die sukzessive Methylierung der Chinone setzt die Methylaffinität herab, ebenso die Einführung einer Methoxygruppe; dagegen wird durch Chloratome die Methylaffinität erhöht. Vff. diskutieren die Resultate im Hinblick auf die Reaktionsfähigkeit der C-Doppelbindung sowie auf Effekte der ster. Hinderung. Hierfür gibt die niedrige Reaktivität von V ein eindeutiges Beispiel. Ebenso wie früher für das CCl_3-Radikal (l. c.) wird die Reaktionsfähigkeit des Methyl- mit der des Styrylradikals verglichen. Es besteht auch hier eine lineare Beziehung zwischen den Logarithmen der relativen Reaktivitäten von Styrylradikalen gegenüber Chinonen u. den Logarithmen der entsprechenden Methylaffinitäten. Die wirkliche Reaktivität des Styrylradikals, bezogen auf den Wert 1 für das Methylradikal, beträgt 0,45 (für CCl_3 0,51). Änderungen der Resonanzenergie des Chinonsyst. wirken sich in gleicher Weise auf die Redoxpotentiale wie auf die Methylaffinitäten aus. Die Isolierung u. Identifizierung der Endprodd. der Rk. gelang nicht. Vff. nehmen an, daß sich aus dem intermediären Methylchinonradikal unter Disproportionierung das entsprechende Chinon- u. Hydrochinonderiv. bildet. (J. Amer. chem. Soc. **77**. 4468—72. 5/9. 1955. Syracuse, N. Y., State Univ., Coll. of Forestry, Chem. Dep.) J. KNAUL. B 225

Carlo Trevissoi, *Thermodynamische Untersuchung der Reaktion zwischen Methan und Wasserdampf und ihrer Umkehrung.* 1. u. 2. Mitt. Es werden die thermodynam. Ergebnisse der Rk. zwischen CH_4 (I) u. Wasserdampf (II) beim Crackprozeß angegeben u. der Einfl. des gebildeten H_2 auf das Gleichgewicht untersucht. Die verschied. Werte der Standard-Zustandsenergien, der W. : I-Verhältnisse im Ausgangsgemisch u. schließlich des Druckes, der größer ist als der Luftdruck, werden zur Berechnung herangezogen. Bei der umgekehrten Rk., der Konvertierung von CO mit H_2, werden die Gleichgewichtsdaten u. die Konvertierungsausbeute für die I–W.-Rk. berechnet. Dies ist wichtig für die Eliminierung des CO aus dem NH_3-Synthesegas, das aus dem I-Crackprozeß stammt. Berechnung der Druckwrkg., der Verdampfungskoeffizienten sowie der möglichen Neben-Rkk. u. des verschied. %-Geh. an CH_4 im Ausgangsgemisch. (Metano [Padova] **8**. Nr. 6. 19—30. Juni. Nr. 7. 17—24. Juli 1954. Bologna, Ist. „G. Ciamician".) G. PLATZER. B 225

A. Rembaum und **M. Szwarc,** *Kinetik der thermischen Zersetzung von Diacetylperoxyd.* 1. Mitt. *Gasphase.* Es wurde die therm. Zers. von gasförmigem *Diacetylperoxyd* (I) in Ggw. von Toluol oder Bzl. in einem Strömungssyst. zwischen 90 u. 190° untersucht. Die Zers. lief nach dem Zeitgesetz 1. Ordnung ab. Die Geschwindigkeitskonstante wurde zu k = 1,8·10^{14}·exp (−29500/RT) sec^{-1} ermittelt. Als Zersetzungsprodd. traten CO_2, C_2H_6 u. wenig CH_4 auf. Das Molverhältnis $CO_2/(C_2H_5 + CH_4)$ war 2 : 1. Die Bldg. von Methylacetat wurde nicht beobachtet. Vermutlich wurde bei den kinet. Messungen die monomol. Dissoziation I → 2 $CH_3COO\cdot$ erfaßt. Bei dieser Annahme ergibt sich die Bindungsdissoziationsenergie D($CH_3COO-OCOCH_3$) zu 29,5 kcal/Mol. (J. Amer. chem. Soc. **76**. 5975—78. 5/12. 1954. Syracuse, N. Y., State Univ., Coll. of Forestry.)

L. FISCHER. B 225

C. A. MacKenzie und **L. R. Webb**, *Die Pyrolyse einiger Imidoesterhydrochloride.* Das Ausmaß der Pyrolyse von festen Imidoesterhydrochloriden (**A**) nach RC(OR')=NH_2Cl → $RCONH_2$ + R'Cl wird bei verschied. Tempp. bestimmt (Rk. 1. Ordnung) u. die Abhängigkeit der Halbwertszeit [$t_{1/2}$ = 0,693/k] von dem Substituenten R ermittelt. Nachst. $t_{1/2}$-Werte wurden gemessen [Temp.: a = 50,3°, b = 60°, c = 65,3° u. d = 70,3°]: R = *CH_3*, R' = *$C_6H_5CH_2$*, a = 465, b = 110 u. c = 50. R = *CH_3*, R' = *m-NO_2·$C_6H_4CH_2$*, c = 1253 u. d = 605. R = *CH_3*, R' = *p-$NO_2C_6H_4CH_2$*, b = 1200 u. c = 585. R = *C_6H_5*, R' = *$C_6H_5CH_2$*, a = 261, c = 24. R = *C_6H_5*, R' = *m-$NO_2C_6H_4CH_2$*, a = 530 u. b = 120. R = *C_6H_5*, R' = *p-$NO_2C_6H_4CH_2$*, b = 780. R = *$ClCH_2CH_2$*, R' = *$C_6H_5CH_2$*, a = 390, b = 85 u. c = 42. R = *$ClCH_2CH_2$*, R' = *m-$NO_2C_6H_4CH_2$*, a = 825 u. b = 136. *R* = *$ClCH_2CH_2$*, R' = *p-$NO_2C_6H_4CH_2$*, a = 1200. R = *C_6H_5*, R' = *C_2H_5*, d = 2653. R = *$ClCH_2CH_2$*, R' = *C_6H_5*, in 29 Std. keine Pyrolyse. Die Ergebnisse widersprechen nicht dem von MCELVAIN u. TATE (C. **1952**. 7791) aufgestellten Mechanismus. (J. org. Chemistry **18**. 594—97. Mai 1953. New Orleans, La., Tulane Univ., Richardson Chem. Labors.)

H. LEHWALD. B 225

Charles E. McCauley, William H. Hamill und **Russell R. Williams jr.**, *Isomerisierung bei der Photolyse von Alkyljodiden.* Bei der Photolyse von fl. *n-Propyl-* (**I**), *Isopropyl-* (**II**) u. *tert.-Butyljodid* bei ca. 30° unter Verwendung einer Hg-Niederdruckentladungsröhre (hauptsächlich 2537 Å) entstanden im wesentlichen äquimol. Gemische der entsprechenden Alkane u. Alkene. *Isobutyljodid* lieferte unter gleichen Bedingungen anomale Ergebnisse. Tracerexperimente mit ^{131}J zeigten, daß sich bes. bei tiefen Tempp. (−70°) u. bei Bestrahlung mit kürzeren Wellenlängen (1849 Å) in beträchtlichem Maße **I** zu **II** isomerisiert; diese Isomerisierung wird durch O_2 unterbunden. Der Mechanismus der Rkk. wird diskutiert, es wird geschlossen, daß die Isomerisierung eng mit der intermediären Bldg. von HJ verknüpft ist. Dies wird durch ein Experiment gestützt, bei dem *Äthyljodid* im Gemisch mit Propylen in Ggw. von $^{131}J_2$ unter sonst gleichen Bedingungen photolysiert wurde. Dabei entstand eine größere Menge an **II**. (J. Amer. chem. Soc. **76**. 6263—66. 20/12. 1954. Notre Dame, Ind., Univ., Dep. of Chem.)

L. FISCHER. B 226

A. S. Buchanan, *Die Kinetik der Photolyse von Acetaldehyd.* 2. Mitt. *Die Geschwindigkeit der Erzeugung von Methylradikalen.* (1. vgl. C. **1952**. 7793.) Die Photolyse von *Acetaldehyd* (I) durch UV-Licht wird in Ggw. von Joddampf durchgeführt, um die entstehenden CH_3-Radikale als CH_3J abzufangen (vgl. C. **1939**. I. 1034; BLACET u. HELDMANN, C. **1943**. I. 1461. 1462). Die Reaktionsprodd. werden zur Entfernung von überschüssigem Jod über Hg geleitet, das CH_3J mit Na-Äthylat bei 130° zu NaJ umgesetzt u. letzteres quantitativ bestimmt. Versuchsbedingungen: I-Drucke 20—320 mm, Tempp. 120—350°, Belichtungszeiten 5—80 Min., J_2-Drucke 5—11 mm. Die CH_3J-Bldg. ist im Anfangsteil der Rk. proportional der Belichtungszeit u. dem I-Druck. Bei hinreichend hohen I-Drucken, bei denen das absorbierte Licht völlig ausgenutzt wird, ist die Bildungsgeschwindigkeit zwischen 120 u. 200° temperaturunabhängig. Bei 300° macht sich daneben eine merkliche Dunkel-Rk. geltend, die ebenfalls zu CH_3J führt. Aus dem Verhältnis C_2H_6/CH_4 in Abwesenheit von Jod ergibt sich, daß die Kettenlänge der Reaktionsfolge: $CH_3CHO + h\nu = CH_3 + CHO$ (Ketteneinleitung), $CH_3 + CH_3CHO = CH_4 + CH_3 + CO$ (Kettenfortführung), $2\,CH_3 = C_2H_6$ (Abbruch) sowohl mit steigender I-Konz. als auch mit steigender Temp. zunimmt. Aus der Bildungsgeschwindigkeit des CH_3J u. damit der CH_3-Radikale wird die Geschwindigkeit der Äthanbldg. in Abwesenheit von Jod berechnet unter der Annahme, daß alle CH_3-Radikale zu Äthan rekombinieren. Bei 200° stimmen so berechnete u. in Abwesenheit von Jod beobachtete C_2H_6-Bldg. überein, mit steigender Temp. nimmt dagegen die berechnete C_2H_6-Menge stärker ab als die gefundene (bei 340° gefunden: berechnet = 1,8). Diese Differenz wird einer mit steigender Temp. zunehmenden, ebenfalls CH_3-Radikale liefernden Sekundär-Rk. der CHO-Radikale zugeschrieben, welche Neben-Rk. in Ggw. von Jod unterbunden wird, da Jod auch die CHO-Radikale wegfängt. Als Neben-Rk. kommt die Rk. CHO → H + CO mit der Folge-Rk. $H + CH_3CHO = H_2 + CH_3 + CO$ in Frage, wobei letzterer Schritt mit steigender Temp. zunehmend neben die Rekombination der beim Zerfall der CHO-Radikale gebildeten H-Atome tritt. (J. chem. Soc. [London] **1951**. 2317—20. Sept. Oxford, Univ., Phys. Chem. Labor.)

O. REITZ. B 226

V. Pretorius, I. H. S. Henderson und **C. J. Danby,** *Die Photolyse von Acetaldehyd. 3. Mitt. Die Reaktion in Gegenwart von Stickoxyd.* (2. vgl. vorst. Ref.) Als Lichtquellen dienten eine Quecksilberniederdrucklampe u. eine 125 W-Hg-Lampe (2537 bzw. 3130 Å), Reaktionstemp. war 250—300°. Die Reaktionsprodd. wurden massenspektrometr. u. auf chem. Wege analysiert. Während bei der nicht inhibierten Photolyse das Verhältnis von gebildetem CH_4 zu gebildetem CO prakt. 1 ist, sinkt es in Ggw. von NO auf einen kleinen Wert, aber nicht auf Null ab. Die Geschwindigkeit des Verbrauchs an Aldehyd u. NO sind fast gleich. Im Gegensatz zur nichtinhibierten Rk. wurde kein Äthan nachgewiesen. Daraus folgt, daß NO mit dem CH_3-Radikal reagiert, welches in der (gegenüber der Rk. $CH_3-CHO + h\cdot\nu \rightarrow CH_4 + CO$ (1) vorherrschenden) Rk. $CH_3-CHO + h\cdot\nu \rightarrow CH_3\cdot + CHO\cdot$ (2) gebildet wird. Mit den CHO-Radikalen oder den daraus durch Dissoziation gebildeten H-Atomen reagiert NO entweder gar nicht, oder es wird durch Folge-Rkk., z. B. $2\,CHO\cdot NO \rightarrow 2\,CO + 2\,NO + H_2$ (3) u. $2\,H\cdot NO \rightarrow 2\,NO + H_2$ (4) vollständig regeneriert. Die Mengen von zerfallenem Aldehyd u. gebildetem CO sind gleich, so daß eine stabile Verb. CHO·NO nicht gebildet worden sein kann. N-haltige Prodd. wurden in der Gasphase nur in Spuren nachgewiesen, das $CH_3\cdot NO$ polymerisiert sich daher wahrscheinlich als isomeres Formaldoxim. Es wurde nur ein Bruchteil des z. B. von Gleichung 3 u. 4 geforderten H_2 gefunden, was auf eine Rk. zwischen H-Atomen u. Formaldoxim deuten könnte. Die relativen Wahrscheinlichkeiten von mol. Umlagerung (Gleichung 1) u. Radikalbldg. (Gleichung 2) sind λ-abhängig. Bei 3130 Å zerfallen 9% u. bei 2537 Å 17% Aldehyd ohne Radikalbildung. (J. chem. Soc. [London] **1955.** 1076—79. April.)
G. Pfundt. B 226

Nina Ivanoff, *Die Reaktionsfähigkeit des durch Photolyse gebildeten Jods mit Benzol und seinen Derivaten.* Vf. untersuchte die 3 Systeme 1. *^{128}J-Propyljodid* (I)–*Bzl.*, 2. I–*Bzl.–Äthylbenzoat* (III) u. 3. I–*Bzl.–Anisol* (IV), zum Teil in CCl_4-Lsg., unter Bestrahlung mit einer Hg-Dampflampe ohne Filter im Quarzgefäß u. unter N_2, um die Reaktionsfähigkeit der durch Photolyse von I frei gemachten Jodatome gegenüber aromat. Verbb. zu untersuchen. Zur Technik der Abtrennung u. Analyse vgl. Ivanoff u. Gavoret (C. **1954.** 7807). Im Syst. 1 bildete sich *Jodbenzol* (**II**), im Syst. 2 **II** u. *Jodbenzoesäureäthylester* u. in Syst. 3 **II** u. *Jodanisol*, außerdem entstand Jod selbst, wobei bei Syst. 1 das Verhältnis **II** : Jod von der Strahlungsintensität abhing; mit Verminderung der Photolysengeschwindigkeit v nahm das Verhältnis zu (nach 20 Std. Bestrahlung u. 50% Ausbeute: 0,2). Die relativen Substitutionsgeschwindigkeiten betrugen für Syst. 2 $K_{III} : K_{Bzl.} = 7$, für Syst. 3 $K_{IV} : K_{Bzl.} > 10$. Diese Verhältnisse waren unabhängig von der Konz. an Aromaten u. von v. (C. R. hebd. Séances Acad. Sci. **239.** 806—08. 4/10. 1954.)
B. Gnauck. B 226

H. C. Rowlinson, Robert L. Burwell jr. und **Richard H. Tuxworth,** *Die Wechselwirkung zwischen Deuterium und gesättigten Kohlenwasserstoffen über Nickelkatalysatoren.* (Vgl. C. **1953.** 5156; Anderson u. Kemball, Proc. Roy. Soc. [London], **223.** Ser. A [1954.] **361.**) Vff. untersuchen die Wechselwrkg. zwischen D_2 u. verschied. Alkanen u. Cycloalkanen bei 150—200° über „evaporierten“ Ni-Filmen, red. NiO- u. Ni-Kieselgurkatalysatoren, um festzustellen, ob die früher erhaltenen Ergebnisse (l. c.) allg. für Ni-Katalysatoren gültig sind. Die Resultate der früheren Ergebnisse werden bestätigt. — *Heptan* u. *3-Methylhexan* tauschen sehr stark aus; *Cyclopentan, Cyclohexan* u. *2.3-Dimethylbutan* werden fast vollständig deuteriert. Unter experimentellen Bedingungen findet Hydrogenolyse der C—C-Bindungen nur bei *Äthylcyclobutan* statt, die Geschwindigkeit ist von gleicher Größenordnung wie die Austauschgeschwindigkeit. Die Versuchsergebnisse lassen sich deuten mit einer auf die Anfangsadsorption des KW-stoffmol. folgenden C—H-Bindungsspaltung, worauf der „Befestigungspunkt“ (point of attachement) unter jedesmaligem Isotopenaustausch in einem $\alpha.\beta$-Vorgang verschoben wird; α–α- u. α–γ-Verschiebungen sind relativ selten. Eine einzelne Kettenverzweigung behindert die Wanderung des „Befestigungspunktes“ nicht, eine geminale Dimethylgruppe dagegen vollständig. — Da die Racemisierung von (+)-3-Methylhexan eng verknüpft ist mit der Gesamtzahl der Moll., die am Austausch teilgenommen haben, muß nach Vff. ein symm. Zwischenprod. während des Austauschvorganges angenommen werden, dessen Struktur diskutiert wird. (J. physic. Chem. **59.** 225—31. März 1955. Evenston, Ill., Northwestern Univ., Dep. of Chem.)
G. Winkler. B 227

D. G. Knorre, S. K. Maisuss und **N. M. Emanuel,** *Makroskopisches Anfangsstadium der Umwandlung des Katalysators bei der Oxydation von n-Decan in Gegenwart von* $Mn(C_{11}H_{23}COO)_2$. (Vgl. C. **1955.** 2643. 4299.) Bei der Oxydation von *n-Decan* (I) mit O_2 bei 140° wird durch Ggw. von 0,3 Mol-% *Mn-Laurat* (II) die Bldg. von Carbonylverbb., Säuren u. Estern erheblich beschleunigt, dagegen nimmt die Peroxydbldg. stark ab, offenbar durch Verbrauch der Radikale ROO— zur Bldg. der genannten Produkte. Bei 120° wird durch **II** bes. die Säurebldg. deutlich gefördert. Die vor der Rk. farblose Lsg.

wird bei 140° bis zur 10. Min. zunehmend dunkler (braun), dann wieder heller u. ist nach 40 Min. wieder farblos; bei 120° wird die stärkste Dunkelfärbung erst nach 40 Min. erreicht, die Wiederentfärbung nach 2 Std.; in Ggw. starker Reduktionsmittel wie $NaHSO_3$ unterbleibt die Dunkelfärbung, die also offenbar auf dem Übergang des Mn in höhere Wertigkeitsstufen beruht. Die Löslichkeit des **II** in **I** erreicht bei 120—140° 0,8%; beim Abkühlen fällt wieder **II** aus, das gefärbte Prod. bleibt beim Abkühlen gelöst. (Доклады Академии Наук СССР [Ber. Akad. Wiss. UdSSR] [N. S.] **99.** 415—18. 21/11. 1954. Inst. für chem. Physik der Akad. der Wiss. der UdSSR.) R. K. MÜLLER. B 227

Hiroshi Hasegawa und **Ryoichi Miyake,** *Rolle des Chromoxyds bei der Reduktion der Carboxylgruppe mit Wasserstoff unter hohem Druck.* 1. Mitt. Eine Chromoxydmischung, erhalten durch therm. Zers. von NH_4-Cr-Chromat (aus Cr^{3+}-Salz u. Chromat) bei 350°, entsprechend CrO_2, wurde für die katalyt. Hochdruckhydrierung von *Camelliaöl* in einem Ni–Cr-Stahl-Autoklaven geprüft u. schien keine katalyt. Eigg. zu besitzen. Die Gefäßinnenwand schien Seiten-Rkk. zu begünstigen (Bldg. von Ketonen u. KW-stoffen), wie infrarotspektrograph. Prüfungen zeigten. (J. pharmac. Soc. Japan [Yakugakuzasshi] **73.** 187—90. Febr. 1953. Tokyo Univ., Chiba Univ. [Orig.: japan.]) L. SCHULER. B 227

Hiroshi Hasegawa und **Ryoichi Miyake,** *Rolle des Chromoxyds bei der Reduktion der Carboxylgruppe mit Wasserstoff unter hohem Druck.* 2. Mitt. (1. vgl. vorst. Ref.) Der Einfl. der metall. Innenwand wurde durch Verglasung ausgeschaltet u. die katalyt. Hochdruckred. von *Camelliaöl* u. von *Äthyllaurat* wiederholt. CrO_2 erwies sich wirkungslos, so daß frühere Schlußfolgerungen dementsprechend zu korrigieren sind. (J. pharmac. Soc. Japan [Yakugakuzasshi] **73.** 191—93. Febr. 1953. [Orig.: japan.]) L. SCHULER. B 227

J. Llopis und **J. T. Davies,** *Katalyse von Oberflächenreaktionen infolge elektrischer Ladungen.* Es wird die Möglichkeit der Beschleunigung oder Verzögerung von Rkk. in monomol. Schichten untersucht. Vff. führten Verss. über die saure Hydrolyse von *Cholesterylformiat* aus, wobei als Substrat wss. Lsg. von HCl benutzt wurde. Es wird gezeigt, daß diese Rk. beschleunigt wird, wenn in die Schicht Na-Dokosylsulfat eingeschlossen wird. Dagegen erfolgt eine Verzögerung der Rk. in Ggw. von Octadecyltrimethylammoniumchlorid. Diese Effekte beruhen auf der Änderung des p_H in der Oberfläche infolge der elektrostat. Wrkg., die auf die Ggw. von elektr. Ladungen in der Schicht zurückzuführen ist. (An. Real Soc. españ. Física Quím., Ser. B **49.** 671—80. Nov. 1953. London, Univ., King's Coll., Dep. of Phys. Chem.) K. PISTOR. B 227

A. I. Kitaigorodski, Organische Kristallchemie. Moskau: Verlag der Akad. der Wiss. der UdSSR. 1955. (558 S.) 29 Rbl. 90 Kop. [russ.]

B. A. J. Lister and **L. A. McDonald,** Saturated vapour pressure of ethylene at low temperatures and the magnitude of thermomolecular pressure differences in tubes of various diameters. London: H.M.S.O. 1955. 2 s. 6 d.

C. Präparative organische Chemie. Naturstoffe.

Edward Ronwin, *Direkte Acylierung von α-Aminosäuren und von α-Oxysäurederivaten.* Die Darst. der *N-Chloracetyl-*, *N-Trichloracetyl-* u. *N-Hippurylderivv.* von *α-Aminosäuren* u. der *O-Hippurylderivv.* einiger *α-Oxysäuren* durch direkte Acylierung wird beschrieben. Die *N-Chloracetylderivv.* von *DL-Serin, DL-Threonin, DL-* u. *L-Glutaminsäure* (**I**), *DL-Tryptophan* (**II**), *β-Alanin, L-Asparagin, L-Cystin, L-Histidin* u. *p-Aminobenzoesäure* sind durch direkte Acylierung nicht zugänglich, ebensowenig die *Trichloracetylderivv.* von **I, II** u. *L-Phenylalanin* (**III**) u. die *N- bzw. O-Hippurylderivv.* von DL-**III**, *DL-Isoleucin, DL-Asparaginsäure, Mandelsäure* u. *Äpfelsäure.*

V e r s u c h e: *DL-Milchsäureäthylester*, Kp.$_{24}$ 63°, Darst. nach FILACHIONE u. Mitarbeitern (Ind. Engng. Chem. **37.** [1945.] 388 u. früher); 41% (Ausbeute). — *dl-Lactamid*, F. 76—77°, aus vorst. Verb. u. NH_3; 80%. — Die Amino- oder Oxysäure (1—5 g) wird mit 1—2 Äquivalenten Acylierungsreagens in Essigester gekocht [Versuchszeiten in ()], die Reaktionsmischung abfiltriert, das Lösungsm. mit Luft abgeblasen u. der Rückstand umkristallisiert. Von folgenden Aminosäuren wurden mit Chloracetylchlorid *N-Chloracetylderivv.* hergestellt: *DL-Valin*, F. 132° (Ae.) (3/4 Std.), 24%; *DL-Asparaginsäure*, F. 150—151° (12 Std.), 58%; *DL-Isoleucin*, F. 111° (Essigester) (1/4 Std.), 76%; *DL-Norvalin*, F. 102° (2 Std.), 56%; *DL-Norleucin*, F. 115—116° (1/2 Std.), 72%; *α-Aminoisobuttersäure*, $C_6H_{10}O_3NCl$, F. 147° (Bzl.) (14 Std.), 100%; *DL-Alanin*, F. 124—125° (1 Std.), 54%; *Glycin*, F. 100° (Ae.) (4 Std.), 25%; *DL-Leucin*, F. 142° (Essigester) (1 Std.), 45%; *L-Leucin*, F. 136° (3/4 Std.), $[\alpha]_D^{22}$ —14,95° (7,04% in absol. A.), 63%; *DL-Tyrosin*, F. 158° (Ae.) (4 Std.), 46%; *DL-Phenylalanin* (**III**), $C_{11}H_{12}O_3NCl$, F. 114° (Essigester, dann W., dann A.) (1 Std.), 30%; L-**III**, F. 125° (1 1/2 Std.), $[\alpha]_D^{25}$ +44,8°

(3,63% in A.), 21%; *DL-Methionin*, $C_7H_{12}O_3NCl_3S$, F. 92—93° (Essigester–Aceton–A.), (3 Std.), 48%. — Von folgenden Aminosäuren wurden mit Trichloracetylchlorid *N-Trichloracetylderivv.* hergestellt: *DL-Isoleucin*, F. 117° (Ae.) (4 1/2 Std.), 22%; *DL-Norleucin*, F. 118—119° (CCl_4) (1 1/2 Std.), 35%; *L-Leucin*, F. 118° (18 Std.), $[\alpha]_D^{26,5}$ —14,45° (1,91% in A.), 13%; *α-Aminoisobuttersäure*, F. 180—181° (Ae.), (5 Std.), 67%; *DL-Tyrosin*, F. 202—204° (Aceton) (1 Std.), 16%; *DL-Asparaginsäure*, F. 176—177° (A./Ae.) (12 Std.), 5%; *DL-Alanin*, F. 159° (Ae.) 1 3/4 Std.), 13%; *DL-Valin*, F. 203—204° (Zers.; A./Ae.) (1 1/2 Std.), 8%; *DL-Methionin*, F. 86—87° (W.) (1/2 Std.), 16%. Von folgenden Amino- u. Oxysäuren wurden mit Hippurylchlorid *Hippurylderivv.* hergestellt: *DL-Methionin*, F. 171—172°, (2 Std.), 38%; *DL-Valin*, F. 144° (W.), (12 Std.); 7%; *DL-Norleucin*, F. 194° (2 Std.), 38%; *DL-Leucin*, F. 155° (A./W.), (3 Std.), 34%; *L-Tyrosin*, F. 198 bis 199° (Toluol) (12 Std.), $[\alpha]_D^{26}$ +51,8° (1,76 in A.), 26%; *dl-Lactamid*, F. 158—169° (A.) (1 1/2 Std.), 27%; *dl-Milchsäureäthylester*, F. 106—109° (12 Std. in Bzl. bei n. Temp.), 20%. (J. org. Chemistry **18.** 127—32. Febr. 1953. Berkeley, Calif., Univ., Medic. School, Div. of Physiol. Chem.) G. Mohr. 460

W. R. Vaughan, M. V. Andersen jr., H. S. Blanchard, D. I. McCane und **W. L. Meyer,** *Die Darstellung von ^{15}N-Butylacetamid und dessen ^{15}N-D-Derivat.* Analog der Synth. von *N-Butylacetamid* wurde aus ^{15}N-Phthalimidkalium u. n-Butylbromid in Dimethylformamid *^{15}N-Butylphthalimid* dargestellt u. daraus mit N_2H_4 *^{15}N-n-Butylamin* abgespalten. Dieses wurde über das *Na-^{15}N-Butyldithiocarbamat* in das *^{15}-N-Butylisothiocyanat* (I) umgewandelt, das mit CH_3COOH in *^{15}N-Butylacetamid* (II) übergeführt wurde. Die Zwischenprodd. wurden ohne Isolierung u. Reinigung weiterverarbeitet. Das *N-Deuteroderiv.* von II wurde aus II mit *O-Deuteroäthanol* (III) (für kleine Mengen), für welches eine neue Darstellungsmeth. beschrieben wird, oder aus II durch Austausch mit Deuteriumoxyd (für größere Mengen) erhalten. Die Rk. von I mit CH_3COOD gab zu viele Nebenprodukte.

Versuche: *n-Butylaminhydrochlorid*, aus Phthalimidkalium u. n-Butylbromid in Dimethylformamid durch 4std. Rühren bei 70°, Abfiltrieren des KBr [97,5% (Ausbeute)], Abdest. des Lösungsm. im Vakuum, Lösen in absol. Methanol u. 1std. Erhitzen mit Hydrazinhydrat auf dem Dampfbad, Verdünnen mit W. u. Abdest. des Methanols im Vakuum, nach Zugabe von konz. HCl 1std. Erhitzen auf dem Dampfbad, nach Kühlen Abfiltrieren des *Phthalhydrazids* (98,3%) u. Eindampfen im Luftstrom auf der Heizplatte. — *n-Butylisothiocyanat*, $Kp._{35}$ 70—71°, aus vorst. Verb., CS_2 u. NaOH in W., Erhitzen auf dem Dampfbad bis zur Abscheidung eines Öls, nach Kühlen Zugabe von Äthylchlorcarbonat u. Erhitzen auf dem Dampfbad bis zur Beendigung der COS-Entw.; 97%; n_D^{25} 1,4986. — *N-Butylacetamid*, $Kp._{33}$ 144,5—146,0°, $Kp._{2,5}$ 69—70°, durch 12std. Erhitzen von vorst. Verb. mit Eisessig im Ölbad auf 160°; 67%; n_D^{25} 1,4380. — *^{15}N-Butylacetamid* (II), $C_6H_{13}ON$*, $Kp._{30}$ 141° (korr.), analog aus 10 g ^{15}N-Phthalimidkalium (62,5 Atom-% ^{15}N); 2,18 g; n_D^{25} 1,4404; 62,7 Atom-% ^{15}N. — *O-Deuteroäthanol* (III), aus absol. A. u. Al-Folie, Dest. des *Al-Alkoholats* ($Kp._{0,4}$ 185°; 20%) unter Rühren in n-Decan, 3std. Rühren der erhaltenen Suspension unter Luftabschluß mit 99—100%ig. Deuteriumoxyd, anschließend 1std. Kochen u. Dest.; 93%. — *N-Deutero-^{15}N-butylacetamid*, durch Zugabe einiger Tropfen III zu 1 Tropfen II, Kühlen in Trockeneis/Chlf. u. Absaugen des A.; Wiederholung bis zum Verschwinden der N–H- u. Alkoholabsorption; oder aus II u. 99—100%ig. Deuteriumoxyd durch Erhitzen auf 150—160° im Ölbad an einer Totalrückfluß-Destillationskolonne, Abdest. des W. bei 110° Kolonnentemp. u. weiteres 2std. Erhitzen des Rückstands auf 150°. (J. org. Chemistry **20.** 819—22. Juli 1955. Ann Arbor, Mich., Univ. of Michigan, Dep. of Chem.) H. Ascherl. 480

Walter F. Edgell und **L. Parts,** *Synthese von Alkyl- und substituierten Alkylfluoriden aus p-Toluolsulfonsäureestern. Die Darstellung von p-Toluolsulfonsäureestern der niederen Alkohole.* p-Toluolsulfonsäurealkylester werden am besten durch Umsetzung des betreffenden Alkohols mit einem geringen Überschuß an p-Toluolsulfochlorid (I) in Ggw. von Pyridin bei niedriger Temp. (Methylester bei —44°; die anderen Ester bei 0°) dargestellt. Aus den p-Toluolsulfonsäureestern wurde durch Umsetzung mit KF eine Reihe von prim. u. sek. Alkylfluoriden, halogensubstituierten Alkylfluoriden u. Alkylenfluoriden dargestellt. Im allg. führt man die Fluorierung am besten in β.β'-Dioxydiäthyläther als Lösungsm. durch, wobei 1.4-Dioxan als Nebenprod. auftritt. Nur der Methyl- u. Äthylester geben ohne Lösungsm. höhere Ausbeuten. Die Darst. von sek. Alkylfluoriden ist von der Bldg. von Olefinen begleitet. Der Phenylester reagiert mit KF nicht, der Cyclohexylester liefert nur Cyclohexen.

Versuche: *p-Toluolsulfonsäuremethylester* (II), E. 24,13°; durch Zugabe von 295,5 g Pyridin im Laufe von 2 Std. zu einem Gemisch von 12,8 g Methanol u. 83,9 g I bei —44°, Eingießen des Reaktionsgemisches nach einer weiteren Std. in 600 cm³ Eiswasser, Extraktion mit ca. 300 cm³ Ae., Neutralisieren des überschüssigen Pyridins mit verd. H_2SO_4 u. Abdampfen des Ae.; 96,8% (Ausbeute berechnet auf Methanol). — Die anderen Ester der Zus. *p—CH_3—C_6H_4—SO_3R* wurden bei 0° dargestellt: *R = iso—C_3H_7*, E. 19,87°; 94,4%. — *R = (cyclo) C_6H_{11}*, F. 43,3—43,8°; 50,5%. — *R = CH_2F—CH_2*, E. 20,52°; 91,2%. — *R = CH_2Cl—CH_2*, E. 22,10°; 97,0%. — *R = CH_2Br—CH_2*, E. 11,88°; 94,1%. — *R = CH_2 = CH*, F. 126,0—127,0° (Bzl.); 85,1%. — *R = CF_3—CH_2*, F. 41,0°; 90,1%. — *R = C_2F_5—CH_2*, F. 52,2—53,0°. — *Methylfluorid*; durch 7 std. Erhitzen von 97,6 g II u. 62,7 g KF bei einem Druck von 500 mm auf 250°; 89%. — *C_2H_5F*; 85,6%. — *n-C_3H_7F*, Kp.$_{768}$ —2,3°; 63,3%. — *iso-C_3H_7F*, Kp.$_{760}$ —10,0°; 50,7% neben 11,3% Propylen. — *n-$C_7H_{15}F$*, Kp.$_{750}$ 119,2°. E. —75,58°, n_D^{20} 1,3860; 55,1% neben 1,2% Olefin. — *CH_2Cl—CH_2F*, Kp. 53,2°, n_D^{20} 1,3752; 64,4% neben Spuren von *Vinylchlorid* u. *Äthylendifluorid*. — *CH_2Br—CH_2F*, Kp.$_{758}$ 69,0°, n_D^{20} 1,4259; 61,6% neben 1,8% *Vinylbromid* u. 4,6% *Äthylendifluorid*. — *CH_2F—CH_2F*, Kp.$_{760}$ 30,7°; aus Äthylen-bis-[p-toluolsulfonat] 78,9%; aus 2-Fluoräthyl-p-toluolsulfonat 89,1%. — *CF_3—CH_2F*, Kp.$_{736}$ —26,2°; 35,3%. — *C_2F_5—CH_2F*, Kp.$_{760}$ 1,2°; 13,8%. (J. Amer. chem. Soc. **77**. 4899 bis 4902. 20/9. 1955. Lafayette, Ind., Purdue Univ., Dep. of Chem.) E. FORCHE. 510

William D. Emmons und **Angelo S. Pagano**, *Peroxytrifluoressigsäure*. 6. Mitt *Die Oxydation von Oximen zu Nitroparaffinen*. (5. vgl. C. **1955**. 8596.) Mit Peroxytrifluoressigsäure lassen sich Oxime zu Nitroparaffinen oxydieren. Gute Ausbeuten erhält man in sd. Acetonitril (I) als Lösungsm. in Ggw. eines Na_2HPO_4- oder $NaHCO_3$-Puffers. $NaHCO_3$ eignet sich bes. für aliphat., Na_2HPO_4 für aromat. u. alicycl. Oxime. Zusatz von Harnstoff verbessert die Ausbeuten. Wenn das zunächst entstehende aci-Nitroparaffin sehr beständig ist, kann in Trifluoressigsäure als Lösungsm. ohne Puffer gearbeitet werden. Die Rk. ist bes. wertvoll für die Darst. von sek. Nitroparaffinen. Auf die Oxime von Pinakolin u. Trimethylacetaldehyd ist die Meth. nicht anwendbar.

Versuche: *Phenylnitromethan*, Kp.$_4$ 97—99°, n_D^{20} 1,5344; durch Einrühren einer Mischung aus 5,5 cm³ 90%ig. H_2O_2, 34 cm³ Trifluoressigsäureanhydrid u. 50 cm³ I im Laufe von 75 Min. in ein sd. Gemisch aus 2 g Harnstoff, 78 g Na_2HPO_4 u. 12,1 g Benzaldoxim in 200 cm³ I, weiteres 1 std. Kochen, Eingießen des erkalteten Reaktionsgemisches in 400 cm³ W., Extraktion mit Methylendichlorid, Abdampfen des Lösungsm. im Vakuum u. Fraktionieren des Rückstands; 77% (Ausbeute.) — *1-Nitroheptan*, Kp.$_4$ 74—76°, n_D^{19} 1,4288; 72%. — *1-Nitrooktan*, Kp.$_1$ 86—87°, n_D^{25} 1,4312; 63%. — *Nitrocyclopentan*, Kp.$_{40}$ 90—92°, n_D^{23} 1,4514; aus Cyclopentanonoxim; 60%. — *Nitrocyclohexan*, Kp.$_{40}$ 106—108°, n_D^{20} 1,4619; 62%. — *Nitrocycloheptan*, Kp.$_{15}$ 99—102°, n_D^{20} 1,4720; 51%. — *4-Nitroheptan*, Kp.$_3$ 58—60°, n_D^{20} 1,4217; aus Dipropylketonoxim; 64%. — *2-Nitrobutan*, Kp.$_{70}$ 64—66°, n_D^{20} 1,4039; 47%. — *2-Nitroheptan*, Kp.$_6$ 76—79°, n_D^{23} 1,4248; 59%. — *2-Nitropentan*, Kp.$_{100}$ 88—90°, n_D^{25} 1,4088; 43%. — *2-Nitro-3-methylbutan*, Kp.$_{100}$ 87—88°, n_D^{25} 1,4122; 49%. — *α-Phenylnitroäthan*, Kp.$_{0,7}$ 75—76°, n_D^{25} 1,5212; 69%. — *Diäthylnitromalonat*, Kp.$_{0,3}$ 80—83°, n_D^{20} 1,4276; durch langsame Zugabe von 15 g Diäthyloximinomalonat zu einer Lsg. von 5,3 cm³ 90%ig. H_2O_2 in 50 cm³ Trifluoressigsäure bei 60°; 66%. — *Nitromalonamid*, F. 171—173°; aus Oximinomalonamid; 49%. — *ω-Nitroacetophenon*, F. 106—107°; aus Phenylglyoxalaldoxim; 76%. — *Äthylnitroacetat*, Kp.$_{0,6}$ 65—66°, n_D^{20} 1,4250; aus α-Oximinoacetessigester; 40%. (J. Amer. chem. Soc. **77**. 4557—59. 5/9. 1955. Huntsville, Ala., Rohm & Haas Co., Redstone Arsenal Res. Div.) E. FORCHE. 510

R. N. Haszeldine und **B. R. Steele**, *Anlagerung freier Radikale an ungesättigte Systeme*. 11. Mitt. *Die Richtung der Radikalanlagerung an 1.1.3.3.3-Pentafluorpropen und die Synthese von Perfluorolefinen, Perfluorketonen und Perfluorsäuren*. (10. vgl. C. **1955**. 3113.) 1.1.3.3.3-Pentafluorpropen (I, CF_3—CH = CF_2) u. CF_3J setzen sich bei Bestrahlung mit UV-Licht der Wellenlänge >2200 Å bei Zimmertemp. nur sehr langsam, bei 100° wesentlich schneller zu *1.1.1.3.3-Pentafluor-3-jod-2-trifluormethylpropan* (II), $(CF_3)_2$·CH—CF_2J, in 80%ig. Ausbeute um. Dieses läßt sich photochem. zu *1.2-Dichlor-1.1.3.3.3-pentafluor-2-trifluormethylpropan* (III), $(CF_3)_2CCl$—CF_2Cl, chlorieren, aus welchem bei der Behandlung mit Zn u. A. *Perfluorisobutylen* entsteht. Der Beweis für die Struktur von **III** wurde u. a. durch spektrograph. Feststellung der Abwesenheit von 2.2-Dichloroctafluorbutan (**VI**) erbracht. **VI** wurde durch Anlagerung von C_2F_5J an CH_2=CF_2, Fluorierung des erhaltenen *C_2F_5—CH_2—CF_2J* (**IV**) zu *C_2F_5—CH_2—CF_3* (**V**) u. dessen Chlorierung synthetisiert. **V** ist auf Grund seines Ultrarotspektr. mit der isomeren, durch Behandlung von **II** mit Zn u. Säure erhaltenen Verb. *1.1.1.3.3-Pentafluor-2-trifluormethylpropan* nicht identisch. — Die Bldg. von **II** u. seine leichte Umsetzung zu Perfluorisobutylen eröffnet einen neuen Weg zur Darst. von Perfluorolefinen $R_FR'_FC$ = CF_2 u. von Perfluorketonen R_F—CO—R'_F. Als Beispiel wird die Synth. von *Perfluorpentanon-(2)* über *1.1.1.2.2.3.3.5.5-Nonafluor-5-jod-4-trifluormethylpentan* u. *1.1.3.3.4.4.5.5.5-nonafluor-2-trifluormethylpenten* beschrieben. — Durch Oxydation der Olefine CF_3—$(CF_2)_n$—CH = CF_2 mit alkal. $KMnO_4$ erhält man Perfluorcarbonsäuren. *Pentafluorpropionsäure* läßt sich also durch die Reaktionsfolge $C_2F_5—CH_2—CF_2J$ (IV) $\xrightarrow{KOH}$ $C_2F_5—CH = CF_2$ $\xrightarrow{\text{alkal. } KMnO_4}$ $C_2F_5—COOH$ darstellen. — Die photochem. Umsetzung von I mit HBr liefert *1-Brom-1.1.3.3.3-pentafluorpropan* (VIII), *1.2-Dibrom-1.1.3.3.3-pentafluorpropan* u. H_2; im Dunkeln tritt auch bei höherer Temp. keine Rk. ein. VIII wurde auch durch Bromierung von 1.1.1.3.3-Pentafluor-3-jodpropan (VII) im Dunkeln dargestellt.

Versuche: *1.1.3.3.3-Pentafluorpropen* (I), C_3HF_5, Kp. —20,7°; durch HJ-Abspaltung aus VII (vgl. C. **1954**. 9974); 85% (Ausbeute). — *1.1.1.3.3-Pentafluor-3-jod-2-trifluormethylpropan* (II), C_4HJF_8, Kp. 80°, n_D^{20} 1,347; aus 3,80 g I u. 8,90 g CF_3J im Quarzrohr unter UV-Belichtung der Gasphase in 4 Tagen bei ca. 100°; 80% neben ca. 5% *Hexafluoräthan* u. 64% Nichtumgesetztem. — *1.2-Dichlor-1.1.3.3.3-pentafluor-2-trifluormethylpropan* (III), $C_4Cl_2F_8$, Kp. 63°, n_D^{20} 1,306; durch 7tägige UV-Belichtung von 2,37 g II, 1,02 g Cl_2 u. 1,0 g W. im Quarzrohr; 88%. — *Perfluorisobutylen*, C_4F_8, Kp. 7,0°; durch 4std. Erhitzen von 0,355 g III mit 4 g Zn-Staub u. 4 cm³ Dioxan im Pyrexrohr auf 70°; 88%. — *1.1.1.2.2.4.4-Heptafluor-4-jodbutan* (IV), $C_4H_2JF_7$, Kp. 88°, n_D^{20} 1,354; durch 5tägige UV-Belichtung von 1,79 g $CH_2 = CF_2$ u. 6,90 g C_2F_5J im Quarzrohr; 91%, oder durch 10std. Erhitzen von 1,90 g $CH_2 = CF_2$ u. 4,40 g C_2F_5J im Autoklaven auf 220°; 95%. — *1.1.1.2.2.4.4.4-Octafluorbutan* (V), $C_4H_2F_8$, Kp. 18°; durch 4std. Erhitzen von 2,0 g IV mit 10 g HgF_2 auf 140°; 48%. — *2.2-Dichloroctafluorbutan* (VI), $C_4Cl_2F_8$, Kp. 64°, n_D^{20} 1,316; durch 7tägige Belichtung von 0,388 g V u. 0,49 g Cl_2; 90%. — *1.1.1.3.3-Pentafluor-2-trifluormethylpropan*, $C_4H_2F_8$, Kp. 17°; aus 1,50 g II, 10 g Zn-Staub u. 20 cm³ 5n H_2SO_4; 63%. — *1.1.3.3.4.4.5.5.5-Nonafluor-2-trifluormethylpenten*, C_6F_{12}, Kp. 60°; durch 8tägige UV-Belichtung von 3,98 g I u. 10,0 g Heptafluorjodpropan im Quarzrohr bei 100°, Zugabe von 5 cm³ W. u. überschüssigem Cl_2 zu dem gebildeten *1.1.1.2.2.3.3.5.5-Nonafluor-5-jod-4-trifluormethylpentan*, 7tägige UV-Bestrahlung u. Einrühren des Prod. in 20 g Zn u. 100 cm³ Dioxan bei 60—70°; 53%. — *Perfluorpentanon-(2)*, C_5OF_{10}, Kp. 30°; durch 12std. Erhitzen der vorst. Verb. mit $KMnO_4$ u. W. im Schüttelautoklaven auf 120°; 52%. — *Pentafluorpropionsäure*; durch Behandlung von IV mit alkoh. KOH bei 30°, 6std. Erhitzen des gebildeten *1.1.3.3.4.4.4-Heptafluorbutens* (72%) mit $KMnO_4$, W. u. KOH im Schüttelautoklaven auf 80° u. Isolierung als *Ag-Salz*; 55%. — *1-Brom-1.1.3.3.3-pentafluorpropan* (VIII), $C_3H_2BrF_5$, Kp. 44°, n_D^{18} 1,320, n_D^{20} 1,319; durch 5tägige Belichtung von 2,8 g VII u. 1,8 g Br_2 im Pyrexrohr; 55%, oder durch 6tägige Belichtung von 1,11 g I u. 0,70 g HBr im Quarzrohr; 40% neben 36% nichtumgesetztem I, 0,003 g H_2 u. 50% *1.2-Dibrom-1.1.3.3.3-pentafluorpropan*, Kp. 87°, n_D^{20} 1,379. — Die Ultrarotspektren der erhaltenen Verbb. wurden aufgenommen u. mit bereits bekannten verglichen. (J. chem. Soc. [London] **1955**. 3005—09. Sept. Cambridge, Univ., Chem. Labor.)

E. Forche. 520

I. N. Nasarow, I. L. Kotljarewski und **W. F. Rjabtschenko**, *Acetylenderivate*. 160. Mitt. *Kondensation von Aldehyden und Ketonen mit Acetylen unter Druck. Neue Synthesemethode für Acetylenalkohole.* (159. vgl. C. **1955**. 5998.) Nach einer nach Faworski [1901] modifizierten Meth. wird durch Rk. von C_2H_2 mit Ketonen oder Aldehyden in Ggw. von KOH eine Reihe von *Acetylenalkoholen* dargestellt. Ein geringer Zusatz von A. oder n-Butanol zum Reaktionsgemisch erhöht in den meisten Fällen die Ausbeute. Verss.. C_2H_2 mit Paraformaldehyd, Acrolein oder Benzaldehyd zu kondensieren, mißlangen. Aus C_2H_2 u. Kohlensäure wurden nur Spuren an Propiolsäure erhalten.

Versuche: In einem bes. beschriebenen Stahlautoklaven wird ein Gemisch aus Ae. u. KOH bei 5—10 at mit Acetylen gesätt., u. zu dem Gemisch werden unter Druck Keton oder Aldehyd hinzugegeben. Nach 20—30 Min. Rühren wird das Reaktionsgemisch mit W. behandelt, mit CO_2 neutralisiert, ausgeäthert u. der äther. Extrakt destilliert. — *Butin-(1)-ol-(3)*, Kp. 107—108°; aus C_2H_2 u. Acetaldehyd bei 0° u. 10 at; n_D^{20} 1,4250; 20,2% (Ausbeute); in Ggw. von wenig A. 43%. — *Pentin-(1)-ol-(3)*, Kp. 124°; aus C_2H_2 u. Propionaldehyd bei 0° u. 8 at; n_D^{20} 1,4332; 36%; in Ggw. von A. 45,2%. — *Hexin-(1)-ol-(3)*, Kp. 143,5°; n_D^{20} 1,4350; 51,5%. — *4-Methylpentin-(1)-ol-(3)*, Kp. 133°; aus C_2H_2 u. Isobutyraldehyd; n_D^{20} 1,4353; 47,5%. — *5-Phenylpentin-(1)-ol-(3)*, $Kp._{10}$ 125—126°, aus C_2H_2 u. Hydrozimtaldehyd; n_D^{20} 1,5350; 37,7%; in Ggw. von A. 54,5%. — *5-Methylhexin-(1)-ol-(3)*, Kp. 154—154,4°; aus C_2H_2 u. Isovaleraldehyd; n_D^{20} 1,4378; 74,5%. — *Nonin-(1)-ol-(3)*, $Kp._{12}$ 89—91°; aus C_2H_2 u. Önanthaldehyd; n_D^{20} 1,4444; 51,5%. — *Dimethyläthinylcarbinol*, Kp. 103,5°, aus C_2H_2 u. Aceton; n_D^{20} 1,4211; 93%. — *3-Methylpentin-(1)-ol-(3)*, Kp. 121,5°; aus C_2H_2 u. Methyläthylketon; n_D^{20} 1,430g; 80%. —. *3-Äthylpentin-(1)-ol-(3)*, Kp. 137—138,4°; aus C_2H_2 u. Diäthylketon; n_D^{20} 1,4364; 92%. — *3-n-Propylhexin-(1)-ol-(3)*, Kp. 173—174°; aus C_2H_2 u. Di-n-propylketon; n_D^{20} 1,4375; 70%. — *4-Methyl-3-isopropylpentin-(1)-ol-(3)*, Kp. 165,5°, aus C_2H_2 u. Isobutyron (Diisopropylketon); n_D^{20} 1,4500; 65%. — *1-Äthinylcyclopentanol-(1)*, Kp. 157°, F. 27°, aus C_2H_2 u. Cyclopentanon in Ggw. von A.; 42%. — *1-Äthinylcyclohexanol-(1)*, Kp. 179°,

F. 31—32° (PAe.), aus C_2H_2 u. Cyclohexanol; 96,7%. — *3-Phenylbutin-(1)-ol-(3)*, $Kp._4$ 82—83°, F. 49°, aus C_2H_2 u. Acetophenon in Ggw. von A.; 11,6%. — *3.5-Dimethylhexen-(4)-in-(1)-ol-(3)*, $Kp._{17}$ 65—66°, aus C_2H_2 u. Mesityloxyd in Ggw. von A.; n_D^{20} 1,4629; 5,2%. (Журнал Общей Химии [J. allg. Chem.] **23** (**85**). 1900—04. Nov. 1953. Inst. für organ. Chemie der Akad. der Wiss. der UdSSR.) G. FROELICH 560

R. N. Haszeldine und **J. M. Kidd**, *Perfluoralkylderivate des Schwefels.* 2. Mitt. *Trifluormethansulfon-, -sulfin- und -sulfensäure und die Ultrarotspektren von Verbindungen mit $-SO_2$- und $>S=O$-Gruppen.* (1. vgl. C. **1955**. 4324.) *Trifluormethansulfochlorid* (**III**, CF_3-SO_2Cl) wurde einerseits durch Umsetzung von Trifluormethansulfonsäure (**I**) mit PCl_5 u. andererseits durch Oxydation von *Trifluormethansulfenylchlorid* (**II**) mit Cl_2 u. W. gemäß $CF_3-SCl + 2\,Cl_2 + 2\,H_2O \rightarrow CF_3-SO_2Cl + 4\,HCl$ dargestellt. Die Oxydation von **II** mit H_2O_2 liefert ein schwer trennbares Gemisch aus **III** u. *Bis-[trifluormethyl]-disulfid* (**V**); **V** entsteht auch bei der Oxydation mit Cl_2-Unterschuß. **III** ist in W. nahezu unlösl. u. wird bei Raumtemp. nur sehr langsam hydrolysiert. Bei höheren Tempp. geht es in einigen Std. in *Trifluormethansulfonsäure* (**I**) über. Von wss. NaOH wird **III** auch bei Raumtemp. sehr schnell hydrolysiert. Mit diesen Rkk. kann **I** aus CS_2 gemäß der Folge $CS_2 \xrightarrow{JF_5} CF_3-S_2-CF_3 \xrightarrow{Cl_2} CF_3-SCl \xrightarrow{Cl_2+H_2O} CF_3-SO_2Cl \rightarrow CF_3-SO_3H$ in einer Gesamtausbeute von über 80% gewonnen werden. — Durch Umsetzung von **III** mit Zn-Staub u. W. bei Luftauschluß u. Behandlung des Reaktionsprod. mit Na_2CO_3 erhält man das zerfließliche, in A. u. Aceton leichtlösl. *Na-Trifluormethansulfinat-Monohydrat*, $CF_3-SO_2Na \cdot H_2O$. Dieses wird von wss. NaOH bei 100° (im Gegensatz zu dem beständigeren Na-Trifluormethansulfonat) quantitativ zers.: $CF_3-SO_2Na + NaOH \rightarrow CHF_3 + Na_2SO_3$. — Die Hydrolyse von **II** mit W. in großem Überschuß ergibt 55—60% **V** u. ca. 4% COS, u. die wss. Phase enthält offenbar *Trifluormethansulfinsäure* (**VI**), da sie beim Erwärmen mit NaOH 33% Fluoroform in Freiheit setzt. Bei sukzessiver Zugabe von geringen Mengen W. zu **II** erhält man neben **V** das gegen W. beständige *Trifluormethyltrifluormethanthiosulfonat* (**IV**), $CF_3-SO_2-S-CF_3$, welches auch durch Umsetzung von Zn-Trifluormethansulfinat mit **II** dargestellt werden kann, aber nicht aus **III** u. Trifluormethanthiol oder aus **III** u. Bis-[trifluormethylthio]-quecksilber. Die Hydrolyse von **II** mit wss. NaOH führt bei 70° zu Fluorid, Chlorid, S u. Sulfid; bei 95° entsteht auch Fluoroform. — **IV** ist gegen W. beständig, wird aber von wss. Lauge bei 50° zu Fluorid u. Sulfid, bei 95° zu Fluorid, Sulfid u. Fluoroform zersetzt. Die Entstehung von Fluoroform bei der höheren Temp. deutet auf die Bldg. von **VI** durch Spaltung der S–S-Bindung hin. — Die Ultrarotspektren einer Reihe von S-haltigen Verbb. werden ausführlich diskutiert.

Versuche: *Trifluormethansulfochlorid* (**III**), CO_2ClF_3S, Kp. 31,6; durch 4std. Erhitzen von 0,714 g **I** u. 2,45 g PCl_5 im Pyrexglasrohr auf 100°; 63% (Ausbeute) neben $POCl_3$ u. HCl; oder durch 7tägiges Schütteln von 3,70 g **II**, 5,0 g Cl_2 u. 5,0 g W. im Pyrexglasrohr; 98%. — *Na-Trifluormethansulfinat-Monohydrat*, $CF_3-SO_2Na \cdot H_2O$; aus 1,384 g **III**, 3,0 g Zn-Staub u. 4,0 cm^3 W. im Pyrexeinschmelzrohr bei 25° in 4 Tagen, Versetzen der wss. Lsg. des *Zn-Salzes* ($(CF_3-SO_2)_2Zn \cdot 3\,H_2O$) mit Na_2CO_3, Filtrieren, Gefriertrocknung u. Aufnehmen in Aceton; 38%. — *Trifluormethyltrifluormethanthiolsulfonat* (**IV**), $C_2O_2F_6S_2$, Kp. 69—70°, n_D^{17} 1,3480; durch Zugabe von 1,17 g W. in Portionen von je 0,1 g im Abstand von 12—24 Std. zu 2,051 g **II** bei Raumtemp.; 15% neben 49% *Bis-[trifluormethyl]-disulfid* (**V**); oder aus Zn-Trifluormethansulfinat (aus 2,11 g **III**) u. 0,555 g **II** in 5 Tagen; 67%. (J. chem. Soc. [London] **1955**. 2901—10. Aug. Cambridge, Univ., Chem. Labor.) E. FORCHE. 600

Murray Hauptschein und **Robert A. Braun**, *Die Reaktion von Perfluorbuttersäureäthylester mit Natrium. Eine verbesserte Synthese von Perfluorheptanon-(4).* Die Umsetzung von Perfluor-n-buttersäureäthylester (**I**) oder -methylester mit Na bei Raumtemp. ist ein bequemes Verf. zur Darst. von *Perfluorheptanon-(4)* (**II**). Dagegen liefert die Rk. von **I** mit Na in fl. NH_3 bei —50° nicht **II**, sondern *Perfluorbutyramid.* Die Umsetzung des Säurechlorids mit Na in Ae. führt zu *Perfluorbuttersäureätherat*, $2\,C_3F_7-COOH \cdot (C_2H_5)_2O$. **II** gibt ein krist., etwas wasserlösl. Hydrat, welches auf Grund seines Ultrarotspektr. *Perfluorheptandiol-(4.4)* (**III**) ist. **III** bildet mit einigen tert. aliphat. Aminen 1:1-Addukte. — **II** wird von gewissen prim. u. sek. Aminen zu den entsprechenden Perfluorbuttersäureamiden u. Heptafluorpropan gespalten; mit den schwächer bas. aromat. Aminen reagiert es nicht. Mit wasserfreiem NH_3 bildet sich ein krist. Addukt, welches sich beim Stehen zu dem Amid u. C_3HF_7 zersetzt. — Durch Kondensation von Perfluorbuttersäureäthylester (**I**) mit Essigsäureäthylester in Ggw. von Na-Äthylat wurde *Äthyl-n-heptafluorbutyroacetat* dargestellt.

Versuche: *Perfluorheptanon-(4)* (**II**), $C_3F_7-CO-C_3F_7$, Kp. 75°; durch Zugabe von 109,0 g **I** im Laufe von 2 Std. zu 10,36 g Na in 150 cm^3 Ae. bei Zimmertemp. unter N_2,

Rühren über Nacht, Ansäuern mit $3nH_2SO_4$, Trocknen der Ätherschicht über $MgSO_4$, Abdampfen des Ae. u. Fraktionieren des Rückstands; 60% (Ausbeute); oder aus dem Methylester; ca. 50%. Wenn man in Toluol arbeitet, bildet sich ein ca. 20% Toluol enthaltendes Azeotrop vom Kp. ca. 80° u. n_D^{23} 1,3540. — *Perfluorheptandiol-(4.4)* (III), $C_3F_7-C(OH)_2\cdot C_3F_7$, F. 35—35,5°, n_D^{20} (unterkühlt) 1,293, aus II u. W. in geringem Überschuß u. Eindampfen bei 0,1 mm. *Triäthylaminaddukt*, $C_3F_7-C(OH)_2-C_3F_7\cdot N(C_2H_5)_3$, F. 87,5 bis 88,5°; aus 2,34 g III u. 1,13 g wasserfreiem Triäthylamin bei Raumtemp. u. Reinigung durch Umkristallisieren aus Bzl. oder durch Sublimation bei 100°; 95%. *N-[2-Äthylhexyl]-dimethylaminaddukt*, F. 57—57,5°. — *N-[2-Oxyäthyl]-perfluorbutyramid*, F. 56,5 bis 57,5° (Bzl.); aus II u. überschüssigem Äthanolamin; nahezu 100%. — *N.N-Diisobutylperfluorbutyramid*, F. 155° (Bzl.); aus II u. Diisobutylamin. — *N.N-Dicyclohexylperfluorbutyramid*, F. 179,5—180° (Bzl.); aus II u. Dicyclohexylamin. — *Äthyl-n-heptafluorbutyroacetat*, $C_3F_7-CO-CH_2-COOC_2H_5$, Kp. ca. 150°, n_D^{24} 1,355. *Cu(II)-Chelat*, F. 105 bis 105,5°, aus A. blaugrüne Kristalle. (J. Amer. chem. Soc. **77**. 4930—31. 20/9. 1955. Philadelphia, Pa., Temple Univ., Res. Inst.) E. Forche. 710

Ss. N. Danilow und **N. Ss. Tichomirowa-Ssidorowa**, *Isomerisation von α-Oxyaldehyden. 13. Mitt. Umwandlungen von α-Halogen- und α-Oxyketonen mit primärer Alkoholgruppe.* (12. vgl. Журнал Общей Химии [J. allg. Chem.] **18** (**80**). [1948.] 1956.) Propionylcarbinol (I) u. Phenylacetol (1-Oxy-2-oxo-3-phenylpropan; II) werden beim Erhitzen mit 1%ig. H_2SO_4 im geschlossenen Gefäß auf 140—145° nicht in Methylacetylcarbinol (III) bzw. Phenylacetylcarbinol (IV) übergeführt. Deswegen kann die unter diesen Bedingungen erfolgende Umwandlung von α-Oxybutyraldehyd bzw. Benzylglykolaldehyd in III bzw. IV nicht über I bzw. II als erste Isomerisierungsprodd. führen. In Betracht kommt das von Venus-Danilowa u. Kasimirowa (Журнал Общей Химии [J. allg. Chem.] **16** (**78**). [1946.] 2099) vorgeschlagene Umwandlungsschema $RCH_2CH(OH)\cdot CHO \rightarrow RCH_2C(OH){=}CHOH \rightarrow CH_2{=}C(OH)CH(OH)R \rightarrow CH_3COCH(OH)R$. In Ergänzung früherer Verss. (vgl. 12. Mitt. u. C. **1953**. 8547) wird festgestellt, daß sich bei längerem Erhitzen von 1-Chlorbutanon-(2) (V) mit PbO in W. oder verd. KOH auf 100° das n. Verseifungsprod. I, außerdem III u. *Buttersäure* (3%) bilden. Da I unter diesen Bedingungen nicht zu III isomerisiert wird, kann angenommen werden, daß eine Isomerisierung schon bei V eintritt: $CH_3CH_2COCH_2Cl \rightarrow CH_3CH{=}C(OH)CH_2Cl \rightarrow CH_3CHCl(OH){=}CH_2 \rightarrow CH_3CH(OH)COCH_3$. Für die Bldg. von Buttersäure wird das Schema $CH_3CH_2\cdot COCH_2Cl \rightarrow CH_3CH_2C(OH)CH_2 \rightarrow CH_3CH_2CH_2CO_2H$ als wahrscheinlich angesehen. Die untersuchten Verbb. u. das früher untersuchte 3-Chlorbutanon-(2) isomerisieren sich demnach in einer intramol. Redox-Rk. mehr oder weniger leicht oder gar nicht; dieses Verh. wird mit der bei der polarograph. Unters. festgestellten, verschieden leicht erfolgenden Red. in Parallele gestellt.

Versuche: *Propionylcarbinol* (I), $C_4H_8O_2$, $Kp._{765}$ 153—154°; $Kp._{18}$ 58°; aus 60 g 1-Chlorbutanon-(2) (V) u. 96 g wasserfreiem K-Formiat in absol. CH_3OH, 8 Std. auf dem sd. Wasserbad; $D.^{20}_4$ 1,0186; n_D^{20} 1,4237; n_D^{20} 1,4248; 23,5 g (Ausbeute). *Semicarbazon*, $C_5H_{11}O_2N_3$, F. 66° (W.). *2.4-Dinitrophenylhydrazon*, $C_{10}H_{12}O_5N_4$, F. 141—142° (A.); gelb. *2.4-Dinitrophenylosazon*, $C_{16}H_{16}O_8N_8$, F. 229—230°; orangerot. — *Methylacetylcarbinol* (III), $Kp._{760}$ 144°; $Kp._{12}$ 38°; aus 3-Chlorbutanon-(2) u. K-Formiat in CH_3OH, 8 Std. im geschlossenen Gefäß bei 120°; $D.^{20}_4$ 1,0101; n_D^{20} 1,4200; 51,6%. *p-Nitrophenylhydrazon*, $C_{10}H_{13}O_3N_3$, F. 246° (A. + Pyridin); dunkelrot. *2.4-Dinitrophenylhydrazon*, $C_{10}H_{12}O_5N_4$, F. 332° (A. + Essigester); orangefarben. — *Phenylglycidol* (*Oxyd* des *Zimtalkohols*), $C_9H_{10}O_2$, $Kp._3$ 138° (starke Verharzung); aus Zimtalkohol u. Benzoylhydroperoxyd in Chlf. oder CCl_4; $D.^{27}_4$ 1,1512; n_D^{27} 1,5432. *Phenylurethan*, $C_{16}H_{15}O_3N$, F. 89—90°. — *Phenylacetol* (II), durch Erhitzen vorst. Verb. mit 1%ig. H_2SO_4 im geschlossenen Gefäß auf 140°. *Semicarbazon*, F. 132—133°. (Журнал Общей Химии [J. allg. Chem.] **24** (**86**). 458—65. März 1954. Inst. für hochmol. Verbindungen der Akad. der Wiss. der UdSSR.) R. Knobloch. 740

J. Colonge und **S. Grenet**, *Synthese von β-Ketolen und Äthylenketonen aus α-Bromketonen.* Nach der Meth. von Malmgren [1903] werden eine Anzahl aliphat. α-Bromketone in die entsprechenden Grignard-Verbb. verwandelt u. mit Aldehyden u. Ketonen zu *β-Ketolen* kondensiert. Diese sind nicht unzers. destillierbar, können aber bisweilen durch Dehydratisierung in die entsprechenden α-Äthylenketone verwandelt werden. Die Meth. ist vor allem zur Darst. verzweigtkettiger Ketole geeignet, bei denen die klass. Methoden versagen. Leicht dehydratisierbare Ketone können hiernach nicht gewonnen werden. Sie kann ferner zur Darst. von α.γ-Diäthylenketonen dienen: Brompinakolin (I; Brommethyl-tert.-butylketon) reagiert mit Crotonaldehyd in Ggw. von Mg zu *2.2-Dimethyl-3-keto-octadien-(4.6)*. Diese Verbindungsklasse ist jedoch sehr instabil u. polymerisiert auch in Ggw. von Inhibitoren. Bromisovaleron konnte nicht zur Rk. gebracht werden. — Nachst. Verbb. wurden erhalten: *2.2.5-Trimethylhexanol-(5)-on-(3)*, $Kp._{11}$ 70—71°, aus I + Ace-

ton; 58% (Ausbeute). — *2.2.5-Trimethylheptanol-(5)-on-(3)*, Kp.$_{13}$ 87—88°; aus I + Methyläthylketon; 66%. — *2.2.5.6.6-Pentamethylheptanol-(5)-on-(3)*, Kp.$_{12}$ 98—99°, aus I + Pinakolin; 76%. — *2.2.6-Trimethylheptanol-(5)-on-(3)*, Kp.$_{11}$ 89—91°, aus I + Isobutanal (II); 64%. — *Cyclohexylidenmethyl-tert.-butylketon*, Kp. 243°, aus I + Cyclohexanon; 60%. — *2.2-Dimethyl-5-phenylpenten-(4)-on-(3)*, F. 42°, aus I + Benzaldehyd; 58%. — *2.2.3.4-Tetramethylhepten-(3)-on-(5)*, Kp.$_{16}$ 72—75°, aus 2-Brompentanon-(3) + Pinakolin; 50%. — *2.4.4.5-Tetramethylhexanol-(5)-on-(3)*, Kp.$_{17}$ 98—100°, aus 2.4-Dimethyl-2-brompentanon-(3) (III) + Aceton; 42%. — *2.4.4.6-Tetramethylheptanol-(5)-on-(3)*, Kp.$_{17}$ 117—119°, aus II + III; 46%. — *2.7-Dimethyl-5-isopropyloctanol-(6)-on-(4)*, Kp.$_{23}$ 130—132°, aus 2.6-Dimethyl-3-bromheptanon-(4) + II; 56%. (Bull. Soc. chim. France, Mém. [5] **20.** C 41—C 43. Okt. 1953. Lyon, Fac. de Sci., Inst. de Chim.)
H. Lehwald. 740

H. Gault, *Anomalien bei der Kondensation von Aldehyden mit Estern von Disäuren und β-Ketodisäuren.* (Sitzungsbericht.) Die Kondensation von HCHO mit Malonsäurediäthylester (I) gibt *Dimethylolmalonsäurediäthylester*, der beim Erhitzen HCHO abspaltet u. über den *Monomethylolmalonsäurediäthylester* durch Dehydratisierung *Methylenmalonsäurediäthylester* bildet. Die analoge Rk. von I mit Acetaldehyd führt zu *1-Oxyäthylmalonsäurediäthylester*, der im Vakuum unzers. destillierbar ist, aber beim Erhitzen unter Abspaltung von Acetaldehyd wieder I gibt. Die gleiche unterschiedliche Reaktionsweise wurde bei der Kondensation mit Acetessigsäureäthylester (II) gemacht: HCHO kondensiert mit II zu einer *α-Monomethylolverb.*, die sofort zu *α-Methylenacetessigsäureäthylester* dehydratisiert wird, Acetaldehyd kondensiert mit II zu *α-[1-Oxyäthyl]-acetessigsäureäthylester*. — Die Kondensation von Oxalessigsäureestern mit Aldehyden ist von deren Struktur u. von den Versuchsbedingungen abhängig: Aliphat. Aldehyde reagieren in Ggw. von sek. Aminen wie Diäthylamin u. Piperidin in trimol. Rk. zu *Alkyliden-bis-oxalessigsäureestern*, RCH=[—CH(COOR)COCOOR]$_2$, aromat. Adehyde in Ggw. von Basen oder gasförmiger HCl in bimol. Rk. zu *Arylidenmonooxalessigsäureestern*, dagegen erfolgt die Kondensation von aliphat. oder aromat. Aldehyden mit dem K-Enolat von Oxalessigsäureäthylester zu *γ-Alkyl(Aryl)-β-carbalkoxy-α-ketobutyrolactonen.* (Bull. Soc. chim. France, Mém. [5] **20.** C 44—C 45. Okt. 1953. Centre d'Études de Rech. et de Chim. Organ. Appl.) H. Lehwald. 800

Donald D. Phillips, *Die Reaktion zwischen Diazoessigester und Allylhalogeniden.* Diazoessigester (I) reagiert mit Allylbromid (II) oder -jodid (III) in Ggw. von Cu-Pulver unter Bldg. von *α-Brom-* (IV) bzw. *α-Jodpenten-(4)-säureäthylester*, deren Konst. spektroskop. u. chem. bewiesen wurde. Vermutlich wird bei dieser Rk. aus I N_2 abgespalten u. der Carbäthoxymethenylrest reagiert mit dem C-Atom der CH_2-Gruppe von II oder III unter Verschiebung der Doppelbindung u. gleichzeitiger Abspaltung des Halogens als Anion. Dies wird dann sofort von dem α-C-Atom (Kation) des entstandenen Carboniumions gebunden. — Bei der Umsetzung von I mit Crotylchlorid (V) bildet sich zu 35% *α-Chlorhexen-(4)-säureäthylester* (VI) u. zu 25% *α-Chlor-β-methylpenten-(4)-säureäthylester* (VII). VI u. VII wurden auch bei der Rk. von I mit Methylvinylcarbinylchlorid (VIII) erhalten, u. zwar >40% VI u. 10% VII. In einem Nebenvers. wurde jedoch festgestellt, daß unter den Reaktionsbedingungen V sich zu 20% zu VIII isomerisiert. — Ferner wurde noch bei der Rk. von I mit Allylidenchlorid (IX) bzw. trans-1.3-Dichlorpropen (X) jeweils nur *α.δ-Dichlorpenten-(4)-säureäthylester* u. *Fumarsäurediäthylester* (XI) im Verhältnis 4 : 1 bzw. 1 : 1 erhalten.

Versuche: *Crotylchlorid* (V), Kp. 82—83,5°, n_D^{23} 1,4326. — *Methylvinylcarbinylchlorid* (VIII), Kp. 64—65°, n_D^{23} 1,4148. — *Allylidenchlorid* (IX), Kp. 82—84°, aus Acrolein u. PCl_5 in Xylol; n_D^{21} 1,4720. — *trans-1.3-Dichlorpropen* (X), Kp. 111 bis 113°, analog IX; n_D^{21} 1,4720. — *α-Brompenten-(4)-säureäthylester* (IV), $C_7H_{11}O_2Br$, Kp.$_{21}$ 88—90°, durch langsames Zufügen von I u. II zu Cu-Pulver in sd. II unter Rühren u. Rückflußkochen; $D.^{20}_4$ 1,307, n_D^{20} 1,4640; 70% (Ausbeute). — *α-Jodpenten-(4)-säureäthylester*, $C_7H_{11}O_2J$, Kp.$_{5,5}$ 83—83,5°, analog aus I u. III oder aus IV u. NaJ in Aceton; $D.^{20}_4$ 1,5508, n_D^{20} 1,5058; 50 u. 77%. — Zum Strukturbeweis wurde IV in Essigsäure mit Zn-Staub zu *Allylessigsäureäthylester* (Kp. 143,5°, n_D^{28} 1,4114; 70%) u. mit $LiAlH_4$ in Ae. zu *Penten-(4)-ol-(1)* (Kp. 139—140°, n_D^{28} 1,4305; 70%) reduziert. Die Rk. von IV mit Thioharnstoff in absol. A. in Ggw. von Na-Acetat durch 2std. Rückflußkochen lieferte *2-Imino-5-allylthiazolidinon-(4)* ($C_6H_8ON_2S$, F. 179—180°, Nadeln; 58%). In dem Reaktionsgemisch der Ozonisierung von IV in Methylenchlorid bei —40° wurde nach Zn-Staub-Red. in Essigsäure *Formaldehyd* (*Dimedonderiv.*, F. 189°; 76%) u. *β-Formylpropionsäureäthylester* (*2.4-Dinitrophenylhydrazon*, $C_{12}H_{14}O_6N_4$, F. 109—110°, λ_{max} 358 mμ [log ε = 4,32], orangefarbene Platten; 51%) nachgewiesen. — *α-Chlorhexen-(4)-säureäthylester* (VI), $C_8H_{13}O_2Cl$, Kp.$_{6,5}$ 77—79°, Kp.$_{12,5}$ 90—92,5°, analog IV aus I u. V bzw.

VIII; $D.^{20}_{4}$ 1,037—1,038, n_D^{20} 1,4462, n_D^{19} 1,4460; 36 bzw. 40%. Ozonolyse von **VI** unter den obengenannten Bedingungen lieferte *Acetaldehyd* (*Dimedonderiv.*, F. 141—142°; 51%) u. *β-Formylacrylsäureäthylester* [*2.4-Dinitrophenylhydrazon*, $C_{12}H_{12}O_6N_4$, F. 157 bis 159° (A.); λ_{max} 214 mμ (log ε = 4,27), 225 mμ (4,22), 373 mμ (4,51) u. 380 mμ (4,50); orangefarbene Platten; 60%]. — *α-Chlor-β-methylpenten-(4)-säureäthylester* (**VII**), $C_8H_1O_{32}Cl$, $Kp._8$ 73—75°, $Kp._{12,5}$ 87—90°, neben **VI** aus **I** u. **V** bzw. **VIII**; $D.^{20}_{4}$ 1,040, n_D^{18} 1,4439, n_D^{19} 1,4438; 25 bzw. 10%. Die Ozonolyse lieferte 56% *Formaldehyddimedon* u. 40% *β-Formylcrotonsäureäthylester-2.4-dinitrophenylhydrazon*, $C_{13}H_{14}O_6N_4$, F. 183—185° (A.); λ_{max} 214 mμ (log ε = 4,25), 374 mμ (4,47) u. 379 mμ (4,47). — *α.δ-Dichlorpenten-(4)-säureäthylester*, $C_7H_{10}O_2Cl$, $Kp._6$ 98—99°, aus **I** u. **IX** bzw. **X** analog **IV** neben **XI**; $D.^{20}_{4}$ 1,193, n_D^{20} 1,4664; 31 bzw. 17%. (J. Amer. chem. Soc. **76**. 5385—88. 5/11. 1954. Ithaca, N. Y., Cornell Univ., Baker Labor. of Chem.) L. FISCHER. 810

Walter J. Gensler und **Herbert N. Schlein,** *Eine neue Synthese der Phloionsäure.* Die Synth. der *rac. 9.10-Dioxyoctadecandisäure* (*Phloionsäure*; 25—29% Gesamtausbeute) u. ihres *meso-Isomeren* aus 8-Chloroctin-(1) wird beschrieben. Der Syntheseweg bestätigt die angenommene threo-Konfiguration der Phloionsäure.

V e r s u c h e (FF. korr.): *8-Chloroctin-(1)*, $Kp._{20}$ 88—92° (vgl. GENSLER u. THOMAS, J. Amer. chem. Soc. **73**. [1951.] 4601), n_D^{25} 1,4540—1,4544; 95% (Ausbeute). — *1.14-Dichlortetradecin-(7)*, $C_{14}H_{24}Cl_2$, $Kp._{0,3}$ 124—125°, aus 8-Chloroctin-(1)-Na u. 6-Jod-1-chlorhexan in sd. fl. NH_3-Ae. ($4^1/_2$ Std.); bis 71%. — *1.1.16.16-Tetracarbäthoxyhexadecin-(8)*, $C_{28}H_{46}O_8$, $Kp._{0,01}$ 160° (Badtemp.), durch 54std. Kochen vorst. Verb. mit NaJ in Aceton u. Rk. des entstandenen *1.14-Dijodtetradecins-(7)* (Öl; 100%) mit Na-Malonester in absol. A. (20 Min. Stehen, dann 15 Min. Kochen); n_D^{25} 1,4759; 72% roh. — *Octadecin-(9)-disäure* (**I**), $C_{18}H_{30}O_4$, F. 99—100° (PAe.), aus vorst. Verb. u. sd. alkoh. NaOH (4 Std.) u. Erhitzen des *1.1.16.16-Tetracarboxyhexadecins-(8)* (>90%) auf 180°/0,008 mm (30 Min.); 65%. Ozonolyse gab 81% *Azelainsäure*, F. 105—106° (W. u. Essigester). — *cis-Octadecen-(9)-disäure*, $C_{18}H_{32}O_4$, F. 69—70° (Essigester), aus **I** u. H_2/Pd-Kohle in CH_3OH; 94%. — *Phloionsäure*, $C_{18}H_{34}O_6$, F. 121—122° (Essigester), a) aus vorst. Verb., H_2O_2 u. HCO_2H (1 Std. bei 40°; 93%), b) aus Kork (vgl. GUILLEMONAT u. CESAIRE, C. **1950**. II. 546; 500 g gaben 5,43—7,2 g). — *meso-9.10-Dioxyoctadecandisäure*, $C_{18}H_{34}O_6$, F. 156—157° (Essigester), aus vorvorst. Verb. u. $KMnO_4$ in wss. KOH; 55%. (J. Amer. chem. Soc. **77**. 4846—49. 20/9. 1955. Boston, Mass., Univ., Dep. of Chem.)
J. ROTHE. 850

John B. Wright, *Reaktion von Dialkylacetalen von α-Ketoaldehyden mit N-Bromsuccinimid. Eine neue Synthese für α-Ketoester.* α-Ketoaldehyddialkylacetale, erhältlich durch Rk. von GRIGNARD-Verbb. mit Dialkoxyacetylpiperidinen, geben beim Behandeln mit N-Bromsuccinimid (**I**) in guten Ausbeuten α-Ketoester.

V e r s u c h e: *Brenztraubensäureäthylester*, $Kp._{14}$ 48—52°, aus Brenztraubenaldehyddiäthylacetal u. **I** in sd. CCl_4 (3 Std.) unter Bestrahlung mit einer 250 W-Lampe; 78% (Ausbeute). — *Brenztraubensäurebutylester*, $C_7H_{12}O_3$, $Kp._{15}$ 74—77°, analog aus Brenztraubenaldehyddibutylacetal; n_D^{25} 1,4132; 72%. — *tert.-Butylglyoxaldiäthylacetal*, $C_{10}H_{20}O_3$, $Kp._{15}$ 80,5—82°, aus tert.-Butyl-MgCl u. Diäthoxyacetylpiperidin (**II**) bei 5°, dann 20 Std. kochen; n_D^{25} 1,4128; 82%. — *α.α.α-Trimethylbrenztraubensäureäthylester*, $C_8H_{14}O_3$, $Kp._{15}$ 65—66°, aus vorst. Verb.; n_D^{25} 1,4096; 78%. — *Phenylglyoxaldiäthylacetal*, $Kp._{2,2}$ 147,5—150°, aus C_6H_5MgBr u. **II** in sd. Ae. (18 Std.); n_D^{25} 1,4992; 56%. — *Benzoylameisensäureäthylester*, $C_{10}H_{10}O_3$, $Kp._2$ 97°, aus vorst. Verb. (18 Std.); n_D^{25} 1,5145; 73% roh. (J. Amer. chem. Soc. **77**. 4883—84. 20/9. 1955. Kalamazoo, Mich., Upjohn Co., Res. Labors.) J. ROTHE. 870

K. J. M. Andrews, F. Bergel und **A. L. Morrison,** *Bis-quaternäre Ammoniumsalze verzweigter Thiaalkandiamine als ganglienblockierende Substanzen.* Vff. stellten verzweigtkettige *Thia-* u. *Dithiaalkan-bis-[trialkylammonium]-salze* dar (vgl. C. **1954**. 5050) u. fanden, daß *2-Methyl-3-thiapentan-1.5-bis-[trimethylammoniumjodid]* doppelt so wirksam ist wie „Hexamethonium". Die Darst. erfolgte durch Rk. der entsprechenden Chlorverbb. mit Na-Mercaptid oder Na_2S; lediglich bei der Rk. von 1-Chlor-2-dimethylaminopropan (**I**) mit 2-Mercaptoäthyldimethylamin (**II**) entstand infolge Umlagerung *1.5-Bis-[dimethylamino]-2-methyl-3-thiapentan.*

V e r s u c h e: *1.5-Bis-[dimethylamino]-2-methyl-3-thiapentan*, $C_9H_{22}N_2S$, $Kp._{0,2}$ 63°, a) aus 2-Chlorpropyldimethylamin (**IV**) in A. u. Na + **II** in A. unter N_2 (1 Std. kochen u. 15 Std. stehen); n_D^{18} 1,4783; 84% (Ausbeute); b) aus **I** u. **II**; n_D^{20} 1,4768; 68%. *Pikrat*, F. 137—140°. *Dimethojodid*, $C_{11}H_{28}N_2J_2S$, F. 254° (Zers.; A.) (*Pikrat*, F. 231°). *Diäthojodid*, $C_{13}H_{32}N_2J_2S$, F. 248—249° (Zers.; A.-CH_3OH). — *1.6-Bis-[dimethylamino]-2-methyl-3-thiahexan*, $Kp._{0,4}$ 67—69°, aus 3-Mercaptopropyldimethylamin (**III**) u. **IV**; n_D^{21} 1,4755; 56%. *Dimethojodid*, $C_{12}H_{30}N_2J_2S$, F. 199—200° (A.-CH_3OH). *Diäthojodid*,

$C_{14}H_{34}N_2J_2S$, F. 200—201° (A.). — *1.5-Bis-[dimethylamino]-2.4-dimethyl-3-thiapentan*, $C_{10}H_{24}N_2S$, Kp.$_{0,6}$ 72—74°, Kp.$_{0,2}$ 59—63°, a) durch Sättigen von 30 g $Na_2S \cdot 9\,H_2O$ bei 120° mit H_2S, Zutropfen von 13,1 g **IV** unter N_2 u. 1std. Kochen; n_D^{22} 1,4786; b) wie unter a) mit 16,6 g **I**; 6,2 g, daneben 1,5 g *Thiol vom Kp.*$_{12}$ *46°*. *Dimethojodid*, $C_{12}H_{30}N_2J_2S$, F. 230° (Zers.), Plättchen aus A.-CH_3OH (*Pikrat*, F. 213—215° [Zers.]). — *2.5-Dimethyl-3.4-dithiahexan-1.6-bis-[trimethylammoniumjodid]*, $C_{12}H_{30}N_2J_2S_2$, F. 223° (Zers.; A.-CH_3OH), aus 3,6 g 2-Mercaptopropyldimethylamin, dann Rk. mit CH_3J; 2,45 g. — *5-Chlor-1-dimethylamino-3-thiahexanhydrochlorid*, $C_7H_{17}NCl_2S$, F. 95,5° (A.-Äthylacetat-Ae.), aus 1-Dimethylamino-5-oxy-3-thiahexan u. $SOCl_2$ in Chlf. bei —30°, dann 1 Std. bei Raumtemp. u. 1 Std. Kochen; 71%. *Freie Base*, Kp.$_{0,18}$ 50—51°, n_D^{22} 1,4875. — *1.5-Bis-dimethylamino-3-thiahexan*, $C_9H_{22}N_2S$, Kp.$_{0,1}$ 40—42°, aus vorst. Base, wss. Dimethylamin u. 5n NaOH; $n_D^{21,5}$ 1,4735; 43%. *Pikrat*, F. 125°. *Dimethojodid*, $C_{11}H_{28}N_2J_2S$, F. 238—240° (Zers.; CH_3OH); 47% (*Pikrat*, F. 211—211,5°). *Diäthojodid*, $C_{13}H_{32}N_2J_2S$, F. 203—204° (A.); 47%. (J. chem. Soc. [London] **1954**. 3483—85. Okt. Welwyn Garden City, Herts., Roche Prod. Ltd., Res. Dep.) R. GOMPPER. 910

Theodor Wieland, *Peptidsynthesen* II. *Über Peptidsynthesen*. 9. Mitt. (I vgl. C. **1952**. 201; 8. vgl. **1954**. **6467**.) Fortsetzung des früheren Übersichtsberichtes über die in den letzten 4 Jahren erzielten neuen Ergebnisse, bes. über neue zum reversiblen Schutz der Aminogruppe geeignete Reste u. über Peptidsynthesen unter Aktivierung der Carboxylgruppe sowie der Aminogruppe. (Angew. Chem. **66**. 507—12. 7/9. 1954. Frankfurt/M., Univ., Inst. für organ. Chem.) K. F. MÜLLER. 950

Paul E. Gagnon, Jean L. Boivin und **Paul A. Boivin**, *Synthese von Aminosäuren aus substituierten Cyanessigestern*. *dl-α-Aminoundecylsäure*, *dl-α-Aminostearinsäure*, *dl-α-Amino-β-methylcapronsäure*, *dl-α-Amino-β-äthylvaleriansäure*, *dl-α-Amino-β-methylönanthsäure*, *dl-α-Amino-α-acetessigsäure*, *dl-α-Amino-γ-cyclohexylbuttersäure*, *dl-α-[Indanyl-(1)]-α-aminoessigsäure* u. *dl-Prolin* wurden aus den entsprechenden *Alkylcyanessigestern* dargestellt. Letztere wurden durch Kondensation von Alkylhalogeniden mit Cyanessigester in Ggw. von Na-Äthylat erhalten u. durch $NH_2NH_2 \cdot H_2O$ in die *Hydrazide* übergeführt, die ihrerseits mit HNO_2 die *Azide* lieferten. Durch Kochen von deren alkoh. Lsgg. konnten die *Urethane* dargestellt werden, aus denen durch Hydrolyse mit HCl die gewünschten *Aminosäuren* erhalten wurden.

Versuche: Cyanessigsäureäthylester: *n-Nonyl-* (**I**), $C_{14}H_{25}O_2N$, durch allmähliche Zugabe von 1 Mol Nonylbromid zu 2 Mol Cyanessigsäureäthylester u. Na-Äthylat-Lsg. (aus 0,5 Mol Na), Kochen bis zur neutralen Rk., Abdest. des A. u. Eingießen in kaltes W.; Kp.$_5$ 153—154°; n_D^{23} 1,4380; 70% (Ausbeute). — Analog: *Hexadecyl-*, $C_{21}H_{39}O_2N$, Kp.$_2$ 167—180°, aus 1-Bromhexadecan; n_D^{25} 1,446; 75%. — *Pentyl-(2)-*, $C_{10}H_{17}O_2N$, Kp.$_4$ 101,5°, aus 2-Brompentan; n_D^{25} 1,4300; 63%. — *Pentyl-(3)-*, $C_{10}H_{17}O_2N$, Kp.$_4$ 99°, aus 3-Brompentan; n_D^{20} 1,4335; 62%. — *Hexyl-(2)-*, $C_{11}H_{19}O_2N$, Kp.$_8$ 104—106°; n_D^{25} 1,5310; 50%. — *β-Cyclohexyläthyl-*, $C_{13}H_{21}O_2N$, Kp.$_5$ 153—154°, aus β-Cyclohexyläthylbromid; n_D^{24} 1,4588; 70%. — *Indanyl-(1)-*, $C_{14}H_{15}O_2N$, Kp.$_8$ 170 bis 175°, aus 1-Bromindan; n_D^{23} 1,5175; 20%. — *γ-Chlorpropyl-*, $C_8H_{12}O_2NCl$, Kp.$_6$ 134 bis 136°, aus 1-Brom-3-chlorpropan; n_D^{25} 1,4528; 60%. — Cyanacethydrazide: *n-Nonyl-*, $C_{12}H_{23}ON_3$, aus äquivalenten Mengen **I** u. $NH_2NH_2 \cdot H_2O$ bei Zimmertemp.; F. 86—87° (A.). *Anisalderiv.*, $C_{20}H_{29}O_2N_3$, F. 100—101°. — Ebenso (alle aus A. krist.): *Hexadecyl-*, $C_{19}H_{37}ON_3$, F. 88—89°. *Anisalderiv.*, $C_{27}H_{43}O_2N_3$, F. 108—109°. — *Pentyl-(2)-*, $C_8H_{15}ON_3$, F. 140—141°. *Anisalderiv.*, $C_{16}H_{21}O_2N_3$, F. 196—197°. — *Pentyl-(3)-*, $C_8H_{15}ON_3$, F. 105—106°. *Anisalderiv.*, $C_{16}H_{21}O_2N_3$, F. 208°. — *Hexyl-(2)-*, viscose Flüssigkeit. *Anisalderiv.*, $C_{17}H_{23}O_2N_3$, F. 141—142°. — *Acetyl-*, $C_5H_7O_2N_3$ F. 107—108°. *Anisalderiv.*, $C_{13}H_{13}O_3N_3$, F. 208—210°. — *β-Cyclohexyläthyl-*, $C_{11}H_{19}ON_3$, F. 99—100°. *Anisalderiv.*, $C_{19}H_{25}O_2N_3$, F. 136—137°. — *Indanyl-(1)-*, $C_{12}H_{13}ON_3$, F. 163—164°. *Anisalderiv.*, $C_{20}H_{19}O_2N_3$, F. 205°. — *γ-Chlorpropyl-*, $C_6H_{10}ON_3Cl$, F. 102—104°. *Anisalderiv.*, $C_{14}H_{16}O_2N_3Cl$, F. 136—138°. Die Überführung der Hydrazide in die *Azide* erfolgte nach der Meth. von DARAPSKY (J. prakt. Chem. **146**. [1936.] 250 u. früher). Die äther. Lsg. der Azide wurde mit A. versetzt, Ae. verdampft, die Lsg. 1 Std. gekocht u. der A. entfernt. Die so erhaltenen *Urethane* wurden mit 20%ig. HCl oder einem Gemisch von gleichen Teilen konz. HCl (85%ig.), HCOOH u. W. hydrolysiert. Die *Aminosäuren* wurden am isoelektr. Punkt isoliert. *dl-α-Aminoundecylsäure*, Hydrolysendauer 85 Std, (20%ig. HCl); 40%. *Hydantoinderiv.*, $C_{12}H_{22}O_2N_2$, F. 158—159°. — *dl-α-Amino-β-methylcapronsäure*, 48 Std. (20%ig. HCl); 60%. *Cu-Salz*, $(C_7H_{14}O_2N)_2Cu$. — *dl-α-Amino-β-äthylvaleriansäure*, 6 Std. (Gemisch); 15%. *Cu-Salz*, $(C_7H_{14}O_2N)_2Cu$. — *dl-α-Amino-β-methylönanthsäure*, 24 Std. (20%ig. HCl); 30%. *Cu-Salz*, $(C_8H_{16}O_2N)_2Cu$. — *dl-α-Amino-α-acetylessigsäure*, 48 Std. (20%ig. HCl); 20%. — *dl-α-Amino-γ-cyclohexylbuttersäure*, 48 Std. (20%ig. HCl); 35%. *Hydantoinderiv.*, $C_{11}H_{18}O_2N_2$, F. 199—200°. — *dl-α-[Indanyl-(1)]-*

α-aminoessigsäure, 4 Std. (Gemisch); 12%. *Cu-Salz*, $(C_{11}H_{12}O_2N)_2Cu$. — *dl-Prolin*, 48 Std. (20%ig. HCl); 12%. *Cu-Salz*, $(C_5H_8O_2N)_2Cu$. (Canad. J. Res., Sect. B 28. 207—12. Mai 1950. Quebec, Laval Univ., Dep. of Chem.) Horst Baganz. 950

B. N. Dolgow, N. P. Charitonow und **M. G. Woronkow,** *Untersuchung der Reaktion von Trialkylsilanen mit Alkoholen. Synthese von Trialkylalkoxysilanen und ihre physikalischen Eigenschaften.* Bei der Rk. von Trialkylsilanen (I; R_3SiH; R = C_2H_5, n-C_3H_7, n-C_4H_9) mit prim. u. sek. Alkoholen in Ggw. von Alkalimetallalkoholaten werden die entsprechenden *Trialkylalkoxysilane* in guten Ausbeuten dargestellt. Tert. Alkohole gehen diese Rk. mit I nur im Autoklaven bei 200—210° ein. Die Reaktionsgeschwindigkeit erhöht sich mit höherem Atomgewicht des Alkalimetalls des Alkoholats (Li → Rb), höherer Alkoholatkonz. u. mit kleineren Alkylradikalen R von I. In Ggw. von Li-Alkoholat reagieren I nur mit prim. Alkoholen, in Ggw. von Na-Alkoholat auch mit sek. Alkoholen, doch sind die Ausbeuten häufig gering. In Ggw. von Rb-Alkoholat reagieren I auch mit tert. Alkoholen, jedoch mit nur geringen Ausbeuten. Ein Vers., *Triäthyl-tert.-butoxysilan* durch Umesterung von Triäthylmethoxysilan (II) mit tert.-Butylalkohol zu erhalten, mißlang. Dagegen ließ sich II mit n-Butyl- u. Isobutylalkohol zu den entsprechenden Silanen umestern. Die Bldg. von *Triäthyläthoxysilan* bei der Rk. von Triäthylsilan (III) mit A. ohne Alkoholat im Autoklaven bei 200° beruht vermutlich auf der katalyt. Wrkg. von Fe u. Cu, da III auch mit sd. A. in Ggw. von Cu-Pulver *Triäthyläthoxysilan* gibt. Mercaptane u. Phenole reagieren in Ggw. der entsprechenden Mercaptide oder Phenolate nicht mit I.

Versuche: *Trichlorsilan*, Kp.$_{760}$ 31,8°, aus HCl u. Si bei 290—300°; 75% (Ausbeute). — *Triäthylsilan* (III), Kp.$_{760}$ 107,7°, aus vorst. Verb. u. Äthyl-MgCl; $D.^{20}_4$ 0,7309, n_D^{20} 1,4121; 70%. — *Tri-n-propylsilan*, Kp.$_{760}$ 173,2°, $D.^{20}_4$ 0,7580, n_D^{20} 1,4272; 66,7%. — *Tri-n-butylsilan*, Kp.$_5$ 88—89°, $D.^{20}_4$ 0,7795, n_D^{20} 1,4380; 65,1%. — Triäthylalkoxysilane *$(C_2H_5)_3SiOR$:* *R = CH_3* (II), Kp.$_{760}$ 141,5°, man gibt 31,8 g III zu einer Lsg. von 0,1 g Na in 19,2 g CH_3OH u. kocht 4½ Std.; $D.^{20}_4$ 0,8203, n_D^{20} 1,4129; 92,7%. *R = C_2H_5*, Kp.$_{760}$ 154,0°, a) aus III u. A. in Ggw. von Li-, Na- oder K-Äthylat; $D.^{20}_4$ 0,8160, n_D^{20} 1,4140; 46,8, 83,0 bzw. 90,1%; b) analog Vorst. in Ggw. von akt. Cu, 18 Std. Kochen; 11%. *R = $CH_2CH_2CH_3$*, Kp.$_{760}$ 175,3°, analog Vorst. in Ggw. von Na; $D.^{20}_4$ 0,8159, n_D^{20} 1,4177; 83%. *R = $CH(CH_3)_2$*, Kp.$_{760}$ 166,5°, aus III u. Isopropanol in Ggw. von K; $D.^{20}_4$ 0,8079, n_D^{20} 1,4133; 80%. *R = $CH_2CH_2CH_2CH_3$*, Kp.$_{760}$ 193,8°, a) in Ggw. von Na; $D.^{20}_4$ 0,8186, n_D^{20} 1,4210; 85,6%; b) durch Umesterung von II mit n-Butylalkohol; 90,4%. *R = $CH_2CH(CH_3)_2$*, Kp.$_{760}$ 186,3°, a) aus III u. Isobutylalkohol in Ggw. von Na; $D.^{20}_4$ 0,8129, n_D^{20} 1,4184; 81,3%; b) durch Umesterung von II mit Isobutylalkohol; 77,4%. *R = $CH(CH_3)CH_2CH_3$*, Kp.$_{760}$ 187,0°, mit K; $D.^{20}_4$ 0,8188, n_D^{20} 1,4203; 90,3%. *R = $C(CH_3)_3$*, Kp.$_{760}$ 178,5°, a) im Autoklaven mit Na, 20 Std. bei 200—205°, $D.^{20}_4$ 0,8115, n_D^{20} 1,4181; 84%; b) mit Rb, 8 Std. Kochen; 6,8%; c) durch Umesterung aus II u. tert.-Butylalkohol; 3—5%. *R = $CH_2(CH_2)_3CH_3$*, Kp.$_{760}$ 213,8°, mit Na; $D.^{20}_4$ 0,8212, n_D^{20} 1,4250; 86,8%. *R = $CH_2CH_2CH(CH_3)_2$*, Kp.$_{760}$ 205,7°, mit Na; $D.^{20}_4$ 0,8176, n_D^{20} 1,4237; 81,4%. *R = $C(CH_3)_2C_2H_5$*, Kp.$_{760}$ 201,2°, mit Na im Autoklaven; $D.^{20}_4$ 0,8253, n_D^{20} 1,4270; 85,4%. *R = $CH_2(CH_2)_4CH_3$*, Kp.$_{760}$ 231,3°, mit Na; $D.^{20}_4$ 0,8230, n_D^{20} 1,4281; 88,9%. *R = $CH_2(CH_2)_5CH_3$*, Kp.$_{760}$ 248,0°, mit Na; $D.^{20}_4$ 0,8255, n_D^{20} 1,4310; 91,4%. *R = $CH_2(CH_2)_6CH_3$*, Kp.$_{760}$ 267,0°, mit Na; $D.^{20}_4$ 0,8267, n_D^{20} 1,4332; 81%. *R = $CH(CH_3)(CH_2)_5CH_3$*, Kp.$_{760}$ 256,3°, mit K; $D.^{20}_4$ 0,8259, n_D^{20} 1,4327; 80,5%. *R = Cyclohexyl*, Kp.$_{760}$ 237,1°, mit K; $D.^{20}_4$ 0,8769, n_D^{20} 1,4481; 81,0%. *R = C_6H_5*, Kp.$_{760}$ 243,6°, mit AlJ_3, 1std. Kochen; $D.^{20}_4$ 0,9304, n_D^{20} 1,4880; 80,8%. *R = $CH_2C_6H_5$*, Kp.$_{760}$ 262,6°, mit Na; $D.^{20}_4$ 0,9319, n_D^{20} 1,4852; 80,9%. *R = $CH_2CH_2OC_2H_5$*, Kp.$_{760}$ 210,9°, mit Na; $D.^{20}_4$ 8650, n_D^{20} 1,4237; 92,3%. *R = $CH_2CH_2NH_2$*, Kp.$_{760}$ 201,6°, mit Na, 1 Std. Kochen; $D.^{20}_4$ 0,8749, n_D^{20} 1,4385; 84,9%. — Tri-n-propylalkoxysilane, *$(n\text{-}C_3H_7)_3SiOR$:* *R = $CH_2(CH_2)_2CH_3$*, Kp.$_9$ 102,5°, mit Na; $D.^{20}_4$ 0,8203, n_D^{20} 1,4300; 87,7%. *R = $CH_2CH(CH_3)_2$*, Kp.$_5$ 90,5°, mit Na, 11 Std. Kochen; $D.^{20}_4$ 0,8140, n_D^{20} 1,4280; 85,4%. *R = $CH(CH_3)C_2H_5$*, Kp.$_{6,5}$ 91,5°, mit Na; $D.^{20}_4$ 0,8204, n_D^{20} 1,4289; 79,9%. *R = $C(CH_3)_3$*, Kp.$_6$ 84,5—85,0°, mit Na, 19 Std. im Autoklaven bei 200—210°; $D.^{20}_4$ 0,8151, n_D^{20} 1,4280; 82,5%. Tri-n-butylalkoxysilane, *$(n\text{-}C_4H_9)_3SiOR$:* *R = $CH_2(CH_2)_2CH_3$*, Kp.$_5$ 123,5—124,0°, mit Na; $D.^{20}_4$ 0,8285, n_D^{20} 1,4370; 87,6%. *R = $CH_2CH(CH_3)_2$*, Kp.$_6$ 121,0°, mit Na; $D.^{20}_4$ 0,8220, n_D^{20} 1,4351; 84,6%. *R = $CH(CH_3)C_2H_5$*, Kp.$_9$ 130,0°, mit Na; $D.^{20}_4$ 0,8229, n_D^{20} 1,4362; 80,8%. *R = $C(CH_3)_3$*, Kp.$_7$ 120,5°, mit Na, 19 Std. im Autoklaven; $D.^{20}_4$ 0,8199, n_D^{20} 1,4350; 80%. (Журнал Общей Химии [J. allg. Chem.] 24 (86). 1178—88. Juli 1954.) O. Pollak v. Emhofen. 980

Erik Larsson, *Über Tri-n-butoxyaminosilan und verwandte Verbindungen.* Aus Tri-n-butoxychlorsilan (I) u. NH_3 wurden je nach Versuchsbedingungen *Tri-n-butoxyaminosilan* (II), *Hexa-n-butoxydisilazan* (III) oder ein Gemisch von beiden erhalten. II gibt bei langsamer Dest. oder bei Erwärmen auf 150—200° **III**. Ferner wurden aus I dargestellt Verbb. der Formel (n-$C_4H_9O)_3SiNHR$ mit R = CH_3 (**IV**), C_2H_5 (**V**), n-C_3H_7 (**VI**) u. n-C_4H_9 (**VII**) sowie durch doppelte Umsetzung von **II** mit Anilin bzw. Benzylamin *Tri-n-butoxyphenyl-* bzw. *-benzylaminosilan* (**VIII**). Die Verbb. werden leicht hydrolysiert; **II**, **IV** u. **V** reagieren mit Methanol (**IX**) unter Bldg. von Verbb. (n-$C_4H_9O)_nSi(OCH_3)_{4-n}$ (n = 0—4), mit großem **IX**-Überschuß erhält man Tetramethoxysilan. **II** u. **IV—VIII** sind in wss.-alkoh. Lsg. mit 0,1 nHCl titrierbar.

Versuche: *Tri-n-butoxyaminosilan* (**II**), $C_{12}H_{29}O_3NSi$, Kp.$_{12}$ 128—130°, durch Zutropfen von I in absol. Ae. zu fl. NH_3 in absol. Ae. unter Kühlung; ergab beim Erwärmen mit **IX** ein Gemisch von *Tetramethoxysilan* (Kp.$_{760}$ 121°), *Trimethoxy-n-butoxysilan* (Kp.$_{11}$ 58°), *Dimethoxy-di-n-butoxysilan* (Kp.$_{11}$ 91°) u. *Methoxy-tri-n-butoxysilan* (Kp.$_{11}$ 119°). — *Hexa-n-butoxydisilazan* (**III**), $C_{24}H_{55}O_6NSi_2$, Kp.$_{14}$ 210—211°, aus II, 10 Std. bei 150°, oder aus I in CCl_4 durch Einleiten von NH_3 neben **II**. — *Tri-n-butoxymethylaminosilan* (**IV**), $C_{13}H_{31}O_3NSi$, Kp.$_{13}$ 136—137°, durch Zutropfen von I in Ae. zu Methylamin in Ae. oder durch Einleiten des Amins in äther. I-Lösung. — Analog: *Tri-n-butoxyäthylaminosilan* (**V**), $C_{14}H_{33}O_3NSi$, Kp.$_{15}$ 139—140°; *Tri-n-butoxy-n-propylaminosilan* (**VI**), $C_{15}H_{35}O_3NSi$, Kp.$_{15}$ 149°; *Tri-n-butoxy-n-butylaminosilan* (**VII**), Kp.$_{15}$ 161—163°, $C_{16}H_{37}O_3NSi$. — *Tri-n-butoxyphenylaminosilan*, $C_{18}H_{33}O_3NSi$, Kp.$_{15}$ 192 bis 193°, aus II u. Anilin, 1 Std. bei 150° erwärmen. — *Tri-n-butoxybenzylaminosilan* (**VIII**), $C_{19}H_{35}O_3NSi$, Kp.$_{15}$ 202°. (Kungl. fysiogr. Sällsk. Lund Förh. **24**. Nr. 13. 1—6. 1954. Lund, Univ., Chem. Inst., Abt. für organ. Chem.) B. GNAUCK. 980

Erik Larsson, *Über N-substituierte Di-n-butoxydiaminosilane.* Es wurden Verbb. der Formel (n-$C_4H_9O)_2Si(NHR)_2$ aus Di-n-butoxydichlorsilan (I) u. Methyl-, Äthyl-, n-Propyl-, n-Butyl- u. Benzylamin sowie Anilin erhalten, die außer der Phenylaminoverb. in wss.-alkoh. Lsg. mit HCl titrierbar sind u. in überschüssigem absol. A. beim Erwärmen *Tetraäthoxysilan* ergeben.

Versuche: *Di-n-butoxy-bis-[methylamino]-silan*, $C_{10}H_{26}O_2N_2Si$, Kp.$_{16}$ 122—123°, durch Zutropfen von I in Toluol zur eisgekühlten Lsg. von Methylamin in Toluol. — *Di-n-butoxy-bis-[äthylamino]-silan*, $C_{12}H_{30}O_2N_2Si$, Kp.$_{15}$ 129—132°, aus I in Ae. u. Einleiten des gasförmigen Amins. — *Di-n-butoxy-bis-[n-propylamino]-silan*, $C_{14}H_{34}O_2N_2Si$, Kp.$_{15}$ 150—151°, analog durch Zutropfen des Amins in absol. Äther. — Analog: *Di-n-butoxy-bis-[n-butylamino]-silan*, $C_{16}H_{38}O_2N_2Si$, Kp.$_{15}$ 170°; *Di-n-butoxy-bis-[phenylamino]-silan*, $C_{20}H_{30}O_2N_2Si$, Kp.$_{0,5}$ 176—177°. — *Di-n-butoxy-bis-[benzylamino]-silan*, $C_{22}H_{34}O_2 \cdot N_2Si$, Kp.$_1$ 196°, aus I u. dem Amin, 2 Std. bei 155°. (Kungl. fysiogr. Sällsk. Lund Förh. **24**. Nr. 14. 1—4. 1954.) B. GNAUCK. 980

Erik Larsson, *Über die Reaktionsprodukte von n-Butoxytrichlorsilan mit primären Aminen.* Durch Rk. von n-Butoxytrichlorsilan (I) mit Aminen wurden Verbb. der Formel n-$C_4H_9OSi(NHR)_3$ erhalten, die bei der Hydrolyse Kieselsäure, Amin u. n-Butylalkohol ergeben u. titrierbar sind, wenn das Ausgangsamin selbst titrimetr. bestimmt werden kann.

Versuche: *n-Butoxy-tris-[methylamino]-silan*, $C_7H_{21}ON_3Si$, Kp.$_{15}$ 98—101°, durch Zutropfen von I in Toluol zu einer kalten Lsg. von Methylamin in Toluol. — *n-Butoxy-tris-[n-propylamino]-silan*, $C_{13}H_{33}ON_3Si$, Kp.$_{15}$ 146—147°, durch Zutropfen von n-Propylamin in absol. Ae. zu I in Ae. unter Kühlung, dann 2 Std. kochen. — Analog: *n-Butoxy-tris-[n-butylamino]-silan*, $C_{16}H_{39}ON_3Si$, Kp.$_{1,5}$ 134—136°; *n-Butoxy-tris-[phenylamino]-silan*, Kp.$_{0,5}$ 215—218°. — *n-Butoxy-tris-[benzylamino]-silan*, $C_{25}H_{33}ON_3Si$, F. ca. 32°, Kp.$_{0,5}$ 218—223°, durch Erwärmen eines Gemisches von n-Butoxy-tris-[äthylamino]-silan u. Benzylamin während 4 Std. auf 140 bis 150°. (Kungl. fysiogr. Sällsk. Lund Förh. **24**. Nr. 15. 1—2. 1954.) B. GNAUCK. 980

Fr. Krausz, *Über eine Methode der Brommethylierung.* (Sitzungsbericht.) Die Brommethylierung nach KUBICZEK u. NEUGEBAUER (Mh. Chem. **81**. [1950.] 917) versagt bei Nitrobenzol, gibt mit Anisol nur sehr geringe Ausbeuten, kann aber mit Erfolg zur Brommethylierung von tert.-Butylbenzol (I) verwendet werden. — *p-tert.-Butylbenzylbromid* (**II**), F. 11,3°, Kp.$_{17}$ 133°, durch 6std. Rk. von I mit $(CH_2O)_3$ + NaBr in Essigsäure–H_2SO_4 bei 80° u. Dest. der filtrierten organ. Lsg.; n_D^{20} 1,5448, $D.^{20}$ 1,232; 73,8% Ausbeute; gibt bei der Oxydation *tert.-Butylbenzoesäure*, F. 164°. Die Rk. ist sehr temperaturabhängig: bei 86° tritt unter HBr-Entw. Verminderung der Ausbeute ein, unterhalb 80° bleibt die Rk. unvollständig u. es bildet sich wahrscheinlich *Bis-[tert.-butylphenyl]-methan.* Verwendung von As_2O_3 als Katalysator ist nur wenig erfolgreich. Von II wurden das Acetat (**III**), der Alkohol (**IV**), der Aldehyd, das Nitril u. die Säure dargestellt (keine näheren Angaben), wobei **II**, **III** u. **IV** keine Riechstoffe sind. (Bull. Soc. chim. France, Mém. [5] **20**. C 51—C 52. Okt. 1953. Mülhausen, Soc. des Produits chim. et des Matières colorantes.) H. LEHWALD. 1010

Henry Gilman und **George A. Martin**, *Umlagerungsaminierung von o-Chlor- und o-Bromphenylmethylsulfid und o-Bromphenylmethylsulfon in flüssigem Ammoniak.* Vff. erhalten bei der Einw. von KNH_2 oder $NaNH_2$ auf o-Chlor- (**I**) u. o-Bromphenylmethylsulfid (**II**) u. auf o-Bromphenylmethylsulfon (**III**) in fl. NH_3 durch Aminierung unter Umlagerung die entsprechenden *m-Aminoverbindungen.* Aus Analogiegründen wird vermutet, daß die p-halogenierten Isomeren ebenfalls zu den m-Aminierungsprodd. umgelagert werden.

Versuche: *m-Aminophenylmethylsulfid*, $Kp._{0,3}$ 101,5—102,5°, $Kp._{11}$ 144—146°, a) durch Zugabe (10 Min.) von **II** zu $NaNH_2$ in fl. NH_3 u. 10 Min. Rühren; 45,5% (Ausbeute); b) aus **I** u. KNH_2 wie vorst.; n_D^{20} 1,6427; 35,4%. *Acetylderiv.*, F. 78—78,5° (korr.; A.) [gibt bei der Oxydation mit H_2O_2 in Eisessig (2 Std. bei 70°) *m-Acetamidomethylsulfon*, F. 136,8—137,5° (Bzl.); 80%]. — *o-Bromthiophenol*, $Kp._{0,5}$ 58—60°, aus o-Brombenzoldiazoniumchlorid mit K-Äthylxanthogenat; 61%. — *o-Bromphenylmethylsulfon* (**III**), $C_7H_7O_2BrS$, F. 108—108,5°, durch 3std. Kochen vorst. Verb. mit wss. alkal. Dimethylsulfat, Isolierung von *o-Bromphenylmethylsulfid* (**II**; $Kp._{0,3}$ 81—83°, n_D^{20} 1,6348; 91%) u. 3std. Kochen mit 30%ig. H_2O_2 in Eisessig; 94%. — *o-Chlorphenylmethylsulfon*, F. 93,5—94,2°, aus *o-Chlorthiophenol* ($Kp._{12}$ 87—88°, wie vorst.; 51%) über *o-Chlorphenylmethylsulfid* (**I**; C_7H_7ClS, $Kp._{15}$ 116,5—117°, $D._4^{20}$ 1,2377, n_D^{20} 1,6067; 92,5%) u. Oxydation wie vorst.; 88,5%. — *2-Brom-4-methylbenzolsulfonsäure*, aus der entsprechenden Aminosäure über das Diazoniumsalz mit HBr/CuBr; isoliert als Na-Salz; 77%; *p-Toluidinsalz*, $C_{14}H_{16}O_3NBrS$, F. 216—218° (W.). *Methylester*, $C_8H_9O_3BrS$, F. 62 bis 63°. *Äthylester* $C_9H_{11}O_3BrS$, F. 70—71°. *2-Brom-4-methylbenzolsulfonylchlorid*, $C_7H_6O_2ClBrS$, F. 64—65° (PAe.), aus vorst. Na-Salz durch 1std. Erhitzen mit PCl_5 auf 160°; 82%. — *2-Brom-4-methylbenzolsulfonamid*, $C_7H_8O_2NBrS$, F. 153,5—154,5° (verd. A.), aus vorst. Verb. u. konz. NH_4OH durch Erwärmen mit freier Flamme unter heftigem Rühren; 70%. — *2-Jod-4-methylbenzolsulfonsäure*, aus der entsprechenden Diazoverb. mit KJ; 94% (K-Salz); *p-Toluidinsalz*, $C_{14}H_{16}O_3NJS$, F. 227,5—230°. — *2-Jod-4-methylbenzolsulfonylchlorid*, $C_7H_6O_2ClJS$, F. 66—67° (PAe.); 83%. — *2-Jod-4-methylbenzolsulfonamid*, $C_7H_8O_2NJS$, F. 165—166° (95%ig. A.); 69%. — *m-Aminophenylmethylsulfon*, $Kp._{0,3}$ 165—170°, aus **III** u. $NaNH_2$ in fl. NH_3; 10%. (J. Amer. chem. Soc. **74.** 5317—19. 5/11. 1952. Ames, Io., State Coll., Chem. Labor.) G. Winkler. 1090

Gardner W. Stacy, Richard I. Day und **Richard J. Morath**, *Schiffsche Basen und verwandte Substanzen.* 2. Mitt. *Reaktionen von Mercaptanen mit N-Benzylidenanilin und N-Benzylidenanthranilsäure.* (1. vgl. C. **1953.** 3066.) Die Addition von Mercaptanen an N-Benzylidenanilin (**I**) wird durch COOH- oder $COCH_3$-Gruppen in m- oder p-Stellung am Anilinring nicht beeinträchtigt. Die von Gilman u. Dickey (vgl. J. Amer. chem. Soc. **52.** [1930.] 4573) beobachtete Red. hierbei wird durch Anwendung anderer Versuchsbedingungen verursacht, wie die Nacharbeitung jener Verss. nunmehr ergab. Während unter den in der 1. Mitt. (l. c.) angegebenen Bedingungen **I** glatt addiert, entsteht unter den von jenen Autoren angeführten Bedingungen *N-Benzylanilin* (**II**). Beim Erhitzen von N-[α-(p-Tolylmercapto)-benzyl]-anilin (**VI**) mit einem Überschuß an p-Tolylmercaptan (**III**) entstehen **II** u. *Bis-[p-tolyl]-disulfid* (**IX**) in gleicher Ausbeute wie bei der direkten Red. von **I**. Die Additionsprodd. der Schiffschen Basen mit Mercaptanen werden durch verd. NaOH leicht wieder in die Ausgangsverbb. zersetzt. N-Benzylidenanthranilsäure (**V**) u. m-[N-Benzylidenamino]-benzoesäure (**IV**) können unter wasserfreien Bedingungen ebenfalls red. werden, in Ggw. von Spuren von W. tritt Spaltung in die entsprechende Aminosäure u. *Benzaldehyd-di-p-tolylmercaptal* ein, das durch Synth. u. durch Oxydation zum *Disulfon* identifiziert wurde.

Versuche (FF. korr.): *m-Benzylidenaminobenzoesäure* (**IV**), F. 131—132° (Bzl.), aus m-Aminobenzoesäure u. Benzaldehyd in trockenem Bzl. (4 Std. kochen unter Wasserentzug); 85 (roh) bzw. 75% (Ausbeute). — *p-Benzylidenaminobenzoesäure*, $C_{14}H_{11}O_2N$, F. 194—196° (A.), aus p-Aminobenzoesäure u. Benzaldehyd wie vorst.; 70%. — *m-Benzylidenaminoacetophenon*, $C_{15}H_{13}ON$, F. 47,5—48° [Propanol-(2)], aus m-Aminoacetophenon; 63%. — *p-Benzylidenaminoacetophenon*, $C_{15}H_{13}ON$, F. 99,5—100,5° [Propanol-(2)], aus p-Aminoacetophenon in A.; 60 bzw. 50%. — Nachst. Thioladdukte, *N-[α-Arylmercaptobenzyl]-aniline*, entstehen durch 12—18std. Kochen oder Stehen von 0,01 Mol der Schiffschen Base mit 0,01 oder 0,02 Mol des Mercaptans in 50—75 cm³ Bzl. u. Abfiltrieren bzw. Abdampfen: *N-[α-(p-Tolylmercapto)-benzyl]-p-aminobenzoesäure*, $C_{21}H_{19}O_2NS$, F. 161—176° (Zers.; Isopropanol); 97%. — *N-[α-Naphthyl-(2)-mercaptobenzyl]-p-aminobenzoesäure*, $C_{24}H_{19}O_2NS$, F. 146—182° (Zers.; Bzl.); 90%. — *N-[α-(p-Tolylmercapto)-benzyl]-m-aminobenzoesäure*, $C_{21}H_{19}O_2NS$, F. 86—88° (Bzl./PAe.); 82%. — *N-[α-Benzylmercaptobenzyl]-m-aminobenzoesäure*, $C_{21}H_{19}O_2NS$, F. 102,5—104,5° (PAe./Äthylacetat); 99%. — *N-[α-Carboxymethylmercaptobenzyl]-p-aminoacetophenon*, $C_{17}H_{17}$-O_3NS, F. 125,6—126,5° (Isopropanol); 69%. — *N-[α-Phenylmercaptobenzyl]-p-amino-*

acetophenon, $C_{21}H_{19}ONS$, F. 102,5—104° (Isopropanol); 81%. *N-[α-Benzylmercaptobenzyl]-p-aminoacetophenon*, $C_{22}H_{21}ONS$, F. 96,6—98,5° (Isopropanol); 71%. — *N-[α-Benzylmercaptobenzyl]-m-aminoacetophenon*, $C_{22}H_{21}ONS$, F. 88,5—89,5° (Isopropanol); 69%. — *N-[α-(p-Tolylmercapto)-benzyl]-m-aminoacetophenon*, $C_{22}H_{21}ONS$, F. 72,7—73,9° (A.); 89%. — *N-[α-Phenylmercaptobenzyl]-anilin*, $C_{19}H_{17}NS$, F. 55,5—56,5° (A.); 73%. — *N-[α-Benzylmercaptobenzyl]-anilin*, $C_{20}H_{19}NS$, F. 61,8—62,8° (Isopropanol); 80%. — *N-[α-(p-Tolylmercapto)-benzyl]-anilin* (**VI**), $C_{20}H_{19}NS$, F. 72,5—73° (Isopropanol); 99%. — *N-[α-Naphthyl-(2)-mercaptobenzyl]-anilin* (**X**), $C_{23}H_{19}NS$, F. 66,1—68,1° (A.); 85%. — *N-Benzolsulfonyl-N-benzylanilin* (**VIII**), F. 119—120° (A.), aus 0,05 Mol **I** u. überschüssigem **III** durch 24std. Kochen in p-Xylol unter N_2, Auswaschen mit 10%ig. NaOH, 1std. Kochen der abgetrennten Xylolschicht mit 10%ig. HCl unter N_2 u. Behandeln der vom Xylol abgetrennten HCl-Lsg. nach Alkalisierung (p_H 10) mit Benzolsulfochlorid u. Behandeln des Nd. mit Alkali (**A**); 34% (bei späteren Verss. bis zu 65%). — *N-Benzolsulfonylanilin* (**VII**), F. 111—112°, aus **A** durch Ansäuern; 4,49 g. — *Bis-[p-tolyl]-disulfid* (**IX**), F. 45—46° (A.), aus der Xylollsg. durch Vakuumabdampfen; 3,98 g. — Die analoge Red. von 0,05 Mol **VI** mit **III** ergab 29% **VIII**, 4,58 g **VII** u. 5,9 g **IX**. — Beim Auswaschen von **X** in Bzl. mit 10%ig. NaOH entstehen aus der wss. Phase nach Ansäuern 88% 2-Mercaptonaphthol (F. 75—77°) u. aus der Benzolschicht 62% **I** (F. 47—50°, analog aus **VI** in Xylol 50% **I** u. 58% **III**. — *Benzaldehyd-di-p-tolylmercaptal*, F. 80—81° (A.), a) aus **III** u. **IV** durch 24std. Kochen in Xylol, Abfiltrieren von m-Aminobenzoesäure (F. 165—173° [PAe.]; 55%) u. Abdampfen; 51%; b) aus **V** wie bei a); 49% daneben 45% *Anthranilsäure* (F. 130—138°). — *α.α-Bis-[p-tolylsulfonyl]-toluol*, $C_{21}H_{20}O_4S_2$, F. 181—182° (Eisessig), durch Oxydation vorst. Verb. in Eisessig mit 8%ig. $KMnO_4$ unter Kühlen, Zers. des MnO_2 mit H_2O_2 u. Gießen auf Eis; 56%. — *m-Benzylaminobenzoesäure*, F. 114—115° (wss. A.), aus **IV** durch 24std. Kochen mit **III** in p-Xylol unter strengem Wasserausschluß, Abdampfen, Aufnehmen des Destillierrückstandes in Ae., fraktionierte Fällung mit PAe., Ausziehen des Nd. ($m-NH_2-C_6H_4COOH$) mit Ae., Behandeln der Ae.-Lsg. mit Alkali, Ansäuern mit HCl u. Zers. des Hydrochlorids; 32%. *N-Acetylderiv.*, $C_{16}H_{15}O_3N$, F. 132,5—133° (Toluol). — *N-Benzylanthranilsäure*, F. 174 bis 175°, aus **V** u. Thiophenol wie vorst.; 13%. (J. Amer. chem. Soc. **77**. 3869—73. 20/7. 1955. Pullman, Wash., State Coll., Fulmer Chem. Labor.) H. LEHWALD. 1090

G. Baddeley, G. Holt und **W. Pickles**, *Die Reaktion aromatischer Ketone mit Aluminiumchlorid.* In Fortführung ihrer Arbeiten über die Veränderungen aromat. Ketone beim Schmelzen mit $AlCl_3$ (vgl. J. chem. Soc. [London] **1944**. 232) erhalten Vff. bei der 18std. Rk. bei 100°: aus 2.5-Di-n-propylacetophenon 3% *Acetophenon* (**I**; F. 15°, $Kp._{0,15}$ 53—57°; *Semicarbazon*, F. 198°), 43% *m-[n-Propyl]-acetophenon* (**II**; $Kp._{0,2}$ 70—85°; *Semicarbazon*, F. 170°) u. 24% *3.5-Di-n-propylacetophenon* (**III**; $Kp._{0,2}$ 100—105°; *2.4-Dinitrophenylhydrazon*, $C_{20}H_{24}O_4N_4$, F. 130°, aus A. rote Nadeln); aus 2.5-Di-n-propylpropiophenon 4% *Propiophenon* ($Kp._{0,1}$ 67—85°; *Semicarbazon*, F. 172°), 36% *m-[n-Propyl]-propiophenon* ($Kp._{0,1}$ 90—100°; *Semicarbazon*, $C_{13}H_{19}ON_3$, F. u. Misch-F. 128°) u. 29% *3.5-Di-n-propylpropiophenon* (**IV**; $Kp._{0,1}$ 115—120°; *2.4-Dinitrophenylhydrazon*, $C_{21}H_{26}O_4N_4$, F. 133°, aus Essigsäure rote Nadeln); aus 2.5-Diisopropylacetophenon (**V**) 27% **I** u. 27% *p-Isopropylacetophenon* (**VI**); aus **V** in Äthylenchlorid bei Zimmertemp. 65% *m-Isopropylacetophenon* (**VII**; $C_{11}H_{14}O$, $Kp._{0,2}$ 84—90°; *Semicarbazon*, $C_{12}H_{17}ON_3$, F. 170° [A.]) u. 24% *3.5-Diisopropylacetophenon* (**VIII**; $Kp._{0,2}$ 95—102° [unrein]; *2.4-Dinitrophenylhydrazon*, F. 117—122°); aus 2.4-Diisopropylacetophenon (**IX**) 15% **I** u. 34% **VI**. Die Verss. zeigen, daß bei den Rkk. Abspaltungen u. intramol. Alkylwanderungen auftreten, wobei die o-Isopropylgruppe leichter abgespalten wird als die o- n-Propylgruppe. Danach (vgl. l. c.) kann eine Reihe zunehmender Abspaltbarkeit, $CH_3 < C_2H_5 < n\text{-}C_3H_7 < iso\text{-}C_3H_7$, aufgestellt werden. Die Acetylierung von p-Diisopropylbenzol (**X**) nach FRIEDEL-CRAFTS in CS_2 unterhalb 5° liefert **V**, bei höherer Temp. oder in Äthylenchlorid als Lösungsm. dagegen **IX**. **V** u. **IX** wurden durch Desacetylierung mit sirupöser H_3PO_4 u. Darst. der *Sulfonamide* der entstandenen *KW-stoffe* identidiziert. Die Identifizierung der Isomerisierungsprodd. erfolgte durch unabhängige Synth. oder durch Oxydation zu den entsprechenden *Benzolcarbonsäuren* bzw. durch CLEMMENSEN-Red. zu den entsprechenden *KW-stoffen*. — *2.5-Di-n-propylacetophenon*, $Kp._{0,1}$ 100—101°, aus 60 g p-Di-n-propylbenzol, $AlCl_3$ u. 37 g Acetylchlorid in Äthylenchlorid unter Kühlung; 51 g (Ausbeute). *2.4-Dinitrophenylhydrazon*, F. 75°, aus A. orangerote Nadeln. — *2.5-Di-n-propylpropiophenon*, $C_{15}H_{22}O$, $Kp._{0,5}$ 112—116°, analog vorst. Verb. mit 44 g Propionylchlorid; 55 g. — *2.5-Diisopropylacetophenon* (**V**), $C_{14}H_{20}O$, $Kp._{0,1}$ 92—95°. Aus 50 g Isopropylbenzol, $AlCl_3$ u. Acetylchlorid in Äthylenchlorid wird *p-Isopropylacetophenon* (**VI**; $Kp._{10}$ 115°; 59 g; *Oxim*, F. 71°; *Semicarbazon*, $C_{12}H_{17}ON$, F. 200—202° [A.]) bereitet, davon werden 54 g mit CH_3MgJ in Ae. zu *2-[p-Isopropylphenyl]-propanol-(2)* ($C_{12}H_{18}O$, $Kp._{10}$ 118—119°, F. 38°; 48 g) umgesetzt, davon 45 g durch Vakuumdest. in

Ggw. von H_2SO_4 zu *p-Isopropenylisopropylbenzol* (Kp.$_{12}$ 96—100°; 38 g) dehydratisiert, in Ggw. von RANEY-Ni in CH_3OH zu *p-Diisopropylbenzol* (**X**; Kp.$_{15}$ 87—89°; n_D^{15} 1,4910; 36 g; *Sulfonamid*, F. 110°) hydriert u. (50 g) mit 27 g Acetylchlorid u. $AlCl_3$ in CS_2 bei —5° (4 Std.) umgesetzt; n_D^{18} 1,5120; 35 g. *Semicarbazon*, $C_{15}H_{23}ON_3$, F. 165° (A.). Liefert bei der Desacetylierung mit sirupöser H_3PO_4 **X**. — *2.4-Diisopropylacetophenon*(**IX**), Kp.$_{0,2}$ 93—97°, aus 63 g **X**, Acetylchlorid u. $AlCl_3$ in Äthylenchlorid bei —5°; 39 g. *Semicarbazon*, F. 196° (A.). Gibt bei der Desacetylierung *m-Diisopropylbenzol* (*Sulfonamid*, F. 144—145°). — Zur Identifizierung der Isomerisierungsprodd. werden folgende Derivv. dargestellt: *Isophthalsäure*, aus **II** (auch aus Benzonitril u. CH_3MgJ) oder **VII** mit CrO_3 bzw. HNO_3. *Dimethylester*, F. 64°. — *Trimesinsäure*, F. 364°, aus **III**, **IV** oder **VIII** u. HNO_3. *Trimethylester*, F. 143°. — *3.5-Di-n-propylbenzoesäure* (?), $(C_3H_7)_2C_6H_3 \cdot COOH$, F. 43°, aus **III** mit alkal. ClO^- oder mit SeO_2 u. H_2O_2; wachsartige Masse. — *3.5-Di-n-propyläthylbenzol*, aus **III** durch Red. nach CLEMMENSEN. *Tribromid*, $C_{14}H_{19} \cdot Br_3$, Öl. — *2.4.6-Tribrom-1.3.5-tri-n-propylbenzol*, $C_{15}H_{21}Br_3$, F. 111°, aus **IV** durch CLEMMENSEN-Red. u. anschließende Bromierung in Ggw. von Fe-Pulver; aus A. Nadeln. — *Terephthalsäure*, aus **VI** mit CrO_3. *Dimethylester*, F. 140°. (J. chem. Soc. [London] **1952**. 4162—66. Nov. Manchester, Univ., Fac. of Technol.) H. LEHWALD. 1160

G. L. Buchanan und **J. McArdle**, *Die Umwandlung von Arylessigsäuren in Ketone.* Die Kondensation von Phenylessigsäure mit Acetanhydrid (I) in Ggw. von Pyridin zu *Benzylmethyketon* u. *Dibenzylketon* (vgl. DAKIN u. WEST, J. biol. Chem. **78**. [1928.] 91) verläuft nicht nach dem von KING u. MCMILLAN (J. Amer. chem. Soc. **73**. [1951.] 4911) vorgeschlagenen Mechanismus, da unter diesen Bedingungen das stärker reaktive Benzylcyanid nicht mit I zu α-Acetylbenzylcyanid reagiert. Es wird vielmehr eine O → C-Wanderung der Acylgruppe ähnlich der von CLAISEN [1900] an β-Ketoestern beobachteten oder der von HAUSER erwähnten Umlagerung von Enolacetaten von Ketonen (vgl. YOUNG u. Mitarbeiter, C. **1952**. 828) angenommen. (J. chem. Soc. [London] **1952**. 2944—45. Juli. Glasgow, Univ.) H. LEHWALD. 1210

Raymond Quelet, *Die Anwendung der Chlormethylierung auf die Synthese von Polyalkoxyphenylessigsäuren.* (Sitzungsbericht.) Die Erzielung guter Ausbeute bei der Darst. von *Homoveratrumsäure* aus Veratrylaldehyd oder -alkohol scheiterte bisher an der starken Reaktionsfähigkeit des Cl-Atoms in dem Zwischenprod. Veratrylchlorid. Bessere Ausbeuten werden dagegen bei der Verwendung einer in o-Stellung zur Chlormethylgruppe bromierten Verb. u. Abspaltung des Br im Endprod. erhalten: *4-Bromveratrol*, Kp.$_{16}$ 136—137°, aus Veratrol durch Bromierung bei 0° in Essigsäure oder CS_2; 75% (Ausbeute). — *4-Bromveratrylchlorid*, F. 65°, aus vorst. Verb., 35%ig. HCHO u. gasförmigem HCl bei 70, dann 2 Std. bei 80° u. Gießen in W.; hydrolysiert leicht; gibt bei der $KMnO_4$-Oxydation *2-Brom-4.5-dimethoxybenzoesäure*, F. 184°. — *2-Brom-4.5-dimethoxyphenylacetonitril*, F. 89,5°, aus vorst. Verb. in Aceton + KCN in wss. A. durch 2std. Kochen, Abdampfen u. Gießen auf Eis; aus A. Nadeln. — *2-Brom-4.5-dimethoxyphenylessigsäure*, F. 118° (Monohydrat, F. 80°), aus vorst. Verb. u. wss. alkoh. KOH (Kochen). — *Homoveratrumsäure*, F. 99°, aus vorst. Verb. u. Zn in Alkali bei Raumtemp.; 500 g (aus 1000 g Veratrol). — Die analogen Rkk. können auch mit 4-Chlorveratrol durchgeführt werden, jedoch ist das Cl-Atom schwieriger abspaltbar. In gleicher Weise wurden ferner *2.5-Dimethoxyphenylessigsäure* (F. 122°) über *4-Brom-2.5-dimethoxy-ω-chlortoluol* (F. 110°) u. *4-Brom-2.5-dimethoxyphenylessigsäure* (F. 129°), u. schließlich *2.3.4-Trimethoxyphenylessigsäure* (F. 120°) aus Trimethoxybrombenzol dargestellt. (Bull. Soc. chim. France, Mém. [5] **20**. C 46—C 48. Okt. 1953. Paris, Fac. de Sci., Labors. de Chim. SPCN.) H. LEHWALD. 1250

Henry Gilman, **Cecil G. Brannen** und **Robert K. Ingham**, *Einige tetrasubstituierte Naphthyl- und Tolylsilane.* Vff. beschreiben die Darst. verschied. tetrasubstituierter Phenylnaphthyl-, Naphthyltolyl- u. Phenyltolylsilane.

Versuche: *Trinaphthyl-(1)-phenylsilan*, $C_{36}H_{26}Si$, F. 192—193° (durch Digestion mit A. gereinigt), durch 30std. Erwärmen von Trinaphthyl-(1)-chlorsilan (**I**) mit Phenyl-Li in Bzl. auf 54°; 53% (Ausbeute), oder durch 4tägiges Kochen von Trinaphthyl-(1)-silan mit Phenyl-Li in Ae., Ersatz des Lösungsm. durch Bzl. u. 3tägiges Kochen; 63%, oder aus Trinaphthyl-(1)-äthoxysilan (**II**) in Xylol wie vorst. durch 36std. Kochen. *Additionsverb. mit Chlorbenzol*, $C_{42}H_{31}ClSi$, F. 108—109°. — *Triphenyl-β-naphthylsilan*, $C_{28}H_{22}Si$, F. 150—151° (PAe.), durch Umsetzung von 2-Bromnaphthalin mit n-Butyl-Li in Ae., Zugabe von Triphenylchlorsilan (**III**) u. 17std. Kochen; 32%. — *Trinaphthyl-(1)-p-tolylsilan*, $C_{37}H_{28}Si$, F. 232—233° (Digestion mit sd. Aceton), durch 4tägiges Kochen von **I** u. p-Tolyl-Li in Bzl./Ae.; 92%, oder aus **II** wie vorst.; 40—60%, oder aus Trinaphthyl-(1)-bromsilan wie vorst. durch 2std. Kochen in Ae.; 60%. — *Triphenyl-p-tolylsilan*, F. 140—141° (Äthylacetat), aus **III** u. p-Tolyl-Li in Ae. unter Kühlung u. Rühren über

Nacht; 100%. — *Diphenyldi-p-tolylsilan*, $C_{26}H_{24}Si$, F. 121—122° (Äthylacetat/PAe.), aus Diphenyldichlorsilan u. p-Tolyl-Li in Ae., 3 Std. unter Rühren bei Zimmertemp.; 77% (bei dem von Gilman u. Clark, J. Amer. chem. Soc. **68.** [1946.] 1675, erhaltenen Prod. vom F. 176—177° handelt es sich vermutlich um ein Gemisch von Tetraphenyl- u. Tetra-p-tolylsilan). — *Phenyltri-p-tolylsilan*, $C_{27}H_{26}Si$, F. 182—183° (PAe.), durch Zugabe von äther. p-Tolyl-Li zu Phenyltrichlorsilan in Ae. unter Rühren u. gelindem Sieden; 71%. (J. Amer. chem. Soc. **77.** 3916—19. 20/7. 1955. Ames, Io., State Coll., Dep. of Chem.)

G. Winkler. 1380

G. O. Doak und **Leon D. Freedman**, *Darstellung von Amiden der Arylphosphonsäuren. 2. Mitt. Phosphanilamid und Diamide von primären aliphatischen Aminen.* (1. vgl. C. **1955.** 10490.) p-Nitrophenylphosphonsäuredichlorid (I; vgl. l. c.) kondensiert sich mit Alkylaminen leicht zu p-Nitrophenylphosphonsäurediamiden. Eine ähnliche Kondensation von I mit NH_3 wurde durchgeführt. Diese nitrosubstituierten Amide wurden glatt zu den entsprechenden Aminoverbb. reduziert.

Versuche: *p-Nitrophenylphosphonsäurediamid* (II), F. > 137° (unscharf; CH_3·OH), aus I u. NH_3-Gas in Chlf. < —10° ($2^1/_2$ Std.), dann 2std. Auskochen des erhaltenen Nd. mit Chlf.-Diäthylamin; 65% (Ausbeute). — Nachst. P-[p-Nitrophenyl]-phosphonsäurediamide aus I u. den entsprechenden Alkylaminen in CCl_4 (1 Std. kochen, dann über Nacht stehen; Umkristallisation aus verd. A.): *N.N'-Diäthyl-*, F. 139,5° (W.); 67,5%. — *N.N'-Di-n-propyl-*, F. 139—140°; 58%. — *N.N'-Diisopropyl-*, F. 169—171°; 56,5%. — *N.N'-Di-n-butyl-*, F. 78—78,5° (Ae.), 15 Std. Kochen; 58,5%. — *N.N'-Diisobutyl-*, F. 130—131°; 80,5%. — *N.N'-Di-sek.-butyl-*, F. 128—129°; 74%. — *N.N'-Di-tert.-butyl-*, F. 221—224°; 69%. — *N.N'-Dibenzyl-*, F. 110—112°; 52,5%. — *p-Aminophenylphosphonsäurediamid* (*Phosphanilamid*), F. > 122° (unscharf), aus II u. H_2/Raney-Ni in CH_3OH (Anfangsdruck 60 lb.); 64%. — Analog folgende P-[p-Aminophenyl]-phosphonsäurediamide: *N.N'-Diäthyl-*, F. 111—112° (Bzl.); 79%. — *N.N'-Di-n-propyl-*, F. 162—163° (W.); 75%. — *N.N'-Diisopropyl-*, F. 131 bis 133° (W.); 74%. — *N.N'-Di-n-butyl-*, F. 118—119° (wss. A.); 62%. — *N.N'-Diisobutyl-* F. 105—106° (wss. A.); 64%. — *N.N'-Di-sek.-butyl-*, F. ca. 36° (unscharf); 94%. — *N.N'-Di-tert.-butyl-*, F. 217—218° (wss. A.); 70%. — *N.N'-Dibenzyl-*, F. 90—94°; 61%. (J. Amer. chem. Soc. **77.** 4825—26. 20/9. 1955. Chapel Hill, N. C., Univ., School of Public Health, Veneral Disease Exp. Labor.)

J. Rothe. 1380

A. W. Kirssanow und **W. I. Schewtschenko**, *Ester der Arylsulfonimidophosphorsäuren.* Aus „Trichlorphosphazosulfonarylen" (Aryl = Phenyl, o- u. p-Tolyl, α- u. β-Naphthyl) u. RONa (R = CH_3, C_2H_5 u. n-C_4H_9) werden 70—80% *Arylsulfonyliminophosphorsäuretrialkylester* $ArSO_2N{=}P(OR)_3$ (I) erhalten. Nebenprodd. sind 10—20% der *N-Natriumverbb.* der *Arylsulfonylaminophosphorsäuredialkylester* $ArSO_2NHP({=}O)\cdot(OR)_2$ (II), die auch durch Verseifen der Ester I mit wss.-alkoh. HCl oder NaOH entstehen. Weitergehende Verseifung führt nicht zu den entsprechenden Monoalkylestern, sondern zu *Arylsulfamiden.* Die Ester I kristallisieren entweder gut oder bilden dicke Öle. Die Ester II kristallisieren; sie zers. Carbonate u. Acetate u. lassen sich mit NaOH als einbas. Säuren titrieren (Phenolphthalein), wobei die N-Natriumverbb. gebildet werden.

Versuche: Zur Herst. der Verbb. I wird zu einer Lsg. von RONa in dem betreffenden A. eine Lsg. von $ArSO_2N{=}PCl_3$ in Bzl. (0,03:0,01 Mol) zugetropft; Reaktionstemp. bei R = CH_3 u. C_2H_5 maximal 5°, bei R = n-C_4H_9 10—20°, später 50°; das Reaktionsprod. wird mit W. behandelt, I abfiltriert oder mit Bzl. oder Ae. aufgenommen u. die wss. Lsg. der Na-Verbb. von II angesäuert (Kongo). *Arylsulfonyliminophosphorsäuretrialkylester* $ArSO_2N = P(OR)_3$ (I). $Ar = C_6H_5$; $R = CH_3$, F. 38—40°; 75,9% (Ausbeute). $Ar = o\text{-}CH_3C_6H_4$; $R = CH_3$, F. 74—75°; 76%. $Ar = p\text{-}CH_3C_6H_4$; $R = CH_3$, F. 44—45°; 80,5%. $Ar = \alpha\text{-}C_{10}H_7$; $R = CH_3$, F. 84—85°; 71,7%. $Ar{=}\beta\text{-}C_{10}H_7$; $R = CH_3$, F. 93 bis 94°; 79,6%. $Ar = C_6H_5$; $R = C_2H_5$, Fl.; 81,5%. $Ar = o\text{-}CH_3C_6H_4$; $R = C_2H_5$, F. 35—37°; 82,1%. $Ar = p\text{-}CH_3C_6H_4$; $R = C_2H_5$, Fl.; 78,7%. $Ar = \alpha\text{-}C_{10}H_7$; $R = C_2H_5$, F. 94—95°; 86,4%. $Ar = \beta\text{-}C_{10}H_7$; $R = C_2H_5$, F. 51—52°; 75,4%. $Ar = C_6H_5$; $R = n\text{-}C_4H_9$, Fl., 85,1%. $Ar = o\text{-}CH_3C_6H_4$; $R = n\text{-}C_4H_9$, Fl.; $D.^{20}_4$ 1,111; n_D^{20} 1,491; 88,7%. $Ar = \alpha\text{-}C_{10}\cdot H_7$; $R = n\text{-}C_4H_9$, Fl.; $D.^{20}_4$ 1,141; n_D^{20} 1,530; 86,9%. $Ar = \beta\text{-}C_{10}H_7$; $R = n\text{-}C_4H_9$, Fl.; $D.^{20}_4$ 1,135; n_D^{20} 1,532; 90,9%. — Die Verbb. II werden durch 1std. Kochen von I mit wss.-alkoh. NaOH hergestellt (Ausbeute fast quantitativ). Eine Variante (bei R = CH_3 u. C_2H_5) besteht darin, eine Lsg. von $ArSO_2N{=}PCl_3$ in Bzl. mit überschüssiger CH_3ONa- bzw. C_2H_5ONa-Lsg. (0,01:0,045 Mol) bei maximal 40—50° umzusetzen (Ausbeuten 74 bis 92%). *Arylsulfonylaminophosphorsäuredialkylester* $ArSO_2NHP({=}O)(OR)_2\cdot Ar = C_6H_5$; $R = CH_3$; F. 108—109°. $Ar = o\text{-}CH_3C_6H_4$; $R = CH_3$, F. 145—146°. $Ar = p\text{-}CH_3C_6H_4$; $R = CH_3$, F. 110—111°. $Ar = \alpha\text{-}C_{10}H_7$; $R = CH_3$, F. 164—165°. $Ar = \beta\text{-}C_{10}H_7$; $R = CH_3$, F. 144—145°. $Ar = C_6H_5$; $R = C_2H_5$, F. 111—112°. $Ar = o\text{-}CH_3C_6H_4$; $R = C_2H_5$, F. 97

bis 98°. *Ar* = *p-$CH_3C_6H_4$*, *R* = *C_2H_5*, F. 105—106°. *Ar* = *α-$C_{10}H_7$*; *R* = *C_2H_5*, F. 154 bis 155°. *Ar* = *β-$C_{10}H_7$*; *R* = *C_2H_5*, F. 161—162°. *Ar* = *α-$C_{10}H_7$*; *R* = *n-C_4H_9*, F. 75—77°. — „*α-Trichlorphosphazosulfonnaphthyl*“, $C_{10}H_7O_2NCl_3SP$, F. 107—117°; aus α-Naphthalinsulfamid u. PCl_5 in CCl_4 beim Erwärmen; Kristalle; 93,5%. — „*β-Trichlorphosphazosulfonnaphthyl*“, $C_{10}H_7O_2NCl_3SP$, F. 130—132°; aus β-Naphthalinsulfamid u. PCl_5 in CCl_4 bei 3—3½std. Erhitzen auf dem sd. Wasserbad; Kristalle; 90,1%. (Журнал Общей Химии [J. allg. Chem.] **24** (86). 474—84. März 1954. Dnepropetrowsk, Metallurg. Stalin-Inst.) R. KNOBLOCH. 1380

M. Lora Tamayo und **M. Pinar**, *Konjugation einer olefinischen Bindung mit einem aromatischen Kern.* 22. Mitt. *Die Dehydrierung von p-Benzochinonaddukten.* (21. vgl. An. Real Soc. españ. Física Quím., Ser. B. **46.** [1950.] 47.) *Isoeugenol* u. *1-Methoxy-4-propenylnaphthalin* bilden mit p-Benzochinon (**I**) Verbb. im Mol-Verhältnis 1:1 mit noch nicht geklärter Konst. (**III** bzw. **IV**). Beim Erhitzen von **III** mit Se sublimierte bei 230° Hydrochinon, bei ca. 200° jedoch eine *Verb. $C_{26}H_{28}O_6$* (**II**), während die Umsetzung von **IV** u. Se nur Hydrochinon lieferte. **III** löst sich in Alkali u. wird durch Säuren wieder ausgefällt. — *o-Methylisoeugenol* ($C_{11}H_{14}O_2$, Kp.$_{10}$ 140—145°, aus Isoeugenol mit CH_3J + KOH in Methanol) lieferte mit **I** kein krist. Reaktionsprodukt.

Versuche: *Verb. $C_{26}H_{28}O_6$* (**II**), F. 130°, aus **III** mit der dreifachen Menge Se im geschlossenen Rohr 30 Std. bei 180°, Ätherextraktion, Lösen in 15%ig. NaOH u. Fällen mit HCl. (An. Real Soc. españ. Física Quím., Ser. B **46.** 129—32. Febr. 1950.) H. SCHMEISS. 1460

R. E. Corbett und **C. L. Davey**, *Beckmannsche Umlagerung substituierter Benzylidenacetonoxime.* p-Methoxybenzylidenaceton (**I**) gibt in alkal. Medium das *α-Oxim* (**III**), in saurem eine Mischung von **III** u. dem *β-Oxim* (**V**) (65:35). **V** lagert sich in Ggw. von PCl_5 in *p-Methoxy-N-methylzimtsäureamid* um, **III** in *N-[p-Methoxystyryl]-acetamid.* p-Nitrobenzylidenaceton (**II**) gibt in saurem u. alkal. Medium nur das *α-Oxim*, das sich in *N-[p-Nitrostyryl]-acetamid* umlagert. Substituenteneinfll. auf die Stabilisierung einer Form durch eine Wasserstoffbrücke werden diskutiert.

Versuche: *p-Methoxybenzylidenaceton-α-oxim* (**III**), F. 123—124° (Xylol), aus **I** u. Hydroxylaminhydrochlorid (**IV**) in wss.-alkoh. NaOH (15 Min. Erhitzen auf dem Wasserbad). *Benzoat*, $C_{18}H_{17}O_3N$, F. 125° (Methanol). — *p-Methoxybenzylidenaceton-β-oxim* (**V**), $C_{11}H_{13}O_2N$, F. 157—158° (Methanol), aus **I** u. **IV** in absol. A. (5 Std. kochen); 35% (Ausbeute), daneben 65% **III**. *Benzoat*, $C_{18}H_{17}O_3N$, F. 125° (Methanol). — *N-[p-Methoxystyryl]-acetamid*, $C_{11}H_{13}O_2N$, F. 114—115° (Bzl.), durch Schütteln von **III** mit PCl_5 in Ae. u. Zers. mit Eis. — *p-Methoxy-N-methylzimtsäureamid*, $C_{11}H_{13}O_2N$, F. 164° (W.), aus **V** analog vorst. Verb.; oder aus p-Methoxyzimtsäurechlorid u. Methylamin. — *p-Nitrobenzylidenaceton* (**II**), F. 110° (A.), durch Zutropfen von wss. NaOH zu p-Nitrobenzaldehyd in Aceton $<5°$ unter Rühren, Ansäuern u. Erhitzen des 4-Oxy-4-p-nitrophenylbutanons-(2) mit H_2SO_4. *α-Oxim*, $C_{10}H_{10}O_3N_2$, F. 185° (A.), aus **II** analog **III** oder **V**; *Benzoat*, $C_{17}H_{14}O_4N_2$, F. 155° (citronengelbe Nadeln aus A.). — *N-[p-Nitrostyryl]-acetamid*, $C_{10}H_{10}O_3N_2$, F. 155° (orangefarbene mikrokrist. M. aus Bzl.), durch 2std. Schütteln vorst. Verb. in Ae. mit PCl_5. — *N-Methyl-p-nitrozimtsäureamid*, $C_{10}H_{10}O_3N_2$, F. 203 bis 204° (A.), aus p-Nitrozimtsäurechlorid u. Methylamin. (J. chem. Soc. [London] **1955.** 296—97. Febr. Dunedin, New Zealand, Univ. of Olago.) B. WITT. 1650

E. T. McBee, **C. W. Roberts** und **J. D. Idol jr.**, *Synthese von Perchlorfulvalen. Perchlorfulvalen* (I), $C_{10}Cl_8$, F. 347°, wurde dargestellt durch Kuppeln von Hexachlorcyclopentadien mit CuCl zu *Bis-[pentachlorcyclopentadienyl]* (*Perchlor-9.10-dihydrofulvalen* [II], F. 121°) u. dessen Erhitzen auf 250°, wobei 1 Mol Cl_2 abgespalten wurde; die Ausbeute der letzten Stufe war 85%. **I** ist gelb u. nicht sehr reaktiv; es geht keine DIELS-ALDER-Rk. ein. Die UV-Spektren von **I** u. **II** sind angegeben. Hydrierung von **I** (in A. mit Cu-Chromit) u. von **II** (mit Pt) gab *Dicyclopentyl*, Kp. 188—190°, Kp.$_{20}$ 60—65°, n_D^{25} 1,4653. Unter energ. Bedingungen nehmen **I** u. **II** Chlor auf unter Bldg. von *Perchlor-3a.4.7.7a-tetrahydro-4.7-methanoinden*, F. 220—221°; UV-Spektrum. Vff. nehmen an, daß das **I**-Mol. infolge ster. Wechselwrkg. der Chloratome tordiert ist. — Das von RIEMSCHNEIDER (Z. Naturforsch. **6B.** [1951.] 463) als **I** beschriebene Prod. ist in Wirklichkeit 1.2.3.4-Tetrachlorcyclopentadien (F. 62°). (J. Amer. chem. Soc. **77.** 4942—43. 20/9. 1955. West Lafayette, Ind., Purdue Univ., Wetherill Chem. Labor.) J. ROTHE. 1810

Ralph E. Dunbar und **A. O. Geiszler**, *Einige Analoge und Derivate des Insekticids DDT.* Vff. stellten einige DDT-Derivv. dar durch Kondensation von Bromal (**I**) mit dihalogenierten Benzolen in Ggw. von rauchender H_2SO_4 u. untersuchten einige Rkk. der Produkte. Monohalogenierte Benzole, die sich mit Chloralhydrat (**II**) bereits in Ggw. von H_2SO_4 kondensierten, bildeten mit **I** nur instabile Kondensationsprodukte. Aus Butylchloral u. Chlorbenzol wurden Verbb. unterschiedlicher, nicht bekannter Struktur erhalten. Äthylbenzoat u. II bildeten ein gegenüber Alkali unbeständiges Produkt. Die Kondensation von II mit p-Dichlor-, p-Dibrom- u. p-Chlorbrombenzol lieferte Verbb., deren Struktur ebenfalls nicht aufgeklärt werden konnte. m-, o-Dichlorbenzol u. o-Chlortoluol ergaben mit Chloral bzw. II unter vergleichbaren Versuchsbedingungen keine Kondensationsprodukte.

Versuche: *1.1-Dichlor-2.2-bis-[p-jodphenyl]-äthylen*, F. 146,4—147° (korr.; absol. A.), aus 1.1.1-Trichlor-2.2-bis-[p-jodphenyl]-äthan (III) durch 4std. Kochen mit alkoh. KOH; 51% (Ausbeute). — *p.p'-Dijodbenzophenon*, F. 235—236°, aus vorst. Verb. durch Oxydation mit CrO_3 in Eisessig. — *1.1.1-Trichlor-2.2-bis-[3-nitro-4-jodphenyl]-äthan*, $C_{14}H_7O_4N_2Cl_3J_2$, F. 173,7—174,3° (korr.; absol. A.), aus III mit rauchender HNO_3 in Eisessig (5 Std.); 45%. — *1.1.1.2-Tetrachlor-2.2-bis-[p-bromphenyl]-äthan*, $C_{14}H_8Cl_4Br_2$, F. 95 bis 96° (absol. A.), aus 1.1.1-Trichlor-2.2-bis-[p-bromphenyl]-äthan durch Chlorierung in CCl_4 in 4 Std.; 57%. — *1.1.1-Tribrom-2.2-bis-[2(5)-chlor-5(2)-bromphenyl]-äthan*, $C_{14}H_7Cl_2Br_5$, F. 163—163,7° (korr.; absol. A.), durch Kondensation von I mit p-Chlorbrombenzol bei 85—90° in Ggw. von rauchender H_2SO_4; 50%. — *1.1.1-Tribrom-2.2-bis-[2.5-dibromphenyl]-äthan*, $C_{14}H_7Br_7$, F. 179,8—180,6° (korr.; A.), wie vorst. mit p-Dibrombenzol bei 75—80°; 19%. (Science [Washington] **122.** 241—42. 5/8. 1955. Fargo, N. D., Agricult. Coll., Chem. Labors.) J. Knaul. 2210

Albert Funke und **Werner Krucker**, *Synthese von quaternären Ammoniumsalzen von 5-Aminoresorcinderivaten.* 1.3.5-Trinitrobenzol wird mit $NaOCH_3$ in *3.5-Dinitroanisol* verwandelt, mit $(NH_4)_2S$ zu *3-Amino-5-nitroanisol* red., diazotiert, zu *3-Methoxy-5-nitrophenol* verkocht u. zu *5-Nitroresorcin* (II) entmethyliert. Die weitere Umsetzung mit $(CH_3)_2NCOCl$ gibt *3-Dimethylcarbamyloxy-5-nitrophenol* (I), das durch alkal. Kondensation mit Trimethylendibromid (III) *1.3-Bis-[3-dimethylcarbamyloxy-5-nitrophenoxy]-propan*, bei der folgenden katalyt. Hydrierung *1.3-Bis-[3-dimethylcarbamyloxy-5-aminophenoxy]-propan* liefert. Mit CH_3J entsteht hieraus das *Bis-methojodid.* — *1-[3-Nitrophenoxy]-3-brompropan* wird mit I zu *1-[3-Nitrophenoxy]-3-[3-dimethylcarbamyloxy-5-nitrophenoxy]-propan* kondensiert u. anschließend durch Hydrierung u. Methylierung in das *Bis-methojodid* des *1-[3-Dimethylaminophenoxy]-3-[3-dimethylcarbamyloxy-5-dimethylaminophenoxy]-propans* verwandelt. Die Verbb. wurden zur Ermittlung ihrer Anticurarewrkg. dargestellt.

Versuche: *3-Dimethylcarbamyloxy-5-nitrophenol* (I), F. 148° (A.), a) aus II u. Dimethylcarbamylchlorid durch 1std. Erwärmen mit Pyridin, Gießen auf Eis, Ausäthern u. Chromatographie an Al_2O_3; 13% (Ausbeute); daneben *1.3-Bis-[dimethylcarbamyloxy]-5-nitrobenzol*, F. 111° (Bzl.); b) aus dem Mono-K-Salz von II in Bzl. wie vorst.; 10%; c) aus II wie vorst. in 1 Std. bei 120°, Gießen in W. u. Ausziehen des abfiltrierten Nd. mit sd. Bzl.; 60%. — *1.3-Bis-[3-dimethylcarbamyloxy-5-nitrophenoxy]-propan*, F. 143° (Eisessig), aus I u. III in Ggw. von $NaOC_2H_5$ durch 8std. Erwärmen; 58%. — *1.3-Bis-[3-dimethylcarbamyloxy-5-aminophenoxy]-propan*, aus vorst. Verb. durch Hydrierung über Raney-Ni in Eisessig; 88%. — *1.3-Bis-[3-dimethylcarbamyloxy-5-dimethylaminophenoxy]-propan-bis-methojodid*, F. 169°, aus vorst. Verb., CH_3J u. K_2CO_3 durch 15std. Erhitzen in CH_3OH unter Verschluß auf 100°; 25%. — *1-[3-Nitrophenoxy]-3-brompropan*, $Kp._{0,5}$ 140—160°, aus 20 g 3-Nitrophenol über das Na-Salz durch 4std. Erwärmen mit III u. $NaOC_2H_5$, Abdampfen u. Ausäthern, Abfiltrieren (**A**) u. Dest.; 23%; daneben aus **A** *1.3-Bis-[3-nitrophenoxy]-propan*, F. 115° (absol. A.); 2,8 g. — *1-[3-Nitrophenoxy]-3-[3-dimethylcarbamyloxy-5-nitrophenoxy]-propan*, F. 100°, aus vorst. Verb. u. I wie vorst.; 51%. — *1-[3-Dimethylcarbamyloxy-5-dimethylaminophenoxy]-3-[3-dimethylaminophenoxy]-propan-bis-methojodid*, F. 184°, aus vorst. Verb. durch Hydrierung u. Methylierung mit CH_3J; 50%. — *5-Dimethylaminoresorcinmethojodid*, F. 212—214° (Zers.; absol. A.), aus II durch Hydrierung wie vorst. zu *5-Aminoresorcin* (F. 146°; 92%) u. Methylierung. — *3-Methoxy-5-dimethylaminophenolmethojodid*, F. 214°, aus der Nitroverb. wie oben. — *3-Dimethylcarbamyloxy-5-dimethylaminophenolmethojodid*, F. 190° (absol. A.), aus der Nitroverb. durch Red. u. Methylierung. — *3-Dimethylcarbamyloxy-5-nitroanisol*, F. 84°, aus 3-Methoxy-5-nitrophenol u. Dimethylcarbamylchlorid durch 5std. Kochen in Pyridin; aus A. Nadeln. — *3-Dimethylcarbamyloxy-5-aminophenol, Hydrochlorid*, F. 170° (Zers.), aus vorst. Verb. durch Reduktion. — *3-Dimethylcarbamyloxy-5-dimethylaminoanisol, Methojodid*, F. 214°. — *1.3-Bis-[dimethylcarbamyloxy]-5-nitrobenzol*, aus II u. Dimethylcarbamylchlorid in Pyridin durch 4 Std. Erwärmen. — *1.3-Bis-[dimethylcarbamyloxy]-5-aminobenzol*, F. 181°, aus vorst. Verb. durch Hydrierung in Äthylacetat. — *1.3-Bis-[dimethylcarbamyloxy]-5-dimethylaminobenzol, Methojodid*, F. 178°. — *1.3-Bis-[3-oxy-5-nitrophenoxy]-propan*, F. 203° (50%ig. A.), aus II u. III u. $NaOC_2H_5$ in A. durch 6std. Erwärmen, Abdampfen u. Ausziehen mit NaOH. — *1.3-Bis-[3-oxy-5-dimethylaminophenoxy]-propan, Bis-methojodid*, F. 159°, aus vorst. Verb. durch Red. u. Methylierung. — *1.3-Bis-[3-methoxy-5-nitrophenoxy]-propan*, F. 122°, aus 3-Methoxy-5-nitrophenol u. III.

— *1.3-Bis-[3-methoxy-5-aminophenoxy]-propan*, F. 126°, aus vorst. Verbindung. — *1.3-Bis-[3-methoxy-5-dimethylaminophenoxy]-propan, Bis-methojodid*, F. 219°. (Bull. Soc. chim. France, Mém. [5]. **20.** 744—47. Juli/Aug. 1953. Paris, Inst. Pasteur, Labor. de Chim. Thérapeutique.) H. LEHWALD. 2260

J. Colonge und **A. Arsac**, *Kondensation aromatischer Kohlenwasserstoffe mit o-Allylcycloalkanonen.* (Vgl. C. **1953.** 8349.) Die Kondensation von Bzl., Toluol u. p-Xylol mit einer Anzahl 2-Allylcycloalkanonen in Ggw. von $AlCl_3$ erfolgt in β-Stellung der Allylgruppe, u. es entstehen *1-[Cycloalkanonyl-(2')]-2-arylpropane*. Nachst. Ausgangsderivv. werden dargestellt: *2-Allylcyclopentanon* (I), Kp.$_{19}$ 80°, a) aus 2-Allylcyclopentanon-2-carbonsäureäthylester durch Verseifung mit 20%ig. H_2SO_4; 18% (Ausbeute); b) wie vorst. nach Bull. Soc. chim. France, Mém. [5] **16.** [1949.] 15; 35%. *Semicarbazon*, $C_9H_{15}ON_3$, F. 190°. Daneben bei b) 27% *α-Allyladipinsäure*. — *2-Allylcyclopentanol (Stereoisomerengemisch)*, Kp.$_{13}$ 79°, aus 62 g I u. Na in A.; D.$^{17,5}{}_4$ 0,930; $n_D^{17,5}$ 1,470; 38 g. *Phenylurethan*, $C_{15}H_{19}O_2N$, F. 64°. — *2-Propylcyclopentanol*, Kp.$_{13}$ 78°, aus 15 g vorst. Verb. durch Hydrieren über RANEY-Ni; 12 g. *Phenylurethan*, F. 60°. — *2-Allyl-1-oxy-1-cyancyclopentan*, $C_9H_{13}ON$, Kp.$_{12}$ 130°, aus I u. NaCN in Ggw. von KH_2PO_4 in W. bei —5 bis 0°, Stehen, Ausäthern u. Dest.; D.$^{17}{}_4$ 1002; n_D^{17} 1,4762; 60%. — *2-Allyl-4-methylcyclohexanon* (II), Kp.$_{13}$ 92—94°, aus 4-Methylcyclohexanon + $NaNH_2$ in Ae. unter Kühlen, 3std. Kochen, Zufügen von Allylbromid in Ae. u. 2std. Kochen, Hydrolysieren mit W. u. Dest. der äther. Schicht; 59%. *Semicarbazon*, $C_{11}H_{19}ON_3$, F. 179° (60%ig. A.). — *2-Allyl-5-methylcyclohexanon* (III), Kp.$_{12}$ 92—94°, aus 3-Methylcyclohexanon wie vorst.; 50%. *Semicarbazon*, $C_{11}H_{19}ON_3$, F. 132° (30%ig. A.). — *2-Allyl-3.5-dimethylcyclohexanon* (IV), $C_{11}H_{18}O$, Kp.$_{13}$ 96°, aus 3.5-Dimethylcyclohexanon wie vorst.; D.$^{22}{}_4$ 0,905; n_D^{22} 1,4638; 41,5%. *Semicarbazon*, $C_{12}H_{21}ON_3$, F. 142° (30%ig. A.). — *3-Allylcampher* (V), F. 180°, Kp.$_{20}$ 130°, durch Erwärmen von Chlorbenzol mit Na in Bzl. bei 35—40° unter N_2, 2std. Rühren mit Campher in Bzl. bei 30°, dann Zufügen von Allylbromid, 2std. Rühren, Filtrieren u. Dest. des Filtrats; 25—30%. — *2-Allylcycloheptanon* (VI), $C_{10}H_{16}O$, Kp.$_{18}$ 103°, aus Suberon, $NaNH_2$ u. Allylbromid; D.$^{22}{}_4$ 0,928; n_D^{22} 1,4724; 58%. *Semicarbazon*, $C_{11}H_{19}ON_3$, F. 145° (45%ig. A.). — Folgende Verbb. wurden durch Kondensation erhalten: *2-[2'-Phenylpropyl]-2-cyclopentanon*, $C_{14}H_{18}O$, Kp.$_{15}$ 165°, aus 0,3 Mol I u. 3 Mol Bzl. in Ggw. von 0,39 Mol $AlCl_3$ bei 30° u. Gießen in Eis–HCl; D.^{22,5} 1,007; $n_D^{22,5}$1,5218; 82%. *Semicarbazon*, $C_{15}H_{21}ON_3$, F. 188° (A.). — *2-[2'-(p-Tolyl)-propyl]-cyclopentanon*, $C_{15}H_{20}O$, Kp.$_{21}$ 184°, aus I u. Toluol; D.$^{18}{}_4$ 1,004, n_D^{18} 1,5328; 77%. *Semicarbazon*, $C_{16}H_{23}ON_3$, F. 182° (absol. A.). — *2-[2'-(p-Xylyl)-propyl]-cyclopentanon*, $C_{16}H_{22}O$, Kp.$_{15}$ 180°, aus I u. p-Xylol; D.$^{24}{}_4$ 0,992; n_D^{24} 1,5238; 70%. *Semicarbazon*, $C_{17}H_{25}ON_3$, F. 239° (absol. A.–Bzl.–Äthylacetat). — *2-[2'-Phenylpropyl]-4-methylcyclohexanon*, $C_{16}H_{22}O$, Kp.$_7$ 155°, aus II u. Bzl.; D.$^{18}{}_4$ 0,986; n_D^{18} 1,5179; 72%. *Semicarbazon*, $C_{17}H_{25}ON_3$, F. 194° (60%ig. A.). — *2-[2'-(p-Tolyl)-propyl]-4-methylcyclohexanon*, $C_{17}H_{24}O$, Kp.$_7$ 169°, aus II u. Toluol; D. 0,981 n_D^{18} 1,5218; 74%. — *2-[2'-(p-Xylyl)-propyl]-4-methylcyclohexanon*, $C_{18}H_{26}O$, Kp.$_6$ 191°; n_D^{20} 1,5221; 74%. — *2-[2'-Phenylpropyl]-5-methylcyclohexanon*, $C_{16}H_{22}O$, Kp.$_{11}$ 169°, aus III u. Bzl.; D.$^{22,5}{}_4$ 0,983; $n^{22,5}{}_4$ 1,5161; 45%. — *2-[2'-(p-Tolyl)-propyl]-5-methylcyclohexanon*, $C_{17}H_{24}O$, Kp.$_{12}$ 188°; aus III + Toluol; D.$^{22,5}{}_4$ 0,989; $n_D^{22,25}$ 1,5238; 62%. — *2-[2'-(p-Xylyl)-propyl]-5-methylcyclohexanon*, $C_{18}H_{26}O$, Kp.$_2$ 160°; aus III + Xylol; $n_D^{22,5}$ 1,5370; 66%. — *2-[2'-(p-Xylyl)-propyl]-3.5-dimethylcyclohexanon*, $C_{19}H_{28}O$, Kp.$_1$ 145°, aus IV u. Xylol; $n_D^{22,5}$ 1,5138; 66%. — *3-[2'-Phenylpropyl]-campher*, $C_{19}H_{26}O$, Kp.$_6$ 168°, aus V u. Bzl., D.$^{22,5}{}_4$1, 001; $n_D^{22,5}$ 1,5220; $[\alpha]_D^{22}$ +28°30'; 75%. — *3-[2'-(p-Tolyl)-propyl]-campher*, $C_{20}H_{28}O$, Kp.$_3$ 163°, aus V u. Toluol; n_D^{17} 1,5250; $[\alpha]_D^{22}$ +25°; 82%. — *2-[2'-Phenylpropyl]-cycloheptanon*, $C_{16}H_{22}O$, Kp.$_{18}$ 185°, aus VI u. Bzl.; D.$^{22,5}{}_4$ 0,985; $n_D^{22,5}$ 1,5199; 13%. — *2-[2'-(p-Tolyl)-propyl]-cycloheptanon*, $C_{17}H_{24}O$, Kp.$_{13}$ 189°, aus VI u. Toluol; $n_D^{22,5}$ 1,5211; 15%. (Bull. Soc. chim. France, Mém. [5] **20.** 1074—78. Nov./Dez. 1953. Lyon, École de chim. industrielle et Fac. des Sci.) H. LEHWALD. 2360

René Royer und **Émile Bisagni**, *Untersuchungen über Thymol.* 2. Mitt. *Über die bei der Entmethylierung der Ketonderivate von Thymolmethyläther mit Pyridinhydrochlorid beobachtete hydrolytische Abspaltung der Ketonseitenkette.* (1. vgl. C. **1954.** 1459.) Eine Anzahl *6-Acylderivv.* des *Thymolmethyläthers* werden dargestellt u. mit Pyridinhydrochlorid entmethyliert. Bei einigen von ihnen wurde gleichzeitig eine Abspaltung der Ketoseitenkette beobachtet. — Nachst. *6-Acylthymolmethyläther* wurden aus den entsprechenden Säurechloriden u. Thymolmethyläther in Ggw. von $AlCl_3$ erhalten: *Acetyl-* (I), Kp.$_{15}$ 153 bis 155°; n^{25} 1,5359; 85% (Ausbeute). — *Propionyl-* (II), Kp.$_{15}$ 169—171°; n^{25} 1,5325; 62%. — *Butyryl-* (III), Kp.$_{16}$ 175—178°; F. 50°; Nadeln; 50%. — *Isobutytyl-* (IV), Kp.$_{16}$ 168°; n^{23} 1,5235; 70%. — *Valeryl-* (V), Kp.$_{15}$ 185—187°; n_D^{23} 1,5245; 62%. — *Isovaleryl-* (VI), Kp.$_{16}$ 179—180°; $n^{20,5}$ 1,5230; 71%. — *Caproyl-* (VII), Kp.$_{16}$ 196—198°; $n^{22,5}$ 1,5205; 70%. — *Önanthyl-* (VIII), Kp.$_{18}$ 209—211°; n^{23} 1,5185; 52%. — *Caprylyl-* (IX), Kp.$_{13}$ 210°; n^{23} 1,5120; 61%. — *Pelargonyl-* (X), Kp.$_{14}$ 222°; n^{23} 1,5155; 47%. — *Capryl-* (XI),

$Kp._{14}$ 230—231°; n^{24} 1,5125; 50%. — *Undecanoyl-* (**XII**), $Kp._{15}$ 234—236°; n^{23} 1,5125; 57%. — *Lauryl-* (**XIII**), $Kp._{13}$ 245°; F. 29—30°; Nadeln aus A.; 52%. — *Tridecanoyl-* (**XIV**), $Kp._{21}$ 268—270°; F. 34° (A.); 50%. — *Myristyl-* (**XV**), F. 41° (A.), $Kp._{15}$ 265°; 44%. — *Pentadecanoyl-* (**XVI**), F. 33° (A.), $Kp._{19}$ 280—283°; 44%. — *Palmityl-* (**XVII**), F. 51° (A.), $Kp._{0,7}$ 235—240°; 55%. — *Margaryl-* (**XVIII**), F. 55° (A.), $Kp._{19}$ 303—305°; 30%. — *Stearyl* (**XIX**), F. 59,5° (A.), $Kp._{24}$ 318°; 30%. — **I**, **II** u. **III** wurden durch Kochen mit Pyridinhydrochlorid (3facher Überschuß) bei 205—215° zu *2-Methyl-4-oxy-5-isopropylacetophenon* (F. 125°, $Kp._{18}$ 204—207°; Nadeln aus verd. A.), *-propiophenon* (F. 111°, $Kp._{13}$ 195—200°; Nadeln aus A.) bzw. *-butyrophenon* (F. 94°, $Kp._{14}$ 203—205°, Nadeln aus verd. A.) entmethyliert u. die Ausbeuten in Abhängigkeit von der Kochdauer ermittelt u. graph. dargestellt. Die Maximalausbeuten betragen (in gleicher Reihenfolge) 75% bei 1 Std. bzw. 60% bei 37 Min. bzw. 40% bei 41 Min. Kochen. Analog wurden aus vorst. Verbb. durch Entmethylierung folgende *Acylthymole* erhalten: Aus **IV** in 3 Std. 22% *2-Methyl-4-oxy-5-isopropylisobutyrophenon*, $Kp._{11}$ 194°, F. 79°; Nadeln aus Ligroin. — Aus **V** in 1³/₄ Std. 19% *2-Methyl-4-oxy-5-isopropylvalerophenon*, F. 84°, $Kp._{16}$ 200°, aus verd. A. Nadeln; bei 14std. Kochen tritt völlige Zers. ein. — Aus **VI** in 2 Std. 20% *2-Methyl-4-oxy-5-isopropylisovalerophenon*, F. 106°, $Kp._{13}$ 198°, aus Bzl.-Ligroin Nadeln. — Aus **VII** in 4¹/₂ Std. 19% *2-Methyl-4-oxy-5-isopropylcaprophenon*, F. 103°, $Kp._{13}$ 220°, aus Bzl.-Ligroin Nadeln. — Aus **VIII** in 4 Std. 20% *[2-Methyl-4-oxy-5-isopropylphenyl]-hexylketon*, F. 95°, $Kp._{20}$ 250—245°; Nadeln aus Ligroin; daneben Önanthsäure, Kp. 223 bis 225°. — Aus **IX** in 4¹/₂ Std. 18% *[2-Methyl-4-oxy-5-isopropylphenyl]-heptylketon*, F. 80°, $Kp._{14}$ 235°; Nadeln aus Bzl.-Ligroin. Daneben *Caprylsäure*, Kp. 227°. — Aus **X** in 5¹/₂ Std. 7% *[2-Methyl-4-oxy-5-isopropylphenyl]-octylketon*, F. 62°, $Kp._{17}$ 248—252°; Nadeln aus Ligroin. — Aus **XI** nur *Caprinsäure* (F. 30°, Kp. 268—272°), desgleichen aus **XII** nur *Undecansäure*, F. 29°, $Kp._{16}$ 174—178°. — Aus **XIII** in 5 Std. 13% *[2-Methyl-4-oxy-5-isopropylphenol]-undecylketon*, F. 59°, $Kp._{16}$ 265—267°; Nadeln aus Ligroin; daneben *Laurinsäure*, F. 45°, $Kp._{17}$ 195—200°. — Aus **XIV** in 10 Std. 14% *[2-Methyl-4-oxy-5-isopropylphenyl]-dodecylketon*, F. 63°, $Kp._{11}$ 266—269°; Nadeln aus verd. CH_3OH. Daneben *Tridecansäure*, F. 41°, $Kp._{23}$ 195—200°. — Aus **XV** nur Zersetzungsprodukte. — Aus **XVI** in 7¹/₂ Std. 23% *[2-Methyl-4-oxy-5-isopropylphenyl]-tetradecylketon*, F. 41°, $Kp._{11}$ 276 bis 279°; aus verd. CH_3OH Nadeln; ferner *Pentadecansäure*, F. 41°, $Kp._{16}$ 210—214°. — **XVII** erleidet vollständige Zers., aus **XIX** entsteht in 15 Std. *Stearinsäure*, F. 71°, $Kp._{15}$ 230—234°. — *2-Methyl-4-methoxy-5-isopropylbenzoylchlorid*, F. 52° (Zers.), $Kp._{18}$ 168 bis 170°, aus der entsprechenden Säure u. PCl_5 unter Eiskühlung, Stehen u. 3std. Kochen; Nadeln, 92%. — Hiervon wurden nachst. *2-Methyl-4-methoxy-5-isopropylbenzamide* dargestellt u. aus A. in Nadeln erhalten: *Anilid*, F. 175°. *α-Naphthylamid*, F. 164°. *β-Naphthylamid*, F. 165°. *Anisidid*, F. 164°. *p(?)-Fluoranilid*, F. 150°. *o-Toluidid*, F. 119°. *p-Toluidid*, F. 151°. *p(?)-Isobutylanilid*, F. 150°. — Ferner wurden aus vorst. Chlorid u. Arylphenyläthern (Ausbeuten auf diese bezogen) in Ggw. von $AlCl_3$ nachst. Verbb. dargestellt: *3.3'-Diisopropyl-4.4'-dimethoxy-6.6'-dimethylbenzophenon*, F. 141°, $Kp._{19}$ 253 bis 255°, aus Thymolmethyläther; Nadeln aus A.; 68,5%. — *3-Isopropyl-4.2'-dimethoxy-6.5'-dimethylbenzophenon*, F. 105°, $Kp._{16}$ 230—235°, aus p-Kresolmethyläther; cremefarbene Nadeln aus A.; 35%. — *3-Isopropyl-4.2'.4'-trimethoxy-6-methylbenzophenon*, $Kp._{17}$ 255—256°, aus Resorcindimethyläther; n^{25} 1,5965; 60%. — *3-Isopropyl-4.4'-dimethoxy-6-methylbenzophenon*, Kp. 242—244°, n^{23} 1,5910; 74% (bezogen auf Thymolmethyläther). — *3-Isopropyl-4.2'-dimethoxy-6-methylbenzophenon*, $Kp._{17}$ 230°; n^{23} 1,5855; 40% (bezogen auf Thymolmethyläther). Hieraus entstehen durch Spaltung mit Pyridinhydrochlorid: *3.3'-Diisopropyl-4.4'-dioxy-6.6'-dimethylbenzophenon*, $Kp._{0,9}$ 215—225°; n^{23} 1,5635; 26%. — *3-Isopropyl-4.2'-dioxy-6.5'-dimethylbenzophenon*, $Kp._{0,7}$ 200—210°; in 1¹/₂ Std.; $n^{23.5}$ 1,5810; 30%. — *3-Isopropyl-4.2'4'-trioxy-6-methylbenzophenon*, $Kp._{0,9}$ 220—230°, in 1 Std. 20 Min.; $n^{23.5}$ 1,5905; 34%. — *3-Isopropyl-4.4'-dioxy-6-methylbenzophenon*, $Kp._{0,6}$ 200—210°, in 2 Std.; $n^{23.5}$ 1,5985; 20%. Daneben ein *Spaltprod.* von F. 129—130° (nach Schmelzen u. Wiederfestwerden bei 70—90°). — *3-Isopropyl-4.2'-dioxy-6-methylbenzophenon*, F. 117—118°; $Kp._{0,6}$ 195—200°; Nadeln aus Bzl.-Ligroin; 61%. Alle Verbb. lösen sich in Alkali u. H_2SO_4 gelb. (Bull. Soc. chim. France, Mém. [5] **1954**. 486—92. April. Paris, Inst. du Radium, Labor. de Chim. Organ.)

H. Lehwald. 2380

Odilon Chalvet, Monique Roux, René Royer und **Raymond Daudel**, *Untersuchungen über Thymol.* 3. Mitt. *Versuch zur Deutung der hydrolytischen Spaltung der von Thymol abgeleiteten Ketone.* (2. vgl. vorst. Ref.) Für die in der vorst. Mitt. bei der Entmethylierung von 6-Acylthymolmethyläthern (**I**) mit Pyridinhydrochlorid beobachtete Spaltung in Thymol u. Säure wird auf theoret. Grundlage eine Deutung versucht, indem angenommen wird, daß **I** auch in den beiden Resonanzzuständen einer Enolform (**II**) [R—C(OH)=CHR' (R = Ringsyst.)] u. einer chinoiden Enolform (**III**) [R=C(OH)—CH_2R'] vorliegen kann. Die Berechnung der Dissoziationsenergie der R—CO-Gruppe in I, der R—C·(OH)-Gruppe in II u. der R=C(CO)-Bindungen in III nach Pauling u. Wheland (J. Amer. chem. Soc. **57.** [1935.] 2086) zeigen, daß diese für III am niedrigsten ist. Wenn also diese Resonanzform auftreten sollte, so ist die hydrolyt. Spaltung keine eigene, getrennt ablaufende Rk., sondern eine Folge der Entmethylierung. Wenn III nicht auftreten sollte, so ist die Dissoziationsenergie der Normalform I die niedrigere. (Bull. Soc. chim. France, Mém. [5] **1954.** 807—08. Juni.) H. Lehwald. 2380

B. A. Arbusow und **N. P. Bogonosszewa,** *Über anomale Reaktionen von diäthylphosphorigsaurem Natrium und Triäthylphosphit mit einigen Halogenderivaten.* Während Dinaphthylchlor- u. Dinaphthylbrommethan, 9-Chlor- u. 9-Bromfluoren mit $NaOP(OC_2 \cdot H_5)_2$ (I) selbst beim Erwärmen auf 140° nicht reagieren, wird aus Phenanthren-(9.10)-dibromid mit I bzw. Triäthylphosphit *Phenanthren* erhalten. Bei der Rk. von Di- (II) u. Tribenzoylbrommethan (III) mit I oder Triäthylphosphit erhält man *Di-* bzw. *Tribenzoylmethan.* Vermutlich verlaufen die Rkk. von II mit I u. Triäthylphosphit über das freie Radikal Dibenzoylmethyl. Um dessen intermediäre Bldg. wahrscheinlich zu machen, werden II u. III mit Na in Toluol zur Rk. gebracht, hierbei liefert II *Dibenzoylmethan* u. *Tetrabenzoyläthylen* u. III *Tribenzoylmethan*; die Reaktionsprodd. müssen in diesem Fall aus Di- u. Tribenzoylmethyl entstanden sein. Die Radikale gehen dabei unter Aufnahme von H des Lösungsm. oder des Triäthylphosphits in die gesätt. Verbb. über. Ebenso wird 2-Bromindandion-(1.3) durch Triäthylphosphit über das freie Radikal zu *Indandion-(1.3)* reduziert. Dagegen reagiert es mit I unter Bldg. von *Diphthalyläthen* u. *Diphthalyläthan.* Aus 2-Bromindandion-(1.3)-carbonsäure-(2)-äthylester (IV) u. I entstehen *Indandion-(1.3)* u. *Diphthalyläthan*; bei der Rk. mit Triäthylphosphit erhält man nur *Indandion-(1.3).* Die Einw. von Diäthylphosphorsäurechlorid auf die 3-Na-Verb. von IV führt zu *Indandion* u. *Diphthalyläthan.*

Versuche: *Phenanthren* a) aus einer I-Lsg. [14 g $(C_2H_5O)_2POH$; 2,3 g Na; Ae.] u. 17,5 g Phenanthren-(9.10)-dibromid; b) man erhitzt 19 g Phenanthren-(9.10)-dibromid mit 18,6 g Triäthylphosphit 2 Std. auf dem sd. Wasserbad. Ausbeuten nach a) u. b) fast quantitativ — *Dibenzoylmethan,* F. 77—78°; a) beim Kochen von I u. II in Ae. + Bzl.; 69,1% (Ausbeute); b) aus II u. Triäthylphosphit ohne Lösungsm.; 60,8%. — *Tribenzoylmethan,* F. 226—228°; a) aus III u. I in sd. Ae.; 58,3%; b) aus III u. Triäthylphosphit, anfangs ohne Lösungsm., dann unter Zusatz von Ae.; 56,6%; Nebenprod. bei a) u. b) ist *Triäthylphosphat,* $C_6H_{15}O_4P$, Kp.$_3$ 78—79°. — *Indandion-(1.3),* $C_9H_6O_2$, F. 130—132°; a) aus 2-Bromindandion-(1.3) u. Triäthylphosphit bei 2std. Erhitzen im Ölbad; 75,7%. b) aus IV u. Triäthylphosphit ohne Lösungsm.; 4,9 g aus 6 g IV. — *Diphthalyläthan,* F. 215° (Zers.); a) aus I u. IV in Ae.; 6,8 g aus 10 g IV; b) zu 10 g der Na-Verb. von IV werden 8 g $(C_2H_5O)_2P(=O)Cl$ zugesetzt; 7,5 g; daneben bei a) u. b) *Indandion-(1.3).* — Die Rk. von I mit 2-Bromindandion-(1.3) in Ae. führt zur *Na-Verb.* (F. 370°) von *Diphthalyläthan* u. zu *Diphthalyläthen,* F. 320—322° (Zers.) (Известия Академии Наук СССР, Отделение Химических Наук [Nachr. Akad. Wiss. UdSSR, Abt. chem. Wiss.] **1954.** 837—45. Sept./Okt. Kasan, Uljanow-Lenin-Univ., Wiss. Chem. Butlerow-Forschungsinst.)

O. Pollak v. Emhofen. 2600

E. Ziegler, H. Schredt und **K. Gitschthaler,** *Eine Synthese von Benzofulvenen.* Im Gegensatz zu Acetophenon (vgl. C. **1956.** 1588) reagieren aromat. Ketone mit verlängerter Seitenkette mit $POCl_3$ unter Bldg. von *Fulvenen.* So gibt Propioveratron (I) mit $POCl_3$ unter Wasserabspaltung *5.6-Dimethoxy-2.8-dimethyl-3-[3.4-dimethoxyphenyl]-benzofulven* (II), das bei der Hydrierung *Diisohomogenol,* bei der Oxydation mit CrO_3 in Eisessig *2.3.6.7-Tetramethoxyanthrachinon* liefert. Analog reagieren auch 3-Chlor- u. 3-Brom-4-methoxypropiophenon, 3.5-Dibrom-4-oxypropiophenon u. 3-Chlor-4-methoxybutyrophenon (III); keine merkliche Rk. geben 3.5-Dinitro-4-oxypropiophenon, 3-Chlor-4-methoxystearophenon u. α-Propionaphthon. β-Propionaphthon gibt eine nicht näher untersuchte P-haltige Verbindung.

Versuche: *5.6-Dimethoxy-2.8-dimethyl-3-[3.4-dimethoxyphenyl]-benzofulven* (II), $C_{22}H_{24}O_4$, F. 159—160°, aus 2 g I u. $POCl_3$ (3 Std. bei 40°); aus verd. A. prismat. Kristalle; gibt mit konz. H_2SO_4 eine tiefe Rotfärbung, in Eisessig mit konz. HNO_3 blau → grün → gelb; 0,5 g (Ausbeute). — *2.3.6.7-Tetramethoxyanthrachinon,* $C_{18}H_{16}O_6$, F. 336° (Eisessig), aus II in Eisessig u. CrO_3 bei 80° (1/2 Std.); Küpe orangerot. — *Diisohomogenol,* F. 105°, aus II in A. u. H_2 über Raney-Ni; aus A. durch Fällen mit W. Nadeln; gibt in Essigsäure mit konz. HNO_3 eine kirschrote Färbung. — *3-Chlor-4-methoxypropiophenon,* $C_{10}H_{11}O_2Cl$, F. 89—90°, Kp.$_{13}$ 170—172°, aus 30 g o-Chloranisol, Propionylchlorid u. $AlCl_3$ in CS_2; aus A. Nadeln; 21 g. — *5-Methoxy-6-chlor-2.8-dimethyl-3-[3-chlor-4-methoxyphenyl]-benzofulven,* $C_{20}H_{18}O_2Cl_2$, F. 171,5°, aus 3 g vorst. Verb. analog II (10 Std.); aus A. citronengelbe lanzettförmige Kristalle; 0,9 g. — *2.6-Dimethoxy-3.7-dichloranthrachinon,* $C_{16}H_{10}O_4Cl_2$, F. 357—358°, aus vorst. Verb. u. CrO_3 in sd. Eisessig;

aus Toluol blaßgelbe Nadeln, Küpe kirschrot. Daneben *3'-Chlor-4'-methoxybenzoyl-3-methoxy-4-chlorbenzoesäure-(6)*, $C_{16}H_{12}O_5Cl_2$, F. 226,5°, aus verd. A. Platten. — *3.4'-Dimethoxy-4.3'-dichlorbenzophenon*, $C_{15}H_{12}O_3Cl_2$, F. 136—137°, aus 0,16 g vorst. Säure durch Dest. mit Zn-Staub im H_2-Strom bei 270—290°; aus A. lanzettförmige Kristalle; 0,1 g. — *5-Methoxy-6-brom-2.8-dimethyl-3-[3-brom-4-methoxyphenyl]-benzofulven*, $C_{20}H_{18}O_2Br_2$, F. 172°, aus 2 g 3-Brom-4-methoxypropiophenon u. $POCl_3$ (10 Std. bei 50° u. 24 Std. bei 20°); aus A. gelbe, prismat., stark lichtbrechende Nadeln; 0,8 g. — *3.5-Dibrom-4-oxypropiophenon*, $C_9H_8O_2Br_2$, F. 114°, nach GOLDZWEIG u. KAISER [1891]; aus A. Nadeln. — *4.6-Dibrom-5-oxy-2.8-dimethyl-3-[3.5-dibrom-4-oxyphenyl]-benzofulven*, $C_{18}H_{12}O_2Br_4$, F. 213—214°, aus 1 g vorst. Verb. u. $POCl_3$ (14 Std. bei 50° u. 24 Std. bei 20°); aus A. gelbe prismat. Nadeln; 0,1 g. — *5-Methoxy-6-chlor-2.8-diäthyl-3-[3-chlor-4-methoxyphenyl]-benzofulven*, $C_{22}H_{22}O_2Cl_2$, F. 152°, aus III u. $POCl_3$ (20 Std. bei 60°); aus verd. A. intensiv gelbe prismat. Nadeln. — *3-Chlor-4-methoxystearophenon*, $C_{25}H_{41}O_2Cl$, F. 56—57°, aus 7 g o-Chloranisol, 15 g Stearoylchlorid u. $AlCl_3$ in PAe. bei 0°; aus verd. A. Nadeln; 2 g. (Mh. Chem. **85**. 1234—39. 15/12. 1954. Graz, Univ., Inst. für Organ. u. Pharmazeut. Chem.) E. HANSCHKE. 2650

E. R. Ward, T. M. Coulson und **J. G. Hawkins**, *Reaktionen aromatischer Nitroverbindungen mit alkalischen Sulfiden.* 5. Mitt. *2.3-, 2.6- und 1.7-Dinitronaphthalin.* (4. vgl. C. **1953**. 516.) Die Red. von Dinitronaphthalinen mit wss.-methanol. NaHS-Lsg. (vgl. 3. Mitt. HODGSON, J. chem. Soc. [London] **1949**. 1187) wurde auf *2.3-, 2.6-* (I) u. *1.7-Dinitronaphthalin* ausgedehnt u. lieferte 69 bzw. 31%, 70 bzw. 30% u. 38 bzw. 62% (Ausbeute, bezogen auf den Umsatz) an den zugehörigen *Nitronaphthylaminen* bzw. *Na-Nitronaphthylmercaptiden.* — *Bis-[6-nitronaphthyl-(2)]-disulfid*, $C_{20}H_{12}O_4N_2S_2$, F. 264° (Zers.; Essigsäure), durch Red. von I, Abfiltrieren des ausgefallenen *6-Nitronaphthyl-(2)-amins*, Ansäuern des Filtrats, Aufnehmen des Nd. in wss. NaOH u. Luftoxydation. (J. chem. Soc. [London] **1954**. 2974—75. Aug. Leicester, Coll. of Technol. and Commerce.) I. SPAETH. 2700

A. Étienne und **J. Weill-Raynal**, *1.2-Diphenylbutadien-(1.3). Dienaddition mit Maleinsäureanhydrid und Naphthochinon.* α-Phenylzimtaldehyd (I) reagiert mit CH_3·MgBr zu *1.2-Diphenyl-3-oxybuten-(1)* (vgl. dagegen BURTON, J. chem. Soc. [London] **1932**. 748), das zu *1.2-Diphenylbutadien-(1.3)* (II) dehydratisiert wird. Anschließende Addition an Maleinsäureanhydrid führt zu *3.4-Diphenyl-1.2.3.6-tetrahydrophthalsäureanhydrid*, mit S zu *3.4-Diphenylphthalsäureanhydrid* dehydrierbar. Die Kondensation von I mit Naphthochinon-(1.4) (III) ergibt *1.2-Diphenylanthrachinon-(9.10)*, weitere Rk. mit Phenyl-Li *9.10-Dioxy-1.2.9.10-tetraphenyl-9.10-dihydroanthracen* u. anschließende Dehydratisierung *1.2.9.10-Tetraphenylanthracen*. Analog II entsteht aus I mit C_2H_5MgBr nach Dehydratisierung *1.2-Diphenylpentadien-(1.3)*, nach Addition an III *4-Methyl-1.2-diphenylanthrachinon-(9.10)*, weiter mit Phenyl-Li *9.10-Dioxy-4-methyl-1.2.9.10-tetraphenyl-9.10-dihydroanthracen* u. durch Dehydratisierung *4-Methyl-1.2.9.10-Tetraphenylanthracen*. Das Photooxyd hiervon wird bereits bei 155° zersetzt.

V e r s u c h e: *α-Phenylzimtaldehyd [2.3-Diphenylpropen-(2)-al]* (I), $C_{15}H_{12}O$, F. 92° (Zers.), $Kp._{14}$ 190—200°, aus Phenylacetaldehyd, Benzaldehyd u. $NaOCH_3$ in CH_3OH, Stehen, Abfiltrieren vom *Triphenylglutardialdehyd*, Verdünnen mit Ae., Auswaschen vom *Triphenylvalerolacton* mit $NaHCO_3$ u. Dest.; Nadeln aus A.; 25% (Ausbeute). — *1.2-Diphenylbutadien-(1.3)* (II), $C_{16}H_{14}$, F. 45° (Zers.), $Kp._2$ 138°, aus I + CH_3MgJ in Ae. u. Bzl. unter N_2 (10std. Kochen), Zers. mit NH_4Cl–Eis u. Vakuumdest. unter N_2; Prismen aus A.; 50%. — *3.4-Diphenyl-1.2.3.6-tetrahydrophthalsäureanhydrid*, $C_{20}H_{16}O_3$, F. 154 bis 155° (Zers.), aus I u. Maleinsäureanhydrid mit wenig Chlf. in 2 Std.; Prismen aus Bzl.; 65%. — *3.4-Diphenylphthalsäureanhydrid*, $C_{20}H_{12}O_3$, F. 156—157° (Zers.), aus vorst. Verb. u. S bei 235° u. Ausäthern; Rauten aus Bzl.; 50%. — *1.2-Diphenylanthrachinon-(9.10)*, $C_{26}H_{16}O_2$, F. 232° (Zers.), aus III + II in Nitrobenzol (10 Min. Kochen); gelbe Nadeln aus Essigsäure; 45%. — *9.10-Dioxy-1.2.9.10-tetraphenyl-9.10-dihydroanthracen*, $C_{38}H_{28}O_2$, F. 172—173° (Zers.), aus vorst. Verb. + Phenyl-Li in Ae. in 2 Std. u. Hydrolysieren mit Eis; Prismen aus Cyclohexan; 85%. — *1.2.9.10-Tetraphenylanthracen*, $C_{38}H_{26}$, F. 227° (Zers.), aus vorst. Verb. u. KJ + Na-Hyposulfit in Essigsäure; 85%. — *1.2-Diphenylpentadien-(1.3)*, $C_{17}H_{16}$, $Kp._{2,5}$ 165°, aus I + C_2H_5MgBr in Ae.; n_D 1,6288; 50%. — *4-Methyl-1.2-diphenylanthrachinon-(9.10)*, $C_{27}H_{18}O_2$, F. 214° (Zers.), aus vorst. Verb. + III wie oben; gelbe Nadeln aus Essigsäure; 45%. — *9.10-Dioxy-4-methyl-1.2.9.10-tetraphenyl-9.10-dihydroanthracen*, $C_{39}H_{30}O_2$, F. 244—245° (Zers.), aus vorst. Verb. + Phenyl-Li; Prismen aus Cyclohexan; 55%. — *4-Methyl-1.2.9.10-tetraphenylanthracen*, $C_{39}H_{28}$, F. 232° (Zers.), aus vorst. Verb. durch Red. wie oben; gelbe Prismen aus Essigsäure; 80%. *Photooxyd*, in $1^1/_2$ Std. in CS_2 unter Belichtung; zers. sich bei 155° unter Abgabe von 65% O_2. (Bull. Soc. chim. France, Mém. [5] **20**. 1142—45. Nov./Dez. 1953. Paris, Coll. de France, Labor. de chim. organ.) H. LEHWALD. 2800

André Étienne und **Jean Weill-Raynal,** *1.2-Diphenylbutadien-(1.3). Seine Anwendung zur Darstellung des 1.2.9.10-Tetraphenylanthracens.* (Sitzungsbericht.) Inhaltlich ident. mit vorst. Referat. (C. R. hebd. Séances Acad. Sci. **236.** 389—91. 26/1. 1953.)
H. LIEBIG. 2800

Martin Goldman, *Die anomale Reduktion von 7.9-Diketoperinaphthan und seines Methyläthers.* Bei dem Vers., *7.9-Diketoperinaphthan* (**I**) zu reduzieren, entstand nicht der gewünschte Alkohol, sondern *1.3-Dioxyperinaphtan* (**II**). Es wird angenommen, daß bei der Red. die tautomere Form von **I**, *9-Oxyperinaphthenon-*(7), deren *Methyläther* (**III**) leicht faßbar ist, reaktionsfähiger ist. In ähnlicher Weise führt die Red. von **III** zu *1-Oxy-3-methoxyperinaphthan,* das mit Dimethylsulfat das gleiche *1.3-Dimethoxyperinaphthan* gibt, das auch beim Methylieren von **II** gefunden wird.

Versuche: *7.9-Diketoperinaphthan* (**I**), F. 250—254°, nach ERRERA [1911]; gelbe M.; 89%. — *9-Methoxyperinaphthenon-*(7) (**III**), F. 142—146° (Bzl.–Heptan), aus **I** u. Dimethylsulfat in wss. NaOH; braune Kristalle. — *1.3-Dioxyperinaphthan* (**II**), $C_{13}H_{12}O_2$, F. 167—168,5° (Bzl.–Heptan), durch Hydrieren von 3 g **I** in A. in Ggw. von RANEY-Ni oder ADAMS-Katalysator bei Zimmertemp. unter 40 lbs./sq.in. H_2; orangefarbene Kristalle; 2,6 g (roh; Ausbeute). Die Red. von **I** mit $LiAlH_4$ oder $NaBH_4$ war ergebnislos.—*1-Oxy-3-methoxyperinaphthan,* $C_{14}H_{14}O_2$, F. 118—120° (Cyclohexan–Hexan), durch Hydrieren von 0,5 g **III** in Methanol über ADAMS-Katalysator bei Zimmertemp.; 0,4 g, oder in Ggw. von Cu-Chromit bei 100° unter 1300 lbs./sq.in. H_2; orangefarbene Nadeln. — *1.3-Dimethoxyperinaphthan,* $C_{15}H_{16}O_2$, F. 69—70° bzw. F. 81—84° (Methanol), aus vorst. Verb. oder aus **II** u. Dimethylsulfat in wss. NaOH bei Zimmertemp.; die höherschm. polymorphe Form wird leicht in die niedrigerschm. umgewandelt. (J. Amer. chem. Soc. **76.** 4032—33. 5/8. 1954. Rochester, N. Y., Univ., Dep. of Chem.)
H. GOLD. 2900

Christian S. Rondestvedt jr. und **Charles D. Ver Nooy,** *Diels-Alder-Reaktion von Zimtsäurederivaten mit Cyclopentadien.* p-Substituierte trans-Zimtsäurederivv. X—C_6H_4—CH=CH—COY (**X** = H, Cl, CH_3O, NO_2; Y = OH, OCH_3, NH_2, Cl) bilden mit Cyclopentadien (**IV**) Addukte, in denen die COY-Gruppe in endo- (**I**) oder in exo-Stellung (**II**) stehen kann. Die Reaktionsgeschwindigkeiten wachsen bei Einführung elektronenanziehender Substituenten in das Philodien. Der Anteil der endo-Verb. **I** wächst in der Reihenfolge $Y = NH_2 < OCH_3 < OH < Cl$ u. $X = NO_2 < Cl < H < OCH_3$. Eine milde selektive Meth. zur Analyse u. Trennung von endo-exo-Säuregemischen ist die Jodlactonisierung: während die exo-Säure nicht angegriffen wird, bildet die endo-Säure ein unlösl. Jodlacton **III** (Z = J), das mit Zn u. Eisessig in die endo-Säure zurückverwandelt werden kann. Eine analoge Bromlactonisierung verlief nicht befriedigend.

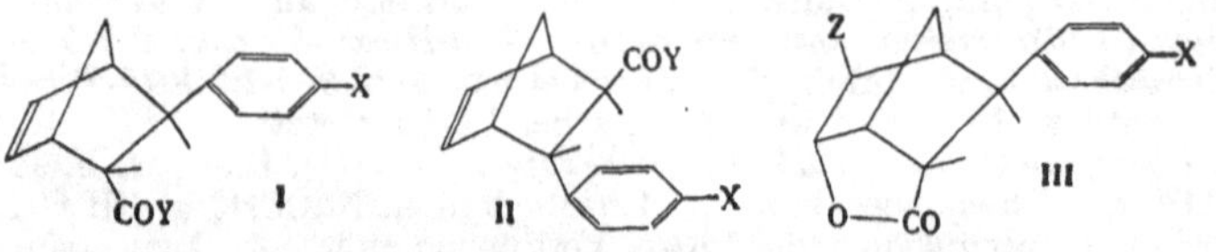

Die Isomerenverhältnisse der übrigen Addukte (Y = OCH_3, NH_2, Cl) wurden entweder infrarotspektrometr. oder nach Verseifung zu den Säuren über die Jodlactone bestimmt. Die stereochem. Ergebnisse werden interpretiert durch Annahme von raumüberbrückenden Wechselwirkungen der Elektronen im Übergangszustand. Einfll. der Zeit u. der Temp. auf die Rk. werden besprochen.

Versuche: *p-Chlorcinnamoylchlorid,* $C_9H_6OCl_2$, F. 79—79,5°, blaßgelbe Nadeln (PAe.), aus der Säure u. $SOCl_2$. — *p-Chlorzimtsäureamid,* C_9H_8ONCl, F. 209—210°, Platten (A.–W.), aus vorst. Verb. u. wss. NH_4OH; 96% (Ausbeute). — *p-Chlorzimtsäuremethylester,* $C_{10}H_9O_2Cl$, F. 76—76,5°, Nadeln (CH_3OH–W.), aus dem Chlorid u. absol. CH_3OH; fast 100%. — Die DIELS-ALDER-Addukte wurden erhalten aus den Komponenten in Aceton oder Toluol (einige Wochen bei 55°), zum Teil auch in sd. Toluol oder sd. Brombenzol. An Stelle von **IV** wurde teilweise Dicyclopentadien verwendet. Folgende Gesamtausbeuten bei 55° [1. Zahl; in () Zahl der Wochen] u. Anteile an **I** (2. Zahl) in % wurden erhalten: X = NO_2: Y = Cl: 91 (1,5); 64; Y = OH: 76 (5); 30 (bei 55°) bzw. 40 (in sd. CH_3COOH); Y = OCH_3: 89 (5); 28; Y = NH_2: 67 (5); 25 (53°) bzw. 15—20 (110°). — X = Cl: Y = Cl: 30 (1); 67; Y = OH: 42 (5); 40 (55°) bzw. 42 (110°); Y = NH_2: 11 (5). — X = H: Y = Cl: 99 (1 u. 1,5); 67; Y = OH: 22 (4) bzw. 28 (6); 43 (55°) bzw. 42 (110°) bzw. 23 (155°); Y = OCH_3: 10 (4); 44 (55°) bzw. 34 (110°); Y = NH_2: 4 (5). — X = CH_3O: Y = Cl: 27 (1); 66; Y = OH: 1,6 (5); 47 (110°). — *Zimtsäure-**IV**-endo-Addukt, Jodlacton* (**III**; X = H, Z = J), $C_{14}H_{13}O_2J$, F. 126 bis 126,5° u. 118—119° (dimorph), Platten (absol. A.), durch 15 Min. Stehen von 18 g des rohen Zimtsäure-**IV**-Addukts (**A**) mit J_2 u. KJ in neutralisierter wss.-methanol. Lsg.; 11,5 g roh. — *Zimtsäure-**IV**-endo-Addukt, Lacton* (**III**; X = Z = H), $C_{14}H_{14}O_2$, F. 86—87°

(CH_3OH), aus III (X = H, Z = J) u. H_2/RANEY-Ni in absol. A.–Pyridin (4 Std.); 66%. — *Zimtsäure-IV-endo-Addukt* (I; X = H, Y = OH), $C_{14}H_{14}O_2$, F. 107—108° (CH_3OH-W.), aus III (X = H, Z = J) u. Zn-Staub in Eisessig (3 Std.); 87%. — *Zimtsäure-IV-endo-Addukt, Bromlacton* (III, X = H, Z = Br), $C_{14}H_{13}O_2Br$, F. 123—124° (CH_3OH-W.), a) aus I (X = H, Y = OH) (90%), b) in geringer Menge durch Bromierung von A, daneben zwei *fl. Prodd.* (Kp.$_{20}$ 107°, $n_D^{22,5}$ 1,6057, C 52,76, H 3,87%, u. $C_{13}H_{12}Br_4$, Kp.$_{0,25}$ 98—100°, blaßgelbes Öl, n_D^{24} 1,6212, verlor nach 1 std. Stehen HBr). — *Zimtsäure-IV-exo-Addukt* (II; X = H, Y = OH), $C_{14}H_{14}O_2$, F. 115,5—116° (CH_3OH-W.), a) aus dem Filtrat der Jodlactonisierung von A (4,81 g), b) aus dem rohen A durch Entfernen der Zimtsäure mit Cyclohexan u. 18maliges Kristallisieren aus PAe. u. CH_3OH–Wasser. *S-Benzylthiuroniumsalz*, F. 137—138°. *Amid* (II; X = H, Y = NH_2), $C_{14}H_{15}ON$, F. 135,5—136° (CH_3OH-W.), a) aus den Komponenten; b) aus II (X = H, Y = OH) mit $SOCl_2$, dann NH_4OH (71%). *Methylester* (II; X = H, Y = OCH_3), $C_{15}H_{16}O_2$, F. 32 bis 33° (PAe.), sublimiert bei 25°/0,1—0,5 mm, a) aus den Komponenten; b) aus II (X = H, Y = OH) mit CH_2N_2. — *p-Nitrozimtsäure-IV-exo-Addukt* (II; X = NO_2, Y = OH), $C_{14}H_{13}O_4N$, F. 176—176,5°, blaßgrüne Nadeln (CH_3OH). *Amid* (II; X = NO_2, Y = NH_2), $C_{14}H_{14}O_3N_2$, F. 180,5—181,5° (A.-W.), aus II (X = NO_2, Y = OH); 62%. *Methylester* (II; X = NO_2, Y = OCH_3), $C_{15}H_{15}O_4N$, F. 62—63°, blaßgrün (CH_3OH-W. oder PAe.), aus II (X = NO_2, Y = OH) u. CH_2N_2; das gemischte DIELS-ALDER-Addukt konnte nicht direkt, sondern nur nach Verseifung mit alkoh. KOH über das *Jodlacton* (III; X = NO_2, Z = J, $C_{14}H_{12}O_4NJ$, F. 134—135° [Aceton–A.]) getrennt werden. — *3-Brom-5-p-nitrophenylnortricyclen*, F. 119,5—120°, blaßgrün (CH_3OH), aus 4,83 g p-Nitrozimtsäure u. IV, dann Br_2; 0,65 g, daneben 0,2 g *p-Nitrozimtsäure-IV-endo-Addukt, Bromlacton* (III; X = NO_2, Z = Br), $C_{14}H_{12}O_4NBr$, F. 146,5—147° (CH_3OH). — *p-Chlorzimtsäure-IV-endo-Addukt* (I; X = Cl, Y = OH), $C_{14}H_{13}O_2Cl$, F. 140,5—141,5° (Essigester–PAe. oder CH_3OH–W.), aus dem *Jodlacton* (III; X = Cl, Z = J, $C_{14}H_{12}O_2ClJ$, F. 139,5—140° [Aceton–CH_3OH oder Aceton–A.]); 81%. — *Bromlacton* (III; X = Cl, Z = Br), $C_{14}H_{12}O_2ClBr$, F. 136—137° (CH_3OH-W.), aus der Säure. — *p-Chlorzimtsäure-IV-exo-Addukt* (II; X = Cl, Y = OH), $C_{14}H_{13}O_2Cl$, F. 129—129,5° (A.-W.), aus dem Filtrat der Jodlactonisierung. *Amid* (II; X = Cl, Y = NH_2), $C_{14}H_{14}ONCl$, F. 146 bis 147° (A.-W.). — *p-Methoxyzimtsäure-IV-endo-Addukt* (I; X = CH_3O, Y = OH), $C_{15}H_{16}O_3$, F. 104—105° (Essigester–PAe.), aus dem *Jodlacton* (III; X = OCH_3, Z = J), $C_{15}H_{15}O_3J$, F. 152—153° [Aceton–A.]); 95%. — *p-Methoxyzimtsäure-IV-exo-Addukt* (II; X = OCH_3, Y = OH), $C_{15}H_{16}O_3$, F. 124,5—125° (A.-W.). — *p-Chlorzimtsäuremethylester-IV-Addukt*, Öl, nicht rein. — p-Dimethylaminozimtsäure gab weder bei 55°, noch bei 110° Addukte, ihr Methylester gab bei 55° kein Addukt. (J. Amer. chem. Soc. **77.** 4878—83. 20/9. 1955. Ann Arbor, Mich., Univ., Dep. of Chem.) J. ROTHE. 2950

Harold E. Zaugg, *Die Darstellung von 2-[α.β-Dioxyäthyl]-benzofuran und 2-[α.β-Dioxyäthyl]-cumaran.* Die Red. von ω-Acetoxy-2-acetylbenzofuran (I) mit $LiAlH_4$ ergibt *2-[α.β-Dioxyäthyl]-benzofuran* (II), aus welchem durch Hydrierung das Gemisch der stereoisomeren *2-[α.β-Dioxyäthyl]-cumarane* (III) erhalten wird. II u. III können als cycl. Analoge des Mephenesins (IV; Glycerin-α-o-kresyläther) aufgefaßt werden u. besitzen lähmende Eigg. bei der Maus. Die Aktivität von III ist bei der Maus vergleichbar mit der des IV, beim Kaninchen geringer. Ein Nebenprod. der Herst. von I wird als *ω-Oxy-2-acetylbenzofuran* identifiziert.

Versuche: *2-[α.β-Dioxyäthyl]-benzofuran* (II), $C_{10}H_{10}O_3$, F. 87—88° (Bzl.), aus I u. $LiAlH_4$ in Ae.; 82,5% (Ausbeute). — *2-[α.β-Dioxyäthyl]-cumarane* (III), $C_{10}H_{12}O_3$, F. 55—70°, Kp.$_{1,5}$ 155—162°, aus II in absol. A. unter 20 lbs./sq.in. H_2 über RANEY-Ni; n_D^{20} 1,5653; 65%. — *ω-Oxy-2-acetylbenzofuran*, $C_{10}H_8O_3$, F. 129—130°, aus ω-Brom-2-acetylbenzofuran, HCOOK u. wenig konz. HCl in sd. 50%ig. A. (2 Std.); aus A. Blättchen; wurde als Nebenprod. bei der Darst. von I nach SHRINER u. ANDERSON (J. Amer. chem. Soc. **61.** [1939.] 2705) isoliert; 2%. (J. Amer. chem. Soc. **76.** 5818. 20/11. 1954. Chicago, Ill., Abbott Labors.) E. HANSCHKE. 3061

F. Ja. Perwejew und **N. I. Kudrjaschowa,** *Umsetzung von Schwefelwasserstoff mit Oxyden der Acetylen- und Vinylacetylenreihe (Synthese von Vinyl-, Alkyl- und Phenylthiophenen).* α-Methyl-α-vinyläthinyläthylenoxyd (I) reagiert mit H_2S in Ggw. von $Ba(OH)_2$ unter Bldg. von *α-Vinyl-β'-methylthiophen* (II). Als Zwischenprod. entsteht das entsprechende Thioglykol, das unter Abspaltung von W. zu II cyclisiert wird. Die Struktur von II wurde durch $KMnO_4$-Oxydation bewiesen, wobei *β'-Methyl-α-thiophencarbonsäure* (III) erhalten wurde. Analog wurden weitere Thiophenderivv. aus den entsprechenden Äthylenoxyden dargestellt. (Vgl. C. **1955.** 2893.)

Versuche: Folgende Äthylenoxyde aus den entsprechenden Chloralkoholen: *α-Methyl-α-vinyläthinyl-* (I), Kp.$_{15}$ 50—51°; D.$^{20}_4$ 0,9249; n_D^{20} 1,4739. *α.β-Dimethyl-α-vinyläthinyl-*, Kp.$_{12}$ 54—55°; D.$^{20}_4$ 0,9005; n_D^{20} 1,4881. *α-Äthyl-α-methyläthinyl-*,

Kp.$_8$ 40—41°; D.$^{20}_4$ 0,8966; n_D^{20} 1,4436. *α.β-Dimethyl-α-methyläthinyl-*, Kp.$_{28}$ 59—60°; D.$^{20}_4$ 0,8856; n_D^{20} 1,4410. *α-Methyl-α-phenyläthinyl-*, Kp.$_8$ 108—109°; D.$^{20}_4$ 1,0278; n_D^{20} 1,5552. *α-Äthyl-α-phenyläthinyl-*, Kp.$_4$ 111°; D.$^{20}_4$ 1,0112; n_D^{20} 1,5520. *α.β-Dimethyl-α-phenyläthinyl-*, Kp.$_8$ 121—122°; D.$^{17}_4$ 1,0220; n_D^{17} 1,5435. *α-Methyl-α-[3-oxy-3-methylbutin-(1)-yl]-*, Kp.$_{11}$ 98—99°; D.$^{20}_4$ 0,9890; n_D^{20} 1,4622. — *α-Vinyl-β'-methylthiophen* (II), C_7H_8S, Kp.$_{10}$ 67—70°; zu einer Suspension von 20 g $Ba(OH)_2$ in 150 ml W. gibt man unter Einleiten von H_2S bei $<$50° 30 g **I**, leitet noch 1 Std. bei 50° H_2S ein u. säuert mit Essigsäure an; D.$^{20}_4$ 1,0110; n_D^{20} 1,5580; 25 g (Ausbeute). $KMnO_4$-Oxydation liefert **III**, $C_6H_6O_2S$, F. 120—121°. Bei der Hydrierung von **II** an RANEY-Ni wird ein *Dihydroderiv.*, Kp. 158—159°, D.$^{20}_4$ 0,9652, n_D^{20} 1,5061, erhalten, das bei der $KMnO_4$-Oxydation ebenfalls **III** liefert. Analog aus vorst. Äthylenoxyden folgende Thiophene in 30—75%ig. Ausbeute: *α-Vinyl-α'.β'-dimethyl-*, Kp.$_8$ 68 bis 70°; D.$^{20}_4$ 0,9938; n_D^{20} 1,5545. *α-Methyl-β'-äthyl-*, Kp. 161—162°; D.$^{20}_4$ 0,9710; n_D^{20} 1,5070. *α.α'.β'-Trimethyl-*, Kp. 162—163°; D.$^{20}_4$ 0,9730; n_D^{20} 1,5104. *α-Phenyl-β'-methyl-*, F. 16,5—17,5°, Kp.$_5$ 123—124°; D.$^{20}_4$ 1,1102; n_D^{20} 1,6299. *α-Phenyl-β'-äthyl-*, Kp.$_3$ 125—126°; D.$^{20}_4$ 1,0779; n_D^{20} 1,6615. *α-Phenyl-α'.β'-dimethyl-*, F. 30—31°; Kp.$_5$ 139—140°. *β'-Methyl-α-[α''-oxyisopropyl]-*, F. 38°; Kp.$_9$ 100—101°. (Доклады Академии Наук СССР [Ber. Akad. Wiss. UdSSR] [N. S.] **98.** 975—78. 21/10. 1954.)

O. POLLAK V. EMHOFEN. 3071

Bernard F. Crowe und **F. F. Nord,** *Untersuchungen über die Chemie der Heterocyclen. 8. Mitt. Enzymatische Trennung des racemischen β-[Thienyl-2]-alanins und Darstellung einiger substituierter β-[Thienyl-2]-alanine.* (9. vgl. C. **1951.** II. 3447.) Vff. entwickelten eine enzymat. Meth., die es gestattet, über das Chloracetylderiv. das rac. *β-[Thienyl-2]-alanin* schneller als auf chem. Wege in seine opt. Isomeren zu zerlegen. — Weiterhin wurde eine Anzahl *alkylsubstituierter Thienylaminosäuren* (**III**) über die entsprechenden *[5-Alkylthienyl-2]-thiobrenztraubensäuren* (**I**) durch Umsatz mit NH_2OH u. anschließender Red. der *Oximinoverbb.* (**II**) dargestellt (vgl. C. **1950.** I. 1483 u. **1951** II. 1279). Das *β-[5-Bromthienyl-2]-alanin* ist auf diesem Wege nicht erhältlich, es bildet sich nach Abspaltung des Br nur das *β-[Thienyl-2]-alanin.*

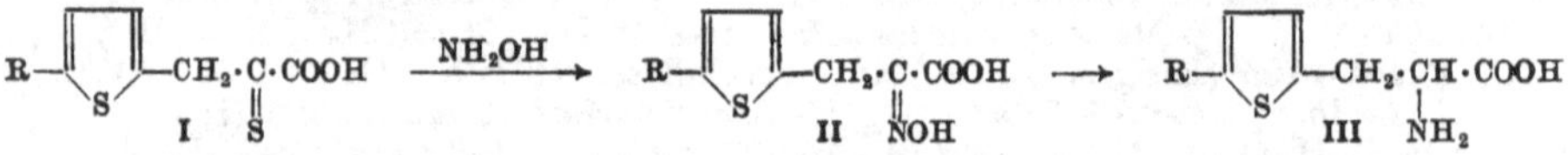

I II III

Versuche: *Chloracetyl-β-[thienyl-2]-DL-alanin*, F. 127—128°, wird in 6n LiOH gelöst u. bei p_H 7,6 48 Std. lang bei 37° mit Carboxypeptidase behandelt. Nach Ansäuern mit Eisessig (p_H 5,0) wird im Vakuum eingeengt, wobei die *L-Aminoverb.* mit 36% Ausbeute anfällt. Aus der weiter eingeengten Mutterlauge erhält man nach Ansäuern mit konz. HCl (p_H 2,0) u. Ausziehen mit Äthylacetat in 67% Ausbeute das *Chloracetyl-β-[thienyl-2]-D-alanin*, das nach Verseifen mit 1n HBr 69% *D-Aminosäure* liefert. — *β-[Thienyl-2]-DL-alanin*, F. 273—275°. — *β-[Thienyl-2]-L-alanin*, F. 273—276°, $[\alpha]_D^{21}$ −31,4°, in W.; *β-[Thienyl-2]-D-alanin*, F. 272—274°, $[\alpha]_D^{21}$ +31,4, in W.; *Chloracetyl-β-[thienyl-2]-L-alanin*, F. 120,5—121,5°, $[\alpha]_D^{21}$ +46,5°, in absol. A.; *Chloracetyl-β-[thienyl-2]-D-alanin*, F. 119,5—120°, $[\alpha]_D^{21}$ −47,2. — *2-Methyl-4-[thenal-2]-oxazolon-(5)*, aus Chloracetyl-β-[thienyl-2]-DL-alanin, F. 131—132,5°. — Zur Darst. der *Oximinopropionsäuren* (**II**) werden die 5-Alkyl-[thienyl-2]-thiobrenztraubensäuren 30 Min. mit $NH_2OH \cdot HCl$ in Na-Äthylatlsg. erwärmt. Nach Abdestillieren des A. wird der Rückstand in 5%ig. NaOH gelöst u. mit 10%ig. HCl gefällt; Ausbeuten 90—95%. — *3-[5-Methylthienyl-2]-2-oximinopropionsäure*, aus Toluol, F. 155—156° (Zers.). — *3-[5-Äthylthienyl-2]-2-oximinopropionsäure*, aus Toluol, F. 152,5—153,5° (Zers.). — *3-[5-Propylthienyl-2]-2-oximinopropionsäure*, aus Bzl., F. 143—144° (Zers.). — *3-[5-Chlorthienyl-2]-2-oximinopropionsäure*, aus Chlf., F. 153,5—154,5° (Zers.). — *3-[5-Bromthienyl-2]-2-oximinopropionsäure*, aus Chlf., F. 156—157° (Zers.). — Vorst. Verbb. werden in alkoh. Lsg. in Ggw. von Milchsäure mit 2%ig. Na-Amalgam unter Erwärmen zu den entsprechenden *Aminosäuren* (**III**) red. u. daraus die *Phenylharnstoffderivv.* dargestellt. — *β-[5-Methylthienyl-2]-alanin*, F. 253—255° (Zers.), Ausbeute 65%. *Phenylharnstoffderiv.*, F. 162,5—163° (Zers.). — *β-[5-Äthylthienyl-2]-alanin*, F. 235—238° (Zers.); 62%. *Phenylharnstoffderiv.*, F. 165,5—166,5° (Zers.). — *β-[5-Propylthienyl-2]-alanin*, F. 217—220° (Zers.); 55%. *Phenylharnstoffderiv.*, F. 158—159° (Zers.). — *β-[5-Chlorthienyl-2]-alanin*, F. 226—228° (Zers.); 47%. *Phenylharnstoffderiv.*, F. 163,5 bis 164° (Zers.). — Die 5-Bromverb. konnte mit dem angegebenen Verf. nicht gewonnen werden, statt dessen entstanden 50% *β-[Thienyl-2]-alanin*; *Phenylharnstoffderiv.*, F. 175 bis 176° (Zers.). (J. org. Chemistry **15.** 688—93. Mai 1950. New York, N. Y., Fordham Univ., Dep. of Organ. Chem.) M. KÜHNEL. 3071

F. G. Bordwell, R. D. Chapman und **W. H. McKellin,** *Benzothiophenchemie. 6. Mitt. Ein Peroxydeffekt bei der Addition von Thiophenolen an Benzothiophen-1-dioxyd.* (5. vgl. C. **1952.** 5567.) Während sich Thiophenol (**II**) an Benzothiophen-1-dioxyd (**I**) in Ggw. bas. Katalysatoren in 3-Stellung zu *3-Phenylmercapto-2.3-dihydrobenzothiophen-1-dioxyd* (**III**; 4. vgl. C. **1951.** I. 719) addiert, bildet sich beim Kochen von **I** mit überschüssigem **II** (in A. fand keine Rk. statt) *2-Phenylmercapto-2.3-dihydrobenzothiophen-1-dioxyd* (**IV**). Die erste Rk. dürfte eine Ionen-Rk. sein, die zweite dagegen eine Radikal-Rk., denn sie wird durch Benzoylperoxyd oder UV-Licht katalysiert. Die aus **III** u. **IV** mit H_2O_2 in CH_3COOH erhältlichen isomeren *Sulfone* liefern beide mit alkoh. KOH *3-Äthoxy-2.3-dihydrobenzothiophen-1-dioxyd* unter Eliminierung von Benzolsulfinsäure u. Anlagerung von A. an **I**. Wie **II** verhält sich auch p-Thiokresol (**V**), dagegen geben aliphat. Mercaptane, wie Benzylmercaptan u. Hexyl-(1)-mercaptan, unter allen Bedingungen die 3-Additionsverbb., wahrscheinlich deswegen, weil sie basischer sind u. schwerer Radikale bilden als die Thiophenole. Styryl-p-tolylsulfon lieferte beim Kochen mit **V** in geringer Ausbeute *2-Phenyl-2-[p-tolylmercapto]-äthyl-p-tolylsulfon*, **II** mit Phenylvinylsulfon *2-Phenylmercaptoäthylphenylsulfon*, also dieselben Prodd., wie sie bei der basenkatalysierten Rk. entstehen.

V e r s u c h e: *2-Phenylmercapto-2.3-dihydrobenzothiophen-1-dioxyd* (**IV**), $C_{14}H_{12}\cdot O_2S_2$, F. 123—124° (A.), durch 30 Min. Kochen von **I** u. **II** u. Zugabe von 10%ig. KOH; 72% (Ausbeute); **IV** bildet sich auch beim Kochen von **I** u. **II** in CCl_4 oder p-Dichlorbenzol in Ggw. von Benzoylperoxyd oder in CCl_4 unter UV-Bestrahlung, während ohne Katalysator **I** unverändert zurückgewonnen wurde; Diphenyldisulfid zeigte keinen beschleunigenden, Hydrochinon keinen verzögernden Einfluß. — *2-[p-Tolylmercapto]-2.3-dihydrobenzothiophen-1-dioxyd*, $C_{15}H_{14}O_2S_2$, F. 118—119° (A.), analog **IV** aus **I** u. **V**; 85%. — *2-Phenylsulfonyl-2.3-dihydrobenzothiophen-1-dioxyd*, $C_{14}H_{12}O_4S_2$, F. 116 bis 117° (A.) u. 148—150° (dimorph), durch Oxydation von **IV** in Eisessig mit 30%ig. H_2O_2 (15 Min. Kochen); 70%. — *2-[p-Tolylsulfonyl]-2.3-dihydrobenzothiophen-1-dioxyd*, $C_{15}H_{14}O_4S_2$, F. 185—186°, analog. — *3-Phenylsulfonyl-2.3-dihydrobenzothiophen-1-dioxyd*, F. 176—177° (A.), a) durch Oxydation von **III** (vgl. l. c.); b) durch 3std. Rühren von 3-Brom-2.3-dihydrobenzothiophen-1-dioxyd u. Na-Benzolsulfinat in A.; 72%. — *3-[p-Tolylmercapto]-2.3-dihydrobenzothiophen-1-dioxyd*, $C_{15}H_{14}O_2S_2$, F. 115,5—116° (A.), analog **III** (vgl. l. c.). — *3-[p-Tolylsulfonyl]-2.3-dihydrobenzothiophen-1-dioxyd*, $C_{15}H_{14}O_4S_2$, F. 187—188°. — *3-Äthoxy-2.3-dihydrobenzothiophen-1-dioxyd*, F. 107—108°, durch Kochen der Sulfone aus **III** bzw. **IV** mit 2%ig. alkoh. KOH (15 Min. bzw. 1 Std.); 73 bzw. 52%. — *3-Benzylsulfonyl-2.3-dihydrobenzothiophen-1-dioxyd*, $C_{15}H_{14}O_4S_2$, F. 195—195,5° (A.), aus **I** u. Benzylmercaptan (1 Std. Kochen in Ggw. von Benzoylperoxyd oder in Bzl. in Ggw. von Na) u. nachfolgende Oxydation; 51 bzw. 89%. — *3-[Hexyl-(1)-sulfonyl]-2.3-dihydrobenzothiophen-1-dioxyd*, $C_{14}H_{20}O_4S_2$, F. 80—81° (A.), analog vorst. Verb.; 34 bzw. 38%. — *2-Phenyl-2-[p-tolylmercapto]-äthyl-p-tolylsulfon*, F. 173—173,5°. — *2-Phenylmercaptoäthylphenylsulfon*, $C_{14}H_{14}O_2S_2$, F. 71—71,5°, durch 2std. Kochen von Vinylphenylsulfon u. **II**, a) in A. + Na; 94%; b) allein; 94%. — *1.2-Bis-[phenylsulfonyl]-äthan*, F. 183—184°, aus 1 g vorst. Verb.; 1,1 g. (J. Amer. chem. Soc. **76.** 3637—39. 20/7. 1954. Evanston, Ill., Northwestern Univ., Chem. Labor.) I. SPAETH. 3071

Henry Gilman und **Gene R. Wilder,** *Die Nitrierung einiger 2- und 3-Aminoderivate von Dibenzothiophen.* (Vgl. SAWICKI, J. org. Chemistry **19.** [1954.] 608; GILMAN u. WILDER, C. **1956.** 1299.) Vff. erhalten bei der Nitrierung von 3-Benzamidodibenzothiophen entgegen den Erwartungen (l. c.) das 4-Nitroderivat. Daraus folgt, daß im Gegensatz zum elektrophilen Angriff auf die 2-substituierten Derivv. (l. c.) ster. Faktoren keinen großen Einfl. auf in 4-Stellung eintretende Gruppen ausüben.

V e r s u c h e: *2-Benzamidodibenzothiophen*, $C_{19}H_{13}ONS$, F. 199—200° (Methylcellosolve), aus 2-Aminodibenzothiophen u. Benzoylchlorid in Pyridin; 60% (Ausbeute). — *3-Nitro-2-benzamidodibenzothiophen*, $C_{19}H_{12}O_3N_2S$, F. 213—214°, aus vorst. Verb. durch Nitrierung mit 90%ig. HNO_3 in Eisessig; 67%; gibt bei Hydrolyse *3-Nitro-2-aminodibenzothiophen*, F. 246—247°. — *3-Benzamidodibenzothiophen*, $C_{19}H_{13}ONS$, F. 227—228°; aus 3-Aminodibenzothiophen wie vorst.; 96,7%. — *4-Nitro-3-benzamidodibenzothiophen*, $C_{19}H_{12}O_3N_2S$, F. 246—247°, aus vorst. Verb. durch Nitrierung wie vorst.; 79,5%; gibt bei 2std. Kochen mit wss. äthanol. KOH *4-Nitro-3-aminodibenzothiophen*, F. 244—245°; 81%. (J. Amer. chem. Soc. **77.** 3920. 20/7. 1955. Ames, Io., Iowa State Coll., Dep. of Chem.) G. WINKLER. 3071

Edith Ju-Hwa Chu und **T. C. Chu,** *Decarboxylierung und Formylierung bestimmter Pyrrolderivate.* Die Darst. von *2.4-Dimethyl-5-carbäthoxypyrrol* (**I**) aus 2.4-Dimethyl-3.5-dicarbäthoxypyrrol über *2.4-Dimethyl-3-carboxy-5-carbäthoxypyrrol* (vgl. FISCHER u. WALACH, Ber. dtsch. chem. Ges. **58.** [1925.] 2820) wird verbessert, indem die Decarboxylierung nicht in Glycerin, sondern in sd. 2-Aminoäthanol durchgeführt wird. *2.4-Dimethyl-3-formyl-5-carbäthoxypyrrol* wird durch Formylierung von I mit N.N-Dimethylformamid u. $POCl_3$ erhalten. — Analog wurden aus 2-Methyl-4-phenyl-3.5-dicarbäthoxypyrrol *2-Methyl-4-phenyl-5-carbäthoxypyrrol* u. dessen *3-Formylderiv.* neu dargestellt.

Versuche: *2.4-Dimethyl-3.5-dicarbäthoxypyrrol*, F. 135—136°, nach FISCHER (vgl. C. **1942**. II. 1686); Nadeln aus A.; 63% (Ausbeute). — *2-Methyl-4-phenyl-3.5-dicarbäthoxypyrrol*, $C_{17}H_{19}O_4N$, F. 124—125°, analog aus Äthyl-α-nitroso-α-benzoylacetat u. Acetessigester in verd. Essigsäure mit Zn-Staub bei Siedetemp.; Prismen aus A.; 63%. — *2.4-Dimethyl-3-carboxy-5-carbäthoxypyrrol*, sublimiert >190°, F. 272° (Zers.), aus vorvorst. Verb. durch Hydrolyse mit konz. H_2SO_4 bei 40—50° (vgl. FISCHER u. WALACH, l. c.); Prismen aus Aceton; 85%. — *2-Methyl-4-phenyl-3-carboxy-5-carbäthoxypyrrol*, $C_{15}H_{15}O_4N$, F. 220° (Zers.), analog vorst. Verb.; Plättchen aus A.; 78%. — *2.4-Dimethyl-5-carbäthoxypyrrol* (I), F. 124,5—125°, durch 1std. Kochen vorvorst. Verb. in 2-Aminoäthanol; Prismen aus A.; 90%. — *2-Methyl-4-phenyl-5-carbäthoxypyrrol*, $C_{14}H_{15}O_2N$, F. 134,5—135°, analog vorst. Verb.; Nadeln aus A.; 84%. — *2.4-Dimethyl-3-formyl-5-carbäthoxypyrrol*, F. 145—145,5°, durch allmähliche Zugabe von $POCl_3$ zu I in N.N-Dimethylformamid u. anschließendes 2std. Kochen; Nadeln aus 50%ig. A.; 95%. *Oxim*, F. 199—200°. *Semicarbazon*, Zers. bei 275° unter Sublimation. — *2-Methyl-4-phenyl-3-formyl-5-carbäthoxypyrrol*, $C_{15}H_{15}O_3N$, F. 144,5—145°, analog vorst. Verb.; Prismen aus A.; 97%. *Oxim*, $C_{15}H_{16}O_3N_2$, F. 210—211°, Platten aus A.; 96%. *Semicarbazon*, $C_{16}H_{18}O_3N_4$, Zers. bei 280° unter Sublimation; Nadeln aus Pyridin; 66%. (J. org. Chemistry **19**. 266—69. Febr. 1954. Los Angeles, Calif., Immaculate Heart Coll., Dep. of Chem.) H. ASCHERL. 3081

Ng. Ph. Buu-Hoï und **Ng. D. Xuong**, *Weitere Untersuchungen über die Knorr-Paal-Synthese von 2.5-Dialkylpyrrolen.* Vff. stellten durch Kondensation von verschied. Aminen mit Acetonylaceton (I) *N-substituierte 2.5-Dialkylpyrrole* dar, die möglicherweise pharmakol. Bedeutung besitzen. N.N-Diäthyl-1.4-diaminopentan, Cyclopentylamin u. 2-Aminopyrimidin gaben schlechte Ausbeuten, Amine, deren funktionelle Gruppe an einem tert. C-Atom sitzt u. 2.5-Dichloranilin reagieren nicht. Dies wird auf ster. Hinderung oder Vorliegen der Iminoform zurückgeführt.

Versuche: *1-[3-Diäthylamino-n-propyl]-2.5-dimethylpyrrol*, $C_{13}H_{24}N_2$, Kp.$_{18}$ 151 bis 152°, Kp.$_{23}$ 159—160°, durch portionsweise Zugabe von 30 g I zu 30 g N.N-Diäthyl-1.3-diaminopropan, 1 Std. bei 140—150°; Öl; 42 g (Ausbeute); n_D^{23} 1,4945. *Methojodid*, $C_{14}H_{27}N_2J$, F. 137—138°, aus absol. Ae. Prismen. — *1-[5-Diäthylaminopentyl-(2)]-2.5-dimethylpyrrol*, $C_{15}H_{28}N_2$, Kp.$_{13}$ 158°, durch 1std. Kochen von 10 g N.N-Diäthyl-1.4-diamino-n-pentan mit 10 g I; Öl; 10 g; n_D^{22} 1,4949. *Methojodid*, $C_{16}H_{31}N_2J$, F. 86 bis 87°, aus Ae. Blättchen. — *1-[5-Chlor-2-methoxyphenyl]-2.5-dimethylpyrrol*, $C_{13}H_{14}ONCl$, F. 89°, Kp.$_{13}$ 163—164°, durch 48std. Kochen von 20 g 5-Chlor-2-methoxyanilin mit 20 g I; Prismen aus Ligroin; 29 g. 2.5-Dichloranilin reagiert unter diesen Bedingungen nicht. — *1-{2-[2.5-Dimethylpyrryl-(1)]-phenyl}-2.5-dimethylpyrrol*, $C_{18}H_{20}N_2$, F. 161°, Kp.$_{15}$ 190—195°, durch 24std. Kochen von 1 Mol o-Phenylendiamin u. 2 Mol I; Blättchen aus Methanol. — *1-[Pyrimidyl-(2)]-2.5-dimethylpyrrol*, $C_{10}H_{11}N_3$, F. 112°, Kp.$_{12}$ 150 bis 151°, aus 7 g 2-Aminopyrimidin u. 7 g I durch 24std. Kochen; Prismen aus Ligroin; 2 g. — *1-Cyclopentyl-2.5-dimethylpyrrol*, $C_{11}H_{17}N$, Kp. 235—236°, aus 8 g Cyclopentylamin u. 12 g I (1 Std. Kochen); n_D^{23} 1,5209; 6 g. Amine vom Typus $R-(CH_2)_n \cdot C(CH_3)_2 \cdot NH_2$ reagieren unter diesen Bedingungen nicht. — *1-[2-(β-Oxyäthylamino)-äthyl]-2.5-dimethylpyrrol*, $C_{10}H_{18}ON_2$, Kp.$_{20}$ 220—222°, durch Zugabe von 13 g I zu 15 g N-β-Oxyäthyl-1.2-diaminoäthan u. 1std. Erhitzen auf 140—150°; hellgelbes viscoses Öl; n_D^{19} 1,5280; 23 g. *Methojodid*, F. 180°, aus Ae. Prismen. — *Bis-{3-[2.5-dimethylpyrryl-(1)]-propyl-(1)}-amin*, $C_{18}H_{29}N_3$, Kp.$_2$ 221—222°, durch vorsichtige Zugabe von 45 g I zu 20 g Bis-[γ-aminopropyl]-amin u. 1std. Erhitzen; hellgelbes viscoses Öl; n_D^{22} 1,5394; 40 g. *Methojodid*, $C_{19}H_{32}N_3J$, F. 163—164°; aus Ae. gelbliche Prismen. — *1-[2-Morpholinoäthyl]-2.5-dimethylpyrrol*, $C_{12}H_{20}ON_2$, Kp.$_{12}$ 172—173°, aus 30 g N-[2-Aminoäthyl]-morpholin u. 23 g I, erst bei Raumtemp., dann kurzes Erhitzen auf 140—150°; Öl; n_D^{22} 1,5216; 37 g. *Methojodid*, Zers. bei ca. 253°; aus Ae. gelbliche Prismen. — *1-[3-Morpholino-n-propyl]-2.5-dimethylpyrrol*, $C_{13}H_{22}ON_2$, Kp.$_{12}$ 180—181°, aus 30 g N-[3-Aminopropyl]-morpholin u. 25 g I wie vorst.; Öl; n_D^{23} 1,5189; 37 g. *Methojodid*, $C_{14}H_{25}ON_2J$, F. 222—223°; aus Ae. gelbliche Prismen. — *1-Isonicotinylamino-2.5-dimethylpyrrol*, $C_{12}H_{13}ON_3$, F. 145—146°, aus 15 g Isonicotinsäurehydrazid u. 15 g I, 1 Std. bei 180°; Nadeln aus wss. Aceton; 20 g. Analog nachst. Verbb.: *1-Isonicotinylamino-2-methyl-5-n-propylpyrrol*, $C_{14}H_{17}ON_3$, F. 140°, aus Octandion-(2.5); Nadeln aus wss. Aceton. — *1-Nicotinylamino-2.5-dimethylpyrrol*, $C_{12}H_{13}ON_3$, F. 80°, Nadeln aus wss. Aceton. (J. org. Chemistry **20**. 850—54. Juli 1955. Paris, Univ., Dep. of Organic Chem., Radium Inst.) H. ASCHERL. 3081

Lester Horwitz, *Synthese und Eigenschaften einiger 4.5.6.7-Tetrahydroisatine.* Bei der Kondensation von 2-Ketocyclohexylglyoxylsäuren bzw. deren Estern mit aromat. Aminen erhält Vf. *N-Aryl-4.5.6.7-tetrahydroisatin-3-anile* in guter Ausbeute, während mit aliphat. Aminen *N.N'-substituierte Oxamide* u. *N-substituierte 4.5.6.7-Tetrahydroisatin-3-imine* nebeneinander entstehen. Saure Hydrolyse ergibt sowohl aus den Anilen als auch aus den Iminen die entsprechenden *N-substituierten 4.5.6.7-Tetrahydroisatine.* Diese zeigen Eigg. von β-Ketonen, β-Enolen u. von $\alpha.\beta$-Diketonen, wie Bldg. von Methyläthern, Phenylhydrazonen, in A. $FeCl_3$-Rk. mit grünschwarzer Färbung, ferner entstehen mit o-Phenylendiamin Chinoxalinderivate. Der Reaktionsverlauf der Kondensation wird diskutiert. Bei analogen Rkk. mit 2-Ketocyclopentylglyoxylsäureäthylester entstehen auch unter milden Bedingungen nur symm. substituierte Oxamide.

Versuche: *5-Methyl-2-ketocyclohexylglyoxylsäure* (**II**)*-äthylester*, durch Zugabe von Na in A. zu 4-Methylcyclohexanon u. Oxalsäurediäthylester $<10^0$; nach Verdünnen mit W. wurde angesäuert u. mit Ae. ausgezogen; da bei der Dest. Zers. erfolgt, wurde die strohfarbene Lsg. benutzt. — *N.N'-substituierte* 4.5.6.7-Tetrahydoisatin-3-imine: *N.N'-Diphenyl-* (**IV**), $C_{20}H_{18}ON_2$, F. 192—193° (gelbe Prismen aus Methanol), durch 2std. Erwärmen von 2-Ketocyclohexylglyoxylsäure (**I**; oder I-Äthylester) u. Anilin in Methanol (Meth. **A**); 95% (Ausbeute). — *N.N'-Di-p-tolyl-*, $C_{22}H_{22}ON_2$, F. 203—204° (gelbgrüne Prismen aus Methanol) nach Meth. **A**; 95%. — *N.N'-Di-o-tolyl-*, F. 126—127° (Nadeln aus Methanol), **A**; 90%. — *N.N'-Di-β-naphthyl-*, $C_{28}H_{22}ON_2$, F. 264—265° (Prismen aus Methanol); **A**; 87%. — *N.N'-Dibenzyl-*, $C_{22}H_{22}$·ON_2, F. 91—91,5° (Nadeln aus Methanol), durch Zufügen von Benzylamin zu einer gekühlten Lsg. von I (oder I-Äthylester) in Methanol, 3std. Erhitzen u. Heißfiltration (Meth. **B**); 59%. Der Filtrationsrückstand bestand aus *N.N'-Dibenzyloxamid* (**III**; F. 215—216°). — *N.N'-Diisobutyl-*, $C_{16}H_{26}ON_2$, F. 69—69,5° (Nadeln aus Methanol), **B**; 10%. — *N.N'-Diphenyl-6-methyl-*, $C_{21}H_{20}ON_2$, F. 162—162,5° (grüne Nadeln aus Methanol) aus 4-Methyl-2-ketocyclohexylglyoxylsäure (oder Ester) nach **A**; 80%. — *N.N'-Di-p-tolyl-6-methyl-*, $C_{23}H_{24}ON_2$, F. 174—175° (grüne Prismen aus Methanol), **A**; 90%. — *N.N'-Dibenzyl-6-methyl-*, $C_{23}H_{24}ON_2$, F. 99—100° (gelbe Nadeln aus Methanol), **B**; 24%. — *N.N'-Di-p-tolyl-5-methyl-*, $C_{23}H_{24}ON_2$, F. 183—183,5° (gelbe Plättchen aus Methanol), aus II-Äthylester nach **A**. — Durch Hydrolyse nachst. *N-substituierte* 4.5.6.7-Tetrahydroisatine: *N-Phenyl-* (**V**), $C_{14}H_{13}O_2N$ (gelbe Prismen aus Methanol), durch 2std. Kochen von **IV** in Isopropylalkohol mit konz. HCl; 93%. *3-Enolmethyläther,* $C_{15}H_{15}O_2N$, F. 83—84° (gelbe Nadeln aus Methanol), aus 0,25 g **V** in Aceton u. CH_2N_2 in Ae. bei 0°; 0,2 g. *3-Phenylhydrazon,* $C_{20}H_{19}ON_3$, F. 244°, aus A. hellgelbe Nadeln. *6-Phenyl-7.8.9.10-tetrahydroindolo-*[*2.3:b*]*-chinoxalin,* $C_{20}H_{17}N_3$, F. 159—160° (gelbe Prismen aus Methanol), durch 2std. Erhitzen von **V** mit o-Phenylendiamin in wss. CH_3COOH; 24%. **V** gibt beim Erhitzen mit Anilin keine Rk., mit Benzylamin entstehen 70% **III** u. mit Isobutylamin 70% *N.N'-Diisobutyloxamid,* F. 166,5—167°. — *N-p-Tolyl-*, $C_{15}H_{15}O_2N$, F. 193—194° (gelbe Prismen aus Methanol); 68%. — *N-o-Tolyl-*, F. 183—184° (Nadeln aus Methanol); 72%. — *N-Benzyl-*, $C_{15}H_{15}O_2N$, F. 163—164° (Nadeln aus Methanol); 65%. — *N-Phenyl-6-methyl-*, $C_{15}H_{15}O_2N$, F. 165—166° (gelbe Nadeln aus Methanol); 84%. *6-Phenyl-8-methyl-7.8.9.10-tetrahydroindolo-*[*2.3:b*]*-chinoxalin,* $C_{21}H_{19}N_3$, F. 199—200° (gelbe Nadeln aus Methanol); 15%. — *N-p-Tolyl-6-methyl-*, $C_{16}H_{17}O_2N$, F. 181—182° (Prismen aus Methanol); 64%. — *N-p-Tolyl-5-methyl-*, $C_{16}H_{17}O_2N$, F. 192—193° (Plättchen aus Methanol); 30%. — *Cyclohexanon-2.6* (oder *2.2*)*-bis-*[*glyoxylamid*], $C_{10}H_{12}O_5N_2$, F. 185—186° (unter Aufschäumen; Aceton) durch Zufügen von Na in A. zu 9,8 g Cyclohexanon u. 11,7 g Oxamidsäureäthylester $<10^0$; nach mehrstd. Rühren, Verdünnen mit W. u. Neutralisation mit HCl; 6 g. — *4-* (oder *6*)*-Methyl-2-ketocyclohexylglyoxylamid,* $C_9H_{13}O_3N$, F. 147—148° (Methanol), analog vorst. Verb. aus 11,2 g 3-Methylcyclohexanon; 6,9 g. — Die beiden vorst. Verbb. u. die dargestellten Isatinderivv. zeigen keine $FeCl_3$-Reaktion. (J. Amer. chem. Soc. **75**. 4060—63. 20/8. 1953. New York, N. Y., Univ., Dep. of Chem.) F. Ehrhardt. 3081

Lowell E. Weller, Sylvan H. Wittwer und **Harold M. Sell**, *Aliphatische Ester der Indolyl-(3)-essigsäure. Darstellung und Wirksamkeit auf die parthenogenetische Fruchtbildung.* Es werden *Indolyl-(3)-essigsäure* (**I**)*-n-Alkylester* hergestellt u. ihre Wrkg. auf die parthenogenet. Fruchtbldg. im Vgl. mit **I** getestet.

Versuche (alle Verbb. aus PAe. umkrist.): Indolyl-(3)-essigsäureester: *-n-hexylester,* $C_{16}H_{21}O_2N$, F. 31—32°, aus I u. dem Alkohol mit HCl. — *-n-heptylester,* $C_{17}H_{23}O_2N$, F. 26,5—27,5°. — *-n-octylester,* $C_{18}H_{25}O_2N$, F. 27—28°. — *-n-nonylester,* $C_{19}H_{27}O_2N$, F. 29,5—30,5°. — *-n-decylester,* $C_{20}H_{29}O_2N$, F. 38,5—39,5°. — *-n-undecylester,* $C_{21}H_{31}O_2N$, F. 39,5°. — *-n-dodecylester,* $C_{22}H_{33}O_2N$, F. 48—49°. — *-n-tetradecylester,* $C_{24}H_{37}O_2N$, F. 78—79°. — *-n-hexadecylester,* $C_{26}H_{41}O_2N$, F. 60—62°. — *-n-octadecylester,*

$C_{28}H_{45}O_2N$, F. 52°. (J. Amer. chem. Soc. **77**. 4937—38. 20/9. 1955. East Lansing, Mich., State Coll., Dep. of Agricult. Chem. and Horticult.) W. HUNGER. 3081

André Étienne und **Alexandre Staehelin**, *Das lineare Benzoisatin.* (Vgl. auch C. **1953**. 3221.) Bei ihren Verss., *lin.-Benzoisatin* (I) darzustellen, gingen Vff. zunächst von [3-Carboxynaphthyl-(2)]-glycin (II) aus, dessen Diäthylester über Na zu *lin.-Benzoindoxyl-2-carbonsäureäthylester* cyclisiert wurde. Die anschließende Hydrolyse, Decarboxylierung u. Alkalibehandlung in Ggw. von O_2 lieferte jedoch nur *Bis-lin.-benzoindigo* (III). — Die Cyclisierung von II in Ggw. von Acetanhydrid u. Na-Acetat bei 100° führte zu *O.N-Diacetyl-lin.-benzoindoxyl* (IV; entsteht in besserer Ausbeute bei Verwendung des K-Salzes von II bei 130°), das bei der Entacetylierung u. Oxydation wieder nur III ergab. — Die partielle Entacetylierung von IV mit Na_2SO_3 lieferte *N-Acetyl-lin.-benzoindoxyl* (V; in Ggw. von Alkali entstand hier eine grüne, blau fluorescierende Verb., die leicht zu III oxydiert wird), aus dem mit NH_2OH *N-Acetyl-lin.-benzoisatin-β-oxim* u. mit $NaNO_2$ *N-Acetyl-lin.-benzoisatin-α-oxim* (VII) erhalten wurden. Letzteres konnte auch in einer Operation aus IV durch O-Entacetylierung mit NaOH unter N_2 u. Nitrosierung gewonnen werden u. mit NH_2OH unter gleichzeitiger Entacetylierung in *lin.-Benzoisatindioxim* übergeführt werden. Bei der Alkalibehandlung von VII tritt Umwandlung zu *2.4-Dioxy-6.7-benzochinazolin* ein, beim Kochen mit HCl in Dioxan entstand *lin.-Benzoisatin-β-oxim* (VI). I konnte schließlich aus VII durch Hydrolyse mit HCl u. ferner aus V durch Behandeln mit p-Nitrosodimethylanilin (oder dessen Hydrochlorid) in Ggw. von Na_2CO_3 u. Entacetylierung zu *2-[p-Dimethylaminophenylimino]-5.6-benzoindoxyl* (ebenfalls in geringer Ausbeute aus IV erhältlich) u. Hydrolyse mit HCl erhalten werden. VI zers. sich bei 170° in *2-Amino-3-cyannaphthalin.*

V e r s u c h e: *[3-Carboxynaphthyl-(2)]-glycin* (II), F. 252—253° (Zers.), aus 3-Amino-2-naphthoesäure u. Chloressigsäure in 30%ig. KOH in der Hitze u. 2std. Kochen; aus wss. A. gelbe Nadeln; verharzt beim Erwärmen. *Monoäthylester*, $C_{15}H_{15}O_4N$, F. 197—198° (Zers.), aus A. gelbe Nadeln. *Diäthylester*, $C_{17}H_{19}O_4N$, F. 90—91° (Zers.), gelbe Nadeln aus A.; 69% (Ausbeute). — *lin.-Benzoindoxylsäureäthylester*, $C_{15}H_{13}O_3N$, F. 155—156°, aus vorst. Diäthylester in Ae. mit Na; gelbgrüne Nadeln aus Bzl.; 66%. — *O.N-Diacetyl-lin.-benzoindoxyl* (*1-Acetyl-3-acetoxy-5.6-benzoindol*; IV), $C_{16}H_{13}O_3N$, F. 165 bis 166°, aus dem Di-K-Salz von II in Na-Acetat-Acetanhydrid durch 2—3std. Erhitzen auf 110—130° u. Gießen in W.; gelbe Nadeln aus Äthylacetat; 75%; löst sich mit grüner Fluorescenz, verharzt in Säuren u. gibt in Alkali III. — *N-Acetyl-lin.-benzoindoxyl* (*1-Acetyl-5.6-benzoindoxyl*; V), $C_{14}H_{11}O_2N$, F. 181—182°, aus IV u. Na_2SO_3 in Dioxan (2 Std. Kochen); gelbe Nadeln aus Äthylacetat; 82%; fluoresciert in Lsg. grün; gibt in Alkali III. *Oxim*, $C_{14}H_{12}O_2N_2$, F. 270—271° (solvatisiert, F. 252—254°), Prismen aus wss. Dioxan; 74%. — *lin.-Dibenzoindigo* (III), $C_{24}H_{14}O_2N_2$, F. >400°, aus V durch kurzes Kochen in Alkali unter Einleiten von Luft; violette, amorphe M.; 80%; sublimiert bei 370° zu violettschwarzen Kristallen mit braunem Glanz. — *N-Acetyl-lin.-benzoisatin-α-oxim* [*1-Acetyl-5.6-benzoisatinoxim-(2)*; VII], $C_{14}H_{10}O_3N_2$, F. 255—258° (bei langsamem Erhitzen Zers. bei 230°), aus V u. $NaNO_2$-Lsg. durch Zufügen von Essigsäure in der Wärme u. kurzes Kochen; rötliche Nadeln aus verd. Essigsäure; 80%; b) aus IV durch Entacetylieren mit NaOH unter N_2 u. Nitrosieren wie vorst.; 60%. — *2.4-Dioxy-6.7-benzochinazolin*, F. 352—354°, aus VII u. 10%ig. NaOH (kurzes Kochen); gelbliche Kristalle aus verd. Essigsäure; 30%; fluoresciert in Lsg. blauviolett. — *lin.-Benzoisatin-β-oxim* (VI), $C_{12}H_8O_2N_2$, F. 324—326° (solvatisiert, F. 314—315°), aus VII durch 2std. Kochen mit HCl in Dioxan; gelbe Nadeln aus Dioxan; 84%. — *2-[p-Dimethylaminophenylimino]-5.6-benzoindoxyl*, $C_{20}H_{17}ON_3$, F. 224—225°, a) aus p-Nitrosodimethylanilinhydrochlorid, V u. Na_2CO_3 in A. (Kochen); violettschwarze Nadeln; 100%; b) analog aus IV in NaOH + Na_2CO_3; 25—30%. — *lin.-Benzoisatin* (I; *5.6-Benzoisatin*), $C_{12}H_7O_2N$, F. 299—300°, a) aus vorst. Verb. durch Kochen in verd. HCl u. Reinigen des abfiltrierten Nd. über das K-Salz; rote Vierecke aus Essigsäure oder orangefarbene Blättchen aus Dioxan; 58%; b) durch 2std. Kochen von VII in aceton. HCl; 100 bzw. 68%; gibt mit $NH_2OH \cdot HCl$ u. Na-Acetat in A. 86% VI. *N-Acetylderiv.*, $C_{14}H_9O_3N$, F. 255—256°, gelborangefarbene Nadeln aus Essigsäure; 89%. *Dioxim*, $C_{12}H_9O_2N_3$, F. 288—290° (Zers.), aus vorst. Acetylverb., $NH_2OH \cdot HCl$ in A. u. Na-Acetat (Kochen); gelbe Rechtecke; 73%. — *3-Amino-2-cyannaphthalin*, $C_{11}H_8N_2$, F. 163—164°, aus VI durch Erhitzen auf 160° u. Vakuumsublimation bei 240°; 70%; fluoresciert in Lsg. blauviolett. (Bull. Soc. chim. France, Mém. [5] **1954**. 743—48. Juni. Coll. de France, Labor. de Chim. Organ.)
H. LEHWALD. 3081

Rudolf Hüttel und **Friedrich Büchele**, *Über N-Nitropyrazole.* Vff. stellten durch Rk. der Amine mit HNO_3 in Eisessig u. Acetanhydrid eine Reihe von N-Nitropyrazolen dar. 4-Nitropyrazol gab nur sehr wenig unreines, Pyrazolsulfonsäure-(4) überhaupt kein Nitramin. Die stark variierenden Ausbeuten hängen von der Acidität des Ausgangsmaterials ab. Die neutralen Verbb. geben die besten Ausbeuten, mit zunehmender Acidität u. Basizität sinken sie ab. Zusätze von $CaCl_2$ oder $ZnCl_2$ erwiesen sich als unwirksam. Es wird angenommen, daß das Nitroniumion zunächst an den tert. N des Pyrazolringes tritt, da dieser basischer ist als die NH-Gruppe. Durch Abspaltung eines Protons wird dann das N-Nitropyrazol gebildet. Die große Beständigkeit dieser Verbb. wird durch die Mesomeriemöglichkeiten erklärt. N-Nitropyrazol (I) reagiert mit Br_2 oder Cl_2 nicht, was darauf hinweist, daß eine Mesomerieform mit teilweisem Doppelbindungscharakter der Nitro-N—Ring-N-Bindung stark am Grundzustand beteiligt ist. Unter dem Einfl. starker Säuren tritt eine Umlagerung in C-Nitroverbb. ein. Abweichend von dem Mechanismus der analogen Umlagerung der N-Nitraniline wird eine intermol. Rk. über das Nitroniumion angenommen.

Versuche: *1-Nitropyrazol* (I), $C_3H_3O_2N_3$, F. 93° (Rauten aus PAe.), aus Pyrazol durch Versetzen mit rauchender HNO_3 in Eisessig, Zutropfen von Acetanhydrid u. 1 std. Stehen; sublimierbar; schwache Verpuffung beim trockenen Erhitzen; beständig gegen sd. W.; 70% (Ausbeute). — *4-Nitropyrazol*, aus I beim Stehen mit konz. H_2SO_4 in der Kälte (12 Std.); 80%. — *1-Nitro-3.5-dimethylpyrazol*, $C_5H_7O_2N_3$, F. 66—67°, analog I; 50%; daneben wenig *1.4-Dinitroderiv.*, F. 91—91,5°. — *4-Nitro-3.5-dimethylpyrazol*, aus vorst. Verb. beim Stehen mit konz. H_2SO_4; 60%. — *1-Nitro-3.4.5-trimethylpyrazol*, $C_6H_9O_2N_3$, F. 101° (Prismen aus PAe.); 35%. — *4-Nitro-3.5-diäthylpyrazol*, F. 83° (PAe.), aus 3.5-Diäthylpyrazol in Ae. durch Zutropfen von rauchender HNO_3 unter Kühlung, Umsetzung des entstehenden Nitrats mit Acetanhydrid (12 Std.) u. Umlagerung des nach Neutralisieren extrahierten *1-Nitroderiv.* (23%) mit konz. H_2SO (12 Std.); 12%. — *1.4-Dinitro-3-methylpyrazol*, $C_4H_4O_4N_4$, F. 48° (PAe.), aus 4-Nitro-3-methylpyrazol analog I; 34%. — *1.4-Dinitro-3.5-dimethylpyrazol*, $C_5H_6O_4N_4$, F. 91 bis 91,5° (PAe., silberglänzende Schuppen), aus 4-Nitro-3.5-dimethylpyrazol; 59%. — *1-Nitro-4-chlorpyrazol*, $C_3H_2O_2N_3Cl$, F. 26—27° (Nadeln); 44%; reagiert mit H_2SO_4 heftig unter Entw. von nitrosen Gasen u. Cl_2. — *1-Nitro-4-brompyrazol*, $C_3H_2O_2N_3Br$, F. 50°; 63%; mit H_2SO_4 heftige Br_2-Entwicklung. — *1-Nitro-4-jodpyrazol*, $C_3H_2O_2N_3J$, F. 83°) Nadeln aus A. oder Prismen aus PAe.); 83%; gibt mit konz. H_2SO_4 83% *4-Jodpyrazol.* (Chem. Ber. **88.** 1586—90. 1955. München, Univ., Inst. für organ. Chem.)

H. BERTSCH. 3122

Cameron Ainsworth und **Reuben G. Jones,** *Reaktionen von Hydrazinen mit γ-Pyronen.* Vff. fanden, daß die Rk. von γ-Pyron (I) mit p-Nitrophenylhydrazin (II) nicht zu 1-[p-Nitroanilino]-γ-pyridon-p-nitrophenylhydrazon (DESHAPANDE u. Mitarbeiter, J. Indian chem. Soc. **11.** [1934.] 595; **12.** [1935.] 465), sondern zu *1-[p-Nitrophenyl]-pyrazolyl-(5)-acetaldehyd-p-nitrophenylhydrazon* (**III**) führt. Die Oxydation von **III** lieferte *1-[p-Nitrophenyl]-pyrazolcarbonsäure-(5)*, deren *Ag-Salz* durch Decarboxylierung in *1-[p-Nitrophenyl]-pyrazol* übergeführt werden konnte. Analog verläuft die Rk. von **I** mit Phenylhydrazin (**IV**), bei welcher durch Hydrierung des Rohprod. neben *Anilin 5-[β-Aminoäthyl]-1-phenylpyrazol* erhalten wurde, das durch Oxydation in *1-Phenylpyrazolcarbonsäure-(5)* überging. — Den Prodd. der Rk. von **IV** mit Diacetylaceton (vgl. FEIST [1890]; COLLIE u. REILLY [1922]) oder Benzoylacetylaceton (vgl. RUHEMANN [1908]) wird statt der früher angenommenen Struktur **V** die Struktur **VI** zugeschrieben. — Die Rk. von 2.6-Dimethyl- u. 2.6-Diphenylpyron-(4) mit Hydrazin (**VII**) lieferte *Pyrazolderivv.*, die bei der Hydrierung in *β-Aminoäthylpyrazole* übergingen.

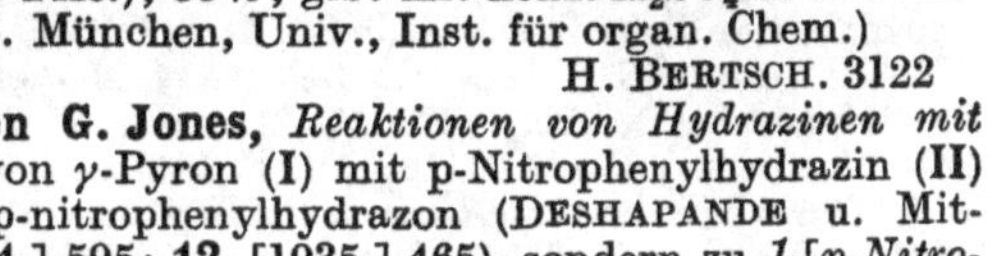
V VI

R u. R' = CH_3 bzw. C_6H_5

Die Rk. von 2-Oxy-6-methylpyron-(4) (**VIII**) mit **VII** gab *3-Methylpyrazolyl-(5)-essigsäurehydrazid*, dessen Struktur durch Verseifung zu *Na-3-Methylpyrazolyl-(5)-acetat* u. Oxydation zu *3-Methylpyrazolcarbonsäure-(5)* bewiesen wurde. Entsprechend ist das Prod. der Rk. von **VIII** mit **IV** (vgl. BORSCHE u. BLOUNT, Ber. dtsch. chem. Ges. **65.** [1932.] 820) wahrscheinlich *3-Methyl-1-phenylpyrazolyl-(5)-essigsäure* u. nicht das 5-Methylisomere.

Versuche: *1-[p-Nitrophenyl]-pyrazolyl-(5)-acetaldehyd-p-nitrophenylhydrazon* (**III**), $C_{17}H_{14}O_4N_6$, F. 242—243° (Zers.), aus **I** u. **II** in Eisessig (1 Std. auf dem Dampfbad); gelbe Kristalle aus Pyridin; 22% (Ausbeute). — *1-[p-Nitrophenyl]-pyrazolcarbonsäure-(5)*, $C_{10}H_7O_4N_3$, F. 245° (Zers.; nach Sublimation bei 220°/0,5 mm), aus vorst. Verb. u. wss. $KMnO_4$; gelbe Prismen aus W.–A.; 22%. — *1-[p-Nitrophenyl]-pyrazol*, $C_9H_7O_2N_3$, F. 171 bis 172° (nach Sublimation), a) durch Zers. des *Ag-Salzes* vorst. Carbonsäure bei 200°/0,5 mm; b) aus 1.1.3.3-Tetraäthoxypropan in wss. A./HCl u. **II**; fahlgelbe Nadeln aus A.; 64%. — *1-Phenyl-5-[β-aminoäthyl]-pyrazol*, $C_{11}H_{13}N_3$, Kp.$_{0,5}$ 133°, aus **I** u. **IV** (1 Std. bei 120°) u. exothermer Rk. u. Hydrierung des Prod. in Methanol u. NH_4OH über RANEY-Ni bei 90°/70 at; 57%; daneben *Anilin. Hydrochlorid*, $C_{11}H_{13}N_3 \cdot HCl$,

F. 143—145°; aus Methanol–Ae. Plättchen. — *1-Phenylpyrazolcarbonsäure-(5)*, F. 185 bis 186°, aus vorst. Amin u. wss. $KMnO_4$; aus W. Nadeln. — *3-Methyl-5-[β-aminopropyl]-pyrazol*, $C_7H_{13}N_3$, F. 38°, Kp.$_{0,1}$ 128°, durch katalyt. Hydrierung des Prod. der Rk. von 2.6-Dimethylpyron-(4) mit **VII**; 60%. *Dihydrochlorid*, $C_7H_{13}N_3 \cdot 2$ HCl, F. 185° (A.–Ae.). *Dipikrat*, $C_{19}H_{19}O_{14}N_9$, F. 210° (Methanol). — *3-Phenylpyrazolyl-(5)-methylphenylketon-hydrazon*, $C_{17}H_{16}N_4$, F. 175—176° (Methanol), aus 2.6-Diphenylpyron-(4) u. **VII** in Methanol; 50%. — *3-Phenyl-5-[β-phenyl-β-aminoäthyl]-pyrazol*, *Dipikrat*, $C_{29}H_{23}O_{14}N_9$, F. 204° (A.), durch Hydrierung vorst. Hydrazons unter Druck über RANEY-Ni in Methanol/NH_3; 66%. — *3-Methylpyrazolyl-(5)-essigsäurehydrazid*, $C_6H_{10}ON_4$, F. 145°, aus **VIII** u. **VII** in Methanol; Nadeln aus Dioxan; quantitativ. — *3-Methylpyrazolcarbonsäure-(5)*, $C_5H_6O_2N_2$, F. 241—242° (W.), aus vorst. Verb. u. wss. $KMnO_4$. — *3-Methyl-pyrazolyl-(5)-essigsäure, Na-Salz*, $C_6H_7O_2N_2Na$, F. 196—197° (A.–Ae.), aus vorvorst. Verb. u. sd. n NaOH (über Nacht). (J. Amer. chem. Soc. **76**. 3172—74. 20/6. 1954. Indianapolis, Ind., Lilly Res. Labors.) R. GOMPPER. 3122

Henry R. Henze und **Arthur Furman Isbell**, *Untersuchungen über substituierte 5-Phenylhydantoine.* Die Synth. von 12 neuen *5-Aryl-5-alkyl-* bzw. *5.5-Diarylhydantoinen* u. einigen *Cyclohexylanalogen* aus dem entsprechenden Keton, KCN u. $(NH_4)_2CO_3$ in A. nach BUCHERER u. LIEB (J. prakt. Chem. [2] **141**. [1934.] 5) bzw. bei geringer Löslichkeit der Ketone in geschmolzenem Acetamid nach HENZE u. LONG (J. Amer. chem. Soc. **63**. [1941.] 1941) wird beschrieben. Bei der katalyt. Hydrierung von *5-p-Tolyl-5-phenyl-hydantoin* (**II**) wurde, wie die Synth. der beiden isomeren *Cyclohexylhydantoine* zeigte, nur der unsubstituierte Phenylkern angegriffen. Zur Synth. von *5.5-Bis-[4-aminophenyl]-hydantoin* wurde von 4.4'-Diacetamidobenzophenon ausgegangen, im Hydantoin wurden dann die Acetylreste abgespalten. — Das antikonvulsiv wirksame *5-[4-Aminophenyl]-hydantoin* wurde durch Diazotierung u. Kupplung in *Azofarbstoffe* übergeführt.

Versuche: *Cyclohexyl-p-tolylketon*, $C_{14}H_{18}O$, F. 66,5—67,5°, aus Cyclohexancarbonsäurechlorid (Kp.$_{750}$ 173—174°), Toluol u. $AlCl_3$; gibt mit $KMnO_4$ in KOH *Terephthalsäure. Oxim*, $C_{14}H_{19}ON$, F. 169—170°, aus PAe. Nadeln. — *4-Methylcyclohexyl-phenylketon*, $C_{14}H_{18}O$, Kp.$_9$ 151,0—152,5°, F. ca. 20°, aus 4-Methylcyclohexyl-MgBr u. Benzonitril in Toluol; $D.^{20}_4$ 1,0089; $D.^{40}_4$ 0,9959; n_D^{20} 1,5323; n_D^{40} 1,5238. *Oxim*, $C_{14}H_{19} \cdot$ ON, F. 145—146°, Nadelbüschel. — *4-Methylcyclohexyl-p-tolylketon*, $C_{15}H_{20}O$, F. 83 bis 84° (wss. A.), Kp.$_6$ 172—175°, analog vorst. Verb., aber mit p-Tolunitril in Ae.; 46% (Ausbeute). *Oxim*, $C_{15}H_{21}ON$, F. 176,5—177,5°, aus wss. A. nadelähnliche Kristalle. — 5-Mono- bzw. 5.5-disubstituierte Hydantoine (FF. korr.; aus Dioxan): *5.5-Bis-[p-chlorphenyl]-*, F. 319—320° (unkorr.); 94%. — *5-[p-Chlorphenyl]-5-[o-chlorphenyl]-*, F. 292,0—292,5° (Zers.); 88%. — *5-Phenyl-5-[p-aminophenyl]-* (**I**), F. 295° (Zers.); 81%. — *5-Phenyl-5-[p-oxyphenyl]-*, F. 306° (Zers.); 68%. — *5-Phenyl-5-[p-methoxy-phenyl]-*, F. 227—228°; 76%. — *5-Äthyl-5-[p-oxyphenyl]-*, F. 268,0—268,5° (Zers.); 89%. — *5-Methyl-5-[p-methoxyphenyl]-*, F. 210—212°; 84%. — *5-Phenyl-5-[p-tolyl-* (**II**), F. 229—230°; 87%. — *5-Methyl-5-[p-bromphenyl]-*, F. 276,5° (Zers.); 74%. — *5-[p-Diäthylaminophenyl]-*, $C_{13}H_{17}O_2N_3$, F. 177,5—178,5° (Zers.; Methanol), aus p-Diäthylaminobenzaldehydcyanhydrin; 81%. — *5.5-Bis-[p-aminophenyl]-*, F. 311° (Zers.), aus p.p'-Diacetamidobenzophenon (F. 239—240°) u. anschließendes Erhitzen des Reaktionsgemisches mit konz. HCl; 38%. Umsetzungen von p.p'-Diaminobenzophenon, seines Dibenzal- (F. 200°) u. Dibenzoylderiv. (F. 230—231°) führten nicht zum Ziel. — *5.5-Bis-[p-tolyl]-* (**III**), F. 237—238°; 82%. — *5-Cyclohexyl-5-p-tolyl-*, $C_{16}H_{20}O_2N_2$, F. 252,5 bis 253,5°, a) nach allg. Verf.; 98%; b) durch 72std. Hydrierung von **II** mit ADAMS-Katalysator in A. unter 1,5 at in Ggw. von konz. HCl. Verss. zur weiteren Hydrierung bzw. Red. mit HJ/Eisessig oder mit P/HJ/Eisessig hatten keinen Erfolg. — *5-Phenyl-5-[4-methylcyclohexyl]-*, $C_{16}H_{20}O_2N_2$, F. 243—244° (Isoamylalkohol/PAe. nach Sublimation bei 1 mm); 86%. *Monohydrat*, $C_{16}H_{20}O_2N_2 \cdot H_2O$, F. 232—237°, Nadeln aus Methanol. — *5-Cyclohexyl-5-[4-methylcyclohexyl]-*, F. 275,5—276,5°, a) nach allg. Verf.; 87%; b) aus vorst. Verb. durch 36std. Hydrierung. — *5.5-Bis-[4-methylcyclohexyl]-*, $C_{17}H_{28}O_2N_2$, F. 297—298° (Zers.), a) nach allg. Verf.; 99%; b) durch 15std. Hydrierung von **III**; 98%; c) aus nachst. Verb. durch 6std. Hydrierung. — *5-[4-Methylcyclohexyl]-5-p-tolyl-*, $C_{17}H_{22}O_2N_2$, F. 234—235° (W.–Dioxan u. Eisessig); 55%. — Durch Diazotierung von **I** u. Kupplung folgende 5-Phenylhydantoine: *5-[p-(p'-Oxybenzolazo)-phenyl]-*, F. 277—278° (Zers.), hellgelb; 77%. — *5-[p-(4-Oxynaphthalin-1-azo)-phenyl]-*, F. 278,5° (Zers.), dunkelrot; 71%. — *5-[p-(2-Oxynaphthalin-1-azo)-phenyl]-*, F. 294,5° (Zers.), zinnoberrot; 87%. — *5-[p-(p'-Dimethylaminobenzolazo)-phenyl]-*, F. 274,0—274,5° (Zers.), orangefarben; 78%. — *5-[p-(2-Amino-6-sulfonylnaphthalin-1-azo)-phenyl]-*, Dunkelfärbung ab 290°, kein F. bis 360°, beim starken Erhitzen Aufblähen u. Gasentw., kastanienbraun; 71%. (J. Amer. chem. Soc. **76**. 4152—56. 20/8. 1954. Austin, Tex., Univ., Dep. of Chem.) R. GOMPPER. 3122

K. Rüfenacht, *2-Styryl-4-benzaloxazolon-(5).* Vf. beschreibt die Synth. von *2-Styryl-4-benzaloxazolon-(5)* u. seine Abtrennung bei der Darst. von *2-Methyl-4-benzaloxazolon-(5)* (I) nach der ERLENMEYERschen Azlactonsynthese.

Versuche (FF. korr.): *2-Methyl-4-benzaloxazolon-(5)* (I), $C_{11}H_9O_2N$, F. 152 bis 153° (Sublimation in Tropfen ab 150°), nach BRENNER u. RÜFENACHT (Helv. chim. Acta **37.** [1954.] 203); Nadeln aus PAe.-Aceton. — *2-Benzyl-4-benzaloxazolon-(5)*, F. 106 bis 107°, aus 200 mg *α-Phenylacetamidozimtsäure* [F. 190—192° (CH_3OH-W.)] u. Acetanhydrid (½ Std. bei 65°); aus Bzn. Balken; 120 mg (Ausbeute). — *2-Styryl-4-benzaloxazolon-(5)*, $C_{18}H_{13}O_2N$, F. 133—134° (leuchtendgelbe Nadeln aus Bzn.). a) Aus 2,05 g Cinnamoylglycin, 1,06 g Benzaldehyd (II), Na-Acetat u. Acetanhydrid werden 1,4 g rohes *Azlacton* (F. 130—133°, gelb) bereitet, dieses wird mit NaOH (½ Std. bei 75°) zu *α-Cinnamoylaminozimtsäure* ($C_{18}H_{15}O_3N$, F. 225—228° [Zers. u. Sublimation in Tropfen ab 215°], Nädelchen aus W.; 95%) gespalten u. diese mit Triäthylamin u. Chlorkohlensäureäthylester umgesetzt; 70%. b) Aus I, II u. $ZnCl_2$ (½ Std. bei 135—140°); 18%. c) Aus 5 g gelbem, rohem I durch fraktionierte Kristallisation aus Bzn. u. Sublimation; 4,5 mg. (Helv. chim. Acta **37.** 1451—53. 2/8. 1954. Basel, Univ., Organ.-chem. Anst.)
R. GOMPPER. 3132

K. Rüfenacht, *2-Styryl-4-benzaloxazolon-(5) als hartnäckiger Begleiter von 2-Methyl-4-benzaloxazolon-(5).* Inhaltlich ident. mit der vorst. referierten Arbeit. Zusätzlich werden die UV-Maxima folgender Azlactone angegeben: *2-Phenyl-4-isopropyliden-*, *2-Methyl-4-benzal-* (farblos u. gelb), *2-Benzyl-4-benzal-*, *2-Phenyl-4-benzal-* u. *2-Styryl-4-benzaloxazolon-(5).* (Experientia [Basel] **10.** 247—48. 15/6. 1954. Basel, Univ., Organ.-chem. Anst.)
R. GOMPPER. 3132

A. W. Nineham, *Die Chemie der Formazane und Tetrazoliumsalze.* Übersicht über Molekularstruktur, Synthesen, physikal. Eigg., Rkk. u. Verwendungsmöglichkeiten der *Formazane* u. *Tetrazoliumsalze* mit tabellar. Zusammenstellung der bis 1952, teilweise auch der 1953 beschriebenen Verbindungen. — 242 Literaturhinweise. (Chem. Reviews **55.** 355—483. April 1955. Dagenham, Essex, May & Baker Ltd., Res. Labors.)
W. RUSKE. 3184

Dietrich Jerchel und **Hans Fischer,** *Bis-[2.3-o-diphenylentetrazoliumsalze].* Aus Bistetrazoliumverbb. mit Phenylresten entstehen bei Belichtung mit UV-Licht in glatter Rk. Bis-[2.3-o-diphenylentetrazoliumsalze]. Durch Red. mit $Na_2S_2O_4$ oder Hydrazin gehen sie in tiefgefärbte, in organ. Lösungsmitteln fast völlig unlösl. Radikale über. Katalyt. Hydrierung führt zu Diphenazonen, die in alkoh. Lsg. grün fluorescieren, Zinkstaubdest. zu Bis-carbazolen. (Vgl. C. **1955.** 3373.)

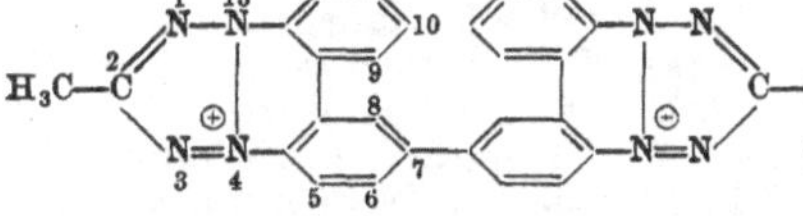
I

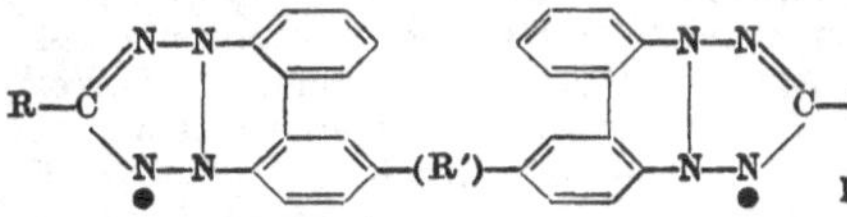
III

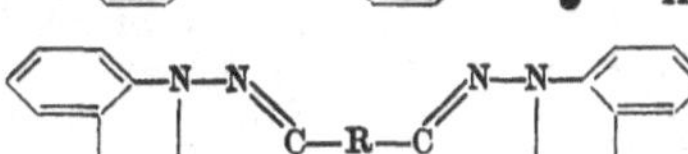
VI

Versuche: *2.2'-Dimethyl-7.7'-bis-[2.3-o-diphenylentetrazoliumnitrat]* (I), $C_{28}H_{20}O_6N_{10}$, F. 420° (aus Dimethylformamid–W. 95 : 5 gefällt mit Ae.), durch 25std. Belichten von 2.2'-[p.p'-Diphenylen]-bis-[5-methyl-3-phenyltetrazoliumchlorid] in 20%ig. A. bei Ggw. von HNO_3; UV-Spektr.; 18,3% (Ausbeute). — *Radikal* III (R = CH_3, R' = direkte Ringverknüpfung), fast schwarzes Pulver, aus 18 mg I u. $Na_2S_2O_4$ in 0,1n Na_2CO_3-Lsg.; 10 mg; Biradikalgeh. 41,4% (Jodtitration). — *Diphenazonyl-(3.3')* (IV), $C_{24}H_{14}N_4$, F. 378°, durch Zinkstaubdest. von I im Vakuum; 38%. — *2.2'-Diphenyl-7.7'-bis-[2.3-o-diphenylentetrazoliumnitrat]* (II), $C_{38}H_{24}O_6N_{10}$, F. 352°, braungelbe Nadeln (Pyridin–Ae.), durch 50std. Belichten von 2.2'-[p.p'-Diphenylen]-bis-[3.5-diphenyltetrazoliumnitrat in 60%ig. A. bei Ggw. von HNO_3; 40%. — *Radikal* III (R = C_6H_5, R' = direkte Ringverknüpfung), nahezu schwarzes Pulver, aus 0,25 g II u. $Na_2S_2O_4$; 0,1 g; Biradikalgeh. 40,8% (Jodtitration) bzw. 28% (Best. des paramagnet. Moments). — Hydrierung von II mit RANEY-Ni in A. gab 35% IV. — *2.2'-[p.p'-Diphenylenmethan]-bis-[3.5-diphenyltetrazoliumnitrat*, $C_{39}H_{30}O_6N_{10}$, F. 196°, aus N'.N'''-[p.p'-Diphenylenmethan]-bis-[C.N-diphenylformazan] (F. 198—200°) u. HNO_3 in Chloroform. — *2.2'-Diphenyl-7.7'-methylen-bis-[2.3-o-diphenylentetrazoliumnitrat]* (V), $C_{39}H_{26}O_6N_{10}$, F. 267° (aus Pyridin–A. 5 : 1 mit Essigester), durch Belichten vorst. Verb.; 44%. — *Radikal* III (R = C_6H_5, R' = $-CH_2-$), Zers. ab 275°, schwarzes Pulver, aus 0,24 g V u. $Na_2S_2O_4$; 0,14 g; Biradikalgeh. 10,8 bzw. 12,5%. — *3.3'-Methylendiphenazon*, $C_{25}H_{16}N_4$, F. 243 bis 245°, Nadeln (A.), aus V u. H_2/RANEY-Ni in A.; 29%. — *3.3'-Methylendicarbazol*, $C_{25}H_{18}N_2$, F. 234°, aus V durch Zinkstaubdest.; 77%. — *2.2'-Äthylen-bis-[2.3-o-diphenylen-*

tetrazoliumnitrat] (**VII**), $C_{28}H_{20}O_6N_{10}$, verfärbt sich bei 500° (Dimethylformamid–Ae.), durch 20std. Belichten von 5.5'-Äthylen-bis-[2.3-diphenyltetrazoliumchlorid] in A.–HNO_3; 73%. — *Radikal* **VI** (R = $-CH_2CH_2-$), Zers. bei 340°, dunkel, aus vorst. Verb. u. Hydrazin in 0,5n NaOH; Biradikalgeh. 30,5 bzw. 10%; etwas ferromagnetisch. — *2.2'-p-Phenylen-bis-[2.3-o-diphenylentetrazoliumnitrat* (**VIII**), $C_{32}H_{20}O_6N_{10}$, F. 420° (aus Eisessig–Methanol mit Essigester), durch 20std. Belichten von 5.5'-p-Phenylen-bis-[2.3-diphenyltetrazoliumchlorid] in W.–HNO_3; UV-Spektr.; 60%. — *Radikal* **VI** (R = p-C_6H_4), Zers. ab 197°, tiefdunkel, aus **VIII** u. $Na_2S_2O_4$ in A.; 67%; Biradikalgeh. 27 bzw. 32%. — *Phenazon*, aus **VII** oder **VIII** u. H_2/Raney-Ni; 80—90%. — Das UV-Spektr. von 2.3-o-Diphenylen-5-phenyltetrazoliumbromid ist graph. dargestellt. — Verss. zur Darst. von Dicarbazolyl-(3.3') scheiterten. (Chem. Ber. **88**. 1595—99. 1955. Mainz, Univ., Organ.-chem. Inst., u. Heidelberg, Max-Planck-Inst. für med. Forsch., Inst. für Chem.) J. Rothe. 3184

Ng. Ph. Buu-Hoï und **Bernard Eckert**, *3.4-Diarylcumarine*. Vff. synthetisierten vier *3.4-Diarylcumarine*, welche die Antikrebseigg. der Triaryläthylene u. die wachstumshemmende Wrkg. der Cumarine vereinigen sollen, durch Kondensation von o-Methoxybenzophenon mit Benzylcyaniden in Ggw. von $NaNH_2$. Die gebildeten *α.β-Diaryl-β-[o-methoxyaryl]-acrylonitrile*, die nur in den cis-Formen erhalten wurden (ster. Hinderung), wurden einer Ätherspaltung mit Pyridin·HCl (**I**) unterworfen, wobei über die *Iminolactone* mit W. die Cumarine entstanden. — Triarylacrylonitrile mit der CH_3O-Gruppe in p-Stellung wurden mit **I** n. zu *Oxytriarylacrylonitrilen* gespalten.

Versuche: *2-Methoxybenzophenon*, F. 41°, aus 120 g 2-Methoxybenzoylchlorid u. Bzl. mit $AlCl_3$; 5 g (Ausbeute); oder besser durch Oxydation von 2-Methoxybenzhydrol mit $K_2Cr_2O_7$. — *cis-α.β-Diphenyl-β-[o-methoxyphenyl]-acrylonitril*, $C_{22}H_{17}ON$, F. 116°, Kp.$_1$ 220—222°, aus 6 g Benzylcyanid u. $NaNH_2$ in Ae. (2 Std. Kochen), dann mit 5 g vorst. Verb. 2 Std. Kochen; glänzende Blättchen aus Methanol; 4 g. — *3.4-Diphenylcumarin*, $C_{21}H_{14}O_2$, F. 231°, aus vorst. Verb. u. **I** (15 Min. am Rückfluß); aus A. feine Nadeln; 92%. — *cis-α.β-Diphenyl-β-[2-methoxy-5-methylphenyl]-acrylonitril*, $C_{23}H_{19}ON$, F. 107°, aus 25 g 2-Methoxy-5-methylbenzophenon (**II**); glänzende Blättchen aus Methanol; 9 g; mit H_2SO_4 dunkelrote Färbung. — *6-Methyl-3.4-diphenylcumarin*, $C_{22}H_{16}O_2$, F. 214°, aus vorst. Verb.; glänzende Nadeln aus A.–Bzl.; fast 100%; mit H_2SO_4 Gelbfärbung. — *cis-α.β-Diphenyl-β-[2-methoxy-4-methylphenyl]-acrylonitril*, $C_{23}H_{19}ON$, F. 154°, aus 50 g 2-Methoxy-4-methylbenzophenon; Blättchen aus A.; 17 g; Dunkelrotfärbung mit H_2SO_4. — *7-Methyl-3.4-diphenylcumarin*, $C_{22}H_{16}O_2$, F. 243°, aus vorst. Verb.; lange glänzende Nadeln aus A.–Bzl.; Gelbfärbung mit H_2SO_4. — *cis-α-[4-Methoxyphenyl]-β-phenyl-β-[2-methoxy-5-methylphenyl]-acrylonitril*, $C_{24}H_{21}O_2N$, F. 108°, Kp.$_1$ 240—242°, aus 20 g 4-Methoxyphenylacetonitril u. 24 g **II**; glänzende blaßgelbe Nadeln aus Methanol 12 g; mit H_2SO_4 Violettfärbung. — *6-Methyl-3-[p-oxyphenyl]-4-phenylcumarin*, $C_{22}H_{16}O_2$, F. 256°, aus vorst. Verb.; feine Prismen aus wss. A.; lösl. in wss. NaOH. — *α.β-Diphenyl-β-[4-oxyphenyl]-acrylonitril*, $C_{21}H_{15}ON$, F. 203—204°, durch 5std. Erhitzen von 3,1 g α.β-Diphenyl-β-[4-methoxyphenyl]-acrylonitril u. **I** in Nitrobenzol; Nadeln aus wss. A.; 2,5 g. — *α-Phenyl-β.β-bis-[4-oxyphenyl]-acrylonitril*, $C_{21}H_{15}O_2N$, F. 241—242°, aus α-Phenyl-β.β-bis-[4-äthoxyphenyl]-acrylonitril analog vorst. Verb.; Nadeln aus wss. Essigsäure; Rotfärbung mit H_2SO_4, die beim Erhitzen in Grün übergeht. (J. org. Chemistry **19**. 1391—95. Aug. 1954. Paris, Univ., Radium Inst., Dep. of Organ. Chem.) R. Gompper. 3211

E. Ziegler und **H. Schredt**, *Zur Chemie des 2.4.6-Triphenylpyranols-(2)*. Bei der Rk. von Acetophenon (**I**) mit $POCl_3$ entstehen *Dypnon, Benzoesäure, symm.-Triphenylbenzol* u. zwei Doppelsalze des *2.4.6-Triphenylpyranols-(2)* (**II**). 3-Chlor-4-methoxyacetophenon gibt mit $POCl_3$ vorwiegend *Tris-[3-chlor-4-methoxyphenyl]-benzol*; 4-Chlor- u. 3-Nitroacetophenon geben lediglich die entsprechenden *Chalkone*, während ω-Chlor-3.4-dioxyacetophenon mit $POCl_3$ überhaupt nicht reagiert. Vff. nehmen an, daß sich aus **I** u. $POCl_3$ unter Austritt von CH_3Cl das gemischte Anhydrid der Benzoesäure u. dichlorphosphorigen Säure bildet, welches sich mit Dypnon zu **II** kondensiert.

Versuche: *2.4.6-Triphenylpyranol-(2)* (**II**), $C_{23}H_{18}O_2$, F. 119° (verd. A.), aus nachst. Doppelsalzen durch Kochen mit verd. A. oder wss. Acetatlsg. oder mit wss. Pyridin. *Verb.* $(C_{23}H_{18}O)^{2+}\cdot 2\,H_2PO_4^-$, F. ca. 295—302° (Nitrobenzol), aus 5 g **I** u. 6 g $POCl_3$ (3 Std. bei 70°) neben dem *Pyryliumsalz* $C_{23}H_{20}O_5ClP$, F. 198°; aus Nitrobenzol orangefarbene Nadeln; 1,2 g (Ausbeute). Oder aus 5 g **I**, 1 g Benzaldehyd u. 6 g $POCl_3$ (3 Std. bei 70°); 2,1 g. — *1.3.5-Triphenylbenzol*, $C_{24}H_{18}$, F. 173° (A.), neben *Benzoesäure* u. *Dypnon* (*β-Methylchalkon*) aus **I** u. $POCl_3$ (5 Std. bei 80°). — *1.3.5-Tris-[3-chlor-4-methoxyphenyl]-benzol*, $C_{27}H_{21}O_3Cl_3$, F. 162° (Eisessig oder A.), aus 1 g 3-Chlor-4-methoxyacetophenon u. 4 cm³ $POCl_3$ (10 Std. bei 40°); 0,2 g. Gibt mit CrO_3 in Eisessig *3-Chlor-4-methoxybenzoesäure*. — *4.4'-Dichlordypnon*, $C_{16}H_{12}OCl_2$, F. 80°, aus 1 g 4-Chloracetophenon u. 2 g $POCl_3$ (10 Std. bei 45° u. 12 Std. bei 18°); aus verd. A. schwachgelbliche Nadeln; 0,5 g. — *3.3'-Dinitrodypnon*, $C_{16}H_{12}O_5N_2$, F. 116°, aus 3-Nitroacetophenon u. $POCl_3$ (15 Std. bei 60°); aus verd. A. Nadeln. (Mh. Chem. **85**. 1191—95. 15/12. 1954. Graz, Univ., Inst. für organ. u. pharmazeut. Chem.) E. Hanschke. 3211

J. S. H. Davies und **W. L. Norris**, *Furanochromone*. 2. Mitt. *Synthese von Visnagin und verwandten Verbindungen*. (1. vgl. Baxter u. Mitarbeiter; C. **1950**. I. 2114.) Vff. stellten aus *4.6-Dioxycumaran* mit Acetonitril nach Hoesch *5-* (I) u. *7-Acetyl-4.6-dioxycumaran* (II) her. II wurde ferner aus 4.6-Diacetoxycumaran, das durch doppelte Friessche Verschiebung *5.7-Diacetyl-4.6-dioxycumaran* ergibt, unter Abspaltung der einen Acetylgruppe mittels sd. NaOH-Lsg. nach der Meth. von Heller [1912] erhalten. I lieferte zwei Monomethyläther, von denen der eine, als *5-Acetyl-6-oxy-4-methoxycumaran* (*Dihydrovisnaginon*; III) identifiziert, durch Dehydrierung in *5-Acetyl-6-oxy-4-methoxycumaron* (*Visnaginon*) u. weiterhin nach der Meth. von Clarke, Glaser u. Robertson (C. **1950**. I. 1478) in *Visnagin* übergeführt wurde. Der zweite Monomethyläther ist demnach *5-Acetyl-4-oxy-6-methoxycumaran* (IV). Der Dimethyläther von I erwies sich als *Dihydrovisnaginonmethyläther* (VI). — Die Struktur von II ergibt sich aus dem durch Methylierung erhaltenen Monomethyläther, der mit *7-Acetyl-6-oxy-4-methoxycumaran* (*Dihydroisovisnaginon*) ident. ist. — Durch Kondensation von III mit Äthylacetat wurde *6-Oxy-5-[β-ketobutyryl]-4-methoxycumaran* u. hieraus durch Ringschluß *4'.5'-Dihydro-5-methoxy-2-methylfurano-[3'.2':6.7]-chromon* (*Dihydrovisnagin*; V) erhalten. Aus IV entsteht auf gleiche Weise *4'.5'-Dihydro-5-methoxy-2-methylfurano-[2'.3':7.8]-chromon*. VI konnte nach der Meth. von Clarke (l. c.) in *4'.5'-Dihydro-7-methoxy-2-methylfurano-[2'.3':5.6]-chromon* (*Dihydroisovisnagin*) übergeführt werden.

V e r s u c h e: *4.6-Dioxycumaranon-(3)*, F. 247—249° (Zers.), nach Sonn [1917]; 80% (Ausbeute). — *3.4.6-Triacetoxycumaron*, $C_{14}H_{12}O_7$, F. 102°, aus vorst. Verb. u. Acetanhydrid in Pyridin unter 1std. Rühren bei 15°, 16std. Stehen u. Gießen auf Eis; 76%. — *4.6-Diacetoxycumaran*, $C_{12}H_{12}O_5$, F. 69°; die Lsg. von 29,2 g vorst. Verb. in Eisessig wurde bei 60—70° mit H_2 unter n. Druck in Ggw. von Pd-Kohle geschüttelt, im Vakuum eingedampft u. die äther. Lsg. des Rückstandes eingedunstet; Öl (96%); aus A.-PAe. (2 : 1) Prismen. — *5.7-Diacetyl-4.6-dioxycumaran*, $C_{12}H_{12}O_5$, F. 145—146° (A.), aus a) vorst. Verb. in Nitrobenzol u. $AlCl_3$ (2 Std. bei 60—70°), Gießen auf Eis + 2nHCl, Extraktion der wss. Schicht nach 16—24std. Stehen mit Chlf., Ausschütteln der vereinigten Extrakte mit nNaOH u. Ansäuern; 46%; gibt mit $FeCl_3$ in A. eine weinrote Färbung. *Diacetat*, $C_{16}H_{16}O_7$, F. 87°, mit Acetanhydrid/Pyridin, aus PAe.-Äthylacetat (3 : 1) Kristalle; 26,9%. *Monomethyläther*, $C_{13}H_{14}O_5$, F. 113,5—114°, mit Dimethylsulfat in Aceton in Ggw. von K_2CO_3; blaßgelbe Nadeln aus Methanol. *Dimethyläther*, $C_{14}H_{16}O_5$, F. 69—70° (PAe.), aus dem Monomethyläther u. Dimethylsulfat in Aceton in Ggw. von KOH; keine Rk. mit $FeCl_3$. *Dioxim* des *Dimethyläthers*, $C_{14}H_{18}O_5N_2$, F. 191 bis 193° (Bzl.). *Monobenzyläther*, $C_{19}H_{18}O_5$, F. 104°; gelbe Nadeln aus Methanol. *Dibenzyläther*, $C_{26}H_{24}O_5$, F. 138°, Nadeln aus Methanol; ein Gemisch beider Benzyläther entsteht mit Benzylbromid u. K_2CO_3 in Aceton. — *4.6-Dioxycumaran*, $C_8H_8O_3$, F. 118,5 bis 119,5° (aus Bzl. Prismen), durch Kochen des Diacetats mit 2nNaOH, Ansäuern mit HCl u. Reinigung des braunen Sirups in Ae. an Al_2O_3. — *5-Acetyl-4.6-dioxycumaran* (I), $C_{10}H_{10}O_4$, F. 197—199°; in ein eiskaltes Gemisch aus 4.6-Dioxycumaran, Acetonitril u. frisch geschmolzenem u. gepulvertem $ZnCl_2$ in Ae. wird 6 Std. trockener HCl eingeleitet, der Ae. nach 48 Std. abdekantiert, dem Rückstand Eiswasser zugefügt u. das feste *Imin-HCl* mit 2nH_2SO_4 1 Std. gekocht; aus Bzl. u. dann aus W.-Methanol (2 : 1) gelbe Nadeln; 34,4%; gibt mit $FeCl_3$ weinrote Färbung; beim Kochen mit 2nNaOH erfolgt Entacetylierung zu *4.6-Dioxycumaran*. *Diacetat*, $C_{14}H_{14}O_6$, F. 100—101° [Äthylacetat-PAe. (1 : 2)], mit Acetanhydrid u. Pyridin bei 20°; *Monobenzyläther* (?), $C_{17}H_{16}O_4$, F. 141—142°, aus A. cremefarbene Nadeln, u. *Dibenzyläther*, $C_{24}H_{22}O_4$, F. 143° (blaßgelbe Blättchen aus A.), durch 1std Kochen mit Benzylchlorid in A. u. 0,9 Mol Na-Äthylat als Gemisch; beide Prodd. geben mit $FeCl_3$ in Ae. eine Farb-Rk. (das Dibenzylderiv. muß im Kern benzyliert sein). — *7-Acetyl-4.6-dioxycumaran* (II), $C_{10}H_{10}O_4$, F. 239 bis 240° (Bzl. u. A.), a) als Nebenprod. aus der sauren Mutterlauge von I; b) durch 45 Min. Kochen einer Lsg. von 5.7-Diacetyl-4.6-dioxycumaran in 2nNaOH u. Fällen mit Säure; aus A. blaßgelbe Nadeln; 98%. Gibt mit $FeCl_3$ in A. eine tiefgrüne Färbung. *Diacetat*, $C_{14}H_{14}O_6$, F. 108—109°, Prismen aus PAe.-Äthylacetat (2 : 1). *Dimethyläther*, $C_{12}H_{14}O_4$, F. 93—94°, aus Bzl.-PAe. Prismen. *Semicarbazon*, $C_{13}H_{17}O_4N_3$, F. 230°, aus A. Prismen. *Phenylhydrazon*, $C_{18}H_{20}O_3N_2$, F. 168°, aus A. blaßgelbe Prismen. *Oxim*, $C_{12}H_{15}O_4N$, F. 182—184°, aus A. Flocken. — *7-Acetyl-6-oxy-4-methoxycumaran* (*Dihydroisovisnaginon*), $C_{11}H_{12}O_4$, F. 129—129,5° (Methanol), aus II u. Dimethylsulfat in Aceton in Ggw. von K_2CO_3, 3 Std. am Rückfluß; 78%. — *6-Oxy-7-[β-ketobutyryl]-4-methoxycumaran*, F. 142—142,5°, aus vorst. Verb., Äthylacetat u. Na nach Clarre (l. c.); aus

A. gelbe Nadeln; 55%. — *4'.5'-Dihydro-7-methoxy-2-methylfurano-[2'.3':5.6]-chromon* (*Dihydroisovisnagin*), $C_{13}H_{12}O_4$, F. 183—184°, aus vorst. Diketon durch 50 Min. Kochen in Eisessig mit 1 Tropfen konz. HCl; aus PAe. Nadeln [nach Clarke (l. c.), F. 193 bis 194° (Zers.); Misch-F. undefiniert]. — *5-Acetyl-4.6-dimethoxycumaran*, $C_{12}H_{14}O_4$, F. 94,5 bis 95,5° (PAe./Äthylacetat, 4 : 1), a) aus Dihydrovisnaginon (III) u. Dimethylsulfat; b) aus I u. Dimethylsulfat, Lösen des Rohprod. in Äthylacetat u. Extrahieren von IV mit verd. NaOH. — *5-Acetyl-4-oxy-6-methoxycumaran* (IV), $C_{11}H_{12}O_4$, F. 108—109°, aus I u. Dimethylsulfat u. Trennung des Monomethyläthergemisches an Al_2O_3 durch Elution mit Bzl.; aus Methanol blaßgelbe Nadeln; gibt mit $FeCl_3$ weinrote Färbung. *2.4-Dinitrophenylhydrazon*, $C_{17}H_{16}O_7N_4$, F. 236° (Zers.), Nadeln aus Äthylacetat. Neben IV durch Elution mit 1% Eisessig/Ae. u. mehrmaliges Umkristallisieren aus Methanol *5-Acetyl-4-methoxy-6-oxycumaran* (*Dihydrovisnaginon*; III), F. 100—101°, prismat. Nadeln. — *5-Acetyl-6-oxy-4-methoxycumaron* (*Visnaginon*), $C_{11}H_{10}O_4$, F. 109—110° (Methanol), a) aus dem Chellolglucosid des Samens von Ammi visnaga durch 1 std. Kochen in 1%ig. wss. KOH-Lsg. unter N_2 u. Ansäuern; gelbe Nadeln; gibt mit $FeCl_3$ in A. smaragdgrüne Färbung; b) durch Dehydrierung von III mittels langsamer Sublimation durch Pd-Kohle bei 150°. — *6-Oxy-5-[β-ketobutyryl]-4-methoxycumaron*, F. 94—96° (wss. A.), nach einer etwas modifizierten Meth. von Clarke (l. c.) aus 0,5 g Visnaginon, 6 cm³ Äthylacetat u. 0,2 g Na-Pulver durch 2½ Std. Kochen, Abdest. des Lösungsm., Zugabe von Eiswasser u. Ansäuern mit Essigsäure; 0,3 g. — *5-Methoxy-2-methylfurano-[3'.2':6.7]-chromon* (*Visnagin*), F. 140°, durch Ringschluß des vorst. Diketons (l. c.). — *6-Oxy-5-[β-ketobutyryl]-4-methoxycumaran*, $C_{13}H_{14}O_5$, F. 99—101°, aus III durch Kondensation mit Äthylacetat (2¼std. Kochen); aus 50%ig. A. schwachbraune Nadeln. — *4'.5'-Dihydro-5-methoxy-2-methylfurano-[3'.2':6.7]-chromon* (*Dihydrovisnagin* V), $C_{13}H_{12}O_4$, F. 113,5—114°, durch Ringschluß vorst. Diketons in Eisessig bei 50° (2½ Std.) u. Fällen mit heißem W.; Nadeln aus wss. Methanol; in konz. H_2SO_4 gelb, beim Erwärmen grünbraun. — *4'.5'-Dihydro-5-oxy-2-methylfurano-[3'.2':6.7]-chromon*, $C_{12}H_{10}O_4$, F. 165 bis 167° (sintert bei 162°), wie vorst., aber 15 Min. gekocht; Nadeln aus Methanol; mit $FeCl_3$ in A. dunkelrote Färbung; Remethylierung mit Dimethylsulfat in Aceton gibt V (F. 113°). — *4-Oxy-5-[β-ketobutyryl]-6-methoxycumaran*, $C_{13}H_{14}O_5$, F. 147—148°, durch Kondensation von IV mit Äthylacetat; aus A. Nadeln. — *4'.5'-Dihydro-5-methoxy-2-methylfurano-[2'.3':7.8]-chromon*, $C_{13}H_{12}O_4$, F. 193—194°, durch Ringschluß vorst. Diketons, aus 60%ig. A. Nadeln. (J. chem. Soc. [London] **1950**. 3195—3201. Nov. Alderley Edge, Cheshire, British Schering Res. Inst.) E. Hanschke. 3211

J. S. H. Davies und **T. Deegan**, *Furanochromone*. 3. Mitt. *Synthese von 8-Methoxy-2-methylfurano-[3'.2':6.7]-chromon und seiner Derivate*. (2. vgl. vorst. Ref.) Ausgehend von Pyrogallol wurde nach bekannter Meth. *6.7-Dioxycumaranon-(3)* (I) dargestellt, welches mit Essigsäureanhydrid in Pyridin *3.6.7-Triacetoxycumaron* (II) gab; mit Acetylchlorid in Äthylacetat entstand außer II noch ein Nebenprod., wahrscheinlich *6.7-Diacetoxycumaranon-(3)*. Das aus II durch Hydrierung erhaltene *6.7-Diacetoxycumaran* (IV) lieferte durch Friessche Verschiebung das gegen sd. NaOH beständige *5-Acetyl-6.7-dioxycumaran* (V), dieses nach Dimethylierung u. Kondensation mit Äthylacetat *6.7-Dimethoxy-5-[β-ketobutyryl]-cumaran* u. daraus durch Ringschluß *4'.5'-Dihydro-8-methoxy-2-methylfurano-[3'.2':6.7]-chromon* (VII). Dehydrierung von VII gab *8-Methoxy-2-methylfurano-[3'.2':6.7]-chromon* (VIII), ein Visnagin-Isomeres. Die 2-Methylgruppe von VII läßt sich mit Benzaldehyd zu dem entsprechenden *Styrylderiv.* kondensieren. — Beim Erhitzen von VIII mit HJ in Essigsäureanhydrid erfolgt Entmethylierung u. Ringöffnung, wobei wahrscheinlich *7.8-Dioxy-6-[2'-jodäthyl]-2-methylchromon* entsteht. — Durch Äthylierung u. Benzylierung von V wurden *5-Acetyl-7-äthoxy-* (X) u. *-7-benzyloxy-6-oxycumaran* (XI) hergestellt u. aus diesen über die *Diketone* auf dem üblichen Weg *4'.5'-Dihydro-8-äthoxy-* u. *-8-benzyloxy-2-methylfurano-[3'.2':6.7]-chromon*, welche mit dem Äthylierungs- bzw. Benzylierungsprod. von 4'.5'-Dihydro-8-oxy-2-methylfurano-[3'.2':6.7]-chromon (IX) ident. waren. — Die Absorptionskurven von *5.8-Dimethoxy-2-methylfurano-[3'.2':6.7]-chromon* (*Khellin*), seiner *4'.5'-Dihydroverb.*, VIII u. VII sind angegeben.

Versuche: *6.7-Dioxycumaranon-(3)* (I), F. 229°; Darst. nach modifizierter Meth. von Feuerstein u. Brass [1904]: 250 g geschmolzenes Pyrogallol, 200 g Chloressigsäure u. 200 g $POCl_3$ werden 3½ Std. bei 60—70° gerührt, 2 Std. wird ohne Rühren weitererhitzt, Eiswasser zugefügt, bis zur Lsg. erhitzt u. 24 Std. bei 0° stehengelassen; *ω-Chlorgallacetophenon* krist. in dunkelbraunen Nadeln aus; F. 169° (W.); 167 g (Ausbeute). 30 g werden in 350 cm³ A. mit 35 g Na-Acetat 5½ Std. gekocht, A. wird abdest. u. W. zugefügt; aus W. kurze, blaßgelbe Prismen; 16,5 g. — *3.6.7-Triacetoxycumaron* (II), $C_{14}H_{12}O_7$, F. 105,5°, a) aus 10 g I, 200 cm³ Äthylacetat u. 40 cm³ Acetylchlorid; 4 Std. kochen, in W. gießen u. mit $NaHCO_3$ neutralisieren; aus 50%ig.

A. feine Nadeln; 12,5 g; b) aus 32,5 g **I** in 130 cm³ Acetanhydrid durch Zusatz von 50 cm³ Pyridin; 49,1 g. — *6.7-Diacetoxycumaranon-(3)*, $C_{12}H_{10}O_6$, F. 137,5°, aus größeren Ansätzen der Darst. von **II** nach a) während der Kristallisation isoliert; lange Nadeln aus CH_3OH. — *6.7-Diacetoxycumaran* (**IV**), $C_{12}H_{12}O_5$, F. 116°, durch Hydrieren von 35,5 g **II** in Eisessig bei 60—65°/1 at in Ggw. von Pd-Kohle; Prismen aus Methanol; 24,8 g. — *6.7-Dioxycumaran*, $C_8H_8O_3$, F. 112—113°, aus 3,6 g **IV** durch Kochen mit Sodalsg., Ansäuern u. Extrahieren mit Chlf.; aus Bzl.–PAe. (1 : 1) lange Nadeln; 1,1 g. — *5-Acetyl-6.7-dioxycumaran* (**V**), $C_{10}H_{10}O_4$, F. 190°: Zu 15 g **IV** u. Nitrobenzol werden 10,5 g $AlCl_3$-Pulver gegeben, 1 Std. wird auf 60° erhitzt, in HCl gegossen, die organ. Schicht mit Äthylacetat extrahiert, mit 2 n NaOH ausgeschüttelt u. angesäuert; aus 50% ig. A. lange, blaßgelbe Nadeln; 9,3 g; weniger mit BF_3–CH_3COOH statt $AlCl_3$. *Diacetat*, $C_{14}H_{14}O_6$, F. 162° (A.), mit Acetanhydrid in Pyridin; Prismen. — *5-Acetyl-6-oxy-7-methoxycumaran*, $C_{11}H_{12}O_4$, aus F. 97°, 0,75 g **V** mit Dimethylsulfat u. K_2CO_3 in Aceton durch 2 std. Kochen; blaßgelbe Prismen aus wss. A.; 0,25 g. — *5-Acetyl-7-äthoxy-6-oxycumaran* (**X**), $C_{12}H_{14}O_4$, F. 111°, wie vorst. mit Diäthylsulfat, aus wss. A. Prismen; 0,84 g aus 2,3 g **V**. — *5-Acetyl-7-benzyloxy-6-oxycumaran* (**XI**), $C_{17}H_{16}O_4$, F. 113—114°, aus 1,4 g **V** mit Benzylchlorid, K_2CO_3 u. NaJ in Aceton; aus 50% ig. A. blaßgelbe Nadeln; 2,85 g. — *5-Acetyl-6.7-dimethoxycumaran* (**VI**), $C_{12}H_{14}O_4$, $Kp._{1,2}$ 139—142°, a) durch portionsweises Zugeben von 20% ig. KOH u. viel Dimethylsulfat zu 10 g **V** in Aceton u. 30—45 Min. Erhitzen; n_D^{20} 1,5448; 8 g; b) aus 3 g **V** mit viel Dimethylsulfat u. K_2CO_3 in Aceton; 2,3 g. — *7-Benzyloxy-6-oxy-5-[β-ketobutyryl]-cumaran* (**III**), $C_{19}H_{18}O_5$, F. 109°, aus 2,8 g **XI** u. Äthylacetat mit Na-Pulver in Ae.; Rohprod. mit PAe. u. A. behandelt; prismat. Nadeln aus A.; 1,2 g. — *6.7-Dimethoxy-5-[β-ketobutyryl]-cumaran*, $C_{14}H_{16}O_5$, $Kp._{1,2}$ 164—165°, aus 5,2 g **VI** wie vorst.; gelbes viscoses Öl; n_D^{20} 1,5956; 3,2 g. — *4'.5'-Dihydro-8-methoxy-2-methylfurano-[3'.2':6.7]-chromon* (**VII**), $C_{13}H_{12}O_4$, F. 159°, aus 1,5 g vorst. Verb. durch 15 Min. Kochen mit HBr in Eisessig u. Gießen in 2 n NaOH; Nadeln aus W. oder PAe.–Bzl.; 1 g; die farblose Lsg. in konz. H_2SO_4 wird beim Erwärmen goldgelb. *Styrylderiv.*, $C_{20}H_{16}O_4$, F. 188°, durch Kochen mit Benzaldehyd u. Na-Methylat; Nadeln aus Methanol; die gelbe Lsg. in konz. H_2SO_4 wird beim Erwärmen rötlichbraun. — *7.8-Dioxy-6-[2'-jodäthyl]-2-methylchromon* (wahrscheinlich), F. 193—194°, aus 1,4 g **VII** in HJ durch vorsichtiges Zufügen von Acetanhydrid, 30 Min. Kochen u. Eingießen in Eiswasser + etwas $NaHSO_3$; aus 50% ig. A. mkr. Prismen; 1,3 g; die gelbe Lsg. in konz. H_2SO_4 wird beim Erwärmen rot. — *4'.5'-Dihydro-8-oxy-2-methylfurano-[3'.2':6.7]-chromon* (**IX**), $C_{12}H_{10}O_4$, F. 230°, aus 1 g vorst. Verb. in A. u. Na-Acetat; 4 Std. gekocht, Destillationsrückstand mit W. versetzt; aus W. Nadeln; blaßgelbe Lsg. in konz. H_2SO_4 wird beim Erwärmen apfelgrün u. dann braun; 0,4 g. — *4'.5'-Dihydro-8-äthoxy-2-methylfurano-[3'.2':6.7]-chromon*, $C_{14}H_{14}O_4$, F. 130°, a) aus 0,64 g **X**, Äthylacetat u. Na-Pulver wird in üblicher Weise das *Diketon* (rotes Öl) hergestellt, dieses mit Essigsäure u. 1 Tropfen konz. HCl gekocht u. nach Zugabe von W. mit Chlf. ausgezogen; aus W. Nadeln; 0,2 g; die farblose Lsg. in konz. H_2SO_4 wird beim Erwärmen gelb, dann braun; b) aus 0,18 g **IX** durch 17 std. Kochen mit Diäthylsulfat u. K_2CO_3 in Aceton; 0,1 g. — *8-Benzyloxy-4'.5'-dihydro-2-methylfurano-[3'.2':6.7]-chromon*, $C_{19}H_{16}O_4$, F. 110°, a) aus 0,55 g **III** durch 15 Min. Kochen in Eisessig mit 1 Tropfen konz. HCl; aus 50% ig. A. Nadeln; die gelbe Lsg. in H_2SO_4 wird beim Erwärmen dunkelbraun; 0,38 g; b) aus 0,3 g **IX** mit Benzylchlorid u. K_2CO_3 in Aceton; 0,1 g. — *8-Methoxy-2-methylfurano-[3'.2':6.7]-chromon* (**VIII**), $C_{13}H_{10}O_4$, F. 196—197°, aus 0,8 g **VII** durch 24 std. Erhitzen mit Pd-Kohle im CO_2-Strom auf 240—250°; mit Chlf. isoliert u. aus Methanol krist.; blaßgelbe Nadeln; 0,2 g; goldgelbe Lsg. in H_2SO_4 wird beim Erwärmen rotbraun. (J. chem. Soc. [London] **1950**. 3202—06. Nov.)

E. HANSCHKE. 3211

J. S. H. Davies, P. A. McCrea, W. L. Norris und **G. R. Ramage**, *Furanochromone*. 4. Mitt. *Synthese von 2-Methylfurano-[3'.2':6.7]-chromon und Derivaten.* (3. vgl. vorst. Ref.) Vff. synthetisieren *Furanochromone*, die in 5- u. 8-Stellung unsubstituiert sind. Das als Zwischenprod. wichtige *5-Acetyl-6-oxycumaron* kann nicht durch FRIESsche Verschiebung von 6-Acetoxycumaron-2-carbonsäuremethylester erhalten werden, da dabei nur der *Oxyester* entsteht, es wird aus 6-Oxycumaran (**III**) mittels Acetonitril oder Acetylchlorid u. nachfolgende Dehydrierung hergestellt oder ebenso über die Umlagerung von *6-Acetoxycumaran* (**VIII**). Bei der Kondensation des Zwischenprod. *5-Acetyl-6-oxycumaran* (**VII**) mit Äthylformiat, -acetat, -propionat, -butyrat u. Diäthyloxalat werden die Ketoverbb. **IX**, *R* = *H*, CH_3, C_2H_5, C_3H_7 bzw. $COOC_2H_5$, erhalten u. durch Ringschluß die entsprechenden *4'.5'-Dihydrofurano-[3'.2':6.7]-chromone* (**X**). Dehydrierung von **X**, R = CH_3, liefert *2-Methylfurano-[3'.2':6.7]-chromon* (**XI**). Die Herst. der Cumaronderivv. erfolgte durch Umsetzung von 4-Benzoyloxy-2-oxybenzaldehyd mit Bromessigsäuremethylester zu *5-Benzyloxy-2-formylphenoxyessigsäure* (**I**)-*Methylester* u.

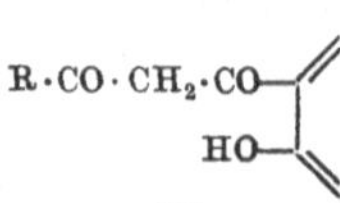
IX

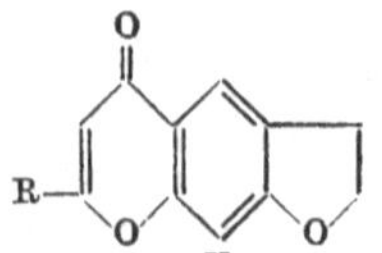
X

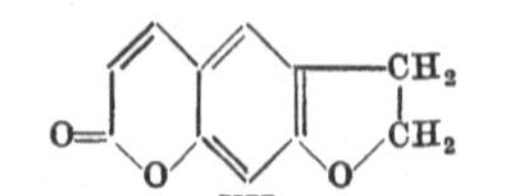
XII

Cyclisierung mit Mg-Methylat zu *6-Benzyloxycumaron-2-carbonsäuremethylester*; bei Anwendung von Na-Methylat entstanden als Nebenprodd. noch **I** u. *6-Benzyloxycumaron-2-carbonsäure*. Aus **I** wurde durch Cyclisierung u. Decarboxylierung *6-Benzyloxycumaron* (**II**) u. durch Hydrierung schließlich **III** erhalten. Bequemer wird **III** durch Red. von 6-Oxycumaranon-(3) (**IV**) oder *3.6-Diacetoxycumaron* (**V**) dargestellt. — Die Acetylierung von **IV** ergab je nach den Bedingungen *6-Acetoxycumaranon-(3)* (**VI**), **V** oder *3.6-Diacetoxy-2-acetylcumaron* (die Angaben von SONN sind nach den Verss. der Vff. unrichtig). — Die Stellung der Acetylgruppe in **VII** folgt 1. aus einer Analogie: **III** wurde nach der Rk. von GATTERMANN in *5-Formyl-6-oxycumaran* übergeführt u. weiter durch Kondensation mit Acetanhydrid in *Dihydropsoralen* (**XII**); 2. aus der Red. von **VII** nach CLEMMENSEN zu *5-Äthyl-6-oxycumaran* u. Synth. desselben aus 4-Äthylresorcin über *5-Äthyl-6-oxycumaranon-(3)* (**XIII**). — Die UV-Absorptionskurven von **XI**, **X**, $R = H$ u. $R = CH_3$ sind angegeben; sie werden ebenso wie die einiger in den früheren Mitteilungen dargestellten Verbb. diskutiert.

Versuche: *4-Benzyloxy-2-oxybenzaldehyd*, Kp.$_1$ 165—175°, durch 30 Min. Kochen von Benzylchlorid mit NaJ in Aceton, langsames Zugeben des Filtrats zu einer eiskalten Mischung von Resorcylaldehyd, K_2CO_3 u. Aceton, 4std. Kochen, Abdestillieren des Lösungsm., Zufügen von viel verd. HCl, Extrahieren mit Ae., Abdestillieren, Zufügen von 2nNaOH, Zers. des Na-Salzes mit verd. HCl u. Extrahieren mit Ae.; erstarrt rasch; 50% (Ausbeute). Ebenso kann Benzylbromid verwendet werden; die Reinigung über das Na-Salz ist für die Weiterverarbeitung nicht erforderlich. — *5-Benzyloxy-2-formylphenoxyessigsäure* (**I**)-, *Methylester*, $C_{17}H_{16}O_5$, F. 128°, aus vorst. Verb. durch 1std. Erhitzen mit Bromessigsäuremethylester u. K_2CO_3 in Aceton, Abdestillieren des Acetons u. Fällen mit W.; aus Methanol oder Bzl. in blaßgelben Nadeln; 78%. — **I**, $C_{16}H_{14}O_5$, F. 147—148°, aus vorst. Ester durch 30 Min. Kochen mit 2nNaOH u. Zers. des Na-Salzes mit verd. HCl; Prismen aus wss. A.; 73%. — *6-Benzyloxycumaron-2-carbonsäuremethylester*, $C_{17}H_{14}O_4$, F. 112° (CH_3OH), aus vorst. Ester, a) durch 10 Min. Kochen mit $NaOCH_3$-Lsg.; 44%; b) durch 2std. Kochen mit Mg-Methylatlsg., Verdünnen mit Ae. u. Eingießen in 2nHCl; 77%. — *6-Oxycumaron-2-carbonsäuremethylester*, F. 174° (Toluol), aus vorst. Verb. in Methanol durch Schütteln mit H_2 bei 1 at in Ggw. von Pd-Kohle. *Acetylderiv.*, $C_{12}H_{10}O_5$, F. 128° (Methanol). — *6-Benzyloxycumaron* (**II**), $C_{15}H_{12}O_2$, F. 36° (CH_3OH), durch 1std. Kochen von **I** mit Na-Acetat u. Acetanhydrid, Eingießen in W., Extrahieren mit Ae. oder Chlf., Ausschütteln mit W., dann Zusatz von kleinen Mengen verd. NH_4OH (das abgeschiedene NH_4-Salz gab nach Zerlegen mit Säure u. Umkristallisation aus Eisessig *6-Benzyloxycumaron-2-carbonsäure*) u. Dest.; Kp.$_1$ 150°; 74%. — *6-Oxycumaranon-(3)* (**IV**), F. 245° (Zers.), aus Resorcin, $AlCl_3$ u. Nitrobenzol durch Zutropfen von Chloracetylchlorid bei 50—55°, Zers. mit Eis-HCl, Ausziehen der organ. Schicht mit verd. NaOH u. Ansäuern; aus viel A. goldgelbe Nadeln; 83%. — *6-Acetoxycumaranon-(3)* (**VI**), $C_{10}H_8O_4$, F. 125—126°, aus **IV** durch Lösen in NaOH, Zufügen von Eis u. dann von Acetanhydrid, 5 Min. Schütteln; aus A. blaßgelbe Kristalle; 78%; sublimierbar bei 110°/0,5 mm. — *3.6-Diacetoxycumaron* (**V**), $C_{12}H_{10}O_5$, F. 81°, aus **IV** mit Acetanhydrid u. Pyridin unter Kühlen; nach 24 Std. Gießen auf Eis, Trocknen u. Dest. der Fällung; Fraktion Kp.$_{0,2}$ $<150°$ aus wss. Methanol krist.; 75%. — *3.6-Diacetoxy-2-acetylcumaron*, $C_{14}H_{12}O_6$, F. 165°, durch 1std. Kochen von **IV** mit Acetanhydrid u. 1 Tropfen konz. H_2SO_4; schwarze krist. M. bei 150°/0,2 mm sublimiert; Prismen aus Äthylacetat; 41%. *2.4-Dinitrophenylhydrazon*, $C_{20}H_{16}O_9N_4$, F. 213° (Zers.). — *6-Benzyloxycumaran*, $C_{15}H_{14}O_2$, F. 59° (Methanol), durch Hydrierung von **II** in Methanol mit Pd-Kohle bei n. Temp. u. Druck. — *6-Oxycumaran* (**III**), F. 55°, Kp.$_2$ 128°, a) durch Weiterhydrierung vorst. Verb. unter Erneuerung des Kontaktes oder besser bei 40° u. 8 at; b) durch Hydrierung von **IV** in Methanol mit RANEY-Ni bei 70° u. 10 at; 70%; c) aus **IV** durch 1std. Kochen mit Hydrazinhydrat in A., Einengen im Vakuum, Zufügen von KOH in Diäthylenglykol, Abdestillieren bis zur Erreichung einer Innentemp. von 185—190° u. Aufhören der N_2-Entw., Eingießen in verd. HCl u. Extrahieren mit Ae.; Kp.$_{0,75}$ 110—120°; 55%. — *6-Acetoxycumaran* (**VIII**), F. 73—74°, a) durch Hydrieren von **VI** in Essigsäure bei n. Druck mit Pd-$BaSO_4$ bei 65°; 90%; b) ebenso aus **V**; 96%; die Prodd. sind ident. mit dem durch Acetylierung von **III** erhaltenen. — *5-Acetyl-6-oxycumaran* (**VII**), $C_{10}H_{10}O_3$, F. 107—108° (A.), a) durch Einleiten von HCl in eine gekühlte Mischung von **III**, geschmolzenem u. gepulvertem $ZnCl_2$,

Acetonitril u. Ae.; nach Auskristallisation weitere 4 Std. gerührt, nach 15 Std. dekantiert, mit Eiswasser zers., krist. Iminhydrochlorid durch 1 std. Kochen mit verd. H_2SO_4 zers. u. mit Bzl. extrahiert; aus Methanol feine Nadeln; 76%; b) aus **VIII** in Nitrobenzol durch Zufügen von $AlCl_3$, ½ Std. auf 60° erhitzt, auf Eis–HCl gegossen, mit Ae. extrahiert, NaOH-Auszug angesäuert; 68%. *2.4-Dinitrophenylhydrazon*, $C_{16}H_{14}O_6N_4$, F. 293° (Zers.), scharlachrote Nadeln aus Eisessig; c) aus **VIII** durch Zufügen von $BF_3 \cdot 2CH_3 \cdot COOH$ u. 30 Min. Erhitzen auf 70°; zum BF_3-Komplex von **VII** nach 30 Min. NaOH-Lsg. zugefügt, bis zur Auflösung gekocht, filtriert u. mit HCl angesäuert; Fällung getrocknet, F. 106—107°; 96%. — *5-Äthyl-6-oxycumaranon-(3)* (**XIII**), $C_{10}H_{10}O_3$, F. 191—192°, durch 7 std. Einleiten von HCl in eine Mischung aus 13,5 g 4-Äthylresorcin, 7,55 g Chloracetonitril, geschmolzenem u. gepulvertem $ZnCl_2$ u. Ae., Stehenlassen, Zufügen von Eis u. 1 std. Kochen; das ausgeschiedene *5-Äthyl-ω-chlorresacetophenon*, $C_{10}H_{11}O_3Cl$, F. 161 bis 161,5° (cremefarbene Nadeln aus Bzl.; 20 g), 1 Std. mit Na-Acetat in A. gekocht, eingeengt u. W. zugefügt; aus Methanol goldgelbe Tafeln; ca. 12 g. — *3.6-Diacetoxy-5-äthylcumaron* (**XIV**), $C_{14}H_{14}O_5$, F. 69—70°, aus **XIII** durch 3 std. Kochen mit Acetylchlorid in Äthylacetat u. Fraktionieren bei 1 mm; aus Methanol Prismen; 55%. — *5-Äthyl-6-oxycumaran*, $C_{10}H_{12}O_2$, F. 96,5—97,5°, a) aus 5 g **VII** durch 5 std. Erhitzen mit amalgamiertem Zn u. konz. HCl, u. Isolierung mit Ae.; aus PAe.— Bzl. (2:1) Prismen; 4,9 g; b) durch Red. von 10 g **XIV** in Essigsäure bei 40—50°/1 at in Ggw. von Pd-Kohle; nach Verdünnen mit W. mit festem $NaHCO_3$ neutralisiert u. mit Ae. *6-Acetoxy-5-äthylcumaran* extrahiert (Prismen aus A., F. 30°; 6,35 g); Rohacetat mit verd. NaOH gekocht, Lsg. ausgeäthert u. angesäuert; mit Ae. gelbes Öl isoliert; 2,1 g; c) durch Hydrierung von **XIII** in Methanol mit Raney-Ni; nach 24 Std. bei 40°/1 at war die Hydrierung noch nicht vollständig; Abtrennung vom unveränderten Cumaranon mit PAe. — Bzl. (2:1). — *5-Formyl-6-oxycumaran*, $C_9H_8O_3$, F. 108° (Methanol), durch Sättigen von **III**, $Zn(CN)_2$ u. Ae. mit HCl; nach 15 Std. Ae. abdekantieren u. Rückstand durch Kochen mit W. zers.; mit Ae. extrahieren; Nadeln; 83%. — *Dihydropsoralen* (**XII**). F. 204°, aus vorst. Verb. durch 5 std. Erhitzen mit Acetanhydrid, Na-Acetat u. Jod als Katalysator, Behandlung mit W. u. wss. NaOH; Prismen aus Methanol. — *6-Oxy-5-[β-ketobutyryl]-cumaran* (**IX**), $R = CH_3$), $C_{12}H_{12}O_4$, F 143°, aus **VII** u. Äthylacetat a) mit Na in Ae., 2-std. Nacherhitzen, Abdest., Zufügen von wss. Essigsäure; vor Filtration Zusatz von etwas PAe.; Prismen aus A.; 61%; b) mit $NAOCH_3$ in Äthylacetat durch 3-std. Kochen; 50% — *5-Formylacetyl-6-oxycumaran* (**IX**; $R = H$) $C_{11}H_{10}O_4$, F. 167°, aus 5 g **VII**, Äthylformiat u. Na in Ae.; Prismen aus A.; 5,5 g. — *6-Oxy-5-[β-ketovaleryl]-cumaran* (**IX**, $R = C_2H_5$)), $C_{13}H_{14}O_4$, F. 123°, ebenso mit Äthylpropionat; Prismen aus Methanol; 62%. — *6-Oxy-5-[β-ketohexanoyl]-cumaran* (**IX**; $R = C_3H_7$), $C_{14}H_{16}O_4$, F. 119°, mit Äthyl-n-butyrat; Prismen aus Methanol; 45%. — *4'.5'-Dihydro-2-methylfurano-[3'.2':6.7]-chromon* (**X**; $R = CH_3$), $C_{12}H_{10}O_3$, F. 166°, aus **IX**, $R = CH_3$ in Eisessig mit etwas konz. HCl durch 15 Min. Kochen; Prismen aus A.; 90%. — *4'.5'-Dihydrofurano-[3'.2':6.7]-chromon* (**X**; $R = H$), $C_{11}H_8O_3$, F. 184—185°, ebenso aus 3 g **IX**, $R = H$; aus A. prismat. Nadeln; 1,5 g. — *4'.5'-Dihydro-2-äthylfurano-[3'.2':6.7]-chromon* (**X**; $R = C_2H_5$), $C_{13}H_{12}O_3$, F. 124—125°, aus **IX**, $R = C_2H_5$; Prismen aus A.; 74%. — *4'.5'-Dihydro-2-n-propylfurano-[3'.2':6.7]-chromon* (**X**; $R = C_3H_7$), $C_{14}H_{14}O_3$, F. 103°, aus **IX**, $R = C_3H_7$; Nadeln aus A.; 54%. — *5-Acetyl-6-oxycumaron*, $C_{10}H_8O_3$, F. 96°, aus 2 g **VII** durch Sublimation durch eine Säule von Pd auf Glaswolle bei 150°/10^{-4} mm (5 Std.); blaßgelbe Nadeln aus Methanol; 1,8 g; beste Resultate mit 30%ig. Pd-Norit. — *6-Oxy-5-[β-ketobutyryl]-cumaron*, $C_{12}H_{10}O_4$, F. 136—137°, aus vorst. Verb.; Prismen aus Methanol; 68%. — *2-Methylfurano-[3'.2':6.7]-chromon* (**XI**), $C_{12}H_8O_3$, F. 186°, a) durch Kochen von vorst. Verb. in A. unter Zusatz von 10% H_2SO_4; Nadeln aus A.; b) durch zweimalige Sublimation von 1 g **X**, $R = CH_3$, mit 30%ig. Pd-Norit; 0,8 g. — *4'.5'-Dihydrofurano-[3'.2':6.7]-chromon-2-carbonsäure* (**X**, $R = COOH$), $C_{12}H_8O_5$, F. 283° (Zers.; Essigsäure), aus **VII** durch Kondensation mit Diäthyloxalat zum *Diketoester* (**IX**; $R = COOC_2H_5$), $C_{14}H_{14}O_6$, F. 145° (A.), u. folgendem Ringschluß; 86%; beim Erhitzen etwas über den F. entsteht **X**, $R = H$. (J. chem. Soc. [London] **1950**. 3206—13. Nov.)

E. Hanschke. 3211

Lennart Schotte, *Die Diastereomeren der Tetrahydrothiapyran-2 6-dicarbonsäure.* Das aus der Mischung der diastereomeren α.α'-Dibrompimelinsäuren (**I**) durch Rk. mit Na_2S erhaltene Gemisch aus *cis-* (**II**) u. *trans-Tetrahydrothiapyran-2.6-dicarbonsäure* (**III**) wird durch Überführung in die Ca-Salze getrennt u. die Bedingungen der cis–trans-Umlagerung untersucht. **III** gibt beim Kochen mit Propionsäureanhydrid das **II**-Anhydrid, Schmelzen von **II** bei 215—220° liefert ein Gemisch mit 58% **III**. Die Umlagerung des **II**- u. **III**-Äthylestergemisches sowie der reinen **II**- u. **III**-Dimethylester mit C_2H_5ONa bzw. CH_3ONa liefert ein Gemisch von **II** u. **III**. Vf. erklärt das Ausbleiben einer vollständigen Umlagerung durch den geringen Unterschied der Stabilität der beiden stereomeren Formen analog den Verhältnissen bei den 1.3-disubstituierten Cyclohexanen. Spektren vgl. Original.

V e r s u c h e: *cis-Tetrahydrothiapyran-2.6-dicarbonsäure* (II), F. 210—211° (W.), aus I (F. 136—144°) u. Na_2S in W., Fällen der ammoniakal. Lsg. mit $CaCl_2$-Lsg. u. Ansäuern; 50% (Ausbeute). *Anhydrid*, F. 168°, aus II oder III durch 2std. Kochen mit Propionsäureanhydrid. *Dimethylester*, F. 40—43°, aus II u. CH_3N_2. — *trans-Tetrahydrothiapyran-2.6-dicarbonsäure* (III), F. 148—149° (W.), a) aus der Mutterlauge des Ca-Salzes von II durch Ansäuern; 13,4%; b) aus II durch Erhitzen auf 215—220° (7 Min.) unter Rühren; 43%. Die Trennung der opt.-akt. Formen über das in Aceton–W. (5:1) schwer lösl. saure Brucinsalz liefert die (+)-*Form*, $[\alpha]_D^{25}$ +14,3° (A.); das in A. schwerlösl. saure Strychninsalz liefert die (—)-*Form*, $[\alpha]_D^{25}$ —62,3° (A.). *Dimethylester*, aus III u. CH_2N_2; flüssig. — *Tetrahydrothiapyran-2.6-dicarbonsäurediäthylester*, Kp.$_{1}$ 125—130°, aus I-Diäthylester u. K_2S in A.; gibt durch Verseifung ein Gemisch von II u. III, aus dem II in reiner Form isoliert werden konnte. (Ark. Kemi **7**. Nr. 52. 493—500. 1955. Uppsala, Univ., Chem. Inst., Labor. of Organ. Chem.) E. Hanschke. 3221

Harry S. Mosher und **Frank J. Welch**, *Die Sulfonierung von Pyridin-N-oxyd.* Pyridin-N-oxyd (I) ließ sich mit 20%ig. Oleum bei 150—170° in Ggw. von $HgSO_4$ oder bei 220—240° ohne Katalysator nicht sulfonieren, wohl aber bei 220—240° in Ggw. von $HgSO_4$. Die erhaltene *Pyridin-N-oxydsulfonsäure-(3)* (II) wurde durch Red. zu *Pyridinsulfonsäure-(3)* identifiziert. I reagiert weder mit Br_2 bei 110° in Ggw. von Fe noch beim Vers. der Chlorsulfonierung bei 100°. Verss., 3-Methoxypyridin-N-oxyd mit p-Nitrobenzoylchlorid in Ggw. von $AlCl_3$ in sd. CS_2 oder in Nitrobenzol bei 90° oder I mit Benzoylchlorid in Nitrobenzol bei 190° zu acylieren, verliefen negativ. 3-Oxypyridin-N-oxyd kuppelte mit diazotiertem Pikramid nicht. Diese Verss. zeigen, daß I mit Ausnahme der Nitrierung elektrophiler Substitution nicht leichter zugänglich ist als Pyridin selbst. Dieses Verh. ist darauf zurückzuführen, daß I in saurer Lsg. als positives Ion vorliegt.

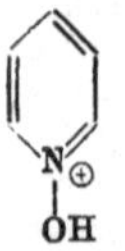

V e r s u c h e: *Pyridin-N-oxydsulfonsäure-(3)* (II), $C_5H_5O_4NS$, F. 237—238° (Methanol), aus I u. 20%ig. Oleum in Ggw. von $HgSO_4$ durch 22std. Erhitzen auf 220—240°; 51% (Ausbeute). *Ammoniumsalz*, F. 261—263°. — *Pyridin-N-oxydpikrat*, F. 178 bis 181°. — *Pyridinsulfonsäure-(3)*, $C_5H_5O_3NS$, F. 338—339°, aus II in 95%ig. A. durch Red. mit H_2 in Ggw. von Raney-Ni (3 at/60—70°). *Ammoniumsalz*, F. 217—233° (Zers.). (J. Amer. chem. Soc. **77**. 2902—03. 20/5. 1955. Stanford, Calif., Univ., Dep. of Chem. and Chem. Engng.) H. Bertsch. 3231

Henry R. Henze und **M. B. Knowles**, *Synthese von 5-Pyridylhydantoinen.* Vff. synthetisieren die 3 isomeren *5-Pyridylhydantoine* aus den Bisulfitverbb. der Aldehyde mit $KCN/(NH_4)_2CO_3$ u. stellten den u. a. dazu benötigten *Pyridin-4-aldehyd* durch Oxydation von γ-Picolin mit SeO_2 dar. *3-Alkyl-5-[pyridyl-(2)]-hydantoine* (**A**) wurden analog aus *Alkylpyridyl-(2)-ketonen* (aus Alkyl-MgBr u. 2-Cyanpyridin) u. *5.5-Dipyridylhydantoine* aus *Dipyridylketonen* (aus Pyridyl-Li u. Cyanpyridin) gewonnen. Verschied. **A** wurden in 2 Formen erhalten (möglicherweise Diastereomere), die sich durch F., Kristallform u. Löslichkeit unterscheiden, die Infrarotspektren sind jedoch, z. B. bei *5-[1-Methylpropyl]-5-[pyridyl-(2)]-hydantoin*, sehr ähnlich. Eine Mischung der hoch- u. tiefschm. Form lieferte mit sd. wss. $Ba(OH)_2$ *2-Methyl-1-[pyridyl-(2)]-butylamin* (*Phenylthioharnstoffderiv.*, $C_{17}H_{21}N_3S$) an Stelle der erwarteten Aminosäure.

V e r s u c h e: *Pyridin-4-aldehyd*, aus γ-Picolin u. SeO_2 in Dioxan (2 Std. kochen). *$NaHSO_3$-Verb.*, F. 218° (Sublimation); 10,5% (Ausbeute). *Phenylhydrazon*, F. 178 bis 179°; gelb. — A l k y l p y r i d i n - (2) - k e t o n e, aus *2-Cyanpyridin* (aus α-Aminopyridin über α-*Brompyridin* mit CuCN) u. Alkyl-MgBr: *Methyl-*, C_7H_7ON, Kp.$_{754}$ 190°, nach Pinner [1901] durch Claisen-Kondensation. *Phenylhydrazon*, F. 154,5°. — *Äthyl-*, C_8H_9ON, Kp.$_5$ 73°, analog vorst. Verb.; 40%. *Phenylhydrazon*, F. 141—142°. — *n-Propyl-*, $C_9H_{11}ON$, Kp.$_{25}$ 116—117°; 70%. *Phenylhydrazon*, F. 83,4—86,5°. *Oxim*, F. 46—48°. — *Isopropyl-*, $C_9H_{11}ON$, Kp.$_{25}$ 107—108°, n_D^{25} 1,5028, D.$^{20}{}_4$ 1,0140; 82%. *Semicarbazon*, F. 140—142°. *2.4-Dinitrophenylhydrazon*, F. 181,0—181,5°. — *n-Butyl-*, $C_{10}H_{13}ON$, Kp.$_{25}$ 129—130°, n_D^{25} 1,5023, D.$^{20}{}_4$ 1,0011; 81%. *Semicarbazon*, F. 145—146°. *2.4-Dinitrophenylhydrazon*, F. 135—136°. — *sek.-Butyl-*, $C_{10}H_{13}ON$, Kp.$_{25}$ 120—122°, n_D^{25} 1,5009, D.$^{20}{}_4$ 0,9989; 86%. *Semicarbazon*, F. 122—123°. *2.4-Dinitrophenylhydrazon*, F. 166°. — *Isobutyl-*, $C_{10}H_{13}ON$, Kp.$_{25}$ 122—123°, n_D^{25} 1,4998, D.$^{20}{}_4$ 0,9964; 88%. *Semicarbazon*, F. 151,0—152,5°. *2.4-Dinitrophenylhydrazon*, F. 156—157°. — *tert.-Butyl-*, $C_{10}H_{13}ON$, Kp.$_{25}$ 108—110°, n_D^{25} 1,5000, D.$^{20}{}_4$ 1,0057; 46%. *Phenylhydrazon*, F. 98—99°. *2.4-Dinitrophenylhydrazon*, F. 195,0—195,5°. — *Pentyl-(2)-*, $C_{11}H_{15}ON$, Kp.$_{25}$ 132—133°, n_D^{25} 1,4978, D.$^{20}{}_4$ 0,9834; 56%. *2.4-Dinitrophenylhydrazon*, F. 159—162°. — *Pentyl-(3)-*, $C_{11}H_{15}ON$, Kp.$_{25}$ 130°, n_D^{25} 1,4492, D.$^{20}{}_4$ 0,9847; 43%. *Semicarbazon*, F. 86—88°. *2.4-Di-*

nitrophenylhydrazon, F. 175,5—176,0°. — Pyridyl-Li u. Cyanpyridin in Ae. bei —50 bis —30° nachst. Dipyridylketone ($C_{11}H_8ON_2$): *Dipyridyl-(2)-*, F. 53,5—54,0°; 42%. *Semicarbazon*, F. 219—220°. *2.4-Dinitrophenylhydrazon*, F. 250—251° (Zers.). — *Pyridyl-(2)-pyridyl-(3)-*, F. 72°; 10%. *Semicarbazon*, F. 156,5—157,5°. *2.4-Dinitrophenylhydrazon*, F. 233,0—233,5° (Zers.). — *Pyridyl-(2)-pyridyl-(4)-*, F. 122—123°; 80%. *Semicarbazon*, F. 237—239°. *Oxim*, F. 219°. — *Dipyridyl-(3)-*, F. 117—118°; 11%. *Semicarbazon*, F. 196—197° (Zers.). *Phenylhydrazon*, F. 168,0—168,5°. — *Pyridyl-(3)-pyridyl-(4)-*, $C_{11}H_8ON_2$, F. 124,0—124,5°; 21%. *Semicarbazon*, F. 227,5° (Zers.). *Oxim*, F. 176,5—177,5°. — Durch Erhitzen (4—6 Std. auf 50—55°, ½—1 Std. auf 80—90°) der $NaHSO_3$-Verbb. der entsprechenden Pyridinaldehyde mit KCN u. $(NH_4)_2CO_3$ in 50%ig. A. nachst. 5-Pyridylhydantoine: *5-[Pyridyl-(2)]-*, F. 243,5° (Zers.), hellgelbe Kristalle aus W. oder Äthylenglykol; 81%. — *5-[Pyridyl-(3)]-*, F. 223° (Zers.; W.); 88%. — *5-[Pyridyl-(4)]-*, F. 304° (Zers.), leicht cremegelbe Kristalle aus Methanol; 40%. — Nachst. 5-Alkyl-5-[pyridyl-(2)]-hydantoine aus den Ketonen mit KCN/$(NH_4)_2CO_3$ in wss. A. (2 Std. bis 60°, 12—14 Std. bei 60°; oder 8 Std. bei 110° im geschlossenen Gefäß): *5-Methyl-*, F. 171,0—171,5°; 41%. — *5-Äthyl-*, F. 184—185°; 88%. — *5-n-Propyl-*, F. 155,0—156,5°; 90%. — *5-Isopropyl-*, F. 246,5—248,0°; 98%. — *5-n-Butyl-*, F. 167,5—168,0°; 93%. — *5-[2-Methylpropyl]-*, F. 146° (Sintern ab 139°; wss. A.); 65%. — *5-[1-Methylpropyl]-*, F. 190—219° (Gemisch), F. 185—188° (wss. A.) bzw. 231—233°; 89%. — *5-[1.1-Dimethyläthyl]-*, F. 266,5—267,0° (Zers.); 41%. — *5-[1-Methylbutyl]-*, F. 140—159° (Gemisch), F. 140—144° (wss. A.) bzw. 185—186° bzw. 233—234°; 96%. — *5-[1-Äthylpropyl]-*, F. 140°, wird wieder fest bei 150°, erneutes Schmelzen bei 167°, nach vorherigem Schmelzen F. nur 167°; 70%. — 5.5-Dipyridylhydantoine: *5.5-Bis-[pyridyl-(2)]-*, F. 257—258° (Zers.), bei raschem Erhitzen F. 263° (Zers.); 34%. — *5-[Pyridyl-(2)]-5-[pyridyl-(3)]-*, F. 243—244° (Zers.); 48%. — *5-[Pyridyl-(2)]-5-[pyridyl-(4)]-*, F. 215,5—216,0°; 89%. — *5.5-Bis-[pyridyl-(3)]-*, F. 214 bis 215°; 54%. — *5-[Pyridyl-(3)]-5-[pyridyl-(4)]-*, F. 213—214°; 41%. (J. org. Chemistry **19.** 1127—35. Juli 1954. Austin, Tex., Univ., Dep. of Chem.) R. Gompper. 3231

A. T. Babajan und **N. P. Gambarjan**, *Über den Mechanismus der Cyclisierung von N-Butinylarylaminen bei der Hydratation.* Die in einer früheren Arbeit (C. **1955.** 4593) ausgesprochene Vermutung, daß die Bldg. von *Lepidin* beim Behandeln von N-Butinylanilin [I; 1-Phenylaminobutin-(2)] mit H_2SO_4 in Ggw. von HgO über *β-Phenylaminobutanon* (II) verläuft, wird in vorliegender Arbeit bewiesen: Beim Behandeln von I mit konz. H_2SO_4 wird II erhalten, das bei der Einw. von H_2SO_4/HgO zu *Lepidin* cyclisiert wird. Für den angenommenen Reaktionsverlauf spricht ferner, daß N-Acetyl-1-phenylaminobutin-(2) (III) beim Behandeln mit H_2SO_4 *N-Acetyl-β-phenylaminobutanon* gibt, das mit H_2SO_4/HgO unter Bldg. von Acetanilid u. eines Harzes, wahrscheinlich Polymethylvinylketon, gespalten wird. Durch Behandeln von β-Naphthylamin + N-Acetyl-β-phenylaminobutanon mit H_2SO_4/HgO wird *5.6-Benzolepidin*, aus N-[Butin-(2)-yl-(1)]-α-naphthylamin analog *7.8-Benzolepidin* gewonnen.

Versuche: *N-Acetyl-1-phenylaminobutin-(2)* (III), $C_{12}H_{13}ON$, Kp.$_9$ 139—141°, aus I mit Acetanhydrid, 5 Std. auf dem sd. Wasserbad; $D.^{20}_4$ 1,0632; n_D^{20} 1,542; 79% (Ausbeute). — *N-[Butin-(2)-yl-(1)]-α-naphthylamin*, $C_{14}H_{13}N$, F. 64,5—65° (absol. A.-Isooctan-Gemisch), Kp.$_9$ 173—174°, aus N-[3-Chlorbuten-(2)-yl-(1)]-α-naphthylamin mit alkoh. KOH in Ggw. von Polyäthylenglykol; 17 Std. auf dem Wasserbad; 84%. — *β-Phenylaminobutanon* (II), F. 36—38°, durch langsame Zugabe von 11,6 ml konz. H_2SO_4 zu 7,3 g I unter Kühlung, 6 Tage Stehen, alkal. machen u. Ausäthern; 52,5%. *Semicarbazon*, F. 166—167°. — *Lepidin*, aus 1,63 g II durch 7std. Erhitzen mit 0,63 g Nitrobenzol, 0,7 ml H_2SO_4, 0,15 g HgO u. 6 ml Methanol auf dem Wasserbad, Eindampfen, alkal. machen, Ausäthern u. Fällen als *Pikrat* (F. 211—212°); 24,2%. — Bei 8std. Erhitzen von III mit H_2SO_4/HgO in Methanol *Acetanilid* (F. 114—114,5°; 58%) u. *Polymethylvinylketon* (?). — *N-Acetyl-β-phenylaminobutanon*, aus III u. H_2SO_4, 6 Tage stehen u. Fällen als *Semicarbazon* (F. 177—177,5° aus A.). Gibt beim Behandeln mit H_2SO_4/HgO in Methanol Acetanilid u. einen harzartigen Rückstand. — *5.6-Benzolepidin*, aus 1,87 g III u. 1,43 g β-Naphthylamin, durch 6std. Erhitzen mit H_2SO_4/HgO auf dem Wasserbad u. Fällen als *Pikrat* (F. 224—225°; 16,2%). — *7.8-Benzolepidin*, F. 76,5 bis 77,5° aus N-[Butin-(2)-yl-(1)]-α-naphthylamin mit H_2SO_4/HgO, Chromatographie aus Isooctan an Al_2O_3, Elution mit Äther. *Pikrat*, F. 216—217°. (Доклады Академии Наук Армянской ССР [Ber. Akad. Wiss. ArmenSSR] **18.** 33—38. 1954. Chem. Inst. der Akad. der Wiss. der ArmenSSR.) G. Froelich. 3231

C. A. Grob und **E. Renk**, *Untersuchungen in der Chinuclidinreihe.* 1. Mitt. *Synthese und C-Alkylierung des 1-Methyl-4-cyanpiperidins.* Als Zwischenprod. zur Gewinnung von Chinuclidin-4-carbonsäure wird *1-Methyl-4-cyanpiperidin* (I) auf 2 Wegen dargestellt. — Isonicotinsäureamid liefert bei der Druckhydrierung mit Raney-Ni *Isonipecotinsäureamid* (II), dessen *Hydrochlorid* mit $SOCl_2$ nur zu sehr geringen Mengen *4-Cyanpiperidin* führt, offenbar wegen der Anwesenheit der sek. Aminogruppe. Mit CH_3J konnte II nicht ausschließlich am cycl. gebundenen N-Atom methyliert werden, vielmehr entstand dabei *1-Methylisonipecotinsäuremethojodid*; das gewünschte *1-Methylisonipecotinsäureamid* (III) wurde sowohl durch reduktive Methylierung von II mit HCHO über Raney-Ni erhalten als auch aus N-Methylisonipecotinsäuremethylester (V) mit methanol. NH_3. III kann mit $SOCl_2$ in I übergeführt werden. — Bei Rk. von I mit Phenyl-Na in Bzl. u. anschließender Kondensation mit Propylbromid wurde *1-Methyl-4-propyl-4-cyanpiperidin* (VI) in guter Ausbeute erhalten; als Nebenprod. entstand eine Verb. $C_{13}H_{17}ON$, die wahrscheinlich *1-Methyl-4-benzoylpiperidin* ist, entstanden durch Anlagerung von C_6H_5Na an die CN-Gruppe in I u. Hydrolyse. — I gibt mit Methylmagnesiumjodid ein Addukt, das zu *1-Methyl-4-acetylpiperidin* hydrolysiert werden kann.

V e r s u c h e (FF. auf dem Kofler-Block u. korr.): *Isonicotinsäureamid*, F. 158,5 bis 159° aus Isonicotinsäuremethylester (IV) u. konz. NH_4OH; aus Isopropanol Nadeln; 90—95% (Ausbeute). *Hydrochlorid* aus CH_3OH–W. Nadeln F. 229—230°. *Pikrat*, F. 217—218° aus W. gelbe breite Nadeln. *Methojodid*, F. 255—257°, aus CH_3OH–W. gelbe Blättchen. — *Isonipecotinsäureamid* (II) F. 150—152°, durch Hydrierung vorst. Verb. in Dioxan bei 175—180° u. 110 at Anfangsdruck über Raney-Ni, Herauslösen mit CH_3OH aus dem Nd. u. Eindampfen der Dioxanlsg.; 84—86% roh; bildet an der Luft rasch ein *Carbonat*. *Pikrat*, $C_{12}H_{15}O_8N_5$, gelbe Nadeln aus CH_3OH, F. 185°. — *1-Methylisonipecotinsäureamid* (III)-*Methojodid*, $C_8H_{17}ON_2J$, F. 212—213°, durch 24std. Rk. von 3 g II in A. mit 4 g CH_3J; aus A. Blättchen; 2,95 g. Aus dem alkoh. Filtrat fällt bei Eindampfen ein teilweise kristallisierendes Öl an (1,96 g; aus Isopropanol gelbliche Nadeln, F. 155—157°), das II-*Hydrojodid* sein muß, da sowohl die Kristalle als auch das verbleibende Öl das II-Pikrat geben. — IV-*Methojodid*, F. 176—179° (Zers.), aus IV u. CH_3J in Aceton (48std. Stehen, dann ½std. Kochen); aus CH_3OH orangefarbene Nadeln; 98,5%. — *1-Methylisonipecotinsäuremethylester* (V), $C_8H_{15}O_2N$, Kp.$_{12}$ 80—82°, durch Hydrierung der rohen vorst. Verb. mit CH_3OH mit Triäthylamin über Raney-Ni bei 90° u. 100 at, vorsichtiges Eindampfen des Filtrats $<45°$, Lösen in wenig W., Alkalisieren mit K_2CO_3 in der Kälte u. Ausäthern; Öl; n_D^{25} 1,4510; 55,4%. V-*Methojodid*, $C_9H_{18}O_2NJ$, F. 155—156,5°, Nadeln aus Isopropanol, in Aceton gewonnen. Das V-*Pikrat* krist. in Nadeln oder Blättchen, die zwischen 132 u. 153° schm.; nach ½std. Trocknen bei 120°/0,001 mm F. 151—153°. — *1-Methylisonipecotinsäurehydrochlorid*, F. 224 bis 226°, durch 15std. Kochen von V in 20%ig. HCl; aus Isopropanol harte Blättchen; 89%. — *1-Methylisonipecotinsäureamid* (III), $C_7H_{14}ON_2$, F. 200—201° unter Sublimation, a) durch 48std. Erhitzen von V in mit NH_3 bei n. Temp. gesätt. CH_3OH auf 100° im Rohr; aus Aceton glänzende breite Nadeln; 90%, bei 17std. Erhitzen auf 100° 55%, bei 7std. Stehen bei n. Temp. 23%; *Pikrat*, aus A. büschelige gelbe Nadeln, F. 191,5—192°; b) durch 4std. Rk. von II in CH_3OH mit Formalin, Zugabe von Raney-Ni, Hydrierung unter n. Bedingungen u. Kristallisation aus A.–Ae.; 88%. — *1-Methyl-4-cyanpiperidin* (I), $C_7H_{12}N_2$, Kp.$_{14}$ 85—88°, durch Zugabe von $SOCl_2$ zu III in Bzl., 6std. Kochen, Einengen unter mehrfacher Zugabe von Bzl., Lösen in W., Alkalisieren mit 50%ig. K_2CO_3-Lsg. u. Ausäthern; Öl; n_D^{25} 1,4603; 67—72%. *Pikrat*, $C_{13}H_{15}O_7N_5$, aus CH_3OH + wenig W. feine gelbe Nadeln, die ab 220° sublimieren u. bei 245—247° unter Zers. schmelzen. — *4-Cyanpiperidin*, durch Zugabe von 20%ig. HCl zu 4 g II, Eindampfen, 4std. Kochen des Hydrochlorids (5,1 g) mit $SOCl_2$ in Bzl. u. Aufarbeiten wie bei I; das Öl ließ sich bei 105—110°/11 mm dest.; 0,41 g; *Pikrat*, $C_{12}H_{13}O_7N_5$, F. 212—214°, feine gelbe Nadeln aus A. + wenig H_2O. — *1-Methyl-4-propyl-4-cyanpiperidin* (VI), Kp.$_{14}$ 114,5—115° (Rkk. unter N_2), durch Zugabe von 12 g Chlorbenzol zu 4,9 g Na in Bzl., 17std. Rk. bei 20—30°, Zutropfen von 12,4 g I zu dem gebildeten Phenylnatrium $<20°$, nach 1¼std. Zutropfen von 12,5 g Propylbromid bei 8—10°, Versetzen mit wenig A., dann mit W., Eindampfen der organ. Lsgg. u. fraktionierte Dest.; 62% roh mit Kp.$_{12}$ 112 bis 117°; das Rohprod. löst sich in 2nHCl, wobei geringe Mengen *Diphenyl*, F. 69—70°, zurückbleiben, u. wird in Ae. über das *Hydrochlorid* (aus Isopropanol Blättchen, F. 245 bis 247° unter Sublimation) gereinigt; $n_D^{27.5}$ 1,4582. *Pikrat*, $C_{16}H_{21}O_7N_5$, F. 230—232° unter Zers. (CH_3OH + wenig W.). Die bei der fraktionierten Dest. zur Gewinnung des rohen VI erhaltenen 4,5 g Rückstand wurden bei 127—175° Badtemp./0,02 mm dest.; das übergehende viscose Öl (1,77 g) ist wahrscheinlich *1-Methyl-4-benzoylpiperidin* (*Pikrat*, $C_{19}H_{20}O_8N_4$, F. 204—206°, aus CH_3OH + wenig W. dünne gelbe Nadeln); das Rohprod. wurde über das hygroskop. *Hydrochlorid* gereinigt u. ist dann ein Öl, Kp.$_{13}$ 160 bis 163°, das nach längerem Stehen krist.; Nadeln, F. 35—37°. *Hydrobromid*, $C_{13}H_{18}ON\cdot Br$, aus Isopropanol Blättchen, F. 211—212°; λ_{max} in A. 245 u. 281 mμ (log ε = 4,15 u. 3,05). — *1-Methyl-4-acetylpiperidin*, Kp.$_{11}$ 84—85°, durch Zutropfen von CH_3J in A.

zu Mg in Ae. unter N_2, $^1/_4$std. Kochen, Zugabe von I in Ae., 15std. Stehen, Abdestillieren von Ae., 3std. Kochen mit Bzl., Versetzen mit 6n HCl in der Kälte, 1std. Erwärmen, Eindampfen, Alkalisieren mit Pottaschelsg. u. Ausäthern; 70%. *Pikrat*, $C_{14}H_{18}O_8N_4$, gelbe Blättchen, F. 161–163°. (Helv. chim. Acta 37. 1672–80. 15/10. 1954. Basel, Univ., Organ.-Chem. Anstalt.) H.-J. NITZSCHKE. 3231

C. A. Grob und **E. Renk**, *Untersuchungen in der Chinuclidinreihe.* 2. Mitt. *4-Chinuclidincarbonsäure.* (1. vgl. vorst. Ref.) Die C-Alkylierung von 1-Methyl-4-cyanpiperidin (I) mit 1.2-Dichloräthan in Ggw. von C_6H_5Na nach der in vorst. Mitt. beschriebenen Meth. führt über *1-Methyl-4-[β-chloräthyl]-4-cyanpiperidin* zu *1-Methyl-4-cyanchinuclidiniumchlorid* (II), wobei etwa die Hälfte des eingesetzten I zurückgewonnen wird, obwohl es mit C_6H_5Na prakt. vollständig in das entsprechende Anion übergeführt wird; Haupt-Rk. ist demnach die durch dieses Anion hervorgerufene 1.2-Eliminierung von HCl aus $ClCH_2CH_2Cl$, die bei Anwendung von 1.2-Bromchloräthan noch bevorzugter eintritt. Erhitzen von II auf hohe Temp. im Vakuum bildet, glatt *4-Cyanchinuclidin* (V), das alkal. zu *Chinuclidin-4-carbonsäure* (III) hydrolysiert werden kann, welche wahrscheinlich als nebenst. Zwitterion vorliegt, denn sie ist bei 370° noch nicht geschmolzen. — Hydrolyse von II mit einem Äquivalent NaOH gibt das sehr hygroskop. *γ-Betain* IV; dieses liefert beim Erhitzen >250° das isomere *1-Methyl-4-[β-oxyäthyl]-piperidin-4-carbonsäurelacton*, dessen Konst. u. a. durch das Infrarotspektr. sichergestellt ist u. dessen alleiniges Entstehen für eine intramol. Umlagerung spricht, für die ein Reaktionsmechanismus angegeben u. diskutiert wird. — Der III-*Äthylester* wurde zur *Oxymethylverb.* red., diese zum *Chinuclidin-4-aldehyd* oxydiert, dessen *Semicarbazon* bei der WOLFF-KISHNER-Red. *4-Methylchinuclidin* liefert.

III R=H
IV $R=CH_3$

V e r s u c h e (FF. auf dem KOFLER-Block u. korr.): *1-Methyl-4-cyanchinuclidiniumchlorid* (II), F. 290–293° (unkorr.) unter Sublimation, durch Zutropfen von I in Bzl. zu Phenylnatriumlsg. (vgl. vorst. Mitt.), dann von 1.2-Dichloräthan unterhalb 10°, Versetzen mit CH_3OH u. dann mit W. unter Kühlung, Einengen der benzol. Lsg. zur Entfernung der letzten Reste W. u. 15std. Kochen; aus Isopropanol Nadeln; sehr hygroskop.; 31% (Ausbeute), bezogen auf umgesetztes I. Aus der benzol. Mutterlauge wurden durch Dest. bei 60–100° Badtemp./0,03 mm *1-Methyl-4-cyanpiperidin* (I), $Kp._{13}$ 84–90° (*Pikrat*, F. 245–247°); 45%, u. *1-Methyl-4-benzoylpiperidin* (*Pikrat*, F. 204–206°), 15%, verunreinigt mit etwas *Diphenyl*, erhalten. — *4-Cyanchinuclidin* (V), $C_8H_{12}N_2$, F. 135° unter Sublimation, durch Erhitzen von II im Kugelrohr auf 260 bis 270°/13 mm, Aufnehmen in Chlf., Eindampfen u. Sublimation bei 110°/13 mm; lange Nadeln aus Pentan; 86%. *Pikrat*, $C_{14}H_{15}O_7N_5$, F. 286–289° unter Zers. (unkorr.), aus CH_3OH feine gelbe Nadeln. Das V-*Methojodid*, aus A. feine Nadeln, verflüchtigt sich oberhalb 310°, ohne zu schm.; sein Pikrat ist ident. mit dem aus II gewonnenen *1-Methyl-4-cyanchinuclidiniumpikrat*, $C_{15}H_{17}O_7N_5$, F. 261–262° unter Zers. (CH_3OH + wenig W.). — *Chinuclidin-4-carbonsäure* (III)-*Hydrochlorid*, $C_8H_{14}O_2NCl$, durch 14std. Kochen von 0,3 g V mit 5%ig. NaOH, Ansäuern mit HCl, Eindampfen im Vakuum u. mehrfache Extraktion mit heißem absol. A.; 0,43 g; aus A. dünne Nadeln, die bis 360° nicht schmelzen. *Pikrat*, $C_{14}H_{16}O_9N_4$, hellgelbe Nadeln, F. 286–289° (Zers.). Die freie Säure III wird aus dem Hydrochlorid in W. mit Ag_2O gewonnen; aus A. Blättchen, die bis 370° nicht schm. u. sich bei 260–280°/14 mm untersuchen u. vollständig sublimieren lassen. *Methylester*, F. 48–49° unter Sublimation, durch 1½std. Erhitzen von III-Hydrochlorid mit $SOCl_2$, Eindampfen, 4std. Kochen mit CH_3OH u. Aufnehmen in A. über das *Hydrochlorid* ($C_9H_{16}O_2NCl$, F. 288–292° unter Zers. [Cu-Block], aus A. Blättchen; 87%); aus Pentan Nadeln. *Pikrat*, aus CH_3OH lange gelbe Nadeln, F. 214–216°. *Methojodid*, F. 271–274°, verfilzte Nadeln. — *1-Methyl-4-[β-oxyäthyl]-piperidin-4-carbonsäurelacton*, $C_9H_{15}O_2N$, F. 83° unter Sublimation, durch 5std. Kochen von 1,6 g II mit wss. NaOH, Eindampfen, Ausziehen mit absol. A., Eindampfen, Pyrolyse des so erhaltenen 1,35 g sehr hygroskop., krist. Betains IV bei 250–260°/14 mm im Kugelrohr u. Ausäthern; aus Pentan lange Nadeln; 79%; Kochen mit NaOH öffnet den Lactonring, anschließendes Ansäuern mit HCl liefert das *Lactonhydrochlorid*, $C_9H_{16}O_2NCl$, das auch direkt in äther. Lsg. erhalten werden kann; F. 258–260° unter Sublimation; aus Isopropanol Prismen. *Pikrat*, aus CH_3OH feine gelbe Nadeln, F. 249–250°. *Methojodid*, F. 245 bis 247°, aus CH_3OH-Ae. Blättchen. — III-*Äthylester*, durch 14std. Kochen von V mit 5%ig. NaOH, Ansäuern mit HCl, Eindampfen, 2std. Kochen mit $SOCl_2$, Einengen, Ausziehen mit Bzl., Eindampfen, 6std. Kochen mit A., Eindampfen, Lösen in W., Alkalisieren mit K_2CO_3 u. Ausäthern; nichtkristallisierendes Öl; 96%. *Hydrochlorid*, $C_{10}H_{18}O_2NCl$, Doppel-F. 255–256° u. 298–299° unter Zers. (Cu-Block; unkorr.); aus Isopropanol quadrat. Blättchen. *Pikrat*, aus A. gelbe Stäbchen, F. 188–189°. — *4-Oxymethyl-*

chinuclidin, $C_8H_{15}ON$, F. 138° unter Sublimation, durch Zutropfen von vorst. Ester in Ae. zu $LiAlH_4$ in Ae., 4std. Kochen, Zers., Alkalisieren mit KOH, 40std. Extraktion mit Ae., Eindampfen u. Sublimation bei 90°/9 mm; aus Chlf.–Pentan lange dünne Nadeln; 89%. *Pikrat*, aus Isopropanol feine verfilzte gelbe Nadeln, F. 261—264° (Zers.). — *Chinuclidin-4-aldehydhydrochloridsemicarbazon*, $C_9H_{17}ON_4Cl$, F. 284—287° unter Zers. (Cu-Block), durch 45 Min. Rühren von 0,6 g vorst. Verb. mit $K_2Cr_2O_7$ in Eisessig bei 80°, Zugabe von konz. HCl, Eindampfen, Alkalisieren, Ausäthern, Abdestillieren (0,35 g teilweise krist. Substanz), 2tägige Rk. mit Semicarbazid·HCl in W., Eindampfen u. Lösen in heißem A.; 22,5%. — *4-Methylchinuclidin*, durch 15std. Erhitzen von 0,48 g vorst. Verb. mit Na in absol. A. auf 165° im Rohr, Zugabe von HCl, Eindampfen, Versetzen mit NaOH, Dampfdest., Zugabe von konz. HCl u. Eindampfen; die 0,39 g Rückstand wurden mit Pottaschelsg. alkalisiert, es wurde ausgeäthert u. vorsichtig eingedampft. Folgende Derivv. (FF. im Cu-Block u. nicht korr.) wurden dargestellt: *Pikrat*, $C_{14}H_{18}O_7N_4$, F. 292—294°, aus A. lange gelbe Nadeln. *1.4-Dimethylchinuclidiniumjodid*, aus A. Blättchen, F. 264—265° (Zers.). *1.4-Dimethylchinuclidiniumpikrat*, F. 257—258°, aus A. lange gelbe Nadeln. (Helv. chim. Acta **37**. 1681—88. 15/10. 1954.)

H.-J. NITZSCHKE. 3231

C. A. Grob und **E. Renk**, *Untersuchungen in der Chinuclidinreihe*. 3. Mitt. *3-Chinuclidincarbonsäure*. (2. vgl. vorst. Ref.) Bei der Hydrierung von 1-Carbäthoxymethyl-4-carbomethoxypyridiniumbromid nach STERNBACH u. KAISER (C. **1953**. 4204) wurde ein uneinheitliches Prod. erhalten, aus dem *1-Carbäthoxymethyl-4-carbomethoxypiperidin* (**I**) als *Hydrobromid* isoliert werden konnte. Daß die Hydrierung unvollständig verläuft, wurde dadurch bestätigt, daß bei Rk. der höhersd. Fraktionen mit NH_3 *1-Carbaminomethyl-4-carbomethoxy-1.2.5.6-tetrahydropyridin* isoliert werden konnte. Das zur Darst. von *Chinuclidin-3-carbonsäure* (**II**) benötigte *Chinuclidon-(3)* (**III**) ist aus **I** so nur in höchstens 12%ig. Ausbeute erhältlich. Werden jedoch **I** bzw. der entsprechende *Diäthylester* (**IV**) nach CLEMO u. METCALFE (C. **1938**. I. 1982) hergestellt, wird **III** in 53%ig. Ausbeute erhalten, da bei Kondensation von Isonipecotinsäure (**V**)-methyl- bzw. -äthylester mit Chloressigester **I** bzw. **IV** analysenrein gewonnen werden. Der **V**-*Äthylester* läßt sich am besten aus Isonicotinsäure (**VI**)-äthylester durch Druckhydrierung über RANEY-Ni bei 180° gewinnen, denn die Veresterung der aus dem **VI**–K-Salz durch Hydrierung erhaltenen **V** gelingt nur schwer. — Das **III**-*Cyanhydrin* liefert nach Hydrolyse u. Veresterung *3-Oxy-3-carbomethoxychinuclidin* (**VII**), das sich bei Erhitzen auf ca. 120° zum *Betain* (**VIII**) der *1-Methyl-3-oxychinuclidinium-3-carbonsäure* umlagert, welches mit $CH_3OH + HCl$ den als *Jodid* (**IX**) isolierten *1-Methyl-3-oxychinuclidinium-3-carbonsäuremethylester* gibt, der auch aus **VII** u. CH_3J zu erhalten ist, womit die Konst. von **VIII** bewiesen ist. Salzsaure Hydrolyse von **VII** führt zu *3-Oxychinuclidin-3-carbonsäurehydrochlorid*, das als α-Oxysäurederiv. mit 48%ig. HBr **III** u. *CO* liefert. — Sd. $SOCl_2$ bildet aus **VII** langsam, aber in guter Ausbeute *3-Carbomethoxy-1-azabicyclo-*[*2.2.2*]*-octen-(2)-hydrochlorid* (sicher durch direkten Zerfall des zunächst gebildeten **VII**-*Chlorsulfitesters*, denn sonst müßte der **VII** entsprechende α-Chlorester entstehen, der beständig sein müßte), das durch katalyt. Hydrierung u. Verseifung **II** liefert. — Die Konst. von **II** wurde bewiesen durch die Überführung in *3-Methylchinuclidin*, die durch $LiAlH_4$-Red. des Methylesters zu *3-Oxymethylchinuclidin*, Rk. mit $SOCl_2$ zu *3-Chlormethylchinuclidin* u. Hydrogenolyse gelang.

Versuche (FF. korr. u. auf dem KOFLER-Block bestimmt): *Isonicotinsäure* (**VI**)-*Äthylester*, Kp.$_{10}$ 98—99°, aus **VI**, $SOCl_2$ u. A.; 80% (Ausbeute). *Hydrochlorid*, F. 163 bis 164° (Capillarrohr; unkorr.). *Pikrat*, F. 119°, aus A. lange gelbe Nadeln. — *Isonipecotinsäure* (**V**)-*Hydrochlorid*, F. 290—293° (unkorr.), durch Hydrierung von **VI** in K_2CO_3-Lsg. mit RANEY-Ni bei 180—185° u. 120 at Anfangsdruck, Ansäuern des Filtrats, Eindampfen u. Ausziehen mit heißem absol. A.; Nadeln; 89%. *1-*[*p-Toluolsulfonyl*]*-isonipecotinsäure*, F. 170°. — **V**-*Methylester*, Kp.$_9$ 88—89°, durch Einleiten von HCl in **V**-CH_3OH-Lsg. bis zu einem Geh. von 10% HCl, 48std. Kochen, Eindampfen, Alkalisieren mit K_2CO_3-Lsg. u. Ausäthern; Öl; 37%, bezogen auf **VI**; bildet an der Luft schnell ein krist. *Carbonat*, aus Aceton–Ae. breite Nadeln, F. 69—70°. *Pikrat*, $C_{13}H_{16}O_9N_4$, aus Isopropanol gelbe Nadeln, F. 118—119°. *Hydrochlorid*, F. 166—167°, aus Isopropanol lange breite Nadeln. **V**-*Äthylester*, Kp.$_{13}$ 100—101°, durch Hydrierung von **VI**-*Äthylester* in Dioxan mit RANEY-Ni bei 175—180° u. 125 at Anfangsdruck, Einengen u. Dest. unter N_2; 87,5%; bildet an der Luft schnell ein *Carbonat*, aus Aceton–Ae. Blättchen, F. 59—60°. *Pikrat*, aus A. gelbe Prismen, F. 177—178°. — *1-Carbäthoxymethyl-4-carbäthoxypiperidin* (**IV**), $C_{12}H_{21}O_4N$, Kp.$_{0,01}$ 101—103°, durch Zutropfen von Chloressigsäureäthylester zu **V**-Äthylester u. K_2CO_3 bei 60—65°, 2std. Erhitzen auf 90°, Versetzen mit W. u. Ausäthern; n_D^{22} 1,4584; 89%. *Hydrobromid*, aus Aceton Blättchen, F. 137°. — *1-Carbäthoxymethyl-4-carbomethoxypyridiniumbromid*, $C_{11}H_{14}O_4NBr$, F. 163—164°, nach

STERNBACH u. KAISER (l. c.); aus CH_3OH–Ae. Tafeln; hygroskop.; wird an der Luft langsam, beim Erwärmen in Lsg. rasch rot. — *1-Carbäthoxymethyl-4-carbomethoxypiperidin* (I), $C_{11}H_{19}O_4N$, Kp.$_{0,01}$ 95—97°, a) als *Hydrobromid*, $C_{11}H_{20}O_4NBr$, durch 20std. Hydrierung vorst. Verb. in A. mit PtO_2 bei 80 at Anfangsdruck u. n. Temp., Eindampfen des Filtrats u. Kristallisation aus Aceton; Blättchen, F. 151°; Lösen des Hydrierungsprod. in W., Alkalisieren mit K_2CO_3, Ausäthern u. Dest. bei 0,015 mm gab u. a. eine Fraktion vom Kp.$_{0,015}$ 98—100°, n_D^{22} 1,4772, von der 0,5 g mit 30%ig. methanol. NH_3 6 Tage bei n. Temp. stehengelassen wurden; nach Entfernung der Kristalle wurde das verbleibende Öl aus Isopropanol krist.; beide Kristallfraktionen gaben 0,17 g *1-Carbaminomethyl-4-carbomethoxy-1.2.5.6-tetrahydropyridin,* $C_9H_{14}O_3N_2$, F. 154—156°, breite Nadeln; λ_{max} 212 mμ (log ε = 3,98); b) wie bei **IV** aus **V**-Methylester; n_D^{26} 1,4601. — *Chinuclidon-(3)* (III)-*Hydrochlorid,* F. 294—295° unter Zers. (unkorr.), nach STERNBACH u. KAISER (l. c.) aus I oder **IV**, aber unter N_2; aus A. Prismen; 53—55%. *Pikrat,* F. 208—210°, aus CH_3OH-W. dunkelgelbe Prismen. — *3-Oxy-3-cyanchinuclidin,* $C_8H_{12}ON_2$, F. 172—173° (Essigester), aus **III**·HCl in W. durch Zutropfen von KCN-Lsg.; aus Dioxan Prismen; 94,5%. *Pikrat,* $C_{14}H_{15}O_8N_5$, aus Isopropanol hellgelbe Blättchen, F. ca. 133—134° unter Gasentw., Wiedererstarren zu gelben Nadeln, die bei 210—212° (Zers.) schmelzen. — *3-Oxy-3-carbomethoxychinuclidin* (**VII**), $C_9H_{15}O_3N$, F. 122° (Sublimation bei 60°/12 mm, dann Kristallisation aus Chlf.–Pentan), durch 48std. Stehen vorst. Verb. in konz. HCl, Eindampfen, 48std. Stehen in bei 0° mit HCl gesätt. absol. CH_3OH, Eindampfen, Alkalisieren mit K_2CO_3 u. Ausziehen mit Chlf.; Rosetten, aus Chlf.–Pentan quadrat. Blättchen; 77%. *Methojodid* (**IX**), $C_{10}H_{18}O_3NJ$, aus CH_3OH–Ae. Nadeln, F. 191—192°. *Pikrat,* aus A. feine gelbe Nadeln, F. 188—189°. *Hydrochlorid,* F. 140—141°, aus Aceton Prismen; etwas hygroskopisch. — *3-Oxychinuclidin-3-carbonsäurehydrochlorid,* $C_8H_{14}O_3NCl$, F. 252—255° (Capillarrohr; unkorr.), durch 48std. Stehen von **VII** in konz. HCl u. Eindampfen; aus A.–Ae. Nadeln; 93,7%. — *Betain* (**VIII**) der *1-Methyl-3-oxychinuclidinium-3-carbonsäure,* $C_9H_{15}O_3N \cdot H_2O$, F. 278—281° unter Zers. (Capillarrohr; unkorr.), durch Erhitzen von **VII** bei 110—130° Badtemp.; Kristallisation aus Isopropanol. — *1-Methyl-3-oxy-3-carboxychinuclidiniumchlorid,* $C_9H_{16}O_3NCl$, F. 259—261° unter Zers. (Capillarrohr; unkorr.), durch Eindampfen von **VIII** in 2nHCl u. Anreiben mit Aceton; Kristallisation aus A.–Äther. **VIII**-*Pikrat,* F. 233—236° (Zers.), aus A. kurze gelbe Nadeln. — *1-Methyl-3-oxy-3-carbomethoxychinuclidiniumchlorid,* aus 1 g **VIII** in absol. CH_3OH durch Sättigen mit HCl, 24std. Stehen, Eindampfen u. Kristallisation des Öls aus Isopropanol; hygroskop.; 0,78 g. — *1-Methyl-3-oxy-3-carbomethoxychinuclidiniumjodid* (**IX**), auch aus vorst. Verb. u. KJ in A.; Nadeln aus A.–Äther. — *3-Carbomethoxy-1-azabicyclo-*[*2.2.2*]*-octen-*(*2*)*-hydrochlorid,* $C_9H_{14}O_2NCl$, F. 178—179° (Zers.), durch 24std. Kochen von **VII** mit $SOCl_2$, Eindampfen, mehrfaches Eindampfen mit Bzl. u. Lösen in Aceton; aus Aceton Nadeln; 72%. — *1-Azabicyclo-*[*2.2.2*]*-octen-*(*2*)*-carbonsäure-*(*3*)*-hydrochlorid,* $C_8H_{12}O_2NCl$, F. 210—211° (Zers.), durch 15std. Kochen vorst. Verb. in 20%ig. HCl; aus Isopropanol kurze Stäbchen; 87%. — *3-Carbomethoxychinuclidin* (II-*Methylester*)-*Hydrochlorid,* F. 167—169°, durch Hydrierung des Methylesters vorst. Verb. unter n. Bedingungen in Ggw. von PtO_2; aus Aceton etwas hygroskop. Prismen. *Pikrat,* $C_{15}H_{18}O_9N_4$. F. 155—156°, aus A. gelbe Nadeln. — *Chinuclidin-3-carbonsäure* (II)-*Hydrochlorid,* $C_8H_{14}O_2NCl$, F. 273—275° unter Zers. (Capillarrohr; unkorr.), durch 15std. Kochen vorst. Verb. mit 20%ig. HCl, Eindampfen u. Digerieren mit Aceton; aus absol. A. kleine Würfel; 85%. — *3-Oxymethylchinuclidin,* durch Freimachen der Base aus 2,9 g II-Methylesterhydrochlorid, Zutropfen in Ae. zu $LiAlH_4$, 3std. Kochen, Zers., Zugabe von 50%ig. KOH u. 20std. Extraktion mit Ae.; viscoses Öl; 2 g. *Pikrat,* $C_{14}H_{18}O_8N_4$, F. 188—190°, lange gelbe Nadeln aus Isopropanol. *Methojodid,* F. 278—280° (Zers.; Capillarrohr; unkorr.), aus Isopropanol kleine Nadeln. Das *Hydrochlorid* ist äußerst hygroskopisch. — *3-Chlormethylchinuclidinhydrochlorid,* $C_8H_{15}NCl_2$, F. 243—244°, aus dem Hydrochlorid vorst. Verb. in Chlf. durch 1std. Kochen mit $SOCl_2$, Eindampfen, mehrfaches Eindampfen mit Chlf., Aufkochen in CH_3OH u. erneutes Eindampfen; aus Isopropanol Nadeln; 88%. *Pikrat,* $C_{14}H_{17}O_7N_4Cl$, aus A. gelbe Prismen, F. 161—162°. — *3-Methylchinuclidin,* Kp. 169—171°, durch Versetzen vorst. Verb. in CH_3OH mit CH_3ONa-Lsg., 20std. Hydrieren des Filtrats mit RANEY-Ni bei 100 at u. n. Temp., Eindampfen des Filtrats mit n. äther. HCl-Lsg., Alkalisieren mit K_2CO_3-Lsg. u. Ausäthern; 70,3%. *Pikrat,* $C_{14}H_{18}O_7N_4$, aus A. gelbe, verfilzte Nadeln, F. 226—228°. *Pikrolonat,* F. 205—206°, aus Aceton–Ae. orangegelbe Prismen. *Chloroplatinat,* aus W. orangefarbene kleine Nadeln oder Blättchen, F. 119° (Zers.). (Helv. chim. Acta **37**. 1689—98. 15/10. 1954.) H.-J. NITZSCHKE. 3231

Robert A. West und **Harold W. Barrett,** *Synthese von Chlorpyrimidinen durch Reaktion mit N-Chlorsuccinimid und durch Kondensationsmethoden.* Bei der Rk. von Uracil, 2-Thiouracil u. Derivv. mit N-Chlorsuccinimid (I) in Eisessig wurden die entsprechenden *5-Chlorderivv.* erhalten. Mit I in Chlf. in Ggw. von Benzoylperoxyd (II) fand dagegen Substitution an Methylgruppen in 5- oder 6-Stellung statt. Der Reaktionsmechanismus wird diskutiert. — Durch Kondensation von α-Chlor-β-ketoestern mit Methylisothioharnstoffsulfat (III) mittels Na-Alkoholats wurden nur *5-Chlorpyrimidine* erhalten; die Darst. von 5- oder 6-Chlormethylverbb. gelang nicht. Ein Cl-Verlust wird dabei durch Arbeiten bei $< 20^0$ vermieden; im gebildeten Enolat ist das Cl dann stabilisiert (Vinylstellung). — Mit N-Chloracetamid u. Dichloramin-T findet keine Chlorierung statt.

Versuche: Uracile (FF. aus W.): *5-Chlor-* (IV), $C_4H_3O_2N_2Cl$, F. 324—325° (Zers.), aus Uracil in Eisessig u. I in Ggw. von Acetanhydrid bei 50—55°; 52% (Ausbeute). — *5-Chlormethyl-*, $C_5H_5O_2N_2Cl$, F. 222—224°, aus Thymin in sd. Chlf., I u. II; 50%; gibt mit Ag_2CO_3 in W. *Formaldehyd* u. *Thyminylalkohol* (*5-Oxymethyluracil*), F. 195—200°. — *5-Chlor-2-methylthio-*, $C_5H_5ON_2ClS$, F. 259—260°, analog IV; 63%; oder aus Chloressigsäureäthylester, Ameisensäureäthylester u. Na in Ae. bei $< 20^0$ u. Rk. des gebildeten *Enolats des Formylchloressigsäureäthylesters* mit III in W. bei p_H 10 bis 12; 38%. Gibt mit sd. konz. HCl IV; 88%. — *5-Chlor-2.6-dimethylthio-*, $C_6H_7ON_2ClS$, F. 270° (Zers.); analog IV; 64%; oder durch Überführung des aus Acetessigester u. SO_2Cl_2 gebildeten Chloresters in das Na-Enolat u. Kondensation mit III; 32%. — *6-Chlormethyl-2-methylthio-*, $C_6H_7ON_2ClS$, F. 230—235°; 30%; gibt mit konz. HCl (4 Std. bei 100°) *6-Chlormethyluracil*, F. 207—209°; 80%. (J. Amer. chem. Soc. **76**. 3146 bis 3148. 20/6. 1954. Lawrence, Kans., Univ., School of Med., Dep. of Chem.)

R. Gompper. 3272

N. W. Chromow-Borissow und **A. M. Ssawtschenko,** *Synthese und Umwandlungen von Pyrimidinderivaten.* 3. Mitt. *Untersuchung der Beweglichkeit der Wasserstoffatome der Methylgruppe bei den Derivaten des Monooxydihydropyrimidins.* 2-Oxy-4-methyl-5-carbäthoxydihydropyrimidin (I) kondensiert sich mit p-Dimethylaminobenzaldehyd unter Bldg. von *2-Oxy-4-[p-dimethylaminostyryl]-5-carbäthoxydihydropyrimidin.* Bei der Einw. von Diazoniumsalzen auf I, die zu Azokupplungsprodd. führt, reagiert ebenfalls H der CH_3-Gruppe (Beweis vgl. unten). Da Verbb., wie $CH_3CO_2C_2H_5$, $CH_3CH{=}CHCO_2C_2H_5$ oder o-Toluylsäureäthylester, nicht mit Diazoniumverbb. kuppeln, ist die Reaktionsfähigkeit der H-Atome der CH_3-Gruppe nicht auf einen aktivierenden Einfl. der $C_2H_5CO_2$-Gruppe in o-Stellung zurückzuführen. Die Aktivierung muß demnach durch eine Gruppierung $-N{=}C(CH_3)$ oder eine Konjugationskette $-N{=}\overset{|}{C}-N{=}C(CH_3)$ hervorgerufen sein; analoge Gruppierungen liegen z. B. bei α- u. γ-Picolin vor. I kann in den tautomeren Formen des 1.6- (**Ia**), 3.6- (**Ib**) oder 5.6- (**Ic**)-Dihydropyrimidinderiv. vorliegen, von denen **Ic** dieser Forderung entspricht. Für die Formulierungen **Ia** u. **Ib**, die eine Äthylenbindung zwischen den C-Atomen in 4- u. 5-Stellung enthalten, läßt sich anführen, daß Br_2 angelagert wird. Offenbar besteht ein Gleichgewicht der 3 Formen. **Ic** läßt sich von **Ia** u. **Ib** durch Bromieren des Gemisches in A. bei Zimmertemp. abtrennen u. rein erhalten; die Bromierung ist in 5 Min. prakt. beendet, u. **Ic** wird unter diesen Bedingungen nicht angegriffen. Durch Br_2-Titration wird der Geh. an **Ia** + **Ib** zu 6—7% ermittelt. Teilweiser Übergang von **Ic** in **Ia** u. **Ib** bis zur Einstellung des Gleichgewichts erfolgt beim Kochen in A., Bzl. oder anderen Lösungsmitteln. I liefert ein *N-Acetylderiv.*, das 2 Br anlagert u. mit p-Nitrobenzoldiazoniumsalz nicht reagiert; es leitet sich von **Ia** oder **Ib** ab. Der Beweis dafür, daß bei der Azokupplung von I H der CH_3-Gruppe reagiert, u. nicht das H-Atom in 5-Stellung, das sich bei den tautomeren Umlagerungen als labil erwiesen hat, wird an *2-Oxy-4-methyl-5-nitro-5.6-dihydropyrimidincarbonsäure-(5)*, dem Nitrierungsprod. von I, erbracht: obgleich dieses H-Atom durch NO_2 substituiert ist, erfolgt Kupplung mit p-Nitrobenzoldiazoniumsalz. Analoge Rkk. werden bei 2-Oxy-4-methyl-5-carbäthoxy-6-phenyldihydropyrimidin (II) durchgeführt; auch dieses ist ein Gemisch der tautomeren Formen, dessen Geh. an **IIa** + **IIb** (analog **Ia** + **Ib**) 19 bis 21% beträgt. Die Nitrierung von II liefert *2-Oxy-4-methyl-5-nitro-6-[p-nitrophenyl]-5.6-dihydropyrimidincarbonsäure-(5)*, von der 2 Formen (Verhältnis zueinander?) existieren; beide kuppeln mit p-Nitrobenzoldiazoniumsalz u. geben 2 verschied. *Azoverbb.*, von denen die eine beim Lösen in Alkalilauge in die andere übergeht.

Versuche: *2-Oxy-4-methyl-5-carbäthoxy-6-phenyldihydropyrimidin* (II), F. 206° bis 207° (A.); aus Harnstoff, Benzaldehyd u. Acetessigester bei 3std. Kochen in A. + wenig konz. HCl; 84,5% (Ausbeute). Hieraus durch Behandeln mit Br_2 in Chlf. (Zimmertemp., dann Kochen) das *Anlagerungsprod.*, F. 182—183° (Zers.); aus A. Kristalle; 83%. *N^1(oder N^3)-Acetylderiv.*, $C_{16}H_{18}O_4N_2$, F. 176—177°; durch 3std. Kochen von II mit Acetanhydrid; aus A. Blättchen; 68,3%. — *2-Oxy-4-methyl-5-carbäthoxydihydropyrimidin* (I), F. 254—256° (A.); bei 5std. Kochen von Methylenharnstoff u. Acetessigester in Eisessig + wenig konz. HCl; 20—22%. Hieraus durch Behandeln mit Br_2 in

Chlf. (Zimmertemp., Kochen) das *Anlagerungsprod.*, $C_8H_{12}O_3N_2Br_2$, F. 115—116° (Zers.); aus wss. A. große Kristalle; 70,6%; I wird durch Kochen mit Zn-Staub in A. zurückerhalten. *N*[1](oder *N*[3])-*Acetylderiv.*, $C_{10}H_{14}O_4N_2$, F. 149,5—150,5°; Nadeln; 61,9%. — *2-Oxy-4-[p-dimethylaminostyryl]-5-carbäthoxydihydropyrimidin*, $C_{17}H_{21}O_3N_3$, F. 194 bis 198°; aus I u. p-Dimethylaminobenzaldehyd, 3 Std. bei 205—210°; aus A. + W. ziegelroter Niederschlag. — *Azoverbb. aus* II: *Verb.* $C_{20}H_{19}O_5N_5$, F. 155—157° (Zers.); aus II in Eisessig + Na-Acetat u. einer Lsg. von diazotiertem p-Nitroanilin (1 : 1 Mol), längere Zeit bei Zimmertemp.; aus A. dunkelrote Kristalle; gibt mit alkoh. Alkalilauge eine violette Färbung; 71,4%. — *Verb.* $C_{20}H_{17}O_5N_5$ (das vorst. Dihydroverb. entsprechende Pyrimidinderiv.?), F. 175—177° (Zers.); aus vorst. Azoverb. oder aus II u. diazotiertem p-Nitroanilin (1 : 1 bzw. 1 : 2 Mol); Kristalle; gibt mit alkoh. Alkalilauge eine bläulichgrüne Färbung. — *Verb.* $C_{20}H_{21}O_5N_5S$, F. >240°; aus II u. diazotiertem p-Sulfanilamid; ziegelrote Kristalle aus A. oder 50%ig. CH_3CO_2H; mit alkoh. Alkalihydroxyd himbeerrote Färbung; 75,8%. — *Azoverbb.* aus I: *Verb.* $C_{14}H_{15}O_5N_5$, F. 174—176° (A.); aus I u. diazotiertem p-Nitroanilin (1 : 1 Mol); bordeauxrot; in alkoh. Alkalihydroxyd mit blauer Farbe lösl.; 87,4%. — *Verb.* $C_{14}H_{13}O_5N_5$, F. 185—187° (Zers.); aus I u. diazotiertem p-Nitroanilin (1 : 2 Mol) braun; die Lsg. in alkoh. Alkalihydroxyd ist dunkelviolett; 81%. — *Verb.* $C_{14}H_{17}O_5N_5S$ (im Original irrtümlich $C_{20}H_{21}O_5N_5S$), F. >260°; aus I u. diazotiertem p-Sulfanilamid; ziegelrot; Lösungsfarbe in alkoh. Alkalihydroxyd rot. — *2-Oxy-4-methyl-5-nitro-5.6-dihydropyrimidincarbonsäure-(5)*, $C_6H_7O_5N_3$, F. 142,5—143,5°; durch Nitrieren von I mit KNO_3 in konz. H_2SO_4 bei 40—45°; seidige Nadeln aus W., A. oder 50%ig. CH_3CO_2H; 90%. Die hieraus mit diazotiertem p-Nitroanilin in Pyridin erhaltene *Azoverb.* ist braun. — *2-Oxy-4-methyl-5-nitro-6-[p-nitrophenyl]-5.6-dihydropyrimidincarbonsäure-(5)*, $C_{12}H_{10}O_7N_4$; a) *weiße Form*; F. 133,5—134,5° (50%ig. $CH_3 \cdot CO_2H$); durch Nitrieren von II mit KNO_3 in konz. H_2SO_4; 99,5%. Durch Oxydation mit alkal. $KMnO_4$-Lsg. entsteht *p-Nitrobenzoesäure*; b) *gelbe Form*, zers. sich stürm. bei 117—118°; aus der gelben Lsg. der weißen Form in 0,1nAlkalilauge durch Fällen mit nHCl bei 0°. Aus beiden Formen werden die *Azoverbb.* $C_{18}H_{13}O_9N_7$ durch Einw. von diazotiertem p-Nitroanilin (1 : 1 Mol) in Pyridin hergestellt; aus der weißen Form werden durch Kristallisation aus 1,5%ig. alkoh. HCl rote Kristalle vom F. 173—175° erhalten; die gelbe Form liefert braune Kristalle vom F. 204—206°. Durch Lösen in Alkalilauge geht die rote in die braune Azoverb. über. (Журнал Общей Химии [J. allg. Chem.] 22 (84). 1680—92. Sept. 1952. Leningrad, 1. Med. Pawlow-Inst.) R. Knobloch. 3272

Mortimer J. Kamlet, *Die Michael-Reaktion in nichtalkalischen Medien.* 1. Mitt. *Die Synthese von 5-[2-Nitro-1-aryläthyl]-barbitursäuren.* Barbitursäure (I) lagert eine Reihe von substituierten β-Nitrostyrolen in Abwesenheit von Katalysatoren an zu 5-[2-Nitro-1-aryläthyl]-barbitursäuren. Deren Struktur wurde bewiesen durch oxydativen Abbau zu Dialursäure u. durch Umwandlung in die entsprechenden Arylbernsteinsäuren durch Erhitzen mit konz. HCl. Als Nebenprodd. der letzten Rk. entstanden geringe Mengen der substituierten Benzoesäuren, in einem Fall auch das Benzonitril. Der Verlauf der Rk. wird diskutiert. — Es gelang nicht, ähnliche Anlagerungen von Zimtsäure, Acrylsäure, Methylacrylat oder Benzalmalonester an I oder von Nitrostyrolen an 5-Nitrobarbitursäure oder Indandion-(1.3) zu erzwingen.

Versuche: *β-Nitrostyrol* (II), F. 57—58° (A.), nach Org. Syntheses Coll. Vol. I [1941.] 513. — Analog: *m.β-Dinitrostyrol*, F. 124,5—125,5° (A.). — *p-Chlor-β-nitrostyrol*, F. 112—112,5° (A.). — *p-Methoxy-β-nitrostyrol*, F. 86—87° (A.). — *3.4-Methylendioxy-β-nitrostyrol*, F. 160,5—161° (A.–Bzl.), aus Piperonal u. Nitromethan in sd. Bzl. bei Ggw. von Capronsäure u. Piperidin. — Analog: *p-Dimethylamino-β-nitrostyrol*, F. 182 bis 183,5° (Bzl.). — *5-[2-Nitro-1-phenyläthyl]-barbitursäure* (III), F. 181—182° (Zers.; Nitromethan), aus I u. II in wss. Dioxan (93% roh [Ausbeute]) bzw. 75%ig. CH_3OH (91% roh) bei n. Temp. (über Nacht bzw. 4 Std.). — Analog in 75%ig. CH_3OH folgende Barbitursäuren: *5-[2-Nitro-1-(p-methoxyphenyl)-äthyl]-*, F. 156—157° (Zers.; Nitromethan–Chlf.), 2½ Std. Kochen; 58%. — *5-[2-Nitro-1-(p-chlorphenyl)-äthyl]-*, F. 158—159° (Zers.; Nitromethan–Chlf.); 4 Std. bei n. Temp.; 56%. — *5-[2-Nitro-1-(p-dimethylaminophenyl)-äthyl]-*, F. 220° (Zers.; verd. HCl); 2¼ Std. Kochen, dann über Nacht bei n. Temp.; 80%. — *5-[2-Nitro-1-(3.4-methylendioxyphenyl)-äthyl]-*, F. 172—173° (Zers.; Nitromethan–Chlf.); 1¾ Std. Kochen; 73%. — *5-[2-Nitro-1-(m-nitrophenyl)-äthyl]-* (IV), F. 177—178° (Zers.), diamantförmige Plättchen (Nitromethan); in wss. CH_3COOH (30 Min. bei n. Temp.), dann Zufügen von 1%ig. H_2SO_4 u. Stehen im Eisschrank; 68%. — *Dialursäure*, F. 210—212° (Zers.; Aceton–Bzl.), aus III u. CrO_3 in 60%ig. wss. CH_3COOH (über Nacht bei n. Temp.; 41%) oder aus III u. 90%ig. rauchender HNO_3 (25%). — *m-Nitrophenylbernsteinsäure*, F. 203—205°, Nadelbüschel (A.–W.), aus 1,62 g IV u. sd. konz. HCl (18 Std.); 43%, daneben 0,02 g *m-Nitrobenzoesäure*, F. 140°. — *Phenylbernsteinsäure*, F. 163—166°, analog aus III; 17%, daneben wenig *Benzoesäure*. — *p-Chlorphenylbernsteinsäure*, $C_{10}H_9O_4Cl$, F. 198—200°, Nadeln (A.-W.), aus 3,67 g p-Chlor-β-nitrostyrol u. I in 75%ig. CH_3OH (20 Std. Stehen), dann Kochen mit konz. HCl; 30%, daneben 0,05 g *p-Chlorbenzoesäure*, F. 241—243°, u. 0,33 g *p-Chlorbenzonitril*, F. 91—92°. (J. Amer. chem. Soc. **77**. 4896—98. 20/9. 1955. Silver Spring, Md., U. S. Naval Ordnance Labor.) J. Rothe. 3272

G. M. Badger, R. S. Pearce und **R. Pettit,** *Mehrkernige heterocyclische Systeme.* 2. Mitt. *Oxyderivate.* (1. vgl. C. **1956**. 1537.) *Phenazinol-(2)* zeigt Lactam–Lactim-Tautomerie. Die gelbe Lsg. in absol. A. gibt ein UV-Spektr., welches dem von 2-Methoxyphenazin sehr ähnlich ist u. vermutlich der vorherrschenden Lactimform zukommt. Verdünnung mit W. führt zu einer Farbvertiefung u. verstärkter Absorption im langwelligen Bereich. Rein wss. Lsgg. sind orangefarben, die Absorption erstreckt sich bis 5400 Å, u. das Spektr. ähnelt etwas dem von Phenothiazon, das eine reine Lactamstruktur besitzt. Die Lactamform ist durch das Lösungsm. höherer DK. begünstigt (vgl. Albert u. Short, C. **1946**. I. 1835). — *Phenazinol-(1)* zeigt trotz formaler Möglichkeit keine solche Tautomerie. Die blaßgelbe Lösungsfarbe u. das UV-Spektr. in absol. A. ändern sich nicht beim Verdünnen mit Wasser. Die Lactimform wird vermutlich durch eine Wasserstoffbrückenbindung zum benachbarten N-Atom stabilisiert. Das Infrarotspektr. zeigt keine n. CO-Frequenz, jedoch in CCl_4 bei 3445 cm^{-1} eine scharfe Bande, die vermutlich einer schwachen H-Brücke zwischen OH u. N zukommt. — *3.4-Dioxy-1.2-benzophenazin* (**I**) ist im festen Zustande blau, was für das Vorliegen der Lactamform (**Ia**) spricht; die Formulierung als **Ib** ist wegen der instabilen 2.3-Naphthochinonstruktur unwahrscheinlich. Die braune Lsg. von **I** in absol. A. wird in wenigen Tagen blaßgelb, wobei das Diol zu *1.2-Benzophenazin-3.4-chinon* (**II**) oxydiert wird. Eine frische Lsg. wird bei Verdünnen mit W. dunkelblau, **I** geht also in **Ia** über, die Lsg. verblaßt aber in wenigen Min. durch Oxydation von **Ia** zu **II**. Die tiefrotbraune Lsg. von **I** in Dioxan gibt ein UV-Spektr., das dem von 3.4-Dimethoxy-1.2-benzophenazin ähnlich ist, wobei **I** aber bei etwas größeren Wellenlängen absorbiert u. daher weitgehend, aber nicht vollständig als Lactim vorliegen wird. Wasserzusatz verstärkt die Lactambldg. unter tiefer Blaufärbung, welche jedoch wegen der Oxydation zu **II** schnell verschwindet. Bei Hydrazinzusatz wird ohne Verschiebung des Gleichgewichtes die Oxydation vermieden u. eine Verstärkung der Absorption im langwelligen Gebiet beobachtet. Die Begünstigung der Lactamform **Ia** bei **I** wird auf H-Brückenbindungen sowohl zwischen NH u. OH als auch zwischen OH u. der CO-Gruppe u. auf die α-Naphthochinoidstruktur von **Ia** zurückgeführt. — Die UV-Absorptionskurven der diskutierten Verbb. sind angegeben.

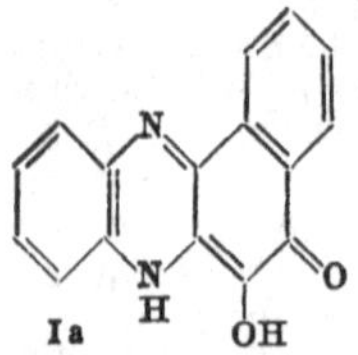

Ia

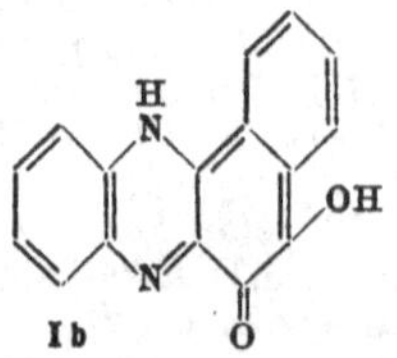

Ib

V e r s u c h e: *3.4-Dioxy-1.2-benzophenazin* (I), $C_{16}H_{10}O_2N_2$, F. ca. 270°; durch ½std. Rk. von **II** bei 40° in Chlf. mit Phenylhydrazin; aus Äthylacetat violettblaue Nadeln. — *3.4-Diacetoxy-1.2-benzophenazin*, $C_{20}H_{14}O_4N_2$, F. 214—216°, durch Kochen von **I** mit Acetanhydrid; aus Acetanhydrid blaßgelbe Blättchen; in Ggw. von W. oder CH_3COOH Zers. unter Rotbraunfärbung. — *3.4-Dimethoxy-1.2-benzophenazin*, $C_{18}H_{14}\cdot O_2N_2$, F. 160—161°, aus **I** u. $(CH_3O)_2SO_2$ in NaOH bei 90°; aus CH_3COOH, dann A. kanariengelbe Nadeln. (J. chem. Soc. [London] **1951**. 3204—07. Nov. Adelaide, Univ., Johnson Chem. Labors.) W. Kindscher. 3272

G. M. Badger, J. H. Seidler und **B. Thomson,** *Mehrkernige heterocyclische Systeme.* 3. Mitt. *Der 3.4-Benzacridin-5.10-Dihydro-3.4-benzacridin-Komplex.* (2. vgl. vorst. Ref.) Der *3.4-Benzacridin* (**V**)–*5.10-Dihydro-3.4-benzacridin* (**III**)-*Komplex* (**I**) wird durch Red. von 3.4-Benzacridon (**II**) mit $LiAlH_4$ oder, neben **III**, durch Enthalogenierung von 5-Chlor-3.4-benzacridin (**IV**) mit H_2 + Raney-Ni gebildet. Durch HCl kann **I** in das nichtbas. **III** u. **V** gespalten werden. In A. bildet sich **I** aus **III** u. **V** u. dissoziiert auch wieder in seine Komponenten, wie aus den UV-Spektren von **I**, **III** u. **V** hervorgeht. — *Acridin* u. *Acridan*, *Phenanthridin* (**VI**) u. *9.10-Dihydrophenanthridin* (**VII**) sowie *1.2-Benzophenazin* (**VIII**) u. *9.10-Dihydro-1.2-benzophenazin* geben keine analogen Komplexe. — Bei derartigen Komplexen muß die Dihydroverb. sehr stabil u. die aromat. Verb. sehr elektronegativ sein. Ähnlich wie bei den Chinhydronen scheint ein Elektronenübergang von der Dihydroverb. zur aromat. Verb. stattzufinden. Die dadurch entstehenden Ionen sind resonanzstabilisiert. Die tiefere Farbe der Phenazinkomplexe wird auf vermehrte Resonanzmöglichkeiten zurückgeführt. — Zur Darst.

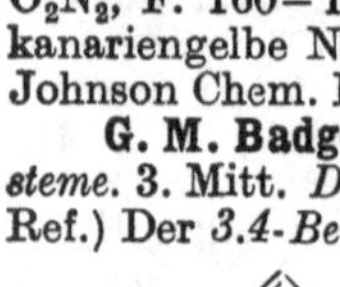

IV

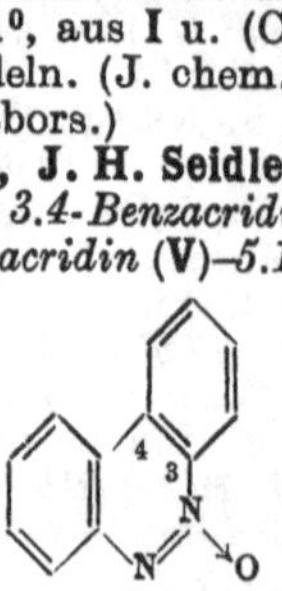

XI

von **II** wird o-Chlorbenzoesäure mit β-Naphthylamin zur Naphthylanthranilsäure kondensiert u. letztere nach ULLMANN [1907] cyclisiert. **IV** entsteht direkt aus letzterer u. $POCl_3$. **III** läßt sich mit $K_2Cr_2O_7$ zu **V** oxydieren. — *9-Chlorphenanthridin* (**X**), das aus Phenanthridon (**IX**) u. $POCl_3$ unter Zusatz von Dimethylanilin hergestellt wurde, gibt bei der Dehalogenierung mit RANEY-Ni nur **VII** u. kein **VI**. Dehalogenierung mit p-Toluolsulfonsäurehydrazid (vgl. ALBERT u. ROYER, C. **1950**. I. 546) liefert nur 30% **VI**. **X** u. **IX** werden durch $LiAlH_4$ zu **VII** red., in letzterem Falle unter Anwendung eines großen Überschusses $LiAlH_4$. Ein Komplex aus **VI** u. **VII** wurde in keinem Falle, auch nicht durch einfaches Zusammengeben, erhalten. — Das *N-Oxyd* (**XI**) von *3.4-Benzocinnolin* (**XII**) gibt mit Zn-Staub in CH_3COOH glatt **XII**, das mit $LiAlH_4$ auch aus 2.2′-Dinitrodiphenyl oder **XI** erhalten wird. — *9.10-Dihydro-1.2-benzophenazin* konnte nicht durch Red. von **VIII** mit Na u. CH_3OH, Na u. Isoamylalkohol, $(NH_4)_2S$, Na_2S oder $LiAlH_4$ erhalten werden. Mit H_2 u. RANEY-Ni oder Pd entsteht *1′.2′.3′.4′-Tetrahydro-1.2-benzophenazin* (**XIII**), dessen UV-Spektr. dem von Phenazin ähnlich ist.

Versuche: *3.4-Benzacridin* (**V**)-*5.10-Dihydro-3.4-benzacridin* (**III**)-*Komplex* (**I**), $C_{34}H_{24}N_2$, F. 140°, durch Hydrierung von 5 g **IV** in absol. A. + KOH mit RANEY-Ni, Einengen, Wasserzusatz zur sd. Lsg. (Abscheidung von 2,5 g **III**), gleiche Behandlung der Mutterlauge u. Reinigung der 1,5 g orangefarbenen Kristalle in Bzl. an Al_2O_3; Elution mit Chlf.; aus wss. A. orangefarbene Nadeln; Trennung der Komponenten durch Erwärmen mit halbkonz. HCl liefert als unlösl. Anteil **III**, F. 165°, aus wss. A. blaßgelbe Kristalle, u. aus der mit NH_4OH versetzten Lsg. **V**. — **I** entsteht auch durch 7std. Kochen von $LiAlH_4$ u. **II** in absol. Dioxan oder durch Vermischen der alkoh. Lsgg. äquimol. Mengen von **V** u. **III**. — **V**, F. 131°, durch Oxydation von **III** mit $K_2Cr_2O_7$ + H_2SO_4; aus wss. A. Nadeln; ca. 100% (Ausbeute). — *Phenanthridon* (**IX**), F. 287°, durch langsame Zugabe von NaN_3 zu 2,4 g Diphensäure, H_2SO_4 u. Chlf. bei 45—50°; 1,1 g; durch Versetzen des sauren Filtrats mit NaOH werden 0,3 g *2.2′-Diaminodiphenyl*, F. 80—80,5°, erhalten. — *9-Chlorphenanthridin* (**X**), F. 116° (wss. A.), durch 3std. Kochen von **IX**, $POCl_3$ u. Dimethylanilin. — *9.10-Dihydrophenanthridin* (**VII**), $C_{13}H_{11}N$, F. 125°, durch Hydrieren von 1 g **X**, KOH u. RANEY-Ni in A. bei n. Temp. u. Druck; aus A. Platten; 0,83 g; auch durch 8std. Kochen von $LiAlH_4$ u. 0,5 g **IX** in Dioxan; 0,4 g; auch durch Red. von **X** mit $LiAlH_4$. — *Phenanthridin* (**VI**), F. 106°, durch Dehydrierung von 1 g **VII** mit Pd-Kohle bei 260° in 20 Min.; aus wss. A. feine Nadeln; 0,93 g; auch durch Einleiten von trockenem HCl in 1 g **X** u. p-Toluolsulfonsäurehydrazid in Chlf., 3tägiges Stehen, 3½std. Erhitzen des gelben Nd. mit NaOH, W. u. Äthylenglykol auf dem Dampfbad u. Eingießen in W.; 30%. — *3.4-Benzocinnolin* (**XII**), F. 156°, durch schwaches Erwärmen von 5 g **XI** in Eisessig, Zugabe von Zn-Staub in 5 Min., 10 Min. Erwärmen, Filtrieren u. Eingießen in NH_4OH; aus Bzl. blaßgelbe Blättchen; 4,3 g; auch durch 4std. Kochen von 2.2′-Dinitrodiphenyl in Bzl. mit $LiAlH_4$ in Ae.; 92%. — *1′.2′.3′.4′-Tetrahydro-1.2-benzophenazin* (**XIII**), $C_{16}H_{14}N_2$, F. 125°, durch Hydrierung von **VIII** in A. mit RANEY-Ni oder Pd-Kohle u. Reinigung der durch Konz. der Lsg. erhaltenen orangeroten Kristalle in Bzl. mittels einer Al_2O_3-Säule durch Elution mit Bzl.; aus Bzl. blaßgelbe Nadeln. — Die UV-Absorptionskurven von **I**, **III**, **V**, **XIII** u. *Phenazin* sind angegeben. (J. chem. Soc. [London] **1951**. 3207—11. Nov.)

W. KINDSCHER. 3272

G. M. Badger und **R. Pettit**, *Mehrkernige heterocyclische Systeme*. 4. Mitt. *Die linearen pentacyclischen Verbindungen*. (3. vgl. vorst. Ref.) In der Reihe der Azine ändern sich die Eigg. mit der Zahl der annelierten Ringe ebenso wie bei den analogen carbocycl. Verbb.: Erhöhung der Reaktionsfähigkeit der meso-Stellungen u. der Stabilität der meso-Dihydroderivv., Verschiebung der Absorptionsbanden nach Rot u. Farbvertiefung. Dies wird an der Reihe: *Pyrazin*, *Chinoxalin*, *Phenazin*, *2.3-Benzophenazin*, *2.3; 6.7-Dibenzophenazin* (*6.13-Diazapentacen*) u. *5.6.13.14-Tetraazapentacen* (**I**) diskutiert.

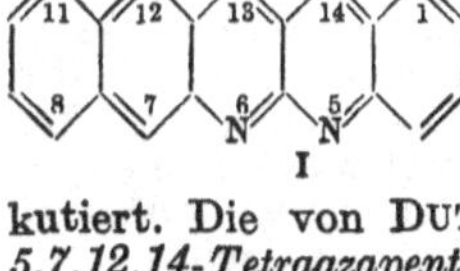

I

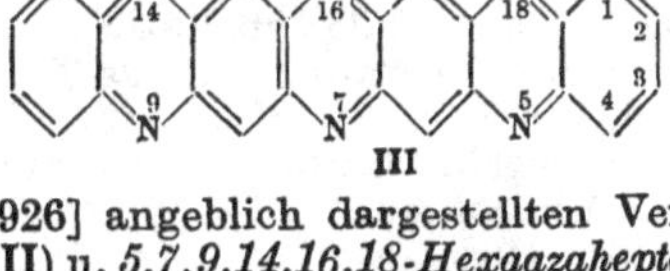

III

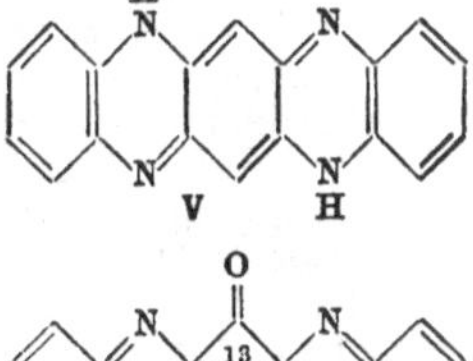

V

Die von DUTT [1926] angeblich dargestellten Verbb. *5.7.12.14-Tetraazapentacen* (**II**) u. *5.7.9.14.16.18-Hexaazaheptacen* (**III**) können deshalb nicht entstanden sein, weil sie gelb sein sollen, Pentacen bzw. Heptacen jedoch tiefblau bzw. tiefgrün sind. Verss. zur Darst. von **II** bzw. eines Methylderiv. nach DUTT durch Kondensation von 2.3-Diaminophenazin (**IV**) mit o-Benzochinon bzw. dem stabileren o-Toluchinon in konz.

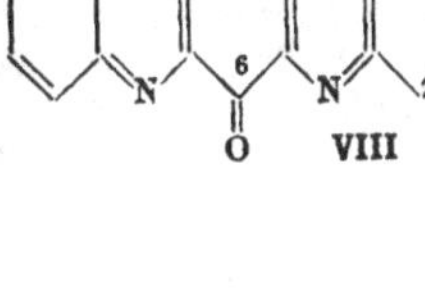

VIII

H_2SO_4 oder unter milderen Bedingungen waren erfolglos. Dem *5.12-Dihydro-5.7.12.14-tetraazapentacen* (**V**) von FISCHER u. HEPP [1890], das auch durch Erhitzen von o-Phenylendiamin (**VI**) mit seinem Hydrochlorid an der Luft entsteht, kommt vermutlich wegen seiner tiefblauen Farbe u. seines Absorptionsspektr. (die Absorptionskurve ist angegeben) eine asymm. chinoide Struktur zu. **V** wird katalyt. zu einer farblosen *Tetrahydroverb.* red., die durch Luftoxydation wieder **V** liefert. Reduktive Acetylierung führt zu *5.7.12.14-Tetraacetyl-5.7.12.14-tetrahydro-5.7.12.14-tetraazapantacen.* **V** ließ sich nicht zum aromat. Syst. von **II** oxydieren, vermutlich wegen der größeren Stabilität des chinoiden Syst., es läßt sich aber zum *5.7.12.14-Tetraazapentacen-6.13-chinon* (**VIII**) oxydieren, das durch Zn in CH_3COOH in *6.13-Diacetoxy-5.7.12.14-tetraacetyl-5.7.12.14-tetrahydro-5.7.12.14-tetraazapentacen* übergeführt wird. — Im Gegensatz zu den Angaben von LEICESTER [1890] führt die Red. von 2.5-Di-o-nitroanilinobenzochinon (**VII**) mit alkoh. H_2S im Rohr nicht zur 5.12-Dihydroverb. von **VIII**, die wegen zweier tervalenter C-Atome unmöglich ist, u. auch nicht zur denkbaren 5.6.12.13-Tetrahydroverb. von **VIII**, sondern zu **V**. Das gleiche Ergebnis liefert die Red. mit $Na_2S + CH_3COOH$, mit $Na_2S + NH_4Cl$, mit RANEY-Ni u. mit RANEY-Legierung + NaOH.

Versuche: *5.12-Dihydro-5.7.12.14-tetraazapentacen* (**V**), $C_{18}H_{12}N_4$, Sublimation bei 280—290°/0,1 mm, 1. durch 14std. Kochen von 8 g **IV** mit **VI** in Benzylalkohol; 7,8 g (Ausbeute); 2. durch Erhitzen von 4,3 g **VI** mit **VI**-Dihydrochlorid in Naphthalin auf 210—215° (20 Min. unter Einleiten von O_2); 0,75 g; bläulichpurpurfarbenes Pulver; in konz. H_2SO_4 u. in Lösungsmitteln. blau mit roter Flourescenz löslich. — *5.7.12.14-Tetraacetyl-5.7.12.14-tetrahydro-5.7.12.14-tetraazapentacen,* $C_{26}H_{22}O_4N_4$, F. 375—376° (geschlossenes Röhrchen, Dunkeln bei 340°), durch Kochen von 0,5 g **V** mit Zn-Staub u. CH_3COONa in Acetanhydrid bis zum Verschwinden der blauen Farbe; aus Nitrobenzol Nadeln; 0,4 g; hydrolysiert leicht in Mineralsäuren u. oxydiert sich dabei an der Luft zu **V**. — Bei der Red. von 0,5 g **VII** durch 2std. Erhitzen mit alkoh. $(NH_4)_2S$ auf 100° im Rohr entsteht **V**; 0,45 g; ebenso bei der Red. von 2 g **VII** durch 5std. Kochen mit Na_2S u. NH_4Cl in W.; 1,2 g; ebenso, aber mit geringer Ausbeute bei der Red. mit $Na_2S + CH_3COOH$, mit H_2 + RANEY-Ni bei 100—120° (1000 lb/in.^{2}) u. bei langsamem Zufügen von RANEY-Legierung zu **VII** in wss. NaOH bei 90°. — *5.7.12.14-Tetraazapentacen-6.13-chinon* (**VIII**), $C_{18}H_8O_2N_4$, F. >400°, Sublimation bei 320°/0,1 mm, durch langsames Zutropfen von 0,5 g **V** in konz. H_2SO_4 zu $K_2Cr_2O_7$ in W.; aus Nitrobenzol goldgelbe Platten; 0,44 g. — Verss. zur Oxydation von **V** zu **II** mit H_2O_2 in CH_3COOH bei n. Temp. u. beim Kochen sowie unter Verwendung anderer Oxydationsmittel blieben ohne Erfolg. — *6.13-Diacetoxy-5.7.12.14-tetraacetyl-5.7.12.14-tetrahydro-5.7.12.14-tetraazapentacen,* $C_{30}H_{26}O_8N_4$, Zers. oberhalb 250° (im verschlossenen Röhrchen), durch 1std. Kochen von 1 g **VIII** mit Zn-Staub u. CH_3COONa in Acetanhydrid unter Farbänderung von Blaugrün über Rot nach Farblos; aus Nitrobenzol kleine Platten; 1,3 g. (J. chem. Soc. [London] **1951**. 3211—15. Nov.) W. KINDSCHER. 3272

J. E. Jansen und **R. A. Mathes**, *Einige Thiazinthiole und ihre Zwischenprodukte.* Vff. stellten aus Dithiocarbaminsäure (**I**) u. α.β-ungesätt. Ketonen Thiazinthiol-(2)-Derivv. dar. **I** u. Mesityloxyd gaben in guter Ausbeute *1.1-Dimethyl-3-oxobutyldithiocarbamat* (**II**), das in krist. Zustand hauptsächlich in cycl. Form vorliegt. In saurer Lsg. tritt spontane Cyclisierung unter Wasserabspaltung ein unter Bldg. von *4.6.6-Trimethyl-6H-1.3-thiazinthiol-(2)* (**III**). Bei Vermeidung von überschüssiger Säure ist **II** aber isolierbar. **III** ist nur schwach sauer (pKa 10,9), aber in wss. NaOH lösl. u. stabil; aus dieser Lsg. sind das Zn- u. das Pb-Salz gewinnbar. Das durch Oxydation erhältliche *Disulfid* ist instabil u. gibt beim Stehen **III** u. Harz. Das 2.4-Dinitrophenylderiv. ist ein stabiles krist. Produkt. Beim Erhitzen von **III** mit H_2SO_4 tritt Dimerisierung unter Ausbildung einer 4.5'-Bindung ein. Durch Rk. von Benzalacetophenon bzw. Benzalaceton mit **I** wurden die stabilen Zwischenprodd. *1.3-Diphenyl-3-oxopropyldithiocarbamat* (**IV**) u. *1-Phenyl-3-oxobutyldithiocarbamat* (**V**) erhalten. Cyclisierung mit H_2SO_4 ergab *4.6-Diphenyl-6H-1.3-thiazinthiol-(2)* (**VI**) bzw. *4-Methyl-6-phenyl-6H-1.3-thiazinthiol-(2)*. **I** u. Crotonaldehyd reagierten leicht unter Bldg. von *β-Dithiocarbamylbutyraldehyd* (**VIII**), der aber beim Vers., ihn unter H_2O-Abspaltung in das Thiazin überzuführen, *4.4'-Bis-[4.5-dihydro-6-methyl-6H-5.3-thiazinthiol-(2)]-äther* gab. Diese Resistenz gegen Dehydratisierung wird darauf zurückgeführt, daß die cycl. Form von **II** ein tert., die cycl. Form von **VIII** aber ein sek. Alkohol ist. **I** u. Methylacrylat bilden *β-Dithiocarbamylpropionsäuremethylester* (**IX**). Im Gegensatz zur freien Säure ließ sich **IX** mit Acetanhydrid u. Spuren H_2SO_4 nicht cyclisieren, sondern ergab *β-[N-Acetyldithiocarbamyl]-propionsäuremethylester* (**X**). Beim Erwärmen von **IX** mit H_2SO_4 wurde *4.5-Dihydro-2-mercapto-6H-1.3-thiazinon-(4)* (**VII**) erhalten, wobei vermutlich **IX** vor dem Ringschluß verseift worden war. Beim Lösen von **X** in Alkali u. Fällen mit Säure wurde die entsprechende Säure gebildet, die durch Erwärmen mit H_2SO_4 ebenfalls **VII** gibt.

V e r s u c h e : *1.1-Dimethyl-3-oxobutyldithiocarbamat* (II), $C_7H_{13}ONS_2$, F. 128—129° (Bzl.), aus Mesityloxyd durch Zufügen zu wss. HCl unter Rühren u. Kühlung auf 15 bis 20° u. Zutropfen von 40% wss. Ammoniumdithiocarbamat-Lsg. unter Rühren bei 8—12°; 63% (Ausbeute). — *4.6.6-Trimethyl-6 H-1.3-thiazinthiol-(2)* (III), $C_7H_{11}NS_2$, F. 96—97° (Ae.-Hexan), a) neben II; 9,5%; b) analog II unter Verwendung von 20% Überschuß an HCl; 91%.— *Dimeres von* III, $C_{14}H_{22}N_2S_4$, F. 206—207° (A.), durch 20 Min. Erwärmen von III in 65%ig. H_2SO_4 unter Rühren auf 60—65°; 97%. — *4.6.6-Trimethyl-4.5-dihydro-6H-1.3-thiazinthiol-(2)*, $C_7H_{13}NS_2$, F. 181—182° (A.). — *1.3-Diphenyl-3-oxopropyldithiocarbamat* (IV), $C_{16}H_{15}ONS_2$, F. 150—151° (Bzl.), durch Zutropfen von HCl zu Benzalacetophenon in A. unter Rühren bei 12° u. Zugabe von 37%ig. wss. Ammoniumdithiocarbamatlsg. bei 30—35°; 94%. — *4.6-Diphenyl-6H-1.3-thiazinthiol-(2)* (VI), $C_{16}H_{13}NS_2$, F. 125—125,5° (A.), aus IV u. Acetanhydrid in Ggw. von Spuren H_2SO_4 unter Rühren, 87%. — *1-Phenyl-3-oxobutyldithiocarbamat* (V), $C_{11}H_{13}ONS_2$, F. 123—124° (Bzl.), durch Zutropfen von HCl zu 20%ig. wss. Ammoniumdithiocarbamatlsg. bei —5° u. Zufügen von Benzalaceton in A. bei —5°; 75%. — *4-Methyl-6-phenyl-6H-1.3-thiazinthiol-(2)*, $C_{11}H_{11}NS_2$, F. 145° (Isopropylacetat), aus V analog VI; 100%. — *β-Dithiocarbamylbutyraldehyd* (VIII), $C_5H_9ONS_2$, F. 115—116° (W.), aus wss. Ammoniumdithiocarbamatlsg. u. wss. HCl (1 : 1) bei —5° unter Rühren, Zutropfen von Crotonaldehyd bei 0° u. 1½ std. Rühren; 49,5%. — *4.4'-Bis-[4.5-dihydro-6-methyl-6H-1.3-thiazinthiol-(2)]-äther*, $C_{10}H_{16}ON_2S_4$, F. 200—201° (A.), aus VIII in 25%ig. H_2SO_4 durch 10 Min. Rühren bei 75°; 90%. — *β-Dithiocarbamylpropionsäuremethylester* (IX), $C_5H_9O_2NS_2$, F. 68,5—69,5° (Bzl.-Hexan), durch Zufügen von Methylacrylat zu einer Suspension von I bei —5° in 30 Min unter Rühren, 1std. Rühren bei —5° u. 2std. Stehen bei Raumtemp.; 61%. — *β-[N-Acetyldithiocarbamyl]-propionsäuremethylester* (X), $C_7H_{11}O_3NS_2$, F. 112—113° (Bzl.), aus IX durch Erwärmen mit Acetanhydrid u. H_2SO_4 auf 60° unter Rühren u. Kühlen auf 10°; 70%. — *β-[N-Acetyldithiocarbamyl]-propionsäure*, $C_6H_9O_3NS_2$, F. 177—178° (W.), durch Erwärmen einer Lsg. von X in 10%ig. NaOH auf 50°, Kühlen u. Ansäuern mit HCl; 25%. — *4.5-Dihydro-2-mercapto-6 H-1.3-thiazinon-(4)* (VII), $C_4H_5ONS_2$, F. 119—120° (Bzl.), durch 1std. Erhitzen von IX u. 50%ig. H_2SO_4 auf 80° unter Rühren; 66%. (J. Amer. chem. Soc. **77**. 2866—68. 20/5. 1955. Brecksville, O., B. F. Goodrich Res. Center.) H. BERTSCH. 3292

George Van Dyke Tiers, *Die Chemie der Perfluoräther.* 1. Mitt. *Substitution von α-Fluor durch Chlor. Die α.α.α'-Trichlorperfluoräther. Cycl. Perfluoräther,* die eine α-ständige Perfluoralkylgruppe enthalten, tauschen ihre drei α-Fluoratome beim Erhitzen mit $AlCl_3$ im Autoklaven auf 150—200° gegen Chlor aus u. gehen gemäß C_mF_{2m+1}—

$$-\overset{\ulcorner\!\!-\!-\!-\!-\;O\;-\!-\!-\!-\!\!\urcorner}{CF-(CF_2)_n-CF_2} \rightarrow C_mF_{2m+1}-\overset{\ulcorner\!\!-\!-\!-\!-\;O\;-\!-\!-\!-\!\!\urcorner}{CCl-(CF_2)_n-CCl_2}$$

in *α.α.α'-Trichlorperfluoräther* über. Monochlor- u. Dichlorverbb. sind nicht zu fassen; sie reagieren offenbar schneller als die Perfluoräther selbst. Die besten Ausbeuten erhält man mit 50%ig. $AlCl_3$-Überschuß. Übermäßige $AlCl_3$-Mengen u. zu hohe Tempp. führen zur Zers. der Produkte. Stets tritt Hexachloräthan als Nebenprod. auf, niemals jedoch CCl_4. — Die Trichlorperfluoräther werden von rauchender H_2SO_4 langsam zu Lactonen (starke Ultrarotbande bei 5,34 μ) solvolysiert.

V e r s u c h e : *(Cyclo)$C_8Cl_3F_{13}O$* (I), $Kp._{760}$ 171°, D^{25} 1,813, n_D^{25} 1,3494, DK. 2,25 ± 0,05 (1000 Hz), tg δ < 0,0005, Oberflächenspannung bei 25° 23,8 dyn/cm, Viscosität bei 0° 8,3, bei 25° 3,9, bei 60° 1,8 Centipoisen; durch 14std. Erhitzen von 88 g (cyclo) $C_8 \cdot F_{16}O$ (Struktur nicht angegeben) u. 45 g wasserfreiem $AlCl_3$ im Schüttelautoklaven auf 200°, Aufnehmen des Bombeninhalts in 60 g (cyclo)$C_6F_{12}O$ u. Fraktionieren der filtrierten Lsg.; 54% (Ausbeute, berechnet auf nicht zurückgewonnenes Ausgangsmaterial). — *(cyclo)$C_5Cl_3F_7O$*, $Kp._{760}$ 114°, n_D^{25} 1,3620; aus 2 $CF_3 \cdot C_4F_7O$; 40%. — *(cyclo)$C_6Cl_3F_9O$*, $Kp._{760}$ 136°, n_D^{25} 1,3566; aus (cyclo)$C_6F_{12}O$; 45%. — *(cyclo)$C_{10}Cl_3F_{17}O$*, $Kp._{760}$ 207°, n_D^{25} 1,3455; aus (cyclo)$C_{10}F_{20}O$; 60%. — *Lacton $C_8ClF_{13}O_2$*, Kp. 140°, n_D^{25} 1,3192; durch 15std. Erhitzen von 46,5 g I, 26,1 g rauchender H_2SO_4 (20% SO_3) u. 0,2 g $HgSO_4$ im CARIUS-Rohr auf 150°; 70%. (J. Amer. chem. Soc. **77**. 4837—40. 20/9. 1955. St.Paul, Minn., Minnesota Mining and Manufacturing Co., Central Res. Dep.)
E. FORCHE. 3390

Maurice-Marie Janot, Robert Goutarel und **Jacqueline Chabasse-Massonneau,** *Struktur von Corynantheidin.* Corynantheidin (I; vgl. C. **1952**. 2675) läßt sich nicht über Pd-Ba·CO_3 hydrieren u. spaltet bei der Ozonolyse kein HCHO oder Acetaldehyd ab. Die Se-Dehydrierung von I führt zu *Alstyrin* (II) u. *Desäthylalstyrin,* die Verseifung mit methanol. KOH zu *Corynantheidinsäure,* die nicht krist. erhalten werden konnte u. bei der Behandlung mit verd. HCl in der Wärme unter Decarboxylierung in *Corynantheidal* (III) über-

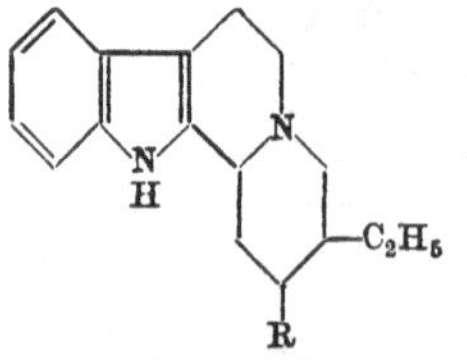

III R = CH_2CHO
IV R = C_2H_5

geht. III, das mit Aminen SCHIFFsche Basen bildet, wird nach WOLFF-KISHNER zu *Corynantheidan* (IV) reduziert. Die Dehydrierung von III über Pd-Kohle gibt II. — Aus diesen Rkk. sowie aus den Unterss. der (graph. dargestellten) UV- u. Infrarotspektren folgt, daß I ein Isomeres von Dihydrocorynanthein ist.

V e r s u c h e (FF. korr.): *Corynantheidin* (I), $C_{22}H_{28}O_3N_2$, F. 125° (nach 48std. Trocknen über P_2O_5 bei 80—85°/0,01 mm); $[\alpha]_D$ —171° (1% in CH_3OH); acetonhaltig, $C_{22}H_{28}O_3N_2 \cdot CH_3COCH_3$, F. 83°; $[\alpha]_D$ —136° (1% in Pyridin), —147° (1% in CH_3OH). — *Alstyrin* (II), *Pikrat*, F. 217—218°, aus 50 g trockenem I + 40 g Se durch 30 Min. Erhitzen auf 280—300°, 56std. Ausäthern, Abdampfen, Aufnehmen in A. u. Behandeln mit Pikrinsäure; gelbe Kristalle aus Aceton; 22—25 g (Ausbeute). Aus der Mutterlauge 1,8—2 g *Desäthylalstyrinpikrat*. — *Corynantheidinsäure*, aus 10 g acetonhaltigem I u. 2n methanol. KOH durch 20std. Kochen unter N_2, Abdampfen des CH_3OH unter N_2 u. Zufügen von W. u. HCl in der Kälte; löst sich sofort wieder auf u. bildet mit starker HCl nach Kochen *Corynantheidal* (III), $C_{19}H_{24}ON_2$, F. 130°; $[\alpha]_D$ —103 ± 2° (1% in Pyridin); cremefarbenes Pulver; 6,3 g. *2.4-Dinitrophenylhydrazon, Hydrochlorid*, $C_{25}H_{28}O_4N_6 \cdot HCl \cdot \frac{1}{2}H_2O$, F. 202—203°; gelbe Nadeln. — *Corynantheidan* (IV), $C_{19}H_{26}N_2$, F. 155—156°, aus 1 g III, Na in Äthylenglykol u. Hydrazinhydrat durch 6std. Erhitzen auf 200°, Gießen in W., Ausäthern u. Vakuumsublimation bei 150°; Nadeln aus CH_3OH; 0,78 g; gibt bei der Dehydrierung über Pd-Kohle bei 250—290° unter N_2 u. Ausäthern II, F. 108° (A.). — Ferner wurden die Verseifungsgeschwindigkeiten von I u. Corynanthein in 2n methanol. KOH untersucht u. graph. dargestellt. (Bull. Soc. chim. France, Mém. [5] **20.** 1033—38. Okt. 1953. Paris, Univ., Fac. de Pharm., Labour. de Pharm. Galenique.) H. LEHWALD. 3500

S. Morris Kupchan, Mary Fieser, C. R. Narayanan, Louis F. Fieser und **Josef Fried,** *Über die Natur der Germin–Isogermin–Pseudogermin-Isomerisierungen.* Das aus *Pseudogermin* (durch Imerisierung von Germin oder Isogermin) erhaltene *Pseudogermin-acetonidhydrochlorid* [I; $C_{30}H_{47}O_8N \cdot HCl \cdot H_2O$; F. 283 bis 284° (Zers.); *Acetonidbase*, $C_{30}H_{47}O_8N$, F. 238 bis 239° (Zers.), $[\alpha]_D^{23}$ —27° (c = 1,51 in A.)] liefert bei der Oxydation mit 1 Mol KJO_4 das gleiche *Aldehydo-γ-lacton* [II; $C_{30}H_{45}O_8N$, F. 274—276° (Zers.), $[\alpha]_D^{23}$ +2° (c = 1,54 in A.); red. TOLLENS-Reagens; *Oxim*, $C_{30}H_{46}O_8N_2$, F. 278—279° (Zers.), $[\alpha]_D^{23}$ +4° (c = 1,47 in A.)] wie Germinacetonidhydrochlorid (III). Danach enthalten Germin u. Pseudogermin dasselbe 5gliedrige *α-Ketolhemiketalsyst.* u. unterscheiden sich nur durch die Orientierung ihrer OH-Gruppen (vgl. Teilformeln). Wegen der Bldg. eines analogen Aldehydo-γ-lactons bei der KJO_4-Oxydation des Anhydrocevins (vgl. BARTON u. BROCKS, Chem. and Ind. **51** [1953.] 1366) werden für die Veracevin–Cevagenin–Cevin-Reihe ähnliche Strukturen angenommen. (J. Amer. chem. Soc. **76.** 1200. 20/2. 1954. Cambridge, Mass., Harvard Univ., Dep. of Chem., u. New Brunswick, N. J., Sqibb Inst. for Med. Res.) E. FRANCK. 3500

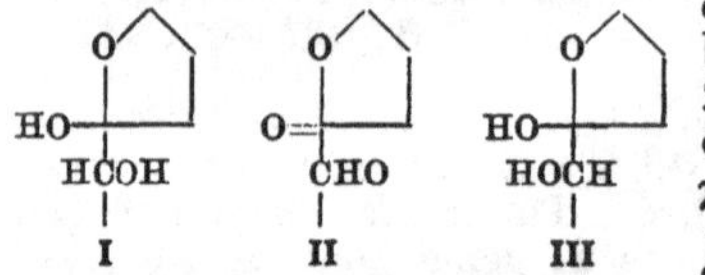

I II III

Bernhard Witkop und **James Burns Patrick,** *Gelsemin.* 2. Mitt. *Die Chemie und Umlagerungen der Spirooxindole.* (1. vgl. C. **1949.** I. 600.) Spirocyclopentan-[1:3′]-pseudo-2′-methylindol (I); vgl. C. **1953.** 4686) gab mit HNO_2 *Spirocyclopentan-[1:3′]-pseudo-2′-formoximinoindol*, das über das Nitril u. *Amid* in *Spirocyclopentan-[1:3′]-pseudooxindol* (II) übergeführt wurde. Dieses ist mit dem desacetylierten Umlagerungsprod. von *9-Acetyl-10.11-cis-dioxyhexahydrocarbazol* (aus N-Acetyltetrahydrocarbazol u. H_2O_2) identisch. I-*Methojodid* ließ sich mit $NaBH_4$ zu *Spirocyclopentan-[1:3′]-1′.2′-dimethylindolin* reduzieren u. gab mit TlOH eine ätherlösl. *Base*, die bei der Pyrolyse *Spirocyclopentan-[1:3′]-pseudo-1′-methyloxindol* (III) lieferte, das auch aus N-Methyloxindol u. Tetramethylendibromid entstand. Nitrierung von III gab die *5′-Nitroverb.*, die auch aus II durch Nitrierung u. Methylierung erhalten wurde. Red. von III mit $LiAlH_4$ führte zu *Spiro-cyclopentan [1:3′]-N-methyl-2′-oxyindolin* (IV). Durch Einw. von HCl oder Polyphosphorsäure bei 100—150° wurde IV zu *9-Methyltetrahydrocarbazol* umgelagert. Für analoge Umlagerungen wurde *N-Methylgelsemin* (V) dargestellt u. mit $LiAlH_4$ zu *N-Methyldesoxydihydrogelsemin* red., das mit dem Des-N-methyldesoxodihydrogelsemin von PRELOG u. Mitarbeitern (C. **1952.** 5578) ident. war. Hydrierung von V oder von Gelsemin u. anschließende Methylierung gab *N-Methyldihydrogelsemin*, dessen $LiAlH_4$-Red. zu *N-Methyltetrahydrodesoxygelsemin* führte, das mit dem Des-N-methyldesoxotetrahydrogelsemin von PRELOG (l. c.) ident. war.

Versuche (FF. korr.): *Cyclopentylmethylketon*, Kp.$_{65}$ 80—85°, durch Oxydation von Methylcyclopentylcarbinol mit $Na_2Cr_2O_7/H_2SO_4$ bei 50°; 57% (Ausbeute). — *Spirocyclopentan-[1:3']-pseudo-2'-formoximinoindol*, $C_{13}H_{14}ON_2$,F. 213—215° (gelbe Nadeln aus CH_3OH), aus I u. $NaNO_2$ in Essigsäure. — *Spirocyclopentan-[1:3']-pseudooxindol* (II), F. 113,5—114°, aus 1,6 g vorst. Verb. u. Acetanhydrid (2 Std. kochen), anschließend Rühren mit heißem W.; 202 mg, daneben 381 mg *Spirocyclopentan-[1:3']-pseudoindol-2'-carbonsäureamid*, $C_{13}H_{14}ON_2$, F. 113—115°, Kp.$_1$ 93—134°, nach Chromatographie. Prismen. — I-*Methojodid*, $C_{13}H_{15}N \cdot CH_3J$, F. 203—204° (Nadeln), aus I u. CH_3J in CH_3OH. —*Spirocyclopentan-[1:3']-1'.2'-dimethylindolin*, aus vorst. Methojodid u. $NaBH_4$ in C_2H_5OH. *Pikrat*, $C_{14}H_{19}N \cdot C_6H_3O_7N_3$, F. 165—167,5°, gelbe Prismen aus CH_3OH. *Hydrochlorid*, $C_{14}H_{19} \cdot N \cdot HCl$, F. 123—129°. —*Spirocyclopentan-[1:3']-1'.2'-dimethyl-2'-oxyindolin* oder *Spirocyclopentan-[1:3']-2'-methylenindolin*, aus vorvorst. Verb. u. TlOH in wss. CH_3OH; das daraus erhaltene *Pikrat*, $C_{14}H_{18}N \cdot C_6H_2O_7N_3$, F. 158,5—159,5° (aus CH_3OH gelbe Nadeln), ist wahrscheinlich I-Methopikrat. — *Spirocyclopentan-[1:3']-pseudo-1'-methyloxindol* (III), $C_{13}H_{15}ON$, F. 61—63°, Kp.$_{0,17-0,18}$ 88—121°, a) aus vorst. Verb. Base durch Vakuumdest.; b) aus N-Methyloxindol u. Tetramethylendibromid in sd. A. in Ggw. von $NaOC_2H_5$; 60—70%. — *Spirocyclopentan-[1:3']-pseudo-1'-methyl-5'-nitrooxindol*, $C_{13}H_{14}O_3N_2$, F. 141 bis 142°, aus III u. HNO_3 (1 : 4) (3 Min. kochen); aus A. gelbliche Kristalle. — *9-Acetyl-10.11-cis-dioxyhexahydrocarbazol*, F. 205—208°, aus 9-Acetyltetrahydrocarbazol in tert.-Butanol, 1,67 mol. H_2O_2 in tert.-Butanol (0°) u. OsO_4; aus Bz./PAe. Prismen, daneben *Prismen vom F. 124—133°*. — *Spirocyclopentan-[1:3']-N-methyl-2'-oxyindolin* (IV), durch Red. von III mit $LiAlH_4$ in Ae.; liefert mit Pikrinsäure wahrscheinlich *Spirocyclopentan-[1:3']-N-methylindoleniniumpikrat*, $C_{13}H_{16}N \cdot C_6H_2O_7N_3$ F. 162—164°; gibt beim Erhitzen in $CH_3 \cdot OH$/konz. HCl (1 : 1) auf dem Wasserbad oder mit Polyphosphorsäure bei 150° *9-Methylcarbazol*, F. 48°; *Pikrat*, F. 114°. — *N-Methylgelsemin* (V), $C_{21}H_{24}O_2N_2$, F. 141—142,5°, aus Gelsemin u. Na in Bzl., dann mit CH_3J; 25%. Red. mit $LiAlH_4$ gibt *N-Methyldesoxydihydrogelsamin*, F. 117—119°. — *N-Methyldihydrogelsemin*, $C_{21}H_{26}O_2N_2$, F. 167—169°, a) durch Hydrierung von V über PH_2 in CH_3OH; b) durch Methylierung von Dihydrogelsemin; 80%. *Methojodid*, $C_{22}H_{29}O_2N_2J$, F. 305—306,5° (Zers.). — *N-Methyltetrahydrodesoxygelsemin*, F. 148°, aus vorst. Verb. u. $AlLiH_4$. (J. Amer. chem. Soc. 75. 2572—76. 5/6. 1953. Bethesda, Md., Nat. Inst. of Health, Nat. Heart Inst.)

K. NEZEL. 3500

William Oroshnik, Alexander D. Mebane und **George Karmas**, *Synthese von Polyenen*. 3. Mitt. *Prototrope Umlagerungen bei β-Jonolen und verwandten Verbindungen*. (2. vgl. C. **1953**. 5185.) Vff. untersuchen die prototrope Umlagerung von Verbb. mit 2 durch eine CH_2-Gruppe getrennten ungesätt. Bindungen. — In der 1. Mitt. (C. **1952**. 7021) wurde gezeigt, daß in Ggw. von Alkali die isolierte Doppelbindung von **I** leicht mit dem Trieninsyst. unter Bldg. von *4.5-Dehydroretrovitamin A-Methyläther* (**II**) in Konjugation tritt. Das unter ähnliche Bedingungen umge-

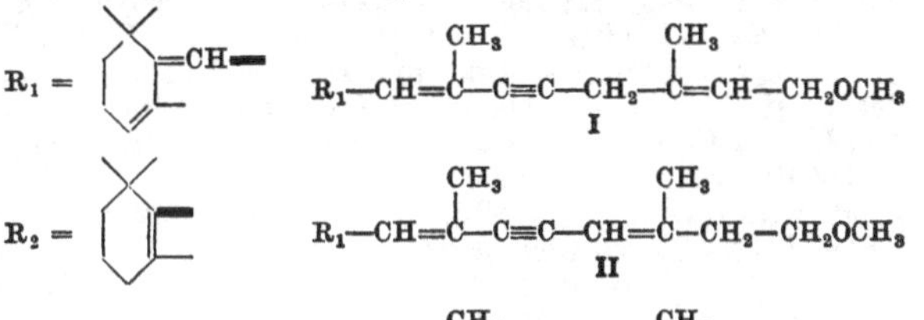

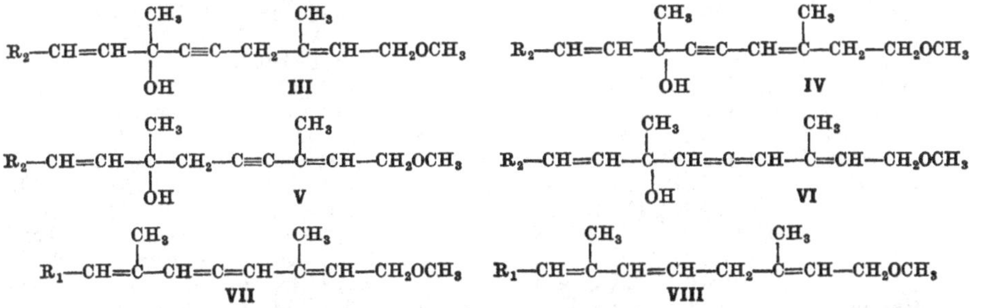

setzte Carbinol **III** lieferte dagegen nicht die erwarteten Isomeren **IV** u. **V**, sondern das gegen Alkali auffallend beständige *Vinylallenol* **VI**. Da das aus **VI** durch Dehydratation gewonnene **VII** mit Alkali leicht zu **II** isomerisiert wird, nahmen Vff. zunächst an, daß **VII** ein Zwischenprod. der Rk. **I** → **II** sei; doch schließen die spektroskop. Unterss. ein intermediäres Allensyst. aus, u. Vff. nehmen an, daß die Acetylengruppierung nicht zur Isomerisation fähig ist, wenn sie an einem konjugierten Syst. beteiligt ist. Sowohl

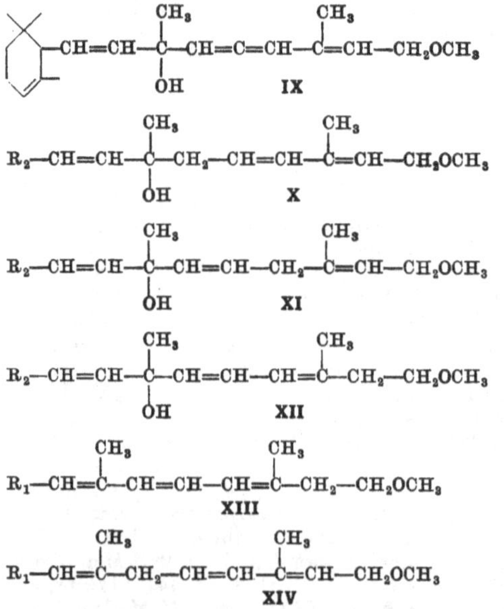

die leichte Dehydratation von **VI** zu **VII** als auch die Infrarot u. UV-Spektren, bes. der Vgl. der Spektren von **VII** u. **IX**, sind eine Bestätigung für die Konstitution. Die Semihydrierung von **VI** mit vergiftetem RANEY-Ni liefert ein durch Chromatographie trennbares Gemisch, dessen Hauptfraktion zu einem hauptsächlich *4.5-cis-* u. *trans-***VIII** u. *4.5-trans-Retrovitamin A-Methyläther* (**XIII**) enthaltenden Gemisch dehydratisiert wurde; chromatograph. Reinigung gab außerdem **XIV** u. 3% *Vitamin A-Methyläther* (**XV**). Die Semihydrierungsprodd. sind **XI**, **XII** u. etwas **X**. Die mit $Cr(OH)_2$ durchgeführte Red. lieferte ein aus 90% **XII** u. 10% **XI** bestehendes Gemisch, das zu 5,5% *Anhydrovitamin A*, 46% **XIII** u. 4,5% **XV** dehydratisiert wurde. Red. mit $LiAlH_4$ lieferte als Hauptprod. die *Desmethoxyverb.* von **X** neben **XII** u. 10% **XV**. Aus den jeweils erhaltenen Hauptprodd. dieser partiellen Hydrierungen geht hervor, daß die katalyt. Hydrierung zu einer 5.6-, die $Cr(OH)_2$-Red. zu einer 5.8- u. $LiAlH_4$-Red. zu einer 4.5-Addition führt. Die durch Kochen mit alkoh. Alkali durchgeführte Isomerisation von **XI** führte zu einem Gemisch von **XII** neben unverändertem **XI**, dessen Dehydratationsprod. eine Wirksamkeit von 275000 —300000 Vitamin A-Einheiten/g hat. Das aus **X** durch H_2O-Abspaltung erhaltene **XIV** wurde mit Alkali zu **VIII** u. die Desmethoxyverb. von **X** zu der von **XIV** isomerisiert. Letztere lieferte mit alkoh. NaOH die *Desmethoxyverb.* von **XV** u. als Nebenprod. die von **XIII**. — Die UV-Spektren von **II**, **IV**—**VII**, *trans*-**VIII**, **IX**, **XIV** u. der Desmethoxyverbb. von **XIV** u. **XV** sind angegeben, ebenso die Infrarotspektren von **II**, **III**, **VI** u. **VII**.

V e r s u c h e (UV-Spektren in A.): *Vinylallenol* **VI**, $C_{21}H_{32}O_2$, $Kp._{0,001}$ 110—125°, n_D^{20} 1,5354, aus 10 g **III** durch 3std. Kochen oder 2—3tägiges Stehen mit 5%ig. methanol. NaOH; λ_{max} 229 mμ (ε = 24700); Ozonolyse liefert *Geronsäure* (44% [Ausbeute]) u. *Formaldehyd* (20%). — *Vinylallenol* **IX**, $C_{21}H_{32}O_2$, $Kp._{0,001}$ 105—120°, n_D^{20} 1,5223. Von dem aus Äthinyl-α-jonol mit 1-Chlor-2-methyl-4-methoxybuten-(2), analog dem in der 1. Mitt. (l. c.) beschriebenen Prod. aus Äthinyl-β-jonol erhaltenen α-Jonolanalogen von **III**, $C_{21}H_{32}O_2$, n_D^{20} 1,5048, wurden 52 g mit 10%ig. methanol. NaOH 3 Tage unter N_2 bei Raumtemp. stehengelassen; das aus dem Reaktionsgemisch mit PAe. extrahierte Prod. wurde dest; λ_{max} 227 mμ, ε = 19400; 32 g. — *Allen-Polyen* **VII**, $C_{21}H_{30}O$, n_D^{20} 1,628. 11,2 g **VI** wurden in Eisessig mit 0,1 g Hydrochinon unter N_2 2 Std. bei Raumtemp. stehen gelassen u. die mit PAe. extrahierte Lsg. aus PAe. an Al_2O_3 chromatographiert; das mit 20% Ae.-PAe. entwickelte Chromatogramm gab im ersten Eluat verunreinigtes **II** (3,6 g), die mit 3% Methanol u. 25% Ae. in PAe. eluierte nächste Fraktion lieferte 1,8 g **VII**; λ_{max} 229 u. 317,5 mμ (ε = 19200 u. 49400). Dehydratation von **VI** durch Kochen in Bzl. mit p-Toluolsulfonsäure (90 Min.) gab 45% rohes **VII**. — 16 g des durch Dehydratation mit p-Toluolsulfonsäure erhaltenen **VII** wurden in 1mol. alkoh. NaOH 4 Std. gekocht u. das mit PAe. extrahierte Prod. nach Dest. ($Kp._{0,001}$ 110—130°) in PAe. an Al_2O_3 chromatographiert; das Eluat der zweiten Zone lieferte **II**, $C_{21}H_{30}O$, $Kp._{0,002}$ 101—121°; n_D^{22} 1,601; λ_{max} 334 mμ u. 255 mμ (ε = 29500 u. 9600); 3 g Dehydratation von 3,2 g **IV** durch 24std. Stehen in Eisessig gab 2,9 g **II**. — Semihydrierung von **VI**: a) katalyt. Hydrierung: 31,6 g **VI** wurden in Methanol mit 10 cm³ Piperidin u. 0,5 g Zn-Acetat in Ggw. von RANEY-Ni hydriert, das erhaltene Prod., $C_{21}H_{34}O_2$, $Kp._{0,001}$ 110—120°, 22 g, wurde in Heptan an Al_2O_3 chromatographiert. Die Ae.-Heptan-Eluate lieferten 2,2 g **XI**, λ_{max} 235 mμ, 3,3 g **XII**, λ_{max} 240 mμ, u. 14,3 g des Prod. $C_{21}H_{34}O_2$, $Kp._{0,001}$ 107—110°; n_D^{20} 1,5175; λ_{max} 237 mε (ε = 18100). 10 g des vorst. Prod. wurden durch 2tägiges Stehen unter N_2 in Eisessig in Ggw. von etwas Hydrochinon dehydratisiert, das mit PAe. isolierte Prod., $C_{21}H_{32}O$, $Kp._{0,001}$ 110—125°, 8,4 g, λ_{max} 301, 318, 322, 348, 367 mμ, erwies sich auf Grund der Maxima als ein aus cis- u. trans-**VIII** (301 u. 318 mμ) u. aus **XIII** bestehendes Gemisch, das an Al_2O_3 chromatographiert 12% *Anhydrovitamin A*, 37% **XIII** u. 4,5% **XV** lieferte. Wurde das

Dehydratationsprod. vor der chormatograph. Reinigung 6 Std. mit 2mol. alkoh. NaOH gekocht, entstand nur **XIII**. b) $Cr(OH)_2$-Red.: Zu 55 g NaOH in W.–A. wurden unter Rühren unter N_2 20,8 g **VI** zugegeben u. anschließend 90 g Cr-Acetat nach 5tägigem Rühren wurde mit Ae. verd., das Filtrat über K_2CO_3 getrocknet, dest. u. chromatographiert; $C_{21}H_{34}O_2$, $Kp._{0,001}$ 112—114°; n_D^{20} 1,5224; λ_{max} 241,5 mμ (ε = 24300). 5,4 g wurden in Eisessig (s. o.) dehydratisiert; das dest. u. chromatographierte Prod., $C_{21}H_{32}O$, $Kp._{0,001}$ 115—120°, n_D^{20} 1,62, λ_{max} 332, 347, 367 mμ, wurde als ein Gemisch von 5,5% *Anhydrovitamin A*, 46% **XIII** u. 4,5% **XV** identifiziert. c) $LiAlH_4$-Red.: Eine Lsg. von 31,6 g **VI** in Ae. wurde mit $LiAlH_4$ 6 Std. gekocht, bei —20° mit 70%ig wss. Methanol hydrolysiert u. das nach üblicher Aufarbeitung erhaltene Öl aus PAe. an Al_2O_3 chromatographiert. Das mit 20—30%ig. Ae. in PAe. erhaltene erste Eluat lieferte 4 g **XV**, $C_{21}H_{32}O$, n_D^{20} 1,611; λ_{max} 324,5° mμ (ε = 50300). Aus dem nächsten Eluat (mit 30—50%ig. Ae. in PAe.) wurden 8 g *Desmethoxyverb.* von **X**, $C_{20}H_{32}O$, $Kp._{0,001}$ 102—105°, n_D^{25} 1,5231. λ_{max} 233—236 mμ, u. 4,7 g **XII**, $C_{21}H_{34}O_2$, $Kp._{0,001}$ 110—120°, n_D^{20} 1,5290, λ_{max} 240 mμ (ε = 24600), isoliert. — Dehydratation von 4,7 g **XII** durch 20std. Stehen in 2,5%ig. K-Acetat–Eisessig lieferte 3,2 g **VIII**, $C_{21}H_{32}O$, n_D^{20} 1,630, λ_{max} 348 mμ (ε = 45100). — 25 g **XI** wurden in 1mol. alkoh. NaOH 3 Std. gekocht u. 10,4 g des erhaltenen Prod., $C_{21}H_{34}O_2$, $Kp._{0,001}$ 110—125°, n_D^{20} 1,5235, λ_{max} 238 mμ (ε = 19300), in PAe. an Al_2O_3 chromatographiert. Die mit 20% Ae. in Isoheptan eluierten Fraktionen lieferten 2 g 4.5-cis-**XII**, 2,8 g 4.5-trans-**XII** u. als Hauptprod. 5 g eines Prod. (Gemisch von **XII** u. **XI**), das in 10%ig. K-Acetat–Eisessig zu 4.5-cis- u. -trans-**VIII**, $C_{21}H_{32}O$, $Kp._{0,001}$ 110—130°, n_D^{20} 1,601, λ_{max} 348 mμ (ε = 28600), dehydratisiert wurde. — **XIV**, $C_{21}H_{32}O$, $Kp._{0,002}$ 105 bis 115°, n_D^{20} 1,5578: 10,6 g **X** wurden in Methanol mit 0,9 cm³ konz. HCl unter N_2 3 Std. bei Raumtemp. stehengelassen; in PAe. wurde an Al_2O_3 chromatographiert; die mit 5—20% Ae. in PAe. eluierten Fraktionen lieferten 5,8 g **XIV**, λ_{max} 286 mμ (ε = 29300). — *Retrovitamin-A-Methyläther* (**XIII**), $C_{21}H_{32}O$, aus 5 g **XIV** in 10%ig. äthanol. NaOH durch 3std. Kochen u. chromatograph. Aufarbeitung; λ_{max} 348 mμ (ε = 45800); 3 g. — 5,6 g Desmethoxyverb. von **XIV** wurden in 10%ig. alkoh. NaOH 3½ Std. gekocht; die mit PAe. extrahierte Lsg. wurde an Al_2O_3 chromatographiert u. mit 2%ig. Ae.–PAe. eluiert. Die erste Fraktion lieferte den *Vitamin-A-KW-stoff*, die Desmethoxyverb. von **XV**, $C_{20}H_{30}$, n_D^{20} 1,6035, λ_{max} 323 mμ (ε = 34000) (3,2 g) u. die 2. Fraktion 0,9 g *Desmethoxyverb.* von **XIII**, $C_{20}H_{30}$, λ_{max} 348,5 mμ (ε = 38700). (J. Amer. chem. Soc. **75**. 1050—58. 5/3. 1953. Raritan, N. J., Ortho Res. Foundation, Div. of Organ. Chem.) G. SCHORRE. 3550

Yves-René Naves und **Jean Lecomte**, *Untersuchungen über flüchtige Pflanzenstoffe*. 134. Mitt. *Infrarotabsorptionsspektren von Jononen und Methyljononen.* (130. vgl. C. **1955**. 11394; 133. vgl. Bull. Soc. chim. France, Mém. [5] **1954**. 667.) Vff. diskutieren die Infrarotspektren von α- u. *β-Jonon*, *Isomethyl* (2^2-*Methyl*)-α- u. -*β-jonon*, *n-Methyl* (2^4-*Methyl*)-α- u. -*β-jonon* u. von ihren *Semicarbazonen* u. *2.4-Dinitrophenylhydrazonen*, deren Darst. früher (C. **1953**. 3890, 4046 u. **1954**. 3475) beschrieben wurde. Die einzelnen Banden werden den einzelnen Strukturelementen zugeordnet u. die Verschiebungen gegenüber den n. Frequenzen auf die Beeinflussung durch benachbarte Gruppen (Konjugation der CO-Gruppe mit der Doppelbindung in der Seitenkette u. bei den β-Jononen auch mit der Doppelbindung im Ring, ster. Hinderung durch die 2^2-Methylgruppe in den Isomethyljononen) zurückgeführt. In den Derivv. sind die Unterschiede im Spektr. zwischen den Verbb. der α- u. denen der β-Reihe weniger ausgeprägt als bei den Ketonen selbst. Die Methylsubstitution in der Seitenkette verändert die Spektren gegenüber denen von α- u. β-Jonon in charakterist. Weise u. stärker als die Methylsubstitution an $C_{(6)}$ des Ringes bei den Ironen. (Bull. Soc. chim. France, Mém. [5] **1954**. 964—67. Juli/Aug. Vernier-Genf, L. Givaudan et Cie., S. A., Labors. de Rech., u. Paris, Sorbonne, Labor. de Rech. phys.) I. SPAETH. 3600

Yves-René Naves, Pierre Ardizio und **Claude Favre**, *Untersuchungen über flüchtige Pflanzenstoffe*. 135. Mitt. *Über die Synthese von Ironen aus dem Thujaketon von Wallach.* (134. vgl. vorst. Ref.) Vff. wiederholen die von GRÜTTER, HELG u. SCHINZ (C. **1953**. 3406) beschriebene *Ironsynth.* aus *Thujaketon* [**I**; *2-Methyl-3-methylenheptanon-(6)*]. Das verwendete **I** war frei vom isomeren 2.3-Dimethylhepten-(2)-on-(6) u. das aus **I** erhaltene *Isopseudoiron* (**II**; Stereoisomerengemisch) frei von Pseudoiron (**III**). Die Cyclisierung von **II** mit H_3PO_4, H_2SO_4 bzw. BF_3 gab die gleichen Ergebnisse wie die von **III** (vgl. 127. Mitt., C. **1955**. 11393), auch die Stereospezifizität von BF_3 bei der Bldg. von *α-Iron* [*cis-(2.6)-α-Iron*] war von der gleichen Größenordnung. Vff. nehmen daher an, daß sich das aus **II** bei der Protonisierung zu erwartende Carboniumion **IV** zu dem zu **III** gehörenden Carboniumion **V** isomerisiert,

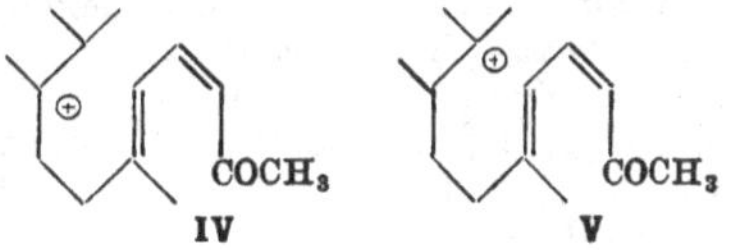

IV V

das sich dann sehr schnell cyclisiert, da aus den Cyclisierungsgemischen unverändertes **II**, aber kein **III** isoliert werden konnte. Auch bei den nebenher erfolgenden Cyclisierungen vom „Menthantyp" (vgl. 124. Mitt., C. **1954**. 4164) ist die intermediäre Bldg. von **III** anzunehmen, da **II** zu Cyclohepten- oder Cyclopentenderivv. führen müßte.

Versuche (FF. korr.): *Thujon*, Kp.$_{2,2}$ 46—48°, durch fraktionierte Dest. des Öls von Thuya occidentalis L. (D.$^{20}_4$ 0,9147, n_D^{20} 1,4570, $[\alpha]_D$ —12,12°); D.$^{20}_4$ 0,911 bis 0,920, n_D^{20} 1,4518—1,4550, $[\alpha]_D$ —17 bis —25,9°, 79% Ketongehalt. — *α-Thujaketosäure*, F. 74—76° (Ae.-PAe.), aus 8464 g vorst. Prod. durch $KMnO_4$-Oxydation; 4317 g; *Benzylthiuroniumsalz*, F. 147—147,5°; daneben 1574 g Neutralfraktion u. 925 g eines Gemischs von fl. Säuren u. Lactonen. — *Thujaketon* (**I**), Kp.$_{20}$ 40—42°, aus 4300 g vorst. Säure durch Erhitzen auf 275—325°; D.$^{20}_4$ 0,8539, n_D^{20} 1,43920; 3200 g; daneben 108 g Intermediärfraktion [enthält *2.3-Dimethylhepten-(2)-on-(6)*, Kp.$_2$ 43—45°], 640 g *β-Thujaketosäureenollacton* enthaltende Fraktion u. 290 g vom Kp.$_{2,4}$ 144—149°, daraus 204 g *Kristalle* $C_{10}H_{16}O_3$, F. 48—49° (PAe.); *Benzylthiuroniumsalz*, F. 139—139,5° (30%ig. A.); *Semicarbazon*, $C_{11}H_{19}O_3N_3$, F. 207,5—208° (Zers.; A.). — *Methyläthinyl-[4-methyl-3-methylenamyl]-carbinol* (*Isodehydro-3-methyllinalool*), $C_{11}H_{18}O$, Kp.$_{20}$ 63—64°, durch Kondensation von **I** mit C_2H_2; D.$^{20}_4$ 0,8756, n_D^{20} 1,45920; 76,2% (Ausbeute); daneben 7,7% *symm.-Glykol* (Kp.$_2$ 170—171°, n_D^{20} 1,4816—1,4824). — *Iso-3-methyllinalool* (*Methylvinyl-[4-methyl-3-methylenamyl]-carbinol*), $C_{11}H_{20}O$, Kp.$_{1,8}$ 61—62°, durch Hydrierung (20°, n. Druck, Pd-Kohle) vorst. Verb. bis zur Aufnahme von 1 Mol H_2; D.$^{20}_4$ 0,8614, n_D^{20} 1,45888. *Phenylurethan*, $C_{18}H_{25}O_2N$, F. 77—78° (A.). — *Dihydroiso-3-methyllinalool* (*Methyläthyl-[4-methyl-3-methylenamyl]-carbinol*), $C_{11}H_{22}O$, Kp.$_{2,5}$ 72—73°, durch Hydrierung (A., RANEY-Ni, 20°, n. Druck) vorst. Verb.; D.$^{20}_4$ 0,8524, n_D^{20} 1,45080. — *Iso-3-methylcitral* (Stereoisomerengemisch), $C_{11}H_{18}O$, Kp.$_{2,1}$ 88—90°, durch Oxydation vorvorst. Verb.; D.$^{20}_4$ 0,8902—0,8920, n_D^{20} 1,4818—1,4832. *Semicarbazon*, $C_{12}H_{21}ON_3$, F. 179,5—181° (A.), daneben Fraktionen vom F. 143—146° u. 126—134°. *2.4-Dinitrophenylhydrazon*, $C_{17}H_{22}O_4N_4$, F. 129,5—130,5°, daneben Fraktionen vom F. 103—107° u. 105—108°. — *Isopseudoiron* [**II**; *2.6-Dimethyl-3-methylenundecadien-(6.8)-on-(10)*], $C_{14}H_{22}O$, Kp.$_{2,2}$ 125—128°, aus 460 g vorst. Prod. u. Aceton in Ggw. von 30%ig. NaOH (4 Std. bei 25—30°); D.$^{20}_4$ 0,8932—0,8948, n_D^{20} 1,5200—1,5231; 340 g. *Semicarbazon*, $C_{15}H_{25}ON_3$, F. 160,5—161° (A.), daneben Fraktionen vom F. 115—125°. *2.4-Dinitrophenylhydrazon*, $C_{20}H_{26}O_4N_4$, F. 148—149°, daneben Fraktionen vom F. 135 bis 140°. Aus dem Nachlauf von **II** wurden 4,5% eines *Prod.* $C_{14}H_{22}O$ *vom Kp.*$_{2,4}$ *146 bis 148°* isoliert, D.^{20} 0,9322, n_D^{20} 1,52976. — Die Cyclisierungen von **II** wurden in der l. c. beschriebenen Weise durchgeführt; die Zus. der erhaltenen *Irongemische* wurde durch die Infrarotspektren, durch die n_D^{20}/D.$^{20}_4$-Destillationsdiagramme u. durch den Vgl. mit authent. Präpp. bestimmt. (Bull. Soc. chim. France, Mém. [5] **1954**. 968—77. Juli/Aug.)

I. SPAETH. 3600

Yves-René Naves und **Jean Lecomte**, *Untersuchungen über flüchtige Pflanzenstoffe*. 136. Mitt. *über die Infrarotabsorptionsspektren der Menthone und Menthole*. (135. vgl. vorst. Ref.) Die Infrarotspektren von *Menthon* (**I**; *trans-p-Menthanon*, $[\alpha]_D^{20}$ —28,55°), *Isomenthon* (**II**; *cis-p-Menthanon*, $[\alpha]_D^{20}$ —93,85°) zwischen 5 u. 15 μ u. von *Menthol* {**III**; *DL-Form* [E. 35,2°] u. *L-Form* [F. 43°, $[\alpha]_D$ —49,44° (c = 4 in A.), —44,64° (c = 4 in Bzl.)]}, *Isomenthol* {**IV**; *DL-Form* [F. 53—54°] u. *D-Form* [F. 82,5—83°, $[\alpha]_D$ +26,16° (c = 4 in A.), +23,8° (c = 4 in Bzl.)]}, *Neomenthol* (*DL-Form*, F. 52°) u. *Neoisomenthol* (*DL-Form*, F. 13—13,5°) zwischen 2,8 u. 15 μ wurden aufgenommen. Die charakterist. Banden von **I** liegen bei 1247, 1202, 1095, 1045, 898, 866, 839 u. 750 cm^{-1}, die von **II** bei 1228, 1169, 1078, 1024, 879, 834, 798 u. 770 cm^{-1}. Die Infrarotspektren der opt.-akt. u. der rac. Formen von **III** bzw. **IV** unterscheiden sich nicht wesentlich voneinander. Die 4-Menthole haben zwischen 2,8 u. 3,5 μ einander sehr ähnliche Spektren (C–H-Schwingungen), dagegen liegen die OH-Banden verschieden. Vff. versuchen, für **I** u. **II** durch Vgl. mit den Spektren einfacherer Cyclohexanderivv. u. mit den entsprechenden RAMAN-Frequenzen eine Zuordnung der einzelnen Banden zu geben; für die komplizierteren Menthole scheint dies nicht möglich. Die Infrarotspektren können zur Analyse von Gemischen von **I** u. **II** bzw. der 4-Menthole dienen. (Bull. Soc. chim. France, Mém. [5] **1955**. 792—97. Juni.)

I. SPAETH. 3600

S. A. Knight und **J. F. McGhie**, *Versuche an der Seitenkette von Euphadienol*. Bei der Oxydation der *Acetylverb.* (**I**, R = CH_3CO) von *Euphadienol* (**I**, R = H) mit CrO_3 in CH_3COOH u. anschließender Methylierung entsteht *3-Acetoxy-7.11-diketotrisnoreuphaen-(8)-säuremethylester* (**II**, R = CH_3CO, R' = CH_3), $C_{30}H_{44}O_6$, F. 163—164°; $[\alpha]_D$ +15° (c = 0,7) (alle $[\alpha]_D$ in Chlf.); λ_{max} 272 mμ (log ε = 3,9). Ebenso gibt **I** (R = Benzoyl) *3-Benzoyloxy-7.11-diketotrisnoreuphaen-(8)-säure* (**II**, R = Benzoyl, R' = H), $C_{34}H_{44}O_6$, F. 203—204°; $[\alpha]_D$ +44° (c = 0,5), λ_{max} 272—273 mμ (log ε = 4,0). *Methylester* (**II**, R = Benzoyl, R' = CH_3), $C_{35}H_{46}O_6$, F. 164—165°; $[\alpha]_D$ + 44,5° (c = 0,4);

λ_{max} 272 mμ (log ε = 3,9). — Red. von II (R = H, R' = CH_3) mit Zn-Staub in CH_3COOH liefert *3-Oxy-7.11-diketotrisnoreuphansäuremethylester* (III, R = H, R' = CH_3), $C_{28}H_{44}O_5$, F. 166—168°; $[\alpha]_D$ —142° (c = 0,9). Entsprechend gibt II (R = CH_3CO, R' = CH_3) *3-Acetoxy-7.11-diketotrisnoreuphansäuremethylester* (III, R = CH_3CO, R' = CH_3), $C_{30}H_{46}O_6$, F. 216—218°, $[\alpha]_D$ —116° (c = 0,4), u. II (R = Benzoyl, R' = H) *3-Benzoyloxy-7·11-diketotrisnoreuphansäure* (III, R = Benzoyl, R' = H), $C_{34}H_{46}O_6$, F. 195—197°;

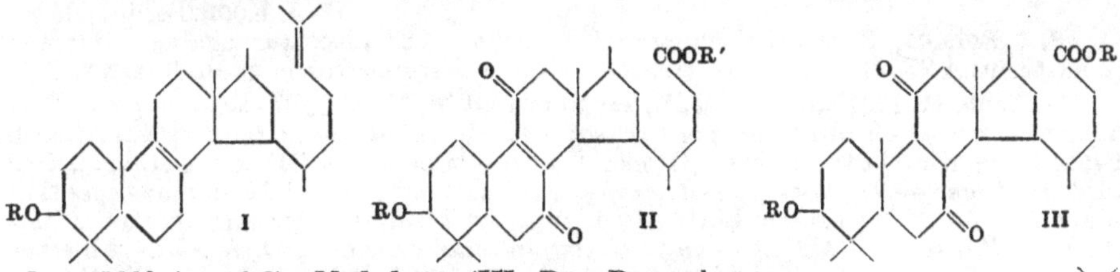

$[\alpha]_D$ —100° (c = 0,2). *Methylester* (III, R = Benzoyl, R' = CH_3), $C_{35}H_{48}O_6$, F. 191—192°, $[\alpha]_D$ —98° (c=0,3). — Oxydation von *Euphaen-(8)-ylacetat* (IV) mit CrO_3 u. $K_2S_2O_8$ in CH_3COOH liefert ein wohlriechendes, flüchtiges Öl, das in ein Gemisch von 2.4-Dinitrophenylhydrazonen übergeführt wurde, welches durch Chromatographie in *Aceton-2.4-dinitrophenylhydrazon* u. das *6-Methylheptanon-(2)-2.4-dinitrophenylhydrazon*, $C_{14}H_{20}O_4N_4$, F. 77°, λ_{max} 366 mμ, log ε = 4,36 (in Chlf.), getrennt wurde. — 3std. Behandlung von III (R = CH_3CO, R' = CH_3) mit alkoh. Alkali, erneute Acetylierung u. Methylierung liefert II (R = $CH_3 \cdot CO$, R' = CH_3, l. c.), was auf die cis-Stellung der H-Atome in III hinweist. Aus gleichem Grund wird III (R = Benzoyl, R' = CH_3) durch SeO_2 in sehr guter Ausbeute zu II (R = Benzoyl, R' = CH_3) dehydriert bzw. *7.11-Diketoeuphanylacetat* zu *7.11-Diketoeuphaen-(8)-ylacetat.* (Chem. and Ind. **1954.** 24—25. 2/1. London, Chelsea Polytechnic, Dep. of Chem.) W. KINDSCHER. 3600

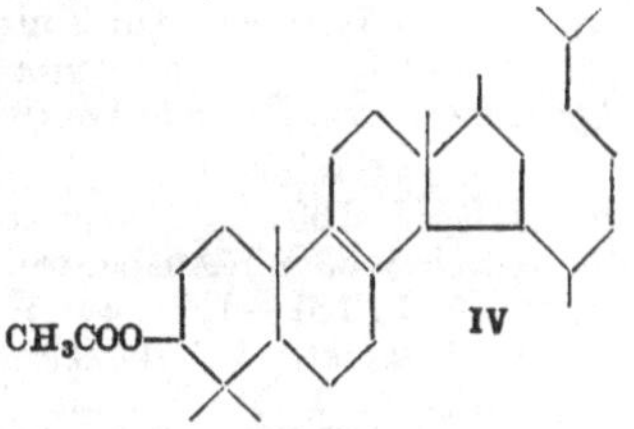

J. B. Ziegler, W. E. Rosen und **A. C. Shabica,** *Die Stereochemie von Steroidsapogeninen.* Pseudodiosgenin [F. 165—168°, $[\alpha]_D^{25}$ —39° (c = 1 in Chlf.)] wird durch milde Säurebehandlung in *Neodiosgenin* (I; F. 197—201°, $[\alpha]_D$ —122° [c = 1 in Chlf.]) verwandelt, das bei stärkerer Säureeinw. in *Diosgenin* (II; F. 208 bis 211°) übergeht. Auf Grund des angenommenen Reaktionsmechanismus, Angriff eines solvatisierten Protons an der ster. weniger gehinderten Rückseite des Mol., wird zunächst das kinet. bevorzugte, aber thermodynam. weniger stabile I gebildet, das dann unter doppelter Isomerisierung an $C_{(20)}$ u. $C_{(22)}$ in das stabilere II übergeht. — Diskussion der Infrarotspektren an Hand bekannter analoger Umwandlungen. (J. Amer. chem. Soc. **76.** 3865—66. 20/7. 1954. Summit, N. J., Ciba Pharmaceut. Prodd., Inc., Res. Dep.) H.-J. KOCH/Berlin. 3650

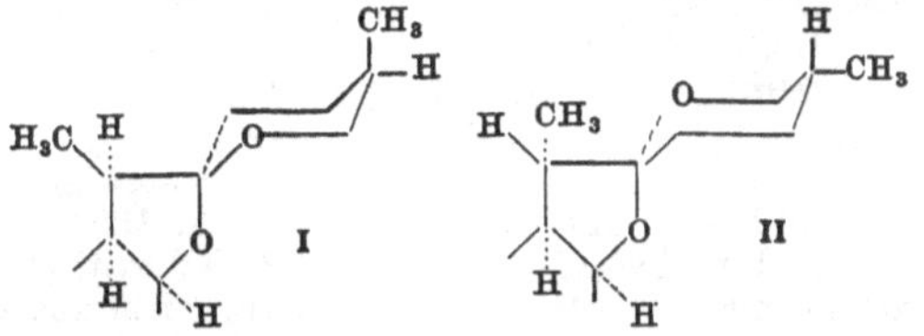

Frederick C. Uhle, *Die Umwandlung von Pseudosapogeninen in Steroidalkaloide.* Pseudosarsasapogenin (I) liefert durch Behandlung mit p-Toluolsulfonylchlorid u. Pyridin, dann mit NaJ in Diäthylketon das *Jodderiv.* $C_{27}H_{43}O_2J$, F. 60—62°, das mit Phthalimid-K in Dimethylformamid in das *Phthalimidoderiv.* II ($C_{35}H_{47}O_4N$, F. 187 bis

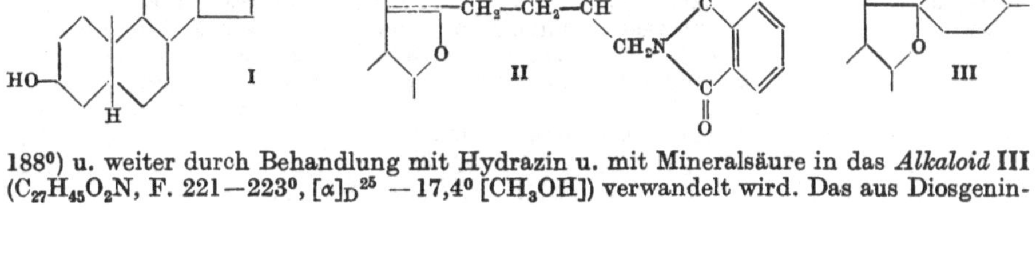

188°) u. weiter durch Behandlung mit Hydrazin u. mit Mineralsäure in das *Alkaloid* III ($C_{27}H_{45}O_2N$, F. 221—223°, $[\alpha]_D^{25}$ —17,4° [CH_3OH]) verwandelt wird. Das aus Diosgenin-

acetat oder Diosgenin mit sd. Buttersäureanhydrid erhaltene *Pseudodiosgenin-3-acetat-27-butyrat* ($C_{33}H_{50}O_5$, F. 117—118°) bzw. *Pseudodiosgenindibutyrat* ($C_{35}H_{54}O_5$, F. 78—79°, $[\alpha]_D^{26}$ —16,8° [CH_3OH]) gibt bei alkal. Hydrolyse bei 25° *Pseudodiosgenin*, F. 161—162°, das in analoger Reaktionsfolge in *Solasodin* ($C_{27}H_{43}O_2N$, F. 200—201°, $[\alpha]_D^{25}$ —118° [Chlf.]; *Hydrochlorid*, $C_{27}H_{44}O_2NCl$, F. 288—290°) übergeführt wird. (J. Amer. chem. Soc. **76**. 4245—46. 20/8. 1954. Boston, Mass., Harvard Med. School, Dep. of Pharmacol.)
H.-J. KOCH/Berlin. 3650

P. I. Forsius, *Über Steroidhormone*. Übersicht. — 24 Literaturangaben. (Suomen Kemistilehti A **27**. 215—25. 1954. Helsinki, Valtion Seerumlaitos.) S. BECKMANN. 3750

D. Taub, R. H. Pettebone, N. L. Wendler und **M. Tishler**, *Umwandlung von Corticoidseitenketten. Umwandlung von Cortison und Hydrocortison in Corticosteron.* Durch Behandlung von Cortisonacetat (I) oder Hydrocortisonacetat (II) mit methanol. HCl wird *Δ^4-Pregnen-3.11.20-trion-21-aldimethylacetal* (III) bzw. dessen *11β-Oxyanaloges* (**IV**) gewonnen, die beide bei der $LiAlH_4$-Red. zum *Triol* u. anschließender Oxydation mit MnO_2 *Δ^4-Pregnen-11β.20β-diol-3-on-21-aldimethylacetal* geben. Der *freie Aldehyd* hieraus wird durch Isomerisierung mit Pyridin oder besser durch Behandlung der *Bisulfitverb.* mit $NaOCH_3$ in *Corticosteron* verwandelt. Das auf anderem Wege bereitete *$\Delta^{9,11}$-Anhydroderiv.* von **IV** tritt bei der Überführung von **II** in **IV** nicht als Nebenprod. auf.

Versuche ($[\alpha] = [\alpha]_D$ in Aceton): *Δ^4-Pregnen-3.11.20-trion-21-aldimethylacetal* (III), F. 160—162° (Aceton–Ae.), aus I u. 0,52n methanol. HCl (48 Std. bei 25°); $[\alpha]$ +218°; 83% (Ausbeute). — *Δ^4-Pregnen-11β-ol-3.20-dion-21-aldimethylacetal* (**IV**), $C_{23}H_{34}O_5$, F. 131—133°, aus **II** analog **III**; nach Chromatographie aus Aceton–Ae. rechteckige Prismen; $[\alpha]$ +204°; 51%. — *$\Delta^{4,9,11}$-Pregnadien-3.20-dion-21-aldimethylacetal*, $C_{23}H_{32}O_4$, F. 77,5—79°, aus $\Delta^{4,9,11}$-Pregnadien-17α.21-diol-3.20-dion-21-acetat u. 0,5n methanol. HCl (18 Std. bei 25°), dann mit Chlf. u. 1,25n methanol. HCl weitere 24 Std.; nach Chromatographie aus Ae.–PAe. Nadelbüschel; $[\alpha]$ +146°; 55%. — *Δ^4-Pregnen-11β.20β-diol-3-on-21-aldimethylacetal*, F. 157,5—158,5°, a) aus **III** u. $LiAlH_4$ in Tetrahydrofuran (75 Min. kochen) u. anschließend Oxydation mit MnO_2 in Bzl. (über Nacht bei 25°); aus Aceton–Ae. Nadeln; $[\alpha]$ +81,6°; 75%; b) analog aus 100 mg **IV**; 70 mg. — *Δ^4-Pregnen-11β.20β-diol-3-on-21-al*, F. 165—175° (Äthylacetat), aus 1,00 g vorst. Verb. u. 50%ig. wss. Essigsäure (3 Std. bei 90—95°); 990 mg. *$NaHSO_3$-Addukt*, $C_{21}H_{31}O_7SNa$, F. 165° (Zers.; A.); 63%. — *Corticosteron*, $C_{21}H_{30}O_4$, F. 179—182°, a) aus vorst. Aldehyd u. sd. Pyridin (5½ Std.); 20%; b) aus vorst. Bisulfitverb. u. $NaOCH_3$ in CH_3OH (½ Std. bei 22°); 60%. (J. Amer. chem. Soc. **76**. 4094—97. 20/8. 1954. Rahway, N. J., Merck & Co., Inc., Res. Labors.)
H.-J. KOCH/Berlin. 3750

William R. Nes und **Erich Mosettig**, *Die Anthrasteroidumlagerung*. 1. Mitt. *Bildung und Strukturbeweis von Anthraergostapentaen.* (Vorl. Mitt. vgl. C. **1954**. 8123.) Die Struktur des aus Dehydroergosterylacetat in Chlf. in Ggw. von HCl (<0,07 mol.) bei 23° gebildeten *KW-stoffs $C_{28}H_{40}$* (I, F. 105—107°), der l. c. als 1.2.3.4.7.8-Hexahydro-3'-[5.6-dimethyl-Δ^3-heptenyl-(2)]-2.10-dimethylcyclopentano-[1'.2':1.2]-anthracen bezeichnet wurde, als symm.-Oktahydroanthracenderiv. mit einer Doppelbindung in Konjugation zum aromat. Kern u. unveränderter einfach ungesätt. Ergosterinseitenkette wird auf Grund der Diskussion seines UV-Spektr. sowie durch Vgl. des UV-Spektr. seines *Tetrahydroderiv.* (II, F. 106—107°; vgl. l. c.) mit dem von 9-Methyl-symm.-oktahydroanthracen u. -phenanthren bewiesen, doch wird in der vorliegenden Arbeit die Stellung der konjugierten Doppelbindung, der CH_3-Gruppe u. der Seitenkette am Cyclopentanring nicht festgelegt. Da die Verbb. gleichzeitig die Eigg. eines Anthracen- u. eines Steroidderiv. zeigen, wird für den perhydrierten Grundkörper der Name „*Anthrastan*" u. für die Verbb. mit einer Ergosterin- bzw. Cholesterinseitenkette die Namen „*Anthraergostan*" bzw. „*Anthracholestan*" vorgeschlagen. Die Umlagerung selbst wird als „Anthrasteroidumlagerung" bezeichnet. Nach dieser Nomenklatur ist I *Anthraergostapentaen* u. II *Anthraergostatrien*. Bei der Dehydrierung von I oder II mit Pd-Kohle wird ein vollaromat. *Methylcyclopentanthracen $C_{27}H_{34}$* erhalten. Unter gleichen Bedingungen werden aus Neoergosterin ohne Umlagerung nur ein *Phenanthren-* u. ein *Naphthofluorenderiv.* erhalten. Zum weiteren Strukturbeweis wird die l. c. erwähnte Oxydation von I mit HNO_3 zu *1-Methyl-2.3.5.6-tetracarboxybenzol* (vgl. nachst. Mitt.) bzw. zu *Pentacarboxybenzol* herangezogen. Die Anthrasteroidumlagerung verläuft in gleicher Weise auch in der 10-Epireihe: Die bei der Dehydrierung von 10-Epi-$\Delta^{5,7}$-cholestadienylacetat nur im Gemisch mit diesem erhaltene *$\Delta^{9,11}$-Dehydroverb.* liefert bei der Umlagerung *Anthracholestatetraen.* Ergosterylacetat gibt unter den Bedingungen der Anthrasteroidumlagerung nur B-Isomere, vorwiegend *Ergosteryl-B_1-acetat.*

Versuche (FF. nach KOFLER; $[\alpha] = [\alpha]_D^{20}$ in 1%ig. Lsg. in Chlf.): *Methylcyclopentanthracen $C_{27}H_{34}$*, Öl, aus I (oder II) u. 5%ig. Pd-Kohle (je 2½ Std. bei 220 bis 300° u. bei 300°) u. wiederholte Chromatographie an Al_2O_3; daneben wenig blaßgelbe *Kristalle vom F. 179—182°* (Aceton). — *Phenanthrenderiv.* $C_{26}H_{32}$, F. 105° (unscharf), aus Neoergosterin u. 5%ig. Pd-Kohle (1½ Std. bei 240—300° u. 6 Std. bei 300°) u. Chromatographie; nach Elution mit 5%ig. Bzl.-PAe. aus Aceton-CH_3OH Kristallbüschel; 15—20% (Ausbeute), daneben durch Elution mit Bzl. *5-[3-Methylbutyl-(2)]-7-methylnaphtho-[2'.1':1.2]-fluoren* (?), $C_{27}H_{26}$, F. 210—212°, aus Aceton Nadeln. — *Pentacarboxybenzolpentamethylester*, $C_{16}H_{16}O_{10}$, F. 147—148°, aus I u. 70%ig. HNO_3 (20 Std. bei 195°) u. Veresterung mit CH_2N_2; aus CH_3OH u. CH_3OH-W. Nadeln. — *10-Epi-$\Delta^{5.7.9.11}$-cholestatrienylacetat*, $C_{29}H_{44}O_2$, F. 129—131° (nach UV-Spektr. 20%ig.), aus 10-Epi-$\Delta^{5.7}$-cholestadienylacetat in sd. CCl_4-A. u. Hg(II)-Acetat (2 Std.); aus Aceton-CH_3OH Schuppen. — *Anthracholestatetraen*, $C_{27}H_{40}$, F. 114—115°, aus 0,52 g vorst. Gemischs in Chlf. in Ggw. von HCl (30—60 Min. Stehen) u. Chromatographie; aus Aceton-CH_3OH Rosetten; $[\alpha]_D$ —35°; 17 mg. — Die UV-Absorptionsmaxima aller Verbb. sind angegeben. (J. Amer. chem. Soc. **76**. 3182—86. 20/6. 1954. Bethesda, Md., Nat. Inst. of Health, Nat. Inst. of Arthritis and Metabol. Diseases.)

H.-J. KOCH/Berlin. 3750

William R. Nes und **Erich Mosettig.** *Die Anthrasteroidumlagerung.* 2. Mitt. *Der Strukturbeweis von 1-Methyl-2.3.5.6-tetracarboxybenzol.* (1. vgl. vorst. Ref.) Dehydroergosterylacetat (I) u. 9-Methyl-symm.-oktahydroanthracen (II) liefern bei der Oxydation mit HNO_3 dieselbe Säure, die danach *1-Methyl-2.3.5.6-tetracarboxybenzol* sein muß. Dagegen wird aus *9-Methyl-symm.-oktahydrophenanthren* (III) immer *Pentacarboxybenzol* erhalten; wahrscheinlich beruht die leichtere Angreifbarkeit der Methylgruppe in III auf einer verminderten ster. Hinderung bei nur einer besetzten o-Stellung. Die Synth. von III aus 9-Phenanthroesäure (IV) wird beschrieben.

Versuche (FF. nach KOFLER): *1-Methyl-2.3.5.6-tetracarboxybenzoltetramethylester*, $C_{15}H_{16}O_8$, F. 122—124°, a) aus 2,0 g I u. 70%ig. HNO_3 (16 Std. kochen) nach INHOFFEN (Liebigs Ann. Chem. **494**. [1932.] 122) u. Rk. mit CH_2N_2; aus CH_3OH-W. Nadeln; 115 mg (Ausbeute); b) analog aus 0,77 g II; 0,12 g (rohe Säure). — *Pentacarbomethoxybenzol*, $C_{16}H_{16}O_{10}$, F. 149—150°, aus 2,0 g III analog vorst. Verb.; 0,45 g (rohe Säure). — *9 Carbomethoxyphenanthren*, F. 114—116°, aus IV in CH_3OH u. HCl; aus Aceton-CH_3OH Nadeln; 62%. — *9-Carbomethoxy-symm.-oktahydrophenanthren*, F. 48—49° (CH_3OH), aus vorst. Verb. in Eisessig u. H_2 über ADAMS-Katalysator; 77%. — *9-Oxymethyl-symm.-oktahydrophenanthren*, $C_{15}H_{20}O$, F. 75—76° (seidige Nadeln aus PAe.) bzw. F. 82—83° (Prismen), aus vorst. Verb. u. $LiAlH_4$ in Ae.; 92%. — *9-Chlormethyl-symm.-oktahydrophenanthren*, F. 56,5—57,5° (PAe.), aus vorst. Verb. in Bzl. u. HCl in Ggw. von $CaCl_2$. 94%. — *9-Methyl-symm.-oktahydrophenanthren* (III), $C_{15}H_{20}$, $Kp._{0,8-0,9}$ 131—132°, aus vorst. Verb. in Eisessig u. H_2 über ADAMS-Katalysator; 71%. — *9-Methyl-symm.-oktahydroanthracen* (II), F. 50,5—51,5°, aus symm. Oktahydroanthracen nach BADGER u. Mitarbeitern (C. **1950**. I. 1845) über *9-Chlormethyl-symm.-oktahydroanthracen* (F. 90 bis 91°); Schuppen. — Die UV-Absorptionsmaxima aller Verbb. sind angegeben. (J. Amer. chem. Soc. **76**. 3186—88. 20/6. 1954.)

H.-J. KOCH/Berlin. 3750

Yasuo Abe, Tadatsugu Harukawa, Hisashi Ishikawa, Takuichi Miki, Masao Sumi und **Tadashi Toga**, *Santonin.* 1. Mitt. *Die Synthese von 2 optisch-inaktiven Stereoisomeren von Santonin.* 10. Mitt. *Untersuchungen über Anthelminthica.* Da die Kondensation von α-[2-Oxy-3-keto-4-methylformylcyclohexyl]-propionsäurelacton (I) mit Methyläthylketon nicht ausgeführt werden konnte, weil es nicht möglich war, die Ausgangssubstanz für I, *α-[2-Oxy-3-ketocyclohexyl]-propionsäurelacton* zu erhalten, wurde α-[3-Ketocyclohexyl]-propionsäuremethylester mit Äthylformiat in Ggw. von Na zu *α-[3-Keto-4-oxymethylencyclohexyl]-propionsäuremethylester* kondensiert, dieser über Pd-Kohle zu *α-[3-Keto-4-methylcyclohexyl]-propionsäuremethylester* red., danach mit 1-Diäthylaminopentanon-(3)-methojodid (II) in Ggw. von $NaNH_2$ kondensiert u. dann in Ggw. von $NaOCH_3$ zu *α-[3-Keto-4.9-dimethyl-1.2.3.5.6.7.8.9-oktahydronaphthyl-(6)]-propionsäuremethylester* cyclisiert. In besserer Ausbeute gelingen die beiden letzten Schritte in einer Rk. in Ggw. von $NaOCH_3$. Verseifung führte zu einem stereoisomeren Säuregemisch, aus dem von den 4 möglichen rac. Modifikationen der *α-[3-Keto-4.9-dimethyl-1.2.3.5.6.7.8.9-oktahydronaphthyl-(6)]-propionsäure* eine „*A-Säure*“ (F. 181°) u. eine „*B-Säure*“ (F. 125°) isoliert wurden. Bei Erhitzen der „A-Säure“ mit N-Bromsuccinimid in CCl_4 entstand *α-[3-Keto-4.9-dimethyl-5-oxy-1.2.3.5.6.7.8.9-oktahydronaphthyl-(6)]-propionsäurelacton „A“*, wahrscheinlich über *α-[3-Keto-4.9-dimethyl-5-brom-1.2.3.5.6-7.8.9-oktahydronaphthyl-(6)]-propionsäure.* Bei Bromierung in Ae.-Essigsäure wird *α-[3-Keto-4.9-dimethyl-2-brom-5-oxy-1.2.3.5.6.7.8.9-oktahydronaphthyl-(6)]-propionsäurelacton* erhalten, das bei HBr-Abspaltung mit γ-Kollidin oder (weniger gut) mit Dimethylamin in ein rac. Stereoisomeres von Santonin, „*Santonin A*“, mit einem dem natürlichen α-Santonin ähnlichen UV-Spektr. übergeht. Daneben wurde in geringer Menge *α-[3-Keto-*

4.9-dimethyl-1.2.3.7.8.9-hexahydronaphthyl-(6)]-propionsäurelacton „*A*" isoliert. „Santonin A" geht bei Erwärmen mit 55%ig. H_2SO_4 eine Dienon–Phenol-Umlagerung zu *rac. α-Desmotroposantonin* ein. Wie die „A-Säure" reagiert die „B-Säure" zum „*Santonin B*" mit einem Dienon–Phenol-Umlagerungsprod., *β-Desmotroposantonin*, u. ferner einem Nebenprod., *β-[3-Keto-4.9-dimethyl-1.2.3.7.8.9-hexyhydronaphthyl-(6)]-propionsäurelacton.* Da α- u. β-Form des Umlagerungsprod. an $C_{(11)}$ epimer sind, werden sich Santonin „A" u. „B" auch in der Konfiguration an $C_{(11)}$ unterscheiden. — Die UV-Maxima aller Verbb. sind tabellar. angegeben. (Vgl. C. **1955**. 10524.)

V e r s u c h e: *α-[3-Ketocyclohexyl]-propionsäuremethylester*, Kp.$_3$ 119—124°, aus 125 g der Säure u. 7%ig. methanol. HCl; 105 g (Ausbeute). *Semicarbazon*, $C_{11}H_{19}O_3N_3$, F. 172°, aus CH_3OH Prismen. — *α-[3-Keto-4-oxymethylencyclohexyl]-propionsäuremethylester*, Kp.$_3$ 148—151°, durch Zutropfen von 185 g Äthylformiat u. 92 g vorst. Verb. zu 11,5 g Na in Bzl. in der Kälte, Verdünnen mit W., nach mehrstd. Stehen Ansäuern der wss. Lsg. u. Ausäthern; gelbes Öl; 60 g. *Anilid* (nach der Summenformel kein Anilid, sondern Kondensationsprod. mit Anilin; der Referent), $C_{17}H_{21}O_3N$, F. 141°, aus CH_3OH gelbliche Nadeln. — *α-[3-Keto-4-methylcyclohexyl]-propionsäuremethylester*, Kp.$_{16}$ 150 bis 155°, aus 4,2 g vorst. Verb. durch Hydrieren über 10%ig. Pd-Kohle bei 20°; 3 g. *Oxim*, $C_{11}H_{19}O_3N$, F. 126°, aus CH_3OH Prismen. — *α-[3-Keto-4.9-dimethyl-1.2.3.5.6.7.8.9-oktahydronaphthyl-(6)]-propionsäuremethylester*, $C_{16}H_{24}O_3$, Kp.$_3$ 170—185°, a) durch 4std. Kochen von 79,2 g vorst. Verb. u. $NaNH_2$ in Ae. unter N_2, Zutropfen von 119,6 g **II** in Pyridin, dann (nach 3std. Stehen) von Na in CH_3OH, 3std. Kochen, Verdünnen mit W. u. Ausäthern; gelbes Öl; 10 g; b) aus **II** (aus 160 g Base), 205 g vorst. Verb. u. 24 g Na in absol. CH_3OH bei 0°, Stehen u. Kochen, Verdünnen mit Ae. u. Essigsäure, Abdampfen u. Ausäthern; 105 g. *2.4-Dinitrophenylhydrazon*, $C_{22}H_{28}O_6N_3$, F. 185°, rote Nadeln aus Äthylacetat. — *α-[3-Keto-4.9-dimethyl-1.2.3.5.6.7.8.9-oktahydronaphthyl-(6)]-propionsäure* „*A*", $C_{15}H_{22}O_3$, F. 181°, aus 165 g vorst. Esters durch 3std. Kochen mit methanol. KOH, Ansäuern mit Eisessig, Vakuumabdampfen, Verdünnen mit W., Ausäthern, Ausziehen mit Sodalsg., Ansäuern u. Ausäthern; Prismen aus Äthylacetat; 33 g. „*B-Säure*", $C_{15}H_{22}O_3$, F. 125°, aus der Mutterlauge; Prismen aus PAe.; 24,6 g. *α-[3-Keto-4.9-dimethyl-5-oxy-1.2.3.5.6.7.8.9-oktahydronaphthyl-(6)]-propionsäurelacton* „*A*", $C_{15}H_{20}O_3$, F. 87°, aus 2,1 g der „A-Säure" u. 1,7 g N-Bromsuccinimid in CCl_4 durch 2std. Kochen, Filtrieren, Vakuumabdampfen u. Verrühren mit Ae.-PAe.; Prismen aus wss. CH_3OH; 1 g. „*B-Lacton*", $C_{15}H_{20}O_3$, F. 115°, analog aus 4 g „B-Säure"; Platten aus CH_3OH; 0,5 g. — *α-[3-Keto-4.9-dimethyl-2-brom-5-oxy-1.2.3.5.6.7.8.9-oktahydronaphthyl-(6)]-propionsäurelacton* „*A*", $C_{15}H_{19}O_3Br$, F. 107° (Zers.), a) aus 1,2 g vorst. „A-Lacton" in Ae. u. Br_2 in Eisessig u. wenig HBr, Erwärmen, Vakuumeindampfen u. Gießen in W.; aus CH_3OH Platten; 0,4 g; b) aus 1 g der „A"-Form vorvorst.Verb. u. Br_2 in Eisessig wie vorstehend. „*B*"-*Form*, $C_{15}H_{19}O_3Br$, F. 117° (Zers.), aus 3,7 g der „B"-Säure wic vorst. nach a); Prismen aus CH_3OH; 2,3 g. — *rac. Santonin A*, $C_{15}H_{18}O_3$, F. 145—146°, aus 4 g der „A"-Form vorst. Säurelactons durch $^1/_4$std. Kochen in γ-Kollidin, Verdünnen mit Ae. u. Abdampfen des Filtrats; Prismen aus CH_3OH; 1,7 g; b) wie vorst. aus 1 g durch 14tägiges Stehen mit Dimethylamin in Bzl. bei 37—38°; 0,2 g; 300 mg geben bei 20std. Erwärmen mit 55%ig. H_2SO_4 u. Verdünnen mit W. 285 mg *rac. α-Desmotroposantonin*, $C_{15}H_{18}O_3$, F. 201°, aus CH_3OH Prismen. Daneben aus der Mutterlauge *α-[3-Keto-4.9-dimethyl-5-oxy-1.2.3.7.8.9-hexahydronaphthyl-(6)]-propionsäurelacton*, $C_{15}H_{18}O_3$, F. 189°, gelbliche Blättchen aus CH_3OH; 0,4 g. — *rac. Santonin B*, $C_{15}H_{18}O_3$, F. 139°, analog vorst. Verb.; aus CH_3OH Prismen; daneben aus der Mutterlauge *α-[3-Keto-4.9-dimethyl-5-oxy-1.2.3.7.8.9-hexahydronaphthyl-(6)]-propionsäurelacton*, $C_{15}H_{18}O_3$, F. 192°, gelbliche Nadeln aus CH_3OH. — *rac. β-Desmotroposantonin*, $C_{15}H_{18}O_3$, F. 231°, durch Umlagerung von 100 mg vorst. Verb. mit 55%ig. H_2SO_4; aus CH_3OH Prismen; 0,08 g. (J. Amer. chem. Soc. **75**. 2567—71. 5/6. 1953. Osaka, Japan, Takeda Pharmaceut. Ind. Ltd.) H. LEHWALD. 3950

J. MacMillan, *Griseofulvin* 9. Mitt. *Isolierung des Bromanalogons aus Penicillium griseofulvum und Penicillium nigricans.* (8. vgl. C. **1954**. 6503.) Aus den Kulturfiltraten von *Penicillium griseofulvum Dierckx* u. *P. nigricans* (*Bainier*) *Thom*, die auf einer KBr an Stelle von KCl enthaltenden CZAPEK-DOX-Nährlsg. gezüchtet worden waren, wurde das *Bromanalogon* von *Griseofulvin* (**II**; vgl. 4. Mitt., C. **1953**. 4874), *7-Brom-4.6.2'-trimethoxy-6'-methylgrisen-(2')-dion-(3.4')* (**I**), isoliert. Die Struktur von **I** ergibt sich aus der Ähnlichkeit seines UV- u. Infrarotspektr. mit denen von **II**, der CrO_3-Oxydation zu *3-Methoxy-2.5-toluchinon* u. der $KMnO_4$-Oxydation zu *3-Brom-2-oxy-4.6-dimethoxybenzoesäure* (**III**). **III** wurde zum Vgl. synthetisiert.

V e r s u c h e: *7-Brom-4.6.2'-trimethoxy-6'-methylgrisen-(2')-dion-(3.4')* (**I**), $C_{17}H_{17}O_6Br$, F. 204—105° (aus Bzl. oder CH_3OH Nadeln), aus den Kulturfiltraten nach 18 bis 24 Tagen durch Chloroformextraktion, Chromatographie aus Bzl. an Al_2O_3 u. Elution mit Bzl.; daneben *Dechlorgriseofulvin* (F. 179—181°; vgl. 7. Mitt., C. **1954**. 6502). —

3-Methoxy-2.5-toluchinon, F. u. Misch-F. 147—149°, durch Oxydation von I in CH_3COOH mit CrO_3. — *3-Brom-2-oxy-4.6-dimethoxybenzoesäure* (III), $C_9H_9O_5Br$, F. u. Misch-F. 225—227° (Zers.), durch Oxydation von 94 mg I in Aceton mit $KMnO_4$ (15 Std. bei Raumtemp.); aus CH_3COOH 3 mg Nadeln. — *3-Brom-4-oxy-2.6-dimethoxybenzoesäuremethylester* (V), $C_{10}H_{11}O_5Br$, F. 158—159°, durch Bromierung von 140 mg 4-Oxy-2.6-dimethoxybenzoesäuremethylester (IV) in Chlf. (48 Std. bei Raumtemp.) u. fraktionierte Kristallisation aus Bzl.; 100 mg Nadeln; daneben 15 mg *3.5-Dibrom-4-oxy-2.6-dimethoxybenzoesäuremethylester*, $C_{10}H_{10}O_5Br_2$, F. 82—83° (nach Sublimation bei 60°/10^{-4} mm aus PAe. Nadeln). Die Bromierung von 1 g **IV** in CH_3COOH (24 Std.) lieferte 750 mg **V** u. 150 mg *2.6-Dibrom-3.5-dimethoxyphenol* (VI), $C_8H_8O_3Br_2$, F. 165—167°. — *2-Brom-3.5-dimethoxyphenol* (VII), $C_8H_9O_3Br$, F. 79—81° (Bzl.-AeP.), a) aus **V** durch 1std. Stehen in konz. H_2SO_4 bei 18° u. Gießen auf Eis; daneben unveränderter **IV** u. eine in $NaHCO_3$-Lsg. lösl. Fraktion vom F. 45—90°; b) durch Bromierung von 6,7 g 3.5-Dimethoxyphenol in Chlf. (48 Std. bei Raumtemp.); $Kp._{0,3}$ 103°; 6 g; daneben 1,1 g **VI**. **VII**-*Acetat*, $C_{10}H_{11}O_4Br$, F. 92—93° (Platten aus CH_3OH). **VI**-*Acetat*, $C_{10}H_{10}O_4Br_2$, F. 152 bis 153° (Prismen aus CH_3OH). — *3-Brom-ω-chlor-2-oxy-4.6-dimethoxyacetophenon*, $C_{10}H_{10}O_4ClBr$, F. 211—213° (aus Dioxan blaßgelbe Nadeln), durch 4tägiges Stehen von **VII**, Chloracetylchlorid, Nitrobenzol u. $AlCl_3$ u. Versetzen mit Eiswasser u. konz. HCl; 25%. — *7-Brom-4.6-dimethoxycumaranon-(3)*, $C_{10}H_9O_4Br$, F. 219—221° (Zers.), durch 2½ std. Kochen von 350 mg vorst. Verb. mit CH_3OH u. Na-Acetat; aus Dioxan 265 mg Nadeln. *2.4-Dinitrophenylhydrazon*, $C_{16}H_{13}O_7N_4Br$, F. 236° (Zers.), aus Nitrobenzol-CH_3OH rote Nadeln. Die Oxydation des Cumaranons (220 mg) in Aceton mit $KMnO_4$ (2 Tage bei Raumtemp.), Extraktion des braunen Nd. mit verd. NH_4OH u. Ansäuern gab 65 mg **III**. (J. chem. Soc. [London] **1954**. 2585—87. Juli. Welwyn, Herts., Imp. Chem. Ind. Ltd., Butterwick Res. Labors.) I. Spaeth. 3950

Carl Oppenheimer und **Carl Naegeli**, Grundriß der organischen Chemie. 17. Aufl. Neubearb. von **O. Neunhoeffer** und **R. Metze**. Leipzig: Thieme. 1955. (328 S.) 8°. DM. 14,50.

Julius Schmidt, Organic chemistry. 7th rev. edn. Ed. by **Neil Campbell**. London: Oliver & B. 1955. (946 S. m. Abb.) 8°. 35 s.

D. Makromolekulare Chemie.

Akira Isihara und **Tsuyoshi Hayashida**, *Theorie von hochpolymeren Lösungen. 1. Mitt. Zweiter Virialkoeffizient für starre ovaloide Modelle.* Theoret. Untersuchung. (J. physic. Soc. Japan 6. 40—45. Jan./Febr. 1951. Tokyo, Univ., Fac. of Sci., Dep. of Phys.) C. Gottfried. 4000

Akira Isihara und **Tsuyoshi Hayashida**, *Theorie von hochpolymeren Lösungen. 2. Mitt. Spezialformen des zweiten osmotischen Koeffizienten.* (1. vgl. vorst. Ref.) Fortsetzung der theoret. Untersuchungen. (J. physic. Soc. Japan 6. 46—50. Jan./Febr. 1951. Tokyo, Univ., Fac. of Sci., Dep. of Phys.) C. Gottfried. 4000

A. Peterlin, *Die Strömungsdoppelbrechung von konzentrierten Lösungen linearer Makromoleküle.* Vf. leitete neue Gleichungen zur Berechnung der Strömungsdoppelbrechung u. des Auslöschungswinkels ab, wobei eine effektive Viscosität neu eingeführt wurde, welche an Stelle der Viscosität des Lösungsm. das Verh. des Makromol. bei der Strömung bestimmt. Ein Vgl. der von anderer Seite erhaltenen experimentellen Ergebnisse mit Polystyrol u. Trolitul in Toluol u. Nitrocellulose in Butylacetat mit der Theorie ergab sehr gute Übereinstimmung. (Bull. sci. [Yougoslavie] **1**. 40—41. Juli 1953. Ljubljana, Acad., Inst. de Phys. , J. Stefan".) C. Gottfried. 4000

K. Hamann, *Ionenpolymerisation.* (Chem. Průmysl **2** (**27**). 166—72. 204—12. 1952. [Orig.: tschech.] — C. **1952**. 2848.) E. Rotter. 4000

G. Bier, R. Schäff und **K.-H. Kahrs**, *Herstellung und Eigenschaften Fluor-haltiger Polymerisate.* Wie durch Vgl. mit niedermol. F-haltigen Verbb. gezeigt wird, kann man die besonderen physikal. u. chem. Eigg. der F-haltigen Polymerisate, wie *Polytetrafluoräthylen* (I) u. *Polytrifluorchloräthylen* (II) durch den Einfl. der F-Substituenten erklären sowie das (radikal.) Polymerisations- u. Mischpolymerisationsverh. F-haltiger Äthylenverbb., die entweder ganz durch F substituiert sind oder neben F noch H u./oder Cl enthalten, aus ihrem Bau ableiten. Die radikal. Aktivierung (therm. u. durch Halogen oder Peroxyd) wird kurz erörtert. *Tetrafluoräthylen* u. *Trifluorchloräthylen* lassen sich nach den bekannten Methoden (im Block oder in wss. bzw. organ. Medium) polymerisieren (Beispiele werden angegeben). Die bisher bekannt gewordenen techn. Polymerisate [I: *Teflon* (DuPont) bzw. *Fluon* (Imp. Chem. Ind.). II: *Kel-F* (Kellogg Co.), *Fluorothene* (Bakelite Co.) bzw. *Hostaflon* (Farbwerke Hoechst) sowie einige andere Prodd. auf Basis F-haltiger Verbb.] werden genannt, Methoden zur Mol.-Gew.-Best. von I u. II erörtert u. Verarbeitungsverff., Eigg. sowie Anwendungen von I u. II besprochen. —

52 Literaturangaben. (Angew. Chem. **66.** 285—92. 7/6. 1954. Frankfurt/M.-Höchst, Farbwerke Hoechst A.-G., vormals Meister Lucius & Brüning.) R. SCHÄFF. 4010

Hiroyuki Tadokoro, Syûzô Seki und **Isamu Nitta,** *Infrarotabsorptionsspektrum von deuteriertem Polyvinylalkoholfilm.* Die Infrarotspektren von gewöhnlichem u. 77%ig. deuteriertem *Polyvinylalkohol*-Film wurden miteinander verglichen. Die angegebenen Zuordnungen stehen zum Teil im Widerspruch zu anderen Autoren (vgl. THOMPSON u. TORKINGTON, Trans. Faraday Soc. **41.** [1945.] 246; BLOUT u. KARPLUS, C. **1949.** I. 970; ELLIOT, AMBROSE u. TEMPLE, C. **1949.** II. 36). Die Bande bei 1430 cm^{-1} wird als Überlagerung von ν_{CH} u. einer OH-Schwingung angesehen. Die Bande 1330 cm^{-1} wird auf die OH-Gruppe, die Bande 1230 cm^{-1} auf eine CH_2-Kippschwingung bezogen. (J. chem. Physics **23.** 1351—52. Juli 1955. Osaka, Japan, Univ., Dep. of Chem., Fac. of Sci.) U. JOHN. 4010

Ichirō Sakurada und **Yasuo Sone,** *Rheologische Untersuchungen über konzentrierte Lösungen von Polyvinylalkohol.* 1. Mitt. *Abhängigkeit der scheinbaren Viscosität von Scherkraft und Alter der Lösung.* Eine dickfl. wss. Lsg. (40—65 g/100 cm^3) von *Polyvinylalkohol* vom mittleren Polymerisationsgrad 1020 wurde durch eine Capillare gedrückt u. die Viscosität η nach der Formel von HAGEN-POISEUILLE berechnet. Gegenüber den Beobachtungen bei höherer Temp. wurde nach längerem Stehen bei tieferer Temp. ein Ansteigen der Viscosität beobachtet, das bei kürzerem Stehen nicht merklich ist. Daher wurde die Best. bei 80° u. darüber durchgeführt. Die scheinbare Viscosität ändert sich entsprechend der Scherkraft u. zeigt nicht-NEWTONsches Fließen. (Chem. High polymers [Tokyo] **10.** 197—201. 1953. Kyoto, Univ. [Orig.: japan.]) L. SCHULER. 4010

Ichirō Sakurada und **Yasuo Sone,** *Rheologische Untersuchungen über konzentrierte Lösungen von Polyvinylalkohol.* 2. Mitt. *Erörterung an Fließgleichungen.* (1. vgl. vorst. Ref.) Verss. mit Lsgg. von 40—84 g *Polyvinylalkohol*/100 cm^3 (mittlerer Polymerisationsgrad 920) über das Fließen in Röhren bei 80—160° ergaben eine nahezu lineare Beziehung zwischen Q/R^3 u. $RP/2L$, wobei Q = Durchflußvol./Zeiteinheit, R = Radius, L = Länge des Rohrs u. P der Druckabfall. Die beobachtete Strömung folgt der von MURAKAMI vorgeschlagenen Gleichung (Chem. High. Polymers [Tokyo] **9.** [1952.] 360), wobei im beobachteten Bereich $n = 1{,}47$—$2{,}42$ ist. (Chem. High Polymers [Tokyo] **10.** 202—06. 1953. [Orig.: japan.]) L. SCHULER. 4010

Ichirō Sakurada und **Yasuo Sone,** *Rheologische Untersuchungen über konzentrierte Lösungen von Polyvinylalkohol.* 3. Mitt. *Abhängigkeit der Fließbeweglichkeit von Konzentration und Temperatur.* (2. vgl. vorst. Ref.) Für konz. wss. Polyvinylalkohollsgg. werden mathemat. Beziehungen zwischen der Viscosität beim Scherwiderstand lim 0 (bzw. der relativen Viscosität in W.), der Temp., der Konz. u. dem Polymerisationsgrad entwickelt u. experimentell gestützt. (Chem. High Polymers [Tokyo] **10.** 206—10. 1953. [Orig.: japan.] L. SCHULER. 4010

Junji Ukita, *Untersuchungen über die Redoxpolymerisation von Vinylacetat.* 1. Mitt. *Das System Metallsalz–Sulfinsäure–Benzoylperoxyd als Katalysator.* Während durch Polymerisation einer 15%ig. Vinylacetatlsg. in Methylacetat in Ggw. von 0,14% p-Chlorsulfinsäure (I) u. 0,2% Benzoylperoxyd (II) bei 50° in ca. 5 Std. ein Polymerisationsgrad des *Polyvinylacetats* von ca. 80% erreicht wurde, genügten beim Zusatz von $7{,}34 \cdot 10^{-5}$ Mol $FeCl_3$ 0,073% I u. 0,1% II: bei 57° waren nur $3{,}67 \cdot 10^{-5}$ Mol $FeCl_3$ nötig (ca. 3 Std.). Mn- u. Co-Salze katalysierten die Polymerisation schon mit II allein. Bei Cu-Salzen ist nur bei sehr niedriger Konz. (z. B. $2{,}56 \cdot 10^{-8}$) Beschleunigung, sonst Hemmung zu beobachten (Emulsionsverf.). (Chem. High Polymers [Tokyo] **10.** 220—25. 1953. Tomiyama [Fusan]. [Orig.: japan.]) L. SCHULER. 4010

Junji Ukita, *Untersuchungen über die Redoxpolymerisation von Vinylacetat.* 2. Mitt. *Der Katalysenmechanismus des Systems Eisen–Sulfinsäure–Benzoylperoxyd.* (1. vgl. vorst. Ref.) Als Beitrag zur Aufklärung des Mechanismus der katalyt. Redoxpolymerisation ergibt sich, daß die Rk. zwischen Fe^{2+} u. *Benzoylperoxyd* (I) in CH_3OH im Mol-Verhältnis 1 : 1 erfolgt, in Essigsäure u. in Aceton zu nahezu 2 : 1. Die in Aceton–W. bes. langsame Rk. ist 1. Ordnung mit einer Aktivierungsenergie von 13000 cal. Polarograph. wird die Reduktionsgeschwindigkeit von Fe^{3+} zu Fe^{2+} (vorwiegend als komplexes Tartrat) durch *Sulfinsäure* bei 30, 40, 50 u. 60° u. p_H 5—6 bestimmt. Sie ist erheblich schneller als die Zers. von I. (Chem. High Polymers [Tokyo] **10.** 352—58. 1953. [Orig.: japan.]) L. SCHULER. 4010

Junji Ukita, *Untersuchungen über die Redoxpolymerisation von Vinylacetat.* 3. Mitt. *Katalysenmechanismus des Systems Benzoin–Eisen–Benzoylperoxyd.* (2. vgl. vorst. Ref.) Die polarograph. verfolgte Red. von Fe^{3+} zu Fe^{2+} durch *Benzoin* (I) bei saurer Rk. wird mit der langsam erfolgenden Rk. zwischen I u. Benzoylperoxyd verglichen. Erstere verläuft nach $2\,Fe^{3+} + I \rightarrow 2\,Fe^{2+}$ + Benzil $+ 2\,H^+$. Die Hauptrolle bei der Redoxpolymerisation spielt das Fe-Ion als Katalysator. (Chem. High Polymers [Tokyo] 10. 358—64. 1953. [Orig.: japan.]) L. SCHULER. 4010

A. A. Strepichejew und **A. W. Wolochina,** *Gleichgewichtspolymerisation von cyclischen Formalen.* Die Polymerisation der cycl. *Formale* (I) nach $n(CH_2)_x\langle{}^{O}_{O}\rangle CH_2 \rightleftharpoons$ $[-O-(CH_2)_xOCH_2-]_n$ wird durch Erhitzen mit Zusatz von 0,25% Camphersulfonsäure, beim Arbeiten in Lsg. mit Bzl., bei *Tetramethylenformal* (II) zur Regelung des Mol.-Gew. unter Zusatz verschied. Mengen *Butanol* (III) durchgeführt. Daß Gleichgewicht erreicht ist, wird danach beurteilt, daß bei längerer Rk. keine Veränderung mehr eintritt u. daß von beiden Seiten her das gleiche Prod. erhalten wird. Aus 100% II werden bei 100° 90, bei 120° 87, bei 140° 84% Polymeres erhalten. Bei 65%ig. benzol. II-Lsg. wird ohne III ein Prod. vom Mol.-Gew. 2000, mit 1,6% III 1200, mit 4,8% 900 erhalten; der Geh. an Polymeren beträgt in allen Fällen 85%. Äthylenformal liefert bei 100° 70%, Tetramethylenbenzal 64, Pentamethylenformal 99% Polymere. Aus verd. II werden geringere Ausbeuten erhalten. Die Stabilität der I nimmt mit der Zahl der Ringglieder ab in der Reihenfolge $6 > 5 > 7 > 8$. Temperaturerhöhung verschiebt das Gleichgewicht nach der monomeren Seite. Ohne Katalysatorzusatz sind die I „kinet. gehemmt" u. polymerisieren nicht. Eine theoret. Erklärung scheint nur auf Grund der „Segmentmeth." möglich: n Mol cycl. Monomeres = Segment des linearen Makromol. u. Anlagerung mehrerer Segmente zum Endpolymeren. (Доклады Академии Наук СССР [Ber. Akad. Wiss. UdSSR] [N. S.] 99. 407—10. 21/11. 1954.) R. K. MÜLLER. 4010

Paul J. Flory und **Jean E. Osterheld,** *Intrinsicviscositäten von Polyelektrolyten. Polyacrylsäure.* Von den Lsgg. mehrerer Fraktionen (Mol.-Gew. 134—900000) von *Polyacrylsäure* (I), die zu i = 10 bzw. 33 bzw. 100% mit NaOH neutralisiert waren, wurde bei 30° die Abhängigkeit der red. Viscosität η_{spez}/c von der Konz. c von I u. von der Schergeschwindigkeit γ (200—2000 cm^{-1}) gemessen. Als Lösungsmittel dienten wss. Lsgg. von NaCl, Na_2SO_4, $CaCl_2$ u. $CaSO_4$ mit verschied. Salzgeh., zum Teil auch Dioxan. Die Intrinsicviscosität $[\eta]$ am Θ-Punkt (vgl. hierzu SHULTZ u. FLORY, C. **1954**. 9772), der für i = 33% u. 1,245 mol. NaCl-Lsg. 32° beträgt, stimmt mit der in Dioxan am Θ-Punkt (= 30°) bestimmten gut überein (I ist in Dioxan nicht ionisiert). Die Volumenausdehnung α^3 von I (vgl. hierzu FLORY, C. **1953**. 7245), bestimmt aus $[\eta]/[\eta]_\Theta$, fällt mit steigender Salzkonz. ab; sie ist ferner für NaCl u. Na_2SO_4 etwa gleich groß, aber fast dreimal kleiner für die Ca-Salze (stärkere elektrostat. Wechselwrkg. von Ca^{2+} mit der ionisierten Polymerkette). Die Differenz $\alpha^5 - \alpha^3$ steigt bei konstantem i linear mit der reziproken Ionenstärke der NaCl-Lsg. an; der Anstieg ist viel kleiner als berechnet, u. der Unterschied ist um so größer, je höher i ist. Vff. führen die Erscheinung auf eine Verminderung der mittleren Ionenaktivität durch die hohe Ladung von I zurück. Die Anwendung der Gleichungen des DONNAN-Gleichgewichtes ergibt, daß die Leichtigkeit einer Mol.-Ausdehnung das Auftreten größerer Differenzen in den chem. Potentialen für die beweglichen Ionen inner- u. außerhalb des Makromol.-Bereiches verhindert. Die Nettoladung von I ist bis zu sehr kleinen Salzkonzz. klein im Vgl. mit der Zahl der Ladungsstellen in der Kette. Auch bei völliger Abwesenheit von Elektrolyt reichen die im reinen W. vorhandenen Ionen aus, eine völlige Annäherung der Makromoll. zu verhindern. $\ln\eta_{spez}$ fällt linear mit wachsendem γ ab (Messungen für i = 33 u. 100%). Für die Steigung $\Phi = d(\ln\eta_{spez})/d\gamma$ dieser Geraden gelten die Beziehungen $\Phi = 1{,}14 \cdot 10^{-5}[\eta]^2$ für i = 33 bzw. $0{,}78 \cdot 10^{-5}[\eta]^2$ für i = 100 (vgl. FOX, FOX u. FLORY, C. **1952**. 6381), so daß eine Extrapolation auf $\gamma = 0$ möglich ist. (J. physic. Chem. **58**. 653—61. 18/8. 1954. Ithaca, N. Y., Cornell Univ., Dep. of Chem.) O. FUCHS. 4010

V. Stannett und **M. Szwarc,** *Permeabilität von Polymerisatfilmen für Gase. Eine einfache Beziehung.* Auf Grund eigener u. Literaturdaten zeigen Vff., daß bei jeweils 2 Gasen (z. B. O_2 u. N_2, CO_2 u. N_2, H_2S u. N_2) das Verhältnis der Permeabilitätskonstanten für verschiedenartige Polymerisate nahezu konstant ist, während sich die Absolutwerte um mehrere Größenordnungen unterscheiden können. Auf Grund dieser Befunde werden für die untersuchten Polymerisate u. Gase F- bzw. G-Werte bei 30° angegeben, wobei das Prod. F · G die Permeabilitätskonstante in $10^{10} \cdot cm^3 \cdot mm^{-1} \cdot cm^{-2} \cdot sec^{-1} \cdot cm^{-1}$ Hg liefert: F-Wert für Saran 0,0094, Mylar 0,050, Pliofilm-NO 0,080, Nylon-6 0,10, Kel-F (Trithene) 1,3, Pliofilm-FM 1,4, Hycar OR-15 2,35, Polyvinylbutyral 2,5, Celluloseacetat P-912 2,8, Butylkautschuk 3,12, Methylkautschuk 4,8, Vulcaprene 4,9, Celluloseacetat (15% Weichmacher) 5,0, Hycar OR-25 6,04, Pliofilm P-4 6,2, Perbunan 10,6, Neopren 11,8, Polyäthylen 19, Buna S 63,5, Polybutadien 64,5, Naturkautschuk 80,8, Äthylcellulose (weichgemacht) 84; G-Wert für N_2 1,0, O_2 3,8, H_2S 21,9, CO_2 24,2. (J. Polymer Sci. **16**. 89—91. März 1955. Syracuse, N. Y., State Univ., Coll. of Forestry, Chem. Dep.) R. SCHÄFF. 4030

P. Y. Cheng und **H. K. Schachman,** *Untersuchungen über die Gültigkeit des Einsteinschen Viscositätsgesetzes und des Stokesschen Sedimentationsgesetzes.* Sedimentationsverss. mit *Polystyrollatex* (I) in H_2O–D_2O-Gemischen bzw. in wss. Lsgg. von Glucose mit verschied. Konz. u. somit D. ergaben, daß die I-Teilchen in einer Lsg. der D. 1,052 weder sedimentieren noch obenauf schwimmen. Das partielle spezif. Vol. v von I beträgt somit 1/1,052 cm³/g, in Übereinstimmung mit dem für festes Polystyrol gefundenen Wert; v ist gleich dem effektiven hydrodynam. Volumen. Ferner wurde für I in wss. NaCl-Lsg. die Abhängigkeit der spezif. Viscosität von der Konz. c von I (c = 0,5—8%) bestimmt. Unterhalb 2% gilt das Einstein-Gesetz $\eta_{spez} = 2{,}5 \cdot c$, während bei höherem c additive Glieder mit c^2 u. c^3 hinzukommen. Aus v u. dem Sedimentationskoeff. s für c = 0 ergibt sich nach dem Stokesschen Gesetz ein Teilchendurchmesser für I von 2640 ± 12 Å; aus der sehr guten Übereinstimmung dieses Wertes mit den auf andere Weise bestimmten folgt die Gültigkeit des Stokesschen Gesetzes auch für Teilchen der genannten Größe. Die c-Abhängigkeit von s läßt sich durch die bestehenden Theorien nicht befriedigend darstellen; ferner wird gezeigt, daß der Einfl. des Rückwärtsfließens während der Sedimentation erheblich ist. (J. Polymer Sci. **16.** 19—30. März 1955. Berkeley, Calif., Univ., Dep. of Biochem. and Virus Labor.) O. Fuchs. 4030

Th. G. F. Schoon und **G. J. van der Bie,** *Teilchengrößenverteilung in bromierten Hevealatices.* Aus elektronenmkr. Aufnahmen von klonalem Latex u. Zentrifugenfraktionen wurde nach der besonderen Bromierungsmeth. von Wiesenberger die Teilchengrößenverteilung in Hevea-brasiliensis-Latices gemessen. Es wird gezeigt, daß die stark asymm. Häufigkeitsverteilung durch verschied. Fraktionen, von denen jede selbst eine n. Gausssche Verteilung aufweist, verursacht wird. Die Teilchengrößen sind Vielfache ganzer Zahlen von einer der beiden Teilchengrößen 58 bzw. 69 mμ. Eine mögliche Deutung dieser Erscheinung sehen Vff. in der Entstehung größerer Teilchen durch Traubenbldg. kleinerer Teilchen. Die Verss. lassen vermuten, daß die Teilchengrößenverteilung einen Einfl. auf das Verh. des Latex beim Zentrifugieren hat. (J. Polymer Sci. **16.** 63—88. März 1955. Bogor, Indonesien, Ind. Rubber Res. Inst.) R. Schäff. 4030

Seishi Machida, Norito Uchino und **Mitsumasa Inano,** *Untersuchungen über die Oxydation der Cellulose.* 1. Mitt. 5 g *Cellulose* (I) wurden bei Raumtemp. mit 100 cm³ konz. HNO_3 + maximal 8 g $NaNO_2$ über Nacht oxydiert. Die Hydrolyse des *Oxydationsprod.* (II) ergab 1 *Glucuronsäure*-Rest pro 5 Glucoseeinheiten (GE). Der Polymerisationsgrad der I sank auf $^1/_4$, unter teilweiser Hydrolyse der I. II enthielt maximal 0,23% N, was ca. 1 NO_2 pro 37 GE entspricht. (J. chem. Soc. Japan, pure Chem. Sect. [Nippon Kagaku Zassi] **74.** 204—06. März 1953. Kyoto, Univ. [Orig.: japan.]) L. Schuler. 4050

Louis Harris und **John K. Beasley,** *Die Reflexion dünner Nitrocellulosefilme.* Um die Reflexion dünner Nitrocellulosefilme ohne opt. Messung angeben zu können, wurde der Zusammenhang zwischen Reflexion (für 560 mμ) u. Gewicht pro cm² bestimmt zu $R = \sin^2 pw/(N + \sin^2 pw)$; w = Filmgewicht in g/cm²; $p = 7{,}0 \cdot 10^6\ g^{-1} \cdot cm^2$; N = 6,0. Aus Messungen für andere Wellenlängen λ ergibt sich für den Brechungsexponenten $n = 1{,}4352 + 29{,}54\ \lambda$ (λ in mμ). (J. opt. Soc. Anerica **42.** 634—36. Sept. 1952. Cambridge, Mass., MIT, Dep. of Chem.) P. Brauer. 4050

Noboru Taketomi und **Haruo Suzuki,** *Lösliche Stärken.* 1. Mitt. *Kennzahlen von durch HCl löslich gemachter Stärke. Stärken* aus Kartoffeln, Süßkartoffeln u. Mais wurden durch HCl-Behandlung lösl. gemacht u. der Einfl. der HCl-Konz., der Temp. u. der Zeit (in Tagen) auf den Löslichkeitsgrad u. die Ausbeute sowie die Viscosität, die Alkalizahl (AN) u. Ferricyanidzahl (FN) der lösl. Stärken miteinander verglichen u. graph. dargestellt. Die säurebehandelte Kartoffelstärke zeigte im Vgl. zu den beiden anderen bei hoher AN u. FN eine größere Ausbeute u. höhere Viscosität. (J. chem. Soc. Japan, ind. Chem. Sect. [Kōgyō Kagaku Zassi] **54.** 646—48. Okt. 1951. Tokyo, Waseda Univ. [Orig.: japan.]) L. Schuler. 4050

William J. James und **Dexter French,** *Röntgenographische Untersuchung des Cyclohexaamylose–Jod-Komplexes.* Durch Erhitzen von feingepulvertem Jod mit Cyclohexaamylose in wss. Lsg. wurde die Komplexverb. in Form rotbrauner rhomb. Nadeln erhalten. Die rhomb. Zelle hat die Dimensionen a = 14,38 Å; b = 36,07 Å; c = 9,43 Å. Raumgruppe ist $D_2^4 - P\,2_1\,2_1\,2_1$; Z = 2 $(C_6H_{10}O_5)_6J_2 \cdot 14H_2O$. Die Unters. mit dem Polarisationsmikroskop ergab geringen oder keinen Dichroismus, wenn das Licht parallel der x-Achse verläuft. Mit Licht parallel der y-Achse erwiesen sich die Kristalle als dichroit., u. zwar hell bernsteinfarben bis orangerot; das Licht wurde am stärksten absorbiert, wenn der elektr. Vektor parallel zur z-Achse liegt. Mit Licht parallel zur z-Achse waren die Kristalle ebenfalls dichroit. mit maximaler Absorption bei parallel der y-Achse verlaufendem elektr. Vektor. Hieraus kann geschlossen werden, daß die Jodmoll. mit ihrer Achse parallel der (1 0 0)-Ebene liegen, die gegen die y-Achse unter ca. 45° geneigt ist. Aus 3dimensionalen Fourier-Projektionen ergaben sich für die Jodparameter die

Werte $x_1 = x_2 = 15/60$; $y_1 = 9{,}2/60$; $y_2 = 5{,}6/60$; $Z_1 = 30/60$ u. $Z_2 = 18/60$. (Proc. Iowa Acad. Sci. **59.** 197—201. 1952. Ames, Io., State Coll., Chem. Dep.)
C. Gottfried. 4050

W. Klosterkötter, *Untersuchungen über die eiweißfällende Wirkung der kolloidalen Kieselsäure.* 1. Mitt. Die gegenseitige Fällung von Eiweiß u. koll. Kieselsäure ist abhängig von der Natur der Eiweißkörper. Untersucht wurden: reines Albumin (Mensch), Citratplasma (Mensch), Serum (Mensch), Globulin (Rind), Fibrinogen, Rinderalbumin, Eialbumin, Hyaluronsäure u. Kollidon. Die drei erstgenannten werden prakt. nicht gefällt. Albumin wirkt in gewissem Sinne als Schutzkoll. für Globuline gegen Polykieselsäure (I). α- u. β-Globulin sind mäßig stabil, γ-Globulin u. Fibrinogen sehr labil. Hyaluronsäure wird nicht gefällt u. zeigt auch keine Schutzkolloidwirkung. Kollidon wird gering gefällt. Es besitzt für Globuline eine gute Schutzkolloidwrkg. gegenüber I. Es wird auf die Unterss. einiger Autoren über die Zus. des silicot. Hyalins hingewiesen. (Arch. Hyg. Bakteriol. **138.** 522—32. Nov. 1954. Münster, Univ., Hygien. Inst.)
K. Heyns. 4070

M. F. Perutz und **V. Scatturin,** *Eine Prüfung der Brauchbarkeit direkter mathematischer Methoden bei der Strukturanalyse eines Proteins.* Die Unters. ergab, daß eine direkte mathemat. Meth., außer in sehr günstig gelagerten Fällen, keine genauen Ergebnisse bei der Strukturanalyse von Proteinen liefern. (Acta crystallogr. [Copenhagen] **7.** 799—800. 10/12. 1954. Cambridge, Cavendish Labor., Med. Res. Council Unit for the Study of the Molecular Structure of Biol. Systems.) C. Gottfried. 4070

N. Ss. Andrejewa und **W. I. Iweronowa,** *Über die Besonderheiten der Struktur fibrillärer Proteine.* Vff. gehen von einer unregelmäßigen glasartigen Packung der Proteinketten aus. Der Abstand der etwa parallel zueinander angeordneten Mol.-Ketten wird durch eine Verteilungsfunktion beschrieben, welche die Ggw. nur einer Nahordnung in der Packung anzeigt. Die Ketten ohne bestimmte Gesetzmäßigkeit sind der Länge nach einander zugeordnet u. können gegenseitig um ihre Achse um einen beliebigen Winkel gedreht werden. Aus der Gleichung für das Röntgenbeugungsbild geht hervor, daß die Intensität der Streustrahlung sich aus 3 Teilen zusammensetzt: Das erste Glied entspricht der Streuung durch die ungeordnete Atomanhäufung, das 2. Glied charakterisiert die zwischenmol. Beugung, das 3. Glied die innermol. Beugung. Aus der Analyse des 3. Gliedes ergeben sich 2 Möglichkeiten der innermol. Streuung, entsprechend einer mehr oder weniger regelmäßigen Periodizität in der Anordnung einiger Atomgruppen längs der Kette (bei den fibrillären Proteinen können als solche Gruppen nur die Skelettatome der Kette auftreten) bzw. einer durch die Wechselwrkg. zwischen den verschied. Seitengruppen verursachten Störung der Periode längs der Kette. Durch die innermol. Streuung erscheinen im Röntgenogramm entweder geradlinige meridionale Interferenzen u. Diffusionsmaxima auf dem Äquator oder nur texturierte Diffusionsringe (Störung der Periodizität). Beide Fälle sind in den Röntgenogrammen der fibrillären Proteine gegeben. (Доклады Академии Наук СССР [Ber. Akad. Wiss. UdSSR] **101.** 111—14. 1/3. 1955. Moskau, Lomonossow-Univ.) O. Lebtag. 4070

Toshio Ando, Shin-ichi Ishii, Chieko Hashimoto, Makoto Yamasaki und **Koichi Iwai,** *Die konstitutionellen Aminosäuren, Endgruppen und Molekulargewichte von Protaminen. Clupein* (I) u. *Salmin* (II) wurden unter Ausnutzung der verschied. Löslichkeit ihrer Pikrate in 67%ig. wss. Aceton in löslichere u. weniger lösl. Fraktionen zerlegt. Im Hydrolysat der lösl. u. weniger lösl. I-Fraktionen wurden papierchromatograph. folgende Aminosäuren gefunden: *Arginin, Prolin, Alanin, Valin, Serin, Threonin, Isoleucin* (oder *Leucin*) u. *Glycin.* Im Hydrolysat der weniger lösl. II-Fraktion wurden nachgewiesen: *Arginin, Prolin, Serin, Valin, Alanin, Isoleucin* (oder *Leucin*) u., erstmalig, *Glycin.* Die (weniger lösl.) II-Fraktion enthält *Prolin* als einzige endständige Aminosäure; aus dem OCH_3-Geh. des Methylestersulfats ergibt sich für II ein Mol.-Gew. von 7300. Die (weniger lösl.) I-Fraktion enthält im Gegensatz zu Befunden von Felix sowie Waldschmidt-Leitz *Alanin* u. nicht Prolin als endständige Aminosäure. Das Mol.-Gew. von I beträgt ca. 10800. (Bull. chem. Soc. Japan **25.** 132. April 1952. Tokyo, Univ., Inst. of Sci. and Technol. [Orig.: engl.]) K. F. Müller. 4070

Thomas D. Kroner, William Tabroff und **John J. McGarr,** *Aus einem Partialhydrolysat von Stierhautkollagen isolierte Peptide.* 2. Mitt. *Nachweis für die Prolyloxyprolin-Bindung im Kollagen.* (1. vgl. C. **1955.** 1771.) Schroeder u. Mitarbeiter hatten kürzlich (C. **1955.** 4846) auf die Möglichkeit des häufigen Vork. der Aminosäurefolge R—P—P—R [P = Prolin (I) oder Oxyprolin (II), R = andere Aminosäure, bes. Glykokoll] in *Kollagen* (**III**) u. *Gelatine* (**IV**) hingewiesen. In vorliegender Arbeit gelang es, 47 Peptide aus einem Partialhydrolysat von Ochsenhaut-**III** zu identifizieren u. dabei durch Auffinden der Peptide *Glycylprolyloxyprolin* (**V**) u. *Glycyl-(prolyl, oxyprolyl)-glycin* (**VI**) die Existenz einer Bindung zwischen **I** u. **II**-Rest in **I** zu beweisen. Von den jetzt insgesamt 68 in **III**- u. **IV**-Hydrolysaten aufgefundenen Peptiden passen nur 15 in das aus den neueren Röntgenbildauswertungen abgeleitete Schema sich wiederholender Aminosäurereste P—Gly—R, so daß diese Bausteinfolge höchstens eine sehr untergeordnete Rolle im Aufbau von **III** u. **IV** spielen kann. Zur Isolierung der Peptide wurde das Partialhydrolysat (konz. HCl, 4 Tage bei 37°) in eine aromat. (0,8% des Gesamt-N), eine saure (**A**; 8,2%), eine bas. (**B**; 21,8%) u. eine neutrale Fraktion (**C**; 67,5%) unterteilt (vgl. l. c.). Die weitere Auftrennung der Peptidgemische erfolgte säulenchromatograph. an Dowex 50 sowie nach Umwandlung in die Dinitrophenyl (DNP)-derivv. an Super-cel u. papierchromatographisch. Für die Bausteinfolge in den isolierten Peptiden wurde der NH_2-endständige Aminosäurerest als DNP-Deriv., der COOH-endständige Rest nach der modifizierten AKABORI-Meth. mit Hydrazin (BLACKBURN u. LEE, J. Textile Inst., Trans. **45.** [1954.] 487) charakterisiert. Neben den l. c. beschriebenen 9 Peptiden wurden identifiziert: Aus Fraktion **A** *Alanylasparaginsäure, Asparagylasparaginsäure, Asparagyl-(asparaginsäure, glycin), Asparagylglutaminsäure, Asparagylglycin, Glutamylalanin, Glutamyl (alanin, glutaminsäure), Glutamyl-(asparaginsäure, glycin), Glutamylglutaminsäure, Glutamylglycin, Glutamylglycylglycin, Glutamyloxyprolin, Glutamylmethinonin, Glutamylphenylalanin, Glycylglutaminsäure, Leucylglutaminsäure, Serylasparaginsäure* u. *Valylglutaminsäure.* Aus Fraktion **B** *Alanylarginin, Arginylglycin, Arginylglycylglycin, Arginylvalylglycin, Leucylarginin, Serylarginin* u. *Valylarginin.* Aus Fraktion **C** *Alanyloxyprolin, Alanyloxyprolylglycin, Alanylprolylglycin, Glutamylarginin, Glutamyloxyprolin, Glutamyloxyprolylglycin, Glycylasparagylglycin, Glycylglutaminsäure,* **VI**, *Glycylprolylalanin, Glycylprolylglutaminsäure, Glycylprolylglycin,* **V**, *Seryloxyprolylglycin, Serylprolylglycin* u. *Seryloxyprolin.* (J. Amer. chem. Soc. **77.** 3356—59. 20/6. 1955. Beverly, Mass., United Shoe Machinery Corp., Res. Div.) W. KÖNIGSDORF. 4070

W. L. Bragg und **M. F. Perutz,** *Die äußere Form des Hämoglobinmoleküls.* 2. Mitt. (1. vgl. C. **1955.** 838.) Tabellar. werden die röntgenograph., kristallograph. u. opt. Daten der bisher bekannten 12 verschied. Typen der Hämoglobine zusammengestellt. In der vorliegenden Arbeit wurde die Packung der Moll. in der Elementarzelle von vier der zwölf Typen untersucht. Bei den Unterss. wurde für die Dimension eines Mol. zweier Typen ein sphäroider Körper mit den Dimensionen 50×50×75 Å angenommen; die gleichen Ergebnisse erhält man jedoch auch für ein Mol. mit den Dimensionen 55×55×65 Å. — *Met-, Oxy-* u. *Carboxyhämoglobin* vom Pferd vom Typ I krist. monoklin in der Raumgruppe C 2 u. hat feucht die Dimensionen a = 109 Å; b = 63,2 Å; c = 54,4 Å; β = 111° u. trocken a = 102 Å; b = 56 Å; c = 49 Å; β = 134°; Z = 2. Diese Type zeigt eine Reihe Quellungs- u. Schrumpfungsstufen mit einem entsprechenden Bereich von Elementarzellenvolumina. Moll. mit den Dimensionen 50×50×75 Å lassen sich in allen Schrumpfungsstufen des feuchten Kristalls einbauen; im trocknen Zustand findet ein Überlappen in der c-Richtung statt. Moll. mit den Dimensionen 55×55×65 Å lassen sich gut in die gequollenen Stufen u. den n. feuchten Kristall einbauen, sie überlappen sich dagegen in den Schrumpfungsstufen. Die Kristalle zeigen starken Pleochroismus von negativ-einachsigem Typ, wobei die Richtung der schwachen Absorption (α) mit der a-Achse im stumpfen Winkel zwischen a u. c einen Winkel von 16° bildet. α liegt daher scheinbar parallel der langen Achse des Moleküls. — ***Reduziertes Hämoglobin vom Mann*** (Type 12) krist. ebenfalls monoklin in P 2_1 mit den Dimensionen im feuchten Zustand a = 62,5 Å; b = 83,2 Å; c = 52,8 Å; β = 98° u. im trocknen Zustand a = 59 Å; b = 70 Å; c = 47,5 Å; β = 97,5°; Z = 2. Aus den PATTERSON-Diagrammen u. den opt. Eigg., die sehr ähnlich denen vom Typ I sind, muß man annehmen, daß ein Mol. an der Ecke der Zelle, projiziert auf die b-Fläche, liegt, während das zweite Mol. in raumzentrierter Lage untergebracht werden muß. Will man die längeren Moll. auf diese Art in der b-Fläche packen, dann muß man sie um 36° gegen die a-Achse neigen. Moll. mit den Dimensionen 55×55×65 Å lassen sich dagegen zwangloser einordnen mit einer kleinen Überlappung von ca. 3 Å, wobei sich die Moll. entlang der a-Achse berühren. — *Reduziertes Hämoglobin vom Pferd* (Type 4) krist. in der Raumgruppe C 3_1 2 mit Z = 6. Die Dimensionen der feuchten Substanz sind a = 56,1 Å; c = 354 Å; die der trocknen Substanz a = 47,4 Å; c = 308 Å. Die Dimensionen des Einzelmol. werden hier zu 56×56×72 Å angenommen. Wegen der Kürze der a-Achse müssen die Moll. mit ihren langen Achsen angenähert parallel der c-Achse liegen, was durch die pleochroit. Eigg. eine Stütze findet. Da 6 Schichten senkrecht zu der c-Achse liegen müssen, können Moll. mit einer Länge von 65 Å nicht mit ihren Enden zusammenstoßen. Man erhält eine angenäherte hexagonale Packung entlang der c-Achse, was durch die Intensitäten der 0 0 0 l-Reflexe eine Bestätigung findet. — ***Oxyhämoglobin des Mannes*** (Typ 10) krist. in P 4_1 2_1 u. Z = 4. Im feuchten Zustand ist a = 53,7 Å; c = 193,5 Å; im trocknen Zustand a = 47,4 Å; c = 174 Å. Die Dimension des Einzelmol. ist in diesem Falle 54×54×69 Å. In der Elementarzelle liegen die kurzen Achsen des Mol. nahezu in der

Äquatorialebene, die lange Achse angenähert parallel der c-Achse, was mit den pleochroit. Eigg. des Kristalls in Einklang steht. — Es werden noch kurz Vergleiche angestellt über die verschied. feuchten Zustände u. den trocknen Zustand des Typs I. Weiter werden noch andere Formen des Hämoglobins kurz besprochen. (Acta crystallogr. [Copenhagen] **5.** 323—28. Mai 1952. Cambridge, England, Cavendish Labor and Cavendish Labor. Med. Res. Council Unit.) C. GOTTFRIED. 4070

Norwood K. Schaffer, Sidney Harshman und **Robert R. Engle,** *Phosphoserylglycin aus Diisopropylphosphorylchymotrypsin und Umkehrung der Peptidfolge durch Säure.* Fluorphosphorsäurediisopropylester inaktiviert Chymotrypsin unter Bldg. von *Diisopropylphosphorylchymotrypsin* (I). Wird I mit 2nHCl 2½ Std. bei 100° partiell hydrolysiert, so lassen sich aus dem Partialhydrolysat durch Säulenchromatographie an Dowex 50 in 3 Fraktionen *Serinphosphorsäure, Phosphoserylglycin* u. *Glycylserinphosphorsäure* abtrennen. Unter gleichen Bedingungen hydrolysiertes Phosphoserylglycin wurde teilweise in *Glycylserinphosphorsäure* umgewandelt. Da bei 3tägiger Hydrolyse mit 12nHCl bei 37° Glycylserinphosphorsäure nicht auftritt, nehmen Vff. an, daß diese ein Artefakt ist u. Phosphoserylglycin die n. Dipeptidfolge in I darstellt. (J. biol. Chemistry **214.** 799—806. Juni 1955. Maryland, Army Chem. Center, Enzyme Chem. Branch, Chem. Corps Med. Labors.) K. NEHRING. 4070

E. Biologische Chemie. Physiologie. Medizin.

E_1. Allgemeine Biologie und Biochemie.

H. Böhm und **K. H. Kimbel,** *Ein neues Verfahren zur Aufzeichnung rasch ablaufender Vorgänge bei biologischen Untersuchungen mit radioaktiven Isotopen.* Die Beobachtung schnell verlaufender biol. Vorgänge (z. B. Kreislaufprozesse) mit Radioisotopen u. GEIGER-Zählern scheitert techn. häufig daran, daß bei den biol. zulässigen Dosen die Impulszahl pro Zeiteinheit so klein wird, daß bei Integration der Zählrohrstöße die Einstellzeit zu groß wird. Die subjektive Ablesung an einem Impulszählwerk bedingt störende Unterbrechungen des Meßvorganges. Vff. haben dagegen ein rhythm. Speicherverf. entwickelt, bei dem in vorgegebenen Zeitabständen Teilsummen automat. aufgezeichnet werden. Die Zählrohrimpulse werden dazu auf gleiche Höhe gebracht u. einer Integrationsstufe zugeführt. Die Ladung des Kondensators wird nach Verstärkung einem schreibenden Gerät zugeleitet. Ein einstellbarer Kontaktgeber in der Leitung verbindet Verstärkerausgang u. Schreibgerät zu bestimmten Zeitpunkten. Die Auswertung der auf dem Registrierstreifen entstehenden gezackten Kurve mit den möglichen Fehlern u. der Vorteil des Verf. gegenüber anderen Meßverff. werden erörtert. (Z. ges. exp. Med. **124.** 543—50. 1954. Erlangen, Siemens-Reiniger-Werke, Vakuumtechn. Labor., u. Univ., Med. Klin.) W. REUSSE. 4100

W. R. Fearon, *Periodische Anordnung der biologischen Elemente.* Eine in sich geschlossene Abgrenzung der biol. bedeutsamen Elemente mit Unterscheidung von Haupt- u. Nebengruppen erzielt Vf. in einer besonderen, spiraligen Anordnung (ähnlich der von IRVIN [1939]). Die Einteilung in allg. u. nur bei einzelnen Arten vorkommende Elemente wird durch indirekt (in der Nahrung, symbiot. Organismen usw.) benötigte erschwert. (Sci. Proc. Roy. Dublin Soc. **25** [N. S.] 235—38. 1/8. 1951. Dublin, Trinity Coll., Dep. of Biochem.) K. BLUMRICH. 4100

Anna R. Whiting, *Die Wirkung von Sauerstoff auf die Häufigkeit der Mutation durch Röntgenstrahlen bei Eiern von Habrobracon.* Eier von Habrobracon in der Metaphase I wurden jeweils in einer Atmosphäre von Luft bzw. Stickstoff bestrahlt. Die Anzahl der dominant embryonalen Sterblichkeitsfälle, der recessiv embryonalen u. postembryonalen Sterblichkeitsfälle u. der sichtbaren Mutationen ging in N_2 in dem gleichen prozentuellen Verhältnis zurück. Mit 1100 r wurde in N_2 dieselbe Anzahl von Mutationen erreicht wie mit 500 r in Luft. Vf. glaubt, daß bei O_2-Mangel die prim. Chromosomenbrüche red. werden. (Genetics **39.** 851—58. Nov. 1954. Philadelphia, Pa., Univ., Dep. of Zool.) G. WELTZIEN. 4130

L. G. Abood und **Lorraine Romanchek,** *Einige chemische und physikalische Eigenschaften von Mikrosomen.* Vff. bestimmten in den aus verschied. Rattenorganen isolierten Mikrosomen (M.) verschied. Stoffe, wie Gesamt-N, *Lipoide, Lipoid-P, Nucleinsäuren, K, Na, ATPase, Adenylsäurekinase* u. *-desaminase.* Durch Einbringen der in 0,25 mol. *Rohrzucker*-Lsg. aufgeschwemmten M. in 10^{-3}mol. *$MgCl_2$*-Lsg. (p_H 5,0—7,0) gelang es ihnen, Fasern zu erhalten, die in ihrem Aufbau den Fibrillen des Cytoplasmas ähnelten. (Exp. Cell Res. **8.** 459—65. Juni 1955. Chicago, Ill., Univ. of Illinois, Coll. of Med., Dep. of Psych. and Biochem.) D. NEUBERT. 4150

P. Emmelot und **C. J. Bos,** *Biochemische Eigenschaften der Mitochondrien normaler und neoplastischer Gewebe.* In vitro-Unters. der *Adenosintriphosphatase* (I)-Aktivität von n. Leber- u. Tumormitochondrien (Sarkom UV 256, Ovarialtumor 5441, Mammatumor u. a.) der Maus bei gemeinsamer Incubation in Ggw. von Octanat (III) ergaben hohen I-Geh. der letzteren. Die Lebermitochondrien zeigten im Gegensatz zu den Tumormitochondrien eine lebhafte β-Oxydation, wobei *x-Oxycaproat* als Initiator der Fettsäure (II)-Oxydation diente. Bei Zusatz der Tumormitochondrien ging der O_2-Verbrauch auf Null zurück. Kurzes Erhitzen der letzteren vor der Incubation hob deren Hemmwrkg. auf. Die blockierende Wrkg. auf die II-Oxydation war teilweise durch den I-Inhibitor NaF aufhebbar u. die β-Oxydation wiederhergestellt. Anscheinend zerstört I der Tumormitochondrien das für die Bldg. der *Acyl–Coenzym-A*-Bindung in der II-Aktivierungsstufe erforderliche *Adenosintriphosphat.* Verss. mit $^{14}C_{(1)}$-III bestätigten die manometr. Daten. Die Hemmwrkg. auf die II-Oxydation befand sich nur im Sediment, nicht im Überstand der Tumormitochondriensuspension. Wahrscheinlich bleibt Tumor-I partikelgebunden u. geht nicht in Lösung. I ist nicht tumorspezifisch. Mitochrondrien aus Hirn u. Leber, die ohne Substrat kurz vorincubiert waren, zeigten, wenn auch schwächer, das gleiche Verhalten. Nicht alle Tumoren besitzen die gleiche hohe I-Aktivität. (Biochim. biophysica Acta [Amsterdam] **16.** 620—21. April 1955. Amsterdam, Netherlands Cancer Inst., Dep. of Biochem., Antoni van Leeuwenhoekhuis.) K. MAIER. 4150

D. V. Rege und **A. Sreenivasan,** *Der Einfluß von Folsäure und Vitamin B_{12} auf den Nucleinsäurestoffwechsel in Mikroorganismen.* Lactobacillus casei, Lactobacillus arabinosus, Lactobacillus leichmannii, Streptococcus faecalis u. Escherichia coli wurden auf den jeweiligen Nährböden mit nachst. Zusätzen an Vitaminen gezüchtet, nach 24 Std. zentrifugiert, 2mal mit dest. Eiswasser gewaschen, in gleichen Konzz. in W. suspendiert u. der Geh. an Nucleinsäuren (I), Stickstoff u. das Trockengewicht bestimmt. Bei L. casei u. Str. faecalis R, die beide *Folsäure* (II) benötigen, schwankte der Geh. an *Desoxypentose*-I mit der zugesetzten II-Menge, Vitamin B_{12} u. Thymin blieben ohne Bedeutung. Bei purinfreien Böden wirkten beide Vitamine additiv steigernd auf die I-Synth., B_{12} konnte II ersetzen. L. leichmanii, der B_{12} benötigt, war von dessen Menge abhängig. Bei L. arabinosus u. E. coli, die weder B_{12} noch I benötigen, wurde die I-Synth. vom Vitaminzusatz nicht beeinflußt. (J. biol. Chemistry **210.** 373—80. Sept. 1954. Bombay, Univ., Dep. of Chem. Technol.) H. TÄNZLER. 4150

Atuhiro Sibatani, *Feulgen-Reaktion und quantitative Cytochemie der Desoxypentosenucleinsäure.* 5. Mitt. *Chemische Bestimmung der Farbintensität der Reaktion in situ.* (4. vgl. C. **1955.** 10765.) Eine Meth. zur Schätzung der Intensität der histochem. FEULGEN-Rk. wurde ausgearbeitet. Die relative Menge von Fuchsin u. Desoxypentosenucleinsäure (I) im in situ entwickelten Farbstoff verändert sich nicht zwischen Rattenleber- u. -thymuskernen, die sich im Verhältnis von Protein zu I voneinander unterscheiden. (Biochim. biophysica Acta [Amsterdam] **13.** 66—71. Jan. 1954. Osaka, Japan, Univ., Microbiol. Diseases Res. Inst.) G. ZAESCHMAR. 4150

A. R. Peacocke, *Die Wirkung der Trocknung bei 110° auf Natriumdesoxyribonucleat. Na-Desoxyribonucleat* (I) wird durch Trocknung bei 110° über P_2O_5 nicht nur physikal., sondern auch chem. verändert (der P-Geh. solcher Präpp. liegt selten über 8,9%). Vf. stellte fest, daß bei elektrometr. Titration die Rücktitrationskurven nach Säure- (p_H 2 → p_H 11) u. Alkalibehandlung (p_H 12 → p_H 3) nicht übereinstimmen u. nimmt eine langsame Hydrolyse von Internucleotidbindungen in alkal. Lsg. an. So lagen auch die Werte für sek. Phosphorsäuregruppen nach Alkalibehandlung stets höher. Dauerte die Alkalibehandlung nicht länger als 30 Sek., so waren keine Unterschiede festzustellen. Bei getrockneten Präpp. (110°, Vakuum, P_2O_5) stimmten die Rücktitrationskurven relativ gut überein, die Hydrolyseempfindlichkeit ist offenbar geringer, da durch den Trocknungsprozeß schon eine gewisse Hydrolyse stattfindet. Werden lufttrockene I-Präpp. (ca. 30% Feuchtigkeit) bei 110° getrocknet, so ist mehr H in der Trockenmasse enthalten, als wenn unter gleichen Bedingungen bei Zimmertemp. getrocknet wurde. In solchen Präpp. werden auch die theoret. P-Werte von 9,2—9,4% gefunden. (Biochim. biophysica Acta [Amsterdam] **14.** 157—58. Mai 1954. Birmingham, Univ., Dep. of Chem.) HANS THIELE. 4150

W. I. Gorodysski, I. W. Wesselaja und **O. N. Rosstowzewa,** *Zur Frage der Katalaseaktivität im normalen und Geschwulstgewebe.* Im Rattenvers. wird gezeigt, daß die Menge der *Katalase* (I) in Leber u. Niere von n. Tieren u. von Tieren mit überimpftem Sarkom die gleiche ist. Das Muskelgewebe des n. Tieres enthält fast die gleiche Menge I wie das Muskelgewebe des Geschwulstorganismus. Die I-Aktivität des Geschwulstgewebes ist größer als beim n. Gewebe, jedoch kleiner als in Leber u. Niere. (Медичний Журнал (Киев) [Mediz. J. (Kiew)] **24.** Nr. 6. 54—58. 1954. Kiew, Röntgenradiol. u. Onkol. Inst.) O. LEBTAG. 4160

I. T. Schewtschenko, W. I. Gorodysski, I. W. Wesselaja und **O. N. Rosstowzewa,** *Über eine Beziehung zwischen Dehydraseaktivität und Höhe der polarographischen Welle.* Um zu klären, ob zwischen der Bindefestigkeit der Proteine u. der polarograph. Welle ein Zusammenhang besteht, wurden im Rattenvers. die Aktivität der Dehydrasen (I) im n. u. Geschwulstmuskelgewebe u. die Höhe der polarograph. Welle des eiweißfreien Filtrates von den Auszügen der gleichen Gewebe untersucht. Die I-Aktivität im Geschwulstgewebe war viel geringer als im n. Gewebe. Die größte I-Aktivität beobachtete man im n. Gewebe in großer Entfernung von der Geschwulst. Die Höhe der polarograph. Welle betrug im eiweißfreien Filtrat des Geschwulstgewebes 51—74 mm. In den Auszügen des n. Gewebes war sie mit 46—50 mm viel geringer; im n. Gewebe in großer Entfernung von der Geschwulst betrug sie 46—49 mm. (Медичний Журнал (Киев) [Mediz. J. (Kiew]) **24.** Nr. 6. 50—53. 1954. Kiew, Röntgenradiol. u. Onkol. Inst.) O. LEBTAG. 4160

W. Eschbach, *Der Einfluß von Arterenol und Adrenalin auf das Wachstum des Jensen-Sarkoms bei Ratten.* Vf. konnte einen Einfl. auf das Wachstum des JENSEN-Sarkoms bei Ratten durch die vegetativen Überträgerstoffe *Arterenol* u. *Adrenalin* im Tiervers. nicht nachweisen. — 30 Literaturangaben. (Arch. Geschwulstforsch. **7.** 361—64. 1954. Berlin, Dtsch. Akad. der Wiss., Inst. für Med. u. Biol.) G. WELTZIEN. 4160

Hans Lettré, *Über das Verhalten von Bestandteilen von Tumorzellen bei der Transplantation.* 3. Mitt. *Zellkerne, Plasmagranula und gequollene Zellen.* (1. vgl. C. **1951.** I. 2896; 2. vgl. Z. Krebsforsch. **57.** [1950.] 121.) Zur Prüfung, ob aus isolierten Zellbestandteilen eine Regeneration vollständiger Tumorzellen möglich ist, wurden aus Mäuseascitestumorzellen durch Quellung in dest. W. u. Behandlung mit *Digitoninlsg.* die Kerne isoliert. Ihre Überimpfung auf Mäuse führte zu keiner Tumorbildung. Durch wiederholte Quellung u. Zentrifugierung ließen sich die Plasmagranula der Zellen abtrennen; solche granulafreien Zellen führten ebenfalls, nach Überimpfung auf Mäuse zu keiner Tumorbldg. (mit der Erklärung, daß die Granula in einer gequollenen Zelle, die nur noch Kern u. Plasma enthält, nicht regenerierbar sind). Auch die isolierten Plasmagranula dieser Asciteszellen konnten bei der Überimpfung keine Tumorbldg. hervorrufen. Embryonales Hühnergewebe, aus dem in gleicher Weise durch mehrfache Quellung in dest. W. u. Zentrifugierung die Plasmagranula abgetrennt wurden, verlor die Wachstumsfähigkeit in der Gewebekultur. (Z. Krebsforsch. **57.** 345—52. 1951. Heidelberg, Univ., Inst. für exp. Krebsforsch.) B. HOHENADEL. 4160

H. E. Nieburgs, *Endokrine Faktoren bei der Entstehung des Cervix-Carcinoms.* Vf. versucht, einen Zusammenhang zu zeigen zwischen der Entstehung von Cervix-Carcinomen u. einer veränderten Sekretion von *Östrogenen* u. *Hypophysenhormonen.* (Amer. J. Obstetr. Gynecol. **62.** 93—101. Juli 1951. Augusta, Ga., Med. Coll. of Georgia, Dep. of Clin. Cytol.) D. NEUBERT. 4160

Josephine M. Meade und **Francis E. Ray,** *Die Umwandlung von 2-Aminofluoren im Meerschweinchen.* (Vgl. **Gutmann** u. Mitarbeiter, C. **1953.** 1519.) Die Verteilung von *2-Aminofluoren* (I) im Meerschweinchen nach einmaliger intraperitonealer Injektion wurde mittels der Diazotierungsmeth. untersucht. Der Vgl. der Ergebnisse mit den bei ähnlichen Unterss. an der Ratte erhaltenen ergab, daß beim Meerschweinchen weniger freies, diazotierbares Material als bei der Ratte u. mehr in gebundener Form vorlag. Die Gesamtmenge freies + gebundenes I war beim Meerschweinchen größer. Die Befunde lassen beträchtliche Unterschiede im Stoffwechsel beider Species erkennen, die möglicherweise auch die größere Resistenz des Meerschweinchens gegen chem. Carcinogenese bedingen. (Arch. Biochem. Biophysics **49.** 43—48. März 1954. Gainesville, Fla., Univ. of Florida, Cancer Res. Labor.) K. MAIER. 4160

Walther Fischer, *Durch Buttergelb erzeugte Tumoren.* Es wurde an 5 Ratten zusätzlich täglich 20—30 mg Buttergelb (*Dimethylaminoazobenzol*) gefüttert. Von Ratte 3 wurden die Tumoren subcutan übergeimpft, wobei nach 63 Tagen ein Tumor auftrat, u. intraperitoneal übertragen, wobei nach 104 Tagen keine Tumoren der Leber auftraten, aber Metastasen in der Lunge, in der zweiten Passage auch nach intraperitonealer Impfung starke Tumorbldg. nach 32 Tagen. Nach kurzen Verss. mit Buttergelb fand sich an Stelle von Tumoren Lebercirrhose. Vf. nimmt daher an, daß der Leberkrebs auf dem Boden von Cirrhosen entsteht. Vf. bejaht ausdrücklich die Möglichkeit, daß beim Menschen bei längerem Genuß von mit Buttergelb gefärbter Butter Leberkrebs entstehen könne. Es wird auf die zusätzlich immer auftretende Hämosiderose von Leber, Milz u. Niere bes. hingewiesen. — 30 Literaturangaben. (Arch. Geschwulstforsch. **7.** 301—20. 1954. Jena, Inst. für Mikrobiol. u. exp. Therapie, Histopathol. Abt.) G. WELTZIEN. 4160

Raymond Daudel, *Einige Anwendungen der Broglie-Mechanik auf die Biologie. Eine Untersuchung der cancerogenen Verbindungen.* Es wird versucht, die Wellenmechanik auf ein biol. Problem, den Wirkungsmechanismus der cancerogenen Verbb., anzuwenden.

Es gelingt hiermit zu zeigen, daß die cancerogenen aromat. KW-stoffe eine große Neigung, unter Addition zu reagieren, aufweisen u. daß die Cancerogenität mit dieser Tendenz zunimmt. Wahrscheinlich bilden die aromat. KW-stoffe mit bestimmten Gewebselementen gewisse Additionsverbindungen. Wenn solche Komplexe entstehen, katalysieren diese möglicherweise innerhalb der Gewebe Rkk., die die Ursache der Krebsbldg. sein könnten. Die Fähigkeit zur Katalyse kann in bestimmten Fällen mit der Fähigkeit zur Addition wachsen. (Cahiers de Physique **1953.** Nr. 44. 15—43. Juli. Centre de Chim. Théorique de France.) K. Maier. 4160

Alexander Haddow, *Unser heutiges Wissen von der Krebszelle.* Übersicht; besprochen wird u. a. die Cancerogenese durch *polycycl. aromat. KW-stoffe, Azofarbstoffe, aromat. Amine, biol. alkylierende Mittel, Polymere* u. *plast. Massen,* natürliche u. synthet. *Östrogene, Urethan, Gerbsäure* u. *Metalle;* ferner bestimmte Veränderungen der Diät u. in vitro Herbeiführung anaerober Verhältnisse. Als physikal. Meth. dient vor allem die ionisierende Bestrahlung der künstlichen Krebserzeugung. (Practitioner **174.** 249—58. März 1955. London, Univ., Exp.-Pathol.; Chester Beatty Res. Inst., Inst. of Cancer Res.) G. Weltzien. 4160

Leonid S. Snegireff und **Olive M. Lombard,** *Arsen und Krebs.* Die seit 130 Jahren herrschende Ansicht, daß beim industriellen Umgang mit As_2O_3 Krebs verursacht wird, scheint irrig zu sein. (A. M. A. Arch. ind. Hyg. occupat. Med. **4.** 199—205. Sept. 1951. Boston, Cancer Control Unit, Dep. of Public Health Practice, Harvard School of Publ. Health.) M. Braukmann. 4160

Henri Tagnon, *Chemotherapie des Krebses. Untersuchungen und aktuelle Erwartungen.* Vf. bespricht eingehend die medizin. Anwendungsart, Anwendungsbereich u. wahrscheinlichen Wirkungsmechanismus bei den verschied. Krebsarten von folgenden Chemotherapeuticis: männliche u. weibliche *Sexualhormone,* die vom *Senfgas* abgeleiteten Präpp., *Triäthylenmelamin, Aminopterin* u. *Amethopterin* (4-Amino-N-methylpteroylglutaminsäure), *Myleran* (1.4-Dimethansulfonyloxybutan), *6-Mercaptopurin.* (Ann. Soc. roy. Sci. méd. natur. Bruxelles **7.** 139—51. **1954.** Brüssel, Freie Univ., Serv. de Med. Intern., Inst. Jul. Bordet, Centre des Tum.) G. Weltzien. 4160

W. B. Barker, Biology for general science. London: Longmans. 1955. (329 S., Diagr.) 8°. 8 s. 3 d.

Raymond Bijon, Traitement chimique du cancer par les oligo-éléments. Paris: Maloine. 1955. (64 S. m. Abb.) 8°. fr. 320,—.

Ernest Borek, Storia e conquiste della biochimica. Torino: Ed. Ese. 1955. (XII + 212 S.) 8°. L. 1500,—.

E_2. Enzymologie. Gärung.

N. Michael Green und **Hans Neurath,** *Proteolytische Enzyme.* Übersichtsbericht. — 534 Literaturangaben. (Proteins 2. 1057—98. 1954.) A. Hesse. 4210

G. Lundblad und **E. Hultin,** *Freisetzung von proteolytischen Enzymen aus Seeigeleiern durch Ribonuclease.* Aus einem Extrakt aus gefriergetrockneten Eiern von Paracentrotus lividus wurden 2 für die Befruchtung wichtige *proteolyt.* Enzyme mit den p_H-Optima von 6,7 u. 7,7 durch *Ribonuclease* freigesetzt. (Exp. Cell Res. **6.** 249—50. Febr. 1954. Stockholm, Univ., Biochem.-Inst. and Wenner-Gren Inst.) G. Weltzien. 4210

Kazuyuki Morihara, *Untersuchungen über die Protease von Pseudomonas.* 1. Mitt. *Reinigung und Eigenschaften.* Pseudomonas myxogenes sp.-*Protease* (**I**) wurde in mehreren Stufen (fraktionierte Fällung, Dialyse, Behandeln mit Aktivkohle) gereinigt. **I** verflüssigt Gelatine optimal bei 45—50° u. p_H 7—8. Oberhalb 60° sowie bei $p_H < 3$ tritt Inaktivierung ein. Ggw. von H_2S, HCN, Fe^{2+}, Cu^{2+} oder Cystein setzen die Aktivität herab oder vernichtet sie. Unlösl. Proteine (Casein, Hautpulver, Glutin) stellen bessere Substrate dar als lösliche. Die enzymat. Rk. (Glutin) ist eine Rk. zweiter Ordnung. (Annu. Rep. Shionogi Res. Lab. [Osaka] Nr. 5. 595—601. 1955. Osaka, Japan, Shionogi & Co. Ltd., Div. of Ferment. [Orig.: japan., Auszug: engl.]) P. Loch. 4210

Kazuyuki Morihara und **Eitarō Masuo,** *Untersuchungen über die Protease von Pseudomonas.* 2. Mitt. *Kulturbedingungen und Enzymproduktion* (*I*). (1. vgl. vorst. Ref.) Die Ausbeute an *Protease* (**I**) ist maximal in einem Nährmedium folgender Zus.: 1 (%) Glucose, 1 NH_4Cl, 1 Na_2HPO_4, 0,2 KH_2PO_4, 0,1 $CaCO_3$, 0,05 $MgSO_4$. Dabei wird das Wachstum von Pseudomonas myxogenes sp. durch $MgSO_4$ stimuliert, die **I**-Produktion durch $CaCO_3$ begünstigt. Oberflächenkulturen ergaben bei diesem Nährboden bessere Ausbeuten als Schüttelkulturen. (Annu. Rep. Shionogi Res. Lab. [Osaka] Nr. **5.** 601—10. 1955. [Orig.: japan., Auszug: engl.]) P. Loch. 4210

Kazuyuki Morihara und **Eitarō Masuo,** *Untersuchungen über die Protease von Pseudomonas.* 3. Mitt. *Kulturbedingungen und Enzymproduktion* (*II*) *und Kristallisation der Protease.* (2. vgl. vorst. Ref.) Für Schüttelkulturen von Pseudomonas myxogenes sp.

wird ein Substrat beschrieben (7 [%] Glucose, 1 $(NH_4)_2HPO_4$, 1 Na_2HPO_4, 0,2 KH_2PO_4, 2 $CaCO_3$, 0,05 $MgSO_4$ u. 0,125 Malzlsg.), bei der die *Protease* (I)-Produktion 25mal höher ist als in Oberflächenkulturen, Krist. I wurde durch Behandeln der Kulturlsg. mit Rivanol in 50%ig. Ausbeute (0,7—1,0 g aus 5 Liter Fl.) erhalten. (Annu. Rep. Shionogi Res. Lab. [Osaka] Nr. 5. 610—17. 1955. [Orig.: japan., Auszug: engl.]) P. LOCH. 4210

W. C. van der Zant und **F. E. Nelson,** *Charakteristik eines endocellulären proteolytischen Enzymsystems im Streptococcus lactis.* (Vgl. C. **1955.** 5097.) Verss. mit einem zellfreien Extrakt von Streptococcus lactis bewiesen die Ggw. eines hitzelabilen proteolyt. Enzymsyst. mit einem Wirkungsoptimum gegen Milch, Casein, Lactalbumin bei einem p_H von ca. 7,0. Nicotinsäure erhöht die Aktivität. Charakterist. Wrkg. in einfachen Käsesorten u. sauren Milchprodd. wird beschrieben. (J. Dairy Sci. **36.** 1212—22. Nov. 1953. Ames, Io., Iowa Agric. Exp. Stat., Dairy Ind. Sect.) G. WELTZIEN. 4210

Kin'ichi Matsushima, *Untersuchungen über die proteolytischen Enzyme der Schimmelpilze.* 8. Mitt. *Eigenschaften der Asp. oryzae-Proteinase.* 1. Mitt. *Wirkung des* p_H *und der Temperatur auf Aktivität und Stabilität des Enzyms. A. oryzae-Proteinase* (I) besitzt maximale Aktivität bei 40° u. ca. p_H 6,0. I ist im p_H-Bereich 5,0—7,0 stabil. Bei höheren p_H-Werten erfolgt rasch Inaktivierung. 5 Min. Erhitzen auf 65° bewirkt fast vollständige Inaktivierung. $CaCl_2$ schützt I gegen Hitzeinaktivierung. (J. agric. chem. Soc. Japan [Nippon Nôgeikagaku Kaishi] **29.** 87—90. Jan. 1955. Mie Univ., Fac. of Agric., Dep. of Agric. Chem. [Orig.: japan., Auszug: engl.]) K. MAIER. 4210

G. Stark und **G. Siebert,** *Kathepsinaktivität in Placenten verschiedener Altersstufen,* Die *Kathepsin*-Aktivität von Placenten verschied. Altersstufen wurde nach ANSON bestimmt. Die Aktivität ist bei Frühgravidität signifikant gegenüber der Gruppe am Ende der Schwangerschaft erhöht, bei Schwangerschaftsübertragungen liegen die Werte am niedrigsten. Die Bedeutung der Fermentaktivität für das Wachstum wird diskutiert. (Arch. Gynäkol. **185.** 50—59. 1954. Mainz, Univ., Frauenklinik u. Physiol. Chem. Inst.) WOLFGANG ALBRECHT. 4210

Richard Merten und **Hans Wojta,** *Zur Herkunft des Urokathepsins (zugleich ein Beitrag zur Fermentproduktion des resezierten Magens).* Nach vollständiger Entfernung der Magenschleimhaut, der Hauptquelle des Urokathespins (I) u. *Uropepsins* (II) fehlen I u. II im menschlichen Urin, während bei Ratten auch noch Monate nach der Resektion deutliche I-Aktivität nachweisbar ist. Nach Teilresektion nimmt die I–II-Ausscheidung beim Menschen bereits innerhalb weniger Tage stark ab; nach 1 Jahr findet man meist nur noch geringe Aktivitäten. Auf die Beziehungen zwischen I–II-Ausscheidung u. Funktion der nach Teilresektion zurückgebliebenen sowie der, bes. bei Ulcus pepticum, gereizten Magenschleimhaut wird hingewiesen. (Z. ges. exp. Med. **123.** 315—25. 1954. Mainz, Med. Univ.-Poliklinik u. Chirurg. Univ.-Klinik.) G. BRESSAU. 4210

Richard Merten, *Die Urokathepsin- und Uropepsinausscheidung in ihrer Abhängigkeit von der Fermentproduktion der Magenschleimhaut.* Die im 24 Std.-Urin ausgeschiedenen Uropepsin (I)- u. Urokathepsin (II)-Mengen u. die Verdauungsleistung (Menge freigesetztes Tyrosin/verabreichtes Hämoglobin [III]) des Magens sind einander weitgehend proportional. Dagegen ist der rhythm. Verlauf der I–II-Ausscheidung von der Pepsin- u. Kathepsinaktivität sowie der Nahrungsaufnahme im wesentlichen unabhängig. Der Faktor I/II beträgt, infolge der besseren Spaltbarkeit des III-Substrates bei p_H 1,8, im allg. 1,7—1,8. Die I–II-Werte sind starken Schwankungen unterworfen; bei Gesunden bzw. Magengesunden liegen sie zwischen 224—946 E. I u. 155—514 E. II, bei Magen-Darm-Kranken zwischen 0 u. 1905 E. I u. 0 u. 1002 E. II/24 Std.-Urin, im Durchschnitt etwa doppelt so hoch wie bei der ersten Gruppe. Durch große Flüssigkeitszufuhr (abhängig von der Zeit der Verabreichung bzw. mehrtägiger, erhöhter Zufuhr), Salyrgan-(Ausschwemmung cardialer Ödeme) sowie Tyroxinbehandlung (Myxödem) kommt es zu einer erheblichen Steigerung der I–II-Ausscheidung; Magensaft-, Ferment- u. Säurebldg. anregende Pharmaca, z. B. Buscopan (Hyoscin-n-butylbromid), sind dagegen hierauf ohne wesentlichen Einfluß. Der diagnost. Wert der Unterss. (160 Personen) wird diskutiert. — Etwa 80 Literaturangaben. (Z. ges. exp. Med. **123.** 332—50. 1954.) G. BRESSAU. 4210

John D. Duffin und **Konstanty Kowalewski,** *Eine verbesserte Technik zur Uropepsinbestimmung.* Zur Vermeidung von Fehlerquellen u. zur Entfernung der störenden Verbb. bei der *Uropepsin*-Best. im Urin mit der *Hämoglobin–Tyrosin*-Meth. geben Vff. eine einfache Dialysiertechnik zur Eliminierung der phenolartigen, chromogenen Substanzen an. Es tritt dabei kein Enzymverlust auf. (J. Lab. clin. Med. **43.** 165—68. Jan. 1954. Calgary, Alberta, Labor. of Colonel Belcher Hosp., Dep. of Vet. Affairs.) D. NEUBERT. 4210

A. Robert Goldfarb, *Die Reaktion von Pepsin mit Proteinen.* Eieralbumin, Rinderalbumin u. Gelatine geben mit Pepsin bei p_H 4,0 Fällungen. Der Komplex aus Rinderserumalbumin u. Pepsin enthält beide Komponenten in mol. Verhältnissen. Bei Überschuß von Albumin steigt der Albuminanteil des Komplexes. (Arch. Biochem. Biophysics **49.** 179—86. März 1954. Chicago, Ill., Chicago Med. School, Dep. of Biochem.) M. W. ROTHE. 4210

R. A. Oosterbaan, P. Kunst und **J. A. Cohen,** *Die Natur der Reaktion zwischen Diisopropylfluorphosphat und Chymotrypsin.* Die Verb. aus *Chymotrypsin* (I) + (mit ^{32}P markiertem) *Diisopropylfluorphosphat* (II) wurde durch ein Pankreaspräp. des Handels (*Cotazym*; N. V. ORGANON, Oss) so gespalten, daß ein Peptid entsteht, welches 50—60% der ursprünglichen **II** enthält. Je **II**-Gruppe sind an Aminosäuren vorhanden: Prolin (1), Leucin (1), Asparaginsäure (1), Serin (1) u. Glykokoll (2—3). Dieses gegen Pankreasenzyme völlig stabile, stark saure Peptid verliert bei Behandlung mit Alkali (p_H 11,0; 100°) in 5 Min. den gesamten ^{32}P; bei saurer Rk. (p_H 2; 100°) spaltet das Peptid kein **II** ab, sondern liefert bei längerer Behandlung (15 Std.) *Serinphosphat.* (Biochim. biophysica Acta [Amsterdam] **16.** 299—300. Febr. 1955. Rijswijk, Niederlande, Nat. Defence Res. Council T. N. O., Med. Biol. Labor.) A. HESSE. 4210

Benjamin Weiss, *Peptidase- und Proteinaseaktivität von Rinderschilddrüsengewebe.* Unterss. zur Charakterisierung der *Proteinase* (**I**) u. *Peptidase* (**II**), die den Durchtritt von Thyreoglobulin durch die Zellmembran ermöglichen. Es wurde die Hydrolysengeschwindigkeit einer Anzahl von Di- u. Tripeptiden durch wss. Extrakte von Rinderschilddrüse bestimmt. In den meisten Fällen übten Cd^{2+}, p-Chlormercuribenzoat (**III**), Sulfide, Cu^{2+}, Äthylendiamintetraessigsäure u. Zn^{2+} eine Hemmung aus, während Mg^{2+} u. Mn^{2+} einen geringen oder keinen Effekt zeigten. Co^{2+} u. in geringem Ausmaße Mn^{2+} stimulierten die Spaltung von Glycylglycin. Erschöpfende Dialyse u. nachfolgende Zugabe von Mg^{2+} u. Mn^{2+} zeigten keine Wirkung. **I** erfordert intakte Sulfhydrylgruppen, denn sie wird durch **III**, Cu^{2+} u. Jodacetat gehemmt u. durch reduzierende Substanzen stimuliert. **II** spaltet optimal bei p_H 7,2—8,4, die **I** bei p_H 4,0. Die Peptidhydrolyse wurde als Rk. nullter Ordnung gefunden. Beschreibung einer Meth. für die partielle Reinigung von **II.** (J. biol. Chemistry **205.** 193—203. Nov. 1953. Detroit, Mich., Harper Hosp., Res. Div.) A. LEUSCHNER. 4210

Morris Ziff und **Alfred A. Smith,** *Hemmung von Aminotripeptidase.* Vff. prüften die hydrolysierende Wrkg. von *Aminotripeptidase* (**I**) aus Kalbsthymus, Kaninchenmuskel u. menschlicher Synovial-Fl. in Ggw. von Pyribenzamin (**II**), Benadryl (**III**), Procain (**IV**). Eserin (**V**), Cocain (**VI**), Procainamid (**VII**, Pronestyl). Na-Salicylat (**VIII**), Diisspropylfluorphosphat (**IX**) u. Tetraäthylpyrophosphat (**X**) auf Diglycylglycin (**XI**). Während die erstgenannten Stoffe in vom **II** zum **VII** abnehmender Intensität die **I** hemmten, waren **VIII**. **IX** u. **X** wirkungslos. Die Hemmwrkg. der genannten Stoffe erklären Vff. mit der Tatsache, daß diese annähernd die gleiche Mol.-Länge wie die n. Tripeptide besitzen, u. zwar 8—9 C-Atome, vom N-Atom ab gerechnet, das beim p_H des Vers. (7—8) bei allen diesen Inhibitoren wie beim **XI** quarternär ist. **I** hat keine esterspaltenden Eigg., da **VII** nicht verändert wird. Wegen der lokalanästhesierenden Wrkg. einiger dieser **I**-Inhibitoren nehmen Vff. an, daß **I** möglicherweise eine Rolle bei der peripheren Reizübertragung spielt. (Proc. Soc. exp. Biol. Med. **80.** 761—64. Aug./Sept. 1952. New York, N. Y., Univ., Coll. of Med., Dep. of Med. and Study Group on Rheumatic Diseases.) H. IPPEN. 4210

I. B. Kuwajewa und **Ss. Ja. Michlin,** *Zur Methode der Bestimmung der Enterokinase.* Vff. berichten über ihre Erfahrungen mit der SCHLYGIN-Meth. (vgl. C. **1951.** I. 3506) zur Best. der *Enterokinase* (**I**), die auf der Umwandlung von Trypsinogen (**II**) in Trypsin durch **I** beruht. Die von 26 verschied. Rindern gewonnenen **II**-Präpp. zeigten nicht die bei **I**-Präpp. von Schweinen auftretenden, durch die Fütterungsart bedingten Schwankungen. Vff. empfehlen, **II** aus dem Rinderpankreas für Zwecke der **I**-Best. zu gewinnen. (Биохимия [Biochemie] **19.** 437—39. Juli/Aug. 1954. Moskau, Ernährungsinst. der Akad. der Med. Wiss. der UdSSR, Abt. für Physiol. u. Biochem. der Ernährung, Labor. für Verdauung.) H. v. PEZOLD. 4210

Jack G. Bishop und **Alfred R. Richardson,** *Eine praktische genaue Methode zum Messen und Registrieren der Aktivität proteolytischer Enzyme.* Es wird eine neue Meth. zur Best. der Aktivität proteolyt. Enzyme mit selbsttätiger Registrierung u. weitgehender Vermeidung subjektiver Fehler angegeben. Auf der Achse eines Getriebes befindet sich das Meßgefäß, in dem das Substrat als Gel u. das proteolyt. Enzym in Lsg. enthalten sind. Innerhalb von 10 Sek. wird das Gefäß jeweils um 45° aus der Horizontalebene gewippt. Mit Hilfe eines Hg-Schalters ist der Stromkreis nur dann geschlossen, wenn die Leitfähigkeit des Substrats u. nicht die der Enzymlsg. gemessen wird, die mit Hilfe eines Tintenschreibers registriert wird. Diese App. wird auch für Unterss. empfohlen, wo Rkk. zwischen Gel u. Sol, bzw. festen u. fl. Stoffen stattfinden. (J. Lab. clin. Med. **43.** 327—31. Febr. 1954. Bloomington, Ind., Indiana Univ., School of Med., Dep. of Physiol.) G. FAUST. 4210

P. J. G. Mann, *Reinigung und Eigenschaften der Aminoxydase der Erbsensämlinge.* Die auf das 300fache gereinigte *Aminoxydase* (I) von 7—12 Tage alten (von Erde u. offenbar beschädigten Teilen befreiten) Erbsensämlingen katalysiert nicht nur die Oxydation von *Diaminen,* sondern auch von *Phenylalkylaminen, aliphat. Monoaminen* u. von *D*- u. *L-Lysin,* dagegen nicht von L- u. DL-Oxylysin, DL-Diaminopropionsäure, L-Diaminobuttersäure, L-Ornithin oder L-Histidin. Während der Rk. entsteht H_2O_2, welches I inaktiviert. I wird gehemmt durch: Cyanid, Semicarbazid, Diäthyldithiocarbamat, Salicylaldoxim (II) u. Kaliumäthylxanthat. II sowie Thioharnstoff werden durch das in erster Rk. gebildete H_2O_2 oxydiert, wobei die Oxydation des II durch *Peroxydase* katalysiert wird. Offenbar werden die genannten Verbb. durch dieselbe I oxydiert; diese ist möglicherweise ein Metallprotein. (Biochem. J. 59. 609—20. April 1955. Harpenden, Hertfordshire, Rothamsted Exp. Stat., Biochem. Dep.) A. HESSE. 4210

Charles A. Owen jr., Alfred G. Karlson und **E. Albert Zeller,** *Enzymologie von Tuberkelbacillen und anderen Mycobakterien.* 5. Mitt. *Einfluß von Streptomycin und anderen basischen Substanzen auf die Diaminoxydase verschiedener Bakterien.* (Vgl. C. **1951.** II. 2058.) *Streptomycin* u. *Dihydrostreptomycin* hemmen nicht nur die *Diaminoxydase* (I) von *Mycobacterium smegmatis,* sondern auch die von *Mycobact. avium, Mycobact. tuberculosis* var. *hominis, Pseudomonas aeruginosa* u. *Micrococcus pyogenes* var. *aureus.* Die bakterielle I wird ferner gehemmt durch *Pyocyanin, Streptothricin, Chloramphenicol, L-p-Nitrophenyl-2-aminopropandiol-(1.3), Ephedrin, 4-Acetylaminobenzaldehydthiosemicarbazon (TB I), Promin* u. *2-[4'-Aminophenyl]-pyridin.* (J. Bacteriol. 62. 53—62. Juli 1951. Rochester, Minn., Mayo Clin. and Mayo Foundation). R. RUTKOWSKI. 4210

E. A. Zeller, L. S. van Orden, W. F. Kirchheimer (unter Mitarbeit von **J. C. Lazanas**), *Enzymologie von Mycobakterien.* 6. Mitt. *Enzymatischer Abbau von Guanidinderivaten.* (5. vgl. vorst. Ref.) Suspension von 5 Stämmen von *Mycobacterium smegmatis* [**S**] (streptomycinempfindlich, -resistent u. -abhängig u. isonicotinsäurehydrazidempfindlich u. -resistent), 1 Stamm von *Mycobacterium phlei* u. 1 nichtidentifizierter Stamm von *Corynebacterium* (**C**) desaminierten *Agmatin* (**I,** *1-Amino-4-guanidinobutan*) u. *Arcain* (**II,** *1.4-Diguanidinobutan*). Aus allen **S**-Stämmen, aber nicht aus **C** wurden hochakt. zellfreie Präpp. für **I** u. **II** gewonnen; Sedimentation bei 105000 g (1 Std.) trat nicht ein. Der *Guanidin* (**III**) abbauende Stoff diffundiert nicht durch Cellophanmembranen u. wird bei 1 std. Erhitzen auf 80° partiell inaktiviert. Der **III**-Abbau gelingt in verschied. Puffern; in Glycinpuffer liegt das p_H-Optimum bei 11,4 oder höher. *L-Arginin* wird immer durch Suspensionen. aber oft nicht durch zellfreie **S**-Präpp. abgebaut. *Guanidin, Kreatin, Kreatinin* u. *Glykocyanin* werden weder durch ganze **S**-Zellen, noch durch zellfreie Präpp. angegriffen. Das **I**- u. **II**-abbauende Syst. ist verschieden von Arginase, Arginindesimidase, Kreatinase, Kreatininase u. Glykocyaminase. (J. Bacteriol. **67.** 153—58. Febr. 1954. Chicago, Ill., Northwestern Univ., Med. School, Deps. of Biochem. and Bacteriol.) H. GOEBEL. 4210

Virginia R. Williams und **John F. Christman,** *Über die coenzymatische Natur eines synthetischen, an biotinabhängigen Desaminasesystemen beteiligten Cofaktors.* Durch Einw. von 2nH_2SO_4 bei 120° im Autoklaven auf verschied. Kohlenhydrate, bes. Glucose, Mannose. Furfurol, Galaktose u. Arabinose gewannen Vff. ein Prod., daß die *Asparaginsäure-, Serin-* u. *Threonindesaminase*-Systeme ruhender Bakterienzellen weit stärker aktiviert als Biotin u. Adenylsäure. Dieser synthet. Cofaktor ist keine der folgenden, zum Teil durch Säureeinw. auf Zucker entstehenden Substanzen: Ameisensäure, Essigsäure, Propionsäure, Lävulinsäure, Reductinsäure, Glycerinaldehyd, Erythrose, Arabinose, Glucose, Mannose, Galaktose, Fructose, Mannit, Erythrit, Reducton u. Ascorbinsäure. Er scheint mit dem von LICHSTEIN (J. Bacteriol. **60.** [1951.] 485) aus Hefe isolierten Faktor ident. zu sein. Er synthetisiert weder Biotin, noch scheint er mit dessen Hilfe synthetisiert zu werden. Aus der Tatsache, daß ein mit überschüssigem Cofaktor aktiviertes Enzymsyst. durch Zusatz von Biotin u. Adenylsäure. wenn auch in geringerem Maß als durch den Faktor, sofort weiter aktiviert wird, schließen Vff., daß das Enzym unabhängig voneinander sowohl Biotin u. Adenylsäure als auch den Cofaktor für seine Wrkg. braucht. (J. Bacteriol. **65.** 238—44. März. 1953. Baton Rouge, La.. Dep. Agric. Biochem.) W. ZILLIG. 4210

S. N. Iyer, A. Dudani, C. R. Krishna Murti und **D. L. Shrivastava,** *Die Wirkung von Natriumchlorid auf die Asparaginsäuredesaminase aus Vibrio cholerae.* Es wurde eine Schutzwrkg. des *NaCl* auf die *Asparaginsäuredesaminase* in suspendierten Zellen (**I**) u. zellfreien Suspensionen (**II**) festgestellt, die mit zunehmender Konz. (bis 3,4%) steigt. In dest. W. verschwindet die Aktivität bei **I** nach 3 Std., bei **II** nach 1 Stunde. Danach kann das Enzym durch *NaCl*-Gaben nicht wieder regeneriert werden. Daraus ist zu schließen, daß die Schutzwrkg. nicht mit dem Verh. von Aktivatoren u. Cofermenten zu vergleichen ist. Höhere Konzz. an *NaCl* im Nährboden vermindern die Aktivität des Enzyms. (Enzymologia [Den Haag] **16.** 285—88. 15/3. 1954. India, Lucknow Central Drug Res. Inst.) H.-R. Schütte. 4210

J. M. Lowenstein und **Philip P. Cohen,** *Untersuchungen über den Mechanismus der Carbamylasparaginsäuresynthese.* Die bei der Synth. von *Citrullin* (**I**) aus *Ornithin* (**II**) beteiligte Intermediärverb. (**III**) reagiert in Ggw. lösl. Leberpräpp. mit *Asparaginat* (**V**) unter Bldg. von *Carbamylasparaginat* (**IV**). Andere CO_2-Fixierungsmechanismen konnten durch Verwendung ^{14}C-markierter **III** ausgeschlossen werden. Die Darst. von ^{14}C-**III** erfolgte durch Incubation von Acetylglutamat, $^{14}CO_2$, NH_4Cl, $MgSO_4$, 0,1 mol. Phosphatpuffer (p_H 7,4), Adenosintriphosphat u. der mit A. gefällten Fraktion eines Extraktes aus Rattenleberrückstand–Acetonpulver (37,5°, 30 Min.), Enteiweißen mit mol. $HClO_4$, Zentrifugieren u. Einfrieren des Überstandes. Die Unters. der Wrkg. von **I, II** u. *Argininosuccinat* auf die **IV**-Bldg. aus **III** u. **V** ergab keine direkte Beteiligung dieser Aminosäuren bei der **IV**-Synthese. (J. biol. Chemistry **213.** 689—96. April 1955. Madison, Wis., Univ. of Wisconsin, Dep. of Physiol. Chem.) K. Maier. 4210

R. F. Denman, D. S. Hoare und **Elizabeth Work,** *Diaminopimelinsäuredecarboxylase in unter Pyridoxinmangel ernährter Escherichia coli.* Eine *Decarboxylase* (**I**), die spezif. auf Decarboxylierung der bakteriellen Aminosäure (der *Diaminopimelinsäure*) zu *Lysin* (**II**) gerichtet ist (in vielen Bakterien vorkommend), dient in Escherichia coli vermutlich für einen biosynthet. Weg zu **II.** Bei einer Pyridoxin (**III**) benötigenden Mutante von E. coli konnte bei **III**-freier Ernährung der Geh. an **III** auf 11% des Geh. von n. Zellen vermindert werden; wurde gleichzeitig **II** zugesetzt, so war der **III**-Geh. sowohl bei n. Ernährung als auch bei **III**-freier Ernährung höher als bei dem Kontrollversuch. Zusatz von *Pyridoxalphosphat* (**IV**) bei der Best. von **I** gab bei **III**-freier Ernährung eine Aktivierung der **I**, nicht aber bei **III**-haltiger Ernährung. Das Apoenzym der **I** (in Ggw. von **IV** bestimmt) war in den ohne **II** u. **III** ernährten Zellen zweimal höher als in Kontrollzellen bzw. als in den mit **II** ernährten Zellen. Das Holoenzym der **I** (ohne Zusatz von **IV** bestimmt) war in den ohne **III**, aber mit **II** ernährten Zellen deutlich verringert. — Vff. schließen, daß die Bedeutung der **I** hauptsächlich in der Lieferung von **II** an die Zellen besteht. (Biochim. biophysica Acta [Amsterdam] **16.** 442—43. März 1955. London, Univ., Coll. Hosp. Med. School.) A. Hesse. 4210

L.-E. Ericson, J. N. Williams jr. und **C. A. Elvehjem,** *Untersuchungen über teilweise gereinigte Betain–Homocystein-Transmethylase der Leber.* Die *Betain–Homocystein-Transmethylase* (**I**) der Leber von Ratten u. Schweinen konnte durch einfache Fällungen mit A. auf das 60fache (bezogen auf Proteingeh.) gereinigt werden. **I** wirkt optimal bei p_H 7,8, mit starkem Abfall der Wirkungskurve nach beiden Seiten. Bei Spaltung der **I** in Apoenzym u. Coenzym (Einstellen der Lsg. auf p_H 4,6, wobei der Cofaktor ausfällt u. aus dem Nd. mittels Phosphat eluiert werden kann) ergab sich, daß **I** aus Ratten-u. Schweineleber denselben Cofaktor haben. — **I** wird durch NaCN, Äthylendiamintetraacetat oder 8-Oxychinolin nicht beeinflußt. — Serin oder Adenosintriphosphat sind ohne Wrkg. auf **I.** (J. biol. Chemistry **212.** 537—44. Febr. 1955. Madison, Wis., Univ. of Wisconsin, Coll. of Agric., Dep. of Biochem.) A. Hesse. 4210

W. Wayne Kielley und **Louise B. Bradley,** *Glutathionthiolesterase.* Vff. beschreiben eine Meth. zur Isolierung eines Enzym zur spezif. Hydrolyse von Glutathionthiolestern vom Typ des S-Acetyl- u. S-Butyrylglutathions aus Mäuselebern u. unterscheiden diese *Glutathionthiolesterase* von *Glyoxalase II* u. *Leberesterase.* (J. biol. Chemistry **206.** 327—33. Jan. 1954. Bethesda, Md., Labor. of Cellular Physiol., Nat. Heart Inst.) L. Reppel. 4210

D. Rudnick, P. Mela und **H. Waelsch,** *Glutamintransferase im Hühnerembryo während der Incubation. Glutamintransferase* (**I**) katalysiert den Austausch der Amidgruppe von Glutamin mit Hydroxylamin oder anderen Aminen; die **I** der Säugetiergewebe benötigt Mn^{2+} sowie Spuren von Adenosintriphosphat zu ihrer Wirkung. Diese tritt erst nach 24 Std. Incubation in Erscheinung. Es wird gezeigt, wie die einzelnen Organe des Kükenembryos während der Entw. eine Zunahme der **I** erfahren, wobei die Leber die höchsten Werte erreicht. (Nature [London] **172.** 253—54. 8/8. 1953. New York, N. Y., State Psych. Inst. u. Columbia Univ., Coll. of Phys. and Surg.) A. Hesse. 4210

F. Leuthardt und **M. Staehelin,** *Die Bedeutung der SH-Gruppen bei der Glutaminsynthese.* Coenzym A ist bei der Glutaminbldg. nicht beteiligt. Es wurde die Wrkg. verschied. Sulfhydrylreagentien auf die Glutaminbldg. untersucht, um festzustellen, ob fest am Enzym gebundene SH-Gruppen an dieser Rk. beteiligt sind, wie die SH-Gruppe des Coenzyms A bei anderen Reaktionen. Die Rk. wird durch Mercurochrom u. Lewisit gehemmt, Cystein u. BAL heben die Hemmungen wieder auf. Jodessigsäure u. Jodacetamid als Alkylierungsmittel hemmen ebenfalls, ferner Oxydationsmittel wie o-Jodosobenzoat, dessen Hemmung ebenfalls durch Cystein aufgehoben wird. Für die Glutaminsäuresynth. wird einer der folgenden Reaktionsmechanismen angenommen, da die Analyse der Hemmung darauf hindeutet, daß die Rk. mit ATP mehr kompetitiv ist, in bezug auf die Glutaminsynth. nicht kompetitiv gehemmt wird. 1a) Enzym—SH + Ad—P—P—P → Enzym—S—P + Ad—P—P; 1b) Enzym—SH + Ad—P—P—P → Enzym—S—P—P—Ad + P; 2a) Enzym—S—P + Glutaminsäure → Enzym—S—Glutaminsäure + P; 2b) Enzym—S—P—P—Ad + Glutaminsäure → Enzym—S—Glutaminsäure + Ad—P—P; 3) Enzym—S—Glutaminsäure + NH_3 → Enzym—SH + Glutamin. (Helv. physiol. pharmacol. Acta **11.** C 61—62. 1953. Zürich, Univ., Physiol.-chem. Inst.) H. LAUER. 4210

Barbara E. Wright, *Ein neuer Cofaktor bei der Umwandlung von Serin in Glykokoll.* In zellfreien Extrakten eines nicht näherbestimmten Clostridium erfolgt Bldg. von *Glykokoll* aus *Serin,* welche Ggw. von *Diphosphopyridinnucleotid* (I), Mn^{2+} u. Pyridoxalphosphat erfordert. Es wird gezeigt, daß ein vierter, aus gekochten Extrakten von Clostridium cylindrosporum erhältlicher *Faktor CoC* erforderlich ist. I ist nicht ident. mit Folsäurederivv.; jedoch sind Citrovorumfaktor u. Tetrahydrofolsäure wirksam u. können I ersetzen. CoC wird nicht durch Nucleotidphosphatase (Kartoffel) angegriffen. (Biochim. biophysica Acta [Amsterdam] **16.** 165—66. Jan. 1955. Bethesda, Md., Nat. Inst. of Health, Nat. Heart Inst., Labor of Cellular Physiol.) A. HESSE. 4210

G. Ricceri, *Über den Abbau des Arginins bei der Perfusion durch die isolierte überlebende Hühnerleber.* Isolierte überlebende Leber von Hähnen wurde im App. nach KOCH u. WÜLLENWEBER mit dem defibrinierten, filtrierten u. mit RINGER-Lsg. auf 180 cm^3 verd. Blut desselben Tieres durchströmt, dem 0,15—0,5 g *l(+)-Argininhydrochlorid* (I) in W. (1 : 30) zugegeben wurde. Nach $1^1/_4$ std. Versuchsdauer wurde die Perfusionslsg. auf I u. *Harnstoff* (II) untersucht. II war in der für Hühner n. Menge vorhanden, der I-Geh. im Laufe der Verss. um 5—20% abgesunken. Die Befunde sprechen gegen die Mitwrkg. von *Arginase,* deren Fehlen in der Hühnerleber schon von anderer Seite festgestellt wurde. (Arch. Scienze biol. **35.** 160—66. März/April 1951. Catania, Univ., Ist. di Fisiol. umana.) W. KIMPEL. 4210

Babette Taylor Stewart und **H. Orin Halvorson,** *Untersuchung der Sporen von aeroben Bakterien.* 2. Mitt. *Eigenschaften eines extrahierten hitzestabilen Enzyms.* (1. vgl. C. **1954.** 4181.) Während die Sporen von Bac. terminalis hitzeresistente *Alaninracemase* (I) enthalten, die nach 2std. Erhitzen auf 80° nur 10% ihrer Aktivität einbüßt, wird die I der vegetabilen Zellen unter diesen Bedingungen nach 15 Min. inaktiviert. Die Hitzeresistenz von I in zellfreien Extrakten ist an die Ggw. fester Teilchen gebunden. Ultraschallbehandlung von Sporen führt I teilweise in lösl. Form über, die hitzelabil ist. An Teilchen gebundene I ist gegen *Pepsin*-Inaktivierung widerstandsfähig, während die lösl. hitzeempfindliche Form rasch zerstört wird. (Arch. Biochem. Biophysics **49.** 168—78. März 1954. Urbana, Ill., Univ., Dep. of Bacteriol.) M. W. ROTHE. 4210

G. Ja. Wilenkina, *Über die Beziehungen der Serinase zu den optischen Isomeren von Serin und über die Natur der thermostabilen Cofaktoren dieses Ferments.* In Verss. mit *Serinase* (I) aus der Meerschweinchenleber wird gezeigt, daß I *l-Serin* spaltet, nicht jedoch *d-Serin,* wobei d-Serin die Spaltung von *l*-Serin hemmt. Die Wrkg. von I wird mit steigender Substratkonz. oberhalb des Optimums (> 0,02 mol.) rasch vermindert. Die aktivierende Wrkg. von gekochten Leber- u. Hefeextrakten auf I bleibt beim Aufbewahren bei p_H 8,0 erhalten u. geht bei p_H 2 verloren. Die Extrakte enthalten demnach einen Cofaktor von I, der in seiner Unbeständigkeit in saurer Lsg. an die *Folinsäure* (II) erinnert. Die I-Aktivität von Leberschnitten der Ratte wird sowohl bei n. Ernährung als bei Folsäure (III)-Mangel bei Incubation in Ggw. von Ascorbinsäure u. III erhöht. Im Homogenat der Taubenleber, in welchem bei anaeroben Bedingungen II aus III entsteht, wird die Umwandlung von Serin in Glycin in N_2-Atmosphäre durch Zusatz von III, *dl-Homocystein* oder eines Gemisches der beiden stimuliert. Der wichtigste Cofaktor von I ist demnach nicht III, sondern eine ihr nahestehende Verb. vom II-Typ. Auch das Homocystein tritt als Cofaktor von I auf. (Биохимия [Biochemie] **20.** 198—204. März/April 1955. Moskau, Inst. für biol. u. med. Chem. der Akad. der Med. Wiss. der UdSSR, Labor. für Chem. des Stickstoffumsatzes.) O. LEBTAG. 4210

G. Seidel, *Zum Nachweis der Harnstoffzersetzung im bakteriologischen Laboratorium.* Die für den Nachw. der *Urease*-Wrkg. von Bakterien bes. geeigneten Substrate werden ausführlich besprochen u. die für Routinemethoden zu empfehlenden Verff. aufgezeigt. (Mh. Veterinärmed. **10.** 270—73. 15/6. 1955. Berlin, Humboldt-Univ., Inst. für Lebensmittelhygiene.) WOLFGANG ALBRECHT. 4210

Katashi Makino und **Kiyohisa Arai,** *Die Umwandlung von 3-Oxykynurenin in 4.8-Dioxychinolin durch Mäuseleberhomogenat.* Nach 3std. Incubation von *3-Oxykynu-*

renin (I) mit Mäuseleberhomogenat in Krebs-Ringer-Phosphatpuffer (p_H 7,4; 37°) entstand ein dunkelroter Farbstoff, der im Papierchromatogramm kaum wanderte. Die Unters. der aus I gebildeten Verbb. (Butanol–Eisessig–W., 4 : 1 : 5) ergab ferner 4 fluorescierende Substanzen, R_F 0,61, 0,48, 0,41, 0,32 u. 3 mit Diazoreagens (II) nachweisbare, R_F 0,45, 0,32, 0,12. Nach 4std. Incubation verschwand restliches I u. die fluorescierende Substanz von R_F 0,41, wobei 2 rascher wandernde, mit II reagierende Komponenten, R_F 0,79, 0,64, auftraten. Die erste der beiden (**A**) verhielt sich wie *4.8-Dioxychinolin* (III) (grünlichblaue Fluorescenz, braunrote Färbung mit II). Die Diazopositive Komponente mit R_F 0,45 (**B**) wurde bei Lufteinw. spontan grün u. gab mit II eine rötliche Färbung. Dieses Verh. entsprach dem von *Xanthureninsäure* (IV). Die papierchromatograph. Unters. von **A** u. **B** unter Verwendung 7 weiterer Lösungsmittelsysteme ergab die Identität mit III bzw. IV. Da die Incubation von IV mit Mäuseleberhomogenat niemals III gab, erfolgt dessen Bldg. aus I möglicherweise oxydativ über *3-Oxykynurenamin* durch Oxydation. (Science [Washington] **121.** 143—44. 28/1. 1955. Kumamoto, Japan, Univ., Med. School, Dep. of Biol. Chem.) K. Maier. 4210

T. E. T. Bradshaw und **W. J. E. Jessop,** *Placenta- und Bluthistaminase während der menschlichen Schwangerschaft. Histaminase* (I) des Serums von Schwangeren sowie von Placentaextrakten wurde nach Kapeller-Adler (C. **1951.** II. 2055) bestimmt, wobei gewisse Vorsichtsmaßnahmen empfohlen werden. — Die Werte für I im Serum zeigen keine Relation zur Dauer der Schwangerschaft. Die Werte lagen im Serum bei 0,6—10,6 P.U. (Permanganateinheiten)/ml u. in der Placenta bei 2,5—21 P.U./g Frischgewebe. (Biochem. J. **59.** 603—05. April 1955. Dublin, Roy. Coll. of Surg., Dep. of Physiol.) A. Hesse. 4210

Georges Ungar und **Evelyn Damgaard,** *Gewebsreaktionen auf anaphylaktische und anaphylaktoide Stimuli; Proteolyse und Freiwerdung von Histamin und Heparin.* Zufügen von spezif. Antigen zu Lungen- oder Leberstückchen von sensibilisierten Meerschweinchen, oder Zusatz von anaphylaktoiden Mitteln (*Tween 20, Octadecylamin, Morphin* u. *48/80*) zu Gewebsstückchen von n. Tieren, oder Durchspülen der Lungen mit diesen Präpp. verursacht ein Absinken des Proteins u. eine Freiwerdung von *Histamin* u. *Heparin.* Unterdrückung der Histamin- u. Heparinfreiwerdung durch Inhibierung der Proteolyse läßt vermuten, daß diese die grundlegende Rk. ist. Die Proteolyse wird eingeleitet durch eine Protease, die in n. Geweben als eine inakt. Vorstufe vorhanden ist. Die Aktivierung benötigt eine Kinase. Die Gewebskinase ist zwar von der Serumkinase verschieden, aber Serumkinase wirkt auch auf das Gewebsproenzym. (J. exp. Medicine **101.** 1—15. 1/1. 1955. Chicago, Ill., Univ., Coll. of Med., Inst. for Tuberc. Res. and Dep. of Physiol.) G. Weltzien. 4210

Antonio Couceiro, Darcy F. de Almeida und **J. Roberto C. Freire,** *Histochemische Lokalisierung der Acetylcholinesterase im elektrischen Gewebe von Elektrophorus electricus L.* Histochem. konnte gezeigt werden, daß die im elektr. Gewebe von Elektrophorus vorhandene *Cholinesterase* im innervierten Gewebe lokalisiert ist u. wie eine von außen gleichmäßig anliegende Haut die Elektrohülle umgibt. — Die Färbungen in den Geweben werden durch DFP, N-p-Chlorphenyl-N-methylcarbamat des m-Oxyphenyltrimethylammoniumbromides sowie durch Eserin nicht gestört, manchmal allerdings etwas verzögert. (An. Acad. brasil. Ci. **25.** 205—14. 30/6. 1953. Rio de Janeiro, Univ. de Brasil, Inst. di Biofisica.) A. Hesse. 4210

Camillo Artom, *Wirkung von Cholingaben auf die Oxydation der Fettsäuren durch extrahepatisches Gewebe.* Leber-, Nieren-, Herz-, Hirn- u. Testeshomogenate von Ratten, die mit einer Proteinmangeldiät ernährt worden waren, werden unter Luft mit *$^{14}C_{(1)}$-Palmitat* incubiert u. die sich bildende Menge $^{14}CO_2$ (I) ermittelt. Wird *Cholin* (II) den Versuchstieren erst kurze Zeit vor dem Töten injiziert, werden höhere I-Werte nur in der Leber, gelegentlich auch in Niere u. Herz, seltener im Hirn, nie aber in den Testes ermittelt. Wurde II bereits vorher mit der Kost verabreicht u. am Schluß des Vers. auch noch injiziert, wurde die II-Bldg. in den 3 ersten Geweben in gleicher Weise verstärkt. Vf. vermutet, daß die in vivo-Bldg. der für die gesteigerte Fettsäureoxydation verantwortlichen Faktoren in vitro auch im extrahepat. Gewebe erfolgt, daß aber diese Faktorenbldg. in Niere u. Herz langsamer vor sich geht als in dem Lebergewebe. (J. biol. Chemistry **213.** 681—87. April 1955. Winston-Salem, N. C., Wake Forest Coll., Bowman Gry School of Med., Dep. of Biochem.) H. P. Fiedler. 4210

S. Duraiswami und **M. K. Subramaniam,** *Ein weiterer Beweis für Mitose in Hefe.* Auf Galaktosesubstrat kultivierte Bierhefe durchläuft mit ihren 2 mkr. faßbaren Chromosomen alle Mitosestadien. (Experientia [Basel] **7.** 422. 15/11. 1951, Bangalore, S. India Dep. of Biochem.) H. Wrba. 4270

F. F. Nord, ed. Advances in enzymology. V. 16. New York: Interscience Publishers. 1955. (592 S. m. Abb.) O. $ 11,—.

E_3. Mikrobiologie. Bakteriologie. Immunologie.

A. E. Creedy, P. Jowett und **T. K. Walker,** *Die Bildung von D-Cellobiose aus Stärke und anderen Substraten durch Acetobacterarten.* Vff. stellen fest, daß Acetobacter acetigenum in Substraten, die *Äthylenglykol, Glucose, Xylose* oder lösl. *Stärke* (**I**) als C-Quelle enthalten, nach 5—6 Tagen *D-Cellobiose* (**II**) u. daraus *Cellulose* (**III**) synthetisieren. Die **III**-Bldg. wird durch Zusatz von 0,0005mol. *Na-Arsenit* (**IV**) unterdrückt, wobei sich red. Zucker anhäufen. **II** (Acetat, $C_{28}H_{38}O_{19}$, F. 191°) wird aus einem mit **IV** versetzten Substrat (30°) isoliert, das anorgan. Salze, *Riboflavin, Ca-Pantothenat, Ca-Lactat* u. **I** enthält. (Chem. and Ind. **1954**. 1297—98. 16/10. Manchester, Univ., Coll. of Technol.)
P. FAHRNLAENDER. 4320

Karl Ludwig Schulze, *Beiträge zur Physiologie und Technologie der Fettbildung bei Mikroorganismen.* Durch *Phosphat* (**I**)-Armut kann die Hefe zur Fettbldg. u. durch reichliche **I**-Zufuhr zur Eiweißsynth. gezwungen werden. Sie kann als **I**-Speicher angesehen werden, die sich bis zur Sättigungsgrenze mit **I** beladen kann. Es besteht ein Zusammenhang zwischen der **I**-Konz. im Innern der Zelle u. der Geschwindigkeit der Zuckerassimilation u. des Wachstums sowie dem Fettgeh. u. der Generationsdauer. Je höher der Fettgeh. desto langsamer die Wachstumsgeschwindigkeit. Bei **I**-Mangel ist es möglich, fettreiche Hefe in großtechn. Maßstab aus Sulfitablauge zu züchten. (Arch. Mikrobiol. **15**. 315—51. 1951. Weihenstephan, TH München, Inst. für Techn. Mykol.)
H. BENISCHKE. 4320

Theodor Wieland, Walter Maul und **Ernst Friedrich Möller,** *Verfolgung des Schicksals radioaktiver Pantothensäure in Mikroorganismen mit Hilfe der Papierelektrophorese.* In einem radioakt. *Pantothensäure* (**I**) enthaltenden Nährsubstrat gewachsene Streptogact. plantarum 10 S-Zellen wurden mit physiol. NaCl-Lsg. gewaschen u. ein Kochsaft hergestellt, der nach Entfernung der Zelltrümmer u. Gefriertrocknung 3 g Rohprod. ergab. Die aus diesem erhaltenen Pherogramme (Hochspannungselektrophorese) ließen zwar keine scharf getrennten akt. Banden erkennen, zeigten aber durch allg. Aktivität auf der Anodenseite an, daß nur saure akt. Prodd. entstanden waren. Die sauren Prodd. unterlagen nach papierchromatograph. Vorreinigung einer zweimaligen Elektrophorese; so wurden Pherogramme erhalten, deren Fraktionen im wesentlichen den Verbb. zugeordnet werden konnten (Vgl. mit bekannten Verbb.), die auf dem Wege der biol. *Coenzym A* (**II**)-Synth. liegen (**I**, N-Pantothenylcystein, Pantethein [**III**], 4-Phosphopantethein u. 3-Dephospho-**II**). **I** u. **III** konnten jedoch nicht nachgewiesen werden, so daß sie im Kochsaft nur in äußerst geringer Menge vorkommen dürften. — In ähnlicher Weise wurden Verss. mit Saccharomyces carlsberg. 4228 durchgeführt. Die Ergebnisse unterschieden sich wesentlich von den vorher genannten. Hier wurden **I**, **II** u. in größerer Menge *4-Phosphopantothensäure* gefunden. Es kann angenommen werden, daß diese aus **I** in Ggw. von Adenosintriphosphat entsteht u. daraus 4-Phosphopantethein gebildet wird.

Versuche: *$^{14}C_{(3)}$-Cyanessigsäureäthylester* aus Chloressigsäure (mit Soda neutralisiert) u. Zugabe von $K^{14}CN$ gebildetem Na-Cyanacetat wird die freie Säure (Zugabe von HCl) durch Vakuumeindampfung als Sirup erhalten, der mit A. unter Zugabe von H_2SO_4 verestert wird. — *$^{14}C_{(3)}$-β-Alanin* durch katalyt. Hydrierung der vorst. Verb. u. Verseifen des Esters mit $Ba(OH)_2$. — *^{14}C-Pantothensäure.* Vorst. Verb. mit Na in Methanol 1 Std. schütteln u. nach Zusatz von D(—)-α-Oxy-β.β-dimethylbutyrolacton 4 Tage bei +40° stehenlassen. Reinigung durch Papierchromatographie (sek. Butanol/Ameisensäure/W. 75 : 10 : 15). Nach Elution mit W. erfolgte Neutralisation mit Ammoniak u. Gefriertrocknung des Ammoniumsalzes. (Biochem. Z. **327**. 85—92. 22/8. 1955. Frankfurt/M., Univ., Inst. für organ. Chem. u. Heidelberg, Max-Planck-Inst. für med. Forsch.)
P. LOCH. 4320

O. H. Braun und **J. Dehnert,** *Untersuchungen über Bifiduswuchsstoffe.* Aus 38 verschied. Stämmen der E. coli-Gruppe konnten Vff. durch wss. Extraktion einen Faktor gewinnen, der das Wachstum von Bifidusstämmen aus Stühlen von Brustkindern stimulierte. Der Faktor ist thermostabil, dialysabel, gut lösl. in W. u. Äthylalkohol. Weitere analyt. Daten sind noch nicht bekannt. (Mschr. Kinderheilkunde **103**. 177—78. Febr. 1955. Heidelberg.) H. SCHIMASSEK. 4325

W. W. Heseltine und **L. D. Galloway,** *Einige antibakterielle Eigenschaften von propionsaurem Natrium.* Untersucht wurde der Einfl. von *Na-Propionat* (**I**) auf das Wachstum von Pseudomonas aeruginosa u. proteus vulgaris, Aspergillus niger u. fumigatus sowie Candida albicans. Weiter wurde **I** mit *Na-Sulfacetamid* (**II**) verglichen. Aus den Verss. wird festgestellt: **I** verhindert in weitem Bereich das Wachstum von Bakterien u. Pilzen, die für lokale Infektionen verantwortlich sind. Die bakteriostat. u. fungistat. Effekte sind in saurem Medium stärker als in alkalischem. Gegen Staphylokokken erscheint in neutralem Medium die Wrkg. von **I** geringer als die von **II**. Es scheint gegenüber diesen Bakterien zwischen I u. II ein Antagonismus zu bestehen. (J. Pharmacy Pharmacol. **3.** 581—85. Sept. 1951. London, Welbeck Way Labor., Techn. Div. Harker Stagg Ltd.) E. BOYE. 4330

L. M. Spalton, *Antiseptische Eigenschaften von Benzalkoniumchlorid.* Besprochen werden baktericide, tox. u. physikal. Eigg., die Inaktivierung u. Verwendung von *Benzalkoniumchlorid,* hauptsächlich aus Lauryldimethylbenzylammoniumchlorid bestehend. (Chemist and Druggist **156.** 691—93. 24/11. 1951.) E. BOYE. 4330

Ann Bishop, *Wirkung von 2.4-Diamino-6.7-diisopropylpteridin aus Plasmodium gallinaceum und seine Beziehung zu anderen Verbindungen, die Pteroylglutaminsäureantagonisten sind.* Da die antagonist. Wrkg. einiger Verbb. gegenüber der *p-Aminobenzoesäure* (I) u. der *Folsäure* (*Pteroylglutaminsäure; N-(4-[2-amino-4-oxy-6-pteridyl]-methylaminobenzoyl)-glutaminsäure;* II) vielfach als Ursache ihrer antibakteriellen Wrkg. angesehen wird, untersuchte Vf., ob die Empfindlichkeit einiger Stämme von Plasmodium gallinaceum, die gegen II-Antagonisten (*2.4-Diamino-6.7-diisopropylpteridin;* III, bzw. *2.4-Diamino-6.7-diphenylpteridin;* IV) resistent gemacht waren, auch gegen andere Chemotherapeutica, deren Wirksamkeit auf einer I- bzw. II-Verdrängung beruhen soll, wie *Sulfadiazin* (*2-[p-Aminobenzolsulfonamido]-pyrimidin;* V), *Proguanil* (*Paludrin; Chlorguanid; N^1-p-Chlorphenyl-N^5-isopropylbiguanid;* VI), *Pyrimethamine* (*Daraprim; 5-[p-Chlorphenyl]-2.4-diamino-6-äthylpyrimidin;* VII) u. *2.4-Diamino-5-p-chlorphenoxy-6-methylpyrimidin* (VIII), verändert ist. Ein gegen III resistenter Stamm war auch gegen VI, VII, VIII u. IV unempfindlich, nicht jedoch gegen V. Auch gegen IV resistente Erreger waren es in gleichem Maße gegen VI, VII u. III, aber wieder nicht gegen V. Die Wrkg. von III u. VI konnte durch I nicht antagonist. beeinflußt werden, die von V dagegen kompetitiv. II wirkte in jedem Falle schwächer als III. (Parasitology **44.** 450—64. Nov. 1954. Cambridge, Univ. of Cambridge, Molteno Inst.) D. NEUBERT. 4330

Aleck Bernstein und **Joshua Lederberg,** *Agglutinierung beweglicher Salmonellaarten durch Acridine.* Die von SERTIC u. BOULGAKOV (C. R. Séances Soc. Biol. Filiales **123.** [1936.] 951) gefundene Agglutination von beweglichen *Salmonella*-Arten in Flagellarphase 2 durch *Acriflavin* wird von Vff. bestätigt. Bewegliche glatte Salmonella sp. sind durch Acridinfarbstoffe agglutinierbar, u. zwar reagieren Organismen in Phase 2 bei erheblich geringeren *Acridin*-Konzz. als solche der Phase 1. Die Agglutinierung ähnelt der Rk. mit Anti-H-Serum. Hefeextrakt enthält Stoffe, welche die Agglutinierung hemmen (wahrscheinlich Purine oder Pyrimidine). Elektrolyte sind nicht notwendig. Verss. an isolierten Geißeln zeigten, daß sie der Reaktionsort sind. Verss. mit S. typhimurium, stanley, zega, london, daressalaam, wien, abony, paratyphi B, typhi O 901, SW 666 u. SW 926; *Acriflavin, 2.8-Diamino-, 2.8-Diamino-bis-dimethyl-, 5-Amino-, 1.2.3.4-Tetrahydro-5-amino-, 2-Oxy-5-aminoacridin, 2.8-Diamino-10-methylacridiniumhydrochlorid, 4-Aminochinolin* u. *4-Amino-2-styrylchinolin* in wss. Suspension oder fl. Medien. (J. Bacteriol. **69.** 142—46. Febr. 1955. Madison, Wis., Univ. Wisconsin, Dep. of Genetics.) H. GOEBEL. 4330

John Tome, H. D. Zook, R. B. Wagner und **R. W. Stone,** *Abbau von radioaktivem Penicillin G.* (Vgl. MARTIN u. Mitarbeiter, C. **1954.** 1974.) Vff. beschreiben ein Verf. zum Abbau kleiner *Penicillin*-Mengen in 4 identifizierbare Bruchstücke in einem forlaufenden Arbeitsgang, das die Lokalisierung u. Messung bei der Fermentation eingebauter markierter *C*-Atome ermöglicht. Die Meth. wurde auf *Phenylmethylpenicillin* (I), isoliert aus *Na-$^{14}C_{(1)}$-Acetat* u. *Na-$^{14}C_{(2)}$-Acetat* enthaltenden Kulturansätzen, angewandt, wobei nichtradioakt. I als Träger diente. Nach 30 Min. Hydrolyse von I mittels 0,1 n NaOH zu *Phenylmethylpenicillosäure* (II) wurde II am Rückfluß 30 Min. mit verd. H_2SO_4 zu *Phenylmethylpenillosäure* decarboxyliert u. das aus der Lactam-CO-Gruppe (III) stammende CO_2 als $BaCO_3$ gefällt. Aus der Hydrolysen-Fl. wurde mit mol. $HgCl_2$ bei p_H 6 das *Hg*-Salz von *Penicillamin* (IV) gefällt, Hg mit H_2S abgetrennt u. IV in das Phenylisocyanatderiv. übergeführt. Das Filtrat der $HgCl_2$-Fällung gab nach Entfernung von *Hg^{2+}*-Ion das *2.4-Dinitrophenylhydrazon* von *Phenylmethylpenilloaldehyd* (V), das bei der

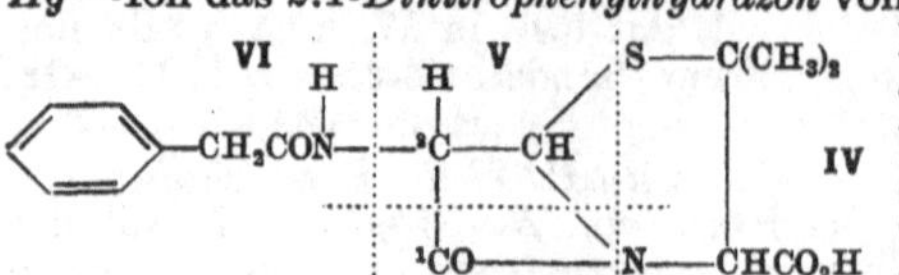

Hydrolyse in Eisessig–konz. HCl *Phenylessigsäure* (VI) lieferte. Zur Aktivitätsbest. wurden alle Proben in $BaCO_3$ übergeführt. Bruchstück VI, aus der zugesetzten Penicillin-G-Vorstufe, *N-[2-Oxäthyl]-phenylacetamid,* stammend, war inaktiv. Von den den C-Atomen des *β*-Lactamring entsprechenden Bruchstücken III u. V wies III bei Verwendung von *COOH*-markiertem Acetat (VI) größere Radioaktivität auf als bei Zusatz von *CH_3*-markiertem, während bei V die Verhältnisse genau umgekehrt lagen, wobei die Lokalisierung der Aktivität in den 2 *C*-Atomen von V unbekannt ist. Anscheinend wird 1 Mol VI in $C_{(1)}$—$C_{(2)}$-Stellung (*$C_{(1)}$* aus

$-COOH$, $C_{(2)}$- aus $-CH_3$) u. 1 Mol in das IV-Fragment eingebaut. (J. biol. Chemistry **203.** 251—55. Juli 1953. Pennsylvania State Coll., Pa., Dep. of Bacteriol. and Chem.) K. MAIER. 4340

C. Prina und **L. Raimondi,** *Wirkung des Streptomycins und der Wärme auf die Freisetzung der Nucleinsäuren aus dem Koch'schen Bacillus.* Mittels der Rk. nach BIAL, die bei Anwesenheit von *Ribonucleinsäuren* (I) positiv ausfällt, konnte nachgewiesen werden, daß *Streptomycin* (II) bei einer Einw. auf den Tuberkelbacillus in einer Dauer von über 20 Std. zu einer Freisetzung von I führt. Nach 100 Std. dauerndem Kontakt des II mit dem Tuberkelbacillus in vitro war die Rk. stark positiv. I wurde in einer Konz. von 10—40 μg/ml angewandt. *Desoxyribonulceinsäure* (III), die mit der Rk. nach DISCHE nachgewiesen wurde, konnte nach Einw. von II nicht festgestellt werden. Wurden die Tuberkelbacillen 20 Min. im Autoklaven bei 120° gehalten, war I nach 2 Std. u. III nach 12—15 Std. nachzuweisen. Da Polysaccharide u. Lipoide an I gebunden sind, wird angenommen, daß II diese zusammen mit I aus dem Bakterienkörper entfernt. (Boll. Soc. ital. Biol. sperim. **30.** 1268—69. Dez. 1954. Pavia, Univ., Ist. Patol. Gen.) P. G. SCHEURLEN. 4340

C. Prina und **L. Raimondi,** *Wirkung des Streptomycins und Penicillins auf die Freisetzung der Nucleinsäuren aus Staphylococcus aureus.* Verschied. Konzz. von *Streptomycin* (I) oder *Penicillin* wurden Suspensionen von Staphylococcus aureus zugefügt u. festgestellt, daß lediglich I nach 20 Std. Einwirkungsdauer zu einer Freisetzung von *Ribonucleinsäuren* aus den Bakterien führte. (Boll. Soc. ital. Biol. sperim. **30.** 1269—70. Dez. 1954. Pavia, Univ., Ist. Patol. Gen.) P. G. SCHEURLEN. 4340

Hans Fey, *Serologische, biochemische und biologische Untersuchungen an Stämmen aus boviner Colimastitis mit spezieller Berücksichtigung der Colisäuglingsenteritis.* (Ergebn. Hyg., Bakteriol., Immunitätsforsch. exp. Therap. **29.** 394—474. 1955. Zürich, Univ., Vet.-Bakteriol. Inst., u. Kopenhagen, Statens Serum Inst.) H. GOEBEL. 4350

H. L. Chance, *Chlorwasserstoffgas zum Unterstützen des Anfärbens interner Strukturen in Escherichia coli.* Beschreibung einer Meth. zum Vorbehandeln feuchter Ausstriche mit HCl vor dem Anfärben mit Neutralrot-$Hg(NO_3)_2$, wodurch die sonst diffuse Färbung je nach Feuchtigkeit u. Dauer der HCl-Einw. verschied. Bereiche der Bakterienzellen erfaßt. (Stain Technol. **30.** 53—58. März 1955. Norman, Okla., Univ. of Oklahoma, Dep. of Plant Sci.) K. BLUMRICH. 4360

Yuzo Kawamori, Hisao Takahashi und **Eiro Tsubura,** *Von Mikroorganismen erzeugte antitoxische Substanzen.* 1. Mitt. *Versuche über streptolytisches Hämolysin.* Bei 260 Stämmen von Bact. subtilis, Strahlenpilzen u. Bodenbakterien wurde eine neutralisierende bzw. zers. Wrkg. gegen hämolyt. Toxin von Streptokokken festgestellt. Diese Wrkg. steht nicht in einfachem Zusammenhang mit der eventuellen antibakteriellen Wirkung. Beim Subtilisstamm F-37 zeigt die Bldg. von Stoffen mit antihämolyt. Wrkg. im CZAPEK-DOX-Nährboden mit 3% Traubenzucker u. 1—2% Pepton nach 8 Tagen den höchsten Titer, der nach 14 Tagen nicht abnimmt. Der antihämolyt. Wirkstoff ist thermolabil (Optimaltemp. 37°) u. p_H-abhängig (Optimum 6,5—7,5). (J. Antibiotics [Tokyo] **4.** 462. Okt. 1951. Osaka, Univ., III. Internal Clin. [Orig.: japan.]) L. SCHULER. 4370

Masahiko Yoneda, *Giftigkeit des Kulturfiltrats von Diphtheriebakterien und Tyrosingehalt des Nährmediums.* Das Kulturfiltrat von *Diphtheriebakterien* zeigt geringe Giftigkeit gegen Meerschweinchen, aber hohen Flockungswert, solange im Nährmedium als N-Quelle Asparagin, dl-Methionin, Phenylalanin, Leucin oder Lysin geboten werden. Durch Zusatz von Tyrosin zum Nährmedium steigt die Toxizität des Kulturfiltrats stark (ca. 5—10fach) an, was auf einen Zusammenhang mit der tox. Gruppe des *Bakterientoxins* hindeutet. (Kagaku [Science] **21.** 642—43. Dez. 1951. Nagoya. [Orig.: japan.]) L. SCHULER. 4370

Harold E. Pearson, Dorothy L. Lagerborg, R. J. Winzler und **Donald W. Visser,** *Methioninverbindungen und Wachstum von Mäuseencephalomyelitisvirus in Gewebekulturen. Methoxinin* (II) red. in Dosen von 2 mg/cm³ den Titer von THEILERs *GDVII Mäuseencephalomyelitisvirus* (**E**) um 87%; die Hemmung ist durch 3 mg/cm³ *DL-Methionin* (I) völlig reversibel. *Methioninsulfoximin* (III; 1—3 mg/cm³) red. den **E**-Titer um 50—75%, I-Zusatz (3 mg/cm³) erniedrigt den Titer auf ca. 90%. *DL-Norleucin* red. den Titer, die Red. ist mit I reversibel. *Allylglycin* wirkt auf **E** nicht hemmend; *Methallylglycin* (IV; 1 mg/cm³) senkt den **E**-Titer um 97—100%, Zusatz von *Glycin, Allylglycin* oder I beeinflußt die Hemmwrkg. nicht. *Methioninsulfoxyd* u. Methioninsulfon hemmen **E** nicht. *Glutamin* (3 mg/cm³) wirkt vollständig hemmend; die Hemmung ist mit I irreversibel. Die Antimetaboliten II, III u. IV hemmen die Vermehrung von **E** nach 3 verschied. Mechanismen. (J. Bacteriol. **69.** 225. Febr. 1955. Los Angeles, Calif., Univ. of

Southern California, School of Med., Dep. of Public Health, Biochem. and Nutrit., u. Los Angeles County Hosp., Labor. Div.) H. GOEBEL. 4374

Raymundo G. Cunha und **Ervin A. Eichhorn,** *Einfluß von Cortison auf die Empfindlichkeit ausgewachsener Mäuse gegenüber dem Virus der Maul- und Klauenseuche.* Ausgewachsene Mäuse, die normalerweise gegenüber dem Virus der Maul- u. Klauenseuche resistent sind, ließen sich bei vorangehender Injektion von 5 mg *Cortison* (I), allerdings in geringerem Maß als junge Tiere, infizieren u. zeigten die Symptome der Krankheit. Aufeinanderfolgende Passagen des Virus in vorher I-beimpften Mäusen machen das Virus für n. ausgewachsene Mäuse ansteckend. Modifikationen im Typus des Virus waren nicht nachweisbar. (Amer. J. veterin. Res. **15.** 149—51. Jan. 1954. Rio de Janeiro, Brazil, Pan American Foot- and Mouth-Disease Center, P. O. Box 589.) H. DOSSMANN. 4374

Ruth V. Dippell, *Eine temporäre Färbung für Paramaecium und andere Wimperprotozoen.* Eine Mischung von 10,5 Teilen Acetocarmin, 4,5 Teilen 45% ig. Essigsäure, 2 Teilen nHCl u. 1 Teil einer 1% ig. Lsg. von Fast Green FCF in 95%ig. A. bewirkt eine gut differenzierte Färbung von Kernen u. Cytoplasma, Unterscheidung zwischen neu entstandenen u. alten Kernen u. Nahrungsvacuolen. Bei besonderer Empfindlichkeit einzelner Protozoenarten gegen Überfärben u. Säuren kann die Zus. der Lsg. abgeändert werden. (Stain Technol. **30.** 69—71. März 1955. Bloomington, Ind., Indiana Univ., Dep. of Zool.) K. BLUMRICH. 4380

E. G. Pringsheim, *Leukofuchsin in der Algencytologie.* In den Geißeln (auch in den chlorophyllhaltigen Chromatophoren u. Zellwänden) verschied. Algenarten ließen sich mit HJO_4-Leukofuchsin *Polysaccharide* nachweisen, im Gegensatz zu Geißeln von Bakterien u. kurzen Cilien von Algen. (Nature [London] **173.** 775—76. 24/4. 1954. Cambridge, Strangeways Res. Labor.) K. BLUMRICH. 4380

A. C. Chandler, Introduction to parasitology. 9th edn. London: Chapman & H. 1955. (799 S.) 68 s.

E_4. Pflanzenchemie. Pflanzenphysiologie. Pflanzenpathologie.

Ss. M. Prokoschew, W. S. Baranowa und **A. I. Mednikow,** *Organische Säuren in den Blättern der Baumwollpflanze.* Im Vgl. zu den Blättern der ägypt. Baumwolle (Gossypium barbadense) enthalten die Blätter der amerikan. Baumwolle (G. hirsutum) recht große Mengen an *Citronensäure* (I) u. *Äpfelsäure,* beispielsweise 8,5 + 9,9%, berechnet auf Trockensubstanz, so daß von Vff. angeregt wird, die Blätter als Rohstoff für die Gewinnung von I auszunutzen. (Доклады Академии Наук СССР [Ber. Akad. Wiss. UdSSR] **102.** 985—87. 11/6. 1955. Bach-Inst. für Biochem. der Akad. der Wiss. der UdSSR u. Nicotinfabrik des Minist. für Genußmittelind. der UdSSR.) M. ULMANN. 4420

M. W. Kosstrubin, *Über die Bildung und Umwandlung der Hemicellulosen in den Stengeln des Weizens.* Ähnlich wie bei Stengeln von Flachs u. Hanf (C. **1953.** 6512; **1954.** 574) untersucht Vf. die Bldg. u. Umwandlung von *Pektinstoffen* (I) u. *Hemicellulosen* (II) in den Stengeln von Weizen zu 4 verschied. Zeiten der Vegetationsperiode. I werden auch in wenig verholzten Stengeln nur in geringen Mengen gefunden. Die Menge der *Cellulose* ist zur Zeit der Glasreife am größten. Anfangs vorliegendes *Fructosan* bzw. *Fructose* sind zu Ende der Vegetationszeit fast vollständig verschwunden. Erstes ist als Hauptreservekohlenhydrat des Weizenstengels anzusprechen. Stärke fehlt vollständig. Nach Entfernung der in W. lösl. Stoffe u. der I aus den Stengeln wurden diese einer Hydrolyse mit 2% ig. HCl unterworfen. Die Best. der Gesamtmenge an II ergab ein Ansteigen im Verlaufe der Vegetation von 15,7% auf 21,6%. Im einzelnen stieg die Menge an *Pentosanen* u. *Polyuroniden* an, während die *Hexosane* weniger wurden. Weiterhin erhielt Vf. II-Präpp. durch Behandlung der Stengel mit 4% ig. NaOH u. Ausfällung der II aus der alkal. Lsg. mit Essigsäure (Präp. A) u. nachfolgend mit A. (Präp. B). Die Menge von A (ca. 8%) zeigte prakt. keine Änderungen mit der Vegetationszeit, während die B-Menge anstieg (von 4,2% aus 12,6%). Auch im Falle des Weizenstengels ist nach Vf., wie bei Flachs u. Hanf, eine Umwandlung von Hexosanen in Pentosane anzunehmen, die je nach den vorliegenden Bedingungen indirekt oder über eine oxydierende Decarboxylierung direkt erfolgen kann. (Биохимия [Biochemie] **20.** 360—67. Mai/Juni 1955. Orel, Pädagog. Inst., Lehrstuhl für Chemie.) M. ULMANN. 4420

R. D. Haworth, R. MacGillivray und **D. H. Peacock,** *Isolierung von Sarkosin aus einem Säurehydrolysat von Erdnußprotein.* Auf dem zweidimensionalen Papierchromatogramm eines Säurehydrolysats aus Erdnußprotein wurde außer den bekannten Aminosäuren noch *Glycin* (R_F 0,32 mit 80%ig. wss. Phenol bzw. 0,22 mit Butanol–Essigsäure) u. ein unbekannter Fleck (R_F 0,78 bzw. 0,24) gefunden, der wahrscheinlich *Sarkosin*

(F. 209—210° [Zers.], aus A. u. CH_3OH-Aceton) entsprach. Von diesem konnten dann aus 7,5 g Erdnußprotein durch Chromatographie des Hydrolysats an Zeocarb 215 u. an Cellulose 2—3 mg isoliert werden. (Nature [London] **167.** 1068. 30/6. 1951. Sheffield, Univ., Chem. Dep.) H.-J. KOCH/Berlin. 4420

Emile André und **Monique Maille,** *Beitrag zur Kenntnis der schwefelhaltigen ätherischen Cruciferensamenöle. 4. Mitt. Bestimmung des Samenöls von Brassica juncea, Czerny und Cosson. Verschiedenheiten bei verschiedenen Analysenmethoden.* Bericht über vergleichende Bestimmungen von äther. Öl in Cruciferensamen nach der argentometr., jodometr. u. gravimetr. Methode. Hierbei gab die argentometr. Meth. stets die höchsten Werte. (Ann. Inst. nat. Rech. agronom., Sér. A **2.** 442—55. Juli/Aug. 1951.) C. GRIMME. 4420

Tetsujirô Obara und **Mitsuo Kitamura,** *Untersuchungen über Lecithin und Cephalin im Fett von Sawa-Millet (Panicum Crus-golli L.)-Öl.* SAW-MILLET-Öl enthält ca. 0,14% *Phosphatid,* das aus ca. 23% *Lecithin* u. ca. 76% *Cephalin* besteht. (J. agric. chem. Soc. Japan [Nippon Nôgeikagaku Kaishi] **29.** 37—39. Jan. 1955. Tokyo, Univ. of Educat., Dep. of Agric. Chem. [Orig.: japan., Auszug: engl.]) K. MAIER. 4420

H. H. Trombly und **J. W. Porter,** *Weitere Carotine und ein farbloses Polyen aus Lycopersicumspecies und -rassen.* Aus Tomaten, die mit Ausnahme von β-Carotin u. Lycopin reich an Carotinen u. farblosen Polyenen waren, konnten 3 weitere all-trans-Carotine, *Farbstoff A, C* u. *Tetrahydrolycopin,* ein cis-Isomeres, *Farbstoff B* u. ein *farbloses Polyen A* isoliert werden. Absorptionsmaxima, Isomerisierungsdaten u. einige Adsorptionseigg. der Verbb. sind angegeben. A besitzt 9 konjugierte Doppelbindungen; Isopropylidengruppen sind nicht vorhanden. B u. C sind cis-trans-Isomere, C hat 10 oder mehr konjugierte Doppelbindungen. Daneben wurde eine unbekannte Verb., früher auch als *Poly-cis-π-Carotin* bezeichnet, *als Protetrahydrolycopin* erkannt. (Arch. Biochem. Biophysics **43.** 443—57. April 1953. Lafayette, Ind., Purdue Univ. Agric. Exp. Stat.) H. KATHEN. 4420

Karl Paech, *Die Farbentwicklung in Blüten.* Übersicht (bis Aug. 1954.) Pigmente (*Carotinoide, Flavonoide*), Vererbung der Blütenfarben, Farbtöne u. -anordnungen. — 107 Literaturangaben. (Annu. Rev. Plant Physiol. **6.** 273—98. 1955. Tübingen, Univ., Dep. of Bot.) K. MAIER. 4420

K. Mothes, *Physiologie der Alkaloide.* Übersicht (bis Okt. 1954). Bldg. der *Alkaloide* (I) in Wurzeln, I-Synth. im Sproß, Verteilung, I in Früchten u. Samen, sek. chem. Umwandlungen von I, Abbau u. Ausscheidung, Einfl. der Pfropfung auf die I-Bldg. der Wurzel, I-Ontogenese, äußere Einflüsse u. I-Synth., Mechanismen der I-Biosynth., Genetik, taxonom. Bedeutung, Rolle der I. — 276 Literaturangaben. (Annu. Rev. Plant Physiol. **6.** 393—432. 1955. Gatersleben, Germany, Inst. für Kulturpflanzenforsch.) K. MAIER. 4420

Bhanu Prakash Ghosh, Achintya Kumar Mukherjee und **Sachchidananda Banerjee,** *Cirantin, ein neues Pyronderivat mit oral wirksamer antikonzeptioneller Eigenschaft.* Vff. isolierten aus der Schale von *Citrus aurantium* ein neues Deriv. des *Pyrons,* für welches sie den Namen *Cirantin* vorschlagen, Ausbeute 0,015%, mkr. Nadeln (aus A.), F. 250—252°. Bei Kaninchen, die 7 Tage lang mit 0,75 mg/kg einer Lsg. von *Cirantin* in *Äthylenglykol* (1 mg/ml) gefüttert wurden, fand keine Konzeption statt, während die nur mit *Äthylenglykol* gefütterten Kontrolltiere n. empfingen. Weder am Ei noch am Eierstock konnten pathol. Veränderungen festgestellt werden. (Naturwissenschaften **42.** 77. 1. Febr.-H. 1955. Calcutta, Indien, Presidency Coll., Dep. of Physiol.) G. WELTZIEN. 4420

Robert Douin, *Über die Bindung von freiem Stickstoff durch die endophytischen Myxophyceen der Cycadaceen.* Es wird wahrscheinlich gemacht, daß die in den Knöllchen von Cycadaceen lebende Alge Anabaena cycadeae wie Nostoc punctiforme mit ihrer Wirtspflanze in Symbiose lebt u. in der Lage ist, freien Stickstoff zu binden. Die Unterss. wurden an Cycas circinales u. Stangeria paradoxa durchgeführt, u. zwar wurde der N-Geh. in Knöllchen verschied. Alters, in deren Endverzweigungen u. in n. Wurzeln miteinander verglichen, wobei die Knöllchen den höchsten N-Geh. aufwiesen. (C. R. hebd. Séances Acad. Sci. **236.** 956—58. 2/3. 1953.) W. SCHUPHAN. 4450

Michihiko Yatazawa und **Shôzô Higashino,** *Der Phosphorumlauf in Pflanzenblättern.* 3. Mitt. *Untersuchungen über Blattdüngung.* (2. vgl. J. Sci. Soil Manure, Japan [Nippon Dozyô-Hiryô Gaku Zasshi] **22.** [1952.] 191.) Auf mehrere Blätter einer Tomatenpflanze wird 0,1 mol. KH_2PO_4 (I)-Lsg., die ^{32}P von 0,8 μC/ml u. 5% Glucose enthält, aufgetragen; nach 5 Tagen werden nichtbehandelte Blätter u. Stengel oberhalb entnommen u. je 5 g pflanzenchem. fraktioniert (Aufarbeitungsschema). Prüfung jeder Fraktion mit GEIGER-Zähler. Ferner werden 5 g Tomatenblätter mit 0,2mol. I-Lsg. mit ^{32}P-Geh. durch

Vakuum infiltriert u. nach 2 Std. Stehen bei 20° ebenso aufgearbeitet u. geprüft. Leerverss. zur Kontrolle der Richtigkeit des Verfahrens. Ergebnis: Aus anorgan. durch die Blattoberfläche aufgenommenem Phosphat werden in 5 Tagen erhebliche Mengen *Zuckerphosphate* u. *Nucleinsäuren* synthetisiert. Gleichzeitig läßt sich die Synth. von lipoidem säurelösl. u. Ba-unlösl. saurem labilem Phosphat nachweisen. Bei abgetrennten mit anorgan. Phosphat infiltrierten Einzelblättern werden in 2 Std. ca. 10% des absorbierten Phosphates in organ. Verbb. umgewandelt, deren größerer Teil aus säurelösl., Ba-lösl. Fraktionen, aber nicht aus lipoidem Phosphat besteht. (J. Sci. Soil Manure, Japan [Nippon Dozyô-Hiryô-Gaku Zasshi] **23.** 297—301. Juli 1953. Shiga Agric. Coll. [Orig.: japan., Auszug: engl.]) L. SCHULER. 4470

A. M. Kusin und **G. N. Ssajenko,** *Untersuchung der Produkte der Photosynthese bei Vergiftung des Blattes mit Fermentgiften.* Bei der Infiltration der Blätter von höheren Pflanzen mit entsprechenden Konzz. von *Monojodessigsäure* (I), *Phenylurethan* (II) u. *Hydroxylamin* (III) kann die O_2-Abscheidung beim Eintauchen der Blätter in ^{14}C-Bicarbonatlsg. bei Belichtung völlig unterdrückt werden, während eine Fixierung von ^{14}C aus dem Bicarbonat stattfindet. Durch fraktionierte Radiochromatographie wird festgestellt, daß eine völlige Unterdrückung der Photosynth. durch I oder II + III zu keinen starken Veränderungen in der Zus. jener Stoffe führt, die das ^{14}C der Carbonate einbauen. In den Ergebnissen sehen Vff. einen Beweis dafür, daß es viele Wege der CO_2-Fixierung gibt. Nach Unterdrückung der Hauptfixierung (Photosynth.) wird CO_2 durch die Blätter auf anderem Wege weiterfixiert. Bei den Stoffwechselprozessen wird der fixierte ^{14}C in kurzer Zeit auf andere Stoffe, darunter auch hochmol. Proteine, verteilt. (Биохимия [Biochemie] **20.** 188—92. März/April 1955. Moskau, Inst. für Biophysik der Akad. der Wiss. der UdSSR, Labor. für Isotope.) O. LEBTAG. 4495

E_5. Tierchemie. Tierphysiologie. Tierpathologie.

G. Dòmini, *Über das Glykogen im Herzmuskel des Meerschweinchens während der Fötalzeit und nach der Geburt.* Das Herzmuskelglykogen des erwachsenen Meerschweinchens setzt sich zu 60% aus *Lyoglykogen* (I) u. 40% *Desmoglykogen* (II) zusammen. Der Gesamtgeh. beträgt ca. 475 mg/100 g Frischgewebe. Beim neugeborenen Meerschweinchen verhält sich I zu II wie 78 zu 22, der Gesamtgeh. ist etwas erhöht. Beim Föten beträgt I 86%, II 14%. Ähnliche Verteilung wird in der Leber u. in der quergestreiften Muskulatur angetroffen. (Boll. Soc. ital. Biol. sperim. **30.** 1426—28. Dez. 1954. Siena, Univ., Ist. Fisiol.) P. G. SCHEURLEN. 4520

G. Benassi, *Über das Vorkommen von Mucopolysacchariden im Zentralnervensystem.* Hirn von Füllen wurde von Gefäßen u. Hirnhäuten befreit u. darin nach Incubation mit verschied. *Hyaluronidase* (I)-Präpp. die Menge des enzymat. freigesetzten *N-Acetylhexosamins* (II) spektrophotometr. bestimmt. Nach 3 Std. Incubation war **II** kaum, nach 24 Std. deutlich nachzuweisen. Vf. nimmt an, daß bei längerer Incubation noch mehr **II** freigesetzt wird. Am wirksamsten erwies sich die aus Hoden gewonnene **I.** (Boll. Soc. ital. Biol. sperim. **30.** 1258—60. Dez. 1954. Ferrara, Univ., Ist. Patol. Gen.) P. G. SCHEURLEN. 4520

G. Labruto, *Über ein Veresterungsprodukt* (*Wachs*) *aus den Eikapseln von Murex trunculus L.* Aus den Eikapseln von Murex trunculus erhielt Vf. nach dem Waschen bis zur negativen Cl-Rk. u. Trocknen bei 40° mit Ae. im SOXHLET-App. nach 12 Std. 0,53% einer gelben wachsartigen Substanz mit folgenden Eigg.: Fließpunkt 50,05°, F. 48°, n_D^{15} 1,51843, Fluorescenz im WOODschen Licht: hellgrün, SZ. 10,51, VZ. 118, EZ. 107,42, JZ. 9,39. Die Verseifungsanalyse läßt vermuten, daß es sich um ein *Cetylpalmitat* handelt. (Arch. Scienze biol. **38.** 469—71. Sept./Okt. 1954. Messina, Univ., Inst. für allg. Chem.) E. DEHN. 4520

Pierre Fusier, *Chemie und Biologie des Carnosins. Chemische Untersuchungen.* 1. Übersichtsbericht über die Entdeckung des *Carnosins*, seine Fällungs-Rkk., die Gewinnungs- u. Bestimmungsmethoden u. seine Synthesen. — 2. *Physiol. Untersuchungen.* Übersicht über die Biosynth. u. Abbau, sowie über die physiol. Wirkungen (Blutdrucksenkung, Muskelkontraktion) u. die Toxizität von Carnosin. — 168 Literaturangaben. (Prod. pharmac. **5.** 325—33. Aug. 373—79. Sept. 1950.) M.-D. LAUBSCHAT. 4520

G. Duchâteau und **M. Florkin,** *Zusammensetzung der Skleroproteine* (*Gorgonine*) *der Gorgonarien* (*Gorgonacea*) *und Pennatularien* (*Pennatulacea*). Vff. untersuchten die Skleroproteine verschied. Arten von Gorgonacea u. von Pennatulacea u. fanden übereinstimmend einen relativ hohen Geh. an Alanin u. Glykokoll. Die Konz. der einzelnen Aminosäuren bei den verschied. Arten ist ziemlich ähnlich. (Arch. Scienze biol. **39.** 299—303. Mai/Juni 1955. Liège, Univ., Labor. de Biochem.) P. G. SCHEURLEN. 4520

R. M. C. Dawson, *Phosphorylcholin im Gewebe der Ratte.* Unterss. ergaben, daß Rattenleber 500mal mehr freies *Phosphorylcholin* (I) enthält (bis 9%) als von anderen Autoren in Ochsenleber gefunden wurde. Aus 10 Rattenlebern wurden die Eiweiß-(Trichloressigsäure) u. dieätherlösl. Anteile entfernt, Glykogen mit A. gefällt u. abfiltriert u. das Filtrat mit Ionenaustauscher (H^+-Form) gereinigt. Durch Papierchromatographie (WHATMAN Nr. 3, Phenol–NH_3) konnten die P-haltigen Flecke durch Molybdat identifiziert werden; sie wurden ausgeschnitten u. eluiert, auf WHATMAN-Papier Nr. 1 (Propanol–NH_3) erneut chromatographiert (I hat R_f 0,23), eluiert u. mit E-Kohle entfärbt. Die Lsg. wurde durch Ionenaustauscher u. fraktionierte Kristallisation (W. u. A.) gereinigt u. das Ca-Salz (durch Zusatz von Kalkwasser) bei 100° getrocknet. Es wurden 3—5 mg Ca-I als Nadeln oder unregelmäßige Kristalle erhalten. Hydrolyse von I ergab äquimol. Mengen Cholin u. anorgan. P. I-Goldchlorid ergibt aus 2nHCl lange gelbe Nadeln ($F._{Korr.}$ 176,5°). Synthet. I u. I aus Rattenleber ergibt bei Papierchromatographie den gleichen Fleck. I ist bes. in Keimdrüsen, Milz, Nieren, Dünndarm u. Gehirn u. nur in Spuren in Herz, Muskel u. Blut der Ratte anzutreffen. — Da Lecithinase C, mit deren Hilfe sich I aus Lecithin bilden kann, bisher bei Tieren nur im fötalen Schweineknorpelgewebe nachgewiesen wurde, Cholinphosphokinase hier aber häufig angetroffen wird, ist die Bldg. von I direkt aus Cholin wahrscheinlicher. (Biochem. J. **60**. 325—28. Juni 1955. Oxford, Univ., Dep. of Biochem.) F. GÜNTHER. 4520

Paul D. Sturkie, *Die Wirkung von Geschlechtshormonen auf den Blutzucker des Huhns.* Es wurden bei gefütterten u. hungernden männlichen, weiblichen u. kastrierten Hühnern, in einigen Fällen nach Injektion von *Testosteronpropionat* (I) bzw. Implantation von *Diäthylstilböstrol* (II), *Blutzucker* (III)-Bestimmungen durchgeführt. Der III-Spiegel war bei gefütterten Hennen 14% höher als bei Hähnen, u. deutlich größer als bei Kapaunen, bei letzteren wiederum höher als bei Hähnen. 17—24std. Nahrungsentzug senkte III bei allen 3 Gruppen, bei Hennen um 20%. Die III-Spiegel unterschieden sich im Hungerzustand bei Kapaunen u. Hennen nicht wesentlich. 14tägige I-Injektion (jeden 2. Tag 35 mg) bei weiblichen u. kastrierten Tieren senkte III deutlich, wobei der III-Spiegel jedoch noch höher als bei männlichen lag. 4 Wochen lang implantiertes II red. III bei Kapaunen merklich, bei Hähnen nicht. (Endocrinology **56**. 575—78. Mai 1955. New Brunswick, N. J., Rutgers Univ., Labor. of Avian Physiol.) K. MAIER. 4559

L. Castellani und **G. Bertola,** *Einfluß des Follikelhormons auf die Ausscheidung der Purinabkömmlinge im Urin bei Ratten, die außer Glycin eiweißfrei ernährt wurden.* Die Ausscheidung der *Harnsäure* (I) u. des *Allantoins* (II) im Urin nahm bei Ratten, die bis auf Zusätze von Glycin, eiweißfrei ernährt wurden, leicht zu. Wurde den Tieren außerdem noch *Follikelhormon* (III) injiziert (2 Injektionen von je 5 mg/kg Östradiolbenzoat), so stieg die Ausscheidung von I u. II beträchtlich an. Aus diesen Verss. wie auch aus der Beobachtung, daß die Gicht mit III günstig beeinflußt werden kann, wird angenommen, daß III die Ablagerung von I verhindert. (Boll. Soc. ital. Biol. sperim. **30**. 1345—46. Dez. 1954. Genova, Univ., Clin. Med.) P. G. SCHEURLEN. 4559

O. Prießnitz, *Erfolgversprechende Behandlungsversuche des Morbus Paget mit Methylandrostendiol (Notandron).* Bericht über 3 Fälle mit Morbus Paget, bei denen mit dem Testosteronabkömmling *Methylandrostendiol = Notandron* (I; C. F. BOEHRINGER & SÖHNE, Mannheim) eine erfolgreiche Dauerbehandlung ohne virilisierende Nebenwirkungen bei der Frau durchgeführt wurde. Eine Erhaltungsdosis von 100 mg I/Monat dürfte nach Vf. noch wirksam sein. (Münchener med. Wschr. **30**. 950—57. 29/7. 1955. Wiesbaden, Orthopäd. Landesklinik.) H. DOSSMANN. 4559

G. M. C. Masson, Edwin R. Fisher, A. C. Corcoran und **Irvine H. Page,** *Wirkungen von Renin bei mit Methylandrostendiol behandelten Ratten.* *17α-Methyl-Δ^5-androsten-3β.17β-diol* (I) ruft bei einseitig nephrektomierten Ratten, die 1%ig. NaCl-Lsg. als Trink-Fl. erhalten, Hypertension u. hierdurch bedingt Gefäßschädigungen hervor. Der Hypertonietyp ähnelt dem durch Injektionen von Hypophysenvorderlappenextrakten erzeugten. Beide sind mit degenerativen Veränderungen in den Nebennieren verbunden. Die sich in der Nebenniere bildenden Tröpfchen reagieren histochem. als *Muco-* oder *Glykoproteine*. Im Unterschied zu *Desoxycorticosteron* oder den Nebennierensteroiden *Cortison* u. *Hydrocortison* sensibilisiert I nicht für die akuten gefäßtox. Wirkungen subcutan injizierten *Renins* (II). Der Mechanismus des I-Hochdrucks ist von dem der *DCA*-Hypertension verschieden. Der I-Hochdruck stellt möglicherweise eine indirekte, vielleicht durch II vermittelte Rk. auf die durch I bewirkte Stimulierung hypertrophen Nierenwachstums dar. (Endocrinology **56**. 541—46. Mai 1955. Cleveland, O., Cleveland Clin. Foundat., Res. Div., and Frank E. Bunts Educational Inst.) K. MAIER. 4560

Choh Hao Li und **Kai O. Pedersen,** *Das Sedimentationsverhalten des Hypophysenwachstumshormons.* (Vgl. C. **1948**. I. 695.) Es wird das Sedimentations- u. Diffusionsverh. des *Hypophysenwachstumhormons* beschrieben. Es wurde durch Ausfällung der Beimengungen bei verschied. p_H bzw. verschied. Methanolkonz. in krist. Form dargestellt. Die Unterss. zeigten, daß das so gewonnene Prod. frei von Verunreinigungen war. Die Verss. wurden bei p_H-Werten von 2,32, 9,93 u. 11,50 angesetzt. Die Werte der Sedimentationskonstanten, die beim p_H 2,32 u. 9,93 gefunden wurden, liegen sehr nahe beieinander: beim p_H 2,32 wurde 3,13 S ohne Abhängigkeit von der Konz. u. beim p_H 9,93 die Gleichung $S_{20} = 3{,}19 + 0{,}22$ konz. (in %), die die Konzentrationsabhängigkeit angibt, gefunden. Beim p_H 11,50 ist der Wert mit im Mittel 2,21 S deutlich verschieden, läßt sich aber durch Dialyse gegen Pufferlsg. p_H 9,93 reversibel in die vorst. Werte überführen. Die Diffusionsverss. wurden in den gleichen Puffern ausgeführt, um das Mol.-Gew. unter verschied. Bedingungen zu erhalten. Auch hier zeigt sich, daß der beim p_H 11,50 gefundene Wert von den anderen deutlich verschieden ist. Es wird angenommen, daß die Molekel in der stark alkal. Lsg. in kleinere Teilchen dissoziiert ist. Dieser Vorgang ist reversibel. Das aus dieser Regelmäßigkeit herausfallende Verh. des Hormons beim p_H 4 im Acetatpuffer wird dadurch erklärt, daß der Acetatpuffer Aggregatbildung bewirkt. (J. biol. Chemistry **201**. 595—600. April 1953. Uppsala, Univ., Inst. für Biochemie u. physikal. Chem., Berkeley, Calif., Univ. of California, Dep. of Biochem.) K. HEYNS. 4560

William F. Perry und **Helen R. Bowen**, *Die Wirkung des Wachstumshormons auf die Lipogenese bei intakten und adrenalektomierten Ratten.* Es wurden der Einbau von *$^{14}C_{(2)}$-Acetat* (I) in *Fettsäuren* durch Leberschnitte intakter u. adrenalektomierter Ratten u. dessen Beeinflussung durch *Wachstumshormon* (II) untersucht. II hemmte bei intakten u. adrenalektomierten Tieren die Lipogenese. Bei den letztgenannten bewirkte I eine weitere Abnahme des an sich schon verminderten I-Einbaues. Ggw. von Nebennierenrindenhormonen ist anscheinend für eine Beeinflussung des Fettbildungsvorganges seitens II nicht notwendig. (Endocrinology **56**. 579—83. Mai 1955. Winnipeg, Univ. of Manitoba, Dep. of Physiol. and Med. Res.) K. MAIER. 4560

A. O. M. Stoppani, **P. F. Pieroni** und **A. Murray**, *Nichtidentität von Intermedin und adrenocorticotropem Hormon.* Die Atrophie der Nebennieren von hypophysektomierten Kröten, *Bufo arenarum Hensel*, wird durch Injektionen von *Intermedin* nicht beeinflußt. Dagegen hat dieses ebenso wie *ACTH* eine melanotrope Wrkg.; die nach der Hypophysektomie aufgehellte Hautfarbe der Kröten wird durch Gaben beider Hormone verdunkelt. (Nature [London] **172**. 547—48. 19/9. 1953. Buenos Aires, School of Med., Dep. of Biochem. u. Dep. of Pathol.) H.-J. KOCH/Berlin. 4560

Murray Saffran und **Adrew V. Schally**, *Biologische in vitro-Bestimmung von Corticotropin: Modifizierung und statistische Behandlung.* Die auf Stimulierung der Corticoidbldg. isolierter Rattennebennieren beruhende Meth. zur biol. in vitro-Best. von *Corticotropin* wurde im Hinblick auf die statist. Auswertbarkeit modifiziert (Dauer 1 Tag; mittlerer Genauigkeitsindex λ von 24 Bestimmungen $0{,}15 \pm 0{,}007$). Von verschied. Hypophysenpräpp. waren nur die Corticotropinpräpp. im Test wirksam, das heißt die Meth. ist spezifisch. (Endocrinology **56**. 523—32. Mai 1955. Montreal, Quebec, McGill Univ., Allan Mem. Inst. of Psych.) K. MAIER. 4560

Ralph W. Alman und **Joseph H. Fazekas**, *Einfluß von ACTH auf den Cerebralblutfluß und den Sauerstoffverbrauch.* Der Stoffwechsel u. die Bewegung des Blutes im Gehirn wurden bei 4 Patienten unmittelbar vor u. nach der Verabreichung von 260 bis 400 mg *adrenocorticotropem Hypophysenhormon* (ACTH) — verteilt auf 3—4 Tage — untersucht. Während der Versuchszeit wurden keine meßbaren Änderungen im Cerebralblutfluß oder im Cerebralgefäßwiderstand beobachtet. Ein geringer Minderbrauch an O_2 wurde als nicht sicher feststehend angesehen. (Arch. Neurol. Psychiatry **65**. 680—82. Juni 1951. Washington, D. C., Gallinger Municipal Hosp., Metabolic Labor.) F. BRAUKMANN. 4560

Elizabeth Knapp Smith, *Beziehungen zwischen Hypophysenvorderlappen und Nebennierenrinde bei der Hyperämiereaktion des Rattenovars. Cortison* (I) u. *Hydrocortison* (II) störten bei der intakten unreifen Ratte beträchtlich die Hyperämie-Rk. des Ovars gegenüber menschlichem *Choriongonadotropin* (III). Die Störung war durch eine Abnahme der Anzahl positiver Rkk. u. des Hyperämiegrades nachweisbar. Hypophysektomie u. Adrenalektomie beeinflußten die Hyperämie-Rk. ebenfalls. *Corticotropin* stellte bei hypophysektomierten Tieren den Hyperämieeffekt wieder her. Bei adrenalektomierten Tieren bewirkten I u. II eine teilweise Wiederherst. der Ansprechbarkeit auf III. Deutungsmöglichkeiten für die Befunde werden diskutiert. (Endocrinology **56**. 567—74. Mai 1955. Seattle, Univ. of Washington, Dep. of Obst. and Gynecol.) K. MAIER. 4560

Doris Nicholls und **R. J. Rossiter**, *Die Rolle von Hypophyse und Schilddrüse im Phosphorstoffwechsel der Nebenniere während Kältestress.* Bei Ratten, die einem 3std. Kältestress (3°) ausgesetzt waren, wurde eine Zunahme des Einbaues von *^{32}P* in die säurelösl. P-Fraktionen der Nebenniere beobachtet. Hypophysektomie hob die Zunahme auf. Kältebehandelte Ratten, deren Schilddrüsenfunktion durch Thiouracil (I) gedämpft war, zeigten einen gleichartigen Anstieg des Nebennieren-P-Stoffwechsels wie die n. Tiere. Die Zunahme des P-Stoffwechsels der Nebenniere nach 8tägigen Kälteeinw. war bei den I-behandelten Tieren wesentlich kleiner als bei normalen. Vermutlich wird die Anfangs-Rk. des P-Stoffwechsels (nach 3 Std.-Stress) durch endogenes, von der Hypophyse abgegebenes *ACTH* hervorgerufen, während die Spät-Rk., wenigstens teilweise, von der Aktivität der Schilddrüse abhängig ist. (Endocrinology **56**. 547—59. Mai 1955. London, Univ. of Western Ontario, Dep. of Biochem.) K. MAIER. 4560

Manuel Sklar und **Irving I. Young,** *Mißlingen eines Versuches, den Verlauf des Koma hepaticum bei fortgeschrittener Lebercirrhose mit ACTH und Nebennierenrindenhormonen zu beeinflussen.* Der Exitus letalis konnte bei 10 Patienten mit fortgeschrittener Lebercirrhose, die sich fast alle im Koma hepaticum befanden, auch mit hohen Dosen *Corticotropin* bzw. *Cortison* (intramuskulär) u. *Hydrocortison* (intravenös) nicht aufgehalten werden. (Amer. J. med. Sci. **229**. 138—41. Febr. 1955. Detroit, Mich., Wayne Univ., Coll. of Med., Dep. of Med., and City of Detroit Receiving Hosp.) H. HELGE. 4561

A. Wettstein (unter Mitarbeit von **G. Anner**), *Fortschritte auf dem Gebiet der Nebennierenrindenhormone.* Übersicht, Vork., Nachw., Anreicherung, Reinigung, biol. Best. der *Nebennierenrindenhormone*; Isolierung, physiol. Wirkungen u. Konst. des *Aldosterons*; chem. u. physiol. Wirksamkeit, Meth. der Partialsynth. (Seitenkettenabbau, Ketol- u. Dioxyacetongruppierung, Umwandlung von 12- in 11-Oxyverbb., Red. der 11-Keto- zur 11-Oxygruppe, chem. Einführung von 11-O in Steroide mit unsubstituierten Ring C, mikrobiol. Hydroxylierung, 4-ungesätt. 3-Ketogruppe), akt. Derivv. für spezielle Zwecke, Totalsynth., Biosynthese. — Zahlreiche Literaturangaben. (Experientia [Basel] **10**. 397—416. 15/10. 1954.) K. MAIER. 4561

E. A. Lazo-Wasem und **M. X. Zarrow,** *Die Umwandlung von Desoxycorticosteronacetat in eine progesteronähnliche Substanz.* (Vgl. Science [Washington] **120**. [1954.] 511.) *Desoxycorticosteronacetat* (I) besitzt bei systemat. Verabreichung schwach *Progesteron* (II)-ähnliche Aktivität, die möglicherweise auf einer Umwandlung von I in II beruht. Nach intramuskulärer I-Zufuhr traten bei kastrierten oder kastrierten adrenalektomierten Ratten innerhalb 4 Std. maximale Zunahme der Serumprogestinkonzz. (Progestin [III] = Progestigen = II-Wirksamkeit), die im Verlauf von 24 Std. wieder zur Norm zurückkehrten. In geringerem Maße wurde die gleiche Erscheinung bei kastrierten nephrektomierten Ratten beobachtet. Bei kastrierten u. kastrierten hepatektomierten Kaninchen rief I eine ähnliche Zunahme des zirkulierenden III wie bei der Ratte hervor. Incubation von Rattengewebsschnitten mit u. ohne I-Zusatz zeigte, daß Nieren u. Nebennieren intakter Ratten eine Umwandlung von I in III durchführen können. In der Incubations-Fl. von Milz, Leber, Muskel, Blut oder Uterus von Diöstrusratten war keine III-Bldg. feststellbar. (Endocrinology **56**. 511—15. Mai 1955. Lafayette, Ind. Purdue Univ., Dep. of Biol. Scie.) K. MAIER. 4561

S. Vlyssidès, *Experimentelle Untersuchungen der maskulinisierenden Wirkung des Nebennieren-Gesamtextraktes beim Hühnerfötus.* Eine Lsg. von Nebennieren-Gesamtextrakt rief bei 6—7 Tage alten Hühnerembryonen eine Maskulinisierung der äußeren Genitalorgane hervor. (Bull. Fédérat. Soc. Gynécol. Obstétr. **3**. 309—10. 1951.) W. BRANDT. 4561

R. Scalabrino und **M. Rossanda,** *Der Einfluß des Cortisons auf den Brenztraubensäureverbrauch des isolierten Säugerherzens.* Isolierte Meerschweinchenherzen wurden mit THYRODE-Lsg. perfundiert, die einen Zusatz von Polyvinylpyrolidon (1%) u. Brenztraubensäure (I; 7%) enthielt. Wurde außerdem noch *Cortison* (II) in einer Konz. von 1 : 50000 zugesetzt, so traten keine Änderungen im Geh. der Perfusions-Fl. an *Glucose* (III) u. I auf, II hat also keinen Einfl. auf den III-Stoffwechsel des isolierten Säugerherzens, obwohl es, wie auch am isolierten Froschherzen, eine positiv ionotrope Wrkg. entfaltet. (Boll. Soc. ital. Biol. sperim. **30**. 1374—76. Dez. 1954. Milano, Ospedale Fatebenefratelli-Fatebenesorelle.) P. G. SCHEURLEN. 4561

Curt C. Porter, Herbert C. Stoerk und **Robert H. Silber,** *Die Wirkung von Cortison auf den Tryptophanstoffwechsel der Ratte.* N. u. adrenalektomierten Ratten wurden nach 4tägiger subcutaner Vorbehandlung mit 0,5%ig. *Cortisonacetat* (I) bzw. *Desoxycorticosteronacetat* (II) 100 mg *Tryptophan* (III)/100 g oral verabfolgt. Im 24 Std.-Harn wurden darauf *Xanthurensäure* (IV), *Kynurensäure* (V) u. *Kynurenin* (VI) bestimmt. Adrenalektomie oder Steroidinjektion veränderten die IV- u. VI-Ausscheidung nicht. Die V-Ausscheidung wurde durch I vermehrt u. durch II vermindert. Die bei adrenalektomierten Tieren verminderte V-Ausscheidung wurde nach I-Vorbehandlung nicht beobachtet. Daß der I-Einfl. sich hierbei nicht auf den Vorgang der renalen Ausscheidung auswirkte, konnte dadurch bewiesen werden, daß die V-Ausscheidung bei adrenalektomierten Ratten durch I nicht beeinflußt wurde, wenn es von V stammte, das direkt injiziert wurde. Auch II hat bei adrenalektomierten Ratten keinen Einfl. auf den direkten Vorgang der renalen Ausscheidung, hatte aber die Fähigkeit, die Umwandlung von **III** in **V** zu steigern, wenn auch in einem sehr viel geringeren Grade als **I**. Ein Antagonismus zwischen **I** u. **II** wurde nicht beobachtet. (J. biol. Chemistry **193.** 193—98. Nov. 1951. Rahway, N. J., Merck Inst. für Therapeutic Res.) F. BRAUKMANN. 4561

L. De Gennes und **G. Deltour,** *9α-Fluorhydrocortison.* Überblick über die wichtigsten biochem. Arbeiten, die sich mit der biol. Wirksamkeit von *9α-Fluorhydrocortison* (**I**) befassen. **I** ist hochaktiv. Es vereinigt in sich die Eigg. eines Gluco- u. eines Mineralocorticoids. Der Anwendung von **I** in der Substitutionstherapie bei Nebenniereninsuffiziens sind jedoch Grenzen gesetzt, da **I** bei innerem Gebrauch eine starke Na-W.-Retention bewirkt. Dieser Nachteil fällt bei äußerlicher Anwendung fort. Bei der Behandlung entzündlicher Dermatosen konnten gute Erfolge erzielt werden. — 33 Literaturangaben. (Presse méd. **63.** 1214—15. 17/9. 1955. Paris, Hôpital Broussais.) A. EBEN. 4561

A. T. Cowie und **J. S. Tindal,** *Aufrechterhaltung der Lactation bei adrenalektomierten Ratten mittels Aldosteron und 9α-Halogenderivaten des Hydrocortisons.* 100 γ *9α-Chlorhydrocortisonacetat*/Tag bewirkten bei Ratten, die am 4. Lactationstag einer Adrenalektomie unterworfen wurden, vollständige, 100 γ *9α-Fluorhydrocortisonacetat*, 50 γ *Aldosteron* oder 1 mg *Hydrocortison* partielle Aufrechterhaltung der Lactation. (Endocrinology **56.** 612—14. Mai 1955. Reading, England, Univ., Nat. Inst. for Res. in Dairying.) K. MAIER. 4561

Alf Lund, *Ausscheidung von Adrenalin und Noradrenalin durch den Organismus.* Der Abbau von *Adrenalin* u. *Noradrenalin* im Organismus wird an Kaninchenorganen in vivo u. in vitro untersucht. Beide Substanzen verhalten sich ähnlich. Aus den Versuchsergebnissen geht hervor, daß der größte Teil in der Leber durch oxydative Desaminierung zerstört wird, während der Rest teils im Muskelgewebe langsam durch die Cytochromoxydase abgebaut, teils verestert durch die Niere ausgeschieden wird. (Acta pharmacol. toxicol. [Köbenhavn] **7.** 297—308. 1951. Kopenhagen, Univ., Dep. of Pharmacol.) U. BAUMANN. 4561

Alf Lund, *Aus den Nebennieren freiwerdendes Adrenalin und Noradrenalin.* Es sollen die Mengen *Adrenalin* u. *Noradrenalin* bestimmt werden, die beim anästesierten Hund nach elektr. Stimulierung des *nervus splanchnicus* aus der Nebenniere frei werden. Es wird festgestellt, daß die Menge des Gemisches bei verschied. Verss. variiert, daß es aber immer 25—50% *Noradrenalin* enthält. In den Nebennieren der Versuchstiere wird nur halb so viel *Adrenalin* u. *Noradrenalin* gefunden wie in denen nicht anästesierter Hunde. (Acta pharmacol. toxicol. [Köbenhavn] **7.** 309—20. 1951. Kopenhagen, Univ. Dep. of Pharmacol.) U. BAUMANN. 4561

K. Brown-Grant, *Hemmung der Freisetzung von markiertem Schilddrüsenjod bei der Ratte durch Cortison.* 2mal täglich subcutan 5 mg *Cortison* (**I**) vermindern bei der Ratte reversibel die Abgabegeschwindigkeit von markiertem Schilddrüsenjod. (Endocrinology **56.** 607—09. Mai 1955. London, Maudsley Hosp., Inst. of Psychiatry, Dep. of Neuroendocrinol.) K. MAIER. 4561

Robert O. Scow und **Monte A. Greer,** *Die Wirkung der experimentellen Verändederung der Konzentration des zirkulierenden Thyroxins bei Mäusen mit heterotopen Hypophysen auf die Schilddrüse.* Bei hypophysektomierten Mäusen mit intraocular (vordere Kammer eines Auges) implantierten Hypophysen wurde die Aufnahme der Schilddrüse von ^{131}J u. das Schilddrüsen ^{131}J/Serum-^{131}J-Verhältnis (T/S) nach parenteraler Injektion von Na^{131}J untersucht. Die ^{131}J-Aufnahme u. T/S waren bei hypophysektomierten Tieren mit Implantaten höher als bei den hypophysektomierten Kontrollen, obwohl die Schilddrüsengewichte gleich waren. Bei hypophysektomierten Mäusen mit Implantaten glichen Gesamt-^{131}J-Aufnahme u. T/S-denen n., während das Drüsengewicht $^{2}/_{3}$ des n. Wertes betrug. Verfütterung von *Propylthiouracil* (**I**) vermehrte erheblich die ^{131}J-Aufnahme u. T/S hypophysektomierter Mäuse mit Implantat, wobei gleichzeitig eine kleine, jedoch statist. signifikante Zunahme des Thyreoideagewichtes erfolgte. Die ^{131}J-Aufnahme/mg Drüse u. T/S waren bei Tieren mit Implantat 2—3mal größer als bei ebenso gefütterten n. Kontrollen. *Thyroxin* (**II**)-Injektionen senkten bei hypophysektomierten Tieren mit Implantat u. bei n. die ^{131}J-Aufnahme seitens der Schilddrüse, beeinflußten jedoch das Drüsengewicht nur unwesentlich. Die Drüsen hypophysektomierter Kontrollen wurden durch **I**- u. **II**-Zufuhr nicht beeinflußt. (Endocrinology **56.** 590—96. Mai 1955. Bethesda, Md., Nat. Inst. of Arthritis and Metabolic Dis. and Nat. Cancer Inst.) K. MAIER. 4562

J. Roche und **R. Michel,** *Über den Stoffwechsel der Schilddrüsenhormone in der Leber.* Vff. injizierten thyreoidektomierten Ratten mit ^{131}J markiertes *L-3.5.3'-Trijodthyronin* (**I**) bzw. *L-Thyroxin* (**II**) u. fanden chromatograph., daß sich **I** u. **II** quantitativ in der Galle nachweisen lassen, nachdem der Gallengang unterbunden worden war. I tritt dabei an Glucuronsäure gekoppelt auf. Ein Teil der injizierten Hormone wird abgebaut; so wurde bei den mit I behandelten Tieren in der Galle 3.5.3'-Trijodthyrobrenztraubensäure nachgewiesen. In der Galle der mit II behandelten Tiere fanden Vff. in geringen Mengen 3.5.3'.5'-Tetrajodthyrobrenztraubensäure. Auch diese Abbauprodd. treten n. nicht ins Plasma über. (Arch. Scienze biol. **39.** 247—56. Mai/Juni 1955. Paris, Coll. de France, Labor. de Biochemie.) P. G. SCHEURLEN. 4562

E. Turchetto, R. Infante und **A. M. Sechi,** *Einfluß des Thyroxins auf die lipotrope Aktivität des Methionins.* Männliche weiße Ratten, die mit einer bestimmten Diät ernährt wurden, erhielten täglich 50 mg *Methionin* (I) peroral. Diese Dosis I wirkt nicht lipotrop. Wurde zusätzlich *Thyroxin* (II) gegeben, so konnte bei Verabreichung von 300—500 μg täglich eine Abnahme des Fettgeh. in der Leber erreicht werden, was bei niedrigeren Dosen II oder mit II allein nicht erzielt werden konnte. II kann also die lipotrope Wrkg. des I potenzieren. (Boll. Soc. ital. Biol. sperim. **30.** 1251—52. Dez. 1954. Bologna, Univ., Ist. Chim. Biol.) P. G. SCHEURLEN. 4562

Gy. Méhes und **I. Pintér,** *Die Wirkung von Thyroxin auf den O_2-Verbrauch des Zentralnervensystems.* Vff. untersuchten die Wrkg. verschied. *Thyroxin*-Konzz. auf verschied. Teile des Zentralnervensyst. von Mäusen, Meerschweinchen u. Hunden, die in Form von Gewebsbreisuspensionen in RINGER-Phosphatlsg. (p_H 7,3) mit 0,25% Glucosezusatz verwendet wurden. Der O_2-Verbrauch ist, bezogen auf die Gewichtseinheit, in der grauen Substanz der Großhirnrinde am höchsten, dann folgen die Zentralkerne der Hirnbasis, die weiße Substanz des Großhirns, die des Rückenmarks u. zuletzt die graue Substanz des Rückenmarks. Konzz. des *Thyroxins* (I) von 10^{-6} u. darüber setzen überall den O_2-Verbrauch herab, Konzz. von 10^{-9} u. darunter steigern den Grundumsatz der grauen Substanz der großen Kerne u. des Rückenmarks, nicht der weißen Substanz. Der O_2-Verbrauch der grauen Teile der Großhirnrinde wird herabgesetzt. Aus den in zahlreichen Tabellen dargestellten Verss. schließen die Vff., daß I vor allem erregend auf das sympath. Nervensyst. wirkt u. auf diesem Wege seinen Einfl. auf den Stoffwechsel ausübt. (Acta physiol. Acad. Sci. hung. **2.** 207—221. 1951. Pecs, Univ., Pharmakol. Inst.) L. BERGER. 4562

W. G. Baranow, Je. N. Speranskaja und **D. Ss. Tendler,** *Der Einfluß kleiner Dosen von Thyreoidin auf die höhere Nerventätigkeit beim Hund.* Im Hundevers. wird gezeigt, daß schon kleine Dosen von *Thyreoidin*, die auf den O_2-Bedarf noch ohne Einfl. sind, die höhere Nerventätigkeit stören, was auf eine Schwächung der Tätigkeit der Hirnrinde zurückzuführen ist. (Бюллетень Экспериментальной Биологии и Медицины [Bull. exp. Biol. Med.] **39.** Nr. 6. 3—7. Juni 1955. Leningrad, Pawlow-Inst. für Physiol. der Akad. der Wiss. der UdSSR.) M. ULMANN. 4562

Robert A. Newburger, Solomon Silver, Stephen B. Yohalem und **Sergei Feitelberg,** *Aufnahme und Blutniveau von radioaktivem Jod bei Hyperthyreodismus.* An 96 unbehandelten Hyperthyreoiden u. 404 n. Personen wurde bei Unters. mit ^{131}J festgestellt, daß der krit. Wert von proteingebundenem ^{131}J nach 72 Std. mit einem Fehler von nur ca. 0,27% gegenüber der Best. der ^{131}J-Aufnahme mit einem Fehler von ca. 7,2% eine sicherere Grundlage für die Diagnose darstellt. — 3 Literaturangaben. (New England J. Med. **253.** 127—30. 28/7. 1955. New York, N. Y., Mount Sinai Hosp., Dep. of Med., and André Meyer Dep. of Phys.) G. WELTZIEN. 4562

Lawrence A. Kohn und **Edna B. Nichols,** *Störungen bei der Aufnahme von radioaktiven Jod durch Anwendung von Vitamin-Mineral-Gemischen.* Störungen in der ^{131}J-Aufnahme zu diagnost. Zwecken können durch zufällig verabreichte Medikamente, die auch J enthalten, z. B. durch Polyvitamin-Mineral-Gemische oder Penicillinjodid (Neo-Penil) hervorgerufen werden. Entsprechende Verss. wurden durchgeführt. (New England J. Med. **253.** 286—87. 18/8. 1955. Rochester, N. Y., Univ. School of Med. and Dentistry, Dep. of Radiol., Div. of Radiat. Therapy and Dep. of Med.) G. WELTZIEN. 4562

H. J. Lipner, Billie P. Wagner und **Harold P. Morris,** *Die Wirkung von Propylthiouracil auf das Wachstum und Schilddrüsenjodid/Serumjodidverhältnis von Mäuseschilddrüsenautotransplantaten.* Bei Mäusen, die einen Monat lang eine kropferzeugende Diät (0,025% *Propylthiouracil;* I) erhalten hatten, wurde der hyperplast. rechte Schilddrüsenlappen in die rechte Achselhöhle subcutan transplantiert. Nach 1, 2 u. 3 Monaten wurden die Tiere getötet. Die Transplantation beeinflußte die Schilddrüsenfunktion beider Lappen, gemessen an Jodaufnahmevermögen (Schilddrüsenjodid : Serumjodid) u. Wachstum-Rk. auf Kropfnoxen (durch I), im Verlauf der 3 Monate nicht. (Endocrinology **56.** 606—07. Mai 1955.) K. MAIER. 4562

R. C. Goldberg, J. Wolff und **R. O. Greep,** *Der Mechanismus der Verminderung des an Plasmaeiweiß gebundenen Jods durch 2.4-Dinitrophenol.* Der deutliche Abfall des

an Plasmaeiweiß gebundenen Jods bei Einw. von *2.4-Dinitrophenol* (I) wurde bestätigt. I-Zufuhr bewirkt eine Abnahme 1. der 24 Std.-Aufnahme von ^{131}J durch die Schilddrüse, 2. des Jodkonzentrierungsvermögens der Schilddrüse u. 3. des Verhältnisses plasmagebundenes ^{131}J/Gesamtplasma-^{131}J 24 Std. nach ^{131}J-Zuführung. Die Geschwindigkeit der Abgabe organ. Schilddrüsenjods in den Kreislauf wird durch I herabgesetzt, die des Verschwindens von *Schilddrüsenhormon* (II) aus dem Kreislauf erhöht. Der Zusammenhang zwischen dem Blutspiegel des zirkulierenden **II** u. der Abgabe von schilddrüsenstimulierendem Hormon (III) durch den Hypophysenvorderlappen wird diskutiert u. angenommen, daß (noch) andere Faktoren als das an Plasmaeiweiß gebundene J die III-Abgabe durch die β-Zellen der Hypophyse beeinflussen. (Endocrinology **56.** 560 bis 566. Mai 1955. Boston, Mass., Harvard School of Dental Med., Biol. Labors.)
K. MAIER. 4562

E. Coulaud, *Wirkung von PAS, Isoniazid und verwandter Substanzen auf die Schilddrüse der Ratte.* Ratten erhielten mit dem Futter über längere Zeiträume *PAS* (I), *Aspirin* (II), *Isoniazid* (III), *Cyrogénine* (IV) u. zum Vgl. *Antipyrin* (V) zur Feststellung des Einfl. der Präpp. auf die Struktur von Schilddrüsenschnitten. Nach den Abbildungen zeigen **I** u. **II** sehr große Veränderungen, ähnlich *Thiouracil*, keine damit vergleichbaren Läsionen mit **III** u. **IV**; dagegen bedingte **V** ähnliche Erscheinungen wie **I.** (Rev. Tuberculose [5] **19.** 583—91. 1955. Paris, l'Hôpital Saint-Antoine.)
H. DOSSMANN. 4562

Gisela Hess und **Rudolf Kopf,** *Änderung der Regeneration durch antithyreoidale Substanzen beim Axolotl.* Nach Verabreichung von *4-Methyl-2-thiouracil* regeneriert die gekürzte Schwanzflosse beim Axolotl farblos. Denselben Befund erhält man nach JAQUES (Experientia **1950.** 148) nach Anwendung von *2-Thiouracil*. Durch Aminierung in 4-Stellung (*4-Amino-2-thiouracil* u. *4-Amino-5-cyclohexenyl-2-thiouracil*) wird die Wrkg. auf die Pigmentbldg. aufgehoben. (Z. ges. exp. Med. **118.** 71—75. 1951. Münster, Univ., Pharmakol. Inst.)
U. BAUMANN. 4562

J. Rivière, *Behandlung des Morbus Basedow mit Medikamenten.* Übersicht über die Behandlung des Morbus Basedow mit Jod, synthet. Antithyroidsubstanzen, Östrogenen, Paraoxypropiophenon, Testosteron u. Radiotherapie der Hypophyse. (J. Méd. Bordeaux Sud-Ouest **128.** 1087—90. Dez. 1951.)
W. BRANDT. 4562

Je. Sh. Tron und **R. E. Tartakowskaja,** *Die Wirkung einiger Hormone auf die Augenlinse.* Ein Austritt von *Ascorbinsäure* wird, wie Verss. mit isolierten Augenlinsen von Rindern zeigten, durch *Parathyreocrin* (ein Hormonpräp. aus den Nebenschilddrüsen) erleichtert. *Adrenalin* hingegen erniedrigt die Durchlässigkeit der Augenlinse. Die Verss. der Vff. sprechen für die Anteilnahme von Hormonen am Stoffwechsel zwischen dem Gesamtorganismus u. der Augenlinse. (Вестник Офталмологии [Nachr. Ophthalmol.] **34.** Nr. 2. 30—35. März/April 1955. Leningrad, Wiss. Forschungsinst. für Augenkrankheiten.)
M. ULMANN. 4563

Ikuro Tanaka, *Untersuchungen über die Beziehung der Nebennieren zu der durch Alloxan hervorgerufenen primären Hyperglykämie an nichtanästhetisierten Hunden.* (Vgl. SUZUKI u. Mitarbeiter, C. **1954.** 5330.) Entfernung des Nebennierenmarkes beeinflußte die durch *Alloxan* anfänglich verursachte Hyperglykämie nicht. In dem aus der Nebennierenvene von Hunden mit intakter Nebenniere entnommenen Blut konnte keine Änderung des ausgeschütteten Adrenalins in der hyperglykäm. Phase festgestellt werden. Mithin kann diese auch nicht mit dem Nebennierenmark in irgendeinem Zusammenhang stehen. (Folia endocrinol. japon. **29.** 288—304. 20/3. 1954. Nagasaki, Univ., School of Med., Dep. of Physiol. [Orig.: japan.; Auszug: engl. 308.])
P. LOCH. 4564

Yoshiki Ueno, *Untersuchung über den Alloxan-Diabetes-mellitus beim Kaninchen.* 1. Veränderungen des Blutzuckergeh. des red. Glutathions u. des Vitamins C in Blut u. Gewebe. Bei Kaninchen tritt nach 200 mg Alloxan/kg innerhalb 30 Min. eine vorübergehende mäßige Hyperglykämie auf, die nach weiteren 4—17 Std. einer schweren Hypoglykämie Platz macht u. etwa nach 3 Tagen in eine beständige Hyperglykämie übergeht. Das zweite Stadium ist meist von Krämpfen begleitet, die sich durch Injektion von 20%ig. Glucose unterdrücken lassen. Die Hypoglykämie wird durch übermäßiges Mobilisieren von Insulin hervorgerufen, wobei die B-Zellen des Pankreas zerstört werden. *Red. Glutathion* sank im Blut nach ca. 30 Min. steil ab, später nur noch mäßig, je nach der Schwere des Diabetes. Der Geh. von *Vitamin C* sank in Nebenniere u. Lunge ebenfalls. 2. Die vorbeugende Wrkg. einiger Verbb. gegen die diabetogene Eig. von Alloxan. *BAL*, vor der Alloxaninjektion gegeben, verhinderte das Auftreten von Diabetes, hatte aber keinen Einfl. auf die hämolyt. Wrkg. von Alloxan, sowie auf den Vitamin C- u. Glutathiongeh. in Blut u. Gewebe. *Na-Hyposulfit*, *Glucuronsäure* u. *Erigeron annuus* (Decoct) waren unwirksam. 3. Veränderungen der Blutgase u. der Serumproteine. Während des Alloxandiabetes sank der Geh. des Blutes an CO_2, wenn er 20 Vol.-% unterschritt. gingen die Tiere an Acidose ein. Der gleichfalls erniedrigte O_2-Geh. des Blutes wird dem verminderten Hämoglobingeh. zugeschrieben. Von den Proteinfraktionen des Blutes zeigte *Albumin* sinkenden u. *Globulin* steigenden Gehalt. (Folia endocrinol. japon. **29.** 235—73. 20/3. 1954. Kyoto, Pref. Med. Univ., Dep. of Med. [Orig.: japan.; Auszug: engl. 305—06.]) P. LOCH. 4564

Takuzi Ando, Tokuyoshi Abe, Tomotatu Doi, Tomokuni Ohi und **Shiro Higashimori,** *Alloxandiabetes bei Kaninchen mit Kaliumchloridfütterung.* Durch Fütterung von Kaninchen mit KCl konnte eine Hypertrophie der Zona glomerulosa u. eine Atrophie der Zona fasciculata hervorgerufen werden. Diesen Tieren wurde *Alloxan* in solchen Dosen injiziert, das fast alle β-Zellen der Inseln zerstört wurden. Die darauf eintretende Hyperglykämie war nur schwach, doch setzte vergleichweise früh eine schwere Hypoglykämie ein. Diese wird als Folge der Atrophie der Zona fascicularis, der vermuteten Bildungsstätte für Glucocorticoide, angenommen. (Folia endocrinol. japon. **29.** 274—81. 20/3. 1954. [Orig.: japan.; Auszug: engl. 307—08.]) P. LOCH. 4564

K. Inoue, T. Fujita, T. Torii und **K. Katayama,** *Klinische Untersuchungen über die Ketosis bei Diabetes.* Das Auftreten von Ketonkörpern hängt nicht mit der Schwere der Diabetessymptome zusammen. Bei wahrem u. pluriglandulärem Diabetes konnten leichte u. schwere Fälle von Ketosis beobachtet werden — bei extrahepat. Diabetes nur leichtere Formen. — Durch *Insulin* wurde die Ketosis gemildert. (Folia endocrinol. japon. **29.** 282—87. 20/3. 1954. Kobe Med. Coll., 2. int. Clinic. [Orig.: japan.; Auszug: engl. 307.]) P. LOCH. 4564

W. J. H. Butterfield, *Hypoglykämische Wirkung von Dimercaprol (BAL) bei Patienten mit Verbrennungen und bei Diabetikern mit insulinresistenter Hyperglykämie.* Patienten, die nach einer schweren Verbrennung eine Hyperglykämie bekommen hatten (vermehrte Nebennierenrinden-Aktivität?), zeigten nach Gabe von *BAL* (*Dimercaprol*; I) eine verbesserte Glucosebelastungsreaktion. Es gelang Vf., bei mehreren Patienten mit insulinresistentem Diabetes, durch Applikation von *Insulin* u. I eine Verminderung der Glucosurie u. Senkung des Blutzuckergeh. zu erreichen (Dosierung: 200 mg intramuskulär bis 4mal täglich). (Lancet **268.** 489—90. 5/3. 1955. London, Guy's Hosp.) D. NEUBERT. 4564

J. Crossland, *Verwendung von flüssiger Luft bei der Extraktion von Acetylcholin.* Die *Acetylcholin*-Ausbeute steigt um 13%, wenn man die Gehirnmasse vor der Extraktion mit Trichloressigsäure 20 Min. mit fl. Luft behandelt. Es wird festgestellt, daß der Acetylcholingeh. in Rattenhirnen mit zunehmendem Alter größer wird. (J. Physiology **114.** 318—24. 31/7. 1951. Cardiff, Whitchurch Hosp., Neuropsychol. Res. Centre.) U. BAUMANN. 4569

V. Capraro, A. Cantone und **A. Cresseri,** *Die Klärwirkung des Plasmas nach oraler Verabreichung von Mucinfraktionen der Magenschleimhaut des Schweines.* Kaninchen wurde durch Magensonde ein aus Magenschleimhaut des Schweines gewonnenes Extrakt gegeben u. anschließend die Klärwrkg. des Kaninchenplasmas gegenüber homogenierter Milch bestimmt. Diese nahm zu u. war von der verabreichten Dosis des Extraktes abhängig. Das Präp. hat kein Wrkg. auf die Blutgerinnung. (Boll. Soc. ital. Biol. sperim. **30.** 1381—82. Dez. 1954. Milano, Ist. „Carlo Erba" per Ric. Terap.) P. G. SCHEURLEN. 4574

Gaston Meyniel und **Serge de Mende,** *Elektrophoretische Untersuchung der Serumproteine von bestrahlten Tieren.* Unterss. an Meerschweinchen u. Kaninchen, die Röntgen-Gesamtbestrahlungen mit semi-letalen oder letalen Dosen erhielten, zeigen einen starken Einfl. der Bestrahlung auf die Serumproteine, deren elektrophoret. Beweglichkeit jedoch nicht beeinflußt wird. Bei Meerschweinchen treten die Verschiebungen der Serumfraktionen ca. 7 Tage nach der Bestrahlung auf u. erreichen nach ca. 14 Tagen ein Maximum, um dann wieder abzuklingen. 14 Tage nach der Bestrahlung vermindert sich das Albumin um ca. 20%, während die α_1-Globuline ca. 10%, die α_2-Globuline ca. 20%, die α_3-Globuline ca. 50% u. die β-Globuline ca. 20% zunehmen. Die beschriebenen Verschiebungen treten bei Dosen in Höhe von 350 r an auf, nehmen bis 600 r zu, um von 600—1200 r an etwa konstant zu bleiben. 14 Tage nach Bestrahlung mit 450 r nahmen die Gesamtserumproteine um ca. 16% zu. Die Verss. mit Kaninchen zeigten im wesentlichen ähnliche Ergebnisse. An der Vermehrung der Globuline sind hier bes. die β-Globuline beteiligt. (Bull. Soc. Chim. biol. **37.** 127—31. 1955. Paris, Inst. de Biol. Serv. de Physiol., Labor. du Centre d'Électrophorèse du C.N.R.S.) K. NEHRING. 4574

Max Hahn, *Klinische Erfahrungen mit der artunspezifischen Serumkonserve „Resorba" bei akuten Blutverlusten und in der Operationsvor- und -nachbehandlung.* Durch einen therm.-chem. Desantigenisierungsprozeß gelang es, aus Rinderserum die artunspezif. Serumkonserve *Resorba* (I) herzustellen, die neben natürlichen Blutsalzen ca. 5% despezifizierte *Proteine* enthält, die von körpereigenen Fermenten abgebaut werden können. Gute therapeut. Erfolge mit I. (Therap. der Gegenwart **94.** 139—41. April 1955. Fürth, Bayern, Nathanstift, Geburtsh. Abt.) H. HELGE. 4576

F. Corsini, *Verhalten des Broms im Liquor bei einigen pathologischen Zuständen.* In n. Liquores wurde ein *Br*-Geh. von 100 γ/100 ml gefunden. Bei 3 Fällen von Meningitis wurde eine Abnahme auf 10—43 festgestellt. Nach Lumbalpunktionen änderte sich der Geh. des Liquors an Br nicht. (Boll. Soc. ital. Biol. sperim. **30.** 1231—32. Dez. 1954. Bologna, Univ., Ist. Clin. Pediatr.) P. G. SCHEURLEN. 4578

R. Lyonnet, *Zwei Fälle von schneller Befruchtung nach intrauteriner Injektion von Lipiodol.* Zwei Frauen, deren Sterilität 1 bzw. 2 Jahre zurückreichte, wurden schnell schwanger nach intrauteriner Injektion von *Lipiodol.* (Bull. Fed. Gynécol. et Obstétr. **3.** 268—69. 1951.) W. BRANDT. 4582

C. S. Sapsford, *Jahreszeitlich bedingte Änderungen in der Spermiogenese bei Widdern. Ihre Abhängigkeit von Ernährungszustand und Vitamin-A-Status.* Es wird eine Abnahme der Spermiogenese bei Widdern während der Sommermonate beobachtet, die bei schlecht ernährten u. an *Vitamin-A*-Mangel leidenden Tieren stärker auftritt. Nach Verfütterung von Vitamin A nimmt die Zahl der Spermien wieder zu u. die hohe Anzahl anomaler Spermien veringert sich. (Austral. J. Agric. Res. **2.** 331—41. Juli 1951. Sidney, Univ., Fac. of Vet. Sci., Form. Div. of Animal Health and Prod., CSIRO, McMaster Animal Health Labor.) U. BAUMANN. 4582

Maurice Michel und **André Charles François,** *Beziehungen zwischen dem Einfluß von Antibioticis auf das Schweinewachstum und der Hemmung von Desaminasen der Intestinalflora.* Die Desaminierung von *Arginin* u. *Citrullin* durch die Intestinalflora des Schweines wird durch bestimmte Abtibiotica gehemmt. Für jedes von ihnen besteht eine direkte Beziehung zwischen der Hemmungsgröße der Desaminasen u. der Höhe der Wachstumsstimulation. (C. R. hebd. Séances Acad. Sci. **240.** 808—10. 14/2. 1955.) H. PATZSCH. 4584

Knud Rottensten und **Henry Andersen,** *Vorläufige Untersuchung über den Zusammenhang zwischen Ertrag und Fruchtbarkeit beim Milchrindvieh.* Vff. geben einen zusammenfassenden Überblick über ihre von 1945—1952 reichenden Unterss. über den Einfl. der Fütterung auf Milchertrag u. Fruchtbarkeit. Steigerung des Kraftfutterverzehres äußert sich in einer Zunahme der Milchfettproduktion u. in einem entsprechenden Abfall der Fruchtbarkeit. (Beretn. Forsøgslab. [Statens Husdyrbrugsudvalg] Forsøgslab. Nr. **280.** 1—23. **1955.** Kopenhagen.) H. PATZSCH. 4585

I. Abelin und **M. Goldstein,** *Zur Frage der spezifisch-dynamischen Wirkung des Eiweißes.* In Verss. an Menschen wurde zur Klärung der Rolle des sympathischen Nervensyst. bei den Rkk. des Körpers auf die Eiweißaufnahme die Ausscheidung von *Adrenalin* (I), *Noradrenalin* (II) u. *Oxytyramin* (III) vor u. nach Zufuhr von 200—300 g Fleisch untersucht. Es ergab sich, daß nach Fleischgaben die Ausscheidung von I, II u. III während ca. 6 Std. stark zunimmt, um dann wieder zu n. bis subnormalen Werten abzusinken. Am stärksten ist das Anwachsen von II u. III im Harn. Vff. weisen auf die Parallelität dieser Ausscheidungen mit dem Gang der spezif.-dynam. Eiweißwrkg., gemessen am calor. Haushalt u. an der Harnstoffausscheidung, hin. (Helv. physiol. pharmacol. Acta **12.** C 59—C 60. Bern, Univ., Med.-chem. Inst.) K. NEHRING. 4585

K. Nehring (unter Mitarbeit von **E. Haesler**), *Untersuchungen über die biologische Wertigkeit von Eiweißfutterstoffen.* 1. Mitt. *Die Bestimmung der biologischen Wertigkeit und der Ergänzungswirkung von Eiweißfutterstoffen durch Versuche an wachsenden Ratten.* Vf. betont die Wichtigkeit von Rattenfütterungsverss. bei Unterss. über die biol. Wertigkeit von Proteinen. Er prüft die Meth. der N-Bilanz krit. u. untersucht verschied. Faktoren, die für die Reproduzierbarkeit der Werte von Einfl. sind (Höhe der Futtergabe, Best. des N-freien Umsatzes, Höhe der Proteingabe). Es werden Vorschläge zur Durchführung derartiger Verss. gemacht. An Beispielen wird auch gezeigt, daß die Best. der essentiellen Aminosäuren ein wichtiges Hilfsmittel für die Beurteilung ist. (Beih. Arch. Tierernähr. **1954.** Nr. 5. 110—26. Rostock, Oskar-Keller-Inst. für Tierernährung.) K. H. ANDERS. 4585

W. Lintzel, *Probleme der Eiweißqualität im Erhaltungs- und Leistungsfutter beim Pflanzenfresser und beim Fleischfresser.* Allg. vergleichende Betrachtungen über die Verdauung beim Pflanzen- bzw. Fleischfresser lassen im ersten Falle ein kontinuierliches Einströmen der Aminosäuren zu den Verbrauchsstätten erkennen, während beim Fleischfresser intermediär eine Synth. zu Depotprotein stattfindet. Vf. teilt daher die Futtermittel in 2 Gruppen: Solche, die Lysin-arm u. gut geeignet als Erhaltungseiweißspender sind (Getreide, Kartoffel, Ölkuchen, Bohnen) u. solche, die Lysin-reich u. als Leistungseiweißquelle geeignet sind (animal. Futtermittel, Grünfutter, Heu, Silage, Soja, Hefe, Lupine, Erbse). (Beih. Arch. Tierernähr. **1954.** Nr. 5. 127—34. Krefeld, Biochem.-Pharmazeut. Labor. Prof. Dr. Lintzel.) K. H. ANDERS. 4585

Ju. K. Lapuschonok, *Aminosäurezusammensetzung des Hühnereies und des Kükens in Abhängigkeit von der Ernährung und der Jahreszeit.* In Verss. mit Leghornhühnern erhielten die Versuchstiere neben der Grundnahrung zusätzlich 3100 I.E. Vitamin A, 500 I.E. Vitamin D_2 u. 5 g Biertrockenhefe täglich. Durch die verbesserte Ernährung nahm im Ei der Geh. an *Cystin* (I) u. *Tyrosin* (II) zu. Der I-Geh. im Ei der Kontrolle u. im Ei der Versuchshenne zeigte mit fortschreitender Versuchszeit einen immer größeren Unterschied, während der höchste II-Geh. im Vers. in der Sommer–Herbst-Periode beobachtet wurde. Der *Histidin*-Geh. war bei verbesserter Ernährung zunächst stark erhöht, nahm dann ab. In der Versuchsgruppe enthielt das Küken mehr *Methionin* u. *Tryptophan* als die Kontrolle. Der *Arginin*-Geh. im Ei u. im Küken wurde durch die intensivere Ernährung nicht verändert. Die jahreszeitlichen Schwankungen im Geh. an einzelnen Aminosäuren im Ei u. im Küken werden zahlenmäßig gebracht. (Известия Академии Наук Латвийской ССР [Nachr. Akad. Wiss. LettSSR] **1954.** Nr. 2. 83—95.) O. LEBTAG. 4585

A. Aschkenasy, *Einfluß der Nahrungsproteine und verschiedener Aminosäuren auf die Überlebenszeit und das Körpergewicht von adrenalektomierten Ratten und adrenalektomierten kastrierten Ratten.* (Vgl. C. **1955.** 3895.) Die Mortalität adrenalektomierter Ratten ist umgekehrt proportional dem Geh. des Futters an *Protein* (I). *Cortison* allein kann diese Tiere bei I-Mangel schützen. *Methionin* ist die wirksamste Aminosäure. *Cystin* schützt nicht, wenn es allein gegeben wird. Die ungleiche Wirksamkeit verschied. Aminosäuren beruht größtenteils auf ihrer Wrkg. auf den Appetit der Tiere. Die Kastration beeinflußt nicht die Empfindlichkeit adrenalektomierter ♀, erhöht aber die der ♂. — 31 Literaturangaben. (Ann. d'Endocrinol. **16.** 199—244. 1955. Paris, Hôp. de la Pitié, Labor. de Serv.) H. PATZSCH. 4585

G. Weitzel, *Ernährungstherapie mit Fettsäuren.* Vf. berichtet zusammenfassend über seine Verss., die Tuberkulose therapeut. mit *Fettsäuren* (I) anzugehen. Der hohe Lipoidgeh. säurefester Bakterien läßt Verdrängungs-Rkk., ähnlich wie zwischen p-Aminobenzoesäure u. Sulfonamiden, als wahrscheinlich erscheinen. Verss. in vitro zeigten, daß n. I gleich stark wachstumshemmende Eigg. gegen 6 virulente humane Stämme von Tuberkelbacillen entfalteten, wie verzweigte I mit vergleichbarer Kettenlänge. Die Aktivität n. I steigt mit der Kettenlänge bis zur Undecansäure steil an u. fällt darauf allmählich wieder ab. Die Undecansäure hat etwa die halbe Wirksamkeit von 2-Methyl-1.4-naphthochinon. Wenn auch p-Aminosalicylsäure, Conteben u. Streptomycin in vitro bedeutend wirksamere Verbb. darstellen, so stehen doch Lösungsschwierigkeiten, zu rasche Ausscheidung oder Toxizität ihrer therapeut. Anwendung hindernd entgegen. — Im Hinblick auf die Erfolge der Psoriasis-Therapie mit *Δ^{10}-Undecylensäure* prüft Vf. den Stoffwechsel dieser Verb. bei Mensch u. Hund. Aus den in Ae. lösl. Abbauprodd., die im Harn erscheinen, konnte *Sebacinsäure* isoliert werden. Als Hauptmenge wurde Δ^2(?)-Dehydropimelinsäure gefunden. Da Vf. den Fettsäuren mittlerer Kettenlänge (C_8—C_{12}) bes. biol. Eigg. zuschreibt, u. a. auch fungistat., wurden Fütterungsverss. mit einem Mischglycerid ($C_8 \cdot C_{10} \cdot C_{12}$) durchgeführt. Als Abbauprodd. wurden im Harn Adipin-, Kork- u. Sebacinsäure vorgefunden. Daraufhin durchgeführte Therapieverss. bei Psoriasis mit täglich 50 cm^3 des Mischglycerides unter gleichzeitiger Herabsetzung des übrigen Nahrungsfettes (in offener oder versteckter Form) führte zu einer weitgehenden Besserung. (Fette Seifen einschl. Anstrichmittel **52.** 670—75. Nov. 1950. Göttingen, Max-Planck-Gesellschaft, Med. Forschungsinst., Biochem. Abt.) P. LOCH. 4585

S. L. Balloun, *Die Wirkung quaternärer Ammoniumderivate im Kükenfutter.* Die Wrkg. *quaternärer Ammoniumbasen* auf Futterausnutzung u. Wachstum war ähnlich der der Antibiotica. (Poultry Sci. **34.** 191—96. Jan. 1955. Ames, Jo., State Coll., Dep. of Poultry Husbandry.) H. PATZSCH. 4585

W. N. Kitajew, *Die Bestimmung der Norm an Vitamin A und Carotin für Jungschweine.* Bei einem Grundfutter mit 30 μg *Carotin* (I) je kg Lebendgewicht im Verlaufe von 24 Std. geben zusätzliche Gaben von 64 I.E. *Vitamin A* (II) ein Optimum an Gewichtszunahme (25%). Gaben von 215 I.E. an II erbrachten keine Vorteile, man beobachtete nur höhere I-Gehh. in der Leber der Schweine. Auch Gaben von 19 I.E. II + 35 mg I führten nur zu einer Gewichtszunahme von 12—13%. (Животноводство [Tierzucht] **1955.** Nr. 2. 104—06. Febr.) M. ULMANN. 4587

Lawrence C. Goldberg und **Helen L. T. Dexter,** *Behandlung von chronischen Hauterkrankungen mit Calciferol.* Benutzt wurde ein hochwirksames *Calciferol* (Vitamin D_2,

1250 E. pro Tropfen) in Propylenglykol. Die geringste verabreichte Menge betrug 2 Tropfen (2500 E.) dreimal täglich, die höchste Dosis 40 Tropfen (50000 E.) dreimal täglich. Die Behandlungsdauer betrug bis zu 14 Monaten; während dieser Zeit erhielten manche Patienten wenigstens 50000 E. täglich. Die Dosis richtete sich je nach der Rk. im Befinden der Patienten. Besserung der chron. Hauterkrankungen wurde beobachtet bes. bei atop. Dermatitis, chron. ekzemat. Dermatitis u. bei Psoriasis. (A. M. A. Arch. Dermatol. Syphilology **63.** 729—36. Juni 1951. Cincinnati, O., Univ., Coll. of Med., Dep. of Dermatol. and Syphilologie.) W. BRANDT. 4587

Poul H. Nexmand, *Chronische Lichtdermatitis. Ein Fall mit dramatischer Reaktion auf Calciferol.* Bericht über einen Fall schwerer ekzematöser Lichtdermatitis, die seit 7 Jahren bestand, ohne daß bisher Heilung erzielt werden konnte. Gegeben wurden jetzt täglich 120000 E. *Vitamin D_2* u. 3,0 g *Calciumgluconat.* Nach 7 Tagen war die Haut fast normal. (Acta dermato-venereol. [Stockholm] **31.** 572—75. 1951. Copenhagen, Kommunehospital.) K. BÖHM. 4587

R. L. Atkinson, T. M. Ferguson, J. H. Quisenberry und **J. R. Couch,** *Vitamin E und Fortpflanzung bei Puter.* Die Zugabe von *α-Tocopherolacetat* (I) zu einem ausschließlich aus pflanzlichen Proteinen bestehenden Futter in Mengen von 20 mg/lb. erhöhte die Schlupffähigkeit von Puteneiern von 51,7 auf 88%. Getrocknete Molke u. ,,fish solubles" hatten keine Wirkung. I wirkte nicht auf die Eierproduktion oder Fruchtbarkeit. Vitamin E wird in einer merklichen Höhe bei ausgewachsenen, legenden Puten abgelagert. Die Spitze der embryonalen Mortalität der Eier von Hennen, deren Futter nicht mit I ergänzt war, lag beim 24. bis zum 28. Tag der Bebrütungsperiode. Diese Embryonen waren blind u. hatten eine trübe Linse oder einen trüben Fleck unter der Cornea. Ein viel höherer Tocopherol (II)-Geh. des Eigelbes wurde in allen Versuchsgruppen gefunden, die I mit dem Futter erhalten hatten. Kein II wurde im Eiereiweiß festgestellt. — 10 Literaturangaben. (J. Nutrit. **55.** 387—97. 10/3. 1955. Texas Agric. and Mechan. Coll. Syst., Coll. Stat., Dep. of Biochem. and Nutrit. and Poultry Husbandry.) H. PATZSCH. 4587

Frede Christensen und **Henrik Dam,** *Der hemmende Effekt von verfüttertem Methylenblau auf die durch Dialursäure hervorgerufene Hämolyse der Erythrocyten bei Ratten mit Vitamin-E-Mangel.* Die bei *Vitamin-E*-arm ernährten Ratten auftretende Hämolyse der Erythrocyten bei Zugabe von *Dialursäure* (*5-Oxybarbitursäure*) zum Blut wird merklich geringer, wenn man den Tieren Methylenblau verabreicht. (Acta pharmacol. toxicol. [Köbenhavn] **7.** 167—70. Juli 1951. Kopenhagen, Polytechn. Inst.. Dep. of Biol.) U. BAUMANN. 4587

E. Aaes-Jørgensen, H. Dam und **H. Granados,** *Die Wirkung von Antabus* (*Tetraäthylthiuramdisulfid*) *und Methylenblau auf verschiedene, durch Vitamin-E-Mangel hervorgerufene Symptome und auf das Wachstum von Ratten.* Bei Verfütterung einer Vitamin-E-armen u. Kabeljauleberöl-reichen Diät an Ratten treten Symptome auf, wie Verfärbung der *Schneidezähne* u. Oxydation des Fettgewebes, die wegfallen, wenn man gleichzeitig *Methylenblau* oder *Antabus* verabreicht. Methylenblau vermindert außerdem das Wachstum der Ratten. Die experimentellen Befunde stimmen mit denen überein, die Vff. bei Verss. mit Küken erhielten. (Acta pharmacol. toxicol. [Köbenhavn] **7.** 171—80. Juli 1951. Kopenhagen, Polytechn. Inst., Dep. of Biol.) U. BAUMANN. 4587

Henrik Dam und **Humberto Granados,** *Der Einfluß einiger Substanzen auf schwere Lebernekrosen und Lungenblutungen bei Ratten, die mit einer Protein- und Vitamin-E-armen Diät ernährt wurden.* Füttert man Ratten mit einer *Protein-* u. *Vitamin-E*-armen Diät, die kein Fett enthält, so treten weder Lebernekrosen noch Lungenblutungen auf. Diese Symptome zeigen sich erst, wenn man der Diät Schweineschmalz oder, in noch stärkerem Umfang, wenn man Kabeljauleberöl zusetzt. Zugabe von Mn-Salzen verzögert das Auftreten der Krankheitserscheinungen, Methylenblau verhindert es vollkommen. (Acta pharmacol. toxicol. [Köbenhavn] **7.** 181—88. Juli 1951. Kopenhagen, Polytechn. Inst., Dep. of Biol.) U. BAUMANN. 4587

S. Casentini, *Die Sparwirkung der Pantothensäure auf den Ascorbinsäuregehalt verschiedener Organe des Meerschweinchens.* Meerschweinchen erhielten 10 Tage lang Na-Salz der *Pantothensäure* (I; je 10 mg/100 g Körpergewicht) intramuskulär injiziert. Nach dieser Behandlung betrug der Geh. an *Ascorbinsäure* (II) in den Nebennieren 126,83 m/100 g gegenüber 107,1 mg/100 g beim n. Tier, in der Milz 41,25 (n. 34,89), in der Leber 27,87 (n. 18,04), im Gehirn 20,46 (n. 18,28) u. in der Muskulatur 3,71 mg/100 g gegenüber n. 2,63 mg/100 g. I besitzt demnach eine Sparwrkg. bzgl. des II-Verbrauchs. (Boll. Soc. ital. Biol. sperim. **30.** 1388—90. Dez. 1954. Milano, Univ., Ist. Farmacol.) P. G. SCHEURLEN. 4587

Lauri Jännes, *Synthese von Verbindungen der Vitamin-B-Gruppe durch Corynebacterium diphtheriae.* Außer den bereits früher (EVANS u. Mitarbeiter, Brit. J. exp. Pathol. **20.** [1939.] 396; WOIWOOD u. LINGGOOD, C. **1948.** E. 1465 gefundenen Verbb., Pantothensäure, Thiamin u. Riboflavin, werden im Kulturfiltrat von *Corynebacterium diphtheriae* nach bekannten mikrobiol. Methoden noch *Vitamin-B_6-Komplex, Biotin, p-Aminobenzoesäure, Folsäure* u. *Vitamin B_{12}* nachgewiesen. (Nature [London] **172.** 400—01. 29/8. 1953. Helsinki, Lääketehdas Orion, Microbiol. Dep.) H.-J. KOCH/Berlin. 4587

C. Bergamini, *Papierelektrophorese der Vitamine des B-Komplexes.* (Vgl. C. **1955.** 7484.) Bei einem Gemisch der 5 Vitamin-B-Komplexe in gleichem Verhältnis, wie es bei der Hefe vorliegt, führt eine ungenügende Dauer der Elektrophorese (bei p_H 1,7—2,87) nur zur Trennung von 2 Banden, derjenigen für *Vitamin B_2* (**I**) u. einer zweiten für den Rest. Bei längerer Elektrophorese gelingt die Trennung mit folgender Reihenfolge zunehmender Wanderungsgeschwindigkeiten **I** → *Nicotinsäureamid* (**II**) → *Vitamin B_6* (**III**) → *Vitamin B_1* (**IV**) → *Pantothensäure* (**V**) bzw. *β-Alanin;* beim Chromatogramm ist die Reihenfolge **IV—V—I—III—II**; der Unterschied wird damit erklärt, daß der Puffer bei der Elektrophorese nur Essigsäure enthält, nicht auch Butanol, außerdem kann das elektr. Feld einen Einfl. des Dipolmoments auf die Beweglichkeit zur Folge haben. Das Gemisch wird bei horizontaler Elektrophorese an einer nach der Anode verschobenen Stelle aufgebracht. (Sperimentale, Sez. chim. biol. **4.** 85—92. 15/12. 1953. Firenze, Univ., Ist. di Chim. analit.) R. K. MÜLLER. 4587

George J. Gabuzda jr., *Einfluß des Citrovorumfaktors auf den Tyrosinstoffwechsel bei klinischem Skorbut.* Vf. untersuchte das Verh. des *Tyrosin* (**I**)-Stoffwechsels, gemessen an der täglichen Urinausscheidung von p-Oxyphenylverbb. (**IV**) bei einem Skorbutkranken nach täglicher Gabe von 10 g **I** oral u. 6 mg *Citrovorumfaktor* (**II**; *Leucovorin;* LEDERLE) intramuskulär u. 1 g Vitamin C (**III**) oral. Während bei unbehandeltem Skorbut bei Fortsetzung **III**-armer Ernährung täglich 0,19—0,30 g **IV** ausgeschieden wurden u. dieser Wert bei **I**-Gaben auf 2,18—7,55 g **IV** (im Mittel 5,60 g) anstieg, stieg die **IV**-Ausscheidung bei täglicher **II**-Gabe u. Fortsetzung der **I**-Behandlung auf 6,24—13,20 g (Mittel 8,34 g) täglich an, um nach **III**-Gabe auf 0,08—3,04 g bzw. 0,11—0,27 g nach Aufhören der **I**-Verabreichung abzufallen. **II** zeigte also keinen Einfl. auf den **I**-Stoffwechsel, ebenso wurde die Capillarpermeabilität, gemessen an der Zahl der Hautblutungen nach Stauung, nicht verringert. (Proc. Soc. exp. Biol. Med. **81.** 62—64. Okt. 1954. Boston, Mass., City Hosp., Thorndike Mem. Labor. and Harvard Med. School, Dep. of Med.) H. IPPEN. 4587

A. Hedbom, *Ein nativer Vitamin-B_{12}-Polypeptidkomplex.* 25,12 mg des durch milde Behandlung von WIJMENGA, LENS u. GEERTS (Acta Haematol. **11.** [1954.] 372) aus Rinderleber erhaltenen roten *Cobalaminpolypeptids* wurden in 1 cm^3 Na-Acetatpuffer gelöst, 10 cm unter die Oberfläche einer mit Cellulosepulver (0,05 μ, angeschlemmt in Acetatpuffer) gefüllten Säule gebracht, 40 Std. der Elektrophorese (30 mA) unterworfen u. dann das Cobalaminmaterial eluiert (λ_{max} 274 u. 350 mμ). Es wurden 2 verschied. Cobalaminverbb. von einer Eiweißverunreinigung abgetrennt. Die Hauptfraktion stellte papierelektrophoret. ein homogenes *Cobalaminpeptid* dar (Mol.-Gew. < 10 000). Mit Spuren KCN erfolgte eine Verschiebung im Absorptionsspektrum. Das *Cyanocobalamin* war mit n-Butanol extrahierbar. Im Peptidanteil wurden nach saurer Hydrolyse papierchromatograph. Glykokoll, Alanin, Valin, Leucin, Threonin, Asparaginsäure, Glutaminsäure, Tyrosin u. Histidin identifiziert. (Biochim. biophysica Acta [Amsterdam] **17.** 447. Juli 1955. Uppsala Univ., Inst. of Biochem.) K. MAIER. 4587

V. Capraro, A. Cresseri und **G. Bernini,** *Beobachtungen über die Resorption des Vitamins B_{12} bei der weißen Ratte.* Vff. verabreichten weißen Ratten ^{60}Co-*Vitamin B_{12}* (**I**) durch Magensonde. Gemessen an der Radioaktivität des 45 Min. später untersuchten u. gereinigten Darmtrakts ist die Resorption des **I** unabhängig von der verabreichten Dosis **I**, sie wird auch nicht beeinflußt durch gleichzeitige Gaben eines aus Schweinemagen gewonnenen Extrakts, welcher „intrinsic factor" enthält. Demgegenüber ist jedoch die nach Phenylhydrazinvergiftung durch Gaben von **I** u. intrinsic factor zu erzielende Remission des roten Blutbildes deutlich von der Menge des verabreichten Magenextrakts abhängig. (Boll. Soc. ital. Biol. sperim. **30.** 1431—33. Dez. 1954. Milano, Ist. „Carlo Erba" per Ric. Terap.) P. G. SCHEURLEN. 4587

Harold L. Rosenthal und **John K. Hampton jr.,** *Die Resorption von Cyanocobalamin (Vitamin B_{12}) aus dem Intestinaltrakt von Hunden.* Die Plasma-*Vitamin-B_{12}*(**I**)-Aktivität bei Hunden im postresorptiven Stadium ist die gleiche im portalen u. peripheren Blutplasma. Krist. **I**, in abgebundenen Segmenten des Duodenums oder im nicht abgebundenen Duodenum von Hunden eingelegt, hatte das schnelle Auftreten von

I-Aktivität im Plasma des portalen u. peripheren Blutes zur Folge. Während der Resorption erschienen kleine, aber deutliche I-Mengen im Urin. Der größere Teil von I, intravenös injiziert, wurde schnell im Urin ausgeschieden. — 21 Literaturangaben. (J. Nutrit. 56. 67—82. 10/5. 1955. New Orleans, Tulane Univ. School of Med., Dep. of Med., Biochem. and Physiol.) H. PATZSCH. 4587

E. Zijelen, *Der Metabolismus des Cholins beim Hühnerembryo in Abhängigkeit von der Ernährung der Hühner.* Bei einem geringeren Geh. an *Vitamin* B_{12} im Hühnerei beobachtet man während der Incubationsperiode einen erhöhten Verbrauch an *Cholin* (I). Wichtig ist bei der Fütterung, auch tier. Proteine zu geben, da bei ausschließlich pflanzlichem Protein die Abnahme von I größer ist. (Известия Академии Наук Латвийской ССР [Nachr. Akad. Wiss. LettSSR] 1954. Nr. 11. 37—40.) M. ULMANN. 4587

Walter G. Unglaub und **Grace A. Goldsmith,** *Orale Vitamin-B_{12}-Behandlung bei makrocytärer Anämie.* Vff. berichten, daß bei 11 Patienten mit perniciöser Anämie u. 3 Patienten mit alimentärer makrocytärer Anämie *Vitamin* B_{12} oral in großen Dosen gute Remissionen bewirkte. (Southern med. J. 48. 261—69. März 1955. New Orleans, La.) K. BÖHM. 4587

P. Griminger, W. D. Morrison und **H. M. Scott,** *Vitamin-K-Aktivität bei Vitamin-B_{12}-Antibiotica-Ergänzungen.* Bestimmte *Vitamin-B_{12}-Antibiotica*-Ergänzungen zu einem Grundfutter definierter Zus. sind gleich wirksam wie *Klotogen F* (*Vitamin-K-Präp.* der ABBOTT LABORS.) bzgl. der Förderung der n. Gerinnungszeit des Blutes. (Poultry Sci. 34. 243—45. Jan. 1955. Illinois, Agric. Exp. Stat.) H. PATZSCH. 4587

Charles W. Mushett, Kane L. Kelley, George E. Boxer und **James C. Rickards,** *Schutzwirkung von Vitamin B_{12a} (Oxycobalamin) bei der experimentellen Cyanidvergiftung.* Vff. verabreichten an Mäuse unmittelbar vor oder in verschied. Abständen nach intraperitonealer Gabe von 5,5—10 mg KCN/kg *Vitamin* B_{12} (I; *Cyanocobalamin*) oder *Vitamin* B_{12a} (II; *Oxycobalamin*) in Dosen von 0,5—250 mg/kg intravenös auf Grund der Beobachtung, daß sich II sehr leicht u. prakt. irreversibel mit HCN zu I umsetzt. Während bei diesen Verss. das I erwartungsgemäß keinerlei Wrkg. zeigte, ließ sich der Tod bei vorheriger Gabe von 250 mg II/kg auch bei Dosen von 7,7 mg KCN/kg verhindern. Bei Injektion von 250 mg II/kg 1—2 Min. nach Gabe von 10 mg KCN/kg blieben alle Mäuse am Leben, 4 Min. nach der KCN-Gabe starben 17%, bei späterer Gabe alle. 100 mg II/kg, 1 Min. nach der KCN-Gabe injiziert, ließen alle Mäuse überleben, bei Injektion 2 Min. nach der KCN-Gabe starb ein Drittel. Wurden 250 mg II/kg an Mäuse verabreicht, die 2—$3^1/_2$ Min. nach Gabe von 10 mg KCN/kg keine Atmung u. tiefes Koma zeigten, so war die II-Wrkg. zum Teil „dramatisch". Die Mäuse konnten teilweise sofort nach der Injektion wieder laufen. Bei allen Kontrollverss. erhielten die Tiere physiol. NaCl-Lsg. statt der jeweils gleichen Menge von 0,2 cm^3 II-Lsg. pro 20 g Maus. Bei 6 Mäusen, die 1 Min. nach Gabe von 10 mg KCN/kg 100 mg/II/kg erhielten, wurde bis $2^1/_2$ Std. nach dem Vers. der Urin gesammelt. Dieser enthielt 9,6% der gegebenen CN-Ionen als I, 0,7% als freies CN^- u. 3,5% des CN^- als SCN^-. (Proc. Soc. exp. Biol. Med. 81. 234—37. Okt. 1952. Rahway, N. J., Merck Inst. for Therap. Res. and Res. Labors.) H. IPPEN. 4587

S. P. De und **B. Mukerji,** *Mikrobiologische Bestimmung von Vitamin B_{12} und ihre Bedeutung in der Bewertung von Leberextrakten.* Best. von *Vitamin* B_{12} mit Lactobacillus lactis, dessen Wachstum turbidimetr. bestimmt wurde. Die in Leberextrakten gefundenen Werte schwanken zwischen 0,5 u. 50,0 γ/ml u. erlauben eine Klassifikation der therapeut. Brauchbarkeit. (Indian med. Gaz. 86. 403—06. Sept. 1951. Calcutta, Gov. of India, Centr. Drugs Labor.) L. BARTH. 4587

P. Ja. Ssiwer, L. N. Samanski und **A. I. Lopuschanski,** *Der Einfluß verschiedener Vitamine auf die Aufnahme von ^{131}J durch die Schilddrüse.* Vorherige Injektionen von *Vitamin* B_1, B_2, *C* oder *Nicotinsäure* erhöhen den Aufnahmewert von J durch die Schilddrüse, wie bei Kaninchen u. weißen Ratten gezeigt wurde, nur anfangs u. nur wenig. Nach 24 Std. findet man keine Unterschiede mehr gegenüber den Kontrollen. (Бюллетень Экспериментальной Биологии и Медицины [Bull. exp. Biol. Med.] 39. Nr. 6. 43—45. Juni 1955. Tschernowitz, Med. Inst., Lehrstuhl für biol. Chem.) M. ULMANN. 4587

Ljubomir Božović, *Vitamin C und die Wärmeadaptation.* Bei weißen Ratten, die 6 Tage lang je 4—6 Std. Tempp. von 34—36° ausgesetzt waren, wurde eine deutliche Hypertrophie der Nebennieren festgestellt. Diese blieb jedoch aus, wenn den Ratten insgesamt 150 mg *Ascorbinsäure* (I) in W. gelöst intraperitoneal injiziert wurden. — Die Beziehungen zwischen Wärmeadaptation, Desoxycorticosteron u. I werden diskutiert. (Arhiv Higijenu Rada 2. 70—73. 1951. Zagreb, Med. Fak., Fiziol. zavod.) S. BECKMANN. 4587

B. I. Goldstein, W. W. Gerassimowa und **L. G. Kondratjewa,** *Der Einfluß von Vitamin C auf die Umwandlung der Nucleinsäuren in tierischen Geweben.* Die Bildungsgeschwindigkeit von *Desoxyribonucleinsäure* (I) in den Zellen des tier. Organismus erreicht einen maximalen Wert bei Ggw. von 5 mg *Ascorbinsäure* (II) (je 1 g Gewebe) u. 10 mg *Ribonucleinsäure* (III) (p_H 6,8—8,0). Bei Zerstörung der Zellstruktur wird keine Bldg. von I u. keine Wrkg. von II u. III beobachtet. Nur II u. III selbst sind wirksam, nicht dagegen Umwandlungsprodd. von II, auch nicht Diketogulonsäure. Verss. mit ^{32}P ergaben, daß dessen Einbau in die I der Schleimhaut des Dünndarmes u. der Milz von Meerschweinchen bei C-Avitaminose stark verlangsamt, in III hingegen konstant ist. Einbringung von II vermag die Aufnahme von ^{32}P in die I wieder vollständig zu regenerieren. Man hat einen direkten Einfl. von II auf die Bildungsgeschwindigkeit von I im Zellkern anzunehmen. (Биохимия [Biochemie] **19.** 531—42. Sept./Okt. 1954. Kiew, Ernährungs-Inst. des Gesundheitsminist. der UkrainSSR.) M. ULMANN. 4587

A. M. Rosenzwaig, *Die Rolle eines Mangels an Vitamin C bei der Genese von Gefäßerkrankungen des Gehirns.* Die Unters. der Gefäße u. Gewebe des Gehirnes von an Störungen des Blutumlaufes des Gehirnes Verstorbenen ergab ein völliges Fehlen oder nur das Vorliegen von Spuren an *Vitamin C* (I), was auf die Notwendigkeit einer genügenden Sättigung der Gehirngewebe an I für eine n. Lebenstätigkeit der Zellen hinweist. (Журнал Невропатологии и Психиатрии имени С. С. Корсакова [Korssakow J. Neuropathol. Psychiatr.] **55.** 442—43. 1955. Odessa, Med. Inst., Lehrstuhl für Nervenerkrankungen.) M. ULMANN. 4587

R. Scalabrino und **M. Rossanda,** *Wirkung der schwefelhaltigen Aminosäuren (Cystein, Cystin, Methionin) auf den Ascorbinsäuregehalt der Rattenorgane.* Männliche Ratten von 85 g Gewicht wurden 15 Tage lang mit *Cystein* (I) bzw. *Cystin* (II) oder *Methionin* (III) ernährt (durchschnittliche tägliche Dosis je 100—120 mg). Unter dieser Behandlung wurden keine Änderungen des Körpergewichtes beobachtet, auch das relative Nebennierengewicht zeigte keine Veränderung. Tox. Erscheinungen traten nicht auf. Der *Ascorbinsäure* (IV)-Geh. im Blut u. in der Leber änderte sich unter dieser Behandlung ebenfalls nicht wesentlich gegenüber den Kontrollen, während I u. II zu einer leichten Abnahme u. III zu einer sicheren Zunahme der IV in den Nebennieren führte. Die gegensätzliche Wrkg. von I bzw. II u. von III auf den Geh. der Nebennieren an IV entspricht den Befunden, wonach bei skorbutogener Diät I u. II zu Schädigungen an der Nebenniere führen. (Boll. Soc. ital. Biol. sperim. **30.** 1372—73. Dez. 1954. Milano, Ospedale Fatebenefratelli-Fatebenesorelle.) P. G. SCHEURLEN. 4587

Elvio H. Sadun, John L. Bradin jr. und **Ernest Carroll Faust,** *Die Wirkung von Ascorbinsäuremangel auf die Widerstandsfähigkeit von Meerschweinchen gegen Infektion mit Endamoeba histolytica.* Meerschweinchen, die eine *Ascorbinsäure* (I)-freie Kost bekamen, zeigten höheren Infektionsbefall u. Sterblichkeitsrate u. schwereren Krankheitsverlauf gegenüber experimenteller Infektion mit Endamoeba histolytica als Kontrollen mit I-Zusatz zur Kost. Die infizierten Meerschweinchen zeigten bemerkenswerte Splenomegalie mit Hyperplasie der Reticulumzellen u. Ansteigen der Neutrophilen in der Milzpulpa. Ferner fand sich Lebervergrößerung ohne mkr. Veränderungen. I-Bestimmungen in Plasma, Muskeln, Leber u. Milz ergaben keine kennzeichnenden Veränderungen in der Gewebeverteilung der Ascorbinsäure bei den infizierten Meerschweinchen. (Amer. J. trop. Med. **31.** 426—36. Juli 1951. Bethesda, Md., Nat. Inst. of Health.) K. BÖHM. 4587

U. Quatrini, O. Giacalone und **V. Castro,** *Wirkungen des T-Vitamins Goetsch auf den Stickstoff-, Glykogen-, Fett- und Wassergehalt einiger Organe und auf das Skelettsystem bei weißen Ratten.* 25 Tage alte u. ca. 37 g schwere weiße Ratten wurden 40 Tage lang mit Vitamin-B_{12}-freiem *Vitamin T* (I) (0,4 ml täglich) bei einheitlicher Diät gefüttert u. dadurch eine Gewichtszunahme auf 370% des Ausgangsgewichtes gegenüber 255% bei den Kontrollen erzielt. Änderungen des Wassergeh. u. des Glykogengeh. der Leber u. Muskulatur wurden unter dieser Behandlung nicht beobachtet. I führte zu einer mäßigen Erhöhung des Gesamtlipoidgeh. u. des N-Geh. in Leber u. Muskulatur. Röntgenolog. war eine Zunahme der Verkalkung am Skelettsyst. festzustellen. (Boll. Soc. ital. Biol. sperim. **30.** 1354—55. Dez. 1954. Palermo, Univ., Ist. Fisiol. Umana.) P. G. SCHEURLEN. 4587

A. I. Strumpe, *Polyavitaminose der Schweine.* Eingehende Schilderung des klin. u. patholog.-anatom. Bildes der erkrankten Schweine u. Hinweis auf prophylakt. u. heilende Maßnahmen. (Ветеринария [Tierheilkunde] **31.** Nr. 6. 33—37. Juni 1954. Hygien. Veterinär-bacteriol. Labor. des Gebietes Cherson.) M. ULMANN. 4587

Paavo Roine, *Über die Bedeutung von Darmmikroben für die Ernährung.* Zusammenfassender Vortrag über eigene u. fremde Unterss. mit 39 Literaturhinweisen. (Svensk kem. Tidskr. **66.** 143—58. 1954. Helsingfors, Univ., Näringskem. Inrättning.) R. K. MÜLLER. 4594

H. Westermarck, *Über Mangelkrankheiten und Stoffwechselstörungen.* Vf. verweist auf die ständige Zunahme der durch mangelhafte Adaptation bedingten Stoffwechselstörungen beim Milchvieh u. auf derenZ usammenhang mit derinneren Sekretion u. dem Mineralstoffwechsel. (Karjatalous **27.** 165—68. 13/4. 1951.)
S. BECKMANN. 4596

R. A. McCance, A. B. Morrison und **C. E. Dent,** *Die Ausscheidung von Phosphoäthanolamin bei Hypophosphatasie.* Vff. konnten im Urin eines Kindes mit Hypophosphatasie (niedriger Geh. an *alkal. Phosphatase* [I] im Serum, Hypercalcämie, „rachit.“ Knochenveränderungen) papierchromatograph. *Phosphoäthanolamin* nachweisen, jedoch kein *Äthanolamin.* Es könnte durch den Mangel an I dieser Schritt im Stoffwechsel gestört sein u. die Erkrankung auf diese Weise erklärt werden. (Lancet **268.** 131. 15/1. 1955. Cambridge, Univ. of Cambridge, Med. Res. Counc., Dep. of Exp. Med., and Univ. Coll. Hosp. Med. School.)
D. NEUBERT. 4596

K. B. Dawson, *Calciumaustausch im Knochen.* Die Verss. wurden an durch Feilen erhaltenem Knochenpulver verschied. Feinheit durchgeführt, das aus abgesägten Knochenringen nach deren Entfettung u. Trocknung erhalten worden war. Durch Messung des Verlustes einer Fl. an ^{45}Ca-Ionen in Berührung mit dem Knochenpulver oder des Verlustes von Knochenpulver, das vorher mit ^{45}Ca in ein Gleichgewicht gekommen war, an ^{45}Ca-Ionen wurde gefunden, daß das austauschbare Ca des Knochens 33% beträgt. Die Zeit, die der Austauschvorgang bis zum Gleichgewicht benötigt, ist von der Korngröße des Knochenpulvers abhängig, z. B. 2—4 Std. für Teilchen, die durch ein Sieb mit 200/in. hindurchgehen. (Biochem. J. **60.** 389—91. Juli 1955. London W. 1, Middlesex Hosp., Med. School, Inst. of Clin. Res.)
G. SCHWAIBOLD. 4596

T. G. Taylor und **J. H. Moore,** *Die Wirkung von Calciumverarmung auf die chemische Zusammensetzung von Knochenmineralien.* Bei Knochen von Hühnern, die eine Anzahl Eier bei Ca-freier Ernährung gelegt hatten, wurde der Geh. an Ca, Mg, Na, K, P, CO_2, Citrat u. Gesamtasche in der trockenen, durch Zentrifugieren mit CCl_4 von nicht knochenartiger organ. Substanz u. von Fett befreiter Substanz bestimmt. Es wurde keine Beziehung zwischen dem %-Geh. an Asche u. dem Ausmaß der Mineralverarmung gefunden (gleichzeitiger Verlust an Mineralstoffen u. organ. Matrix). Bei zunehmender Verarmung an Mineralstoffen trat fortschreitende Zunahme des Mg- u. P-Geh. der Asche ein, bei Perioden akt. Knochenresorption Abnahme von Carbonat u. Citrat. Bei der Verkalkung der 3. u. 4. Eier trat starke Zunahme des Na- u. K-Geh. der Knochenasche ein. Das Ca:P-Verhältnis (restliche Fraktion) zeigte dabei nur geringe Schwankungen. Es wird angenommen, daß diese Veränderungen durch solche der Blutzus. verursacht werden, deren mögliche Faktoren erörtert werden. (Biochem. J. **60.** XXVI—XXVII. Juli 1955. Reading, Univ., Dep. of Agricult. Chem.)
G. SCHWAIBOLD. 4596

Curt H. Schwietzer, *Ferritin. Die Bedeutung einiger Proteine für den Eisenstoffwechsel.* Ferritin (I) bzw. Apoferritin ist der Eiweißkörper, der für die Resorption des Eisens aus dem Gastrointestinaltrakt verantwortlich ist. I besteht aus einem Protein, dem Apoferritin, + Eisen. Fe ist nicht komplex oder ionogen gebunden, sondern in Form von Ferrihydroxydmicellen in die Zwischenräume des Kristallgitters des Apoferritins eingelagert. Der Fe-Geh. von I kann je nach dem Eisenangebot in den Organen wechseln u. bis zu 24% ausmachen. I ist am reichlichsten enthalten in Milz u. Leber, es ist die jederzeit disponible Vorratsform des Fe im Organismus. Die $\alpha.\beta_1$-Globuline des Serums sind das Vehikel für den Transport des Fe im Organismus. Es wird ein Schema für die Resorption des I aus dem Darmtrakt u. für den Fe-Stoffwechsel des Organismus entwickelt. (Arzneimittel-Forsch. **1.** 72—76. Mai 1951. Uetersen/Holstein, Nordmark-Werke.)
W. BRANDT. 4596

G.-W. Schmidt, *Über die Verwertung parenteral zugeführter Aminosäuren.* Säuglinge ($1^1/_2$—4 Monate), die nicht per os ernährt werden konnten, erhielten eine intravenöse Dauertropfinfusion. Die Lsg. bestand aus gleichen Teilen RINGER-Lsg. u. 16%ig. Traubenzuckerlösung. Es wurden darin 4—5 g Aminosäuren/kg/Tag verabfolgt (*Eiweißhydrolysat „Aminovit“*). Im 6-, 12- u. 24-Std.-Harn dieser Säuglinge wurden die ausgeschiedenen Aminosäuren, deren Amino-N u. Ammonium bestimmt. Es wurden ca. 5% der infundierten Aminosäuren im Harn wiedergefunden. (Mschr. Kinderheilkunde **103.** 175—76. Febr. 1955. Gießen.)
H. SCHIMASSEK. 4596

Meyer Friedman, Sanford O. Byers und **Ray H. Rosenman** (unter techn. Mitarbeit von **Barbara Gunning**), *Beobachtungen über die Bildung und Ausscheidung von Cholesterin bei Säugetieren.* 12. Mitt. *Beweis der wichtigen Rolle der Leber-Reticuloendothelzellen (Kupffer-Zellen) für die normale Verwertung von exogen angebotenem Cholesterin.* (11. vgl. Amer. J. Physiol. **175.** [1953.] 375.) Die Verfütterung von *Cholesterin* **(I)** führt bei Ratten zu keiner Erhöhung des I-Geh. im Plasma u. nicht zum Erscheinen von kleinen Chylustropfen (Chy.) im peripheren Blut (p. Bl.), sondern das I wird von den KUPFFERschen

Sternzellen (KSt) aufgenommen u. in die Parenchymzellen weitergeleitet (histolog. Nachw.). Durch intravenöse oder intraportale Gabe von Koll. (Tusche, *Chromphosphat*-Suspension, koll. Fe [„Proferrin"]) konnten Vff. die KSt so blockieren, daß sie kein I mehr aufnahmen. Unter diesen Bedingungen beobachteten sie eine Hypercholesterinämie u. das Auftreten von Chy. im p. Bl. Die exkretor. Funktion der Leberzellen wurde durch die „Blockierung" der KSt nicht gestört. Reticuloendothelzellen anderer Organe nahmen kein I auf. (Amer. J. Physiol. **177.** 77—83. April 1954. San Francisco, Calif., Harold-Brunn-Inst., Mount Lion Hosp.) D. NEUBERT. 4596

L. Bugnard, F. Chevallier und **J. Coursaget,** *Verwendung von* ^{14}C*-Cholesterin zur Untersuchung der Resorption und der intestinalen Ausscheidung des Cholesterins bei der Ratte.* Es werden Verss. an 3 Ratten durchgeführt, denen nach einer Karenz an *Cholesterin* (I) von 1—8 Wochen zu einem Standardfutter eine bestimmte Menge (täglich 10 mg) von ^{14}C-I, in Methyloleat gelöst, innerhalb einiger Tage verabfolgt wird. Zur Unters. werden herangezogen Blut, Exkremente, Organe. Die rechner. Auswertung der Verss. lehrt, daß 75—80% des aufgenommenen I resorbiert werden; der Rest findet sich im Kot; 40—60% sind in den Geweben nachweisbar. Daraus leitet sich ab, daß ein erheblicher Teil des verabfolgten u. resorbierten I, 20—35%, im Darm bzw. in den Geweben zerstört wird. I in den Exkrementen ist teils nichtresorbiertes Nahrungs-I, teils ausgeschiedenes I (Galle). Betrachtungen über die vorgelegten Ergebnisse im Vgl. mit denen anderer Analytiker. (J. de Physiol. **45.** 413—19. 1953. Paris, Groupe hospitalier Necker-Enfants Malades, Labor. des Isotopes.) K. TÄUFEL. 4596

O. Harnisch, *Neue Daten zur Physiologie der Erholungsatmung der Larve von Chironomus thummi.* Vf. hat als gesetzmäßigen Verlauf festgestellt, daß die Larven von *Chironomus thummi* in der Anaerobiose die Fettkörpereinschlüsse abbauen, während sie in der aeroben Erholung wieder aufgebaut werden. Der Wiederaufbau benötigt reichlich O_2 u. ist somit die Ursache der gesteigerten Erholungsatmung. (Naturwissenschaften **42.** 77. 1. Febr.-H. 1955. Plön/Holstein, Max-Planck-Ges., Hydrobiol. Anst.)
G. WELTZIEN. 4596

Xavier Aubert, *Die mechanisch-chemischen Zusammenhänge bei der Kontraktion des Muskels. Hypothesen und Tatsachen.* Zusammenfassende Darst. der zur Zeit geltenden Anschauungen. — 31 Literaturangaben. (Rev. Fermentat. Ind. aliment. **10.** 51—58. April 1955. Louvain, Univ., Inst. de Physiol.) P. LOCH. 4597

A. F. Coburn and others, Splenin-A in rheumatic fever. London: Blackwell Scientific Publs. 1955. (104 S. m. Abb.) 8°. 27 s. 6 d.

Miklos N. Dreguss and **Louise S. Lombard,** Experimental studies in equine infestious anemia. London: Oxford U. Pr. 1955. (216 S., Diagr.) 8°. 52 s.

Finn Fischer, Corticotropin and cortisone in rheumatoid arthritis. Clinical and experimental investigations. K benhavn: Dansk videnskabs forlag. 1955. (269 S. m. Abb.) kr. 28,—.

Hans Schmidt, *Fortschritte der Serologie.* 2. Auflage. Darmstadt: Dr. Dietrich Steinkopff. Lieferung 15: 1954. 64 Seiten (897—960). Lfg.: 16: 1955. 64 S. (961—1024). Subskriptionspreis je Lfg. DM 6,—. Lfg. 17/18: *Anhang: Ergänzungen zum Text, Autoren- und Sachverzeichnis.* 1955. XXIV + 90 S. (1025—1114). DM 12,—.

(14. Lfg. vgl. C. 1954. 3048.) Die letzten Lieferungen enthalten u. a. den Abschluß des Kapitels „Besondere serolog. Rkk." mit den Abschnitten über Liquor cerebrospinalis, Tumoren, ABDERHALDENsche Ferment- u. ähnliche Enzym-Rkk. unspezif. Eiweiß-Rkk. u. Blutgerinnung. Damit liegt die zweite, völlig neu gestaltete Auflage des Werkes, mehr als 20 Jahre nach Erscheinen der ersten, vollständig vor. Mit dieser umfassenden Darst. des weitverzweigten Forschungsgebietes nach mod rnem Stande, wobei die Literatur bis 1954 einschließlich erfaßt worden ist, hat der Vf. ein sehr dankenswertes Werk geschaffen. Der besondere Vorzug des Buches besteht in der Fülle der hineingearbeiteten ca. 9000 Schrifttumsangaben. So dürfte das Werk nicht nur für den wissenschaftlichen Nachwuchs auf dem Fachgebiet der Serologie von hohem Nutzen sein, obwohl mit Bedauern vermerkt werden muß, daß hinsichtlich der chem. Nomenklatur Unzulänglichkeiten u. bes. in der Wiedergabe von Strukturformeln zum Teil recht arge Unrichtigkeiten festzustellen sind.
SCHLOTTMANN.

E_6. Pharmakologie. Therapie. Toxikologie. Hygiene.

G. A. Grant Peterkin, *Ungewöhnliche Arzneimittelausschläge.* Vf. berichtet über ungewöhnliche Arzneimittelausschläge nach *Phenolphthalein* (lokalisierter Pruritus, pseudoepitheliale Hyperplasie), *Phenobarbiton* (morbilliforme Eruptionen, generalisierter Pruritus, Lupus erythematosusähnliche Bilder), *Chininprodd.* (akute exsudative Dermatitis, Melanodermie), *Atebrin* (morbilliformer Ausschlag), *Schwermetallen* (Akrocyanosis, Akrodynie), *Sulfonamiden* (Lichtdermatitis), *PAS, Penicillin, Streptomycin* u. *Aureomycin.* (Edinburgh med. J. **58.** 41—51. Febr. 1951.) K. BÖHM. 4600

Lars Ehrenberg, *Ionendichte und biologische Wirksamkeit von Strahlungen.* (Acta radiol. [Stockholm], Suppl. **116.** 680. 1954. Stockholm, Univ., Inst. of org. Chem. and Biochem.) W. REUSSE. 4601

Yoshio Nakao, *Wirkung einer Vorbehandlung mit N-Lost auf Röntgen-Mosaikkrankheit des Seidenwurms.* Es tritt ein höherer Anfall an Mosaikkrankheit auf. (Science [Japan] **21.** 253—54. Nov. 1950/Mai 1951. [Orig.: japan.]) L. SCHULER. 4601

Alexander Herrmann und **Helmut Maurer,** *Der Einfluß von Prohepar auf den Röntgenkater.* Durch Anwendung des Leberhydrolysates *Prohepar* (I; NORDMARK) bei Patienten während der Bestrahlungszeit wird das Auftreten strahleninduzierter Schäden des hämatopoiet. Syst. u. von Dysproteinämien gehemmt, was durch laufende Kontrolle des peripheren Blut- u. Serumeiweißbildes u. des Blutglutathionspiegels festgestellt wurde. Außerdem bessere Verträglichkeit von Röntgenbestrahlungen durch I u. Vermeidung eines Strahlenkaters. (Med. Klin. **50.** 1058—63. 24/6. 1955. München, Univ., Klinik für Hals-, Nasen-, Ohrenkranke.) H. DOSSMANN. 4601

Bertram V. A. Low-Beer, *Die externe und interne Anwendung von Radiophosphor.* Vf. bringt eine zusammenfassende Darst. über die in der Literatur bekanntgewordenen u. in eigener Praxis gewonnenen Ergebnisse der therapeut. Anwendung von ^{32}P. Erfolge u. Mißerfolge werden krit. diskutiert. (Acta radiol. [Stockholm], Suppl. **116.** 309—15. 1954. San Francisco, Calif., Univ. of California, School of Med.) W. REUSSE. 4601

W. May, *Fluor als Therapeuticum.* Übersicht über die therapeut. Verwendung von F in anorgan. u. organ. Bindung. Bes. eingehend wird auf die F-Therapie der Hyperthyreosen hingewiesen. (Arzneimittel-Forsch. **1.** 33—37. April 1951. Bad Kreuth, Krankenanstalt Dr. W. May.) W. BRANDT. 4606

J. L. Svirbely, *Toxizitätsuntersuchungen mit Decaboran an Laboratoriumstieren.* 1. Mitt. *Akute Toxizität.* Akute Toxizität von Decaboran an Mäusen, Ratten, Kaninchen u. Hunden bei intraperitonealer Injektion, peroraler u. percutaner Applikation. Ebenso wie bei den früher beschriebenen Inhalationsverss. kommt es auch bei den genannten Applikationsarten zu Koordinationsstörungen, Krämpfen, Koma u. Tod. Histolog. wurden an Leber u. Nieren intraperitoneal behandelter Hunde deutliche patholog. Veränderungen festgestellt. Die DL_{50}-Werte betrugen bei intraperitonealer Verabreichung für Maus (48 Std.) 33,2 (mg/kg), Ratte (24 Std.) 27,0, Ratte (48 Std.) 23,4; bei peroraler Verabreichung für Maus (48 Std.) 40,9, Ratte (48 Std.) 64,3; bei percutaner Verabreichung für Kaninchen (24 Std.) 113, Kaninchen (48 Std.) 71, Ratte (24 Std.) 890, Ratte (48 Std.) 740. (A. M. A. Arch. ind. Health **11.** 132—37. Febr. 1955. Pittsburgh, Pa., Univ., Graduate School of Public Health, Dep. of Occupat. Health, Res. Assoc.) H. ZELLER. 4606

J. L. Svirbely, *Toxizitätsuntersuchungen mit Decaboran an Laboratoriumstieren.* 2. Mitt. *Wirkung bei wiederholter Verabreichung.* (1. vgl. vorst. Ref.) Bericht über die kumulierende Wrkg. relativ kleiner Dosen *Decaboran* (I) bei Ratten, Kaninchen u. Hunden nach intraperitonealer, peroraler u. percutaner Applikation. Im Vgl. zu den bei den akuten Toxizitätsprüfungen einmalig verabreichten Mengen kam es bei gleicher Gesamtmenge, jedoch wiederholter Applikation kleinerer Dosen, zu höherer Letalität bzw. wesentlich langsamerer Erholung der Tiere von den Vergiftungserscheinungen. Es wird daraus auf eine Kumulation von I im Organismus geschlossen. Beim Umgang mit I ist deshalb zur Vermeidung von Unfällen darauf zu achten, daß es nicht zu wiederholter Zufuhr kleiner, akut nicht schädigender Mengen von I in den Organismus kommt. (A. M. A. Arch. ind. Health **11.** 138—41. Febr. 1955.) H. ZELLER. 4606

R. B. Singer, J. K. Clark, E. S. Barker, A. P. Crosley jr. und **J. R. Elkinton,** *Die akuten Wirkungen einer schnellen intravenösen Infusion von hypertonischer Natriumbicarbonatlösung.* 1. Mitt. *Veränderungen des Säure–Basen-Gleichgewichts und Verteilung des Pufferbasen-Überschusses.* Die Wrkg. einer schnellen intravenösen Infusion von hyperton. *$NaHCO_3$*-Lsg. (7,5%) auf das Säure–Basen-Gleichgewicht wurde untersucht. Vff. diskutieren Fragen der intra- u. extracellulären Fl., der Nierenausscheidung (unter Verwendung der *Na-p-Aminohippurat-* u. *Inulin-*Clearance) u. der Dosierung von Alkali bei menschlicher Acidose. — 72 Literaturangaben. (Medicine **34.** 51—95. Febr. 1955. Philadelphia, Pa., Univ. of Pennsylvania, Dep. of Res. Med., Dep. of Physiol. Chem. and Renal Sect. and Chem. Sect. of Dep. of Med.) D. NEUBERT. 4606

Frederick J. Vintinner, *Der Einfluß von Aluminiumstaub auf die Empfänglichkeit für Pneumonia lobaris: Tierexperimente.* Ratten, die hohen Al-Staubkonzz. ausgesetzt worden waren, waren gegen Pneumokokken (Typ I) in Schleim suspendiert, intrabronchial injiziert, unempfindlicher als die Kontrolltiere, wie die geringere Sterblichkeit bei den Versuchstieren zeigte. In Fleischbrühe suspendierte, intrabronchial injizierte Pneumokokken bewirkten im allg. bei den dem Al-Staub ausgesetzten Ratten eine höhere Sterblichkeit als bei den Kontrolltieren, bes. bei längerer Al-Staubeinwirkung. Die Staubkonz. betrug ca. $3 \cdot 10^4$-Teilchen im cm^3. Die Staubteilchen waren nicht größer als 5 μ, davon 90% $< 3\,\mu$. Die Staubeinw. dauerte zwischen 6 u. 110 Tage, je Tag 8 Stunden. (A. M. A. Arch. ind. Hyg. occupat. Med. **4.** 217—20. Sept. 1951. Baltimore,

Johns Hopkins Univ., Concord, Dep. of Environmental Med. School of Hyg. and Public Health.) F. BRAUKMANN. 4606

M. Grace Eggleton und **Y. A. Habib**, *Ausscheidung von Ferrocyanid im Harn bei der Katze.* (Vgl. C. **1951**. II. 2910.) Vff. berichten über eingehende Unterss. zur Klärung des Zusammenhanges zwischen Plasmaspiegel u. Clearance von $K_4Fe(CN)_6$ (I) u. die sich hieraus ergebenden Schlußfolgerungen der I-Schäden an der Niere. Nach den beschriebenen Verss. besteht eine ständige Wechselbeziehung zwischen Plasmaspiegel u. Clearance unabhängig davon, ob der I-Plasmaspiegel fällt oder steigt. Während die I-Clearance bei niedrigem Plasmaspiegel unterhalb derjenigen des *Kreatinins* (II) liegt, steigt sie bei hohem Plasmaspiegel über diejenige des II hinaus. Es scheint nachgewiesen, daß die Niere bei einer Konz. von 100 mg I/100 cm^3 Plasma bereits reversibel geschädigt wird, indem die Filtrationsgeschwindigkeit absinkt u. die tubuläre Sekretion zurückgeht. Eine erhöhte, das heißt patholog. Permeabilität konnte in den Tubuli nicht nachgewiesen werden. Vff. vermuten auf Grund von Analogieschlüssen im Hinblick auf ihre Unterss. mit $Na_2S_2O_3$, daß einige Nephrone ausfallen, während andere ihre volle Funktionskraft behalten neben der nachgewiesenen direkten Wrkg. des I auf die Sekretion in den Tubuli. (J. Physiology **114**. 199—207. 29/6. 1951. London, Univ. Coll., Dep. of Physiol.) H. BASFELD. 4606

O. C. Hansen-Pruss, *Arsen in der Behandlung des Asthmas.* Vf. berichtet über die Behandlung des Asthmas mit *Arsen* u. weist an Hand von Erfahrungen an 17 Patienten auf die Gefahren u. Nebenwirkungen dieser Therapie hin. (Southern med. J. **48**. 270—79. März 1955. Durham, N. C.) K. BÖHM. 4606

John C. Long und **Ralph W. Danielson**, *Quecksilberverfärbung der Augenlider.* Bei einer 74jährigen Patientin, die 15 Jahre lang jede Nacht ihre Lidränder mit 1%ig. gelber Quecksilberoxydsalbe bestrichen hatte, hatte sich in der Lidhaut eine schiefergraue Pigmentation der Haut entwickelt. In der Cutis wurden kleine Granula, die bei der mikrochem. Unters. eine positive Hg-Rk. gaben, in großer Zahl gefunden. Die Pigmentation war harmlos u. verschwand langsam nach Absetzen der Salbe. (Amer. J. Ophthalmol. [3] **34**. Nr. 5. Part 1. 753—56. Mai 1951. Denver, Col., Univ., School of Med.) W. BRANDT. 4606

Albert Edward Sobel und **Martin Burger**, *Verkalkung.* 13. Mitt. *Der Einfluß von Calcium, Phosphor und Vitamin D auf die Entfernung von Blei aus Blut und Knochen.* (11. vgl. C. **1955**. 7464.) Nach 29 Tagen Fütterung mit 0,8% Pb in der Nahrung u. weiteren 18 Tagen verschied. Pb-freier Fütterung waren bei hohem Ca : P-Verhältnis in der Nahrung die stärkste Pb-Abnahme im Skelett u. der höchste Pb-Geh. im Blut feststellbar. Das umgekehrte Verh. des Pb lag bei hohem P : Ca-Verhältnis vor. Durch *Vitamin D* (I) wurde die Pb-Resorption erhöht. Nach Absetzen der Pb-Zufuhr wurde der Pb-Geh. des Blutes entsprechend der Erhöhung der *Serumphosphatase* (II) durch I vermindert. Durch hohes Ca : P-Verhältnis in der Nahrung wurde der Pb-Geh. des Blutes auf Kosten des Pb-Geh. der Knochen erhöht entsprechend einer Verminderung der II. Bei niedrigem Ca : P-Verhältnis waren die Verhältnisse umgekehrt. Bei hohem Pb-Geh. des Blutes wurden niedrige P-Werte im Serum gefunden, jedoch scheint dabei keine einfache Beziehung vorzuliegen. (J. biol. Chemistry **212**. 105—10. Jan. 1955. Brooklyn, N. Y., Jew. Hosp., Dep. of Biochem.) J. SCHWAIBOLD. 4606

M. A. Phillips, *Fluoracetatvergiftung. Fluoracetamid* wird zur Rattenvertilgung (Rv.) vorgeschlagen. Es ist zwar für Nagetiere nur halb so tox. wie *Na-Monofluoracetat* (I); da es jedoch anscheinend langsamer in die wirksame *Fluoressigsäure* umgewandelt wird als I, ist es für den Menschen ungefährlicher u. bietet bei der Rv. eine größere Sicherheit. (Lancet **268**. 151. 15/1. 1955. Romford, Essex, England.) D. NEUBERT. 4607

P. Preziosi, B. Loscalzo, F. Reduzzi und **A. Marino**, *Pharmakodynamische Wirksamkeit des β-Mercaptoäthylamins.* Am Kaninchen beträgt die Letaldosis des *β-Mercaptoäthylamins* (I) 165 mg/kg bei intravenöser Verabreichung. Dosen von 33 mg/kg werden gut vertragen, bei höheren Dosen kommt es zu einer Stimulation des vegetativen Nervensystems. Gibt man I 15 Tage lang je 33 mg/kg, so treten keine Störungen auf. Hunde ertrugen 693 mg/kg, während 9 Tagen intraperitoneal gegeben, gut. I hat beim Kaninchen bei einer Dosis von 33 mg/kg keinen analget. Effekt. Am isolierten Herzen hatte I bei Zusatz zur Perfusions-Fl. (Konz. 1 : 200) keinen Einfl., am Meerschweinchenherzen wurde bei höheren Dosen eine positiv inotrope u. negativ chronotrope Wrkg. beobachtet, die hier entstehende Bradycardie ist schnell reversibel. Elektrocardiograph. Veränderungen wurden nicht bemerkt. Bei Dosen von 3,3—33 mg/kg beobachtet man bei Kaninchen eine leichte Blutdrucksenkung. Die Atmung wird erst bei Dosen von 82 bis 165 mg/kg gehemmt; der nach Gaben von Histamin auftretende Bronchospasmus bleibt unbeeinflußt. Die Carotissinusreflexe werden bereits durch geringe Dosen I vermindert, auch das Vaguszentrum wird gehemmt. (Boll. Soc. ital. Biol. sperim. **30.** 1287 bis 1289. Dez. 1954. Napoli, Univ., Ist. Farmacol.) P. G. SCHEURLEN. 4607

P. Preziosi, B. Loscalzo, F. Reduzzi und **A. Marino,** *β-Mercaptoäthylamin: Wirkung auf die Photosensibilisierung und die Intoxikation durch N-Lost und Quecksilber. β-Mercaptoäthylamin* (I) wurde in einer Dosis von 33 mg/kg Mäusen unmittelbar nach einer Injektion von *Hämatoporphyrin* (II) verabreicht. I konnte die letal wirkende Photosensibilisierung durch II nicht aufhalten. Auch die Wrkg. des *N-Lost* am Kaninchen konnte durch I, wenn es 15 Min. zuvor intraperitoneal verabreicht wurde, nicht aufgehalten werden. I übt lediglich gegenüber der Intoxikation mit $HgCl_2$ einen gewissen Schutz aus. (Boll. Soc. ital. Biol. sperim. **30.** 1289—91. Dez. 1954. Napoli, Univ., Ist. Farmacol.) P. G. SCHEURLEN. 4607

M. L. Salvi, *Die Wirkung des Glykokolls auf die Coronargefäße.* Vf. fand am isolierten Meerschweinchenherzen, daß *Glykokoll* (I) eine dilatator. Wrkg. auf die Kranzgefäße des Herzens besitzt. Diese Wrkg. trat bereits bei Konz. des I in der Perfusions-Fl. auf, die dem physiol. I-Spiegel im Blut nahezu entsprechen. (Boll. Soc. ital. Biol. sperim. **30.** 1424—25. Dez. 1954. Siena, Univ., Ist. di Fis.) P. G. SCHEURLEN. 4607

Pauline A. O'Connell, Albert Roy und **Benedict F. Massell,** *Wirkung von Salicylat und p-Aminobenzoat auf die Eosinophilenreaktion nach ACTH. Na-Salicylat* (I), *Na-p-Aminobenzoat* (II) u. eine Kombination von I u. II, *Pabalat* (III), haben keinen Einfl. auf die Anzahl der im Blut kreisenden eosinophilen Leukocyten. Der Eosinophilenabfall nach *ACTH*-Gabe wird durch kleine tägliche Dosen von I oder II nicht verändert, wohl aber von größeren Dosen von I u. von III. Vff. können den Wirkungsmechanismus nicht erklären. (Amer. J. med. Sci. **229.** 150—60. Febr. 1955. Boston, Mass., House of Good Samaritan, Childr. Med. Center, u. Harvard Med. School, Dep. of Pediatr.) H. HELGE. 4607

A. Locker und **K. H. Spitzy,** *Die Wirkung von Dinitrokresol auf die Atmung normaler und geschädigter Zellen und Gewebe.* Es wird untersucht, wie sich die Atmung gesunder u. geschädigter Zellen nach Zusatz von *4.6-Dinitro-o-kresol* ändert. In jedem Fall tritt zunächst vermehrte Atmung auf, jedoch bei geschädigten Zellen, bei denen der Stoffwechsel ohnehin erhöht ist, in geringerem Maße als bei gesunden. Man kann also gegebenenfalls aus dem Grad der Atmungssteigerung auf den Grad der Zellschädigung schließen. Die Schädigung der Zelle wird quantitativ bestimmt durch die Abnahme an zelleigenem Kohlenhydrat. (Z. ges. exp. Med. **118.** 155—67. 1951. Wien, Univ., 1. Med. Klinik.) U. BAUMANN. 4607

M. Ss. Sakabunina, *Die geringsten auf das Zentralnervensystem des Kaninchens wirkenden Anilinkonzentrationen.* In Verss. an 7 Kaninchen wird mit Hilfe der Beobachtung des Beugereflexes festgestellt, daß als minimale, auf das Zentralnervensyst. wirkende Konz. von *Anilin*-Dämpfen 0,02—0,04 mg/Liter bei 40 Min. langer u. 0,004 bis 0,006 mg/Liter bei 8 Std. langer Inhalation anzusehen sind. Eine Methämoglobinbldg. im Blut von Kaninchen u. Katzen bei der genannten Konz. u. Expositionsdauer wurde nicht beobachtet. (Фармакология и Токсикология [Pharmakol. u. Toxikol.] **18.** Nr. 3. 41—45. Mai/Juni 1955. Leningrad, Inst. für Arbeitshyg. u. Berufskrankh., Toxikol. Labor.) E. RENTZ. 4607

P. A. Rosenberg, *Der Reststickstoff des Blutes bei Kaninchen unter der Einwirkung von Dioxan.* In Verss. an 28 Kaninchen, welche 2,5 ml/kg *Dioxan* (I) mit W. verd. mit der Schlundsonde per os bekamen, wird festgestellt, daß die ersten Vergiftungssymptome von seiten des Zentralnervensyst. bereits nach 10—15 Min. auftreten. Am 2.—4. Tage nach der Vergiftung kam es zu Oligurie u. Anurie sowie Anstieg des Rest-N bis auf 300 mg% u. mehr. Im Harn fanden sich etwas Eiweiß u. vereinzelte Zylinder u. Erythrocyten. 9 Kaninchen erwiesen sich I gegenüber selbst nach wiederholter Verabreichung höherer Dosen als resistent. Im Gegensatz zu A. bewirkte I keine Senkung bereits vorher bestehender hoher Reststickstoffwerte. (Фармакология и Токсикология [Pharmakol. u. Toxikol.] **18.** Nr. 3. 45—50. Mai/Juni 1955. Inst. für Arbeitshyg. u. Berufskrankh. der Akad. der Med. Wiss. der UdSSR, Biochem. Labor.) E. RENTZ. 4607

M. L. Rylowa, *Die toxische Wirkung von Styrol und α-Methylstyrol.* Verss. mit weißen Mäusen zeigten, daß bei einer Einw. von *Styrol*- (I) u. *α-Methylstyrol* (II)-Dämpfen während 100 Tagen (3 Std. täglich) Konzz. von 3 mg/Liter eine geringe Wrkg. auf erwachsene Tiere haben u. das Wachstum der Jungtiere (mindestens 60 g) nicht hemmen. Die Intoxikation wird durch schlechte Fütterung begünstigt. Es entstehen Abszesse der Haut u. der Lungen sowie Pneumonien. Bei mehrfacher Einw. von 1 mg/Liter I u. II während 3 Std. täglich zeigt II bei Jungtieren die stärkste Wirkung. Die auf das Zentralnervensyst. der Kaninchen eben noch wirksame I- bzw. II-Konz. beträgt

0,25—2 bzw. 0,06—1 mg/Liter. Eine Konz. von 0,02 mg/Liter I oder II kann als Grenze der Reizwrkg. auf die Schleimhäute der Augen u. der Atmungswege sowie der Geruchswahrnehmung angenommen werden. (Ги·иена и Санитария [Hyg. u. Sanitätswes.] **1955.** Nr. 5. 21—25. Mai. Leningrad, Toxikolog. Labor. des Wiss. Forschungsinst. für Arbeitshyg. u. Berufskrankh.) E. STEINBERG. 4607

R. Sougin-Mibashan und **M. Horwitz,** *Die harnsäuretreibende Wirkung von Äthylbis-coumacetat.* Vff. konnten in Verss. an Ratten, Hunden u. am Menschen zeigen, daß *Bis-[4-oxycumarinyl-(3)]-essigsäureäthylester* (*Tromexan*; I) die Ausscheidung von Harnsäure im Urin erhöht, wobei die harnsäuretreibende Wrkg. etwa der des Probenecid vergleichbar ist. Nach einer oralen Einzelgabe von 1,2—1,8 g I tritt beim Menschen nach 1—2 Std. ein Abfall der Serumuratwerte ein im Gegensatz zu der langsam einsetzenden Wrkg. auf die Gerinnungsfaktoren. I beeinträchtigt den Transport von p-Aminohippursäure u. Phenolsulfonphthalein u. in geringem Maße die Ausscheidung von Penicillin. Die Ergebnisse dieser Verss. werden diskutiert, die Beziehungen zwischen pharmakol. Wrkg. (harnsäuretreibender Wrkg., Antikoagulans) u. Struktur besprochen. (Lancet **268.** 1191—97. 11/6. 1955. Cape Town, Univ., Dep. of Med., Groote Schuur Hosp.) K. BÖHM. 4607

V. Scarinci und **E. Zara,** *Pharmakologische Untersuchungen mit Organlysaten.* 6. Mitt. *Wirkung der Muskellysate auf die mit verschiedenen Pharmacis erzeugte experimentelle Herzinsuffizienz.* (5. vgl. Arch. Scienze biol. **37.** [1953.] 388.) Am isolierten Froschherzen gelang es Vff. durch Perfusion mit Muskellysaten, die durch folgende Pharmaca bedingte Unterbrechung der Kontraktionen wieder aufzuheben: *Narcotica* (*A., Propanol, Butanol, Amylalkohol. Avertin, Nembutal, Pentothal, Chloralhydrat*), *Säuren* (*Capronsäure, Milchsäure*), *Oxydationsmittel* (*Chinin, Hydrochinon*), *Alkaloide* (*Novocain, Chinin, Bulbocapnin, Papaverin, Codein. Pilocarpin, Aconitin*), *anorgan. Salze* (*NH_4Cl, $CuSO_4$, $BaCl_2$, neutrales Bleiacetat, $HgCl_2$*). (Arch. Scienze biol. **39.** 272—98. Mai/Juni 1955. Urbino, Univ., Ist. Farmacol.) P. G. SCHEURLEN. 4609

A. H. Mohammed, S. Bassiouni und **O. Zaky,** *Die Wirkung des Giftes des ägyptischen Skorpions auf das Blutbild bei Ratten und ihre Beziehung zu Cortison.* Eine tödliche Dosis ruft Erythrocytenabnahme, Leukopenie mit relativer Lymphocytose u. zunehmender Eosinophilie hervor. Halbe Dosen bewirken ebenso wie Cortison gegenteilige Veränderungen des Blutbilds. Cortison (0,5 mg/100 g) schützt gegen tödliche Dosen. (J. trop. Med. Hyg. **58.** 158—61. Juli 1955. Cairo, Abbassia, Fac. of Med., Dep. of Physiol.) E. FISCHOEDER. 4609

Johan Mårtensson, *Untersuchungen über Hypercitricämie, die durch Guanidinderivate hervorgerufen wird.* Nach Verabreichung von *Synthalin* (*Dekamethylendiguanidin*) steigt der Citronensäuregeh. des Blutes bei Kaninchen u. Menschen stark, bei Katzen schwach an. Die Citronensäureausscheidung im Urin ist ebenfalls erhöht. Offenbar wird der Abbau der Citronensäure durch *Synthalin* gehemmt. (Acta pharmacol. toxicol. [Köbenhavn] **7.** 347—66. 1951. Lund, Univ., Dep. of Pharmacol. and Med. Clinic.) U. BAUMANN. 4610

M. Ss. Rjasanowa-Ssolnzewa, *Der Einfluß einiger Sulfonamidpräparate auf die bedingtreflektorische Tätigkeit weißer Ratten.* An weißen Mäusen u. Ratten mittels der Meth. der bedingten Reflexe durchgeführte Verss. ergaben, daß *Streptocid, Norsulfazol, Disulfan* u. *Sulfadimesin* in der Dosis von 1 mg/g per os in dieser Reihenfolge abnehmende wochenlange bedeutende Störungen der höheren Nerventätigkeit verursachen. Den in der Literatur beschriebenen, nach Anwendung von Sulfonamiden auftretenden funktionellen Störungen des Zentralnervensyst. liegen demnach Einfll. dieser Präpp. auf die Großhirnrinde zugrunde. (Фармакология и Токсикология [Pharmakol. u. Toxikol.] **18.** Nr. 3. 14—18. Mai/Juni 1955. Moskau, Pharmaz. Inst., Lehrstuhl für Pharmakol.) E. RENTZ. 4610

F. Zbinden und **R. Pulver,** *Erfahrungen mit dem Sulfonamid-Mischpräparat Dosulfin.* Erprobung des Mischsulfonamids *Dosulfin* mit gleichen Mengen *N^1-[4-Isopropoxyphenyl]-p-aminobenzolsulfonamid* u. *N^1-[4-Methylpyrimidyl-(2)]-p-aminobenzolsulfonamid.* Beide Komponenten ergänzen sich günstig u. bewirkten ausreichende, lang anhaltende Blutspiegel. (Dtsch. med. Wschr. **80.** 1035—37. 8/7. 1955. Aarau, Schweiz, Kantonsspital, u. Basel, Geigy A. G.) H. DOSSMANN. 4610

E. R. Paschinjan, *Die Ekmolinbehandlung einiger Augenkrankheiten.* Instillationen von *Ekmolin* (I) 6—8mal täglich waren bei 19 Augenkranken von Erfolg bei Abscessen der Hornhaut u. grippösen Erkrankungen des Auges. Nebenwirkungen von-I wurden nicht beobachtet. Neben I wurde, je nach Bedarf, Atropin oder Polycarpin getropft. Neben der antibiot. Wrkg. zeigte I eine Beschleunigung der Regenerationsprozesse u. der Epithelisierung der Hornhaut. Bei schwerer Hornhauterkrankung ist neben der Einträufelung von I in die Augen eine intramuskuläre I-Zufuhr zu empfehlen. (Вестник Офтальмологии [Nachr. Ophthalmol.] **34.** Nr. 4. 34—35. Juli/Aug. 1955. Erewan, Med. Inst., Klinik für Augenkrankh.) O. LEBTAG. 4610

Howard B. Shookhoff, *Balantidium coli-Infektion mit besonderer Therapieempfehlung.* Von den zur Behandlung gebrauchten Arzneimitteln — Diodoquin, Carbarson, Chinifon, Atebrin, Chloroquine, Aralen, Hexylresorcinol, Emetin u. Sulfasuccidin — war *Diodoquine* am wirksamsten. (Amer. J. trop. Med. **31.** 442—47. Juli 1951. New York, N. Y., Health Dep.) K. BÖHM 4610

Joés Antonio Valero Martinez und **Cristobal Marrero,** *Die Empfindlichkeit von Tuberkelbacillen gegen p-Aminosalicylsäure. Klinische und bakteriologische Untersuchung.* (Rev. Sanidad Asist. soc. **18.** 467—78. Mai/Aug. 1953. Caracas, Venezuela, Sanatorio Antituberculoso „José Gregorio Hernández".) P. LOCH. 4610

David L. Pugh und **E. R. Jones,** *Ambulanter Gebrauch von Natriumparamisan bei der Behandlung der Lungentuberkulose.* Erfahrungen an 50 Patienten bei der Behandlung mit *p-Aminosalicylsäure* (Na-Salz). (Tubercle **32.** 50—58. März 1951. Maidstone, Kent, Chest Clinic.) K. BÖHM. 4610

L. C. Grandjean, *PAS-Allergie mit schwerem Verlauf.* Bericht über einen Fall cavernöser Tuberkulose, bei dem nach *p-Aminosalicylsäure* ein generalisiertes Exanthem mit hohem Fieber auftrat. Hinweis darauf, daß bei dieser Behandlung die Haut, die Leberfunktion, Urinbefund u. Temp. sorgfältig zu überwachen sind. (Acta dermato-venereol. [Stockholm] **31.** 615—22. 1951. Copenhagen, Rudolph Bergh' Hosp.; Øresundshosp.) K. BÖHM. 4610

José Gregorio Hernández, *Unmittelbare Ergebnisse der Tuberkulosebehandlung mit Thiosemicarbazon.* (Vorl. Mitt.) (Rev. Sanidad Asist. soc. **18.** 383—94. Mai/Aug. 1953. Caracas, Venezuela.) P. LOCH. 4610

José Antonio Valero Martinez und **Enrique Jubes Bonilla,** *Die Empfindlichkeit von Tuberkelbacillen gegen 4-Acetylaminobenzaldehydthiosemicarbazon. — Klinische und bakteriologische Untersuchung.* (Rev. Sanidad Asist. soc. **18.** 479—89. Mai/Aug. 1953. Caracas, Venezuela, Sanatorio Antituberculoso „José Gregorio Hernández".) P. LOCH. 4610

Arve Lønnum, *Die Behandlung der multiplen Sklerose mit Isonicotinsäurehydrazid.* Bei 20 Patienten mit einer mittleren Krankheitsdauer von 7,7 Jahren (4 Monate bis 27 Jahre) war eine Behandlung mit *Isonicotinsäurehydrazid* (3—5 mg/kg; 7—85 Tage lang) ohne Erfolg. (Nord. Med. **54.** 1319—20. 25/8. 1955. Oslo, Rikshospitalet.) P. LOCH. 4610

Ladislao Pollak, *Biologische Betrachtungen über Isonicotinsäurehydrazid.* Bei resistenten Tuberkulosestämmen entfaltete die Kombination *Streptomycin, Isonicotinsäurehydrazid* u. *p-Aminosalicylsäure* in vitro synergist. Wirkung. (Rev. Sanidad Asist. soc. **18.** 457—65. Mai/Aug. 1953.) P. LOCH. 4610

José Gregorio Hernández, *Unmittelbare Ergebnisse der Tuberkulosebehandlung mit Isonicotinsäurehydrazid.* (Vorl. Mitt.) (Rev. Sanidad Asist. soc. **18.** 395—415. Mai/Aug. 1953. Caracas, Venezuela.) P. LOCH. 4610

José Antonio Valero Martinez und **Aaron Benshimol,** *Die Empfindlichkeit von Tuberkelbacillen gegen Isonicotinsäurehydrazid.* (*Klinische und bakteriologische Untersuchung.*) Bei den Unterss. fiel der hohe %-Satz an resistenten Bacillen auf. (Rev. Sanidad Asist. soc. **18.** 447—56. Mai/Aug. 1953. Caracas, Venezuela, Sanatorio Antituberculoso „José Gregorío Hernández".) P. LOCH. 4610

U. Marullo, *Isonicotinsäurehydrazid und torpid verlaufende nichttuberkulöse Gewebeveränderungen. Isonicotinsäurehydrazid* wurde teils oral, teils lokal bei torpid verlaufenden Ulcera der Beine, die nicht tuberkulöser Natur waren, angewandt. Gegenüber anderen Behandlungsmethoden wurde damit keine Beschleunigung der Abheilungstendenz beobachtet. (Athena [Rass. mens. Biol., Clin. Terap.] **21.** 133—36. April 1955. Messina, Univ., Ist. Clin. Chirurg.) P. G. SCHEURLEN. 4610

H. Th. Schreus und **W. Gahlen,** *Auswirkung der Therapie mit Vitamin D_2 und INH auf den Stand der Lupusbekämpfung.* (Dermatol. Wschr. **132.** 961—66. 1955. Düsseldorf, Med. Akad., Hautklinik.) H. DOSSMANN. 4610

S. Belbenoit, *Intoleranzen gegenüber Antibioticis.* Besprechung der Intoleranzerscheinungen eines Tuberkulosefalles gegenüber *Streptomycin* (I), die sich mit fortlaufender I-Kur ständig vergrößerten u. zum Tode führten; I-Hauttest war kurz vor dem Tode negativ. Bei einem 2. Fall rief langjährige *PAS*-Behandlung immer wieder Urticaria hervor; der *PAS*-Hauttest war positiv, Empfindlichkeitsteste auf *Paraphenylendiamin, Sulfonamide, Novocain, Na-Salicylat, Aspirin, Antipyrin* waren negativ. (Rev. Tuberculose [5] **19.** 603—06. 1955. Arras.) H. DOSSMANN. 4611

J. R. Edge, *Diffuse Encephalopathie nach Streptomycinbehandlung.* Kurze Literaturübersicht hinsichtlich der neurotox. Wrkg. von *Streptomycin* (I). Beschreibung eines Falles, der nach 6 Wochen Behandlung mit I (insgesamt 42 g) Zeichen weit ausgebreiteter Läsionen des Gehirns bei n. Liquorbefund u. Fehlen eines subduralen Hämatoms aufwies. Nach 2 Monaten Entlassung mit Opticusatrophie u. Hemiplegie (Tubercle **32.** 58—60. März 1951. Harrow Chest Clinic.) K. BÖHM. 4611

Veikko Pirilä, *Die Penicillinbehandlung der Akrodermatitis atrophicans chronica.* Vf. berichtet über 30 Fälle von Akrodermatitis atrophicans chronica, die mit *Penicillin* (I) behandelt u. über längere Zeit verfolgt wurden. Dosierung variierte von $2 \cdot 10^6$ bis $5{,}5 \cdot 10^6$ Einheiten. In der Regel trat Besserung nach einigen Wochen oder Monaten ein. Keine Wrkg. hatte I auf die atroph. Veränderungen der Epidermis. (Acta dermato-venereol. [Stockholm] **31.** 576—91. 1951. Helsinki, Univ., Dermatol. Clinic.) K. BÖHM. 4611

Einar Hollström, *Erfolgreiche Behandlung des Erythema migrans Afzelius.* Bericht über 16 Fälle von Erythema chronica migrans Afzelius, die mit *Bi, Neosalvarsan, Marphaside* u. *Penicillin* allein oder in verschied. Kombinationen behandelt wurden. In 14 Fällen gute Beeinflussung des Erythems. *Penicillin* scheint den anderen Mitteln gegenüber etwas überlegen zu sein. (Acta dermato-venereol. [Stockholm] **31.** 235—43. 1951. Stockholm.) K. BÖHM. 4611

Robert L. Chancey, Alton J. Morris, R. Homans Conner, Francis J. Catanzaro, Robert Chamovitz und **Charles H. Rammelkamp jr.,** *Vergleichende Untersuchungen über orale Penicillingabe und Benzathine-Penicillin bei der Streptokokkenprophylaxe.* 1,2 Mill. E. bzw. 0,6 Mill. E. *Benzathine-Penicillin* (*N.N'-Dibenzyläthylendiamindipenicillin G*) einmalig intramuskulär bzw. zweimal täglich 0,25 Mill. E. *Penicillin G-Kalium* oral wurde einer großen Zahl von Soldaten verabreicht. Eine Prophylaxe gegen Streptokokkeninfektionen war mit allen 3 Applikationsformen möglich, die Zeit der Wrkg. allerdings unterschiedlich. Allerg. Rkk. in 5, 2 bzw. 1% der Fälle. (Amer. J. med. Sci. **229.** 165—71. Febr. 1955. Francis Wyoming, E. Warren Air Force Base, Streptococ. Dis. Labor.; Colorado, Lowry Air Force, Med. Serv. USAF Hosp.; Cleveland, O., Western Reserve Univ., School of Med., Dep. of Prevent Med.) H. HELGE. 4611

G. Quattrocchi und **G. Russo,** *Verhalten der unspezifischen Resistenz des Organismus unter der kombinierten Behandlung mit Cortison und Chloramphenicol.* 1. Mitt. *Baktericide Eigenschaften.* Von der Beobachtung ausgehend, daß bei geeigneter Kombination von *Cortison* (I) u. *Chloramphenicol* (II) beim Typhus abdominalis vereinzelt günstige Ergebnisse erzielt werden, untersuchten Vff. die Wrkg. dieser Kombination von I u. II bei Kaninchen. Sie injizierten täglich 250 mg/kg II u. 5 mg/kg I 20 Tage lang. Nach dieser Frist entwickelte das Serum dieser Tiere gegenüber dem Wachstum von Staphylokokken in vitro keine hemmenden Eigenschaften. (Boll. Soc. ital. Biol. sperim. **30.** 1326—28. Dez. 1954. Messina, Univ., Ist. Clin. delle Malattie Infett.) P. G. SCHEURLEN. 4611

G. Quattrocchi und **G. Russo,** *Verhalten der unspezifischen Resistenz des Organismus unter der kombinierten Behandlung mit Cortison und Chloramphenicol.* 2. Mitt. *Phagocytäre Eigenschaften und Opsoninindex.* (1. vgl. vorst. Ref.) Vff. injizierten Kaninchen *Chloramphenicol* (I) u. *Cortison* (II). In verschied. Abständen entnommenes Blut zeigte ein wechselndes Verh. der Leukocytenphagocytose gegenüber Staphylokokken in vitro. Bei Kombination von I u. II stieg der Phagocytoseindex u. dementsprechend auch der Opsoninindex an, während diese bei ausschließlicher Behandlung mit I unverändert blieben. (Boll. Soc. ital. Biol. sperim. **30.** 1328—30. Dez. 1954. Messina, Univ., Ist. Clin. Malattie Infett.) P. G. SCHEURLEN. 4611

G. Quattrocchi und **G. Russo,** *Verhalten der unspezifischen Resistenz des Organismus unter der kombinierten Behandlung mit Cortison und Chloramphenicol.* 3. Mitt. *Komplementaktivität.* (2. vgl. vorst. Ref.) Vff. injizierten Kaninchen *Chloramphenicol* u. *Cortison* u. fanden, daß mit fortdauernder Behandlung die Komplementaktivität des gewonnenen Serums in einem hämolyt. Syst. zunimmt, während sie beim nichtbehandelten Tier gleich bleibt. (Boll. Soc. ital. Biol. sperim. **30.** 1330—31. Dez. 1954. Messina, Univ., Ist. Clin. Malattie Infett.) P. G. SCHEURLEN. 4611

O. Joy Roberts, *Die Wirkung von Cortison auf Infektionen mit Plasmodium berghei. Cortison* soll bei Mäusen (M.) zwar selbst keinen Einfl. auf die Vermehrung von Plasmodien (Pl.) im peripheren Blut haben (vgl. Parasitology **44.** [1954.] 58), scheint jedoch die Bldg. eines Blutfaktors zu begünstigen, der bei anderen Pl.-infizierten M. die Parasitämie vermindert. (Parasitology **44.** 438—45. Nov. 1954. London, Ross Inst. of Tropical Med.; School of Hyg. and Trop. Med.) D. NEUBERT. 4611

L. Biró und **Á. Székely**, *Intravenöse Tyrothricinbehandlung bei bakteriellen Infektionen.* Vff. wenden *Tyrothricin* (I), das bisher nur lokale Anwendung fand, in 5%ig. Dextrose (500 γ I/cm³) zu intravenösen Injektionen an. Es zeigte dabei keine tox. Wirkungen auf Blutbild, Knochenmark u. Leber (Versuchstier Kaninchen). I wurde mit gutem Erfolg bei Infektionen des Darms u. der Gallenwege angewendet. Bes. gute Wrkg. wurde gegen Bact. coli u. Plasmodium malariae (7 Tage insgesamt 18500 γ I) beobachtet. (Acta med. Acad. Sci. hung. **2.** 481—509. 1951.) L. BERGER. 4611

Paul Teng, Ira Cohen und **Frank L. Meleney**, *Bacitracin bei neurochirurgischen Infektionen.* Vff. fanden, daß *Bacitracin* in großen Mengen unbedenklich am Zentralnervensyst. angewendet werden kann. In 66 Fällen ließen sich keine tox. Symptome bei lokaler Anwendung erkennen. Bei intramuskulärer Verabreichung können vorübergehend Albuminurie u. Zylindrurie auftreten. (Surgery, Gynecol. Obstetr. **92.** 53—63. Jan. 1951. New York, N. Y., Columbia Univ.) L. BERGER. 4611

Ss. I. Eidelstein, *Die Anwendung von Antibioticis in der Chirurgie.* Übersicht an Hand der nichtsowjet. Literatur. — 63 Literaturangaben. (Антибиотики [Antibiotika] **8.** Nr. 3. 47—58. 1955.) O. LEBTAG. 4611

V. M. Sborov und **C. J. Watson**, *Der Einfluß von Aureomycin auf die Urobilinogenbildung und die Darmflora.* Therapeut. *Aureomycin* (I)-Dosen verursachen eine rapide Abnahme des *Urobilinogens* in Fäces, Galle u. Harn; dabei bleibt Bilirubin in den Fäces leicht nachweisbar. Unter I verschwinden die coliformen Organismen u. Clostridia aus den Faeces, so daß man schließen muß, die Urobilinogenbldg. (Mesobilirubinogen, Stercobilinogen, d-Urobilinogen) geschieht enterogen mit Hilfe von Bakterien u. nicht in der Leber. Während der I-Therapie scheint es zur Bldg. von (+)-Urobilinogen zu kommen, welches in rohem Zustand durch PAe. schlechter extrahierbar ist als das Urobilinogen, welches sich im Körper ohne I-Therapie bildet. (J. Lab. clin. Med. **37.** 52—59. Jan. 1951.) W. BRANDT. 4611

S. Verzera, *Die Wirkung einer Strophantinlösung, verbunden mit Hyaluronidase, auf das Froschherz bei subcutaner und intramuskulärer Injektion.* Vf. injizierte Fröschen subcutan bzw. intramuskulär ein Gemisch von *Strophanthin* (I, 0,25 ml einer 1%ig. Lsg.) u. *Hyaluronidase* (II, 20,75 E.). Gegenüber unbehandelten Tieren trat der Herzstillstand nicht schneller auf, die Resorption des I wird also durch II nicht beschleunigt. (Boll. Soc. ital. Biol. sperim. **30.** 1333—34. Dez. 1954. Messina, Univ., Ist. Farmacol.) P. G. SCHEURLEN. 4614

F. Porcino, *Einfluß der Hyaluronidase auf die Resorptionsgeschwindigkeit von Digitalis purpurea-Präparaten beim Frosch.* Durch *Hyaluronidase* kann die Resorption subcutan oder intramuskulär verabreichten *Digipurats* beim Frosch nicht beschleunigt werden. (Boll. Soc. ital. Biol. sperim. **30.** 1335—36. Dez. 1954. Messina, Univ., Ist. Farmacol.) P. G. SCHEURLEN. 4614

Ingeborg Thiery-Steinmetz, *Klinische Erprobung eines neuen Antirheumaticums.* Bericht über erste Erfahrungen mit *Osadrin* (I) bei rheumat. Erkrankungen. I enthält den neuen Pyrazolkörper *1.4-Diphenyl-3.5-dioxopyrazolidin* als *Diäthylaminoäthanol-* bzw. *Na-Salz* kombiniert mit *Aminophenazon* zu gleichen Teilen u. *Procain* bzw. *p-Aminobenzoesäure.* (Therap. d. Gegenwart **94.** 303—04. Aug. 1955. Speyer, Stiftungskrankenhaus.) H. DOSSMANN. 4615

F. Polak, *Über eine antiallergische Wirkung des Rauwolfiaalkaloids Reserpin.* Bei 5 Fällen von chron. Hautallergien erwies sich *Serpasil*-CIBA als Antiallergicum (3—4mal 25 mg) gleichwertig oder überlegen gegenüber Antihistaminicis (*Plimasin, Pyribenzamin*-CIBA). Es wird eine Beeinflussung hypothalam. Zentren vermutet. (Schweiz. med. Wschr. **85.** 751. 30/7. 1955. Tanvald, CSR, Krankenhaus, Inn. Abt.) H. JORDAN. 4625

M. Haussperger, *Die Behandlung vegetativer Störungen mit Neurovegetalin. Neurovegetalin „Verla“* (entspricht 0,3 mg *Ergotamintartrat,* 20 mg *Phenyläthylbarbitursäure,* 6 mg *Belladonnaextrakte* mit 1,5% Geh.) wird als therapeut. gut wirksames sympathicovagolyt. Sedativum empfohlen. (Therapiewoche **5.** 470—73. Juli 1955. München, Rotkreuz-Krankenhaus II, Int. Abt.) H. JORDAN. 4627

W. Donald Graham, Elizabeth J. Carmichael und **M. G. Allmark**, *Wirkungssteigerung von Barbituraten in vivo durch Tetraäthylthiuramdisulfid.* (Vgl. C. **1951.** II. 1598.) An Ratten u. Meerschweinchen zeigten Vff., daß die orale Verabreichung des relativ unschädlichen *Tetraäthylthiuramdisulfids* (*Antabus*) ungefähr 24 Std. vor der intraperitonealen Injektion eines *Barbiturates* die Wrkg. desselben erheblich verstärkt, gleichgültig, ob ein Barbiturat mit kurzer oder langdauernder Wrkg. gegeben wurde. Wenn der gleiche synergist. Effekt auf hypnot. u. sedative Dosen von Barbituraten auch beim Menschen auftritt, kann das Ergebnis von bedeutender Wichtigkeit für die klin. Medizin werden. (J. Pharmacy Pharmacol. 3. 497—500. Aug. 1951. Ottawa, Food and Drug Labors., Dep. of Nat. Health and Welfare.) K. BÖHM. 4627

W. I. Sapadnjuk, *Der Einfluß von Pyramidon auf die innere Hemmung.* Mittels der Meth. der bedingten Reflexe wird in Verss. an Hunden festgestellt, daß *Pyramidon* (9—40 mg/kg intravenös) die Prozesse der inneren Hemmung zu verbessern u. zu verstärken, die positiven bedingten Reflexe zu steigern u. das Gleichgewicht zwischen den Prozessen der Erregung u. Hemmung wiederherzustellen vermag, was für die therapeut. Anwendung des Mittels für die Schizophreniebehandlung u. als Analgeticum von wesentlicher Bedeutung ist. (Фармакология и Токсикология [Pharmakol. u. Toxikol.] **18.** Nr. 3. 9—13. Mai/Juni 1955. Lwow, Med. Inst., Lehrstuhl für Pathol. Physiol.) E. RENTZ. 4627

H. Kemper, *Erfahrungen mit einem neuen Schlafmittel aus der Piperidinreihe in der Psychiatrie.* Nach einem Vers. an 811 psychiatr. Fällen mit *Noludar* (I; DEUTSCHE HOFFMANN-LA ROCHE A. G., Grenzach, Baden) = *Dioxo-3.3-diäthyl-5-methylpiperidin* eignet sich I zur Behebung mittlerer u. leichter Schlafstörungen in einer Dosierung von 0,5—3 Tabletten zu je 250 mg. (Dtsch. med. Wschr. **80.** 1034—35. 8/7. 1955. Lengerich, Westf., Landesheilanstalt.) H. DOSSMANN. 4627

Walter Schmitt, *Klinische Prüfung einer neuen Piperidinverbindung als Schlafmittel.* Bericht über Erprobung eines Schlafmittels aus der Piperidinreihe: *Noludar* (I; DEUTSCHE HOFFMANN-LA ROCHE A. G.) = *Dioxy-diäthyl-methyl-piperidin* an 500 Kranken mit Schlafstörungen aller vorkommenden Grade; Dosierung 200—1000 mg, geringe Toxizität. Betonung der Erfolge bei universeller Anwendbarkeit, selbst bei schwersten Psychosen, die auf Barbiturate mit Kreislaufstörungen reagiert hatten. Bei Winterschlafkuren wurden mit I + *Chlorpromazin* gleichfalls sehr gute Resultate erzielt. (Med. Klin. **50.** 1223—24. 22/7. 1955. Heidelberg, Univ., Neurolog. Klinik.) H. DOSSMANN. 4627

F. J. Prime, *Sauerstoffdissoziationskurven im Gesamtblut bei Anwesenheit von Narkosegasen.* Ggw. von Narkosegasen (*N_2O, C_3H_6, Ae.*) im Blut verursacht keine Verschiebung der O_2-Dissoziationskurve. (Brit. J. Anaesthesia **23.** 171—79. Juli 1951.) LOTHAR BARTH. 4627

G. A. Mogey, *Über die Wirkungsweise von Anaestheticis.* Vf. gibt einen Überblick über die große Zahl der Narkosetheorien u. behandelt kurz das Wesen dieser Theorie. (Brit. J. Anaesthesia **27.** 49—55. Jan. 1955. Leeds, Univ., Dep. of Pharmacol.) H. J. SCHÜMANN. 4627

W. A. Babitschew, *Der Einfluß von Novocain, Dicain und Sowcain auf Cholinesterase.* (Vgl. C. **1955.** 154. 3677. 5122.) *Novocain* (I), *Dicain* (II) u. *Sowcain* (III) hemmen in vitro in den Verdünnungen 25 : 10^{-4} u. 26 : 10^{-5} die Aktivität der *Cholinesterase*, am kräftigsten II u. III. In vivo hingegen (Kaninchen) verändern sie (I 15 mg/kg, II u. III je 1 mg/kg pro dosis) nach 3maliger subcutaner oder intravenöser Injektion mit Pausen von je 1 Std. die Cholinesteraseeig. des Blutes nicht. Als Quelle der Cholinesterase dienten Blut von Kaninchen u. Suspensionen von Froschhirnen, als Testobjekt der Musculus rectus abdominis des Frosches. (Фармакология и Токсикология [Pharmakol. u. Toxikol.] **18.** Nr. 3. 37—40. Mai/Juni 1955. Moskau, 2. Med. Stalin-Inst., Lehrstuhl für Pharmakol.) E. RENTZ. 4627

Herbert Harnisch und **Adam Hattemer,** *Über tierexperimentelle und klinische Prüfungen des Adrenalinkörpers A 40 (Boehringer).* Es wurde geprüft, inwieweit der *Adrenalinkörper A 40* (I; BOEHRINGER) das *Adrenalin* in Kombination mit Novocain bei zahnärztlichen Extraktionen u. Operationen ersetzen kann. (Zahnärztl. Rdsch. **60.** 165—69. Mai 1951. Mainz, Univ., Klinik u. Poliklinik für Zahn-, Mund- u. Kieferkrankh.) W. BRANDT. 4627

J. Clutton-Brock, *Caudalblock mit Xylocain.* Vf. hat in einigen Fällen *Xylocain* 2%ig zur Caudalanästhesie angewandt u. mit 30—50 cm³ dieser Lsg. überraschend gute Anästhesien u. gute Verträglichkeit beobachtet. (Brit. J. Anaesthesia **23.** 162—65. Juli 1951.) LOTHAR BARTH. 4627

A. R. Hunter, *Die Toxizität von Xylocain.* Bei Mäusen, Ratten, Katzen u. Kaninchen erwies sich die Toxizität von *Xylocain* (I) als doppelt so groß wie die von Procain (Novocain) (II). I muß daher in 0,5%ig. Lsg. angewandt werden. Seine Wirksamkeit entspricht in dieser Konz. der 1%ig. II-Lsgg.; I hat aber eine wesentlich längere Wirkungsdauer u. besitzt eine bessere vasoconstrictor. Wrkg. als II. Der Zusatz von Adrenalin verminderte bei Mäusen nicht die Toxizität von I. Durch Pentobarbital kann eine Schutzwrkg. gegen I- u. II-Intoxikationen erzielt werden, nicht dagegen durch Phenobarbital. (Brit. J. Anaesthesia **23.** 153—61. Juli 1951.) LOTHAR BARTH. 4627

H. E. Grewe und **K. Kremer,** *Experimentelle Untersuchungen über den Methionineinfluß auf die Evipannarkose bei Leberschäden.* Die Verss. der Vff. sprechen dafür, daß dem *Methionin* (jeden 2. Tag 1 cm³ der 10%ig. Lsg.) bei akut (mittels 2%ig. KJ-Lsg.) lebergeschädigten Ratten ein günstiger Einfl. auf die *Evipan* (0,01 g/100 g Ratte)-Narkose zuzuschreiben ist. (Zbl. Chirurg. **76.** 516—21. 1951. Berlin, Städt. Krankenhaus Moabit, Chirurg. Univ.-Klinik.) W. BRANDT. 4627

John W. Dundee, *Thiopental als ein Faktor, der Leberschäden erzeugt.* Die Beurteilung der tox. Wrkg. von *Thiopental* (I) auf die Leberfunktion ist in der Literatur sehr unterschiedlich. Vf. untersucht deshalb die Harnurobilinogenausscheidung bei 2 Serien von je 232 Patienten 3 Tage lang nach der Operation. Die eine Gruppe erhielt I als Hauptnarkoticum, bei der anderen wurde I nur zur Einleitung der Narkose verwandt. Die Ergebnisse wurden unter Berücksichtigung der I-Dosis, der Art der Operation u. des Gebrauchs von Muskelrelaxantien analysiert. Danach trat bei bemerkenswerter Zahl von Patienten eine Leberdysfunktion auf, wenn mehr als 750 mg I gegeben wurden. Es wird deshalb vom Gebrauch von hohen I-Dosen bei Lebergefährdeten abgeraten. (Brit. J. Anaesthesia **27.** 14—23. Jan. 1955. Liverpool, Dep. of Anaesthesia.) H. J. SCHÜMANN. 4627

John W. Dundee, *Thiopental bei Addisonscher Krankheit.* Bericht über einen Fall von ADDISONscher Krankheit, bei welchem durch intravenöse Injektion von 0,4 g *Thiopental* eine zweitägige Krise ausgelöst wurde. (Brit. J. Anaesthesia **23.** 166—70. Juli 1951.) LOTHAR BARTH. 4627

Donald K. Kiersey, Reginald G. Bickford und **Albert Faulconer,** *Durch Thiopentalnatrium hervorgerufene elektroencephalographische Phänomene während chirurgischer Eingriffe: Beschreibung und Klassifikation.* Die bei 65 Patienten unter *Thiopentalnatrium*-Narkose beobachteten elektroencephalograph. Veränderungen an Frequenz u. Amplitude werden erörtert u. in 5 Kategorien eingeteilt, welche sich mit zunehmender Narkosetiefe abgrenzen lassen. Curare hat keinen Einfl. auf das EEG. Daher wird das EEG als eine äußerst nützliche Meth. zur Best. der Narkosetiefe bei gleichzeitiger Curarisierung angesehen. (Brit. J. Anaesthesia **23.** 141—52. Juli 1951.) LOTHAR BARTH. 4627

G. Owen, *Propylenphenoxetol als Relaxans. Lamellibranchiata,* u. a. *Cardium edule, Nucula, Mytilus edulis, Arctica islandica, Glossus humanus, Spisula subtruncata,* lassen sich mit *Propylenglykolphenyläther* (?) (*Propylen Phenoxetol*; NIPA LABOR. LTD., Treforest) erfolgreich narkotisieren u. ohne Entartung des Gewebes fixieren. Nach Auswaschen zeigen die Tiere in frischem Seewasser n. Funktionen. (Nature [London] **175.** 434. 5/3. 1955. Glasgow, Univ., Dep. of Zool.) H. WUNDERLICH. 4628

M. Ja. Michelsson und **Ja. R. Ssawinski,** *Die anticonvulsive Wirkung von Benzimidazol und Gangleron.* Durch Nicotin (0,4 mg/kg intravenös) an Kaninchen hervorgerufene Krämpfe werden durch *Benzimidazol* (I; 100 mg/kg) bzw. durch das neue cholinolyt. Präp. *Gangleron* (II; 6 mg/kg) deutlich abgeschwächt u. durch die Kombination der halben Dosen von I u. II sogar völlig verhindert, woraus auf eine Potenzierung geschlossen wird. Gegen Strychninkrämpfe (Maus u. Katze) war I ebenfalls wirksam, II jedoch nicht. Für die Klinik empfehlen Vff. als Anticonvulsivum eine Kombination von I (50 mg/kg) u. II (3 mg/kg) mit einem Zusatz von Atropin (0,05 mg/kg). Als Lösungsm. dient eine 0,5%ig. Lsg. von Novocain. (Фармакология и Токсикология [Pharmakol. u. Toxikol.] **18.** Nr. 3. 28—33. Mai/Juni 1955. Leningrad, 1. Med. Pawlow-Inst., Toxikol. Lehrgang.) E. RENTZ. 4628

D. E. Argent, O. P. Dinnick und **F. Hobbiger,** *Verlängerte Apnoe nach Suxamethonium beim Menschen. Suxamethonium* (I) ist ein kurz wirksames Muskelrelaxans, das schon nach 1 mg/kg intravenös injiziert Atemstillstand von 3—5 Min. hervorruft. In manchen Fällen ist erst nach Std. die Atmung wieder völlig normal. I wird durch die Plasmacholinesterase abgebaut. Vff. untersuchten daher den Fermentspiegel im Plasma von 6 Patienten, die nach I eine verlängerte Apnoe zeigten u. fanden ihn nicht in einem solchen Maße red., daß der herabgesetzte Fermentspiegel allein für die Apnoe verantwortlich zu machen wäre. Eine hinreichende Erklärung ist nicht auffindbar. Möglichkeiten werden erörtert. Auf die erfolgreiche Verwendung von *Neostigmin* wird hingewiesen. (Brit. J. Anaesthesia **27.** 24—30. Jan. 1955. London, Middlesex Hosp.) H. J. SCHÜMANN. 4628

Douglas T. Davidson jr., Cesare Lombroso und **Charles H. Markham,** *Methylphenylsuccinimid (Milontin) bei Epilepsie.* Da sich bei der erfolgreichen Behandlung kindlicher Epilepsie an 296 Fällen während 3 Jahren keinerlei schwere Nebenwirkungen zeigten, empfehlen Vff. *Methylphenylsuccinimid* (*Milontin*) zur Initialbehandlung. (New England J. Med. **253.** 173—75. 4/8. 1955. Boston, Seizure Unit, Children's Med. Center.) G. WELTZIEN. 4628

Samuel Livingston und **Lydia L. Boks,** *Gebrauch von Dionmedikamenten (Propazon, Tridion, Paradion, Dimedion und Malidon) in der Behandlung von Epilepsie von Kindern. Tridion* zeigte sich am wirksamsten, jedoch ist eine ständige Überwachung bes. des Blutbildes nötig. *Paradion* verhält sich ähnlich. *Dimedion* ist ebenfalls gut wirksam. *Propazon* zeigte sich ohne Wrkg., die Erfahrungen mit *Malidon* sind nicht ermutigend. Die Ungenauigkeit dessen, was unter dem Begriff „petit mal" verstanden wird, erschwert die Bewertung der Unterss. der einzelnen Verfasser. — 68 Literaturangaben. (New England J. Med. **253.** 138—43. 28/7. 1955. Baltimore, Md., Johns Hopkins Univ., School of Med., Dep. of Pediatr., u. Johns Hopkins Hosp., Epil. Clin.) G. WELTZIEN. 4628

C. de Risio und **E. Manghi,** *Untersuchungen über die pharmakologische Behandlung der Muskelhypertonie. Largactil und Fargan bei der hirnlosen Katze.* An hirnlosen Katzen untersuchten Vff. die Wrkg. von *Largactil* (I) u. *Fargan* (II) auf den Muskeltonus. Nach Injektion von 0,5—0,75 mg/kg I oder 3—4 mg/kg II trat nach einer vorübergehenden Zunahme der Atemfrequenz eine allmähliche Erschlaffung der Muskulatur ein, die nach ca. 10 Min. komplett war u. durch Muskel- oder Nervenreize nicht behoben werden konnte. Dementsprechend war der Patellarsehnenreflex ebenfalls negativ. Die Erschlaffung dauerte ca. 2 Std. an. (Boll. Soc. ital. Biol. sperim. **30.** 1352—53. Dez. 1954. Parma, Univ., Clin. Malattie Nerv.) P. G. SCHEURLEN. 4628

T. N. A. Jeffcoate und **J. K. Wilson,** *Die Wirkung von Hydergin auf den Uterus.* Vff. zeigten in klin. Verss. mit *Hydergin* an Schwangeren unter der Geburt, daß die Hydrierung der Mutterkornalkaloide weder zu einer Aufhebung ihrer wehenanregenden Wrkg. führt noch sie umkehrt. Das Weiterbestehen dieser Eig. bedeutet, daß der Gebrauch von Mutterkornalkaloiden unter der Geburt eine Gefahr einschließt, die nicht durch irgendeinen nachweisbaren Effekt auf die Leistungsfähigkeit des Uterus aufgewogen wird. (Lancet **268.** 1187—90. 11/6. 1955. Liverpool, Univ.) K. BÖHM. 4628

R. Meier, J. Tripod und **C. Brüni,** *Quantitative Charakterisierung der Blutdrucksenkung verschiedenartiger hypotensiver Stoffe.* In einer vergleichenden Unters. werden blutdruckwirksame Stoffe nach Kriterien ausgewertet, die die Intensität u. Dauer der gesamten u. der maximalen Drucksenkung sowie die „Zeitwirkungsfläche" der Senkung berücksichtigen. Zu den Substanzen, bei denen vor allem die Wirkungsintensität von der Dosis abhängig ist, zählen *Acetylcholin, Histamin, Veratrin, Regitin, Papaverin* u. *Pendiomid.* Hingegen ist bei *Apresolin* u. *Serpasil* die Wirkungsdauer dosisabhängig. Eine Mittelgruppe umfaßt bisher nicht therapeut. bei Hypertension verwendete Mittel, wie *Padutin* u. *Chlorpromazin.* Auch sie steht der 2. Gruppe nahe. (Arch. int. Pharmacodynam. Thérap. **101.** 158—70. 1/3. 1955. Basel, Ciba A.-G.) H. JORDAN. 4630

Vagn Rønnov-Jessen, *Herzversagen durch Salz- und Wasserretention, ausgelöst durch eine Behandlung mit Pentapyrrolidiniumbitartrat.* Bei 3 von 100 Patienten (Pat.), die wegen eines Hypertonus mit *Ansolysen* (*Pentapyrrolidiniumbitartrat;* I) behandelt wurden, kam es zu Herzdekompensationserscheinungen. Alle 3 waren bei Beginn der Behandlung nur eben gerade kompensiert. I soll zu einer Retinierung von *Na* u. W. führen. Vf. vermutet eine Beeinflussung der Nieren. (Lancet **268.** 122—24. 15/1. 1955. Hellerod, Dänemark, Frederiksborg County Central Hosp.) D. NEUBERT. 4630

H. Mitchell Perry jr. und **Henry A. Schröder,** *Die Verwendung von Pentoliniumtartrat mit und ohne Hydralazin in der Therapie der schweren Hypertension. Pentoliniumtartrat* (I) ist ein Ganglienblocker u. vermag eine Senkung des Blutdruckes ähnlich den anderen Methoniumverbb. zu erzielen, ist aber in seinen Nebeneffekten weniger störend. In Kombination mit *Hydralazin* (II) kann I selbst die schwersten Fälle von Hypertension mit Erfolg angehen, wenn frühzeitig — vor Ausbruch des Urämiestadiums — begonnen wird. In einem Fall kam es unter II-Behandlung zu einer akuten Arthritis u. zu einem disseminierten Lupus erythematodes. (New England J. Med. **252.** 1057—66. 23/6. 1955. Washington, D. C., Univ., School of Med., Dep. of Intern. Med., Hypertension Div. and Hosp. Barnes.) H. JORDAN. 4630

L. Martini und **L. Calliauw,** *Zur Pharmakologie des Protoveratrins bei Hunden. Morphin–Chloralose*-narkotisierten Hunden wurde mittels Katheter u. fluoroskop. Kontrolle *Protoveratrin A* u. *B* (I; SANDOZ) in die Coronar- bzw. Pulmonalarterien injiziert. Ein Teil der Tiere wurde vagotomiert u. I in die Umgebung des Carotissinus appliziert. Einzelne Hunde waren nach HEYMANS, BOUCKAERT u. DAUTREBANDE präpariert, andere nach der Spenderhundmeth. von HEYMANS u. HEYMANS. Es fand sich folgendes: I verursacht Bradycardie u. Hypotension beim intakten Tier. Am atropinisierten oder vagotomierten Tier entfällt die Frequenzbremsung. Bei Tieren ohne Vagus u. Carotissinuseinfl. steigt der Blutdruck ohne direkte Abschwächung des zentralen Vasomotorentonus u. ohne direkte Stimulation des Herzhemmungszentrums. Ursache der Frequenzbremsung ist eine reflektor. Erregung bestimmter, in den Coronarien, im Carotiskörper u. -sinus lokalisierter Receptoren mit efferentem Weg über den N. vagus. Die Drucksenkung von I entsteht nur zum kleineren Teil cardial-reflektor. (nach Vagotomie kommt noch ein ausreichender Druckabfall zustande), hauptsächlich ist hier eine Stimulation der Barorecеptoren maßgebend. Intravenöse oder in die Umgebung des Carotissinus injizierte Gaben von I schwächen oder verhindern dessen vasopressor. Reflexe. Bei decapitierten Tieren erfolgt nach I ein Blutdruckanstieg ohne Bradycardie. Die Hypotension + Bradycardie der n. u. die Hypertension der decapitierten, vagotomierten oder carotissinusdenervierten Tiere kann durch *Tetraäthylammoniumsalz* oder *Pendiomid* teilweise oder ganz aufgehoben werden. (Arch. int. Pharmacodynam. Thérap. **101**. 49—67. 1/2. 1955. Ghent, Belgium, Univ., Inst. J. F. Heymans of Pharmacol.) H. JORDAN. 4630

F. Hauschild, *Neuere Probleme der Digitalis-Pharmakologie.* Die neuere Digitalisforschung zweifelt die Existenz des *Purpurea-Glykosides C* an; desgleichen das daraus unter Zuckerverlust entstandene *Gitalin*, das vermutlich ein durch Digitoxin verunreinigtes *Gitoxin* (I; *Digicorin* u. *Digitin*, die therapeut. ohne Bedeutung sind) ist. Die Lanataglykoside unterscheiden sich von denen der Purpurea nur durch eine am Zucker befindliche Acetylgruppe. Durch Digipurpidase werden die Purpureaglykoside, durch Digilanidase die Lanatoside fermentativ zu Aglykonen oder Geninen aufgespalten. *Digitoxin* (II) ist kein genuines Glykosid (**Gl**), sondern ein Spaltprodukt. — Die wasserdichte Verpackung des Digitalispulvers ist entscheidend; der Wassergeh. muß unter 1,3% liegen, um die Stabilität zu sichern. Die Begleitstoffe sind ohne Herzwrkg., auch das Saponin Digitonin. Oral wird II zu 90—100% resorbiert, Lanatosid zu 45%, Strophanthine 2—8% u. I überhaupt nicht. Die Wrkg. der einzelnen **Gl** ist abhängig von der Bindung an die Bluteiweiße. Sie ist am stärksten bei II, Digitoxigenin, Purpureaglykosid (**P**) A u. Lanatosid (**L**) A, schwächer bei I, Gitoxigenin, **P** B u. **L** B, am schwächsten bei Digoxin, Digoxigenin u. **L** C u. fehlt prakt. bei Strophanthus, Strophanthidin u. Aglucоnen. Eine direkte Rk. der **Gl** mit den Proteinen der oberflächlichen Herzmuskelfibrillen ist die wahrscheinliche Primärreaktion. Die bessere O_2-Verwertung ist wohl keine prim. **Gl**-Wirkung. Neuerdings steht ^{14}C-II zur Verfügung. Die Kumulation von I oder der **P** ist nicht mehr wie bisher zu fürchten; ein therapeut. Digitalisdefizit kann mit Strophanthin oder **L** C vorsichtig, aber gut ausgeglichen werden. (Abh. dtsch. Akad. Wiss. Berlin, Kl. med. Wiss. **1954**. 115—23. 1955. Leipzig, Univ., Pharmakol. Inst.) H. JORDAN. 4630

C. G. Bär und **G. Zeitler**, *Die Behandlung der Herzinsuffizienz mit einem Oleander-Kombinationspräparat.* Vorl. Erfahrungen. Bei leichten u. mittelschweren Herzinsuffizienzen bewährte sich das Digitaloid II. Ordnung: *Oleandryl compositum* (MACK, Illertissen), das pro Dragée ½ Katzeneinheit *Gesamtglykoside des Oleanders*, 12 mg *Nitropenta* u. 25 mg *Na-Cholat* enthält. (Dtsch. med. Wschr. **80**. 1038—39. 8/7. 1955. Erlangen, Univ., Med. Klinik.) H. DOSSMANN. 4630

J. N. Mukherjee, *Wirkung von Rauwolscin auf die Blutdruckwirkung von Adrenalin.* Intravenöse Injektionen von 1 mg des akt. Prinzips aus Rauwolfia canescens, *Rauwolscin* (I), $C_{21}H_{26}O_3N_2$, können bei Katzen die blutdrucksenkende Wrkg. von *Adrenalin* (II; 1 cm³ der Verdünnung 1:10000 bis 1:100000) aufheben. Diese antagonist. Wrkg. wird auch am isolierten Amphibien- u. Säugetierherzmuskel beobachtet. Der Herzstillstand nach II (1 cm³, 1:1000) kann bei Amphibien u. Säugetieren durch I (1 cm³, 1:20000) verhindert werden. I hat keinen Einfl. auf die glykogenolyt. Wrkg. von II. (Nature [London] **172**. 867. 7/11. 1953. Calcutta, Univ., Coll. of Sci., Dep. of Physiol.) H.-J. KOCH/Berlin. 4630

Norman E. Clarke, Charles N. Clarke und **Robert E. Mosher**, *Die in vivo-Auflösung von abgelagertem Calcium; ein Versuch, der Atherosklerose näherzukommen.* Da offenbar ein Zusammenhang zwischen atheromatösen Veränderungen u. dem *Ca* u. *Cholesterin* bzw. den *Lipoproteinen* besteht, empfehlen Vff. die Anwendung von *EDTA* (*Äthylendiamintetraessigsäure*), einer synthet. Aminosäure mit starker Affinität zu Kationen, bes. zu *Ca* zur Entfernung von „überschüssigem" *Ca* aus den Organen. Zur Decalcifizierung der Niere soll es gut geeignet sein. (Amer. J. med. Sci. **229**. 142—49. Febr. 1955. Detroit, Mich., Providence Hosp., Dep. of Res.) H. HELGE. 4630

E. M. Cohen, C. A. de Groot und **J. F. Weber**, *Die Beeinflussung des Phosphatstoffwechsels in Nierenschnitten der Ratte nach intramuskulärer Mersalylinjektion.* (Vgl. C. **1955**. 10802.) Die Annahme, daß *Mersalyl* die Bldg. u. den Abbruch energiereicher Phosphorverbb. hemmt bei gleichzeitiger Herabsetzung der Zellpermeabilität für anorgan. Phosphat. wurde durch weitere Verss. gestützt. (Acta physiol. pharmacol. neerl. **4**. 1—8. April 1955. Leiden, Univ., Pharmacol. Labor.) E. CARSTENS. 4634

H. Hungerland, G.-W. Schmidt und **H. Weber,** *Renale Acidose mit Aminoacidurie nach Carboanhydrasehemmung mittels Diamox.* Vff. fanden nach Gaben von 25 mg *Diamox*/kg/Tag per os bei 5 stoffwechselgesunden Kindern eine vorübergehende renale Acidose. Darüber hinaus veränderte sich das Aminosäurespektr. des Harns im Chromatogramm; es wurden mehr Aminosäuren als bisher ausgeschieden, u. die Quantität aller war erhöht. Sie beschreiben ferner eine Substanz, die sich im Chromatogramm mit Ninhydrin gelb färbt u. die sich im Vgl. mit den bekannten Aminosäuren nicht identifizieren ließ. (Mschr. Kinderheilkunde **103.** 64—65. Febr. 1955. Gießen.) H. SCHIMASSEK. 4634

G. Bonavolontà, *Über Änderungen der Alkalireserve und der H-Ionenkonzentration im Kammerwasser nach experimenteller Behandlung mit Azetazolamid (Diamox).* Vf. behandelte Kaninchen mit zwei intravenösen Injektionen von je 20 mg/kg *Azetazolamid* (I; *Diamox*). 3 Std. nach der 2. Injektion fand er im Kammerwasser eine Abnahme der Alkalireserve von 62,8 (±0,1) beim n. Tier auf 53,3 (±0,13), bei gleichzeitiger Änderung des p_H von 7,53 (±0,004) auf 7,34 (±0,05). I hemmt die Kohlensäureanhydrase u. mindert dadurch die Bicarbonatsekretion im Corpus ciliare; wahrscheinlich wird auch gleichzeitig der osmot. Druck etwas gesenkt. (Boll. Soc. ital. Biol. sperim. **30.** 1316—19. Dez. 1954. Napoli, Univ., Ist. Clin. Oculist.) P. G. SCHEURLEN. 4634

Karl Lühr, *Calcistin in der Behandlung der akuten Nephritis.* Vf. konnte den Krankheitsverlauf der akuten Nephritis durch intravenöse Gaben von *Calcistin* (Kombination von *Ca* mit dem Antihistaminicum *Luvistin*; BOEHRINGER) deutlich abkürzen. (Therap. d. Gegenwart **94.** 135—38. April 1955. Bad Elster, Klinik des Staatsbades u. der Staatl. Rheumaklinik u. Rheumaforschungsanstalt.) H. HELGE. 4640

C. W. Daeschner, John L. Clark, G. Y. George und **R. A. Frankel,** *Chlorpromazin zur Bekämpfung des Erbrechens bei Kindern.* (A. M. A. Amer. J. Diseases Children **89.** 525—30. Mai 1955. Houston, Tex., Baylor Univ., Coll. of Med., Dep. of Pediatrics, u. Jefferson Davis Hosp.) H. DOSSMANN. 4646

Mark T. Hoekenga, *Behandlung von Taenia saginata- und Hymenolepsis nana-Befall mit Atebrin. Atebrinhydrochlorid* (I), 0,8 g oral gegeben, bewirkte bei 32 von 35 Patienten Abgang der T. saginata. In 24 von den 35 Fällen wurde der Scolex gefunden. I in gleicher Dosis 5 Kindern gegeben, die mit H. nana befallen waren, bewirkte nur vorübergehendes Verschwinden der Eier aus dem Stuhl. Ernsthafte tox. Rkk. wurden nicht beobachtet, bei 20% der Patienten trat Nausea u. Erbrechen auf. I ist demnach ein wertvolles Taeniafugum, kann rascher wiederholt gegeben werden als Farnextrakt u. bewirkt nur vorübergehende tox. Reaktionen. (Amer. J. trop. Med. **31.** 420—22. Juli 1951. La Lima, Honduras, Tela Railroad Co., United Fruit Co.) K. BÖHM. 4649

Mark T. Hoekenga, *Ein Vergleich von Aureomycin und Carbarson bei der Behandlung der intestinalen Amoebiasis.* Dreimal täglich 250 mg *Aureomycin* führte in 80% der Fälle zur Heilung. 52% wurden bei einer Therapie mit 3mal täglich 250 mg *Carbarson* + *Sulfadiazin* (3—4mal 1 g/Tag) geheilt. (Amer. J. trop. Med. **31.** 423—25. Juli 1951. La Lima, Honduras, Tela Railroad Co., United Fruit Co.) K. BÖHM. 4649

John E. Tobie, Harry Most, Lucy V. Reardon und **John Bozicevich,** *Laboratoriumsergebnisse über die Wirksamkeit von Terramycin, Aureomycin und Bacitracin bei der Behandlung asymptomatischer Amoebiasis. Terramycin* (I) wurde 10 Tage lang 222 Insassen eines Krankenhauses gegeben, die zu 49% mit E. histolytica befallen waren. Für 6 Monate wurde völlige Befreiung von dieser Infektion erzielt. Die Überlegenheit von I gegenüber *Aureomycin* (II) wird durch die vorliegende Unters. als nicht erbracht angesehen. *Bacitracin* ist weniger wirksam als I oder II. I scheint etwas wirksam gegen Endamoeba coli- u. Endolimax nana-Infektionen, deutlicher wirksam gegen Endamoeba bütschlii zu sein. (Amer. J. trop. Med. **31.** 414—19. Juli 1951. Bethesda, Md., Federal Security Agency, Public Health Service, Nat. Inst. of Health, Nat. Microbiol. Inst., Labor. of Tropical Diseases.) K. BÖHM. 4649

G. Gordon, A. J. Wilmot und **R. Elsdon-Dew,** *Camoquine bei amöbischem Leberabsceß.* Angabe von 5 Fällen mit amöb. Leberabsceß, die sehr gut ohne tox. Erscheinungen auf *Camoquine* = *4-[3'-Diäthylaminomethyl-4'-oxyanilino]-7-chlorchinolin* in einer Dosierung von 600 mg/Tag über 10 Tage in 2 Kuren ansprachen. (J. trop. Med. Hyg. **58.** 133—35. Juni 1955. Durban, Amoebiasis Res. Unit.) H. DOSSMANN. 4649

F. Brauner und **R. G. Janke,** *Über die Lichtschutzwirkung konjugiert-ungesättigter Fettsäuren.* Vff. untersuchten eine Reihe von konjugiert-ungesätt. Fettsäuren (*Linolsäure, Leinöl, Dien-Präp. Lannach, Linovitol-Lannach* [Diene u. Triene]) auf ihre UV-Strahlenschutzwrkg. (Erythemschutzwrkg.). Die Bedingung, daß das UV-Absorptionsspektr. der Schutzstoffe einen ähnlichen Bereich decken muß wie die erythemerzeugende Strahlung, erfüllten die Diene u. Triene. (Arch. Dermatologie Syphilis **198**. 31—36. 1954. Wien, Univ., Klinik für Geschlechts- u. Hautkrankheiten.) H. HELGE. 4660

Bertha Ottenstein, Francis M. Thurmon und **Maurice J. Bessman**, *Bakteriostatische und fungistatische Wirkung von Kobalt.* Kurze Notiz über Feststellung der fungistat. Wrkg. von $CoCl_2$ in vitro gegenüber Trichophyton gipseum u. Microsporum lanosum u. der bakteriostat. gegenüber E. coli, Bact. proteus, Staph. aureus, Strept. viridans u. haemolyticus. Auf lokale Therapie bei Mykosen mit *CoO* in Kombination mit dem Kationenaustauscher *Amberlite* (ROHM & HAAS, Philadelphia, Pa.) als Puder oder Salbe wird hingewiesen. (Die Medizinische **1955**. 940—41. 25/6. Boston, New England Med. Center, Dep. of Dermatol. and Syphilol., u. Tufts Coll. Med. School, Dep. of Dermatol.) H. DOSSMANN. 4661

J. K. Morgan, C. W. Marsden, J. G. Coburn und **J. M. Mungavin**, *Dapsone bei Dermatitis herpetiformis.* Vff. behandelten 28 Patienten mit Dermatitis herpetiformis über einen Zeitraum von 3—11 Monaten mit *Dapsone* = *4.4'-Diaminodiphenylsulfon*(I). Dosierung: 50—100 mg täglich. Gute Ergebnisse in 82% der Fälle. I scheint wirksamer als Sulfapyridin zu sein. Schwerere tox. Wirkungen wurden nie beobachtet, Anämien kamen vor, bei einem Patienten trat Sulfhämoglobinämie auf. Biochem. Unterss. bei 4 Patienten ergaben keine selektive Konz. von I in der Haut. (Lancet **268**. 1197—1200. 11/6. 1955. Wilmslow, Cheshire, Med. Dep., Imperial Chemical [Pharmaceuticals] Ltd.) K. BÖHM. 4661

J. O'D. Alexander, *Dapsone zur Behandlung von Dermatitis herpetiformis.* Vf. berichtet über 28 Fälle von Dermatitis herpetiformis, die mit *Dapsone* (I- *p.p'-Diaminodiphenylsulfon*) behandelt wurden. Die tox. Nebenwirkungen, wie Cyanose u. Anämie, waren gering. In 24 Fällen wurde ein guter Erfolg erzielt. (Lancet **268**. 1201—02. 11/6. 1955. Glasgow, Royal Infirmary, Dep. of Dermatol.) K. BÖHM. 4661

B. Pierquin, J. Abbatucci und **M. Tubiana**, *Untersuchung über die cutane Fixation von Arsen 76 bei gewissen malignen Erythrodermien.* Vff. zeigten in Verss. mit ^{76}As bei Kranken mit malignen Erythrodermien (Mykosis fungoides, HODGKIN), daß sich ^{76}As innerhalb einiger Std. u. selektiv in der Epidermis konzentriert. Nach 24 Std. erscheint es in den Schuppen, wo seine Konz. bes. hoch ist u. ein Maximum gegen die 50. Std. erreicht. (Bull. Assoc. franç. Étude Cancer **41** (45). 414—22. 1954. Inst. Gustave-Roussy.) K. BÖHM. 4661

Kenneth K. Matsumoto, Donald S. Amatuzio, Thomas L. Lomasney, William W. Ayres und **Tracy D. Cuttle**, *Die Behandlung einer nordamerikanischen Blastomykose mit pulmonaler Resektion und Stilbamidin.* Vff. berichten über einen Fall von Blastomykose (dermatitis) der Lunge, den sie mit 4,3 g *Stilbamidin* behandelten. Es kam im Laufe der Behandlung zu einer Schädigung des Tubulusapp. der Nieren bei vorher n. funktionierenden Nieren. (Amer. J. med. Sci. **229**. 172—79. Febr. 1955. Yokosuka, Japan, U. S. Naval Hosp.) H. HELGE. 4661

Parker D. Elrod, Robert S. McCleery und **Con O. T. Ball**, *Experimentelle Untersuchung über die Heparinwirkung auf die Überlebenszeit bei tödlichen Verbrennungen.* Verss. an Hunden, die vor oder nach experimenteller Verbrennung *Heparin* (I) erhielten, zeigen, daß dieses die Überlebenszeit verlängert. Auch die Nierenfunktion war deutlich besser als bei Gruppe 1. I bewirkt einen besseren Lymphfluß u. dadurch einen besseren Stoffwechsel der Wunden, die Blutkonz. ist niedriger, als zu erwarten, infolge vermehrter Flüssigkeitsrückresorption. Anwendung von I auch bei Verbrennungen des Menschen. (Surgery, Gynecol. Obstetr. **92**. 35—42. Jan. 1951. Nashville, Tenn., Vanderbilt Univ., School of Med.) L. BERGER. 4670

R. S. Illingworth, J. Burke, S. A. Doxiadis, J. Lorber, M. G. Philpott und **D. G. H. Stone** (unter Mitarbeit von **J. F. Scott**), *Salicylate bei rheumatischem Fieber: Ein Versuch ihrer Wertbestimmung.* Nach einem geschichtlichen Überblick über die Anwendung von *Salicylaten* bei rheumat. Erkrankungen berichten Vff. über ihre eigene Versuchsserie. Abgesehen von dem Einfl. auf Fieber u. Blutsenkungsgeschwindigkeit sahen sie keine eindeutige Wirkung. (Quart. J. Med. [N. S.] **23**. 177—213. April 1954. Sheffield, Univ. of Sheffield, Dep. of Child Health, u. United Sheffield Hosp.; Children's Hosp. Unit.) D. NEUBERT. 4670

H. Merkel und **F. Unnewehr**, *Schädigung von Blut und Knochenmark durch Atophanyl.* Unters. der Wrkg. von *Atophanyl* in überhöhter Dosis von 6 cm^3 auf Blut u. Knochenmark von 16 Meerschweinchen ergab: Rotes Blutbild unverändert, körniger Zerfall der Thrombocyten u. eine durchschnittliche Abnahme um ca. 45%, Abnahme der Leukocytenzahlen innerhalb der physiol. Schwankungen, der Granulocyten um 13% sowie tox. Schädigung der Megakaryocyten des Knochenmarks. (Zbl. allg. Pathol. pathol. Anatom. **94**. 16—18. 20/8. 1955. Kiel, Univ., Pathol. Inst.) H. DOSSMANN. 4670

J. Frederick Burgess, *Phosphorsesquisulfidvergiftung*. 2 Fälle von Vergiftung durch den Dampf brennender Streichholzköpfchen, die *Phosphorsesquisulfid* (P_4S_3) enthielten, werden beschrieben. Die Vergiftungen äußerten sich in Form einer immer wiederkehrenden Dermatitis des Gesichts u. eines Zahnverlustes. (Canad. med. Assoc. J. **65**. 567—68. Dez. 1951. Montreal, Can.) F. BRAUKMANN. 4675

Ivan Mohaček und **Zora Štajduhar**, *Ein Fall von akuter letaler Vergiftung mit Arsenwasserstoff*. Bericht über einen Fall von tödlicher AsH_3-Vergiftung bei der Wanzenbekämpfung u. allg. Ausführungen über die tox. Wrkg. des AsH_3 u. die Behandlung von Vergiftungen. (Arhiv Higijenu Rada **2**. 174—83. 1951. Zagreb, Klinik für innere Krankheiten u. Inst. für gerichtl. Med. u. Kriminalistik.) S. BECKMANN. 4675

I. Simon, *Über die Prophylaxe und Behandlung der Bleivergiftung*. Als Antidot sind bei Pb-Vergiftung wirksam: *Albumin*, $Na_2S_2O_3$, Na_2S, *Brenzcatechindisulfonat*, *BAL* (*2.3-Dimercaptopropanol*), *Äthylendiaminotetraessigsäure*. Es werden die Maßnahmen bei akuter u. chron. Intoxikation besprochen. (Athena [Rass. mens. Biol., Clin. Terap.] **21**. 127—32. April 1955. Pisa, Ist. Farmacoterap.) P. G. SCHEURLEN. 4675

A. L. Judeless und **R. W. Bessarabowa**, *Entgiftung von Schwefelkohlenstoff im Experiment*. Die absol. tödliche Dosis von CS_2 (I) für Mäuse von 20 g Gewicht beträgt 0,1 ml (in 0,2 ml Sonnenblumenöl subcutan). Wird 30 Min. vor der I-Vergiftung *Novocain* (II; 0,008 g in physiol. NaC-Lsg. subcutan) gegeben, so verzögert sich der Tod der Tiere um mehrere Stunden. Auch bei einem Vers. an Hunden setzte II (3 ml 0,25%ig) die Toxizität von I (0,1 ml/mg intravenös oder 0,2 ml/kg subcutan) herab, während Na-Benzoat keine entgiftende Wrkg. hat. *Coffein* (III; 0,015 g intravenös) wirkt ähnlich entgiftend wie II, noch besser aber ist die Kombination von NaBr (1,2 mg) u. III (0,2 mg), subcutan 30 Min. vor der I-Zufuhr. (Фармакология и Токсикология [Pharmakol. u. Toxikol.] **18**. Nr. 3. 50—52. Mai/Juni 1955. Swerdlowsk, Inst. für Arbeitshyg. u. Berufskrankheiten). E. RENTZ. 4675

Nicolò Castellino, *Originalbeiträge zur Kenntnis der Pathologie der Trotylvergiftung*. Zusammenfassende Übersicht über die Pathologie der Vergiftung mit *Trotyl* (*Trinitrotoluol, TNT*) auf Grund von klin. Befunden u. Ergebnissen von Tierversuchen. Bei akuten Vergiftungen zeigt sich eine schwere, im wesentlichen hyperchrome Anämie mit starker Reticulocytose, Leukocytose u. Thrombopenie im peripheren Blut, neben einer üppigen atyp. erythroblast. Aktivität im Knochenmark. In chron. Fällen überwiegt eine leichtere Anämie mit Reticulocytose u. Thrombopenie, neben einer schwächeren Aktivität des Knochenmarks mit Verstärkung der Granulabildung. Im Blut sind Gesamteiweiß- u. Globulingeh. erniedrigt. Rest-N u. Aminosäuregeh. leicht erhöht. Die Phosphataseaktivität in Blut u. Leber ist erniedrigt. Mit dem Fortschreiten der Vergiftung zeigt sich eine fortschreitende Schädigung der Leber. Eine schützende Wrkg. hat *Methionin*, bes. bei intravenöser Zuführung. Günstig wirken auch *Vitamin-B*-Komplex, *Leberextrakt* u. in geringerem Maße *Nicotinsäure*. (Arhiv Higijenu Rada **2**. 292—302. 1951. Neapel, Univ., Ist. di Med. del Lavoro.) S. BECKMANN. 4675

J. T. Wright, *Der Wert der Barbituratbestimmungen für Diagnose und Behandlung der Barbituratvergiftung*. Vf. untersuchte 45 Vergiftungsfälle mit *Barbituraten* (I) u. fand, daß zwischen der Blutkonz. von I u. dem Grade der Beeinträchtigung des Nervensyst. eine quantitative Beziehung besteht. I sind mehr oder weniger gleichmäßig in den Körper-Fll. verteilt, u. man kann ungefähr aus dem Körpergewicht u. der Konz. von I im Blut die eingenommene Menge berechnen. Im Liquor ist die Konz. geringer als im Blut, Lumbalpunktionen haben daher wenig Zweck. Auch Magenspülungen sind von geringem Nutzen, wenn sie später als 4 Std. nach der Einnahme ausgeführt werden. Forcierte Diurese als therapeut. Maßnahme bei der I-Vergiftung ist nicht berechtigt. (Quart. J. Med. [N. S.] **24**. 95—108. Jan. 1955. London Hosp.) K. BÖHM. 4675

Gustave Freeman und **Marvin A. Epstein**, *Lebensrettende therapeutische Faktoren bei letaler Cholinesterasehemmung durch phosphorhaltige Insekticide*. Bei Vergiftung mit dem Insekticid *Parathion* (*p-Nitrophenyldiäthylthionophosphat*) u. dem zehnfach giftigeren *Tetraäthylpyrophosphat* konnten 10 von 12 Vergifteten gerettet werden, sofern sie innerhalb von 5 Std. mit *Atropin* in einer Dosis von mehr als 3 mg in Verbindung mit ausgedehnter künstlicher Beatmung u. Freimachung der Luftwege behandelt wurden. — 20 Literaturangaben. (New England J. Med. **253**. 266—71. 18/8. 1955. Maryland, Army Chem. Cent., Chem. Corps Med. Labor.) G. WELTZIEN. 4675

H. M. Rozendaal, *Klinische Beobachtungen über die Giftigkeit von Borwasserstoffverbindungen*. Die Entstehung u. der Verlauf einer Reihe von Erkrankungen, verursacht durch Einw. von Borwasserstoffverbb., werden beschrieben. Die Vergiftungssymptome äußern sich u. a. in gießfieberähnlichen Erscheinungen u. einer Reizung des Zentralnervensystems. Während des akuten Stadiums der Erkrankung kann ein erhöhter B-Geh.

des Blutes auftreten. Eine zufriedenstellende Erklärung der Wirkungsweise des B ist bisher nicht möglich gewesen, ebensowenig wie eine wirksame Therapie. (A. M. A. Arch. ind. Hyg. occupat. Med. **4.** 257—60. Sept. 1951. Schenectady, General Electric Res. Labor.) F. BRAUKMANN. 4681

John Aspin und **A. F. Shirras**, *Pneumokoniose bei Arbeitern, die in der Stahlgewinnung beschäftigt sind.* Es wird über die Erkrankung zweier Arbeiter an Pneumokoniose berichtet, die mit der Ausbesserung eines Kupolofens bzw. einer BESSEMER-Birne beschäftigt waren. (Brit. J. Tubercul. Diseases Chest **45.** 185—87. Okt. 1951. Leeds Chest Clinic.) F. BRAUKMANN. 4681

Fr. Mainx und **Rud. Hauf**, *Bleivergiftung und Leber.* Bei bes. gefährdeten Pb-Arbeitern wurde über einen Zeitraum von $> 1/4$ Jahr durch Verabreichung des Leberschutzpräp. „*Laevoral*" der Vers. gemacht, eine Heilprophylaxe durchzuführen. Ergebnis: Es zeigt sich eine Besserung des Allgemeinzustandes, ein Zurückgehen der Leberteste u. eine deutliche Verringerung der Porphyrinausscheidung. Ferner trat in der Versuchszeit u. noch 3 Monate nach Versuchsende kein neuer Fall von manifester Pb-Vergiftung der stark exponierten Belegschaft auf, obwohl nach den vor dem Vers. gemachten Erfahrungen mit solchen zu rechnen war. Vff. halten den Ersatz der Milchprophylaxe durch die Laevoralprophylaxe für empfehlenswert. (Zbl. Arbeitsmed. Arbeitsschutz **1.** 54—58. Mai 1951. Karlsruhe, Staatl. Gewerbearzt.) F. BRAUKMANN. 4681

A. Jordi, *Asthma bronchiale und allergische Hauterscheinungen, verursacht durch komplexe Platinsalze — eine neue Berufskrankheit.* Es wird über 3 Fälle von allerg. Erkrankungen, verursacht durch das komplexe Pt-Salz $(NH_4)_2PtCl_6$, berichtet. Als Krankheitserscheinungen wurden beobachtet: Ödem der Augenlider, Lichtscheu, Nasenfließen, Asthmaanfälle mit heftigen, brennenden Schmerzen in der Brust, urticarielle Erscheinungen an der unbedeckten Haut (Vorderarme, Hals, Nacken). Bei einem genauer Untersuchten ergab die Lsg., nicht aber das gefällte Salz, eine deutliche Haut-Rk. (Rötung u. Schwellung). Das einzige vorgenommene Blutbild zeigte eine mäßige Eosinophilie. (Schweiz. med. Wschr. **81.** 1117—18. 17/11. 1951. Zürich.) F. BRAUKMANN. 4681

Helmuth Roth, *Über gewerbliche Radiumvergiftungen.* Es wird ein tödlich verlaufener Fall einer Vergiftung durch Ra an Hand der Krankengeschichte ausführlich beschrieben, der durch einen sich über Jahre hinziehenden, schleichenden Verlauf charakterisiert ist, vergleichbar dem Latenzstadium einer Infektion. Ra kann über den Magen–Darm-Kanal oder über die Lunge aufgenommen werden. Als klin. Zeichen der Vergiftung stehen im Vordergrund: Lungenschrumpfung u. Anämie. Auf weitere in der Literatur berichtete Ra-Vergiftungsfälle wird auszugsweise eingegangen. (Dtsch. med. Wschr. **76.** 776—77. 8/6. 1951. Frankfurt/M., Max-Planck-Inst. für Biophysik.) F. BRAUKMANN. 4681

Fred R. Ingram, *Methylbromidvergasung und -kontrolle in der Dattelverpackungsindustrie.* Aus Anlaß der Erkrankung von 200 Arbeitern in einem Dattelverpackungshaus durch Einatmung von *Methylbromid*, das zur Vernichtung von Ungeziefer diente, werden die Symptome der CH_3Br-Vergiftung beschrieben u. Maßnahmen zur Verhinderung solcher Unfälle vorgeschlagen. (A. M. A. Arch. ind. Hyg. occupat. Med. **4.** 193—98. Sept. 1951. Berkeley, Calif.) F. BRAUKMANN. 4681

W. Eger, *Über Bronchiolitis obliterans, hervorgerufen durch eine Cellulosebeize. Mit Bemerkungen zu einer Relationspathologie.* Ein 16jähriger Lehrling erkrankte nach Einatmen eines Lösungsm. für Cellulosebeize an Bronchiolitis obliterans u. starb. Durch Verss. an Meerschweinchen u. Kaninchen wurde es sehr wahrscheinlich gemacht, daß der Tod des Lehrlings die Folge der Einw. des Lösungsm. war. Der Verlauf der Erkrankung wird beschrieben u. in Verbindung mit den Ergebnissen der Tierverss., über die berichtet wird, die vermutliche Entw. der Erkrankung ausführlich diskutiert. (Frankfurter Z. Pathol. **62.** 551—61. 1951. Göttingen, Univ., Patholog. Inst.) F. BRAUKMANN. 4681.

Alf Larsson und **Erik Thrysin**, *Benzolvergiftungen in der Industrie und deren Verhütung.* Übersicht über Benzolvergiftungen in der Gummi-, Schuh- u. Regenmäntelindustrie u. in Druckereien, Uhrmacherwerkstätten u. Laboratorien in Schweden. Maßnahmen zur Verhütung von Benzolvergiftungen werden diskutiert. (Arhiv Higijenu Rada **2.** 63—68. 1951. Tomteboda, Schweden.) S. BECKMANN. 4681

Franz Koelsch, *Arbeitsmedizin.* Vf. referiert eine Reihe von Arbeiten, die sich mit gewerblichen Schädigungen durch verschied. chem. Stoffe befassen: *Pb:* Zahn- u. Zahnfleischschäden, Blutdruckänderungen; *Cr:* Lungenkrebs, Best. von Cr im Blut u. Urin; *C:* die Symptome der akuten u. chron. Cd-Vergiftung; *Se:* H_2Se-Vergiftung; *Hydrochinon:* Hornhaut- u. Bindehautschädigungen; Schädlingsbekämpfungsmittel: Polyneuritis durch *E 605*, Giftwrkg. von *Nicotin* (*Florävit, Askerin*); *Tetramethylendisulfotetramin*-Vergiftungssymptome; Lösungsmitteltoxizität von KW-stoffen, Chlor-KW-stoffen, Estern, Ketonen, Isopropylalkohol u. Ketenen. (Münchener med. Wschr. **93**. 1859—62. 14/9. 1951. München.) F. Braukmann. 4681

W. Vogel, *Über Hexogenvergiftungen beim Menschen.* Die Symptome der *Hexogen* (I)-Vergiftung, die in epilepsieartigen Anfällen bestehen, werden beschrieben. Die I-Vergiftung entsteht bei der Verarbeitung von trockenem, feinkristallinem I. Die Aufnahme von I erfolgt über den Atmungsapp. u. über die Verdauungsorgane. Die bisher beobachteten Vergiftungen — 73 Krankheitsfälle bei einer Produktion von 61000 t von 1937 bis 1942 — sind gutartig verlaufen. In einem Fall, wo die Arbeitsunfähigkeit $^1/_4$ Jahr betrug, wurden ernste Organveränderungen, bes. bleibende Schäden, nicht beobachtet. Die beim Menschen beobachteten Symptome der I-Vergiftung lassen sich im Tiervers. reproduzieren. Maßnahmen zum Schutz gegen I-Vergiftung werden vorgeschlagen. (Zbl. Arbeitsmed. Arbeitsschutz **1**. 51—54. Mai 1951. Würgendorf, Dynamit-Fabrik.) F. Braukmann. 4681

Philipp Janson, *Hauterscheinungen bei Intoxikationen mit E-Mitteln.* Es wird auf die Möglichkeit einer Schädigung des Menschen beim Umgang mit den Schädlingsbekämpfungsmitteln *Gesarol, Multocid* (*Dichlordiphenyltrichloräthan* DDT), die Gammexane *Nexit, Viton, HCC-Haury* (*Hexachlorcyclohexan*) u. die sogenannten E-Präpp. *Folidol, E 605f Bayer* u. *Borchers Tox 47* (*Diäthyl-p-nitrophenylmonothiophosphat*; in USA *Parathion, Thiophos 3422*) hingewiesen u. 4 Fälle von menschlichen Intoxikationen durch das Schädlingsbekämpfungsmittel E 605f beschrieben. Die Wrkg. der E-Mittel soll in der Überreizung des parasympath. Nervensyst. bestehen, so daß *Atropin* als Antagonist bei Intoxikationen erfolgreich anwendbar ist. Die Ursachen, die eine Intoxikation erleichtern, u. die Maßnahmen zu ihrer Verhinderung werden besprochen. (Z. Haut- u. Geschlechtskrankh. **11**. 507—10. 15/12. 1951. Waldfischbach.) F. Braukmann. 4681

Karl Humperdinck, *Gewerbliche Schädigung durch E 605?* Das Schädlingsbekämpfungsmittel *E 605f* kommt in einer Konz. von 0,01—0,035% in der Schädlingsbekämpfung zur Anwendung. Auf Grund bisheriger Erfahrungen ist das Vergiftungsrisiko bei diesen Konzz. gering, da der Ester in diesen kleinen Dosen im Organismus leicht zerstört wird. Trotzdem traten bei einem Arbeiter, der mit *E 605* gespritzten Hopfen aufzubereiten hatte, Schädigungen in Form einer ausgedehnten Hautentzündung auf u. ein Krankheitsbild, das an gewisse Formen von Muskeldystrophie erinnerte. Es wird vermutet, daß die Ursache der Erkrankung eine kombinierte Wrkg. der Hopfenalkaloide u. E 605 ist. (Med. Klin. **46**. 719—21. 22/6. 1951. Tübingen, Univ.) F. Braukmann. 4681

Miroslav Fleischhacker, *Durch Phenothiazin* (*Thiodiphenylamin*) *hervorgerufene Hauterkrankungen.* Es werden 4 Fälle von Dermatitis an offenen Körperstellen beschrieben, die beim Tablettieren von *Phenothiazin* auftraten. In allen Fällen trat Desquamation (Exfoliation) ein, in 2 Fällen Rotfärbung der Nägel, in einem Rotfärbung der Haare. — Die Pathogenese der Dermatitis wird auf die photosensibilisierende Wrkg. des Phenothiazins zurückgeführt. (Arhiv Higijenu Rada **2**. 303—10. 1951. Zagreb, Inst. für Arbeitshygiene.) S. Beckmann. 4681

Pietro Niccolini, Corso di farmacologia. Parte II. Farmacologia speciale organismotropa, farmacologia speciale sintomotropa. 3e edizione. Firenze: Ed. Editrice universitaria. 1955. (460 S.) 8°. L. 2800,—

J. J. G. Prick, W. G. Sillevis Smitt and **L. Muller,** Thallium poisoning. Amsterdam: Elsevier Publishing. (VI + 155 S. m. Abb.) fl. 10,—.

C. H. Thienes and **T. J. Haley,** Clinical toxicology. 3rd. rev. edn. London: Kimpton. 1955. (457 S. m. Abb.) 48 s.

F. Pharmazie. Desinfektion.

Hans Dieckmann, *Die Entwicklung des französischen Arzneibuches.* Überblick von der Pariser Pharmakopöe von 1638 bis zum heute gültigen Codex Français von 1949. (Österr. Apotheker-Ztg. **9**. 121—23. 10/2. 1955.) W. Kuntz. 4750

L. M. Perry, *Über biologische Standards.* Überblick über die Arbeiten des „Dep. of biol. Standards" des „National Inst. for Med. Res.", London, a) für die *Weltgesundheitsorganisation* (Herst., Bereithaltung u. Verteilung von biol. Standardsubstanzen nichtserolog. Stoffe u. Entw. von Prüfungsmethoden), b) für das *Gesundheitsministerium* (Auswahl von Vorschriften für die „Therapeutic Substances Act" u. Überwachung der Kontrollunterss.) u. c) für das *Brit. Arzneibuch* (Ausarbeitung neuer Monographien über biol. Substanzen, Entw. von Standardsubstanzen u. Untersuchungsmethoden). (Pharmac. J. **174** ([4] **120**). 6. 1/1. 1955. London, Nat. Inst. for Med. Res., Dep. of Biol. Standards.) W. Spitaler. 4750

A. Jindra, *Chemische Verbindungen, die neu in den 1. Ergänzungsband zum tschechoslowakischen Arzneibuch, 1. Ausgabe, aufgenommen wurden.* 1. Mitt. Es wurden neu aufgenommen: Vitamin C, Axerophthylium aceticum (Axerophthylester der Essigsäure), Vitamin D_2 (Calciferol, Calciferolum), Vitamin B_2 (Riboflavinum, Lactoflavin), Aneurinchlorid (Thiaminum chloratum, Chlorid des Vitamin B_1), Penicillin u. Insulin. Bei allen Verbb. werden Geschichte, Vork., chem. Konst. u. Verwendung besprochen. (Česloskov. Farmac. **3.** 19—25. Jan. 1954.) E. Vevera. 4750

A. Jindra, *Chemische Verbindungen, die neu in den 1. Ergänzungsband zum tschechoslowakischen Arzneibuch, 1. Ausgabe, aufgenommen wurden.* 2. Mitt. *Organische Verbindungen.* (1. vgl. vorst. Ref.) Es wurden in den Ergänzungsband neu aufgenommen: *Sulfonamide*: Sulfanilamid (Prontosil album), Sulfaguanidinum, Sulfadimidinum (4.6-Dimethyl-2-sulfanilamidopyrimidin), Sulfathiazolum (2-Sulfanilamidothiazol), Succinylsulfathiazol (2-N-Succinylsulfanilamidothiazol), Benzamsulfonamidum chloratum (*Marfanil*). Ferner: Acriflavin (Gemenge von 3.6-Diamino-10-methylacridinchlorid, 3.6-Diaminoacridinchlorid u. 3.6-Diaminoacridindichlorid), Rivanol, Chinacrinum bichloratum (Atebrin), Pentazolum (Pentamethylentetrazol), Propylium paraoxybenzoicum. *Urethanum*, *Nicethamidum* (Diäthylamid der Nicotinsäure). (Českoslov. Farmac. **3.** 56—59. Febr. 1954.) E. Vevera. 4750

Hermann Czetsch-Lindenwald, *Wandlungen der Heilpflanzenkunde seit der Jahrhundertwende.* Vortrag. (Österr. Apotheker-Ztg. **9.** 117—21. 19/2. 1955.) W. Kuntz. 4782

Jaroslav Hladík, *Die heimische Tradition in der Züchtung von Mutterkorn.* Geschichtlicher Überblick über Sammeln u. Züchten von Mutterkorn seit 1834. (Českoslov. Farmac. **3.** 61—62. Febr. 1954. Brno [Brünn], Univ., Farm. Fak.) E. Vevera. 4782

Z. Blažek und **J. Böswart,** *Der Gehalt an Alkaloiden von gezüchtetem Mutterkorn der Ernte 1952. Ein Beitrag zur Erkennung der Güte einheimischer Drogen.* Vff. prüfen den Alkaloidgeh. bei gezüchtetem Mutterkorn u. stellen fest, daß er 2mal so groß ist wie in wildwachsendem, u. daß die gezüchtete Droge in keiner Weise der Weltmarktsdroge nachsteht. Der niedrigste Alkaloidgeh. lag bei 0,120—0,121% Gesamtalkaloide, der höchste bei 0,272%. Für den Höchstgeh. sind auch die Getreideart, die geimpft wird, u. die Umgebung maßgebend. Wildwachsendes Mutterkorn enthielt 0,09494% Gesamtalkaloide. Der Mutterkornalkaloidgeh. der Drogen beträgt in Bulgarien 0,258%, Ungarn 0,050%, Portugal 0,214%, Spanien 0,171%. (Českoslov. Farmac. **3.** 44—46. Febr. 1954. Praha, Výzk. úst. léč. rostlin.) E. Vevera. 4782

K. Jentzsch, *Beitrag zur Kenntnis der Alkaloidbildung in Solanaceen.* Die Blätter von *Datura stramonium var. inermis Safford* (I), *D. tatula L.* (II), *D. metel L.* (III) u. *Atropa belladonna L.* (IV) wurden papierchromatograph. auf ihren Geh. an *Scopolamin* (V) u. *Hyoscyamin* (VI) untersucht. Vf. fand, daß I u. II im ersten Entwicklungsstadium hauptsächlich V enthalten, das später bis auf Spuren zurückgeht, während VI zunimmt u. zum Hauptalkaloid wird. In III tritt nur in der Blütezeit neben V auch relativ viel VI auf. IV führt prakt. nur VI. Die Trennung der Alkaloide (VII) erfolgte auf Whatman Nr. 1 oder Schleicher-Schüll Nr. 2043a durch absteigende Entw. mit Chlf./Butanol 1:1 in HCl-Atmosphäre; die VII wurden mit Dragendorff-Reagens sichtbar gemacht. Bei der Verarbeitung der Blätter von knospentragenden Pflanzen wird das Ausschütteln der VII aus ammoniakal. Lsg. mit Chlf. durch Emulsionsbldg. gestört, so daß eine zusätzliche Reinigung durch nochmaliges Lösen in Ae., Ausschütteln mit 0,1n HCl, Alkalisieren mit Ammoniak u. Ausschütteln mit Chlf. erforderlich ist. (Scientia pharmac. **21.** 285—91. 31/12. 1953. Wien, Univ., Pharmakognost. Inst.) F. v. Gizycki. 4782

Mej. Liem Seng Go und **R. Hegnauer,** *Pharmakognostische Untersuchungen von sieben Arten von Datura stramonium.* 7 morpholog. verschied. Arten von *Datura stramonium* werden beschrieben u. auf Grund der im Schrifttum gefundenen Beschreibungen mit einem kennzeichnenden Namen versehen. Die 7 Varietäten weisen keine merklichen Abweichungen im Gesamtalkaloidgeh. auf. Sie enthalten *Hyoscyamin* u. *Scopolamin.* Der Stomataindex schwankt von einer Art zur anderen u. ist daher für die mkr. Diagnose der Blätter nicht brauchbar. (Pharmac. Weekbl. **90.** 513—19. 16/7. 1955. Leiden, Rijksuniv., Pharmaceut. Labor.) W. Wesly. 4782

E. Steinegger und **O. Hahn,** *Cumarine als Inhaltsbestandteile von Artemisia dracunculus L.* Vff. fanden in blühenden Trieben von *Artemisia dracunculus* aus zwei verschied. Herkünften *Cumarine* (I), u. zwar in einem Muster ein Dimethoxycumarin, F. 145—147° (6.7-Dimethoxycumarin?), in dem anderen ein I mit dem F. 117—119° (Herniarin?). (Scientia pharmac. **21.** 254—55. 31/12. 1953. Bern, Univ., Pharmazeut. Inst., Pharmakognost. Abt.) F. v. Gizycki. 4782

L. Fuchs und **M. Pöhm**, *Zur Kenntnis des Honigtaues.* Vff. wiesen im sogenannten Honigtau des Roggens papierchromatograph. nach: Glucose, Fructose, wenig Saccharose u. vier noch nicht identifizierte Zucker, sowie mehrere ninhydrinpositive Substanzen, nach Hydrolyse des Trockenrückstandes die Aminosäuren Asparaginsäure, Glutaminsäure, Glycin, Alanin, Tyrosin, Valin, Leucin, Prolin u. Phenylalanin. (Scientia pharmac. **21.** 239—41. 31/12. 1953. Wien, Univ., Pharmakognost. Inst.; Chem.-pharm. Fabrik v. Waldheim.) F. v. GIZYCKI. 4782

Vlastimil Čejka, *Gummi arabicum als Bindemittel für Vaginal- und Urethralstäbchen.* Vf. stellt fest, daß man bei der Bekämpfung der Protozoe *Trichomonas vaginalis Donne 1837* bessere Erfolge erzielen kann, wenn man an Stelle von Kakaobutter, die durch ihr Schmelzen von der Schleimhaut nicht festgehalten wird, Gummi arabicum (I) als Bindemittel für Vaginalstäbchen nimmt. I hat dauernde Berührung mit der Schleimhaut u. gibt das Heilmittel ständig an die Umgebung ab. Herst. der Vaginalstäbchen ist angegeben. (Českoslov. Farmac. **3.** 13—14. Jan. 1954. Prag, Mediky, Apotheke 30.) E. VEVERA. 4786

Mladen Deželić, *Über Rutin und seine Isolierung aus herzegowinischen Tabaksorten.* Zur Gewinnung des *Rutins* (I) können nur frische Tabakblätter verwendet werden; beim Trocknen u. Fermentieren wird I rasch zerstört. Die Blätter der herzegowin. Tabaksorte Ravnjak enthalten 1,13% I in der Trockensubstanz, die der Sorte Mreško 1,35%.

Versuche: *Rutin* (I), F. 192°, durch Extrahieren der frischen, reifen Tabakblätter mit sd. W., Abpressen, Filtrieren u. mehrtägiges Stehenlassen der eingeengten Lsg. im Eisschrank; durch Extrahieren des Preßrückstandes mit heißem A. wird eine weitere Menge I gewonnen; hellgelblichgrüne Nadeln aus Wasser. (Glasnik Društva Hemičara NR Bosne Hercegovine [Bull. Soc. Chim. Republ. popul. Bosnie Herzegovine] **1.** 43—57. 1952. Sarajevo, Univ., Inst. za kemiju.) S. BECKMANN. 4790

M. Očenášek und **Z. Mikulecký**, *Beitrag zur mikroskopischen und chemischen Aufklärung einiger Wismutpräparate im Hinblick auf ihre klinische Verträglichkeit.* Vff. untersuchen bei 8 Bi-Präpp. die örtliche Verträglichkeit der öligen Bi-Injektionen. Von der Schnelligkeit des Sedimentierens des gelösten Stoffes hängt die Qualität u. Verträglichkeit des Heilmittels ab. Bei den 8 untersuchten Präpp. handelt es sich um 1. *Alubi Spofa*, eine ölige Bi-Subnitratsuspension mit 13% Lanolin (I) als Emulgator, 2. *Biol A Spofa*, wie 1., aber ohne I, 3. *Biol B Spofa*, wie 2., aber mit Lipoidzusatz, 4. *Casbis Bayer*, 10%ig. $Bi(OH)_3$-Suspension, 5. *Jobismol Spofa*, 10%ig. Chininum Jodobismutum-Suspension, 6. *Inj. Bismuthi* (*BP*) (II) (EVANS BIOLOGICAL INST., London), 20%ig. elementare Bi-Dispersion in 50%ig. Glucoselsg., 7. *Kolbis Spofa*, ölige Suspension von koll. $Bi(OH)_3$, 8. *Bismogenol Tosse*, 50%ig. ölige Bi-Salicylat-Suspension. Vff. stellen fest, daß die Sedimentationsgeschwindigkeit nicht von der Mikrostruktur abhängig ist. II zeigt die besten physikal.-chem. Eigg., aber sehr schlechte Verträglichkeit. (Českoslov. Farmac. **3.** 8—12. Jan. 1954. Kolín, Ostr. biochem. labor., u. Oúnz, Odd. chor. Kožni a pohlavní.) E. VEVERA. 4804

Miroslav Netval, *Verwendung ungarischer pharmazeutischer Präparate in der Tschechoslowakei.* Es handelt sich um folgende ungar. Präpp.: *Atriphos*-Ampullen (Adenosintriphosphorsäure in steriler physiol. Lsg.), *Glanduantin Ch* (choriogonadotropes Hormon in injizierbarer Form), *TEAB*-Ampullen (Tetraäthylammoniumbromid), *Dicaptol*-Ampullen (Dimercaptopropanol), *Thrombofort* (lokales Hämostaticum; lyophilisiertes Thrombin), *Corhormon*-Ampullen; als Tuberkulosechemotherapeutica *Thiomicid*-Tabletten (p-Acetylaminobenzaldehydthiosemicarbazon) u. *Isonicid*-Tabletten (Hydrazid der Isonicotinsäure), ferner *Per-Abrodil Inj. 35%* (3.5-Dijod-4-pyridon-N-diäthanolaminacetat, *Isolanid, Neo-Adigan, Lanaclarin* (letztere 3 Präpp. aus Digitalis lanata), *Cholinchlorid* (in Tropfen- u. Ampullenform 20%ig), *Tonocholin B* (Acetylcholinum bromatum) u. Vitaminpräparate. (Českoslov. Farmac. **3.** 27—28. Jan. 1954.) E. VEVERA. 4806

J. Doskočil und **M. Heřmanský**, *Penethamathydrojodid, ein neues Penicillinpräparat mit spezifischer Affinität zum Lungengewebe. Penethamat-Hydrojodid* (*Leocillin*, Dänemark; *Estopen*, England; *Neopenil*, USA) ist das Hydrojodid des Diäthylaminoäthylesters von Benzylpenicillin, das in W. leicht, weniger in A., sehr wenig in Aceton lösl., in Chlf. u. Ae. unlösl. ist. Wirkt im Körper durch Hydrolyse des Esters; die spezif. Affinität zum Lungengewebe kann nicht erklärt werden. Verwendung bei Lungenkrebs, Lungenabsceß, Lungenentzündung, Lungen- u. Bronchieninfekten. — 33 Literaturangaben. (Českoslov. Farmac. **3.** 14—17. Jan. 1954.) E. VEVERA. 4810

L. Mlčochová, *γ-Globulin.* Überblick über die Eigg., die Gewinnung u. die Verwendung. (Českoslov. Farmac. **3.** 55—56. Febr. 1954.) E. VEVERA. 4812

Thomas H. Vardaman, *Die Wirkung verschiedener chemischer Mittel auf die Lebensfähigkeit von Mycobacterium paratuberculosis in vitro.* Folgende chem. *Desinfek-*

tionsmittel (I) hemmen nach 15 Min. Kontakt in unterschiedlichen Verdünnungen das Wachstum von Mycobacterium paratuberculosis: *Kresolsaure* I Nr. 1, 2, 3, 4; *Teerkohle* Nr. 1 bzw. mit Phenolkoeffizient 5 bzw. 12, *Phenol, Na-o-Phenylphenat, A., Ca-Hypochlorit, Methylenblau* u. $HgCl_2$, dessen keimtötende Wrkg. durch organ. Stoffe red. wird. Keine Hemmwrkg. nach 60 Min. zeigten NaOH, quartäre NH_4-Verbb., bas. Fuchsin, Kristallviolett u. Brillantgrün. (Amer. J. veterin. Res. **15.** 159—63. Jan. 1954. Auburn, Ala., Agric. Res. Admin., Bur. of Animal Ind.) H. DOSSMANN. 4832

William Lester jr. und **Edward W. Dunklin,** *Restliche Oberflächendesinfektion.* 1. Mitt. *Die verlängerte keimtötende Wirkung von trockenen Oberflächen, die mit Orthophenylphenol behandelt wurden.* Zur Desinfektion wurde *O-Syl* (I, 12% o-Phenylphenol, 25,8% K-Ricinoleat, 7,2% A., denaturiert, 7,5% Propylenglykol, 2,5% Glycerin, 45% W.) verwendet. Die trockenen, pulverförmigen Bakterienkulturen waren Pneumococcus vom Typ I oder hämolyt. Streptokokken der Gruppen C. I zeigt deutliche bactericide Wirkung. Die restliche Oberflächendesinfektionswrkg. wird stark beeinflußt durch die Feuchtigkeit der Luft. Die Geschwindigkeit der germiciden Wrkg. nimmt zu mit steigender Feuchtigkeit. Die Anwesenheit von Triäthylenglykoldampf in der Luft erhöht die Wrkg. der mit I behandelten Oberflächen. Verss. ergaben, daß die Wrkg. von I eher germicid als bakteriostat. ist. Wirksame germicide Konzz. von I sind bes. leicht auf Holz-, Wolle- u. Seidenoberflächen zu erhalten, u. die Wirkungen halten bis zu 30 Tagen an. (J. infect. Diseases **96.** 40—53. Jan./Febr. 1955. Chicago, Ill., Univ., Sect. of Preventive Med.) E. BOYE. 4832

Ludwig Grün, *Über eine neue chemische Verbindung zur Desinfektion der Raumluft.* Es wurden Unterss. mit *2-Oxypropylcyclohexanol* (I) im Vgl. mit Triäthylenglykol (II) durchgeführt. I zeigte im verdampften Zustand gegenüber Bacterium coli, Bacterium prodigiosum, Sarcina lutea, Staphylococcus albus u. hämolysierenden Streptokokken der serolog. Gruppe C abtötende Wrkg., obwohl I im Gegensatz zu II wasserunlösl. ist. Die Größenordnung der Wrkg. von I u. II ist gleich. (Zbl. Bakteriol., Parasitenkunde, Infektionskrankh. Hyg., I. Abt., Orig. **162.** 213—15. Jan. 1955. Düsseldorf, Med. Akad., Inst. für Hygiene u. Mikrobiol.) E. BOYE. 4832

Karel Šumbera, *Der Einfluß von Instrumentendesinfektionsmitteln auf Injektionslösungen.* Vf. stellt fest, daß beim Einziehen der Ampullenflüssigkeit in mit Desinfektionsmitteln ausgefüllte Injektionsspritzen Trübungen und Verfärbungen auftreten können, wenn die Spritze nachträglich nicht ausgekocht wurde. 180 Stoffe wurden mit den Desinfektionsmitteln (0,5%ig. Ajatinlsg., 0,5‰ig. Famoseptlsg., 5%ig. Sodalsg. 0,5%ig. $NaNO_2$-Lsg. u. 70%ig. A.) auf Trübung u. Niederschlagbildung untersucht u. das Ergebnis in einer Tabelle zusammengefaßt. (Českoslov. Farmac. **3.** 50—53. Febr. 1954. Praha, Kontr. úst. farmac.) E. VEVERA. 4832

R. Hegnauer, *Biologische Betrachtungen über die sogenannte numerische oder quantitative Mikroskopie.* Die numer. Eigg. von Pflanzen werden vom biol. Standpunkt betrachtet u. die quantitativen Untersuchungsverff. der Mikroskopie erörtert. Die Erörterungen gründen sich auf den Stomataindex. — 35 Schrifttumshinweise. (Pharmac. Weekbl. **90.** 369—85. 21/5. 1955. Leiden, Rijksuniv., Pharmaceut. Labor.) W. WESLY. 4880

R. Hegnauer, *Über die Wertbestimmung von schleimhaltigen Rohstoffen.* Aus den einschlägigen Schrifttum folgt, daß die Tauglichkeit schleimhaltiger pflanzlicher Rohstoffe hauptsächlich von dem Wasservol. abhängt, das durch eine bestimmte Schleimmenge in verschied. Lösungsmitteln (W., künstlicher Magen- u. Darmsaft) durch Gelbldg. gebunden wird, der Struktur des gebildeten Gels u. der Viscosität der gebildeten Sole u. der Stärke, mit der das W. vom Gel u. Sol festgehalten wird. Die auf Grund dieser Tatsachen vorgeschlagenen Verff. zur Wertbest. von schleimhaltigen Rohstoffen werden besprochen. (Pharmac. Weekbl. **90.** 545—48. 30/7. 1955. Leiden, Rijksuniv., Pharmaceut. Labor.) W. WESLY. 4880

Helmut Holland, *Vergleichende Untersuchungen zur genauen Einstellung von Calciumchloridlösungen im Apothekenlaboratorium.* Eine genaue Einstellung von $CaCl_2$-Lsg. läßt sich am besten durch refraktometr. Gehaltsbest. mit dem ZEISS-Eintauchrefraktometer durchführen. Wo ein solches nicht zur Verfügung steht, empfiehlt sich Titration mit n/10 $AgNO_3$-Lsg. u. Säureviolett 4 BL als Indicator oder mit 0,1 mol. Titriplex-III-Lsg. u. Murexid als Indicator. (Dtsch. Apotheker-Ztg. **95.** 912—13. 22/9. 1955. Stuttgart, Katharinenhospitalapotheke.) M. NEGWER. 4880

Miloš Rott und **Miloslav Neckář,** *Schnelle Kontrollmethode zur Bestimmung von Zinkoxyd in einigen galenischen Präparaten des tschechoslowakischen Arzneibuches, 1. Ausgabe.* Es wird eine schnell u. einfach auszuführende Meth. zur Best. von *ZnO* (I) in pharmazeut. Präpp. ausgearbeitet, die auf der Titration von I mit $K_4Fe(CN)_6$ (II)-Lsg. beruht, wobei Diphenylamin in schwefelsaurer Lsg. als Indicator dient. 1 cm^3 0,025 mol. II-Lsg.

entspricht 3,052 mg I. Diese Meth. kann bei allen galen. Zinkpräpp. angewendet werden. (Českoslov. Farmac. 3. 48—50. Febr. 1954. Brno [Brünn], Kray's U. Kontr. Labor. Brněnská Medika n. p.) E. VEVERA. 4880

Josef Balík, *Polarographische Bestimmung von Diäthyl-p-nitrophenylphosphat. Diäthyl-p-nitrophenylphosphat* (*Mintacol Bayer*) (I) kann polarograph. bestimmt werden, da es an der Hg-Tropfelektrode red. wird. Fehlergrenze der Meth. 1,63%. Die Best. wird in Na_2CO_3-Lsg. durchgeführt, der Luft-O_2 verdrängt, dann muß sofort polarographiert werden. Die Meth. eignet sich zur Best. von I in pharmazeut. Präparaten. (Českoslov. Farmac. 3. 47—48. Febr. 1954. Praha, Karlova univ., oční Klin.) E. VEVERA. 4880

Bohumil Novotný, *Polarographische Bestimmungsmethode von Intercain.* Vf. arbeitet beim *Intercain* (Hydrochlorid des Dimethylaminoäthylesters der p-Butylaminobenzoesäure) mit der sek. Aminogruppe, die durch den Einfl. von HNO_2 zu Arylalkylnitrosamin (I) wird. I ist leicht polarograph. reduzierbar. Die Nitrosierung kann auch bei p-Oxyphenylisopropylamin durchgeführt werden. Bei der Best. stört Adrenalin nicht. Die Abhängigkeit der Wellenhöhe von der Konz. ist im untersuchten Grenzbereich $1{,}21 \cdot 10^{-4}$ bis $2{,}42 \cdot 10^{-4}$ mol. linear. Das Depolarisierungspotential gegen gesätt. Hg_2Cl_2-Elektrode beträgt 1,7 V. (Českoslov. Farmac. 3. 12—13. Jan. 1954. Praha, Státn. úst. pro kontr. léčiv.) E. VEVERA. 4880

Vojtech Parrák, *Indirekte polarographische Bestimmung von Cardiazol.* Vf. versucht, die Komplexverb. von *Cardiazol* (*1.5-Pentamethylen-1.2.3.4-tetrazol;* I), mit Cu-Salzen zur quantitativen Best. auf indirektem polarograph. Wege auszuwerten. I gibt mit $CuCl_2$ einen weißen Niederschlag. Beim Lösen wird diese Komplexverb. blau, wahrscheinlich bildet sich Cu^+-Tetramincardiazol. In diesem Milieu entstehen durch Cu 2 Wellen, die eine durch die Red. von Cu^{2+} zu Cu^+, die 2. von Cu^+ zu Cu. Nur die 2. Welle wird gemessen. I ist polarograph. inakt., daher kann seine Fähigkeit, mit Cu-Ion zu reagieren, ausgenutzt werden u. eine lineare Beziehung zwischen der Höhe der Welle von Cu u. der Konz. von I festgestellt werden. Ggw. von Ephedrin stört nicht. Die Meth. eignet sich zu Serienuntersuchungen. (Českoslov. Farmac. 3. 42—44. Febr. 1954. Bratislava, Státn. úst. Kontr. liečiv.) E. VEVERA. 4880

B. Novotný und **M. Voldan,** *Polarographische Bestimmung von Chinosol in Seren und Impfstoffen. Chinosol* (I) ist als Antisepticum oft den Seren zugefügt. Es wird eine Bestimmungsmeth. ausgearbeitet, die I polarograph. in Seren u. Impfstoffen, auch bei Ggw. von Eiweißkörpern, zu bestimmen gestattet. Diese werden nach Zugabe von 0,5 cm^3 H_2SO_4 u. 3 cm^3 absol. A. u. 4,5 cm^3 H_2O abzentrifugiert. Nach Durchleiten von N_2 wird polarographiert. Die Konzentrationsabhängigkeit von I ist im untersuchten Bereich $7{,}09 \cdot 10^{-7}$ bis $2{,}836 \cdot 10^{-6}$ mol. linear. (Českoslov. Farmac. 3. 46—47. Febr. 1954. Praha, Státn. úst. Kontr. léčiv.) E. VEVERA. 4880

Emil G. Klarmann, *Neue Entwicklungen in den Vereinigten Staaten bei der amtlichen Untersuchung von Desinfektionsmitteln.* Zunächst kurzer Überblick über verschied. in Großbritannien u. USA übliche Untersuchungsmethoden. Verf. bespricht dann die neue „Gebrauchslösungsbestimmungsmeth.", die jetzt bei amtlichen Unterss. angewandt wird. Es wird festgestellt, daß in einer großen Zahl von Fällen der Phenolfaktor nicht mehr als Kriterium für germicide Wrkgg. angesehen werden kann u. daß er auch keinen Hinweis für wirksame Gebrauchslösungen gibt. (Manufact. Chemist. 26. 51—55. Febr. 1955. New York, Lehn & Fink Inc.) E. BOYE. 4880

Farbwerke Hoechst Akt.-Ges., vormals Meister Lucius & Brüning, Frankfurt/M. (Erfinder: **Alois Kornmüller,** Göttingen), *Gewinnung hirnwirksamer Stoffe* dadurch, daß die Hirne lebender Tiere vor der Extraktion mit Lipoidlösungsmitteln gereizt werden, z. B. durch Elektroschock, Elektronarkose, Röntgen- oder Lichtstrahlen, Insulinschock, Sauerstoffmangel, Hormonbehandlung, Leukotomie, Nervendurchschneidungen. (**D. B. P.** 920 438 Kl. 30h vom 22/4. 1950, ausg. 22/11. 1954. Anmeldung bekanntgemacht 13/11. 1952.) K. HEINZE. 4791

Hermann Engelhard, Göttingen, **Klaus Halter** und **Reinhart Brett,** Mainz, *Lichtschutzmittel* nach D. B. P. 919 505, dad. gek., daß ein halogeniertes Benzyl-α-pyridyldimethylaminoäthylamin bzw. dessen Salz mit oder ohne Zusatz von p-Aminosalicylsäure in W. unter Zusatz von in W. lösl. Polymerisaten, z. B. Polyvinylalkoholen, bis zur öligen Konsistenz gelöst wird. Es werden bes. in o- oder m-Stellung bromierte Verbb. verwendet. (**D. B. P. 934 431** Kl. 30i vom 13/3. 1952, ausg. 20/10. 1955. Anmeldung bekanntgemacht 28/4. 1955. **Zusatz zu D. B. P. 919 505; C. 1955. 4162.**) K. HEINZE. 4793

Cress Laboratories, übert. von: **Henry John Heldmann,** Kitchener, Ontario, Can., *Klebeverband.* Als Trägermaterial dient eine Kunststoffolie, z. B. aus 1½ (Teile) thermoplast. Terpenharz, 4½ Klebstoff, 3 Chinaton, 6 Trichloräthylen. Das auf die Wunde zu liegen kommende Polster besteht aus Baumwolle, die mit einer 10% ig. Lsg. eines quaternären Ammoniumsalzes getränkt ist. Die Rückseite des Trägerstreifens ist mit SiO_2 nichtklebend gemacht, die Gebrauchsseite mit einer Metallfolie geschützt. (**A. P. 2544315** vom 16/7. 1948, ausg. 6/3. 1951.) A. Gradl. 4795

Parke, Davis & Co., Detroit, Mich., V. St. A., *Derivate des Serins.* Durch Rk. von NaN_3 mit N-Carbobenzoxy-O-bromacetyl-dl-serin (I) in Dioxan bei 20—30° erhält man

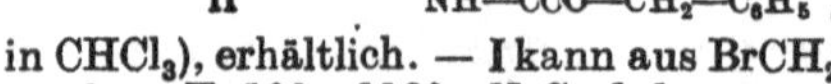

N-Carbobenzoxy-O-azidoacetyl-dl-serin (II) vom F. 91—92°. Analog ist *N-Carbobenzoxy-O-azidoacetyl-l-serin*, F. 82—84°, $[\alpha]_D^{26}$ +33,6° (1,92% in $CHCl_3$), erhältlich. — I kann aus $BrCH_2COBr$ u. N-Carbobenzoxy-dl-serin (III) erhalten werden. F. 109—112°. *N-Carbobenzoxy-O-chloracetyl-dl-serin*, F. 120°, wird durch Rk. von III mit Chloressigsäureanhydrid in Äthylacetat erhalten. — *O-(N-Carbobenzoxyglycyl)-N-carbobenzoxy-dl-serin* (vgl. Formel II, wobei N_3 nun durch die Gruppierung $C_6H_5—CH_2—OCONH—$ ersetzt ist) erhält man durch Rk. von III mit einem gemischten Anhydrid (IV) des N-Carbobenzoxyglycins (V) in einem inerten Lösungsm. bei <50° u. in Ggw. eines tert. organ. Amins. IV stellt man z. B. durch Rk. von V mit Äthylchlorcarbonat her. — Setzt man III mit einem Glycylhalogenid oder mit dem N-Carboxyglycinanhydrid um, so erhält man *O-Glycyl-N-carbobenzoxy-dl-serin, Hydrochlorid*, F. 182—184°. Analog wird das *O-Glycyl-N-carbobenzoxy-l-serin, Hydrochlorid*, F. 155° (Zers.), erhalten. — *Zwischenprodd.* zur Herst. des *therapeut.* wichtigen *O-Diazoacetyl-l-* bzw. *-dl-serins*. (**Belg. PP. 519 970, 519 971, 519 972** u. **519 973** vom 15/5. 1953, ausg. 27/5. 1955.) A. Brösamle. 4807

Schering International Research Institute, Bloomfield, N. J., übert. von: **Domenick Papa,** Brooklyn, N. Y., V. St. A., *Amöbicid- und bakterieid wirksame Oxyhalogenzimtsäuren und deren Salze* mit geringer Toxizität der allg. Formel I (R = ungesätt. Alkyl mit 3 C-Atomen, m = 1 oder 2, n = 1—4, Z = positiver Rest) erhält man durch Kondensation eines Alkalimetallsalzes einer Alkyl- oder Arakylcarbonsäure mit einem Arylaldehyd in Ggw. eines organ. Dehydratisierungsmittels (Essig-, Propion-, Butter- u. Valeriansäureanhydrid) nach Perkin. Man kann auch die freien Säuren oder deren Ester in Ggw. von Alkalialkoholaten oder Alkalisalzen von Essigsäure oder eines bas. Amins zur Kondensation verwenden. Die Säuren können in ihre Alkali- oder Alkanolaminsalze übergeführt werden. — Aus K-p-Jodphenylacetat u. 3.5-Dijod-4-oxybenzaldehyd (II) in Ggw. von Essigsäureanhydrid bei 100—110° nach 6 Std. → *α-(p-Jodphenyl)-3.5-dijod-4-oxyzimtsäure*, aus Aceton–W. schwachgelbe Kristalle, F. 246—248° (korr.). — II + K-β-Phenylpropionat → *α-Benzyl-3.5-dijod-4-oxyzimtsäure*, F. 240 bis 241° (Zers.). — II + K-Phenylacetat → *α-(Phenyl)-3.5-dijod-4-oxyzimtsäure*, aus Bzl. Nadeln, F. 230—231°. — *α-(Phenyl)-2.4.6-trijod-3-oxyzimtsäure*, F. 226—228° (Zers.). — p-Oxyphenylessigsäure + J_2 + KJ → 3.5-Dijod-4-oxyphenylessigsäure, F. 217,5—219,5° (korr.), + Benzaldehyd → *α-(3.5-Dijod-4-oxyphenyl)-zimtsäure*, aus Methylenchlorid-PAe. schwachgelbe Nadeln, F. 216—218° (Zers.). — II + K-3.5-Dijod-4-oxyphenylacetat → *α-(3.5-Dijod-4-oxyphenyl)-3.5-dijod-4-oxyzimtsäure*, F. 242 bis 244° (Zers.). — *α-Phenyl-2.4-dijod-5-oxyzimtsäure*. — *α-Phenyl-3-chlor-4-oxyzimtsäure*, aus verd. A., F. 181—182°. — *α-Phenyl-3.5-dichlor-4-oxyzimtsäure*, F. 244—244,5°. — *α-(p-Jodphenyl)-3.5-dichlor-4-oxyzimtsäure*, F. 231—232° — *α-Phenyl-3.5-dibrom-4-oxyzimtsäure*, F. 216—218°. — *α-(p-Jodphenyl)-3.5-dibrom-4-oxyzimtsäure*, F. 250—252°. — *α-Phenyl-3.5-dibrom-2-oxyzimtsäure*, F. 186—188°. — *α-(p-Aminophenyl)-3.5-dijod-4-oxyzimtsäure*, F. ca. 217—219°. — *α-Phenyl-3.5-dijod-* bzw. *dibrom-* bzw. *dichlor-4-aminozimtsäure*. — *α-(p-Jodphenyl)-3-chlor-4-oxyzimtsäure*. — *α-(p-Chlorphenyl)-3.5-dibrom-4-oxyzimtsäure*, F. 223—226° (teilweise Zers.). — *α-Benzyl-3-chlor-4-oxyzimtsäure*, F. ca. 215—220°. — *α-Benzyl-3.5-dibrom-4-oxyzimtsäure*, F. 230—232°. — *α-Phenyl-2-oxy-5-bromzimtsäure*, F. 168—170°. — *a-(p-Jodphenyl)-2-oxy-5-bromzimtsäure*. — *α-(1-Naphthyl)-2.4.6-trijod-3-oxyzimtsäure*, aus Aceton–W., F. 212—214° (Zers.). — *α-(1-Naphthyl)-3.5-dijod-4-oxyzimtsäure*, F. 234—235° (Zers.). — Auch *Röntgenkontrastmittel* für *Leber* u. *Gallenblase*. (**A. P. 2 671 802** vom 9/4. 1948, ausg. 9/3. 1954.) G. Krauss. 4807

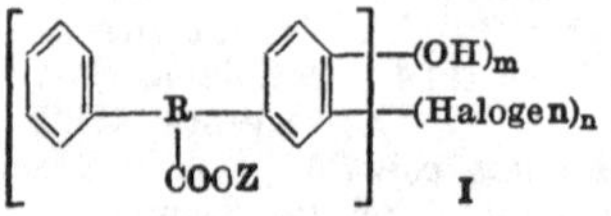

I

Sharp & Dohme, Inc., Philadelphia, übert. von: **Edward H. Cox,** Swarthmore, und **James M. Sprague,** Drexel Hill, Pa., V. St. A., *Herstellung von N-Benzolsulfonyl-S'-alkylisothioharnstoff* der Formel I, wobei R = niederer Alkylrest, bes. von *p-Acetylaminobenzolsulfonyl-S-n-hexylisothioharnstoff*, F. 125,5—126°, durch Zugabe von NaOH zu einem Gemisch aus einer Lsg. von S-Alkyl-

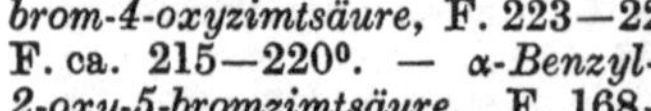

isothioharnstoffhydrobromid in W. u. einer Lsg. von p-Acetylaminobenzolsulfonylchlorid in Aceton. — *Chemotherapeutica.* (**A. P. 2 557 633** vom 13/1. 1942, ausg. 19/6. 1951.) C. LÜTTGEN. 4807

J. R. Geigy Akt.-Ges., Basel, Schweiz, *N-(2.4.6-Trimethylphenyl)-N'-(β-diäthylaminoäthyl)-harnstoff,* F. 130°, erhält man durch Rk. von N-(2.4.6-Trimethylphenyl)-N'-(β-halogenäthyl)-harnstoff mit Diäthylamin. — *Lokalanästheticum.* (**Schwz. P. 306794** vom 10/6. 1952, ausg. 1/7. 1955.) A. BRÖSAMLE. 4807

Cilag Akt.-Ges., Schaffhausen, Schweiz, *Kondensationsprodukt.* 4-Aminosalicylsäuremethylester wird in Ggw. von H_2SO_4 umgesetzt u. das Kondensationsprod. alkal. hydrolysiert. Das *Bis-(3-carboxy-4-oxy-6-aminophenyl)-methan* schmilzt unter Zers. bei 160°, löst sich in verd. Alkalien u. ist in verd. Mineralsäuren (bis auf $HClO_4$) unlöslich. *Chemotherapeuticum* u. bes. Zwischenprodukt. (**Schwz. P. 281 600** vom 9/3. 1950, ausg. 1/7. 1952.) G. SALZMANN. 4807

Sterling Drug, Inc., New York, N. Y., V. St. A., *4-Amino-2-n-propyloxybenzoesäure-(2-diäthylaminoäthylester)-hydrochlorid* (I). — *4-Nitro-2-n-propyloxybenzoesäure-(2-diäthylaminoäthylester)-hydrochlorid* (II). Beim Kochen von 4-Nitro-2-n-propyloxybenzoesäure mit 2-Diäthylaminoäthylchlorid in Isopropylalkohol, F. 131—132°. — I: Man red. II katalyt. oder mit Fe u. alkoh. HCl, F. 148,3—150,5°. — *Lokalanästheticum.* (**Schwz. P. 301 586** vom 15/6. 1951, ausg. 16/11. 1954. A. Prior. 17/6. 1950.) G. LANGER. 4807

Farbwerke Hoechst, vormals Meister Lucius & Brüning, Deutschland (Erfinder: **Michael Erlenbach** und **Adolf Sieglitz**), *Darstellung asymmetrischer Arsenobenzole.* Man geht aus von der 1-Arsensäure des 3-Di-(β.γ-dioxypropyl)-amino-4-oxybenzols (X) u. der 5-Arsensäure des 2-(Carboxyäthylthio)-benzoxazols (Y) oder den Arsenoxyden von X u. Y u. red. diese in alkoh. oder wss. Lsg. mit $NaHSO_3$, $SnCl_2$ oder H_3PO_4, oder man setzt X—As=O u. Y—AsH_2 (oder umgekehrt) in Methanol um, oder man geht von den Na-Salzen des X—As=As—X u. Y—As=As—Y aus. Die Reaktionsprodd. werden durch Ansäuern oder Kristallisation aus A. oder Ae. aus der Lsg. isoliert. Die freien Arsenobenzole können mit Na- oder NH_4-Salzen, auch mit organ. Basen wie Dimethylamin oder Triäthanolamin in lösl. Salze übergeführt werden, die *therapeut.* Verwendung finden. (**F. P. 1 032 910** vom 20/2. 1951, ausg. 7/7. 1953. D. Prior. 20/2. 1950.) S. MEIER. 4807

Eli Lilly & Co., übert. von: **Calvert W. Whitehead,** Indianapolis, Ind., V. St. A., *Organoquecksilberverbindungen der* Formel I, wobei R H oder ein Alkylrest mit 1—6 C-Atomen ist, erhält man durch Rk. einer Lsg. von o-Allylcarbamylphenoxyessigsäure in Äthylenglykol (II) oder einem verätherten II mit einem Hg(II)-Salz, wie $Hg\cdot(OOCCH_3)_2$ bzw. HgO. Die Prodd. lassen sich mit Basen in die Salze überführen. — o-(N-Allylcarbamyl)-phenoxyessigsäure wird mit „Methylcellosolve" u. rotem HgO bei 70—80° umgesetzt. Der krist. Nd. stellt nach Umkristallisation das Anhydrid der o-[N-2-(β-Methoxyäthoxy)-3-hydroxymercuripropylcarbamyl]-phenoxyessigsäure dar. Kristalle, F. ca. 74°. — Analog die entsprechenden β-Äthoxyäthoxy- (F. ca. 141°), β-Oxyäthoxy- (Zers. bei 200—202°), β-Butoxyäthoxy- (F. 132—133°) u. β-2'-Äthylbutoxyäthoxyverbb., F. 124°. — *Diuretica.* (**A. P. 2 698 858** vom 1/9. 1953, ausg. 4/1. 1955.) J. MÜHLEISEN. 4807

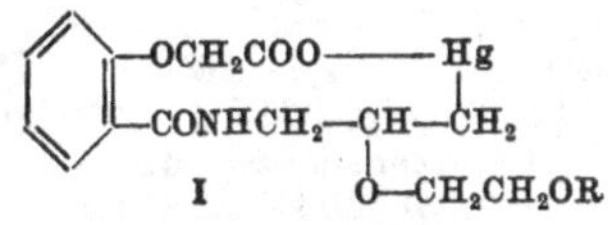

I

Spofa, Spojené Farmaceutické Závody, Národní Podnik, Prag, Tschechoslowakei, *Herstellung einer das Prothrombinniveau im Blut herabsetzenden Substanz,* dad. gek., daß man Bis-(4-oxycumaryl)-essigsäure in den Äthylester verwandelt. Man löst z. B. 2 g der Säure in 30 cm³ n. äthanol. HCl u. erhitzt die Lsg. 5 Std. am Rückflußkühler. Der Ester bildet farblose, in W. unlösl. Kristalle vom F. 153—154°. — Weitere 3 Beispiele. (**Schwz. P. 268 684** vom 6/11. 1946, ausg. 1/9. 1950.) T. OPPERMANN. 4807

Farbwerke Hoechst, vormals Meister Lucius & Brüning, Frankfurt/M., *Antihistaminpräparate.* Man setzt *p-Aminosalicylsäure* mit Antihistaminbasen um, z. B. mit *1-Phenyl-1-pyridyl-(2')-3-dimethylaminopropan* (F. 144—145°); *1-Phenyl-1-pyridyl-(2')-3-N-pyrrolidinopropan* (F. 171—172°); *1-Phenyl-1-thiazolyl-(2')-3-N-pyrrolidinopropan* (F. 161—162°); *2-(N-Phenyl-N-benzylaminomethyl)-imidazolin* (F. 96,5—98°); *10-Dimethylaminoäthylphenothiazin* (F. 159—160°); *10-Pyrrolidinoäthylphenothiazin* (F. 162 bis 163°), wobei in die Klammer jeweils der F. des entsprechenden p-Aminosalicylats angegeben ist. (**Holl. P. 74271** vom 17/8. 1950, ausg. 15/3. 1954. D. Prior. 5/9. 1949.) A. BRÖSAMLE. 4807

Hoffmann-La Roche, Inc., Nutley übert. von: **Herman Herbert Fox,** Passaic, N. J., V. St. A., *Isonicotinaldehydthiosemicarbazon* (I) wird in guter Ausbeute u. hoher

Reinheit hergestellt, indem man Isonicotinbenzolsulfonsäurehydrazid mit Thiosemicarbazid in Ggw. einer alkal. wirkenden Verb. (Na_2CO_3 oder K_2CO_3) bei 120—160° in Ggw. eines mit W. mischbaren organ. Lösungsm., z. B. einem mehrwertigen Alkohol (Glycerin oder Äthylenglykol), umsetzt u. das erhaltene I gegebenenfalls mit Säuren (HCl, HBr, H_2SO_4, H_3PO_4, Oxalsäure oder Weinsäure) in die entsprechenden Salze überführt. — I-Hydrochlorid, F. 269° (Zers.); I-Sulfat, F. 231° (Zers.); I, F. 219° (Zers.). — *Heilmittel* zur Bekämpfung der *Tuberkulose*. (**A. P. 2 676 178** vom 9/9. 1950, ausg. 20/4. 1954.) R. LINK. 4807

Hoffmann-La Roche, Inc., Nutley, übert. von: **John Thomas Plati,** Rutherford, und **Wilhelm Wenner,** Upper Montclair, N.J., V. St. A., *3-Phenyl-2-pyrido-[1.2-a]-pyrimidin-2.4-(3H)-dion*, F. 295—297° (Zers.), erhält man durch Rk. von Diäthyl-α-phenylmalonat mit 2-Aminopyridin. Das Na-Salz ist leicht in W. löslich. — *Therapeuticum* zur Behandlung *neuromuskulärer Schwäche*. (**A. P. 2 698 846** vom 24/4. 1953, ausg. 4/1. 1955.) A. BRÖSAMLE. 4807

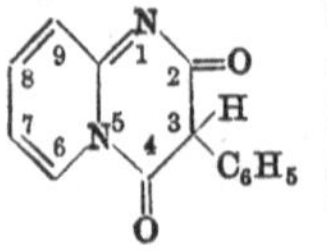

American Cyanamid Co., V. St. A. (Erfinder: **Edward Alfred Conroy**), *Herstellung von Derivaten von in 1-Stellung substituierten 4-Aminopiperazinen.* Man läßt ein in 1-Stellung substituiertes 4-Aminopiperazin mit einem Aldehyd oder einem Keton in Ggw. eines inerten Lösungsm. bei 60—100° reagieren. — Z. B. erhitzt man eine Lsg. von 17,5 Teilen 1-Carbäthoxy-4-aminopiperazin u. 10,5 Benzaldehyd in 125 absol. A. 15 Min. auf dem Wasserbade. Beim Abkühlen scheiden sich weiße Kristalle von *1-Carbäthoxy-4-benzalaminopiperazin*, F. 72,5—73,5° ab. Ferner werden noch folgende Piperazine (I) angeführt: *1-Carbäthoxy-4-(p-methoxybenzalamino)*-I, F. 109,5—110,5°; *1-Carbäthoxy-4-(p-dimethylaminobenzalamino)*-I, F. 104—104,5°; *1-Diäthylcarbamyl-4-(p-methoxybenzalamino)*-I, F. 96,5—97,5°; *1-Diäthylcarbamyl-4-(3'.4'-methylendioxybenzalamino)*-I, F. 74 bis 75,5°; *1-Diäthylcarbamyl-4-(o-chlorbenzalamino)*-I, F. 81,5—82,5°; *1-Diäthylcarbamyl-4-(p-chlorbenzalamino)*-I, F. 88,5—90°; *1-Diäthylcarbamyl-4-(p-dimethylaminobenzalamino)*-I, F. 107—108°; *1-Diäthylcarbamyl-4-(p-acetamidobenzalamino)*-I, F. 140—141°; *1-Methyl-4-(p-dimethylaminobenzalamino)*-I, F. 128—129°; *1-Methyl-4-(p-acetamidobenzalamino)*-I; F. 206,5—208°; *1-Benzyl-4-(3'.4'-methylendioxybenzalamino)*-I, F. 99,5—100,5°; *1-Benzyl-4-(p-dimethylaminobenzalamino)*-I, F. 126—127°; *1-Benzyl-4-(α-methyl-p-methoxybenzalamino)*-I, F. 85,5—86°; *1-(4-Chlorphenyl)-4-(3'.4'-methylendioxybenzalamino)*-I, F. 151,5—152°; *1-(p-Chlorphenyl)-4-(α-methylpropylidenamino)*-I, F. 75—76°; *1-(p-Chlorphenyl)-4-(α-äthylbenzalamino)*-I, F. 137,5—138,5°; *1-[Pyridyl-(2)]-4-benzalamino*-I, F. 114 bis 115°; *1-[Pyridyl-(2)]-4-(3'.4'-methylendioxybenzalamino)*-I, F. 113,8—114°; *1-[Pyridyl-(2)]-4-(p-isopropylbenzalamino)*-I, F. 124—125°, *1-[Pyridyl-(2)]-4-(p-acetamidobenzalamino)*-I, F. 224,5—225,5°; *1-[Pyrimidyl-(2)]-4-(p-methoxybenzalamino)*-I; F. 137,5—138,5°; *1-[Pyrimidyl-(2)]-4-(p-chlorbenzalamino)*-I, F. 138,5—139,5°. Die Piperazine besitzen zum Teil *anticonvulsiv.*, zum Teil *adreonlyt.* Eigenschaften. (**F. P. 1 067 869** vom 21/6. 1952, ausg. 21/6. 1954. A. Prior. 22/6. 1951.) T. OPPERMANN. 4807

McNeil Laboratories, Inc., Philadelphia, übert. von: **Ansel P. Swain,** Springfield Township, Montgomery County, Pa., V. St. A., *Herstellung von unsymmetrischen N.N'-substituierten Äthylendiaminen und Piperazinen* der allg. Formel R_2—N(R)—CH_2—CH_2—N(R_1)—R_3, worin R u. R_1 H oder eine verbindende Dimethylenbrücke, so daß ein Piperazinderiv. entsteht, R_2 Phenyl oder 1.4-Benzodioxan-2-ylmethyl u. R_3 Phenyl oder Phenoxyäthyl bedeuten, wobei R_2 Phenyl ist, wenn R_3 Phenoxyäthyl ist u. die Benzolkerne noch durch Methyl- oder Methoxylgruppen substituiert sein können, durch Kondensation der entsprechenden Piperazine oder Äthylendiamine mit den Halogeniden, Sulfaten oder Phosphaten der einzuführenden Reste R_2 oder R_3 in alkal. wss. oder alkoh. Lsg. — 29,0 (g) N-Phenylpiperazin (I), 36,5 2-Chlormethyl-1.4-benzodioxan u. 7,2 NaOH werden in 7,2 ml W. 62 Std. auf 100—110° erhitzt. Das gebildete *N-(1.4-Benzodioxan-2-ylmethyl)-N'-phenylpiperazin* schmilzt bei 81,5—82°. Analog werden hergestellt: *N-(1.4-Benzodioxan-2-ylmethyl)-N'-(2'-phenoxyäthyl)-piperazindihydrochlorid,* F. 238 bis 242°, aus N-(1.4-Benzodioxan-2-ylmethyl)-piperazinhydrochlorid u. 2-Phenoxyäthylbromid (II); *N-Phenyl-N'-(2-phenoxyäthyl)-piperazin*, F. 80—81°, aus I u. II. — Zahlreiche weitere Piperazin u. Äthylendiaminderivv. werden ohne Angabe physikal. Konstanten aufgezählt. — *Sympathicolytica.* (**A. P. 2 695 295** vom 19/12. 1952, ausg. 23/11. 1954.) E. CARL. 4807

Ciba Ltd., Basel, Schweiz, *6-(p-Aminobenzolsulfonamido)-3-halogenpyridazine.* Durch Rk. von 3-Chlor-6-aminopyridazin mit p-Carbäthoxyaminobenzolsulfochlorid in Pyridin u. Verseifung des Reaktionsprod. mit Essigsäure erhält man *6-(p-Aminobenzolsulfonamido)-3-chlorpyridazin*, F. 189—190°. Die entsprechende *3-Brom*-Verb. zers. sich bei >200°. — ***Heilmittel;*** wirksam gegen ***Kokken*** u. ***Malaria.*** (**E. P. 730 949** vom 19/10. 1953, ausg. 1/6. 1955. Schwz. Prior. 23/10. 1952.) A. BRÖSAMLE. 4807

Pierre Chabrier, Pierre René Lucien Giudicelli und **Charles Henri Genot,** Frankreich, *Herstellung von Flavonolderivaten,* bestehend aus den Hydrochloriden, Phosphaten, Benzoaten eines β-Diäthylaminoäthylmonoäthers oder eines β-Morpholyläthylmonoäthers des *Rutins.* — Man suspendiert z. B. in einer Lsg. von 8,3 (Gewichtsteilen) Diäthylaminoäthylchloridhydrochlorid in 50 W. 20 Rutin u. setzt nach u. nach unter Rühren eine Lsg. von 3,4 NaOH oder die äquivalente Menge eines anderen Alkalis in W. zu unter Vermeidung von Luftzutritt. Dann erhitzt man die Lsg. 1½ Std., vertreibt das W., nimmt den Rückstand mit kochendem A. auf u. verjagt ihn wieder. Das goldgelbe Prod. (Kp. gegen 170°) löst sich sehr leicht in Wasser. Entsprechend stellt man das β-Morpholylätherprod. (Kp. gegen 135°), ausgehend von β-Morpholyläthylchloridhydrochlorid her. (**F. P. 997 534** vom 20/9. 1949, ausg. 7/1. 1952.) T. Oppermann. 4807

Mallinckrodt Chemical Works, übert. von: **George B. De La Mater,** St. Louis, **August H. Homeyer,** Webster Groves, und **Andrew A. Cochran,** Ferguson, Mo., V. St. A., *Einbasisches Morphinphosphathemihydrat* (I), $C_{17}H_{19}O_3N \cdot H_3PO_4 \cdot \frac{1}{2}H_2O$, monokline Kristalle, erhält man durch Rk. von Morphin in W. mit z. B. 85% ig. H_3PO_4. Die gebildete Lsg. wird erwärmt u. dann durch Zusatz von sd. A. (oder n-Propanol, Ketone, Äther) I ausgefällt, lösl. in Wasser. (**A. P. 2 665 277** vom 17/10. 1950, ausg. 5/1. 1954.) G. Krauss. 4807

Reynold Krieger und **Dieter Ellenbeck,** Deutschland, *Herstellung von Additions- oder Kondensationsverbindungen von Albuminen mit Medikamenten,* wie Aminophenazon oder Sulfonamiden. Man mischt nicht antigen wirkende Proteine mit den Medikamenten u. hält das Präp. im Vakuum bei tiefer Temperatur. (**F. P. 1 022 311** vom 21/7. 1949, ausg. 3/3. 1953.) M. Pankow. 4807

N. V. Veenendaalsche Sajet- en Vijfschachtfabriek voorheen Wed. D. S. van Schuppen & Zoon, übert. von: **Hendrik Willem Knol,** Veenendaal, Holland, *Gewinnung von Sterinen aus sterinhaltigen Mischungen.* Man behandelt diese entweder mit mindestens der 4fachen, bes. 4—16fachen Menge wasserfreiem $ZnCl_2$ in Ggw. eines Lösungsm. (aromat. KW-stoffe, Gasolin) oder mit einer Verb., die eine oder mehrere NH_2-Gruppen enthält (Harnstoff, Hydroxylamin, Formamid, deren Salze, Cyanamid, Dicyanamid, Äthylendiamin) zweckmäßig bei 90—100°. — Wollwachsalkohole mit 30,8% *Cholesterin* (I) werden mit der 6fachen Menge $ZnCl_2$ ½ Std. auf dem Dampfbad erhitzt, dann setzt man Isooctan zu u. zentrifugiert, durch Zers. des Additionsprod. erhält man I in 89%ig. Ausbeute. In weiteren Beispielen wird *Ergosterin* u. *Sitosterin* gewonnen. — Additionsprod. von I mit *Harnstoff,* F. 144°, mit *Harnstoffhydrochlorid,* F. 136°, mit *Hydroxylaminhydrochlorid,* F. 147°. Vgl. E. P. 607 309; C. **1949.** II. 899 u. Schwz. P. 274 237; C. **1953.** 3768. (**E. PP. 636 299** vom 4/3. 1948, ausg. 26/4. 1950 u. **638 393** vom 30/12. 1947, ausg. 7/6. 1950. Holl. Prior. 9/1. 1947.) G. Krauss. 4809

Produits Roche S. A., Brüssel, Belgien, *Herstellung von Vitaminpuder* durch Dispergieren kleinster Tröpfchen einer erstarrten Emulsion eines fettlösl. Vitamins, wie Vitamin A oder -A-Acetat, in einer konz. Gelatine- u./oder Akaziengummilsg., die Zucker u. Zuckeralkohole u. gegebenenfalls Polyoxyäthylenkondensationsprodd. enthält, in trockener Stärke mit nicht $>$80% Wassergehalt. Alle Arbeitsgänge werden unter N_2 durchgeführt. Das Vitaminkonzentrat kann noch andere Wirkstoffe, wie Tocopherol u. dgl., enthalten. Der Pudergrundlage kann hochdisperse Kieselsäure zugesetzt werden. (**Belg. P. 519 741** vom 6/5. 1953, ausg. 13/5. 1955. A. Prior. 7/5. 1952.) K. Heinze. 4809

Dr. A. Wander Akt.-Ges., Basel, Schweiz, *Vitamin-D_3-butyrat,* F. 60—63°, $[\alpha]_D + 38°$, λ_{max} 265 mμ; $\varepsilon = 16200$, erhält man durch Veresterung von z. B. Vitamin-D_3-Harz (ca. 80—85%ig, gegebenenfalls durch Verseifung von Vitamin-D_3-dinitrobenzoat gewonnen) mit z. B. Butyrylchlorid in Ggw. von Pyridin. — Haltbarer Vitamin-D_3-Fettsäureester von gutem Kristallisationsvermögen u. guter antirachit. Wirksamkeit. (**Schwz. P. 305 262** vom 2/4. 1952, ausg. 16/4. 1955.) U. Sievers. 4809

Ciba Akt.-Ges., Basel, Schweiz, *22(23)-Ergosten-3β.9.11-triol-7-on-3-acetat,* F. 269°, $[\alpha]_D$ —62°, erhält man durch Isomerisierung von 8.9-Oxido-22(23)-ergosten-3β.7.11-triol-3-acetat, F. 147—148°, $[\alpha]_D$ +15,5° (Triacetat, F. 159—161°; $[\alpha]_D$ +6°) mit BF_3-Ätherat in Bzl. bei 20°, mit $2nH_2SO_4$ in Eisessig bei 20°, später bei 40° oder mit wss. 48%ig. HBr in Eisessig. — *Zwischenprod.* für die Herst. von *Steroidhormonen.* (**Schwz. P. 305 416** vom 21/2. 1952, ausg. 2/5. 1955.) U. Sievers. 4809

Pittsburgh Plate Glass Co., übert. von: **Lowell O. Cummings, Henry A. Vogel** und **Alfred R. Bader,** Milwaukee, Wis., V. St. A., *β-Ketosäureester von Steroiden* erhält man durch Umesterung von β-Ketosäureestern niederer Alkohole mit Oxysteroiden. — Man erwärmt z. B. Cholesterin mit Acetessigsäuremethylester in Abwesenheit eines Katalysators auf 90—100° → *Acetessigsäurecholesterylester,* F. 93—94°; $[\alpha]_D^{25}$ —33° (Chlf.). — *Acetessigsäurestigmasterylester,* F. 114—114,5°; $[\alpha]_D^{25}$ —44°. — *Acetessigsäure-β-sito-*

sterylester, F. 99°; $[\alpha]_D^{25}$ —24°. — *Acetessigsäurecholestanylester*, F. 97°; $[\alpha]_D^{25}$ +12°. — *Acetessigsäureepidehydroandrosterylester*, F. 163°; $[\alpha]_D^{25}$ +1°. — *Benzoylessigsäurecholesterylester*, F. 151°. — *Acetondicarbonsäuredicholesterylester*, F. 173°. — *Zwischenprod.* für die Herst. von *Steroidhormonen*. (**A. P. 2 693 476** vom 7/4. 1951, ausg. 2/11. 1954.) U. SIEVERS. 4809

G. D. Searle & Co., übert. von: **Jack W. Ralls**, Morton Grove, und **Frank B. Colton**, Chicago, Ill., V. St. A., *In 11-Stellung oxydierte Pregnane und Norpregnane* erhält man aus den entsprechenden 11-Desoxyverbb. durch Perfusion mit intakten Nebennieren. — 19-Nor-4.17-pregnadien-21-ol-3-on-21-acetat → *19-Nor-4.17-pregnadien-21-ol-3-on* (Nebenprod.), F. 152—154°, u. *19-Nor-4.17-pregnadien-11.21-diol-3-on*, F. ca. 168—170°; $[\alpha]_D^{20}$ +89°; λ_{max} 242 mμ; *21-Acetat*, F. ca. 123—124°; daraus durch Rk. mit OsO_4 u. H_2O_2 in Butanol → *19-Nor-4-pregnen-11β.17α.21-triol-3-on*. — Analog: 4.17-Pregnadien-21-ol-3-on → *4.17-Pregnadien-11β.21-diol-3-on*, F. 177—178°; $[\alpha]_D^{20}$ +151°; λ_{max} ca. 242 mμ. — Die Verbb. zeigen die *Wrkg.* von *Nebennierenrindenhormonen* (ohne unerwünschte Nebenwrkg.) u. dienen als Zwischenprodd. zu deren Herstellung. (**A. P. 2 694 080** vom 25/5. 1953, ausg. 9/11. 1954.) U. SIEVERS. 4809

Upjohn Co., übert. von: **Philip F. Beal, Alan H. Nathan** und **John A. Hogg**, Kalamazoo, Mich., V. St. A., *21-Alkoxyoxalylsteroide* der allg. Formel I (R = —C=O oder α-ständige OH-Gruppe) erhält man durch Rk. von z. B. 11-Ketoprogesteron mit Benzylmercaptan in Ggw. von Pyridinhydrochlorid oder BF_3-Ätherat u. anschließende Behandlung des erhaltenen *3-Benzylthio-3.5-pregnadien-11.20-dions*, F. 155—160°, mit Oxalsäurediäthylester in Ggw. von Na-Methylat in Bzl. → *3-Benzylthio-21-äthoxyoxalyl-3.5-pregnadien-11.20-dion-Na-enolat*; daraus durch Ansäuern mit CH_3·COOH das freie *3-Benzylthio-21-äthoxyoxalyl-3.5-pregnadien-11.20-dion* (II), F. 134—136°. Durch Erhitzen von II mit alkoh. HCl erhält man die freie *11-Ketoprogesteron-21-glyoxalsäure*, F. 200—210°. — *Zwischenprodd.* für die Herst. von *Steroidhormonen*. (**A. P. 2 698 852** vom 5/6. 1953, ausg. 4/1. 1955.) U. SIEVERS. 4809

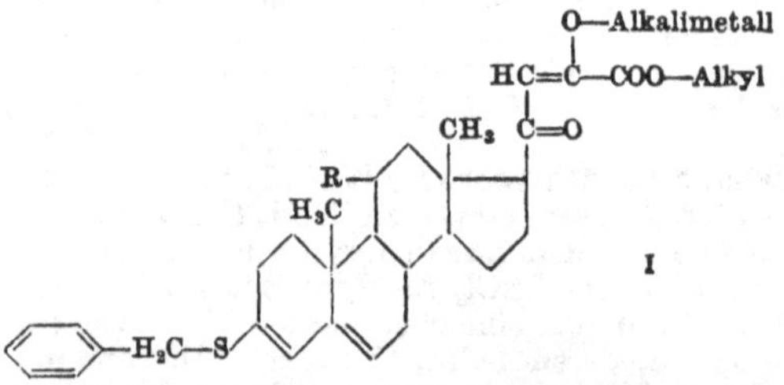

I

Parke, Davis & Co., Detroit, Mich., V. St. A., *Kernnitrierte aromatische Acylaminodiole.* — *dl-reg.-1-(p-Nitrophenyl)-2-dichloracetaminopropan-1.3-diol.* Aus dl-reg.-1-(p-Nitrophenyl)-2-dichloracetamino-1.3-diacetoxypropan u. 0,2nNaOH in Aceton bei n. Temperatur. F. 172,5—173,5°. — Analog: *dl-pseudo-1-(p-Nitrophenyl)-2-chloracetamino-* (F. 99—100°); *l-pseudo-1-(p-Nitrophenyl)-2-chloracetamino-* (F. 83—86°; $[\alpha]_D^{25}$ —14,1° in A.); *dl-pseudo-1-(p-Nitrophenyl)-2-dibromacetamino-* (F. 152—153°); *l-pseudo-1-(p-Nitrophenyl)-2-dibromacetamino-* (F. 152—153°; $[\alpha]_D^{25}$ +19,6° in A.); *dl-pseudo-1-(p-Nitrophenyl)-2-acetamino-* (F. 166—167°); *l-pseudo-1-(p-Nitrophenyl)-2-acetamino-* (F. 125—126°; $[\alpha]_D^{25}$ +8,4° in A.); *d-pseudo-1-(p-Nitrophenyl)-2-acetamino-* (F. 125—126°; $[\alpha]_D^{25}$ —8,4° (in A.); *dl-reg.-1-(p-Nitrophenyl)-2-acetamino-* (F. 195—196°); *dl-pseudo-1-(p-Nitrophenyl)-2-fluorchloracetamino-* (*Monohydrat* F. 95—100°); *l-pseudo-1-(p-Nitrophenyl)-2-fluorchloracetamino-* (F. 101—102°; $[\alpha]_D^{25}$ +15,8° in A.); *dl-pseudo-1-(p-Nitrophenyl)-2-bromacetamino-* (F. 130—131°); *l-pseudo-1-(p-Nitrophenyl)-2-bromacetamino-* (F. 166—168°; $[\alpha]_D^{27}$ —3,6° in A.); *dl-pseudo-1-(p-Nitrophenyl)-2-difluoracetamino-* (*Monohydrat* F. 65°); *l-pseudo-1-(p-Nitrophenyl)-2-difluoracetamino-* (F. 94—95°; $[\alpha]_D^{25}$ +24,6° in A.); *dl-pseudo-1-(p-Nitrophenyl)-2-fluoracetamino-* (F. 120—121°); *l-pseudo-1-(p-Nitrophenyl)-2-fluoracetamino-* (F. 144—145°; $[\alpha]_D^{25}$ +9,4 in A.); *dl-pseudo-1-(p-Nitrophenyl)-2-propionamino-* (F. 131—132°); *l-pseudo-1-(p-Nitrophenyl)-2-propionamino-* (F. 109—110°; $[\alpha]_D^{25}$ +15,6° in A.); *dl-pseudo-1-(p-Nitrophenyl)-2-benzoylaminopropan-1.3-diol* (F. 162—163°). (**Schwz. PP. 288 982, 288 983, 288 984, 288 985, 288 986, 288 987, 288 988, 288 989, 288 990, 288 991, 288 992** vom 15/12. 1948, ausg. 1/6. 1953. A. Prior. 16/3. 1948. **Zusätze zu Schwz. P. 283 918; C. 1954. II 612.**) G. LANGER. 4811

Centre National de la Recherche Scientifique, übert. von: **Nine Choucroun**, Paris, Frankreich, *Extraktion von Antigenen aus toten Tuberkelbacillen* mit Paraffinöl, aus dem durch Zusatz von Dioxan ein Nd. gefällt wird. Der abfiltrierte Nd. wird mit Chlf. in eine lösl. u. eine unlösl. Fraktion getrennt. Der lösl. Teil wird mittels PAe. wiederum in eine lösl. u. unlösl. Fraktion zerlegt. Der lösl. Anteil enthält ein Lipokohlenhydrat mit F. 220—240° u. besteht im wesentlichen aus einem Polysaccharidester der Mycolsäure. *Diagnosticum.* (**A. P. 2 680 702** vom 11/7. 1952, ausg. 8/6. 1954.) H. SCHINDLER. 4813

Dr. Stefan & Co. K. G. (vorm. F. Hofmann K. G.), Linz (Erfinder: **Josef Müller,** Paternion, Kärnten), Österreich, *Lagerbeständige Boroformiatpräparate.* Man vermischt Boroformiatsalze mit in wss. Lsg. im Bereich von p_H 4,0—6,5 puffernd wirkenden sauren Salzen von anorgan. u. bzw. oder organ. Säuren (gegebenenfalls in Verbindung mit einer festen organ. Säure) in trockenem Zustand u. in stöchiometr. Verhältnissen derart, daß bei Zutritt von W. oder Feuchtigkeit definierte Komplexverbb. der H_3BO_3 mit diesen Salzen bzw. Säureresten entstehen u. dadurch HCOOH freigemacht wird, wobei der Reaktionsablauf durch die Wahl der p_H-Grenzen gesteuert wird; man verwendet zweckmäßig saure Salze solcher anorgan. u. bzw. oder organ. Säuren, die mit H_3BO_3 biol. wirksame Komplexverbb. bilden können, wie Citronensäure, Salicylsäure, H_3PO_4 oder Weinsäure, während als Kationen dieser Salze bes. K, Li, Sr, eine organ. Aminoverb. oder ein Alkaloid in Betracht kommen. Die so erhaltenen medizin. wirksamen Präpp. sind äußerst haltbar. (**Oe. P. 171 981** vom 21/9. 1948, ausg. 25/7. 1952.) W. RAETZ. 4815

Arthur Fleischhanderl, Krems a. d. Donau, Niederösterreich, *Heilmittel gegen Tuberkulose.* Man verarbeitet Tuberkuloseimmunmilch bzw. -serum von Menschen oder Tieren möglichst frisch (zweckmäßig unmittelbar nach der Gewinnung) mit wasserbindenden Salbengrundlagen, wie Eucerin oder Lanettewachs, oder mit gallertenbildenden Substanzen, wie Gelatine, Stärke, Carragheen oder Methylcellulose, oder auch mit tier. oder pflanzlichen Pulvern oder Fasern (Geweben) oder mit anorgan. aufsaugenden Substanzen zu Salben, Gelen oder Kataplasmen. Man verrührt z. B. 50 g frische Milch einer Kuh, die auf Tuberkulin positiv reagiert, mit 50 g Eucerin bei gewöhnlicher Temp. so lange, bis ein homogenes Gemisch entstanden ist; die so erhaltene wirkstoffhaltige Salbe kann dem Kranken in einer Menge von ca. 4 g täglich am Rücken oder Bauch eingerieben oder auch intracutan eingespritzt werden. (**Oe. P. 175 015** vom 20/7. 1951, ausg. 26/5. 1953.) W. RAETZ. 4815

Max Werner Büchli, Livorno, Italien, und **Rudolf Jörg,** Zürich, Schweiz, *Mittel gegen Hämorrhoiden.* Hartgekochtes Eigelb wird vorsichtig so lange erhitzt, bis es in ein dunkelbraunes Öl übergegangen ist. Zweckmäßig erhitzt man die rohen Eier 15 Min. trennt das Eigelb vom Eiweiß u. zerdrückt jenes zu einem Brei, der dann weitererhitzt wird. Das Mittel kann direkt verwendet werden, es kann aber auch durch Zusätze zu Zäpfchen oder Salben oder mit bekannten Hämorrhoidalmitteln, wie Hamamelis, Perubalsam, ZnO, Bi-Verbb., Ephedrin oder Adrenalin verarbeitet werden. Das Öl ist auch zur Behandlung von Brandwunden u. offenen Wunden geeignet. (**Schwz. P. 280 673** vom 15/1. 1949, ausg. 1/5. 1952.) G. KRAUSS. 4815

Herman Otto Mönning, Südafrikanische Union, *Mittel zum Beseitigen von totem Gewebe oder Foeten bei Tieren.* Man stellt z. B. ein Gemisch aus 3,5 (Teilen) Stärkepulver, 1,5 Proflavin, 5,5 $NaHCO_3$-Pulver, 6 Papain u. 15 Sulfanilamid her u. formt es unter Zusatz von 35%ig. Zuckerlsg. zu Körnern. Ebenso stellt man Körner aus einem Gemisch von 30 Sulfanilamid u. 3,5 Citronensäure her. Dann vermengt man die beiden Gemische miteinander, fügt 2,5 Stärkepulver u. 1,5 H_3BO_3 hinzu u. preßt das Gesamtgemisch zu Zapfen oder Pessaren. (**F. P. 1 000 985** vom 2/12. 1949, ausg. 18/2. 1952.) T. OPPERMANN. 4815

Rohm & Haas Co., Philadelphia, Pa., übert. von: **Robert Kunin** und **Sidney Rothman,** Trenton, N. J., V. St. A., *Cholin-Carboxylkationenaustauscherharz,* bestehend aus einem Mischpolymerisat von Acrylsäure u. Divinylbenzol, das durch Behandlung mit Trimethyloxyäthylammoniumhydroxyd in Salzform übergeführt wird. Wegen seines Cholingeh. geeignet für *therapeut.* Verwendung, z. B. mit Körnerfrüchten gemischt als Hühnerfutter. (**A. P. 2 677 670** vom 21/2. 1952, ausg. 4/5. 1954.) H. SCHINDLER. 4815

Ayerst, McKenna & Harrison Ltd., St. Laurent, übert. von: **William Gordon Stevenson,** Lakeside, und **Jack John Mendelsohn,** Montreal, Quebec, Can., *Mittel zur Feststellung der enterohepatitischen Krankheit „Blackhead" bei Puten,* welche eine Verfärbung des Kammes zur Folge hat, bestehend aus einem Gemisch von 2-Amino-5-nitrothiazol oder 2-Amino-5-nitropyrimidin mit 2—17% Polyäthylenglykol. welches in wss. Lsg. angewandt wird. (**Can. P. 490 932** vom 17/3. 1951, ausg. 3/3. 1953.) M. F. MÜLLER. 4815

York Corp., York, übert. von: **Richard L. Kuehner,** Springgarden Township, Pa., V. St. A., *Desodorieren und Desinfizieren von Luft.* dadurch, daß sie durch einen Flüssigkeitsschleier hindurchgeleitet wird, der durch Verdüsen einer mit Alkali- oder Erdalkalibicarbonat versetzten alkal. Lsg. von $KMnO_4$ besteht. — Zeichnung. (**A. P. 2 683 074** vom 28/11. 1949, ausg. 6/7. 1954.) K. HEINZE. 4833

Heinrich Messer, Stuttgart, *Erzeugen einer keimtötenden Atmosphäre.* Man erhitzt mindestens 2 Metalle mit keimtötender Wrkg., wie Au, Ag u. die Metalle der Pt-Gruppe über ihren F. u. führt die Dämpfe durch verdampfende Salze, die möglichst auch keimtötend wirken sollen, ab. Man kann auch z. B. Au- u. Ag-Salze über ihren Verdampfungs- u. Zersetzungspunkt u. über den F. der Metalle erhitzen. (**D. B. P. 885 131** Kl. 30i vom 5/1. 1951, ausg. 3/8. 1953.) E. PETERSEN. 4833

Jean Vieilly, Frankreich, *Sterilisieren und Konservieren von organischen Produkten und Wasser.* Man sterilisiert z. B. 1000 Liter W. durch Zusatz von 1 g Penicillin G. Auf ähnliche Weise kann man z. B. leicht ranzig werdende Fette oder Käse konservieren. (**F. P. 1 033 304** vom 1/3. 1951, ausg. 9/7. 1953.) T. OPPERMANN. 4833

Hans Herbert, Worms, *Sterilisieren ärztlicher Instrumente und dergleichen,* bes. solcher mit Triebwerksteilen oder mit sonstigen beweglichen Teilen durch Einw. eine Heißluft-Öldampf-Gemisches. (**D. B. P. 919 504** Kl. 30i vom 29/6. 1949, ausg. 25/10. 1954. Anmeldung bekanntgemacht 20/7. 1950.) K. HEINZE. 4833

Monsanto Chemical Co., St. Louis, Mo., übert. von: **Edgar E. Hardy,** Anniston, Ala., V. St. A., *Bleichend, sterilisierend, desinfizierend und reinigend wirkende Gemische* in Pulverform, bestehend aus 0,5—90 (%) (0,4—10,5 bzw. 1—26) Trichlorcyanursäure u. einem wasserlösl. alkal. Alkali- oder NH_4-Salz (Na_3PO_4, $Na_4P_2O_7$), gegebenenfalls mit einem Zusatz von Na-Silicat, Soda oder Na-Laurylsulfat. (**A. P. 2 607 738** vom 25/6. 1948, ausg. 19/8. 1952.) W. GRÄGER. 4833

Sinfré Soc. An., Vevey, Schweiz, *Baktericide Lösung.* Wss. Lsgg. von Phenol u. CH_2O werden mit wenigstens einem die Oberflächenspannung erniedrigenden Mittel, z. B. Citronen-, Lavendel- oder Fichtenöl, gemischt. (**Schwz. P. 285 294** vom 16/5. 1950, ausg. 16/12. 1952.) J. KETTNER. 4833

Dunlop Rubber Co. Ltd., London, **Albert Edward Toney Neale** und **Betty Doreen Hadley,** Erdington, Birmingham, England, *Quaternäre Ammoniumsalze* der allg. Formel **A** erhält man durch Neutralisation einer COOH-Gruppe einer Phenylendicarbonsäure mit einem mehrwertigen Metallsalz (M=Hg, Cd, Al, Fe). Die andere COOH-Gruppe wird mit einer mikrobiciden, quaternären Ammoniumverb. mit einem Phenolkoeff. >100 (bestimmt nach dem RIDEAL-WALKER-Test) abgesättigt ($Q = R_1R_2R_3R_4N-$, R_1 = Alkyl mit 10—20 C-Atomen, das als Endgruppe ein alkylsubstituiertes Aryl enthält, R_2 = Aryl, Aralkyl, Alkyl, R_3 u. R_4 = Alkyl). — p-tert.-Octylphenoxyäthoxyäthyldimethylbenzylammoniumchlorid wird in W. mit Di-Na-Phthalat (I) umgesetzt. Zu der eingedampften konz. Lsg. gibt man dann $HgCl_2$; F. 107°, Löslichkeit in W./25° = 0,024 g/100 g Lösung. — Ferner werden umgesetzt: I + Dodecyltrimethylammoniumbromid + $HgCl_2$; F. 64°. *Cd-Salz,* F. 163°, *Al-Salz,* F. 177°. — I + Cetylpyridiniumbromid + $HgCl_2$; F. 70°. Verwendung als *Baktericide* u. *Fungicide* (Cladosporium herbarum), bes. zur Imprägnierung von Textilien, Papier, chirurg. Material, Farben, Lacken, plast. M. u. Kautschuk. (**E. P. 685 614** vom 23/3. 1949, ausg. 7/1. 1953.) G. KRAUSS. 4833

A 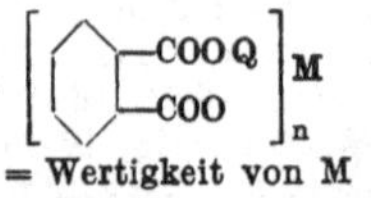

n = Wertigkeit von M

J. B. Niederl & Associates, Inc., New York, übert. von: **Joseph B. Niederl,** Brooklyn, **Victor Niederl,** Round Top, N. Y., und **Martin E. McGreal,** Somersworth, N. H., V. St. A., *Baktericid wirksame neutrale, wasserlösliche, capillaraktive säure- u. alkalibeständige, quaternäre Ammoniumsalze von β-4-Morpholyläthylalkyläthern* mit 12 bis 18 C-Atomen im Alkyl. β-4-Morpholinäthanol gibt mit Myristylbromid in Ggw. von Na bei 110—120° β-4-Morpholyläthylmyristyläther, $Kp._2$ 205—208°, Hydrochlorid, F. 112°; Hydrobromid, F. 115°; Oxalat, F. 109°; Pikrat, F. 80°, der in trockenem Ä. mit CH_3J *N-Methyl-N-(β-myristoxy)-äthylmorpholiniumjodid,* F. 73° liefert. — β-4-Morpholyläthyllauryläther, $Kp._2$ 200—202°, Hydrochlorid, F. 97°; Hydrobromid, F. 105°; Oxalat, F. 108°; Pikrat, F. 62° → *Methojodid,* F. 56°. — β-4-Morpholyläthylcetyläther, $Kp._2$ 215 bis 220°, Hydrochlorid, F. 105°, Hydrobromid, F. 112°, Oxalat, F. 112°, Pikrat, F. 78° → *Methojodid,* F. 80°. — β-4-Morpholyläthyloctadecyläther, $Kp._2$ 226—231°, Hydrochlorid, F. 108°, Hydrobromid, F. 114°, Oxalat, F. 115°, Pikrat, F. 82°, → Methojodid, F. 88°. — Die entsprechenden *Methosulfate,* F. 65° bzw. 55° bzw. 78° bzw. 89°. *Äthosulfate.* (**A. P. 2 581 285** vom 28/6. 1946, ausg. 1/1. 1952.) G. KRAUSS. 4833

Sharp & Dohme, Inc., Philadelphia, übert. von: **Frank S. Crossley,** Collingdale, Pa., V. St. A., *Quaternäre Cinnamylammoniumverbindungen* von der allg. Formel **I**, in der R ein aliphat. Rest mit C_{8-12} in n. Alkylkette oder mit einem Cyclohexylrest sein kann, während X Cl, Br oder J bedeutet, werden erhalten, indem man in bekannter Weise hergestelltes tert. Amin, wie α-Phenyl- oder α-Benzylalkyldimethylamin, mit einer äquimol. Menge eines Cinnamylhalogenids bei n. Temp. in einem geschlossenen Gefäß reagieren läßt, bis eine Probe in W. restlos lösl. ist. So werden erhalten: α-Phenyldecyl- (F. 73—74°), α-Phenyldodecyl- (F. 83—84°), α-Phenyltetradecyl- (F. 76—77°), α-Benzyldodecyl- oder (1-Phenyl-6-cyclohexylhexyl)-dimethylcinnamylammoniumchlorid (F. 137—138°). Die Prodd. werden

I 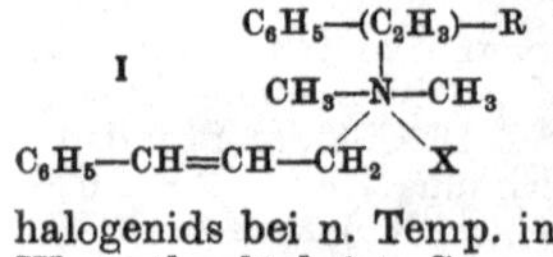

durch Kristallisation aus einem Lösungsm. oder aus Lösungsmittelgemischen gereinigt. Sie sind verwendbar als *Antiseptica* u. *Germicide* in einer Verdünnung von 1 : 25000 bis 180000. (**A. P.** 2 609 392 vom 27/4. 1950, ausg. 2/9. 1952.) W. Gräger. 4833

T. E. Wallis, A textbook of pharmacognosy. 3rd edn. rev. London: J. & A. Churchill. 1955. (578 S. m. Abb.) 8°. 42 s.

Karl Winterfeld, Praktikum der organisch-präparativen pharmazeutischen Chemie und Leitfaden der chemischen Arzneimittelanalyse. Mitbearb. v. **Melanie Rink.** 4. umgearb. u. erw. Aufl. Dresden, Leipzig: Steinkopff. 1955. (VIII + 460 S. mit 64 Abb.) 8°. DM 22,20.

G. Analyse. Laboratorium.

Theodor Staudenmayer, *Eine neue praktische automatische Bürette für sterile Lösungen.* In Anlehnung an eine von der Rhein-Mainischen Glaswarenfabrik „Rhema", Hofheim, herausgebrachte neuartige automat. Bürette, „Quickautomat", werden zur Sterilabfüllung einige Änderungen angegeben. (Zbl. Bakteriol, Parasitenkunde, Infektionskrankh. Hyg., II. Abt. **107.** 257—58. 20/10. 1953. Geisenheim/Rh., Inst. für Botanik.) R. Lips. 5014

Hisao Hirayama, Tadayoshi Ieki und **Keikichi Miyahara,** *Mikroorganische quantitative Analyse mit der mikroanalytischen Waage von E. Mettler.* (Vorl. Mitt.) Beim Vgl. mit der Kuhlmannschen Waage zeigte die Mettlersche vereinfachte Handhabung u. Schnelligkeit, ohne an Genauigkeit nachzustehen. (J. pharmac. Soc. Japan [Yakugaku-zasshi] **73.** 103—04. Jan. 1955. Amagasaki, Shionogi Co. [Orig.: japan.]) L. Schuler. 5022

W. L. Pusstowalow, *Eine Rektifizierkolonne für die Vakuumtrennung von Gemischen höherer Fettsäuren und Aminosäuren.* Beschreibung der Konstruktion u. Arbeitsweise einer Laboratoriumsrektifizierkolonne aus Mo-Glas zur Trennung geringer Mengen höherer Fettsäuren u. Aminosäuren. Die App. besitzt einen Ansatz von 12,5 mm Durchmesser, 42 cm Länge u. 1 mm Ringspiel, ein Temperaturgefälle von 30—35° zwischen Kopf u. Destillierblase bei einer verhältnismäßig großen Höchstleistung (40 theoret. Böden). (Биохимия [Biochemie] **20.** 109—15. Jan./Febr. 1955. Rostow/Don, Med. Inst., Lehrstuhl für Biochemie.) O. Lebtag. 5038

Béla Toronyi, *Eine neue Methode zur Bestimmung der spezifischen Oberfläche.* Vf. arbeitete ein Verf. zur Best. der spezif. Oberfläche auf Grund des von Karagounis angegebenen (C. **1953.** 6201) Prinzips aus u. gibt eine genaue Vorschrift zur Durchführung der Bestimmung. In der Annahme, daß die minimale Schichtdicke 4 Å beträgt, ergab sich für eine *Bentonit*-Probe 375 m^2/g, für eine *Bauxit*-Probe 57 m^2/g. Wenn 1 g Pulver verwendet wird, beträgt der Fehler für je 100 m^2/g $\pm$ 1%. Der absol. Wert der spezif. Oberfläche kann wegen Unkenntnis der minimalen Schichtdicke nicht bestimmt werden. (Épitöanyag [Baumaterial] **6.** 121—23. April 1954.) J. Plank. 5048

Miroslav Killer, *Eine Methode zur Bestimmung der Durchlässigkeit von Gesteinen.* Es wird ein App. zur Best. der Durchlässigkeit von Gesteinen für Gase u. die Arbeitsmeth. ausführlich beschrieben. Die mit Hilfe eines Diamantbohrers geformte u. mit Toluol extrahierte Gesteinsprobe wird in einem durchbohrten Gummistopfen befestigt u. die Durchströmungsgeschwindigkeit der Luft durch die Wanderungsgeschwindigkeit eines Seifenfilms in einem graduierten, schwach geneigten Glasrohr bestimmt. (Nafta [Zagreb] **3.** 315—27. Okt. 1952. Zagreb, Inst. za naftu.) S. Beckmann. 5048

Mark G. Inghram, *Die Verdünnung stabiler Isotope als ein analytisches Hilfsmittel.* Die Elemente, mit denen das isotop. Lösungsverf. zur Best. von Elementen in den Proben durchgeführt worden ist, werden tabellar. angegeben. Umfang u. Genauigkeit der Meth. sowie Analysen des *U*- u. *Th*-Geh. einiger geolog. Proben werden ebenfalls tabellar. angeführt. Die isotop. Lösungsanalyse von U läßt sich bis auf 4 Teile herab in 10^{12} u. bei Th bis auf 8 Teile in 10^9 durchführen. — 15 Literaturhinweise. (Annu. Rev. Nuclear Sci. **4.** 81—92. 1954. Chicago, Ill., Univ. of Chicago, Dep. of Phys., and Lemont, Ill., Argonne Nat. Labor., Phys. Div.) Gerhard Schmidt. 5050

Y. Ueda, *Über Verteilungschromatographie.* Erläuterung der theoret.-mathemat. Grundlagen. — Literatur. (Waseda appl. chem. Soc. Bull. **21.** Nr. 2. 23—26. März 1953. [Orig.: japan.]) L. Schuler. 5062

Margaret Alcock und **J. S. Cannell,** *Eine Apparatur für die Papierverteilungschromatographie.* Vff. beschreiben eine App. für die Papierverteilungschromatographie. Das Gerät ist infolge des spiralig aufgerollten Papiers klein u. handlich. Es ist nach außen hin vollständig abgeschlossen, so daß eine bestimmte Arbeitstemp. leicht eingehalten werden kann. (Analyst **79.** 389—90. Juni 1954.) K.-G. Hackstein. 5062

Siegfried Rösch, *Farbmetrische Versuche zur Papierchromatographie.* Vf. untersucht die zeitliche Änderung von Ninhydrinpapierchromatogrammen von *Glykokoll,*

Leucin u. *Phenylalanin* zahlenmäßig durch Vgl. mit IBK-Farbtafeln u. in guter Übereinstimmung hiermit mit einem Polarisationsfarbmeßgerät. Hierbei ändern sich die Farben qualitativ u. intensitätsmäßig nicht allein von Substanz zu Substanz, sondern auch von Konz. zu Konz. innerhalb einer Zeit von 15 Min. bis zu 8 Wochen. Die Besonderheit des Verh. kann zur Charakterisierung dienen, abweichendes Verh., Aufspaltung des Flecks in eine Kern- u. Randzone kann auf eintretende Rkk. hinweisen. (Farbe **1.** 3—9. Juli 1952. Wetzlar.) H. L. du Mont. 5062

Je. Ss. Kudelja, *Zur Frage der Natur der Prozesse auf den Elektroden bei Funkenerregung des Spektrums.* Es wird eine Theorie für die Heranführung der Elektrodensubstanz in die Entladungszone bei der Spektralanalyse durch Funkenerregung entwickelt, bei der durch spezif. Oxydation u. Diffusion in den Oberflächenschichten der untersuchten Elektroden Veränderungen auftreten. Die Unterss. an Proben mit Cr, Ni, Mn im Stahl bestätigen die vorteilhafte Anwendung hochfrequenter Funkenströme u. der Erhitzung der Proben bis in die F.-Nähe des Metalls. (Автоматическая Сварка [Automat. Schweissen] **7.** Nr. 2. 66—70. März/April 1954. Paton-Inst. für Elektroschweißen der Akad. der Wiss. der UdSSR.) A. Kunze. 5063

Hisashi Okuda und **Masaru Inagaki,** *Quantitative Spektralanalyse gepulverter Proben mit kontinuierlichem Lichtbogenverfahren.* 1. Mitt. In einer Silicatprobe wurden SiO_2, Al_2O_3, Fe_2O_3, CaO u. MgO mit einem mittelgroßen Quarzspektrographen von 100 V Gleichstrom u. 10 A bestimmt. Als „innerer Standard" wurde $SrCO_3$, als Flußmittel Li_2CO_3 dem Probepulver zugegeben. (J. chem. Soc. Japan, pure Chem. Sect. [Nippon Kagaku Zassi] **74.** 186—88. März 1953. Tokyo, Mitsui Chem. Ind. Co. [Orig.: japan.]) L. Schuler. 5063

Kazuo Saito, *Verwendung einer Thyratronröhre für intermittierendes Bogenlicht.* (Vgl. C. **1953.** 9578 u. J. chem. Soc. Japan, pure Chem. Sect. [Nippon Kagaku Zassi] **72.** [1951.] 269.) Für ein gleichmäßigeres Arbeiten mit intermittierendem Bogenlicht zu analyt. Zwecken wird die Einschaltung einer *Thyratronröhre* im einzelnen beschrieben. (J. chem. Soc. Japan, pure Chem. Sect. [Nippon Kagaku Zassi] **73.** 306—08. Mai 1952. Tokyo, Univ. [Orig.: japan.]) L. Schuler. 5063

H. M. Crosswhite, G. H. Dieke und **C. Salmon Legagneur,** *Erzeugung von Standardwellenlängen und -intensitäten durch Eisenhohlkathodenentladungen.* Ein Hohlkathodenentladungsrohr mit Fe-Elektroden u. Edelgasfüllung wird beschrieben, das ein Fe-Spektr. mit scharfen Linien u. Intensitäten hoher Reproduzierbarkeit gibt. Daten für die Abhängigkeit der Intensitäten der Fe-Linien von Art u. Druck des Edelgases u. des Entladungsstromes werden gegeben. Die Linien eines Entladungsrohres mit *Ne*-Füllung von 3 Torr werden als Wellenlängennormale empfohlen. Sie können bei Beachtung bes. Vorsichtsmaßregeln als Intensitätsnormale verwandt werden. (J. opt. Soc. America **45.** 270—80. April 1955. Baltimore, Md., Johns Hopkins Univ.. Dep. of Phys.) Brigitte Müller. 5063

R. W. Stanley und **G. H. Dieke,** *Interferometrisch bestimmte Wellenlängen der Eisenlinien einer Hohlkathodenentladung.* Interferometr. wurden die Wellenlängen von 189 Fe-Linien (3570—5709 Å) einer Hohlkathodenentladung bestimmt. Die Linien sind bedeutend schärfer als diejenigen eines Fe-Bogens u. die Wellenlängen unabhängig von Änderungen der Arbeitsbedingungen des Entladungsrohres. Die Hohlkathodenentladung mit Fe-Elektroden u. *Ne*-Füllung erweist sich als die beste Möglichkeit zur Erzeugung von Wellenlängennormalen. (J. opt. Soc. America **45.** 280—86. April 1955. Baltimore, Md., Johns Hopkins Univ.) Brigitte Müller. 5063

C. W. Hargens, *Ein Infrarotspektrograph zur Verwendung im Flugzeug.* Weiterentw. der C. **1953.** 6104 beschriebenen Apparate. (Rev. sci. Instruments **25.** 1162—66. Dez. 1954. Philadelphia, Pa., Franklin Inst., Labors. for Res. and Developm.) E.-J. Eichhoff. 5063

G. Fuchslocher und **G. Glaser,** *Zur Absolutmessung ultravioletter Strahlung mittels Fluorescenzstoffen.* Bei der beschriebenen Meth. zur absol. Strahlungsmessung im Gebiet 250—400 mμ wird die zu messende Strahlung durch eine alkal. Fluoresceinlsg. (3 g in 10 cm^3 NH_3 u. 50 cm^3 W.) in längerwelliges Licht, das mit einem Sekundärelektronenvervielfacher zu messen ist, verwandelt. Konz. der Lsg., Reabsorption u. räumliche Erfassung des Fluorescenzlichtes bestimmen die Messungen. Bei geeigneter Berücksichtigung dieser Faktoren kann Energieäquivalenz in einem bestimmten Wellenlängenbereich sowie bei Benutzung eines Filters aus einer Fluoresceinlsg. Quantenäquivalenz erhalten werden. Die Empfindlichkeit der Meth. liegt um einige Größenordnungen höher als hochempfindliche Thermoelementgalvanometeranordnungen u. gestatten die absol. Messung kurzzeitiger UV-Lichtimpulse. (Z. Physik **138.** 363—71. 1954. Schramberg/Schwarzwald, Gebr. Junghans Akt.-Ges.) J. Rudolph. 5063

Kunio Nakano, *Über die Beziehung zwischen dem Widerstand und der Konzentration einiger Stoffe nach Messungen mit einem Hochfrequenztitrimeter vom „Widerstandstyp"*. Mit dem Titrimeter vom „Widerstandstyp" wurde für jede untersuchte Verb. ein bestimmter Wert des Widerstands erhalten, falls die Form des Becherglases u. die Menge der Lsg. unverändert gehalten wurde. Durch Auftragen von Widerstand gegen Konz. wurden (für NaOH, HCl u. NaCl) Kurven mit Minimum u. Maximum erhalten. (J. chem. Soc. Japan, pure Chem. Sect. [Nippon Kagaku Zassi] **74**. 172. Febr. 1953. Tokyo, Univ. [Orig.: japan.]) L. Schuler. 5066

Kunio Nakano, *Konstruktion eines neuen Hochfrequenztitrimeters vom „Widerstandstyp"*. Ein variierbarer Widerstand aus Hg, das sich in einer Capillare bewegt, wurde benutzt. Frequenz: 1 Megahertz. (J. chem. Soc. Japan, pure Chem. Sect. [Nippon Kagaku Zassi] **74**. 227—29. März 1953. Tokyo, Univ. [Orig.: japan.]) L. Schuler. 5066

Shizuo Fujiwara und **Shōichi Hayashi**, *Absorption und Dispersion von Radiowellen durch verdünnte Elektrolytlösungen.* (*Grundlegende Untersuchungen über den Mechanismus der Hochfrequenztitration.*) Vorl. Mitt. Mit Radiowellen von 5.98 u. 2,54 MHz wurde die maximale elektr. Leitfähigkeit (G) u. die kennzeichnende Frequenz von 10^{-6} bis 1 n HCl bestimmt. Die G–Konzentrations-Kurven zeigten ein Maximum u. Minimum. (J. chem. Soc. Japan, pure Chem. Sect. [Nippon Kagaku Zassi] **74**. 171. Febr. 1953. Tokyo, Inst. for Electrocommunicat. [Orig.: japan.]) L. Schuler. 5066

Hidehiro Gotô, **Tadashi Hirayama** und **Setsuko Suzuki**, *Hochfrequenztitration einiger Metalle mit Kaliumchlorid und Kaliumcyanid.* $AgNO_3$ u. $Hg(NO_3)_2$ werden mit KCl u. KCN hochfrequenztitrimetr. bestimmt, desgleichen $FeCl_2$ (I) mit KCN. Der verwendbare Konzentrationsbereich ist 0,01—0,1 n. Bei I wird eine Citronensäure–Citrat-Puffer für p_H 4,2—4,6 empfohlen. (J. chem. Soc. Japan, pure Chem. Sect. [Nippon Kagaku Zassi] **74**. 216—18. März 1953. Sendai, Tohoku Univ. [Orig.: japan.]) L. Schuler. 5066

Hideo Nagasaka und **Hajime Takeuchi**, *Über die p_H-Messung strömender Flüssigkeiten.* Im allg. kann der p_H-Wert von strömenden Fll., in welche eine Glaselektrode u. eine Agarbrücke mit gesätt. KCl-Lsg., die mit einer äußeren Hg_2Cl_2-Elektrode verbunden ist, eingebracht wird, durch das elektrokinet. Potential bestimmt werden. Wenn aber die Fl. hohes elektrokinet. Potential oder relativ niedrige Leitfähigkeit hat oder unter mehr als 50—60 cm Hg-Druck steht, sind Fehler möglich, abgesehen von der Verschlechterung der Hg_2Cl_2-Elektrode selbst u. einem KCl-Verlust. Abhilfe durch Anbringen einer an die Hg_2Cl_2-Elektrode angeschlossenen Druckwaage. (Rep. sci. Res. Inst. [Kagaku-Kenkyujo-Hokoku] **29**. 203—06. Mai 1953. [Orig.: japan.]) L. Schuler. 5066

Kurt Cruse, *Organische Polarographie.* 2. Mitt. (1. vgl. C. **1951**. II. 578.) Zahlreiche bisher polarograph. bestimmte organ. Verbb. werden tabellar. aufgeführt u. Hinweise auf weitere Möglichkeiten durch indirekte Best. von Derivv., wie Hydrazonen oder Girardschen Verbb., gegeben. Unterss. von Reduktionsmechanismen, bes. der reversiblen von Chinonen (Übereinstimmung der gemessenen mit den Redoxpotentialen), der Einfl. von Adsorptionen, das anomale Verh. des Formaldehyds infolge Hydratisierung usw. werden erörtert. (Chemiker-Ztg. **74**. 292—93. 8/6. 1950. Aachen, TH, Inst. für theoret. Hüttenk. u. physikal. Chem.) K. Blumrich. 5066

Shigeru Miyamoto und **Tsunetaka Sasaki**, *Harzelektrode zur p_H-Messung.* Das Oxydationspotential bei der Oxydation (mit Br) von *Hydrochinon–H_2CO-Harz* (I) erwies sich als linear abhängig vom p_H. Es wurde folgende unlösl. Elektrode für p_H-Best. hergestellt: Das I wurde in Essigsäurelsg. zu 50% oxydiert. Durch Eintauchen eines Pt-Blechs (mit Pt-Schwarz) in eine Acetonlsg. des oxydierten I bildete sich ein Film von I auf dem Pt. Das mit einer Pt-Elektrode bestimmte Potential folgte im Bereich 0,5—8 auf 0,2 genau linear dem p_H. (J. chem. Soc. Japan, pure Chem. Sect. [Nippon Kagaku Zassi] **74**. 120—22. Febr. 1953. Fukuoka, Kyushu Univ. [Orig.: japan.]) L. Schuler. 5066

R. Gauguin, *Die Wichtigkeit der Polarisationskurven bei der Ausarbeitung elektrochemischer Bestimmungen.* An Hand der Potentialkurven, welche die Stromstärke in Abhängigkeit vom Elektrodenpotential darstellen, gibt Vf. eine Übersicht über jene elektrochem. Verff., bei denen keine nennenswerten Mengen der zu bestimmenden Ionen elektrolyt. abgeschieden werden. Bes. werden Amperometrie mit konstanter Spannung u. Potentiometrie mit konstanter Stromstärke, beide sowohl mit wie ohne Bezugselektrode besprochen u. aus den Potentialkurven ihre Besonderheiten u. jene Bedingungen abgeleitet, die brauchbare Genauigkeit ergaben. (Chim. analytique [4] **36**. 285—90. Nov. 1954. Paris, École Supér. de Phys. et de Chim., Labor. de Chim.) H. Marsen. 5066

C. Tada und **T. Nakamura,** *Über Reagentien.* Übersicht über Definition, Reinheit, Standards, Prüfung, Besonderheit der industriellen Herst. von chem. Reagentien. (Waseda appl. chem. Soc. Bull. **21.** Nr. 2. 18—23. März 1953. Osaka, Org. Chem. Co. [Orig.: japan.]) L. SCHULER. 5072

G. Schwarzenbach, *Die Komplexone und ihre analytische Anwendung.* Allg. Überblick über die theoret. Grundlagen u. die prakt. Anwendung der Komplexone, bes. der Äthylendiamintetraessigsäure in der analyt. Chemie. (Analyst **80.** 713—29. Okt. 1955. Zürich, TH, Labor. für anorgan. Chem.) H. HOFMANN. 5072

R. G. W. Hollingshead, *Studien an Oxin und seinen Derivaten: Die Selektivität und Empfindlichkeit von 7-Allyl-8-oxychinolin (7-Allyloxin) und 7-Allyl-8-oxy-5-nitrosochinolin (7-Allyl-5-nitrosooxin) gegenüber bestimmten Metallen.* Es werden die Darst. von *7-Allyloxin* (I) u. *7-Allyl-5-nitrosooxin* (II) u. ihre Rkk. mit Cu, Mg, Ni, Zn u. Al beschrieben u. diskutiert. Beide Reagentien schließen sich in ihrem analyt. Verh. eng an Oxin an. Ihre Rkk. mit Metallen sind nicht selektiv. Eine mögliche Erklärung für diese Nichtselektivität bes. bei II wird unter Berücksichtigung des Einfl. der Selektivität auf die Empfindlichkeit sowie der Empfindlichkeitsgrenzen bei anderen Oxinderivv. diskutiert. Eigene sowie die Ergebnisse anderer Autoren, die in Tabellen wiedergegeben sind, zeigen, daß erhöhte Selektivität im allg. eine Verminderung der Empfindlichkeit bedingt.

V e r s u c h e: *7-Allyl-8-oxy-5-nitrosochinolin* (II), $C_{12}H_{10}O_2N_2$, F. ca. 105°, aus I (Darst. vgl. LONG u. SCHOFIELD, C. **1954.** 7874) in 5n HCl mit $NaNO_2$ bei 5°, Aufnahme in gesätt. Na_2CO_3-Lsg. bei 60° u. Fällung mit Eisessig; krist. aus Alkohol. — *7-Dibromallyl-8-oxy-5-bromchinolin,* $C_{12}H_{10}ONBr_3$, F. 133—133,5°, aus 5,65 g I in 10 ml $CHCl_3$ durch Einw. von 7,2 g Br_2 in 30 ml $CHCl_3$, Auflösen des gelben Nd. in 250 ml sd. A., Fällung durch Eingießen in 3 Liter dest. W. u. Trocknen des gewaschenen Nd. bei 70°; krist. aus sd. A.; 9 g Ausbeute. (Analyst **80.** 729—35. Okt. 1955. Poole, Dorset, Brit. Drug House Ltd., Labor. Chem. Group.) H. HOFMANN. 5072

W. Ja. Potschinok, M. Ss. Marenetz und **Je. D. Smasnaja-Iljina,** *Triazene als Reagentien in der analytischen Chemie.* 1. Mitt. *Synthese der Oxytriazene und Triazene.* Durch Rk. von Aryldiazoniumsalzen mit Arylhydroxylaminen bzw. von aromat. Nitrosoverbb. mit Arylhydrazinen wird eine Reihe von *Oxytriazenen* u. durch Rk. von Aryldiazoniumsalzen mit Aminotriazolen eine Reihe von *Triazenen* dargestellt. Alle erhaltenen Verbb. geben mit $FeCl_3$ Farb-Rkk., bilden mit Kationen (z. B. Ag, Cu, Ni u. Co) Komplexsalze, u. die meisten von ihnen können als Reagentien auf Mg verwendet werden, da sie mit Lauge rot oder blau gefärbte Lsgg. u. in Ggw. von Mg charakterist. gefärbte Verbb. geben, die die Anwesenheit von 0,5—50 γ Mg/ml erkennen lassen, wobei die Verbb. **I, II, III** u. **IV** prakt. Interesse haben könnten.

V e r s u c h e: *3-Phenyl-1-[p-nitrophenyl]-3-oxytriazen* (I), Zers. bei 182—184°, aus p-Nitrophenyldiazoniumchlorid u. Phenylhydroxylamin (Farbe der alkoh. Lsg.) gelb; (Färbung mit 2n Lauge) rot; (Färbung mit $Mg(OH)_2$) blauviolett; (geringste Mg-Menge in γ/ml, die noch gefärbt wird) 0,5—1. *Mg-Salz,* $C_{24}H_{18}O_6N_8Mg$, aus dem K-Salz u. wasserfreiem $MgCl_2$ in absol. A. durch Kochen, Filtrieren u. Abdampfen des A. roter Nd.; bei 215—220° Zers. mit Aufflammen. — *3-Phenyl-1-[o-nitrophenyl]-3-oxytriazen,* $C_{12}H_{10}O_3N_4$, Zers. bei 149—151°, aus o-Nitrophenyldiazoniumchlorid; gelbe Substanz, lösl. in organ. Lösungsmitteln; gelb; dunkelrot; violett; 50; 68% (Ausbeute). — *3-Phenyl-1-[o-sulfo-p-nitrophenyl]-3-oxytriazen, Na-Salz* (II), $C_{12}H_9O_6N_4SNa$, Zers. bei 226—228°, aus diazotiertem o-Sulfo-p-nitroanilin; gelbe Substanz, lösl. in A. u. W.; gelb; rot; violett; 9,7; 70%. — *1-Phenyl-3-[p-dimethylaminophenyl]-3-oxytriazen,* Zers. bei 125°, aus Phenylhydrazin u. p-Nitrosodimethylanilin in Essigsäure; gelb; gelb; keine; —. — *3-[p-Dimethylaminophenyl]-1-[o-nitrophenyl]-3-oxytriazen,* $C_{14}H_{15}O_3N_5$, Zers. bei 167 bis 168°, aus o-Nitrophenylhydrazin; orange, lösl. in organ. Lösungsmitteln; orange; blauviolett; hellorange; 13; 50%. — *3-[p-Dimethylaminophenyl]-1-[m-nitrophenyl]-3-oxytriazen,* Zers. bei 168—169°, aus m-Nitrophenylhydrazin, gelb, lösl. in organ. Lösungsmitteln; gelb; gelb; keine; —; 50—60%. — *3-[p-Dimethylaminophenyl]-1-[p-nitrophenyl]-3-oxytriazen,* Zers. bei 162—164°, aus p-Nitrophenylhydrazin, orange, lösl. in organ. Lösungsmitteln; orange; blauviolett; blau; 2,5; 50—60%. — *3-Phenyl-1-{p-[benzthiazolyl-(2)]-phenyl}-3-oxytriazen,* $C_{19}H_{14}ON_4S$, Zers. bei 164—166°, aus 2-[p-Aminophenyl]-benzthiazol; gelb, lösl. in organ. Lösungsmitteln; gelb; rot; orange; 3,0; 77%. — *3-Phenyl-1-[β-naphthyl]-3-oxytriazen,* $C_{16}H_{13}ON_3$, Zers. bei 154—156°, aus β-Naphthylamin; gelb, lösl. in organ. Lösungsmitteln; gelb; gelb; keine; —; 47%. — *3-Phenyl-1-[1-nitronaphthyl-(2)]-3-oxytriazen,* $C_{16}H_{12}O_3N_4$, Zers. bei 160—161°, aus 1-Nitro-2-naphthylamin; orange Blättchen, lösl. in Bzl. u. Toluol, wenig in A.; orange, rot, schwachorange; über 30; 71%. — *3-Phenyl-1-[6'-nitronaphthyl-(2')]-3-oxytriazen,* Zers.

bei 175°, aus 6-Nitro-2-naphthylamin; gelbe Blättchen; lösl. in Bzl. u. Toluol, wenig in A.; gelb; rot; violett; 4; 56%. — *3-Phenyl-1-[8'-nitronaphthyl-(2')]-3-oxytriazen*, Zers. bei 192°, aus 8-Nitro-2-naphthylamin; gelbe Nadeln, lösl. in Bzl. u. Toluol, wenig in A.; gelb; rot; blauviolett; 2; 75%. — *3-Phenyl-1-[5'-sulfonaphthyl-(2')]-3-oxytriazen, Na-Salz*, $C_{16}H_{12}O_4N_3SNa$, Zers. bei 143—146°, aus 2-Naphthylamin-5-sulfonsäure; gelb, lösl. in W., A. u. Aceton; gelb; gelb; keine; —; 75%. — *3-Phenyl-1-[6'-nitro-8'-sulfonaphthyl-(2')]-3-oxytriazen, Na-Salz*, $C_{16}H_{11}O_6N_4SNa$, Zers. bei 247—250°, aus 6-Nitro-2-naphthylamin-8-sulfonsäure; hellbraun, lösl. in W., A. u. Aceton; gelb; rot; blau; über 20; 71%. — *3-Phenyl-1-[7'-nitro-5'-sulfonaphthyl-(2')]-3-oxytriazen, Na-Salz*, Zers. bei 225 bis 230°, aus 7-Nitro-2-naphthylamin-5-sulfonsäure; hellbraun, lösl. in W., A. u. Aceton; gelb; gelb; keine; —; 70%. — *3-Phenyl-1-[1'-oxynaphthyl-(2')]-3-oxytriazen* (?), $C_{16}H_{13}O_2N_3$, Zers. bei 125—130°, aus 2-Nitroso-1-naphthol; hellrot, lösl. in W., A. u. Aceton; rot; rot; hellrot; 3; 20%. — *3-Phenyl-1-[4'-oxynaphthyl-(2')]-3-oxytriazen* (?), Zers. bei 190—195°, aus 4-Nitroso-1-naphthol; hellrot, lösl. in W., A. u. Aceton; rot; rot; keine; —; 15%. — *3-[o-Nitrophenyl]-1-[1'-oxynaphthyl-(2')]-3-oxytriazen*, $C_{16}H_{12}O_4N_4$, Zers. bei 225—226°, aus 2-Nitroso-1-naphthol u. o-Nitrophenylhydrazin; orange, lösl. in W., A. u. Aceton; orange; rot; schwachorange; über 20; 30%. — *1-Phenyl-3-[benzthiazolyl-(2')]-3-oxytriazen*, $C_{13}H_{10}ON_4S$, Zers. bei 87°, aus [Benzthiazolyl-(2)]-hydroxylamin u. Anilin; gelb, lösl. in organ. Lösungsmitteln; gelb; gelb; keine; —; 34%. — *1-[p-Tolyl]-3-[benzthiazolyl-(2')]-3-oxytriazen*, $C_{14}H_{12}ON_4S$, Zers. bei 79—80°, aus p-Toluidin; gelb, lösl. in organ. Lösungsmitteln; gelb; gelb; keine; —; 35%. — *1-[p-Sulfophenyl]-3-[benzthiazolyl-(2')]-3-oxytriazen*, $C_{13}H_{10}O_4N_4S_2$, Zers. bei 130—131°, aus Sulfanilsäure; gelb, lösl. in Laugen; gelb; gelb; hellgelb; über 40; 24%. — *1-[p-Nitrophenyl]-3-[benzthiazolyl-(2')]-3-oxytriazen*, $C_{13}H_9O_3N_5S$, Zers. bei 126—127°, aus p-Nitranilin; gelb, lösl. in organ. Lösungsmitteln; gelb; rot; orangeviolett; 2,4; 50%. — *Phenyl-[benzthiazolyl-(2)]-triazen*, $C_{13}H_{10}N_4S$, Zers. bei 172—173°, aus 2-Aminobenzthiazol u. Anilin, gelb, lösl. in organ. Lösungsmitteln; gelb; gelb; keine; —; 57%. — *p-Nitrophenyl-(benzthiazolyl-(2)]-triazen* (III), $C_{13}H_9O_2N_5S$, Zers. bei 210—212°; gelb, lösl. in organ. Lösungsmitteln; orange; rot; hellrot; 1; 50—60%. — *p-Sulfophenyl-[4-methylthiazolyl-(2)]-triazen, Na-Salz*, $C_{10}H_9O_3N_4S_2Na \cdot 2H_2O$, Zers. bei 300—303°, aus 2-Amino-4-methylthiazol, orangefarbene Blättchen, lösl. in W. u. A.; gelb; orange; hellrot; 2,5; 43%. — [Benzthiazolyl-(2)]-[p-(benzthiazolyl-(2))-phenyl]-triazen, $C_{20}H_{13}N_5S_2$, Zers. bei 201°, aus 2-[p-Aminophenyl]-benzthiazol; gelb, lösl. in Pyridin, schwer in A.; gelb; gelb; orange; 10; 45%. — *Bis-[p-(benzthiazolyl-(2))-phenyl]-triazen* (IV), $C_{26}H_{17}N_5S_2$, Zers. bei 196°; gelb, lösl. in Pyridin, schwer in A.; gelb; rot; hellrot; 50%. (Украинский Химический Журнал [Ukrain. chem. J.] **19**. 179—92. 1953. Kiew, Univ., Lehrstuhl der organ. Chem.)

E. STEINBERG. 5072

D. L. Manning und **J. C. White**, *Bestimmung von Spuren von Fluorwasserstoff in inerten Gasen.* Vff. lassen die Gase eine verd. H_3BO_3-Lsg. passieren u. messen die Zunahme der Leitfähigkeit, die durch die Rk. der H_3BO_3 mit HF verursacht wird. Die Beziehung zwischen Leitfähigkeit u. HF-Konz. war im Bereich von 0—1 mg HF linear. — Noch 10 γ HF können auf diese Weise bestimmt werden. — Die Meth. eignet sich zum Einsatz in der Industrie, vorausgesetzt, daß keine anderen ionisierbaren Gase zugegen sind. Im Hinblick auf die konduktometr. Messung eignet sich wss. H_3BO_3-Lsg. deswegen am besten, weil sie fast den gleichen geringen Dissoziationsgrad wie reines W. hat u. sofort mit F^- sich zu der lösl. komplexen Säure HBF_3OH umsetzt, die ihrerseits wesentlich stärker als H_3BO_3 u. HF dissoziiert ist, so daß sich bei Zutritt von HF zur H_3BO_3-Lsg. sofort ein deutlicher Anstieg der Leitfähigkeit zeigt. Die verwendeten Borsilicatglasgefäße werden nur unwesentlich angeätzt. — Die Meth. ist zunächst beschränkt auf die Fälle, in denen F als Ion vorliegt. (Analytic. Chem. **25**. 1648—50. Nov. 1953. Oak Ridge, Tenn., ORNL, Analyt. Chem. Div.) F. NOACK. 5086

J. P. Nielsen und **A. D. Dangerfield**, *Die Verwendung von Austauschharzen zur Bestimmung atmosphärischer Fluoride.* Die Luftprobe wird durch dest. W. geleitet, dem man bei Ggw. von S-Verbb. 1 ml 0,1mol. $BaCl_2$-Lsg. zusetzt. Das Austauschharz wird vor der Verwendung nacheinander mit 200 ml 2n HCl, 200 ml 2n NaOH u. 200 ml dest. W. gewaschen. Die Säule wird außerdem mit 400 ml HF-Lsg. (1 γ HF/ml), einer NaF-Lsg. gleicher Konz. u. anschließend mit 50 ml 0,1n NaOH sowie 25 ml 0,01n NaOH behandelt, um den Fehler, der durch eine irreversible Restadsorption von F^- entstehen würde, auszumerzen. Die Untersuchungslsg. wird nach Ansäuern (0,5 ml 1nHCl/100 ml) mit einer Durchlaufgeschwindigkeit von 2 ml/Min. über die Säule geführt. Das Fluorid wird mit 25 ml 0,1n NaOH u. 25 ml 0,01n NaOH eluiert, das Eluat mit 1nHCl neutralisiert u. unter Verwendung von Alizarinrot als Indicator mit $Th(NO_3)_4$-Lsg. titriert. Die Grenze der Genauigkeit beträgt ± 1 γ F bei einem Gesamt-F-Geh. bis zu 20 γ. (A. M. A. Arch. ind. Health **11**. 61—65. Jan. 1955. Stanford, Res. Inst.) H. ZELLER. 5088

a) Elemente und anorganische Verbindungen.

Olof Samuelson, Lennart Lundén und **Kerstin Schramm,** *Über die Verwendung von Ionenaustauschern in der analytischen Chemie. 27. Mitt. Metalltrennungen mit Anionenaustauschern in Citratform.* (25. vgl. C. **1956.** 206.) Vff. beschreiben eine Trennung der Erdalkalimetalle: Mg^{2+}, Ca^{2+}, Sr^{2+} u. Ba^{2+} von V(IV), Fe(III), Al(III), Cu (II), Ni(II) u. Co(II) mit dem Anionenaustauscher *Dowex 2* (Korngröße 0,2—0,3 mm in lufttrockenem Zustand) in der Citratform. Die Verss. werden im sauren Medium ausgeführt, weil die Citratkomplexe der Erdalkaliionen in saurer Lsg. eine geringere Beständigkeit besitzen u. damit die Erdalkalien beim Waschen mit H_2O aus der Säule leicht verdrängt werden können, während die genannten anderen Ionen auf der Säule haftenbleiben. Das Vol. der Probelsg. war in sämtlichen Fällen ca. 20 ml. Die Durchlaufgeschwindigkeit betrug im allg. 1—2 ml/Minute. Durch Waschen mit ca. 250 ml H_2O wurde die Lsg. verdrängt, u. die Erdalkalien wurden im Durchlauf bestimmt. Als Regenerationsmittel diente 1 mol. HCl. Die Trennung der einzelnen Erdalkalien von den genannten anderen Metallen kann als quantitativ bezeichnet werden. In einer besonderen Versuchsreihe wurde untersucht, ob das Auswaschen vor der Sorptionsstufe einen Einfl. auf das Verh. von reinen $CaCl_2$-Lsgg. hat. Prakt. ist die Hydrolyse in diesem Fall ohne Einfluß. Es wird jedoch erwähnt, daß bei Metallen, bei welchen die Sorptionsfähigkeit größer ist als bei Ca (z. B. Zn), das Auswaschen der Säule einen deutlichen Einfl. ausübt. (Z. analyt. Chem. **140.** 330—35. 1953. Göteborg.) H. Pittack. 5100

E. L. Fireman und **D. Schwarzer,** *Messung der Tritiumkonzentration in natürlichen Wässern mit einer Diffusionsnebelkammer.* Die β-Aktivität von T wurde benutzt, um die T-Konz. in Meer-, Quell- u. Regenwasser zu bestimmen. Aus dem W. wurde in einem Mg-Ofen H_2 befreit u. einer Diffusionsnebelkammer für 7 at zugeleitet. Das Verhältnis C_T:C_H erstreckte sich von 10^{-15} bis $3 \cdot 10^{-18}$. (Physic. Rev. [2] **94.** 385—88. 15/4. 1954. Upton, N. Y., BNL.) M. Pollermann. G 238

B.-Emile Jaboulay, *Bestimmung von Schwefel in Stählen, Eisen und Gußeisen durch Freisetzen in Gasform. Berichtigende und ergänzende Notiz.* Bei Einwaagen von 10 g kann der Einfl. von J auf die essigsaure Zinkacetatlsg. vernachlässigt werden. Bei Einwaagen von 3 g, für die man verdünntere J- u. $Na_2S_2O_3$-Lsgg. verwendet, ist das nicht mehr der Fall. Wird diese Fehlerquelle berücksichtigt, dann ergibt sich für Schnellarbeitsstähle zur Berechnung des S-Geh. ein Faktor von 1,8, da $^5/_9$ des S als H_2S freigesetzt werden. (Chim. analytique [4] **36.** 130—31. Mai 1954.) Ph. Fresenius. G 253

K. W. Gerritsma und **J. C. Frederiks,** *Die Trennung und die quantitative Bestimmung von kondensierten Phosphaten mit Hilfe der Papierchromatographie.* Die zur Unters. von Mischungen von Ortho- u. kondensierten Phosphaten bekannten papierchromatograph. Verff. werden aufgezählt. Für die Trennung von Ortho-, Pyro-, Tripoly-, Trimeta-, Tetrameta- u. hochpolymeren Phosphaten werden ein alkal. (Mischung von 30 cm^3 Propanol, 30 cm^3 A., 39 cm^3 W. u. 1 cm^3 25%ig. NH_4OH) u. ein saurer (Mischung von 75 cm^3 Isopropanol, 25 cm^3 W., 5 g CCl_3COOH u. 0,3 cm^3 25%ig. NH_4OH) Entwickler vorgeschlagen. Nachdem die getrennten Phosphate vom Papier mit NH_4OH eluiert worden sind, bestimmt man sie colorimetrisch. — 17 Schrifttumshinweise. (Chem. Weekbl. **51.** 197—201. 12/3. 1955. Utrecht, Centr. Inst. voor Voedingsonderzoek, T. N. O.) W. Wesly. G 264

Ernö Pungor und **Erika Éva Zapp,** *Flammenphotometrische Untersuchung der Alkalimetalle.* Es wurde der gegenseitige Einfl. der Emission der Alkalimetalle mit einem Beckman-DU-Spektrometer untersucht. Zur Zerstäubung diente ein aus rostfreiem Stahl bereiteter Zerstäuber mit Ni-Capillare, ohne Nebelkammer. Die Emission von *Li* u. *Na* in der Knallgasflamme wird auch durch die 50fache Menge der übrigen Alkalimetalle nicht beeinträchtigt, ebenso stört Li u. Na die Emission der übrigen Alkalimetalle nicht. *K*, *Rb* u. *Cs* stören sich gegenseitig, u. zwar stört Cs die Emission des K stärker als Rb, ebenso stört Cs auch Rb stärker als K. Erhöhung der Zerstäubungsgeschwindigkeit ist von geringem Einfluß. Von fremden Ionen vermindern $(H_4N)_2SO_4$ u. $(H_4N)_3PO_4$ die Emission von Na, $HClO_4$ erhöht diese. Ähnlich liegt der Fall bei K. Eine Erklärung der gegenseitigen Störung findet sich in der leichten Ionisierbarkeit der schwereren Alkalimetalle. $HClO_4$ zerfällt in der Flamme, u. die frei werdende Energie fördert die Emission, wenn die Anregungs- u. Ionisationsenergie höher ist, wie beim Na, oder ist ohne Einfl., wenn diese Energien kleiner sind, wie beim Kalium. (Magyar Kémiai Folyóirat [Ung. Z. Chem.] **61.** 117—22. April 1955. Budapest, Univ., Inst. für anorgan. u. analyt. Chem.) J. Plank. G 272

F. Hegemann, V. Calmann und **H. Zoellner,** *Systematische Untersuchungen zur genauen Bestimmung von Natrium mit dem Flammenphotometer von C. Zeiß, Jena.* Durch zusätzliche Maßnahmen. wie bessere Druckeinstellung für Acetylen u. Luft, Wahl des günstigsten Druckverhältnisses, konstante Bedingungen für das Zerstäuben der Lsgg. u. den Brenner, Sekundärelektronenvervielfacher an Stelle des Se-Photoelements, empfindliche Anzeigevorr. u. Wahl des günstigen Bereichs für die Na- u. Salzkonz. (0,001 bis 0,1%) wurde die Genauigkeit von $\pm 2-3\%$ auf $\pm 0,5\%$ des Na-Geh. verbessert. (Ber. dtsch. keram. Ges. e. V. **31.** 315—20. Sept. 1954. München, TH, Mineral. Geol. Inst., Forschungsstelle für Geochem.) K. Blumrich. G 274

P. R. Lewis, *Die Mikrobestimmung von Kalium mit Dipikrylamin.* Es wird ein Verf. zur colorimetr. Mikrobest. von K mit *Dipikrylamin* (I) in biol. Substanzen beschrieben u. diskutiert. Die Probe wird trocken verascht, K als K-I gefällt u. letzteres in wss. Lsg. colorimetriert. Der Durchschnittsfehler einer Analyse bei K-Mengen $\geqq 20\,\gamma$ beträgt $< \pm 2\%$. Mit Störungen durch Elemente, die in biol. Substanzen zu erwarten sind, ist kaum zu rechnen. Die Meth. wurde unter Verwendung von radioakt. K entwickelt u. geprüft. An Hand dieser Unterss. wird vom Vf. gezeigt, daß das Waschen eines Nd. mit seiner gesätt. Lsg. für analyt. Zwecke zu verwerfen ist. (Analyst **80.** 768—73. Okt. 1955. Cambridge, Physiol. Labor.) H. Hofmann. G 275

Mutsuaki Shinagawa, *Eine systematische polarographische Analyse von Alkali- und Erdalkalimetallionen.* Die polarograph. Best. der Alkali- u. Erdalkalimetallionen nebeneinander gestaltet sich wegen der Überlappung der Stufen (infolge der geringen Unterschiede im Halbstufenpotential $E_{1/2}$) sehr schwierig. $E_{1/2}$: $NH_4^+ = -2,15$ V (schwach sauer); in ca. 10^{-2}n alkal. Lsg.: $Li^+ = -2,38$ V; $Na^+ = -2,14$ V; $K^+ = -2,15$ V; $Rb^+ = -2,13$ V; $Cs^+ = -2,12$ V; $Ca^{2+} = -2,21$ V; $Sr^{2+} + -2,14$ V; $Ba^{2+} = -1,96$ V. — Vf. beschreibt eine Meth., die in einem Alkali–Erdalkali-Gemisch eine. quantitative Best. von NH_4^+, Li^+, Mg^{2+}, Ca^{2+}, Sr^{2+} u. Ba^{2+} sowie eine summar. Best. von Na^+, K^+, Rb^+ u. Cs^+ erlaubt. Fehler bis zu $\pm 10\%$ in 10^{-3}n Lösung. — Die Meth. basiert u. a. auf einer Differenzbestimmung. NH_4^+ wird mit $N(CH_3)_4$—OH abdest., u. die Ca^{2+}-, Sr^{2+}- u. Ba^{2+}-Stufen können durch H_3PO_4 unterdrückt werden. (J. Sci. Hiroshima Univ., Ser. A **16.** 145—51. Juli 1952. [Orig.: engl.]) H. Röpke. G 280

W. A. C. Campen, *Die Fällung von Calcium als Calciumoxalat in schwach saurer Lösung.* Man versetzt 100—200 cm³ salzsaure Probelsg., entsprechend 0,25—2 g Fe (als Fe^{3+}) mit so viel 8n HCl oder 13,6n NH_4OH, daß die Lsg. 10 cm³ 8nHCl enthält, versetzt mit 40 (Voll. über 200 cm³ mit 75) cm³ kalt gesätt. NH_4-Oxalatlsg., erhitzt zum Sieden, versetzt, wenn ein beim Sieden nicht verschwindender Nd. entsteht, mit 8n HCl, bis der Nd. verschwindet, versetzt langsam, unter beständigem Rühren mit 15%ig. *NH_4-Acetat*-Lsg. (I), rührt nach dem Ausfallen des Ca-Oxalats ½ Min. weiter, gibt einige Tropfen Indicator (0,1 g Bromphenolsulfophthalein mit 1,5 cm³ 0,1n NaOH verrieben u. auf 100 cm³ W. aufgefüllt) u. so viel I zu, bis das Gesamtvol. an I 50 cm³ beträgt, versetzt mit NH_4OH bis zum Farbumschlag, läßt auf dem sd. Wasserbad absitzen, versetzt mit 15 cm³ I, rührt auf, läßt 1 Std. auf dem sd. Wasserbad stehen u. filtriert. (Chem. Weekbl. **51.** 188. 5/3. 1955. Maastricht, Rijkslandbouwproefstat.) W. Wesly. G 283

W. A. C. Campen und **L. J. H. Nijst,** *Ein Verfahren zur schnellen Entfernung von Eisen, Aluminium, Titan, Mangan und Phosphorsäure aus Lösungen, die zur Bestimmung von Magnesium und Calcium dienen sollen.* Man fällt aus schwach saurer Lsg. Mn^{2+} mit $KMnO_4$, H_3PO_4 mit $FeCl_3$, Al, Fe u. Ti durch Kochen mit einer Lsg. von Benzoesäure u. NH_4-Benzoat, wobei der $KMnO_4$-Überschuß zu MnO_2 red. wird. Das Verf. wird im einzelnen beschrieben. (Chem. Weekbl. **51.** 186—88. 5/3. 1955. Maastricht, Rijkslandbouwproefstat.) W. Wesly. G 283

O. Gübeli und **H. Jucker,** *Zur analytischen Bestimmung von Radium.* Vff. untersuchen die Best. von Ra durch Mitfällung an $BaSO_4$. Die Mitfällung wird von der Größe der $BaSO_4$-Kristalle beeinflußt, die stark vom Fällungs-p_H abhängt. Die größten Kristalle u. damit eine quantitative Mitfällung wird bei p_H 3 beobachtet. Aus den Ra–Ba-Lsgg. wird zunächst RaEm verkocht u. bei alten Lsgg. Po mit einer Cu-Pulversäule von 20cm Länge u. 1 cm Durchmesser entfernt. Dann wird bei p_H 3 tropfenweise auf dem Wasserbad mit einem 20%ig. Überschuß von 0,1n H_2SO_4 gefällt. Cl^-, Br^-, NO_3^- u. Acetat stören nicht. Gleichmäßige $BaSO_4$-Schichten werden durch Filtration mit Hartfiltern erzielt, die in eine Porzellannutsche auf ein siebartig durchbohrtes Kunststoffschälchen gelegt werden. Eine Schichtdicke von 8 mg/cm² wird empfohlen. Die Messung erfolgt mit einem Glockenzählrohr entweder nach einem genau einzuhaltenden Zeitplan bei der Fällung, Trocknung u. Messung (Schnellmeth.) oder mit 40 Tagen Wartezeit zur Einstellung des radioakt. Gleichgewichts; gegen RaEm-Verluste wird hierbei eine Klebefolie aufgeklebt (Präzisionsmeth.). Die Resultate werden mit emanometr. Messungen verglichen. Die Fehler betragen bei der Schnellmeth. für $> 10^{-2}\,\gamma$ Ra/

100 ml, bei der Präzisionsmeth. für $>10^{-4}\,\gamma$ Ra/100 ml 1—2%. Mit der Präzisionsmeth. sind noch $10^{-4}\,\gamma$ Ra/100 ml bestimmbar. (Helv. chim. Acta 38. 485—91. 15/3. 1955. Zürich, ETH, Labor. für anorg. Chem.) G. HERRMANN. G 286

O. Gübeli und **H. Jucker,** *Zur Anreicherung von Radium in Radium-Barium-Gemischen.* (Vgl. vorst. Ref.) Einige Methoden zur Anreicherung von γ-Mengen Ra aus mg-Mengen Ba werden verglichen. Bei der fraktionierten Kristallisation der Chloride durch Abkühlen der auf dem Wasserbad gesätt. Lsg. werden Anreicherungskoeffizienten $K_{Ba} = 1,5—1,8$, bei der fraktionierten Fällung durch HCl-Gas $K_{Ba} = 2,5$ gemessen. Ba kann aus Ba(Ra)SO_4-Ndd. mit 85% ig. H_2SO_4 bevorzugt extrahiert werden, bei mehrfacher Extraktion erhält man schließlich reines $RaSO_4$ mit guter Ausbeute. Die chromatograph. Trennung an kationotroper Tonerde ergibt bei der Elution mit heißem W. $K_{Ba} = 3,2$, bei der Verwendung von 0,1nHCl $K_{Ba} \leq 30$. An einer mit 0,5mol. Ammoniumcitratlsg. vom p_H 7,5 vorbehandelten Dowex 50-Säule wird mit 0,5mol. Ammoniumcitratlsg. Ba zuerst eluiert, die Trennung ist fast vollständig. Ebenfalls möglich ist die Trennung an der tropfenden Hg-Kathode mit kontrolliertem Potential. In Ggw. von Tetramethylammoniumbromid wird Ra bei —1,72, Ba bei —1,77 V abgeschieden. (Helv. chim. Acta 38. 492—99. 15/3. 1955.) G. HERRMANN. G 286

F. Sierra und **J. Hernández Cañavate,** *Die gravimetrische Bestimmung des Zinks als Mercurithiocyanat.* Es wird ein Überblick über die verschied. vorgeschlagenen gewichtsanalyt. Methoden zur Best. des Zn als Mercurithiocyanat gegeben. Die Abänderungen der klass. Methoden beruhen auf der Fällung durch Zutropfen von $Na_2[Hg(CNS)_4]$-Lsg. mit NaCNS-Überschuß in der Wärme zu der vorher mit Glycerin versetzten Probelösung. Hierdurch wird die Adsorption größtenteils ausgeschaltet u. die Fällungsgeschwindigkeit des $Zn[Hg(CNS)_4]$ vermindert. Der erhaltene Nd. wird mit einer Mischung von je 1% ig. $Na_2[Hg(CNS)_4]$- u. NaCNS-Lsg. ausgewaschen; dies letzte löst das infolge Adsorption zurückgehaltene $Hg(CNS)_2$, wobei das gegebenenfalls anwesende $Zn([Hg(CNS)_3])_2$ in das n. $Zn[Hg(CNS)_4]$ verwandelt wird. Bei dieser Meth. ist es möglich, 0,01 g Zn mit großer Genauigkeit zu bestimmen. Die Best. kann auch in H_2SO_4- u. HNO_3-saurem Medium erfolgen. (An. Real Soc. españ. Física Quím., Ser. B 49. 687—92. Nov. 1953. Murcia, Inst. „Alonso Barba", Secc. de Quím. Analít.) K. PISTOR. G 288

J. C. Sergeant, *Eine komplexometrische Methode zur Bestimmung von Zink in Aluminiumlegierungen.* Zur Zn-Best. in Al-Legierungen wurde 0,5 g Legierung langsam mit 5 ml konz. HCl u. anschließend mit 5 ml konz. HNO_3 gelöst, mit 50—60 ml W. verd. u. Al, Fe usw. durch 3 g Weinsäure komplex gebunden. Nach Neutralisation mit NH_3 wurde erneut mit 10 ml 10% ig. HNO_3 angesäuert u. Zn, Cu, Ni usw. mit einer berechneten, zur Fällung u. Neutralisation erforderlichen Menge Na_2CO_3/Na_2S-Lsg. (50 g + 100 g auf 1 Liter W.) gefällt, erhitzt u. nach kurzem Stehen filtriert. Nach Lösen des Nd. in 15 ml heißer verd. HCl wurde S durch Kochen mit 2—3 g NH_4Cl + genügend Br oxydiert u. noch vorhandene Spuren Fe, Al usw. mit NH_3 gefällt u. filtriert. Durch Zugabe von 5 ml NH_3 + 4 ml 20% ig. KCN-Lsg. wurden Cu u. Ni komplex gebunden. Der gleichzeitig gebildete Zn-Komplex wurde durch 10 ml 50% ig. Formaldehydlsg. zerstört u. Zn nach Zugabe von 9—11 Tropfen Eriochromschwarzindicatorlsg. (0,5 g + 3 g $NH_2OH \cdot HCl$ in 100 ml A.) mit Dinatriumäthylendiamintetraessigsäurelsg. (9,5 g/Liter) titriert. Bei 2—13% Zn betrug der Fehler $<0,05\%$. (Metallurgia [Manchester] 50. 252—54. Nov. 1954. Birmingham, Univ., Dep. of Metall.) H. PLUSKAL G 288

C. L. Luke und **K. C. Braun,** *Photometrische Bestimmung von Aluminium in Manganbronze, Zink-Spritzguß-Legierungen und Magnesiumlegierungen. Ein Aluminonverfahren.* In Anlehnung an die Arbeiten von CRAFT u. MAKEPEACE (Ind. Engng. Chem., analyt. Edit. 17. [1945.] 206) u. SHERMAN wird ein schnelles u. verläßliches Verf. zur Best. von Cu-, Zn- u. Mg-Legierungen mit *Aluminon* unter Verwendung von Thioglykolsäure als Komplexbildner zur Eliminierung der störenden Wrkg. des Fe beschrieben. Bei Mn-Bronze wird eine Einwaage von 0,2 g in 5 cm^3 HCl u. 5 cm^3 30% ig. H_2O_2 gelöst, gegebenenfalls unter Kühlung. Nach Beendigung der Rk. auf 2 cm^3 eindampfen u. auf 200 cm^3 auffüllen. Davon 10 cm^3 mit 2 cm^3 Thioglykolsäure–W. (4:96) u. 15 cm^3 *Aluminon*-Pufferlsg. versetzen u. nach 5 Min. langem Erhitzen im sd. Wasserbad auf 100 cm^3 mit W. auffüllen. Die Pufferlsg. wird hergestellt aus 500 g NH_4-Acetat in 1 Liter W. unter Zusatz von 80 cm^3 Eisessig. Zur Bereitung der Aluminonpufferlsg. löst man 1,00 g Aluminon (NH_4-Salz der Aurintricarbonsäure) in 50 cm^3 W. u. gibt zur Pufferlsg., zu der man weiter 2 g in 20 cm^3 Methanol gelöste Benzoesäure fügt. Dann füllt man auf 2 Liter auf. Andererseits werden 10 g KNOX-Gelatine in 250 cm^3 W. auf dem Wasserbade aufgelöst, in 500 cm^3 W. gegeben u. auf 1 Liter aufgefüllt. Die abgekühlte Gelatinelsg. wird mit der Aluminonpufferlsg. vermischt. Herst. von Eichlsgg. aus reinen Reagentien in passenden Konzentrationen. Außer Fe wird auch Cu durch die Thioglykolsäure maskiert. Messung der Lsgg. ca. 1—2 Min. nach ihrer Herst. bei 525 mμ. W. als Vergleichslösung. Bei Ggw. von >0,1 mg Pb oder Bi bildet sich ein koll. Nd., der zu hohe Al-Werte vortäuscht. Sn u. Sb geben Hydrolyseprodukte. Aluminon verschied. Herkunft gibt verschied. Eichkurven. Zeit u. Temp. der Erhitzung beeinflussen die Intensität der Farbentwicklung. Tartrate u. Sulfate stören. Der p_H-Wert soll bei 5,3 liegen. Arbeitsvorschrift für Zn- u. Mg-Legierungen: Einwaage von 0,1 g in 5 cm^3 HCl (1:1) auflösen u. nach Zugabe von 1—2 Tropfen H_2O_2 bis zur völligen Lsg. erhitzen, auf 2 cm^3 eindampfen, auf 500 cm^3 mit W. auffüllen. Einen 0,02—0,06 g Al entsprechenden aliquoten Teil mit 15 cm^3 Aluminonpufferlsg. versetzen u. wie oben beschrieben behandeln. Auf 100 cm^3 auffüllen (Analytic. Chem. **24**. 1120—22. Juli 1952. Murray Hill, N. J., Bell Telephone Labors., Inc., u. Barber, N. J., Amer. Smelt. & Refin. Co.) O. WERNER. G 294

C. L. Luke, *Photometrische Bestimmung von Aluminium in Blei, Antimon, Zinn und ihren Legierungen. Eine Aluminonmethode.* Beschreibung eines Verf. zur Best. von Spuren Al in Pb, Sb, Sn u. ihren Legierungen unter Verwendung von Aluminon–Thioglykolsäure u. Oxin–Cyanid–Peroxyd. Da bei der Al-Best. mit Aluminon sehr viele Elemente stören, wird folgender Weg eingeschlagen: 1. Entfernung von Pb als Sulfat, von Sb u. Sn durch Verflüchtigung als Bromide. 2. Elektrolyse an der Hg-Kathode zur Entfernung von Metallen, wie Fe. 3. Ti, Zr u. Hf werden durch Extraktion mit Cupferron–Chlf. entfernt. 4. Bei p_H 5 werden Be u. Sc abgetrennt, indem Al mit Oxin–Chlf. extrahiert wird. Nach Abdampfen des Oxin–Chlf. wird das Al mit der *Aluminon*–Thioglykolsäure-Meth. bestimmt. Arbeitsvorschrift für *Pb-Metall*: 10 g Späne werden in 50 cm^3 HNO_3 (1:3) gelöst u. nach Lsg. auf 100 cm^3 aufgefüllt. Danach Zugabe von 5,5 cm^3 H_2SO_4 (1:1). Nd. filtrieren u. waschen. Filtrat mit 2 cm^3 $HClO_4$ u. einigen Körnern SiC erhitzen u. auf 10 cm^3 eindampfen. Bis zum Auftreten von $HClO_4$-Dämpfen erhitzen u. auf 1 cm^3 eindampfen. Nach Abkühlung Zugabe von 10 cm^3 W. u. Kochen zur Vertreibung von Cl_2, Lsg. abkühlen, auf 45 cm^3 verdünnen, filtrieren u. in die 30 cm^3 Hg enthaltenden Kathodenbecher überführen. Elektrolysendauer ca. 30 Min. oder länger bei 4—5 A, Lsg. abhebern, Elektroden waschen, Lsg. in 150 cm^3-Scheidetrichter zur Cupferrontrennung überführen. Hierfür 1 cm^3 70%ig. $HClO_4$, 50 cm^3 W., 1 cm^3 Cupferronlsg. (1 g Cupferron in 100 cm^3 W.) sowie 15 cm^3 $CHCl_3$ zugeben, 1 Min. schütteln u. Schichten trennen. Neutralisierung der wss. Phase durch NH_4OH unter Verwendung von 1 Tropfen m-Kresolpurpur (0,1 g m-Kresolpurpur in 10 cm^3 W. u. 1 Tablette NaOH auflösen u. auf 100 cm^3 verdünnen) u. 2 cm^3 NH_4-Tartratlsg. (1:10 W.). Dann Zugabe von 1 cm^3 3%ig. H_2O_2 sowie 15 cm^3 Pufferlsg. (30 g $CH_3COONa + 3H_2O$ + 4 cm^3 Eisessig auf 500 cm^3 auffüllen, p_H 5,0—5,1). Dann Zugabe von 25 cm^3 Oxin–Chlf.-Lsg. (10 g 8-Oxychinolin auf 1 Liter $CHCl_3$) u. 5 Min. lang im verschlossenen Scheidetrichter schütteln. Überführung der $CHCl_3$-Schicht in 100 cm^3 Becherglas. Auf elektr. Heizplatte Oxin–$CHCl_3$ bei 150—160° (nicht höher!) abdampfen, danach abkühlen, 1 cm^3 $HClO_4$ zugeben u. vorsichtig erhitzen, schließlich bis zum Rauchen der $HClO_4$ weiter erhitzen. Nach Abkühlung 10 cm^3 W. zugeben u. nochmals zur Vertreibung von Cl_2-Dämpfen erhitzen, dann auf 30° abkühlen u. mit W. auf 50 cm^3 auffüllen. Nunmehr Zugabe von 2 cm^3 Thioglykolsäure (4:96), 1 Tropfen m-Kresolpurpurlsg., sorgfältig mit NH_4OH bis zur Aufhellung der rosa Färbung (nicht bis orange!) neutralisieren. Nunmehr Zusatz von 15 cm^3 *Aluminon*-Puffergemisch (vgl. vorst. Ref.), 5 Min. lang in sd. Wasserbad umschütteln u. abkühlen, zur 100 cm^3-Marke auffüllen u. nach 1—2 Min. bei 525 mμ messen. Herst. von Vergleichslsgg. in derselben Weise. Arbeitsvorschrift für *Sb-Metall:* 2,000 g gepulvertes Metall in Kristallisierschale geben u. unter Glasbedeckung vorsichtig mit 20 cm^3 HBr–Br_2-Mischung erhitzen. Nach Beendigung der Auflösung Deckel abnehmen u. vorsichtig auf heißer Platte bis 150—175° (zur Vermeidung von Al-Verlusten nicht höher) erhitzen, bis auf 3—4 cm^3 eindampfen. Schließlich vorsichtig zur Trockne eindampfen. Nach Abkühlen Zugabe von 2 cm^3 HBr + 2 cm^3 $HClO_4$ bis zur Auflösung aller lösl. Salze. Lsg. in 125 cm^3-Flasche überspülen u. auf 1 cm^3 eindampfen. Nach Abkühlen Zugabe von 10 cm^3 W., zum Sieden erhitzen zur Austreibung von Cl_2 u. auf 50 cm^3 mit W. verdünnen, anschließend Weiterbehandlung mit Elektrolyse usw. wie oben beschrieben. Arbeitsvorschrift für *Sn-Metall, Sn-Legierungen, Lötmittel* u. *Pb-Legierungen*: 2,000 g Einwaage mit 10 cm^3 HBr–Br_2-Mischung wie oben behandeln. Dann Zugabe von 5 cm^3 $HClO_4$ zur völligen Vertreibung von Sn, Sb u. As auf freier Flamme erhitzen. Gegebenenfalls Verf. wiederholen. Auf 1 cm^3 zur Vertreibung überschüssiger $HClO_4$ herunterdampfen. Nach Abkühlung Zugabe von 10 cm^3 W. u. zur Vertreibung von Cl_2 wieder erhitzen. Bei Ggw. von >5% Pb Zugabe von H_2SO_4 (1:1) tropfenweise zur Fällung von $PbSO_4$. Nach völliger Abscheidung des $PbSO_4$ filtrieren u. waschen. Anschließend Elektrolyse an Hg-Kathode wie oben usw. Vergleichsverss. mit der photometr. Oxin–Cyanid–Peroxyd-Meth. nach KASSNER u. OZIER (C. **1952**.

6581) ergeben keine Überlegenheit dieses Verf. gegenüber der Aluminonmethode. Weitere Angaben über Störwrkg. zahlreicher Ionen sowie Beleganalysen. Bei allen beschriebenen Verff. sollten Leerlsgg. unter Verwendung derselben Reagentienmengen durch das gesamte Verf. mitgeführt werden, da die verwendeten Gläser unter Umständen Spuren von Al abgeben. Die Leerlsgg. sollten bei Spurenanalysen normalerweise nicht $>3-4\gamma$ Al ergeben. Gegebenenfalls sind NH_4-Tartrat u. Pufferlsg. vorher mit Oxin-Chlf. von Al zu reinigen. (Analytic. Chem. **24.** 1122—26. Juli 1952. Murray Hill, N. J., Bell Telephone Labors., Inc.) O. Werner. G 294

Hugo Wiedmann, *Schnellverfahren zur Bestimmung von Aluminium in Aluminiummehrstoffbronzen.* Das Verf. zur Best. von Al in Al-Mehrstoffbronzen beruht auf der Fällung von Al als Oxinat mit alkoh. 5%ig. 8-Oxychinolinlösung. Vorher werden Cu, Pb, Fe, Ni, Mn u. Zn in ammoniakal. Lsg. in Ggw. von Weinsäure mit NH_4-Sulfid gefällt. Bei Ggw. von Mg ist die Meth. nicht durchführbar. Die Fällung des Al als Oxinat wird in Ggw. von KCN vorgenommen. Nach der Sulfidfällung wird dem Filtrat ein aliquoter Teil entnommen. Das zeitraubende Auswaschen des Sulfid-Nd. fällt fort. Dauer der Einzelbest. $1^3/_4$ Stunde. (Z. Metallkunde **44.** 565—66. Dez. 1953. Laucherthal/Hohenzollern, Fürstl. Hohenzoll. Hüttenverw.) F. Vier. G 294

G. S. Deshmukh, *Die Oxydation von Thallium(I) durch selenige Säure.* Es wird eine einfache Meth. zur Best. von Tl durch Oxydation von Tl(I) zu Tl(III) mittels H_2SeO_3 im Überschuß u. gravimetr. Best. des dabei quantitativ ausfallenden Se beschrieben. Zur Kontrolle wird im Filtrat $Tl(OH)_3$ durch Alkalihydroxyd gefällt, in HCl gelöst u. jodometr. bestimmt. Der Überschuß an H_2SeO_3 im Filtrat wird ebenfalls jodometr. oder gravimetr. nach Red. zu Se bestimmt. Bei Einhaltung festgelegter Arbeitsbedingungen sind die Ergebnisse reproduzierbar u. genau. (Analytica chim. Acta [Amsterdam] **12.** 319—22. April 1955. Banaras, Banaras Hindu Univ., Chem. Labors.) H. Hofmann. G 297

Gyula Almássy und **Mihály Vigvári,** *Papierchromatographische Trennung von Uran(VI).* Die Änderung der Säurekonz. des Lösungsm. ist bei der papierchromatograph. Trennung von Metallionen vorteilhaft, da mit zunehmender Säurekonz. der Sättigungswert größer wird u. dadurch nicht nur eine bessere Trennung, sondern auch eine größere Dichte der Flecke erreichbar ist. Aus diesem Grunde wurde die Trennung des U vom Fe in Lösungsmitteln aus Ae., A. u. konz. HNO_3 versucht u. mit einer Mischung von $70 + 23 + 7$ ml erreicht. In diesem Fall ist der R_f-Wert von UO_2^{2+} 0,84, der von Fe^{3+} 0,14. Entwickelt wird mit $K_4[Fe(CN)_6]$. Mit Vergleichslsgg. bekannter Konz. ist eine quantitative Auswertung der Flecke mit einem Fehler von $\pm 30\%$ möglich. Qualitativ kann 1 μg U nachgewiesen werden. (Magyar Kémiai Folyóirat [Ung. Z. Chem.] **61.** 109—11. April 1955. Debrecen, Med. Univ.) J. Plank. G 339

Chozo Yoshimura, *Bestimmung und differentielle Titration von Uran mit verschiedenen metallischen Reduktionsmitteln.* In einem Reduktor kann U(VI) zu U(IV) mit Ag, Bi, Cd, Cu, Hg, Pb, Sn u. Zn red. werden, nicht jedoch zu U(III). Mischungen von Fe, Ti u. U können mit Cd, Bi oder Pb in einem Reduktor zu Fe^{2+}, Ti^{3+} bzw. U^{4+} red. werden. Die red. Ionen können mit $K_2Cr_2O_7$ titriert werden. Ti + U können mit Fe-Alaun bestimmt u. durch Titration mit Methylenblau das Ti erhalten werden. (J. chem. Soc. Japan, pure Chem. Sect. [Nippon Kagaku Zassi] **74.** 118—20. Febr. 1953. Ōsaka, Kinki Univ. [Orig.: japan.]) L. Schuler. G 339

Chozo Yoshimura, *Reduktion mit Zinn und dessen Kombinationen und Amalgamen und Bestimmung von Fe^{2+} in Gegenwart von Stannoion.* Beim Durchgang durch einen *Sn*- oder *Sn-Amalgam*-Reduktor werden in H_2SO_4- oder HCl-Lsg. Fe^{3+} zu Fe^{2+}, Mo^{6+} zu Mo^{5+} u. U^{6+} zu U^{4+} reduziert. In Ggw. von H_2SO_4 wird die red. Lsg. in CO_2-Atmosphäre mit $Ce(SO_4)_2$ (I) titriert. Bei Verwendung von HCl kann Fe nur mit Kakothelin als Indicator bestimmt werden. Mit Sn^{2+} entsteht eine Violettfärbung, die bei Oxydation zu Sn^{4+} gelb wird. Dann wird Diphenylamin als Indicator zugegeben u. mit I titriert. (J. chem. Soc. Japan, pure Chem. Sect. [Nippon Kagaku Zassi] **74.** 116—17. Febr. 1953. Ōsaka, Kinki Univ. [Orig.: japan.]) L. Schuler. G 354

Walter Nielsch und **Gerhard Böltz,** *Versuche zur filterphotometrischen Eisenbestimmung mit Nitrilotriessigsäure.* Vff. untersuchten die photometr. Best. des Fe mit *Nitrilotriessigsäure,* das mit Fe(III) eine stabile, gelbgefärbte Komplexverb. gibt, deren Absorptionsmaximum unterhalb 270 mμ liegt. Es lassen sich jedoch bei **366** mμ mit einem Filterphotometer reproduzierbare Werte messen. Vff. überprüften die Abhängigkeit der Extinktion vom p_H, von anderen Komplexbildnern, wie Weinsäure, von Puffersalzmischungen u. von NH_4-Verbindungen. Im Bereich von p_H 4,5—7,7 wurde konstante Extinktion gefunden. Die genannten Komplexbildner sowie die Anionen NO_3^-, SO_4^{2-}, Br^- u. Cl^- haben keinen Einfl. auf die Extinktion. Das Beersche Gesetz ist nicht er-

füllt. Gefärbte Kationen, wie Cu, Ni, Cr(III), Co u. Mn, stören. (Z. analyt. Chem. **144.** 401—06. 1955. Laucherthal, Fürstl. Hohenzollernsche Hüttenverw., Versuchsanst.)
K.-G. HACKSTEIN. G 354

Renzo Baistrocchi und **Luigi Gazzi**, *Die Anwendung des Wechselstrombogens in der quantitativen spektrographischen Analyse von Bronzen.* (Vgl. C. **1954.** 11104.) Die von DUFFENDACK u. WOLFE (C. **1938.** II. 562) empfohlene Anwendung des Wechselstrombogens bei der spektrograph. Analyse führt auch bei der Unters. von Bronzen zu guten Ergebnissen. 20 Sek. Vorzündung des Bogens genügen, um das Schmelzen der Probe zu bewirken; ohne daß dabei das Intensitätsverhältnis der Linien sich ändert. Als Linienpaare verwenden Vff. Sn 2863,3/Cu 2882,9 u. Sn 3034,1/Cu 3063,4; das erste eignet sich für Sn-Konzz. von 1—15%, das letzte für 6—20% Sn; der maximale Fehler übersteigt nicht 6%. Das Verf. ist bes. geeignet für Unterss. an Kunst- u. archäolog. Gegenständen (Chim. e Ind. [Milano] **37.** 175—76. März 1955. Firenze, Univ., Ist. di Chim. fis.)
R. K. MÜLLER. G 358

Clément Duval, Pierre Champ und **Pierre Fauconnier**, *Über die Thermogravimetrie analytischer Niederschläge.* 64. Mitt. *Bestimmung von Rhodium.* (63. vgl. PLATINE, Analytica chim. Acta [Amsterdam] **10.** [1954.] 443.) Für die quantitative Best. kann Rh als Metall gewogen werden. Es darf dabei im offenen Tiegel bis 662° erhitzt werden, ohne daß Oxydation eintritt. Wurde mit *Thionalid* gefällt (KIENITZ u. ROMBOCK, Z. analyt. Chem. **117.** [1939.] 241). dann schlägt Vf. vor, zwischen 79 u. 250° zu trocknen. Entsprechend der Zus. $Rh(C_{12}H_{10}OSN)_3$ beträgt der Faktor für Rh 0,1369. Oberhalb 417° entsteht Rh. Für die Fällung mit *2-Mercaptobenzoxazol* (HAINES u. RYAN, Canad. J. Res. **27.** [1949.] 72) wird zum Trocknen eine Temp. zwischen 92 u. 150° empfohlen. Entsprechend der Zus. $Rh(C_7H_4OSN)_3$ beträgt der Faktor 0,1859. Oberhalb 459° entsteht Rh. Die Fällung mit Thiobarbitursäure ist nicht für die quantitative automat. Wägung geeignet. Oberhalb 480° entsteht Rh. (Analytica chim. Acta [Amsterdam] **12.** 138—41. Febr. 1955. Paris, École Nat. Supér. de Chim., Labor. de Rech. Microanalyt.; Administrat. des Monnais.)
H. PLUSKAL. G 364

N. F. Kember und **R. A. Wells**, *Die Trennung und quantitative Bestimmung von Platin, Palladium, Rhodium und Iridium auf Papierstreifen.* Es werden verschied. papierchromatograph. Methoden zur Trennung u. Best. von γ-Mengen Pt, Pd, Rh u. Ir nebeneinander u. in Ggw. größerer Mengen unedler Metalle eingehend beschrieben u. diskutiert. Die Trennungen werden absteigend mit einem der nachst. Lösungsmittelgemische durchgeführt, deren Anwendung sich nach dem Mischungstyp der Metalle richtet. 1. Isobutylmethylketon:Pentanol:HCl (D. 1,18) = 60:10:30 (Volumenteile); 2. mit 3nHCl gesätt. n-Butanol; 3. 2. mit H_2O_2. Die analyt. Bestimmungen erfolgen nach bekannten, teilweise modifizierten colorimetr. Verff., nur Ir wird durch Mikrotitration (Skizze der App.) mit Hydrochinon bestimmt. Dazu werden nach erfolgter Trennung die Papierstreifen entsprechend zerschnitten, mit verd. Säure extrahiert (Skizze der App.) u. mit den jeweiligen colorimetr. Reagentien gewaschen. Bei Anwendung aufsteigender chromatograph. Methoden können gleichwertige Ergebnisse erzielt werden. R_f-Werte sowie einige weitere Ergebnisse sind in Tabellen wiedergegeben. Auf Störungen durch einige Fremdionen wird eingegangen. (Analyst **80.** 735—51. Okt. 1955. Teddington, Middlesex, Chem. Res. Labor., Radiochem. Group.) H. HOFMANN. G 368

Zoltán Ferenczy und **Andor Almásy**, *Polarographische Untersuchung von Silicaten.* Angaben zum Aufschluß von Silicaten u. Verff. zur polarograph. Best. von Al, Fe, Ti, Mn, Ca, K u. Na. (Épitöanyag [Baumaterial] **6.** 301—07. Sept. 1954.) J. PLANK. 5290

b) Organische Verbindungen.

W. H. Jones, *Direkte Bestimmung von Sauerstoff in organischen Verbindungen. Bericht der Unterkommission für Analyse sauerstoffhaltiger Verbindungen, Kommission für analytische Untersuchungen, Abteilung für Raffination, American Petroleum Institute.* Es werden 4 verschied. Abwandlungen der UNTERZAUCHER-Meth. beschrieben: 1. CO wird in CO_2 bei 300° am CuO-Kontakt umgewandelt. 2. Es wird die J_2O_5-Oxydationsmeth. angewandt, aber das gebildete CO_2 durch 0,5nNaOH absorbiert. Das Carbonat wird mit $BaCl_2$ als $BaCO_3$ gefällt u. das überschüssige Alkali mit 0,025nHCl unter Verwendung eines Indicators zurücktitriert. 3. Das freie J wird durch $Na_2S_2O_3$-Kristalle absorbiert u. CO_2 gravimetr. bestimmt. 4. Der pyrolyt. H_2 wird entfernt, indem man ihn bei 350° durch metall. Pd diffundieren läßt, bevor man das CO mit J_2O_5 reagieren läßt. Das freigemachte Jod wird gesammelt u. mit $Na_2S_2O_3$ nach UNTERZAUCHER titriert. (Analytic. Chem. **25.** 1449—52. Okt. 1953. Baton Rouge, La., Esso Standard Oil Co.)
GOTTFRIED LANGE. 5352

Tazewell Banks, Clarence Vaughn und **Lawrence M. Marshall**, *Spektrophotometrische Bestimmung von Glyoxal-bis-[2.4-dinitrophenylhydrazon], einem Derivat des*

Glykolaldehyds. Vff. untersuchten die Möglichkeit der spektrophotometr. Best. von *Glykolaldehyd* (I) als *Glyoxal-bis-[2.4-dinitrophenylhydrazon]*. Als Lösungsm. wird alkal. Aceton benutzt, gemessen wird die Absorption bei 600 mμ in ca. 0,2%ig. Lösung. Die Mengen lagen zwischen 5—45 γ, der Durchschnittsfehler betrug 0,002. Andere Carbonylverbb. stören nicht, da die Absorption ihrer Phenylhydrazone bei niedrigeren Wellenlängen liegt. Die Meth. ist geeignet zur Best. von I als Zwischenprod. der enzymat. Oxydation von Kohlenhydraten in tier. Gewebe. (Analytic. Chem. **27.** 1348—49. Aug. 1955. Washington, D. C., Howard Univ., School of Med., Dep. of Biochem.)

M. L. KLAAR. G 680

R. F. Goddu, N. F. LeBlanc und **C. M. Wright,** *Spektrophotometrische Bestimmung von Estern und Anhydriden durch Hydroxamsäurereaktion.* Die Bldg. von Hydroxamsäuren aus Estern oder Anhydriden mit Hydroxylamin in alkal. Lsg. wird als Grundlage einer spektrophotometr. Best. benutzt: Hydroxamsäuren bilden stark gefärbte Chelatkomplexe mit Fe(III)-Ionen, die Abhängigkeit der Farbintensität von den Versuchsbedingungen wird von Vff. genau untersucht. Als Lösungsmittel können A., Isopropylalkohol, Bzl., Dioxan, Methylenchlorid/A., PAe. u. Ae. verwendet werden. Bei *Essigester* genügen 15 Min., bei höheren Fettsäureestern u. aromat. Estern sind 30 Min. Reaktionszeit erforderlich. Säuren, die meisten Amide u. Nitrile stören nicht. Carbonylverbb., Übergangselemente, wie Cu, Ni u. V, reagieren u. stören, desgleichen Chloride, Tartrate, Essigsäure u. H_2O. Vff. arbeiteten Bedingungen aus, unter denen die Best. von Anhydriden u. Lactonen neben Estern möglich ist. Die Genauigkeit für die Best. von Estern oder Anhydriden allein beträgt ± 2%, bei Gemischen ist sie geringer. Die Meth. kann zur Best. von Sulfonsäuren, Aldehyden, Nitroverbb. u. Isocyanaten abgewandelt werden. Es wurden bestimmt: *Äthylformiat* [Wellenlänge mμ] 520, [mol. Absorptionsvermögen $\cdot 10^3$] (1,06); *Äthyl-* 530 (1,10); *n-Butyl-* 530 (1,06); *n-Amyl-* 530 (1,05) u. *Phenylacetat* 530 (0,99); *Triacetin* 530 (3,33); *Äthylpropionat* 530 (1,02); *γ-Butyrolacton* 530 (1,11); *Methyl-* 530 (1,06); *n-Butyl-* 530 (1,05) u. *n-Amyl-n-butyrat* 530 (0,91); *Malonsäure-* 520 (1,72); *Maleinsäure-* 520 (1,53); *Adipinsäure-* 530 (2,04); *o-Phthalsäure-* 540 (1,48); *Isophthalsäure-* 540 (2,42) u. *Terephthalsäuredimethylester* 540 (2,37); *Pentaerythrittetracapronsäureester* 530 (3,89); *Methyloleat* 530 (1,00); *Methyl-* 550 (1,13); *n-Butyl-* 550 (1,08) u. *Benzylbenzoat* 550 (1,13); *p-Toluylsäuremethylester* 550 (0,94). (Analytic. Chem. **27.** 1251—55. Aug. 1955. Wilmington, Del., Hercules Powder Co.)

M. L. KLAAR. G 800

Edward A. Adelberg, *Quantitative Bestimmung von 1.2-Glykolen in Gemischen.* *$\alpha.\beta$-Dioxysäuren* (I) werden papierchromatographiert u. durch Besprühen mit Bromphenolblau kenntlich gemacht. Die Stellen werden dann ausgeschnitten u. durch capillar aufgesaugtes W. ausgelaugt. Jedes KLETT-Rohr, das das Eluat enthält, wird mit *KJO_4* (II)-Lsg. u. darauf mit angesäuerter KJ-Lsg. versetzt, um den Überschuß von II zu Jod zu red., das dann mit *$Na_2S_2O_3$* (III)-Lsg. titriert wird. Die colorimetr. Best. ist nur bei Abwesenheit von II u. III möglich. 2.4-$(NO_2)_2C_6H_3NHNH_2$ wird zugesetzt u. nach Verdünnen die Färbung in einem KLETT-Colorimeter bestimmt. $<$0,05 mMol Weinsäure u. 0,1 mMol *$\alpha.\beta$-Dioxymethylbuttersäure* (**IV**) können noch bestimmt werden. $>$0,6 mMol **IV** dürfen nicht vorhanden sein. (Analytic. Chem. **25.** 1553—54. Okt. 1953. Berkeley, Calif., Univ. of California, Dep. of Bacteriol.) GOTTFRIED LANGE. G 850

A. P. Terentjew und **N. B. Kupletskaja,** *Anwendung von Dioxansulfotrioxyd zur Bestimmung des aktiven Wasserstoffatoms in Alkoholen und aromatischen Aminen.* Das bei Einw. von SO_3 auf Dioxan erhaltene Addukt von *Dioxan* an *Schwefeltrioxyd*, $O(CH_2CH_2)_2O \cdot SO_3$ (I), ist ein mildes Sulfurierungsmittel. Mit Alkoholen bildet I saure Ester: I + ROH $\rightarrow$ RO$\cdot SO_3H$ + $O(CH_2CH_2)_2O$, mit prim. u. sek. Aminen Sulfaminsäurederivv. *RNH$\cdot SO_3H$*, mit W. H_2SO_4. Die mit 0,1n-Sodalsg. gegen Kongorot, Methylorange oder Bromphenolblau eingestellte I-Lsg. wird mit dem zu untersuchenden Alkohol oder Amin 2—3 Min. stehengelassen u. mit Sodalsg. zurücktitriert. Wenn im Blindvers. a cm^3, bei der Rücktitration b cm^3 einer Sodalsg. der Normalität N auf s g Einwaage verbraucht werden, ergibt sich % $H_{akt.}$ = (a — b) N/10s u. die Zahl der H-Atome im Mol. von Mol.-Gew. M = M $\cdot$ %$H_{akt.}$/100. Beleganalysen zeigen, daß prim., sek. u. auch tert. Alkohole sowie bei 2std. Einw. auch Polyoxyverbb., wie Pentaerythrit u. Mannit, sowie Amine (außer Diphenyl- u. β-Naphthylamin) befriedigend bestimmt werden können. (Доклады Академии Наук СССР [Ber. Akad. Wiss. UdSSR] [N. S.] **90.** 807—09. 11/6. 1953. Moskau, Lomonossow-Univ., Zelinsky-Labor. für organ. Chem.)

R. K. MÜLLER. G 910

Kiichiro Kakemi, Toyozo Uno und **Munehiro Iwama,** *Colorimetrische Bestimmung von Rutin.* 5 mg *Rutin* (I) wurden in 50 cm^3 60%ig. A. gelöst u. davon 5 cm^3 mit 0,3 cm^3 5%ig. $NaNO_2$- + 0,3 cm^3 10%ig. $Al(NO_3)_3$-Lsg. versetzt u. nach 3 Min. 0,5 cm^3 30%ig. NaOH zugegeben. Die Stärke der auftretenden Rotfärbung ist der I-Konz. proportional

u. kann mit dem PULFRICH-Photometer zur getrennten Best. von I u. Quercetin u. I in I-Präpp. dienen. (J. pharmac. Soc. Japan [Yakugakuzasshi] **73.** 101—02. Jan. 1953. Kyoto, Univ. [Orig.: japan.]) L. SCHULER. G 3450

C. Bergamini und **W. Versorese,** *Über einige Nachweis- und Bestimmungsreaktionen für Dehydrocholsäure.* Die opt. Dichte bei 5300 bzw. 4600 Å bei der Rk. mit 2%ig. m-Dinitrobenzollsg. + 0,5n alkoh. KOH bzw. mit alkal.-alkoh. Salicylaldehydlsg. steht in linearer Beziehung zur Konz. der *Dehydrocholsäure* (I). Ebenfalls lineareProportionalität besteht zwischen der I-Konz. u. der Fluorescenz mit Essigsäureanhydrid + konz. H_2SO_4. Mit *2.4-Dinitrophenylhydrazin* bildet I ein Hydrazon mit Verschiebung des Absorptionsmaximums von 3500 nach 3600 Å; die Umsetzung kann in gesätt. alkoh. Lsg. der beiden Komponenten mit HCl oder in methylalkoh. Lsg. mit Eisessig ausgeführt werden. Umkristallisation aus Butanol, $C_{30}H_{38}O_8N_4$, F. 260°. (Sperimentale, Sez. chim. biol. **4.** 79—84. 15/12. 1953. Firenze, Univ., Ist. di Chim. analit.) R. K. MÜLLER. G 3700

d) Medizinische und toxikologische Analyse.

G. Van Os und **W. Smeets,** *Bestimmung von Serumeiweiß durch Papierelektrophorese.* Es wird die Methodik der Papierelektrophorese zur Best. von Serumeiweiß genau beschrieben u. eine Anzahl von Beispielen gebracht. Die Vorteile der Meth. bestehen in der billigen App., der einfachen Ausführung, der geringen zur Best. erforderlichen Serummenge (0,02—0,04 ml). Die Genauigkeit ist zwar kleiner als bei freier Elektrophorese, aber meistens ausreichend. (Nederl. Tijdschr. Geneeskunde **97.** 479—84. 21/2. 1953.) G. KERSTEIN. 5728

K. Vogler, W. Oberhänsli und **M. Kofler,** *Zum Nachweis der Paraproteine bei Makroglobulinämien.* Es wird eine Meth. zum Nachw. der Makroglobulinämie WALDENSTRÖM beschrieben. Mit Hilfe des Elektrophoreseapp. nach ANTWEILER mit PHILPOT-SVENSSEN-Optik werden Diffusionsmessungen der elektrophoret. getrennten Serumkomponenten durchgeführt. Makroglobuline zeigen stark verminderte Diffusionsgeschwindigkeiten. (Helv. med. Acta **22.** 146—55. Mai 1955. Basel, F. Hoffmann-La Roche AG, Wissenschaftl. Labors.) H. SCHIMASSEK. 5728

Heinz Gropper, *Beitrag zur Methodik der Fructosebestimmung im Ejakulat.* Vf. beschreibt die Best. von *d-Fructose* (I) im deproteinisierten menschlichen u. tier. Sperma mit Hilfe von *Resorcin* (II). Sie beruht auf der Bldg. eines roten Farbtones, der bei Einw. von II (0,1%ig. alkoh. Lsg.) u. 30%ig. HCl auf I nach 8 Min. langem Erwärmen auf 80° entsteht u. der sich gut colorimetrieren läßt. Es wird über Filterwahl, Schichtdicke u. Gültigkeit des LAMBERT-BEER-Gesetzes für diese Farb-Rk. berichtet, wobei gefunden wird, daß die Extinktionswerte zwar der I-Konz. proportional sind, aber die Intensität des Farbtones nach längerem Stehen bei Zimmertemp. zunimmt. Als Vergleichslsg. verwendet man eine 200—300 mg%ig. I-Lsg. (Lösungsm.: gesätt. Benzoesäurelsg.). Es wird festgestellt, daß infolge Fructolyse der I-Geh. des Spermas abnimmt, so daß die I-Best. sofort nach Verflüssigung des Ejaculats vorgenommen werden muß. Weitere Verss. zeigen jedoch, daß die I-Konz. des Spermas bei —70 bis —80° konstant bleibt. Daher läßt es sich im DEWAR-Gefäß für laufende I-Bestimmungen aufbewahren. (Aerztl. Forsch. **8.** I/560—63. 10/12. 1954. Tübingen, Univ.-Hautklinik.) P. FAHRNLAENDER. 5731

Nucleonic & Radiological Developments Ltd. und **Arthur Maxwell Nicholls,** London, England, *Einphasiges chemisches Dosimeter für Röntgen- und γ-Strahlen* beruht auf der Änderung der opt. Dichte oder des Farbtones einer Lsg. des Formazans (I) eines Tetrazoliumsalzes in einem Halogen-KW-stoff (II) oder einem einen KW-stoff enthaltenden inerten organ. Lösungsmittel. Als I dient prakt. Triphenyl-I, Neo-I oder blaues Di-I, als II bes. CCl_4. (**E. P. 718 537** vom 19/3. 1952, ausg. 17/11. 1954.) H. KESSEL. 5063

Howard L. Ritter, An introduction laboratory course in chemistry. New York: Wiley. 1955. (132 S.) Q. $ 2,50.

H. Angewandte Chemie.

I. Allgemeine chemische Technologie.

Werkstoffe für Kohlenwasserstofflösungsmittel. Durimet 20, Al-Legierungen, Kohle u. Graphit sind gegen fl. KW-stoffe beständig, sofern diese trocken sind. Gegen aliphat. KW-stoffe sind Schutzüberzüge organ. Provenienz, wie Polyvinylchloracetate u. -chloride, halogenierte Polyäthylene, Celluloseacetatbutyrate, Alkydharze u. ölfeste Kunstkautschuke beständig, gegen aromat. KW-stoffe sind härtbare Kunstharze resistenter. Silicone sind weniger geeignet. Ta ist gegen Cl-haltige KW-stoffe beständig. (Chem. Engng. **58.** 220—22. 224. Juni 1951.) K. STEINER. 5804

G. E. Walker, *Der Austeel-Escher-Rekuperator.* Der im Prinzip aus zwei koaxialen Stahlrohren bestehende Rekuperator verwendet verhältnismäßig weite Rohre, um die Wärmestrahlung der Verbrennungsgase (von ca. 1300°) gegenüber der Konvektion möglichst wirtschaftlich auszunutzen u. besitzt verschied. Vorzüge gegenüber einem aus feuerfesten Steinen ausgeführten Rekuperator. (J. Soc. Glass Technol. **35.** News 86—95. Okt. 1951.) W. HENTSCHEL. 5814

Norman Epstein, *Graphische Bestimmung der maximalen Leistung einer Waschfilterpresse.* Ableitung u. Diskussion einer graph. Meth. an Hand eines Diagramms. (Canad. J. Technol. **32.** 164—66. Juli 1954. Vancouver, B. C., Univ.) GERHARD GÜNTHER. 5830

N. I. Gelperin und **W. L. Pebalk,** *Untersuchung der Rektifizierleistung horizontaler Rotationsapparate.* Es werden Verss. mit 2 Rektifiziervorrichtungen beschrieben, wovon die eine einen waagerecht rotierenden Körper mit spiralig gewundenen Rohren hat, die andere einen solchen mit 27 koaxialen Zylindern. Mit den Gemischen *Methanol–W.*, *A.*-W., *Aceton*-Methanol u. *Dichloräthan–Toluol* werden bei Drehzahlen von 410 bis 840 U/Min. u. Dampfgeschwindigkeiten bis 37 m/Sek. gute Trennwirkungen erzielt. (Журнал Прикладной Химии [J. angew. Chem.] **26.** 368—81. April 1953.) R. K. MÜLLER. 5864

Murray Weintraub, *Flüssigkeitsströmung.* Jahresübersicht über Arbeiten, die Ein- u. Mehrphasenströmung, Strömung durch poröse Medien u. Konstruktionsmechanik von Transporteinrichtungen für Fll. behandeln. — 159 Literaturzitate. (Ind. Engng. Chem. **47.** 558—65. März 1955. Pittsburgh, Pa., Bur. of Mines.) L. FISCHER. 5880

J. A. G. Smith, *Ein dichtungsloses Membranventil für normale Chemikalienleitungen aus Glas.* Beschreibung eines Membranventils, das u. a. auch für ferngesteuerte Arbeiten mit stark radioakt. Lsgg. geeignet ist. (J. sci. Instruments **31.** 430—31. Nov. 1954. Harwell, Berks., AERE.) G. HERRMANN. 5882

J. Lawver und **B. F. Schaible,** *Methoden der Dichtekontrolle in der Mineralindustrie.* Beschreibung verschied. Möglichkeiten zur Regelung von Dichten, Durchsätzen u. a. unter Verwendung von Induktionskräften, Druckdifferenzen, Volumengewichten; Wattbedarf bei Druckluft- u. elektr. Steuerung nebst Anwendungsbeispielen mit Skizzen. (Mines Mag. **45.** Nr. 4. 29—30. 36. 51. April 1955. Denver, Col., Minneapolis-Honeywell Regul. Comp.; u. Internat. Min. and Chem. Corp.) H. ECKHARD. 5888

Thomas E. Corrigan, *Grundlagen der chemischen Technik. Das chemische Gleichgewicht.* 4. Mitt. (3. vgl. Chem. Engng. **61.** Nr. 5. [1954.] 202.) Grundsätzliche thermodynam. Betrachtungen zum Einfl. der Dissoziation auf die Berechnung theoret. Flammentempp. sowie über die Wahl der Konzentrationseinheiten bei der Errechnung von Gleichgewichtskonstanten in homogenen u. inhomogenen Systemen. (Chem. Engng. **61.** Nr. 6. 244—48. Juni 1954. Brandenburg, Ky., Mathieson Chemical Corp.) GERHARD GÜNTHER. 5896

J. J. van Deemter, *Wärme- und Massentransport in einem festen katalytischen Bett während der Regeneration. Temperaturverteilung für geringe Sauerstoffkonzentrationen.* Es wird gezeigt, wie die Temp. im Ofen abhängig ist von der O_2-Konzentration. Von größtem Einfl. ist die Ofenkonstruktion. Es läßt sich der O_2-Einfl. auch rechner. feststellen. Bis die krit. O_2-Konz. erreicht ist, wächst die Temp. linear in der Oxydationszone an. Der Abstand vom Gaseintritt bis zur Zone mit stationären Temperaturbedingungen hängt von der Gasgeschwindigkeit u. der O_2-Konz. ab. (Ind. Engng. Chem. **46.** 2300—02. Nov. 1954. Amsterdam, Koninklijke Shell-Labor.) H. MIETHING. 5904

Standard Oil Development Co., Del., übert. von: **Edward H. Clendenin,** Plainfield, und **Walter A. Wurth,** Cranford, N. J., V. St. A., *Korrosionsverhütung in Vorratskesseln,* z. B. von *Tankschiffen.* Um die *oberhalb der Fl.* befindlichen metall. Wände zu schützen, wird ein Nebel einer korrosionsverhütenden Fl., dessen Teilchen im wesentlichen bis ca. 50 μ groß sind, in den freien Kesselraum eingesprüht, solange dessen Wände (z. B. durch Sonnenstrahlung) noch eine über der n. liegende Temp. haben, wobei der Nebel bis in die Abkühlungsperiode erhalten bleiben soll. — Beispiele für die Sprühlsg.: wss. Lsg. von Na_2CrO_4, $Na_2Cr_2O_7$ oder NH_3. — Zeichnung. (**A. P. 2 634 223** vom 1/7. 1949, ausg. 7/4. 1953.) E. WEISS. 5809

Raybestos-Manhattan, Inc., übert. von: **Joseph N. Kuzmick,** Passaic, N. J., V. St. A., *Bindemittel für Bremsbeläge.* Um ein schnelleres Wärmehärten des Binders zu erreichen, wird das verwendete trocknende Öl bei 70—200° F so lange mit O_2-haltigem Gas behandelt, bis 16—20% O_2 eingearbeitet sind, u. sodann bei 250—350° F polymerisiert, bis das Öl bei n. Temp. geliert, bei Tempp. über 200° F schm. u. in Petroleumlösungsm. lösl. bleibt. Dieses Verf. ist generell anwendbar zum Oxydieren u. Polymerisieren von ungesätt., trocknenden Ölen, bes. um daraus Binder für Bremsbeläge herzustellen. — Beispiel: 22 (%) Leinöl, auf obige Art behandelt, in einer Petroleumfraktion ($^2/_3$ Öl, $^1/_3$ Lösungsm.), 52 Asbestfasern, 3 Rohgummi, 5 Cashew-Polymere, 12 Ton, 3 S, 2 Bleiglätte, 1 Ruß. (**A. P. 2539631** vom 11/2. 1948, ausg. 30/1. 1951.) A. GRADL. 5811

Chemische Fabrik Budenheim Akt.-Ges., Budenheim, *Herstellung organischer Kationenaustauscher.* In an sich bekannter Weise hergestellte Polymerisate oder Mischpolymerisate aus O-haltigen, aliphat. Vinylgruppen oder deren höhere Homologe tragenden Verbb. werden nachträglich sulfoniert. — 1 (Gewichtsteil) Polyvinylalkohol wird mit 8 Volumenteilen H_2SO_4 (D. 1,84) 8 Std. auf 200—250° erhitzt. Nach Abkühlen, Filtrieren u. Waschen wird ein schwarzes, körniges Prod. erhalten, das nach Trocknen bei 110° auf ca. 2 mm Korngröße gebracht wird. Die Austauschleistung des Austauschers im Filtrationsaustausch beträgt nach Na-Ladung 9 Gew.-% CaO, bezogen auf das Eigengewicht der Austauschmasse. In gleicher Weise können auch Polyvinylacetat, Polyvinyläthyläther, Acroleinpolymerisat, Polyacrylsäuremethylester, Polymethacrylsäuremethylester u. Mischpolymerisat Allylacetat–Maleinsäureanhydrid 1 : 1 verwendet werden. (**Oe. P. 180 908** vom 9/4. 1951, ausg. 25/1. 1955. D. Prior. 5/1. 1951.) W. WITTHOLZ. 5827

Rheinpreußen Akt.-Ges. für Bergbau und Chemie, Deutschland, *Abscheidung der Kohlensäure* aus Gemischen von gasförmigen, bes. ungesätt. KW-stoffen. Man absorbiert die CO_2 mittels gesätt. Salzlsgg. (z. B. Phosphat-, Acetat-, Citrat-, Boratlsgg.) bei einem p_H unter 10, vorzugsweise unter 8, u. einem Druck von mehr als 5 at, vorzugsweise 15 at. (**F. P. 1 071 691** vom 4/8. 1952, ausg. 3/9. 1954. D. Prior. 16/8. 1951.) T. OPPERMANN. 5849

National Research Development Corp., London, England, *Erzeugung gleichmäßiger Gasblasen oder Flüssigkeitstropfen in Flüssigkeiten.* Das Gas (die Fl.) wird durch eine Capillare mit einem kleinen Längsschlitz am Auslaß in die ein oberflächenakt. Mittel enthaltende Fl. gepreßt. (**E. P. 654323** vom 14/10. 1948, ausg. 13/6. 1951.) O. STEIL. 5883

Charles Paul Marie Jeanprost, Seine, Frankreich, *Durchführung von Reaktionen von festen Stoffen und Gasen* unter Verwendung von KUBIERSCHKY-Kolonnen. Man kann auf diese Weise Carbonate (Fe, Zn, Mg, Ca) kontinuierlich zersetzen, Steinkohlen- oder bituminöses oder anderes kohlehaltiges Material dest., Oxydmineralien reduzieren, Mineralien rösten, Schwefel- u. Arsenmineralien oxydierend u. chlorierend rösten, SO_3-, Cl_2-, FISCHER-Synth. durchführen. Im einzelnen ist die Fe- u. Stahlgewinnung, Vergasung von Steinkohle, Halbkoksherst., FISCHER-Synth., Ammoniaksynth., Zn-Gewinnung, Sulfidröstung beschrieben. (**F. P. 1 045 627** vom 31/1. 1951, ausg. 30/11. 1953.) M. PANKOW. 5897

Davison Chemical Corp., Baltimore, Md., V. St. A., übert. von: **Finley C. Nicholson** und **Charles P. Wilson jr.**, Cincinnati, O., V. St. A., *Kieselsäure–Aluminiumoxyd-Katalysator* für Wirbelschichtverfahren. Das getrocknete SiO_2–Al_2O_3-Gel wird durch Waschen von Überkorn ($>$ 20 μ) u. Feinkorn ($<$ 20 μ) befreit. Das Feinkorn wird in den Gelschlamm zurückgeleitet. Das Überkorn wird gemahlen, u. das dabei entstehende Feinkorn geht ebenfalls in den Gelschlamm. Auf diese Weise werden die vorhandenen Mühlen besser ausgenützt. — Abbildungen. — Vgl. auch A. P. 2 535 948; C. **1951**. II. 3361. (**E. P. 670 223** vom 24/11. 1949, ausg. 16/4. 1952. A. Prior. 25/3. 1949.) O. STEIL. 5905

Socony-Vacuum Oil Co., Inc., New York, N. Y., übert. von: **Leonard C. Drake**, Wenonah, und **Robert L. Smith**, Pitman, N. J., V. St. A., *Erhöhung der Porosität poröser Metalloxydkatalysatoren und Adsorbentien.* Katalysatoren, wie z. B. SiO_2–Al_2O_3, Cr_2O_3–Al_2O_3, Tonerdegel oder Bauxit, werden bei 60—400° F 1—24 Std. mit Acetylaceton extrahiert, z. B. bei 284° F am Rückfluß. Ohne Verringerung des Durchmessers der Katalysatorteilchen wird ein Teil der Metalloxyde herausgelöst. (**A. P. 2 693 457** vom 10/5. 1952, ausg. 2/11. 1954.) W. MATTHAES. 5905

Gulf Research & Development Co., Pittsburgh, Pa., übert. von: **Joseph B. McKinley** und **William A. Pardee**, Pittsburgh, Pa., V. St. A., *Nickeloxyd–Wolframoxyd-Katalysator.* Eine wss. Lsg. von Ammonwolframat wird mit einer Ni-Salzlsg. bei p_H 2—5 vermischt, ein poriger Trägerstoff (Al_2O_3, Silicagel) damit getränkt, getrocknet u. calciniert. Das Verhältnis Ni : W im Katalysator soll zwischen 0,1 : 1 bis 1,0 : 1,0 liegen. Z. B. enthält der Katalysator 8,3 (%) WO_3 u. 2,7 NiO. — *Katalysator* für *Fließbettverfahren.* (**A. P. 2 703 789** vom 23/4. 1951, ausg. 8/3. 1955.) W. MATTHAES. 5905

R. E. Kirk and **D. F. Othmer**, Eds., Encyclopedia of chemical technology. Vol. 14. London: Interscience Publs. 1955. (996 S. m. Abb.) 210 s.

Ost-Rassow, Berthold Rassow und **Wilhelm Karl Schwarze**, Hrsg. Lehrbuch der chemischen Technologie 26. neubearb. Aufl. Leipzig: J. A. Barth. 1955. (XVI + 1269 S. m. 541 Abb., 203 Tab. im Text u. 13 Taf.) 8°. DM 32,80.

II. Betriebsschutz. Feuerschutz.

R. B. Stephens, *Instrumente zum Strahlenschutz.* Kurzbeschreibungen einer Laboratoriumswarnanlage zur Kontrolle von Körper u. Kleidung auf α-, β- oder γ-strahlende Stoffe u. einer App. für den zivilen Luftschutz. (Sonderbände zur Strahlentherapie **32.** 7. 1955. London.) K. PRCHAL. 5932

K. Schroeder, *Entstaubung in Industriebetrieben.* Überblick. (Metall **8.** 784—85. Okt. 1954. Köln-Delbrück.) F. VIER. 5940

E. R. Woodward und **E. G. Fenrich,** *Geruchsbeseitigung durch ClO_2.* Gegenüber der nur vorübergehend wirksamen Geruchlosmachung organ. Abgase von Seifenfabriken (Fettspaltung), Fischmehl- u. ähnlichen Betrieben durch Cl_2 oder $Ca(ClO)_2$, wodurch die Geruchsstoffe selbst nicht zerstört werden, hat sich die selektive Oxydation durch ClO_2 in der Praxis bereits als sehr wirksam erwiesen. Erforderlich ist ein Geh. von 100—500°/₀₀ Cl in Form von ClO_2. Zur Geruchlosmachung werden die Abgase, gegebenenfalls die ganze Fabrikhallenluft innerhalb 2—3 Min. durch mit ClO_2-haltiger Lauge berieselte Skrubber geleitet. ClO_2 wird aus Cl_2 + $NaClO_2$ oder aus NaClO + $NaClO_2$ + verd. HCl bei Raumtemp. u. p_H unter 3,5 gewonnen. (Chem. Engng. **59.** Nr. 4. 174—75. April 1952. Baltimore, Mathieson Chemical Corp.) F. HEINRICH. 5940

R. I. Batyrenko, *Die hygienischen Arbeitsbedingungen in der Industrie des Gipses und der Gipsbauteile.* In der Luft von Gipswerken wurden 12—50 mg Gipsstaub/l m^3 festgestellt. Es handelt sich um einen hochdispersen Staub der Teilchengröße < 4 μ (90 bis 95%). Die Geräusche erreichen an den meisten Arbeitsplätzen 90 decibell. Die Temp. der Luft am Arbeitsplatz des Gipskochers beträgt 28° bei 74% Feuchtigkeit. Zur Herabsetzung der Gipsstaubmenge in der Luft der Betriebe werden verschied. Vorschläge gemacht. (Гигиена и Санитария [Hyg. u. Sanitätswes.] **1955.** Nr. 7. 50—52. Juli. Ukrain. Zentralinst. für Arbeitshyg. u. Berufskrankh.) E. RENTZ. 5940

N. N. Jegorow, *Soda und Mirabilit als Brandschutzchemikalien.* Am wirksamsten erwiesen sich die 20%ig. Na_2CO_3- oder die 15%ig. Mirabilit (Na_2SO_4)-Lösung. Die optimale Breite der Sperrstreifen gegen das Feuer beträgt 1 m, der Verbrauch pro m^2 0,5 bzw. 0,5—0,75 Liter. Diese Sperrgürtel verhindern das Ausbreiten des Waldbrandes bei 1,5 m Brandhöhe. (Лесное Хозяйство [Forst-Wirtsch.] **8.** Nr. 6. 63—64. Juni 1955. Woronesh, Inst. für Forstwirtschaft.) M. GORDIENKO. 5944

C. Padovani, *Die Verunreinigung der Atmosphäre durch die Verwendung und Verarbeitung von Brennstoffen.* Übersicht über die Typen der Luftverunreinigung durch Haus- u. Industriefeuerungen, Erdölraffination, Dest. u. Vergasung der Kohle mit besonderer Berücksichtigung der Gefahren der Anwendung CO-reicher Gase u. der Auspuffgase von Motoren; analyt. u. Meßverff. zur Unters. der Luftverunreinigung; Maßnahmen zur Verminderung ihrer unerwünschten Folgen. — 22 Literaturhinweise. (Riv. Combustibili **9.** 179—209. 2 Tafeln. März 1955. Milano, Staz. sperim. per i Combustibili.) R. K. MÜLLER. 5948

Monsanto Chemical Co., St. Louis, Mo., übert. von: **Ivan V. Wilson,** Wakefield, und **Ralph Marotta,** Malden, Mass., V. St. A., *Feuerschutzmittel,* bestehend aus einem wasserdispergierbaren, hitzehärtbaren Kondensationsprod. eines Aldehyds u. einer Aminoverb. mit 1—9 C-Atomen u. der allg. Formel NH_2—C(:Y)—N<, in der Y O, S oder N ist u. die freien Valenzen des N mit H oder KW-stoffresten besetzt sind, mit einem Zusatz von 15—100 (% bezogen auf das Gewicht des Kondensationsprod.) eines Reaktionsprod. von $POCl_3$ u. NH_3 (Polyphosphorylamid), 20—250 eines in kaltem W. unlösl. Alkohols, wie Polypentaerythrit (Di- oder Tripentaerythrit), oder einer hydrolysierten oder nichthydrolysierten Stärke bzw. deren Gemischen, u. 3—35 eines Faserstoffes (Woll-, Baumwoll- oder Leinenflocken, Cellulose- oder Asbestfasern). Es können noch Pigmente (TiO_2) u. Weichmacher (Arylsulfonamide) zugesetzt werden. (**A. P. 2 702 283** vom 31/8. 1950, ausg. 15/2. 1955.) W. GRÄGER. 5945

Firestone Tire & Rubber Co., Akron, O., V. St. A., übert. von: **William Siddall Barnhart,** *Herstellung von Dihalogendifluormethanen.* Durch Rk. zwischen 0,8 bis 1,2 (Mol) Br_2 mit 1 CCl_2F_2 [≈ 25—45 g CCl_2F_2 u. 75—55 g Br_2] bei 300—1000° erhält man ein Gemisch aus $CClF_2Br$ (bevorzugt bei 300—650°) u. CBr_2F_2 (bevorzugt bei 650 bis 900°). Eigg. von $CClBrF_2$: Kp. —2,5°, F. —140°, $D.^{20}{}_4$ 1,917. Verwendung als *Feuerlöschmittel* u. zu Umsetzungen. (**E. P. 713 522** vom 29/12. 1950, ausg. 11/8. 1954. A. Prior. 31/12. 1949.) W. HEROLD. 5945

André Georges Rotival, Seine, Frankreich, *Feuerlöschmittel mit verminderter Toxizität* bestehen aus ca. 15—70 Gew.-% Dichlordifluormethan (I) u. symm. Dibromäthan als Rest. Sie können aber neben **I** auch Methylenbromid, Chlorbrommethan, Äthyl-,

Äthylen-, Äthylidenbromid oder Gemische dieser Substanzen enthalten. (**F. P. 1 047 495** vom 3/1. 1952, ausg. 15/12. 1953.) T. OPPERMANN. 5945

Fritz Lange, Hrsg. Bekämpfung der Silikose. Forschungsarbeiten. Essen: Verl. Glückauf. 1955. (126 S. m. Abb.) 8°. DM 12,—.

L. Dautrebande, D. Cartry, J. Van Kerkom, A. Cereghetti, Essai de prévention de la silicose. Bruxelles: S. I., Union minière du Haut-Katanga. 1954. (177 S. m. 81 Abb., Diagr., Taf.) 4°.

III. Elektrotechnik.

British Insulated Callender's Cables Ltd., London, England, *Kabelisoliermasse.* Biegbare, bei den Betriebsbedingungen prakt. tropffreie, elektr. isolierte Kabel erhalten eine Wicklung aus Faserstoff, z. B. Papier, welcher mit mikrokristallinem Petroleumwachs (mit F. nicht $<80^0$) u. Mineralöl von geringer Viscosität (z. B. 100 cSt. bei 0^0) u. von geringer Flüchtigkeit (z. B. mit einem Gewichtsverlust von $<2\%$ bei 5 Std. langem Erwärmen auf 110^0 an Luft) getränkt wird. Die Mengenverhältnisse von Wachs u. Öl hängen von deren Eigg. ab. Bei Wachs mit F. ca. 88^0 u. Nadeleindringwerten von 5 bzw. 35 bei 25 bzw. 70^0 kann der Geh. bis zu 35% herab betragen. Der Geh. an Öl soll nicht <30, bes. 40%, betragen. — 12 Beispiele. Dem Öl können als Plastifizierungsmittel Polyisobutylen, Harz, Polyäthylen u. Butylkautschuk zugesetzt sein. (**Oe. P. 180 611** vom 20/2. 1953, ausg. 27/12. 1954. E. Prior. 3/3. 1952.) B. SCHMIDT. 5957

Hans Dolmetsch, Stuttgart, *Speicherung elektrischer Energie*, dad. gek., daß Lsgg. von Metallhalogeniden in einer 1. Vorr. unter Aufnahme elektr. Energie auf elektrochem. Wege gespalten werden, die Spaltprodd. als solche oder in einer inakt. Form getrennt gelagert u. nach ihrer Reaktivierung in einer 2. Vorr. unter Energieabgabe wieder vereinigt werden. (**D. B. P. 924 519** Kl. 21b vom 9/10. 1951, ausg. 22/9. 1955. Anmeldung bekanntgemacht 16/6. 1954.) F. LAASS. 5971

Edward Clark, Chicago, Ill., V. St. A., *Holzfolienseparator für Akkumulatoren.* Um die langwierige Auslaugung der schädlichen Stoffe aus dem Holz zu umgehen, wird auf die Folien allseitig unter starkem Druck eine Lsg. von Vinylchloridacetatmischpolymerisat sehr dünn aufgespritzt u. dieser Vorgang 6mal wiederholt. (**A. P. 2 669 599** vom 19/9. 1952, ausg. 16/2. 1954.) F. LAASS. 5971

Joseph B. Brennan, Cleveland, O., V. St. A., *Elektroden von Akkumulatoren mit Überzügen*, die als Scheider dienen. Auf die Elektroden, z. B. in Form von 0,01—0,05 in. dicken, biegsamen, porösen Folien aus Metallteilchen, wird ein poröser Überzug aus Polyäthylen, Polystyrol oder Phenolharzen mit Hilfe von Spritzpistolen aufgebracht, wobei diese Stoffe entweder im fl. Zustand verwendet u. dann in der Hitze gehärtet werden, oder als Pulver, das beim Spritzvorgang erhitzt wird ohne fl. zu werden. (**A. P. 2 673 230** vom 8/1. 1949, ausg. 23/3. 1954.) F. LAASS. 5971

Westinghouse Electric Corp., East Pittsburgh, Pa., übert. von: **Robert W. Wollentin**, Bloomfield, N. J., V. St. A., *Herstellung eines manganaktivierten Zinkboratfluorophors für Fluorescenzlampen.* Ein zur Bldg. von Zn-Borat (mit 5% B_2O_3-Überschuß) beim Glühen geeignetes Gemisch von Zn- u. B-Verbb., das auf 3 Mol Zn noch 0,005—0,75 (bes. 0,054 oder 0,0667) Mol $MgCl_2$ oder MgF_2 u. eine aktivierende Menge einer Mn-Verb. enthält, wird 1—4 Std. bei 600—950° (bes. 2 Std. bei 910°) in offenem SiO_2-Tiegel geglüht u. danach abgekühlt u. gemahlen. — Beispiele (in Gewichtsteilen): a) 48,8 ZnO, 27,2 H_3BO_3, 2,20 geschmolzenes $MgCl_2 \cdot 6\,H_2O$, 2,26 $MnCl_2 \cdot 4\,H_2O$; b) 75,2 $ZnCO_3$, 15,3 B_2O_3, 2,20 geschmolzenes $MgCl_2 \cdot 6\,H_2O$, 0,99 MnO_2. — Vgl. auch E. P. 711 094; C. 1955. 7998. (**A. P. 2 631 133** vom 4/6. 1951, ausg. 10/3. 1953. **Belg. P. 511 852** vom 4/6. 1952, ausg. 8/1. 1954. A. Prior. 4/6. 1951.) R. SCHREINER. 5975

General Electric Co., übert. von: **Ernest A. Taft**, Schenectady, N. Y., V. St. A., *Photozellenschicht.* Auf einer leitenden Unterlage wird eine Te-Schicht niedergeschlagen u. dann im Vakuum der Einw. von Cs- oder Rb-Dampf ausgesetzt, bis eine stöchiometr. Zus. erreicht ist. Eine solche Cs_2Te- bzw. Rb_2Te-Schicht ist nur UV-empfindlich, nicht gegen sichtbares Licht. (**A. P. 2 668 778** vom 10/1. 1952, ausg. 9/2. 1954.) A. KALIX. 5977

Westinghouse Brake & Signal Co. Ltd., **Alexander Jenkins** und **Colin Henry Smith**, London. England. *Trockengleichrichter.* Ein auf einer Trägerelektrode ruhender, ganz oder teilweise aus nicht stöchiometr. TiO_2 oder SnO bestehender Halbleiterkörper trägt an seiner stöchiometr. zusammengesetzten Oberfläche eine Gegenelektrode aus PbO_2. Die stöchiometr. zusammengesetzte Halbleiteroxydschicht kann vor der Aufbringung der PbO_2-Elektrode durch Oxydation erzeugt werden oder nachher durch elektr. Formierung, oder sie kann schließlich durch eine prakt. elektrolyt. aufgebrachte $CuTiO_3$-Schicht ersetzt werden. (**E. P. 704 398** vom 19/6. 1951, ausg. 24/2. 1954.) H. Kessel. 5977

Comp. Française Thomson-Houston, Seine, Frankreich, übert. von: **Clarence W. Hewlett,** *Selengleichrichter.* Bei geringer Erhöhung des inneren Widerstandes u. der Abmessungen des Gleichrichters erhält man eine etwa dreifache Gleichrichterwrkg., wenn eine mit Bi beschichtete Grundelektrode durch Verdampfen von Se nacheinander mit vier 12—15 μ starken Schichten von amorphem Se belegt, dieses jedesmal durch Erhitzen auf 216—218° in Ggw. von Luft in 45 Min. unter Bldg. einer schwachen Oxydschicht in die kristalline Modifikation umgewandelt wird u. schließlich die übliche Sperrschicht u. die Gegenelektrode aufgebracht werden. Die Se-Schichten können Halogen enthalten, u. zwar bes. die erste Schicht 0,1 (%, bezogen auf At.-Gew. Cl), die zweite 0,05, die dritte 0,025 u. die vierte 0. — Zeichnungen. (**F. P. 961 847** vom 24/12. 1947, ausg. 23/5. 1950. A. Prior. 26/12. 1946.) B. Schmidt. 5977

IV. Wasser. Abwasser.

J. Anthony Edwards, *Wasser hoher Reinheit und Korrosion.* W. höchster Reinheit für den Wärmeaustausch in Kernreaktoren soll < 0,4—0,8 mg Elektrolyte/Liter, für Höchstdruckdampfkessel < 0,01—0,05 mg SiO_2/Liter enthalten. Seine Herst. durch mehrfache Dest. oder Harzionenaustauscher ergibt W. bis zu 10^6 Ohm·cm Widerstand, sie wird an Beispielen besprochen ebenso wie die der für Apparate, Speicherbehälter u. Leitungen verwendeten Werkstoffe, welche die Wiederaufnahme von Verunreinigungen verhüten sollen. Hierfür haben sich Überzüge aus Gummi, Saran, Vinyl- u. Polyvinylchlorid, sowie austenit. rostfreie Stähle, Monel, Inconel bewährt, in besonderen Fällen auch Bitumina auf Gußeisen. Al wird angegriffen. (Water and Water Engng. **59.** 338—40. Aug. 1955.) H. Mühlmeister. 6014

U. Kutscher, *Biologische Betrachtung zur Trink- und Gebrauchswasserversorgung.* Überblick über Gewinnung, Reinigung u. Entseuchung von Trinkwasser u. seine chem. u. bakteriolog. Prüfung, bes. auf Bacterium coli. (Branntweinwirtschaft **76.** 353—54. 25/9. 1954. Berlin, Inst. für Gärungsgewerbe.) H. Mühlmeister. 6016

K. Vogl, *Die Wasseraufbereitung mit Ionenaustauschern.* Überblick über mineral. sowie Kationen- u. Anionenharzaustauscher, Vollentsalzung, Entgasung u. Entkieselung u. ihre Brauchbarkeit für die besonderen Zwecke der Brennerei (Kesselspeisung, Kühlzwecke, Flaschenspülung, Herst. der Fertigware). (Branntweinwirtschaft **76.** 347—49. 25/9. 1954. Berlin, Inst. für Gärungsgewerbe.) H. Mühlmeister. 6020

Oskar J. Stebel und **Helmut Engelbrecht,** *Neues Verfahren zur Vernichtung phenolhaltiger Gaswässer.* Nach einem Überblick über den Stand der therm. Verff. zur Vernichtung von Phenolwasser wird ein Verf. erörtert, das einen Wärmeaufwand von nur 1000 kcal/Liter W. benötigt. Die hierzu benötigte Phenolwasservernichtungsanlage, in der eine vollständige Verbrennung der Phenole stattfindet, wird beschrieben. Es werden Angaben über den Wärmeverbrauch u. die Wärmebilanz des Verf. mit einer Arbeitstemp. von 800° gemacht. (Stahl u. Eisen **75.** 346—48. 24/3. 1955. Düsseldorf.) H. Hochstein. 6036

E. A. Thomas, *Über die Bedeutung der abwasserbedingten direkten Sauerstoffzehrung in Seen.* Beim Zürich-, Greifen- u. Pfäffikersee ist abwasserbedingte O_2-Zehrung nur selten u. nur wenige Meter von der Einleitungsstelle nachzuweisen, da bei den oberhalb der Sprungschicht (Epilimnion) eingeleiteten Abwässern Verdünnung, Seeströmungen, O_2-Produktion durch das Plankton u. O_2-Aufnahme aus der Luft für raschen Ausgleich sorgen. Die abwasserbedingten direkten O_2-Zehrungen sind weitaus kleiner als die indirekten, durch Absterben der durch Überdüngung entstandenen übergroßen Planktonmassen verursachten, die sich im Tiefenwasser unter 5 m (Meta- u. Hypolimnion) abspielen u. während der Sommermonate eine erhebliche Abnahme des während der Wintermonate angereicherten Vorrats an gelöstem O_2 bewirken. Wo keine anderen wichtigen Gründe dagegen sprechen, sollten die gereinigten Abwässer ins Oberflächenwasser geleitet werden, in dem genügend O_2 aus der Luft u. der Photosynth. der höheren Pflanzen u. Algen verfügbar ist. Eine erfolgreiche Bekämpfung der O_2-Minima im Tiefenwasser kann durch gründliches Entfernen der P-Verbb. aus dem Abwasser erreicht werden, wodurch diese prim. Minimumstoffe werden u. so die starke Planktonentw. aufhalten. (Schweiz. Ver. Gas- u. Wasserfachmännern, Monatsbull. **35.** 119—29. Mai 1955. Zürich, Kanton. Labor.) H. Mühlmeister. 6036

O. F. Hutchinson, *Verringerung der Stromverschmutzung.* Beschreibung von Bauart u. Wirkungsweise des Sveen-Pedersen-Flotationsseparators u. der mit ihm allein oder als Teil einer Kläranlage zu erzielenden Reinigung eines Abwassers mit Herabsetzung des BSB auf 45—95%, der Schwebestoffe auf < 25 mg u. des O_2-Bedarfs auf 7—11 mg/Liter. (Paper Mill News **78**. Nr. 32. 11. 13. 6/8. 1955. Sveen-Pedersen Co.) H. MÜHLMEISTER. 6040

R. H. Souther und **T. A. Alspaugh**, *Biologische Behandlung hochalkalischer Textilabwässer in Mischung mit häuslichem Abwasser.* Ein Versuchshochleistungstropfkörper (140 Liter Inhalt, 1115 cm^2 Oberfläche) wurde an alkal. Textilabwasser gewöhnt, das zu häuslichem Abwasser, beginnend mit 4 : 96 u. steigend auf 40 : 60, zugemischt wurde. Es gelang, ohne Neutralisation bei einer BSB-Last von 1,6 kg/m^3/Tag u. einem Rückgang des p_H von 10,5 auf 9,1 einen BSB-Abbau von 58% zu erzielen, wobei gleichzeitig die Färbung um 42,5% zurückging. Eine solche Vorbehandlung dürfte sich vorteilhaft für nachfolgende biol. Behandlung in gemeindlichen Kläranlagen auswirken. (Proc. Amer. Soc. Civil Engr. **81**. Nr. 750. 1—4. Juli 1955. Greensboro, N. C., Cone Mill Corp.) H. MÜHLMEISTER. 6040

Joseph A. McCarthy, *Behandlung von mit Polierrot verschmutzten Abwässern durch chemische Koagulation.* Die Abwässer aus den Glasschleifereien, die mit kolloidverteiltem Polierrot beladen sind, färben den Vorfluter rot. Sie werden am besten mit $CaCl_2$ behandelt, u. zwar bei einer Konz. von 600 mg/Liter Abwasser. Es bildet sich ein schnell absetzender Schlamm von geringem Volumen. In gewissen Fällen gibt man zur Erhöhung des p_H-Wertes 75—100 mg CaO/Liter Abwasser hinzu. (Wastes Engng. **25**. 130. März 1954. Lawrence Experiment Station, Mass., Health Dep.) H. DORSCH. 6042

A. T. Palin, *Photometrische Bestimmung von Wasserfärbung und -trübung.* Die Messung der Wassertrübung in A. P. H. A-Einheiten als der Schichtstärke einer abgesetzten, gravimetr. bestimmten Fullererdeaufschwemmung, die das Licht einer Normalkerze nicht durchläßt, gibt keine vergleichbaren Werte. Vf. schlägt deshalb als „absorptiometr. Trübungseinheit (A.T.U.)“ die einer Suspension vor, die im gelben Licht bis 5800 Å je cm eine opt. Dichte von 0,001 hat. Entsprechend ist für natürliche Färbung die „absorptiometr. Farbeinheit (A.C.U.)“ die von klarem W., das im violetten Licht bis 4250 Å je cm eine opt. Dichte von 0,001 hat. Mit ILFORD-Filtern 601 (violett) u. 606 (gelb) lassen sich Trübung u. Färbung im photoelektr. Absorptiometer an einer Probe bestimmen; es hat eine Zellentiefe von 10 cm u. eine Teilung, aus der die opt. Dichte direkt abgelesen werden kann. Als Korrektur bei den photometr. Werten muß 1 : 4,7 des 601-Wertes als Trübung bei 606 u. 1 : 1,4 des 606-Wertes als Färbung bei 601 berücksichtigt werden. Aus einem Nomogramm lassen sich diese Korrekturen u. zugleich die entsprechenden A. P. H. A.-Einheiten für die Trübung u. HAZEN-Grade für die Färbung entnehmen. (Water and Water Engng. **59**. 341—45. Aug. 1955.) H. MÜHLMEISTER. 6056

R. E. Frazier und **H. G. Oldfield**, *Schnellmethode zur Destillation von Fluoriden aus Wasserproben.* Es wird eine Destillationsapp. zur Schnellbest. (ca. 30 Min.) von Fluoriden in W. beschrieben, in der je 50 cm^3 Probe mit H_2SO_4 bei 138—140° mit einer Geschwindigkeit von 7 cm^3/Min. dest. werden. Die ersten 50 cm^3 Destillat werden verworfen, die Säure kann für ca. 20 Bestimmungen benutzt werden. Zusätze von Al oder SiO_2 stören nicht. Die Bedingungen der Gleichgewichtseinstellung bei der Dest. werden eingehend untersucht. (Publ. Health Rep. **68**. 729—31. Juli 1953. Minnesota Dep. of Health, Div. of Environmental Sanitat., Engng. Labors. Sect.) H.-J. KOCH/Berlin. 6056

Nagao Ikeda, *Bestimmung geringer Mengen Indium in Thermalwasser.* In Ggw. von K–Na-Tartrat wird das Mineralwasser auf p_H 5—6 eingestellt u. mit einer CCl_4-Lsg. von Dithizon ausgeschüttelt. Der Eindampfrückstand der CCl_4-Lsg. wird mit wenig HNO_3 + 10 mg $NaNO_3$ behandelt. Im C-Lichtbogen wird das Spektr. mit dem einer Vergleichsprobe ausgewertet. Der maximale In-Geh. von 34 Thermalwässern war 0,1—1,0 γ/Liter. (J. chem. Soc. Japan, pure Chem. Sect. [Nippon Kagaku Zassi] **74**. 91—93. Febr. 1953. Tokyo Univ. [Orig.: japan.]) L. SCHULER. 6058

E. N. Jenkins, *Die absorptiometrische Bestimmung von Spuren von Kupfer in hochgereinigtem Wasser.* Vf. beschreibt eine Meth. zur Best. von Cu in hochgereinigtem W., das so geringe Spuren Cu (0,001 ‰) enthält, wie sie bei der Kontrolle der „pitting“ Korrosion weicher Wässer notwendig wird. Aus 500 ml des zu prüfenden W. extrahiert man das Cu in Ggw. von *Citratpuffer* (I) u. *Äthylendiamintetraessigsäure* (II) als *Cupridiäthyldithiocarbamat* mit 10 ml Chlf. in einer einzigen Ausschüttelung u. bestimmt den Cu-Geh. des Extraktes absorptiometrisch. Die Abwesenheit von ca. 1% der üblich vorkommenden Kationen stört die Best. des Cu nicht, da sie durch I bzw. II komplex gebunden u. nicht mit extrahiert werden. Ebenfalls hat die Ggw. von S^{2-} u. CN^- keinen störenden Einfl. auf die Genauigkeit der Best. des Cu. Lediglich Bi u. Sb müssen aus dem Chloroformextrakt vor der absorptiometr. Best. des Cu durch Ausschütteln mit 1 nNaOH entfernt werden. (Analyst **79**. 209—16. April 1954. Harwell, NR. Didcot, Berks., Atomic Energy Res. Establ.) A. M. FRETZDORFF. 6060

A. Gubin, E. Hass, H. Hoffmann und **W. Reinmuth,** *Bestimmung kleinster Kupfermengen in Betriebswässern.* Zur Ermittlung der sehr geringen Cu-Mengen im Kesselspeisewasser wurden von 3 daran interessierten Laborr. Unterss. nach dem Diäthyldithiocarbamatverf. in der Modifikation von ZIMMERMANN durchgeführt. Die Ergebnisse zeigten die Notwendigkeit, die Adsorption des Cu an Glasoberflächen u. Papierfiltern bes. zu untersuchen. Hieraus ergab sich ein modifiziertes Verf., das ausführlich beschrieben wird. Es wird festgestellt, daß von größeren Mengen (500 ml) des zu untersuchenden W. auszugehen ist, daß die Adsorption durch Verwendung von Glasgefäßen mit möglichst glatter Oberfläche u. hoher chem. Resistenz weitgehend vermieden werden muß u. daß durch Zugabe von HNO_3 bis zum p_H-Wert 2 Abscheidungen von Cu an der Glaswand vermieden werden. (Mitt. Vereinig. Großkesselbesitzer **1955.** 435—38. Febr.) L. KÜHNERT. 6060

Tsaihwa J. Chow und **Thomas G. Thompson,** *Bestimmung von Strontium in Meerwasser durch Flammenphotometrie.* Zur Entw. einer genauen u. relativ einfachen flammenphotometr. Meth. zur Sr-Best. in Meerwasser (I) wurde zunächst der störende Einfl. der sonstigen wichtigsten Ionen ermittelt. Bei 460 mμ gibt Ca eine Lichtemission, keine geben Mg, K, Cl u. SO_4, die Emission von Na kann durch Abziehen des Flammenhintergrundes bei 454 mμ korr. werden. In Gemischen von Sr-Lsgg. mit den genannten Ionen wird entweder ein zu hoher Sr-Geh. angezeigt (erheblich durch Na, weniger durch Ca, kaum durch K) oder ein zu niedriger (erheblich durch Mg, weniger durch SO_4, sehr wenig durch Cl). Um die störenden Einflüsse auszuschalten, wurden gleiche Proben von I einer Reihe von Sr-Lsgg. bekannten verschied. Geh. zugesetzt, die Emission bei 460,7 u. 454 mμ der reinen u. mit I vermischten Proben in ein Diagramm eingetragen u. daraus der unbekannte Geh. des I an Sr ermittelt. So wurden in Polyäthylenflaschen aufbewahrte Proben aus 0—200 m Tiefe des Arkt., Pazif. u. Atlant. Ozeans untersucht u. im Mittel 0,0048 $\pm$0,0002 mg-Atome Sr/kg W. gefunden, die in einem festen Verhältnis zum Cl-Geh. stehen. — Tabelle. (Analytic. Chem. **27.** 18—21. Jan. 1955. Seattle, Wash., Univ. of Washington, Dep. of Oceanogr.) H. MÜHLMEISTER. 6060

J. B. Mullin und **J. P. Riley,** *Die colorimetrische Bestimmung von Silicat, insbesondere in See- und natürlichem Wasser.* Zur Best. geringer Mengen Silicat wurde dieses zuerst durch Mischen von 20 ml Silicatlsg. mit 3 ml saurer Molybdatlsg. [2 g $(NH_4)_2MoO_4$ + 70 ml W. + 6 ml konz. HCl, auf 100 ml verd., gegebenenfalls filtriert] in Silicomolybdat übergeführt. Nach 10 Min. Stehen konnte es zu Molybdänblau red. u. nach 3std. Stehen (bei Seewasser genügen 60 Min.) bei 812 mμ in einem UNICAM S. P. 500-Spektrophotometer gegen W. als Vergleichslsg. ausgewertet werden. Als Reduktionsmittel diente eine Mischung von 100 ml Metolsulfitlsg. (5 g p-Methylaminophenolsulfat = Metol + 3 g wasserfreies Na_2SO_3 in 250 ml W., filtriert) mit 60 ml 10%ig. Oxalsäure u. 120 ml 25%ig. H_2SO_4 (kühlen!) auf 300 ml aufgefüllt. Der Säurezusatz verhindert eine Red. des überschüssigen $(NH_4)_2MoO_4$. Die Auswertung geschah mit Hilfe von Vergleichskurven. Bis herab zu Konzz. von 3 mg/Liter ist das BEERsche Gesetz weitgehend erfüllt. Keines der im natürlichen W. vorhandenen Ionen stört die Bestimmung. Der durch den Cl-Geh. hervorgerufene Fehler kann durch Multiplikation der opt. Dichte mit dem Faktor (1 + 0,00578·Cl), für Seewasser ca. 1,1, beseitigt werden. (Analytica chim. Acta [Amsterdam] **12.** 162—76. Febr. 1955. Liverpool, Univ., Dep. of Oceanogr.) H. PLUSKAL. 6060

V. Anorganische Industrie.

—, *Das Kellogg-Ammoniakverfahren. In diesem modifizierten Verfahren wird der relativ hohe Druck, mit dem das entstehende Gas anfällt, ausgenützt.* Kurzer Überblick über den Gang dieses modifizierten Verfahrens. Es wird an den Kompressoren eine Energieersparnis von 25—30% erzielt. (Petroleum Refiner **33.** Nr. 3. 150. März 1954.) H. SYDOW. H 243

I. Obinata, *Herstellung und Eigenschaften von reinem Silicium.* Zusammenfassendes über chem. Eigg. u. Herstellungsverff. von reinem Si. — 3 Photos. (Kinzoku [Metals] **23.** 700—02. Sept. 1953. Sendai, Tohoku Univ. [Orig.: japan.]) L. SCHULER. H 261

Fernand Laute, *Die Kupfersalze.* Vf. berichtet über die techn. Gewinnung u. die prakt. Verwendung der Kupfersalze. Bes. eingehend wird $CuSO_4 \cdot 5\,H_2O$ behandelt. Ferner werden *CuO, Cu_2O, $CuCO_3 \cdot Cu(OH)_2$, $CuCl_2$, CuCl, bas. Cu-Chlorid, Cu-Acetat, bas. Cu-Acetat, $Cu(OH)_2$, CuS, $CuSiO_3$, $CuHPO_4$, $Cu(CN)_2$, $Cu(NO_3)_2$, Cu-Borat, -Tartrat, -Phosphid, Scheeles Grün* u. *Pariser Grün* besprochen. Die Anwendung der Cu-Salze beruht hauptsächlich auf ihren fungiciden, herbiciden, antikryptogamen u. antisept. Eigenschaften. (Ind. chim. belge **18.** 708—14. Juli 1953.) H. NÖTH. H 358

United States of America, übert. von: **Charles Alfred Holstead Wright,** Tadanac, British Columbia, Can., *Konzentrieren von Isotopen,* bes. *Deuteriumoxyd,* in einem wss. Alkalielektrolyten durch elektrolyt. Fraktionierung in mehreren Stufen. Dabei reichert sich der Geh. an D_2O in jeder Stufe an. Der Hauptteil des Elektrolyten wird in jeder Stufe zu einem gasförmigen Gemisch aus H_2, D_2 u. O_2 zersetzt. Die Verbesserung liegt nun darin, daß man dieses gasförmige Gemisch mit einem festen Trockenmittel, bes. NaOH-Kügelchen, in Berührung bringt, wodurch man eine wss. Lsg. erhält, die man nun einer Stufe zusetzt, in der die D_2O-Konz. ungefähr ähnlich ist. (**A. P. 2 695 268** vom 27/1. 1945, ausg. 23/11. 1954.) H. NEBELSIEK. H 238

George Royston & Son Ltd. und **Douglas Buckly Royston,** Pogmoar, Barnsley, England, *Ammoniakdestillation* in einer Destillationskolonne mit mehreren Stufen. Dabei wird die Temp. der Fl. in den zwei oder drei höchsten Stufen mit Hilfe von Kühlschlangen tiefer gehalten als die der darunterliegenden. Außerdem wird ein Teil der Dämpfe durch einen Ventilator aus dem Raum über der obersten Stufe abgezogen u. einem tieferen Teil der Kolonne zugeführt. — Abbildung. (**E. P. 722 336** vom 29/2. 1952. ausg. 26/1. 1955.) H. NEBELSIEK. H 243

General Electric Co., New York, N. Y. (Erfinder: **John Franklin Ross,** Shaker Heights, und **Harold Sloyer,** Willoughby, O.), V. St. A., *Kontinuierliche Herstellung verdünnter, wässeriger Ammoniumcarbonatlösungen.* Einer großen Menge verd., wss. Ammoniumcarbonatlsg. wird wss. NH_4OH-Lsg. u. feinverteilte CO_2 kontinuierlich zugeführt u. aus ihr kontinuierlich Ammoniumcarbonatlsg. abgeführt, so daß Konz. u. Zus. der Lsg. konstant bleiben. Man erreicht das, indem verd., wss. NH_4OH-Lsg. dem oberen Teil der Ausgangscharge im Reaktionsgefäß zugeführt u. CO_2-Gas von unten nach oben durch die Charge hindurchgeleitet wird. Dabei wird die Charge durch ständige Kühlung auf 35—45° gehalten. Die fertige Lsg. zieht man vom Boden der Charge ab. (**D. B. P. 933 749** Kl. 12k vom 25/5. 1952, ausg. 6/10. 1955. Anmeldung bekanntgemacht 24/3. 1955. A. Prior. 1/6. 1951.) H. NEBELSIEK. H 243

Metallgesellschaft Akt.-Ges. (Erfinder: **Ernst Wegener),** Frankfurt/M., *Aufarbeitung der bei der Verarbeitung von arsenhaltigen Kiesen auf Kontaktschwefelsäure anfallenden Waschsäure,* dad. gek., daß diese mit Kiesabbrand vermischt, dieser dem frischen Kies in üblicher Weise zugeschlagen u. die Mischung geröstet wird. Die Hauptmenge des As bleibt hierbei im Abbrand gebunden. (**D. B. P. 929 605** Kl. 12i vom 27/1. 1943, ausg. 30/6. 1955. Anmeldung bekanntgemacht 10/1. 1952.) A. ZÜRN. H 253

E. I. du Pont de Nemours & Co., Wilmington, Del., übert. von: **Lawrence A. Dirnberger,** Berea, O., V. St. A., *Herstellung wässeriger SiO_2-Sole.* Na-Silicatlsg., die SiO_2 u. Na_2O im Verhältnis 3,25 : 1 enthält, wird aufwärts durch eine Säule eines säurebehandelten Kationenaustauschers, z. B. „Nalcite HCR", geschickt, wobei die Durchflußgeschwindigkeit so bemessen wird, daß das Austauschharz in der Behandlungszone suspendiert ist. Das abfließende SiO_2-Sol enthält 4% SiO_2 u. kann auf einen höheren SiO_2-Geh. konz. werden. (**A. P. 2 703 314** vom 15/12. 1948, ausg. 1/3. 1955.) W. MATTHAES. H 261

Adolf Messer G. m. b. H. (Erfinder: **Karl Alberti),** Frankfurt/M., *Kaustifizierung von Alkalicarbonatlösungen* in diaphragmalosen Hg-Zellen, bei welcher das während der Elektrolyse gebildete Alkaliamalgam in einer Wanne wieder zers. wird, dad. gek., daß zur Zers. des Amalgams in der Zersetzungswanne die aus der Elektrolysenzelle abgeleitete, teilweise zers. Carbonatlsg. verwendet wird. Das frei werdende CO_2 u. der H_2 aus der Amalgamzersetzungszelle werden gewonnen. Änderungen der Konz. des Elektrolyten treten nicht ein. (**D. B. P. 929 966** Kl. 12 l vom 14/5. 1954, ausg. 7/7. 1955. Anmeldung bekanntgemacht 16/12. 1954.) H. KARST. H 272

Kamlet Laboratory, New York, N. Y., übert. von: **Jonas Kamlet,** Easton, Conn., V. St. A., *Gewinnung von Magnesiumchlorid* durch Calcinieren von Dolomit oder Magnesit, bis $MgCO_3$ in MgO übergeführt ist. Dann stellt man sich daraus einen wss. Schlamm mit $CaSO_4$ u. NaCl her ($MgO : CaSO_4 : NaCl = 1 : 1 : 2$) u. leitet unter Erhitzen CO_2 ein. $CaCO_3$ wird abfiltriert; aus dem Filtrat krist. Na_2SO_4, aus der Mutterlauge gewinnt man $MgCl_2$. (**A. P. 2 705 185** vom 9/8. 1952, ausg. 29/3. 1955.) H. NEBELSIEK. H 282

Kaiser Aluminum & Chemical Corp., Oakland, übert. von: **Arthur W. Vettel** und **Robert D. Israel,** Watsonville, Calif., V. St. A., *Ausfällen von Magnesiumhydroxyd.* Man setzt einer wss. Mg-Salzlsg. $Mg(OH)_2$-Impfkristalle zu u. läßt diese Mischung mit trockenem, calciniertem Dolomit reagieren, wodurch man einen Nd. aus $Mg(OH)_2$ erhält. Man zieht so aus der Reaktionszone eine an Verunreinigungen angereicherte Schicht u. eine zweite mit $Mg(OH)_2$ ab. Zum Mischen verwendet man einen Dolomit, dessen Teilchengröße zu mindestens 90% $>$ 0,2 mm liegt, u. rührt die Mischung in einer 1. Reaktionszone tüchtig um, trennt die beiden Schichten, wobei zusammen mit dem $Mg(OH)_2$-Nd. noch nicht umgesetztes Material abgezogen wird. Diese Schicht führt man dann in eine 2. Reaktionszone ein u. rührt wieder, wobei sich jetzt die an Verunreinigungen angereicherten Feststoffe am Boden absetzen u. die $Mg(OH)_2$-Schicht darübersteht. Nun trennt man wieder, verwendet die obere Schicht als Impfkristalle u. führt einen Teil der mit Verunreinigungen angereicherten Schicht in den Prozeß zurück. (**A. P. 2 692 816** vom 11/4. 1952, ausg. 26/10. 1954.) H. NEBELSIEK. H 282

Hermann Kretzschmar, Berlin, *Reinigen von Tonerde,* bes. zur Befreiung des Al_2O_3 von kleinen Mengen von CaO u. MgO. Das Al_2O_3 wird mit 1—5%ig. Mineralsäure vermischt u. längere Zeit unter Erhitzen feinst gemahlen; dann wird fl. u. fest getrennt u. der feste Rückstand gewaschen. (**D. B. P. 930 869** Kl. 12m vom 3/3. 1944, ausg. 25/7. 1955. Anmeldung bekanntgemacht 23/12. 1954.) H. NEBELSIEK. H 294

Hermann Kretzschmar, Berlin, *Gewinnung von Aluminiumsulfatkristallen hoher Reinheit* aus $Al_2(SO_4)_3$-haltigen Lsgg. durch Zusatz von Frischlauge oder W. oder eines Gemisches der beiden zu Beginn der Kristallbldg. in einem Zuge u. Eindampfen. Dabei werden an Stelle von Ton andere Tonerde-haltige Abfälle, welche saure, lösl. Tonerde zu bilden vermögen, als Ausgangsmaterial verwendet. (**D. B. P. 931 528** Kl. 12m vom 14/7. 1940, ausg. 11/8. 1955. Anmeldung bekanntgemacht 27/1. 1955.) H. NEBELSIEK. H 294

British Titan Products Co. Ltd., Billingham, England (Erfinder: **Arthur Wallace Evans** und **James Dennis Groves**), *Herstellung von Titantetrachlorid.* Ein Gemisch aus einem Titanerz, bes. Rutil, u. pulverisierter Kohle, Koks oder Anthrazit wird kontinuierlich in einem Wirbelschichtofen chloriert. Es entweichen $TiCl_4$, $FeCl_3$ u. andere Chloride, die Staub mitreißen. Die Chloride werden kondensiert; mit dem Kondensat werden die Chloriddämpfe gewaschen u. von Staub befreit. (**E. P. 724 193** vom 16/10. 1951, ausg. 16/2. 1955.) A. ZÜRN. H 321

Badische Anilin- & Soda-Fabrik Akt.-Ges., Ludwigshafen/Rh., *Elektrolytische Oxydation von Chromsalzlösungen.* Dabei stimmt man die Dimensionen der Kathode u. die Stromstärke so aufeinander ab, daß Stromdichten zwischen 0,5 u. 10 A/cm^2 erhalten werden. (**Schwz. P. 300 015** vom 14/12. 1951, ausg. 16/9. 1954. D. Prior. 20/1. 1951.) H. NEBELSIEK. H 335

United States of America, übert. von: **Glenn T. Seaborg** und **Kenneth Street jr.,** Berkeley, Calif., V. St. A., *Herstellung von Curiumisotop 238.* Durch Bombardieren von Pu-Isotop 239 mit 80 MeV-α-Teilchen erhält man Cm 238 zusammen mit verschied. Spaltprodukten. Das Mischprod. wird in konz., H_3BO_3-haltiger HNO_3 gelöst u. oxydiert. Dann fügt man $La(NO_3)_3$ zu u. fällt mit HF die Fluoride des La, Am u. Cm sowie der Seltenen Erden. Man löst zwecks Abtrennung der letzten Pu-Reste in $HNO_3 + H_3BO_3$ u. fällt mit NH_4OH die Seltenen Erden, Am u. Cm als Hydroxyde. Diese löst man in $HClO_4$ u. adsorbiert die Seltenen Erden, Am u. Cm mit Hilfe eines Kationenaustauschers. Aus diesem trennt man mit HCl Cm 238 von den übrigen Stoffen. (**A. P. 2 698 290** vom 27/1. 1950, ausg. 28/12. 1954.) H. NEBELSIEK. H 345

United States Steel Corp., übert. von: **William A. Swaney,** Pittsburgh, Pa., V. St. A., *Überführen von schwarzem in rotes Eisenoxyd.* Schwarzes Eisenoxyd rührt man zu einem wss. Schlamm an u. leitet SO_3 ein, bis alles Oxyd in Sulfat übergeführt ist. Dann erhitzt man letzteres auf 900—1500° F u. erhält so rotes Fe_2O_3. — Vorrichtung. (**A. P. 2 705 188** vom 10/5. 1950, ausg. 29/3. 1955.) H. NEBELSIEK. H 354

VI. Silicatchemie. Baustoffe.

R. G. Abbey, *Basische feuerfeste Materialien in der Glasindustrie.* Auf Grund theoret. Überlegungen u. prakt. Unterss. wurde festgestellt, daß sich chem. gebundene Magnesitsteine wegen ihrer physikal. u. chem. Beschaffenheit am besten für die Ausgitterung der Kammern bei regenerativ beheizten Glasschmelzöfen eignen. Die mechan. Festigkeit der Steine bleibt auch durch die während des Betriebes erfolgende Sinterung erhalten. Als Verlegungsart der Gitterung hat sich die stehende Glattschachtgitterung bewährt. (Radex-Rdsch. **1952.** 275—82. Dez.) K. SEIDEL. 6172

—, *Das Läutern.* Unter Läutern wird der Entfernungsvorgang von im Glas enthaltenen Blasen, aufgelösten Gasen u. Heterogenitäten bezeichnet. Die Auflösung eines Gases, bes. H_2O u. CO_2, macht sich zum Teil durch eine Siedeverzögerung bemerkbar. Die Agentien sowie die chem. u. physikal. Läuterungsverff. bezwecken, nach erfolgter Schmelze, den Gasdruck in der Glasmasse zu steigern u. demzufolge die Gase in Freiheit zu setzen. Die Gase können entweder in die noch vorhandenen Blasen diffundieren u. letztere dazu zwingen, ihr Aufsteigen zu beschleunigen oder neue Blasen zu bilden, wodurch ein intensives Mitreißen der Gase erreicht wird. Das Läutern kommt erst zur Geltung, wenn die Glasviscosität möglichst niedrig ist, das heißt, wenn die Temp. die höchstmögliche im

Zeitintervall ist, die für die Freisetzung der Blasen in Frage kommt. (Verres et Réfractaires 9. 82—97. März/April 1955.) K. PISTOR. 6174

J. B. Roos, *Glas als chemisch-technischer Baustoff.* Übersicht über die mechan., chem., therm. u. physikal. Eigg. von Glas u. seine Verwendung in der chem. Technik. (Chem. pharmac. Techniek **10.** 49—51. 15/10. 1954.) W. WESLY. 6200

Carl Hesse, *Die chemische Homogenität des Fourcault-Glases.* Jedes FOURCAULT-Glas zeigt chem. Inhomogenität, die zwischen gekreuzten Nicols als Schichtenbldg. erkennbar ist. Die Anzahl der Schichten ist auf die unverzerrte Klarsicht der Glasscheiben ohne Einfl., aber nicht ihre Lage. Inhomogenitäten im Glasfluß führen zur Bldg. von Ziehstreifen. Konstanterhaltung der Strömungen an allen Stellen der FOURCAULT-Wanne ist die Voraussetzung zu ihrer Vermeidung. Es wird ein einfaches Gerät zur Beurteilung der Welligkeit der Glasoberflächen durch Reflexion eines Lichtbündels beschrieben. Die Messung der Brechungsindices an verschied. Stellen einer Glasscheibe kann als Beurteilung des Homogenitätsgrades nicht herangezogen werden, weil diese Meth. zu empfindlich ist. (Silikattechnik **5.** 419—25. Okt. 1954.) R. WALCKER. 6200

G. E. Stephenson, *Die Geschichte der geschmolzenen Kieselsäure.* Es wird ein geschichtlicher Abriß der Entw. u. Anwendung geschmolzener Kieselsäure in Form von geschmolzenem Quarz gegeben. (J. Soc. Glass Technol. **39.** Trans. 37—47. Febr. 1955.) R. WALCKER. 6204

F. J. Edwards, *Die Zukunft von Quarz und Kieselsäure.* Die Anwendung von Quarz u. SiO_2 kann in der Zukunft beträchtlich erweitert werden. Die Reinigung von SiO_2-Materialien durch Sublimation wird vermutlich vervollkommnet werden. Gute Verwendungsmöglichkeiten für Quarz u. SiO_2 dürften für die astronom. Optik, für Säurewaschtürme u. Skrubber, Isolatoren für Radiomasten, Gefäße zur Glasschmelzung, Quarzfedern u. gewebten Quarz bestehen. Der Gebrauch von SiO_2 als Kernmaterial für den Guß von Fe-haltigem Metall ist im Versuchsstadium die Anwendung von SiO_2 für Laboratoriumszwecke weiter ausbaufähig. (J. Soc. Glass Technol. **39.** Trans. 58—60. Febr. 1955.) R. WALCKER. 6204

George L. Kalousek, *Tobermorit und verwandte Phasen in dem System CaO–SiO_2–H_2O.* Die hydrothermalen Rkk. zwischen $Ca(OH)_2$ u. Quarzkieselsäure werden auf die daraus bei 125—175° entstehenden Verbb. hin untersucht. Die Unterss. wurden mit Hilfe von Röntgenstrahlen, Stickstoffabsorption, Elektronenmikroskop u. chem. Analysen durchgeführt. Die Reaktionsprodd. der Mischungen aus Quarz bzw. Kieselsäure zeigen unterschiedliche Formen u. verschied. Verh. bzgl. Schwinden u. Festigkeit. (J. Amer. Concrete Inst. **26.** 989—1011. Juni 1955.) K. SEIDEL. 6206

Félix Trombe und **Marc Foëx,** *Die keramischen Stoffe auf der Basis von Zirkon- und Lanthanoxyd.* Die röntgenograph. Analyse u. die Prüfung mit dem Polarisationsmikroskop zeigte bei geschmolzenen Mischungen von Lanthan- u. Zirkonoxyd verschied. Zus. 3 strukturell verschied. Zonen: 1. Bei geringem Lanthanoxydgeh. eine feste Lsg. α von Zirkonoxydstruktur. 2. Bei Lanthanoxydgehh. zwischen 10 u. 35 Mol-% eine feste Lsg. β vom kub. Fluorit-Typ. 3. Substanzen mit Geh. an $La_2O_3 > 35$ Mol-% enthielten neben der kub. Phase β, die des freien La_2O_3 (hexagonal). Der Gitterabstand des kub. Fluorit-Typs steht in Abhängigkeit vom La_2O_3-Geh. u. besitzt bei der Zus. $2\,ZrO_2 \cdot La_2O_3$ ein Minimum (5,39 Å). An Hand der Werte der Änderung des elektr. Widerstandes im Verhältnis zur Zus. der Mischung bei 1000° (Kurve) finden Vff. daß ein Maximum des Widerstandes für die Mischung $2\,ZrO_2 \cdot La_2O_3$ u. ein Minimum für die in der Nähe des Überganges von fester Lsg. α in feste Lsg. β liegenden Zuss. vorhanden ist. Die Mischungen mit La_2O_3-Gehh. zwischen 3 u. 35 Mol-%, deren linearer Ausdehnungskoeff. $10 \cdot 10^6$ zwischen 0 u. 1800° ist, sind haltbar an der Luft u. beständig gegen plötzliche therm. Beanspruchung, während die mit viel La_2O_3, sobald sie der Luft ausgesetzt sind, sich in Hydrocarbonate umwandeln. (C. R. hebd. Séances Acad. Sci. **233.** 254—56. 16/7. 1951.) H. DICKHAUT. 6208

Karl Lang, *Farbige Glasflüsse und ihre Behandlung.* Allg. Arbeitshinweise für Schmuckemail. (Keram. Z. **6.** 457. 1954. Hanau.) W. SCHÜTZ. 6212

A. W. Murdoch, *Der Emailüberzug.* Überblick über die beim Emaillieren verwendeten Rohmaterialien, die Eigg. u. Anwendungsmöglichkeiten. (Paint, Oil Colour J. **127.** 1470—73. 10/6. 1955. Ferro Enamels, Ltd.) F. MARKHOFF. 6212

W. Gilbert und **W. L. German,** *Die Wirkung der chemischen Behandlung auf die Eigenschaften verschiedener britischer Tone.* Die Verringerung im p_H-Wert mancher Tone steigert ihre Bildsamkeit, Grünstandfestigkeit, Feuerfestigkeit u. Trocknungsgeschwindigkeit. (Trans. Brit. ceram. Soc. **54.** 83—93. Febr. 1955. Stoke-on-Trent, Ceramics Dep., N. Staffordshire Technical College.) W. SCHÜTZ. 6216

Ss. W. Markewitsch, A. I. Wersal und **E. Je. Litwinenko,** *Untersuchung der physikalisch-chemischen Eigenschaften der Montmorillonittone der Weißrussischen SSR.*

1. Mitt. *Ton der „Malinowka"-Lagerstätte.* Es wurden Proben von Ton aus Malinowka auf chem. Zus., Dehydratation, exotherme u. endotherme Effekte, Benetzungswärme, gebundenes W., Austauschvermögen u. Adsorptionsfähigkeit untersucht. Vff. stellten fest, daß die koll.-disperse Phase dieser Tone ein Mineral der Montmorillonittone darstellt. Der untersuchte Ton eignet sich für die Reinigung von Transformatorenaböl, dessen Aschegeh. dadurch um das 10fache. dessen SZ. um das 4fache gesenkt wird. (Известия Академии Наук Белорусской ССР [Nachr. Akad. Wiss. BelorussSSR] **1955.** 63 bis 72. Jan./Febr.) E. STEINBERG. 6216

C.-J. Lenz, *Heißaufbereitung feuerfester und grobkeramischer Massen.* Berichtet wird über die Einführung einer wenig beachteten Aufbereitungsmeth. durch Zusatz von Dampf statt Anmachwasser in einem Schamottewerk. Hierbei wird eine Verbesserung des Aufschlusses u. der physikal. Eigg., Verringerung des Trockenbruchs u. des Kraftbedarfs für die Verformung erzielt. Nachteilig wirken sich aus: lästige Dampfentw. in den Räumen, die bei Improvisationslsgg. nur teilweise vermeidbar ist. Gefordert wird ein geschlossenes Aggregat für die Dampfzugabe. (Ber. dtsch. keram. Ges. e. V. **32.** 72—75. März 1955.) K. PISTOR. 6218

Gerhard Trömel und **Karl-Heinz Obst,** *Die Verbesserung von Silicasteinen durch Zusatz von Aluminium-Orthophosphat.* Infolge der engen Beziehungen zwischen sämtlichen möglichen Kristallstrukturen des SiO_2 u. $AlPO_4$ wird untersucht, welche Auswirkungen diese weitgehende geometr. Übereinstimmung für das Verh. von Gemischen dieser beiden Stoffe bei hohen Tempp. hat u. ob es durch die Bldg. von Mischkristallen zwischen diesen beiden Stoffen möglich ist, die techn. wichtigen Eigg. von SiO_2 zu beeinflussen, sowie wieweit der bei der Verarbeitung von Amblygonit auf die Li-Salze anfallende Rückstand verwertet werden kann. Es wird durch betriebliche Unterss. gezeigt, daß es gelingt, durch Zusatz von $AlPO_4$ zu techn. Silicamasse sowohl die Umwandlung des Quarzes zu Cristobalit stark zu beschleunigen, als auch bei nicht zu langer Erhitzung die Feuerfestigkeit dieser Steine zu erhöhen. Bei längerem Erhitzen bei Tempp. von 1600° u. mehr werden jedoch derartige Steine früher weich. Durch Laborverss. mit reinem SiO_2 u. sehr reinem $AlPO_4$ wird das Verh. von Gemischen dieser beiden Stoffe bei hohen Tempp. aufgeklärt. Es wurden die FF. bestimmt u. diese Proben mkr. sowie röntgenograph. untersucht. Auch wurde die α–β-Umwandlung des Cristobalits dilatometr. verfolgt. Es zeigte sich, daß SiO_2 u. $AlPO_4$ keine Mischkristalle bilden. Aus den Gemischen wird bei längerem Glühen bei hohen Tempp. (1600°) P_2O_5 sehr lebhaft verflüchtigt. In den verbleibenden Gemengen sind die nach dem Syst. SiO_2–Al_2O_3 zu erwartenden Phasen zu finden. Der F. von SiO_2 wurde zwischen 1690 u. 1700° gefunden. Der F. von $AlPO_4$ muß höher als 1950° liegen. Die α–β-Umwandlung des Cristobalits zeigt auch bei dem untersuchten reinen SiO_2 die bereits früher festgestellte Abhängigkeit von der Wärmevorbehandlung der untersuchten Probe. Diese Anomalie ist also nicht durch Verunreinigungen bedingt. Sie verschwindet vielmehr, wenn die Proben länger als drei Tage bei Tempp. von mindestens 1450° geglüht werden. $AlPO_4$, bei dessen Cristobalitmodifikation diese α–β-Umwandlung bei 1850° auftritt, zeigt keine derartige Anomalie. (Arch. Eisenhüttenwes. **26.** 307—18. Juni 1955. Düsseldorf, Max-Planck-Inst. f. Eisenforschung.) H. HOCHSTEIN. 6218

Gamal M. Gad, *Feuerfestigkeit und wirtschaftliche Gesichtspunkte einiger ägyptischer feuerfester Rohmaterialien.* Vf. untersucht verschied. ägypt. Rohmaterialien u. stellt aus ihnen Probesteine her, u. zwar Silica, Quarztonsteine (Semisilica), Quarzschamotte (Siliceous Fireclay). Schamotte, Mullitsteine, Chromit, Chrommagnesit, Forsterit, stabilisierter Dolomit u. Zirkon. Die physikal. u. feuerfesten Eigg. der gebrannten Probekörper werden geprüft u. mit denen ähnlicher handelsüblicher Steine guter Qualität verglichen. Die Rohmaterialien erweisen sich als zur Herst. feuerfester Steine geeignet. (Keram. Z. **7.** 15—19. 1955. London u. Kairo.) D. BREDTSCHNEIDER. 6218

Georges E. Schumann, *Mitteilung über Schlackenzemente mit hohem Magnesiumgehalt.* Die amerikan. Zementnormen setzen für Hochofenzemente einen Maximalgeh. an MgO von 5% fest, während die meisten europäischen Vorschriften den MgO-Geh. zwar für Portlandzement, nicht aber für Hochofen- u. Schlackenzement begrenzen. Eine Umfrage des Vf. bei zahlreichen europäischen Fachleuten hat ergeben. daß nur krist. MgO (Periklas) eine schädliche Wrkg. besitzt. In einer fachgemäß mit W. abgeschreckten Hochofenschlacke kommt MgO aber nur in glasiger, unschädlicher Form vor, so daß bei Schlackenzementen auch hohe MgO-Gehh. ohne Gefahr zugelassen werden können. (Rev. Matér. Construct. Trav. publ., Édit. C **1955.** 75—77. März. Kaiser Engineers U. S. A.) D. BREDTSCHNEIDER. 6222

Michel Papadakis, *Rheologie der Zementsuspensionen.* Vf. gibt einen Überblick über die physikal. Grundlagen der Rheologie, bes. der plast. Fll., u. über die Theorie des Viscosimeters mit Koaxialzylindern. Zement–Wasser-Suspensionen erweisen sich als plast. Flüssigkeiten. Die Viscosität steigt mit wachsender Volumenkonz. Zement: Wasser. Ein Zusatz eines feinkörnigen Prod., wie Ton oder Bentonit, zum Zement hat einen stärkeren Einfl. als eine entsprechende Erhöhung des Zement–W.-Verhältnisses, weil durch die feinkörnigen Stoffe mehr W. gebunden wird. Der Einfl. wird mit dem von chem. Plastifikatoren verglichen. Er ist wichtig für das Problem der Entmischung des Zementbreis. Wegen der Wasserbindung bei mit feinkörnigem Material versetztem Zement entmischt dieser sich langsamer, umgekehrt hat von zwei Zementbreien gleicher Entmischungstendenz derjenige, welcher einen Ton- bzw. Bentonitzusatz enthält, die kleineren rheolog. Koeffizienten u. ist deshalb bes. für Zementinjektionen u. für den Transport durch Rohrleitungen leichter zu verwenden. (Rev. Matér. Construct. Trav. publ., Édit. C **1955.** 121—37. Mai. Paris, Centre d'Etudes et de Recherches de l'Industrie des Liants Hydrauliques, Section des Etudes Industrielles.) D. BREDTSCHNEIDER. 6222

J. W. T. Spinks, T. Thorvaldson, H. W. Baldwin und **F. W. Birss,** *Untersuchungen an Zement mit radioaktiven Indicatoren.* Für die schädlichen Wirkungen von Sulfatlsgg. auf Zement u. Beton spielt die Diffusion eine Rolle. Vff. untersuchen die Diffusionsvorgänge in Probekörpern, die in Na_2SO_4-, $CaSO_4$-, NaJ- u. NaCl-Lsgg. lagern, wobei die Salzlsgg. die radioakt. markierten Elemente ^{22}Na, ^{45}Ca, ^{35}S, ^{131}J u. ^{36}Cl enthalten. Die Verss. ergaben: a) Bei reinem Portlandzement u. n. Kiesbeton verkleinert sich der Diffusionskoeff. der SO_4-Ionen D_{SO_4} mit der Einwirkungszeit der Sulfatlsg.; bei fettem Beton ändert sich der Koeff. während der ersten 2—4 Wochen schnell, dann langsamer. b) Nach der Anfangsperiode der schnellen Änderung unterscheiden sich die D_{SO_4}-Werte von reinem Zement u. 1:1-Beton nicht sehr, aber sie wachsen schnell, wenn die Mischung magerer wird. c) Die D_{SO_4}-Werte, die mit 0,15 mol Na_2SO_4- u. $MgSO_4$-Lsgg., mit gesätt. $CaSO_4$-Lsg. u. mit Na_2SO_4-Lsgg. von 0,1 mol bis 0,5 mol erhalten wurden, haben die gleiche Größenordnung. d) D_{SO_4} wächst mit der Dauer einer Aufbewahrung der Probekörper unter Wasser. e) Bis zum Auftreten eines sichtbaren Sulfatangriffs konnten keine wesentlichen Unterschiede zwischen den D_{SO_4}-Werten von n. u. sulfatbeständigen Zementen beobachtet werden. f) Die D-Werte der Kationen werden kleiner als die der Anionen. Die Zemente verhalten sich wie positive Membranen. g) Bei den Anionen wachsen die D-Werte in der Reihenfolge D_{SO_4}, D_{Cl}, D_J. (Rev. Matér. Construct. Trav. publ., Édit. C **1955.** 138—44. Mai.) D. BREDTSCHNEIDER. 6222

B. Henk, *Einfluß des Zuschlages auf Formänderungen und Spannungen im Betonwerkstein.* Es wird an Hand älterer Darstellungen u. eigener Verss. nachgewiesen, daß Temperaturdehnung u. -schwindung von den im Beton enthaltenen Zuschlagstoffen abhängig sind; diese üben daher einen wesentlichen Einfl. auf die Dauerhaftigkeit u. Biegefestigkeit von Betonteilen aus, da sie die auftretenden Gefügespannungen hervorrufen, die neben Verformungen. Eigenspannungen u. Systemspannungen berücksichtigt werden müssen. (Zement–Kalk–Gips **8** (**44**). 209—12. Juni 1955.) K. SEIDEL. 6224

Joseph Deforge, *Einfluß des Index des Kalksteines und des Brennprozesses auf die Qualität des hydraulischen Kalkes.* An Beispielen wird die Bedeutung des sogenannten „hydraul. Moduls", das heißt des Wertes des Verhältnisses von Ton: CaO in der zu brennenden Mischung auf die Eigg. des fertig gebrannten hydraul. Kalkes u. auf den Verbrauch an Brennstoff, der umgekehrt proportional der Erhöhung des Moduls ist, gezeigt, u. die Konsequenzen für die Praxis daraus gezogen. Abschließend wird gegebenenfalls eine Nutzbarmachung der bei der Herst. von hydraul. Kalk anfallenden kleinen Kalkstücke (unter 500 mm Durchmesser) durch Brennen mit ca. 50%, stark SiO_2- u. Al_2O_3-haltiger, Asche enthaltender Schieferkohle, angegeben. (Rev. Matér. Construct. Trav. publ.. Édit. C. **1950.** 316—18. Okt.) H. DICKHAUT. 6226

L. Ja. Mischulowitsch, *Ein verbessertes Schema zur Herstellung der Bodenplattenmasse.* Die ungleichmäßige, schmutzige Beschaffenheit der Oberfläche der Platten beseitigt man durch Einschaltung eines Knet- u. Mischprozesses vor der Trocknung, durch den die Ungleichmäßigkeiten des rohen Lehmes (aus vielen Schichten mit 1,9—2,9% Fe_2O_3-Geh.) ausgeglichen werden. Hierdurch wird auch die Festigkeit der fertigen Platten wesentlich erhöht. (Стекло и Керамика [Glas u. Keram.] **10.** Nr. 4. 4—6. April 1953.) J. v. SCHROEDER. 6228

N. A. Toropow und **M. M. Ssytschew,** *Untersuchung der Warmfestigkeit der Fasern von Mineralwatte.* Die Warmfestigkeit der Mineralwatte (Glaswatte) hängt davon ab, ob im Glas beim Erhitzen Kristallisation eintritt. Bei einer Zus., die $M_k = (SiO_2 + Al_2O_3 + Fe_2O_3)/(CaO + MgO) = 1{,}1—1{,}5$ entspricht, neigt die Watte zur Kristallisation, die z. B. im Temperaturgebiet 1200—1300° schon bei 20° Temperaturerniedrigung rasch erfolgt. Bei Zuss., die weniger Entglasungstendenz zeigen, wird die Warmfestigkeit vor allem durch die Erweichungstemp. bestimmt. Die Best. dieser Temp. u. der Rekristallisationstemp. ist zur Beurteilung der Warmfestigkeit erforderlich. Vergleichsunterss. mit verschied. Zuss. zeigen, daß Proben mit $M_k = 1{,}2—1{,}3$ die höchste Warmfestigkeit aufweisen. Erhöhung des Fe_2O_3-Geh. setzt die Warmfestigkeit herab, Erhöhung des Al_2O_3-Geh. erhöht sie. Bei M_k = 1,3—1,4 tritt Entglasung schon bei niedrigerer Temp. ein als bei M_k = 1,2—1,3. Die Kurve der Zähigkeit in Abhängigkeit von der Temp. wird mit Zunahme von M_k steiler. (Журнал Прикладной Химии [J. angew. Chem.] **28.** 322—25. März 1955.) R. K. MÜLLER. 6234

A. P. Alexandrow, Ju. A. Podlessny und **N. K. Dertew,** *Polierrot aus Staub von Kiesabbränden.* Die Kiesabbrände von der H_2SO_4-Fabrikation enthalten, wenn sie direkt den Elektrofiltern entnommen werden, 70% Fe_2O_3. Diese müssen, um ein einwandfreies Prod. zu geben, von lösl. Sulfaten u. unlösl. groben Silicaten, die auf dem Glase Kratzer verursachen, befreit werden, was durch 2—2$^1/_2$ Std. Brennen, Mahlen, Dämpfen u. Sieben erfolgen kann. Die Reinigung kann auch durch Waschen mit kaltem W. u. Dekantieren erfolgen, doch sind die Verluste recht groß; das Prod. ist aber besser als nach dem ersten Verfahren. Das p_H der Polierrotsuspension soll 5—7 betragen. (Стекло и Керамика [Glas u. Keram.] **10.** Nr. 2. 15—17. Febr. 1953.) J. v. SCHROEDER. 6238

L. G. Melnitschenko und **L. L. Tschernina,** *Zur Bestimmung der Eigenschaften von alkalifreiem Glas.* Es werden die Resultate der Berechnung von Eigg. alkalifreier Gläser nach der bekannten additiven Meth. u. der von A. A. APPEN (Доклады Академии Наук СССР [Ber. Akad. Wiss. UdSSR] [N. S.] **69.** [1949.] 841) verglichen. Für die Berechnung des Brechungskoeff. ergaben die nach APPEN berechneten Werte eine bessere Übereinstimmung mit den experimentell gefundenen als nach der additiven Methode. (Стекло и Керамика [Glas u. Keram.] **10.** Nr. 5. 10—12. Mai 1953.)

J. v. SCHROEDER. 6242

Eastman Kodak Co., übert. von: **William F. Parsons** und **Juanita N. Little,** Rochester, N. Y., V. St. A., *Herstellung eines nichtreflektierenden, dunklen Überzuges, insbesondere auf optischen Bleigläsern.* Auf dem Bleiglasgegenstand wird ein Ag-Überzug aufgebracht, worauf der Gegenstand in oxydierender Atmosphäre mindestens 15 Std. lang auf 850—1000° F erhitzt wird. Anschließend wird der Gegenstand 1—2 Std. lang in einer H_2-Atmosphäre auf 750—900° F erhitzt. (**A. P. 2 649 387** vom 27/10. 1950, ausg. 18/8. 1953.) HANS HOFFMANN. 6201

British Thomson-Houston Co. Ltd., London (Erfinder: **James Thomson Anderson, Harold Francis Ward** und **Walter Roy Blood,** Rugby, Warwick), England, *Herstellung von Leuchtstoffüberzügen auf Glasflächen.* Aus einem viscosen Bindemittel, pulverförmigem Leuchtstoff u. H_3BO_3 oder deren Verbb. wird eine feinstverteilte Suspension hergestellt, welche auf die zu überziehende Glasfläche aufgebracht wird. Nach dem Trocknen des Überzuges wird der Glasgegenstand geglüht. — Z. B. wird ein Gemisch aus 100 (g) H_3BO_3, 120 Amylacetat u. 180 einer Nitrocelluloselsg. in Amylacetat 15 Std. gemahlen u. der Suspension des Leuchtstoffes in dem viscosen Bindemittel zugesetzt. Vgl. auch E. P. 698 826; C. **1955.** 7751. (**D. B. P. 929 924** Kl. 32b vom 16/1. 1952, ausg. 7/7. 1955. Anmeldung bekanntgemacht 16/12. 1954. E. Prior. 24/4. 1951.) HANS HOFFMANN. 6201

Salvatore Curinga und **Camille Panaye,** Var, Frankreich, *Synthetisches Produkt zum Bekleiden von sanitären Anlagen, Steinplatten, Mosaik und dergleichen.* Ein derartiges Prod., welches die glänzende Oberfläche von Marmor, Porzellan, Email u. dgl. nachahmt, erhält man, indem man 500 (g) Quarz (Reinheitsgrad mindestens 96%), 350 calcinierten Feldspat, 50 feinstpulverisierte Oxalsäure, 25 Mn-Oxyd, 15 $CaSO_4$ u. 60 99%ig. reines Euböa-MgO mit färbenden Metalloxyden vermischt u. das Gemisch sofort in eine alkoholhaltige Lsg. von $MgCl_2$ einträgt. (**F. P. 1 039 426** vom 6/7. 1951, ausg. 7/10. 1953.)

T. OPPERMANN. 6229

Pierre Trémoulet, Seine, Frankreich, *Mischung zum Bekleiden von Wänden und Böden,* bestehend aus ca. 20 (%) calcinierter Magnesia, 80 Dolomit oder Quarzsand u. weniger als 5 Harnstoff, welche in ausreichender Menge mit $MgCl_2$ von 20—25° Bé vermengt werden. (**F. P. 1 068 146** vom 21/11. 1952, ausg. 22/6. 1954.) G. WELTZIEN. 6229

Glidden Co., Cleveland, O., V. St. A., *Überzugsmasse für Bauwerke, Mauern und Wände,* bestehend z. B. aus 420 (Teilen) einer 40%ig. alkal. Emulsion eines Butadien (75%)-Styrol (25%)-Mischpolymerisats (bzw. Polyisobutylen, Vinylharz, Polyester, Polyäthylen, Cyclokautschuk, ölmodifiziertem Kautschuk u. dgl.), 75 Proteinlsg., 80 TiO_2, 180 Glimmer, 1 pine oil, 130 W. u. 4 Ammoniumoleat. Mit der Emulsion wird der Putz besprüht. Eine gegen Wasserdampf widerstandsfähige Schutzschicht wird auch durch Imprägnieren von Ziegeln, einem Zementglattstrich, Asbestzement, Holz, Papier u. dgl. erhalten; sie ist nach 20 Min. trocken u. kann dann mit einem Lack oder Anstrich versehen werden. (**Aust. P. 154 545** vom 17/5. 1950, ausg. 7/1. 1954. A. Prior. 16/6. 1949.)

G. SALZMANN. 6229

Karl Friedrich Keil, Berlin, *Verdichten, Versteifen oder Verfestigen von erdigen Massen.* Natürliche oder künstliche feinkörnige Bodenarten mit geringem Bindevermögen,

z. B. Löß, Lehm, Sand, Kies u. Gesteinsstaub, werden mit bis zu 30% plast. Ton, Bentonit oder anderen Stoffen mit hohem Bindevermögen, mit Wasserglaslsg., hydratisierenden Verbb., z. B. Na_2CO_3 oder $(NH_4)_2CO_3$, u. W. zu einer Paste vermischt, die rasch erhärtet. Die M. ist bes. zum Bau von Dämmen, Deichen u. Kanälen geeignet u. kann zur Verhütung von Schrumpfung oder Austrocknung mit feinkörnigen Massen, z. B. Lehm- oder Sandschichten von ca. 10 cm Dicke, bedeckt werden. Auf 100 (kg) Sand werden z. B. 25 Ton, 15 Wasserglas u. ca. 1,5 Na_2CO_3 verwendet. (**E. P. 716 479** vom 11/12. 1952, ausg. 6/10. 1954.) H. KARST. 6233

Heinrich van Thiel, Siershahn, *Herstellung von Poliertonerde.* Tonerdehydrat wird langsam entwässert, wobei die Temperatursteigerung von 200° ab bis 750° ca. 4°/Min. beträgt; anschließend wird mit einer schnellen Temperatursteigerung von 10 bis 12°/Min. das entwässerte Prod. bis zu 1200—1250° erhitzt. Nach einer Verweilzeit von 10—30 Min. wird es bei dieser Endtemp. abgezogen. (**D. P. B. 932 425** Kl. 12m vom 28/8. 1951, ausg. 1/9. 1955. Anmeldung bekanntgemacht 5/3. 1953.) H. NEBELSIEK. 6239

L.-E. Millenet, Manuel pratique de l'émaillage sur métaux. Paris: Dunod. (152 S.) fr. 560,—.

Lucien Burglen et Paul-Jacques-Didier Longueat, Méthodes nouvelles d'analyse chimique rapide des ciments. Vesoul: impr. de M. Bon. 1955. (30 S. m. Abb.) 8°.

VII. Agrikulturchemie. Schädlingsbekämpfung.

R. Paulian, *Charakter der hängenden Böden in tropischen Wäldern.* Unter hängenden Böden wird die Anhäufung von Humus auf den horizontalen Zweigen großer Bäume u. in der Achse von Epiphyten verstanden. Sie bestehen zu 94% aus fast nicht humifizierter organ. Substanz. Ihr mineral. Teil besteht hauptsächlich aus den Aschenbestandteilen von Pflanzen. Er ist wahrscheinlich hauptsächlich durch die Bodenfauna, die die gleiche ist, wie die der Waldböden, herangeführt worden. (Colloques int. Centre nat. Rech. sci. **33.** 279—80. 1952.) A. JACOB. 6300

Joaquin Arcenegui Avecilla, *Physikalisch-chemische Eigenschaften des Bodens. (Feinheit, Feuchtigkeit und Kohlenstoffgehalt).* Allg. Schilderung, bes. in capillarchem. Hinsicht, des Einfl. von Teilchengröße, Feuchtigkeits- u. C-Geh. auf die Fruchtbarkeit von Böden. (Farmac. nueva **19.** 163—65. April 1954.) M. REIHER. 6300

Balwant Rai Puri, M. L. Lakhanpal und **Balvir Verma**, *Säureähnliches Verhalten von Holzkohle in Beziehung zu den Bodeneigenschaften.* Da an Holzkohle adsorbiertes O_2 bei Erhitzung nur als CO oder CO_2 abgegeben wird, bilden sich bei Wasserzugabe H-Ionen, die der Holzkohle einen säureähnlichen Charakter verleihen. An 6 verschied. Holzkohlearten wurde der saure Charakter durch Einw. auf Alkali, Carbonate u. Sulfide nachgewiesen. Vff. vermuten, daß es sich um eine monomol. CO_2-Schicht handelt u. diskutieren die Wichtigkeit ähnlicher Vorgänge bei der Aufnahme von Nährstoffen aus dem Boden durch die Pflanzenwurzeln. (Soil Sci. **75.** 209—18. März 1953. Hoshiarpur, India, Panjab University.) W. SCHUPHAN. 6300

F. E. Allison, E. M. Roller und **Janet H. Doetsch**, *Festgelegtes und verfügbares Ammoniak in Vermiculit.* Unterss. an verschied. Vermiculiten zeigten, daß dieses Mineral große Mengen Ammoniak adsorbieren kann, das durch NaCl, $CaCl_2$ u. Kochen mit NaOH, nicht jedoch durch KCl u. Kochen mit KOH, in Freiheit gesetzt werden kann. Erhitzen auf 100° erhöht die Adsorption um 10—30% gegenüber Raumtemperatur. Während bei 2 Proben das adsorbierte Ammoniak den nitrifizierenden Bakterien zur Verfügung stand, konnte es bei einer 3. Probe nur zu 11—16% ausgenutzt werden, so daß angenommen werden muß, daß der Verwitterungszustand eine wesentliche Rolle spielt. (Soil Sci. **75.** 173—80. März 1953. Beltsville, U. S. Dep. of Agriculture.) W. SCHUPHAN. 6304

J. D. Newton, *Einfluß der Bodenzone auf die chemische Zusammensetzung von Getreide in Alberta.* Der durchschnittliche Protein (I)-Geh. von Weizen-, Gersten- u. Haferkörnern steht in keiner direkten Beziehung zum N-Geh. des Bodens, sofern die Braunerde- u. Schwarzerdezonen miteinander verglichen werden; bei Vgl. der Schwarz- u. Grauerdezonen zeigt sich jedoch eine direkte Beziehung zwischen den beiden Größen. Der I-Geh. der Körner nimmt von den trockeneren zu den feuchteren Zonen ab. Zwischen dem Geh. an Gesamt-P von Boden u. Pflanzen wurde keine direkte Beziehung festgestellt. Im allg. haben die Schwarzerden den höchsten u. die Grauerden den niedrigsten P-Gehalt. Die auf S-armen Grauerden gezogenen Körner haben einen niedrigen Geh. an Gesamt-S; zwischen den auf Braun- u. Schwarzerden gezogenen Körnern wurden bzgl. des S-Geh. keine deutlichen Unterschiede festgestellt. Es besteht keine klare Beziehung zwischen dem Geh. an Gesamt-Ca bzw. -Mg von Boden u. dem von Korn. Der Mg-Geh. der Körner ist erheblich höher als der Ca-Geh., u. Hafer enthält viel mehr Ca als Weizen oder Gerste.

Der K-Geh. der Getreidekörner schwankt beträchtlich u. ist in allen Zonen im Vgl. zu den allg. Durchschnittswerten verhältnismäßig niedrig. (Canad. J. agric. Sci. **33.** 359—63. Juli/Aug. 1953. Edmonton, Alberta, Univ. of Alberta.) F. RANG. 6304

C. W. Chang, *Chemische Eigenschaften alkalischer Böden im Mesilla-Tal, Neu-Mexiko.* Unterss. an den verschied. Böden des Mesilla-Tals in Neu-Mexiko zeigten, daß diese Böden trotz hoher Konz. an lösl. Salzen u. an austauschbarem Na fruchtbar bleiben u. daß die als „white alkali" u. „black alkali" bekannten alkal. Flächen durch fortwährende Bewässerung seit 1916 entstanden sind. (Soil Sci. **75.** 233—42. März 1953. State College, New Mexico Agricult. Exp. Station.) W. SCHUPHAN. 6304

S. Kandiah und **D. M. Rodrigo,** *Anzeichen von Magnesiummangel in Ceylon-Böden.* Es werden Mg-Mangelerscheinungen an Blättern von Kakao, Citrus, Guave, Sorghum u. Mais beschrieben. Sie wurden vor allem auf laterit. Böden in feuchten Gebieten oder auf sandigen Böden in trockenen Gebieten festgestellt, die durchweg arm an Magnesia waren. Die Blattanalyse zeigte in diesen Fällen sehr niedrigen MgO-Gehalt. Die Mangelerscheinungen konnten durch Mg-Düngung behoben werden. (Trop. Agriculturist **110.** 21—24. Jan./März 1954.) A. JACOB. 6304

G. G. Bolhuis und **R. W. Stubbs,** *Der Einfluß von Calcium und anderen Elementen auf die Fruchtbildung der Erdnuß in Beziehung zur Absorptionsfähigkeit ihrer Gynophoren.* Bei Abwesenheit von Feuchtigkeit wird keine Frucht angesetzt. Von Ca, K, Mg, Na u. NH_4 war nur Ca für die Fruchtbildung notwendig. Wenn K, Mg u. NH_4 allein vorlagen, starben die Gynophoren ab. Eine Abnahme der Fruchtbildung erfolgte, wenn K oder Mg im Vgl. zu Ca im Überschuß vorlagen. Na hatte einen schädlichen Einfl. auf die Gynophoren. Die nachteiligen Wirkungen von K u. Mg stehen im Zusammenhang mit der Funktion von Ca als Bestandteil der mittleren Lamelle der Zellwand. (Netherl. J. agric. Sci. **3.** 220—37. Aug. 1955. Wageningen, Labor. für trop. Landwirtschaft, Landb. Hoogesch.) A. JACOB. 6304

Walter Reuther und **Paul F. Smith,** *Die Wirkung von hohen Kupfergehalten sandiger Böden auf das Wachstum von Citrussämlingen.* Das in alten Citrusanlagen auf sauren Sandböden in Florida beobachtete Auftreten von chlorot. Erscheinungen an den Blättern u. Schädigungen an den Wurzeln konnte durch einen hohen Cu-Geh. in Verb. mit einem niedrigen p_H-Wert des Bodens erklärt werden. Verss. in Töpfen ergaben Schädigungen bei p_H-Werten <5 u. Cu-Gehh. über 150 p. p. m., wobei die Schädigungen durch Kalkgabe behoben werden konnten. (Soil Sci. **75.** 219—24. März 1953. Orlando, Fla., U. S. Dep. of Agriculture.) W. SCHUPHAN. 6304

Marcel V. Homès, *Eine neue Annäherung an das Problem der Pflanzenernährung und des Düngerbedarfs.* 1. Mitt. Das Auftreten von Wechselwirkungen zwischen den verschied. Elementen macht eine starke Komplikation der Versuchsanstellung erforderlich. Eine Vereinfachung war dadurch möglich, daß das Kationen- u. Anionengleichgewicht weitgehend voneinander unabhängig sind. Es ergab sich ferner die Möglichkeit, durch Veränderung des Verhältnisses von 2 Ionenarten in einer Nährlsg. bei Konstanthaltung der übrigen Bestandteile aus 2 Verss. das beste Verhältnis unabhängig von der Gesamtkonz. zu ermitteln. (Commonwealth Bur. Soil Sci., Soils Fertilizers **18.** 1—4. Febr. 1955. Brüssel, Univ., Botan. Inst.) A. JACOB. 6304

N. A. Poljanski, *Die Wirksamkeit von auf Sapropel gewonnenem Azotobakterin.* Sapropel aus einem Teich mit dem p_H 6,0 wurde mit 5 g/kg Kreide versetzt, wodurch das p_H auf 7,0 anstieg, außerdem mit Sand (2:1) u. W. bis 39% der Wasserhaltungskraft. Wurden in dieses Substrat 3 Tage alte Kulturen von Azotobacter chroococcum eingetragen, so wurde nach 3 Tagen Incubation bei 22—25° der Geh. an Gesamt-N von 0,55 auf 1,18 erhöht. Im Gefäß- u. Feldvers. bewirkten mit Sapropel hergestelltes *Azotobakterin* (I) u. *Phosphobakterin* (II) beträchtliche Ertragssteigerungen. So betrug im Feldvers. die Ertragssteigerung bei Kartoffeln durch granuliertes *Superphosphat* (III) 12,5 bis 23,2 (dz/ha), durch III + I 19,2—29,0, durch organ.-mineral. Granulat 23,5—39,8, durch zusätzliche Gaben von I 43,0—48,7. Durch Impfung der Kartoffelknollen mit I allein betrug der Mehrertrag 6,5—13,4 dz/ha. Im Gefäßvers. wurde der Körnerertrag von Hafer durch I von 14,1 auf 16,5, durch I + II (beide mit Sapropel hergestellt) auf 21,3 g je Gefäß erhöht. (Микробиология [Mikrobiologie] **24.** 57—61. Jan./Febr. 1955.) O. LEBTAG. 6304

H. P. Cooper und **E. E. Hall,** *Unterschiedliche mögliche Produktion und Verwertung von Stickstoff und Kali durch kalkanhäufende und siliciumanhäufende landwirtschaftliche Pflanzen.* Die selektive Anhäufung von Ca u. der Ausschluß von Si in Pflanzen mit organ. saurem Stoffwechsel u. der selektive Ausschluß von Ca u. die Anhäufung von Si im Stoffwechsel der Gräser scheinen mit den ökolog. Faktoren des Herkunftsgebietes der Pflanzen in Verb. zu stehen. Der relativ hohe K-Bedarf der Pflanzen mit organ.

saurem Stoffwechsel steht wahrscheinlich damit in Zusammenhang, daß K die Menge der CO_3-Ionen erhöht, die bei der Photosynth. benötigt werden. Bei Si-anhäufenden Pflanzen spielt sie wahrscheinlich eine passive Rolle bei der Aufnahme u. Synth. von CO_3-Ionen u. trägt zur Erhöhung der Trockensubstanzproduktion bei, die doppelt so hoch sein kann, wie bei kalkanhäufenden Pflanzen. Na-ausschließender Stoffwechsel besteht in manchen Pflanzen. Die Maispflanze kann nicht mehr als 10% des von der Baumwollpflanze aufgenommenen Na aufnehmen. Zwischen den beobachteten u. den nach MITSCHERLICH-BAULE errechneten Erträgen bestand gute Übereinstimmung; die Berechnung der Erträge ergibt eine Meth., den Ertrag je lb. aufnehmbarer Nährstoffe bei verschied. Höhe der Düngung zu berechnen. (Soil Sci. **79.** 441—58. Juni 1955. South Carolina Experiment Station.) A. JACOB. 6304

J. R. Velasco, B. A. Narit und **D. B. Fernandez,** *Einfluß der Anwendungszeit von Ammoniumsulfat auf Wachstum und Ertrag bei Reis.* Vff. untersuchten den Einfl. von *Ammoniumsulfat* (I)-Gaben auf Wachstum u. Ertrag bei 2 Reissorten. Die Pflanzen benötigen I in verschied. Wachstumsstadien im Hinblick auf Wuchshöhe, Kornertrag, Zahl der Schößlinge u. Strohertrag. (Philippine Agriculturist **36.** 454—73. März 1953.) W. JANICKE. 6304

E. G. Giffard, *Eine Anmerkung über die Aufnahme von Mineralien durch Mais bei einer Kopfdüngung mit drei Gaben Stickstoff.* Vf. bestimmte den Mineralgeh. von Mais, der mit verschied. Gaben von N als Kopfdünger behandelt war. Die Ergebnisse zeigen, daß bei höheren N-Gaben die Aufnahme der übrigen Mineralstoffe, bes. P u. K, ebenfalls höher lag. (Rhodesia agric. J. **52.** 262—67. Mai/Juni 1955. Rhodes, S. A. Div. of Chem.) W. KNÖPKE. 6304

M. E. Castle, A. S. Foot und **S. J. Rowland,** *Amerikanischer Hybridmais als Silage in Südengland.* 1. Mitt. *Ertrag und Zusammensetzung mit besonderer Bezugnahme auf Pflanzdichte und Stickstoffdüngung.* Feldverss. mit frühreifem amerikan. Hybridmais in Südengland während 3 aufeinanderfolgender Jahre zur Feststellung des Einfl. von Pflanzdichte u. N-Düngung auf Ertrag u. Zus. der Pflanzen (Blatt, Stengel u. Kolben). — Durch Kopfdüngung mit $(NH_4)_2SO_4$ (4 bzw. 6 cwt., letztere in 2 Gaben) wurden die Erträge 1947 u. 1949 erhöht, 1948 jedoch verringert (Verbrennungen nach Verabreichung der 6 cwt. in einer Gabe). — Der Rohprotein (I)-Ertrag schwankt zwischen 2,2 u. 5,0, der Ertrag an lösl. Kohlenhydraten (II) zwischen 12 u. 46 cwt./acre. N-Kopfdüngung erhöht den I-Geh. aller Pflanzenteile. — Der Kolben liefert auf Gewichtsbasis an Frischmasse 46%, an Trockenmasse 49%, an I 54% u. an lösl. II 54% der Gesamtpflanze. (J. agric. Sci. **41.** 282—87. Juli 1951. Reading, Univ., Nat. Inst. for Res. in Dairying.) F. RANG. 6304

M. J. Guérillot, *Nutzen von Gefäßkulturen zur Bestimmung der Nachwirkung von Phosphatdüngemitteln.* Bericht über Düngungsverss. zu Hafer u. Rübsen mit verschied. Phosphatdüngern mit dem Ergebnis, daß auf schwachsauren Böden die schwerlösl. Phosphate Dicalciumphosphat u. THOMAS-Mehl eine höhere P_2O_5-Nachwrkg. zeigen als Superphosphat. (C. R. hebd. Séances Acad. Agric. France **39.** 144—46. 1953.) C. GRIMME. 6304

Robert J. Speer, Seward E. Allen, Margaret Maloney und **Ammarette Roberts,** *Phosphatdünger für die Texas-Blacklands.* 1. Mitt. *Relative Verfügbarkeit verschiedener Phosphatdünger.* In Topfverss. wurden 11 verschied. P-Dünger auf ihre Wrkg. gegenüber Black Valentine-Bohnen auf zwei Böden, Susquehanna Sandlehm (L.), alkal. Houston-Schwarzton (T.), untersucht. Auf T. wurden leicht von den Pflanzem verwertet: Superphosphat (I), Doppelsuperphosphat (II), Mononatriumphosphat (III), Monokaliumphosphat (**IV**), Monoammoniumphosphat (**V**), Monomagnesiumphosphat (**VI**) u. Phosphorsäure (**VII**), wogegen Dicalciumphosphat u. Tricalciumphosphat kaum ausgenutzt wurden. Ammonisiertes Superphosphat (**VIII**) u. Ca-Metaphosphat zeigten mittlere Verfügbarkeit. Auf L. wirkten gut **I, II, VIII, III, IV, V, VI** u. **VII**; sämtliche Dünger wurden auf L. 2—3mal stärker aufgenommen als auf T. Auf beiden Böden besteht eine Beziehung zwischen der Verfügbarkeit u. der Wasserlöslichkeit des Düngemittels, bes. auf dem alkal. Tonboden. — 10 Literaturangaben. (Soil Sci. **72.** 459—64. Dez. 1951. Texas Res. Foundation.) B. SCHEIFELE. 6304

Seward E. Allen, Robert J. Speer und **Margaret Maloney,** *Phosphatdünger für die Texas-Blacklands.* 2. Mitt. *Nutzung von Phosphat in Abhängigkeit von Pflanzenspecies, Plazierung und Anwendungszeit.* (1. vgl. vorst. Ref.) Nach Auslese der für die kalkreichen Böden geeignetsten Phosphate mittels der Isotopentechnik wurden in vorliegender Unters. wasserlösl. Superphosphate, Monoammoniumphosphat (I) u. Mononatriumphosphat (**II**) auf ihre Eignung für verschied. Pflanzenspecies in Abhängigkeit von Plazierung u. Anwendungszeit in Feld- u. Gewächshausverss. geprüft. Resultate: Doppelsuperphosphat u. I sind bzgl. Aufnehmbarkeit für Bohnen, Hafer, Raygras u. Wicke nahezu äquivalent. Der %-Verbrauch an Phosphat nahm bei Bohne u. Wicke mit der Reifung zu, bei Hafer u. Raygras ab. Feldverss. mit ^{32}P-markiertem Superphosphat an Wicke u. Weizen ergaben, daß Oberflächenanwendung ungeeignet, hingegen in inniger Mischung mit der 20 cm-Bodenschicht wirksam ist. II verlor auf unbebautem Boden 70% seiner Verfügbarkeit in 7 Monaten, bei Anbau von Raygras wurde der Abfall bedeutend eingeschränkt. — 7 Literaturzitate. (Soil Sci. **77.** 65—73. Jan. 1954. Texas Res. Foundation, Renner.) B. Scheifele. 6304

J. A. Kittrick und **M. L. Jackson**, *Wirkung eines gemeinsamen Ions auf die Phosphatlöslichkeit.* Im Hinblick auf den großen Überschuß von Al-, Fe- u. Ca-Ionen im Boden kann der Unterschied zwischen der Phosphatkonz. (I) von gefällten Phosphatverbb. in reinem W. u. der I im Boden durch Löslichkeitsprod. erklärt werden. Die I der Bodenlsg. wird durch Zusatz von Phosphatdünger infolge der Pufferung durch die gemeinsamen Ionen nur wenig beeinflußt; der Zusatz von 1000 lbs./acre eines 20%ig. Phosphatdüngers änderte nach 10tägiger Einw. die I der Bodenlsg. nur wenig. Es wird vermutet, daß der günstige Einfl. der Phosphatdüngung durch eine Vergrößerung der Oberfläche der Bodenphosphate zu erklären ist, die eintritt, nachdem das Phosphat mit dem Boden reagiert hat. (Soil Sci. **79.** 415—21. Juni 1955. Univ. of Wisconsin.) A. Jacob. 6304

Clayton McAuliffe und **Richard Bradfield**, *Verwertung des Phosphors von Stallmist durch die Pflanzen.* 3. Mitt. *Aufnahme von Phosphor durch Sudangras aus Stallmist und aus verschieden tief in den Boden gebrachtem Superphosphat.* (1. u. 2. vgl. Soil Sci. **68.** [1949.] 179 u. 185.) Die Verwertung von P aus Stallmist (I) u. aus Superphosphat (II) durch Pflanzen wurde mit Hilfe von markiertem P in kleinen Betonparzellen mit verschied. Bodenarten unter Benutzung von Sudangras bestimmt. II oder I, die 1949 verabfolgt waren, bzw. Rest-P aus 1926—1936 gegebenen II-Düngungen vermehrten den Ertrag von Sudangras nicht. Der Anteil von P im Sudangras, der aus dem zugesetzten I u. II stammte, schwankte von 15—40% beim 1. Schnitt u. von 9—37% beim 3. Schnitt in Abhängigkeit sowohl vom Boden wie von früheren P-Gaben. Bei allen Behandlungen nahm der Anteil des P aus dem zugesetzten Dünger in der Pflanze mit der Zeit ab. Die Aufnehmbarkeit von P aus II u. aus I war beim 1. Schnitt prakt. gleich, beim 3. Schnitt war auf allen 4 Böden die Aufnehmbarkeit von P aus I größer als aus II. Beim 1. Schnitt war die P-Aufnahme aus II, das 8—10 Zoll eingebracht war, 45—78% derjenigen aus 1—3 Zoll. Aus der Schicht 14—16 Zoll war sie 10—17% der Oberflächenschicht. Beim 3. Schnitt waren diese Anteile auf 77—80 bzw. 38—75% gestiegen. Der Rest-P aus der Anwendung von 307 lbs. P während der Jahre 1926—1936 wurde durch die Zunahme des P-Geh. der Pflanze, den Anteil des P im Sudangras, der aus dem zugesetzten Dünger stammte, u. durch Bodenanalyse bestimmt. Diese Nachwrkg. war so deutlich, daß die Zunahme des P-Geh. des Grases von den früheren II-Gaben her größer war als von 50 u. 66 lbs. P, die im Jahre 1949 als II bzw. I gegeben waren. Allg. ergab die Best. der P-Menge nach chem. u. nach radiochem. Methoden gute Übereinstimmung. Unterss. des Bodens von $^1/_2$ Zoll zu $^1/_2$ Zoll ergaben eine leichte Abwärtsbewegung des P im Boden nach Ende von 3 Monaten. (Soil Sci. **79.** 475—86. Juni 1955. Cornell-Univ.) A. Jacob. 6304

P. Sonne Frederiksen, *Phosphor- und Kalidüngung zu Faserpflanzen.* 7jährige Düngungsverss. zu Faserpflanzen mit Superphosphat (18% P_2O_5) u. Kali (40% K_2O) in Dänemark brachten für P_2O_5 keine wesentlich gesteigerten Erträge, wobei die Faserstärke verringert, die Anzahl der langen Fasern erhöht wurde. K_2O erhöhte die Erträge, wobei bes. die Faserlänge gesteigert werden konnte. (Tidsskr. Planteavl **58.** 278—97. 1954. Dansk Hørforskningsinst.) W. Beinert. 6304

W. A. Jacques, *Versuche zur Düngung, Kultivierung und Aussaat von Pampasgras (Cortaderia selloana).* Vf. stellte ausgedehnte Verss. zur Feststellung der günstigsten Bedingungen für das Wachstum von Cortaderia selloana an. Die Ergebnisse zeigen, daß im ersten Jahr der Kultivierung eine Düngung mit Superphosphat, Ammoniumsulfat u. Kaliumsulfat notwendig ist, während im zweiten Jahr meist nur Superphosphat gegeben werden muß. Beim Fehlen von Unterkulturen wurden höhere Ernten erzielt als bei Ggw. von Gräsern u. Klee als Bodenflora. (New Zealand J. Sci. Technol., Sect. A **37.** 55—61. Juni 1955. Palmerston North, Massey Agric. Coll.) W. Knöpke. 6304

R. W. Pearson, *Kaliauswaschung in Abhängigkeit von der Stickstoffquelle und der Häufigkeit der Stickstoffanwendung.* K_2O wird ziemlich stark in den Untergrund ausgewaschen, so daß stets mehr K_2O gedüngt werden muß, als für das Pflanzenwachstum nötig ist. Die Verss. wurden auf 2 sandigen Lehmböden verschied. Kornfeinheit durchgeführt. Die für den Ertrag nötige N-Düngung wirkt stark erhöhend auf die K_2O-Auswaschung, wobei Harnstoff, $NaNO_3$ u. $(NH_4)_2SO_4$ gleich wirkten. Eine Beidüngung von Dolomit zur Abstumpfung der Bodensäure wirkt K_2O-schützend. (Agronomy J. **44.** 305—07. Juni 1952. Auburn, Ala., Agricult. Exp. Station.) C. Grimme. 6304

Bonpensiero Infunti, *Die Kultur von Pampelmusen und Bananen in Südafrika.* Die Pampelmusenkultur macht ca. 1,8% der gesamten Citruskultur Südafrikas aus. Die Düngung besteht fast ausschließlich aus Stallmist unter geringen Superphosphatbeigaben. Stellenweise gibt man auch etwas NH_4NO_3. Als Insekticide gegen Schädlingsbefall bewährten sich Thiophos u. Parathion. — Bananen werden vor allem in Natal kultiviert. Eine künstliche Bewässerung ist in der Regel nicht nötig. Gedüngt wird mit Stalldung u. Superphosphat u. wenig Nitrat. (Riv. Agric. subtrop. trop. **48.** 387—94. Okt./Dez. 1954.) C. GRIMME. 6304

Donald H. Smith, James M. Blume und **Colin W. Whittaker,** *Kalkhaltige Stoffe im Boden. Radiochemische Messung der Reaktionsverhältnisse.* Zur Unters. der Ausnutzbarkeit kalkhaltiger Mineralien, wie Kalkstein, Dolomit u. Schlacke, im Boden wurden zwei Methoden, die auf der Messung von radioakt. Ca beruhen, angewandt. 1. Die kalkhaltigen Stoffe wurden einem Boden hinzugefügt, dessen austauschbares Ca radioakt. war. Die Best. erfolgte durch Messung der Radioaktivität von auf diesem Boden gewachsenen Pflanzen. 2. Messung der Radioaktivität einer verd. Calciumnitratlsg. vor u. nach der Behandlung eines Bodens. Es konnte festgestellt werden, daß der Prozentsatz des ausgenützten Ca bei der Pflanzenmeth. höher lag. (J. agric. Food Chem. **1.** 67—70. 1/4. 1953. Beltsville, Md., Bureau of Plant Ind., Soils and Agric. Engineering, U. S. Dep. of Agric.) W. KNÖPKE. 6304

E. B. Kidson, J. Watson und **L. Hodgson,** *Nahrungsaufnahme von Gewächshaus-Tomatenpflanzen.* Zur Feststellung der Aufnahme der Mineralstoffe durch Gewächshaustomaten wurden Frischgewicht, Trockensubstanz, CaO, MgO, N, P_2O_5 u. K_2O in den Früchten, Blättern u. Stengeln getrennt bestimmt. Während der Vegetationszeit ergeben sich gewisse Schwankungen bei den einzelnen Pflanzenteilen, zur Reifezeit befindet sich der Hauptteil der organ. u. Mineralnährstoffe in den Früchten. (New Zealand J. Sci. Technol., Sect. A **35.** 127—34. Aug. 1953. Nelson, Cawthron Inst.) W. KNÖPKE. 6304

A. Lecrenier, E. Dermine und **T. Trzcinski,** *Beitrag zur Kenntnis der Ernährung des Apfelbaums durch einen Gefäßversuch. Wirkung steigender Düngermengen auf die Mineralzusammensetzung der verschiedenen Organe des Apfelbaums.* An Tabellen- u. Kurvenbildern zeigen Vff. die Wrkg. übersteigerter Düngergaben auf die chem. Zus. der verschied. vegetativen Organe u. die Früchte. — 19 Literaturhinweise. (Bull. Inst. agronom. Stat. Rech. Gembloux **21.** Nr. 3—4. 26—41. 1953. Comité nat. nour l'Étude de la Culture fruitiere.) C. GRIMME. 6304

W. H. MacIntire, S. H. Winterberg, A. J. Sterges und **L. B. Clements,** *Bodenverbesserer. Chemische Wirkungen eines Bodenverbesserers auf Pflanzenzusammensetzung und -aufnahmevermögen.* Vff. berichten über Verss. zur Feststellung der Wrkg. eines Bodenverbesserers aus hydrolysiertem Polyacrylnitril (I) mit 13,2% Na auf Geh. u. Aufnahme an verschied. Elementen u. Wuchs bei Rotklee, Hirse u. Raygras. Der Einfl. von angewendeten Mengen an I, Bodensorte, Kalkung des Bodens u. Pflanztiefe auf mehrere Wachstumscyclen wird besprochen. Generell bewirkten Gaben von I Abnahmen an Geh. u. Aufnahmevermögen bei Ca u. Mg u. Zunahmen bei Na u. K. Der P-Geh. wurde nicht eindeutig beeinflußt. (J. agric. Food Chem. **2.** 463—68. 28/4. 1954. Knoxville, Tenn., Univ., Agr. Exp. Station.) W. JANICKE. 6304

D. G. Aldrich, J. R. Buchanan und **G. R. Bradford,** *Wirkung der Bodenansäuerung auf das vegetative Wachstum und die Blattzusammensetzung von Citronenbäumen in Gefäßkulturen.* Durch Zusatz von *S* wurde die p_H-Zahl des Bodens von über p_H 8 auf unter p_H 4 herabgesetzt. Die Bodenansäuerung bewirkte deutliche Unterschiede im Wachstum der Citrusbäume. Mit zunehmender Versauerung nahm das Wachstum ab. Bei gleichem p_H wachsen die Citrusbäume gewöhnlich stärker in Nicht-Citrusböden, als in entsprechend alten Citrusböden. Aus Blattanalysen geht hervor, daß zunehmende *S*-Toxizität bei niedrigem p_H ein Hauptfaktor bei der Verminderung des Wachstums ist. Nach diesen Ergebnissen ist die Bodenansäuerung durch *S* als Bodenbehandlungsmittel für Citrusbäume auf neutral. u. alkal. Böden von zweifelhaftem Wert. (Soil Sci. **79.** 427—39. Juni 1955. Univ. of California, Citrus Exp. Station.) A. JACOB. 6304

J. P. Martin und **J. O. Ervin,** *Schwefeloxydation in Böden.* Inhaltlich ident. mit der C. **1954.** 4700 ref. Arbeit. (Calif. Agric. **8.** Nr. 1. 11. Jan. 1954. Riverside, Calif., Universität.) C. GRIMME. 6304

Paul Lossaint, *Auflösung des Eisens in einem Boden durch sterile wässerige Auszüge von abgefallenen Blättern oder Nadeln der Weißbuche und der Kiefer.* Abgefallene, aber nicht zers. Blätter bzw. Nadeln der Weißbuche (I) u. der Kiefer (II) wurden zuerst 24 Std. mit kaltem W., hierauf 24 Std. mit heißem W. nach Zusatz von NaN_3 als Sterilisierungsmittel behandelt. Nach Zentrifugieren wurden die Auszüge auf 2 Liter verdünnt. Mit diesen Auszügen verschied. Konz. wurde ein Boden des unteren Horizonts eines

Lehmprofils auf dem Löß vom Elsaß, der Spuren von Kalk u. 2,07% Fe_2O_3 enthielt, kontinuierlich 25—35 Tage perkoliert. Das Perkolat von I war dunkel gefärbt, das von II klar. Der Boden hatte nach Behandlung mit dem Auszug von II seine ursprüngliche Farbe behalten, der mit dem von I war wesentlich nachgedunkelt. Unter gleichen Bedingungen löste der Auszug von I wesentlich mehr Fe als der von II. Zur Erklärung dieser Beobachtung wurde zuerst untersucht, ob die Auszüge flüchtige Säuren enthielten; dies war nicht der Fall. Dagegen war die titrierbare Säure in dem Auszug von I wesentlich höher als in dem von II; die ursprünglichen p_H-Werte der Auszüge waren 3,8 bzw. 3,9. Aus Verss. mit Auszügen, die auf einen p_H-Wert von 7 gebracht worden waren, ergab sich, daß die Ausbeute an gelöstem Fe wesentlich geringer war als in den ersten Versuchen. (C. R. hebd. Séances Acad. Sci. **239**. 187—89. 12/7. 1954.) C. GOTTFRIED. 6304

O. Rygh, *Untersuchungen über Spurenelemente.* 4. Mitt. *Über die Spurenelemente in natürlich vorkommenden Kalksalzen.* (3. vgl. Bull. Soc. Chim. biol. **31**. [1949.] 1408.) Vf. beschreibt Verss. über den Einfl. von natürlich vorkommendem Kalk auf das Wachstum von Salatpflanzen (Lactuca sativa var. secalina). Die Ergebnisse, die graph. dargestellt sind, zeigen, daß neben dem Kalk eine Reihe von Spurenelementen für die Wachstumssteigerung verantwortlich ist. Das verwendete Kalkgestein enthält dieselben Spurenelemente wie Seetang-Asche, doch in anderen Mengenverhältnissen. (Bull. Soc. Chim. biol. **32**. 1012—18. 1950. Oslo, Blindern. Labor. chim. privé.) G. NIESWANDT. 6304

P. P. Chichilo, W. H. Armiger, A. W. Specht und **C. W. Whittaker,** *Pflanzennährstoffe aus Schlacke. Hochofenschlacke als Nährstoffquelle für Pflanzen und ihre kalkgebende Wirkung im Vergleich mit Kalkstein.* Auf mit Schlacke gekalkten schweren Lehmböden gegenüber solchen mit Kalkstein behandelten enthielten Ernten von Süßklee 2—4 mal mehr *Mn*, weniger *Ca* u. häufig mehr *Cu*; auf diesen u. auf sandigen Lehmböden 2,5 mal mehr *Mg* u. deutlich mehr *Bor*; der Geh. an *Al*, *Fe* u. *Na* wurde nicht, der an *P* u. *K* nur teilweise beeinflußt. Nach Bestimmungen von Erträgen u. Boden-p_H waren Schlacke u. Kalkstein auf sandigen Lehmböden gleich wirksam, auf schweren Lehmböden dagegen war letzterer überlegen. Die Wirksamkeiten werden durch die Natur des Bodens stark beeinflußt. (J. agric. Food Chem. **2**. 458—62. 28/4. 1954. Beltsville, Md., U. S. Dep. of Agr., Agr. Res. Adm., Bureau of Plant Industry, Soils and Agricultural Engineering.) W. JANICKE. 6304

G. Barbier und **J. Chabannes,** *Beitrag zum Verhalten von Bor im Boden und in Pflanzen.* Die colorimetr. B-Best. mit Chinazolin läßt sich mit Vorteil in der Lsg. der Bodenasche oder im wss. Bodenauszug durchführen. Die Lsgg. müssen möglichst F-frei sein, Oxydantien, wie Fe^{3+} usw., werden zuvor mit Hydrazinsulfat reduziert. Die vorgeschlagene Beidüngung von 5 kg/ha Borax auf B-armen Böden darf nicht ohne chem. Kontrolle zu oft wiederholt werden, da verschied. Böden Bor speichern u. dadurch tox. wirken können. (Ann. Inst. nat. Rech. agronom., Sér. A **4**. 27—43. Jan/Febr. 1953. Versailles, Stat. centrale d'Agronomie.) C. GRIMME. 6304

Fritz Reinhardt, *Spurenelementdüngung auf Geestböden?* Beobachtungen u. exakte Feldverss. auf Geestböden führten zu folgenden Feststellungen: Die Dörrfleckenkrankheit des Hafers kann bei rechtzeitiger Anwendung mit einer *Mangansulfat*-Spritzung (20 kg/ha) erfolgreich bekämpft werden. Durch zusätzliche Düngung mit $CuSO_4$ (50 kg/ha) wurde im Mittel eine 10%ig. Ertragssteigerung erzielt. Hohe Thomasphosphatgaben tragen zu einer Versorgung mit Spurenelementen bei, so daß eine entsprechende Zusatzdüngung sich weitgehend erübrigen dürfte. Bes. Ertragssteigerungen durch *Spezialvolldünger Hoechst* (I) konnten bei Getreide nicht festgestellt werden. Bei starkem *Mn*-Mangel verhinderte I das Auftreten der Dörrfleckenkrankheit nicht. Zur Verhinderung des Auftretens von Harz- u. Trockenfäule der Zuckerrüben bei *B*-Mangel waren 10 dz I/ha erforderlich. Bei N-Gaben von 120—160 kg/ha sind zur Erzielung desselben Resultats 4 dz. B-Superphosphat/ha oder 3 dz B-Rhenaniaphosphat/ha erforderlich. (Mitt. dtsch. Landwirtschafts-Ges. **69**. 623—25. 1/7. 1954. Stade.) M. WINIKER. 6304

J. M. Bremner, *Ein Rückblick auf neuere Untersuchungen über die organische Bodensubstanz.* 2. Mitt. (1. vgl. C. **1951**. II. 2374.) Krit. Sichtung neuerer Arbeiten an Hand von 161 Literaturhinweisen. (J. Soil Sci. **5**. 214—32. Juli 1954. Harpenden, Chem. Dep. der Rothamsted Exp. Stat.) C. GRIMME. 6304

M. A. Lugo-López, E. Hernández-Medina, H. R. Cibes-Viade und **J. Vicente-Chandler,** *Der Einfluß von Filterpreßkuchen auf die Erträge von Ananas und die Bodeneigenschaften.* (Vgl. C. **1955**. 194.) Auf Grund von Verss. scheint es möglich zu sein, Filterpreßkuchen von der Rohrzuckerherst. zur Düngung von Ananaspflanzen zu verwenden u. dabei die Düngung etwas zu reduzieren. Unterschiede zwischen behandeltem u. unbehandeltem Boden waren nicht deutlich festzustellen; es scheint aber, daß die Tendenz zu einer Erhöhung des Geh. an organ. Substanz u. des Wasserhaltungsvermögens besteht. (Soil Sci. **78.** 257—65. Okt. 1954. Rio Piedras, Univ. of Puerto Rico, Agric. Exp. Station.) A. JACOB. 6304

Filippo Lalatta, *Untersuchungen über den Ertragswechsel bei Äpfeln und Mittel zur Überwindung derselben.* 1. Mitt. Bericht über ausgedehnte Beobachtungen u. Verss. mit Apfelsorten, welche oftmals große Ertragsschwankungen zeigen. Diese sind auf mangelhafte Bodenfrische bzw. Trockenheit in der Vegetationszeit zurückzuführen. Sie lassen sich beheben durch *DNO*-Spritzungen in der Vollblüte. — 31 Literaturhinweise. (Ann. Sperimentaz. agrar. [N. S.] **7.** 1485—1508. 1953. Mailand. Staz. sperim. di Ortofrutticoltura.) C. GRIMME. 6304

Boyce D. Ezell und **Marguerite S. Wilcox,** *Physiologische und biochemische Wirkungen von Maleinsäurehydrazid auf das Verhalten von Süßkartoffeln vor und nach der Ernte.* Spritzen von Süßkartoffelpflanzen mit Maleinsäurehydrazid (Konz. 3300 bzw. 6600 p.p.m.) vor der Ernte zur Verzögerung der Keimbldg. u. Verlängerung der Lagerzeit der Knollen beeinflußte die Blätter u. die Speicherung von carotinoiden Pigmenten (I) in den Wurzeln nur geringfügig. Die Knollen waren jedoch mit zahlreichen pockenartigen Narben bedeckt. Die Bldg. von *Carotin* u. I während einer 5monatigen Lagerung war bei. den behandelten Wurzeln stark vermindert. — 9 Literaturangaben. (J. agric. Food Chem, **2.** 513—15. 12/5. 1954. Beltsville, Md., U. S. Dep. of Agric., Agric. Marketing Serv. Biol. Sciences Branch.) F. RANG. 6304

E. L. Petersen, *Beeinflussung des Tabakschößlingswachstums durch Maleinsäurehydrazid.* Bericht über Sämlingsbehandlung von Tabak mit je 20 cm^3 Lsg. von *Maleinsäurehydrazid* als K-Salz (I), Diäthanolaminsalz (II) oder Dodecylaminsalz (III). Bei Verwendung einer 0,106 mol Lsg. von I u. II war die Verhinderung des Ausschossens vollständig, bei II u. III gaben auch doppelt oder vierfach verd. Lsgg. noch befriedigende Ergebnisse. (Agronomy J. **44.** 332—34. Juni 1952. Windsor, Conn., Agricult. Experim. Stat.) C. GRIMME. 6304

J. P. Martin und **W. W. Jones,** *Reaktion von Gewächshauspflanzen auf Vinylacetat–Maleinsäure-Copolymere in natürlichen Böden und in besonders vorbereiteten Böden mit hohen Gehalten an Natrium oder Kalium.* Das *Vinylacetat–Maleinsäure-Copolymere* (*VAMA*; I) erhöhte den Ertrag an Möhren sowie bes. an Avocadosämlingen, war aber ohne Einfl. bei Tomaten, roten Rüben oder Orangesämlingen auf sandigem Lehm von Ramona. Der Ertrag von Avocadosämlingen wurde auf dem schlecht gekrümelten Lehm von San Joaquin fast verdoppelt, während auf dem gut gekrümelten sandigen Lehm von Yolo keine Wrkg. eintrat. Auf mehreren Citrusböden, auf denen die Orangesämlinge sehr schlecht wuchsen, war I ohne wesentlichen Einfluß. Ein Geh. von 28% an austauschbarem Na (bezogen auf alle austauschbaren Kationen = 100%) verminderte deutlich das Wachstum von Luzerne, Möhren, Salat, Radieschen u. Pfirsichsämlingen. Zusatz von 0,15% I zu diesem Boden verbesserten das Wachstum aller Pflanzen, außer Luzerne. Ca. $^2/_3$ der Verschlechterung durch das Na wurden durch die Behandlung mit I wieder aufgehoben. Durch die Behandlung mit I wurde die Krümelung von stark dispergierten Böden verbessert. (Soil Sci. **78.** 317—24. Okt. 1954. Riverside, Univ. of California, Citrus Exp. Station.) A. JACOB. 6304

Richard B. Guyer und **A. Kramer,** *Objektive Qualitätsbestimmung von rohen und konservierten Puffbohnen unter dem Einfluß von Maleinsäurehydrazid und p-Chlorphenoxyessigsäure.* Zur Reifeverzögerung wurden Puffbohnen mit einem Aerosol von *p-Chlorphenoxyessigsäure* besprüht, wenn die Pflanzen zu 40% reife Samen trugen. Die Samenreifung wurde durch die Behandlung ohne Ertragsminderung verzögert, jedoch wurde der Gechmack der Bohnen beeinträchtigt. — Durch Anwendung von 0,04—1%ig. *Maleinsäurehydrazid*-Lsg. wurde die Ausbildung der Samen u. Schoten verzögert, wenn die Anwendung bei Vollblüte oder erstem Schotenansatz erfolgte. Hierbei trat Ertrags- u. Qualitätsminderung ein. (Proc. Amer. Soc. horticult. **58.** 263—73. Dez. 1951. College Park, Md., Univ. of Maryland.) F. RANG. 6304

Adelino V. Ordono, *Künstliche Erzeugung parthenokarper Früchte.* Blüten der Tomatenvarietäten Marglobe u. Susong Kalabao wurden mit *Indolylbuttersäure* (I; 5 bis 50 p.p.m.), *Naphthylessigsäure* (II; 5—75 p.p.m.), *Naphthoxyessigsäure* (III; 62 u. 124 p.p.m.) u. *Thiamin* (IV; 800—4000 p.p.m.) gespritzt. I u. II bewirkten Verstärkung der Stiele u. beträchtliche Verzögerung des Blütenfalles. Auf den Fruchtansatz wirkte einmaliges Spritzen mit I besser als Wiederholung. In Verb. mit II erhöhte IV die Fruchtgröße, ohne durchwegs den Fruchtansatz prozentual zu vermehren. Durch III werden durchwegs gute Fruchtgrößen produziert. Zur Förderung des natürlichen Fruchtansatzes auf dem Felde eignet sich II besser als III. Spritzen mit III am Morgen ergab prozentual höheren Ansatz als Spritzen am Mittag oder Abend. — Durch Applikation von Ätherextrakt von Maispollen (in Wollfettpaste), 10 u. 50 p.p.m. I, bzw. 50—90 p. p. m. II wurde bei Papaya Parthenokarpie induziert. Durch 80 p.p.m. erzeugte parthenokarp.

Früchte waren größer als n. Früchte. (Philippine Agriculturist. **35.** 115—29. Aug. 1951. Los Baños, Laguna, Univ. of the Philippines, Coll. of Agric., Dep. of Agric. Bot.) F. RANG. 6304

I. L. Stevenson, *Mikrobiologische Untersuchungen von Böden des Arno Atolls.* Mikrobiol. Unterss. von 15 verschied. Böden des Arno-Atolls (Marshall-Inseln) ergaben: Die Anzahl an Bakterien u. Actinomyceten war verhältnismäßig gering. In 14 Böden wurden Bakterien der Ammonifikation u. Denitrifikation, in 12 Böden cellulosezers., in 4 Böden nitrifizierende Bakterien gefunden. Azotobacter vinelandii konnten in 9 der Böden festgestellt werden. Antibiot. Actinomyceten sind weit verbreitet. (Soil Sci. **75.** 225—31. März 1953. Ottawa, Can., Canada Department of Agriculture.) W. SCHUPHAN. 6306

Herta Swart-Füchtbauer, *Über den Einfluß von „Systox" auf Mikroorganismen.* Unterss. über den tox. Einfl. von „*Systox*" (I) auf 60 verschied. Bodenmikroorganismen (Bakterien, Actinomyceten, Pilze) in vitro ergaben, daß bei den in praxi angewendeten Konzz. ($<$0,1%) keine nennenswerten Schädigungen der Mikroflora durch **I** zu erwarten sind; umgekehrt konnten bei geringeren Konzz. an I zuweilen wachstumsstimulierende Effekte beobachtet werden. (Höfchen-Briefe **8.** 28—34. 1955. Bonn, Univ., Inst. f. Pflanzenkrankheiten.) W. JANICKE. 6306

C. E. Minarik und **A. G. Norman,** *Herbicide. Chemische Unkrautbekämpfung.* Vff. geben einen Überblick über die Anwendungsweise, die Aufnahme in das Pflanzengewebe, den Transport in der Pflanze u. den Wirkungsmechanismus der selektiven Unkrautbekämpfungsmittel: *2.4-D, 2.4.5-T, IPC* (Isopropyl-N-phenylcarbamat) usw. (J. agric. Food Chem. **1.** 42—44. 1/4. 1953. Frederick, Md., Chem. Corps Biol. Labors. and Ann Arbor, Mich., Univ., Dep. of Botany. W. KNÖPKE. 6312

J. O. Culbertson, *Verbesserung des Saatleins.* Die Bekämpfung von Unkräutern erfolgt durch chem. Mittel, z. B. *2.4-D,* sowie durch zweckmäßige Fruchtfolge u. Bodenbearbeitung. (Advances Agronomy **6.** 143—82. 1954. St. Paul, Minn., U. S. Dep. of Agriculture.) A. JACOB. 6312

Georg Jacobson, *Buschbekämpfung mit chemischen Mitteln. Vorläufige Ergebnisse der von Statens Jordbruksförsök geleiteten Buschbekämpfungsversuche 1950—1952.* Bei der chem. Bekämpfung widerstandsfähiger Buscharten haben *schwerflüchtige 2.4-D-* u. *2.4.5-T-Ester,* wie die *Butoxyäthanol-* u. *Propylenglykolbutylätherester,* eine gleichmäßigere u. sicherere Wrkg. als die leichtflüchtigen Ester. 2.4-D-Ester sind von geringerer Wirksamkeit als 2.4.5-T-Ester oder Mischungen beider, die auch das Aufkommen von Wurzelschößlingen besser verhindern. Beimischung von Dieselöl u. W. zu den Präpp. verstärkt deren Wirksamkeit, schädigt aber die Grasnarbe. Winterspritzung hat bessere Erfolge als Sommerspritzung. (Norrlands Skogsvørdsførbunds Tidskr. **1953.** Nr. 2. 191—241.) S. BECKMANN. 6312

R. Salzmann, *Über das Totspritzen der Kartoffelstauden als Maßnahme zur Verhinderung der Virusausbreitung.* Es wurde untersucht, ob das im Zusammenhang mit der Frühernte von Saatkartoffeln angewendete Verf. des Staudenziehens u. Nachreifenlassens der Knollen im Boden durch das chem. Abbrennen der Stauden ersetzt werden könne. Die einzelnen Kartoffelsorten verhielten sich in dieser Hinsicht sehr unterschiedlich. Durch Abmähen der Stauden vor der Spritzung ließ sich die Wrkg. von Präpp. auf der Basis von *Dinitrokresol, Teersäuren* u. *Natriumarsenit* verbessern. Das Staudenziehen erwies sich für die Erzielung von Qualitätssaatkartoffeln mit geringem Virusbefall dem Totspritzverf. überlegen. (Landwirtsch. Jb. Schweiz **67** ([N. F.] **2**). 707—38. 1953. Zürich-Oerlikon, Eidgenöss. Landw. Versuchsanstalt.) A. JACOB. 6312

A. G. Newhall, *Desinfektion des Bodens durch Erhitzen, Überfluten und Begasen.* Zusammenfassung der Methoden der Bodendesinfektion durch trockene Hitze, Wasserdampf, Heißwasser, elektr. Erhitzung, Überflutung, Begasung (CS_2, Chlorpikrin, DD, Äthylendibromid, Methylbromid, Formaldehyd). — 395 Literaturangaben. (Bot. Rev. **21.** 189—250. April 1955. Ithaca, N. Y., Cornell Univ., Dep. of Plant Pathology.) W. KNÖPKE. 6312

Leland M. Shannon und **Ernest G. Christ,** *Pfirsichverpflanzung. Bodenbegasung als Hilfsmittel bei der Umpflanzung alter Pfirsichpflanzen.* Beim Umpflanzen von Pfirsichen gibt man in das Pflanzloch mit Vorteil organ. Dünger. Die Wrkg. von Nematoden kann durch eine DD-Begasung verhindert werden. Hierdurch wird das Wachstum der Pflanzen außerdem stark stimuliert. (Amer. Fruit Grower **74.** Nr. 10. 5. 14—15. Okt. 1954. Rudgers Universität.) C. GRIMME. 6312

Vincent A. Wager, *Melanose, Stammendfäule und Schalenborke von Citrus.* Die Krankheitserreger Phomopsis citri u. Diaporthe citri (WOLF) konnten durch Spritzungen mit Bordeauxbrühe restlos bekämpft werden. (Farming South Africa **28.** 28—30; 33. Jan. 1953. Durban, Botan. Stat.) C. GRIMME. 6312

Henning P. Hansen, *Überblick über neuere Erfahrungen betreffend Vergilbungsvirus bei roten Beeten.* (Vgl. C. **1954.** 1754.) Eingehende Darst. über Virustypen, Schadwrkg., Krankheitssymptome, Übertragungsmöglichkeiten, Wirtspflanzen, Resistenz, Einfl. der Düngungs- u. Kulturmaßnahmen. Für die Bekämpfung wird außer landwirtschaftlichen Methoden die Bekämpfung der Blattläuse empfohlen. Bekämpfungsverss. in Dänemark mit den system. Mitteln *Pestox* u. *Systox* waren erfolgreich. (Tidsskr. Planteavl **58.** 298—332. 1954. Kopenhagen, Statens Forsøgsvirksomhed i Plantekultur.) W. BEINERT. 6312

D. L. Twerskoi, *Erfahrungen bei der Beizung von Zuckerrübensamen gegen Wurzelbrand.* Erreger des Wurzelbrandes sind Phoma betae Fr., Phytium de Baryanum (Hesse), Rhizoctonia Aderholdii (Ruhl.) [Kolosh] u. Aphanomyces cochloides (Dreehs). Die Ansteckung erfolgt zu einer Zeit, da sich die junge Pflanze noch vom Samenkorn nährt. Von den untersuchten Beizmitteln erwies sich *Granosan* in einer Gabe von 2 g/kg trockener Samen als das wirksamste. Bei nachfolgender Jarowisierung war 1 g/kg Samen am wirksamsten. (Агробиология [Agrobiologie] **1954.** Nr. 6. 91—96. Nov./Dez. Moskau, Allunions Inst. für Pflanzenschutz.) A. JACOB. 6312

C. A. Thorold, *Beobachtungen über fungicide Bekämpfung von Marasmius perniciosus, Schwarzhülsigkeit und Rotfleckigkeit bei Theobroma cacao.* Befall durch Phytophtora u. Diplodia läßt sich, wenn auch nicht heilen, so doch in seiner Auswirkung vermindern durch Spritzen mit Cu-Fungiciden. (*Bordeauxbrühe;* **I**). Die Spritzung soll in Zwischenräumen von 1—4 Wochen erfolgen. Infektion durch Corticium salmonicolor läßt sich durch 1—2wöchentliche Spritzung mit 1%ig. **I** bekämpfen. Ebenso wirkt **I** gegen den Befall durch *Marasmius perniciosus;* es werden vegetative Bldg. u. Befall der Hülsen red.; „Kissenbildungen" konnten nicht verhindert werden, auch wenn die Spritzungen wöchentlich durchgeführt werden. Es scheint jedoch bei dieser Infektion eine Clon-abhängige Empfindlichkeit vorzuliegen. (Ann. appl. Biol. **40.** 362—76. Juni 1953. Nigeria, Dep. of Agriculture.) F. LÜPNITZ. 6312

H. Jacks und **R. M. Brien,** *Orientierende Versuche mit Fungiciden zur Bekämpfung des Bohnenrostes* [*Uromyces appendiculatus* (*Pers.*) *Unger*]. Bei der Prüfung von Fungiciden gegenüber U. appendiculatus erwiesen sich als wirksam: *Schwefelkalk* + *koll. S, koll. S. Netzschwefel,* Thiocarbamate (*Ziram, Zineb, Maneb, Thiram* u. *Ferbam*), *Captan, Dichlon, Chloranil, Nitrobenzol.* Die Cu-Verbb. gaben keinen vollständigen Schutz vor Rostinfektionen. (New Zealand J. Sci. Technol., Sect. A **37.** 62—67. Juni 1955. Aukland, Dep. of Scientific and Industrial Res., Plant Diseases Div.) W. KNÖPKE. 6312

Josef Klosa, *Neue Wege in der Schädlingsbekämpfung mit Hilfe fungicider und insekticider Antibiotica.* Übersicht über diejenigen Antibiotica, die sich durch fungistat., fungicide, insekticide u. miticide Eigg. auszeichnen u. Diskussion ihrer Verwendungsmöglichkeit als Schädlingsbekämpfungsmittel. (Seifen-Oele-Fette-Wachse **79.** 143—44. 18/3. 1953. Berlin.) M. WINIKER. 6312

Wilhelm Pfannenstiel, *Die hygienische Bedeutung einiger wichtiger Kontaktinsekticide.* Vf. gibt eine Übersicht über die histor. Entw. der *Kontaktinsekticide.* Wegen der geringen Toxizität gegenüber Menschen u. warmblütigen Tieren behandelt Vf. hauptsächlich *γ-Hexachlorcyclohexan* (*Lindan;* **I**). Besprechung der Literatur, die sich mit der Giftigkeit von **I** u. seiner Isomeren befaßt. Bei vorschriftsmäßiger Anwendung besteht für Warmblüter keine Vergiftungsgefahr durch **I**. Der große Vorteil von **I** ist seine große, völlig rückstandslose Flüchtigkeit. Die für Krankheitsübertragungen verantwortlichen Insekten können mit **I** zuverlässig vernichtet werden. Beschränkung der **I**-Anwendung für nur wirklich notwendige Schädlingsbekämpfung muß nach Vf. gefordert werden. (Arzneimittel-Forsch. **2.** 417—23. Sept. 1952. Marburg/Lahn.) H. DOSSMANN. 6312

Wm. F. Pickett, A. S. Fish jr. und **Kwong Shue Shan,** *Der Einfluß einiger organischer Spritzmittel auf die photosynthetische Aktivität von Birnen- und Apfellaub.* Bericht über Spritzverss. mit *Fermat* (= Fe^{III}-Dimethylthiocarbamat), Triäthanolaminsalz der *2.4-D, Chlordan* u. *Parathion.* Die photosynthet. Aktivität der Blätter wurde durch Best. des Blatttrockengewichts geprüft. Hierbei ergab sich eine Wirkungsreihe der Präpp. in obiger Folge. Bei Parathion lag die Wrkg. noch unter „unbehandelt". (Proc. Amer. Soc. horticult. Sci. **57.** 111—14. Juni 1951. Manhattan, Kans.) C. GRIMME. 6312

J. E. Satchell, *Die Wirkung von BHC, DDT und Parathion auf die Bodenfauna.* Überblick über die Wrkg. von *BHC, DDT* u. *Parathion* auf Regenwürmer, Enchitraeiden, Nematoden, Isopoden, Myriapoden, Ameisen, Käfer, Dipterenlarven, Phalangiden, Collembolen u. Milben bei der Bodenbehandlung. — 27 Literaturangaben. (Commonwealth Bur. Soil Sci., Soils Fertilizers **18.** 279—85. Aug. 1955. Grange-over Sands, England, Nature Conservancy, Merlewood Res. Stat.) W. KNÖPKE. 6312

H. B. Wilson, *Die Argentinische Ameise und ihre Bekämpfung.* Vf. beschreibt die Lebensweise der „Argentin. Ameise", die in Australien in großen Massen auftritt u. bes.

in Häusern durch Verschmutzung usw. lästig wird. Als Bekämpfungsmittel haben sich Emulsionen von *Dieldrin, Chlordan* u. *DDT* bewährt. (Australas. J. Pharmacy [N. S.] **36.** 259—63. 30/3. 1955. Burnley, Victoria, Biol. Branch.) W. KNÖPKE. 6312

M. L. Fields, G. R. Ammerman und **N. W. Desrosier,** *Bekämpfung von Fruchtfliegen mit Abschreckmitteln. Versuche zur Verminderung des Fruchtfliegenbefalls durch Behandlung der Fruchtkörbe mit Abschreckmitteln auf dem Felde.* Vff. schlagen die Verwendung von *Butadien-Furfurol-Copolymeren* (I) als Abschreckmittel für Fruchtfliegen vor. Prakt. Verss. zeigten übereinstimmende Ergebnisse. Der Befall durch Fruchtfliegen kann mittels I stark vermindert, aber nicht verhindert werden. (Canner **120.** Nr. 24. 18—19. 13/6. 1955. Lafayette, Ind., Purdue Univ., Agricult. Exp. Stat.) G. PAULIG. 6312

Carlo Leonardi, *Versuche zur Bekämpfung von Ceratitis capitata (Wied.). Bekämpfung auf Citronen mit organischen synthetischen Produkten.* Bei Verss. mit verschied. Systeminsekticiden bei Diospyros (Kakipflaumen) u. Citrusarten übertrafen die Spritzungen mit Sommerölemulsion von 20% *Parathion* bzw. 50%ig. *DDT* alle anderen Mittel an Wirkung. (Ann. Sperimentaz. agrar. [N. S.] **8.** 271—82. 1954. Portici, Osservatorio Fitopatologico.) C. GRIMME. 6312

W. A. L. David und **B. O. C. Gardiner,** *Die systematische insekticide Wirkung von Natriumfluoracetat und drei Phosphorverbindungen auf Eier und Larven von Pieris brassicae L.* Die Verss. wurden an einzelnen Pflanzen unter einem Drahtkäfig innerhalb eines Gewächshauses durchgeführt. Verwendet wurden *Bis-dimethylaminophosphonigsäure-anhydrid* (I), *Bis-[dimethylamino]-fluorphosphinoxyd* (II), *Diäthyl-p-nitrophenylphosphat* (III) u. *Na-Fluoracetat* (IV). Bestimmt wurden Kontaktwrkg. (**a**), system. Wrkg. nach Aufnahme durch die Wurzeln (**b**) bzw. durch die Blätter (**c**). In allen Fällen nahm die tox. Wrkg. in der Reihenfolge III—IV—II—I ab. III wirkte sowohl gegen Larven als auch gegen Eier, indem die aus ihnen frisch schlüpfenden Larven durch **b** u. **c** getötet wurden. Es wurden folgende Konzz. von III zum sicheren Abtöten benötigt: **a**: 0,001 bis 0,005% bei jungen bis 5 Tage alten Larven, 0,01% bei Larven des 3. Stadiums; **b**: 0,001 bzw. 0,0001%; **c**: 0,01—0,05% bei Larven des 3. Stadiums. Eine phytotox. Wrkg. wurde in diesen Konzz. bei **b** u. **c** nur in geringem Ausmaße beobachtet. (Ann. appl. Biol. **40.** 403—17. Juni 1953. Cambridge, Agricult. Res. Council Unit. of Insect Physiology.) F. LÜPNITZ. 6312

J. P. Vité, *Der Versuch einer gleichzeitigen Bekämpfung von Blasenfuß und Lärchenminiermotte, seine Grundlagen und Aussichten.* Vf. gibt eine Übersicht über Lebensweise, Schäden u. Bedeutung der Lärchenschädlinge Taeniothrips laricivorus (Krat.) u. Coleophora laricella (Hb.) sowie über die gleichzeitige Bekämpfung mit *E 605, Metasystox* u. *Systox* im „Einband"-Verf.; letztere Meth. erwies sich als aussichtsreich. (Höfchen-Briefe **8.** 35—53. 1955. Göttingen, Univ., Forstzoolog. Inst.) W. JANICKE. 6312

L. Bonnemaison und **P. Jourdheuil,** *Der Rapserdfloh (Psylliodes chrysocephala L.).* Zur chem. Bekämpfung der Imagines können die Samen mit einem *Lindan* (I)-Präp. eingestäubt werden. Diese Maßnahme schützt die jungen Pflänzchen bis zum Erscheinen des dritten Blattes. Während der Vegetationszeit ist die Vernichtung mit *Stäubemitteln* auf der Basis von *Aldrin, Dieldrin, DDT,* I oder *Parathion* (II) in einer Aufwandmenge von 20—25 kg/ha möglich. Eine wirksame Bekämpfung der minierenden Larven ist durch Spritzung mit Wirkstoffen, die eine gewisse innertherapeut. Wrkg. haben, zu erreichen. Anwendbar sind II-*Suspension* u. -*Emulsion* sowie I-*Emulsion.* Die Wasseraufwandmenge richtet sich nach dem Entwicklungsstand der Pflanzen. Da die jüngsten Larvenstadien empfindlicher sind, muß die Behandlung frühzeitig u. bei warmem Wetter vorgenommen werden. (Ann. Inst. nat. Rech. agronom., Sér. C **5.** 345 bis 524. Okt./Dez. 1954. Versailles, Stat. Central de Zool. Agricole.) W. KNÖPKE. 6312

Erwin Frei und **Ernst Schütz,** *Dispergierung von Bodensuspensionen mit Komplexsalzen zum Zweck der Körnungsanalyse.* Eine sek. Erscheinung der H_2O_2-Vorbehandlung von Bodenproben zur Best. des Tonanteils besteht in der mehr oder weniger starken Versauerung der Bodensuspension durch Spaltprodd. der Huminstoffe. Diese führt gelegentlich zum Versagen von *Calgon* (Hexanatriummetaphosphat; I) als Dispersionsmittel. In der Regel bewährt sich aber I, zumal es außerdem die Fähigkeit hat, Calciumionen in lösl. Komplexen zu binden, wodurch die Dispergierung der Suspension unterstützt wird. Nebenerscheinungen, welche die Genauigkeit der Tonbest. bei Verwendung von I beeinträchtigen, sind Ionenaustausch, Adsorption von I, Auflösung von SiO_2, schlechte Entwässerbarkeit von I. (Landwirtsch. Jb. Schweiz **67** ([N. F.] **2**). 563—74. 1953. Zürich-Oerlikon, Eidgenöss. Landw. Versuchsanstalt.) A. JACOB. 6324

Erwin Frei, *Beurteilung der Körnung des Bodens nach dem Dreieckdiagramm 1953.* Es wird vorgeschlagen, auch in der Schweiz die internationalen Körnungsfraktionen nach ATTERBERG vorzusehen. Ein Dreiecksdiagramm zur Darst. der Körnung des Bodens wird besprochen. (Landwirtsch. Jb. Schweiz **67** ([N. F.] **2**). 575—80. 1953. Zürich-Oerlikon, Eidgenöss. Landw. Versuchsanstalt.) A. JACOB. 6324

P. Sengupta und **L. Ray**, *Röntgenanalyse einiger indischer Bentonite und Böden.* Zur Röntgenanalyse wurden Tonfraktionen mit Teilchengrößen $<2\ \mu$ benutzt, die zuvor zur Vermeidung prim. Silicate mit H^+ gesätt. waren. Alle Proben zeigten Interferenzen mit *d*-Werten zwischen 13 u. 15 Å, die von Chlorit, Vermiculit oder Montmorillonit herrühren können. Zur eindeutigen Identifizierung wurde der Ton mit Glycerin behandelt u. die erhaltene Paste erneut untersucht. In allen Fällen wurden jetzt *d*-Werte von im Mittel 17,7 Å gefunden. Dieser *d*-Wert ist charakterist. für mit Glycerin behandelten *Montmorillonit.* Die *d*-Werte von 13—15 Å in den unbehandelten Proben entsprechen Montmorilloniten mit verschied. Hydratationsgrad. Der bei einem Bentonit beobachtete Netzebenenabstand von $\sim$7 Å deutet auf die Ggw. von *Kaolinit* hin, was noch dadurch bestätigt wird, daß er bei Behandlung mit Glycerin nicht quillt. In einigen Proben wurde außerdem noch eine Quarzinterferenz bei 3,3 Å beobachtet. (Sci. and Cult. **19**. 205—06. Okt. 1953. Calcutta, Univ. Coll. of Science, Khaira Labor. of Phys.) C. GOTTFRIED. 6324

Lubomír Pavel, *Die Anwendung der „dead point"-Methode zur oxydimetrischen Bestimmung der humifizierten Stoffe im Boden.* Die dead point-Meth. zur potentiometr. Titration des im Oxydationsgemisch zur Best. humifizierter Bodenstoffe unred. gebliebenen $K_2Cr_2O_7$ eignet sich nach Verss. des Vf. sehr gut. Sie erfordert nur wenig Zeit, Übertitrieren ist unmöglich, Titrationskurven sind unnötig, so daß gerade bei Serienunterss. des *Humus*-Geh. das Verf. günstig ist. (Sborník českoslov. Akad. Zemědělské [Ann. czechoslov. Acad. Agric.] **25**. 225—28. Juni 1952, Praha, Úst. půdoznalstri a bioklimatologie Výs. šk. zemědělské a zesníko inž. [Inst. für Bodenk. u. Klimatologie d. Hochschule für Landwirtschaft u. Forstingenieurwesen].) H. FREYTAG. 6324

L. Henry, A. Colas und **J. Prat**, *Bestimmung des p.p'-Isomeren des DDT mittels Infrarotspektroskopie.* Die infrarotspektroskop. Messungen von *DDT* wurden in 1—5%ig. Lsgg. in CS_2 vorgenommen. Es wurden reinstes DDT u. verschied. nicht reine Handelsprodd. untersucht. Die Messungen erfolgten mit dem PERKIN-ELMER-Spektroskop. In techn. DDT finden sich ca. 12 verschied. Verunreinigungen, welche das Absorptionsspektr. typ. beeinflussen. Es gelang, daß p. p'-Isomere mit einer Genauigkeit von ca. 2% u. ein o.p'-Isomeres mit einer Genauigkeit von ca. 10% festzustellen. 4 Literaturhinweise. (Chim. et Ind. **71**. 919—23. Mai 1954.) C. GRIMME. 6328

K. A. Gar, N. N. Melnikow, Ja. A. Mandelbaum, W. I. Tschernetzowa und **K. D. Schwetzowa-Schilowskaja**, *Die Anwendung der Methode der markierten Atome zur Untersuchung der Stabilität von phosphororganischem Insekticidstaub.* Mit ^{32}P markiertes 1%ig. *Diäthyl-[4-nitrophenyl]-thiophosphat* (wirksamer Bestandteil von Thiophos; I) u. 1%ig. *Äthyl-[4.4'-dinitrodiphenyl]-thiophosphat* (II) wurden zur Prüfung ihrer therm. Stabilität in dünner Schicht (0,1 mg/cm^2) auf kleine Glasteller aufgestäubt u. im Dunkeln bei verschied. Tempp. gehalten. Bei 45° verlor I 50% an P nach 100 Std., II nach 650 Stunden. Bei anderen Verss. wurden 1%ig. I u. 3%ig. II an freier Luft dem direkten oder gestreuten Sonnenlicht ausgesetzt. I verlor 50% an P bei Direktlicht in $1^1/_2$ Std., bei Streulicht in 20 Std., II 40% P bei Direktlicht in 70 Std.. bei Streulicht 20% P in 72 Stunden. (Доклады Академии Наук СССР [Ber. Akad. Wiss. UdSSR] [N. S.] **94**. 729—32. 1/2. 1954.) E. LINTER. 6328

Sherwin-Williams Co., Cleveland, übert. von: **Harold F. Saunders**, Cleveland, O., und **Fredric C. Verduin**, Chicago, Ill., V. St. A., *Herstellung von Zink enthaltenden Pflanzennährstoffen.* ZnO enthaltende Stoffe, z. B. ZnO, $ZnO \cdot CO_2$, 2 $(ZnO \cdot CO_2) \cdot 3\ ZnO \cdot H_2O$, 3 $ZnO \cdot ZnSO_4 \cdot 3\ H_2O$, Gemische aus ZnO u. Pb-Verbb. u. dgl., werden mit Montmorillonittonen, Bentonit, Kaolin u. dgl. innig vermischt, worauf die M. feinvermahlen u. mit geringen Mengen Na-Lignosulfonat oder dgl. vermischt wird. Die M. ist in W. unlösl. u. bildet mit W. stabile Dispersionen, die zur Behebung des Zn-Mangels bei Obstbäumen, Wein u. Mais dienen. (**A. P. 2 683 658** vom 1/3. 1951, ausg. 13/7. 1954.) H. KARST. 6297

Farbenfabriken Bayer, Deutschland, *Geruchs- und Geschmacksverbesserung von rohem Hexachlorcyclohexan* durch Behandlung mit 0,1—1%ig. wss. Lsgg. capillarakt. Stoffe, z.B. Alkyl- u. Alkylarylsulfonaten, Äthoxyderivv. der Alkohole u. höherer Amine, bei Raumtemperatur. (**F. P. 1 070 807** vom 12/2. 1953, ausg. 17/8. 1954. D. Prior. 15/2. 1952.) O. KAYSER. 6313

Norddeutsche Affinerie, Hamburg, und **C. F. Spiess & Sohn**, Kleinkarlbach, Rhpf. (Erfinder: **Erhard Cluss** und **Georg Düsedau**, Hamburg), *Herstellung von Wirkstoffpasten zur Bekämpfung von Pflanzenschädlingen.* Die Wirkstoffe werden durch Behandlung mit W., welches geringe Mengen von die Oberfächenspannung günstig beeinflussenden, neutralen Zusatzstoffen, wie Cellulosederivv., Polyvinylverbb., Alginaten, enthält, mit Hilfe von Hochdruckhomogenisatoren bei hohen Drucken, z. B. ca. 150 atü, in stabile (haltbare) Suspensionen übergeführt. Zum Stabilisieren setzt man geringe Mengen Spindelöl oder dgl. zu. Man führt am besten feste Wirkstoffe, wie Dichlordiphenyltrichlormethylmethan oder auch Gemische desselben mit γ-Hexachlorcyclohexan, in Mengen von 30—60% in eine Schmelze über, vermischt diese mit z. B. Cellulosederivv. u. führt die Mischung wie zuvor beschrieben in die Wirkstoffpaste über. (**D. B. P. 933 540** Kl. 45 l vom 30/11. 1951, ausg. 29/9. 1955. Anmeldung bekanntgemacht 26/2. 1953.) H. NEBELSIEK. 6313

Albert Thomas Wilmott Hansen, Wanganui, Neuseeland, *Insekticid,* bestehend aus einem Gemisch aus 22 (%) Dichlordiphenyltrichloräthan, 5 Pyrethrum, 5 Paraffin, 10 CCl_4, 5 Trichloräthylen, 3 C_6Cl_6, 5 p-Dichlorbenzol u. 45 Naphthalin. — Allg. Wirksamkeit. (**Aust. P. 154 742** vom 13/11. 1951, ausg. 28/1. 1954. Neuseeländ. Prior. 28/9. 1951.) H. NEBELSIEK. 6313

Olin Mathieson Chemical Corp., übert. von: **William P. Ter Horst,** Lewiston, N. Y., V. St. A., *Mittel zur Bekämpfung von Milben,* bestehend aus Li-Cyanat im Gemisch mit einem üblichen Trägerstoff (0,25—2%). — Man erhält LiOCN, F. 580—600°, durch Erhitzen von Harnstoff auf ca. 600°. In die klare Schmelze trägt man portionsweise Li_2CO_3 (2,5:1 Mol) ein. (**A. P. 2 699 418** vom 1/12. 1950, ausg. 11/1. 1955.) H. NEBELSIEK. 6313

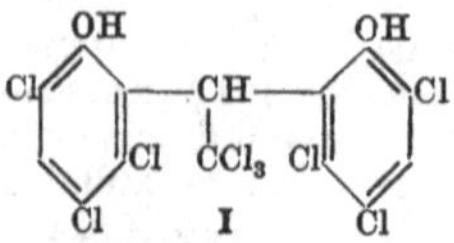
I

Olin Mathieson Chemical Corp., übert. von: **John W. Churchill,** Kenmore, N. Y., V. St. A., *1.1-Bis-(2'-oxy-3'.5'.6'-trichlorphenyl)-2.2.2-trichloräthan* (I), F. 161—162°. Man setzt 2.4.5-Trichlorphenol mit Chloral in Ggw. von $AlCl_3$ in CCl_4 um. — *Insekticid, Fungicid, Milbenbekämpfungsmittel.* (**A. P. 2 698 866** vom 3/1. 1952, ausg. 4/1. 1955.) K. FABEL. 6313

Dow Chemical Co., übert. von: **Robert P. Ruh** und **Ralph A. Davis,** Midland, Mich., V. St. A., *1.6-Dichlor-1.2.3.4.5.6-hexafluor-1.3.5-hexatrien* wird durch Dechlorieren von 1.3.4.5.6.6-Hexachlor-1.2.3.4.5.6-hexafluorhexen-(1) mit der berechneten Menge von 4 Zn auf 1 Mol in Ggw. eines niederen Alkohols, der <6 C-Atome hat, unter möglichst wasserfreien Bedingungen hergestellt. Kp. 132—134°, $D.^{25}$ 1,6116, n_D^{25} 1,4324. *Schädlingsbekämpfungsmittel.* Polymerisiert zu gummiartigen Prodd., die wärmebeständig sind. (**A. P. 2 705 247** vom 18/11. 1953, ausg. 29/3. 1955.) W. GRÄGER. 6313

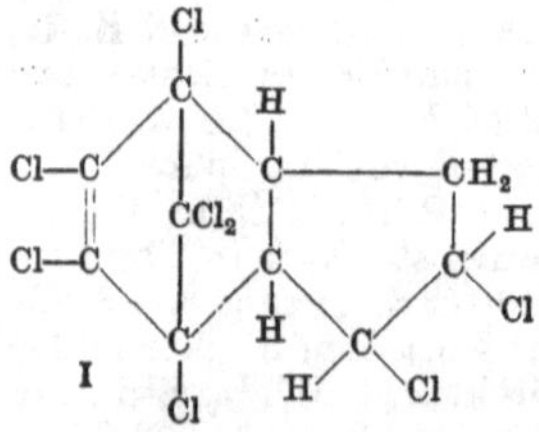
I

Dow Chemical Co., übert. von: **Eugene E. Kenaga,** Midland, Mich., V. St. A., *Insekticides Mittel,* bestehend aus 0,009—25 (Gewichtsteilen) von 1.2.4.5.6.7.8.8-Oktachlor-4.7-methano-3a.4.7.7a-tetrahydroindan (I) im Gemisch mit 1 des 4'-Chlorphenyl-4-chlorbenzolsulfonats in Verb. mit einem üblichen Trägerstoff. Beide Stoffe zeigen gemeinsam u. jeder für sich tox. Wirksamkeit. (**A. P. 2 705 213** vom 24/8. 1949, ausg. 29/3. 1955.) H. NEBELSIEK. 6313

C. F. Spiess & Sohn Chemische Fabrik und **Norddeutsche Affinerie,** Deutschland, *Herstellung von 3-substituiertem 4-Oxycumarin* (I) aus 4-Oxycumarin (II) u. Kondensationsprodd. heterocycl. Aldehyde mit Ketonen (III) oder aus III durch Umsatz mit Malonester u. anschließende Rk. mit Acetylsalicylsäurechlorid. R_1 = Methyl-, Phenyl- (auch substituiert) oder Methoxylrest; R_2 = heterocycl. Rest, in dem ein oder mehrere H substituiert sein können. Die Ausgangsprodd. werden in äquimol. Mengen mehrere Std. auf 100—150° mit oder ohne Zusatz eines Lösungsm. erhitzt. Die Kondensation von II mit ungesätt. III gelingt bei Zusatz von organ. Basen (Piperidin) oder Puffern (Na_3PO_4) bei p_H 3,5—6. — *Rattengift.* (**F. P. 1 070 465** vom 4/8. 1952, ausg. 27/7. 1954. D. Priorr. 8/3. u. 21/4. 1952.) S. MEIER. 6313

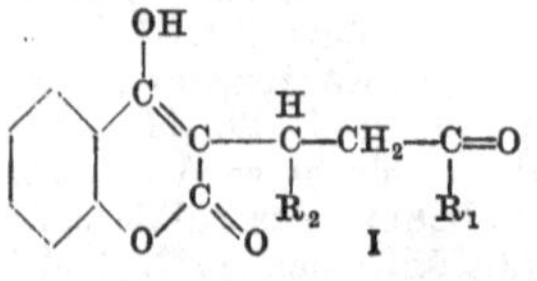
I

D. D. **Werderewski** und P. A. **Lukaschewitsch,** Weinkrankheiten im Moldaugebiet und ihre Bekämpfung. Kischinew: Moldawgis. 1954. (135 S. m. Abb.) 1 Rbl. 95 Kop. [russ.]

VIII. Metallurgie. Metallographie. Metallverarbeitung.

Eugen von Szantho, *Erfahrungen mit dem Einsatz von Cyclonen als Klassierer in den Erzaufbereitungsanlagen Ramsbeck und Bensberg.* (Z. Erzbergbau Metallhüttenwes. 7. 540—43, 547—48. Dez. 1954. Ramsbeck.) F. VIER. 6360

I. N. Plakssin, *Resultate und Aussichten der Untersuchung der Wechselwirkung von Reagentien und Mineralien bei der Flotation.* Übersicht. — 33 Literaturangaben. (Известия Академии Наук СССР, Отделение Технических Наук [Nachr. Akad. Wiss. UdSSR, Abt. techn. Wiss.] **1955.** 109—34. Jan.) O. POLLAK v. EMHOFEN. 6362

A. W. Gregg, *Eisenschmelzöfen in den Vereinigten Staaten und in Kanada.* Übersicht. (Trans. Amer. Foundrymen's Soc. **58.** 63—68. 1950. Harvey, Ill., Whiting Corp.) W. WESLY. 6370

John J. Hazel, *Kohlensteine für Gebläseöfen.* Zur Verlängerung der Lebensdauer von Gebläseöfen sowie zur Vermeidung von gefährlichen Ausbrüchen hat sich die Auskleidung mit Kohlensteinen in verschied. Arten bewährt u. wird in steigendem Maße angewandt. (Iron Steel Engr. **29.** 127—29. Aug. 1952. Cleveland, O., Republic Steel Corp.) H.-J. HEINRICHS. 6370

M. D. Stone und **E. A. Randich,** *Kontinuierlich betriebener Durchlaufofen zum schnellen Weichglühen von Weißblechen.* (Metal Progr. **61.** Nr. 2. 62—66. Febr. 1952.) H. HOCHSTEIN. 6370

H. G. MacPherson, *Graphitelektroden.* Theoret. Ableitung der Beanspruchungen einer Lichtbogenofenelektrode bei plötzlicher Abkühlung u. Messung der für den Betrieb wichtigsten Eigg.: Wärmeleitfähigkeit, Wärmedehnung, Elastizität u. Härte des Graphits bis 1500°. (J. Metals **188.** 481—84. März 1950. Nat. Carbon Corp.) H. ECKHARD. 6370

J. H. Kelley, *Entwicklung der Verwendung von Koksofengas beim Siemens-Martin-Ofen.* Koksofengas kann nicht länger als minderwertiger Heizstoff betrachtet werden. Durch Verwendung neu konstruierter Brenner verbrennt das Gas mit geringerem Heizwert an der Spitze der Flamme, wogegen das mit dem höheren Brennwert direkt auf das Bad einwirkt. Durch Wechsel verschied. Brennstoffe in den einzelnen Heizperioden kann man den Wirkungsgrad verstärken. (Iron Steel Engr. **29.** 131—32. Aug. 1952. Bethlehem Steel Co.) H.-J. HEINRICHS. 6372

C. B. Post und **D. G. Schoffstall,** *Schlackenmaterialien und ihre Wirkung in basischen Lichtbogenöfen.* Vff. diskutieren die Möglichkeiten zur Erzielung gut desoxydierender Schlacken u. raten zur Verwendung ausgesucht reiner Zuschlagstoffe. (J. Metals **188.** 1313—15. Nov. 1950. Reading, Pa., Carpenter Steel Co.) H. ECKHARD. 6372

F. Bartu, *Beiträge zur Umstellung von Siemens-Martin-Öfen auf Ölfeuerung.* Übersicht über die Wirtschaftlichkeit der Ölfeuerung, die Zweckmäßigkeit der Umstellung generatorgasbeheizter SM-Öfen auf Ölfeuerung zur Erzielung von Kapazitätssteigerungen, die dazu nötigen konstruktiven Maßnahmen, die Einfll. von Öldurchsatz, Zerstäubungsmitteln, Luftüberschuß u. Bewertungsenergie des Ölstrahles auf Form u. Eigg. der Flamme, die Konstruktion der Luftschächte, Schlackenkammern, Unteröfen u. die Überprüfung von Gitterung, Luftzufuhr u. Essenzug. (Radex-Rdsch. **1954.** 133—42. Mai/Juni. Zürich; Iron Coal Trades Rev. **169.** 1557—62. 31/12. 1954.) W. WESLY. 6372

Miklos Király, *Theorie und Ergebnisse von Versuchen zur Zurückdrängung der endothermischen Reaktionen im Verlauf des Kupolofenprozesses.* Das Einblasen von Luft durch weite Düsen erzeugt eine ausgebreitete Oxydationszone, mit engen Düsen erreicht man eine konz. Verbrennungszone. Die Anwendung dieser oder jener Art ist von den Abmessungen des Ofens abhängig, doch ist letztere rentabler, die Leistung wird dadurch höher, der Koksbedarf bedeutend kleiner u. die Temp. der Abgase ist niedriger. Die Wärmebilanz zeigt, daß von der eingebrachten Wärme nur etwa ein Drittel zum Schmelzen aufgebraucht wird, etwa ebensoviel tritt mit den Rauchgasen ins Freie. Bedeutend ist auch der Wärmeverlust durch Strahlung. Der große Temperaturunterschied zwischen der Schmelzzone u. der Erwärmungszone ist Folge der endothermen Bldg. von CO aus CO_2. Dieser Verlust kann zum großen Teil vermieden werden, wenn die Verbrennungsprodd. im unteren Niveau der Schmelzzone abgezapft, in entsprechender Höhe mit sek. Luft vermischt wieder eingeführt werden. Auf Grund dieser Betrachtungen wurde ein Kupolofen konstruiert, wo weite u. enge Blasdüsen in mehr Schichten eingebaut wurden, der Ofen mit einem Eisenmantel umgeben u. zwischen Mantel u. Mauer die gerippten Rohrleitungen für die abgezapften Verbrennungsgase eingebaut sowie Raum zum Vorwärmen der Gebläseluft u. der sek. Luft vorhanden ist. Der Durchmesser des Feuerraumes betrug 700 mm, die Schachthöhe 6 D. Vf. gibt in der Folge eine ausführliche Beschreibung der Probeschmelzungen, Brennstoffbedarf, Temp. der Gebläseluft, Verh. der Ofenwandung, wenn diese aus Chrommagnesit, gesintertem Dolomit u. calcinierter Dolomitstampfmasse bereitet wurde. Die Leistung des Ofens ist bei demselben Kohlenverbrauch um 40—60% höher als in gebräuchlicher Ausführung. (Kohászati Lapok **7** (**85**). Nr. 4. Öntöde 3. 73—85. April 1952.) J. PLANK. 6372

Theodore B. Counselman, *Anwendung der „Fluidization" in der Mineralindustrie.* Das dem WINKLER-Vergasungsverf. für feinkörnige Brennstoffe nachgebildete *Fluo Solid-*

Verf. der DORR Co. wird nach Wirkungsweise u. Anwendung beim Rösten von Erzen, Kalkbrennen, As- u. Zn-Abrösten, magnet. Fe-Erzaufbereitung u. a. Verf. mit Skizzen u. Abb. beschrieben. (Engng. Mining J. **156.** Nr. 3a. 70—75. 96. März 1955. New York, Behse Dolbear Co.) H. ECKHARD. 6378

Gotthard Björling, *Hydrometallurgische Methoden als Ergänzung der Anreicherung.* Übersicht über die Gewinnung von Metallen (*Au, Ag, Cu, Co, Ni, Mn, Zn, U*) aus armen Erzen auf nassem Wege. — 14 Literaturangaben. (Tekn. Tidskr. **85.** 333—37. 12/4. 1955. Stockholm.) S. BECKMANN. 6380

L. B. Pfeil, *Hochtemperaturbeständige Werkstoffe; Prüfungen als Maßstab für das Betriebsverhalten.* Kriech-, Ermüdungs- u. Korrosionsfestigkeit sowieWiderstandsfestigkeit gegen plötzliche starke Temperaturschwankungen sind für hochtemperaturbeständige metall. Werkstoffe in Gasturbinen wesentlich, die Zus. von Cr–Ni-Legierungen mit weiteren Bestandteilen (V u. a.) muß die gegenseitige Abhängigkeit dieser Bedingungen berücksichtigen. Sie werden am Beispiel des *Nimonic 80* u. a. Legierungen mit den dafür ausgearbeiteten Prüfungsmethoden besprochen u. die Ergebnisse in 12 Diagrammen angegeben. (Schweiz. Arch. angew. Wiss. Techn. **18.** 88—97. März 1952. Zürich, Nickel Inf. Büro.) H. MÜHLMEISTER. 6388

N. A. Matthews, *Die Auswahl der „richtigen" warmfesten Gußlegierung.* Die Auswahl der richtigen, das heißt wirtschaftlichsten Gußlegierung für Tempp. von 650 bis 1157° hängt davon ab, für welchen Zweck sie vorgesehen ist. Die mechan. u. physikal. Eigg. einer Reihe von *Cr–Fe-*, *Cr–Ni–Fe-* u. *Ni–Cr–Fe*-Legierungen innerhalb des genannten Temperaturgebietes (Zahlentafeln) bestimmen diese Wahl. (Steel **127.** Nr. 19. 90—94, 104—06. 6/11. 1950. Elyria, O., American Brake Shoe Co., Electro-Alloys Div.) W. WESLY. 6388

Spencer L. Shaw, *Auswahl von Metallen für Überschallflugzeuge und ferngelenkte Geschosse.* Überblick über die Werkstoffprobleme, die bei sehr schnell fliegenden Flugzeugen durch die auftretenden hohen Tempp. hervorgerufen werden. (Materials and Methods **40.** Nr. 6. 89—92. Dez. 1954. Douglas Aircraft Co., Inc.) H. SPINDLER. 6388

Olaf Dahlke und **Ottmar Knacke,** *Die Auflösung von Kohlenstoff in flüssigem Eisen.* Die Geschwindigkeit der Auflsg. von festem C in fl. Eisen wurde bei 1550 u. 1590° durch Eintauchen von Kohlestäben mit bekannter Oberfläche in Versuchsschmelzen im Pythagorastiegel oder durch Aufschmelzen von Proben im Kohletiegel ermittelt. Beim ersten Verf. zeigte sich in axialer u. radialer Richtung eine völlig gleichmäßige Verteilung von C, was auf die durch die CO-Bldg. bedingte heftige Badbewegung zurückzuführen ist. Der C-Geh. der Proben lag unter 4,3%. Schmelzverss. im Kohletiegel zeigten einen vom Probenrand zur Mitte gleichmäßig abfallenden C-Geh., wobei am Rand $>$4,3%, in der Mitte $<$4,3% C gefunden wurde. Das Gefüge war entsprechend Ledeburit mit Primärzementit, reiner Ledeburit u. Ledeburit mit γ-Mischkristall. Die Auflsg. von C im kochenden Bad wurde nach der Theorie von NERNST berechnet. Die Ergebnisse der Rechnung wurden mit den Messungen verglichen. Um die Auflösungsgeschwindigkeiten bei mechan. Rührung u. bei einer durch Gasblasen hervorgerufenen Konvektion miteinander vergleichen zu können, wurde in einem Modellvers. die Auflösung von Benzoesäure in W. durchgeführt. Auf die Ähnlichkeit der Verhältnisse bei der Auflsg. von C in fl. Eisen u. bei der Auflsg. fester Stoffe in W. wird hingewiesen. (Arch. Eisenhüttenwes. **26.** 373—78. Juli 1955. Berlin-Tegel, Borsig, Akt.-Ges., u. Berlin-Charlottenburg, Techn. Univ., Inst. f. Metallhüttenkunde.) H. HOCHSTEIN. 6390

Kazuo Horikawa, *Bestimmung der Zusammensetzung von basischen Martinofenschlacken mit dem „Pfannkuchentest".* Proben geschmolzener Schlacke wurden aus dem offenen Herdofen während verschied. Phasen der Raffination u. des Gusses entnommen, in eine Blechform aus weichem Stahl von ca. 75 mm Durchmesser u. 10 mm Tiefe gegossen u. die Struktur der Oberflächen oben, unten u. im Bruch mit der Zus. (Basizität) verglichen. Durch Benutzung von Vergleichs-„Kuchen" bekannter Zus. ließ sich die Basizität 2,5 V_p (= $CaO/SiO_2 + P_2O_5$) auf $\pm$0,1 bzw. 0,2—0,3 genau schätzen. Desgleichen in gewissem Maße FeO, MnO u. P_2O_5. 5 Texturgruppen (gefaltet, intermediär, gefurcht, spinnwebartig, konkav bzw. flach). Zeit 2—3 Minuten. — 24 Abb., 28 Literaturangaben. (Tetsu to Hagane [J. Iron Steel Inst. Japan] **39.** 22—28. Jan. 1953. [Orig.: japan., Auszug: engl.]) L. SCHULER. 6390

Richard A. Flinn und **R. Wayne Kraft,** *Verbesserte Probestäbe für Standard- und schmiedbare Gußeisenproben.* Probestäbe in Y-Form aus perlit. u. ferrit. Schmiedeeisen u. 2 Graugußsorten erweisen auf Grund ihres hohen Wärmegradienten sich als schrumpffrei, wogegen die nach dem amerikan. Standardverf. hergestellten Stäbe Schrumpfungen zeigen. Die Y-Blöcke weisen einen größeren Abkühlungsbereich auf u.

zeigen bessere mechan. Eigg. als die Standardblöcke. — Diskussion. (Trans. Amer. Foundrymen's Soc. 58. 153—68. 1950. Mahwah, N. J., American Brake Shoe Co., Metallurg. Dep.) W. Wesly. 6402

L. I. Lewi, *Stickstoff im Gußeisen.* Im gewöhnlichen Gußeisen liegt der N_2-Geh. durchschnittlich in den Grenzen von 0,002—0,008%. Durch eine im Hochfrequenzofen erschmolzenes Gußeisen mit 3,4 (%) C, 2,75 Si, 0,55 Mn, 0,21 P u. 0,10 S wurde im Temperaturbereich von 1300—1520° 20—30 Min. lang N_2 durchgeblasen. Die abgegossenen Proben besaßen ein dichtes Gußgefüge. Gegenüber einem Gußeisen gleicher Zus., das im Vakuum erschmolzen war, wird in den mit N_2-behandelten Proben die Menge an gebundenem C erhöht, während die Graphiteinschlüsse abnehmen. Eine Verringerung des Si-Geh. im mit N_2 behandelten Gußeisen führt zu einer weißen Erstarrung. Es wird angenommen, daß die im Gußeisen sich bildenden N-Verbb. ziemlich beständige Phasen sind. Ein N_2-haltiges Gußeisen zeigt eine erhöhte Neigung zur Härtung. Gußeisenproben mit 0,08% N_2 sind stark porös. — Schrifttumsangaben. (Литейное Производство [Giessereiwesen] **1955.** Nr. 6. 22—25. Juni 1955.) H. Hochstein. 6404

A. A. Armstrong, *Härtung von Grauguß mit einem Mindestmaß an Verformung.* Härtungsverss. zeigen, daß Graugußstücke, bes. Zylinderbüchsen, mit einer guten A-Graphit-Randverteilung in einer Grundmasse von gut gehärtetem Martensit oder Bainit u. mit genügend Legierungsbestandteilen, die die erforderliche Zähigkeit u. Festigkeit erzeugen, eine lange Lebensdauer aufweisen. (Amer. Foundryman **23.** Nr. 4. 142—44. April 1953. Cleveland, Thompson Products, Inc.) W. Wesly. 6404

P. P. Berg und **N. D. Titow**, *Mangan- und titanhaltiges Tempergußeisen mit perlitischem Gefüge.* Die günstigste Zus. von Tempergußeisen für Gußteile zum Ausbessern hat 2,5—2,7 (%) *C*, 1—1,15 *Si*, 0,09—0,12 *S*, 0,11—0,12 *P*, 1,5—2 *Mn* u. 0,1 bis 0,15 *Ti*; für Gegenstände des Automobil- u. allg. Maschinenbaus wird der Mn-Geh. zweckmäßig auf 0,9—1,2 u. der Ti-Geh. auf 0,05—0,08 gesenkt, wodurch die Zähigkeit erhöht u. die Verarbeitbarkeit verbessert wird. Die Beziehung zwischen den günstigsten Gehh. an Mn u. Ti beträgt: %Ti = 0,1 (%Mn — 0,5). Das Temperverf. u. das Körnigmachen des Perlits ist bei dem Mn–Ti-Temperguß im Vgl. zu einem Ti-freien Mn-haltigen Temperguß beschleunigt. Ein Zusatz vom 0,05—0,07% Ti zu dem Mn-haltigen Temperguß mit perlit. Gefüge (1—1,2% Mn) verkürzt die Temperzeit um 14% gegenüber einem n. Tempergußeisen. Das Mn–Ti-Temperguβeisen mit körnigem Perlit hat für Maschinenguß 48 (kg/mm²) Festigkeit, 10% Dehnung u. 180 Brinell-Härte. (Литейное Производство [Giessereiwesen] **1955.** Nr. 3. 9—10. März.) H. Hochstein. 6406

E. T. Turkdogan, *Physikalische Chemie in der Stahlherstellung.* Überblick über vorläufige Ergebnisse der Arbeiten der Phys. Chem. Sect. der BISRA (Brit. Iron and Steel Research Association) bes. über Metall–Schlacke–Gas-Rkk. u. Löslichkeit von N u. S in Eisen u. Eisenlegierungen. (Metal Treatment Drop Forging **21.** 531—33. Nov. 1954.) A. Schaal. 6408

G. R. Fitterer, *Beobachtungen über die Schlacken–Metall-Reaktion im sauren Siemens-Martin-Ofen.* Die alte u. neue Arbeitsweise der Stahlherst. auf saurem Herd werden miteinander verglichen u. die neuzeitliche amerikan. Arbeitsweise mit niedrigem *Mn*-Geh. im Einsatz erörtert. Das Zeit–Stoff-Schaubild von Stahl u. Schlacke bei Stählen mit 0,26 (%) C wird aufgestellt. Die Arbeitsweise in der Tschechoslowakei mit hohem Mn-Geh. im Einsatz wird besprochen. Die Schwankungen im FeO- u. MnO-Geh. bei C-Gehh. im Stahl von 0,2—0,7 C werden angegeben u. der Einfl. des SiO_2-Geh. u. des Schlackengewichts bestimmt. Die Bedeutung einer selbsttätigen Feinung des Bades wird behandelt. Auf Grund von Betrachtungen des Schlacken–Phasen-Diagramms u. unter der Annahme der Ionennatur dieser Schlacken wird angenommen, daß SiO_2 sich mit dem Oxyd-Ion verbindet u. eine Reihe komplexer Silicationen bildet. Die Wrkg. bas. Oxyde, wie FeO, MnO u. CaO, ist bei der Bldg. von dem Oxyd-Ion für diese Zwecke offenbar additiv. — 16 Schrifttumsangaben. (J. Metals 5. Trans AIME **197.** 1634—40. Dez. 1953. Pittsburgh, Univ.) H. Hochstein. 6408

M. P. Fedock, *Die Herkunft nichtmetallischer Einschlüsse aus feuerfesten Gießpfannenstoffen.* Nichtmetall. Einschlüsse in bas. Elektro-*Stahl* können sowohl durch therm. u. mechan. Anfressung des feuerfesten Gießpfannenstoffes als auch durch chem. Wechselwrkg. zwischen dem Mn- u. Si-Geh. des Stahls u. den feuerfesten Stoffen entstehen. Auch zeigt sich, daß mit zunehmendem Alter der Pfannenauskleidung sowohl die Schlackenmenge in einer zweiten kleineren Unterhängepfanne als auch die Menge des Blockschaumes zunahm. Chem. u. Gefügeunterss. ergaben, daß es sich bei den schaumigen Emulsionen um ausgesprochene Gläser handelt, bei denen Gemische von Tonerdesilicaten mit verwickelt zusammengesetzten Silicaten von CaO, FeO, MnO u. Al_2O_3 vorherrschen. Es wurde Übereinstimmung in der chem Zus. u. im F. des glasigen Überzuges der Unterhängepfanne mit ihrer Emulsion festgestellt. Als Ursachen, die zur Emulsionsbldg. in der zweiten Pfanne u. im Block beitragen, werden die atmosphär. Oxydation, sich entmischende Desoxydationsrückstände, Reaktionsprodd. zwischen dem Stahl u. den feuerfesten Stoffen, abgeplatzte Stücke aus dem feuerfesten verlorenen Kopf u. dgl. angesehen. Als F. der erstarrten Emulsion des Schmelzüberzuges auf schon gebrauchten zweiten Pfannen werden ca. 1232° angegeben. Die oben aufschwimmenden Pfannen- u. Blockemulsionen haben chem. gleiche Zuss. wie die entsprechenden nichtmetall. Einschlüsse im fl. oder festen Blockstahl. Die Emulsionen sammeln sich in einem krit. Flächenbereich innerhalb des Ausgußtrichters. Die Verwendung radioakt. Isotopen dient zur Feststellung der Herkunft der schädlichen Einschlüsse im kranken Stahl. (J. Metals **6**. Nr. 2. Sect. 1. 125—27. Febr. 1954. Canton, O., Republic Steel Corp.) H. HOCHSTEIN. 6408

M. A. Orehoski, N. R. Arant und **J. A. Pusateri,** *Risse in Blöcken aus beruhigtem Feinkornstahl C 1020.* An Betriebs- u. Laboratoriumsschmelzen aus beruhigtem Feinkornstahl *C 1020* mit ca. 0,20% C werden Unterss. über die Ursache u. Vermeidung von Oberflächenquerrissen an gegossenen Blöcken ausgeführt. Es wird nachgewiesen, daß für das Auftreten der Risse die Art der Erstarrung während des Gießens u. die Gießströmung, bes. die durch die dynam. Kraft des Gießstromes erzeugte Wirbelung, von Bedeutung u. deren Beseitigung oder wesentliche Verringerung erforderlich ist. — Schrifttumsangaben. (J. Metals **6**. 891—99. Aug. 1954. Pittsburgh, United States Steel Corp.; Duquesne, Pa., United States Steel Corp.) H. HOCHSTEIN. 6408

Hermann Schenck und **Eugen Schmidtmann,** *Einfluß von Wechselbeanspruchungen auf Diffusions- und Ausscheidungsvorgänge in unlegierten Stählen.* An THOMAS-Stahl mit 0,06(%) C u. 0,018 N wurde die Änderung der Eigg. bei der Abschreck- u. Verformungsalterung untersucht. Die Ergebnisse der Zugfestigkeits- u. Gefügeunterss. sowie die physikal. Prüfungen zeigten bei unterschiedlichen Auslagerungsbedingungen eine übereinstimmende Abhängigkeit von dem Entmischungszustand der in Zwangslsg. befindlichen Elemente. Durch eine period. wiederkehrende Gitterverformung während der Auslagerung werden die Alterungsvorgänge beschleunigt. Die Größe der Beeinflussung wird von dem Grad der Vorverformung u. der Energiezufuhr abhängen, die durch eine Wärmebehandlung oder Wechselverformung eingebracht wird. — Diskussion. (Arch. Eisenhüttenwes. **25**. 579—88. Nov./Dez. 1954. Aachen, TH.) H. HOCHSTEIN. 6408

Herbert Briefs, *Schnellarbeits- und Werkzeugstähle in neuzeitlicher Betrachtung.* Überblick über die metallurg. Entw. u. Wärmebehandlung von Schnellarbeits-, Kaltarbeits- u. Warmarbeitsstählen. Bes. werden von letzteren die Warmbadhärtung u. Zwischenstufenvergütung besprochen. — 13 Schrifttumsangaben. (Werkstattstechn. u. Maschinenbau **42**. 7—15. Jan. 1952. Krefeld.) H. HOCHSTEIN. 6410

Yūkō Mitani, *Untersuchung über die Alterung von Blei–Alkali–Erdalkali-Legierungen* 1. Mitt. *Alterungshärtung von Pb–Ca–Ba-Legierungen.* Bei der Unters. von Alterungshärtungseigg. von Pb–Ca–Ba-Legierungen wurde ein Unterschied zwischen den Lagermetallen (mit ca. 1% Ca) u. den Legierungen für Kabelmäntel (mit ca. 0,04% Ca) gefunden. Gewöhnlich sind die Härtungseigg. von geschmiedeten (gewalzten, gehämmerten usw.) Legierungen bemerkenswerter als die von gegossenen. Diejenigen von gegossenen Pb–Ca-Lagermetallen sind jedoch bes. gut. Wenn dies Material gepreßt wird, steigt die Härte allmählich an. Nach der Härtung tritt eine plötzliche Erweichung bei niedrigerer Temp. auf. (Nippon Kinzoku Gakkai-Si [J. Japan Inst. Metals] B **14**. 22—25. Aug. 1950. [Orig.: japan.; Auszug: engl.]) D. BREDTSCHNEIDER. 6430

W. M. Tschurssin und **D. P. Lowzow,** *Die Herkunft der Gasanreicherung bei siliciumhaltigem Messing.* In einem Messing mit 8,58—4,24(%) *Si*, 0,017—0,59 *Pb*, 0,28—0,39 *Fe*, 0,106—0,154 *Al*, 0,22—0,23 *Mn* können folgende Gase vorhanden sein: H_2, O_2, N_2, *CO*, CO_2, SO_2, CH_4 u. andere mehr. Als Hauptquelle für das Vorhandensein von H_2 gilt die Feuchtigkeit. Die anderen Gase stammen von in der Schmelze verlaufenden Rkk. sowie von Verschmutzungen in der Gattierung. Die verschied. Quellen werden im einzelnen erörtert u. der schädliche Einfl. von Al auf die Festigkeitseigg. sowie auf die Erniedrigung der D. einiger *Cu-Legierungen* infolge H-Bldg. gemäß der Gleichung $2\,Al + 3\,H_2O \rightleftarrows Al_2O_3 + 6\,H$ besprochen. (Литейное Производство [Giessereiwesen] **1955**. Nr. 3. 25—27. März.) H. HOCHSTEIN. 6432

M. M. Fine und **D. W. Frommer,** *Aufarbeitung von Mangancarbonat aus der Martin Mine, Independence County, Ark., im Laboratorium.* Vff. beschreiben eine kombinierte Schwerkraft- u. magnet. Separationsmeth. mit anschließender Flotation u. Sinterung, die bei ca. 55% Gesamtausbeute das Mn auf ca. 40% anreichert. Höhere Ausbeuten wurden durch zu hohen Ca-Geh. des Erzes verhindert. (U. S. Dep. Interior, Bur. Mines, Rep. Invest. Nr. 5086. 1—10. Nov. 1954. Rolla, Mo., Bur. of Mines.) H. ECKHARD. 6436

B. S. Lamba, *Verborgener Reichtum in den Abgängen der Mangangruben.* Die Abgänge der Mangangruben enthalten aus ärmeren Gängen reichlich *Mo*, welches durch Aufbereitung gewonnen werden kann. (Sci. and Cult. **17.** 301—02. Jan. 1952. New Delhi, Indian Bur. of Mines.) F. ENSSLIN. 6440

G. Ostermann und **K. Renner,** *Weitere Anwendungsverfahren und -gebiete von Leichtmetall.* Übersicht über die in den letzten Jahren erzielten Fortschritte auf dem Gebiete der *Al-* u. *Mg*-Werkstoffe (Herst. u. Bearbeitung). (Technik **9.** 459—66. Aug. 1954.) W. WESLY. 6442

J. G. Sommerer, *Der Vorrückzylinder, eine erfolgreiche Umstellung von Eisen auf Leichtmetall.* Beispiel aus dem Kohlenbergbau. (Metall **7.** 592—94. Aug. 1953. Gelsenkirchen.) F. VIER. 6442

Artur Fransson, *Entwicklungslinien in der Pulvertechnik.* Übersicht über die Anwendungsmöglichkeiten der Pulvermetallurgie zur Herst. dichter Legierungen u. poröser Prodd. aus metall. Material (*Al, Be, Ti, Zr, Mo*), von metallkeram. Material u. „Pulverglas". — 18 Literaturangaben. (Tekn. Tidskr. **85.** 325—31. 12/4. 1955. Linköping. S. BECKMANN. 6474

Friedrich Eisenkolb, *Fortschritte in der Pulvermetallurgie der Eisenwerkstoffe.* Überblick über die Fortschritte der Fe-Pulvergewinnung, bes. durch Druckverdüsung; über neue Formgebungsverff. durch Anwendung unterteilter Preßstempel für komplizierte Werkstücke sowie Benutzung von Einsatzkernen aus beim Sintern flüchtigen Stoffen zur Herst. von Sintereisenlagern mit bes. guten Notlaufeigenschaften. Auf die Verbesserungsmöglichkeiten von Sinterstahl durch P- u. S-Zusatz wird hingewiesen. Herst. u. Eigg. von Tränklegierungen u. mischkeram. Werkstoffen. — 17 Literaturzitate. (Forsch. u. Fortschr. **28.** 164—171. Juni 1954. Dresden.) M. CLASING. 6474

Werner Schroeder, *Massenteile aus Sintereisen und Sinterstahl.* Überblick über den gegenwärtigen Stand der pulvermetallurg. Verarbeitung von reinem u. kohlenstofflegiertem Sintereisen. — 16 Schrifttumsangaben. (Technik **7.** 304—10. Juni 1952. Thale/Harz.) H. HOCHSTEIN. 6474

Karl Pschera, *Die Sinterwerkstoffe der Technik, besonders die hochschmelzenden Metalle und Legierungen.* Überblick. — 15 Schrifttumsangaben. (Technik **7.** 299—303. Juni 1952. Berlin.) H. HOCHSTEIN. 6476

H. Krainer und **E. Krainer,** *Erfahrungen über die zerstörungsfreie Werkstoffprüfung mit Ultraschall.* Kombinationsgerät für Prüfung nach dem Durchschallungs- u. Impulsreflexverfahren. Für das Durchschallungsverf. besteht schlechte Anwendungsmöglichkeit bei Rundabmessung oder rauher Oberfläche der Prüfstücke, da die Schallwellen gestreut werden. Die genaue Lage der Fehlstellen in der Schallrichtung kann nicht gemessen werden, dagegen anwendbar bei flachen, regelmäßigen Prüfstücken. Das Impulsreflexverf. arbeitet nach dem Echoprinzip, die vom Boden reflektierten Wellen werden aufgefangen, desgleichen von den Fehlstellen. Zur Dickenmessung anwendbar, bes. geeignet für größere Schmiedestücke, die nur einseitige Zugänglichkeit besitzen, u. bei Rundstählen. (Radex-Rdsch. **1951.** 323—29. Dez. Kapfenberg, Forschungsanstalt, Gebr. Böhler Akt.-Ges.) H. KENSBOCK. 6480

H. Juvan, *Erfahrungen über die zerstörungsfreie Werkstoffprüfung mit Ultraschall.* (Vgl. vorst. Ref.) Vf. berichtet über ein neu entwickeltes Ultraschallgerät, welches die Absorption der Schallwellen durch das Prüfstück zum Nachw. von Fehlstellen auswertet. Auf dem Leuchtschirm einer BRAUNschen Röhre erscheint ein keilförmiges Induktionsmuster. Bei Fehlern im Prüfstück treten zusätzliche Absorptionserscheinungen auf u. sind auf dem Leuchtschirm sichtbar. Die Längsausdehnung der Fehlstellen in Schallrichtung kann genau bestimmt werden, desgleichen Fehler bis 0,001 mm Größe u. mehrere Fehlstellen hintereinander. Einsatz in der Fertigkontrolle, hauptsächlich für Rundstähle. (Radex-Rdsch. **1951.** 330—33. Dez. Ternitz, Schoeller-Bleckmann-Stahlwerke Akt.-Ges.) H. KENSBOCK. 6480

E. Houdremont, *Zur Entwicklung und zum Stand des Sprödbruchproblems.* (Vortrag.) (Radex-Rdsch. **1953.** 138—50. Mai/Juni. Essen.) W. WESLY. 6480

A. Smekal, *Zur Physik des spröden Stoffverhaltens.* (Vortrag.) Die allg. Grundlagen des spröden Stoffverh. u. die Besonderheiten der beteiligten Elementarvorgänge werden vom physikal. Standpunkt betrachtet. — 18 Schrifttumshinweise. (Radex-Rdsch. **1953.** 208—12. Mai/Juni. Graz, Univ., Physikal. Inst.) W. WESLY. 6480

A. Slattenschek, *Grundsätzliches zur Theorie des Sprödbruches.* (Vortrag.) Übersicht über die zu Sprödbrüchen führenden Faktoren (Spannungszustand, spezif.

Verformungsgeschwindigkeit, Temp. während der Beanspruchung, wechselnde Betriebsbelastungen), die Anstrengungshypothesen (Spannungshypothese, Arbeitshypothesen, Inhomogenitätstheorie von GRIFFITH), die Beeinflussung des Festigkeitszustandes eines Werkstoffes durch die Betriebsumstände u. das zähe oder spröde Verh. eines Werkstoffes. — 43 Schrifttumshinweise. (Radex-Rdsch. **1953.** 186—99. Mai/Juni. Wien.) W. WESLY. 6480

E. Schmid, *Grundlagen des spröden Verhaltens der Metalle.* (Vortrag.) Die Theorie der Kerbsprödigkeit wird in ihrer bisher geläufigen Form erörtert. Die GRIFFITHsche Bruchtheorie wird von OROWAN auf den Fall von plast. Verformung in dünnen, den Bruchflächen unmittelbar benachbarten Schichten erweitert. — Aussprache. (Radex-Rdsch. **1953.** 203—07. Mai/Juni.) W. WESLY. 6480

E. Siebel, *Zum Problem des Sprödbruchs.* (Vortrag.) Das Formänderungsvermögen der metall. Werkstoffe wird weitgehend durch den Beanspruchungszustand beeinflußt, unter dem der Werkstoff steht. Für die Überwindung des Fließwiderstandes ist die auftretende Schubspannung bzw. die entsprechende Hauptspannungsdifferenz, für die Überwindung des Trennwiderstandes die auftretende größte Zugspannung maßgebend (Diagramme). Die Annahme, daß die Art des Verformungsverlaufes die Höhe des Trennwiderstandes beeinflußt, erscheint für die Unters. des Sprödbruchproblems nützlich. (Radex-Rdsch. **1953.** 200—03. Mai/Juni. Stuttgart.) W. WESLY. 6480

H. Nowotny, *Einige Überlegungen zur Atomistik der Bruchvorgänge.* Die für das Auftreten eines Bruches maßgebenden Faktoren (Spannungszustand am Einzelkristallit, Bestehen einer Schubspannung, geringe Anzahl von Gleitsystemen, Bruchfortpflanzung u. deren Beeinflussung durch den Mikroaufbau) u. die Rolle des stofflichen Aufbaus u. der Strukturdynamik werden besprochen. — 32 Schrifttumshinweise. (Radex-Rdsch. **1953.** 220—27. Mai/Juni. Wien, TH, Inst. für physikal. Chem.) W. WESLY. 6480

F. Rohner, *Die Bedeutung der freien Weglänge der Gleitung für den Zäh- und Sprödbruch.* Die Rolle der freien Weglänge der Gleitung, der zufolge sich einzelne elementare Gleitvorgänge nicht über ganze Kristallkörner, sondern meist über viel kleinere Bereiche, etwa von einer Mosaikblockgrenze zur anderen, oder, ganz allg. ausgedrückt, von einem Kristallbaufehler zum nächsten erstrecken, wird auf den Zäh- u. Sprödbruch übertragen. (Radex-Rdsch. **1953.** 227—28. Mai/Juni. Neuhausen am Rheinfall.) W. WESLY. 6480

C. Schaub, *Einige Gesichtspunkte über die Entstehung und Fortpflanzung des spröden Bruches.* Die im Laufe der letzten Jahre an prakt. aufgetretenen Sprödbrüchen gemachten Beobachtungen werden zusammengefaßt. Ein Verf. zur Best. der Sprödbruchgrenze u. der Grenztemp. für den Sprödbruch wird im einzelnen beschrieben. (Radex-Rdsch. **1953.** 287—92. Mai/Juni. Fagersta, Schweden.) W. WESLY. 6480

K. Wellinger, *Versuche zur Sprödbrucherzeugung.* (Vortrag.) Verss. über die Erzeugung von Sprödbrüchen zeigen: In kub.-flächenzentrierten Werkstoffen wird die Kerbschlagzähigkeit u. Bruchverformung mit zunehmender Kerbschärfe verringert. Ein Temperatureinfl. ist nicht feststellbar. Trennbrüche können unter den Versuchsbedingungen nicht erzeugt werden. In kub.-raumzentrierten Stählen wird die Kerbschlagzähigkeit u. Bruchverformung (Verformungsbruch, Mischbruch, Trennbruch) von der Temp. beeinflußt. Trennbrüche treten bei um so höherer Temp. auf, je schärfer die Kerbe u. je größer die Bruchgeschwindigkeit ist. — Aussprache. Radex-Rdsch. **1953.** 282—87. Mai/Juni. Stuttgart, Staatl. Materialprüfungsanst.) W. WESLY. 6480

F. Regler, *Durch Ermüdung vorbereitete Sprödbrüche.* (Vortrag.) An Hand mehrerer Beispiele wird gezeigt, wie sich die Werkstoffermüdung strukturell auswirkt. Als Folge der elast. Hystereseerscheinungen u. Kornzerkleinerung können unter bestimmten Bedingungen zähe Werkstoffe spröde brechen. (Radex-Rdsch. **1953.** 212—20. Mai/Juni. Wien, TH, Inst. für Experimentalphys.) W. WESLY. 6480

F. Rapatz, *Problematik der Sprödbruchprüfung.* (Vortrag.) Eine krit. Beurteilung der verschied. Verff. zur Sprödbruchprüfung ergibt, daß es viele ungelöste Fragen gibt. Die wichtigsten, die Vereinfachung der Prüfung erschwerenden Fragen sind die Veränderungen durch die Verformungsgeschwindigkeit u. die Temperatur. — Aussprache. 15 Literaturangaben. (Radex-Rdsch. **1953.** 270—76. Mai/Juni. Kapfenberg.) W. WESLY. 6480

Albert Kochendörfer und **Christof Rohrbach,** *Kennzeichnung der Sprödbruchneigung von Stählen durch Messung der Fließspannung, Reißspannung und Brucheinschnürung an dreiachsig beanspruchten Proben.* Beschrieben wird ein neues Verf. zur Best. der Sprödbruchneigung von Stählen, bei dem vier verschied. Proben mit wachsender Dreiachsigkeit des Spannungszustandes verwendet werden. Eine Probenart wird im

Zugvers., drei Probearten werden im Kerbbiegeverf. geprüft, wobei mit Hilfe einer neuartigen Maschine ein über die Probenlänge gleiches Moment erzeugt wird. Durch Verwendung von Dehnungsmeßstreifen ist es möglich, dieses Moment während des ganzen Beanspruchungsvorgangs der Proben zu messen u. daraus die Fließ- u. Reißspannungen unter dreiachsiger Beanspruchung zu bestimmen. Für einen unberuhigten THOMAS-Stahl (Stahl A) u. einen unberuhigten SIEMENS-MARTIN-Stahl (Stahl B), beide in normalgeglühtem Zustand u. nach Reckalterung, werden auf diese Weise die Fließ- u. Reißspannungen sowie die Brucheinschnürung in Abhängigkeit von der Temp. von +100 bis −180° ermittelt. Für bestimmte Tempp. werden diese Werte in Schaubildern eingetragen, die die Fließ- u. Reißspannungen in Abhängigkeit vom Spannungszustand übersichtlich erkennen lassen. Beim Auftreten größerer plast. Verformungen verlaufen die Fließspannungen der Stähle in guter Näherung in Übereinstimmung mit der Gestaltänderungsenergie-Hypothese, während die Reißspannungen dieser Hypothese nur teilweise folgen. Erfolgt ein Bruch ohne vorherige Verformung, so stehen die Reißspannungen teils mit der Normalspannungshypothese in Einklang, teils werden sie mit wachsender Dreiachsigkeit des Spannungszustandes im Gegensatz zu dieser Hypothese kleiner. — Diskussion. 28 Schrifttumsangaben. (Arch. Eisenhüttenwes. **26.** 213—29. April 1955. Düsseldorf, Max-Planck-Inst. für Eisenforsch.) H. HOCHSTEIN. 6480

A. Legat, *Grundsätzliches zum Sprödbruch von Stählen.* (Vortrag) Die Begriffe „spröde" u. „zäh" werden erläutert. Für die Fertigung u. prakt. Bewährung eines Stahles ist es gleich, ob man einen Sprödbruch nach der alten Theorie von GRIFFITH oder der neuen von OROWAN darstellt, sofern man die die Zähigkeit des Werkstoffes verändernden Einflüsse kennt. Daher kann man jedes der gebräuchlichen Verff. zur Zähigkeitsprüfung anwenden, um das Sprödbruchverh. zu ermitteln. (Radex-Rdsch. **1953.** 150—52. Mai/Juni. Leoben.) W. WESLY. 6480

O. Krifka, *Metallurgische Gesichtspunkte für die Beeinflussung der Mikroschlacke im Stahl.* (Vortrag.) Der Einfl. des Verh. der Mikroschlacke während des Schmelzverlaufes auf Sprödbruch oder Zähigkeit des Stahles wird an mehreren Beispielen gezeigt. — Aussprache. (Radex-Rdsch. **1953.** 234—37. Mai/Juni. Kapfenberg.) W. WESLY. 6480

H. Hauttmann, *Überblick über die Beurteilung der Trennbruchsicherheit von Stählen.* (Vortrag.) Übersicht über die in der Praxis auftretenden Sprödbrüche, eingeteilt nach Ursachen (Kerbwrkg. schroffer Querschnittsänderungen, örtliche Verformungen, örtliche Erwärmung u. rasche Abkühlung beim Schweißen, Verh. einsatzgehärteter Teile, Temp. u. Geschwindigkeit der Beanspruchung, Werkstoffmängel). — Aussprache. (Radex-Rdsch. **1953.** 277—81. Mai/Juni. Linz.) W. WESLY. 6480

M. Kroneis, *Umwandlungen und Volumenänderungen als Quelle innerer Spannungen.* (Vortrag.) Die bei der Wärmebehandlung von *Stählen* infolge von Umwandlungen u. Volumenänderungen auftretenden Spannungen werden durch Diagramme u. Abbildungen wiedergegeben. — Aussprache. (Radex-Rdsch. **1953.** 249—55. Mai/Juni. Kapfenberg.) W. WESLY. 6480

R. Mitsche, *Gefügeheterogenität, mechanische Eigenschaften und Sprödbruchverhalten am Beispiel der Al–Ti-behandelten Großbaustähle.* (Vortrag.) Entwicklungsarbeiten zeigen: Es ist möglich, in Baustählen durch geeignete Schmelzführung, Vordesoxydation u. Behandlung mit Zusatzelementen (Al, Ti) einen überwachten Heterogenitätszustand hinsichtlich feinverteilter, mehr oder weniger nichtmetall. Teilchen zu schaffen. Die auf diese Weise gewonnenen Stähle zeigen gute mechan. Eigenschaften. (Radex-Rdsch. **1953.** 229—33. Mai/Juni. Leoben.) W. WESLY. 6480

H. Krainer, *Gefügezustand und Kerbschlagzähigkeit legierter, schweißbarer Baustähle.* (Vortrag.) Zeit–Temp.-Umwandlungsverss. an mehreren, mit verschied. Elektroden geschweißten Baustählen zeigen, daß auch in der Übergangszone von Schweißverbb. die Zone geringster Zähigkeit nicht mit der Zone der höchsten Härte zusammenfallen muß. (Radex-Rdsch. **1953.** 238—45. Mai/Juni. Kapfenberg.) W. WESLY. 6480

E. Plöckinger, *Gefügezustand und Festigkeitseigenschaften von Baustählen.* (Vortrag.) Unterss. an Cr–V-Baustählen im Zusammenhang mit ihrer Härtung u. Vergütung. (Radex-Rdsch. **1953.** 246—49. Mai/Juni. Breitenfeld.) M. GEHLEN-KELLER. 6480

O. Feigel-Farnholz, *Sprengsprödbrüche bei Werkzeug- und Baustählen.* (Vortrag.) Sprengverss. zur Prüfung von Stahl auf Zähigkeit oder Bruchverh. sind bisher nur ausgeführt worden, wenn der Werkstoff auch prakt. einer hohen Belastungsgeschwindigkeit unterliegt (Sprenggranaten, Panzergranaten u. -platten, Geschützrohre, Gewehrläufe). Der Sprengvers. prüft die Neigung des Werkstoffes zu verformungslosem Bruch. Durch eigene Verss. wird die Sprengprüfung auf die Unters. von Schweißverbb. u. von Werkzeug- u. Baustählen ausgedehnt. (Radex-Rdsch. **1953.** 292—99. Mai/Juni. Judenburg.) W. WESLY. 6480

F. Lihl, *Übergang vom Sprödbruch zum Verformungsbruch bei Eisen–Silicium-Legierung.* Die Ergebnisse von Warmzerreißverss. von Fe–Si-Blechen, die bei 850 u. 1100° vorgeglüht worden sind, werden in Abbildungen, Zahlentafeln u. Diagrammen wiedergegeben. Der Verlauf der Verformung u. des Übergangs vom spröden zum plast. Verh. der Fe–Si-Legierungen wird im einzelnen auseinandergesetzt. Die Begriffe Sprödbruch u. Verformungsbruch werden erläutert. — Aussprache. (Radex-Rdsch. **1953.** 178—85. Mai/Juni. Wien.) W. WESLY. 6480

F. Montbrun und **Herbiet,** *Das Sprödbruchproblem auf dem Gebiete des kaltgewalzten Tiefziehbandstahles.* (Vortrag.) Verss. (Näpfchentiefziehverss.) über das Auftreten von Sprödbrüchen beim Kaltband, das durch Tiefziehen zu den verschied. Gegenständen verarbeitet wird, zeigen (Zahlentafeln u. Abbildungen) ein unterschiedliches Verh. von verschied. Stählen. Um die Sprödbruchgefahr herabzusetzen, soll der Verarbeiter die Blechsorte u. ihre Lagerzeit genau kennen u. diese den Schwierigkeitsgraden der herzustellenden Gegenstände anpassen. Ein weiteres Mittel zur Herabsetzung der Alterungssprödigkeit ist der vom Verarbeiter unmittelbar vor dem Tiefziehen vorzunehmende Dressierstich (processing), der u. a. dazu dient, die Fließgrenze zum Verschwinden zu bringen, so daß in dem tiefgezogenen Blech keine LÜDERschen Linien auftreten. Man könnte den Dressierstich (skinpass) im Kaltwalzwerk auf ein Mindestmaß verringern, was die Neigung zur Alterungsversprödung herabsetzen würde. (Radex-Rdsch. **1953.** 300—03. Mai/Juni. Seraing.) W. WESLY. 6480

J. Wolff, *Sprödbrüche in Walzprofilen nach vorangegangener Schlag- bzw. Beschußbeanspruchung.* (Vortrag.) Bericht über 2 Sprödbruchfälle, die teils werkstoffbedingt, teils von äußeren Ursachen eingeleitet worden sind. — Aussprache. (Radex-Rdsch. **1953.** 304—08. Mai/Juni. München.) W. WESLY. 6480

O. Werner, *Einige metallurgische Betrachtungen zum Sprödbruchproblem beim schweißbaren Baustahl St 52.* (Vortrag.) Es ist bis zu einem gewissen Grade möglich, den Aufschweißbiegevers. durch 2 einfach zu ermittelnde Kenngrößen zu ersetzen, von denen die eine das therm. Verh. des Stahles unter der Einw. der Schweißwärme, die andere die Sprödbruchempfindlichkeit des therm. unveränderten Werkstoffes kennzeichnet. Statt des Hysteresevers. oder der Best. der Neigung zur Martensitbldg. reicht die EHN-Kornbest. aus. Die Best. der Temperaturlage des Steilabfalls der Kerbschlagzähigkeit bildet ein geeignetes Mittel zur Kennzeichnung eines Stahles. (Radex-Rdsch. **1953.** 262—70. Mai/Juni. Berlin-Dahlem, Materialprüfungsamt.) W. WESLY. 6480

W. Hummitzsch, *Entstehungsbedingungen des Sprödbruches beim Schweißen.* (Vortrag.) Die Ursachen der Entstehung von Sprödbrüchen an geschweißten Stahlbauten (plast. Verh. des Werkstoffes, Widerstand gegen Überbelastung, Temp., Art der Schweiße, Legierungselemente, Werkstoffdicke) werden wiedergegeben. — Aussprache. (Radex-Rdsch. **1953.** 256—62. Mai/Juni. Kapfenberg.) W. WESLY. 6480

E. Uhlir, *Die Sprödbrucherscheinungen bei Schweißkonstruktionen.* (Vortrag.) Die zu Sprödbrüchen an Schweißkonstruktionen führenden Vorgänge u. die Maßnahmen zu deren Vermeidung (hauptsächlich Glühbehandlung) werden beschrieben. Größtenteils ist die Sprödbruchsicherheit einer Schweißkonstruktion eine Werkstofffrage; die sachgemäße Auswahl des Werkstoffes u. die Art seiner Prüfung müssen jeweils genau festgelegt werden. (Radex-Rdsch. **1953.** 153—57. Mai/Juni. Wien.) W. WESLY. 6480

Th. Povse, *Der Sprödbruch im geschweißten Tragwerk.* (Vortrag.) Der Sprödbruch in geschweißten Konstruktionen ist das Ergebnis einer Summe von mehreren Einflußgrößen (Temp., Spannungszustand, Verformungsgeschwindigkeit); es ist noch unbekannt, mit welchem Gewicht diese Größen die Sprödbruchgefahr beeinflussen. Die Verff. zur Prüfung dieser Einflüsse werden beschrieben. Unter den Verff. zur Bekämpfung der Sprödbruchgefahr erscheint das Entspannungswärmen bei niedriger Temp. vielversprechend für die zukünftige Entw. der Schweißtechnik. — Aussprache. (Radex-Rdsch. **1953.** 157—62. Mai/Juni. Graz.) W. WESLY. 6480

R. Walzel, *Sprödbrüche in Schienen.* (Vortrag.) Ein Schienensprödbruch ist ein plötzlich eintretender, verformungsloser Bruch, der vielfach von einer vorhandenen Fehlstelle, bes. einer scharfen Kerbe, ausgeht, aber nicht unbedingt an eine solche gebunden ist. Für die Entstehung eines Schienensprödbruches sind neben der Beschaffenheit der Schiene selbst die Beanspruchungstemp. u. die Beanspruchungsgeschwindigkeit verantwortlich. (Radex-Rdsch. **1953.** 162—68. Mai/Juni. Leoben.) W. WESLY. 6480

K. Ullmann, *Sprödbruch im Fahrzeugbau.* (Vortrag.) Sprödbrüche im Fahrzeugbau treten selten auf u. stehen in ihrer Bedeutung weit hinter dem den Kraftfahrzeugbau kennzeichnenden Dauerbruch. Sprödbrüche lassen sich in Reihenfabrikationen an Hand von Versuchsausführungen unter Umständen rascher u. eindeutiger abstellen als Dauerbrucherscheinungen. Eine Reihe von Sprödbrüchen aus dem Fahrzeugbau wird dargestellt u. besprochen. — Aussprache. (Radex-Rdsch. **1953.** 168—74. Mai/Juni. Steyr.) W. WESLY. 6480

E. Nachtigall, *Sprödbrüche in Leichtmetallen.* (Vortrag.) Die Sprödigkeit von Leichtmetallen — die Bezeichnung „Sprödbruch" ist hier nicht gebräuchlich — kann verschied. Ursachen haben: Grobkorn infolge ungünstiger Schmelz- u. Wärmebehandlung, intermetall. Verbb. oder andere störende Gefügebestandteile (Holzfasergefüge) in den Korngrenzen, Gefügelockerungen u. Ermüdungserscheinungen. — Beispiele. (Radex-Rdsch. **1953.** 174—77. Mai/Juni. Ranshofen.) W. WESLY. 6480

P. Eugène, *Verfahren zur Messung der Wirksamkeit von Schneidflüssigkeiten.* Vf. untersucht den Einfl. verschied. Schneid-Fll. bei spanabhebender Metallverformung auf die Schneidtempp., die Abnützung der Werkzeuge u. die spezif. Schneidarbeit unter Berücksichtigung von Schneidgeschwindigkeit, Vorschub u. Pressung zwischen Werkzeug u. Span. Das Untersuchungsverf. beruht auf der Messung der spezif. Abnutzung des Werkzeugs; diese wird zu der Grenzflächentemp. Span–Werkzeug in Beziehung gesetzt. Es gestattet die Festlegung der optimalen Anwendungsbedingungen der verschied. Schneidflüssigkeiten. Die Verss. an 5 handelsüblichen Prodd. zeigten, daß die wss. Schneid-Fll. ein begrenztes u. leicht umreißbares Anwendungsgebiet besitzen, außerhalb dessen eine größere Abnutzung auftritt als bei trockenem Schneiden. Für Schneidöle gibt es eine gewisse Schneidtemp. u. damit eine Schnittgeschwindigkeit, die nicht überschritten werden sollte. Das bedeutet, daß gewisse Öle, die unter bestimmten Schnittgeschwindigkeits- u. Vorschubbedingungen bei Werkzeugen aus Schnellstählen vorteilhaft eingesetzt werden, unter den gleichen Bedingungen bei anderen Werkzeugstählen nicht verwendet werden können. Unter bestimmten Bedingungen kann die mittlere Grenzflächentemp. Span–Werkzeug bei Anwendung einer Schneid-Fl. höher sein als beim trockenen Schneiden. Vf. führt das auf endotherme „Mikroschweißungen" beim trockenen Schneiden zurück, durch die ein Teil der Reibungswärme verbraucht wird. (Rev. univ. Mines, Metallurg., Trav. publ., Sci. Arts appl. Ind. [9] **11** (**98**). 101—10. März 1955.) D. BREDTSCHNEIDER. 6490

G. E. Bellew, *Neue Entwicklungen des Brennschneidens von rostfreiem Stahl.* Die beim Brennschneiden von rostfreiem Stahl auftretenden feuerfesten Oxyde werden durch geeignete Schmelzmittel entfernt. (Welding J. **30.** 265—68. März 1951. New York, N. Y., Air Reduction, Techn. Sales Dep.) W. WESLY. 6502

Kurt Born, *Zusammensetzung und Form nichtmetallischer Einschlüsse in Lichtbogenschweißungen.* In Übereinstimmung mit den bei der Desoxydation von *Stahlschmelzen* gewonnenen Erkenntnissen wurde nachgewiesen, daß im Schweißgut mit steigendem Verhältnis des Mn- zum Si-Geh. nichtmetall. Einschlüsse gebildet werden, die sich besser zusammenballen u. in die Schlacke steigen. Eine lineare Abhängigkeit des O_2-Geh. des Schweißgutes vom Mn-Si-Verhältnis wird beobachtet. Sehr niedrige O_2-Gehh. bei der Schweißung mit verdecktem Lichtbogen sind ungünstig, weil bei einem Mn–Si-Verhältnis über 3,5 : 1 hinaus große Einschlüsse gebildet u. durch den Druck der Eisenkristallite bei der Erstarrung noch ausgebreitet werden. Sie stellen dann in Form feiner Häutchen oder Lamellen umfangreiche Trennungen des metall. Zusammenhangs dar. Starke Oxydzeilen aus dopplungsähnlichen Trennungen eines Bleches haben auf die Güte einer Schweißnaht keinen Einfluß. Die Unters. einer mit einem Doppelkopfautomaten hergestellten Schweißung führte bei niedrigem O_2-Geh. im oberen Nahtteil zu günstiger Zus. u. Form der Einschlüsse. Das Schweißgut kalkbas. umhüllter Elektroden ist ebenfalls durch Si weitgehend beruhigt. Durch H_2 verursachte Flecken oder Fischaugen in solchen Schweißnähten stehen nicht mit endogenen, sondern mit exogenen, von der Umhüllung herrührenden Einschlüssen in Zusammenhang. An verformungsarm gebrochenen Zugproben gemachte Feststellungen zeigen, daß in der betreffenden Schweiße nur SiO_2-reiche u. daher äußerst feine, schlecht koagulierende Desoxydationsstoffe auftreten. (Stahl u. Eisen **74.** 822—31. 17/6. 1954. Mülheim/Ruhr, Rhein. Röhrenwerke.) H. HOCHSTEIN. 6506

W. Hummitzsch, *Gasblasen in Schweißnähten.* Die Schweißen von Blank-, Seelen- u. Manteldrähten nehmen im fl. Metall bestimmte Mengen von O_2, H_2 u. N_2 auf. O_2 verbindet sich mit dem *C* der Schweiße zu *CO* bzw. CO_2. Während der Erstarrung werden die gelösten Gase CO, CO_2, H_2, H_2O u. N_2 größtenteils in Form von Gasblasen frei. Meistens ist die Abscheidung der Gasblasen vor dem Ende der Erstarrung des Schweißbades erfolgt, so daß die Schweißen porenfrei u. dicht sind. An Hand der Analysen von erstarrten Schweißen wurden die Partialdrucke der einzelnen Gasphasen oberhalb der Erstarrungstemp. berechnet. Aus der Summe der Partialdrucke ergaben sich Gesamtdrucke, die größer als der Atmosphärendruck waren, jedoch nicht ausreichten, den

Capillardruck zur Bldg. einer Gasblase mitten in der Schweiße zu überwinden. Es wird angenommen, daß die Rkk. der Gasblasenbldg. sofort im Entstehungszustand einer Schweiße stattfinden. Erörtert werden ferner die Rkk., die zu S-Poren führen können. Als Grenzkonz., oberhalb der Hochleistungselektroden zu S-Poren führen, wird *0,045% S* im Blechwerkstoff angegeben. — Schrifttumsangaben. (Schweisstechnik [Wien] **7.** 1—6. Jan. 1953. Gebr. Böhler & Co.) H. HOCHSTEIN. 6506

J. M. Sistiaga, *Der Einfluß des Oxydationsgrades und des Stickstoffgehaltes auf das Schweißgut.* Elektrodenumhüllungen mit Fe- u. Mn-Oxyd, die stark oxydierend wirken, ergeben kein gut desoxydiertes Schweißgut, was aus den geringen Si- u. Mn-Gehh. hervorgeht; Grobgefügeaufnahmen lassen das im Schweißgut reichlich eingeschlossene Fe-Oxyd u. das anomale Zementationsgefüge erkennen. Eine gute Kerbschlagzähigkeit bei niedrigen Tempp. ist von einer ausreichenden Desoxydation der Schmelze abhängig. Der Steilabfall liegt bei um so niedrigeren Tempp., je höher die Si- u. Mn-Gehh. sind. Ti scheint die Wrkg. zu verstärken. N_2 übt keinen Einfl. auf die Kerbschlagzähigkeit bei niedrigen Tempp. aus, sofern keine Alterung hervorgerufen wurde. Für eine Sprödbruchneigung des Schweißgutes nach Verformung mit anschließendem Anlassen ist jedoch bes. N_2 verantwortlich. Das am wenigsten sprödbruchempfindliche Schweißgut weist neben geringem N_2-Geh. eine gute Desoxydation auf. (Schweißen u. Schneiden **5.** Nr. 12 [Sonderh.]. **113(S)—16(S).** Dez. 1953. Madrid.) H. HOCHSTEIN. 6506

H. F. Tremlett, *Neue Entwicklung bei schweißbaren hochfesten Stählen.* Bei 40 t Zugfestigkeit u. 30 t Streckgrenze je sq.in. mit Schweißbarkeit (ohne Rißbldg.) entsprechend einem weichen Stahl verlangen die Stähle beim Schweißen keine besonderen Vorsichtsmaßregeln, als die Benutzung von Spezialelektroden, die den H_2-Geh. des Schweißmetalls beschränken u. deshalb in den Grundstoff weniger H_2 einführen, oder breite Schweißgänge oder Vorwärmung. Ihre Zus. ist: 0,10—0,16 (%) *C*, maximal 0,60 ***Mn***, maximal 0,40 *Si*, maximal 0,05 *S*, maximal 0,05 *P* u. 0,40—0,60 ***Mo***. Der Stahl ist mit *B* behandelt. Seine mechan. Eigg. in Form von Platten, Blechen, Profileisen, Stäben u. Röhren werden beschrieben u. sein Kriechwiderstand u. seine Ermüdungseigg. erörtert. (Welding Metal Fabricat. **22.** 221—26. Juni 1954.) W. HAUG. 6506

H. F. Tremlett, *Fortiweld. Eine neue Entwicklung bei schweißbaren, hochfesten Stählen.* 2. Mitt. (1. vgl. vorst. Ref.) Nach Vgl. verschied. Stähle hinsichtlich Festigkeit u. Schweißbarkeit werden Beispiele für die außergewöhnliche Freiheit von Rißbldg. in der Härtungszone des Fortiweld u. prakt. Hinweise für die Wahl der Elektroden gegeben. (Welding Metal Fabricat. **23.** 15—20. Jan. 1955.) W. HAUG. 6506

H. Lueb, *Anwendung der Erkenntnisse moderner Metallkunde auf das Schweißen von Stählen höherer Festigkeit.* Es werden die verschied. Faktoren, die die Schweißbarkeit von Stählen höherer Festigkeit beeinflussen, wie Legierungselemente, Feinkorn, H_2-Aufnahme durch den Stahl während des Schweißens, Trennbruchsicherheit u. Erschmelzungsart behandelt. — Schrifttumsangaben. (Schweissen u. Schneiden **5.** Nr. 12 [Sonderh.]. 70S—73S. Dez. 1953. Düsseldorf.) H. HOCHSTEIN. 6506

Karl Scholl, *Das Ausbessern von Grauguß- und Hartgußwalzen durch Schweißen.* Angaben über die Wiederherst. von beschädigten Kleeblättern u. abgebrochenen Kuppel- u. Laufzapfen durch Schweißen unter besonderer Berücksichtigung des Schweißverfahrens. (Stahl u. Eisen **74.** 1142—44. 26/8. 1954. Krefeld.) H. HOCHSTEIN. 6506

A. Neumann, *Dauerfestigkeit der Schweißverbindungen.* (Vgl. C. **1954.** 7969.) Übersicht. (Schweisstechnik **3.** 200—02. Juli. 239—44. Aug. **1953.** Könnern/Saale.) F. VIER. 6506

A. Müller-Busse, *Über die Ermüdungsfestigkeit von geschweißten Aluminiumwerkstoffen.* Autogen geschweißte Al-Werkstoffe genügen dynam. Beanspruchungen, bes. Wechselbiegebeanspruchungen, wesentlich besser als solche, die mit dem Metalllichtbogen geschweißt sind. Die Dauerfestigkeit von „*argonare*"-geschweißten Teilen kommt demgegenüber den mit der Autogenschweißung erzielbaren Werten näher, so daß in der Praxis gegen die Anwendung der *Argonare*-Schweißung für solche Konstruktionen, die schwingender Beanspruchung ausgesetzt sind, keine Bedenken bestehen. (Aluminium **29.** 102—05. März 1953. Bonn.) H. HOCHSTEIN. 6506

John B. Campbell, *Plattierte und grundierte Metalle.* Übersicht über Arten, Fortschritte, Anwendungen, Eigg. u. Herst. von plattierten u. grundierten Werkstoffen. — Tabellar. Zusammenstellung der wesentlichen Kombinationen. (Materials and Methods **40.** Nr. 6. 113—28. Dez. 1954.) H. SPINDLER. 6508

S. Wernick und **R. Pinner,** *Oberflächenbehandlung von Leichtmetallen.* 1. Mitt. *Entwicklung, Anwendungen und Behandlungsmethoden.* Überblick über die Geschichte u. Eigg. der Leichtmetalle, über die Entw. der *Al*-Legierungen sowie über die Schutz- u.

Verschönerungsüberzüge im Hinblick auf die Zus. der Legierungen. (Metal Finishing **52.** Nr. 3. 56—59. 69. März 1954.) F. MARKHOFF. 6508

M. Straschill, *Chemische Beiz- und Oberflächenschutzverfahren von Zink und seinen Legierungen.* Überblick über die Verff. zum Entfetten, Beizen, Reinigen, Phosphatieren, Anodisieren. (Metallwaren-Ind. Galvano-Techn. **45.** 367—73. Aug. 1954.) F. MARKHOFF. 6512

H. B. Bomberger, M. B. Vordahl und **W. L. Finlay,** *Verhinderung der Versprödung von Titan beim Beizen.* Die H-Aufnahme u. damit die Versprödung des Ti in den gewöhnlichen Beizbädern auf der Grundlage von $HF-HNO_3$-Gemischen ist abhängig vom HNO_3-Gehalt. Beim Beizen in 2%ig. HF bei 150° F u. 0,002 in. beidseitiger Abtragung (Blech von 0,050 in. Dicke) beträgt die H-Aufnahme bei 0% HNO_3 0,14% u. bei 30% HNO_3 0,004%. Die Regenerierung der Bäder durch HNO_3-Zusatz ist notwendig. Es wird angenommen, daß die Ti-Auflösung nach $3 Ti + 4 HNO_3 + 12 HF \rightarrow 3 TiF_4 + 8 H_2O + 4 NO$ verläuft. (Materials and Methods **40.** Nr. 6. 105. Dez. 1954. Rem-Cru Titanium, Inc.) H. SPINDLER. 6512

Richard Springer, *Galvanotechnik und Oberflächenbehandlung von Metallen in Deutschland. Fortschritte und Entwicklungstendenzen.* 1. u. 2. Mitt. Überblick über die Vorbehandlungsverff., wie Entfetten, Entrosten, über die galvan. Abscheidung von Cr, Cu, Messing, Bronze, Zn u. Ag, über anod. Oxydation, Phosphatieren, Massengalvanisieren, Wanderbäder, über Filtrieren der Bäder, Trocknen der Ware, Normen, Prüfgeräte, Fachvereinigungen u. -literatur. (Metallwaren-Ind. Galvano-Techn. **45.** 261—73. Juni. 315—24. Juli 1954.) F. MARKHOFF. 6514

Marvin Rubinstein, *„Brush plating" nun praktisch anwendbar.* Überblick über das sogenannte DALIC-Verf., bei dem der galvan. Überzug nicht wie üblich in einem Bade aufgebracht wird, sondern durch geeignete, mit dem galvan. Bade beschickte, anod. geschaltete Sonden. (Materials and Methods **40.** Nr. 6. 98—101. Dez. 1954.) H. SPINDLER. 6514

M. Straschill, *Aufarbeitung und Entgiftung von Abwässern aus Beizereien und galvanischen Betrieben.* Überblick. (Metallwaren-Ind. Galvano-Techn. **46.** 358—62. Aug. 1955.) F. MARKHOFF. 6514

L. E. Lancy, *In die Fertigung einbezogene Behandlung von Abfällen der Metallbearbeitung.* Um bei der Plattierung von Metallen die Entstehung großer Mengen giftiger Spülwässer zu vermeiden, wird in den Arbeitsgang eine Rückgewinnung der Bad-Fll. durch Abtropfen u. eine Wäsche zur Erzielung konz. Abwässer eingeschaltet; die letzte Spülung bringt nur stark verd. Abwässer, die unbedenklich dem Vorfluter zugeführt werden können. Die chem. Vernichtung der konz. Waschwässer u. verbrauchten Plattierungslaugen wird im einzelnen beschrieben, so CN durch Cl zu N u. CO_2, Cu durch $Na_4Fe(CN)_6$ zu $Cu_2Fe(CN)_6$, Cr^{6+} zu Cr^{3+} mit SO_2 u. Fällung mit NaOH. (Sewage ind. Wastes **26.** 1117—25. Sept. 1954. Ellwood City, Pa.) H. MÜHLMEISTER. 6516

J. Barrington Stiles, *Metallspritzen als aufbauender Vorgang.* Kurze Übersicht über Technik des Auftragens von Metallen auf abgenutzte Teile oder Teile mit Untermaß, Eigg. u. Anwendung. Haftgrundvorbereitungen u. Oberflächenhärtung durch Aufbringen härterer Legierungen. Wirkungsweise der Haftung. (Trans. Inst. Welding **15.** 26—30. Febr. 1952.) W. KATZ. 6516

Hans Reininger, *Werkstattmäßige Schichtdickenbestimmung in der Metallspritztechnik.* Auf die Wichtigkeit einer genauen Schichtdickenbest. bes. bei Starkaufspritzungen wird hingewiesen. Die Schichtdicke aus dem Verbrauch des Spritzgutes herzuleiten, ist nicht ausreichend, weil damit bes. bei Großflächenmetallisierungen Ungleichmäßigkeiten nicht bestimmt werden können. Es werden magnet. Meßgeräte beschrieben, mit deren Hilfe eine exakte, zerstörungsfreie Ausmessung bespritzter Flächen möglich ist. Die Schwankungsbreite der Schichtdicken wird an dem Beispiel einer Spritzverzinkung gezeigt. Die verschied. Ursachen, die zum ungleichmäßigen Auftragen führen, werden erörtert. Da die Korrosionsschutzwrkg. einer Überzugsschicht entscheidend von den dünnsten Stellen der Schicht beeinflußt wird, können durch eine sorgfältige Überwachung der aufgespritzten Schichtdicken, Fehler, die auf ungleichmäßige Schichtdicken zurückzuführen sind, vermieden werden. — 12 Schrifttumsangaben. (Metalloberfläche, Ausg. A **8.** 55—61. April 1954. Bad Schandau/Elbe.) F. VIER. 6516

Kenneth Rose, *Galvanische Bronzeüberzüge.* Beschreibung eines Verf. zur galvan. Abscheidung verschied. Sn-Bronzen unter Verwendung eines Pyrophosphatbades. Besprechung des Korrosionsverh. der Bronzen beim Salzsprühvers., sowie der Verwendung als Lagerwerkstoff u. für Glaseinschmelzlegierungen. (Materials and Methods **41.** Nr. 1. 100—01. Jan. 1955.) H. SPINDLER. 6516

H. Spähn, *Das Aufdampfen von Metallen im Hochvakuum.* Ausführliche Beschreibung des Verf., der Vorr. sowie von Anwendungsbeispielen. — 7 Literaturstellen. (Metallwaren-Ind. Galvano-Techn. **45.** 385—95. Aug. 1954. Stuttgart.) F. MARKHOFF. 6516

J. Gordon Seiter, *Die Fertigbearbeitung von Metallerzeugnissen durch Vakuummetallisierung.* Übersicht über Grundzüge, Ausführung u. Anwendung des Verfahrens. (Products Finishing **18.** Nr. 8. 38—44. 46. 48. Mai 1954. Philadelphia, Pa., F. J. Stokes Machine Co., Vacuum Metallizing Dep.) W. WESLY. 6516

H. E. Linsley, *Naßstrahlen ermöglicht direktes Verchromen von Aluminium.* (Machinist **95.** 1474—75. 29/9. 1951. — C. **1955.** 8487.) W. KATZ. 6518

Uno Trägårdh, *Vernicklung durch chemische Reduktion.* Die stromlose Vernicklung mit Na-Hypophosphit als Reduktionsmittel nach dem amerikan. *Kardigan-* u. *Chemplate*-Verf. u. dem deutschen *Nirestan*-Verf. wird beschrieben, bes. die chem. Rk., die prakt. Ausführung u. die Eigg. der Ni-Fällung. (Tekn. Tidskr. **85.** 337—38. 12/4. 1955. Stockholm.) S. BECKMANN. 6520

Giordano, *Rostschutz von Eisen durch Phosphatbehandlung.* Unters. der verschied. Möglichkeiten, die Oberfläche von Fe (Weicheisen, Gußeisen, Stahl) vor atmosphär. Einw. zu schützen, unter besonderer Berücksichtigung der Phosphatbehandlung. — 22 Literaturangaben. (Ind. Vernice **8.** 279—80. 1954.) R. WOLLER. 6532

Frederick Cremer, Chicago, Ill., V. St. A., *Reinigung von geschmolzenem Roheisen.* Die unerwünschten Gehh. an S, P u. Si in Roheisen werden dadurch vermindert, daß das geschmolzene Roheisen in einen mit einer bas. Auskleidung versehenen Drehherdofen nichtkreisförmigen Querschnitts eingefüllt wird. Durch die Badoberfläche des fl. Roheisens wird ein pulverförmiger Stoff, wie CaO oder Kalkstein, in einer mindestens zur Rk. mit dem S-Geh. des Roheisens theoret. ausreichenden Menge zugeführt u. der Ofen in Rotation versetzt, wobei die Zunahme der Badoberfläche bei gleichzeitiger Abnahme der Badtiefe mit einer Abnahme der Oberfläche u. einer Zunahme der Tiefe kontinuierlich abwechselt. Hierdurch wird das geschmolzene Roheisen der Ofenatmosphäre ausgesetzt u. eine innige Vermischung der Schmelze mit dem Pulver erzielt. Unter Schlackenbldg. tritt eine Rk. des S-Geh. mit dem Pulver ein. Nach einem Abziehen der Schlacke wird dem Roheisen nochmals eine zur Entfernung von P u. Si ausreichende Pulvermenge zugesetzt u. das Verf. wie oben wiederholt. — Abbildungen. (**A. P. 2 693 411** vom 26/12. 1951, ausg. 2/11. 1954.) H. HOCHSTEIN. 6401

Siemens & Halske Akt.-Ges., Berlin und München (Erfinder: **Franz Noll** und **Carl Heck**), *Eisenkern für elektrische Drosseln, insbesondere für Störschutzdrosseln.* Verwendet wird hierzu eine *Fe–Al*-Legierung mit einem Al-Geh. von ca. 0,5—8%, Rest Eisen in Form von Blechen, Drähten, Bändern oder dgl. mit einem hohen Kaltverformungsgrad, vorzugsweise über 60%. Zweckmäßig wird ein Band aus Al–Fe-Legierung, z. B. bei einer Stärke von ca. 0,5 mm, weich geglüht u. dann auf eine Stärke von 0,1 mm ohne Zwischenglühen ausgewalzt. — Kurvenbilder. (**D. B. P. 924 569** Kl. 18d vom 23/5. 1941, ausg. 3/3. 1955. Anmeldung bekanntgemacht 22/7. 1954.) H. HOCHSTEIN. 6411

Gußstahlwerk Witten Akt.-Ges. (Erfinder: **August Dammer** und **Erich Theis**), Witten/Ruhr, *Herstellen von elektroinduktiv oberflächengehärteten Zahnrädern.* Die aus einem *Stahl* mit ca. 0,4—0,75 (%) *C*, 0,9—2,00 *Mn*, 0,20—1,00 *Si*, 0,9—2,00 *Cr* gefertigten Zahnräder werden nach dem Erhitzen der Oberfläche auf Härtetemp. an Luft abgekühlt. Zweckmäßig enthält die Stahllegierung außerdem noch 0,3—0,5 *Ni*, 0,05—0,3 *Mo*, 0,05—0,3 *V*, einzeln oder zu mehreren. (**D. B. P. 927 274** Kl. 18d vom 2/3. 1943, ausg. 5/5. 1955. Anmeldung bekanntgemacht 29/1. 1953.) H. HOCHSTEIN. 6411

Gußstahlwerk Witten Akt.-Ges. (Erfinder: **August Dammer**), Witten/Ruhr, *Wärmebehandlung von Werkzeugen und Bauteilen,* für die höchste Maßbeständigkeit während der Herst. u. des Gebrauches bei Härten von über 60 Rockwell-C-Einheiten u. hohe Verschleißfestigkeit u. Verzugsfreiheit gefordert werden, z. B. Kaliber, Kaliberringe, Pumpenteile, Schieber, Düsennadeln, u. die aus einem *Stahl* bestehen mit 0,5 bis 2 (%) *C*, 0,3—2,5 *Mn*, 0,3—1,5 *Si*, 2—5 *Cr*, 0,1—1 *Mo*, 0,05—1 *V*, Rest Eisen mit den üblichen Verunreinigungen, dad. gek., daß sie von Tempp. zwischen ca. 1050 u. 1200° abgeschreckt u. anschließend zwischen 450 u. 600° derart angelassen werden, daß die Härte auf über 60 Rockwell/C bei gleichzeitiger Erreichung der Ausgangsform u. geringer Eigenspannungen steigt. — Kurvenbilder. (**D. B. P. 927 212** Kl. 18c vom 18/11. 1941, ausg. 2/5. 1955. Anmeldung bekanntgemacht 9/10. 1952.) H. HOCHSTEIN. 6411

Johannes Thede, Glehn, *Gewinnung von Metallen durch Ausschmelzen metallhaltiger Produkte* aus Zn-Staub, Zn-Asche, Pb-Asche u. ähnlichen wasseranziehenden metallhaltigen Prodd. in einer außenbeheizten Drehtrommel, dad. gek., daß der vertikale Arbeitsgang, dem das metallhaltige Gut in einer senkrecht aufgehängten Drehtrommel unterworfen wird, in zwei Stufen u. in einem Arbeitsraum verläuft, damit in der ersten das Gut, soweit es feucht ist, bis auf einen Wassergeh. um 0,001% getrocknet u./oder, soweit es bereits trocken ist, ein langsames Anheizen gesichert wird, u. daß anschließend in der zweiten Stufe das jeweilige Metall ausgeschmolzen wird. Dabei kann sich die Außenheizung der vertikalen Trommel auf das untere Zweidrittel beschränken, während das Gut im oberen Drittel nur durch die ausstrahlenden Wärmemengen des unter ihm liegenden auf die Schmelztemp. gebrachten Gutes erhitzt wird. Das Verf. wird vorzugsweise kontinuierlich ausgeübt. — Zeichnungen. (**D. B. P. 924 055** Kl. 40a vom 7/4. 1952, ausg. 24/2. 1955. Anmeldung bekanntgemacht 15/7. 1954.) G. APEL. 6421

Soc. pour l'Exploitation de Procédés de Fabrication de Produits Électro-Chimiques et Électro-Métallurgiques Industriels, Paris, übert. von: **Paul Ferdinand Fabaron,** Mercus Garrabet, Frankreich, *Erzeugen von Mangan und einem Gemisch von Calcium- und Magnesiumcarbid in einem elektrischen Widerstandsofen.* Der Ofen wird mit einem Gemisch aus ca. 36 (Gewichtsteilen) *Kohle* u. 100 eines Gemisches aus 60 (%) $CaCO_3$, 20 $MgCO_3$ u. 20 $MnCO_3$ beschickt u. erhitzt durch Anwendung einer Elektrodenstromdichte von 4 A/cm². Das geschmolzene Mn sammelt sich am Boden des Ofens, die Carbide schwimmen in Form einer Schlacke auf dem Mn u. werden von dem Mn getrennt. — Abbildung. (**A. P. 2 664 351** vom 3/1. 1950. ausg. 29/12. 1953.) F. MARKHOFF. 6437

Office National d'Études et de Recherches Aéronautiques, Chatillon-sous-Bagneux, Frankreich, *Herstellung von Diffusionslegierungen,* bes. von Chromlegierungen zum Überziehen von Oberflächen aus Fe, dadurch, daß man zunächst ein Halogenid, z. B. NH_4F, auf Cr einwirken läßt, wobei aber ein Kondensieren des Halogenids auf dem zu verchromenden Material verhindert werden muß, solange das Material sowie die Zementierungsmischung auf die erforderliche Reaktionstemp. erhitzt wird. — Abbildung. — Vgl. auch F. P. 1 049 329; C. **1956.** 852. (**Schwed. P. 141 319** vom 15/5. 1952, ausg. 21/7. 1953. F. Prior. 16/5. 1951.) K. H. KÄHLER. 6441

VEB Elektrochemisches Kombinat Bitterfeld (Erfinder: **Friedrich von Kahler** und **Friedrich Pachmajer**), Bitterfeld, *Verdichtung von Metalldämpfen, insbesondere Magnesiumdämpfen.* Gewinnung von Metallen in regulin. Form, bes. *Mg,* durch Dest. von Gemischen aus feinverteiltem Mg mit Ölen bzw. fl. KW-stoffen. Die Dest. wird in einem Zuge unter Erhöhung der Temp. durchgeführt u. die Verdichtung des Metalles erfolgt abseits von derjenigen der Öle. (**D. P. [DDR] 5 207** Kl. 40a vom 7/9. 1943, ausg. 7/12. 1953 [Wirtschaftspatent].) H. HEYER. 6445

VEB Elektrochemisches Kombinat Bitterfeld (Erfinder: **Gustav Siebel** und **Paul Zimmermann**), Bitterfeld, *Verfeinerung des Gefüges und Verbesserung der Festigkeitseigenschaften von Magnesium und Magnesiumlegierungen.* In das fl. gereinigte Metall bei Tempp. unter 800° werden organ. Verbb., z. B. aliphat. u. aromat. KW-stoffe, Halogensubstitutionsprodd., Oxy-, Oxo-, Carboxyverbb., stickstoffhaltige Derivv., wie Amine, Amide u. Hydrazine, eingetragen u. in der Schmelze in Mengen von mindestens 0,01% des Gewichtes der Schmelze verteilt. Die Verteilung erfolgt mit der Maßgabe, daß bei Anwendung der Halogensubstitutionsprodd. der KW-stoffe Mengen von 1,5% zur Behandlung von hochlegiertem Mg mit Verbb., die einen größeren Geh. an H_2 aufweisen, Mengen von 1% nicht überschritten u. vorzugsweise 0,5% verwendet werden; bei Anwendung der anderen genannten Verbb. Mengen von 1%, zur Behandlung von hochlegiertem Mg 0,5%, nicht überschritten u. vorzugsweise 0,02—0,10% verwendet werden, worauf die Schmelze nach Auswaschen von Einschlüssen mit Hilfe der üblichen Flußmittel, auf die erforderliche Gießtemp. gebracht u. vergossen wird. (**D. P. [DDR]** 5202 Kl. 40a vom 29/1. 1943, ausg. 26/4. 1954 [Wirtschaftspatent]. **Zusatz zu D. P. [DDR] 2 679; C. 1955. 2066.**) H. HEYER. 6445

Qualitex, Soc. Dunod & Cie., Frankreich, *Gewinnung von Metallen aus ihren Erzen.* Die Gewinnung der Metalle erfolgt durch Anwendung einer induktiven Hochfrequenzerwärmung der Erze. Zweckmäßig wird das Verf. bei der Verarbeitung sehr armer Erze verwendet. Es eignet sich für das Schmelzen von feinzerkleinerten *Al*-Erzen. (**F. P. 1 058 348** vom 14/6. 1952, ausg. 16/3. 1954.) H. HOCHSTEIN. 6447

Rolls Royce Ltd. (Erfinder: **Harold Ernest Gresham, Alec George Farnsworth** und **Douglas Wilson Hall**), Derby, England, *Aluminiumlegierung* besteht aus 4—6 (%) *Cu,* 0,1—1,5 *Ni,* 0,5—1,5 *Si,* 0,01—0,3 *Ti,* 0,1—0,6 *Mn,* 0,01—1 *Fe* u. Rest Al. Die Legierung kann auch noch bis 0,4 *Zr* enthalten, wobei jedoch der Gesamtgeh. an Zr u. Ti nicht 0,5% überschreiten darf. Auch kann die Legierung noch *Sb* u./oder *Co* von zusammen nicht über 0,6% sowie bis 2 *Zn* u. bis 0,3 *Bi* enthalten. (**E. P. 686 755** vom 18/7. 1949, ausg. 28/1. 1953.) H. HOCHSTEIN. 6447

Rolls Royce Ltd. (Erfinder: **Harold Ernest Gresham, Alec George Farnsworth** und **Douglas Wilson Hall**), Derby, England, *Aluminiumlegierung* besteht aus 4,9 bis

6,2 (%) *Cu*, 0,9—1,2 *Ni*, 0,2—0,3 *Mn*, 0,1—0,25 *Ti*, 0,2—0,4 *Co*, bis 0,3 *Sb*, mit der Maßgabe, daß der Gesamtgeh. von Co u. Sb nicht über 0,6% liegt, sowie aus bis 0,2 *Zr*, bis 0,25 *Si*, 0,01—1 *Fe*, Rest Al mit den üblichen Verunreinigungen. Die Legierung besitzt im geschmiedeten Zustand eine hohe Zerreißfestigkeit u. eine hohe Dauerstandfestigkeit bei 300°. (**E. P. 686 819** vom 18/7. 1949, ausg. 28/1. 1953.) H. HOCHSTEIN. 6447

Glidden Co., Cleveland, O., übert. von: **Joseph E. Drapeau jr.**, Calumet City, und **Nathan B. Barber jr.**, Chicago, Ill., V. St. A., *Herstellung von Messingpulver*. Messingpulver, das in der Hauptsache aus 4—30% Zn, Rest Cu besteht u. bes. für die Herst. von Sintererzeugnissen mit guten Festigkeitseigg. geeignet ist, wird dadurch erzeugt, daß bei 1400—1550° F eine lose dünne Schicht eines innigen Gemisches aus ZnO mit einer Teilchengröße unterhalb von 10 μ u. aus wenigstens einem feinverteilten Cu-Werkstoff, wie metall. Cu u. Cu-Oxydverbb., in einem gasförmigen, strömenden Reduktionsmittel red. wird, wobei in diesem Gemisch die Cu- u. Zn-Gehh. so gewählt sind, daß die gewünschte Messingpulverzus. erhalten wird u. darüber hinaus noch etwas ZnO im Überschuß vorhanden ist. Die Red. wird fortgesetzt, bis von den oxyd. Cu-Verbb. metall. Cu erhalten u. der größere Teil von ZnO red. ist. Die Red. wird jedoch unterbrochen, so daß noch genügend unred. ZnO in der Schicht zurückbleibt u. die gesamte M. in pulverförmigem, ungesintertem Zustande erhalten wird. — Abbildung. (**A. P. 2 645 573** vom 24/7. 1946, ausg. 14/7. 1953.) H. HOCHSTEIN. 6475

Robertshaw-Fulton Controls Co., übert. von: **Charles D. Branson** und **Ralph A. Smith**, Knoxville, Tenn., V. St. A., *Glühen von mit Niob oder Titan stabilisiertem nichtrostendem Stahl in einer Atmosphäre aus dissoziiertem Ammoniak*. Der Glühatmosphäre wird Wasserdampf in einer Menge zugesetzt, die zur Bldg. u. Aufrechterhaltung eines Oxydüberzuges auf Stahl ausreicht, indem man einen Teil des dissoziierten NH_3 vor Berührung mit dem zu glühenden Stahl durch W. durchperlen läßt. (**A. P. 2 703 298** vom 14/10. 1949, ausg. 1/3. 1955.) H. HOCHSTEIN. 6493

Spadas Akt.-Ges., Zürich, Schweiz, und **Theo Münker**, Langenberg, *Wärmebehandlung von Metallen und Metallegierungen*. Metalle u. Metallegierungen werden in einem kontinuierlichen Ofen wärmebehandelt, bei welchem durch Einstellung von konstanten Zonentempp. des Ofens sowie einer ganz bestimmten Durchlaufgeschwindigkeit des Gutes ein vorausbestimmter Temperaturverlauf des Gutes erreicht wird, u. alsdann durch eine ständige Temperaturmessung des Gutes durch mindestens ein Strahlungsmeßgerät eine Überwachung u. Einhaltung dieses Temperaturverlaufes erfolgt. Hierbei wird das Meßgerät zur Überwachung der Temperaturstrahlung u. damit der Temp. des Gutes so eingesetzt, daß es kurz vor der Kulmination der Metallguttemp. arbeitet u. das Meßgerät Steuerimpulse zur zweckmäßigen Beeinflussung der Durchlaufgeschwindigkeit des Gutes gibt, wodurch die Einhaltung des festgelegten Temperaturverlaufes automat. erfolgt. — Abbildung. (**Schwz. P. 290 048** vom 28/4. 1950, ausg. 16/7. 1953.) H. HOCHSTEIN. 6493

Kenmore Metals Corp., V. St. A., *Elektrolyt zur galvanischen Erzeugung von duktilen Nickelniederschlägen* besteht aus einer Lsg. von mindestens 30 g/Liter Ni (als komplexes Fluorid des Ni) mit einem Zusatz von *HF* zur Einstellung eines p_H-Wertes von 1—6 u. Anionen in Form von *Boraten* u. *Fluoriden*. Die beste Duktilität des Nd. wird bei Stromdichten bis 50 A/dm² erhalten. Bei höheren Stromdichten muß auch der Ni-Geh. entsprechend erhöht werden. Temp. des Bades 40—70°. — Beispiel: 60 (g/Liter) Ni, 30 $B(OH)_3$; 25 A/dm², Temp. 50°; p_H 1. — Vgl. auch A. P. 2 576 922; C. **1953.** 1878. (**F. P. 1 046 826** vom 5/9. 1951, ausg. 9/12. 1953.) F. MARKHOFF. 6521

VEB Galvanotechnik, Leipzig (Erfinder: **Robert Bilfinger**), *Elektrolytische Abscheidung glänzender Nickelüberzüge*. Dem üblichen sauren Ni-Bad werden in W. u. Metallsalzlsgg. lösl. *Sulfonate* (20—60 g/Liter Bad) u. *Mono-*, *Di-* oder *Polysaccharate* (1—3 g/Liter), die mindestens eine —CHOH·CO-Gruppe enthalten, zugesetzt. (**D. P. [DDR] 4 525** Kl. 48d vom 11/10. 1951, ausg. 29/1. 1954 [Wirtschaftspatent].) H. HOLM. 6521

Udylite Corp., übert. von: **Henry Brown** und **Le Roy B. High**, Detroit, Mich., V. St. A., *Glanznickelbad* besteht aus einer Lsg. der üblichen Ni-Salze mit einem Zusatz von nicht mehr als 1,5% eines Glanzmittels, wie organ. Sulfonamiden, -imiden oder Sulfonsäuren, u. einer im Bad lösl. Verb. der allg. Formel I, wobei der N-Ring einen Chinolinrest (Chinolin, Isochinolin u. die C-Methyl- oder Äthylhomologen dieser Verbb.), A ein Anion einer wasserlösl. Säure, R ein Halogen, R′ ein Halogen, eine Nitro-, Methyl- oder Fluormethylgruppe darstellen u. x u. y den Wert 0—2 besitzen. — Tabelle. (**A. P. 2 654 704** vom 16/9. 1950, ausg. 6/10. 1953.) F. MARKHOFF. 6521

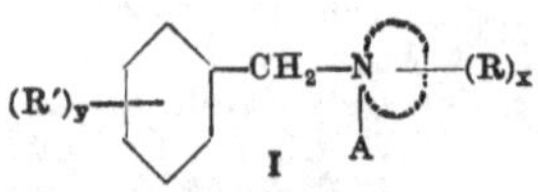

I

Socony-Vacuum Oil Co., Inc., New York, N. Y., übert. von: **Alvin V. Metler**, Dallas, Tex., V. St. A., *Verhindern der Korrosion von Eisen durch Wasser, das mit Petroleumkohlenwasserstoffen in Berührung ist.* Dem W. werden geringe Mengen *Na-Mercaptobenzothiazol*, 1—500 Gewichtsteile auf 1 Million Fl., zugesetzt. (**A. P. 2 691 631** vom 19/4. 1951, ausg. 12/10. 1954.) F. MARKHOFF. 6539

—, Arbeiten des Instituts für Chemie und Metallurgie. 3. Ausgabe. Sammlung von Arbeiten des Laboratoriums für Metallurgie schwerer und leichter Buntmetalle. Moskau: Verlag der Akad. der Wiss. der UdSSR. 1955. (88 S.) 4 Rbl. 80 Kop. [russ.]

—, Probleme der Metallurgie. Moskau: Verlag der Akad. der Wiss. der UdSSR. 1953. (481 S. m. Abb.) 29 Rbl. [russ.]

IX. Organische Industrie.

R. W. Hess und **C. J. Carney**, *Herstellung organischer Chemikalien.* Die Rückstände aus der Produktion organ. Chemikalien stellen entweder Nebenprodd. oder unverarbeitetes Rohmaterial (z. B. Lösungsmittel) dar. Beschreibung der Aufarbeitung von sauren Rückständen; Änderung der Herstellungsverff. zur Verminderung der Abfälle; chem. u. biol. Behandlung der Rückstände. (Ind. Engng. Chem. **44.** 494—502. März 1952. Buffalo, Allied Chem. & Dye Corp., Nat. Aniline Div.) E. ROTTER. 6556

Karol J. Mysels und **Doris May Chin**, *Aluminiummonochloriddilaurat, kein Verdickungsmittel für Kohlenwasserstoffe.* Während Al-Hydroxyddilaurat ein Verdickungsmittel für KW-stoffe ist u. vielseitige Anwendung findet, erhöht das nunmehr dargestellte *Al-Monochlordilaurat* (I) die Viscosität von KW-stoffen nicht. I entsteht aus stöchiometr. Mengen $AlCl_3$ + Laurinsäure in Cyclohexan, ist stark viscos, gefriert bei 2°, wird nach mehrwöchigem Stehen transparent, ist lösl. in KW-stoffen u. Aceton u. reagiert heftig mit Feuchtigkeitsresten in den Lösungsmitteln, wobei aber nur ein Teil des Cl hydrolyt. abgespalten wird. Relative Viscositätsmessungen ergaben folgende Erhöhungen: In Cyclohexan 1,3%ig. (Lsg.) 1,04; 4,8%ig. 1,19; 27%ig. 4,5; in Cetan 22%ig. 8. (J. Amer. chem. Soc. **75.** 1750—51. 5/4. 1953. Los Angeles, Calif., Univ. of Southern California, Dep. of Chem.) H. LEHWALD. H 500

M. A. Phillips, *Bereitung von Lösungen von reinen Mono- und Dimethylaminen.* Beschreibung eines Verf. zur Entfernung von NH_3 aus wss. Lsgg. von *Mono-* u. *Dimethylaminen* durch Bindung des NH_3 an *gelbes HgO.* (Manufact. Chemist **24.** 207. Mai 1953.) GERHARD GÜNTHER. H 910

Universal Oil Products Co., Chicago, übert. von: **James P. West**, Westmont, und **Louis Schmerling**, Riverside, Ill., V. St. A., *Chlorieren gesättigter Kohlenwasserstoffe.* Man läßt auf gesätt. KW-stoffe oder ihre monohalogenierten Derivv. bei erhöhter Temp. halogenierte gesätt. KW-stoffe mit mindestens 2 Halogenatomen im Mol. in Ggw. von Peroxyden einwirken. — Man erhält z. B. aus n-Heptan u. CCl_4 in Ggw. von Benzoylperoxyd die *Verb.* $C_7H_{15}Cl$. (**A. P. 2 553 799** vom 31/5. 1947, ausg. 22/5. 1951.) C. LÜTTGEN. H 510

Universal Oil Products Co., Chicago, übert. von: **James P. West**, Westmont, und **Louis Schmerling**, Riverside, Ill., V. St. A., *Herstellung von Bromtrichlormethan.* Man erhitzt CBr_4 u. $CHCl_3$ in Ggw. von organ. Peroxyden, bes. Benzoylperoxyd (I), auf Tempp., die über der Zersetzungstemp. von I liegen. (**A. P. 2 553 800** vom 24/12. 1948, ausg. 22/5. 1951.) C. LÜTTGEN. H 510

Socony-Vacuum Oil Co., Inc., übert. von: **Alfred W. Francis**, Woodbury, N. J., V. St. A., *Abtrennung von Kohlenwasserstoffen*, bes. von Olefinen aus gasförmigen oder fl. Gemischen, die wenigstens 15% des abzutrennenden Olefins enthalten. Das zu trennende Gemisch wird mit einem Mittel behandelt, das aus $AgNO_3$ u. einem inerten Lösungsm. für $AgNO_3$ in einer Menge von 15—85% der zur Lsg. des $AgNO_3$ ausreichenden Menge besteht. Als Lösungsm. kommen W., Acetonitril, Propionitril, Benzonitril, Pyridin, Phenol, Anilin, Äthylenglykol oder Glycerin in Frage. Die sich abscheidenden $AgNO_3$-Komplexverbb. von Äthylen, Propylen, 2-Buten dissoziieren bei leicht erhöhter Temp. (30—40°), u. man erhält die reinen Olefine. (**A. P. 2 673 225** vom 29/8. 1951, ausg. 23/3. 1954.) W. GRÄGER. H 520

Standard Oil Development Co., übert. von: **Fred W. Banes**, Westfield, und **William P. Fitz Gerald**, Elizabeth, N. J., V. St. A., *Herstellung von 2-Alkyl-1-alkenen* der allg. Formel $R(R_1)C{=}CH_2$, in der R ein geradkettiger Alkylrest mit 4—30 C-Atomen u. R_1 ein Alkylrest mit 1—4 C-Atomen ist. Man läßt Äthylen auf einen sek. aliphat. Alkohol (Isopropanol, Butylmethylcarbinol) in Ggw. eines Peroxyds (Di-tert.-butylperoxyd oder tert.-Butylhydroperoxyd) bei 100—250° u. einem Druck von 17—105, bes. 35 bis 105 at einwirken u. erhält ein Gemisch von Alkoholen der allg. Formel $R(R_1)COHCH_3$, die über Tonerde bei 275—325° dehydratisiert u. nach Zusatz geringer Mengen H_2SO_4

durch Dest. völlig dehydratisiert werden. (**A. P. 2 671 121** vom 23/12. 1949, ausg. 2/3. 1954.) W. GRÄGER. H 520

United States of America, übert. von: **William T. Miller,** Ithaca, N. Y., V. St. A., *Fluorhaltige Perhalogenkohlenstoffe* erhält man durch Pyrolyse von polymeren F-haltigen Perhalogenkohlenstoffen mit einem F. <200° bei ca. 300—650°. — $CF_2=CFCl$ wird bei 60° in Ggw. von Benzoylperoxyd in 65 Std. polymerisiert. Das gebildete feste Polymere, F. 195—199°, wird dann bei 370° u. 21 mm Druck pyrolysiert, wobei ein *Öl* mit $Kp._{0,3}$ 120 bis 230° in 58,5%ig. Ausbeute gewonnen wird. — Aus Polytetrafluoräthylen, $(C_2F_4)_n$, → Fraktion, Kp. —20 bis +50°. — 1.2-Dichlorperfluorcyclobutan, Kp. 59—60,5°, bei 560° → *Trifluortrichloräthan* $CF_2ClCFCl_2$, Kp. 48°. — Perfluorcyclobutan bei 650 bis 750° → *Perfluorpropen* $CF_3CF=CF_2$ + *Perfluorbuten-(1)* $CF_3CF_2CF=CF_2$. — Trifluortrichloräthan, $CF_2ClCFCl_2$. Kp. 47,3—47,6°, → *Trichlorfluormethan* $CFCl_3$. — Trimeres Perfluorbutadien → *Perfluorcyclobuten*. — Zwischenprodukte. (**A. P. 2 664 449** vom 6/1. 1947, ausg. 29/12. 1953.) G. KRAUSS. H 520

Southern Production Co., Inc., Shreveport, La., übert. von: **Morris Levine,** Long Beach, Calif., und **Robert M. Isham,** Okmulgee, Okla., V. St. A., *Konzentrieren von Acetylen.* Als Acetylen anreichernde Lösungsmittel werden Phosphorsäurediäthylestermonodiäthylamid oder -monodimethylamid, Phosphoryltridimethylamid oder Nitrosyldimethylamin verwendet. Diese Mittel nehmen Acetylen selektiv aus Gasgemischen auf. (**A. P. 2 703 154** vom 19/10. 1945, ausg. 1/3. 1955.) W. GRÄGER. H 530

Chemische Verwertungsgesellschaft Oberhausen m. b. H. (Erfinder: **Otto Roelen,** Oberhausen, und **Alfred Landgraf,** Duisburg), *Herstellung sauerstoffhaltiger Verbindungen* durch Behandeln von ungesätt. Kohlenstoffverbb. mit olefin. Doppelbindungen mit CO u. H_2 enthaltenden Gasgemischen in Ggw. von Katalysatoren bei erhöhtem Druck u. erhöhter Temp. nach D. B. P. 849 548, dad. gek., daß man unter dem Hauptpatent sonst gleichen Bedingungen bei so weit erhöhten Tempp. arbeitet, daß vorwiegend *Alkohole* enthaltende Reaktionsgemische erhalten werden. Man arbeitet innerhalb eines Temperaturintervalls, das für jeden Kontakt u. jedes Ausgangsmaterial unter dem zur Anwendung kommenden Arbeitsdruck oberhalb der Bldg. von Oxoverbb., aber noch unterhalb einer unerwünschten Hydrierung liegt. — Ein aus C_2H_4, CO u. H_2 im Verhältnis 1 : 1 : 1 bzw. 1 : 1 : 2 bestehendes Gasgemisch wird bei 100 at u. 200° in Ggw. eines aus Co, Cu u. Th auf Bimsstein enthaltenden Katalysators geleitet u. ergab im Dauerbetrieb ein Reaktionsprod., das zu 70% aus *Propylalkohol* besteht. (**D. B. P. 931 406** Kl. 12o vom 23/4. 1939, ausg. 8/8. 1955. Anmeldung bekanntgemacht 2/4. 1953. **Zusatz zu D. B. P. 849 548; C. 1953. 927.**) G. KÖNIG. H 560

Chemische Verwertungsgesellschaft Oberhausen m. b. H. (Erfinder: **Otto Roelen,** Oberhausen, und **Alfred Landgraf,** Duisburg), *Gewinnung alkoholartiger Verbindungen aus O-haltigen Kohlenstoffverbindungen,* die durch katalyt. Anlagerung von CO u. H_2 an ungesätt. Kohlenstoffverbb. entstehen, dad. gek., daß die bei der katalyt. Anlagerung von CO u. H_2 an ungesätt. Kohlenstoffverbb. gemäß D. B. P. 849 548; C. **1953.** 927 erhaltenen Reaktionsgemische unmittelbar, gegebenenfalls nach Zusatz von Hydrierungskatalysatoren, mit H_2-haltigen Gasen bei höheren Tempp. u. höheren H_2-Partialdrucken behandelt werden, als diejenigen, die bei der katalyt. Wassergasanlagerung an die ungesätt. Ausgangskohlenstoffverbb. Anwendung fanden, wobei man die H_2-Einleitung abbricht, sobald die zur Alkoholbldg. erforderliche H_2-Menge aufgenommen ist. Als Reaktionsprodd. entstehen im wesentlichen *monomol. Alkohole.* Aus einer zwischen 243—255° sd., 42% Olefine enthaltenden Fraktion erhält man vornehmlich *Pentadecylalkohol.* (**D. B. P. 931 405** Kl. 12o vom 23/4. 1939, ausg. 8/8. 1955. Anmeldung bekanntgemacht 13/5. 1953.) G. KÖNIG. H 560

Ethyl Corp., V. St. A. (Erfinder: **Thomas P. Whaley**), *Darstellung von Alkoholaten* aus einer Dispersion von Alkalimetall (Korngröße <100 μ in KW-stoffen, z. B. Toluol, Mineralöl, substituierten Naphthalinen) u. bes. höheren Alkoholen mit über 12 C-Atomen, z. B. Lauryl-, Cetylalkohol, Tridecanol oder deren Gemischen. Das Dispergieren erfolgt zweckmäßig in Ggw. geringer Mengen eines Verteilungsmittels, wie Fettsäuren, Aktivkohle. Die Herst. von Na-Äthylat u. den Na-C_{14}—C_{22}-Alkoholaten aus Menhadenöl wird beschrieben. (**F. P. 1 070 601** vom 25/11. 1952, ausg. 3/8. 1954. A. Prior. 8/10. 1952.) O. KAYSER. H 560

Farbenfabriken Bayer Akt.-Ges., übert. von: **Fritz Schmidt,** Leverkusen, *Titan-, Eisen- oder Aluminiumalkoholate* erhält man durch Rk. von Alkylenoxyden (I) mit den Halogeniden obiger Metalle, zweckmäßig in Ggw. von Lösungsmitteln. Kommen mindestens 3 Mol **I** auf 1 $FeCl_3$ oder $AlCl_3$ u. 4 auf 1 $TiCl_4$, so erhält man neutrale Alkoholate. Bei geringerem Mol-Verhältnis entstehen halogenhaltige Produkte. — 162 g sublimiertes $FeCl_3$ werden in 100 cm^3 trockenem Bzl. suspendiert, u. 230 g Propylenoxyd werden unter Rühren u. Kühlen zugegeben. Man erhält eine viscose braune Flüssigkeit. Verwendung als *Zwischenprodd.* u. zur Herst. von fei..verteilten *Metallhydroxyden.* (**A. P. 2 700 048** vom 8/8. 1951, ausg. 18/1. 1955. D. Prior. 19/8. 1 50.) J. MÜHLEISEN. H 560

Försvarets Forskningsanstalt, Stockholm, Schweden (Erfinder: **K.-I. E. Skärblom** und **K.-G. Trobeck**), *Herstellung von Pentaerythrit.* Aus einer Kondensationslsg. von CH_3CHO u. CH_2O, die zunächst eingedampft wird, trennt man die ausgefallenen Kristalle von der Mutterlauge u. unterwirft diese im feuchten Zustand einer mechan. Bearbeitung, z. B. in einer Mahl- oder Knetvorr., bis zur cremeartigen Konsistenz; die Restlauge u. andere Verunreinigungen werden durch anschließendes Zentrifugieren oder Filtrieren beseitigt. (**Schwed. P. 142 188** vom 4/7. 1944, ausg. 22/9. 1953.) K. H. KÄHLER. H 580

Werner Ernst, Berlin-Lichterfelde, *Herstellung von Oxymethylmercaptan* (**I**), dad. gek., daß man formaldehydsulfoxylsaure Salze in wss. Lsg. mit Titantrihydroxyd red. u. das entstandene I vorzugsweise über das Pb-Doppelsalz abtrennt u. dieses zersetzt. — $TiCl_3$ wird mit 20%ig. NaOH neutralisiert u. dann mit wss. Na-Formaldehydsulfoxylat versetzt, die Lsg. mit Essigsäure angesäuert u. mit Pb-Acetat das gelbe Pb-Salz $Pb_2(CH_3COO)_2[CH_2(OH)S]_2$ ausgefällt, das mit verd. H_2SO_4 I liefert; ölige Fl. mit schwachem, nicht unangenehmem Geruch, S-Geh. 50,1%, lösl. in Alkali; es läßt sich zum Disulfid oxydieren. — Zwischenprod. zur Herst. von Kunststoffen, Pharmazeutica u. Netzmitteln. (**D. B. P. 931 469** Kl. 12o vom 20/2. 1953, ausg. 8/8. 1955. Anmeldung bekanntgemacht 17/2. 1955.) G. KRAUSS. H 600

DEHYDAG Deutsche Hydrierwerke G. m. b. H., Düsseldorf, *Herstellung höhermolekularer Polyenale,* dad. gek., daß man Acetaldehyd, gegebenenfalls in Ggw. von Lösungsmitteln, in fl. Phase mit oder ohne Druck in Ggw. von organ. sek. Basen, bes. deren Salzen, bei $<100^0$ mit sich selbst kondensiert. — Beispiel für die Umsetzung von 156 (Gewichtsteilen) CH_3CHO mit 4 mittels Essigsäure neutralisiertem Piperidin als Katalysator unter Kühlung auf 15—20° u. zweimaliger Nachgabe derselben Katalysatormenge (Temp. $<25^0$!), 16std. Stehenlassen u. Waschen mit CH_3OH; der dunkelrote Brei krist. Polyenale kann zu gesätt. Aldehyden oder Alkoholen hydriert werden. (**D. B. P. 927 627** Kl. 12o vom 21/10. 1939, ausg. 12/5. 1955. Anmeldung bekanntgemacht 21/5. 1952.) W. HEROLD. H 660

Badische Anilin- & Soda-Fabrik, Deutschland, *Herstellung sauerstoffhaltiger Verbindungen,* bes. von *Isovaleraldehyd.* Man bindet CO u. H_2 an Isobutylen in Ggw. eines Co-Katalysators u. in Ggw. von Isobutan (10—30, bes. 15—25%), wobei das Isobutylen–Isobutan-Gemisch im Kreislauf geführt werden kann. — Man pumpt oben eine Mischung aus 85% Isobutylen u. 15% Isobutan mit 16 Liter/Std. in ein 10 m langes u. 90 mm starkes Rohr, das auf 150° erhitzt ist, u. führt gleichzeitig in dieses Rohr von oben eine $CO–H_2$ (1 : 1)-Mischung von 250 at ein, die mit $Co–CO–H_2$-Dampf beladen ist, indem man sie ein vertikales, 5 m langes u. 45 mm starkes, 105° heißes Rohr, das mit 1500 g CoO-Pulver gefüllt ist, durchstreichen läßt. Aus dem fl. Reaktionsprod. kann Isovaleraldehyd abgetrennt werden. (**F. P. 1 025 832** vom 11/10. 1950, ausg. 20/4. 1953. D. Prior. 18/10. 1949.) M. PANKOW. H 670

Imperial Chemical Industries Ltd., London, England (Erfinder: **Charles Thomson Young Cowie** und **Alan Robertson**), *Stabilisieren flüssiger Aldehyde* (bes. $C_9H_{18}O$) gegen Autoxydation u. Verfärben, dad. gek., daß diesen bis zu 2% (bes. ca. 0,5%) *Naphtho-*, *Anthra-* oder *Phenanthrenchinone* oder disubstituierte *o-* oder *p-Benzochinone,* die Alkyl-, Aryl-, Alkoxy-, Aryloxy-, Oxy-, Amino- oder substituierte Aminogruppen enthalten können, zugesetzt werden. — Beispiele: *Naphthochinon-(1.4), Phenanthrenchinon-(9.10), 2.5-Dimethyl-, 2.5-Dioxy-, 2.5-Di-tert.-butyl-, 2.5-Diäthoxy-, 2.5-Di-(α.α.γ.γ-tetramethylbutyl)-* u. *2.6-Diisopropyl-3.5-dimethylderiv.* des *Benzochinon-(1.4)* sowie *3.5-Di-tert.-butylbenzochinon-(1.2).* (**E. P. 714 249** vom 23/1. 1951, ausg. 25/8. 1954.) W. HEROLD. H 670

Celanese Corp. of America, New York, N. Y., V. St. A., *Sauerstoffhaltige organische Verbindungen* erhält man durch Oxydation von Gemischen aus C_4-Olefinen u. C_4-Paraffinen mit O_2 unter 50—200 lbs./sq.in. in Ggw. eines inerten Gases bei mindestens 550—1000° F u. schnellem Abschrecken des Reaktionsgemisches innerhalb mindestens 0,25 Sekunden. — Man erhält z. B. aus einem Gemisch von 7,5 (Vol.-%) n-Butan u. 22,5 Buten-2 mit 3,5 O_2 u. 66,5 eines Inertgases, wie N_2, CO_2 oder CO, bei 675—1000° F u. 100 lbs./sq.in. u. Abschrecken innerhalb von ½ Sek. mit W. 5 (Mol-%) *α-Oxyäthylketon* u. 5,5 *2.3-Butylenoxyd* (**I**). Aus n-Butan erhält man unter gleichen Reaktionsbedingungen *Methyl-α-oxyäthylketon* u. I. (**E. P. 718 603** vom 18/9. 1951, ausg. 17/11. 1954. A. Prior. 20/9. 1950.) O. MÜLLER-MEININGEN. H 740

E. I. du Pont de Nemours & Co., Wilmington, Del., übert. von: **Donald Drake Coffman,** West Chester, Pa., V. St. A., *Carbonsäuresynthese.* Man kühlt z. B. ein

Gemisch aus 700 (Teilen) tert.-Butanol, 1600 W. u. 50 konz. H_2SO_4 auf 15—20° ab, leitet je Min. 2 CO durch die Fl., wobei innerhalb 11 Min. gleichzeitig eine Lsg. von 278 $FeSO_4 \cdot 7 H_2O$ u. 100 cm³ konz. H_2SO_4 in 575 W. u. eine Lsg. von 86 H_2O_2 (35% ig) in 64 W. zugetropft wird. Nach Aufarbeiten des Reaktionsgemisches erhält man 21 *β-Oxyisovaleriansäure*, $Kp._2$ 95—96°; n_D^{25} 1,4396; NZ. 121,5 (berechnet 118), u. 26 *1.1.4.4-Tetramethyltetramethylenglykol.* — Weitere Beispiele: Pivalonitril (Trimethylacetonitril) $\xrightarrow[20^\circ]{+CO}$ *β-Cyanisovaleriansäure*, NZ. 113 (berechnet 127), + HCl $\xrightarrow{100^\circ}$ *asymm.-Dimethylbernsteinsäure*, F. 136°; NZ. 76 (berechnet 73); tert.-Butylamin $\xrightarrow[20^\circ]{+CO}$ *β-Aminoisovaleriansäure.* (**A. P. 2 687 432** vom 8/10. 1952, ausg. 24/8. 1954.) O. MÜLLER-MEININGEN. H 800

Badische Anilin- & Soda-Fabrik Akt.-Ges., Ludwigshafen/Rh., *Herstellung von Derivaten niedrigpolymerer Polymerisationsprodukte* durch Behandlung von ungesätt. Carbonsäurederivv. mit stark bas. reagierenden Alkaliverbb. unter Ausschluß von W., dad. gek., daß man die Behandlung der Ester, Amide oder Nitrile von α.β-ungesätt. Carbonsäuren mit 3—4 C-Atomen mit geringen Mengen, ca. 1—10%, Alkalimetallen, Alkalialkoholaten, -enolaten, -phenolaten oder -amiden bei niedriger oder erhöhter Temp. durchführt. — Aus Crotonsäurenitril u. trockenem Na-Äthylat unter Feuchtigkeitsausschluß bei 5—15° → *Dicrotonsäuredinitril*, $Kp._{0,3}$ 78—82°, + *Tricrotonsäuretrinitril*, $Kp._{0,2}$ 170—180°, + höhersd. öliger Rückstand. — Acrylsäurebutylester + Na-Phenolat bei 140—150° → *Diacrylsäuredibutylester*, $Kp._{0,2}$ 109—113°, + hellbraunes, dickes *Öl* mit durchschnittlichem Mol.-Gew. 1380. — Crotonsäurediäthylester + Na-Äthylat → *β-Äthoxybuttersäureäthylester*, $Kp._{16}$ 69—71°, + *Dicrotonsäurediäthylester*, $Kp._{18}$ 140 bis 142°, + *Tricrotonsäuretriäthylester*, $Kp._{0,8}$ 157—165°. — Crotonsäurebutylester → *Dicrotonsäuredibutylester*, $Kp._1$ 134°; Ausbeute 83%, + *trimerer Ester*, $Kp._{0,1}$ 210°. — Crotonsäure-α-äthylhexylester → *dimerer Ester*, $Kp._1$ 185°. — Die Prodd. sind zum Teil *Weichmachungsmittel* u. Zwischenprodd. für *Kunststoffe* u. *Textilhilfsmittel.* (**D. B. P. 927 384** Kl. 12o vom 24/10. 1944, ausg. 9/5. 1955. Anmeldung bekanntgemacht 31/1. 1952.) G. KRAUSS. H 800

Ruhrchemie Akt.-Ges. (Erfinder: **Friedrich Rappen,** Oberhausen, und **Helmut Kolling,** Duisburg), *Herstellung von höhermolekularen Carbonsäuren von wachsartiger Beschaffenheit oder deren Gemischen mit Paraffinkohlenwasserstoffen* (I), dad. gek., daß man I mit mehr als 25, bes. mehr als 30 C-Atomen, bes. aus der CO-Red., chloriert, die Chlorierungsprodd. durch anschließende HCl-Abspaltung in olefinhaltige KW-stoffgemische überführt, diese unter Druck u. erhöhter Temp. katalyt. mit CO u. H_2 enthaltenden Gasgemischen umsetzt, die hierbei erhaltenen aldehydhaltigen Prodd. red., die erhaltenen Alkohol-KW-stoffgemische durch Alkalischmelze (**II**) u. Behandlung mit Mineralsäuren in Carbonsäure-KW-stoffgemische (**III**) übergeführt, aus denen man gegebenenfalls durch Extraktion die mehr oder weniger reinen Säuren (**IV**) abtrennen kann. Das Prod. der **II** kann man mit niedermol. Alkoholen (**V**) oder Ketonen (**VI**), wie CH_3OH oder $(CH_3)_2CO$, die **III** bzw. die reinen **IV** mit niedrigsd. KW-stoffen, wie Hexan, Heptan, Bzl., mit Chlor-KW-stoffen, wie Dichloräthan oder Trichloräthylen, oder mit O-haltigen Verbb., bes. **V** oder **VI** unterhalb von 60°, bes. bei 20—30°, extrahieren. Verwendung der erhaltenen Prodd. zur Herst. von Bohnermassen, Schuhcremes, Lederpflegemitteln, Möbelpolituren, Kohlepapier, Schmierfetten, zur Papierimprägnierung, Aufbau von Wachskombinationen u. Veresterung. (**D. B. P. 932 426** Kl. 12o vom 17/3. 1953, ausg. 1/9. 1955. Anmeldung bekanntgemacht 3/3. 1955.) O. MÜLLER-MEININGEN. H 810

Dr. Alexander Wacker Ges. für Elektrochemische Industrie G. m. b. H., Deutschland, *Acetylchlorid* durch Leiten eines Gemisches von 90 (%) CO u. 10 CH_3Cl durch ein nichtmetall. Reaktionsgefäß, z. B. ein leeres glasiertes Porzellanrohr von 800—900°, anschließendes Abschrecken der Gase auf 13° u. Auswaschen des Prod. mit z. B. $(CH_3C)_2O$ u. Rückführung der nichtumgesetzten Gase. (**F. P. 1 070 739** vom 10/2. 1953, ausg. 10/8. 1954. D. Prior. 11/2. 1952.) O. KAYSER. H 810

Chemstrand Corp., Philadelphia, Pa., V. St. A. (Erfinder: **Cole Downing**), *Dimethylacetamide* der allg. Zus. $RCON(CH_3)_2$ (R = Alkyl C_1—C_3) erhält man durch Rk. von $(CH_3)_2NH$ (I) mit Fettsäuren C_2—C_4 oder ihren Anhydriden. CH_3COOH (**II**) + **I** → $CH_3CON(CH_3)_2$ (**III**) + H_2O; **II**-Anhydrid + 2 **I** → 2 **III** + H_2O. — Vorr., Zeichnung. (**E. P. 719 792** vom 6/12. 1951, ausg. 8/12. 1954.) O. MÜLLER-MEININGEN. H 810

E. I. du Pont de Nemours & Co., Wilmington, Del., übert. von: **Josef Pikl,** Glassboro, N. J., V. St. A., *Derivate von Behensäureamiden* oder anderen höheren Fettsäureamiden der allg. Formel **I**, in der R den Rest $C_{21}H_{43}$ bedeutet, während Y einen Thiocyanat- oder Isothiocyanatrest darstellt, oder der allg. Formel **II**, in der Y einen Thiocyanat- oder Isothiocyanatrest bedeutet, während x = 1—2. **II** hat die Fähigkeit, mit tert. Stickstoffbasen eine wasserlösl. quaternäre Verb. zu bilden. — Man erhält sie durch Rk. von Behensäureamid u. HCl, die man beide langsam in eine Suspension aus Orthoformaldehyd oder Trioxymethylen in Bzl. tropfen läßt. Die dabei entstandenen

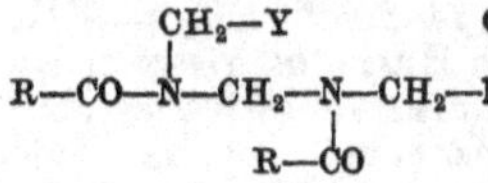
I

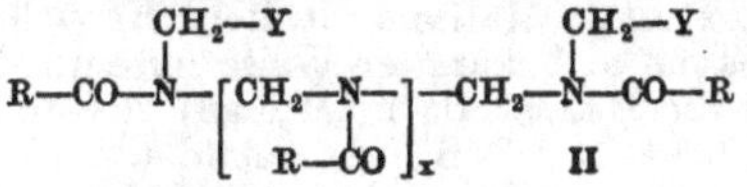
II

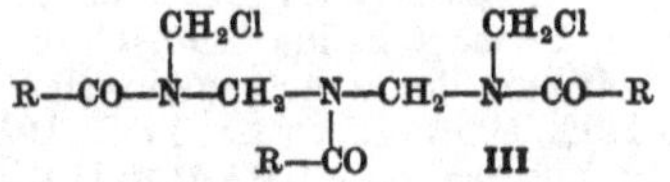
III

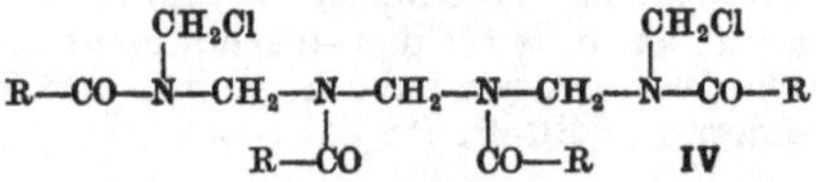
IV

Zwischenprodd. der Formel **III, IV** u. **V**, in der R einen Rest $C_{21}H_{43}$ bedeutet, u. x = 1—2, läßt man mit K- oder Pb-Thiocyanat reagieren, wobei die Cl-Atome durch SCN-Reste ersetzt werden. Diese können dann wieder mit Pyridin oder anderen tert. Aminen reagieren, um die entsprechenden quaternären Ammoniumthiocyanate zu bilden. (**A. P. 2 551 392** vom 3/6. 1942, ausg. 1/5. 1951.) H. NEBELSIEK. H 810

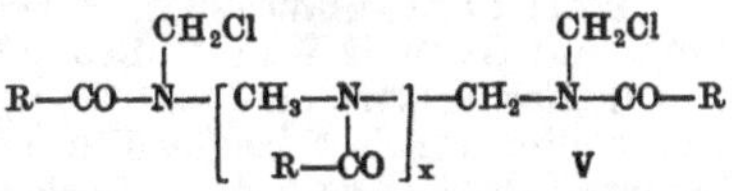
V

Allied Chemical & Dye Corp., New York, N. Y., übert. von: **Leland J. Beckham**, Bermuda District, Chesterfield County, V. St. A., *Herstellung von Oxalsäure* aus Na-Oxalat erfolgt nach den Gleichungen $Na_2C_2O_4 + HNO_3$ (I) $+ H_2O \rightarrow NaNO_3$ (II) $+ NaHC_2O_4 \cdot H_2O$ (III); III + I + H_2O → II + $C_2H_2O_4 \cdot 2H_2O$ bei 15—65° in einem Kreisprozeß, der an Hand eines Reaktionsschemas u. von Kurven beschrieben wird. (**A. P. 2 687 433** vom 29/12. 1951, ausg. 24/8. 1954.) O. MÜLLER-MEININGEN. H 820

United States Rubber Co., New York, N. Y., übert. von: **Erhard J. Prill**, Cresskill, N. J., V. St. A., *Maleinsäureimide* der Formel **I**, in denen X = H, Alkyl (Methyl, Äthyl, Propyl, Isopropyl, n-Butyl, Isobutyl, Amyl, Hexyl, Heptyl, Octyl, Nonyl, Decyl, Undecyl, Dodecyl), Cyclohexyl, Stearyl, Alkenyl (Allyl, Methallyl, 4-Pentenyl, 10-Undecenyl, Crotyl), Aryl (Phenyl, Tolyl, Xylyl, Xenyl, 2-Naphthyl) u. Aralkyl (Benzyl, Phenäthyl) bedeutet, werden durch Pyrolyse von 3- oder in 3- u. 6-Stellung substituierten Δ^4-Tetrahydrophthalsäureimiden der allg. Formel **II**, in der **X** die oben angegebene Bedeutung besitzt u. R = Alkyl, R′ = H oder Alkyl u. R″ = H oder Methyl bedeuten, bei Tempp. oberhalb des F. des verwendeten **II**, bes. bei 300—600°, u. bes. im dampfförmigen Zustand in An- oder Abwesenheit eines inerten Verdünnungsmittels (N_2) durch Hindurchleiten von **II** durch ein erhitztes Reaktionsrohr aus Glas, Eisen, Stahl oder Ni erhalten, wobei das Reaktionsrohr zur Vergrößerung der wirksamen Oberfläche mit Quarz- oder Glasscherben gefüllt ist, der Reaktionsdruck 1—760 Torr u. die Berührungszeiten, berechnet auf das Vol. des freien Raumes, 0,50—50, bes. 0,05—10, Sek. betragen. Die substituierten **II** können durch Rk. eines bestimmten konjugierten Diens mit Maleinsäureanhydrid u. Behandeln des Reaktionsprod. mit NH_3, NH_4OH, mit einem Ammoniumsalz $[(NH_4)_2CO_3]$ oder mit einem entsprechenden Amin erhalten werden. — 250 Volumenteile konz. NH_4OH (29% NH_3) u. 224 (Teile) 3-Methyl-Δ^4-tetrahydrophthalsäureanhydrid (3-Methyl-**IV**) in 150 W. werden auf 180° erhitzt. Das rohe *3-Methyl*-**II**, das wahrscheinlich aus einer Mischung von cis- u. trans-Isomeren besteht, wird aus Bzl.–Hexan umkristallisiert, F. 85—95°. 120 3-Methyl-**II** werden bei 2 Torr verdampft u. bei 550° innerhalb von $5^1/_3$ Std. (Berührungszeit 0,2 Sek.) durch ein 90 cm langes, hitzebeständiges Glasrohr von 30 mm Durchmesser, das mit Quarzscherben gefüllt ist, geleitet. Es werden 7,6 *Maleinsäureimid* (**III**), $Kp._{6-8}$ 115—125°, erhalten. — In entsprechender Weise wird aus 3.5-Dimethyl-**IV** das *3.5-Dimethyl*-**II**, F. aus Bzl.–Hexan 79° u. daraus **III**, F. 89—92° bzw. aus 3.6-Dimethyl-**IV** das *3.6-Dimethyl*-**II**, F. aus Bezl.–Hexan 150—152° u. daraus **III**, $Kp._{4-5}$ 110—115°, F. 91—93°, erhalten. Δ^4-Tetrahydrophthalsäureimide, welche weder in 3- noch in 3- u. 6-Stellung substituiert sind, liefern bei der Pyrolyse kein **III**. (**A. P. 2 676 179** vom 4/1. 1951, ausg. 20/4. 1954.) R. LINK. H 820

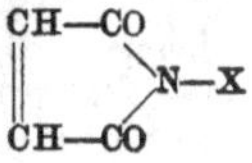
I

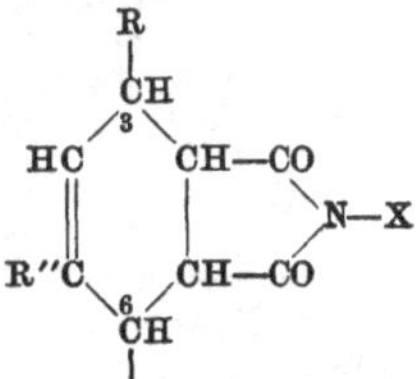
II

Kessler Chemical Co., Inc., Philadelphia, Pa., übert. von: **Roger L. Logan**, Elkins Park, Pa., V. St. A., *Hydroxylierung von ungesättigten Fettsäuren oder deren Glyceriden* mit 11—22 C-Atomen (I) erfolgt durch anod. Oxydation von 65—75%ig. H_2SO_4 u. Rk. der erhaltenen Perschwefelsäure (II) mit I bei 10—50°, Abtrennung u. Hydrolyse der Reaktionsprodd. u. erneute Oxydation der erschöpften II. — Beispiele für die Hydroxylierung von Gemischen aus Butyloleat, -palmitat u. -stearat aus Tallöl; Ölsäure → *9.10-Dioxystearinsäure*; Undecylensäure → *10.11-Dioxyundecansäure*. — Vorr., Zeichnungen. (**A. P. 2 688 031** vom 4/2. 1952, ausg. 31/8. 1954.) O. Müller-Meiningen. H 850

G. Fauser, Mailand, Italien, *Herstellung von Harnstoff*. Man läßt CO_2 u. NH_3 im Autoklaven in bekannter Weise miteinander unter Bldg. von Harnstoff reagieren, entspannt die Harnstoffschmelze auf 20—45 at, treibt aus ihr durch schnelle Dest. bei ca. 130—140° CO_2 u. NH_3 [aus gebildetem NH_4-Carbamat (I) stammend] aus, kondensiert die entwichenen Gase bei ca. 60—90°, bes. 70—85°, u. 20—45 at in fl. NH_3, dem etwas W. zugesetzt ist, u. leitet das so erhaltene fl., aus I, NH_3 u. W. bestehende Gemisch in den Harnstoffautoklaven zurück, wobei <25, bes. $<12\%$ W. in diesen gelangen sollen. — Abbildung. (**Belg. P. 518 317** vom 10/3. 1953, ausg. 18/2. 1955. It. Prior. 11/3. 1952.) A. Brösamle. H 880

American Cyanamid Co., New York, N. Y., übert. von: **Leslie C. Lane jr.,** Stamford, und **Richard W. Hamilton,** Norwalk, Conn., V. St. A., *Herstellung von Dithiobiuret*. Man erhitzt eine wss. Lsg. eines Metalldicyanimids, bes. Ca-Dicyanimid, unter Durchleiten von H_2S bei $>55°$ u. $p_H >7—10,2$ u. scheidet Dithiobiuret (I) u. Cyanthioharnstoff (II) aus dem Reaktionsgemisch durch Abkühlen aus. Die Trennung von I u. II erfolgt durch Erhitzen mit W. bis zum Kochen, wobei I gelöst wird; dann trennt man die Lsg. vom ungelösten II ab. (**A. P. 2 557 980** vom 15/3. 1949, ausg. 26/6. 1951.) C. Lüttgen. H 880

Mallinckrodt Chemical Works, St. Louis, übert. von: **Vernon H. Wallingford,** Ferguson, und **David M. Jones,** Webster Groves, Mo., V. St. A., *Herstellung von Cyanoacetylharnstoff*, gek. durch Rk. von Essigsäureanhydrid, Alkalicyanoacetat (I) u. Harnstoff u. gegebenenfalls Cyanessigsäure (II) oder Mineralsäure, zur Umwandlung eines Teiles von I in II. Das Verf. wird in Abwesenheit von W. durchgeführt. (**A. P. 2 553 022** vom 17/1. 1947, ausg. 15/5. 1951.) C. Lüttgen. H 890

American Cyanamid Co., New York, N. Y., übert. von: **Nat H. Marsh,** Noroton Heights, und **Richard W. Hamilton,** Norwalk, Conn., V. St. A., *Herstellung von Cyanthioharnstoff*. Man erhitzt ein Metalldicyanimid, bes. Ca-Dicyanimid, in wss. Lsg. auf 55—100° unter Durchleiten von H_2S, kühlt auf n. Temp. ab, stellt auf p_H 10 ein, filtriert, kühlt das Filtrat nach Ansäuern mit HCl (p_H 2—3) auf 5—10° ab u. trennt den ausgeschiedenen Cyanthioharnstoff ab. (**A. P. 2 557 984** vom 15/3. 1949, ausg. 26/6. 1951.) C. Lüttgen. H 890

Dow Chemical Co., übert. von: **Halbert C. White,** Midland, Mich., V. St. A., *Aminocarbonsäuren* entstehen, wenn man ein Hydantoin der Formel I, worin R u. R' = H

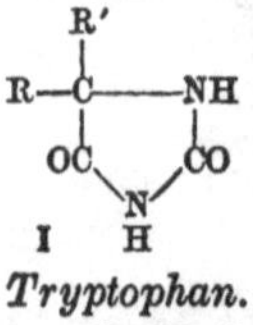

I

oder einen einwertigen organ. Rest bedeuten, mit Alkalien verseift u. das entstandene Salzgemisch mit einem niederen Alkohol extrahiert. — *Valin* (II). Man setzt Isobutyraldehyd mit NaCN u. NH_4HCO_3 in W. um, verseift das entstandene *5-Isopropylhydantoin* mit NaOH, dampft ein, extrahiert II-Na mit Methanol u. fällt II durch Ansäuern mit Essigsäure. — Analog: *dl-α-Aminobuttersäure*, F. 270—272°. — *dl-Alanin*. — *Glycin*. — *Tryptophan*. (**A. P. 2 642 459** vom 8/12. 1948, ausg. 16/6. 1953.) G. Langer. H 950

Badische Anilin- & Soda-Fabrik Akt.-Ges. (Erfinder: **Max Schütze,** Ludwigshafen/Rh., und **Georg Schiller,** Mannheim), *Abtrennung von p-Xylol aus seinem Isomerengemisch durch fraktionierte Kristallisation*. Man kühlt das Gemisch nach indirekter Vorkühlung durch unmittelbare Berührung mit festem CO_2 ab u. trennt die an p-Xylol angereicherte Fraktion ab. Behandlung gegebenenfalls in mehreren Stufen. (**D. B. P. 930 748** Kl. 12o vom 18/12. 1953, ausg. 25/7. 1955. Anmeldung bekanntgemacht 3/2. 1955.) P. Unger. H 1010

Soc. des Usines Chimiques Rhône-Poulenc, Paris (Erfinder: **Gustave Jean Roy,** Versailles), *Herstellung von Phenol und Aceton* durch Zers. von rohem, Dimethylphenylcarbinol enthaltendem Isopropylbenzolhydroperoxyd mit elektrophilen Katalysatoren, z. B. Mineralsäuren (H_2SO_4). — Man arbeitet in Ggw. von H_2O_2 oder einer Substanz die im Reaktionsmedium H_2O_2 bildet, u. erreicht so eine prakt. quantitative Ausbeute an Phenol. (**D. B. P. 930 637** Kl. 12q vom 21/5. 1953, ausg. 21/7. 1955. Anmeldung bekanntgemacht 27/1. 1955. E. Priorr. 21/5. 1952 u. 12/5. 1953.) K. Fabel. H 1060

American Cyanamid Co., New York, N. Y., übert. von: **Robert F. Bann,** Somerville, und **Robert C. Conn,** Bound Brook, N. J., V. St. A., *Herstellung von 2.4-Dioxybenzoesäure und 4.6-Dioxyisophthalsäure* (I). Man erhitzt Resorcin, $KHCO_3$ (oder K_2CO_3 mit entsprechend mehr W.) u. 0—2 Mol W. in CO_2-Atmosphäre. Bei 100—125° entsteht *β*-Resorcylsäure, bei 180° I. Die Reaktionsmasse wird mit Vorteil während der Rk. zerkleinert u. das Reaktionswasser mit CO_2 abgeführt. (**A. P. 2 703 812** vom 30/10. 1953, ausg. 8/3. 1955.) K. Fabel. H 1250

E. I. du Pont de Nemours & Co., übert. von: **Theodore R. Beck**, Wilmington, Del., V. St. A., *2.4-Toluylendiisocyanat* (I). Bei der Herst. von I aus Phosgen u. 2.4-Toluylendiamin in o-Dichlorbenzol (II) wird aus dem Reaktionsgemisch zunächst II u. dann I abdestilliert. Der nun noch verbleibende Rückstand enthält aber noch ca. 50% I. Diese gewinnt man, indem man den Rückstand unter Druck auf 200—300° erhitzt u. ihn dann in einen evakuierten, auf ca. 120° erhitzten Kessel überführt. Man erhält so weiteres, gasförmiges I, das dann kondensiert wird. (**A. P. 2 706 169** vom 4/3. 1954, ausg. 12/4. 1955.) A. BRÖSAMLE. H 1290

Aktiebolaget Pharmacia, Uppsala, Schweden, *Herstellung von neuen Thiocarbhydrazinverbindungen* der allg. Formel I, worin R_1 ein Benzyl- oder Cyclohexylrest ist; R_2 = H oder eine weitere Bindung zu R_3 ist, R_3 = $CH_2 \cdot C_6H_5$, $CO \cdot C_6H_5$, $CO \cdot CH_3$, $CS \cdot O \cdot CH_2 \cdot C_6H_5$, $CS \cdot O \cdot C_6H_{11}$ oder C_6H_5. — Xanthogenhydrazide werden mit Carbonylverbb., z. B. Aldehyden, Säurehalogeniden oder Carbinylthioglykolsäure, oder mit Xanthogensäure, ihren Salzen oder reaktionsfähigen Derivv. derselben umgesetzt. Ebenso werden substituierte Hydrazine mit einer freien NH_2-Gruppe mit Xanthogensäure, ihren Salzen oder wirksamen Derivv. zur Rk. gebracht. — Na-Cyclohexylat wird mit CS_2 gekocht u. mit W. extrahiert. Der Extrakt bildet mit Hydrazinhydrat das *Cyclohexylxanthogenhydrazid*, F. 76—77°. — Aus Cyclohexylxanthogenessigsäure u. Phenylhydrazin wird *N^1-Cyclohexylxanthogen-N^2-phenylhydrazin* gebildet, F. 118 bis 119,5°. — Benzylxanthogenhydrazid u. Benzaldehyd bilden das *Benzaldehydbenzylxanthogenhydrazon*, F. 124—124,5°. — Benzoylthioglykolsäure u. Cyclohexylxanthogenhydrazid geben *N^2-Benzoyl-N^1-cyclohexylxanthogenhydrazin*, F. 120,5—122,5°. — Vgl. auch Schwed. P. 134 025; C. **1954. 1783.** (**Oe. P. 172 634** vom 17/8. 1950, ausg. 25/9. 1952. Schwed. Priorr. 17/8. 1949 u. 3/8. 1950.) M. F. MÜLLER. H 1310

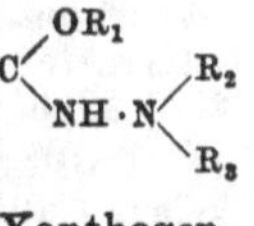

I

Phillips Petroleum Co., Del., übert. von: **Martin R. Cines**, Knoxville, Tenn., V. St. A., *Reinigen von Perfluorverbindungen*, bes. *Perfluordimethylcyclohexan* (I), dad. gek., daß I, z. B. 1 Std. lang, mit (bes. der äquimol. Menge) Di-n-propylamin verrührt wird, wodurch die Verunreinigungen als feste Verbb. ausfallen u. (bes. durch Filtration mit nachfolgender Adsorption an SiO_2-Gel) entfernt werden können. (**A. P. 2 691 052** vom 12/9. 1951, ausg. 5/10. 1954.) W. HEROLD. H 1810

F. Hoffmann-La Roche & Co. Akt.-Ges., Basel, Schweiz, *4-(2'.6.6'-Trimethylcyclohexen-(1')-yl)-2-methylbuten-(2)-al-(1)* (I; $C_{14}H_{22}O$) erhält man aus β-Jonon durch Kondensieren mit einem Halogenessigester (II) unter Vermeiden höherer Tempp., mit anschließendem Behandeln des erhaltenen Kondensationsprod. mit einem alkal. Mittel u. Isolierung des Aldehyds. I ist ein gelbes Öl, erstarrt bei tiefen Tempp., $Kp._{0,5}$ 100—102°, F. des Phenylsemicarbazons 181—182°, des Thiosemicarbazons 194° (unkorr.). Als II werden bes. Mono- oder Dihalogenessigester angewandt. Kondensationsmittel sind bes. Magnesiumamalgam, Alkali- oder Erdalkalialkoholate. Die Reaktionstemp. soll während der ganzen Reaktionsfolge 50° nicht überschreiten. (**D. B. P. 842 190** Kl. 12o vom 26/11. 1949, ausg. 23/6. 1952. Schwz. Prior. 24/12. 1946.) G. KÖNIG. H 1920

Farbwerke Hoechst, vormals Meister Lucius & Brüning, Deutschland (Erfinder: **Michael Erlenbach** und **Adolf Sieglitz**), *Herstellung von Aldehyden und Ketonen* (Nachtrag zu D. B. P. 832 292; C. **1952.** 5330). Das Verf. eignet sich auch zur Herst. von Ketonen, z. B. von *Cyclohexanon*, durch Dehydrierung von Cyclohexanol. (**F. P. 1 033 694** vom 5/3. 1951, ausg. 15/7. 1953. D. Priorr. 6/3. u. 4/9. 1950.) M. PANKOW. H 1960

Dow Corning Corp., Midland, Mich., übert. von: **Leo H. Sommer**, State College, Pa., V. St. A., *Triorganosilylcyclopentanone* der allg. Formel I, wobei R ein gesätt. aliphat. KW-stoff- bzw. ein Arylrest ist. Durch Rk. von 4-Triorganosilylbutan-2-on mit Äthylcarbonat u. NaH in Ae. erhält man Äthyltriorganosilyl-β-ketovalerianat, das bei der Kondensation mit Bromaceton u. Na in Ae. Äthyl-α-(β-triorganosilylpropionyl)-lävulinat ergibt. Dieses wird mit NaOH unter H_2O-Abspaltung zu I cyclisiert. — Verb. I (R = CH_3), $Kp._{21}$ 118°, n_D^{20} 1,4827, d^{20} 0,9323, MR_D 58,74. (**A. P. 2 698 859** vom 14/8. 1953, ausg. 4/1. 1955.) J. MÜHLEISEN. H 2180

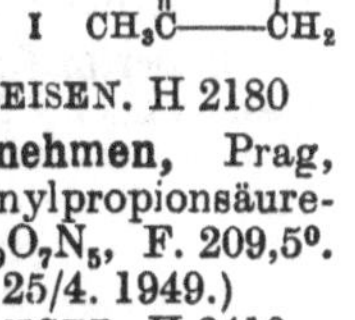

Spofa, Vereinigte Pharmazeutische Werke, Nationalunternehmen, Prag, Tschechoslowakei, *β.β-Diphenylpropionsäureamidin*. Aus β.β-Diphenylpropionsäureiminoäthylätherhydrochlorid u. wss.-alkoh. NH_3. Öl; *Pikrat*, $C_{21}H_{19}O_7N_5$, F. 209,5°. (**Schwz. P. 283 915** vom 21/2. 1950, ausg. 16/10. 1952. Tschech. Prior. 25/4. 1949.) G. LANGER. H 2410

Georg Hahn, Frankfurt/M., *Herstellung von 2-Oxynaphthalin-3-carbonsäureanilid*, F. 243°, dad. gek., daß man 2,5 (Mol) 2-Oxynaphthalin-3-carbonsäure (I), 5,5 Anilin u. 1 PCl_3 ohne Verdünnungsmittel unter fortwährendem Vermahlen, bes. bei 60—160°, miteinander umsetzt. Man kann in Trommelmühlen aus einem gegen H_3PO_4 resistentem Material arbeiten u. diese mit Anilin oder Na_3PO_4 bzw. durch Anwendung von I als Na-Salz neutralisieren. (**D. B. P. 929 608** Kl. 12o vom 28/6. 1951, ausg. 18/7. 1955. Anmeldung bekanntgemacht 17/7. 1952.) O. Müller-Meiningen. H 2700

Badische Anilin- & Soda-Fabrik Akt.-Ges. (Erfinder: **Walter Reppe, Heinrich Pasedach** und **Matthias Seefelder**), Ludwigshafen/Rh., *Herstellung von 9.10-Endoäthylenderivaten von Anthracenen*, dad. gek., daß man Acetylen auf Anthracen oder seine nichtchinoiden Derivv. in Ggw. von Verbb. des Zn oder Cd (Stearat oder Naphthenat), bes. in Ggw. indifferenter Lösungs- oder Verdünnungsmittel (Toluol), bei ca. 150—300° (180—200°), bes. unter mäßig erhöhtem Druck, einwirken läßt. $C_{16}H_{12}$ mit F. 114—115,5° ist farblos. Dieses u. seine Derivv. sind wertvolle *Zwischenprodd.* für Farbstoffe, Textilhilfsmittel u. pharmazeut. Produkte. (**D. B. P. 932 126** Kl. 12o vom 1/8. 1952, ausg. 25/8. 1955. Anmeldung bekanntgemacht 3/3. 1955.) W. Gräger. H 2800

California Spray-Chemical Corp., Richmond, übert. von: **Gustave K. Kohn**, Berkeley, Calif., V. St. A., *Tetrahydrofurfurylester von Polychlorphenoxyessigsäuren*, bes. der *2.4.5-Trichlorphenoxyessigsäure*, F. 48—49°, u. *2.4-Dichlorphenoxyessigsäure*, $Kp._{2-3}$ 197—198°. — Man erhitzt die beiden Komponenten in Ggw. von z. B. p-Toluolsulfonsäure u. Bzl. als Wasserschlepper. — Zwischenprodd., Weichmacher u. Stoffe, die das Pflanzenwachstum beeinflussen. (**A. P. 2 704 291** vom 16/4. 1951, ausg. 15/3. 1955.) K. Fabel. H 3061

Farbenfabriken Bayer Akt.-Ges., Leverkusen (Erfinder: **Adolf Butenandt** und **Ulrich Renner**, Tübingen, **Hans Henecka** und **Helmut Timmler**, Wuppertal), *Herstellung von Phthalimidomethylverbindungen.* Man setzt quartäre Salze von Mannich-Basen aus Ketonen, heterocycl. Stammverbb. oder Phenolen in Ggw. mol. Mengen Alkali u. organ. Lösungsmittel mit Phthalimid um. — Z. B. stellt man aus $(CH_3)_2SO_4$ u. 1-Dimethylaminobutanon-(3) in Dioxan das quartäre Salz her u. setzt es mit Phthalimid-K zum *γ-Ketobutylphthalimid.* F. 111—112°, um. — Analog: *β-Phthalimidomethylindol*, F. 182°; *1-Phthalimidomethylcyclohexanon-(2)*, F. 134°; *1-Phthalimidomethylcyclopentanon-(2)*, F. 109—111°; *2-Phthalimidomethyl-4.6-dimethylphenol*, F. 156°. (**D. B. P. 933 339** Kl. 12p vom 16/1. 1954, ausg. 22/9. 1955. Anmeldung bekanntgemacht 31/3. 1955.) K. Fabel. H 3081

Wisconsin Alumni Research Foundation, Madison, übert. von: **Dale N. Robertson**, Madison, und **Karl Paul Link**, Middleton, Wis., V. St. A., *Cumarinderivate.* Man kondensiert 4-Oxycumarin (I) mit Orthoameisensäureäthylester in Ggw. von Acetanhydrid zum *3-[4'-Oxycumarinyl-(3')-methylen]-2.4-diketochroman* (II), F. 215°, u. setzt dann dieses mit weiterem I in Ggw. von Pyridin zur Verb. III um, F. 336—337°. — *Antikoagulationsmittel.* (**A. P. 2 703 320** vom 9/10. 1953, ausg. 1/3. 1955.) K. Fabel. H 3211

II

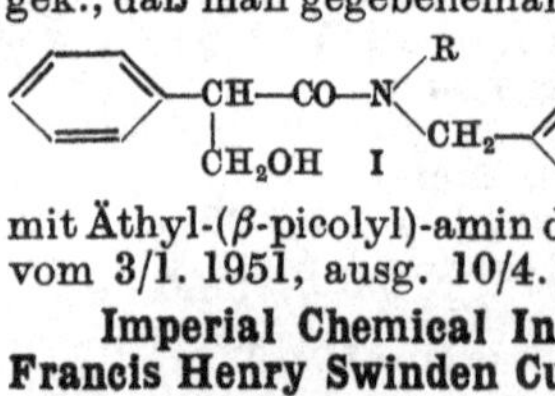

III

F. Hoffmann-La Roche & Co. Akt.-Ges., Basel, Schweiz, *Herstellung neuer Tropasäureabkömmlinge* der Formel I, worin R einen niederen Alkylrest bedeutet, dad. gek., daß man gegebenenfalls acetyliertes Tropasäurechlorid mit einem Alkyl-(β-picolyl)-amin umsetzt u. gegebenenfalls das Kondensationsprod. entacetyliert. — Aus Methyl-(β-picolyl)-amin ($Kp._{12}$ 93—95°) u. Tropasäurechlorid entsteht das *Tropasäure-N-methyl-N-(β-picolyl)-amid*, F. 92—93°, mit Äthyl-(β-picolyl)-amin das entsprechende *N-Äthylamid*, F. 156—157°. (**Oe. P. 170 881** vom 3/1. 1951, ausg. 10/4. 1952. Schwz. Prior. 25/4. 1950.) M. F. Müller. H 3231

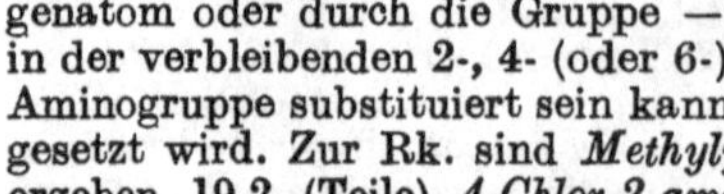

I

Imperial Chemical Industries Ltd., London (Erfinder: **Arthur Donald Ainley, Francis Henry Swinden Curd** und **Dora Nellie Richardson**, Blackley), England, *Herstellung von quaternären Salzen von Pyrimidinderivaten*, dadurch, daß ein 2-, 4- (oder 6-) Aminopyrimidin, welches in einer der anderen 2-, 4- (oder 6-) Stellungen durch ein Halogenatom oder durch die Gruppe —SR substituiert ist, worin R ein KW-stoffrest ist u. in der verbleibenden 2-, 4- (oder 6-) Stellung durch einen niedermol. Alkylrest oder eine Aminogruppe substituiert sein kann, mit einem ein quartäres Salz bildenden Mittel umgesetzt wird. Zur Rk. sind *Methyljodid* (I) oder *Dimethylsulfat* (II) geeignet. — Z. B. ergeben 19,2 (Teile) *4-Chlor-2-amino-6-methylpyrimidin* (V) in 20 I *4-Jod-2-amino-6-methylpyrimidinium-3-jodmethylat* (IV). F. 260°, u. *4-Chlor-2-amino-6-methylpyrimidi-*

nium-1-jodmethylat (III), F. 261—262°, die durch fraktionierte Kristallisation aus W. gewonnen werden; oder 38,5 **V**, 40 **I** u. 100 Äthoxyäthanol ergeben **III** u. **IV**; oder 14,35 **V** u. 15,1 **II** ergeben *4-Chlor-2-amino-6-methylpyrimidinium-1-sulfomethylat*, F. 155—157°. Weitere Beispiele. (**D. B. P.** 823 452 Kl. 12p vom 18/3. 1949, ausg. 3/12. 1951. E. Prior. 22/8. 1947.) K. HEINZE. H 3272

Rohm & Haas Co., übert. von: **James S. Strong, W. E. Craig,** Philadelphia, und **Vincent T. Elkind,** Roslyn, Pa., V. St. A., *Herstellung von Ketopiperazinen* durch Rk. von Äthylendiamin (I) mit einer Carbonylverb. der Formel R—CO—R' u. HCN (II) zwischen 0 u. 90° in beliebiger Reihenfolge, wobei R H oder eine Alkylgruppe mit >3 C-Atomen u. R' H oder CH_3 bedeuten. — Zu einer Mischung von 148 (Gewichtsteilen) **I** u. 1047 W. werden langsam 342 einer 50%ig. wss. Lsg. von Glykolsäurenitril hinzugegeben u. die Mischung unter 34° gehalten. Man erhält *Ketopiperazin*, F. 130 bis 135°. Analog werden hergestellt: aus **I**, Acetaldehyd u. **II** *3-Methyl-2-ketopiperazin*, F. 65 bis 70°, Kp.$_1$ 143°; aus **I** u. Acetoncyanhydrin *3.3-Dimethyl-2-ketopiperazin*, Kp.$_{1,5}$ 140 bis 150°; aus **I**, **II** u. Methyläthylketon *3-Methyl-3-äthyl-2-ketopiperazin;* aus **I**, **II** u. Butyraldehyd *3-Propyl-2-ketopiperazin.* — Lösungsm., Weichmacher, Textilhilfsmittel, Pharmaceutica usw. (**A. P. 2 700 668** vom 8/2. 1952, ausg. 25/1. 1955.) E. CARL. H3272

Dow Chemical Co., Midland, Mich., V. St. A., *Lactone von Oxyaminoessigsäuren.* Man kondensiert CH_2O mit NaCN in wss.-alkal. Lsg. in Ggw. eines sek. aliphat. Oxyamins bei erhöhter Temp. u. läßt die Reaktionslsg. einen Basenaustauscher passieren (um die Alkaliionen zu entfernen), konz. die erhaltene Lsg. u. isoliert das Lacton. Aus Diäthanolamin erhält man so das *Lacton der Diäthanolaminoessigsäure* der Formel I; $C_6H_{11}O_3N$, F. 202°. — Analog werden dargestellt: die *Lactone der Monomethyl-(2.3-dioxypropyl)-aminomonoessigsäure*, der *Di-(2-oxypropyl)-aminomonoessigsäure*, der *Di-(2-oxy-3-methoxypropyl)-aminoessigsäure* u. der *Di-(2-oxybutyl)-aminomonoessigsäure*. Die Lactone bilden mit mehrwertigen Metallionen (Fe^{3+}, Cr^{3+} u. Al^{3+}) stabile, in W. lösl. Komplexe (Chelatbindung), weniger stabile mit Erdalkalimetallionen, so daß z. B. Verbb. von Erdalkalimetallen, die mit 3wertigen Metallionen verunreinigt sind, mittels der Lactone gereinigt werden können. (**E. P. 727 482** vom 11/3. 1952, ausg. 6/4. 1955.) A. BRÖSAMLE. H 3282

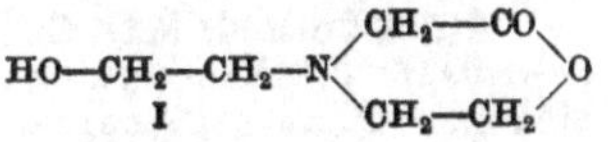

Soc. des Produits Azotés, Frankreich, *Herstellung von Melamin* ohne Abfall von Nebenprodd. aus wss. Lsgg. von Cyanamid u./oder Dicyandiamid. Die zu polymerisierende Lsg. wird unter Druck mit Preßluft zugleich mit Heizgasen (Methan) durch eine Düse in den Reaktionsraum gepreßt, wo bei 200—300° die Polymerisation stattfindet. (**F. P. 1 069 736** vom 9/12. 1952, ausg. 12/7. 1954.) S. MEIER. H 3313

Soc. Belge de l'Azote et des Produits Chimiques du Marly, Soc. An., *Melaminherstellung* durch Hydrolyse von Ca-Cyanamid, Polymerisation des Cyanamids zu Dicyandiamid, das mit wasserfreiem NH_3 unter Druck in einem Autoklaven, in dem sich ein Hilfsbehälter befindet, erhitzt wird, wobei die Rk. durch örtliche Erhitzung eingeleitet wird. Der Hilfsbehälter besteht aus Fasermassen (Papier, Karton), die mit wärmehärtenden Harzen (Bakelit) imprägniert sind. (**F. P. 56 615** vom 23/5. 1947, ausg. 1/10. 1952. Holl. Prior. 28/5. 1946. **Zusatz zu F. P. 921 565; C. 1949. E. 2696.**) M. PANKOW. H 3313

Universal Oil Products Co., Chicago, übert. von: **Ralph B. Thompson,** Hinsdale, Ill., V. St. A., *Trimethylendioxybenzole.* Durch Kondensation von Brenzcatechin mit 1.3-Dibrompropan u. CH_3ONa erhält man *1.2-Trimethylendioxybenzol* (I), F. 14—15°. Durch Nitrierung entsteht hieraus *4-Nitro*-I, F. 106—107°; durch Red. *4-Amino*-I, F. 72—75°; durch Diazotieren *4-Oxy*-I, F. 94—95°, u. durch Rk. dieser Verb. mit $(CH_3)_3C\cdot OH$ in saurem Medium *5-tert.-Butyl-4-oxy*-I, F. 133—135°. — Zwischenprodd., Antioxydationsmittel. (**A. P. 2 698 329** vom 21/12. 1950, ausg. 28/12. 1954.) K. FABEL. H 3370

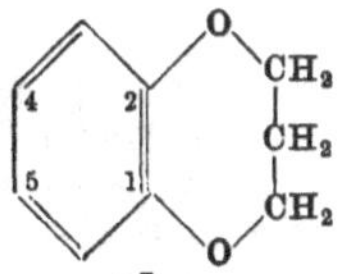

I

Henkel & Cie. G.m.b.H. (Erfinder: **Arthur Zimmermann**), Düsseldorf, *Chitosanäther.* Chitin oder dieses enthaltende Stoffe oder seine lösl. Entacetylierungsprodd. werden mit konz. wss. NaOH u. dann mit $ClCH_2COOH$, Äthylenoxyd oder anderen Verätherungsmitteln behandelt u. gegebenenfalls entacetyliert. Als Ausgangsstoff kann Mycel von *Fusarium sambucinum* dienen. — Hilfsmittel der Textil-, Papier-, Kunststoff- u. Lackindustrie. (**D. B. P. 858 696** Kl. 12o vom 13/5. 1943, ausg. 8/12. 1952.) K. FABEL. H 3950

Badische Anilin- & Soda-Fabrik, Deutschland, *Herstellung polymerer Alkylenoxyde* (Äthylen-, 1.2-Propylenoxyd, Butadiendioxyd, deren Mischungen) durch Rk. in fl. Phase bei 20—50° in geschlossenem Gefäß mit akt. Al_2O_3 (durch Fällung von Al-Salzlsgg. mit NH_3 u. Trocknen bei 400—700°), auch unter Zusatz geringer Mengen polymerer Alkylenoxyde. Faserartige M., Polymerisationsgrad 2000 u. mehr; Ersatz für Traganth u. Stärke, als Entwicklungsmittel in Druckfarben, als Leim u. Schmiermittel, kann durch Walzen oder Pressen geformt werden. — Man mischt z. B. bei 0° 40 (Gewichtsteile) Äthylenoxyd mit 1 Al_2O_3, läßt in 1 Tag auf 30° steigen, hält durch mehrere Tage bei 30—40° im geschlossenen Gefäß. Sobald der Druck nachläßt, wird die M. aufgearbeitet. (**F. P. 1 007 707** vom 23/3. 1948, ausg. 9/5. 1952.) M. Pankow. H 4010

Svenska Sockerfabriks Aktiebolaget, Schweden, *Enzymatische Herstellung von Dextran* aus Saccharose. Man stellt aus einer Kultur dextranbildender Organismen ein Konzentrat aus dextranbildenden Enzymen her, indem man einen wasserlösl. Albumin fä lenden organ. Stoff, wie A., zu der Kultur gibt, den Nd. in einer Pufferlsg. löst u. mit Rohrzucker versetzt. Eine Kultur von Leuconostoc mesenteroides in einer wss. Lsg. von geringem Geh. an Zucker u. Zusatz von hydrolysiertem Albumin wird nach 2 Tagen auf 4° abgekühlt u. mit der 4fachen Menge A. von derselben Temp. vermischt. Nach 1 Std. wird die Fl. abgehebert, das enzym- u. dextranhaltige Präcipitat mit einer 0,2n-Phosphatlsg. auf p_H 5,5 gestellt, bis zu 30% Rohrzucker zugefügt u. bei 20—23° gehalten. Das gebildete Dextran wird mit A. ausgefällt. Die Qualität des Dextrans ist vom p_H u. der Temp. abhängig. (**F. P. 1 075 368** vom 12/2. 1953, ausg. 15/10. 1954. Schwed. Prior. 15/2. 1952.) G. Weltzien. H 4050

Allied Colloids Mfg. Co. Ltd. (Erfinder: **Ronald Gill**), Bradford, England, *Proteinderivate* für die Behandlung von Leder, Papier u. Textilien. Proteine, wie Casein, Gelatine oder Pflanzenglobuline, werden in wss. Lsg. mit einem 1.2-Alkylenimin (I), z. B. Äthylenimin, bei konstanter Einhaltung eines p_H von 4—10 unter Erwärmung auf 40 bis 100° zur Rk. gebracht, wobei der Betrag an freiem I zu keinem Zeitpunkt der Rk. $>$5%, berechnet auf das Protein, liegen darf. (**E. P. 678 103** vom 21/12. 1949, ausg. 27/8. 1952.) W. Kranz. H 4070

X. Färberei. Organische Farbstoffe.

E. Atherton, D. A. Garrett und **T. Vickerstaff**, *Praktisch verwertbare Skalen für Färbungen.* Um eine Standardform zur Spezifizierung der Farbe eines Farbmusters zu finden, werden zwei Größen x u. y eingeführt. Diese zwei Variablen sollen die „Farbbreite" („chromaticity") eines Farbmusters zum Ausdruck bringen u. die graph. Darst. derselben erleichtern, die eine Vergleichsmöglichkeit mit Standardmustern oder reinen Spektralfarben bietet. Neben der Darst. u. der Auswertung solcher Diagramme für die verschied. Farbstoffklassen wird eine Diskussion über die prakt. Anwendung wiedergegeben. (J. Textile Inst. **45.** P350—68. Aug. 1954.) I. Schoenmann. 7000

—, *Farbstoffe der Ciba.* Beschreibung von *Braun synchromat. RBLL. Gelb solide für Tuch GW* u. *Ultravon GF.* (Teintex **16.** 495. 15/9. 1951.) H. Rossow. 7018

—, *Stückfärberei mit Direktfarben.* Unters. über durch Kupfer hervorgerufene Flecke auf den gefärbten Geweben. (Teintex **16.** 493—95. 15/9. 1951.) H. Rossow. 7020

Walter Ernst, *Färben und Ausrüsten von Charmeusestoffen.* Prakt. Hinweise auf Färbung u. Ausrüstung von Charmeuseartikeln aus synthet. Faserstoffen. (Textil-Prax. **10.** 591—94. Juni 1955.) A. Sander. 7020

Hans Kochanek, *Schwarzfärbungen auf Stück, Wolle und Reißwolle.* Überblick über die Färbeverff. der verschied. Wollgewebe in schwarzen Tönen mit Küpen- u. Chromentwicklungsfarbstoffen unter Berücksichtigung häufiger Fehlerquellen. (Textil-Prax. **10.** 597—99. Juni 1955.) A. Sander. 7020

W. Ender, *Über das Färben von Wolle mit Metallkomplexfarbstoffen.* Übersicht über die neueren Metallkomplexfarben mit besonderer Berücksichtigung der Palatinecht-, Neolan- u. Neopalatinfarbstoffe sowie der Cibalan-, Irgalan-, Ortolan- u. Isolansortimente. Eigg. u. Färbeverff. werden näher beschrieben. (Textil-Prax. **10.** 578—83. Juni 1955.) A. Sander. 7020

M. Peter, *Entwicklungen auf dem Gebiete des Färbens von Reyon- und Zellwollgeweben.* Überblick über neuere Färbeverff. u. Färbeapparate für Reyon- u. Stapelfasergewebe. (Textil-Prax. **10.** 583—86. Juni 1955.) A. Sander. 7020

R. A. MacFarlane, *Das Färben von Geweben aus Fibre und Mischgeweben mit Fibre.* Hinweise u. Arbeitsbedingungen zum Reinigen, Färben, Schrumpf- u. Knitterfestausrüsten für die reine Faser u. Mischungen mit Fibroceta, Fibrolan u. Nylon. (J. Textile Inst. **45.** P395—414. Aug. 1954.) I. Schoenmann. 7020

E. H. Daruwalla und **H. A. Turner**, *Untersuchungen über die grundlegenden Vorgänge des Textildrucks.* 6. Mitt. *Der Übergang von Dispersions- und wasserlöslichen*

Farbstoffen in Nylon während des Dämpfens. (5. vgl. C. **1954**. 2055.) In Fortsetzung der l. c. beschriebenen Verss. mit Acetatfarbstoffen wurden kinet. Messungen des Übergangs derselben Farbstoffe von Stärke auf Nylonfilme durchgeführt. Es wurden in folgenden Punkten dieselben Ergebnisse wie an Celluloseacetat erhalten: Dispersionsfarbstoffe zeigen große Anfangsgeschwindigkeit der Erschöpfung, Erschöpfung 90% im Gleichgewicht, konstante Verteilung der Farbstoffe zwischen Faser u. Verdickungsmittel. Lösl. Acetatfarbstoffe werden auf Nylon im Gegensatz zur Acetatfaser rasch übertragen u. die Erschöpfung im Gleichgewicht ist groß. p_H-Erniedrigung u. NaCl-Zusatz vergrößern den Übergang. Verss. mit Naphthalene Red J (1 Sulfogruppe), Naphthalene Red EA (2) u. Naphthalene Scarlet 4R (3) ergaben, daß der Farbstoffübergang mit wachsendem Sulfonierungsgrad abnimmt u. durch p_H-Erniedrigung zunimmt. Bei nach Peters acetyliertem Nylon mit verringerter Zahl freier Aminogruppen wird der Übergang von Dispersol Fast Scarlet B nicht betroffen, bei allen anderen untersuchten Farbstoffen nimmt die Erschöpfung im Gleichgewicht ab. (J. Soc. Dyers Colourists **69**. 440—48. Nov. 1953. Manchester, Univ., Coll. Technol., Dep. Textile Chem.) H. Zahn. 7022

Sherwin-Williams Co., Cleveland, O., übert. von: **Joseph Monroe Kuhn,** Haddonfield, N. J., V. St. A., *Zusammensetzung für Färbebäder* nach dem Lack-in-W.-Typ. Die Lackphase besteht aus einem flüchtigen organ. Lösungsm., das mit W. unmischbar ist, einem Farbstoff, einem Binder, der aus Äthylcellulose (I) u. einem Harz (II) der Harnstoff- oder Melamin–Formaldehydgruppe besteht u. wobei das Verhältnis von **I**:**II** = 1—1,06:4 ist. — Beispiel: 233 (g) „Peomansa grün" (grünes Fe-Salz) des Nitroso-β-naphthols u. 100 W. werden zu einer Paste angerührt u. mit 175 „Melmac 245-8" [50 (Teile) Melamin–Formaldehydharz, 30 Butylalkohol, 20 Xylol; **III**] vermischt. Sodann werden 80 W. abgetrieben. Nach Zugabe von **25 III** u. 297 Terpentin wird in der Kolloidmühle feingemahlen; zu 530 dieser Paste werden 35 Ölsäure, **143 III**, 143 Äthylcelluloselsg. (10 Cp.), 35 Octylalkohol, 114 Dioctylnatriumsuccinat in Cellosolve (Monobutyläther des Äthylenglykols) zugemischt. Ölsäure u. Octylalkohol sind nicht unbedingt erforderlich. Terpentin dient als Lösungsm. für das Melamin–Formaldehydharz. (**A. P. 2 539 914** vom 4/8. 1945, ausg. 30/1. 1951.) A. Gradl. 7007

Celanese Corp. of America, New Yok, N. Y., übert. von: **Frank Berardinelli,** South Orange, und **William J. Myles,** Summit, N. J., V. St. A., *Färben von Textilien aus Celluloseacetat* mit verbesserter Beständigkeit gegen Gasschwund. Man färbt in einem wss. Bade, das den blauen Farbstoff 1-(2′-Oxyäthylamino)-4-methylaminoanthrachinon, Aceton u. so viel dispergiertes N.N′-Di-(2-chlorphenyl)-äthylendiamin enthält, daß 0,1—5% davon auf dem Färbegut niedergeschlagen werden. (**A. P. 2 691 565** vom 16/4. 1952, ausg. 12/10. 1954.) H. v. Schiller. 7021

General Aniline & Film Corp., Del., übert. von: **Henry R. Mautner,** Hackensack, N. J., V. St. A., *Färben von Nylon mit Küpenfarbstoffen.* Man behandelt die Fasern vor dem Färben mit einer wss. Lsg., enthaltend 1—2³/₄ Vol.-% einer 2—5 Gew.-%ig. Lsg. von Phthalsäureanhydrid in Phenol (I) oder einem wasserlösl. alkylsubstituierten I, 2—20 Min. bei 150—210° F, spült u. färbt mit der alkal. Lsg. der Leukoform eines nichtveresterten Küpenfarbstoffes. (**A. P. 2 693 994** vom 24/8. 1951, ausg. 9/11. 1954.) H. v. Schiller. 7021

Dewey & Almy Chemical Co., Cambridge, Mass., V. St. A., *Bedrucken von Textilien.* Ein endloses Drucktuch (I) mit einer textilen Oberfläche u. einem elast. Überzug läuft kontinuierlich über einen Druckzylinder, wobei das zu bedruckende Textilmaterial auf I gelegt u. nach dem Bedrucken wieder entfernt wird. Um I von der übergeflossenen Druckfarbe zu reinigen, wird es über eine Rolle geführt u. dabei mit einer Reinigungslsg. u. Bürsten behandelt, abgequetscht u. anschließend durch Leiten über erhitzte Rollen getrocknet. Um harzhaltige Druckpasten von I zu entfernen, wird zusätzlich vor u. hinter dem Druckzylinder eine Kautschuklsg. auf I aufgebracht, welche eine Viskosität von 7000 Saybold-Sek. bei 100° hat u. mit einem öllösl. Emulgiermittel versetzt ist. Diese verhindert das Eindringen der Druckpaste in I u. erweicht die Paste, so daß sie schnell entfernt werden kann. — Zeichnungen. (**E. PP. 711 549** vom 7/11. 1951, ausg. 7/7. 1954. A. Prior. 13/3. 1951 u. **722 674** vom 5/2. 1953, ausg. 26/1. 1955. A. Prior. 6/2. 1952.) H. v. Schiller. 7023

Gerrit Jan lutje Wooldrik, Enschede,[1] Holland, *Aufbringen von Mustern auf Textilien* nach der „Decalcomania"-Methode. Man preßt bei 140—150° ein Papierblatt, das mit einer Dispersion eines organ. Pigments in einem fetthaltigen Material bedruckt ist, auf das Textilmaterial, welches vorher mit einer wss. Lsg. eines ein synthet. Harz bildenden Materials, z. B. Polymethacrylsäureester, imprägniert wurde. Das Harz enthält ein die Eindringung des Farbstoffes in die Textilfasern förderndes Mittel, entweder ein

Öl oder einen Teilester oder -äther eines mehrwertigen Alkohols. Das Pressen erfolgt bei 0,5 at ca. 10 Sekunden. Anschließend wird das Blatt angefeuchtet u. von dem Textilmaterial entfernt. Letzteres wird getrocknet u. ist vollkommen von dem Farbstoff durchdrungen. (**A. P. 2 685 549** vom 4/8. 1952, ausg. 3/8. 1954.) H. v. Schiller. 7027

Farbenfabriken Bayer, Deutschland, *Herstellung hochmolekularer Kupferkomplexe,* die mindestens einmal die Gruppe 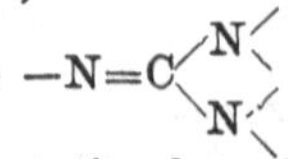 enthalten u. in denen das Cu komplex gebunden ist, erfolgt durch Kondensation komplexer Cu-Verbb., z. B. des Dicyandiamids, Diguanidins, Äthylendiamins, der Polyäthylenpolyamine, des 4-Oxyphenyldiguanidins, 3-Oxyphenylglykokolls, Melamins u. seiner Derivv., mit Aldehyden, wie CH_2O, Acetaldehyd, Chloral u. a. in wss. Lösung. Die Prodd. sind wasserlösl., stark gefärbt u. verbessern die *Wasserfestigkeit* u. *Lichtechtheit von Farben.* — Beispiel: 31,3 (Teile) eines CuCl-Komplexes von Bis-(diäthylentriamin) in 75 W., 188 1n HCl, 94,5 Dicyandiamid u. 35 einer 30%ig. CH_2O-Lsg. 2 Std. rühren, in 3 Std. bei 80° 42 konz. HCl zugeben. Nach 12std. Stehenlassen bei 40—45° eindampfen. Es hinterbleibt ein harzartiger grünblauer Rückstand u. nach weiterem Trocknen im Trockenschrank bei 120° ein grünes Pulver. (**F. P. 1 066 111** vom 9/5. 1952, ausg. 2/6. 1954. D. Prior. 10/5. 1951.)
S. Meier. 7029

Ciba Soc. An., Schweiz, *Herstellung von Estern von aromatischen, Aminogruppen enthaltenden Sulfonsäuren.* Man behandelt Verbb. von der allg. Formel (**A**), worin R_1 einen Benzolring, bei welchem sich die Halogensubstituenten u. X (NO_2, Sulfo-, Aldehydgruppe oder COOH) in o-Stellung zueinander befinden, u. R_2 einen aromat. Rest bedeuten, bei mehr als 100° in Ggw. von Cu-Pulver mit NH_4OH. — Z. B. trägt man langsam bei n. Temp. in 350 (Teile) Chlorsulfonsäure 156,6 2-Chlorbenzol-1-carbonsäure ein, erhitzt das Ganze 4 Std. auf 95—100° u. gießt die gebildete Lsg. sofort auf 1500 Eis. Den erhaltenen weißen Nd. von *1-Carboxy-2-chlorbenzol-5-sulfochlorid* suspendiert man in 1000 (Teile) Eiswasser u. vermischt die Suspension mit 138 2-Oxybenzol-1-carbonsäure. Dann tropft man in das Reaktionsgemisch eine 30%ig. NaOH-Lsg. bis zur schwach alkal. Rk. gegen Phenolphthalein ein u. rührt das Ganze mehrere Std. bei 20—35°. Die Aufarbeitung des Reaktionsprod. ergibt einen Nd., welchen man bei 125—130° im Autoklaven 2 Std. mit 600 Volumenteilen 24%ig. NH_4OH in Ggw. von 4 Teilen Cu-Pulver behandelt. Die Aufarbeitung des Reaktionsprod. ergibt den *2-Carboxyphenylester* (Formel **B**), hellgraubraunes Pulver, der *1-Carboxy-2-aminobenzol-5-sulfonsäure* (I). Ferner werden genannt: *Phenylester* von I; *4-Methylphenylester* von I; *Phenylester der 1-Amino-2-nitrobenzo-4-sulfonsäure; 1-Carboxy-2-aminobenzol-5-sulfonat des 4-Chlor-1-oxybenzols, 1-Carboxy-2-aminobenzol-5-sulfonat des 4-Methyl-2-carboxy-1-oxybenzols.* Die Sulfonsäureester dienen zur Herst. von *Azofarbstoffen.* (**F. P. 1 021 269** vom 3/7. 1950, ausg. 17/2. 1953. Schwz. Priorr. 18/7. 1949 u. 13/3. 1950.) T. Oppermann. 7049

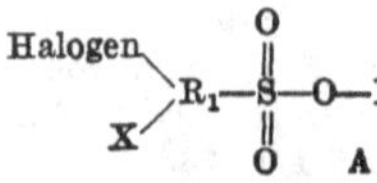

A

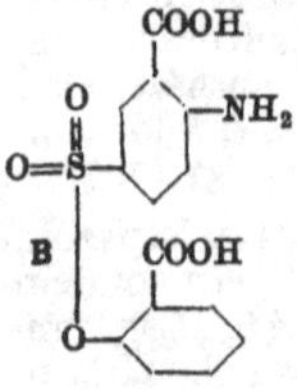

B

Ciba Akt.-Ges., Basel (Erfinder: **Arthur Bühler,** Rheinfelden, und **Christian Zickendraht,** Binningen), Schweiz, *Herstellung von Monoazofarbstoffen bzw. deren Metallkomplexverbindungen,* dad. gek., daß man Diazoverbb. aus sulfonsäure- u. carboxylgruppenfreien Aminen der allg. Formel **I** (R = Aralkyl- oder Arylrest; R_1 = Benzolrest, der die OH- u. NH_2-Gruppe in o-Stellung zueinander trägt) mit sulfonsäure- u. carboxylgruppenfreien Azokomponenten vereinigt, die in Nachbarstellung zu einer OH-Gruppe kuppeln, u. gegebenenfalls die erhaltenen o.o'-Dioxymonoazofarbstoffe mit metallabgebenden Mitteln behandelt. 3-Amino-4-oxy-1.1'-diphenylsulfon → 5-Pyrazolon-3-carbonsäure-n-butylamid (II). Wolle (**B**) chromiert rot. — 4-Amino-3-oxy-1.1'-diphenylsulfon → **II.** B chromiert bordeauxrot. (**D. B. P. 922 727** Kl. 22a vom 3/12. 1952, ausg. 24/1. 1955. Anmeldung bekanntgemacht 16/6. 1954. Schwz. Priorr. 7/12. 1951 u. 4/11. 1952.) U. Sievers. 7053

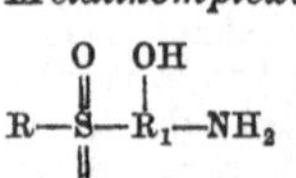

I

Ciba Akt.-Ges., Basel (Erfinder: **Willy Widmer,** Bottmingen, **Christian Zickendraht,** Binningen, und **Arthur Bühler,** Rheinfelden), Schweiz, *Herstellung metallhaltiger Azofarbstoffe,* dad. gek., daß man metallabgebende Mittel auf Gemische zweier verschied. sulfonsäure- u. carboxylgruppenfreier o.o'-Dioxymonoazofarbstoffe einwirken läßt, von denen einer eine Sulfonsäureamidgruppe enthält u. mindestens einer der Formel $HO-R_1-N=N-R_2-OH$ entspricht (R_1 u. R_2 = in o-Stellung zur OH-Gruppe an die Azogruppe gebundene einkernige Reste der Benzolreihe; einer der beiden Reste R_1 u. R_2 ist durch eine in o- oder p-Stellung zur OH-Gruppe stehende NO_2-Gruppe substituiert). [4-Nitro-2-amino-1-oxybenzol (I) → 4-Methyl-1-oxybenzol (II) wird mit [4-Nitro-6-chlor-2-amino-1-oxybenzol (III) → 1-Phenyl-3-methyl-5-pyrazolon-3'-sulfonsäureamid (IV)] gemischt u. in Form der Na-Salze in wss. Lsg. mit chromsalicylsaurem Na/K chromiert. Wolle (**B**) aus essigsaurem Bade orangebraun. — [4-Nitroacetylamino-2-amino-1-oxybenzol → 4-tert.-Amyl-1-oxybenzol] wird mit [2-Amino-1-oxybenzol-4-sulfonsäureamid → 1-Phenyl-3-methyl-5-pyrazolon] gemischt u. in Form der Na-Salze in wss. Lsg. mit Kobaltsulfat metallisiert. **B**, aus essigsaurem Bade, orangebraun. — I → II wird als Na-Salz mit verd. A. vermischt u. mit Chromfluorid in Ggw. von Ameisensäure im Autoklaven 8 Std. auf 120—125° erwärmt. Der Chromkomplex wird isoliert u. mit dem Na-Salz des Farbstoffes III → IV in W. bei 70—75° nach Zugabe von NaOH 1 Std. erwärmt. Der Farbstoff wird in bekanter Weise ausgesalzen.; **B**, aus essigsaurem Bade, orangebraun. — Vgl. auch Schwz. PP. 292 656, 292 657, 292 658; C. **1955.** 8269, u. 292 659, 292 660, 292 661, 292 662, 292 663, 292 664, 292 665, 292 666, 292 667, 292 668, 292 669, 292 670, 292 671, 292 672, 292 673; C. **1955.** 1611. (**D. B. P. 923 736** Kl. 22a vom 17/4. 1951, ausg. 21/2. 1955. Anmeldung bekanntgemacht 15/5. 1952. Schwz. Priorr. 21/4. 1950 u. 7/3. 1951.) U. Sievers. 7053

Ciba Soc. An., Schweiz, *Monoazofarbstoffe*. Zu Schwz. P. 291 508; C. **1955.** 1382 ist nachzutragen: Ähnliche Farbstoffe können auch erhalten werden durch Kuppeln von diazotiertem 4-Chlor-6-nitro-2-amino-1-oxybenzol mit 2.8-Dioxynaphthalin-6-sulfonsäure, Red. u. Acetylierung der Aminogruppe. (**F. P. 1 042 299** vom 19/9. 1951, ausg. 30/10. 1953. Schwz. Prior. 20/9. 1950.) G. Hoppe. 7053

Ciba Soc. An., Schweiz, *Azofarbstoffe*. Zu Schwz. P. 289 687; C. **1954.** 8450 ist nachzutragen: Ähnliche Farbstoffe werden erhalten durch Kuppeln von diazotierten Aminen der Formel I (X = Alkyl-, Aralkyl-, Cycloalkyl-, Aryl- oder heterocycl. Rest, bes. Benzolrest, gegebenenfalls noch substituiert; Y = H oder Alkyl) mit Komponenten, die benachbart zur Kupplungsstelle eine metallkomplexbildende Gruppe enthalten, z. B. von 2 (Mol) diazotiertem 1-Oxy-2-aminobenzol-5-carbonsäureanilid mit 1 5.5'-Dioxy-2.2'-dinaphthylamin- oder -2.2'-dinaphthylharnstoff-7.7'-disulfonsäure. (**F. P. 1 046 693** vom 13/7. 1951, ausg. 8/12. 1953. Schwz. Prior. 14/7. 1950.) G. Hoppe. 7053

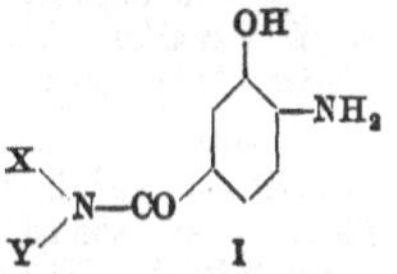

I

Ciba Akt.-Ges., Basel, Schweiz, *Herstellung eines kobalthaltigen Azofarbstoffes*. 2-Amino-1-oxybenzol-4-methylsulfon → 1-Phenyl-3-methyl-5-pyrazolon. Das Na-Salz des Farbstoffes wird in W. gelöst u. bei 85° mit Kobaltsulfat metallisiert; färbt Wolle aus neutralem oder essigsaurem Bad braungelb. (**Schwz. P. 303 280** vom 30/10. 1951, ausg. 1/2. 1955.) U. Sievers. 7053

Ciba Akt.-Ges., Basel, Schweiz, *Herstellung eines Azofarbstoffes der Stilbenreihe*. Zu einer Suspension von Cyanurchlorid in wenig W. gibt man unter Rühren 4-Nitro-4'-aminostilben-2.2'-disulfonsäure (I) u. eine Lsg. von Natriumacetat (II). Nach 15 Min. fügt man nochmals die gleiche Menge I u. II hinzu. Man erhöht die Reaktionstemp. auf 80° u. fügt nach 3 Std. Anilin hinzu (6 Teile auf 20 Teile I). Man löst das Kondensationsprod. in Ammoniak u. red. die Dinitroverb. mit Natriumhydrosulfid. Nach 3 Std. wird das Diaminotriazinderiv. (III) durch Ansäuern abgeschieden. III → 8-Oxychinolin; färbt Cellulosefasern, nachgekupfert, rotstichigorange. (**Schwz. P. 304 720** vom 16/1. 1952, ausg. 1/4. 1955.) U. Sievers. 7053

J. R. Geigy Akt.-Ges. (Erfinder: **Werner Bossard**, Riehen, und **Marcel Reding**), Basel, Schweiz, *Herstellung von kupferbaren Disazofarbstoffen*, dad. gek., daß man in beliebiger Reihenfolge 1 (Mol) einer unsulfonierten 4.4'-Diacetoacetylaminodiphenylverb., die in 3.3'-Stellung noch weitere Substituenten enthalten kann, mit 1 einer Diazoverb. der allg. Formel I (A = Arylrest der Benzol- oder Naphthalinreihe, der mindestens eine saure wasserlösl. machende Gruppe enthält) u. 1 o-Carboxydiazoniumverb. der Benzol- oder Naphthalinreihe kuppelt, die mit der ersten ident. sein kann. — 4-Aminodiphenylharnstoff-3-carbonsäure-3'-sulfonsäure (II) → 4.4'-Diacetoacetylamino-1.1'-diphenyl. Cellulosefaser (**G**), nachgekupfert, grünstichiggelb. — 4-Aminodiphenylharnstoff-3-carbonsäure-4'-sulfonsäure → 4.4'-Diacetoacetylamino-3.3'-dimethyl-1.1'-diphenyl; **G** grünstichiggelb; die Farbe verändert sich beim Nachkupfern nur wenig. — II → 4.4'-Diacetoacetylamino-3.3'-dichlor-1.1'-diphenyl; **G** nachgekupfert, grünstichiggelb. — Die erhaltenen Farbstoffe besitzen gute Echtheitseigenschaften. (**D. B. P. 924 523** Kl. 22a vom 7/5. 1953, ausg. 3/3. 1955. Anmeldung bekanntgemacht 29/7. 1954. Schwz. Prior. 8/5. 1952.) U. Sievers. 7055

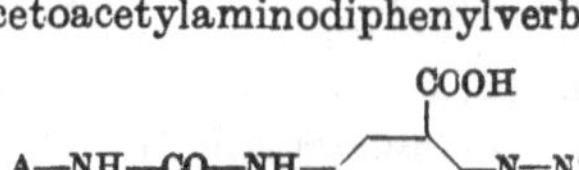

I

XIa. Farben. Anstriche. Lacke. Naturharze.

Panhäuser, *Rostschutz von Metallen.* Überblick über Korrosionsschutzmittel zum Schutz von Metalloberflächen beim Lagern vor der Weiterverarbeitung, wie schmierfettartige Mittel, Einfettöle, lackartige Mittel, Kunststoffüberzüge, gasförmige Mittel. (Metallwaren-Ind. Galvano-Techn. **46.** 19—20. Jan. 1955.) F. Markhoff. 7090

J. H. Skellon, *Der Reaktionsvorgang beim Trocknen von Ölen. Weitere Fortschritte aus Autoxydationsforschungen.* Verss. über katalyt. Autoxydation ungesätt. Fettsäuren u. ihrer Ester mit O_2-Gas ergaben Peroxyde nichtkonjugierter Öle, die bei der Zers. anscheinend konjugierte Prodd., Dimere mit —C—C—Bindung (a) u. geringe Mengen anderer Nebenprodd. lieferten. Aus Peroxyden konjugierter trocknender Öle wurden dagegen Peroxyde mit a neben schwer reduzierbaren anderen Prodd. erhalten; neben der Polymerisation erfolgte eine Spaltung der weniger stabilen Peroxyde. — 2 Abbildungen u. 10 Literaturhinweise. (Paint Manufact. **25.** 186—88. Mai 1955.) A. Sander. 7096

Dudley T. Moore, *Dimere Säuren.* (Paint Ind. Mag. **66.** 6—8. Aug. 1951. — C. **1951.** II. 1817.) B. Scheifele. 7096

Walter J. Hanau, *Vinylharze für Anstriche.* 1. Mitt. (Vgl. C. **1952.** 3252. 5177.) Struktur u. Darst. von Vinylpolymeren u. Copolymeren. (Paint Varnish Product. **41.** Nr. 2. 17—19. Febr. 1951.) B. Scheifele. 7106

Walter J. Hanau, *Vinylharze für Anstriche.* 2. Mitt. (1. vgl. vorst. Ref.) Zus., Eigg. u. Anwendung von Polyäthylen, Polyisobutylen, Cumaron-Inden, Polystyrol u. Polystyrolemulsionen. (Paint Varnish Product. **41.** Nr. 5. 25—26. 41. Mai 1951.) B. Scheifele. 7106

N. Corcoran, *Die Physik in der Farbenherstellung.* Überblick über die wichtigsten physikal. Untersuchungsmethoden von Pigmenten, Farbstoffen u. Anstrichen. (Paint Manufact. **24.** 395—97. Nov. 1954.) A. Sander. 7158

John D. Creighton, *Standardisierung der Prüfmethoden für Holzanstriche.* 2. Mitt. (1. vgl. Canad Paint Varnish Mag. **24.** Nr. 11. [1950.] 7.) Prüfung an fl. Proben u. Rohstoffen, wie klaren Lasuren, pigmentierten Lacken, Farbstoffen, Tönungs- u. Schattierungsmitteln, Füllstoffe u. Beizen. (Canad. Paint Varnish Mag. **25.** Nr. 5. 14. 63—64. 69—71. Mai 1951.) B. Scheifele. 7158

Armstrong Cork Co., übert. von: **Harold E. Adams,** Lancaster, Pa., V. St. A., *Grundlage für Überzugslacke.* (4 Mol) Harz werden mit 6 Maleinsäureanhydrid kondensiert; 2 Leinölfettsäuren, 6,4 Diäthylenglykol u. 2 Glycerin werden zugefügt, zur Rk. gebracht u. die Rk. abgebrochen, bevor das Prod. geliert. Statt Glycerin können auch andere 3- u. mehrwertige Alkohole verwendet werden. (**A. P. 2 537 949** vom 6/6. 1946, ausg. 16/1. 1951.) A. Gradl. 7097

Dow Corning Corp. (Erfinder: **Harold Arthur Clark**), Midland, Mich., V. St. A., *Herstellung von siliciumorganischen Verbindungen,* die Siloxan- u. Silmethylenbindungen enthalten, dad. gek., daß man Verbb. oder ein Gemisch von Verbb. der Formel $R_2YSi\cdot CH_2SiY_2R$, in der R gleiche oder verschied. Alkyl- u. bzw. oder monocycl. Arylreste u. Y Halogen- oder Alkoxyreste bedeuten, für sich allein oder in Ggw. von Organohalogensilanen (I) hydrolysiert u. kondensiert. Als I dienen z. B. Organodihalogensilane u. Verbb. der Formeln $(CH_3)_2YSiCH_2SiY_3$ u $C_6H_5SiY_3$ (Y = Chlor). Vorteilhaft werden 5—50 Mol-% $(CH_3)_2YSiCH_2SiY_2CH_3$ bzw. ein Gemisch, das mindestens 50 dieser Verb. neben der Verb. $(CH_3)_2YSiCH_2SiY_3$ bzw. neben der Verb. $C_6H_5SiY_3$ bzw. neben beiden Verbb. enthält, in Ggw. von 95—50 der Verb. CH_3HSiY_2 hydrolysiert. Die Prodd. sind Harze u. dienen bes. für *hitze- u. wetterbeständige Überzüge* für Boiler, Kamine, Öfen u. heiße Metallflächen. (**D. B. P. 915 746** Kl. 39c vom 29/9. 1950, ausg. 29/7. 1954. Anmeldung bekanntgemacht 17/12. 1953. A. Prior. 19/3. 1949.) J. Mühleisen. 7097

Metallgesellschaft Akt.-Ges. (Erfinder: **Hermann Clasen**), Frankfurt/M., *Herstellung von Organopolysilanen,* dad. gek., daß Polysilen (I) unter Druck u. unterhalb der Temp., bei der unter dem angewendeten Druck I in monomere Silane zerfällt, mit ungesätt. KW-stoffen, bes. Äthylen (II), oder deren Derivv. umgesetzt wird. — 30 g I werden unter Druck u. allmählicher Steigerung der Temp. auf 300° u. des Drucks auf 200 atü mit II umgesetzt. Man erhält 85 g amorphes Polydiäthylsilan. — Verwendung für *Überzüge* u. dgl. (**D. B. P. 933 231** Kl. 39c vom 17/9. 1952, ausg. 22/9. 1955. Anmeldung bekanntgemacht 24/3. 1955.) J. Mühleisen. 7097

Manufactures de Produits Chimiques du Nord Établissements Kuhlmann, Frankreich (Erfinder: **R. Matalon**), *Darstellung von wässerigen Emulsionen reiner und chlorierter Kohlenwasserstoffe.* Prodd. der Reed-Rk. (Sulfochlorierung von KW-stoffen) vermögen in wss. Lsg. große Mengen von reinen oder chlorierten KW-stoffen zu emulgieren. Die Herst. feinster stabiler Emulsionen gelingt durch intensive Mischung einer Lsg. der KW-stoffe in Bzl., CCl_4 oder PAe. mit einer wss. Lsg. von ein oder mehreren Alkylsulfonaten, Alkylmono- oder -polysulfochloriden u. Zusatz eines polaren Stoffes, wie Alkohole, Amine, Phenole, Säuren (Propanol, Butanol, Hexanol, Terpineol, m-Kresol, Hexylamin u. a.). Die Zus. wechselt, die wss. Lsg. der REED-Prodd. ist allg. 40%ig. Die Emulsionen besitzen gute Deckkraft u. werden als *Oberflächenschutz* in der *Kosmetik* u. als *Insekticide* verwendet. (**F. P. 1 026 169** vom 21/7. 1950, ausg. 24/4. 1953.) S. MEIER. 7107

Dow Chemical Co., übert. von: **Walter A. Henson, Mark E. Kelly jr., Dudley A. Taber, Robert L. Wise,** Midland, Mich., und **Donald D. Schurr,** Bay Village, O., V. St. A., *Nichtfluoreszierender Latexüberzug* wird erhalten aus einer wss. Emulsion, bestehend aus 25—70 (Teilen) eines Mischpolymers mit wenigstens 15 (Mol-%) eines aromat. KW-stoffs mit einem Vinylrest (Styrol) u. 40—60 eines aliphat. Diolefins mit konjugierten Doppelbindungen (Butadien, Isopren) u. 75—30 einer alkal. wss. Lsg. von ionisierbaren K- u. Na-Verbb. mit einem Mischungsverhältnis K : Na von 0,35—2,5 mit p_H-Wert 9—10, bes. mit Emulgiermitteln. (**A. P. 2 689 235** vom 2/2. 1953, ausg. 14/9. 1954.) W. GRÄGER. 7107

Congoleum-Nairn, Inc., übert. von: **Leon B. Palmer,** Kearny, und **Ralph W. Charlton,** Verona, N. J., V. St. A., *Anstrichmittel aus Cashewnußschalenöl.* Dieses Öl wird mit 3—90% eines trocknenden, bes. vorher oxydierten Öls (Lein-, Sojabohnen- oder Perillaöl) auf 175—300°, bes. 245° F, bis zur Aufnahme von 4—16,5, bes. 4—9%, O erhitzt. Durch den Zusatz der trocknenden Öle wird die O_2-Aufnahme beschleunigt. Das erhaltene Ölgemisch ist für Fußböden, Wände oder Möbel verwendbar. (**A. P. 2 611 715** vom 25/6. 1948, ausg. 23/9. 1952.) W. GRÄGER. 7107

Reardon Co., übert. von: **Frank X. Grossi,** St. Louis, Mo., V. St. A., *Anstrichmittel,* bes. für Bauten, von erhöhter Deckfähigkeit, das mit kaltem W. angerührt werden kann, bestehend aus 40—46 (Teilen) Glimmer, Asbestfasern u./oder Gips, 30—31 Schlämmkreide u./oder Chinaclay, 15 Lithopone, 4—5 Stärke u. 3—4 wasserlösl. Celluloseäther (Na-Celluloseglykolat, Cellulosemethyläther, Oxyäthylcellulose). 2 dieses pulverförmigen Gemisches in 100 W. ergeben eine Viscosität von 100 cp. bei 25°. Als Konservierungsmittel wird bes. Na-Pentachlorphenolat in geringen Mengen zugesetzt. (**A. P. 2 699 401** vom 17/11. 1949, ausg. 11/1. 1955.) W. GRÄGER. 7107

Soc. Française de Peintures Bitumineuses A. E. Petit et Fils „Bitulac" Soc. à.r.l., Frankreich, *Bituminöse Lacke. Streichfähige bituminöse Lacke* erhält man, indem man Steinkohlenteer oder seine Derivv. in einem Öl aus der Steinkohlendest. durch Erwärmen löst u. nach Erkalten gepulvertes Vinylharz u. Füllstoff zusetzt. — Z. B. 30 (Teile) Steinkohlenteer, 41 Anthracenöl, 29 Solventnaphtha erwärmen, nach Erkalten mit 16 pulverisiertem Polyvinylchlorid u. 60 Talkum mischen. Die Menge des Lösungsm. u. des Füllstoffes kann je nach Viscosität variieren. (**F. P. 1 036 871** vom 8/5. 1951, ausg. 11/9. 1953.) S. MEIER. 7107

Badische Anilin- & Soda-Fabrik Akt.-Ges., Ludwigshafen/Rh. (Erfinder: **Bernhard Schmitt,** Heidelberg), *Überziehen von Formkörpern mit Kunststoffen,* dad. gek., daß erwärmte Formkörper mit wss. Dispersionen von Polymerisationskunststoffen, die wasserlösl. Polyäther u. niedermol. Elektrolyte enthalten, in Berührung gebracht werden. Als Polyäther sind *Polyvinylmethyläther* u. *Polyglykoläther,* als Elektrolyte z. B. Alkalinitrate, $CaCl_2$, $Al_2(SO_4)_3$ oder $Pb(NO_3)_2$ genannt. (**D. B. P. 919 155** Kl. 75c vom 27/2. 1952, ausg. 14/10. 1954. Anmeldung bekanntgemacht 11/3. 1954.) E. WEISS. 7107

Eastman Kodak Co., Rochester, N. Y., übert. von: **Charles H. Coney,** Kingsport, Tenn., V. St. A., *Polieren von Spritzgußgegenständen aus Celluloseacetobutyrat.* Diese werden 10—20 Min. in eine Mischung aus 50—45% Isopropylalkohol u. 50—55% Toluol oder Xylol getaucht u. dann getrocknet. (**A. P. 2 651 811** vom 23/6. 1951, ausg. 15/9. 1953.) E. WEISS. 7119

Hercules Powder Co., übert. von: **Jack B. Batdorf,** Wilmington, Del., V. St. A., *Reinigung von wasserlöslichen Harzsäureestern* (I), die aus Harzsäuren u. wenigstens 10 Mol eines Alkylenoxyds erhalten wurden, von denen als Nebenprod. entstandenen Polyoxyalkylenglykolen (II). Die wasserlösl. Mischung eines z. B. aus dehydriertem Harz mit 15 Mol Äthylenoxyd erhaltenen Esters wird auf 100° erhitzt, wobei sich 2 Schichten bilden. Die untere Schicht enthält I, die obere II u. den Veresterungskatalysator, die nun beide voneinander getrennt werden können. — Zwischenprodd. zur Herst. von *Emulgier-, Netz-* u. *Reinigungsmitteln* u. *Emulsionsölfarben.* — 2 Diagramme. (**A. P. 2 662 881** vom 29/11. 1951, ausg. 15/12. 1953.) G. KRAUSS. 7141

United States of America, übert. von: **Leo A. Goldblatt,** New Orleans, La., **Nealy C. McConnell,** Olustee, und **Hugh B. Summers jr.,** Lake City, Fla., V. St. A., *Kiefernharzdestillation* zur Gewinnung von reinem Terpentin. Bei der Wasserdampf dest. des Harzes werden die Dämpfe bei <175°, jedoch oberhalb des n. F. des Harzes mit einer Strömungsgeschwindigkeit von <1,5 m/Sek. durch eine Glasfaserpackung durchgeführt, dann kondensiert u. das reine Terpentin vom W. getrennt. — Vorrichtung. (**A. P. 2 598 684** vom 11/5. 1950, ausg. 3/6. 1952.) W. GRÄGER. 7151

XIb. Plaste (Kunstharze. Plastische Massen).

Reinhard J. Landefeld, *Kunststoffe im Maschinenbau.* Die für den Maschinenbau wichtigsten Kunststoffe sind die Preßmassen auf der Grundlage von Phenol- oder Harnstoffharzen u. die Thermoplaste, wie die Polypyrole, die Acetatcellulose u. die Acrylderivv., z. B. Plexigum. Kurzer Überblick über die Eigg. dieser Stoffe. (Werkstatt u. Betrieb **86.** 334. Juli 1953. Wuppertal-Barmen.) F. MARKHOFF. 7170

Edwin G. Fisher, *Thermoplastische Extrusion.* 1. Mitt. Von den wesentlichen Problemen beim Schneckenstrangpressen von thermoplast. Kunststoffen wird die Formgebung der Spritzköpfe u. Mundstücke für Stäbe u. kompakte Profile, Rohre u. Hohlkörper bzw. für Kabel- u. Drahtummantelung besprochen. (Austral. Plastics **8.** Nr. 79. 27—33. 64. Febr. 1952. R. H. Windsor Ltd., Extrusion Developm.) R. SCHÄFF. 7170

B. M. Axilrod, M. A. Sherman, V. Cohen und **I. Wolock,** *Effekte biaxialer Reckung.* (Mod. Plastics **30.** 117—24. 182—84. Dez. 1952. Nat. Bureau Standards, Organ. Plast. Sect. — C. **1953.** 5421.) R. SCHÄFF. 7172

George S. Laaff, *Nichtweichgemachtes Polyvinylchlorid.* Übersicht über die Anwendung (konstruktive Probleme) von Hart-PVC. (Austral. Plastics **8.** Nr. 101. 15—19. Dez. 1953.) R. SCHÄFF. 7172

J. G. Hendricks und **E. L. White,** *Bewetterungscharakteristiken von plastischen Massen aus Vinylchloridpolymeren.* Durch Bewetterungsverss. wurde festgestellt, daß plast. Massen aus Vinylchloridpolymeren, plastifiziert mit Di-[2-äthylhexyl]-phthalat, dem sogenannten DOP, die besten Eigg. haben. Zusätze von Octyldecylphthalat oder -adipat oder von Di-n-octylphthalat zu DOP verbessern die Biegsamkeit bei niederen Tempp., ohne die elektr. Eigg. zu beeinflussen. Gasruß oder TiO_2 als Rutil sind als Schutzpigmente geeignet. Kalk u. Schlämmkreide können ebenfalls verwendet werden. (Wire and Wire Products **27.** 1053—57. 11 26. Okt. 1952. Brooklyn, N. Y., National Lead Co.) F. VIER. 7172

Lawrence Nielsen, Robert E. Pollard und **Elizabeth McIntyre,** *Umwandlungstemperaturen von weichgemachten Produkten und Mischpolymerisatsystemen.* An 3 Mischpolymerisaten (*Vinylchlorid* mit *Vinylacetat, Vinylidenchlorid* bzw. *Methylacrylat*) u. an verschied. weichgemachten Polymerisaten wurden mit der Torsionsapp. von CLASH u. BERG (Ind. Engng. Chem. **34.** [1942.] 1218) Umwandlungstempp. bestimmt, die als die Tempp. definiert sind, bei denen der Logarithmus des Elastizitätsmoduls einen Wendepunkt zeigt. Die Umwandlungstemp. ist eine lineare Funktion des Volumenbruchs des (verträglichen) Weichmachers in einem hochmol. Harz, wie z. B. *Polyvinylchlorid.* Die Umwandlungstemp. weichgemachter Prodd. läßt sich aus den Umwandlungstempp. des reinen Polymerisats u. des Weichmachers voraussagen. Die Umwandlungstemp. homogener Mischpolymerisate kann man aus der Umwandlungstemp. der einzelnen polymerisierten Monomeren des Mischpolymerisats voraussagen. (J. Polymer. Sci. **6.** 661—64. Mai 1951. Springfield, Mass., Monsanto Chem. Co., Plast. Res. Labor.) R. SCHÄFF. 7172

—, *Untersuchungen über die flüssigen Phenol–Formaldehyd-Harze.* Viscosität der fl. Resole, Alterung in wss. Lsg., elektr. Eigenschaften. (Rev. gén. Matières plast. **27.** Nr. 9. 7—14. Febr. 1951.) W. MOLL. 7176

J. Voigt, *Die UV-Durchlässigkeit von Polyesterharzen.* Die UV-Durchlässigkeit linearer Polykondensationsprodd. aus Maleinsäure (I) u. bifunktionellen Alkoholen ist unabhängig vom Mol.-Gew. u. wird nur von der Konz. an I-Resten bestimmt. Lsgg. freier I gleicher Konz. zeigen ähnlichen Durchlässigkeitsverlauf. In Chloroformlsg. untersuchte Maleinatharze unterscheiden sich dabei prakt. nicht von als Film untersuchten Substanzen. Bei teilweisem Ersatz der I-Reste durch Adipin- oder Phthalsäureester wird die Lage der kurzwelligen Durchlässigkeitsgrenze relativ wenig verändert. Bei ungesätt. Maleinatharzen liegt der Bereich selektiver Lichtabsorption unterhalb 340 mμ. (Plaste u. Kautschuk **2.** 200—03. Sept. 1955. Berlin-Adlershof, Labor für Kunststoffe der Deutschen Akademie der Wissenschaften zu Berlin.) M. WINIKER. 7176

Price-Driscoll Corp., New York, übert. von: **Robert Menning Barth**, Pelham Manor, N. Y., V. St. A., *Trennmittel*, bes. beim *Abformen mit Kunststoffen*. Als solches dient in verflüssigtem $C_2H_2Cl_2F_2$, $CHClF_2$ oder C_2H_5F gelöstes Siliconöl (4%) mit einer Viscosität von > 5000 S.S.U. (gegebenenfalls Zusatz von Polybutylen), das auf die Formenoberfläche gesprüht wird. — Zeichnung. (**A. P. 2 639 213** vom 21/3. 1950, ausg. 19/5. 1953.) E. WEISS. 7171

M. W. Kellogg Co., übert. von: **Albert L. Dittman**, Jersey City, und **John M. Wrightson**, North Bergen, N. J., V. St. A., *Herstellung fluorhaltiger Verbindungen*. Perhalogenolefine mit wenigstens 3 F-Atomen werden aus Olefinen mit wenigstens 2 Cl u. 1 H im Mol. hergestellt, indem man diese bei 0—150° in Ggw. eines Katalysators für F_2-Addition (z. B. CoF_3) fluoriert, dann bei 50—2200° mittels HF (bes. in Ggw. von Halogenisierungskatalysatoren, wie Antimonsalz) an einem voll halogensubstituierten C-Atom 1 Cl durch F ersetzt u. schließlich durch HCl-Abspaltung (mit kaust. Sodalsg.) wieder 1 Doppelbindung erzeugt. Von $CHCl=CCl_2$ gelangt man so über *Trichlordifluoräthan*, $CHFCl-CFCl_2$, u. *Dichlortrifluoräthan*, $CHFCl-CF_2Cl$, zum *Trifluorchloräthylen*, $CFCl=CF_2$, das bei ca. —16° in Ggw. von Bis-trichloracetylphenoxyd zu wertvollen festen Stoffen *polymerisiert* werden kann. (**A. P. 2 690 459** vom 9/10. 1948, ausg. 28/9. 1954.) W. HEROLD. 7173

United States Rubber Co., New York, N. Y., übert. von: **Elbert C. Ladd** und **Merlin P. Harvey**, Passaic, N. J., V. St. A., *Dialkyl-3-dodecyloxypropan-1-phosphonate* erhält man durch Kondensation eines Dialkylphosphits mit einem Alkyldodecyläther in Ggw. von freien Radikalen als Katalysator (UV-Licht, Peroxyde, Hydrazine, Azobenzole, Metallalkyle) bei ca. 60—100°. — Aus Allyldodecyläther u. Diäthylphosphit, in Ggw. von Benzoylperoxyd bei 80—85° → *Diäthyl-3-dodecyloxypropan-1-phosphonat*, $Kp._{0,9}$ 192°. — *Weichmacher* für *Polyvinylchlorid*. (**A. P. 2 664 438** vom 3/11. 1950, ausg. 29/12. 1953.) G. KRAUSS. 7173

B. F. Goodrich Co., New York, N. Y., übert. von: **Harold P. Brown**, Akron, O., V. St. A., *Elastische Kunststoffe*. 50—99 (Gew.-%) eines aliphat. Monoolefins u. 1—50 α.β-ungesätt. Carbonsäurechlorid werden in Ggw. eines FRIEDEL-CRAFTS-Beschleunigers bei —10 bis —160° polymerisiert u. hydrolysiert, wodurch die Säurechloridgruppen in COOH-Gruppen übergehen; dann wird mit einem Metalloxyd versetzt u. auf 52—204° erhitzt. — Beispiel: 56 (Gewichtsteile) Isobutylen (**I**) u. 18 Acrylchlorid (**II**) werden in C_2H_5Cl gelöst, mit $AlCl_3$ in C_2H_5Cl vermischt u. auf —100° gekühlt. Nach 10 Min. wird das Mischpolymerisat in W. ausgefällt, gewaschen u. bei 70° geknetet; dann werden 3 ZnO, 3 Stearinsäure u. 50 Ruß zugegeben u. die M. bei 163° verpreßt. — Es können auch Tetrapolymere aus 95,2 **I**, 2,4 Isopren, 1,4 6.6-Dimethylfulven u. 1,5 **II** verarbeitet werden. (**A. P. 2 671 074** vom 24/11. 1950, ausg. 2/3. 1954.) G. SALZMANN. 7173

Oxirane Ltd., London, England, *Herstellung von Mischpolymerisaten* aus Styrol (**I**) u. ungesätt. Fettsäuren (**II**) oder deren Estern (**III**) mit Polyalkoholen erfolgt, indem man das Reaktionsgemisch (**I** : **II** oder **III** = 6—4 : 4—6 Gewichtsteile) bei 210—270° durch eine Reaktionszone leitet, wobei der Druck so hoch gehalten wird, daß das Reaktionsgemisch fl. bleibt (z. B. 25—100 at) u. die Verweilzeit in der Reaktionszone nicht >120 Min. beträgt. In einer nachgeschalteten Kolonne erfolgt Abtrennung von nichtumgesetztem **I** u. gegebenenfalls von Lösungsmitteln. Das Polymerisat kann außer seiner Verwendung als Überzugsmasse, Bestandteil von Imprägniermitteln u. dgl., mit mehrwertigen Alkoholen oder Polycarbonsäuren oder deren Anhydriden zu sogenannten styrolisierten Alkydharzen weiterverestert werden. (**E. P. 709 011** vom 7/2. 1951, ausg. 12/5. 1954.) O. MÜLLER-MEININGEN. 7173

Dow Chemical Co., Midland, Mich., übert. von: **Malcolm E. Pruitt**, Lake Jackson, und **Joseph M. Baggett**, Freeport, Tex., V. St. A., *Hochpolymere von Propylenoxyd* (**I**) mit F. >50° u. Mol.-Gew. >100000 erhält man durch Polymerisation von **I** bei 40—150°, gegebenenfalls mit anderen Epoxyden, wie Äthylen-, Isobutylenoxyd, 1.2- bzw. 2.3-Epoxybutan, Styroloxyd u. Epichlorhydrin, in Ggw. von 0,1—5% Fe-Verbb. (**II**), in denen Fe als Hydrat oder als Koordinationskomplex vorliegt. Solche **II** sind z. B. das Reaktionsprod. von wasserfreiem $FeCl_3$ mit **I**, Ferrioxydhydrat, Fe(OH)·$(C_2H_3O_2)_2$, $FeCl_3 \cdot 6\,H_2O$ u. $FeCl_2 \cdot 4\,H_2O$. — Man erhitzt fl. **I** 69 Std. mit 2 Gew.-% $FeCl_3 \cdot 6\,H_2O$ in einem Autoklaven, löst das Reaktionsprod. in einem Gemisch gleicher Teile Aceton u. Gasolin, säuert mit HCl (zwecks Löslichmachen der Fe-Salze) an u. läßt das feste Polymer bei —30° auskristallisieren. Das Prod. zeigt gute filmbildende Eigenschaften. — Verwendung als Kunststoffe für *Filme* u. *Preßmassen*. (**A. P. 2 706 189** vom 5/6. 1952, ausg. 12/4. 1955.) J. MÜHLEISEN. 7177

Shell Development Co., Emeryville, übert. von: **Harvey L. Parry**, Berkeley, und **Quentin T. Wiles**, Lafayette, Calif., V. St. A., *Herstellung von wärmehärtenden Kunst-*

harzen. Man setzt Glycidylpolyäther (I) eines 2-wertigen Phenols, z. B. 2.2-Bis-(4-oxyphenyl)-propan mit einer Epoxyäquivalenz von 1,0—2,0, mit 5—30% eines fettsauren Salzes eines Reaktionsprod. aus I mit einem sek. Amin, z. B. Dimethyl- oder Diäthylamin, um. — Verwendung der Prodd. zur Herst. von alkali- u. lösungsmittelresistenten Klebstoffen, Lacken, Emaillen, Formkörpern u. dgl. (**A. P. 2 640 037** vom 3/10. 1951, ausg. 26/5. 1953.) O. MÜLLER-MEININGEN. 7177

Röhm & Haas G. m. b. H., Darmstadt (Erfinder: **Franz Köhler,** Alsbach), *Herstellung stickstoffhaltiger Kondensationsprodukte,* dad. gek., daß funktionelle Derivv. des Triazins, bes. Aminotriazine u. seine mindestens eine freie NH_2-Gruppe aufweisenden Alkyl-, Alkenyl-, Aryl- u. Aralkylsubstitutionsprodd., mit $\alpha.\beta$-ungesätt. Monocarbonsäuren bei 100—200° zur Rk. gebracht werden. Dabei können Verbb. der Formel $C(:X)(NH_2)(NR_1R_2)$, worin X O, S oder eine NH-Gruppe ist u. R_1 u. R_2 H, Alkyl, Alkenyl, Aralkyl oder Aryl bedeuten, mitverwendet werden. Durch Rk. von Harnstoff, Melamin u. Acrylsäure bei 120—150° erhält man ein citronengelbes hartes, leicht klebriges Harz, das in heißem W. lösl. ist. — *Zwischenprodd.* für *Kunststoffe* u. quartäre Basen. (**D. B. P. 930 779** Kl. 39c vom 28/3. 1944, ausg. 25/7. 1955. Anmeldung bekanntgemacht 25/11. 1954.) J. MÜHLEISEN. 7181

Farbwerke Hoechst Akt.-Ges., vormals Meister Lucius & Brüning, Frankfurt/M. (Erfinder: **Paul Schlack,** Leitershofen), *Herstellung von hochmolekularen Polykondensationsprodukten* (I), dad. gek., daß man mäßig hochmol. I, bes. Polyamide, Polyester oder Polyesteramide, nach Entfernung des leicht abspaltbaren W. in der Hitze, gegebenenfalls unter Druck, mit Kohlenoxysulfid behandelt, bis der gwünschte Kondensationsgrad erreicht ist bzw. die Rk. zum Stillstand kommt. Die Rk. kann in Ggw. von tert. Aminen durchgeführt werden. Fasern, Folien, Formkörper. (**D. B. P. 929 995** Kl. 39c vom 29/3. 1942, ausg. 7/7. 1955. Anmeldung bekanntgemacht 16/12. 1954.) H. SCHINDLER. 7181

Deutsche Gold- & Silberscheideanstalt vormals Roessler, Frankfurt/M. (Erfinder: **Franz Köhler,** Alsbach), *Herstellung von Kondensationsprodukten aus Carbamidsäureestern und Aldehyden,* dad. gek., daß Mono-, Di- oder Polycarbamidsäureester (I), deren funktionelle Derivv. oder Polykondensate dieser Stoffe mit Acrolein (II) oder dessen α-Substitutionsverbb. bei erhöhten Tempp. in Ggw. von sauer wirkenden Katalysatoren umgesetzt werden, wobei die sauer wirkenden Stoffe auch in größeren, als nur katalyt. wirkenden Mengen verwendet werden können. Als I dienen z. B. Mono-, Di- oder Polyurethane u. Polymerisationsprodd. von Urethanen. — 220 (Teile) Carbamidsäureäthylester, 4 H_3PO_4 (85%ig) u. 140 II ergeben durch Selbsterwärmen eine klares, thermoplast. Harz. — Verwendung der Prodd. als Weichmacher, Klebstoffe, Lackrohstoffe, für Preß- u. Spritzgußmassen. (**D.B.P. 929 506** Kl. 39c vom 26/3. 1941, ausg. 27/6. 1955. Anmeldung bekanntgemacht 28/10. 1954.) J. MÜHLEISEN. 7181

Farbenfabriken Bayer Akt.-Ges. (Erfinder: **Erwin Windemuth**), Leverkusen, *Herstellung von Schaumstoffen,* dad. gek., daß lineare oder schwach verzweigte Polyester (I) mit einem >1000 liegenden Mol.-Gew. mit einem Überschuß über die auf die Endgruppen berechnete Menge eines Polyiscocyanats oder wie Polyisocyanate reagierender Verbb. umgesetzt u. die Reaktionsprodd. mit W., bes. in Ggw. von Beschleunigern, zur Rk. gebracht werden. Die I können auch in Ggw. von Polyglykoläthern, die mindestens 2 freie OH-Gruppen enthalten, umgesetzt werden, u. die Rk. mit W. kann auch vor der vollständigen Bldg. des Isocyanatpolyesters erfolgen. — In eine Schmelze eines aus 1.4-Butylenglykol u. Adipinsäure gewonnenen Polyesters werden bei 100° 0,3 (Gewichtsteile) Terephthalsäurechlorid eingetragen, das Gemisch wird 15 Min. auf dieser Temp. gehalten. Man gibt bei 60° 50 Toluylendiisocyanat zu u. beendet die Rk. in 1 Std. bei 80—100°. 100 des Prod. werden mit 2 W. u. 2 eines Beschleunigers aus Diäthylaminoäthanol u. Phenylisocyanat bei 40° vermischt. Die M. schäumt sofort u. verfestigt sich zu einem hochelast. Schaumstoff. (**D. B. P. 929 507** Kl. 39c vom 26/7. 1951, ausg. 27/6. 1955. Anmeldung bekanntgemacht 5/1. 1955.) J. MÜHLEISEN. 7181

Rohm & Haas Co., übert. von: **Jesse C. H. Hwa,** Philadelphia, Pa., V. St. A., *Unlösliche und nicht schmelzbare polymere quaternäre Ammoniumalkoxyde* erhält man durch Rk. von schwach bas., unlösl. u. unschmelzbaren Anionenaustauschharzen (I), welche polare tert. Aminogruppen enthalten, mit Äthylen-, 1.2-Propylen- oder 1.3-Propylenoxyd u. einem gesätt. aliphat., 1—8 C-Atome enthaltenden Alkohol. Als I dienen bes. vernetzte Mischpolymerisate von Styrol u. Divinylbenzol. Die Prodd. werden durch W. zu quaternären Ammoniumhydroxyden hydrolysiert. — *Anionenaustauscher.* (**A. P. 2 689 833** vom 21/9. 1951, ausg. 21/9. 1954.) J. MÜHLEISEN. 7181

Shell Development Co., New York, N. Y., übert. von: **George W. Conklin,** Oakland, und **Rupert C. Morris,** Berkeley, Calif., V. St. A., *Herstellung von Propargyl-*

sulfiden und -mercaptanen. In Ggw. eines Cu-Salzkatalysators ($CuCl_2$, CuCl, Cu-Acetat, -Formiat, oder Acetylen-Cu-Verbb.) läßt man bes. unter Hitze u. Druck eine organ. Verb. (KW-stoff) mit einer Dreifachbindung mit einer Carbonylverb. (Aldehyd oder Keton) u. einem Mercaptan, einem Sulfid oder H_2S reagieren. So erhält man Propargylmercaptan; Dipropargylsulfid, $Kp._{3,4}$ 36,2—36,8°; 3.3.5-Trimethyl-4-thia-1-hexin; Isopropylpropargylsulfid; 3.3-Dimethyl-4-thia-hexin; 2-Butinyläthylsulfid. — Geeignet zur Herst. von *thermoplast. Kunststoffen.* (**A. P. 2 707 714** vom 23/11. 1953, ausg. 3/5. 1955.)
W. GRÄGER. 7185

E. I. du Pont de Nemours & Co., übert. von: **Paul L. Salzberg,** Wilmington, und **Kenneth L. Berry,** Hockessin, Del., V. St. A., *Kieselsäure enthaltende Polymere* erhält man durch Polymerisation von monomeren Vinylverbb., wie Styrol, Methacrylsäuremethylester oder Acrylnitril in Ggw. von 1—33% einer peroxydhaltigen Kieselsäure (I) bei erhöhter Temp., z. B. zwischen 60 u. 100°. Die Prodd. enthalten I in veresterter Form. Mengenbeispiele. Durchscheinende formbare Massen. (**A. P. 2 692 868** vom 9/11. 1951, ausg. 26/10. 1954.)
H. SCHINDLER. 7189

Montclair Research Corp. und **Ellis-Foster Co.,** übert. von: **John B. Rust,** Verona, N. J., V. St. A., *Organosiliciummischpolymere* erhält man durch Erhitzen von hydrolysierten Organosiliciumhalogeniden (I) mit Silanen der allg. Formel $R'_{4-x-y}H_ySi(OR)_x$ bzw. $(RO)_xSiR'_{4-x}$, wobei R u. R' 1wertige KW-stoffreste sind, x 1—4, y 0—2 u. x + y nicht >4 beträgt. I können monomere Silanole oder Siloxane sein. Je nach dem R/Si-Verhältnis der Komponenten erhält man Öle, Harze oder Gele. — Durch Erhitzen gleicher Verbb. von $n\text{-}C_4H_9Si(OH)_3$ u. $Si(OC_2H_5)_4$ auf 140° erhält man ein weiches u. bei weiterem Erhitzen ein hartes, kautschukartiges Gel. (**A. P. 2 698 314** vom 12/3. 1951, ausg. 28/12. 1954.)
J. MÜHLEISEN. 7189

XII. Kautschuk. Guttapercha. Balata.

G. J. van Amerongen, *Sulfonierung von Naturkautschuk.* (Vgl. C. **1951.** I. 1812.) Vf. untersuchte die Bedingungen u. Katalysatoren (10 Diazoaminoverbb., Hydroperoxyde, einige Metallnitrate u. -nitrite, NO u. NO_2) der Kettenrk. zwischen SO_2 u. Naturkautschuk, die zu Kautschuksulfonen führt. Am aktivsten sind die Hydroperoxyde, NO u. NO_2. Oberhalb 35—40° findet keine Rk. mehr statt. Die Eigg. der erhaltenen Reaktionsprodd. hängen vom SO_2-Geh. ab. Es werden kautschukartige (<5% S) bis hornartige (<15% S), zum Teil spröde u. harzartige Prodd. (>15% S) erhalten. Die Prodd. mit mittlerem SO_2-Geh. (ca. 9% S) sind in organ. Lösungsmitteln quellbar, während sich solche mit hohem SO_2-Geh. (ca. 20% S) nur in konz. H_2SO_4 oder HNO_3 lösen. Die Verarbeitungseigg. dieser SO_2-haltigen Naturkautschukprodd. sind ziemlich schlecht. (J. Polymer Sci. **6.** 633—41. Mai 1951. Delft, Rubber Found.)
R. SCHÄFF. 7222

Ju. Ss. Sujew und **A. Ss. Kusminski,** *Einige Besonderheiten der Lichtalterung von Vulkanisaten.* (Vgl. C. **1953.** 4880.) An Proben von vulkanisiertem *Na-Butadienkautschuk* (I) u. *Butylkautschuk* (II) wird der Einfl. der Bestrahlung mit einer Hg-Quarzlampe durch Pyrexglas u. dest. W. auf den in 100 μ Schichtdicke bestimmten Elastizitätsmodul E untersucht, wobei $a = E'/E^0$ (E' belichtet, E^0 unbelichtet nach 30 Min.) zugrunde gelegt wird. Der Anstieg von a mit der Belichtungsdauer (bis 300 Min.) ist bei 80° (bei I, 60° bei II) erheblich steiler als bei 25°. Noch höhere a-Werte werden mit photosensibilisierenden Zusätzen wie 1% Phenyl-β-naphthylamin (III), p-Oxyphenylen-β-naphthylamin (**IV**) u. Dinaphthylamin, bei I auch mit Aldol-α-naphthylamin (V) u. Di-tert.-butylhydrochinon erreicht, jedoch ist die Wrkg. von III u. **IV** bei höherer Temp. geringer als bei 25°, da sich ihre Schutzwrkg. gegen Wärmealterung geltend macht. Phenanthren, Phenylnitromethan u. Ketamin beeinflussen bei 25° die Lichtalterung bei II prakt. nicht, zeigen aber bei 60° Schutzwirkung. Bei steigender Konz. an III erreicht seine sensibilisierende Wrkg. ein Maximum, dann Abnahme infolge der Eigenabsorption von III. Lichtfilter, bes. solche aus Ruß (über 3—5%) verschieben das Verhältnis von Licht- u. Wärmealterung zugunsten der letzteren u. unterdrücken auch die Wrkg. der Sensibilisatoren; ähnlich wie Ruß wirkt Sudanschwarz, Bei einem Gemisch von Sensibilisatoren können diese gegenseitig als Lichtfilter wirken, so daß die Probe gegen die Lichteinw. geschützt wird; es wirken so III + **V.** (Доклады Академии Наук СССР [Ber. Akad. Wiss. UdSSR] [N. S.] **90.** 1063—66. 21/6. 1953. Wiss. Forsch.-Inst. für Gummiind.)
R. K. MÜLLER. 7228

Eugène Stalinsky, *Mischungszuschläge. Betrachtungen zur Herstellung einer Kautschukmischung.* (Vgl. C. **1954.** 6363.) Erörterung der preisgestaltenden Faktoren bei der Herst. von Kautschukmischungen. (Rev. gén. Caoutchouc **31.** 888—90. Nov. 1954.)
R. SCHÄFF. 7230

—, *Glossar in der Gummiwarenindustrie benützter Ausdrücke.* (India Rubber Wld. 129. 756—72. 775. März 1954, u. Rubber Age [New York] 74. 915—35. März 1954.) M. WINIKER. 7230

Standard Oil Development Co., Del., übert. von: **Edward A. McCracken** und **Joseph L. Betts jr.**, Baton Rouge, La., V. St. A., *Herstellen von hochkonzentrierten Kunstkautschukdispersionen.* Die Emulsionsmischpolymerisation von 65—85 (Gew.-%) konjugiertem Diolefin u. 35—15 Acrylsäurenitril wird in der Weise durchgeführt, daß zunächst eine Mischung hergestellt wird aus 60—30% der Monomeren, 60—130 Teilen W. u. 0,3—1,5 (% der Monomeren) eines Emulgators, bestehend aus der Na-Seife einer Fettsäure mit 10—18 C-Atomen, einer Harzseife oder einem Na-Alkylsulfat mit 10 bis 16 C-Atomen. Zu der Emulsion gibt man 0,02—0,75 Alkalichorid, -sulfat-, bisulfit, -acetat, -sek.-phosphat oder -pyrophosphat u. 1—3,5 Dispergiermittel, bestehend aus dem Alkalisalz des CH_2O-Kondensationsprod. der β-Naphthalinsulfonsäure oder einer Fettsäure mit 8—9 C-Atomen. Dann wird ein Polymerisationskatalysator, z. B. $K_2S_2O_8$, zugesetzt u. unter 50° polymerisiert, bis 30—40% umgesetzt sind. Nun werden die restlichen 40—70% Monomere zugesetzt u. bis zu einem Umsatz von 70—100% auspolymerisiert. (**A. P. 2 676 951** vom 21/2. 1952, ausg. 27/4. 1954.) W. OVERBECK. 7225

Phillips Petroleum Co., übert. von: **John E. Wicklatz** und **Fredrick M. Smith**, Bartlesville, Okla., V. St. A., *Tieftemperaturemulsionscopolymerisation von Butadien und Styrol,* bei der neben den übrigen üblichen Zusätzen als Katalysator 0,1—10 mMol (auf 100 Gewichtsteile Monomere) eines Hydroperoxyds der Formel $C_{14}H_{18}O_2$ verwendet wird, das aus 1.2.3.4.4a.9.10.10a-Oktahydrophenanthren erhalten wurde, unter fernerem Zusatz von 0,1—3 mMol eines Alkalimetall-$Fe^{\cdot\cdot}$-pyrophosphatkomplexes. (**A. P. 2 682 529** vom 9/12. 1949, ausg. 29/6. 1954.) W. OVERBECK. 7225

United States Rubber Co., New York, N. Y., übert. von: **Robert W. Brown**, Naugatuck, Conn., V. St. A., *Polymerisationsunterbrecher* für die Butadien–Styrol-Mischpolymerisation, bestehend aus einem Xanthogenpolysulfid, von dem 0,1—1 Gewichtsteile zugegeben werden, wenn 50—90% der Monomeren umgesetzt sind. (**A. P. 2 667 472** vom 24/2. 1950, ausg. 26/1. 1954.) W. OVERBECK. 7225

Standard Oil Development Co., Elizabeth, Del., V. St. A., *Entfernen des Polymerisationskatalysators* bei der Polymerisation von z. B. Butadien in Ggw. von Alkalimetall durch Behandeln mit wenigstens 2 Mol Essigsäure auf 1 Mol Metall. (**E. P. 716 060** vom 13/3. 1952, ausg. 29/9. 1954. A. Prior. 27/9. 1951.) W. OVERBECK. 7225

Columbia-Southern Chemical Corp., Pittsburgh, Pa., übert. von: **Alphonse Pechukas**, Abron, O., V. St. A., *Verstärkerfüllstoff für Kautschuk,* bestehend aus feinteiliger SiO_2 von $<0,1\,\mu$ Teilchengröße mit 2—10 (%) Wassergeh., die mit höchstens 10 mehrwertigem Alkohol, bes. Glycerin, überzogen ist oder zusammen mit diesem in Mengen von 5—100 Vol.-% in Kautschuk eingemischt wird. (**A. P. 2 692 869** vom 10/3. 1950, ausg. 26/10. 1954.) W. OVERBECK. 7227

Columbia-Southern Chemical Corp., Pittsburgh, Pa., übert. von: **Alphonse Pechukas**, Abron, O., V. St. A., *Verstärkerfüllstoff für Kautschuk,* bestehend aus gefällter SiO_2 (erhalten durch Rk. eines feinteiligen Erdalkalimetallsilicates mit einer Säure, die wasserlösl. Erdalkalisalze bildet, unter Einstellung des p_H-Wertes auf 7—8) u. ferner aus 2—15% ihres Gew. an einem wasserlösl. Alkylolamin, z. B. Triäthanol-, Monoäthanol-, Monopropanol- oder Dipropanolamin. (**A. P. 2 692 870** vom 29/6. 1950, ausg. 26/10. 1954.) W. OVERBECK. 7227

XIII. Ätherische Öle. Parfümerie. Kosmetik.

F. Ss. Tanassijenko, *Die Gewinnung von ätherischem Öl aus Corianderrückständen nach Entfernung des ätherischen Öles.* Verss. zeigten, daß das in Corianderkernen nach Entfernung des äther. Öles durch Wasserdampf noch zurückbleibende äther. Öl dadurch gewonnen werden kann, daß die nach Abtrennung des festen Öles im Vacuumdestillator anfallenden letzten Destillate in der Rektifikationskolonne behandelt werden. Das so gewonnene Öl besitzt einen geringen Beigeschmack, der bei der Acetylierung verschwindet. Das Restöl besitzt folgende Kennzahlen: D. 0,8732; SZ. 0,6; EZ. 16,5; EZ. nach der Acetylierung 169,2; Linaloolgeh. 92%. (Маслобойно-Жировая Промышленность [Öl- u. Fett-Ind.] 19. Nr. 7. 23—26. 1954.) OTTO MAIER. 7262

Pierre A. Muller, *Entfärbung der Absolus.* Kurzer Überblick über die verschied. Möglichkeiten zur Entfärbung der Prodd. der alkoh. Extraktion von Blüten, Balsamen u. a. („Absolus") unter bes. Berücksichtigung des vom Vf. entwickelten Verf. der „Codestillation". (Seifen-Oele-Fette-Wachse 80. 135—36. 17/3. 1954.) M. WINIKER. 7276

E. Laybourn, *Kosmetik. Eine neue praktische Einführung in einige Themen im naturwissenschaftlichen Unterricht.* Eine Einführung in die Kosmetik u. Rezepturen von verschied. Hautcremen, Haarcreme, Badesalz, Talkumpuder, Rasierwasser u. Lippenstift werden mitgeteilt. (School Sci. Rev. **35.** 22—31. Nov. 1953. Manchester.) H. G. MOSLÉ. 7284

Thomas Govett und **Andrew M. Rubino,** *Ein neues Antischweißmittel.* Es wird ein neuer vielkerniger Al–Cl–OH-Komplex S-5 beschrieben, der mit A. eine schnell trocknende Gallerte als Antischweißmittel gibt, das keine Schädigung des Kleidungsgewebes bewirkt. Bei 5—10% Al_2O_3-Geh. ändert sich das p_H nur wenig; in 0,5%ig. Lsg. erreicht es nach 30 Tagen den Höchstwert von 5,50 u. geht dann auf den ursprünglichen Wert zurück. Die Gallertbldg. erfolgt nach 1 Std., die Viscosität hängt von dem Verhältnis Al_2O_3 : A. ab u. ist am günstigsten bei 8% Al_2O_3 : 34% A., wofür genaue Herstellungsvorschrift gegeben wird. Metallbehälter sind ungeeignet. (Amer. Perfumer essent. Oil Rev. **65.** Nr. 4. 21—24. April 1955. Berkeley Hights, N. J., Reheis Co., Inc.) H. MÜHLMEISTER. 7284

Dow Corning Corp., Midland, Mich., übert. von: **Leo H. Sommer,** State College, Pa., V. St. A., *Herstellung von Triorganosilylcyclohexenonen* der Formel I, worin R gesätt. aliphat. Reste bzw. Arylreste bedeutet. Man setzt 4-Triorganosilylbutan-2-one mit $(C_2H_5O)_2CO$ zu Äthyl-δ-triorganosilyl-β-ketovalerianaten um, kondensiert diese mit $CH_2{=}CH_2COCH_3$ in Ggw. von $NaOC_2H_5$ u. hydrolysiert die Kondensationsprodd. zu 1-Triorganosilyloctan-3.7-dionen, die mit NaOH zu I cyclisiert werden. — Aus $(CH_3)_3SiCH_2CH_2COCH_3$ erhält man so über $(CH_3)_3SiCH_2 \cdot CH_2COCH_2COOC_2H_5$ u. $(CH_3)_3SiCH_2CH_2COCH_2CH_2CH_2COCH_3$ (weiße Platten, F. 49,5—50°) die *Verb.* I (R = CH_3), Kp.$_6$ 123 bis 126°, n_D^{20} 1,4888. — *Parfümzusätze.* (**A. P. 2 698 860** vom 14/8. 1953, ausg. 4/1. 1955.) J. MÜHLEISEN. 7277

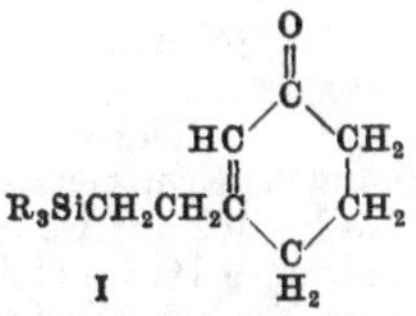

Giorgio Mancini, Rom, Italien, *Haarwaschmittel in Pulverform,* bestehend aus 90 (%) Bentonit oder Pseudobentonit u. 10 Fettalkoholsulfonat oder ähnlichen Sulfonierungsprodukten. Das Mittel kann auch in Form einer konz. Lsg. hergestellt werden. (**It. P. 480 007** vom 28/6. 1950.) E. PETERSEN. 7285

Werner Buser, Reinach, Schweiz, und **Hanns Schuberth,** Frankfurt/M. (Erfinder: **Hanns Schuberth**), *Haarpflegemittel* mit einem Geh. an eiweißverfestigendem Stoff zur Anwendung nach einer alkal. Haarbehandlung, gek. durch einen Geh. an Sulfosalicylsäure sowie gegebenenfalls reduzierend wirkender Stoffe, die nicht giftig sind u. keinen Hautreiz ausüben, wie Sulfite, Hydrosulfite, Ascorbinsäure (I) u. deren Derivate. — Beispiele: 1. 8—10 (%) sulfosalicylsaures Na (II), 30 I u. 60—62 einer sauren Puffersubstanz, z. B. Weinsäure–Na-Tartrat oder Citronensäure–Na-Citrat. — 2. 3,5 II, 7 Tannin, 30 I, 18,3 Na-Citrat, 36 Citronensäure, 5,2 einer mechan. Suspension von Cholesterin in Fettalkoholsulfonat. (**D. B. P. 930 581** Kl. 30h vom 10/12. 1949, ausg. 21/7. 1955. Anmeldung bekanntgemacht 10/5. 1951.) E. PETERSEN. 7285

Bubal Soc. An., Basel, Schweiz, *Verfestigen des Haares.* Man behandelt das Haar mit einer wss. Lsg. einer Sulfosalicylsäure oder deren Derivv., die außerdem noch ein wasserlösl. Uranylsalz u. bzw. oder Ascorbinsäure enthalten kann u. deren p_H-Wert 2,5 bis 3,0 beträgt. (**Schwz. P. 304 551** vom 13/11. 1950, ausg. 16/3. 1955. D. Prior. 9/12. 1949.) E. PETERSEN. 7285

Edward J. Gray, New York, N. Y., V. St. A., *Korrosionsschutzmittel für Rasierklingen,* bestehend aus einer Lsg. von ca. 10—20% *Campher* in 90—80% *Isopropanol.* Man bestreicht vor dem Rasieren mit dieser Lsg. die Schneide der Klinge, wodurch deren Korrosion durch den gebildeten Campherfilm verhütet, deren Lebensdauer erhöht u. gleichzeitig eine weichere Rasur ermöglicht wird. (**A. P. 2 562 162** vom 14/5. 1947, ausg. 31/7. 1951.) G. KRAUSS. 7285

R. G. Harry, Modern cosmeticology. Rev. edn. London: L. Hill. 1955. (XXXIV + 786 S. m. Abb.) 8°. 65 s.

XIV. Zucker. Kohlenhydrate. Stärke.

H. W. Dahlberg, *Zusammensetzung von Rüben aus weit auseinander liegenden Gegenden.* Das Ergebnis der Analysen von Rüben aus der Kampagne 1951—52 wird mitgeteilt. Der Zuckergeh. schwankt, da die Analysenproben aus mehreren Staaten u. Provinzen stammen, zwischen 14,1 u. 17,1%. Die Ergebnisse werden diskutiert. (Sugar **47.** 46—47. Okt. 1952.) R. RUTKOWSKI. 7406

O. W. Willcox, *Stickstoffgehalt und Ertrag beim Zuckeranbau sind umgekehrt proportional.* Die Ertragsmenge (Trockensubstanz) jeder Pflanze ist abhängig von ihrem

Gesamtstickstoffgehalt. Der Ertrag je Flächeneinheit Boden steigt bei sonst gleichen Bedingungen mit fallendem Gesamtstickstoff. Züchtungsverss. zur Ertragssteigerung ergeben bei Pflanzenarten, deren Qualität mit dem Geh. an Eiweißstoffen steigt, Verminderung der Güte durch die zwangsweise erfolgende Herabsetzung des Eiweißgehaltes (Weizen). Bei Zuckerrohr u. Zuckerrüben ist die Erhöhung des Kohlenhydratgeh., die umgekehrt proportional zum Geh. an Stickstoff erfolgt, erwünscht. Züchtungsverss. bestätigen dieses an Kulturen in Peru u. der Tschechoslowakei bewiesene Gesetz. — Die Grundsätze für eine ökonom. Düngerzufuhr zum Boden wurden schon von MITSCHERLICH 1909 aufgestellt. Gesetz von MITSCHERLICH-BAULE. — 11 Literaturzitate, 3 Tabellen. (Sugar 50. Nr. 1. 41—44. Jan. 1955.) G. FRIKELL. 7406

A. W. Koslow und **D. L. Ssandal,** *Erfahrung bei der Saftreinigung der 2. Saturation durch Ionite.* Aus prakt. Erfahrungen mit *Ionit* verschied. Art wird geschlossen, daß dadurch der Zuckergeh. in der Futtermelasse um 0,1% abnimmt. Wegen der ungenügenden Säurekapazität der angewandten Ionitharze kann nur ein Teil des 2. Saftes damit behandelt werden. Die vorgesehene Verkochung des Sirups auf Raffinadefüllmasse ist hierbei nicht durchführbar. Wichtig ist vor allem die Behandlung des Klärsaftes mit Ioniten, die genau beschrieben wird. (Сахарная Промышленность [Zucker-Ind.] 27. Nr. 7. 29—32. Juli 1953.) H. SCHMEISS. 7412

J. M. Saha und **N. S. Jain,** *Technisches Klärverfahren von indischen Wissenschaftlern in vier Fabrikationsbetrieben erprobt.* Das bereits in der Praxis erprobte, neue Verf. zur Klärung von Rohrzuckersäften ind. Ursprungs besteht aus folgenden Arbeitsgängen: Erhitzen des Rohsaftes auf 130—140° F u. gleichzeitige Behandlung mit 1—1,2% Kalkmilch 15° Bé u. SO_2-Gas, Zugabe einer neuen Menge Kalkmilch zum neutralen Saft bis zu p_H 10,5—11,0, Filtration u. Neutralisation des Filtrates mit Superphosphatlsg. bis zum Kochen. Der heiße Saft wird nicht filtriert, sondern in einem DORR-App. zum Absetzen geleitet. Der klare Saft fließt zum Verdampfer, der Schlamm läuft zum Rohsaft zurück. So gelingt die alkal. Filtration ebenso leicht wie beim Carbonatverf. die erste Filtration. Das Verf. liefert gute Zuckerqualitäten. (Sugar 50. Nr. 1. 37—39. Jan. 1955.) G. FRIKELL. 7412

Raymond Elliott, *Kochzeit von Füllmassen.* Wenn Füllmassen sehr dick eingekocht werden, kann die Mutterlauge nur auf eine Reinheit gebracht werden, die weit geringer als n. ist. Die Grenzen dafür sind durch die Möglichkeiten der mechan. Trennung einer Fl. hoher Dichte u. hoher Viscosität von den Kristallen begrenzt. Die Maximalviscosität bei der diese Trennung noch mit prakt. Erfolg durchgeführt werden kann, ist abhängig davon, daß die Füllmasse bis zur Sättigungstemp. erhitzt worden ist, von der Zentrifugenleistung u. dem Vorhandensein eines geeigneten Kornes. Um im Kocher eine hohe Kristallisation zu erhalten, ist maximale Zirkulation u. bes. genügend lange Kochzeit von Wichtigkeit. (Sugar 49. Nr. 12. 40—43. Dez. 1954.) G. FRIKELL. 7416

Jun Mizuguchi, Goro Hayashi und **Shuichi Suzuki,** *Elektrolytische Herstellung von Zuckern.* 13. Mitt. *Industrielle Herstellung von Glucose aus Stärke.* Die Elektrolyse der hydrolysierten Stärkelsg. (Stärke mit 18% Feuchtigkeit) erfolgt in 15 stufenförmig aufeinanderfolgenden Gefäßen kontinuierlich bei 65—108 V. u. 35—95 A., wobei 24—60 Liter Kathoden-Fl. je Std. durchströmen. Die mit $CaCO_3$ u. $BaCO_3$ neutralisierte u. entfärbte *Glucose* (I)-Lsg. wird durch Aktivkohle filtriert. Nach Einengen im Vakuum krist. die I u. wird abgeschleudert. Ausbeute an I-Monohydrat 56—60% der Stärke bei einem Stromverbrauch von 0,6—0,9 kWh/kg I. — 2 Apparatskizzen. (J. chem. Soc. Japan, ind. Chem. Sect. [Kōgyō Kagaku Zassi] 56. 108—10. Febr. 1953. Tokyo, TH [Orig.: japan.].) L. SCHULER. 7442

R. F. Cohee jr., *Süßungsmittel aus Maisstärke.* Die Bedeutung von Dextrose u. Stärkesirup für die Lebensmittelindustrie wird erörtert. (Food Engng. 25. Nr. 6. 74 bis 76. 108. 112. Juni 1953. Chicago, Ill., Corn Products Sales Co.) PH. FRESENIUS. 7442

Orestis M. Angelidis, *Beiträge zur Untersuchung der Zucker im Johannisbrot.* Bei der chromatograph. Unters. des Fruchtmarks von *Ceratonia siliqua L.* (nach $^1/_2$jähriger Lagerung der Schoten) wurde neben *Glucose, Fructose* u. *Saccharose* auch *Maltose* gefunden. Da Stärke nicht mehr nachgewiesen werden konnte, wird angenommen, daß sie im Verlauf eines Alterungsprozesses durch eine Amylase abgebaut worden ist. (Ind. agric. aliment. 71. 31—34. Jan. 1954. Paris, Inst. Pasteur.) H. ROSSOW. 7442

Rolf Reiss, *Die Papierchromatographie in der Zuckerindustrie.* An Hand der Literatur vermittelt Vf. einen Überblick über die Bedeutung papierchromatograph. Verff. für die Zuckerindustrie. — 15 Hinweise. (Lebensmittel-Ind., Ausg. C 3. 93—94. Okt. 1951.) M. WINIKER. 7488

F. Höppler, *Wertbestimmung der Pektinstoffe.* Erörterung der Bewertungsmethoden für Pektin, bes. unter Anwendung des Rheoviscosimeters des Vf., bei dem eine

Kugel durch ein Pektingelee durchgeführt wird. Der Quotient aus der Meßzeit des Gelees u. der einer 60%ig. Invertzuckerlsg. ist die Gelverdickung. Im gleichen App. kann man bei kleinerer Schubspannung auch die Viscosität eines Pektinextraktes messen. Die Viscosität u. Gelverdickung sind bei Extrakten etwa gleichen Alters in erster Annäherung proportional. Frische Extrakte haben eine niedrige Viscosität u. geben relativ hohe Gelverdickungen. Ältere Extrakte verhalten sich umgekehrt. (Chem. Techn. **6**. 129—32. März 1954. Medingen, VEB Prüfgerätewerk, Forschungslabor.) W. WILLENBERG. 7498

XV. Gärungsindustrie.

D. A. A. Mossel, *Untersuchungen eines Falles von Gärung in zuckerreichen Fruchtprodukten.* Eine in kandierten Früchten mit 70% Trockensubstanz aufgetretene Gärung war durch Saccharomyces rouxii (I) bewirkt. Die Gärfähigkeit von I konnte nicht einmal durch 70% Fructose (in 0,5%ig. Hefeextrakt) gehemmt werden. I wächst noch gut auf Hefeextrakt-Agar mit 65% Fructose u. schwach, aber ohne Gärung auf 30%ig. Saccharose–Hefeextrakt-Lösungen. — I konnte aus Rübenmelasse sowie von in der Fabrik gefundenen Bienen isoliert werden. (Antonie van Leeuwenhoek **17**. 146—52. 1951.) A. HESSE. 7508

J. G. Carr, *Die Milchsäurebakterien des Apfelweins.* 1. Mitt. *Einige für die Äpfelsäure–Milchsäure-Gärung verantwortliche Organismen.* Es wurde aus Apfelwein zwei malatzersetzende Organismen isoliert, ein Stäbchen u. ein Coccus. Angaben über morpholog. u. physiol. Eigg. u. biochem. Verh. derselben. Es wird angenommen, daß das Stäbchen der Untergattung Betabacterium u. der Coccus der Gattung Leuconostoc zuzurechnen ist. Schlußfolgerungen für die Praxis hinsichtlich der Äpfelsäure–Milchsäure-Gärung. (Annu. Rep. agric. horticult. Res. Stat., Long Ashton, Bristol **1952**. 144—50.) E. KIELHÖFER. 7556

L. F. Burroughs, *Die Gärungsregelung beim Apfelwein.* 2. Mitt. *Weitere Beobachtungen über den Einfluß von Stickstoff und accessorischen Wachstumsfaktoren auf die Stabilität von zentrifugiertem Apfelwein.* (1. vgl. Annu. Rep. agric. horticult. Res. Stat., Long Ashton, Bristol **1951**. **138**.) Das Hefewachstum in Säften von 5 verschied. Apfelsorten mit geringem bis mittlerem N-Geh. wurde geprüft, wobei der Verbrauch des Gesamt- u. des lösl. N während der Gärung verfolgt wurde. Die Gärung wurde bei den verschied. Säften bei einem bestimmten spezif. Gewicht durch Zentrifugieren (SHARPLES-Zentrifuge mit 16000 Umdrehungen) unterbrochen. Best. des Hefewachstums durch Trübungsmessungen. Im Apfelwein war die Hefevermehrung beim Zeitpunkt des Zentrifugierens im wesentlichen abgeschlossen. Sie blieb wenigstens 6—8 Wochen stabil. Die Hefevermehrung u. Gärung nach dem Zentrifugieren hängt von der Kombination N–Aneurin ab, während die übrigen geprüften Wachstumsfaktoren (Inosit, Ca-Pantothenat, Nicotinsäure, Pyridoxin, p-Aminobenzoesäure, Biotin) ohne signifikanten Einfl. sind. Vf. nimmt an, daß in erster Linie dadurch die Stabilität von zentrifugiertem Apfelwein mit natürlicher Süße bedingt ist. (Annu. Rep. agric. horticult. Res. Stat., Long Ashton, Bristol **1952**. 110—25.) E. KIELHÖFER. 7556

F. W. Beech, *Die Verwendung von Reinzuchthefen bei der Apfelweinbereitung.* 2a. Mitt. *Die Wirkung verschiedener Maßnahmen zur Gärungsbeeinflussung auf die Hefeflora.* (1. vgl. Annu. Rep. agric. horticult. Res. Stat., Long Ashton, Bristol **1951**. **149**.) Es wurden folgende Behandlungen des Saftes (aus verschied. Apfelsorten gemischt) vorgenommen: Zusatz von 150mg SO_2 je Liter (a), Kurzzeitpasteurisierung (b), entkeimende Filtration (c), Zentrifugieren (d). Ihre Wrkg. auf die Verminderung der natürlichen Hefeflora u. auch auf die Qualität des Apfelweines wurde untersucht. Dabei wurden von jeder der Versuchsvarianten drei Fässer (60 Gallonen) angesetzt, nämlich ohne Zusatz von Reinzuchthefe, mit Zusatz von einer aus Apfelwein gewonnenen Reinzuchthefe, mit Zusatz von Reinzuchthefe aus Wein (Champagner). Wenn durch die Gärung eine D. von 1,007 erreicht war, wurde zentrifugiert, filtriert, mit CO_2 gesätt., steril auf Flaschen gefüllt u. teilweise auch auf eine D. von 1,025 aufgesüßt. Angaben über die Gewinnung u. die Eigg. der benutzten beiden Reinzuchthefen, den Gärungsverlauf u. die Hefevermehrung in den Versuchsansätzen. Behandlung a unterdrückt die natürliche Hefeflora u. auch die Äpfelsäure–Milchsäure-Gärung u. wirkt sich geschmacklich günstig auf den Apfelwein aus; b u. c sind ebenfalls gegenüber der natürlichen Hefeflora wirksam, aber weniger gut ausführbar u. qualitativ weniger günstig; d ist in jeder Hinsicht unvorteilhaft. Der Einfl. der Reinhefen war nur gering. (Annu. Rep. agric. horticult. Res. Stat., Long Ashton, Bristol **1952**. 125—37.) E. KIELHÖFER. 7556

J. D. Phillips, *Die Verwendung von Reinzuchthefen bei der Apfelweinbereitung.* 2b. Mitt. *Die Wirkung verschiedener Maßnahmen zur Gärungsbeeinflussung auf die or-*

ganischen Säuren des Apfelweins. (2a. vgl. vorst. Ref.) Die Best. der Säuren erfolgt papierchromatograph. nach der Vorbehandlung der Säfte u. Weine mit Kationen- u. Anionenaustauschern. Bei der gewichtsmäßigen Auswertung der Chromatogramme im Vgl. mit Standardlsgg. beträgt der Fehler $\pm 5\%$, bei geringem Säuregeh. $\pm 10\%$. Es wurden folgende Säuren gefunden: Äpfelsäure, Milchsäure, Bernsteinsäure, Chinasäure, Phosphorsäure, Chlorogensäure, Galakturonsäure, Essigsäure. Es wurde die im vorst. Ref. angegebene Behandlung der Säfte vorgenommen. Die dabei zu verschied. Zeitpunkten gefundenen Mengen der genannten Säuren sind in Tabellen angegeben. Bei der Gärung erfolgt lediglich eine Zunahme an Bernsteinsäure. Die Äpfelsäure–Milchsäure-Gärung wurde durch 150 mg SO_2 verhindert. (Annu. Rep. agric. horticult. Res. Stat., Long Ashton, Bristol **1952.** 137—44.) E. KIELHÖFER. 7556

L. A. Kusjurina, *Charakteristik der gefalteten Varietäten der ketogenen Essigsäurebakterien.* Untersucht wurden die glatten Kulturen von Acetobacter suboxydans (A.s.) u. Acetobacter melanogenum (A.m.) sowie die daraus erhaltenen gefalteten Rassen C-8 bzw. C-1. Es zeigte sich, daß auf Nährböden mit Stärke, Glykogen, Na-Formiat, Na-Oxalat oder Na-Citrat alle untersuchten Rassen kein Wachstum zeigen. Schwach ist das Wachstum in Ggw. von Lävulose, Saccharose, A. u. Na-Acetat, stark in Ggw. von Sorbit oder Glycerin. Auf Maltose u. Lactose entwickelt sich nur die glatte Form von A.s. Die gefalteten Formen von A.s. u. A.m. sowie die glatte Form von A.m. verwerten die Maltose u. die Lactose nicht. In Ggw. von Inosit zeigen glatte u. gefaltete Form von A.s ein gutes Wachstum, die glatte u. die gefaltete Form von A.m. dagegen kein Wachstum. Auf Raffinose zeigt die glatte Form von A.m. im Gegensatz zur gefalteten Form kein Wachstum. Gegenüber verschied. N-Quellen zeigen die untersuchten Rassen ein gleiches Verhalten. Eine Ausnahme bilden die Nährböden mit $NaNO_3$, KNO_3 u. Asparagin, auf welchen die gefaltete Form von A.s. ein schlechteres Wachstum zeigt als die glatte Form, ferner die Nährböden mit Caseinhydrolysat, auf welchen die gefaltete Form von A.m. besser wächst als die glatte Form. (Микробиология [Mikrobiologie] **23.** 265—70. Mai/Juni 1954. Moskau, Mikrobiol. Inst. der Akad. der Wiss. der UdSSR.) O. LEBTAG. 7564

N. I. Drboglaw und P. A. Tschisstowitsch, Mikrobiologische Kontrolle bei der Herstellung von Schaumwein und Bereitung von Hefegemischen. Pischtschepromisdat. 1955. 2 Rbl. 15 Kop. [russ.]

XVI. Nahrungs-, Genuß- und Futtermittel.

José A. Cartaya, *Anreicherung von Cerealien.* Vf. beschreibt ausführlich die infolge des zu geringen Vitamingeh. der landesüblichen Hauptnahrungsmittel (Weizenmehl, geschälter Reis u. Mais) möglichen Avitaminosen u. Möglichkeiten ihrer Verhütung durch Maßnahmen des Imports oder der Anreicherung. (Arch. venezolanos Nutric. **1.** 401—21. Dez. 1950. Univ. central.) W. KIMPEL. 7664

M. M. MacMasters, F. R. Earle, H. H. Hall, J. H. Ramser und **G. H. Dungan,** *Untersuchungen über die Wirkung der Trocknungsbedingungen auf die Zusammensetzung und Geeignetheit zur Feuchtvermahlung von künstlich getrocknetem Mais.* Mais, mit 20, 30 u. 40% Wassergeh. geerntet, wurde bei hoher u. niedriger relativer Feuchtigkeit getrocknet. Künstliche Trocknung ergab stets höheren Zuckergeh. als Trocknung bei Raumtemperatur. Niacin-, Pantothensäure-, Riboflavin- u. Biotingeh. werden durch Trocknung nicht beeinflußt. Zwischen Stärkegeh. u. Trocknungsbedingungen war kein deutlicher Einfl. zu erkennen. Zwischen den Mustern der Ernten 1950 u. 1951 war ein Unterschied gegenüber den Trocknungseinflüssen, der auf verschied. chem. oder physikal. Zus. zurückzuführen ist. (Cereal Chem. **31.** 451—61. Nov. 1954. Peoria, Ill., Northern Utilization Res. Branch.) H. HAEVECKER. 7664

E. N. Greer, C. R. Jones und **T. Moran,** *Die Qualität von Mehlen, die bis zu 27 Jahren gelagert waren.* In nicht gasdichten Behältern wurde Mehl von 13—14% Wassergeh. bei 10—20° nach 5 Jahren ranzig. Die Backfähigkeit hielt sich über 10 Jahre bei Mehlen unter 0,6% Asche u. über 11% Proteingehalt. Bei einem Wassergeh. von über 14% wurden die Muster schimmlig. In gasdichten Büchsen hielt sich das Mehl über 8 Jahre, wobei der O_2-Geh. auf Null absank u. der CO_2-Geh. bis auf 9% stieg. Durch Aufbewahren in inerten Gasen kann die Lagerfähigkeit erheblich verlängert werden. Das Fett wurde bei langer Lagerung weitgehend hydrolysiert, der Geh. an extrahierbarem Fett sank. Ein p_H-Wert unterhalb 5,2 im Teig ergab gleichzeitig verminderte Backfähigkeit. (Cereal Chem. **31.** 439—50. Nov. 1954. St. Albans, England, Res. Assoc. of British Flour Millers.) H. HAEVECKER. 7670

K. Naumann, *Bewertung von Mühlennachprodukten.* Vf. befürwortet die Bewertung von Mühlennachprodukten auf Grund ihres Stärkegeh. unter Berücksichtigung der Grenzzahlen nach KUMMER. (Landwirtsch. Forsch. **4.** Sonderh. 142—45. 1953.) G. HOFER. 7670

Ruth Jordan, L. E. Dawson und **C. J. Echterling,** *Die Wirkung ausgewählter Vorbehandlungen auf die Küchenqualität von Gefrierei und im Eisschrank aufbewahrter Eier.* 2. Mitt. *Mürbegebäck.* (1. vgl. C. **1953.** 7680.) Ganzei u. Eigelb lassen sich nach Mischen mit Salz, Zucker u. Stärkesirup bei 0° F sehr gut einfrieren. Das so behandelte Gemisch behält bei Lagerung im Eisschrank bis zu 6 Monaten lang beste Verwendbarkeit bei der Verarbeitung auf Mürbegebäck. Ohne Salz u. Zucker eingefrorene Ware verliert stark an Backqualität. — 10 Literaturhinweise. (Food Res. **17.** 93—99. März/April 1952. Lafayette, Ind., Agric. Exp. Stat., Purdue Univ.) C. GRIMME. 7674

Frode Hansen, *Versuche über die Anwendung keimhemmender Mittel bei der Kartoffellagerung.* Eingehende Übersicht über 3jährige Versuchsergebnisse mit den Wirkstoffen *Tetrachlornitrobenzol* (I), *Naphthylessigsäuremethylester* (II) u. *Naphthylalkyläther* (III) zur Keimhemmung bei der Kartoffellagerung. Bei allen Verss. zeigte I eine gute keimhemmende Wrkg., bei Lagerung vom Frühling bis zum Sommer war die Wrkg. von III ebensogut, während II etwas abfiel. Unter guten Lagerungsbedingungen war der Lagerungsverlust bei den I-behandelten Kartoffeln geringer, unter schlechten Lagerungsbedingungen größer als bei der Kontrolle. (Tidsskr. Planteavl **58.** 185—239. 1954. Kopenhagen, Statens Forsøgsvirksomhed i Plantekultur.) W. BEINERT. 7678

Dorothea J. Teunisson, *Einfluß der Lagerung ohne Belüftung von rohem Reis auf den Befall mit Mikroorganismeu.* Mit steigender Feuchtigkeit nimmt im gelagerten Reis der Befall an anaeroben Bakterien zu, gleichzeitig mit gesteigertem Hefewachstum. Aerobe Bakterien u. Schimmel halten sich in mäßigen Grenzen. (Cereal Chem. **31.** 462—74. Nov. 1954. New Orleans, La., Southern Regional Res. Labor.) H. HAEVECKER. 7686

Sven Dalbro und **Hans Gumpel,** *Der Einfluß verschiedener Lagerungsmethoden auf den Vitamin-C-Gehalt von Äpfeln und Untersuchungen verschiedener Beerenfrüchte auf Ascorbinsäuregehalt.* Unterss. über den Vitamin-C-Verlust bei den Apfelsorten Bramleys Seedling (I) u. Cox Orange (II) bei n. Lagerung, Kühlhauslagerung (+3°) u. Gaslagerung (9% CO_2 u. 12% O_2, 4,5° bei I, 5% CO_2 u. 3% O_2, 4,5° bei II). Der Vitamin-C-Verlust war prozentual bei II größer als bei I u. stieg bei Überreife bei II stärker an als bei I. Die verschied. Lagerungsmethoden ergaben keinen großen Unterschied in der Vitamin-C-Abnahme. Vff. vermuten, daß bei einigen Apfelsorten noch unbekannte Stoffe den Abbau des Vitamin C verhindern oder hemmen. Bei verschied. Sorten von Beerenfrüchten wurden folgende Ascorbinsäurewerte gefunden: Schwarze Johannisbeeren 93—226 (mg%), Erdbeeren 63—84, Himbeeren 24—25, Blaubeeren 5—12. (Tidsskr. Planteavl **58.** 265—77. 1954. Kopenhagen, Statens Forsøgsvirksomhed i Plantekultur.) W. BEINERT. 7688

E. Brown, T. J. Coomes und **G. B. Pickering,** *Schwarzer Pfeffer aus Nigeria.* (Vgl. C. **1955.** 10878.) Größere Muster von Nigeriapfeffern wurden in Fortführung der früheren Arbeit untersucht. Die Resultate entsprechen weitgehend den damaligen. Auch diesmal ist der mittlere Piperingeh. mit ca. 4,5% etwas niedriger, der mittlere Stärkegeh. mit ca. 46,4% etwas höher als die bei handelsüblichen Pfeffern festgestellten Grenzwerte. Handelsexperten beurteilen derartige Nigeriapfeffer als durchaus verkehrsfähig, jedenfalls den bes. weitgehenden Anforderungen in USA entsprechend. (Colonial Plant Animal Products **4.** 320—28. 1954.) R. BEYTHIEN. 7714

Ethelwyn B. Wilcox und **Leora S. Galloway,** *Die B-Vitamine in rohem und gekochtem Lammfleisch.* 2. Mitt. *Riboflavin und Niacin.* (1. vgl. C. **1953.** 6784.) Der *Riboflavin*-Geh. von rohem Lammfleisch schwankt zwischen 0,202 u. 0,265 mg/100 g. Er geht beim Kochen auf ca. 70—85% zurück. Der *Niacin*-Geh. liegt zwischen 5,7 u. 6,9 mg/100 g Fleisch. — 7 Literaturhinweise. (Food Res. **17.** 144—47. März/April 1952. Logan, Ut., Dep. of Foods and Nutrit., Utah Agric. Exp. Stat.) C. GRIMME. 7750

W. Ritter, *Der Einfluß der Zubereitung auf den physiologischen Wert der Milch.* Während die geringfügige Minderung des physiol. Wertes der Milch durch Transport u. Aufbewahrung vermeidbar ist, treten bei Erhitzung der Milch Veränderungen ein, die sich bei der schonenden Pasteurisierung (Kurzzeiterhitzung) prakt. noch nicht nachteilig auswirken, wohl aber im Falle der Sterilisierung. Die Nachteile der Homogenisierung (größere Lichtempfindlichkeit, Zunahme der Aktivität lipat. Enzyme) werden durch Vorteile aufgewogen (keine Entmischung, weichere Eiweißgerinnung, weißere Farbe u. vollmundigerer Geschmack). (Schweiz. Milchztg., wiss. Beilage **80.** 144. 26/10. 145—51. 9/11. 1954. Liebefeld, Eidg. Milchwirtschaftl. Versuchsanstalt.) R. WOLLER. 7756

G. T. Pyne, *Caseinheterogenität und Labgerinnung.* Vf. berichtet über die Labgerinnung u. den Einfl. von Ca-Ionen bei Casein. α-Caseinatlsg. gerinnt durch Lab bis zu einem Temperaturminimum von 0° schnell bei relativ geringen Ca-Ionenkonzz., während β-Caseinat nicht angegriffen wird. Diese Komponente gerinnt in Ggw. von Ca-Ionen bei

Tempp. über 20°, beim Abkühlen löst sich der Nd. teilweise wieder auf. In einer Mischung beider Caseinate benötigt man um so höhere Ca-Ionenkonzz., je niedriger die Temp. ist. Das β-Caseinat scheint das labveränderte α-Caseinat gegen Gerinnung durch Ca-Ionen bei niedriger Temp. zu schützen, dagegen wird die enzymat. Einw. offensichtlich nicht beeinflußt. (Chem. and Ind. **1951.** 171—72. 3/3. Cork, Univ. Coll., Dairy Chem. Dep.) W. KNÖPKE. 7760

N. Edvin Olofsson, *Fütterungsversuche mit Zuckerrüben an Jung- und Mastschweinen.* Bei Schweinen wurde ein Teil der Getreideration durch feingeriebene Zuckerrüben (I) ersetzt, so daß 20—37,2% des Gesamtfutters als I gegeben wurden. Die Erhöhung des Lebendgewichts war etwa gleich wie bei den Kontrolltieren, doch machte sich bei verstärkter I-Verfütterung ein erhöhter Schlachtverlust bemerkbar. Der Verbrauch an nord. Futtereinheiten für 1 kg korr. Zuwachs betrug bei der Gruppe mit stärkster I-Fütterung 3,67 kg gegenüber 3,22 bei den Kontrolltieren. — Bei I-Fütterung wurde ein dünnerer Rückenspeck erzielt. (Sveriges Betodlares Centralfören. Tidskr. **1953.** Nr. 2. 3—12.) S. BECKMANN. 7780

D. K. Cunningham und **J. A. Anderson,** *Schnellbestimmung von Quecksilber auf Getreidekörnern.* Vf. beschreibt eine Modifikation der Meth. von LEPPER. 15 mit Hg-haltigen Saatgutbeizen (Ceresan, Panogen usw.) behandelte Getreidekörner werden in alkal. reduzierender Lsg. mit Al-Folie gekocht. Die Ggw. von Hg wird auf der Folie durch Na-Alizarinsulfonatreagens nachgewiesen. (Cereal Chem. **31.** 513—16. Nov. 1954.) H. HAEVECKER. 7796

D. K. Cunningham und **J. A. Anderson,** *Anwendung von amperometrischer Titration zur Bestimmung von Kaliumbromat im Mehl.* Vff. entwickelten die von ARMSTRONG modifizierte Meth. von HOWE weiter durch Anwendung eines einfachen Amperemeters zur Best. des J-Endpunktes. Bei rechner. Berücksichtigung der Mehlfeuchtigkeit werden durchschnittlich 97,5% des Bromats wiedergefunden. (Cereal Chem. **31.** 517—21. Nov. 1954.) H. HAEVECKER. 7798

Merle D. Shogren und **J. A. Shellenberger,** *Konstruktion und Anwendung einer Mikrobackapparatur.* Beschreibung einer Knetmaschine, Gärkammer, Teigform u. eines Brotvolumenmessers für 10 g Ausgangsmaterial zur Messung im Farinographen u. Mikrobackvers. mit 13 g Teig. Die erhaltenen Werte sind mit denen der Standardmeth. vergleichbar. (Cereal Chem. **31.** 475—82. Nov. 1954. Manhattan, Kansas Agric. Exp. Stat.) H. HAEVECKER. 7800

Howard W. Lincoln, B. M. Dirks und **C. G. Harrel,** *Eine Methode zur Schnellbestimmung der Feuchtigkeit in Teigen und Broten.* Das Muster wird zwischen 2 tarierten Filtern gepreßt. Vff. beschreiben eine Waage, auf deren einem Arm die Filter Rücken an Rücken angeheftet u. mit infrarotem Licht getrocknet werden können. Dauer der Best. 10 Min., durchschnittlicher Fehler der Einzelbest.: 0,45% im Teig u. 0,09% im Brot. (Cereal Chem. **31.** 506—13. Nov. 1954. Minneapolis, Minn., Pillsbury Mills, Inc.) H. HAEVECKER. 7800

Togo Lassandro Pepe, *Bestimmung der Asche in Brot unter Berücksichtigung des Kochsalzgehaltes.* Bei der Best. von Asche in Brot findet eine gewisse Zers. des Kochsalzes statt unter Einw. von Phosphat gemäß der Gleichung $2\,KH_2PO_4 + 2\,NaCl = 2\,KNaHPO_4 + HCl$, wobei HCl verdampft. Es ist deshalb eine *Best. des NaCl*-Geh. in Brotasche nach VOLHARD nicht möglich. Vf. macht verschied. Vorschläge zur Richtigstellung dieser Fehler. — 9 Literaturhinweise. (Chimica [Milano] [N. S.] 8 (29). Nr. 9. 235—36. Sept. 1953. Taranto.) C. GRIMME. 7800

Pierre Navellier, *Veraschung und Mineralisierung.* 2. Mitt. (1. vgl. C. **1953.** 632.) Der in der 1. Mitt. (l. c.) erwähnte u. für die Best. der Milchasche benutzte Ofen von CHOPIN läßt sich zur Aschenbest. vieler anderer Nahrungsmittel, Wein, Fruchtsaft, Marmelade, Honig, Schokolade usw. verwenden. Auf die Schwierigkeiten der *Mehlaschen*-Best. infolge Flüchtigkeit von Aschensalzen u. der Hygroskopizität der Asche wird hingewiesen, die verschied. Verff. werden erwähnt u. das der École française de Meunerie nach BURÉ (La Chimie du blé, Suppl. au 1er fasc., 1950) wiedergegeben. Bei der Best. der *Brotasche* kommt hinzu, daß das dem Brot zugefügte NaCl nach der Veraschung nicht genz wiedergefunden wird, weil wahrscheinlich Na von sauren Phosphaten gebunden u. HCl verflüchtigt wird. So sind alle Korrekturen hypothet., da sie den Ausmahlungsgrad des benutzten Mehls in Betracht ziehen müßten, den man gerade durch die Aschenbest. kennen lernen möchte. Diese Aufgabe ist besser durch die Mineralisierung zu lösen. Deren Zweck ist es im allg., unter Zerstörung der organ. Substanz durch Reagentien, bestimmte Elemente, die meist nur in geringer Menge vorhanden sind, zu bestimmen, nicht aber die Gesamtheit der anorgan. Bestandteile. Die verschied. Verff. auf trockenem oder nassem Wege, die stets Leerproben nötig machen, oder durch Verbrennung mit O_2 in der Bombe werden besprochen; ferner die Elementaranalyse, bei der es sich um die Überführung der die organ. Substanz hauptsächlich aufbauenden Elemente in anorgan. Verbb. handelt. Neue Verff.: 1. *Best. des Gesamtschwefels in geschwefelten Mosten u. Fruchtsäften*, d. h. des freien, des an Saftbestandteile (Aldehyde) gebundenen u. des zu SO_4^{2-} oxydierten SO_2. Es wird ein App. beschrieben, bei dem der Reaktionskolben nach Wahl mit HNO_3, die stets im Überschuß bleiben muß u. mit der Analysenprobe abwechselnd beschickt werden kann u. bei dem die abdestillierende Substanz kondensiert wird, um gegebenenfalls weiter mineralisiert zu werden. Der Inhalt des Reaktionskolbens wird konz. u., was meist unnötig ist, mit wenig $HClO_4$ zu Ende oxydiert, um dann den S als $BaSO_4$ zu bestimmen. 2. *Best. von bromhaltigen Antisepticis*. Es handelt sich darum, in Lebensmitteln neben den anorgan. Bromiden die als Antiseptica zugefügten, aber gesundheitsschädlichen organ. Br-Verbb., meist Bromacetate, zu bestimmen. Das Verf. von FLORENTIN u. MUNSCH (Ann. Falsicat. Fraudes **1936**. 104) wird durch Verwendung von 2 miteinander verbundenen Perkolatoren verbessert, in deren einem Chlf. durch die Analysenprobe tropft u. danach in das 2. Gefäß fließt, um in diesem durch wss. KOH zu tropfen. So werden Extraktion der organ. Verbb. u. Verseifung in einem geschlossenen App. ausgeführt, ohne daß die anorgan. Bromide aus der Probe in die KOH gelangen. Statt Chlf. kann bei anderer Konstruktion des App. auch Ae. genommen werden. Empfindlichkeit 5—50 γ Br in einigen cm^3 Flüssigkeit. (Chim. analytique [4] **33**. 315—19. Nov. 1951. Paris, Labor. municip.) W. METZENER. 7800

G. Nunn, *Vitamin-C-Bestimmung in Kartoffeln.* In einem 2,5%ig. Metaphosphorsäure enthaltendem Kartoffelextrakt wird der *l*-Ascorbinsäuregeh. durch Titration mit 2.6-Dichlorphenolindophenol bestimmt. (School Sci. Rev. **35**. 35—38. Nov. 1953.) H.-G. MOSLÉ. 7802

Wolfgang Philipp, *Eine Methode zur Bestimmung des spezifischen Gewichtes und anderer physikalischer Eigenschaften des Tabaks.* Beschreibung einer Meth. zur pyknometr. Feststellung der Wichte der luftfreien Tabaksubstanz u. des Volumengewichts u. anderer physikal. Eigg. des gewachsenen Tabakblattes mit der Spindel. (Ber. Inst. Tabakforsch. Dresden **2**. 112—27. 1955.) P. BERGER. 7836

A. M. Achmedow, *Anwendung des Baktoagars Sh zur Untersuchung von Fleisch von Schlachtvieh auf Mikroben der Paratyphusgruppe.* Baktoagar Sh eignet sich besser als der Endonährboden für den Nachw. von Paratyphusmikroben im Fleisch. (Гигиена и Санитария [Hyg. u. Sanitätswes.] **1952**. Nr. 7. 39—42. Juli. Moskau, Veterinär-Akad., Lehrstuhl für veter.-sanitäre Begutachtung.) O. LEBTAG. 7850

A/S Protan, Norwegen, *Konservierung von Lebensmitteln.* Um das allmähliche Eintrocknen durch Wasserverlust beim Konservieren von Lebensmitteln im Tiefkühlverf. zu vermeiden, werden die Lebensmittel in einer wss. koll. Lsg., z. B. aus Alginaten, Carboxymethylcellulose u. ähnlichem, eingefroren. Die Lsg. besteht z. B. aus 1—3 (Gewichtsteilen) wss. koll. Lsg. von Alginat in 100 W., organ. Säure, wie Citronensäure, zur Herst. eines p_H von 2,5—4, 0,1—0,5 eines Ca-Salzes, wie Ca-Tartrat, 5—30 eines mehrwertigen Alkohols, bes. 15%ig. Glycerin, oder statt dessen einer 2—4%ig. Salzlsg., z. B. NaCl-Lsg.; gegebenenfalls kann auch Ascorbinsäure als Antioxydans zugegeben werden. Man erhält ein Gel, das bei —15 bis —20° eine schneidbare Konsistenz hat. (**F. P. 1 067 612** vom 11/12. 1952, ausg. 17/6. 1954. N. Prior. 11/12. 1951.) G. WELTZIEN. 7637

Eugene J. Rivoche, Washington, D. C., V. St. A., *Zubereitung von Nahrungsmitteln.* An Stelle des üblichen Kochprozesses unter Verwendung einer Fl. wird das Nahrungsmittel im geschlossenen Behälter unter Aufrechterhaltung eines Vakuums dielektr. innerhalb weniger Min. erhitzt. Zur Vermeidung einer Schädigung von Vitaminen wird das Vakuum so eingestellt, daß eine Temp. von 75—90° nicht überschritten wird. Der Aufschlußprozeß kann dadurch beschleunigt werden, da das von vornherein niedriger gehaltene Vakuum intermittierend teilweise oder völlig aufgehoben wird. (**A. P. 2 708 636** vom 26/1. 1952, ausg. 17/5. 1955.) W. KRANZ. 7643

Manbre & Garton Ltd. (Erfinder: **Albert Eustace Berry**), London, England, *Getreideglutenprodukt* mit geringem Stärkegehalt. Rohkleber, z. B. Maiskleber, wird mit einem wss. Sojabohnenextrakt gemischt u. mehrere Std. bei erhöhter Temp. digeriert. Nach der Hydrolyse der Stärkebestandteile zu Dextrose, Maltose u. Dextrin wird die Gesamtmischung im Vakuum konz. u. auf Heißwalzen zu Flocken getrocknet. Das Prod. dient als Zusatz zu Nahrungsmitteln zwecks Erhöhung des Proteingehalts. (**E. P. 725 622** vom 11/6. 1953, ausg. 9/3. 1955.) W. KRANZ. 7647

Francis Frederick Hansen, Pittsburgh, Pa., V. St. A., *Malzmehl für Backzwecke zur Förderung des Hefewachstums.* Weizen wird bei ca. 80° F zum Keimen gebracht in Ggw. von Weichwasser, um den Wassergeh. der Korns für ca. 10—15 Tage auf 50% u. mehr zu erhöhen u. ein Malz mit einem Diastasegeh. von 3—400 LINDNER-Graden zu erhalten u. das Gewicht des Korns durch Eiweiß- u. Stärkeabbau um ca. 20% herabzusetzen, das gemälzte Korn bei 120—150° F getrocknet, gemahlen u. mit fl. Chlor zum Unwirksammachen der proteolyt. u. diastat. Enzyme behandelt. (**A. P. 2 691 592** vom 1/12. 1950, ausg. 12/10. 1954.) J. KETTNER. 7671

Sadie Neiman, übert. von: **Elias R. Neiman,** Chicago, Ill., V. St. A., *Lecithinpräparat für Backzwecke.* Lecithin wird bis zu 20% bei n. Temp. mit wasserfreier Dextrose gemischt. Das pulverförmige trockene Prod. läßt sich ohne Klumpenbldg. mit Mehl bzw. bei der Teigbereitung vermischen. Durch Zugabe von Vanillin wird die Lagerfähigkeit des Prod. erhöht. (**A. P. 2 708 631** vom 21/10. 1952, ausg. 17/5. 1955.) W. KRANZ. 7675

Willy Weiss, Wiesbaden, *Backpulversäureträger* in carbonathaltigen Backpulvern, bestehend aus polymerem Kaliummetaphosphat (I) für sich allein oder in Mischung mit anderen bekannten Säureträgern. — Beispiel: 84 (Teile) $NaHCO_3$, 120 I u. 46 Kartoffelmehl. (**D. B. P. 933 141** Kl. 2c vom 2/10. 1948, ausg. 22/9. 1955. Anmeldung bekanntgemacht 7/6. 1951.) W. KRANZ. 7675

Boyce Thompson Institute for Plant Research, Inc., übert. von: **Frank Earl Denny,** Yonkers, N. Y., V. St. A., *Kontrolle des Pflanzenwachstums.* Zwecks Verzögerung des Pflanzenwachstums, bes. zur Verhinderung des Keimens von Knollen, z. B. *Kartoffeln,* taucht oder besprüht man sie mit staubförmigem bzw. einer wss. oder acetonhaltigen Lsg. von Laurylbromid (0,1—1 g Laurylbromid/kg Kartoffeln). (**A. P. 2 706 678** vom 21/8. 1952, ausg. 19/4. 1955.) H. NEBELSIEK. 7679

Aktieselskabet Atlas, Kopenhagen, Dänemark, *Konservieren von Gemüse und Futtermitteln.* Das Verf. gemäß Schwed. P. 133 738 wird dahingehend erweitert, daß das Behandlungsgut durch eine H_2S enthaltende Kammer geleitet wird, um die oxydative Zerstörung des Redoxsyst. zu verhindern. (**Schwed. P. 141 813** vom 26/6. 1944, ausg. 25/8. 1953. Dän. Prior. 7/10. 1943. **Zusatz zu Schwed. P. 133 738; C. 1953. 2852.**) K. H. KÄHLER. 7691

National Dairy Research Laboratories, Inc., Oakdale, übert. von: **Edwin G. Stimpson,** Sayville, N. Y., V. St. A., *Entionisierung von Milch.* Man behandelt die Milch mit einer aus 1 (Teil) eines Anionenaustauschers u. 0,8—1,33 eines stark sauren Kationenaustauschers bestehenden Mischung, so daß die abfließende Milch ein p_H von 5—7 besitzt. (**A. P. 2 708 632** vom 14/7. 1951, ausg. 17/5. 1955.) H. MAASS. 7757

D. Dickinson and P. Goose, Laboratory inspection of canned and bottled foods. London: Blackie. 1955. (148 S. m. Abb.) 10 s. 6 d.

Kurt Egger, Die modernen Schmelzkäseverfahren. Chemische und technische Grundlagen, bewährte Zusatzlösungen und Rezepturen aus der Praxis. 2. Aufl. Bern: K. J. Wyss Erben AG. 1955. (VIII + 168 S. m. Abb.) 8°. fr. 15,20.

XVII. Fette. Seifen. Wasch- u. Reinigungsmittel. Wachse. Bohnermassen usw.

W. Wachs, *Über eine verbesserte Molekulardestillationsapparatur nach Utzinger und ihre Anwendung bei fettchemischen Arbeiten.* Unter Hinweis auf die den Laboratoriumsapparaturen zur Molekulardest. nach UTZINGER anhaftenden Unzulänglichkeiten, vor allem hinsichtlich der Ausbldg. eines gleichmäßig sehr dünnen Ölfilms beim Destillieren von Fetten, wird eine verbessernde Arbeitstechnik in allen Einzelheiten beschrieben. Es wird ferner ein besonderes Gefäß zur Zugabe des Öles entwickelt, womit gleichmäßige Filmausbldg. bei geringer Schichtdicke gewährleistet wird. Durch Behandeln der Verdampfungsfläche des App. mit Trichlormethylsilan wird dieselbe „hydrophobiert" u. damit die Benetzbarkeit des Glases durch Fett erhöht, was den Trenneffekt wesentlich verstärkt. Die Leistungsfähigkeit der verbesserten App. wird an Hand der Abtrennung von Sesamolin aus Sesamöl sowie von Monoglycerid aus einem techn. Glyceridgemisch geprüft. — Beleganalysen. (Z. Lebensmittel-Unters. u. -Forsch. **96.** 168—73. März 1953. Berlin-Charlottenburg, TU, Inst. für Lebensmittelchem. u. Lebensmitteltechnologie.) K. TÄUFEL. 7870

N. W. Wengerowa und **S. M. Asskinasi,** *Ein Versuch zur kontinuierlichen Härtung von Fetten und Ölen in der Fabrik „Ssalolin".* Ausführliche Beschreibung der App. u. des Verf. zur kontinuierlichen Fetthärtung, wodurch die Leistungsfähigkeit u. die Qualität des gehärteten Fettes erhöht werden. (Маслобойно-Жировая Промышленность [Öl- u. Fett-Ind.] **19.** Nr. 7. 16—18. 1954. Leningrad, Hydrierwerk „Ssalolin" u. Allunions Wiss. Fettforschungsinst.) OTTO MAIER. 7880

Moacyr Silva und **Maria da Conceição P. B. Cavalcanti,** *Das Fett der Roßkastanie.* Die untersuchten Früchte einer brasilian. Roßkastanie (*Curupirakastanie*) haben folgende

Zus. (%): W. 3,47, Asche 7,71, Cellulose 12,60, Fett 21,53, Protein 41,06, Kohlenhydrate 13,63, keine Alkaloide. Das Fett ergibt mit Cocospalmenöl u. Lauge (25° Bé) im Verhältnis 40:10:38 eine bessere Seife als dieselbe Mischung mit Talg als Fettkomponente. (Minist. Trabalho, Ind. Comérc., Inst. nac. Tecnol. **1950.** 1—24. 2 Tafeln.)
R. K. MÜLLER. 7892

Manik Lal Sen Gupta und **A. K. Ganguly,** *Reinigung von Erdnußöl.* 4. Mitt. *Chromatographische Abtrennung und Bestimmung von Tocopherol in Erdnußöl.* Unter Hinweis auf die in der 3. Mitt. (J. Indian chem. Soc., ind. News Edit. **15.** [1952.] 39) gemachten Ausführungen über die Störungen der Tocopherolbest. nach EMMERIE u. ENGEL (Recueil Trav. chim. Pays-Bas **57.** [1938.] 1351) durch Peroxyde u. andere Substanzen wird eine abgewandelte Arbeitsweise entwickelt. Sie beruht darauf, daß aktiviertes Al_2O_3 ein sehr wirksames Adsorptionsmittel für Peroxyde u. unverseifbare Stoffe ist. Herst. des aktivierten Al_2O_3 vgl. 3. Mitteilung. Man präpariert eine Säule mit 2 g Al_2O_3 u. PAe. (Kp. 40—60°) in einer Glasröhre von 1 cm Durchmesser; man gibt eine Lsg. von 5 ml Erdnußöl in PAe. (10%ig.) auf u. eluiert anschließend mit 20—25 ml PAe. (Kp. 60—80°); die störenden Verbb. werden zurückgehalten. Die vereinigten Eluate werden auf ein Vol. von 5 ml eingeengt (Vakuum in der Kälte). Best. des Tocopherols mit dem Ferrichlorid-Dipyridyl-Reagens in üblicher Weise an Hand einer Eichkurve. — Beleganalysen. (J. Indian chem. Soc., ind. News Edit. **16.** 175—78. 1953. Calcutta, Bengal Immunity Res. Inst.) K. TÄUFEL. 7894

H. Hadorn und **R. Jungkunz,** *Über den Gehalt an Unverseifbarem und Gesamtsterinen in Speisefetten und Speiseölen.* Unter Hinweis auf die lückenhaften Angaben des Schrifttums über den Geh. von Nahrungsfetten tier. u. pflanzlicher Herkunft an Unverseifbarem sowie an Sterinen werden systemat. Unterss. durchgeführt. Best. des Unverseifbaren mittels der Äthermeth. mit doppelter Verseifung, der Sterine nach der selbst modifizierten Digitoninmethode. Die bei der Prüfung von 16 vegetabilisierten u. 4 animal. Fetten u. Ölen erzielten Ergebnisse werden den seitherigen Angaben der Literatur vergleichend gegenübergestellt. Es zeigt sich, daß letztere Angaben, was ihre Maxima anlangt, durchschnittlich zu hoch liegen; dies wird auf die gegenüber früheren Zeiten heute verbesserte Raffination zurückgeführt. Hinsichtlich der Werte für den Steringeh. decken sich die analyt. Daten mit dem Schrifttum. (Mitt. Gebiete Lebensmittelunters. Hyg. [Bern] **45.** 397—401. 1954. Basel, Labor. VSK.) K. TÄUFEL. 7894

V. J. Muckerheide, *Gewinnung von Fettsäuren. Trennungsmethoden.* Unter Hinweis auf die Vielzahl der seit CHEVREUL entwickelten Methoden zur Trennung von Fettsäuregemischen in einzelne Fraktionen bzw. Individuen werden eingehender diejenigen besprochen, die in die industrielle Praxis Eingang gefunden haben; behandelt werden die alte „panning and pressing method", die Verff. der fraktionierten Dest., die fraktionierte Kristallisation aus Lsg.; sonstige Arbeitsweisen (TWITCHELL-Verf., Harnstoffmeth.), die industriell zwar noch nicht angewendet werden, aber vielleicht nach entsprechendem Ausbau Verwendung finden könnten. (J. Amer. Oil Chemists' Soc. **31.** 544—48. Nov. 1954. Cincinnati, O., Emery Industries, Inc.) K. TÄUFEL. 7908

W. W. Bucharin und **L. A. Magnitzki,** *Eine DDT-Seife.* Es wird eine techn. Anlage zur Herst. von DDT-Seife (Na-Salze von Fett- u. Naphthensäuren, W., DDT u. Oxydiphenyl) beschrieben. Der Geh. an freiem Alkali darf 0,2% nicht übersteigen, während der Geh. an in Ae. lösl. Substanz nicht unter 45% liegen soll. Der Geh. an DDT u. Isomeren muß innerhalb 4,7—5,5% liegen. (Маслобойно-Жировая Промышленность [Öl- u. Fett-Ind.] **17.** Nr. 7. 21—23. Juli 1952. Hauptverwaltung für Pflanzenöle u. Fette.) H. v. PEZOLD. 7910

Giuseppe Trinchieri, *Waschmittel aus Erdöl.* Übersicht über neuere synthet. Waschmittel auf Erdöl-Rohstoffbasis. (Tinctoria [Milano] **49.** 31—32. Jan. 1952.)
A. SANDER. 7912

H. Hadorn und **R. Jungkunz,** *Beitrag zum Nachweis von pflanzlichen Fetten und Ölen mittels der Phytosterinacetatprobe.* Krit. Betrachtungen über die bisherigen Arbeitsweisen zur Durchführung der Phytosterinacetatprobe als analyt. Mittel zur Erkennung eines Verschnittes von tier. mit pflanzlichem Fett oder Öl unter besonderer Berücksichtigung der Vorschrift des Schweiz. Lebensmittelbuches, 4. Aufl 1937. An Hand der Ergebnisse systemat. Verss. über die optimalen Verff. zur Abtrennung des Unverseifbaren aus der Untersuchungsprobe mit angeschlossener Digitonidfällung der Sterine sowie zur Darst. der Sterinacetate u. ihrer Kristallisation wird folgende abgewandelte Arbeitsvorschrift in Vorschlag gebracht. 20 g Fett oder Öl werden mit 5 g KOH u. 40 ml A. (90 Vol.-%ig.) 1 Std. am Rückflußkühler zur Verseifung erhitzt; Extraktion des Unverseifbaren aus der mit 120 ml W. verd. Seifenlsg. einmal mit 200 ml, dann zweimal mit je 150 ml Ae.; Waschen der vereinigten Ae.-Auszüge dreimal mit je 20 ml W. (Alkalifreiheit); Abdampfen des Ae., Zugabe von 6 ml Aceton u. Vertreiben des letzteren auf dem Wasserbad. Man setzt 10 ml Aceton zum Rückstand, erwärmt zum Sieden u. fällt die Sterindigitonide mit 10 ml einer 1%ig. alkoh. Lsg. von Digitonin; man dampft auf dem Wasserbad bis fast zur Trockne ein, nimmt mit 50 ml heißem W. auf, erhitzt unter Rühren 2—3 Min. zum Sieden (Entfernen des überschüssigen Digitonins), läßt auf 60° abkühlen, setzt 25 ml Aceton zu u. erhitzt nochmals bis zum beginnenden Sieden; Filtration durch Schwarzband-Rundfilter SCHLEICHER & SCHÜLL 9 cm; Auswaschen des Nd. nacheinander mit 10 ml Ae , 5 ml. Ae., 5 ml Chlf., 10 ml Äthyläther. Das nach dem Trocknen vom Filter abgehobene pergamentartige Digitonid wird mit 3 ml Essigsäureanhydrid bis zur Lsg. zum Sieden erhitzt (ca. 10 Min.) Man filtert durch Watte u. läßt zur Kristallisation abkühlen, zuletzt 10 Min. Eisschrank oder Eiswasser; die Kristalle saugt man auf gehärtetem Papierfilter ab; Waschen mit wenig eiskaltem 90%ig. A. u. Trocknen. Liegt der in üblicher Weise bestimmte F. der Kristalle bei 117° u. höher (korr.), so ist die Ggw. von pflanzlichem Fett oder Öl als erwiesen anzusehen. — Beleganalysen. (Mitt. Gebiete Lebensmittelunters. Hyg. [Bern] **45.** 389—96. 1954. Basel, Schweiz, Labor. VSK.) K. TÄUFEL. 7932

R. C. Stillman, *Die Bestimmung von Chlorophyll in Öl.* Unter Auswertung des Schrifttums werden mit der Zielsetzung einer spektrometr. Best. von Spuren von Chlorophyll in Ölen (1 Teil in 1 Million Teilen Öl) systemat. Vorverss. mit Modellsgg. von käuflichem Chlorophyll in Sojaöl unter Heranziehung der Spektrometer BECKMAN DU, BECKMAN B u. COLEMAN JR. durchgeführt; Messung der maximalen Absorption bei 630, 670 sowie 710 mμ in der Lsg. des Öles in opt. reinem CCl_4; Angabe der erforderlichen physikal. Konstanten sowie einer Gleichung zur Berechnung des Chlorophyllgeh. bei Verwendung des BECKMAN B; Einzelheiten der Arbeitsweise vgl. Original, bes. für die Berechnungsweise bei raffinierten bzw. bei gebleichten Ölen unter Heranziehung der genannten Spektrometer. (J. Amer. Oil Chemists' Soc. **31.** 469—72. Nov. 1954. Cincinnati, O., Procter and Gamble Comp.) K. TÄUFEL. 7934

V. W. Reid, T. Alston und **B. W. Young,** *Die qualitative Analyse oberflächenaktiver Stoffe.* Es wird ein Schema zur qualitativen Analyse von handelsüblichen oberflächenakt. Stoffen auf der Basis der UV-Spektralanalyse beschrieben, das gegenüber bekannten Verff. eine wesentliche Verminderung der Zahl der chem. Operationen mit sich bringt. Handelsprodd. werden zur Entfernung von Füllstoffen mit A. extrahiert, der getrocknete Extrakt wird in W. gelöst (ca. 5 g/Liter) u. zur spektralen Unters. geeignet verdünnt. Auftretende Trübungen werden durch Zugabe von opt. reinem A. beseitigt. Absorptionswerte ($\log E^{1\%}_{1\,cm}$) werden im Bereich von 2100—3500 Å aufgenommen u. mit Bezugskurven von bekannten oberflächenakt. Stoffen verglichen. Auf Grund des Spektr. sowie einer Prüfung auf N, S u. P ist eine schnelle u. genaue Zuordnung zu einer der nächst. 4 Haupt- u. zugehörigen Untergruppen möglich. 1. Anion. Verbb. ohne N: Alkylbenzolsulfonate; Alkylnaphthalinsulfonate; Tetralinsulfonate; Arylbenzolsulfonate; Alkylsulfate; echte Seifen. Die Spektren der hier zugehörigen Phosphonate sind prakt. mit denen der entsprechenden Sulfonate identisch. — 2. Nichtion. Verbb. ohne N auf Basis von: Phenolen u. Kresolen; Naphtholen; Harzsäuren, Fettsäuren u. Fettalkoholen. — 3. Anion. Verbb. mit N: Anilinderivv.; Alkylolaminseifen. — 4. Kation. Verbb. mit N: Quarternäre NH_4-Verbb.; quarternäre Basen mit Pyridinkern; quarternäre Basen mit Isochinolinkern; aliphat. Aminoverbindungen. — Die Absorptionskurven vorst. Untergruppen werden kurz beschrieben u. einige Hinweise für die Auswertung von Spektraldaten u. für die Trennung von Gemischen oberflächenakt. Stoffe aus verschied. Untergruppen gegeben. Absorptionskurven von Bezugsverbb. u. Handelsprodd. sind für jede Untergruppe wiedergegeben. (Analyst **80.** 682—89. Sept. 1955. Urmston, Manchester, Petrochem. Ltd., Partington Ind. Estate, Analyt. Res. Labor.)

H. HOFMANN. 7942

Aktiebolaget Seperator, Schweden, *Entfärben von fetten Ölen.* Man behandelt das Öl nach der Neutralisation mit einer wss. Lsg., welche eine starke Base (NaOH) u. das Salz einer schwachen Säure (Na_2CO_3) enthält, 10—30 Minuten. — Vorr., Zeichnung. (**F. P. 1 038 622** vom 14/3. 1951, ausg. 30/9. 1953. Schwz. Prior. 14/3. 1950.)

T. OPPERMANN. 7875

Badische Anilin & Soda-Fabrik, Deutschland, *Sauerstoffinhibitoren für Fette und Öle.* Man versetzt die Fette bzw. Öle (z. B. Schweineschmalz, mineral. Schmieröl) mit einer geringen Menge eines Salzes des Cholins oder einer analogen quaternären Ammoniumbase, z. B. Trimethylbutylammoniumhydroxyd, mit einer organ. Säure, z. B. der Stearin-, Palmitin-, Öl-, Benzoe-, Wein-, Citronensäure. (**F. P. 1 040 307** vom 2/8. 1951, ausg. 14/10. 1953. D. Prior. 18/8. 1950.) T. OPPERMANN. 7879

Extraction Continue de Smet (Soc. An.), Belgien, *Raffinieren von Pflanzenölen und Pflanzenfetten.* Man vermischt die Lsg. des rohen Pflanzenöls oder -fettes (Lösungsm. z. B. Hexan) mit einem Neutralisationsmittel (z. B. verd. NaOH), versetzt das Gemisch mit einem anderen Lösungsm., welches mindestens eine polare Gruppe u. in der aliphat. Kette mindestens 1—5 C-Atome besitzt (z. B. Isopropylalkohol), u. läßt das Ganze absitzen. Dann wäscht man die gebildete obere Schicht, welche das neutralisierte Öl bzw. Fett enthält, mit W., behandelt sie mit einer verd. Lsg. von Elektrolyten (Citronensäure u. Salz) u. läßt wiederum absitzen. Die hierbei sich abscheidende obere Schicht befreit man durch Verdampfen u. Behandeln mit Frischdampf bei red. Druck vom Lösungsmittel. Die beim ersten Absitzen gewonnene untere Schicht, welche die bei der Neutralisation gebildeten Seifen enthält, wäscht man mit einer beide Lösungsmittel (Hexan u. Isopropylalkohol) enthaltenden Fl. u. behandelt sie danach mit einer starken Säure (H_2SO_4). Hierbei werden unter Bldg. von Na_2SO_4 die Fettsäuren in Freiheit gesetzt. — Vorrichtung. (**F. P. 1 071 291** vom 10/12. 1952, ausg. 30/8. 1954. Luxemburg. Prior. 13/12. 1951.) T. OPPERMANN. 7893

Armour& Co., übert. von: **Charles W. Hoerr,** Chicago, Ill., V. St. A., *Zerlegen von Fettsäuregemischen.* Man löst das Gemisch bei leicht erhöhter Temp. in Acetonitril (I), kühlt ab, bis die Stearin- u. Palmitinsäure beginnt auszukristallisieren. Durch Zugabe von 3—25% W. zu I wird die Löslichkeit der Ölsäure in I erhöht u. damit die Trennung dieser von den gesätt. Säuren verbessert. — Diagramme. (**A. P. 2 705 723** vom 21/4. 1951, ausg. 5/4. 1955.) C. LÜTTGEN. 7909

Aktiebolaget Separator, Schweden, *Herstellung von Seife.* Man neutralisiert das in der ausgefällten Seife enthaltene freie Alkali teilweise oder ganz mit einer wss. Lsg. einer 2- oder mehrwertigen Säure u./oder ihren Alkalisalzen (z. B. 30%ig. H_3PO_4, 50%ig. NaH_2PO_4-Lsg.). (**F. P. 1 072 515** vom 10/12. 1952, ausg. 14/9. 1954. Schwed. Prior. 10/12. 1951.) T. OPPERMANN. 7911

Chemische Fabrik Grünau Akt.-Ges. Zweigniederlassung Tepha-Illertissen (Erfinder: **August Schrodt** und **Robert Hansen**), Illertissen, *Wasch- und Walkmittel,* bestehend aus etwa gleichen Mengen Fettsäurekondensationsprodd. aus Eiweiß oder Eiweißabbaustoffen u. Alkylbenzolsulfonaten, die mit höhermol. KW-stoffresten bis zu seifenbildenden Fettsäuren entsprechender Kettenlänge substituiert sind. (**D. B. P. 931 847** Kl. 23e vom 22/12. 1949, ausg. 18/8. 1955. Anmeldung bekanntgemacht 16/8. 1951.) C. LÜTTGEN. 7913

Colgate-Palmolive Co., Jersey City, übert. von: **John Ross,** Ramsey, N. J., V. St. A., *Reinigungsmittel* enthalten vorteilhaft einen mengenmäßig geringen Zusatz an langkettig substituierten Harnstoffen, wie *N-Dodecyl-N'-methyl-* oder *N-Tetradecyl-N'-äthylharnstoff.* — Beispiel: 9 (%) Na-Dodecylbenzolsulfonat, 10 Na-Laurylsulfat, 3 N-Dodecyl-N'-methylharnstoff, 0,5 Na-Carboxymethylcellulose, 1,5 Na-Carbonat, 20 Na-Sulfat, 44 Na-Tripolyphosphat u. 12 $Na_4P_2O_7$. (**A. P. 2 708 183** vom 2/5. 1951, ausg. 10/5. 1955.) A. BRÖSAMLE. 7913

Colgate-Palmolive-Peet Co., Jersey City, N. J., V. St. A., *Reinigungsmittel.* Man erhält „Allzweck"-Reinigungsmittel durch Vermischen von Fetten mit Alkalien in Ggw. von seifenverträglichen anionakt. oder nichtionogenen Waschrohstoffen u. Verfestigen der M. nach partieller oder vollständiger Verseifung. (**E. P. 723 925** vom 28/5. 1952, ausg. 16/2. 1955. A. Prior. 6/10. 1951.) C. LÜTTGEN. 7917

Friedrich Paul Grau, Saargebiet, *Herstellung von Bohnerwachs und Stiefelwichsen.* Man verwendet zur Herst. der Wachse oder Wichsen anstatt der üblichen Lösungsmittel (z. B. Terpentinöl) ein Lösungsm. für Celluloselacke u. verleibt den Wachsen oder Wichsen, um die Widerstandsfähigkeit u. den Glanz der aufgetragenen Wachsschicht zu erhöhen, ein Harz (z. B. Kolophonium) ein. (**F. P. 1 038 230** vom 8/6. 1951, ausg. 25/9. 1953.) T. OPPERMANN. 7927

—, **Schweizerische Gesellschaft für analytische und angewandte Chemie. Seifen und Waschmittel. Definitionen. Untersuchungsmethoden und Anforderungen. Bern: H. Huber. 1955. (139 S.) 8°. fr. 12,—.**

XVIIIa. Holz. Cellulose. Zellstoff. Papier. Papierdruck. Celluloid. Linoleum.

H. E. Dadswell und **A. B. Wardrop,** *Die Struktur und Eigenschaften von Zugholz.* Bei dem Zugholz (Reaktionsholz der Laubhölzer) wird der innere Teil der Sekundärwandschichten nicht lignifiziert, sondern zeigt eine von n. Zellwandschichten abweichende Struktur. Röntgenograph. weisen Vff. nach, daß darin eine hochkristalline Ordnung der Cellulose vorliegt. Elektronenopt. ist eine sehr gute Parallellagerung der Grundfibrillen zu erkennen. Hinsichtlich des Aufbaus der Gesamtwand werden drei Typen unterschieden je nach Vorhandensein oder Fehlen der n. verholzten Lamellen. Zugholzzellen stören bei der techn. Verarbeitung durch hohe Längsschwindung, Kollaps u. wolliges Aussehen im Längsschnitt. (Holzforschung **9.** 97—104. 1955. Australia, Div. Forest Prod. Comm. Sci. and Ind. Res. Organ.) W. WERGIN. 7952

E. E. Kurth, D. H. Foster und **D. L. Ingles,** *Die Analyse einiger tasmanischer Hölzer.* Von 13 tasman. Hölzern, darunter mehreren Eucalyptusarten, wurden zum Teil erstmalig Lignin, Holocellulose, Cellulose nach CROSS u. BEVAN, Pentosen (I), Asche u. Extraktstoffe nach den üblichen Methoden bestimmt. Eine Hydrolyse mit 2% H_2SO_4 bei 173° u. 3 Std. in einem Perkolatorsyst. wurde durchgeführt u. die Zuckerlsg. in 6 Fraktionen aufgefangen, deren Geh. an Gesamtzucker, I, Furfurol (II) u. organ. Säuren (III) bestimmt wurde. Im Rückstand war, bes. bei den Nadelhölzern, der Ligningeh. abgesunken, das heißt ein Teil des Lignins wurde trotz der schwachen Säurekonz. herausgelöst. I, II u. III gehen fast völlig innerhalb der ersten 20 Min. in Lösung. Der Anteil an reduzierenden u. vergärbaren Zuckern wurde bestimmt. (Austral. J. appl. Sci. **3.** 384—94. Dez. 1952. Hobart, Univ. of Tasmania.) W. WERGIN. 7952

T. P. Chuchrjanskaja, *Festigkeit, Quellfähigkeit und Röntgenstruktur von natürlichem und gepreßtem Buchenholz.* Verglichen wurde natürliches Buchenholz mit gepreßtem Holz, das vorher erhitzt, gedämpft, oder mit *Dimethylolharnstoff* getränkt war. Die beste Druckfestigkeit (1372 kg/cm²) zeigte das durchtränkte Holz, es folgte das gedämpfte u. anschließend in radialer Richtung gepreßte (1062 kg/cm²). Vor dem Pressen erhitztes Holz erwies sich als quellfester als vorher gedämpftes. Gute Werte gab auch das durchtränkte Holz. Die röntgenanalyt. Unters. ergab keine größeren Unterschiede in der Faserung; bei natürlichem Holz war die Faserordnung am besten. (Текстильная Промышленность [Textil-Ind.] **15.** Nr. 1. 44—47. Jan. 1955.) M. ULMANN. 7952

H. W. Giertz, *Die physikalische Struktur und chemische Zusammensetzung der Holzcellulosefasern mit besonderer Beachtung der papiertechnologischen Eigenschaften.* (Vgl. C. **1953.** 8745.) Es werden kurz die morpholog. Strukturen der verschied. Schichten der Zellwand behandelt. Zellstoff besteht aus Cellulose (I) u. Hemicellulosen (II). I bildet die kristallin geordneten Fibrillen u. II die leichtlösl. Interfibrillarsubstanzen (Holzpolyosen, Mannan, Xylan usw.). α-Cellulose entspricht den Fibrillen, γ-Cellulose den II u. β-Cellulose sind die bei hydrolyt. oder oxydativem Abbau entstehenden Bruchstücke von I. Weiter wird der Einfl. von II auf die Papiereigg. besprochen. Da II im Gegensatz zu I hydrophil ist, werden dadurch Bildungsvermögen u. Festigkeit des Papiers wesentlich beeinflußt. Vf. fand eine lineare Beziehung zwischen II-Geh. von verschied. Sulfitzellstoffen u. der Wasseraufnahme aus der Luft sowie dem Wasserbindungsvermögen. Auch der Erfolg des Aufschlagens der Fasern in der Mühle oder durch Ultraschall, gemessen am Berstdruck, hängt vom II-Geh. ab. Es müssen jedoch neben dem II-Geh. noch andere Faktoren für die Papiereigg., etwa die D., von großem Einfl. sein, da bei Sulfat- u. anderen Zellstoffen der II-Geh. allein nicht maßgebend ist. (Proc. techn. Sect., Brit. Paper Board Maker's Assoc. (Inc.) **33.** 487—512. Dez. 1952. Stockholm, Swedish Forest Prod. Res. Labor.) W. WERGIN. 7954

F. M. Krisstol, *Die Gewinnung von veredelter Viscosecellulose.* Es wird eingehend auf die Arbeiten der einzelnen Abteilungen eines Zellstoffbetriebs eingegangen, unter Hinweis auf zu beachtende Maßnahmen, um ein optimales Material zu erhalten. Auf die Wichtigkeit eines möglichst automatisierten Kontrollsyst. wird bes. hingewiesen. (Бумажная Промышленность [Papier-Ind.] **29.** Nr. 12. 17—20. Dez. 1954. Swetogorsk, Cellulose-Papier-Kombinat, Sulfitzellstoff-Fabrik.) M. ULMANN. 7956

N. A. Rosenberger, *Die Gewinnung von Halbzellstoff und Cellulose aus Holz in hoher Ausbeute.* Behandlung der Grundbedingungen bei der Sulfatkochung, bei der in Abhängigkeit von der angewandten Menge an akt. NaOH 3 Gruppen von Zellstoff erhalten werden: Halbzellstoff (29—33% Lignin), Zellstoff von hoher Ausbeute u. gewöhnlicher Zellstoff ($<$ 10% Lignin). Vf. bespricht die in verschied. Fabriken angewandten Aufschlußprozesse, den Prozeß des Mahlens u. Sortierens von Halbzellstoff, das Waschen der Zellstoffmasse, die Vorbereitung des Ausgangsholzes u. die technolog. Betriebsabläufe bei der Gewinnung von verschied. Zellstoffen. (Бумажная Промышленность [Papier-Ind.] **29.** Nr. 11. 5—9. Nov. Nr. 12. 8—12. Dez. 1954. Zentr. Wiss. Forschungsinst. für Papier.) M. ULMANN. 7960

F. Cooper Ratliff, *Verwendung von Hochleistungssortierern bei der Sulfatzellstoffaufbereitung für Packpapiere.* Mitteilung der Betriebsmessungen über Leistung u. Stoffreinheit an einem LINDBLAD-Vibrationssortierer bei ungebleichtem Sulfatzellstoff für Pack- u. Sackpapiere. Infolge höherer Stoffdichte von 2% gegen 0,7 bei Zentrifugal-Sortierern arbeitet der LINDBLAD-Sortierer günstiger. (Tappi **37.** 232—35. Juni 1954. Bogalusa, La. Gaylord Container Copr.) E. BORCHERS. 7960

Roy Homans und **Malcolm B. Pineo,** *Vergleich des Plansortierers mit dem Ahlfors-Sortierer für bleichfähigen Kiefern- und Laubholzsulfatzellstoff.* Der Vgl. des AHLFORS-Sortierers mit einem üblichen Plansortierer bei Sulfatzellstoff zeigte, daß der AHLFORS-Sortierer bei höherer Stoffdichte den Plansortierer bzgl. Durchsatz u. besserer Reinigung des Zellstoffs überlegen ist. (Tappi **37.** 257—62. Juni 1954. Brunswick, Ga., Brunswick Pulp & Paper Co.) E. BORCHERS. 7962

W. D. Kerr und **S. A. Harding,** *Sulfitzellstoffherstellung mit hoher Ausbeute: Pappel.* 1. Mitt. Pappelholz wurde in 100 g-Verss. mit $NaHSO_3$-Laugen von verschied. SO_2-Geh. bei 130—170° gekocht. Die Ausbeute geht durch ein Maximum, dessen Lage von der Temp. u. dem SO_2-Geh. der Lauge abhängt; der Rest-S hat ein Maximum bei ca. 0,3 Mol SO_2/Liter u. fällt dann je nach Temp. verschied. stark ab; das Restlignin fällt auf ein Minimum, das bei höherer Temp. schon früher u. bei geringerem SO_2-Geh. erreicht wird. In den Schwarzlaugen der Kochungen bis 155° wurden chromatograph. viel Polysaccharide (I) neben wenig Monosacchariden, bei Kochungen von 170° kaum I neben viel Glucose u. Mannose nachgewiesen. (Pulp Paper Mag. Canada **56.** Nr. 9. 102—08. Aug. 1955. Pulp and Paper Res. Inst. of Canada.) H. BECKER. 7962

A. Wiedermann, *Das Abwasserproblem in der Zellstoff- und Papierindustrie.* Der Wasserverbrauch bei der Herst. von Papier beträgt 120—170 m³/t, für Zellstoff 200 bis 250 m³/t. Die Abwässer führen 2—12% des Fasermaterials mit sich neben einer ähnlichen Menge an gelöstem organ. u. anorgan. Stoffen. Sowohl Installationen der Fabriken, als auch die Flüsse zeigen einen außerordentlich störenden Befall durch Mikroorganismen. Gegen Mikroorganismen wird intensive u. häufig wechselnde Desinfektion angewendet. Von den Reinigungsmethoden für Abwässer ist neben Eindicken das Filtrieren mit u. ohne Hilfsmittel bes. wirksam. Abwässer der Sulfitcellulose werden vor dem Ablassen mit CaO neutralisiert. Das Eindampfen u. Verbrennen von Sulfitablaugen ist unwirtschaftlich aber notwendig. Zur Herst. von Industrieprodd. wird nur ein Bruchteil der anfallenden Sulfitablauge verbraucht. Es gelang, einen Teil der gelösten Kohlenhydrate zu Industriealkohol zu vergären. (Ind. Lemnului Celulozei Hîrtiei [Ind. Holzes, Cellulose Papiers] 3. 173—83. Mai 1954.) H. KYRI. 7962

G. A. Richter und **L. H. Pancoast jr.,** *Sulfonierung von Holzlignin.* Vff. sulfonierten Hemlocktanne, Douglaskiefer, Weißbirke u. Fichte sowohl als zündholzähnliche Späne als auch Hobelspäne u. Würfel durch mehrwöchige Behandlung mit SO_2–W. von 2—16% bei gewöhnlicher Temp. u. bestimmten den dabei vom Lignin (I) gebundenen S. Hierbei wurden auch nach 16 Monaten nicht mehr als 8—9,9% S an das im Holz gebliebene I gebunden ermittelt. Nach 6 Monaten waren 45%, nach 16 Monaten 62% I gelöst, entsprechend 1 S auf 20 C. Variiert wurden bei der Sulfonierung die Temp. von 0—120°, der Zusatz saurer (HCl, H_2SO_4), bas. u. neutraler Stoffe. Aus weiteren Verss. über die Wasserhydrolyse bei 120 u. 150° von bei gewöhnlicher Temp. 2 Wochen lang sulfonierten Holzproben folgern Vff., daß hierbei nur die mit wss. SO_2 vorsulfonierten Proben sich aufschließen ließen, während die mit 20% Na_2O_2 u. mit 20% $NaHSO_3$ vorsulfonierten Proben sich nicht zerfasern ließen. Bei 8std. Druckerhitzung vorsulfonierten Holzes war die optimale Aufschlußtemp. 110—120°. Wenn Holz mit 1%ig. SO_2-Lsg. bei 130° 4 Std. behandelt u. dann 2 Wochen lang mit 10%ig. SO_2-Lsg. bei Raumtemp. sulfoniert wurde, ließ es sich zuletzt auch mit 10%ig. SO_2 bei 120° nicht mehr aufschließen, weil das I durch die saure Druckhydrolyse entaktiviert wurde. Fichte, Birke u. Hemlock ließen sich nach Vorsulfonierung durch anschließende Kochung mit 10%ig. SO_2-Lsg. bei 120° in 8 Std. am leichtesten aufschließen, Südkiefer etwas schwerer, Douglaskiefer am schwersten. — 13 Tabellen u. 15 Diagramme. (Tappi **37.** 263—72. Juni 1954. Rochester, N. Y., Eastman Kodak Co.) E. BORCHERS. 7964

W. G. Panassjuk, A. M. Wesselowski und **A. P. Owtscharenko,** *Zur Charakteristik des Hydrolysenlignins von Baumwollsamenhülsen.* 2. Mitt. *Thermische Lösung des Lignins im Vakuum.* (1. vgl. Гидролизная и Лесохимическая Промышленность [Hydrolysen- u. holzchem. Ind.] 6. [1953.] Nr. 2; vgl. auch PANASSJUK, C. **1954.** 3835.) Bei therm. Lsg. von *Hydrolysenlignin* (I) von Baumwollsamenhülsen unter Vakuum erhält man an *Phenolen* (II) mehr als 3mal so viel als bei gewöhnlicher trockener Destillation. Unter Laboratoriumsbedingungen erhielten Vff. bis zu einer Temp. von 260° 9,68% vom eingesetzten I an II, nicht gerechnet die in W. lösl. Fraktion. In halbtechn. Maßstabe wurden auch über 7% gewonnen. An neutralen Stoffen fallen ca. 15% an. Die erhaltenen II lassen sich mit Formaldehyd vollständig kondensieren, so daß sie zur Gewinnung von plast. Massen verwendet werden können. Hinterbliebene Kohlerückstände sind als Adsorptionsmittel von Wert. (Гидролизная и Лесохимическая Промышленность [Hydrolyt. holzchem. Ind.] 8. Nr. 4. 16—18. 1955. Dnepropetrowsk, Chem.-Technol. Inst.) M. ULMANN. 7966

A. P. Sakoschtschikow, S. M. Potjagailo, M. G. Ssemenko und **O. F. Ssurowowa**, *Eine vergleichende Untersuchung verschiedener Arten von Rohstoffen für die Pentosenhydrolyse.* Hydrolysen (1 Std. Kochen mit 0,5 oder 2,0%ig. H_2SO_4) ergaben, daß Sonnenblumensamenschalen (I) u. Birkenholzspäne (II) am schwersten hydrolysierbar sind, leicht dagegen Baumwollsamenhülsen u. Maisstengel (III). Die qualitativ besten Hydrolysate liefern III, die schlechtesten I. An Uronsäure am reichsten sind die Hydrolysate von I, am ärmsten die von II. (Гидролизная и Лесохимическая Промышленность [Hydrolysen- u. holzchem. Ind.] 8. Nr. 4. 9—11. 1955. Zentr. Wiss. Forschungsinst. für Hydrolyseind.) M. ULMANN. 7968

H. W. Steinmann und **B. B. White,** *Mannan in veredeltem Holzzellstoff und seine Beziehung zu den Eigenschaften von Celluloseacetat.* Vff. haben den Mannan (I)-Geh. in Mustern von veredeltem Holzzellstoff (II) sowie in Baumwollinters durch Oxydation mit $Pb(CH_3CO_2)_4$ (III) bestimmt. Der Einfl. des Pentosans hierbei, das auch III verbraucht, wurde durch Best. von I im Hydrolysat der Muster von II ermittelt. Die Viscosität des Acetats von II verläuft parallel mit dem Geh. an I. Die titrimetr. Best. des Verbrauches an III sowie eine Gleichung für die Berechnung des Verbrauches an III bezogen auf II u. die entsprechenden Werte für 16 Muster werden mitgeteilt. Weiter wurden die Einflüsse alkal. Vorbehandlung u. der ClO_2-Bleiche auf den Verbrauch an II ermittelt, wobei nur die alkal. Behandlung mit 7%ig. NaOH den Verbrauch verringert. Dann werden die Ergebnisse der direkten Best. von I in den Hydrolysaten von II als Phenylhydrazon nach HÄGGLUND mitgeteilt. Die Vff. bestimmten dann den Xylan (IV)-Geh. von II papierchromatograph., der die Viscosität der Acetate von II nur ca. $^1/_4$ so stark beeinflußt, wie der Geh. an I. Schließlich bestimmten Vff. in den Hydrolysaten der Acetate von II die Gehh. an I u. IV in Beziehung zur Viscosität der Acetate; hierbei geht nur I parallel mit der Viscosität. Vff. vermuten, daß I in Form einer Seitenkette oder Brücke an die Anhydroglucosekette gebunden ist. — 12 Figuren u. 7 Tabellen. (Tappi 37. 225—42. Juni 1954. Summit, N. J., Summit Res. Labors. Celanese Corp. of America.) E. BORCHERS. 7970

—, *Beiträge zum Problem der Papierleimung. Leimung mit Naturharzen.* Verss. zur Leimung von Papier mit Kolophoniumemulsion waren nur nach Zugabe von Metallsalzen erfolgreich. Mit Abstand am wirkungsvollsten waren Al-Salze, danach Cr-, Fe-, Ni-, Mn- u. Zn-Salze sowie Fe–NH_4- u. Al–K-Alaun. Der Verleimungsgrad wird an dem Vol. Luft gemessen, das capillarakt. mit W. aus dem Papier verdrängt wird. (Ind. Lemnului Celulozei Hîrtiei [Ind. Holzes, Cellulose Papiers] 3. 132—34. April 1954. Iasi, Inst. Politechn.) H. KYRI. 7978

N. W. Rjuchin und **Je. M. Bakajewa,** *Gleichgewichtsfeuchtigkeit verschiedener Papiersorten.* Es wurde die Gleichgewichtsfeuchtigkeit von 28 gebräuchlichen Papieren bei 40, 55, 65, 75 u. 85% relativer Luftfeuchtigkeit bei 18—20° gemessen. 18 mm breite Papierstreifen in verschließbaren Büchsen wurden in 8 Liter-Exsikkatoren mit je 1,5 Liter H_2SO_4 von verschied. D. je 24 Std. gelagert u. bis zur Gewichtskonstanz gewogen. Dann kamen sie in den Exsikkator mit höherer Luftfeuchtigkeit. Es ergab sich, daß ungeleimte oder geleimte Papiere (0,25—1,25 mm) aus Sulfitzellstoff weniger Feuchtigkeit aufnehmen als Sulfatzellstoff (mit doppelt soviel Pentosan!) oder Holzschliff, der hygroskopischer als Cellulose ist u. die Papierfasern lockert. Starker Mahlgrad u. Pergamentierung mit H_2SO_4 aktivieren die Faseroberfläche zugunsten höherer H_2O-Aufnahme. Letztere stellt sich bei niedrigerem Raumgewicht des Papieres ein. Aschegeh. u. Leimung machen sich weniger u. in unterschiedlichem Sinne bemerkbar. Bei Verfolgung der Adsorption u. Desorption bleibt bei 55—75% relativer Feuchtigkeit die Wasserabgabe am meisten zurück. Die Hysterese wird auf H-Brücken zwischen den OH-Gruppen der Cellulose u. dem H_2O zurückgeführt. Bei 40% relativer Feuchtigkeit haben die Papiere 4,6—8,1%, bei 85% relativer Feuchtigkeit 8,5—14,3% H_2O-Gehalt. (Бумажная Промышленность [Papier-Ind.] 30. Nr. 5. 8—10. Mai 1955. Zentr. Wiss. Papierforschungs-Inst.) H. DEMUS. 7984

R. W. Moncrieff, *An Kautschuk nicht festklebendes Papier.* Das Festkleben von Papier an Kautschuk oder ähnlichen Stoffen wird durch eine Schicht von Methyl–Wasserstoff-Polysiloxan, CH_3HSiO, verhindert. Die erforderliche endständige Siloxangruppe wird aus CH_3HSiCl_2 u. 5% $(CH_3)_3SiCl$ durch Behandlung mit Isopropanol u. nachfolgende Hydrolyse erhalten. Das Papier wird in Ggw. von Zn-2-Äthylhexoat in eine Lsg. oder Emulsion getaucht, ausgepreßt u. eine Minute auf 150° erhitzt. Verwendung für Verpackungszwecke. (Rubber Age Synthetics 34. 357. Okt. 1953.) F. HEINRICH. 7986

Je. I. Poshitkowa und **I. A. Nagrodski,** *Die Bestimmung der α-Cellulosegehalte nach einer Schnellmethode.* Es wird die Meth. von PORRVIK, bei welcher man α-Cellulose u.

Hemicellulosen durch $K_2Cr_2O_7 + 4 H_2SO_4$ zerstört u. anschließend mit MOHRschem Salz rücktitriert, mit einer Reihe von Abänderungen beschrieben u. deren Anwendung empfohlen. (Бумажная Промышленность [Papier-Ind.] **30**. Nr. 4. 12—13. April 1955. Zentr. Wiss. Forschungsinst. für Papier.) M. ULMANN. 8006

Allgemeine Holzimprägnierung Dr. Wolman G. m. b. H., Sinzheim (Erfinder: **Hans-Joachim Frhr. v. Kruedener**, Braunfels/Lahn), *Bekämpfung tierischer und pflanzlicher Forstschädlinge*, bes. Schädlinge aus der Familie der Borkenkäfer, durch Anbringen von Rissen oder Einschnitten in den Stamm, die durch die Rinde u. den Bast hindurch bis in die äußersten Jahresringe des Stammes reichen, u. Ausfüllen derselben mit Imprägnierpaste. Über den so ausgefüllten Rissen wird dann eine Schutzlage, z. B. aus Dachpappe, angebracht. (**D. B. P. 931 138** Kl. 45l vom 16/1. 1951, ausg. 1/8. 1955. Anmeldung bekanntgemacht 5/6. 1952.) H. NEBELSIEK. 7953

Kurt Thinius, Magdeburg-N., *Herstellung von plastischen Massen, Lösungen oder Filmen aus Nitrocellulose.* Man peptisiert Nitrocellulose in als Verschnittmitteln bekannten Alkoholen, auch zusammen mit anderen Verschnittmitteln, u. Tetrahydromenaphthylalkoholestern (Estern des 1- bzw. 2-Oxymethyl-5.6.7.8-tetrahydronaphthalins [I]) mit Fettsäuren, bes. solchen mit 5—12 C-Atomen in der Kette. — Zu einer 25%ig. Lsg. des Esters aus einem Capron-, Önanthsäuregemisch u. I ($Kp._{0,15}$ 110—168°) in n-Propanol gibt man die gleiche Menge esterlösl., mittelviscoser Kollodiumwolle. Nach einigen Std. klare Paste, die mit Harzen Streichlacke, mit Toluol u. Butanol Spritzlacke gibt oder auch zur Herst. von Kunstleder dienen kann. (**D. P. [DDR] 155** Kl. 39b vom 24/3. 1949, ausg. 18/8. 1954 [Wirtschaftspatent].) M. PANKOW. 7971

E. I. du Pont de Nemours & Co., Wilmington, Del., übert. von: **Roe C. Blume**, Waynesboro, Va., V. St. A., *Veresterung von Cellulose* (I). Man mischt I mit einer großen Menge eines N.N-Dialkylamids, z. B. Dimethylformamid, Dimethylacetamid, erhitzt auf 140—150°, fügt ein Carbonsäureanhydrid, z. B. Acetanhydrid, hinzu u. verestert durch Zugabe von etwas konz. H_2SO_4. Das Mol. der I wird bei diesem Verf. nicht wesentlich abgebaut. (**A. P. 2 705 710** vom 8/2. 1952, ausg. 5/4. 1955.) K. FABEL. 7971

Wyandotte Chemicals Corp., übert. von: **Clyde W. Leaf**, Wyandotte, Mich., V. St. A., *Herstellung von nicht gelatinierter freier Celluloseglykolsäure* (I). Man trägt das Na-Salz einer I, die pro $C_6H_{10}O_5$-Einheit höchstens 0,5 $HOOC \cdot CH_2O$-Gruppen enthält, in Form eines festen Pulvers unter Rühren in 5—35 Gew.-%ig., bes. 8—20%ig. H_2SO_4 ein. (**A. P. 2 698 322** vom 23/4. 1952, ausg. 28/12. 1954.) K. FABEL. 7971

Hercules Powder Co., Wilmington, Del., übert. von: **Harold M. Spurlin**, Marshallton, Del., V. St. A., *Behandlung von Reaktionsmischungen, die Oxalkylcellulosen (Oxäthylcellulose) und Alkali enthalten*, um einen Abbau während des Lagerns zu vermeiden. Man neutralisiert das Alkali (NaOH) ganz oder teilweise mit CO_2 unter Bldg. von $NaHCO_3$ u. Na_2CO_3. Zur Regenerierung vor der Verwendung in Form einer wss. Lsg. setzt man Erdalkalien [CaO, $Ca(OH)_2$] zu. (**A. P. 2 698 254** vom 30/3. 1951, ausg. 28/12. 1954.) K. FABEL. 7971

Camp Mfg. Co., Inc., Isle of Wight County bei Franklin, übert. von: **Albert P. Yundt**, Franklin, Va., V. St. A., *Weiches, saugfähiges Papier*, bes. für Handtücher usw., dad. gek., daß es aus einer Mischung von 25—70, bes. 50%, nicht nachgemahlenen Eichenholzkraftzellstoffes (Permanganatzahl ca. 6—14 ungebleicht) u. vorsichtig hochgemahlenen langfaserigen Nadelholzkraftzellstoffes (Permanganatzahl ca. 14—30 ungebleicht) hergestellt ist. (**A. P. 2 706 155** vom 24/10. 1951, ausg. 12/4. 1955.) G. VOGEL. 7985

Louis René Mècre, Seine, Frankreich, *Verstärkung und Undurchlässigmachung von Papier, Baumwolle und ähnlichen Materialien* durch Behandeln mit einer Lsg., die im wesentlichen folgende Substanzen enthält: plast. Gelatine, z. B. 1000 (g), $Na_2B_4O_7$ (0,05), Casein (0,5), $(NH_4)_2SO_4$ (0,1), Salep (0,2), Salicylsäure (0,025), Naturgummi (1500), Harz (0,1) u. Mineralöl (0,1) in 8 Liter Wasser (**F. P. 1 067 934** vom 11/8. 1952, ausg. 21/6. 1954.) G. WELTZIEN. 7987

American Cyanamid Co., New York, N. Y., übert. von: **Arthur M. Schiller** und **Tzeng-Jiueg Suen**, Stamford, Conn., V. St. A., *Harnstoff-Formaldehyd-Harzsirupe* erhält man durch Erhitzen von 1 (Mol) Harnstoff u. 0,02—1 eines Harnstoffderiv. der Formel $H_2N—CO—NH—[—(CH_2)_nNH—]_m—R$, worin n 2—4, m 1—4 u. R H, Alkyl oder Oxyalkyl mit 1—2 C-Atomen sind, mit 1,8—4 CH_2O auf eine Temp. zwischen 40° u. Rückfluß bei p_H 7—10 bis zur beendeten Harnstoffmethylolbldg., worauf das Gemisch nach Ansäuerung auf p_H 2—6 so lange weitererhitzt wird, bis eine 40%ig. Lsg. bei 25° eine GARDNER-HOLDT-Viscosität über A aufweist u. das Harz noch wasserlösl. ist. Die kation. Prodd. dienen bes. zum *Naßfestmachen von Papier.* (**A. P. 2 698 787** vom 17/12. 1951, ausg. 4/1. 1955.) J. MÜHLEISEN. 7987

E. I. du Pont de Nemours & Co., übert. von: **Martin E. Cupery**, Wilmington, Del., V. St. A., *Polymere Phosphate aus Styrol–Epoxy-Verbindungen*, z. B. Allylglycidyläther, mit 35—58% Styrol (I) wurden erhalten durch Rk. der Polyepoxyde in inerten Lösungsmitteln mit H_3PO_4 bei 50—100°. Polyphosphate mit > 70% I sind lösl. in organ. Lösungsmitteln, nichtlösl. in Alkalien, < 70% I sind lösl. in verd. NH_3 u. Alkalien. Prodd. dienen zusammen mit Metallsalzen als *Imprägniermittel für Papier und Textilien*. — Mengenbeispiele. (**A. P. 2 692 876** vom 9/6. 1953, ausg. 26/10. 1954.)
H. SCHINDLER. 7987

Mead Corp., übert. von: **Hellmuth C. Schwalbe, Robert C. Hydell** und **James J. O'Connor**, Chillicothe, O., V. St. A., *Druckpapier*. Ein wss. Stärkebindemittel (I) mit hoher „Scher"-Viscosität (entsprechend 35—175 Centipoisen, gemessen bei 140° F mit MAC MICHAEL-Viscosimeter) u. einem Stärkegeh. von 31% wird mit einem mineral. Pigment (II) u. Harnstoff (III) als viscositätsverminderndes Mittel im Verhältnis von 80—95 (Gewichtsteile) II auf 3—20 III u. 8—15 I sowie einem Schmier- u. Dispergiermittel für das II gemischt, so daß eine wss. Suspension mit einem Feststoffgeh. von 60—80% u. einer niedrigen „Scher"-Viscosität von weniger als 100 Centipoisen (MAC MICHAEL) entsteht. Diese Überzugsmasse wird mittels mit hoher „Scher"-Wrkg. arbeitenden Walzen auf die Oberfläche der laufenden Papierbahn unter Einhaltung bestimmter Bedingungen aufgetragen. (**A. P. 2 700 621** vom 6/1. 1950, ausg. 25/1. 1955.)
F. ZIERHOLD. 7987

Soc. An. Gignoux & Cie. und **Soc. Générale de Produits Photographiques**, Frankreich, *Überzüge auf Pappe, Papier oder dergleichen*. Eine wss. Aufschwemmung von pulverisiertem $BaSO_4$ in milchiger oder höherer Konz. ermöglicht das Aufbringen mit einfachsten Mitteln, wie z. B. Eintauchen, ohne daß eine umständliche App. erforderlich ist. Die Haftwrkg. wird durch Zusatz von Klebemitteln, wie Gelatine, Casein, Stärke, Kautschuk, Wachs, Harz u. anderes mehr erhöht. Beispiel für die Zus. der Überzugsmasse: 650 (g) W., 315 $BaSO_4$, 35 K-Caseinat. (**F. P. 1 036 118** vom 25/4. 1951, ausg. 3/9. 1953.)
R. GLAFEY. 7987

Tuomas Valdemar Rannila, Helsinki, Finnland, *Herstellung von feuerfesten Fasererzeugnissen*, wie *Papier*, *Pappe*, *Tapeten* usw., dad. gek., daß auf den Fasern spätestens während der Herst. des Endprod. in Ggw. eines feuerhemmenden Mittels, bes. eines Ammonsalzes, ein Gel, bes. aus Kieselsäure, gebildet wird, das das feuerhemmende Mittel bindet. — Beispiel: Man läßt der Fasersuspension nacheinander folgende Dispersionen oder Lsgg. zufließen: 20 (g) Magnesit, dispergiert in W., 4 Na-Silicat in 400 (cm^3) W., 10 $MgCl_2$ in 500 W., 3 $Al_2(SO_4)_3$ in 300 W. u. 2—9 $NH_4H_2PO_4$ in 400 Wasser. (**Schwz. P. 307 340** vom 16/3. 1951, ausg. 1/8. 1955.)
G. VOGEL. 7987

Joseph Ulano, Brooklyn, N. Y., V. St. A., *Herstellung von Siebdruckformen*. Aus einer Folie, die aus einer Rückschicht aus einem Mischpolymerisat von Vinylchlorid u. Vinylester, einer abziehbaren Haftschicht aus Kautschuk u. einer Nitrocelluloseschicht besteht, wird das gewünschte Muster ausgeschnitten. Nach dem Behandeln der Nitrocelluloseschicht mit einem fl. Weichmacher, wird diese auf das Sieb gedrückt u. nach dem Trocknen die Rückschicht abgezogen. (**A. P. 2 576 491** vom 21/5. 1948, ausg. 27/11. 1951.)
F. LAASS. 7989

Robertson Thain Ltd., Ellesmere Port (Erfinder: **Alfred Smith** und **Reginald William Jenkins**), England, *Wärmedämmender und flammensicherer Belag für Dächer, Wände oder dergleichen*, bestehend aus einem wärmedämmenden, jedoch nicht flammenfesten Material, wie *Pappe*, das mit einem Asbestfilz mittels Wasserglas (I) verklebt ist. Die Wasserfestigkeit der Bindung wird durch den Zusatz von mit I unter Bldg. unlösl. Verbb. reagierender Mittel, bes. $CaCO_3$ oder ZnO, verbessert. Zusätzlich kann der Belag noch mit einer Metallfläche abgedeckt werden. — Vorrichtung. (**E. P. 701 296** vom 1/2. 1951, ausg. 23/12. 1953.)
H. MÖLLERING. 7993

XVIIIb. Textilfasern.

D. A. Clibbens, *Peroxydbleiche*. Eine Betrachtung über die zunehmende Anwendung der Peroxydbleiche. (J. Textile Inst., Trans. **45**. T 871—T 872. Nov. 1954.)
I. SCHOENMANN. 8026

H. Gensel, *Neuere Probleme und Fortschritte auf dem Gebiet der Schlichterei*. Übersicht über den neuesten Stand der Technik. — 31 Literaturhinweise. (Textil-Prax. **10**. 552—57. Juni 1955.)
A. SANDER. 8032

Werner Scharroba, *Fehler bei der Knitterechtausrüstung*. Überblick über die Technik der Knitterfestausrüstung u. Hinweise auf häufige mechan. u. Geruchsmängel. (Textil-Prax. **10**. 589—91. Juni 1955. Oberlahnstein, Textillabor. Zschimmer & Schwarz.)
A. SANDER. 8032

Robert Thomas, *Einige chemisch modifizierte Cellulosen und ihre Widerstandsfähigkeit gegen den Abbau durch Pilze.* Ungebleichte Baumwolle wurde mit wss. Perjodsäure teilweise oxydiert u. die Dialdehydgruppen mit Hydrazinen u. anderen Reagentien gekuppelt. Eine so modifizierte Cellulose wird dem Angriff von *Memnonilla echinata* ausgesetzt. Widerstandsfähigkeit wird schon bei geringem Substitutionsgrad (**Sg.**) festgestellt. Komplette Widerstandsfähigkeit wurde z. B. beim Kuppeln mit Phenylhydrazin gefunden (**Sg.** = 0,37%). Die sich daraus ergebenden Möglichkeiten werden diskutiert. (Textile Res. J. **25.** 559—62. Juni 1955. Melbourne, Australien, Commonwealth Scient. and Ind. Res. Organis., Wool Text. Res. Labor., Biochem. Unit.) H. ROSSOW. 8044

R. E. Spielrein und **C. J. Brady,** *Ein Vergleich über die Widerstandsfähigkeit verschiedener Fasern bei Schwammbefall.* Auf der Basis von Festigkeitseigg. werden Garne gleicher Zwirnung aus geröstetem u. mechan. aufbereitetem Flachs, sowie Kenaf, gerösteter Jute sowie Urena lobata verglichen, die durch Eingraben ins Erdreich oder durch reine Kulturen von *Cellulose* verdauende u. nichtverdauende Mikroorganismen (**I**) angegriffen sind. Flachsgarn erscheint am geringsten widerstandsfähig, Jutegarn ist widerstandsfähiger als solches aus Kenaf u. U. lobota. Nur Flachs- u. U. lobota-Garn verlieren durch Cellulose nichtverdauende **I** an Festigkeit. Garn aus Kenaffaser, die durch mechan. Schälen aufbereitet war, zeigte sich empfänglicher für Cellulose nichtverdauende **I** als solches aus geröstetem Kenaf. (Austral. J. appl. Sci. **5.** 418—27. Dez. 1954.)
I. SCHOENMANN. 8050

Chr. Popow, *Appretieren von Streichgarngewebe aus Merinowolle.* Beschreibung der zum Appretieren verschied. Streichgarngewebe, z. B. von Balton Palmerston oder Damenkleidervelours, erforderlichen Arbeitsgänge, wie Walken, Waschen, Carbonisieren, Rauhen, Scheren. (Лека Промишленост (София) [Leicht-Ind. (Sofia)] **4.** Nr. 3. 8—10. 1955.) K. HOINKIS. 8060

Arthur F. Cacella und **Howard J. White jr.,** *Die Beziehung von mit Säure behandelter Wolle und Seide zu Wasserdampf und Wasser.* Die Wasserabsorptionsfähigkeit (**W.A.**) von mit HCl oder Pikrinsäure behandelter Wolle wird bei wechselnder relativer Feuchte (**r.F.**) u. bei wechselndem Säuregeh. gemessen. **W.A.** sinkt bei niedrigem u. mittlerem **r.F.** mit steigendem Säuregeh.; die Art der Säure beeinflußt den Effekt. Bei hoher **r.F.** bleibt bei mit Pikrinsäure behandelten Wollen der Effekt der gleiche, während bei HCl-haltigen Wollen sich ein zweiter Mechanismus zu überlagern scheint, der eine Erhöhung der **W.A.** bewirkt. Es konnte gezeigt werden, daß die Verminderung der **W.A.** durch eine bevorzugte Bindung der Säure an Primärvalenzen zu erklären ist, während der zweite Mechanismus, der ein Absinken der **W.A.** hervorruft, durch eine osmot. Absorption des W. erklärt wird, die von der Beweglichkeit der absorbierten Anionen bei der höchsten **r.F.** herrührt. Auch eine Anionenhydratisierung könnte eine Rolle spielen. — Bei Seide wird die **W.A.** durch Behandlung mit HCl herabgesetzt, auch bei hoher **r.F.** sind keine Anzeichen für eine Veränderung des Effektes gegeben. (Textile Res. J. **25.** 506—16. Juni 1955. Princeton, N. J., Univ., Text. Res. Inst. and Frick Chem. Labor,)
H. ROSSOW. 8060

M. W. Kortschagin, *Einwirkung von Laugen und Säuren auf Fibroin in Gegenwart von Neutralsalzen.* Die Behandlung von Seide mit 0,2n Phosphat- oder Boratpufferlsgg. führte zu einer geringeren Viscosität(also zu einer stärkeren Destruktion) als die Behandlung mit 0,04n Lösungen. Bei einer 45 Min. dauernden Behandlung der Seide bei 80° mit 0,02n NaOH in Ggw. verschied. Salze nahm der positive Salzeffekt der Kationen in folgender Reihenfolge ab: Li—Na—K—(Ca, Ba). Die alkal. Hydrolyse des Fibroins nahm bes. stark in Ggw. von Ca oder Ba zu. Von den angewandten Anionen (Cl^-, Br^-, J^-, SO_4^{2-}) war der Salzeffekt nur wenig abhängig. Die 30 Min.-Behandlung des Fibroins mit 0,015n HCl in Ggw. von NaCl oder $BaCl_2$ zeigte eine Zunahme des positiven Salzeffektes mit steigender Konz. des zugesetzten Salzes. Ein Unterschied in der Wrkg. von NaCl u. $BaCl_2$ wurde nicht beobachtet. Bei der Fibroinbehandlung mit 0,03n HCl in Ggw. von Salzen mit verschied. Anionen u. Kationen zeigten die Anionen in der Reihe Cl^-—Br^-—(NO_3^-, J^-) eine Abnahme des Salzeffektes. Die Ergebnisse werden theoret. gedeutet. (Журнал Прикладной Химии [J. angew. Chem.] **25.** 212—16. Febr. 1952. Moskau, Textilinst., Labor. für chem. Technol. der Fasermaterialien.) O. LEBTAG. 8068

O. A. Battista, J. A. Howsmon und **Sydney Coppick,** *Hydrocellulosewasserfließzahl. Beziehung zur Feinstruktur der Fasern, besonders zur Faserorientierung.* Auf gleiche Weise hergestellte *Hydrocellulosen* zeigen bemerkenswerte Unterschiede in der Geschwindigkeit ihrer Wasserfiltrierfähigkeit. Daher wurde die *Hydrocellulosewasserfließzahl* (*HF-Zahl*) als die Zeit in Sek. definiert, in der 100 cm^3 dest. W. (25°) durch einen Hydrocelluloserückstand (aus 2,000 g Cellulose 15 Min. bei 105° in 2,50n HCl) in einem Sinterglastiegel bei 60 mm Druck fließen. Bei regenerierten Cellulosen wurde eine Beziehung zwischen der Orientierung einer Faser vor der sauren Hydrolyse u. der HF-Zahl festgestellt. Diese Beziehung wurde durch Proben mit genau bekannten Werten durch direkten Vgl. der HF-Zahl mit Daten aus 2 gut bekannten Methoden zur Charakterisierung der Faserorientierung, der linearen Schwellung u. der Röntgenstrahlendiffraktion erwiesen. — Figuren u. Tabellen vgl. Original. (Ind. Engng. Chem. **45.** 2107—12. Sept. 1953. Markus Hook, Pa., American Viscose Corp.) D. AMELUNG. 8074

W. I. Iwanow, *Zur Frage der Eigenschaften von Cellulose für die Viscoseindustrie.* Allg. Überblick, wobei vom mol. Aufbau der Cellulose ausgegangen wird u. von den damit im Zusammenhang stehenden Fragen der Einw. von Säuren u. Alkalien, unter besonderer Betonung der Wichtigkeit, alle technolog. Maßnahmen so zu leiten, daß ein möglichst einheitliches Material resultiert. (Бумажная Промышленность [Papier-Ind.] **29.** Nr. 12. 5—8. Dez. 1954.) M. ULMANN. 8074

S. A. Rogowin, *Neue synthetische Fasern.* Allgemeinverständliche Angaben über Struktur, Eigg., Herst. u. Verwendung von synthet. Fasern aus Polymeren u. Copolymeren des Acrylnitrils, bes. der „Orlon“-Faser. Auf die Vorzüge der Mischgarne mit Naturfasern wird bes. hingewiesen. Vgl. C. **1955.** 10654. (Природа [Natur] **44.** Nr. 6. 93—95. Juni 1955.) N. STSCHERBINA. 8080

P. Kirjakka, P. Kajanne und **C. Enebäck,** *Der Einfluß des Wassers auf die Polyvinylalkoholfasern.* Aus 8 Polyvinylalkoholen (I) mit einem Acetylgeh. zwischen 0,4 u. 13,2 Mol-% wurden durch Ausspritzen mit Hilfe einer Injektionsspritze in ein Fällbad aus wss. Aceton, bei acetylreichen I mit Ae.-Zusatz, Fäden hergestellt. Je höher der Acetylgeh. u. die Viscosität der **I**, desto größer war die Dehnbarkeit der Fäden bei 100°. Die zu den Lösungsverss. verwendeten Fäden wurden durch Feuchtigkeits- u. Wärmebehandlung einer künstlichen Alterung unterworfen u. dadurch stabilisiert. Durch die Feuchtigkeitsbehandlung wurde der Quellungsgrad herabgesetzt. Die Löslichkeit der Fäden in W. steigt mit steigendem Acetylgehalt. Die Fäden mit höchstem Acetylgeh. lösten sich in W. vollständig auf. Bei den Lösungsverss. war der Gewichtsverlust am 1. Tage am höchsten u. nahm danach kaum zu. Bei 1tägiger Behandlung mit W. von 37° schrumpften diejenigen gedehnten Fäden am wenigsten, die wärmebehandelt waren u. den geringsten Quellungsgrad zeigten. Die Festigkeit der unbehandelten nassen Fäden betrug nur 25—35% derjenigen der trockenen. Durch Feuchtigkeitsbehandlung wurde die Naßfestigkeit der Fäden um 50%, durch Wärmebehandlung um 50—150% erhöht. (Suomen Kemistilehti A **26.** 228—36. 1953. Helsinki, TH, Labor. für organ.-chem. Technologie.) S. BECKMANN. 8080

H. Sanuki, *Untersuchungen über die thermischen Eigenschaften von Saran.* Die Kriechgrenze für die synthet. Faser *Saran* (DOW CHEM. CO.) (Durchmesser 0,508 mm, D. 1,70) war bei 0,998—1,240 g/den. Die Beziehung zwischen Streckung u. Zeit nach WEBER u. KOHLRAUSCH ist anwendbar. Der Koeff. der Längenelastizität u. der elast. Nachwrkg. nimmt mit Temperaturzunahme ab. Die kriechenden u. nichtkriechenden Proben brachen bei 155—160° nach einer Kontraktion von 28—36%. Für verschied. Drillzahlen nimmt der Koeff. des Widerstands gegen Drillung stark mit zunehmender Temp. ab. — 9 Diagramme. (J. Soc. Textile Cellulose Ind., Japan [Sen-i Gakkaishi] **9.** 48—54. Febr. 1953. Tokyo, Städt. Textiltechn. Labor.) L. SCHULER. 8080

R. C. Bowers, W. C. Clinton und **W. A. Zisman,** *Reibung und Schmierung von Nylon.* Allg. Darst. über die Reibung u. Schmierwrkg. von Nylonoberflächen. Hierbei wird darauf hingewiesen, daß das Schmieren (Glätten) von Nylonoberflächen infolge der zu weit auseinanderliegenden Adsorptionspunkte äußerst schwierig sei, da auf diese Weise die Adsorption eines zusammenhängenden Filmes verhindert würde. (Ind. Engng. Chem. **46.** 2416—19. Nov. 1954. Washington, D. C., Surface Chem. Branch, Naval Res. Labor.) H. G. FRÖHLICH. 8080

Emil Deeg und **Adolf Dietzel,** *Über die Ursache der anomalen mechanischen Eigenschaften der Glasfaser.* Zusammenfassung der bisherigen Untersuchungsergebnisse über die Zerreißfestigkeit u. elast. Konstanten von Glasfasern u. die daraus entwickelten Deutungsverss. (kettenähnliche Atomanordnung in Richtung der Faserlängsachse; Kerbstellentheorie; Annahme schwacher, quer zur Faserachse liegender Bindungen; Annahme einer im Fasermantel bestehenden Druckvorspannung). Berechnung der Temperaturverteilung in einer Glasplatte u. einer Glasfaser, nach der keine mechan. Spannungen in einer Faser entstehen können. Thermodynam. u. strukturelle Deutung der anomalen Fasereigg. u. Zusammenhang mit der Kerbstellentheorie. (Glastechn. Bere **28.** 221—32. Juni 1955. Würzburg, Max-Planck-Inst. für Silicatforschung.) I. SCHOENMANN. 8082

A. J. Cruise, *Photoelastische Effekte in der Fasermikroskopie.* Kurzbeschreibung eines Verf. zur mkr. Sichtbarmachung druckelast. Einflüsse auf Fasern. Vf. erreicht mittels

Ersatzes der Frontlinse des Mikroskopkondensors durch eine Saphirkugel bestimmten Durchmessers eine Fokussierung der Lichtstrahlen mit der Wrkg. eines Polarisators. Die in der Faser bei lokalem Druck entstandenen Spannungen können als typ. Linien erkannt werden. Durch ein Hebelübertragungssyst. wird der Saphir auf das mkr. Präp. gedrückt, das infolge entsprechender Eigg. des Deckglases, welches aus semimetallisiertem Glas besteht, lokalen Druckbeanspruchungen ausgesetzt ist. Die durch diesen Einfl. in der Fasergrobstruktur erzeugten Spannungslinien können auch nach Aufhebung des Druckes noch längere Zeit beobachtet werden, wenigstens bei Baumwolle u. Nylon. (Nature [London] **174.** 923—24. 13/11. 1954. Kennington, London, Smith Meters, Ltd., Res. Labor.) E. WAGNER. 8096

Antonio Belloni, *Bestimmungsmethoden für Textilfasern.* Mkr. Querschnittsunterss. u. Längsaufnahmen. Verbrennungsmethode. Best. der Löslichkeit in Aceton, CH_3COOH, KOH u. ZnJ_2. — Abbildungen. (Riv. Tessile **6.** 57—59. Juli 1951.) G. SALZMANN. 8096

—, *Bestimmungsmethoden für Textilfasern.* (Vgl. vorst. Ref.) Neben der Verbrennungsmeth. wird das Anfärben mit Shirlastain A (ICI), Millon's Reagens, 2%ig. alkoh. Phloroglucinlsg., mit der Lsg. des Na-Salzes von $Pb(CH_3CO_2)_2$ u. 1% ig. Diphenylaminlsg. in konz. H_2SO_4 behandelt; ferner die Löslichkeit u. die mkr. Untersuchung. (Riv. Tessile **6.** 89—90. Nov. 1951.) G. SALZMANN. 8096

A. C. Chakravarty, *Das Messen der Härte von textilen Fasern.* 1. Mitt. *Jute.* Vf. beschreibt eine Meth. zur Best. des elast. Verh. von Fasern beim Druck auf die Faseroberfläche. Die zugrunde liegenden Fasereigg. werden vorläufig als Faserhärte bezeichnet. Das eigens für dieses Verf. entwickelte Meßgerät, das mit einem Mikroskop zu koppeln ist, wird an Hand einer schemat. Abb. erklärt. Eine Diskussion der für verschied. Jutefasern erhaltenen Meßwerte soll die Brauchbarkeit der Meth. hervorheben. So wurde u. a. festgestellt, daß die Faserhärte von Corchorus olitorius größer ist als die von C. capsularis. (J. Textile Inst., Trans. **45.** T 723—T 729. Okt. 1954. Calcutta, Indian Central Jute Comittee, Techn. Res. Labor.) E. WAGNER. 8096

A. Pankina, *Eine neue Vorrichtung zur schnellen Bestimmung der Rohbaumwollsorte.* Die vom Vf. beschriebene App., die in der Hauptsache aus 3 miteinander verbundenen Kammern, durch welche ein konstanter Luftstrom gesaugt wird, besteht, erlaubt bei einer Einwaage von 20 g Baumwolle eine Sortenbest. auf Grund der Luftdurchlässigkeit einer Schicht des zu prüfenden Materials. Schlechtere Sorten besitzen mehr Fäserchen u. mehr Samen, wodurch sich die Fläche, durch welche der Luftstrom hindurchtreten soll, vergrößert wird. Entsprechend müssen sich die manometr. ablesbaren Druckverhältnisse in den einzelnen Kammern verschieben. Nach dem neuen Verf. gewonnene Werte für einzelne Sorten ergaben gute Übereinstimmung mit der Meth. der Reißfestigkeitsbestimmung. (Хлопководство [Baumwoll-Wirtsch.] **5.** Nr. 7. 59—61. Juli 1955. Zentr. Wiss. Forschungsinst. für Baumwollwirtschaft.) M. ULMANN. 8102

W. G. MacMillan, A. B. Sen Gupta und **A. S. Dutt,** *Die Bestimmung von Xylan in Jute.* Die Xylanbest. erfolgt bekanntlich aus dem bei der Dest. mit HCl gebildeten Furfurolgehalt. Um diese Meth. auch für chem. modifizierte Jute brauchbar zu machen, wird die volumetr. Meth. zur Furfurolbest. nach KULLGREN u. TYDEN so abgewandelt, daß der Aufschluß ohne Katalysator erfolgt, die anfallende Lsg. auf 1% Säure abgestumpft, dann bei 21° mit einer Bromid–Bromat-Lsg. versetzt wird u. nach $6^1/_2$ Min. das unverbrauchte Br bestimmt wird. CH_2O wirkt hierbei nicht störend, im übrigen wird unter den Bedingungen der Dest. kein CH_2O abgespalten. Das bei der Dest. aus Jute erhaltene Furfurol enthält zusätzlich Oxymethylfurfurol, dessen Anteil mit 1,2% angegeben wird. Die modifizierte Meth. ist genau beschrieben, u. die erhaltenen Ergebnisse sind in 12 Tabellen zusammengestellt. — 20 Literaturzitate. (J. Textile Inst., Trans. **46.** T 214—T 224. März 1955. Calcutta, Indian Jute Mills Assoc. Res. Inst.) H. G. FRÖHLICH. 8104

Masami Oku und **Itaru Shimizu,** *Die Bestimmung der Alkalilöslichkeit des Seidenfibroins zur Qualifikation der Seidenfaser.* Nach Verss. der Vff. läßt sich die Meth. zur Best. der Alkalilöslichkeit des Wollkeratins von HARRIS u. Mitarbeitern (J. Res. nat. Bur. Standards **1936.** 577) auch vorteilhaft zur Gütebest. der Seide verwenden. Ausführung u. Auswertung der Prüfung wird näher beschrieben. (Textil-Prax. **10.** 551. Juni 1955.) A. SANDER. 8110

Otto Eisenhut, Heidelberg, *Nicht gewebte Textilflächen.* Ein Faservlies aus regenerierten Cellulosefasern wird bei —5 bis 25° wenige Sek. bis 1 Min. mit einer 5—15%ig. wss. NaOH-Lsg. behandelt, neutralisiert, gewaschen u. getrocknet. — Ein aus Kupferseide, Viscosezellwolle u. 20% Baumwollabfällen hergestelltes Faservlies wird in Bandform 1 Min. bei 20° durch eine wss. 20%ig. NaOH-Lsg. geführt, abgepreßt, z. B. mit wss. 2%ig. H_2SO_4-Lsg. neutralisiert u. gewaschen. Das Prod. kann gefärbt, bedruckt u. gewaschen werden. — Vgl. auch D. B. P. 902 427; C. **1956**. 1191. (**E. P. 698 123** vom 18/1. 1951, ausg. 7/10. 1953. D. Priorr. 12/10. 1948 u. 8/9. 1949.) H. MÖLLERING. 8033

Monsanto Chemical Co., St. Louis, Mo., übert. von: **Milton Kosmin**, Dayton, O., V. St. A., *Weichmachen von Cellulosefasern und -geweben.* Man behandelt das Gut mit wss. Emulsionen der in W. unlösl., aber selbstemulgierenden Reaktionsprodd. aus unvollständig chloriertem Paraffinwachs u. Alkylenpolyaminen, die im Mol-Verhältnis 1 : 1 bei 100—200° umgesetzt wurden. — 442,4 (g) Chlorparaffinwachs, enthaltend 42,4 Cl, werden mit heißem W. gewaschen u. über Na_2CO_3 getrocknet. 221,2 Prod. werden mit 185 Triäthylentetramin bei 185—190° umgesetzt. Nach 15 Std. dest. man 13 nichtumgesetztes Amin ab, emulgiert das Prod. durch Schütteln in W. u. verwendet die Emulsion zum Ausrüsten. (**A. P. 2 695 243** vom 24/3. 1951, ausg. 23/11. 1954.) H. MÖLLERING. 8033

United States of America, übert. von: **John D. Guthrie, Leon H. Chance** und **Carroll L. Hoffpauir**, New Orleans, La., V. St. A., *Modifizierte, gegen Kationen affine Cellulosefasern.* Man imprägniert mercerisierbare, gegebenenfalls auch amidierte oder veresterte Cellulosefasern in Form von Fasern, Garnen oder Geweben mit einer wss. Alkalilsg., die ein Sulfoalkylierungsmittel, z. B. $ClC_2H_4SO_3H$ (I) oder Äthylensulfonsäure, enthält, worauf abgequetscht oder abgeschleudert wird. — Geeignet ist z. B. eine Behandlungslsg. aus 61 (g) W., 10 Na-Salz der I u. 29 NaOH, die man bei 85° auf Baumwollgewebe 10 Min. einwirken läßt, worauf alkalifrei gewaschen u. getrocknet wird. — So behandeltes Gut ist mit bas. Farbstoffen *anfärbbar*; durch Behandlung mit NH_4-Verbb., bes. organ. N-Basen, erhält man eine *flammfeste Ausrüstung.* (**A. P. 2 681 846** vom 16/1. 1951, ausg. 22/6. 1954.) H. MÖLLERING. 8037

General Aniline & Film Corp., New York, N. Y., übert. von: **James M. Cross**, Belvedere, und **Raymond L. Mayhew**, Phillipsburg, N. J., V. St. A., *Wasserabweisendes Textilgut.* Man imprägniert das Gut mit in W. lösl. oder dispergierbaren quartären N-Basen der Formel:

$$Y_x\text{—Aryl—O—(—}CH_2\text{—}\underset{R_2}{\overset{R_1}{\underset{|}{\overset{|}{C}}}}\text{—O—)—}CH_2\text{—N(tert.)—Halogen}$$

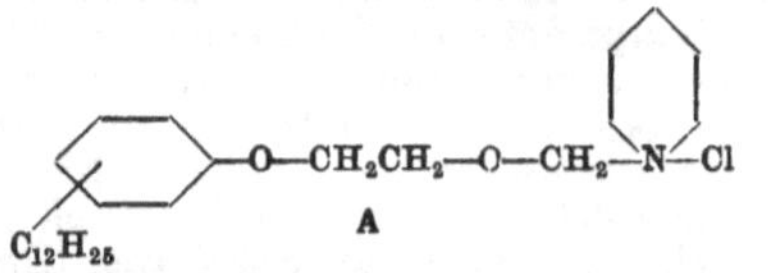

A

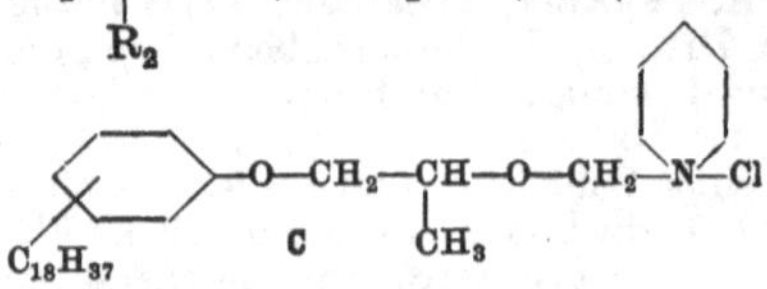

C

B statt $C_{12}H_{25}$ steht $C_{18}H_{37}$

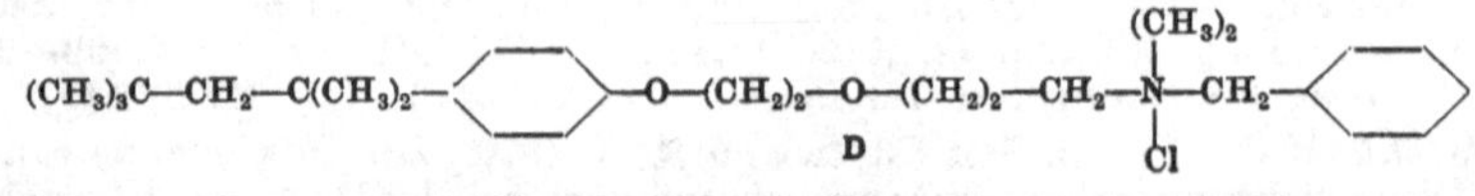

D

[Y = Alkyl mit mindestens 7 C, x = 1—3, R_1 u. R_2 = H oder niedrigmol. Alkylrest, bes. Methyl, N(tert.) = Rest einer tert. N-Base]. — Geeignet ist z. B. die aus 142 (Teilen) Dodecylphenoxyäthoxychlormethan u. Pyridin erhaltene Verb. **A**, ferner Verbb. wie **B**, **C** u. **D**. (**A. P. 2 693 430** vom 16/12. 1948, ausg. 2/11. 1954.) H. MÖLLERING. 8037

Ciba Soc. An., Schweiz, *Schützen von Textilien gegen Mikroorganismen.* Man imprägniert das Fasermaterial (z. B. Cellulosegewebe, -garne) mit einer wss. Lsg. oder Emulsion einer in W. völlig oder begrenzt lösl. Aminoplaste (z. B. eines Melamin–CH_2O-Kondensats), welche außerdem noch 8-Oxychinolin (I) oder ein Deriv. des I enthält. Vor, während oder nach der Imprägnierung behandelt man das Fasermaterial mit einer wss. Lsg. eines in W. lösl. Schwermetallsalzes (Cu-Salzes) u. macht schließlich die Aminoplaste wasserunlöslich. (**F. P. 1 080 077** vom 15/5. 1953, ausg. 6/12. 1954. Schwz. Prior. 17/5. 1952.) T. OPPERMANN. 8037

Zellwolle Lenzing Akt.-Ges. (Erfinder: **Walter Sackel**), Lenzing, Oberösterreich, *Reinigung von Abwässern der Viscoseindustrie.* Man läßt das durch saure Chemikalien zur Flockenbldg. vorbereitete Abwasser in Strahlen unterteilt in den Sedimentationsschlamm enthaltenden Absetzraum einfließen, wobei die Strömung mit Niveauunterschied, gegebenenfalls über Kaskaden erfolgt. (**Oe. P. 180 535** vom 2/8. 1952, ausg. 27/12. 1954. **Zusatz zu Oe. P. 178 073; C. 1954. 8187.**) W. WITTHOLZ. 8075

Celanese Corp. of America, New York, N. Y., übert. von: **Fred Fortess**, Summit, N. J., V. St. A., *Behandlung von Dämm- und Polstermaterial aus Zellwolle* (I). Man behandelt die Oberfläche der leicht verfilzten M. mit einem > 125° sd. Weichmachungsmittel für I u. führt durch Wärmeeinw. eine Oberflächenverb. der I-Fasern herbei. — Ein dickes Vlies aus *Celluloseacetatfasern* wird oberflächlich mit einer wss. 10%ig. Lsg. von Glykoldiacetat benetzt u. unter einem Druck von 0,17 at 3 Sek. auf 132—138° erwärmt, wodurch eine gleichmäßige poröse u. geschmolzene Oberfläche erhalten wird. — Als Weichmachungsmittel ist ferner eine 10%ig. wss. Lsg. von Harnstoff oder Acetamid geeignet. (**A. P. 2693432** vom 25/1. 1951, ausg. 2/11. 1954.) H. MÖLLERING. 8077

Perfogit Soc. An. (Erfinder: **Gaetoni Bruni** und **Luigi Notarbartolo**), Italien, *Schmelzspinnverfahren für Hochpolymere.* Das zerkleinerte Gut wird in einem Schacht, der mit einem Heizmantel versehen ist, vorgewärmt u. fällt durch ein gegebenenfalls rotierendes Verteilerstück in die Schmelzkammer. Die Vorwärmkammer kann auch durch ein durchlaufendes u. jeweils aufgeheiztes inertes Gas angewärmt werden; sie kann auch aus einer geneigten Transportschnecke mit Heizmantel bestehen. — Zeichnung. (**It. P. 480 156** vom 21/7. 1951.) G. SALZMANN. 8081

Farbwerke Hoechst Akt.-Ges., vormals Meister Lucius & Brüning, Frankfurt/M. (Erfinder: **Paul Schlack,** Bobingen), *Herstellung ausgeschrumpfter Fäden aus Polyamiden.* Man behandelt trägerlose Wickel unter allmählicher oder stufenweiser Steigerung der Temp. mit wss. Fll. oder Wasserdampf, wobei Zwischentrocknungen vorgenommen werden können. Zweckmäßig enthalten die Fasern noch monomeres Lactam. — Z. B. wird aus polymerem ε-Caprolactam bestehende, mit einer Bzn.-Wollfett-Lsg. präparierte, dann nachgestreckte u. gezwirnte Kunstseide als Wickel 15 Min. in W. von 90° eingelegt, wobei 10% Schrumpfung eintritt. Weitere Naßbehandlungen ändern die für Strümpfe bestimmte Seide nicht mehr in ihrer Länge. (**D. B. P. 930 628** Kl. 8k vom 6/12. 1938, ausg. 21/7. 1955. Anmeldung bekanntgemacht 30/12. 1954.) H. MÖLLERING. 8081

Owens-Corning Fiberglas Corp., Toledo, übert. von: **Charles J. Folger,** Newark, und **Richard M. Roberts,** Granville, O., V. St. A., *Glasfasermatten.* Ein mit 1—5% Alkali bei 70° hergestelltes Phenol-CH_2O-Harz (1 : 2,2) (A-Zustand) wird mit 50%ig. H_2SO_4 bis auf p_H 7,5 neutralisiert, auf Glasfasern gesprüht u. bis zum Erreichen des C-Zustandes erhitzt. Daraus gepreßte Gegenstände sind alkalibeständig. (**A. P. 2 676 898** vom 22/7. 1950, ausg. 27/4. 1954.) ——————— G. SALZMANN. 8083

Wilhelm Gessner, Naturfasern — Chemiefasern. Leipzig: Fachbuchverl. 1955. (VIII + 203 S. m. 154 Abb.) 8°. DM. 9,80.

XIX. Brennstoffe. Erdöl. Mineralöle.

Wm. T. Turrall, *Kohlenaufbereitung, ein mineraltechnisches Problem.* Es werden über die verschied. Methoden der Aufbereitung u. über wirtschaftliche Fragen berichtet. (Canad. Mining metallurg. Bull. **47.** 822—24. Dez. 1954.) E. BOYE. 8134

D. J. Brown und **H. G. Smith,** *Die Flotation von Kohle als Geschwindigkeitsvorgang.* Die verwendete Kohle (West Yorkshire) hatte 3,7% W., 1,7% Asche, 0,6% S, 80,4% C u. 5,0% H_2. Schaumagens war ein *m-Kresol* (Kp. 197—205°). Es wird festgestellt, daß die Geschwindigkeitsmessungen der Flotation, die Messung der Zus. des Schaumes u. die Best. anderer Momente infolge der starken u. raschen Veränderung der Schichtzus. schwer, wenn nicht unmöglich sind. Die Wirksamkeit der Flotation der Kohlen ist über einen weiten D.-Bereich der M. konstant, so daß die Gleichung 1. Ordnung anwendbar ist. Der Aschegeh. des Konzentrates nimmt zu mit zunehmender D. der Masse. Es wird angenommen, daß die Flotationsgeschwindigkeitskonstante als Maß für die Wirksamkeit der Flotationsagentien u. die Zweckmäßigkeit der Anlagen dienen können. (Colliery Guardian **189.** 1—7. 1/7. 1954.) E. BOYE. 8134

J. W. Miller, T. R. Jolley und **M. Sokaski,** *Aufbereitungscharakteristika von Kohle aus der Grafschaft Letcher, Kentucky.* Es wird über die Aufbereitung u. Verwendung der Kohlen für metallurg. Zwecke berichtet. (U. S. Dep. Interior, Bur. Mines, Rep. Invest. **1955.** Nr. 5135. 1—43. Mai.) E. BOYE. 8134

A. I. Žukov und **I. L. Mongaut,** *Grundzüge der Verkokung fester Brennstoffe.* Übersicht. (Voda **31.** 338—42. Nov. 1951.) K. STEINER. 8142

F. M. Kessler und **V. Večeříková,** *Untersuchung der Calcinierung von Teer- und Ölkoks mittels Röntgenstrahlen.* Es werden Ölkoks u. dessen Calcinierungsprodd. sowie calcinierter Teerhalbkoks untersucht, chem. u. physikal. charakterisiert u. mit den Ergebnissen der Röntgenstrahlenunters. verglichen. Der Grad der H_2-Abnahme sowie der elektr. Meßwiderstand ist direkt abhängig von der Mikrostruktur, die durch die Interferenzschärfe 004 definiert ist. Hierbei muß für die qualitative Beurteilung u. den Calcinationsgrad die Menge H_2 vor u. nach der Calcinierung berücksichtigt werden. Die Verkokung von festem Teer soll nur bei ca. 700° erfolgen, damit der H_2-Geh. nicht unter 0,5% sinkt. (Paliva **34.** 154—62. Juni 1954. Prag, Anst. für Forsch. u. Gebrauch von Brennstoffen.) O. POLLAK v. EMHOFEN. 8144

W. A. Lang, *Fortschritte der Kohlentechnologie.* 6. Mitt. *Vergasung und chemische Verwendung.* (5. vgl. Canad. Mining metallurg. Bull. **44.** [1951.] 472.) Der gegenwärtige

Stand der Vergasungsverff. mit Luft, O_2, Dampf oder Gemischen derselben im festen Brennstoffbett, im fluidisierten Bett oder im Brennstoff mitführenden Gasstrom wird beschrieben, ebenso die Entw. der Syntheseverff. nach FISCHER-TROPSCH u. durch Hydrierung. — 31 Literaturhinweise. (Canad. Mining metallurg. Bull. **45.** 148—52. März 1952. Res. Council of Alberta.) W. METZENER. 8148

E. C. Carlson, G. R. Davis und **K. L. Hujsak,** *Korrosion im CO_2–H_2S-Amin-System.* Bei Verwendung von Naturgas aus sauren Quellen u. bei Verwendung von Aminen zur Neutralisation treten oft sehr schwere Korrosionen auf. Bes. schädlich sind CO_2 u. H_2S bei Tempp. über 260°. Bei Erniedrigung der Temp. auf 188° konnten die Angriffe weitgehend ausgeschaltet werden. (Chem. Engng. Progr. **48.** 333—36. Juli 1952. Tulsa, Okla., Stanolind Oil and Gas Comp.) J. FISCHER. 8164

Hayse H. Black und **Gerald N. McDermott,** *Industrieller Abwasserführer — Abteilung „Hochofen" der Stahlindustrie.* Ausführliche Schilderung der Anfallsorte wie auch der Aufbereitung der Abwässer. Absetzbare Stoffe vom Hochofen-Gaswaschwasser enthalten, wenn entwässert u. gesintert, wertvolle Substanzen. Phenole, Cyanide u. Fluoride vermögen, wenn sie auch im Gaswaschwasser in relativ niedrigen Konzz. anfallen, zu nicht zulässigen Belastungen der verschied. Vorfluter führen. Entsprechende Aufbereitung ist unerläßlich. (Sewage ind. Wastes **26.** 976—90. Aug. 1954. Cincinnati, O., Robert A. Taft Sanitary Engng. Center USPHS.) H.-E. KLOTTER. 8174

Hugo Kiemstedt, *Korrosion und Korrosionsschutz bei unterirdischen Mineralöltanks.* Der wesentliche Unterschied zwischen oberird. u. unterird. angelegten Mineralöltanks besteht darin, daß die ersteren infolge von Temperaturschwankungen „atmen", wodurch die Korrosion gefördert wird. Die letzteren haben prakt. keine „Atmung", weil hier die Temp. ziemlich konstant (10°) bleibt. Unterss. an Zementierungen der Innenwände als Schutz vor Angriffen ergeben meist eine unsachgemäße Vorbehandlung der Oberfläche. Diese muß durch Abstrahlen metall. sauber sein, damit der aufgespritzte Zement halten kann. Darunter liegende Oxyde u. Feuchtigkeit sind der Anlaß für die weitere Korrosion. Vf. schildert kurz die auftretenden Korrosionserscheinungen. Es werden Angaben über Maßnahmen gemacht, um aggressive Stoffe in ihrer Wirksamkeit einzuschränken: Anwendung von Schutzmitteln, Beseitigung der korrosiven Stoffe, korrosionsbeständiges Baumaterial bzw. Aufbringen einer korrosionsbeständigen Schutzschicht auf Fe. (Erdöl u. Kohle **7.** 833—35. Dez. 1954. Heidelberg.) J. FISCHER. 8186

V. J. Groth und **R. J. Hafsten,** *Korrosion von Raffinerieausrüstungen durch Schwefelsäure und Schwefelsäurebeimengungen.* Ölraffinerien benötigen bis 200 t H_2SO_4 täglich. Es wurden von den zahlreichen metall. Ausrüstungen die im Hinblick auf die Korrosionsgefahr günstigsten Metalle u. Legierungen in Tabellen zusammengestellt u. eingehend erörtert. Auf Fehler u. noch offene Fragen wird hingewiesen. (Corrosion [Houston] **10.** Topic of Month 368—90. Nov. 1954.) F. TÖDT. 8194

D. I. Dimitrow, *Die Schwefelverbindungen im Benzin und ihr Einfluß auf die Leistung des Benzinmotors.* Übersicht. — 7 Literaturangaben. (Техника (София) [Technik (Sofia)] **4.** Nr. 4. 20—22. April/Mai 1955.) O. POLLAK V. EMHOFEN. 8200

R. O. King und **A. B. Allan,** *Die Oxydation, Zersetzung, Entzündung und Detonation der Dämpfe und Gase von Brennstoffen.* 22. Mitt. *Die Charakteristiken der Entzündung und Verbrennung von Benzol in einer Verbrennungsmaschine in Abhängigkeit von der Wärmebeanspruchung* („*heat load*"). (21. vgl. C. **1955.** 964.) Als „heat load" (H) wird die Summe der Wärme definiert, die bei der Kompression der Brennstoff–Luft-Mischung (sowie der zurückbleibenden Gase) entsteht, plus der auftretenden Verbrennungswärme. Da H mit der Umdrehungszahl des Motors zunimmt, kann H durch B.t.u./Min. oder Umdrehung ausgedrückt werden. Da *Bzl.* (I) für Unterss. bes. geeignet ist (es zers. sich nicht in solche Verbb., die akt. Zentren darstellen könnten), verbrannten Vff. in den bereits früher beschriebenen Motoren, u. a. auch im DIESEL- u. OTTO-Motor, I unter verschied. Bedingungen (Temperatur- u. Mischungsverhältnisse, variable Umdrehungsgeschwindigkeit u. Kompression, verschied. Zündarten usw.). Die auftretenden Drucke wurden oscillograph. aufgenommen. Die Verbrennungsgeschwindigkeit v des I, gezündet durch Funkenzündung, änderte sich bei den angewandten Versuchsbedingungen nur wenig bei Änderung des Kompressionsdruckverhältnisses K im Gegensatz zu den n. Verbb. der Paraffinreihe. Eine geringe Erhöhung von v bei I durch Erhöhung von K war durch die begleitende Erhöhung der Kompressionstemp. T_K zu erklären. Durch geeignete Wahl des Zündpunktes im Motor war es möglich, Zündung u. Auftreten des maximalen Verbrennungsdruckes zeitlich so einzuregulieren, daß prakt. bei gleichbleibendem Druck gearbeitet werden konnte. Dies war wegen des kleinen Wertes von v nur bei I möglich. Bei Umdrehungszahlen von U = 400/Min. u.

Tempp. des Reaktionsraumes $T_R = 100^0$ F traten bei geeignetem K in n. Paraffinen, wie *Heptan, Hexan* u. *Pentan*, stets Selbstentzündungen auf, die in I wegen Fehlens akt. Zentren unterblieben, selbst bei K = 15 : 1. Wenn auch bei noch höheren Tempp. ($T_R = 140^0$ F), größerem U (= 900/Min.) u. K = 14 : 1 in I zuweilen Selbstentzündungen auftraten, war es nie möglich, mit I Motoren ohne Funkenzündung zu betreiben. Eingehend wird beschrieben, wie es gelingt, die Zündung im Motor stets bei gleichem Hubvol. zu erreichen. In Kurven wird gezeigt, wie die verschied. Verbrennungs- u. Entzündungscharakteristiken des I von H, von K, vom Mischungsverhältnis I/Luft, vom Augenblick des Zündens usw. abhängen. (Canad. J. Technol. **32**. 22—48. Jan. 1954. Toronto, Can., Univ., Dep. of Mech. Engng.) E. ROEDER. 8204

W. F. Anzilotti, J. D. Rogers, G. W. Scott und **V. J. Tomsic**, *Verbrennung von Wasserstoff unter Bezugnahme auf das Klopfen. Paralleles Verhalten von Wasserstoff und paraffinbasischen Kraftstoffen.* Vff. stellen fest, daß alle bisherigen Unterss. über das Verh. von KW-stoffen vor dem Auftreten des Klopfens sowohl im Motor als auch in Bombenrohren keine völlige Klärung des komplexen Vorgangs gebracht haben. Es wurde gefunden, daß H_2 in einem Motor klopft u. auf Tetraäthylblei gut anspricht u. sich daher im Motor wie ein KW-stoff verhält, auch im Hinblick auf das Kraftstoff–Luft-Verhältnis. Die nebenher labormäßig durchgeführten Bombenverss. klärten darüber hinaus noch die H_2–O_2-Rk. u. den Einfl. von Tetraäthylblei auf diese Reaktion. Der von Vff. gefundene Parallelismus zwischen der Leistung von H_2 u. KW-stoffen in einem Vergasermotor bringt die Lösung des Problems des KW-stoffklopfens näher. Von besonderer Bedeutung ist noch die Feststellung der Vff., daß eher das PbO als das metall. Pb das wirkungsvolle Antiklopfagens ist. (Ind. Engng. Chem. **46**. 1314—18. Juni 1954. Wilmington, Del., E. I. du Pont de Nemours & Co., Org. Chem. Dep.) K. O. MÜLLER. 8206

E. Sakari Hyyryläinen, *Das Transformatorenöl als Problem des Chemikers.* Übersicht über die Herst., Verwendung, Zus. u. die chem. u. physikal. Eigg. von Transformatorenöl (I), dessen Verh. im elektr. Feld, die chem. Wirkungen des elektr. Feldes, die Oxydationsvorgänge im I u. den Einfl. von Oxydationsinhibitoren, bes. 2.6-Di-tert.-butyl-p-kresol (DBPC). (Suomen Kemistilehti A **27**. 326—36. 1954. Helsinki, Imatran Voima Oy, Sähkölabor.) S. BECKMANN. 8218

Georg Heinz Göttner, *Viscosität und Viscositätsverhalten beim Schmiervorgang.* Das Viscosität–Temp. (VT)-Verh. eines Schmierstoffes ist von besonderer Bedeutung, wenn die Schmierstelle unter verhältnismäßig unterschiedlichen Temperaturbedingungen arbeiten muß. Treten hierbei hohe hydrodynam. Drucke im Schmierfilm auf, so ist der Einfl. des VT-Verh. größer als bei kleinen hydrodynam. Drucken. Bei der Beurteilung der Bedeutung des VT-Verh. für Reibung u. Verschleiß ist auch die Reibungs- oder Betriebskennzeichnung der einzelnen Schmierstelle zu berücksichtigen. Der Viscositätsindex wird als eine ausreichende u. eindeutige Kennzahl für das VT-Verh. abgelehnt. — Diskussion. (Stahl u. Eisen **75**. 502—13. 21/4. 1955. Hannover.) H. HOCHSTEIN. 8220

R. Courtel und **L. Pons**, *Das Polarisations- und Phasenkontrastmikroskop in der Fettindustrie. Anwendung zur Fabrikationsüberwachung und zur Kontrolle des Verhaltens im Betrieb.* Vff. geben eine kurze Darst. des Prinzips der Phasenkontrastmikroskopie u. erläutern an Beispielen u. Mikroaufnahmen die Bedeutung dieses Verfahrens. Die Meth. ermöglicht, zusammen mit der Polarisationsmikroskopie, das Gelingen oder Nichtgelingen eines Fettansatzes bereits mehrere Std. im voraus zu erkennen. Vff. verwenden ein gewöhnliches Laboratoriumsmikroskop mit guter Optik u. einer Zusatzvorr. für Phasenkontrastmikroskopie nach FRANÇON u. NOMARSKI. Für besondere Fälle kann zusätzlich mit einer Heizvorr. gearbeitet werden. (Rev. Inst. franç. Pétrole Ann. Combustibles liquides **7**. 390—92. Okt. 1952.) H. SYDOW. 8258

Ruhrgas Akt.-Ges. (Erfinder: **Kurt Traenckner**), Essen, *Vergasen von staubförmigen oder feinkörnigen Brennstoffen in der Schwebe* mit O_2-haltigen Vergasungsmitteln u. Wasserdampf in einer Oxydations- (I) u. einer Reduktionszone (II). Die Verbrennungsgase von I werden zusammen mit Wasserdampf als noch heiße Vergasungsmittel II zugeführt u. ein Teilstrom des dort gebildeten Nutzgases in I eingeführt. Leitet man den in II nicht vergasten Teil des Brennstoffes zusammen mit dem Nutzgasstrom in I u. verbrennt ihn dort u. scheidet man danach die unverbrennlichen Rückstände ab, während der frische Brennstoff in II eingeführt wird, so erreicht man hohe Durchsätze mit hohem Wirkungsgrad. (**D. B. P. 931 063** Kl. 24e vom 17/3. 1940, ausg. 1/8. 1955. Anmeldung bekanntgemacht 2/10. 1952.) W. HAUSWALD. 8149

Aloys Schirp, Dortmund, *Filtern von unter Druck stehenden Gasen*, bes. von *Ferngas*, dad. gek., daß die Gase in bekannter Weise durch ein kontinuierlich eine Wasch-Fl. durchlaufendes Umlauffilter geführt werden u. die Regelung der Umlaufgeschwindigkeit desselben in Abhängigkeit von Gasdruck erfolgt. — Vorrichtung. (**D. B. P. 931 254** Kl. 26d vom 27/11. 1953, ausg. 4/8. 1955. Anmeldung bekanntgemacht 23/12. 1954.) K. DEMMLER. 8165

Koppers Co., Inc., Pittsburgh, Pa., V. St. A., *Verarbeitung von rohem Gaswasser* unter Benutzung einer NH_3-Destillationsanlage mit einer der Austreibung des freien NH_3 dienenden Abteilung 1 u. einer 2. Abteilung, in der das fixe NH_3 ausgetrieben wird, u. einer zwischen beiden Abteilungen liegenden Entphenolierungseinrichtung, wobei das Gaswasser in der 1. Abteilung mit Wasserdampf aus der 2. Abteilung behandelt wird. Dabei wird ein Teil der in der 2. Abteilung entstandenen Dämpfe in regelbarer Menge in die 1. Stufe eingeführt, mit der Maßgabe, daß die Abtreibung der sauren Bestandteile (CO_2, H_2S, HCN) zusammen mit freiem NH_3 erfolgt, wesentliche Mengen von Phenol werden aber nicht in Freiheit gesetzt. — Zeichnung. (**D. B. P. 914 127** Kl. 12k vom 8/2. 1936, ausg. 28/6. 1954. Anmeldung bekanntgemacht 12/12. 1940. A. Prior. 7/2. 1935.) H. NEBELSIEK. 8167

Standard Oil Co., Chicago, Ill., übert. von: **Leonard V. Sorg,** Kansas City, Mo., V. St. A., *Verhinderung der Kupferkorrosion bei chlorhaltigen Erdölen* bei einem Geh. von 10 Teilen Cl pro 1 Million Teile Öl, der normalerweise Flecken auf Cu verursacht, durch Zusatz von ca. 0,0001—0,5% Morpholin. (**A. P. 2 702 237** vom 17/5. 1950, ausg. 15/2. 1955.) P. UNGER. 8189

Texas Co., New York, N. Y., übert. von: **James L. Meadows,** Port Arthur, Tex., V. St. A., *Entmercaptanisierung von Kohlenwasserstoffen* durch Behandlung mit einer Alkalihydroxydlsg. u. Glykoläther in einem Reaktor zwecks Entfernung der Mercaptane. Die gebrauchte Behandlungslsg. (I) wird in einer Regenerationszone regeneriert. Man hält einen Kreislauf der I zwischen Entmercaptanisierungs- u. Regenerierungszone aufrecht u. zieht aus diesem Kreislauf einen Teil der I ab, konz. das Alkali in dieser Lsg. durch Entfernung von W., bringt die konz. Lsg. mit dem KW-stoffbehandlungsgut, das in das Syst. fließt, in Berührung, um den noch in der I enthaltenen Glykoläther (Diäthylenglykolmonomethyläther) auszulaugen. Das abgetrennte Alkalihydroxyd zieht man aus dem Syst. ab. — Zeichnung. (**A. P. 2 689 820** vom 10/2. 1953, ausg. 21/9. 1954.) P. UNGER. 8189

Standard Oil Development Co., übert. von: **William I. Thompson,** Elizabeth, N. J., V. St. A., *Gewinnung von Kohlenwasserstoffölen aus Ölschiefer* oder Teersanden durch Destillation. Der feinzerteilte Destillationsrückstand wird in dichter Schicht in einer Verbrennungszone durch hindurchtretende Brenngase aufgewirbelt, von dort geht der heiße Rückstand zwecks Ausnutzung seiner Wärme in die Destillationszone. Die Verbesserung besteht nun darin, daß man die Brenngase durch direkten Kontakt mit dem heißen Destillationsrückstand vorwärmt. Außerdem führt man die Verbrennung in 2 getrennten Wirbelbetten durch, verdampft eine Fl. durch Wärmeaustausch mit dem oberen Bett, überträgt die Wärme auf das Material des unteren Bettes, zieht den unteren, erhitzten Rückstand ab u. kühlt das Abgas der Destillationszone so, daß eine Schwerölfraktion kondensiert. Den noch heißen Rückstand mischt man mit dem Ausgangsmaterial u. mit der Schwerölfraktion, um das Öl zu verdampfen u. um eine verd. Feststoff–Gas-Suspension zu bilden, die man in die Destillationszone schickt. (**A. P. 2 550 432** vom 10/8. 1944, ausg. 24/4. 1951.) H. NEBELSIEK. 8193

Metallgesellschaft Akt.-Ges., Frankfurt/M. (Erfinder: **Wilhelm Herbert, Karl-Heinz Eisenlohr** und **Richard Bayer**), *Abbau von organischen Schwefel- und Stickstoffverbindungen* in unter 400° sd. Prodd. der trockenen Dest. von Brennstoffen in Ggw. von S-festen Katalysatoren u. H_2 (oder H_2 u. CO enthaltenden Gasen) unterhalb 350° (330°) bei einem H_2-Partialdruck von <25 at u. einem H_2- u. CO-Partialdruck von ca. 40 at (im Frischgas gerechnet). Der CO-Partialdruck soll zwischen 0,1 u. 15 at liegen. Die Katalysatoren werden gekühlt. — Zeichnung. (**D. B. P. 930 223** Kl. 23b vom 22/5. 1953, ausg. 11/7. 1955. Anmeldung bekanntgemacht 23/12. 1954.) P. UNGER. 8195

Metallgesellschaft Akt.-Ges., Frankfurt/M. (Erfinder: **Oskar Dorschner,** Bad Homburg, **Karl-Heinz Eisenlohr** und **Wilhelm Herbert**), *Abbau von organischen Schwefel- und Stickstoffverbindungen in flüssigen Erzeugnissen der trockenen Destillation von Brennstoffen* (*Vergasung, Hydrierung, Crackung*) *oder in Erdölen oder deren Fraktionen,* die bei n. Druck unterhalb 400° sd., an S-festen Katalysatoren in Ggw. von H_2, wobei die fl. Ausgangsstoffe zusammen mit H_2 verdampft werden. Dabei werden die Ausgangsstoffe u. der H_2 zwei- oder mehrmals getrennt erhitzt u. nach jeder Erhitzung innig vermischt. Die Aufheizung erfolgt im Wärmeaustausch mit dem aus dem Kontaktofen austretenden Gas–Dampf-Gemisch. — Zeichnung. (**D. B. P. 930 224** Kl. 23b vom 14/11. 1953, ausg. 11/7. 1955. Anmeldung bekanntgemacht 23/12. 1954.) P. UNGER. 8195

Metallgesellschaft Akt.-Ges., Frankfurt/M. (Erfinder: **Oskar Dorschner,** Bad Homburg, **Karl-Heinz Eisenlohr, Wilhelm Herbert** und **Richard Bayer**), *Entfernung schwefel-,* *stickstoff- und sauerstoffhaltiger organischer Verbindungen aus Kohlenwasserstoffen*, bes. aus Benzolen u. Benzinen durch katalyt. Behandlung der dampfförmigen KW-stoffe mit H_2 in Ggw. S-fester Katalysatoren bei 300—400° unter Druck. Die Polymerisation polymerisierbarer Bestandteile bei der Verdampfung der Ausgangsstoffe u. bei der Erhitzung der bei der Verdampfung erzeugten Gas–Dampf-Gemische auf Reaktionstemp. wird dadurch verhindert, daß die Verdampfung u. Erhitzung schnell u. unter schonenden Druck- u. Wärmeübergangsbedingungen durchgeführt werden. Die Strömungsverhältnisse in den Teilen der App., in denen den Reaktionsteilnehmern Wärme zugeführt wird, werden möglichst im Bereich der turbulenten Strömung gehalten. — Zeichnung. (**D. B. P. 930 225** Kl. 23b vom 30/1. 1954, ausg. 11/7. 1955. Anmeldung bekanntgemacht 23/12. 1954.) P. UNGER. 8195

BP Benzin- und Petroleum G. m. b. H., Raffinerie Hamburg, Hamburg-Waltershof (Erfinder: **Hermann Ordelt** und **Gerhard Voss**), *Raffination von unbehandelten Crackprodukten oder rohen Erdöldestillaten bei gleichzeitiger quantitativer Entschwefelung* durch Zugabe einer dem S-Geh. entsprechenden Alkalimetalldispersion (Na) in einem geeigneten KW-stofföl. Man gibt dem Gemisch eine optimale Menge Metalloxyd (ZnO) zu u. erwärmt das Gemisch je nach der Beschaffenheit des Ausgangsmaterials z. B. auf 150—400° (200—250°). Menge des Metalloxydes 10—100% der Alkalimetallmenge. (**D. B. P. 928 904** Kl. 23b vom 5/3. 1953, ausg. 13/6. 1955. Anmeldung bekanntgemacht 25/11. 1954.) P. UNGER. 8195

Standard Oil Development Co., Elizabeth, N. J., V. St. A., *Platin oder Palladium enthaltende Kohlenwasserstoffumwandlungskatalysatoren*, dad. gek., daß Al_2O_3-Hydrosol (durch Hydrolyse von Al-Alkoholaten oder durch Behandeln von Al mit verd. Essigsäure in Ggw. von katalyt. Mengen Hg erhalten) mit einer Pt- oder Pd-Verb. (z. B. Halogenverbb.) gemischt, getrocknet (bes. bei 200—400° F) u. mit H_2 (bes. bei 500—1000° F) red. wird. Vor der Trocknung kann eine Behandlung mit H_2S eingeschaltet werden. Ein Geh. von 0,1—4,0 (%) Halogen (z. B. 98,5 Al_2O_3, 0,5 Pt, 1,0 HF) ist erwünscht. Der Katalysator ist bes. zum Hydroformieren von KW-stoffen mit *Motortreibstoff*-Kp. bei 600—1000° F u. $<$1000 lbs./sq.in. (bes. bei niederen Drucken von 50—250 lbs./sq.in.) bei einer Raumgeschwindigkeit von 0,25—4,0 Vol./Vol./Std. u. 2000—12000 Kubikfuß H_2-reichen Gases je Barrel fl. KW-stoff geeignet. (**E. P. 717 062** vom 25/4. 1952, ausg. 20/10. 1954. A. Prior. 1/5. 1951.) W. HEROLD. 8201

Anglo-Iranian Oil Co. Ltd., England, *Süßen von mercaptanhaltigen Spaltbenzinen.* Man behandelt das Bzn. mit einer 10—20%ig. (Gew.-%) NaOH-Lsg. oder einer bereits zum Waschen von Kerosin oder Bzn. verwendeten Na-Plumbitlsg. u. einem S-haltigen „Öl", welches man durch Auflösen von 5 g fein verteiltem S in 2 Litern Spaltbenzin erhält. (**F. P. 1 068 940** vom 3/10. 1952, ausg. 1/7. 1954. E. Prior. 4/10. 1951.) T. OPPERMANN. 8201

Fa. Carl Still, Recklinghausen (Erfinder: **Ernst Adams**), *Herstellung völlig schwefelfreien Benzols oder Benzolhomologens*, wie Toluol usw., durch Waschen mit konz. H_2SO_4, wobei ein mittels der üblichen H_2SO_4-Wäsche u. mit oder ohne nachfolgende Rektifikation hergestelltes Reinbenzol bzw. Reinhomologes oder ein Benzolerzeugnis von wenig schwächerem Reinheitsgrad mit einer Menge konz. H_2SO_4, die ein beträchtliches Vielfaches der für Reinbenzol üblichen Waschsäuremenge beträgt, gewaschen, mit NaOH u. H_2O nachgewaschen u. einer Feinrektifikation unterworfen wird. (**D. B. P. 928 898** Kl. 12o vom 27/9. 1952, ausg. 13/6. 1955. Anmeldung bekanntgemacht 25/11. 1954.) P. UNGER. 8203

L. O. Hasse, Göteborg, Schweden, *Reinigungsmittel für Verbrennungsmotoren*, bestehend aus 40 (%) Stearinöl, mindestens 40 Petroleum, 3—6 Cleaningöl, 0,25—1 Brennspiritus. (**Schwed. P. 141 810** vom 20/4. 1950, ausg. 25/8. 1953.) K. H. KÄHLER. 8205

Safety Fuel & Chemical Corp., South Meriden, übert. von: **Albert O. Herron,** Cheshire, Conn., V. St. A., *Herstellung von Aluminiumseifen* von Gemischen aus *Cocosnußölfettsäure* (I), *Naphthensäuren* (II) u. *Ölsäure* („*Napalm*") (III) auf Trägern. Man mischt z. B. 25 (g) I, 12,5 II u. 12,5 III, gibt 1000 cm^3 einer 11,5 NaOH (95%ig) enthaltenden wss. Lsg. zu, erhitzt auf 150° F, rührt 10 Min., setzt 5 akt. Kohle (**IV**) zu u. erhitzt weitere 5 Min., kühlt nach Filtrieren auf n. Temp., setzt 10 Diatomeenerde „Celite" (**V**) u. langsam eine Lsg. von 37 $Al_2(SO_4)_3 \cdot 18\,H_2O$ in 100 cm^3 W. zu, filtriert, bringt den Nd. in ein Becherglas mit klarem W., setzt weitere 5 **V** unter Rühren zu u. trocknet das Filtergut bei 50°. Das Prod. *geliert Flugbenzin* innerhalb 23 Sek. bei 70° F, innerhalb 55 Sek. bei 32°. Als Träger kommen auch Silicagel, Talkum, **IV** u. Al_2O_3 in Betracht. (**A. P. 2 684 339** vom 9/10. 1951, ausg. 20/7. 1954.) O. MÜLLER-MEININGEN. 8211

Honorary Advisory Council for Scientific & Industrial Research, übert. von **Aurelio F. Sirianni** und **Ira E. Puddington,** Ottawa, Ontario, Canada, *Schmieröl* auf Mineralölbasis, gek. durch einen Geh. von 0,1—1 (Gew.-%) eines harzartigen Umsetzungsprod. aus A) Glycerinestern von Phthal-, Bernstein- oder Maleinsäure bzw. deren Anhydriden mit C_{12-22}-Fettsäuren (I), oder aus B) Glycerinestern von I mit den genannten Dicarbonsäuren. Die Prodd. haben eine SZ. von 7—100, bilden durch freie COOH-Gruppen Adsorptionsprodd. mit dem zu schmierenden Metall, wodurch die Reibung vermindert wird, enthalten aber keine ölunlösl. Metallseifen bildende freie Säure. — Beispiel: Zusatz von 0,2 Maleinsäureglycerinestermonostearat. (**A. P. 2 689 224** vom 16/12. 1950, ausg. 14/9. 1954.) E. DREWS. 8221

California Research Corp., San Francisco, übert. von: **George J. Benoit jr.,** San Anselmo, Calif., V. St. A., *Schmieröl* auf der Basis eines paraffin. Mineralöls mit einem Geh. an 25—75 (Gew.-%) eines Poly-1.2-oxypropylenglykols bzw. dessen Acetates oder Diäthers, oder eines Silicates, z. B. Tetra-(2-äthylhexyl)-silicat, gek. durch einen Geh. eines Umsetzungsprod. aus Phenolen oder harzbildenden Arylchloriden, z. B. Chlornaphthalin, mit Chlorparaffinen, das durch Behandlung mit Säurechloriden verestert sein kann. — Beispiel: Zusatz von 2—3 eines mit Phthalylchlorid acylierten tetraparaffinsubstituierten Phenols. (**A. PP. 2 691 633** u. **2 691 634** vom 29/6. 1951, ausg. 12/10. 1954.) E. DREWS. 8221

Lubrizol Corp., Wickliffe, übert. von: **Carl F. Prutton,** Cleveland Heights, O., V. St. A., *Schmieröl,* gek. durch einen Geh. von 0,5—10 Gew.-% eines Salzes eines ein- oder mehrwertigen Metalls eines Sulfides oder Disulfides von paraffinwachssubstituierten Diphenyloxydsulfonsäuren. Diese werden hergestellt durch Erhitzen von z. B. 1925 (g) Diphenyloxyd mit 5575 ungesätt. Paraffinwachs in Ggw. von „Superfiltrol" auf 210 bis 220°, Weiterbehandeln von 856 des erhaltenen Prod. in einer Naphthalsg. mit 198 Chlorsulfonsäure u. 109,2 g S_2Cl_2, Überführen des erhaltenen Sulfides in das Ca-Salz. Weiterer Zusatz von 0,3—3 Gew.-% eines Reaktionsprod. aus Terpentin (I) u. P_2S_5 (II), z. B. aus 4 (Mol) I u. 1 II. (**A. P. 2 665 252** vom 25/9. 1948, ausg. 5/1. 1954.) E. DREWS. 8221

Gulf Research & Development Co., Pittsburgh, Pa., übert. von: **Donald R. Stevens,** Wilkingsburg, Pa., V. St. A., *Zusatz zu Schmierölen und Treibstoffen.* Um die Gumbldg. in Ggw. von Metallen, z. B. Cu, zu verhindern, werden Pyrone der allg. Formel I, in der R ein Alkyl-, Alkenyl-, Aryl-, Aralkyl- oder Acylrest mit nicht mehr als 20 C-Atomen oder H ist, in Mengen von 0,00003—0,0015 Gew.-% (für Treibstoffe) zugesetzt. Die Öle bzw. Treibstoffe können außerdem die gleichen Mengen Kojisäure oder deren Naphthensäureester enthalten. — Beispiele: 2-Lauroyloxymethyl-5-oxy-1.4-pyron u. 2-(2-Äthylhexanoyloxymethyl)-5-oxy-1.4-pyron. (**A. P. 2 696 428** vom 1/10. 1951, ausg. 7/12. 1954.) E. DREWS. 8221

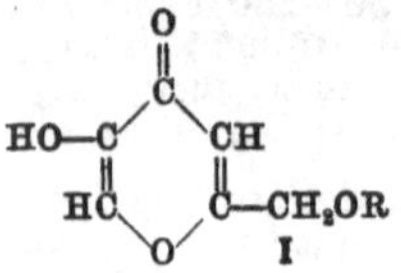
I

Esso Research & Engineering Co., Del., übert. von: **Alexander H. Popkin,** New York, N. Y., V. St. A., *Klärung von Schmieröl-Zusatz-Konzentraten* **(I),** die Isobutylenpolymere u. Isoprenmischpolymere neben Zinkstearaten u. Ruß enthalten. I wird auf 210—350° erhitzt, mit Dampf geblasen u. heiß filtriert. (**A. P. 2 703 783** vom 28/4. 1950, ausg. 8/3. 1955.) E. DREWS. 8221

Socony-Vacuum Oil Co., Inc., übert. von: **Orland M. Reiff** und **Alfred P. Kozacik,** Woodbury, N. J., V. St. A., *Herstellung von Antioxydationsmitteln für Schmieröle* durch Rk. von ungesätt. aliphat. Ketonen mit Thiophen (I). — Z. B. ergibt Oleon mit I in Ggw. eines SiO_2/Al_2O_3-Katalysators bei erhöhter Temp. die Verb. **II.** (**A. P. 2 700 673** vom 29/12. 1949, ausg. 25/1. 1955.) K. FABEL. 8221

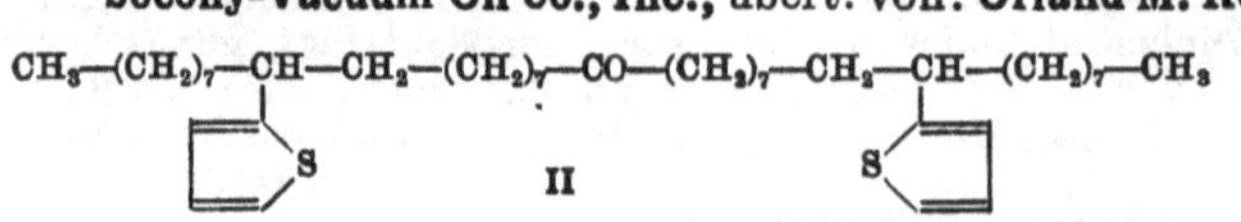
II

Mariano Amico, Petrolio e gas naturale. Sviluppo dei campi di idrocarburi. Milano: U. Hoepli. 1955. 2. voll. (XXVI + 820 S. und 821—1546 S. m. 1174 Abb. u. 94 Tab.) 8°. L. 12000,—. zus.

Ja. M. Pauschkin, Katalytische Polymerisation von Olefinen zu Motortreibstoffen. Moskau: Verlag der Akad. der Wiss. der UdSSR. 1955. (184 S. m. Abb.) 8 Rbl. 60 Kop. [russ.].

XX. Schieß- und Sprengstoffe. Zündmittel.

Eugen Sänger, *Über die hypothetische Rolle des Photonengases bei der Detonation und Verbrennung fester oder flüssiger Explosivstoffe.* Vf. erörtert die Hypothese, daß die Detonation fester u. fl. Sprengstoffe sich in drei aufeinanderfolgenden Phasen abspielt, nämlich Verdampfung des festen oder fl. Stoffes, Verdichtungsstoß im verdampften Sprengstoff u. Verbrennung des Dampfes. — Die Verdampfung des festen oder fl. Sprengstoffs würde hauptsächlich entweder durch die Lumineszenzstrahlung des Verdichtungsstoßes oder durch die Luminescenzstrahlung der Verbrennung erfolgen. — Bei allen Explosionsvorgängen treten Gase sehr hoher Temp. auf, das heißt es ist mit einer Ionisation u. dem Auftreten sehr schneller Elektronen, Mesonen zu rechnen u. es besteht die Möglichkeit der völligen Umwandlung des Stoffes in Photonen, die durch ihre Lichtgeschwindigkeit der Verbrennung vorauseilen u. den Sprengstoff schm. u. verdampfen. Vf. erörtert nach dem STEFAN-BOLTZMANNschen Gesetz die möglicherweise auftretenden Tempp. bzw. die Reaktionstranslationstempp. mit entsprechenden Strahlungsintensitäten. In einer Tabelle sind die Reaktionswärmen mit Translationstempp. u. entsprechenden Photonenwellenlängen einiger Einzel-Rkk. üblicher Feuergase zusammengestellt. (Explosivstoffe 3. 85—88. Juli 1955.) O. TREICHEL. 8294

John Whetstone, *Lösung des Problems des Zusammenbackens von Ammonsalpeter und Ammonsalpetersprengstoffen.* Geringe Zusätze (bis herab zu 0,01%) des Farbstoffs **Säurefuchsin** (I) (dreifach sulfonierte Magenta, Rowe's Colour Index No. 677 oder 678) bzw. anderer sulfonierter Farbstoffe beeinflussen die Kristallisation von Ammonsalpeter IV (stabil zwischen 32,3 u. -18^0): An Stelle der rhomb. Bipyramiden entsteht durch Änderung der bevorzugten Wachstumsebenen eine flächenhafte (dendrit.) Kristalltracht. Das beim Durchgang durch den Umwandlungspunkt bei $32{,}3^0$ (bevorzugt von hohen Tempp. her) durch Rekristallisation der konz. interkristallinen Salzlsg. verursachte Zusammenbacken des Ammonsalpeters, auch innerhalb von Mischsprengstoffen, wird dadurch vermieden. Der Effekt bleibt aus, wenn überschüssiges Ammoniak oder Alkali den p_H-Wert über 8 hebt. Die Wrkg. einiger andrer Farbstoffe, z. B. Amaranth (Colour Index No. 184) ist hiergegen unempfindlich. — Hinzufügen von bes. oberflächenakt. Stoffen (wie „A. S. 2"), z. B. in einer Menge von 0,003% neben 0,03% I unterstützt die günstige Wirkung. Ergebnisse der Härtemessung an Genometerprüfkörpern aus Ammonsalpeter, die nach Aufnahme verschied. Feuchtigkeitsmengen bis zur Gewichtskonstanz getrocknet waren, im Vgl. mit der Wirksamkeit anderer Beimengungen, wie Ton, Kalk, Kieselgur, Silicaten, Ca-Phosphat, ZnO, $MgCO_3$, wasserfreiem $CaSO_4$, Al-Pulver, Ca-, Mg- u. Al-Stearat sind kurvenmäßig dargestellt. Anwendung bei Sprengstoffmischungen u. Düngemitteln. — Allg. ist das Kristallwachstum aller derjenigen Nitratmodifikationen durch Farbstoffe beeinflußbar, bei welchen je drei zusammengehörige O-Atome in ein u. derselben Kristallebene liegen, in welcher sich dann die Wachstumsbeeinflussung auswirkt; also neben Ammonsalpeter IV auch $NaNO_3$, KNO_3, aber nicht $Pb(NO_3)_2$, $Ba(NO_3)_2$ u. Ammonsalpeter III (stabil zwischen 32 u. 84^0). (Ind. Engng. Chem. **44**. 2663—67. Nov. 1952. Stevenston, Ayrshire, Scotland, Imp. Chem. Ind. Ltd., Nobel Div.) H. AHRENS. 8304

A. Langhans, *Ringnitrokörper und Aldehyde, Beispiel von thermischer Zersetzung.* Kondensationsverss. mit Formaldehyd, Acetaldehyd, Chloral, Acrolein schlugen bei mehrfach nitrierten aromat. Verbb. (Trinitrophenol [I], Tetryl, Hexanitrodiphenylamin [II]) fehl. Mit nichtcycl. Aldehyden von höherem Kp., nämlich Citral (III), p-Cymol, Limonen, Styrol ergaben sich neben erheblicher Kohleabscheidung geringe Mengen von Kondensationsprodukten. Beschrieben sind die Rkk. von III mit p-Mononitrophenol, 2.4-Dinitrophenol, 2.4-Dinitroresorcin bei höherer Temp., bei welcher im wesentlichen große Mengen von Ruß abgeschieden werden. III ergibt mit I bei Zimmertemp. u. langer Einw. geringe Mengen von braunen bis schwarzen Kondensationsprodd., bei Anwendung von NaOH oder vorherigem Erhitzen des III, wurde bei hoher Temp. (140—155^0) mehr Kondensationsprod. erzeugt. Nebenher verlaufen in verschieden starkem Maß Zersetzungs-Rkk. unter starker C-Abscheidung. Ähnliche Verss. mit Cs- u. Tl-Pikrat, 4.6-Dinitro-2-aminophenol, 2.4.6-Trinitroresorcin, Trinitrophloroglucin. Gegenverss. mit 1.2.4-Dinitrotoluol, 1.2.6-Dinitrotoluol, symm.-Trinitrotoluol u. II zeigen, daß die innere therm. Rk. durch Ggw. der OH-Gruppe begünstigt wird. Benzaldehyd ergibt mit Tetryl nichtexplosive, vorwiegend schwarze u. schmierige Kondensationsprodd., desgleichen Anisaldehyd. Bei Salicylaldehyd bleiben sie flüssig. Die innere therm. Rk. von I mit Heliotropin (IV) beginnt bei 210^0. Die Zersetzungstemp. nimmt mit steigendem IV-Geh. ab. — Tabellar. Übersicht der Rkk. von IV mit 66 Mono-, Di- u. Trinitrokörpern bzw. Tetryl u. II (je 1 + 1 g), wobei jeweils nach 20 Std. aufgeschmolzen u. nach 8 Tagen vorsichtig bis zur therm. Rk. erhitzt wurde. (Explosivstoffe **1954**. 3—11.) H. AHRENS. 8304

L. Deffet, *Verfahren zur Untersuchung von Sprengstoffen und hohen Drucken.* Vf. betont die vielfachen theoret. u. techn. Gemeinsamkeiten bei Unterss. von hohen Drucken u. Explosivstoffen u. gibt einen Überblick über die in 2 belg. Instituten verwendeten nicht allg. üblichen Apparate für Prüfung u. Forschung auf diesen Gebieten. Es werden die Einrichtungen der zur Erzeugung von hohen Drucken benutzten verschied. Maschinen u. verschied. zur Druckmessung benutzte Geräte kurz beschrieben. Die Erzeugung von plötzlichen u. schnell sich ändernden hohen Drucken, ihre Messung, die Zeitmeßverff. u. Zeitmeßgeräte für Detonationsgeschwindigkeiten mit den neuen physikal. Hilfsmitteln u. die Empfindlichkeiten der Registrierungen werden besprochen. Die Anwendung von hohen Drucken bei verschied. Unterss. u. Verff. (bakteriolog. Unterss., Prüfung von Manometern u. Hochdruckröhren, physiko-chem. Unterss., Synthesen u. Polymerisationen) wird kurz erörtert. (Ind. chim. belge **17.** 261—64. 1952. Centre de Rech. sci. et techn. pour l'Industrie des Produits Explosifs et l'Inst. Belge des Hautes Presses.) H. WINGCHEN. 8320

L'Air Liquide (Soc. An. pour l'Étude et l'Exploitation des Procédés Georges Claude), Paris, Frankreich, *Sprengverfahren unter Verwendung von flüssigem Sauerstoff,* wobei O_2 u. verbrennbare Substanzen, die fl. oder fest sein können, aber fließfähig sein müssen, erst im Sprengbohrloch gemischt werden. Das Mischen geschieht durch gleichzeitiges, aus der Ferne steuerbares Einfließenlassen der Komponenten. Das Verdämmen erfolgt mit Sand. (**E. P. 725 371** vom 27/4. 1953, ausg. 2/3. 1955. F. Prior. 29/4. 1952.) A. GRADL. 8299

E. I. du Pont de Nemours & Co., V. St. A. (Erfinder: **Clyde Oliver Davis, Richard Clyde Glogau, Frank Abraham Loving** und **James Pershing Swed**), *Sprengmittel für schlagwettergefährdete Kohlenbergwerke.* Das Sprengmittel besteht aus einem druckfesten Rohr, welches in seinem vorderen Teil durch eine Scheibe (z. B. aus Stahl) unterteilt ist. Im Innern dieses Rohres befindet sich im hinteren Teil ein dünnwandiger zylindr. Behälter, welcher ein Gas entwickelndes Gemisch enthält von der Zus.: 87,9—91,3 (%) NH_4NO_3, 7,3—9,8 Stärke u. 1,4—2,3 $Na_2S_2O_3 \cdot 5\,H_2O$. Nach Zündung dieses Satzes wird die Scheibe des äußeren Rohres bei einem Gasdruck von 910 at zerstört, u. das Gas kann durch Öffnungen im vorderen Teil des äußeren Rohres nach außen entweichen. (**F. P. 1 048 345** vom 17/7. 1951, ausg. 21/12. 1953. A. Prior. 20/7. 1950.) T. OPPERMANN. 8299

United States of America, übert. von: **John F. Kincaid,** Jefferson Township, und **Russell C. McGill,** Baldwin Township, Allegheny County, Pa., V. St. A., *Flammloses Schießpulver.* Das Pulver besteht aus Nitrocellulose (**I**), Nitroguanidin (**III**) u. einem nichtflüchtigen, wärmebeständigen, explosiven Nitroester (**II**), der fähig ist, **I** geschmeidig zu machen. Für **II** werden genannt: a) Nitrooxyalkylnitramine der allg. Formel $NO_2O-R_1-N(R_2)-NO_2$, worin R_1 eine Alkylen- u. R_2 eine Nitroxyalkyl- oder eine Alkylgruppe ist; b) Polynitratester des Polymethylolcycloalkanons oder des Polymethylcycloalkanols der allg. Formel **IV** oder **V**,

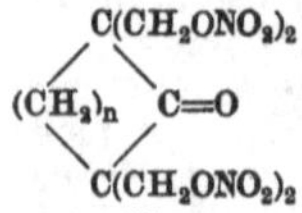

IV

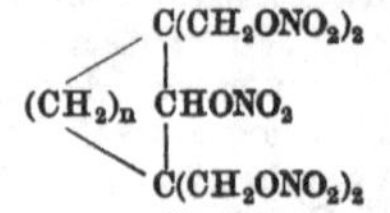

V

worin n eine kleine ganze Zahl ist. Bes. werden genannt: 2-Nitroxyäthylnitramin, Tetramethylolcyclopentanontetranitrat, Tetramethylolcyclopentanolpentanitrat u. andere. — Beispiel für eine Sprengstoffzus.: 15—35 (%) **I**, 15—35 **II**, 70—30 **III**. (**A. P. 2 698 228** vom 30/12. 1944, ausg. 28/12. 1954.) A. GRADL. 8305

Olin Mathieson Chemical Corp., Va., übert. von: **Ludwig F. Audrieth,** Urbana, Ill., V. St. A., *Ammoniumnitratsprengstoffe* mit erhöhter Empfindlichkeit u. Detonationsgeschwindigkeit werden erhalten durch Zugabe von 2—10% Hydrazinmononitrat (**I**). Bevorzugt wird ein Verhältnis von 0,02—1 Teil **I** auf 1 Teil NH_4NO_3. Die Zugabe erfolgt durch Zusammenschmelzen oder durch gleichzeitiges Auskristallisieren aus wss. Lösung. (**A. P. 2 704 706** vom 6/4. 1950, ausg. 22/3. 1955.) A. GRADL. 8305

Fritz Frutiger, Schweiz, *Herstellung von Sprengstoffen.* Sie bestehen aus Hydrazinmononitrat (**I**) u. den überschüssigen O_2 des **I** bindenden Substanzen (z. B. Graphitpulver, Holzmehl, Hexogen, Pentaerythrittetranitrat, Nitroguanidin). Ein solcher für militär. Zwecke dienender Sprengstoff hat z. B. die Zus.: 87 (%) **I**, 11 Hexogen, 2 Graphit, ein für den Bergbau verwendeter Sprengstoff z. B. die Zus.: 91 (Gew.-%) **I** u. 9 hochviscose KW-stoffe (z. B. Vaselinöl). (**F. P. 1 072 148** vom 3/3. 1953, ausg. 8/9. 1954. Schwz. Priorr. 4/3. 1952 u. 24/2. 1953.) T. OPPERMANN. 8305

Atlas Powder Co., Wilmington, Del., V. St. A., *Gelatinesprengstoff,* dessen Verformbarkeit bzw. Plastizität durch einen geringen Zusatz eines substituierten Oxazolins der allg. Formel **I** erheblich verbessert wird. Es bedeuten dabei R_1 einen Alkylrest mit 7—17 C-Atomen; R_2 bedeutet H, CH_3, C_2H_5, CH_2OH, C_2H_4OH oder $-R_4-A-OH$, wobei R_4 CH_2 oder C_2H_4 u. A ein Rest mit 1—6 Oxyäthylengruppen sein kann; R_3 bedeutet CH_2OH, C_2H_4OH oder $-R_4-A-OH$. Bevorzugt wird 2-Heptadecenyl-4-methyl-4-oxymethyl-2-oxazolin verwendet. Die Zusatzmenge beträgt 0,005—1, bevorzugt 0,01—0,1%. — Beispiel: 24,2 (%) Nitroglycerin, 1,8 Nitrotoluol, 0,5 Schießbaumwolle, 34,5 NH_4NO_3 (überzogen mit einem mikrokristallinen Petroleumwachs), 29,8 $NaNO_3$, 1,2 Holzmehl, 3 Mehl, 4 S-Pulver, 1 Kalk. (**E. P. 725 438** vom 18/2. 1953, ausg. 2/3. 1955. A. Prior. 26/2. 1952.) A. GRADL. 8305

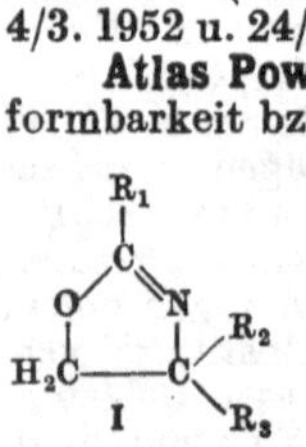

I

Olin Industries, Inc., East Alton, Ill., übert. von: **Alfons G. Schuricht**, Alton, Ill., V. St. A., *Sprengmischung für Munitionszünder*. Die Bestandteile werden in feuchtem Zustande unter Zugabe von 0,1—5% eines Aerogels, bes. SiO_2-Aerogel (= „Santocel"), gemischt, oder eines Aerogels von Al_2O_3, MgO, TiO_2, SnO_2, Cr_2O_3, Cellulose, Albumin oder Gelatine. (**A. P. 2 662 818** vom 21/10. 1949, ausg. 15/12. 1953.) A. KALIX. 8309

Agrimobila Ltd., Tanger (Erfinder: **H. Braunegg**), *Treibstoffmittel für Raketenmotoren*, bestehend aus mindestens 2 verschied. Fll., von denen die eine HNO_3 oder ein N-Oxyd, bes. N_2O_4, oder eine Mischung von beiden enthalten soll. Die Art u. Menge der beiden Treibstoff-Fll. soll so gewählt sein, daß die Viscositätskurven der beiden Fll. annähernd proportional sind, wodurch die Strömungsgeschwindigkeiten der Treibmittel fast konstant bleiben. — Zeichnung. (**Schwed. P. 142 149** vom 6/3. 1952, ausg. 15/9. 1953. Luxemburg. Prior. 16/2. 1952.) K. H. KÄHLER. 8311

Jönköpings och Vulcans Tändsticksfabriksaktiebolag, Jönköping, Schweden (Erfinder: **S. Nordin**), *Herstellung von mit Metallfolien überzogenem Verpackungspapier für Zündhölzer*. Je zwei Papierflächen werden auf einer Seite mit Asphalt, Teer oder dgl. mit einem Erweichungspunkt von 65—75° imprägniert; auf die imprägnierte Seite wird alsdann eine Metallfolie mittels eines Bitumenbindemittels mit einem niedrigeren Erweichungspunkt, z. B. 35—40°, festgeklebt. Dieses Verpackungsmaterial ist bes. für Tropenpackungen geeignet an Stelle von verlöteten Holzkisten. (**Schwed. P. 142 164** vom 10/6. 1949, ausg. 15/9. 1953.) K. H. KÄHLER. 8315

United States of America, übert. von: **George E. Miller**, Edgewood Arsenal, **Edgar M. Faber**, Baltimore, und **Arthur M. Reeves**, Havre de Grace, Md., V. St. A., *Bis-(β-chloräthyl)-sulfid (Senfgas)* erhält man durch Rk. von SCl_2 mit überschüssigem Äthylen bei 40—75 lbs./sq.in. u. 50—80°, zweckmäßig unter Zerstäuben; Ausbeute ca. 92%. (**A. P. 2 669 587** vom 19/6. 1937, ausg. 16/2. 1954.) G. KRAUSS. 8317

Frank Douglas Miles, Cellulose nitrate; the physical chemistry of nitro-cellulose, its formation and use. New York: Interscience. 1955. (435 S. m. Abb.) O. $ 7,—.

J. Friplat, Recent research on safety explosives. London: Safety in Mines Research Estab. 1955. (20 S.) 1 s. 9 d.

XXIV. Photographie.

Canadian Kodak Co. Ltd., Toronto, übert. von: **Homer W. J. Cressman**, Easton, Pa., V. St. A., *Carbocyaninfarbstoffe mit Alkylmercaptogruppen in meso-Stellung*. Man kondensiert in Ggw. von tert. Aminen oder Alkalicarbonaten ein quaternäres Cyclammoniumsalz der Formel I (R u. R_1 = Alkyl; n = 0 oder 1; X = Anion; Z = Restatome eines Heteroringes der Benzo- oder Naphthothiazolreihe) mit einem quaternären Cyclammoniumsalz der Benzoxazol-, Naphthoselenazol- oder Chinolinreihe, das in reaktionsfähiger Stellung eine Alkyl- oder Arylmercaptogruppe enthält, z. B. 2-(2-Methylmercapto)-propenylbenzothiazol- oder -β-naphthothiazoläthо-p-toluolsulfonat mit 2-Phenylmercaptochinolinäthojodid bzw. 2-Methylmercapto-β-naphthoselenazoläthо-p-toluolsulfonat in Ggw. von Pyridin. (**Can. P. 479 231** vom 11/7. 1946, ausg. 11/12. 1951. A. Prior. 26/10. 1945.) G. HOPPE. 8605

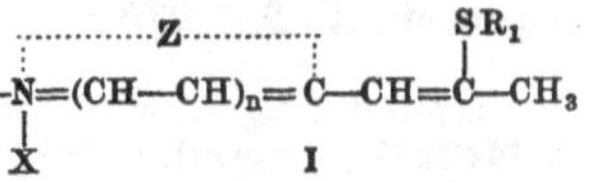

I

Bobbie J. Schultz, Hollywood, Calif., V. St. A., *Entwickler für unterbelichtete Aufnahmen*. Man verwendet die üblichen Entwicklerlsgg. mit einem Zusatz einer geringen Menge eines Gemisches von 64 (drams) 10%ig. NH_4OH, 32 HCOOH, 4 Glycerin, 1—8 CH_2O u. 12 grains 6-Nitrobenzimidazol. (**A. P. 2 660 528** vom 25/3. 1952, ausg. 24/11. 1953.) A. KALIX. 8619

E. I. du Pont de Nemours & Co., Wilmington, Del., übert. von: **Jacob Quentin Umberger**, Holmdel, N. J., V. St. A., *Verstärkungsverfahren*. Entwickelte Ag-Bilder werden zunächst mit einer wss. Lsg. behandelt, die KBr u. 0,5—25,0 g Ferricyanid (I)-ionen eines leicht lösl. I, z. B. $Pb_2Fe(CN)_6$, enthält, u. anschließend mit einer wss. Lsg., die mindestens ein Kation enthält, das ein schwerlösl. Ferrocyanid bildet, u. ferner eine Verb. des 6-wertigen Cr, z. B. ein Gemisch aus Ferrinitrat + $K_2Cr_2O_7$. (**A. P. 2 662 014** vom 17/7. 1952, ausg. 8/12. 1953.) A. KALIX. 8625

General Aniline & Film Corp., New York, N. Y., übert. von: **James E. Bates**, Chenango Bridge, N. Y., V. St. A., *Entfernung von Farbschleiern*. Mit 2.4-Diaminoanilinen farbig entwickelte Bilder werden nach ihrer Entw. mit einer Lsg. behandelt, die 0,1—10% Formaldehyd u. 0,1—10% einer Säure, bes. HCl, H_3PO_4, $H_2Cr_2O_4$, Citronen-, Wein- oder Acrylsäure enthält. (**A. P. 2 657 139** vom 22/12. 1950, ausg. 27/10. 1953.) A. KALIX. 8631

Eastman Kodak Co., übert. von: **Bruce Graham** und **Arnold Weissberger**, Rochester, N. Y., V. St. A., *Herstellung von 3.3'-Imino-bis-5-pyrazolonen* durch Erhitzen von 3-Amino-5-pyrazolonen mit NH_3, prim. aliphat. oder prim. aromat. Aminen auf 70—200° am Rückfluß oder im geschlossenen System. — 10 (Teile) 1-Phenyl-3-amino-5-pyrazolon (I) werden mit 25 fl. NH_3 im Bombenrohr 20 Std. auf 85—90° erhitzt. Es werden 70% *3.3'-Imino-bis-(1-phenyl-5-pyrazolon)* (II), F. 290—300°, erhalten. Analog werden hergestellt: aus I u. Äthylamin neben weniger als 10% *1-Phenyl-3-äthylamino-5-pyrazolon*, F. 153—155°, zu etwa gleichen Teilen II u. *3.3'-Äthylimino-bis-(1-phenyl-5-pyrazolon)*, F. 265—267°; aus I u. n-Butylamin (III) *3.3'-n-Butylimino-bis-(1-phenyl-5-pyrazolon)*, F. 233—237°, u. II; aus I u. n-Amylamin 26% II u. 15% *3.3'-n-Amylimino-bis-(1-phenyl-5-pyrazolon)*, F. 227—230°; aus I u. Benzylamin *3.3'-Benzylimino-bis-(1-phenyl-5-pyrazolon)*, F. 245—247°; aus 1-(p-tert.-Butylphenoxyphenyl)-3-amino-5-pyrazolon u. III *3.3'-Imino-bis-(1-p-tert.-butylphenoxyphenyl-5-pyrazolon)*, F. 260 bis 265°; aus 1-Methyl-3-amino-5-pyrazolon u. Anilin *3.3'-Imino-bis-(1-methyl-5-pyrazolon*, F. über 310°, u. *1-Methyl-3-phenylamino-5-pyrazolon*, F. 221—223°. — Verwendung für die *Farbphotographie*. (**A. P. 2 691 659** vom 14/3. 1952, ausg. 12/10. 1954.) E. CARL. 8631

Kodak-Pathé, Frankreich (Erfinder: **Bruce Graham**), *Herstellung von 4-Arylazo-5-pyrazolonen, die als Farbkuppler in der Farbphotographie verwendet werden*, dad. gek., daß man ein Aryldiazoniumhalogenid mit einem 4-Acyl-5-pyrazolon oder 4-Acyl-5-acyloxypyrazol oder einem 5-Acyloxypyrazol in Pyridinlsg. bei 0° kuppelt. Hergestellt wurden zunächst *1-Phenyl-3-methyl-5-acetoxypyrazol* (**I**) aus 1-Phenyl-3-methyl-5-pyrazolon (**II**) durch Umsetzung mit Essigsäureanhydrid: *1-Phenyl-3-methyl-4-acetyl-5-acetoxypyrazol* (**III**) aus **II** über **I** u. Umsetzung mit CH_3OH. Aus den Mutterlaugen von **III** gewinnt man durch Behandeln mit Bzl., Abtreiben des Lösungsm. u. Dest. *1-Phenyl-3-methyl-4-acetyl-5-pyrazolon*. Alle 4 Verbb. lassen sich mit Benzoldiazoniumchlorid zu *1-Phenyl-3-methyl-4-phenylazo-5-pyrazolon*, F. 155°, kuppeln. Durch entsprechende Kupplungs-Rkk. wurden hergestellt: *1-(4-Cyanphenyl)-3-benzamido-4-phenylazo-5-pyrazolon*, F. 258—260°, aus 1-(4-Cyanphenyl)-3-benzamido-5-benzoxypyrazol (**IV**) bzw. 1-(4-Cyanphenyl)-3-benzamido-5-pyrazolon (**V**); *1-(4-Nitrophenyl)-3-methyl-4-(2.5-dichlorphenylazo)-5-pyrazolon*, F. 259—261°, aus 1-(4-Nitrophenyl)-3-methyl-4-acetyl-5-pyrazolon (**VI**) bzw. 1-(4-Nitrophenyl)-3-methyl-5-acyloxypyrazol (**VII**) mit 2.5-Dichlorbenzoldiazoniumchlorid; *1-Phenyl-3-(2.4-diamyl(tert.)phenoxyacetamido-4-phenylazo-5-pyrazolon*, F. 175—177°, aus 1-Phenyl-3-(2.4-diamyl(tert.)phenoxyacetamido)-5-pyrazolon (**VIII**) bzw. 1-Phenyl-3-(2.4-diamyl(tert.)phenoxyacetamido)-4-(2.4-diamyl(tert.)-phenoxyacetyl)-5-pyrazolon (**IX**). Auch die Herst. der Ausgangsprodd. **IV**—**IX** wird beschrieben. (**F. P. 1 070 244** vom 31/1. 1953, ausg. 20/7. 1954. A. Prior. 31/1. 1952.) S. MEIER. 8631

Haloid Co., Rochester, N. Y., übert. von: **Arthur E. Middleton** und **Otavio J. Mengali**, Columbus, O., V. St. A., *Elektrophotographisch empfindliche Schichten*. Eine Schmelze, die aus Se mit 0,1—10 Gew.-% S besteht, wird auf eine 50—200° warme Unterlage (I) in einer Dicke von 0,0001—0,01 in. mit einem Druck von 50—150 lbs./sq.in. aufgewalzt, wobei I einen elektr. Widerstand $>10^{10}$ Ω/cm hat. Nach Abkühlen auf n. Temp. wird die Schichtoberfläche unter W. metallograph. poliert. (**A. P. 2 662 832** vom 8/4. 1950, ausg. 15/12. 1953.) A. KALIX. 8647

Siemens Apparate und Maschinen G.m.b.H. (Erfinder: **Albert Lotz**), Berlin, *Leuchtschirm zum Nachweis von Ultrarot*. Als Leuchtstoff werden ultrarotempfindliche Strahler (die sogenannten „LENARD-Phosphore"), z. B. Ca/Pb/S, Ca/Sb/S, Ca/Ni/S oder Bi/Sr/S, verwendet u. die in der üblichen Weise hergestellte Leuchtschicht in einem luftdicht abgeschlossenen Gehäuse untergebracht, das evakuiert sein kann u. aus einem ultrarotdurchlässigen Material, z. B. Polyacrylsäureester, besteht. — Zeichnung. (**D. R. P. 768 106** Kl. 57b vom 24/2. 1938, ausg. 30/6. 1955.) A. KALIX. 8647

Herausgeber u. verantwortlich für den Inhalt: Prof. Dr. Maximilian Pflücke, Berlin N 4, Schiffbauerdamm 19, Fernsprecher: 425571. Redaktion: Chefredakteure Dr. Eugen Klever und Prof. Dr. Maximilian Pflücke. Verlag: Akademie-Verlag GmbH, Berlin W 8, Mohrenstraße 39 (Fernsprecher 200386, Postscheckkonto Berlin 35021), u. Verlag Chemie, GmbH, Weinheim/Bergstraße (Fernsprecher 2017 u. 2965, Postscheckkonto Frankfurt/M. 145314 u. Berlin-West 7430). Bestell- u. Verlags-Nr.: 1007/127. Das Chemische Zentralblatt erscheint wöchentlich. Preis des Jahrganges einschl. Autoren-, Patent-, Sach- und Formelregister: DM 680,—; einseitig bedruckte Ausgabe: DM 750,—. Abgabe der Zeitschrift nur mit sämtlichen Registern.
Satz u. Druck: VEB Leipziger Druckhaus, Leipzig, III/18/203. I. 56.
Veröffentlicht unter der Lizenznummer 1212 des Amtes für Literatur und Verlagswesen der Deutschen Demokratischen Republik.
Printed in Germany DDR.

Sugden 1496.
Sujew 1749.
Šumbera 1670.
Sumi 1613.
Summers, jr. 1746.
Sundén 1530.
Suzuki, H. 1618.
Suzuki, S. 1752.
Svenska Sockerfabriks Aktiebolaget 1740.
Svirbely 1652.
Swain 1674.
Swaney 1700.
Swank 1495.
Swart-Füchtbauer 1712.
Swed 1778.
Sworski 1526.
Szantho 1716.
Székely 1658.
Széll 1545.
Szwarc 1554. 1617.
Taber 1745.
Tabroff 1619.
Tada 1682.
Tadokoro 1616.
Taft 1695.
Tagnon 1624.
Takahashi, H. 1633.
Takahashi, N. 1515.
Taketatu 1524.
Taketomi 1618.
Takeuchi 1681.
Takeyama 1515.
Taljanski 1489.
Tamayo 1572.
Tanaka 1642.
Tanassijenko 1750.
Tartakowskaja 1642.
Taub 1612.
Taylor 1650.
Teasdale 1486.
Teegarden 1497.
Tendler 1641.
Teng 1658.
Terentjew 1690.
Teunisson 1755.
Texas Co. 1774.
Thede 1728.
Theis 1728.
Theil, van 1705.
Thienes [1667].
Thiery-Steinmetz 1658.
Thilo 1528.
Thinius 1765.
Thomas, D. E. 1534.
Thomas, E. A. 1696.
Thomas, R. 1767.
Thompson, R. B. 1739.
Thompson, T. G. 1698.
Thompsom, W. I. 1774.
Thompson, C. 1733.
Thomson, B. 1602.
Thorold 1713.
Thorvaldson 1703.
Thrysin 1666.
Thurmon 1664.
Tichomirowa-Ssidorowa 1562.
Tiers 1605.
Timmler 1738.
Tindal 1640.
Tipnis 1510.
Tipper 1548.
Tishler 1612.
Titow 1719.
Tobie 1663.
Toga 1613.
Toivonen 1485.
Tolnay 1536.
Tome 1632.
Tomsic 1773.
Tordin 1779.
Torii 1643.
Toronyi 1679.
Toropow 1703.
Trägardh 1728.
Traenckner 1773.
Treacy 1525.
Treibs 1549.
Treiman 1485.
Tremlett 1726.
Trémoulet 1704.
Trenwith 1525.
Trevissoi 1554.
Trinchieri 1759.
Tripod 1661.
Trobeck 1733.
Trömel 1702.
Trolan 1500.
Trombe 1531. 1701.
Trombly 1635.
Tron 1642.
Trzcinski 1709.
Tsao 1487.
Tschernetzowa 1715.
Tschernina 1704.
Tschitsstowitsch [1754].
Tschuchrow 1535.
Tschurssin 1720.
Tsubura 1633.
Tsumori 1491.
Tsutsmui 1536.
Tubiana 1664.
Turchetto 1641.
Turkdogan 1526. 1719.
Turner 1740.
Turrall 1771.
Tuxworth 1556.
Twedily 1533.
Twerskoi 1713.

Uchino 1618.
Udylite Corp. 1730.
Ueda 1679.
Ueno 1642.
Uhle 1611.
Uhlir 1724.
Ukita 1616.
Ulano 1766.
Ullmann 1724.
Umberger 1779.
Ungar 1630.
Unglaub 1648.
United States of America 1698. 1700. 1732. 1746. 1747. 1770. 1778. 1779.
United States Rubber Co. 1735. 1750.
United States Steel Corp. 1700.
Universal Oil Products Co. 1731. 1739.
Unnewehr 1664.
Uno 1690.
Upjohn Co. 1676.
Uyeda 1516.
Valero Martinez 1656.
Vardaman 1669.
Vaughan 1558.
Vaughn 1689.
VEB Elektrochemisches Kombinat Bitterfeld 1729.
VEB Galvanotechnik 1730.
Večeříková 1771.
Vedder 1487.
Velasco, J. R. 1707.
Velasco, R. 1496.
Vendryes 1492.
Verduin 1715.
Verma 1705.
Vermeulen 1512.
Versorese 1691.
Verzera 1658.
Vettel 1699.
Vicents-Chandler 1710.
Vickerstaff 1740.
Vieilly 1678.
Vigvári 1688.
Vintinner 1652.
Visser 1633.
Vité 1714.
Vlyssidès 1639.
Vogel, E. 1526.
Vogel, H. A. 1675.
Vogel, W. 1667.
Vogl 1696.
Vogler 1691.
Voigt, D. 1498.
Voigt, J. 1554. 1746.
Voldan 1671.
Volke 1497.
Volkov 1489.
Vordahl 1727.
Vorres 1531.
Voss 1775.
Wachs 1758.
Wacker, Dr. A. Ges. für Elektrochemische Industrie G. m. b. H. 1734.
Wada 1532.
Waelsch 1628.
Wänke 1533.
Wager 1712.
Wagner, B. P. 1641.
Wagner, R. B. 1632.
Waight 1546.
Walker, G. E. 1692.
Walker, R. L. 1486.
Walker, R. M. 1488.
Walker, T. K. 1631.
Walker, W. D. 1487.
Wallingford 1730.
Wallis [1679].
Walzel 1724.
Wander, Dr. A. Akt.-Ges. 1675.
Wannagat 1527.
Ward, E. R. 1577.
Ward, H. F. 1704.
Wardrop 1761.
Wartanowa 1534.
Watanabe 1515.
Watson, C. J. 1658.
Watson, J. 1709.
Watson, K. M. 1486.
Weaver 1487.
Webb, A. N. 1513.
Webb, F. 1488.
Webb, L. R. 1555.
Weber, H. 1663.
Weber, J. F. 1662.
Wegener 1699.
Weill-Raynal 1577. 1578.
Weintraub 1692.
Weiss, B. 1626.
Weiss, H. G. 1528.
Weiss, W. 1758.
Weissberger 1780.
Weissmann 1520.
Weitzel 1645.
Welch 1594.
Weller 1583.
Wellinger 1722.
Wells 1689.
Welvart 1553.
Wender 1505.
Wendler 1612.
Weneser 1490.
Wengerowa 1758.
Wenner 1674.
Wenstrem 1522.
Werderewski [1716].
Werner 1724.
Wernick 1726,
Wersal 1701.
Wesselaja 1622. 1623.
Wesselowski 1763.
West, J. P. 1731.
West, R. A. 1599.
Westermarck 1650.
Westheimer 1549.
Westinghouse Brake & Signal Co. Ltd. 1695.
Westinghouse Electric Corp. 1695.
Weston jr. 1523.
Wettstein 1639.
Whaley 1732.
Whalin jr. 1495.
Wheeleu 1533.
Whetstone 1777.
White, B. B. 1764.
White, E. L. 1746.
White, H. C. 1736.
White jr., H. J. 1767.
White, J. C. 1683.
White, R. S. 1485.
White, W. C. 1496.
Whitehead, C. W. 1673.
Whitehead, M. N. 1486.
Whiting 1621.
Whitney 1519.
Whittaker 1709. 1710.
Wicht 1530.
Wicklatz 1750.
Widmer 1742.
Wiedermann 1763.
Wiedmann 1688.
Wieland 1565. 1631.
Wilcax, E. B. 1755.
Wilcox, H. A. 1486.
Wilcox, M. S. 1711.
Wilder 1581.
Wilenkina 1629.
Wiles 1747.
Wilkinson 1503.
Willcox 1751.
Willett 1495.
Williams, G. M. 1512.
Williams, G. H. 1552.
Williams jr., J. N. 1628.
Williams jr., R. R. 1555.
Williams, V. R. 1627.
Williams, W. M. 1520.
Wilmot 1663.
Wilsdorf 1519.
Wilson jr., C. P. 1693.
Wilson, H. B. 1714.
Wilson, I. V. 1694.
Wilson, L. T. 1495.
Windemuth 1748.
Windholz 1545.
Winterberg 1709.
Winterfeld [1679].
Winzler 1633.
Wisconsin Alumni Research Foundation 1738.
Wise 1745.
Witkop 1606.
Wittmer 1583.
Wohlfarth 1502.
Wojta 1625.
Wolff, J. [Boston] 1641.
Wolff, J. [München] 1724.
Wollentin 1695.
Wolochina 1617.
Wolock 1746.
Woodward 1694.
Woodyard 1494.
Wooldrik 1741.
Work 1628.
Woronkow 1566.
Wright, B. E. 1629.
Wright, C. A. H. 1698.
Wright, C. M. 1690.
Wright, J. B. 1564.
Wright, J. T. 1665.
Wright, P. 1525.
Wrightson 1747.
Wurth 1692.
Wyandotte Chemicals Corp. 1765.
Xuong 1582.
Yalman 1517.
Yamaguchi 1515. 1519.
Yamamoto 1539.
Yamasaki 1619.
Yatazawa 1635.
Yockey 1495.
Yohalem 1641.
Yoneda 1633.
York Corp. 1677.
Yoshimura 1688.
Yoshino 1537.
Young, B. W. 1760.
Young, I. I. 1639.
Yundt 1765.
Zaky 1655.
Zant, van der 1625.
Zapp 1684.
Zara 1655.
Zarrow 1639.
Zaugg 1579.
Zbinden 1655.
Zehender 1515. 1519.
Zeitler 1662.
Zeller 1627.
Zellwolle Lenzing Akt.-Ges. 1770.
Zickendraht 1742.
Ziegler, E. 1576. 1588.
Ziegler, J. B. 1611.
Ziff 1626.
Zifferero 1943.
Zijelen 1648.
Zimmermann, A. 1739.
Zimmermann, P. 1729.
Zisman 1768.
Zoellner 1684.
Zook 1632.
Zukov 1771.

FSC
www.fsc.org
MIX
Papier | Fördert
gute Waldnutzung
FSC® C083411

Kolibri 360 GmbH
Ferdinand-Jühlke-Straße 7
99095 Erfurt, Deutschland
produktsicherheit@kolibri360.de